Java™

HOW TO PROGRAM

EARLY OBJECTS

Deitel® Series Page

How To Program Series

Android™ How to Program, 3/E
C++ How to Program, 10/E
C How to Program, 8/E
Java™ How to Program, Early Objects Version, 11/E
Java™ How to Program, Late Objects Version, 11/E
Internet & World Wide Web How to Program, 5/E
Visual Basic® 2012 How to Program, 6/E
Visual C#® How to Program, 6/E

Deitel® Developer Series

Android™ 6 for Programmers: An App-Driven Approach, 3/E
C for Programmers with an Introduction to C11
C++11 for Programmers
C# 6 for Programmers
Java™ for Programmers, 4/E
JavaScript for Programmers
Swift™ for Programmers

Simply Series

Simply Visual Basic® 2010: An App-Driven Approach, 4/E
Simply C++: An App-Driven Tutorial Approach

VitalSource Web Books

`http://bit.ly/DeitelOnVitalSource`

Android™ How to Program, 2/E and 3/E
C++ How to Program, 9/E and 10/E
Java™ How to Program, 10/E and 11/E
Simply C++: An App-Driven Tutorial Approach
Simply Visual Basic® 2010: An App-Driven Approach, 4/E
Visual Basic® 2012 How to Program, 6/E
Visual C#® How to Program, 6/E
Visual C#® 2012 How to Program, 5/E

LiveLessons Video Learning Products

`http://deitel.com/books/LiveLessons/`

Android™ 6 App Development Fundamentals, 3/E
C++ Fundamentals
Java SE 8™ Fundamentals, 2/E
Java SE 9™ Fundamentals, 3/E
C# 6 Fundamentals
C# 2012 Fundamentals
JavaScript Fundamentals
Swift™ Fundamentals

REVEL™ Interactive Multimedia

REVEL™ for Deitel Java™

To receive updates on Deitel publications, Resource Centers, training courses, partner offers and more, please join the Deitel communities on

- Facebook®—`http://facebook.com/DeitelFan`
- Twitter®—`http://twitter.com/deitel`
- LinkedIn®—`http://linkedin.com/company/deitel-&-associates`
- YouTube™—`http://youtube.com/DeitelTV`
- Google+™—`http://google.com/+DeitelFan`
- Instagram®—`http://instagram.com/DeitelFan`

and register for the free *Deitel® Buzz Online* e-mail newsletter at:

`http://www.deitel.com/newsletter/subscribe.html`

To communicate with the authors, send e-mail to:

`deitel@deitel.com`

For information on programming-languages corporate training seminars offered by Deitel & Associates, Inc. worldwide, write to `deitel@deitel.com` or visit:

`http://www.deitel.com/training/`

For continuing updates on Pearson/Deitel publications visit:

`http://www.deitel.com`
`http://www.pearsonhighered.com/deitel/`

Visit the Deitel Resource Centers, which will help you master programming languages, software development, Android™ and iOS® app development, and Internet- and web-related topics:

`http://www.deitel.com/ResourceCenters.html`

Java™

HOW TO PROGRAM

EARLY OBJECTS

ELEVENTH EDITION

Paul Deitel
Deitel & Associates, Inc.

Harvey Deitel
Deitel & Associates, Inc.

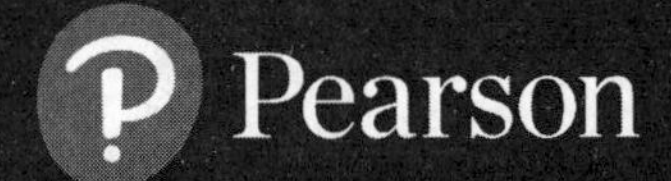

330 Hudson Street, NY, NY, 10013

Senior Vice President Courseware Portfolio Management: ***Marcia J. Horton***
Director, Portfolio Management: Engineering, Computer Science & Global Editions: ***Julian Partridge***
Higher Ed Portfolio Management: ***Tracy Johnson (Dunkelberger)***
Portfolio Management Assistant: ***Kristy Alaura***
Managing Content Producer: ***Scott Disanno***
Content Producer: ***Robert Engelhardt***
Web Developer: ***Steve Wright***
Rights and Permissions Manager: ***Ben Ferrini***
Manufacturing Buyer, Higher Ed, Lake Side Communications Inc (LSC): ***Maura Zaldivar-Garcia***
Inventory Manager: ***Ann Lam***
Product Marketing Manager: ***Yvonne Vannatta***
Field Marketing Manager: ***Demetrius Hall***
Marketing Assistant: ***Jon Bryant***
Cover Designer: ***Paul Deitel, Harvey Deitel, Chuti Prasertsith***
Cover Art: ©***Joingate/ShutterStock***

Credits and acknowledgments borrowed from other sources and reproduced, with permission, in this textbook appear on page vi.

Library of Congress Cataloging-in-Publication Data
On file

1 17

ISBN-10: 0-13-474335-0
ISBN-13: 978-0-13-474335-6

In memory of Dr. Henry Heimlich:

Barbara Deitel used your Heimlich maneuver to save Abbey Deitel's life. Our family is forever grateful to you.

Harvey, Barbara, Paul and Abbey Deitel

Trademarks

国外计算机科学教材系列

Java 大学教程

（第十一版）

Java How to Program

Eleventh Edition

［美］ Paul Deitel Harvey Deitel 著

张永健 张志强 王东昱 等译

電子工業出版社

Publishing House of Electronics Industry

北京 · BEIJING

内 容 简 介

本书是一本 Java 编程方面的优秀教材，秉承 Deitel 系列丛书的一贯特点：内容丰富、覆盖面广，提供详细代码与实例研究，总结出大量的面向对象编程技巧和经验。本书详细说明了在 Java 中面向对象编程的基本理论及实用知识，以初学者为起点，由点到面、由浅入深、循序渐进地介绍了对象、继承、多态、接口、异常处理、JavaFX GUI、数据结构和集合、lambda 与流、递归、搜索与排序、并发性、JDBC、JavaFX 与多媒体、JShell 等，并且详细介绍了网络应用的开发与实践。第十一版在前一版的基础上增加了更多的实际案例，更新了很多内容，有助于读者学习和借鉴。本书包括更广泛的教学特性，其中列举了数百个可实际使用的程序，并给出了运行结果，可以使学生在学习时更为直观。

本书结构清晰、逻辑性强，适合作为相关专业 Java 编程课程的教材，是所有对 Java 编程感兴趣的读者的有益参考书，也可供各类软件开发人员参考。

图书在版编目(CIP)数据

Java 大学教程：第十一版 / (美)保罗·戴特尔(Paul Deitel)，(美)哈维·戴特尔(Harvey Deitel)著；张永健等译. 北京：电子工业出版社，2021.3

书名原文：Java How to Program, Eleventh Edition

国外计算机科学教材系列

ISBN 978-7-121-40681-2

I. ①J… II. ①保… ②哈… ③张… III. ①JAVA 语言－程序设计－高等学校－教材 IV. ①TP312.8

中国版本图书馆 CIP 数据核字(2021)第 038727 号

责任编辑：冯小贝
印　　刷：三河市鑫金马印装有限公司
装　　订：三河市鑫金马印装有限公司
出版发行：电子工业出版社
　　　　　北京市海淀区万寿路 173 信箱　　邮编：100036
开　　本：787×1092　1/16　印张：57.75　字数：1922 千字
版　　次：2021 年 3 月第 1 版(原著第 11 版)
印　　次：2021 年 3 月第 1 次印刷
定　　价：179.00 元

凡所购买电子工业出版社图书有缺损问题，请向购买书店调换。若书店售缺，请与本社发行部联系，联系及邮购电话：(010)88254888，88258888。

质量投诉请发邮件至 zlts@phei.com.cn，盗版侵权举报请发邮件至 dbqq@phei.com.cn。

本书咨询联系方式：fengxiaobei@phei.com.cn。

序　言[1]

在我的职业生涯中，曾经遇到许多 Java 专业开发人员，他们都使用过 Paul 和 Harvey 的作品，这些作品包括专业图书、大学教材、视频课程及企业培训课程。有许多 Java 用户群体已经参与到作者的写作过程中，这些著作有些已经用于大学课程和专业培训课程中。欢迎你加入这个精英群体。

如何才能成为一名专家级的 Java 开发人员？

当我在大学发表演讲，或者参加 Java 专业人士的聚会时，这是我常被问及的问题之一。学生们希望在这个伟大的时代成为专家级的开发人员。

对于那些愿意花时间进行学习和实践，进而精通软件开发的人而言，广阔的市场中充满着各种机会，有大量的项目令人着迷。当今的世界，需要优秀的、专注的开发专家。

那么，如何才能成为这样的人呢？首先需要说明的是，软件开发是相当困难的一项工作。不过，也不必气馁。只要精通了它，大量机会就会滚滚而来。我们应该承认现实、知难而进、拥抱未来！对于软件开发而言，永远有学不完的知识。

软件开发令人着迷，软件到处存在且无所不能。无论是使世界变得更美好的非营利项目，还是最前沿的生物技术；从金融领域里那些令人发狂的日常动态，到宗教里深藏的秘密；从运动、音乐到演出。所有这些，都与软件有关。一个项目的成功与失败，依赖于开发人员的知识和技能。

使读者获得相关的技能，就是编写本书的初衷。这本书面向学生和新入行的开发人员，这使得它易于学习。写作本书的两位作者，都具有多年的教育和开发经历。参与写作的其他人员，多是学术界的领导者和 Java 专家——Java Champion 获得者、Java 开源开发人员，甚至包括 Java 的创建者。这些人的知识和经验，将指导你的学习。即使是经验丰富的 Java 专业人士，也能够从本书中获益。

本书如何使读者成为专家

Java 发布于 1995 年——那时本书的两位作者，就已经为 1996 年的秋季课程完成了本书第一版的编写工作。自那以后，本书陆续出版了 10 个版本，以便能及时跟踪 Java 软件工程中最新的开发技术和新名词。通过学习本书，能够快速掌握 Java 开发技巧。

作者已经将纷繁复杂的 Java 知识点分解成多个定义明确的特定目标。读者只需密切关注并认真理解每一章所讲的内容，就会发现精通 Java 的道路将是一片坦途。而且，由于本书同时涉及 Java SE 8 和 Java SE 9(简称 Java 8 和 Java 9)，因此学习本书就能够学会最新的 Java 技术。

最为重要的是，本书将课堂讲授的内容和课后的实践完全融合在一起。无论是在课堂学习，还是在家学习，都应认真体验书中大量的示例代码，完成精心设计的那些丰富的练习题。只有这样，才能学到 Java 的精髓，从而敢于挑战 Java 专业人士。我用 20 余年的 Java 经验告诉你，这绝对不是夸大之词。

举例来说，我最喜欢的部分是讲解 lambda 与流的那一章。这一章详细讲解了相关的主题，并且通过练习题使这些主题得到强化。这些练习题就是开发人员日常工作中所遇到的那些挑战。通过这些练习题，可以使开发人员的技能得到提升。只要解决了这些练习题中的问题，无论是初学者还是资深开发人员，都能够深刻理解 Java 的这些重要特性。如果在学习过程中遇到任何问题，不要犹豫——Deitel 的所有著作中都公布了作者的 E-mail 地址，以鼓励双方的交互。

我还喜欢 JShell 那一章。JShell 是 Java 9 的一个新工具，它促进了 Java 的交互性。利用 JShell，可

---

① 中文翻译版的一些字体、正斜体、图示沿用英文原版的写作风格。

以探索、发现和体验 Java 的新概念、语言特性和 API，允许出错(有意或者无意)并更正，并且能够快速地原型化新代码。JShell 可能是提升学习和工作效率的最重要的工具。本书中全面讲解了 JShell，无论学生和有经验的开发人员，都能够即学即用。

作者总是一如既往地顾及不同层次的读者的这一做法，令人印象深刻。他们将深奥的概念简化，并认真对待专业人员在行业项目中遇到的各种挑战。

关于 Java 9 的信息有很多，它是 Java 的一个重要版本。读者可以直接学习这些最新的 Java 特性。如果使用的是 Java 8，则可以根据自己的进度学习 Java 9，但是一定要从 JShell 开始。

本书的另一个亮点是关于 JavaFX 的讲解，这是最新的 Java GUI，涉及图形和多媒体功能。对于新项目而言，建议使用 JavaFX 工具集。即使处理的是采用老式 Swing API 的旧项目，讲解 JavaFX 的这几章也值得阅读。

要认真阅读本书中讲解并发性的内容。它们清晰地给出了基本的概念，其中的中高级示例以一种浅显的方式呈现。通过本书的学习，可以最优化多核系统下程序的性能。

鼓励读者参与全球范围内 Java 社区的活动，社区中有很多乐于助人的专业人士随时准备帮助你。你可以咨询问题并获得答案，还可以回答同行的问题。除了这本书，Internet 及学术和专业社区也可以帮助您快速成为 Java 开发专家。祝你成功!

Bruno Sousa
bruno@javaman.com.br
Java Champion
Java ToolsCloud 专家
SouJava(Brazilian Java 社区)总裁
Java Community Process 的 SouJava 代表

本书的翻译出版得到国际关系学院中央高校基本科研业务费专项资金资助(项目编号3262021T11)，国际关系学院享有修改权。

本书由国际关系学院的张永健主持翻译工作，具体的翻译分工如下：文前内容及第 1 ~ 3 章由王东昱翻译，第 4 ~ 8 章、第 22 章由张永健翻译，第 9 ~ 12 章由卜静翻译，第 13 ~ 15 章由隆冬翻译，第 16 ~ 18 章由洛基山翻译，第 19 ~ 21 章由张君施翻译，第 23 ~ 25 章由张志强翻译，附录及索引由李剑渊翻译，全书最后由张永健负责统稿。

前　　言

欢迎使用本书，进入 Java 编程的世界！本书将为学生、教师和软件开发人员提供前沿的计算技术。这本书适用于相关专业的基础课程和专业课程，它们是两个主要的专业组织——ACM 和 IEEE 推荐的课程体系①；也适用于准备 Advanced Placement（AP）计算机科学课程的考试②；对于计划获取如下两个 Java Standard Edition 8（Java SE 8）证书的人员而言，本书也非常合适③：

- Oracle Certified Associate，Java SE 8 Programmer
- Oracle Certified Professional，Java SE 8 Programmer

在阅读本书之前，可以先阅读一下业内人士对于本书的评价，它们精确地概述了本书的精髓。后面将为学生、教师及专业人士提供更多的详细信息。

本书的主要目的是，为学生在将来的高级课程和行业中所遇到的 Java 编程挑战做好准备。书中关注的是软件工程的最佳实践，其核心是作者独有的“活代码”方法（live-code approach）——与 Java 语言有关的概念，是在完全可工作的数百个程序的环境下呈现的，而不是使用代码片段。这些程序都已经在 Windows®、macOS®和 Linux®下经过了测试。每一个完整的代码示例都伴有真实的执行结果。

新特性及更新过的特性

如下这些小节中，包含本书中新涉及的主要特性及更新过的特性：

- 灵活使用 Java SE 8 或 Java SE 9（包含 Java SE 8）
- 模块化结构
- 讲解基本的编程知识
- 有关 Java SE 9 的部分：JShell、模块化系统及其他主题
- 面向对象编程
- 涵盖 JavaFX/Swing GUI、图形及多媒体
- 数据结构和泛型集合
- 涉及 lambda 与流
- 并发性与多核处理器性能
- 数据库：JDBC 与 JPA
- Web 应用开发和 Web 服务
- （选修）面向对象设计案例分析

灵活使用 Java SE 8 或 Java SE 9

为了满足不同读者的需求，本书以 Java SE 8 或 Java SE 9（分别简称为 Java 8 和 Java 9）为基础，针

---

① 推荐的课程体系包含在 2013 年计算机科学本科学位课程大纲（*Computer Science Curricula 2013 Curriculum Guidelines for Undergraduate Degree Programs in ComputerScience*）中，它们由计算机课程联合专家组（Joint Task Force on Computing Curricula）、ACM 和 IEEE 计算机学会于 2013 年 12 月 20 日发布。

② 参见 https://apstudent.collegeboard.org/apcourse/ap-computer-science-a/exam-practice。

③ 参见 http://bit.ly/OracleJavaSE8Certification（到本书编写时为止，还没有进行 Java SE 9 认证考试）。

8 9 对学校课程和专业培训课程进行了设计。每当介绍 Java 8 或者 Java 9 中的一个特性时，都会在页边加上一个“8”或者“9”的字样(如左图所示)。书中关于 Java 9 的特性出现在可选修的章节(印刷版或者在线内容)中。图 1 和图 2 分别给出了本书中涉及的 Java 8 和 Java 9 的一些重要特性。

Java 8 的特性	
lambda 和流 类型推导的改进 @FunctionalInterface 注解 用于 Java Collections 的批量数据操作——filter、map 和 reduce 为了支持 lambda 而改进的库(如 java.util.stream 和 java.util.function)	日期与时间 API(java.time) 并行数组排序 Java 并发性 API 的改进 接口中的 static 方法和 default 方法 只定义一个 abstract 方法，且能够包含 static 方法和 default 方法的函数式接口

图 1　本书讲解的一些 Java 8 的特性

Java 9 的特性	
印刷版： 讲解 JShell 的新的一章 “_”不再用作标识符 private 接口方法 可以在 try-with-resources 语句中使用 effectively final 变量 涉及 Stack Walking API 讲解 JEP 254 中的紧凑字符串 集合工厂方法	*在线内容：* 模块化系统 HTML5 Javadoc 的改进 Matcher 类的新的重载方法 CompletableFuture 的改进 JavaFX 9 皮肤 API 及其他改进 涉及： Java 9 安全改进概述 G1 垃圾收集器 对象序列化安全的提升 改进的 deprecation 技术

图 2　本书讲解的一些 Java 9 的特性

本书的模块化结构

本书的模块化结构有助于教师的讲解。

本书适合于各种不同级别的编程课程。第 1 ~ 25 章适合于核心的 CS 1 和 CS 2 课程，以及相关专业的入门性课程体系。第 26 ~ 36 章可用于高级课程，它们在本书的配套网站上提供。

第一部分：简介

第 1 章　计算机、Internet 与 Java 简介

第 2 章　Java 应用介绍、输入/输出、运算符

第 3 章　类、对象、方法与 String 简介

第 25 章　JShell 简介：Java SE 9 中用于交互式 Java 的 REPL

第二部分：其他的编程知识

第 4 章　控制语句(1)及赋值、++与– –运算符

第 5 章　控制语句(2)及逻辑运算符

第 6 章　方法：深入探究

第 7 章　数组与 ArrayList

第 14 章　字符串、字符与正则表达式

第 15 章　文件、输入/输出流、NIO 与 XML 序列化

第三部分：面向对象编程

第 8 章　类与对象：深入探究

第 9 章　面向对象编程：继承

第 10 章　面向对象编程：多态和接口

第 11 章　异常处理：深入探究

第四部分：JavaFX GUI、图形与多媒体

第 12 章　JavaFX GUI(1)

第 13 章　JavaFX GUI(2)

第 22 章　JavaFX 图形与多媒体

第五部分：数据结构、泛型集合、lambda 与流

第 16 章　泛型集合

第 17 章　lambda 与流

第 18 章　递归

第 19 章　搜索、排序与大 O 记法

第 20 章　泛型类和泛型方法：深入探究

第 21 章　定制泛型数据结构

第六部分：并发性与网络功能

第 23 章　并发性

第 28 章　网络功能

第七部分：数据库驱动的桌面应用开发

第 24 章　利用 JDBC 访问数据库

第 29 章　Java 持久性 API(JPA)

第八部分：Web 应用开发与 Web 服务

第 30 章　JavaServer Faces Web 应用开发(1)

第 31 章　JavaServer Faces Web 应用开发(2)

第 32 章　REST Web 服务

第九部分：其他的 Java 9 主题

第 36 章　Java 模块化系统与其他 Java 9 的特性

第十部分：(选修)面向对象设计

第 33 章　ATM 案例分析(1)：面向对象设计与 UML

第 34 章　ATM 案例分析(2)：实现面向对象的设计

第十一部分：(选修)Swing GUI 与 Java 二维图形

第 26 章　Swing GUI 组件(1)

第 27 章　图形与 Java 2D

第 35 章　Swing GUI 组件(2)

Java 简介与编程基础(第一、二部分)

第 1 ~ 7 章以一种合理的、用示例讲解的传统方式涵盖有关编程的主题。与其他多数讲解 Java 的教材不同，本书采用一种“早期对象”的方法(early objects approach)——参见后面的“面向对象编程”部分。注意，前面提到过，本书第一部分包含了可选修的第 25 章，讲解了 Java 9 中新引入的 JShell。并不是所有的课程都会讲解 JShell。但是，如果讲解它，则会发现 JShell 的交互性使 Java“变活了”，从而能够加速学习过程(参见后面讲解的 JShell)。

9 有关 Java 9 的部分：JShell、模块化系统及其他的 Java 9 主题(JShell 位于第一部分，其他内容位于第九部分)

JShell：Java 9 的 REPL(Read-Eval-Print-Loop，“读取-求值-输出”循环)

JShell 提供了一个友好的环境，以便用户能够快速地探索、发现和体验 Java 语言的特性及其大量的库。JShell 用 REPL 替代了编辑、编译、执行这个烦琐的循环。无须实现完整的程序，就可以编写 JShell 命令及 Java 代码段。输入代码段时，JShell 会立即进行如下操作：

- 读取代码段
- 计算它的值
- 输出消息，以查看代码段的结果
- 为下一个代码段执行相同的过程

从第 25 章的大量示例和练习题中，可以看到 JShell 及其即时反馈是如何使学生保持注意力、提高学习效果并加快软件开发过程的。

JShell 是易于使用且充满乐趣的。它有助于更快、更深入地学习 Java 特性，并可用来验证这些特性的工作方式。对教师而言，利用 JShell 能够鼓励学生深入学习，提高学习效率。作为专业人士，可以了解 JShell 如何帮助快速原型化主要的代码段，以及如何帮助发现和实验新的 API。

本书采用模块化方法，在第 25 章中讲解 JShell。对于这一章：

1. 可随意取舍。
2. 被分解成 16 个小节，其中的许多小节与书中前面某一章的特定主题相对应(见图 3)。
3. 大量讲解 JShell 功能。其中包含大量示例，需要亲自体验它们，让 JShell 成为你的有用工具。你会发现 JShell 能够带来很大的便利。
4. 包含大量自测题，并且提供了答案。这些自测题可以在学习第 2 章和 25.3 节之后完成。要随时验证你的答案，这有助于快速掌握基本的 JShell 功能。接着，可以完成本章中其他的示例程序，从而掌握更多的 JShell 功能。

讲解 JShell 的各节	预备内容
25.3 节，介绍 JShell，包括启动会话、执行语句、声明变量、计算表达式的值、类型推导功能等 25.4 节，探讨如何在 JShell 中用 Scanner 进行命令行输入	第 2 章　Java 应用介绍、输入/输出、运算符
25.5 节，讲解如何在 JShell 中声明并使用类，包括如何加载包含类声明的 Java 源代码文件 25.6 节，介绍 JShell 的自动补全功能，以完成类操作和 JShell 命令	第 3 章　类、对象、方法与 String 简介
25.7 节，讲解其他的 JShell 自动补全功能，查看方法的参数、文档及它的重载方法 25.8 节，探讨如何在 JShell 中声明并使用方法，包括前向引用还没有在 JShell 会话中存在的方法	第 6 章　方法：深入探究
25.9 节，讲解 JShell 中的异常处理	第 7 章　数组与 ArrayList
25.10 节，讲解如何将包添加到类路径中，并将它们导入 JShell	第 21 章　定制泛型数据结构
讲解 JShell 的其他各节为参考性资料，可以在 25.10 节之后阅读。这些主题包括使用外部编辑器、JShell 命令汇总、在 JShell 中获得帮助、/edit 命令、/reload 命令、/drop 命令、反馈模式、其他可通过/set 命令配置的 JShell 特性、用于代码段编辑的键盘快捷键、JShell 如何重新解释 Java 以供交互使用及 IDE JShell 支持	

图 3　第 25 章中探讨的 JShell 主题，与前面的几章相对应

新的一章——Java 模块化系统及其他的 Java 9 主题

由于 Java 9 依然在发展中，所以本书的配套网站上有一章专门讲解 Java 9 的模块化系统及各种其他的 Java 9 主题。

面向对象编程(第三部分)

面向对象编程。本书采用一种“早期对象”的方法，第 1 章就讲解了对象技术的基本概念和术语。第 3 章将开发一个定制的类和对象。尽早讲解对象和类，能让学生立即“思考对象”，从而更全面地掌握这些概念。

“早期对象”的真实案例分析。第 3 ~ 7 章讲解类和对象，通过 Account 类、Student 类、AutoPolicy 类、Time 类、Employee 类、GradeBook 类、Card 类这些案例，逐步深入地讲解面向对象概念。

继承、接口、多态和组合。第 8 ~ 10 章用更多的真实案例，深入讲解了面向对象编程，包括 Time 类、Employee 层次，以及在不相关的 Employee 类和 Invoice 类中实现的 Payable 接口。通过这些讲解，诠释了一些有关行业级程序的习语的含义，例如“要为接口编程，而不是为实现编程”“应优先使用组合，而不是使用继承”等。

异常处理。第 7 章中讲解了基本的异常处理概念，然后在第 11 章中更深入地探讨了它。对于构建任务关键型和业务关键型的程序而言，异常处理非常重要。为了使用 Java 组件，不仅需要知道组件在“进展顺利”时的行为，还需要知道它在“进展不顺利”时会“抛出”哪些异常，以及代码应该如何处理这些异常。

Arrays 类和 ArrayList 类。第 7 章讲解了 Arrays 类，这个类中包含用于执行常见的数组操作的方法。这一章中还会讲解 ArrayList 类，它实现了一种可动态调整大小的、与数组类似的数据结构。讲解它们时遵循本书的惯例，即在学习如何定义自己的类的同时，使用现有的类进行大量的实践。本章丰富的练习题包括如何利用软件模拟技术自己搭建一台计算机。第 21 章包括一个关于构建自己的编译器的后续项目，该编译器可以将高级语言程序编译成能够在计算机模拟器上实际执行的机器语言代码。学习有关编程的前两个学期课程的学生，一定会喜欢这些挑战。

灵活讲解 JavaFX GUI、图形与多媒体(第四部分)，以及选修的 Swing(第十一部分)

对于讲授入门课程的教师，本书提供了灵活的 JavaFX GUI、图形与多媒体内容，使教师能够选择希望涵盖的 JavaFX 范围：

- 从零开始
- 到部分或者全部入门性的章节(位于前几章结尾处)
- 到第 12 章、第 13 章、第 22 章中深入讲解的 JavaFX GUI、图形与多媒体

第 23 章和第 24 章还在几个基于 GUI 的示例中用到了 JavaFX。

尽早讲解 JavaFX

学生们都喜欢创建包含 GUI、图形、动画及视频的程序。对于较早引入 GUI 和图形的课程，本书集成了一个可选修的 GUI 和图形案例分析，该案例涉及基于 JavaFX 的 GUI 和基于画布的图形[①]。该案例分析的目标是，创建一个简单的多态绘图程序。在该程序中，用户可以选择要绘制的形体及它的特征(如颜色、线宽及形体是空心的还是填充颜色)，然后拖动鼠标，定位形体并设置它的大小。该案例分析逐渐朝着目标进展，在第 10 章中实现一个多态绘图程序，并在练习题 13.9 中实现了一个更健壮的用户界面(见图 4)。对于包含这些可选修的早期案例分析部分的课程，可以在第 12 章、第 13 章、第 22 章中选择相关内容进行讲解。

第 12～13 章、第 22 章中深入讲解的 JavaFX GUI、图形与多媒体

本书的这一版中，对讲解 JavaFX 的部分做了大量更新，并将所有的三章都放入印刷版中，替换了 Swing GUI 和图形的内容(对于希望继续使用 Swing 的教师，可以参考在线内容)。在案例分析和第 12 ~ 13 章中，使用了 JavaFX 和 Scene Builder(一种用于快速方便地创建 JavaFX GUI 的拖放工具)来构建几个程序，

---

① 第 22 章通过 JavaFX 形体类型，更深入地探讨了图形处理，这些类型可以利用 Scene Builder 直接添加到 GUI 中。

演示了各种 JavaFX 布局、控件和事件处理功能。Swing 中的拖放工具及其所产生的代码与 IDE 有关。Scene Builder 是一个独立的工具，可以单独使用它，也可以与任何 Java IDE 一起使用，进行可移植的拖放 GUI 设计。第 22 章中，讲解了大量有关 JavaFX 2D 和 3D 图形、动画及视频的功能。还提供了 36 个编程练习题和项目，它们具有挑战性和娱乐性，其中包括许多游戏编程练习题。尽管讲解 JavaFX 的章节在书中是分散的，但是第 22 章可以在第 13 章之后立即学习。

节号或练习题	主题
3.6 节	显示文本和图像
4.15 节	响应按钮单击，用 JavaFX 的图形功能画线
5.11 节	绘制矩形和椭圆
6.13 节	用多种颜色绘制形体
7.17 节	用圆弧绘制彩虹
8.16 节	将形体保存为对象，然后让这些对象在屏幕上绘图
10.14 节	识别形体类之间的相似性，创建一个形体类层次结构
练习题 13.9	综合性的练习题，允许用户选择不同的形体来画图，配置它们的属性(如颜色和填充性)，并可以通过鼠标拖动来调整形体大小

图 4　涉及 GUI 及图形案例分析的各节和练习题

Swing GUI 和 Java 2D 图形

Swing 依然被广泛使用，但是 Oracle 今后将只对它提供少量更新。如果希望继续使用 Swing，则可以阅读本书第十版的如下章节：

- 第 3 ~ 8 章、第 10 章和第 13 章中有关 Swing GUI 与图形的案例分析(选修)
- 第 26 章　Swing GUI 组件(1)
- 第 27 章　图形与 Java 2D
- 第 35 章　Swing GUI 组件(2)

将 Swing GUI 集成到 JavaFX GUI 中

尽管本书使用的是 JavaFX，但依然可以加入很受欢迎的那些 Swing 功能。例如，第 24 章中演示了如何通过 JavaFX 8 SwingNode 在嵌入 JavaFX GUI 的 Swing JTable 组件中显示数据库数据。进一步研究 Java 时，还会发现可以将 JavaFX 功能集成到 Swing GUI 中。

数据结构和泛型集合(第五部分)

第 7 章及本书第五部分中的那几章构成了数据结构课程的核心。第 7 章讲解了泛型类 ArrayList，后面的数据结构内容(第 16 ~ 21 章)提供了对泛型集合的更深入处理——展示了如何使用 Java API 的内置集合。

书中讨论了非常重要的递归概念，可用于实现树形数据结构类。针对计算机科学专业及相关学科的学生，书中讨论了用于操作集合内容的流行搜索和排序算法，并对“大 O”(Big O)记法进行了介绍，它是一种用数学方法描述算法为解决问题可能需要付出多大努力的方法。对于大多数程序员而言，应当使用集合类中现有的搜索和排序功能。

接着，本书讲解了如何实现泛型方法和类，以及自定义泛型数据结构(这也是为计算机科学专业设计的——大多数程序员应该使用预定义的泛型集合)。(第 17 章讲解的)lambda 与流对于泛型集合而言尤其有用。

讲解 lambda 与流(第 17 章)

Java 8 最显著的特性是引入了 lambda 与流的概念。本书读者的阅读要求可能有如下几类：

8

- 希望大量讲解 lambda 与流
- 希望通过示例对 lambda 与流有基本的介绍
- 不希望使用 lambda 与流

第 17 章大量讲解了 lambda 与流之后，将 lambda 与流集成到几个示例中，可以体会到它们的强大功能。

这一章中，将看到 lambda 与流可以用来更快速、更简单地编写程序，且错误更少。与使用以前的技术编写的程序相比，它们更容易并行化(在多核系统上实现性能提升)。包含 lambda 与流的“函数式编程”是对面向对象编程的补充。

第 17 章的大部分内容都适合在本书的前面讲解(见图 5)——对学生而言，建议 17.2 ~ 17.7 节在第 7 章之后学习；对专业人员而言，建议 17.2 ~ 17.5 节在第 5 章之后阅读。这样就能巧妙地重新实现书中的许多示例。

关于 lambda 与流的探讨	预备内容
17.2 ~ 17.5 节，介绍基本的 lambda 与流功能，可以用它们来替换计数器循环，并讨论了流的处理机制	第 5 章　控制语句(2)及逻辑运算符
17.6 节，讲解方法引用及其他的流功能	第 6 章　方法：深入探究
17.7 节，讲解处理一维数组的 lambda 与流功能	第 7 章　数组与 ArrayList
17.8 ~ 17.10 节，讲解其他的流功能，并展示流处理中使用的各种函数式接口	第 10 章　面向对象编程：多态和接口——10.10 节讲解 Java 8 接口的特性(默认方法、静态方法和函数式接口的概念)，用于支持 lambda 与流的函数式接口
17.11 节，展示如何利用 lambda 与流来处理 String 对象的集合	第 14 章　字符串、字符与正则表达式
17.12 节，讲解如何利用 lambda 与流来处理 List<Employee>	第 16 章　泛型集合
17.13 节，探讨如何利用 lambda 与流来处理来自文件的文本行	第 15 章　文件、输入/输出流、NIO 与 XML 序列化
17.14 节，讲解随机值流	第 17 章的前几节
17.15 节，探讨无限流	第 17 章的前几节
17.16 节，讲解如何利用 lambda 实现 JavaFX 事件监听器接口	第 12 章　JavaFX GUI(1)
第 23 章，展示了使用 lambda 与流的程序通常更容易并行化，因此它们可以利用多核架构来提高性能。本章讲解了并行流的处理，并展示了 Arrays 的方法 parallelSort 在对大型数组进行排序时，可以提高多核架构上的性能	

图 5　Java 8 中的 lambda 与流

并发性与多核处理器性能(第六部分)

我们有幸邀请到 Brian Goetz，他是 *Java Concurrency in Practice* (Addison-Wesley 出版)一书的合著者，本书上一版的审稿人。本书的第 23 章已经用 Java 8 技术和术语进行了更新，添加了一个将 parallelSort 与 sort 进行比较的示例，它使用 Java 8 中的日期/时间 API 对每个操作计时，验证了 parallelSort 在多核系统上的更好性能。本章也加入了一个 Java 8 中比较并行与串行流处理的示例，同样使用日期/时间 API 来显示性能改进。本章还添加了一个 Java 8 CompletableFuture 示例，它展示了长时间运行的计算的串行和并行执行情况。在讲解 Java 9 的在线内容中，讨论了 CompletableFuture 的强化功能。最后，这一部分添加了几个练习题，其中一个演示了采用非关联操作的 Java 8 流的并行化问题。还有几个练习题需要研究并使用 Fork/Join 框架来并行化递归算法。

JavaFX 并发性。在这个版本中，第 23 章将基于 Swing 的 GUI 示例转换成基于 JavaFX 的。书中强调了 JavaFX 并发性，包括用 Task 类在单独的线程中执行长时间运行的任务，并在 JavaFX 应用线程中显示结果；使用 Platform 类的 runLater 方法来调度一个 Runnable 任务，以便在 JavaFX 应用线程中执行。

数据库：JDBC 与 JPA(第七部分)

JDBC。第 24 章讲解了被广泛使用的 JDBC，并使用了 Java DB 数据库管理系统。本章讲解的是结构化查询语言(SQL)，并给出了一个用 JavaFX 数据库驱动地址簿程序的案例，它演示了

PreparedStatement 的用法。JDK 9 中没有绑定 Java DB，它是 Apache Derby 的 Oracle 版本。JDK 9 用户可以下载并使用 Apache Derby（https://db.apache.org/derby/）。

Java 持久性 API。第 29 章讲解的是新版 Java 持久性 API（Java Persistence API，JPA）——对象-关系映射（ORM）的标准，它“在底层”使用 JDBC。ORM 工具可以查看数据库的模式并生成一组类，从而不必直接使用 JDBC 和 SQL，就可以与数据库交互。这样，可以加快数据库程序的开发，减少错误，并能生成更具移植性的代码。

Web 应用开发和 Web 服务（第八部分）

JavaServer Faces（JSF）。第 30 ~ 31 章讲解的是 JavaServer Faces（JSF）技术，它用于构建 JSF Web 程序。第 30 章还介绍了建立 Web 程序 GUI、验证窗体及进行会话跟踪的几个示例。第 31 章探讨的是数据驱动的 JSF 程序——用户可以在多层 Web 地址簿程序中添加和搜索联系人信息。

Web 服务。第 32 章关注的是如何创建和使用基于 REST 的 Web 服务。当今的大多数 Web 服务都使用 REST。与经常需要操作 XML 格式的旧式 Web 服务相比，REST 更简单、更灵活。REST 可以使用各种格式，如 XML、JSON、HTML、普通文本和媒体文件。

（选修）在线的面向对象设计案例分析（第十部分）

开发一个面向对象设计和用 Java 实现的 ATM。第 33 ~ 34 章包含的是一个使用 UML（统一建模语言）进行面向对象设计的案例分析（选修），UML 是面向对象系统建模的行业标准图形语言。书中设计并实现了一个用于简单自动柜员机（ATM）的软件。在这一部分内容中，分析了一个构建系统细节所要求的典型需求文档，明确了实现该系统所需要的类、类需要具有的属性、类需要表现的行为，还指定了类必须如何彼此交互，以满足系统需求。根据这些设计，书中还给出了一个可运行的 Java 实现。读者经常反馈他们有“眼前一亮”的感觉，这个“集大成”的案例分析，使他们真正理解了 Java 中面向对象的概念。

教学方法

本书包含数百个可完整运行的示例。书中强调的是程序的清晰性，并集中讲解如何构建良好工程化的软件。

目标　各章开头处的目标，提供了本章内容的精要。

插图　书中包含大量的图表、线状图、UML 框图、程序及程序输出。

总结　各章（除第 1 章外）末尾按节给出了汇总性内容。

自测题及答案　为便于自学，书中给出了大量的自测题及答案。对于选修的 ATM 案例分析中的所有练习题，也给出了答案。

练习题　各章的练习题类型包括：

- 简要回顾重要的术语和概念。
- 找出代码中的错误。
- 给出代码的运行结果。
- 为方法和类编写单条语句和代码段。
- 编写完整的方法、类和程序。
- 重要的项目练习。
- 有几章的“挑战题”部分，鼓励读者利用计算机和 Internet 来研究并解决重大的社会问题。
- 这一版本中，对游戏编程增加了新的练习题（SpotOn，Horse Race，Cannon，15 Puzzle，Hangman，Block Breaker，Snake，Word Search）。同时，也增加了其他方面的一些练习题，包括：JavaMoney API，final 实例变量，组合和继承相结合，接口，分形，递归搜索目录，可视化排序算法，以及用 Fork/Join

框架实现并行递归算法等。对于其中的大多数主题，要求学生在线学习更多的 Java 特性并使用它们。

可访问作者的 Programming Projects Resource Center（www.deitel.com/ProgrammingProjects），获取大量额外的练习题和项目练习。

索引　本书包含大量的索引。

编程技巧

书中提供了数百个编程提示，可帮助读者关注程序开发过程中的重要方面。这些提示和实践，体现了两位作者累计 90 余年的编程和教学经验之精华。

良好的编程实践

参考这类提示，有助于得到更清晰、更易理解和更易维护的程序。

常见编程错误

给出这类提示，可使读者减少类似的错误。

错误预防提示

这类提示包含暴露程序中的 bug 并删除它们的建议，其中许多这样的提示描述的是如何从一开始就防止将 bug 引入 Java 程序中。

性能提示

这类提示强调的是使程序运行得更快，或使内存占用最小化的可能性。

可移植性提示

这类提示帮助读者编写出可在各种平台上运行的代码。

软件工程结论

这类提示强调的是体系性及设计的问题，这些问题会影响软件系统的建立，尤其是大规模的系统。

外观设计提示

这类提示着重强调的是图形用户界面设计惯例，可帮助用户设计出具有吸引力的、友好的图形用户界面，以符合行业规范。

JEP、JSR、JCP 的含义

本书鼓励读者在线研究有关 Java 的各种问题。可能看到的一些缩写术语有：JEP、JSR 和 JCP。

JEP（JDK Enhancement Proposal，JDK 增强建议）由 Oracle 使用，它收集来自 Java 社区的对 Java 语言、API 和工具的改进建议，并帮助创建未来的 Java Standard Edition（Java SE）、Java Enterprise Edition（Java EE）和 Java Micro Edition（Java ME）平台版本的路线图，以及用于定义这些版本的 JSR（Java Specification Request，Java 规范请求）。关于 JEP 的完整清单，请参见：

```
http://openjdk.java.net/jeps/0
```

JSR 是 Java 平台特性技术规范的形式化描述。添加到 Java（SE、EE、ME 版本）中的每一个新特性，都有一个 JSR。在该特性被添加到 Java 中之前，需要经过一个评估和批准过程。有时，多个 JSR 被组合成一个“JSR 伞”（umbrella JSR）。例如，JSR 337 就是 Java 8 特性的“JSR 伞”，而 JSR 379 为 Java 9 特性的“JSR 伞”。关于 JSR 的完整清单，请参见：

89

```
https://www.jcp.org/en/jsr/all
```

JCP（Java Community Process）负责开发 JSR。JCP 专家组负责创建 JSR。这些 JSR 是公开的，以供公众查阅并提供反馈。关于 JCP 的更多知识，请参见：

```
https://www.jcp.org
```

安全的 Java 编程

构建能够抵抗病毒、蠕虫和其他形式“恶意软件”攻击的工业级系统是很难的。如今，通过 Internet，此类攻击可以是即时的、全球性的。从开发周期的初始，就将安全性构建到软件中，可以大大减少漏洞。作者根据如下的 Java CERT Oracle 安全编码标准审核了本书：

http://bit.ly/CERTOracleSecureJava

并根据这个标准，在书中遵循了各种安全编码实践。

CERT®协调中心(www.cert.org)，是为了分析和迅速应对攻击而创立的。CERT(计算机应急响应小组)是卡内基·梅隆大学软件工程研究所的一个组织，它由政府资助。CERT 发布和促进各种流行编程语言的安全编码标准，以帮助软件开发人员通过使用防止系统被攻击的编程实践，获得工业强度的系统。

我们要感谢 Robert C. Seacord。几年前，当 Seacord 先生担任 CERT 的安全编码经理及卡耐基·梅隆大学计算机科学学院副教授时，他是我们的图书 *C How to Program, 7/e* 的技术评审人员。他从安全的角度仔细审阅了书中的 C 程序，并建议我们遵循 CERT C 安全编码标准。这个建议影响了我们编写 *C++ How to Program, 10/e* 和本书时的编码工作。

配套网站：源代码、在线章节和在线附录①

本书所有的示例源代码文件都可以从如下网址下载：

http://www.deitel.com/books/jhtp11

在本书配套网站上提供了在线章节和在线附录：

http://www.pearsonhighered.com/deitel

关于本书中使用的软件

本书中用到的所有软件，大部分都能够从 Internet 免费下载。关于这些软件的下载链接，请参见“学前准备”的内容。本书使用免费的 JDK 8(Java 标准版开发工具集)来编写大部分示例。对于可选修的 Java 9 内容，使用的是 JDK 9 的 OpenJDK 早期体验版本。所有的 Java 9 程序都能够运行在 JDK 9 早期体验版本上。剩下的所有程序都能够运行在 JDK 8 和 JDK 9 早期体验版本上，并在 Windows、macOS 和 Linux 上进行了测试。在线的几章内容还使用了 Netbeans IDE。

8 9

Java 文档的链接

8

本书通过一些 Java 文档的链接，扩展了书中的讨论主题。有关 Java 8 文档的链接，其开始部分为

http://docs.oracle.com/javase/8/

Java 9 文档的链接，其开始部分为

http://download.java.net/java/jdk9/

9

当 Oracle 发布 Java 9 时，其 Java 9 文档的链接会发生变化，其开始部分有可能变为

http://docs.oracle.com/javase/9/

本书出版后，如果有链接发生了变化，则其更新信息会发布在

http://www.deitel.com/books/jhtp11

本书的另一种编排形式

有多种方法可用来讲授 Java 编程的入门课程。两种最流行的方法是早期对象(early objects)方法和晚期对象(Late Objects)方法。为了满足不同的需求，本书英文原版有两种版本：

---

① 示例源代码、在线章节和在线附录也可登录华信教育资源网(www.hxedu.com.cn)下载。

- *Java How to Program, Early Objects Version, 11/e*
- *Java How to Program, Late Objects Version, 11/e*

二者的主要不同点是第 1 ~ 7 章的编排顺序。从第 8 章开始，两本书的内容完全相同。

`http://www.pearsonhighered.com/educator/replocator`

教学辅助材料①

对于经过确认的教师，可以获得下面这些辅助材料：

- PowerPoint®文档　包含教材中全部的代码和图表，以及总结关键内容的语句段。
- 测试项目文件　包含多项选择题和答案(大约每节有两个问题)。
- 解答手册　给出了各章末尾大多数练习题的答案。对于“项目”类练习题，没有提供相关的答案。

请不要给作者写信，索要教学辅助材料，教师只能通过 Pearson 的代理获得这些资源。

MyProgrammingLab 的在线练习和评估

MyProgrammingLab(编程实验室)可帮助学生全面掌握编程的逻辑性、语义和句法。在 MyProgrammingLab 中，学生可以进行实际的练习并即时获得问题反馈信息，从而提高那些对一些常用的基本概念和高级编程语言范例感到困惑的初学者的编程能力。

MyProgrammingLab 是一个辅助学生自主学习和完成课外作业的工具，其中包括配合本书教学内容和组织结构的数百个小型练习题。对于学生，该工具可对学生提交的代码自动检查逻辑和语法错误，并提供明确的错误提示信息，使学生能够分析出错在何处、为什么出错。对于教师，该工具提供了一个综合性的记分册，可跟踪记录学生的正确答案和错误答案，并可保存学生提交的代码供教师审阅。

通过查看来自教师和学生的反馈信息，或在学习本书课程时使用该工具，可以全面了解 MyProgrammingLab 的功能和用法。网址为

`http://www.myprogramminglab.com`

联系作者

阅读本书时，如果有任何问题，可发电子邮件至

`deitel@deitel.com`

我们会及时回复。关于本书的更新，可访问

`http://www.deitel.com/books/jhtp11`

还可以订阅作者的 Deitel® Buzz Online 新闻组：

`http://www.deitel.com/newsletter/subscribe.html`

作者的社交媒体如下：

- Facebook®(http://www.deitel.com/deitelfan)
- Twitter®(@deitel)
- LinkedIn®(http://linkedin.com/company/deitel-&-associates)
- YouTube®(http://youtube.com/DeitelTV)
- Google+ (http://google.com/+DeitelFan)
- Instagram®(http://instagram.com/DeitelFan)

① 教学辅助材料的申请方式请参见目录后的教辅申请页。

致谢

我们要感谢 Barbara Deitel，她在这个项目上花费了很长时间进行技术研究。我们有幸与 Pearson 的出版团队共同完成这个项目，感谢 Computer Science 执行主编 Tracy Johnson 的指导和为此付出的精力。Tracy 和她的团队负责作者所有教材的编辑出版工作。Kristy Alaura 出色地招募到了本书的评审成员并组织了评审过程。Bob Engelhardt 负责本书的发行。本书的封面由 Chuti Prasertsith 设计。

评审人员

要感谢最近几个版本的评审人员的努力，他们是杰出的学者、Oracle Java 团队成员、Oracle Java Champion 和其他行业的专业人士。他们仔细审查了书中的文字和程序，并为更好的表述方式提出了无数的建议。书中遗留下来的错误都是我们的问题。

感谢 JavaFX 专家 Jim Weaver 和 Johan Vos（*Pro JavaFX 8* 的合著者）、Jonathan Giles 及 Simon Ritter 对讲解 JavaFX 的三章的指导。

第十一版的评审人员：Marty Allen（University of Wisconsin-La Crosse），Robert Field（（JShell chapter only；JShell Architect，Oracle），Trisha Gee（JetBrains，Java Champion），Jonathan Giles（Consulting Member of Technical Staff, Oracle），Brian Goetz（（JShell chapter only；JShell Architect，Oracle），Edwin Harris（M.S. Instructor at The University of North Florida’s School of Computing），Maurice Naftalin（Java Champion），José Antonio González Seco（Consultant），Bruno Souza（President of SouJava—the Brazilian Java Society, Java Specialist at ToolsCloud，Java Champion and SouJava representative at the Java Community Process），Dr. Venkat Subramaniam（President，Agile Developer Inc.；Instructional Professor，University of Houston），Johan Vos（CTO，Cloud Products at Gluon, Java Champion）。

第十版的评审人员：Lance Andersen（Oracle Corporation），Dr. Danny Coward（Oracle Corporation），Brian Goetz（Oracle Corporation），Evan Golub（University of Maryland），Dr. Huiwei Guan（Professor，Department of Computer & Information Science，North Shore Community College），Manfred Riem（Java Champion），Simon Ritter（Oracle Corporation），Robert C. Seacord（CERT，Software Engineering Institute，CarnegieMellon University），Khallai Taylor（Assistant Professor，Triton College and AdjunctProfessor，Lonestar College—Kingwood），Jorge Vargas（Yumbling and a Java Champion），Johan Vos（LodgON and Oracle Java Champion），James L. Weaver（Oracle Corporation and author of *Pro JavaFX 2*）.

前几版的评审人员：Soundararajan Angusamy（Sun Microsystems），Joseph Bowbeer（Consultant），William E. Duncan（Louisiana State University），Diana Franklin（University of California，Santa Barbara），Edward F. Gehringer（North Carolina State University），Ric Heishman（George Mason University），Dr. Heinz Kabutz（JavaSpecialists.eu），Patty Kraft（San Diego State University），Lawrence Premkumar（Sun Microsystems），Tim Margush（University of Akron），Sue McFarland Metzger（Villanova University），Shyamal Mitra（The University of Texas at Austin），Peter Pilgrim（Consultant），Manjeet Rege，Ph.D.（Rochester Institute of Technology），Susan Rodger（Duke University），Amr Sabry（Indiana University），José Antonio González Seco（Parliament of Andalusia），Sang Shin（Sun Microsystems），S. Sivakumar（Astra Infotech Private Limited），Raghavan “Rags” Srinivas（Intuit），Monica Sweat（Georgia Tech），Vinod Varma（Astra Infotech Private Limited），Alexander Zuev（Sun Microsystems）.

特别致谢 Robert Field

Oracle 的 JShell 架构师 Robert Field 评审了本书新的 JShell 章节。他回复了我们大量的电子邮件，我们提出了许多 JShell 问题，报告了在 JShell 发展过程中遇到的 bug，并提出了改进建议。能够让负责 JShell 的人仔细审查书中的内容，是我们的荣幸。

特别致谢 Brian Goetz

Brian Goetz 是 Oracle 的 Java 语言架构师和 Java 8 lambda 项目规范的负责人，也是 *Java Concurrency in Practice* 的合著者，他为本书第十版撰写了一篇书评。Goetz 为我们提供了非凡的见解和建设性意见。在第十一版中，他详细评审了新的 JShell 章节，并在整个撰写过程中回答了许多 Java 问题。

现在，这本书就呈现在你面前！阅读本书时，我们衷心欢迎您提出意见、批评、更正和建议。请将它们发送至

```
deitel@deitel.com
```

我们会及时回复。我们希望你会乐意使用本书，如同我们在编写它时一样。

Paul Deitel　Harvey Deitel

关于作者

Paul Deitel，Deitel & Associates 公司 CEO 兼 CTO，具有超过 35 年计算机行业的工作经验，毕业于麻省理工学院。他拥有 Java Certified Programmer 和 Java Certified Developer 认证证书，并且被授予 Oracle Java Champion 称号。通过 Deitel & Associates 公司，他向行业客户提供了数以百计的编程课程，这些客户包括：Cisco，IBM，Siemens，Sun Microsystems（现在属于 Oracle），Dell，Fidelity，NASA 肯尼迪航天中心，美国国家风暴实验室，白沙导弹基地，Rogue Wave Software，Boeing，SunGard Higher Education，Nortel Networks，Puma，iRobot，Invensys，等等。他和合作者 Harvey Deitel 博士，是全球畅销的编程语言教材和专业图书/视频产品的作者。

Harvey Deitel 博士，Deitel & Associates 公司主席兼首席战略官，具有 55 年以上的计算机行业工作经验。Deitel 博士在麻省理工学院获得电子工程学士和硕士学位，在波士顿大学获得数学博士学位——在将计算机科学专业从这些专业分离出去之前，Deitel 博士已经学习过计算机知识。他具有丰富的大学教学经验，在与儿子 Paul 于 1991 年创立 Deitel & Associates 公司之前，Deitel 博士是波士顿大学计算机科学系主任并获得了终身教职。他们的出版物已经赢得了国际声誉，并被翻译成了日文、德文、俄文、西班牙文、法文、波兰文、意大利文、简体中文、繁体中文、韩文、葡萄牙文、希腊文、乌尔都文和土耳其文。Deitel 博士为许多大公司、学术机构、政府部门和军队提供了数百场的专业编程培训。

关于 Deitel® & Associates 公司

Deitel & Associates 公司由 Paul Deitel 和 Harvey Deitel 创立，是一家国际知名的提供企业培训服务和著作出版的公司，专门进行计算机编程语言、对象技术、Internet 和 Web 软件技术及 Android 和 iOS 程序开发方面的培训和图书出版。公司的客户包括许多大公司、政府部门、军队及学术机构。公司向全球客户提供由教师主导的主要编程语言和平台课程，包括 Java、Android 应用开发，Swift 和 iOS 应用开发，C++、C、Visual C#®、Visual Basic®编程，对象技术，Internet 和 Web 编程，并且还在不断提供其他编程语言和软件开发的相关课程。

Deitel & Associates 公司与 Prentice Hall/Pearson 出版社具有 40 多年的出版合作关系，出版了一流的编程教材、专业图书、LiveLessons 视频课程、电子书，以及包含集成实验室和评估系统的 REVEL 交互式多媒体课程（http://revel.pearson.com）。可通过如下电子邮件地址联系 Deitel & Associates 公司和作者：

```
deitel@deitel.com
```

想了解 Deitel 的 Dive Into® Series 企业培训课程的更多信息，可访问

```
http://www.deitel.com/training
```

如果贵公司或机构希望获得关于教师现场培训的建议，可联系

```
deitel@deitel.com
```

如果希望购买 Deitel 的图书、LiveLessons 视频培训课程的个人，可以访问 www.deitel.com。公司、政府部门、军队和学术机构的团购，应直接与 Pearson 出版社联系。更多信息，请访问

```
http://www.informit.com/store/sales.aspx
```

关于本书封面

这个由计算机生成的艺术图案，体现了本书的一些关键主题。

其形状像数字“9”，而本书涵盖了 Java 9 的一些主要新特性。

整个图案是一个贝壳(shell)。Java 9 中最重要的一个特性是 JShell——用于交互式 Java 的 REPL(“读取-求值-输出”循环)。许多教师认为 JShell 是自 1995 年发布 Java 以来最重要的教学改进。第 25 章详细讨论了 JShell，并展示了如何使用它进行体验，以便更快地学习从第 2 章开始讲解的 Java。

©Joingate/ShutterStock

这个贝壳由许多部分组成。它模拟了 Java 9 的模块——新出现的模块化系统，是 Java 9 中最重要的软件工程功能。

这个图形是由计算机生成的，是一个递归定义的数学分形。第 18 章探讨了计算机分形图形的生成问题。

贝壳的螺旋形状由第 18 章探讨的 Fibonacci 序列生成。

任何类似于 Fibonacci 的序列都可以被视为一个流。第 17 章讲解了 Java 流。

贝壳表面具有亮光效果。JavaFX 可以为 3D 物品设置亮光效果。第 22 章就用到了默认的 JavaFX 亮光效果。

学 前 准 备

这一节包含了在使用本书之前需了解的信息。有关这些信息的所有更新信息，都会在如下网址给出：

```
http://www.deitel.com/books/jhtp11
```

此外，配套网站上还有一些相关视频，讲解了如何使用本节的内容。

Java SE 开发工具集(JDK)

本书中用到的所有软件，大部分都能从 Internet 免费下载。书中的大多数示例，都已经通过了 Java SE Development Kit 8(也称为 JDK 8)的测试。最新的 JDK 版本可从如下网址下载：

```
http://www.oracle.com/technetwork/java/javase/downloads/index.html
```

在编写本书时，最新的 JDK 版本是 JDK 8 update 121。

Java SE 9

与 Java SE 9 有关的一些特性，被置于可选修的那些章节中。到本书编写时为止，能够使用的是 JDK 9 早期体验版本。如果在使用本书时，还没有发布 JDK 9 的最终版本，则需参考后面“安装和配置 JDK 9 早期体验版本”的内容。其中还探讨了如何在 Windows、macOS、Linux 上管理多个 JDK 版本。

JDK 安装指南

下载完 JDK 安装程序后，应参考如下网址，严格按照对应平台的指南进行安装：

```
https://docs.oracle.com/javase/8/docs/technotes/guides/install/
  install_overview.html
```

需要对照指南中规定的版本，更新对应的 JDK 版本号。例如，如果指南中为 jdk1.8.0，但在编写本书时的版本号为 jdk1.8.0_121。如果使用的是 Linux，则软件包管理程序可能会提供安装 JDK 的简易途径。例如，在 Ubuntu 上安装 JDK 的指南，可从如下网址获得：

```
http://askubuntu.com/questions/464755/how-to-install-openjdk-8-on-14-04-lts
```

设置 PATH 环境变量

计算机上的 PATH 环境变量指定了查找程序时应该搜索的目录，例如，使程序员能够编译并运行 Java 程序的那些程序(分别为 javac 程序和 java 程序)。应严格遵守你的平台下的 Java 安装指南，以确保正确地设置了 PATH 环境变量。设置环境变量的步骤随操作系统的不同而不同。各种平台下的设置指南请参见：

```
http://www.java.com/en/download/help/path.xml
```

如果设置错误，则当使用 JDK 工具时，会在 Windows 和部分 Linux 下得到类似这样的信息：

```
'java' is not recognized as an internal or external command,
operable program or batch file.
```

这时，需返回到设置 PATH 环境变量的安装过程，重新检查安装步骤。如果下载了 JDK 的一个新版本，则可能需要在 PATH 环境变量中更改 JDK 安装目录。

JDK 的安装目录和 bin 子目录

JDK 的安装目录与平台相关。下面列出的这些目录是针对 Oracle JDK 8 update 121 的：

- Windows：

  `C:\Program Files\Java\jdk1.8.0_121`

- macOS（以前被称为 OS X）：

  `/Library/Java/JavaVirtualMachines/jdk1.8.0_121.jdk/Contents/Home`

- Ubuntu Linux：

  `/usr/lib/jvm/java-8-oracle`

根据平台的不同，JDK 安装文件夹的名称可能会随 JDK 8 版本的不同而有所差异。对于 Linux，JDK 的安装位置与所使用的安装程序及 Linux 版本有关。本书中采用的是 Ubuntu Linux。PATH 环境变量必须指向 JDK 安装目录的 bin 子目录。

设置 PATH 时，应确保正确使用了与所安装 JDK 版本相对应的 JDK 安装目录名称。随着 JDK 新版本的发布，JDK 安装目录名称会随新的版本号而变化。例如，到本书编写时为止，最新的 JDK 8 更新版本是 update 121。这样，JDK 安装目录的名称通常以“_121”结尾。

CLASSPATH 环境变量

运行 Java 程序时，如果得到类似这样的消息：

```
Exception in thread "main" java.lang.NoClassDefFoundError: YourClass
```

则必须修改系统中的 CLASSPATH 环境变量。为了修复上述错误，需按照设置 PATH 环境变量时的步骤找到 CLASSPATH 变量，然后将这个变量的值修改为包含本地目录——通常以一个点号(.)表示。在 Windows 系统中，是将：

```
.;
```

添加到 CLASSPATH 值的开始处（前后都没有空格）。在 macOS 和 Linux 系统中，添加的是

```
.:
```

设置 JAVA_HOME 环境变量

Java DB 数据库软件在第 24 章和在线的几章中使用，它要求将 JAVA_HOME 环境变量设置成 JDK 的安装目录。按照设置 PATH 环境变量的步骤，可设置其他的环境变量，例如 JAVA_HOME。

Java 集成开发环境（IDE）

有许多 Java 集成开发环境可用来进行 Java 编程。由于它们的使用方法各异，所以本书中的大多数示例都只使用了 JDK 命令行工具。本书配套网站上提供了几个视频，讲解了如何下载、安装和使用三个流行的 IDE：NetBeans，Eclipse，IntelliJ IDEA。本书在线的几章中用到了 NetBeans。

下载 NetBeans

可以从如下网址下载 JDK/NetBeans 安装包：

`http://www.oracle.com/technetwork/java/javase/downloads/index.html`

与 JDK 捆绑的 NetBeans 版本可用于 Java SE 开发。在线的 JavaServer Faces（JSF）几章及 Web 服务一章使用了 NetBeans 的 Java EE 版本，它的下载地址为

`https://netbeans.org/downloads/`

这个版本同时支持 Java SE 和 Java EE 的开发。

Eclipse 下载

Eclipse IDE 可从如下网址下载：

`https://eclipse.org/downloads/eclipse-packages/`

对于 Java SE 的开发，应选择 Eclipse IDE for Java Developers；对于 Java EE 的开发（如 JSF 和 Web 服务），应选择 Eclipse IDE for Java EE Developers——这个版本同时支持 Java SE 和 Java EE 的开发。

下载 IntelliJ IDEA 社区版

可以从如下网址下载免费的 IntelliJ IDEA 社区版：

```
https://www.jetbrains.com/idea/download/index.html
```

该版本只支持 Java SE 开发。

Scene Builder

书中的 JavaFX GUI、图形和多媒体示例(从第 12 章开始)使用了免费的 Scene Builder 工具，它可利用拖放技术创建 GUI。Scene Builder 的下载地址为

```
http://gluonhq.com/labs/scene-builder/
```

获得代码示例文件

本书中的示例文件位于：

```
http://www.deitel.com/books/jhtp11/
```

单击 Download Code Examples 链接，即可下载 ZIP 文件——这个文件通常被保存在用户账户的 Downloads 文件夹下。

利用 ZIP 解压工具，例如 7-zip(www.7-zip.org)、WinZip(www.winzip.com)或者操作系统内置的解压软件，展开这个 examples.zip 文件。本书中假定这些示例的位置是

- Windows 下为 C:\examples
- macOS 和 Linux 下为用户账户的 Documents/examples 子文件夹

安装和配置 JDK 9 早期体验版本

本书中可选修的几个章节讲解了 Java 9 中的各种新特性。这些特性需要使用 JDK 9。到编写本书时为止，它依然是一个早期体验版本，可从如下网址下载：

```
https://jdk9.java.net/download/
```

其中提供了用于 Windows 和 macOS 的安装程序。下载对应平台的安装程序文件，双击它，然后按照屏幕提示进行安装。对于 Linux，其下载页面中只提供了一个 tar.gz 归档文件。可以下载它，然后将它的内容解压到某个文件夹下。如果同时安装了 JDK 8 和 JDK 9，则可以按照下面给出的指南，指定在 Windows、macOS 或 Linux 上应使用哪一个 JDK。

JDK 的版本号

Java 9 之前，JDK 的版本号形式为 1.X.0_updateNumber，其中的 X 为 Java 主版本号。例如：

- 当前的 Java 8 JDK 版本号为 jdk1.8.0_121
- Java 7 的最终 JDK 版本号为 jdk1.7.0_80

Java 9 中，Oracle 改变了这种编号机制。最初将 JDK 9 称为 jdk-9。Java 9 正式发布后，将来还会有添加新特性的小版本更新，以及修复 Java 平台安全漏洞的安全更新。这些更新将反映在 JDK 的版本号中。例如，对于版本号 9.1.3：

- “9”为 Java 主版本号
- “1”是小版本更新号
- “3”是安全更新号

这样，版本 9.2.5 就表示 Java 9 已经有两个小版本更新，以及总计 5 个的安全更新(包括主版本和次版本)。有关新的版本编号机制的详细信息，请参见 JEP 223：

```
http://openjdk.java.net/jeps/223
```

在 Windows 上管理多个 JDK

在 Windows 中，可以利用 PATH 环境变量来指定 JDK 工具所在的位置。如下网址中的指南：

```
https://docs.oracle.com/javase/8/docs/technotes/guides/install/
   windows_jdk_install.html#BABGDJFH
```

讲解了如何更新 PATH 设置。需要将指南中的 JDK 版本号用希望使用的版本号替换——当前为 jdk-9。需要检查 JDK 9 的安装文件夹名称，以获得更新后的版本号。这个设置将自动应用于新打开的每一个命令提示符窗口中。

如果不希望修改系统的 PATH 设置(可能使用的是 JDK 8)，则可以打开一个命令提示符窗口，然后仅为该窗口设置 PATH 环境变量。为此，需使用命令：

```
set PATH=location;%PATH%
```

其中，*location* 为 JDK 9 bin 文件夹的完整路径名，而";%PATH%"会将当前命令提示符(Command Prompt)窗口的原始 PATH 设置添加到新的 PATH 环境变量中。通常情况下，这个命令的形式为

```
set PATH="C:\Program Files\Java\jdk-9\bin";%PATH%
```

只要新打开一个使用 JDK 9 的命令提示符窗口，就需要输入这个命令。

在 macOS 上管理多个 JDK

在 Mac 系统上，为了确定安装的是哪一个版本的 JDK，可以打开一个终端(Terminal)窗口，输入命令：

```
/usr/libexec/java_home -V
```

就能得到 JDK 的版本号、名称及位置。作者所得到的信息为

```
Matching Java Virtual Machines (2):
    9, x86_64:  "Java SE 9-ea  "/Library/Java/JavaVirtualMachines/
      jdk-9.jdk/Contents/Home
    1.8.0_121, x86_64:  "Java SE 8  "/Library/Java/
      JavaVirtualMachines/jdk1.8.0_121.jdk/Contents/Home
```

版本号为 9 和 1.8.0_121。上面的"Java SE 9-ea"中，"ea"表示早期体验版本。

为了设置默认的 JDK 版本，需输入：

```
/usr/libexec/java_home -v # --exec javac -version
```

其中，#为所指定的默认 JDK 的版本号。在编写本书时，用于 JDK 8 的#为 1.8.0_121，而 JDK 9 中的#为 9。

然后，输入命令：

```
export JAVA_HOME=`/usr/libexec/java_home -v #`
```

其中，#为当前默认 JDK 的版本号。这个命令用于将终端窗口的 JAVA_HOME 环境变量设置成该 JDK 的位置。启动 JShell 时，会用到这个环境变量。

在 Linux 上管理多个 JDK

在 Linux 上管理多个 JDK 版本的方式与 JDK 的安装有关。如果使用 Linux 中的工具来安装 JDK(作者使用的是 Ubuntu Linux 上的 apt-get)，则在许多 Linux 中都可以通过如下命令列出所安装的 JDK：

```
sudo update-alternatives --config java
```

如果安装了多个 JDK，则上述命令的结果是一个添加了编号的 JDK 列表，可以输入某个 JDK 的编号，将其设置成默认 JDK。关于如何用 apt-get 在 Ubuntu Linux 上安装 JDK 的教程，可参见：

```
https://www.digitalocean.com/community/tutorials/how-to-install-
java-with-apt-get-on-ubuntu-16-04
```

如果通过下载 tar.gz 文件并将其解压到本地系统中来安装 JDK 9，则需要在 Shell 窗口中指定访问 JDK bin 文件夹的路径。为此，需在 Shell 窗口中输入命令：

```
export PATH="location:$PATH"
```

其中，*location* 为 JDK 9 的 bin 文件夹的路径。这会将 PATH 环境变量更新成包含 JDK 9 命令的位置，例如 javac 和 java 命令。这样就可以在 Shell 窗口中执行这些命令了。

至此，就为学习本书做好了准备，希望你们能喜欢它！

目　录

尊敬的老师:

您好!

为了确保您及时有效地申请培生整体教学资源,请您务必完整填写如下表格，加盖学院的公章后传真给我们,我们将会在 2~3 个工作日内为您处理。

请填写所需教辅的开课信息:

采用教材			□中文版 □英文版 □双语版
作　者		出版社	
版　次		ISBN	
课程时间	始于　年 月 日	学生人数	
	止于　年 月 日	学生年级	□专 科　□本科 1/2 年级 □研究生　□本科 3/4 年级

请填写您的个人信息:

学　校			
院系/专业			
姓　名		职　称	□助教 □讲师 □副教授 □教授
通信地址/邮编			
手　机		电　话	
传　真			
official email(必填) (eg:XXX@ruc.edu.cn)		email (eg:XXX@163.com)	
是否愿意接收我们定期的新书讯息通知:　□是　□否			

系 / 院主任: ＿＿＿＿＿（签字）

（系 / 院办公室章）

＿年＿月＿日

资源介绍:

--教材、常规教辅（PPT、教师手册、题库等）资源：请访问 www.pearsonhighered.com/educator。（免费）

--MyLabs/Mastering 系列在线平台：适合老师和学生共同使用；访问需要 Access Code。

（付费）

100013　北京市东城区北三环东路 36 号环球贸易中心 D 座 1208 室
电话:（8610）57355003　　传真:（8610）58257961

Please send this form to:

第1章　计算机、Internet 与 Java 简介

目标

本章将讲解

- 计算机领域最近令人激动的进展。
- 基本的计算机硬件、软件和网络概念。
- 数据层次。
- 不同类型的编程语言。
- Java 及其他主要编程语言的重要性。
- 面向对象编程的基本概念。
- Internet 和 Web 基础知识。
- 典型的 Java 编程环境。
- 通过测试理解 Java 应用。
- 一些最新的主流软件技术。
- 跟上信息技术的步伐。

提纲

1.1 简介

欢迎学习 Java——世界上最广泛使用的计算机编程语言之一。根据 TIOBE Index 的统计，Java 是最流行的编程语言之一[①]。通过本书的学习，就可以用 Java 编程语言编写出让计算机执行任务的指令。软件(即编写出的指令)可以控制硬件(即计算机)。

本书中将讲解面向对象编程——当今主流的编程方法学。书中将创建并使用许多软件对象。

Java 是满足许多机构的企业级编程需求的首选语言。Java 还被广泛用于实现基于 Internet 的应用和软件，利用它们，设备可以在网络上进行通信。

全球有数十亿的个人计算机(PC)和更多数量的移动设备，这些移动设备的核心也是计算机。根据 Oracle 公司 2016 年 JavaOne 会议主旨演讲提供的信息[②]，目前全球有 1000 万名 Java 开发人员，而运行 Java 的设备有 150 亿台(见图 1.1)，包括 20 亿辆交通工具和 3 亿 5000 万台医疗设备。此外，急速增长的移动手机、平板电脑和其他设备，为移动应用的开发创造了大量机会。

设备					
访问控制系统	移动电话	航空系统	核磁共振(MRI)	ATM	网络交换机
汽车	光传感器	蓝光光盘播放器	停车计价器	建筑物控制器	个人计算机
线缆盒	终端销售系统	复印机	打印机	信用卡	机器人
CT 扫描仪	路由器	台式机	服务器	电子阅读器	智能卡
游戏机	智能计量器	GPS 导航系统	智能笔	家用电器	智能手机
家用安全系统	平板电脑	物联网网关	电视机	灯光开关	温控器
逻辑控制器	交通卡	彩票系统	电视机顶盒	医用设备	汽车诊断系统

图 1.1 使用 Java 的一些设备

Java 标准版

Java 的发展是如此之快，以至于本书的第十一版——基于 Java SE 8 和新推出的 Java SE 9，在第一版上市的 21 年之后就出版了。Java 标准版(Java SE)包含开发桌面和服务器应用所需的功能。本书所讲内容适用于 Java SE 8 和 Java SE 9(它在本书上市后不久就将发布)。对于那些希望继续使用 Java SE 8 的读者而言，本书将 Java SE 9 的内容按模块化的形式组织，以方便读者阅读或者跳过这部分内容。

在 Java SE 8 以前，Java 支持三种编程范例：

- 过程化编程
- 面向对象编程
- 泛型编程

Java SE 8 增加了 lambda 与流功能。第 17 章中，将展示如何使用 lambda 与流编写运行更快、更简捷、bug 更少、更容易并行化(即同步执行多个计算)的程序，利用当今的多核硬件架构来提高程序的性能。

Java 企业版

Java 的应用如此广泛，使得它还有另外两个版本。Java 企业版(Java EE)的发展方向是，开发大范围的、分布式的网络应用和基于 Web 的应用。在过去，大多数计算机应用都运行在“孤立”的计算机上(即没有联网)。当今的各种应用，能够编写成在全球计算机之间通过 Internet 和 Web 通信。本书的后面将探讨如何用 Java 建立基于 Web 的应用。

Java 微型版

Java 微型版(Java ME)为 Java SE 的一个子集，它适合开发针对资源有限的嵌入式设备的应用，例如智能手表、电视机、电视机顶盒、智能电表(用于监测用电量)等。图 1.1 中的许多设备都使用 Java ME。

---

① 参见 http://www.tiobe.com/tiobe-index。

② 参见 http://bit.ly/JavaOne2016Keynote。

1.2　硬件和软件

计算机能够执行比人的速度要快得多的计算和进行逻辑判断。如今，大多数个人计算机每秒都能够执行数十亿次的计算，这比一个人一生中能够执行的计算还要多。超级计算机每秒已经能够执行数千万亿次的指令。中国国家并行计算机工程技术研究中心(NRCPC)研发的“神威·太湖之光”超级计算机，每秒能够执行 9.3 亿亿次计算[①]。作为比较，它在 1 秒内所执行的计算，相当于地球上的每一个人执行 1200 万次计算。超级计算机的计算能力上限正处于快速增长的过程中。

计算机处理数据时，使用的是被称为计算机程序(computer program)的指令序列。根据计算机程序员指定的有序动作，这些程序指导着计算机的运行。本书中将讲解几种主要的编程技术，它们能够提高程序员的生产力，进而减少软件开发成本。

计算机由被称为硬件的各种设备(如键盘、屏幕、鼠标、硬盘、内存、DVD 驱动器及处理单元)组成。得益于硬件和软件的快速发展，计算成本已经大幅下降了。几十年前需占据一个大房间、花费数百万美元的计算机，如今已经浓缩成了一个比指甲还小的硅芯片，而其成本只有几美元。具有讽刺意味的是，硅是地球上最为丰富的原料之一，它是常见的沙子的成分。硅芯片技术使计算成本如此经济，以至于计算机已经成为一种日用品。

1.2.1　摩尔定律

对于大多数的产品和服务，用户的开销可能都会每年有所增加。在计算机和通信领域，情况则正好相反，尤其是用于支撑这些技术的硬件。在过去的几十年中，硬件成本已经大幅降低。

每过一到两年，同等计算机硬件的价格大约会降低一半。这种趋势常被称为摩尔定律(Moore's Law)，它由 Intel 创始人之一 Gordon Moore 在 20 世纪 60 年代提出。Intel 是当今计算机和嵌入式系统处理器的主要生产商。在计算机用于存储程序和数据的内存容量、所拥有的辅助存储设备(如固态硬盘)容量及处理器速度方面，摩尔定律尤其适合。处理器速度即为计算机执行程序(也就是执行它的工作)的速度。

类似的成长规律也发生在通信领域，这一领域的费用已经急剧下降，因为大量的通信带宽(即信息承载能力)需求导致了激烈的竞争。据我们所知，还没有任何其他领域能够在技术上进步如此之快而成本下降也这样迅速。这种非凡进步导致了所谓的“信息革命”的出现。

1.2.2　计算机的组成

无论计算机的物理外观如何不同，它们都可以被分解成各种逻辑单元(logical unit)或逻辑部分(见图 1.2)。

逻辑单元	描述
输入单元	这个“接收”部分从输入设备(input device)获取信息(数据和计算机程序)，并将信息放入其他处理单元中，以便进行处理。大多数信息都是通过键盘、触摸屏和鼠标进入计算机的。信息也可以通过许多其他方式输入，包括语音输入、扫描图像和条形码，以及从辅助存储设备(如硬盘、DVD 驱动器、蓝光光盘驱动器和 USB 驱动器——也被称为拇指驱动器或记忆棒)读取，从网络摄像头或者智能手机接收视频信息，或者从 Internet 接收信息(如从 YouTube®下载视频、从 Amazon 下载电子书等)。较新的输入形式包括从 GPS 设备获取位置数据，从智能手机或者游戏控制器(如 Microsoft® Kinect® for Xbox®、Wii Remote 和 Sony® PlayStation® Move)的加速计(一种响应上/下、左/右、前进/后退加速信息的设备)中获取移动和方向信息，以及从设备(如 Amazon Echo 和 Google Home)中获取语音输入
输出单元	这个“运送”部分载有计算机已经处理过的信息，并将它们放入各种输出设备(output device)中，以供计算机之外的用户使用。现在，来自计算机的大多数信息的输出形式包括显示在屏幕(包括触摸屏)上，打印在纸上(“绿色行动”组织不鼓励这样做)，在 PC、媒体播放器(如 iPod)及体育场的超大屏幕上播放音频、视频；通过 Internet 传输或者用来控制其他设备(如机器人和智能装置)。也可以将信息输出到辅助存储设备中，例如固态硬盘(SSD)、硬盘、DVD 和 USB 闪存。当今流行的输出形式包括智能手机和游戏控制器、虚拟现实设备(如 Oculus Rift®和 Google Cardboard)及混合现实设备(如 Microsoft 的 HoloLens)

图 1.2　计算机的逻辑单元

① 参见 https://www.top500.org/lists/2016/06。

逻辑单元	描述
内存单元	这个能快速访问的、容量相对较小的“仓库”部分，容纳的是由输入单元输入的信息，使它们能在需要时立即得到处理。经过处理后的信息在能够由输出单元放入输出设备之前，保存在内存单元中。内存单元中的信息是易失的——当关闭计算机时，它的内容会丢失。内存单元经常被称为内存(memory)、主存(primary memory)或者 RAM(随机访问存储器)。对于台式机和笔记本电脑而言，其内存容量可达 128 GB(但 2 ~ 16 GB 是最常见的配置)。GB 表示吉字节，1 GB 大约为 10 亿字节。1 个字节(byte)包含 8 位(bit)，每一位代表 0 或者 1
算术和逻辑单元(ALU)	这个“生产”部分执行计算，例如加、减、乘、除。它也包含判断机制，例如可以使计算机比较内存单元中的两项，判断它们是否相等。在如今的系统中，ALU 通常是作为下一个逻辑单元 CPU 的一部分实现的
中央处理单元(CPU)	这个“管理”部分负责协调并监督其他部分的运作。CPU 会告诉输入单元什么时候应该将信息读入内存单元中，通知 ALU 什么时候将内存单元中的信息用于计算，确定输出单元何时将信息从内存单元发送到某个输出设备中。现在的许多计算机都具有多个 CPU，因此能同步执行多个操作。多核处理器(multicore processor)可在一个集成电路芯片上包含多个处理器——双核处理器具有两个 CPU，四核处理器具有 4 个 CPU，而八核处理器具有 8 个 CPU。Intel 的一些处理器最多可以有 72 个 CPU。现今台式机的处理器，每秒能执行上十亿条的指令。第 23 章将讲解如何编写能够全面利用多核体系结构的程序
辅助存储单元	这是可长期保存的、大容量的“仓库”部分。放置在辅助存储设备(例如硬盘)中的程序或数据，在需要之前通常都不会由其他单元主动使用，而这一保存时间可能是几小时、几天、几个月甚至几年。因此，位于辅助存储设备中的信息是长期保存的——在计算机断电之后它依然会保留。与主存中的信息相比，访问辅助存储设备中的信息所花费时间要长得多，但它的成本要比主存小很多。辅助存储设备的例子包括：固态硬盘(SSD)、硬盘、DVD、USB 闪存，其中有些设备的容量可以超过 2 TB(TB 表示太字节，1 TB 大约为 1 万亿字节)。台式机和笔记本电脑的硬盘容量通常为 2 ~ 10 TB

图 1.2(续) 计算机的逻辑单元

1.3 数据层次

计算机处理的数据项构成了数据层次。在这个层次中，数据项从最简单的位到复杂的字符(character)、字段(field)，变得越来越大、越来越复杂。图 1.3 演示了数据层次的划分。

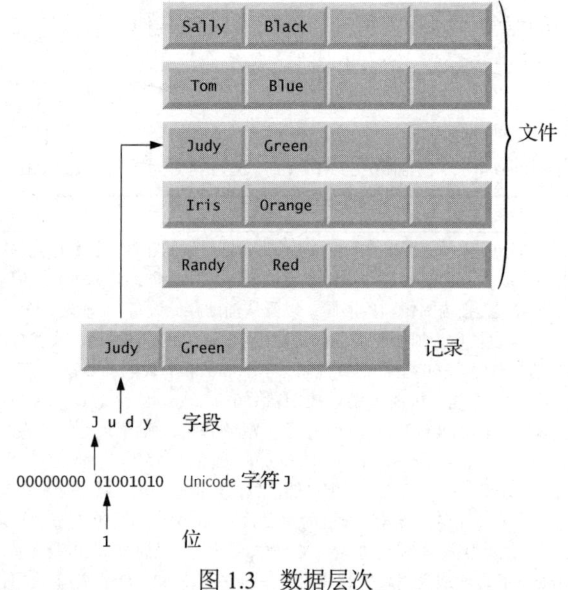

图 1.3 数据层次

位

计算机中的最小数据项能够处理值 0 或 1。这样的数据项被称为“位”(bit)。bit 是 binary digit(二进制位)的缩写，一个二进制位是 0 和 1 这两个值之一。需指出的是，计算机所实现的那些令人炫目的功能，仅仅涉及对 0 和 1 的最简单操作：检查位的值、设置位的值及颠倒位的值(从 1 到 0 或从 0 到 1)。

字符

如果操作数据时采用低级形式的位，则是一件冗长乏味的事情。所以，人们更愿意使用十进制数字(0 ~ 9)、字母(A ~ Z 和 a ~ z)及特殊符号($，@，%，&，*，(，)，–，+，"，:，?，/)的数据形式。数字、字母和特殊符号被称为“字符”。计算机的字符集(character set)是用来编写程序和表示数据项的所有字符的集合。因为计算机只能处理 1 和 0，所以计算机的字符集将每个字符都表示成 0 和 1 的模式。Java 采用 Unicode®字符，这些字符由 1 个、2 个或者 4 个字节(8 位、16 位或者 32 位)构成。Unicode 包含了世界上许多语言所使用的字符。有关 Unicode 的更多信息，请参见附录 H；关于 ASCII(美国信息交换标准码)字符集的更多信息，请参见附录 B。ASCII 字符集是 Unicode 字符集的一个颇受欢迎的子集，它包括英语字母表中的大小写字母、数字及一些常见的特殊字符。

字段

正如字符是由位构成的一样，字段是由字符或字节构成的。一个字段就是一组有意义的字符或字节。例如，一个由大写字母和小写字母组成的字段，可用来表示某人的姓名；而由数字构成的字段，则能表示某人的年龄。

记录

通常，几个相关联的字段可用来组成一条记录(record)，记录在 Java 中被表示为类。例如，在一个工资支付系统中，员工记录可以由如下字段组成(字段的类型位于括号内)：

- 员工标识号(整数)
- 姓名(字符串)
- 地址(字符串)
- 小时工资(含小数点的数字)
- 今年已发工资(含小数点的数字)
- 扣缴税额(含小数点的数字)

因此，一条记录就是一组相关联的字段。上述例子中，所有的字段都针对同一位员工。一家公司可能有许多员工，因此要为每位员工建立一条工资支付记录。

文件

一个文件(file)就是一组相关联的记录。[注：一般来说，文件可以包含任意格式的任意数据。在某些操作系统中，文件只被当成字节序列看待——文件中的任何字节形式(如将数据组织成记录)都是由程序员创建的一个数据视图。第 15 章中将讲解如何创建数据视图。]某家公司有许多文件，其中有些包含数百万甚至几十亿个字符信息，这不是一件奇怪的事情。

数据库

数据库(database)就是数据的集合，这些数据被组织成易于访问和操作的形式。最流行的数据库模型是关系数据库，其中的数据被存储成简单的表，表中包含记录和字段。例如，学生表的字段可以有名字、姓氏、专业、年级、学号、平均成绩等。每一位学生的数据就是一条记录，而记录中的每一个信息块就是一个字段。根据数据在多个表或者数据库中的关系，可以搜索、排序和操作这些数据。例如，某个大学可以将学生数据库中的数据与来自课程数据库、学校住房情况数据库和膳食计划数据库等的数据组合使用。第 24 章和(在线的)第 29 章中将探讨数据库。

大数据

全球范围内需处理的数据量相当庞大且增长迅速。根据 IBM 的统计，每天大约有 2.5 万亿字节(2.5 EB)的数据产生①。而据 Salesforce.com 的统计，到 2015 年 10 月为止，全球大约 90%的数据都是在过去

① 参见 http://www-01.ibm.com/software/data/bigdata/what-is-big-data.html。

12 个月之内产生的[1]。IDC 的研究表明，到 2020 年，全球每年的数据产生量将达到 40 ZB(40 万亿 GB)[2]。图 1.4 展示了一些常用的字节单位。大数据(big data)应用处理的是大量的数据，这个领域正在快速成长，为软件开发人员创造了大量机会。全球数以百万计的 IT 职位都是为支持大数据应用而设置的。

单　位	字　节	大 约 值
1 KB	1024 B	10^3 (1024)字节
1 MB	1024 KB	10^6 (1 000 000)字节
1 GB	1024 MB	10^9 (1 000 000 000)字节
1 TB	1024 GB	10^{12} (1 000 000 000 000)字节
1 PB	1024 TB	10^{15} (1 000 000 000 000 000)字节
1 EB	1024 PB	10^{18} (1 000 000 000 000 000 000)字节
1 ZB	1024 EB	10^{21} (1 000 000 000 000 000 000 000)字节

图 1.4　表示字节数的各种单位

1.4　机器语言、汇编语言和高级语言

程序员可以用各种不同的语言编写指令，其中有些语言可以被计算机直接理解，而其他语言需要有中间的“翻译”过程。如今正在使用的有数百种语言，它们可以被分成三种类型：

1. 机器语言
2. 汇编语言
3. 高级语言

机器语言

计算机唯一能够直接理解的是它自己的机器语言，这种语言是由计算机的硬件设计确定的。机器语言一般由数字流组成(数字流在计算机中被表示成 1 和 0 的组合)，这些数字流指导计算机如何执行最基本的操作。机器语言是与机器相关的，某种特定的机器语言只能用于某一种类型的计算机。对人类而言，这种语言太难于处理。例如，下面这段代码是一个早期的机器语言的工资支付程序，它的作用是将加班工资与基本工资相加，并将结果保存在工资总额中。

```
+1300042774
+1400593419
+1200274027
```

汇编语言与汇编器

如果使用机器语言编写程序，则对大多数程序员而言，将会是一个相当缓慢而乏味的过程。因此，程序员使用与英语单词类似的缩写词来表示计算机的基本操作，而不再使用计算机能够直接理解的数字流。这些缩写词就成为汇编语言(assembly language)的基础。被称为汇编器(assembler)的翻译程序会将汇编语言程序转换成计算机能够理解的机器语言。下面这段代码是一个汇编语言程序，它的作用也是将加班工资与基本工资相加，并将结果保存在工资总额中。

```
load    basepay
add     overpay
store   grosspay
```

这种汇编语言代码已经清晰了很多，但除非将它翻译成机器语言，否则计算机无法理解它。

高级语言与编译器

随着汇编语言的出现，计算机很快得到大量使用，但即使是最简单的任务，程序员依然需要使用大量的指令才能实现。为了加速编程过程，人们开发了高级语言。在高级语言中，一条程序语句就可以完

① 参见 https://www.salesforce.com/blog/2015/10/salesforce-channel-ifttt.html。

② 参见 http://recode.net/2014/01/10/stuffed-why-data-storage-is-hot-again-really。

成多项任务。被称为编译器(compiler)的翻译程序会将高级语言程序转换成机器语言。通过高级语言，程序员就可以将指令写成与日常英语几乎相同的语句，也可以包含常见的数学符号。用高级语言编写的工资支付程序可以只包含如下的一条语句：

```
grossPay = basePay + overTimePay
```

与机器语言和汇编语言相比，程序员更愿意使用高级语言。Java 就是当今世界上最广泛使用的高级语言之一。

解释器

将一个大型高级语言程序编译成机器语言，可能需要耗费大量的计算机时间。解释器(interpreter)程序是为了直接执行高级语言程序而开发的。尽管其执行速度要比编译过的程序慢一些，但是它省略了编译所需的时间。1.9 节将分析解释器，探讨 Java 采用的一种聪明的性能优化混合方式，组合编译器和解释器来运行程序。

1.5　对象技术介绍

当今，由于对功能更强的新软件的需求高涨，使得更快、更少出现错误、更经济地开发软件，成为一个不易实现的目标。对象(object)，或者更确切地说——类对象，本质而言就是可复用的软件组件。例如，存在日期对象、时间对象、音频对象、视频对象、汽车对象、人对象，等等。几乎所有的名词都可以表述为软件对象，并可描述它的属性(attribute，如名字、颜色和尺寸)和行为(behavior，如计算、移动和沟通)等特征。软件开发人员发现，与以前流行的编程技术(如结构化编程)相比，采用模块化、面向对象的设计和实现方法，可以显著提高生产率。而且，面向对象程序通常更易于理解、更正和修改。

1.5.1　汽车作为对象

为了理解对象和它的内涵，先从一个简单的类比开始。假设要驾驶一辆汽车，并且通过踩加速踏板来使其跑得更快。在能够做这件事之前，必须先发生哪些事情呢？首先，必须有人设计出汽车。要制造汽车，通常都要从工程图开始，它类似于描述房子的设计图。工程图中包含加速踏板的设计。踏板对司机“隐藏”了使汽车跑得更快的复杂机制，就像刹车踏板“隐藏”了使汽车减速的机制、方向盘“隐藏”了使汽车拐弯的机制一样。这样，即使对引擎一无所知的人，也能很容易地驾驶汽车。

正如无法在设计图中的厨房里做饭一样，也无法驾驶工程图中的汽车。在能够驾驶汽车之前，必须先根据描述它的工程图制造出这辆汽车。一辆完整的汽车会有一个真正的加速踏板，使汽车跑得更快。但这还不够——汽车不会自己加速(现在的自动驾驶汽车也许能做到)，因此司机必须踩加速踏板。

1.5.2　方法与类

下面用汽车类比的例子来引入主要的面向对象编程概念。执行程序中的某项任务，需要一个方法(method)。方法描述了实际执行任务的程序语句。方法对用户隐藏了这些机制，就像汽车的加速踏板对司机隐藏了使汽车跑得更快的复杂机制一样。Java 中需要创建被称为“类”(class)的程序单元，以容纳执行类的任务的方法集合。例如，代表银行账户的类，可以包含向账户存款(deposit)的一个方法，也可以包含从该账户取款(withdraw)的另一个方法，还可以包含查询(inquire)当前余额的一个方法。在概念上，类与汽车工程图相似，工程图中包含的是加速踏板、方向盘等的设计。

1.5.3　实例化

在能够真正驾驶汽车之前，必须先根据工程图将汽车制造出来。同样，程序在能够根据类描述的方法执行任务之前，必须先构建类的对象(object)。这个过程被称为实例化(instantiation)。这样，对象就可以被称为类的实例(instance)。

1.5.4 复用

汽车的工程图能够被多次使用，制造出许多辆车。同样也可以将类多次使用来构建许多对象。在构建新的类和程序时复用(reuse)现有的类，可节省时间和精力。复用也有助于程序员构建更可靠、更有效的系统，因为现有的类和组件通常都经过了大量的测试、调试和性能调优。正如工业革命时“可替换零件”理念是至关重要的一样，对由对象技术所激励的软件革命而言，“可复用类”同样是极其重要的。

软件工程结论 1.1

应使用“搭积木”的方法来创建程序，需避免事事亲自动手——要尽量使用已有的高质量“积木块”。软件复用是面向对象编程的主要优势。

1.5.5 消息与方法调用

当驾驶汽车时，踩加速踏板就是向汽车发出执行任务的一个消息——让汽车加速。同样，程序中也需要向对象发送消息。所有消息都被实现成一个方法调用(method call)，它通知对象的方法执行任务。例如，程序可以调用银行账户对象的 deposit 方法，增加账户余额。

1.5.6 属性与实例变量

除了功能，汽车还具有许多属性，如颜色、车门数量、油箱容积、当前车速及行驶总里程(即里程表读数)。和汽车的功能一样，汽车的属性也是作为工程图设计的一部分提供的(例如，工程图中需包含里程表和燃油表的设计)。当驾驶汽车时，这些属性总是与它相关的。每辆汽车都有自己的属性。例如，每辆汽车都知道自己油箱中有多少油，但不知道其他汽车的油箱中有多少油。

类似地，当在程序中使用对象时，对象也具有属性。这些属性被指定为对象的类的一部分。例如，银行账户对象有一个余额属性，表示账户中的资金总额。每个银行账户对象都知道它所代表的账户中的余额，但是不知道银行中其他账户的余额。属性是由类的实例变量(instance variable)指定的。

1.5.7 封装与信息隐藏

类(及对象)封装(encapsulate)了它的属性和方法。类(及对象)的属性和方法是紧密相关的。对象具有信息隐藏的属性——通过良好定义的接口，对象可以知道如何与另一个对象通信，但通常不允许它获知另一个对象是如何实现的。我们将看到，信息隐藏对良好的软件工程而言是至关重要的。

1.5.8 继承

通过继承(inheritance)，可以快速而方便地创建对象的新类——新类(被称为子类)会吸收已有类(被称为超类)的特性，并可以进行定制，添加自己独有的特性。在前面的汽车类别中，“敞篷车”类的对象当然具有比其更一般化的“汽车”类的特性，但它还有更特殊的性质：车篷可以展开和收起。

1.5.9 接口

8 9 Java 还支持接口(interface)，即一组相关联的方法的集合，通常用于告知对象应该做什么，而不会告知如何做(第 10 章讲解接口时，会看到 Java SE 8 和 Java SE 9 中的几个例外情况)。前面的汽车类比中，“基本的驾驶功能”接口由方向盘、加速踏板和刹车踏板组成。通过它们，司机可以告知汽车该做什么。只要知道了如何利用这个接口来转弯、加速和刹车，即使汽车厂商的设计不同，司机也能够驾驶许多种汽车。

一个类可以实现 0 个或者多个接口，每一个接口可以具有 1 个或者多个方法，就如同汽车可以对基本的驾驶功能及收音机、制热和空调系统控制实现不同的接口那样。汽车厂商可以实现汽车的不同功能，类也可以按多种途径实现接口的方法。例如，软件系统可以包含一个“备份”接口，它的方法可实现保存和恢复功能。根据需备份的对象的类别(如程序、文本、音频、视频等)及存储设备的类型，类可以用不同的方式实现这些方法。

1.5.10　面向对象的分析与设计(OOAD)

我们很快就要用 Java 编写程序了，但是应该如何创建程序代码(即程序指令)呢？也许和许多初学编程的人一样，你只需打开计算机，然后开始输入代码。这种方法可能只适合于小型程序(如本书前几章中见到的那些)。如果要建立软件系统，控制大银行的几千台自动柜员机(ATM)，该怎么办呢？如果是 1000 名软件开发人员共同建立一个新的美国空中交通管制系统，又该怎么办呢？对于这类大型的复杂项目，不能坐下来就开始编写程序。

为了创建最佳的解决方案，必须遵循一个详细的分析过程，确定项目的需求(即确定系统需要完成什么)，并确定一个能够满足这些需求的设计(即指定系统该如何实现这些功能)。理想情况下，需要经过这一过程并在编写任何代码之前对设计进行仔细评估(或者由其他软件专家对设计进行审查)。如果这一过程从面向对象的角度对系统进行分析和设计，则被称为面向对象的分析与设计(Object-Oriented Analysis and Design，OOAD)过程。类似于 Java 的语言都是面向对象的(object oriented)。用这类语言编写程序被称为面向对象编程(Object-Oriented Programming，OOP)，它使得程序员可以将面向对象设计方便地实现成可工作的系统。

1.5.11　UML(统一建模语言)

虽然有多种不同的 OOAD 过程存在，但只有一种图形化语言被广泛应用于任何 OOAD 过程之间的交流。统一建模语言(Unified Modeling Language，UML)是目前使用最广泛的、用于面向对象系统建模的图形化表示机制。第 3 章和第 4 章中将会首次接触到 UML 框图，然后在第 11 章中会将它们用于面向对象编程的深入讲解中。(在线的)第 33 章和第 34 章中的 ATM 软件工程案例分析，将在讲解面向对象设计的过程中给出一部分简单的 UML 特性。

1.6　操作系统

操作系统(operating system)是一种软件系统，它使用户、开发人员及系统管理员能够更为方便地使用计算机。操作系统提供的服务，可以使应用更为安全、有效地执行，并且能与其他的应用并发(即并行)地执行。包含操作系统核心组件的软件被称为内核(kernel)。流行的桌面操作系统包括：Linux、Windows 和 macOS(以前被称为 OS X)——本书中都会用到它们。广泛用于智能手机和平板电脑的移动操作系统包括 Google 的 Android 和 Apple 的 iOS(用于 iPhone、iPad 和 iPod 触屏设备)。

1.6.1　Windows——专属操作系统

20 世纪 80 年代中期，Microsoft 开发了 Windows 操作系统，它是建立在 DOS 之上的一个图形用户界面。DOS(磁盘操作系统)曾经是一种极为流行的个人计算机操作系统，用户通过输入命令与计算机交互。Windows 借用了在早期 Apple Macintosh 操作系统上流行的许多概念(如图标、菜单和窗口)，它们是由 Xerox PARC 开发的。Windows 10 是 Microsoft 最新的操作系统，其特性包括优化的启动菜单和用户界面，用于语音交互的 Cortana 个人助理，用于接收消息的操作中心，新的 Edge 浏览器，等等。Windows 是一个专属操作系统——它由 Microsoft 独家控制。Windows 是世界上最广泛使用的桌面操作系统。

1.6.2 Linux——开源操作系统

Linux 操作系统也许是开源(open-source)运动的最成功的产品了。开源软件(open source software)是软件开发的一种形式，它有别于早年的专属式私有软件的开发。通过开源软件的开发，个人和公司付出他们的努力，开发、维护并完善软件，以便根据自己的目的与其他人交换使用软件的权利，通常可免费使用。与私有软件相比，开源代码通常会得到更多人的审查，因此能够更快地去除软件中的错误。开源还鼓励创新。一些专注于企业级系统的公司，例如 IBM、Oracle 等，已经在 Linux 开源领域进行了大量的投资。

在开源社区中经常能见到的一些机构是

- Eclipse Foundation(Eclipse IDE 可帮助程序员方便地开发软件)
- Mozilla Foundation(Firefox Web 浏览器的创建者)
- Apache Software Foundation(Apache Web 服务器的创建者，用于开发基于 Web 的应用)
- GitHub(它提供的工具可用来管理开源项目——这样的项目已经有数百万个了)

与过去十年相比，计算和通信的快速实现、不断降低的成本及开源软件，使得创建基于软件的业务变得更为容易和更加经济。一个极为成功的例子是 Facebook，它起源于大学宿舍，采用的是开源软件。

Linux 内核是大多数流行的开源系统的核心，它免费发行，且具备操作系统的全部特性。这个内核的开发由一个组织松散的志愿团队完成。Linux 广泛用于服务器、个人计算机和嵌入式系统(如位于智能手机、智能电视及自动化系统核心位置的计算机系统)中。与 Windows 和 macOS 等专属操作系统不同，Linux 的源代码(程序代码)对公众是开放的，人们可以查看和修改它，并可免费下载和安装。这样做的结果是庞大的开发人员社区积极地调试和提升内核功能，并且具备完全定制操作系统以满足特定需求的能力，从而使 Linux 用户受益。

各种各样的因素，例如 Microsoft 强大的市场力量、用户友好的 Linux 应用的数量不多及 Linux 版本的多样化(例如 Red Hat Linux、Ubuntu Linux 和其他版本)，都妨碍了 Linux 在台式机上的广泛使用。但是，Linux 已经在服务器市场和嵌入式系统中极为流行，例如 Google 的 Android 智能手机。

1.6.3 Apple macOS 与用于 iPhone、iPad、iPod 设备的 iOS

Apple 于 1976 年由 Steve Jobs 和 Steve Wozniak 创立，它很快成为个人计算领域的领导者。1979 年，Jobs 和其他几位员工访问了 Xerox PARC，了解了 Xerox 公司具有图形用户界面(GUI)的台式机的情况。在难忘的 1984 年“超级碗”橄榄球比赛中，Apple 通过广告发布了它的 Macintosh 计算机，其 GUI 特性成为最大的亮点。

Objective-C 语言于 20 世纪 80 年代早期由 Stepstone 公司的 Brad Cox 和 Tom Love 创建，它为 C 语言添加了面向对象编程(OOP)的能力。1985 年，Steve Jobs 离开了 Apple，并于 1988 年成立了 NeXT 公司，该公司从 StepStone 获得了 Objective-C 的版权，并且开发了 Objective-C 的编译器和一些库，它们是 NeXTSTEP 操作系统用户界面所用的平台；还开发了一个 Interface Builder，可用于构建图形用户界面。

1996 年，Apple 收购了 NeXT 公司，Jobs 也回到了 Apple。macOS 操作系统就是 NeXTSTEP 的衍生物。Apple 专有的 iOS 操作系统脱胎于 macOS，它用于 iPhone、iPad、iPod Touch、Apple Watch 及 Apple TV 等设备。2014 年，Apple 推出了一种新的编程语言 Swift，并于次年成为开源软件。iOS 应用开发社区正在将 Objective-C 迁移到 Swift。

1.6.4 Google 的 Android

Android 是成长最快的移动和智能手机操作系统，它以 Linux 内核和 Java 为基础。Android 应用也可以用 C++和 C 语言开发。开发 Android 应用的一个好处是，其平台具有开放性。Android 操作系统是开源和免费的，它由 Android 公司开发，该公司于 2005 年被 Google 收购。2007 年，开放手持设备联盟(Open Handset Alliance)：

```
http://www.openhandsetalliance.com/oha_members.html
```

成立，它专注于 Android 的发展，引导移动技术方面的更新，并在减少成本的同时提升用户体验。根据 Statista.com 的统计，到 2016 年第三季度，Android 已经占据全球 87.8%的智能手机市场份额，而 Apple 只有 11.5%[①]。Android 被大量应用于智能手机、电子阅读器、平板电脑、商场内触摸屏售货亭、汽车、机器人及多媒体播放器等。

作者的另外两本书 *Android How to Program, Third Edition* 和 *Android 6 for Program, Third Edition*，讲解了 Android 应用的开发。学习完 Java 之后，就会发现开发并运行 Android 应用是一件很容易的事情。还可以将开发出的应用放到 Google Play(play.google.com)上供下载。如果你的应用广受欢迎，甚至能够开启你的商业生涯。不要忘了，Facebook、Microsoft 和 Dell 这些公司都起源于大学寝室。

1.7 编程语言

图 1.5 中汇总了一些流行的编程语言。下一节将介绍 Java。

编程语言	描述
Ada	以 Pascal 为基础，它是在 20 世纪 70 年代和 80 年代早期由美国国防部(DOD)资助而发展起来的。DOD 希望有一种能够满足需求的简单语言。这种语言以 Ada Lovelace 女士的名字命名，她是诗人 Lord Byron 的女儿。Ada 在 19 世纪早期就编写出世界上第一个计算机程序(用于由 Charles Babbage 设计的分析机的机械计算装置)。Ada 也支持面向对象编程
Basic	于 20 世纪 60 年代由美国 Dartmouth 学院开发，为初学编程的程序员所熟知。它的许多后续版本都是面向对象的
C	于 20 世纪 70 年代由 Dennis Ritchie 在贝尔实验室推出。它因成为 UNIX 操作系统的开发语言而广为人知。如今，通用操作系统的大多数代码都是用 C 或者 C++语言编写的
C++	C++是 C 的扩展，它由 Bjarne Stroustrup 于 20 世纪 80 年代早期在贝尔实验室推出。C++提供了与 C 相同的大量特性，但更重要的是，它提供了面向对象编程的能力
C#	Microsoft 提供的三种面向对象编程语言分别为 C#(以 C++和 Java 为基础)、Visual C++(以 C++为基础)及 Visual Basic(以最初的 Basic 语言为基础)。C#是为了将 Web 功能集成到应用中而开发的，现在，它已经被广泛用于企业级应用和移动应用的开发
COBOL	COBOL(面向商业的通用语言)是于 20 世纪 50 年代晚期开发的，其发起人包括计算机厂商、美国政府、计算机用户，它以 Grace Hopper 开发的一种语言为基础。Grace 曾是一名美国海军军官和计算机科学家。COBOL 依然被广泛应用于商业领域(对于大量的数据有精确性和高效性的需求)。COBOL 的最新版本支持面向对象编程
FORTRAN	FORTRAN(FORmula TRANslator)由 IBM 在 20 世纪 50 年代开发，它用于要求复杂数学计算的科学和工程应用中。如今 FORTRAN 依然被广泛使用，其最新版本已经支持面向对象编程
JavaScript	JavaScript 也是一种被广泛使用的脚本编写语言。它主要用于增加 Web 页面的程序功能——如动画及与用户的交互性。所有主流的 Web 浏览器都支持 JavaScript
Objective-C	Objective-C 是以 C 语言为基础的另一种面向对象语言。它于 20 世纪 80 年代早期开发，后来归 NeXT 所有，NeXT 随后被 Apple 收购。Objective-C 已经成为 OS X 操作系统及基于 iOS 的设备(例如 iPod、iPhone 和 iPad)的主要编程语言
Pascal	20 世纪 60 年代的相关研究，导致了“结构化编程”思想的出现。这是一种编写程序的严格方法，与以前的编程技术相比，结构化编程使程序更清晰、更易测试和调试、更方便修改。Pascal 语言由 Niklaus Wirth 教授于 1971 年开发，它是根据结构化编程的研究成果而发展起来的。几十年间，Pascal 曾是讲授结构化编程的流行语言
PHP	PHP 是一种面向对象的、开源的脚本编写语言，它由开发人员社区所支持，并被无数的网站使用。PHP 是一种平台独立的语言，它可用于主要的 UNIX、Linux、Mac 及 Windows 操作系统
Python	Python 是另一种面向对象的脚本编写语言，于 1991 年首次发布。它由位于阿姆斯特丹的荷兰国家数学与计算机科学研究所(CWI)的 Guido van Rossum 开发，其大部分功能来自 Modula-3——一种系统编程语言。Python 是“可扩展的”——能够通过类和编程接口进行扩展

图 1.5　其他的编程语言

① 参见 https://www.statista.com/statistics/266136/global-market-share-held-by-smartphone-operating-systems。

编程语言	描述
Ruby on Rails	Ruby 于 20 世纪 90 年代中期由 Yukihiro Matsumoto 创建。它是一种开源的、面向对象的编程语言，具有与 Python 类似的简单语法。Ruby on Rails 将脚本编写语言 Ruby 与 Rails Web 应用程序框架进行了组合，后者由 37Signals 公司开发。对 Web 开发人员而言，*Getting Real* 是必读的图书(http://gettingreal.37signals.com/toc.php)。开发涉及数据库的 Web 程序时，许多开发人员反映，使用 Ruby on Rails 会比其他语言的效率更高
Scala	Scala (http://www.scala-lang.org/what-is-scala.html)是“可伸缩语言”的简称，它由 Martin Odersky 设计。Martin 是瑞士洛桑联邦理工学院 (EPFL)的教授。Scala 发布于 2003 年，它同时采用面向对象编程和函数式编程模式，并可与 Java 集成。利用 Scala 编程，可极大地降低代码的数量
Swift	Swift 发布于 2014 年，它是 Apple 针对未来的 iOS 和 OS X 程序开发而推出的一种编程语言。Swift 是一种当代语言，它包含来自流行的编程语言的特性，如 Objective-C、Java、C#、Ruby、Python 及其他语言的特性。2015 年，Apple 发布了具有新的和改进过的特性的 Swift 2。根据 Tiobe Index 的统计，Swift 已经成为最流行的编程语言之一。Swift 为一种开源语言，所以它同样可以用在非 Apple 的平台上
Visual Basic	Microsoft 的 Visual Basic 语言，发布于 20 世纪 90 年代早期，它简化了 Windows 应用的开发。Visual Basic 的特性可以与 C#媲美

图 1.5(续) 其他的编程语言

1.8 Java

到目前为止，微处理器革命的最重要贡献是，它使个人计算机得以发展。对智能消费类电子设备，包括近些年“物联网”的兴起，微处理器也有着举足轻重的作用。正因为认识到这一点，Sun 于 1991 年资助了一个公司内部研究项目，这个项目由 James Gosling 领导，其成果是诞生了一种基于 C++的面向对象编程语言，公司将其命名为 Java。利用 Java，可以编写能够运行于各种计算机系统和由计算机控制的设备中的程序。有时，将其描述为“编写一次，到处运行”。

由于企业界对 Internet 表现出的浓厚兴趣，因此 Java 很快就引起了业内的广泛关注。现在，Java 已经普遍用于开发大规模的企业级应用，以增强 Web 服务器(即提供在 Web 浏览器中看到的内容的计算机)的功能，为消费类设备(如蜂窝电话、智能手机、电视机顶盒等)提供应用，还可用于许多其他用途。Java 也是用于开发 Android 智能手机和平板电脑应用的重要语言。2010 年，Oracle 并购了 Sun。

Java 已经成为最广泛使用的通用编程语言，它拥有超过 1000 万名开发人员。本书中将讲解 Java 的两个最新版本——Java SE 8 和 Java SE 9。

Java 类库

程序员可以自己创建构成 Java 程序的每一个类和方法。不过，大多数 Java 程序员都利用 Java 类库(Java class library)中大量已有的类和方法的集合，Java 类库也被称为 Java API(Java Application Programming Interface，Java 应用程序编程接口)。

性能提示 1.1

用 Java API 中的类和方法而不是亲自编写类和方法，能够提升程序的性能，因为 Java API 中的类和方法都是精心编写的，可以高效地执行。这也会缩短程序的开发时间。

1.9 典型的 Java 开发环境

下面讲解创建并执行 Java 程序的步骤。执行 Java 程序通常需要经过 5 个阶段——编辑(edit)、编译(compile)、加载(load)、验证(verify)和执行(execute)。本书中将以 Java SE 8 Development Kit(JDK)为背景来探讨这些阶段。有关如何在 Windows、Linux 和 macOS 上下载、安装 JDK 的信息，请参见本书文前的“学前准备”部分。

阶段 1：创建程序

这一阶段是用编辑器程序(editor program)编辑文件，编辑器程序常被简称为编辑器(见图 1.6)。利用编辑器键入 Java 程序(通常被称为源代码)，进行任何必要的改正，并将程序保存到辅助存储器中(例如硬盘)。Java 源代码文件的扩展名为.java，表示文件包含 Java 源代码。

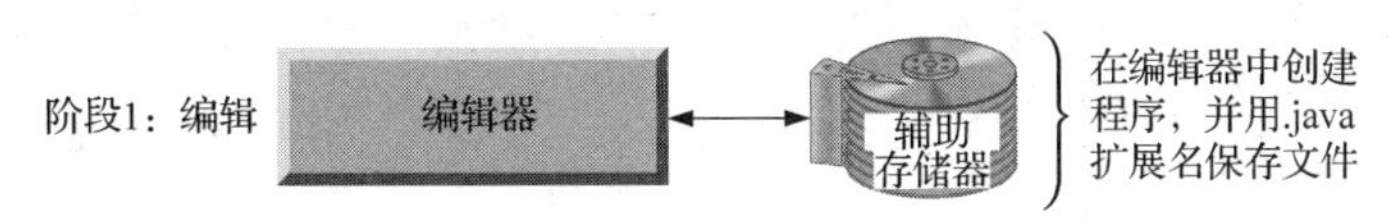

图 1.6　典型的 Java 开发环境——编辑阶段

Linux 系统中广泛使用的两个编辑器是 vi 和 emacs()；Windows 下则有 Notepad；macOS 中的编辑器为 TextEdit。网络上还存在大量的免费和共享编辑器，包括 Notepad++(http://notepad-plus-plus.org)、EditPlus(http://www.editplus.com)、TextPad(http://www.textpad.com)、jEdit(http://www.jedit.org)等。

集成开发环境(IDE)提供了支持软件开发过程的工具，包括编辑器、定位逻辑错误的调试器等。最流行的 Java IDE 有

- Eclipse(http://www.eclipse.org)
- IntelliJ IDEA(http://www.jetbrains.com)
- NetBeans(http://www.netbeans.org)

本书配套网站

```
http://www.deitel.com/books/jhtp11
```

提供的视频展示了如何执行本书中的 Java 程序，以及如何用 Eclipse、NetBeans 和 IntelliJ IDEA 开发 Java 程序。

阶段 2：将 Java 程序编译成字节码

在这一阶段，程序员使用 javac 命令(即 Java 编译器)编译程序(见图 1.7)。例如，要编译名称为 Welcome.java 的程序，应在系统的命令窗口中键入：

```
javac Welcome.java
```

[Windows 命令窗口被称为“命令提示符”(Comand Prompt)窗口；macOS 命令窗口被称为“终端”(Terminal)窗口；Linux 下则为“外壳”(shell)窗口，某些 Linux 版本中也被称为“终端”(Terminal)窗口。]程序编译后，编译器将产生一个名称为 Welcome 的.class 文件。IDE 通常会提供一个菜单项，例如 Build 或 Make，它会调用 javac 命令。如果编译器检测到错误，则需要返回到阶段 1 进行修正。第 2 章中将详细探讨编译器可能遇到的各种错误。

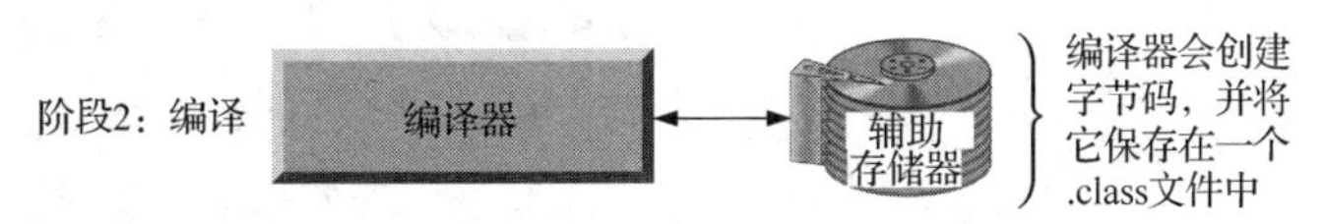

图 1.7　典型的 Java 开发环境——编译阶段

常见编程错误 1.1

编译程序时，如果得到类似这样的消息：“bad command or filename”“javac: command not found”或者“'javac' is not recognized as an internal or external command, operable program or batch file”，就表明 Java 软件的安装不正确。后一种错误表明系统的 PATH 环境变量设置有误。请仔细阅读本书文前部分“学前准备”中的安装指南。某些系统中，修正完 PATH 环境变量之后，还必须重启计算机或打开一个新的命令窗口，以使这些设置生效。

Java 编译器将 Java 源代码翻译成字节码(bytecode)，代表那些在执行阶段(阶段 5)要执行的任务。Java 虚拟机(JVM)是 JDK 的一部分，它负责执行字节码。JVM 也是 Java 平台的基础。虚拟机(Virtual Machine，VM)是一种模拟计算机的软件程序，它隐藏了与程序交互的底层操作系统和硬件。如果在多

种计算机平台上实现了同一个 VM，那么为该种类型的 VM 编写的程序就可以用于所有这些平台。JVM 是最广泛使用的虚拟机之一。Microsoft 的.NET 使用了类似的虚拟机体系结构。

与依赖于特定计算机硬件的机器语言不同，字节码是一些与平台无关的指令。因此，Java 的字节码是可移植的(portable)——不必重新编译源代码，相同的字节码指令可以在任何包含 JVM 的平台上运行，只要该 JVM 能理解编译字节码时的 Java 版本。JVM 是用 java 命令调用的。例如，要执行名称为 Welcome 的 Java 程序，可在命令窗口中键入命令：

```
java Welcome
```

调用 JVM，JVM 进而会启动执行程序所需的步骤。这就进入了阶段 3。IDE 通常会提供一个菜单项，例如 Run，它会调用 java 命令。

阶段 3：将程序加载到主存中

在这一阶段，JVM 会将程序放入主存以执行它——这被称为加载(见图 1.8)。JVM 的类加载器(class loader)读取包含程序字节码的.class 文件，然后将它放入主存中。类加载器也会加载程序使用的、由 Java 提供的任何.class 文件。这些.class 文件可以通过系统中的磁盘加载，也可以通过网络(如本地校园网、公司网络或 Internet)加载。

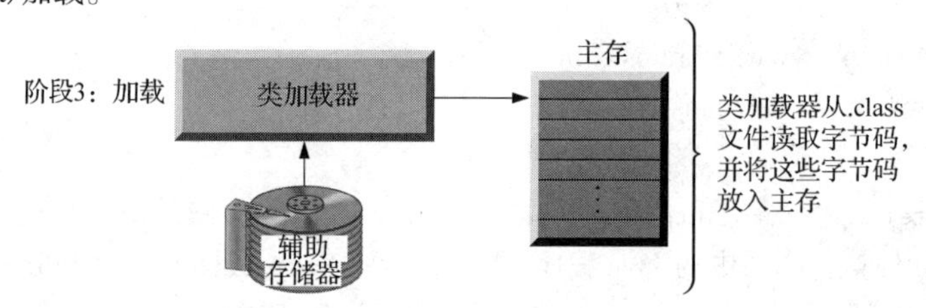

图 1.8 典型的 Java 开发环境——加载阶段

阶段 4：字节码验证

在这一阶段，随着类的加载，字节码验证器(bytecode verifier)对字节码进行检查，以确认它们是有效的，没有违反 Java 的安全限制(见图 1.9)。Java 采用强安全机制，以确保通过网络获得的 Java 程序不会损害本地的文件或系统(计算机病毒和蠕虫通常会危害文件或系统)。

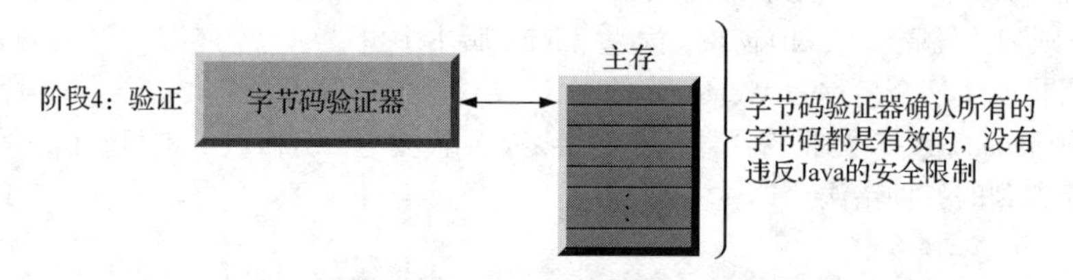

图 1.9 典型的 Java 开发环境——验证阶段

阶段 5：执行

在这一阶段，JVM 执行字节码，完成由程序指定的动作(见图 1.10)。在早期的 Java 版本中，JVM 仅仅是 Java 字节码的一个解释器。这使得大多数 Java 程序无法快速执行，因为 JVM 一次只能解释和执行一个字节码。一些现代的计算机体系结构，能够并行地执行多条指令。如今，JVM 通常采用将解释与即时(Just-In-Time，JIT)编译相结合的方法来执行字节码。在这个过程中，JVM 在解释字节码的同时会对它进行分析，搜索热点部分，即经常执行的那些字节码部分。对于这些热点，JIT 编译器——又称 Java 热点编译器(Java HotSpot compiler)——将它们的字节码翻译成底层的机器语言。当 JVM 再次遇到这些已编译好的部分时，会执行速度相对较快的机器语言代码。因此，Java 程序实际上经历了两个编译阶段：一个阶段将源代码翻译成字节码(以实现在不同计算机 JVM 平台上的可移植性)，另一个阶段在执行过程中将字节码翻译成机器语言。

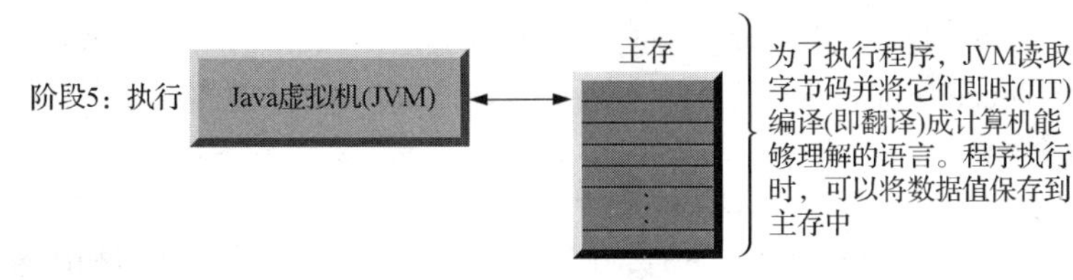

图 1.10　典型的 Java 开发环境——执行阶段

执行阶段可能出现的问题

首次执行时，程序可能不会正常运行。由于可能存在书中将要讨论到的各种错误，上述各个阶段都有可能发生问题。例如，一个执行程序可能会以 0 作为除数(在 Java 中，这是非法的整数运算操作)，这会导致 Java 程序显示一条错误消息。一旦出现这种情况，就必须返回编辑阶段，进行必要的修正，并再次经过一遍其他的阶段，以判断是否解决了这个问题。(注：以 Java 编写的大多数程序，都需要输入或输出数据。当我们说“程序显示一条消息”时，通常的意思就是在计算机的屏幕上显示这条消息。)

常见编程错误 1.2

类似除以 0 这样的错误发生在程序运行时，因此它们被称为运行时错误(runtime error)或执行时错误(execution-time error)。致命的运行时错误将导致程序立即终止，因此不会成功地执行任务；非致命的运行时错误将允许程序运行完毕，但常常会导致不正确的结果。

1.10　测试驱动的 Java 应用

这一节将运行并分析一个 Java Painter 应用，后面的一章将讲解如何创建它。这个应用中用到的一些要素和功能，也正是通过本书应掌握的典型编程技术。通过 Painter 应用的图形用户界面(GUI)，可以选择一种颜色和画笔尺寸，然后用鼠标画圆。还可以撤销前一个操作，或者清除所画的图形。

本节中给出的步骤展示了如何在“命令提示符”(Windows)、“外壳”(Linux)和“终端”(macOS)窗口上执行 Painter 应用。本书中将这些窗口统称为“命令窗口”。本书假定示例文件保存在 Windows 系统的 C:\examples 文件夹中(对于 Linux 或 macOS，则假定位于用户账户的 Documents/examples 文件夹中)。

检查设置过程

阅读本书文前的“学前准备”部分，以确认在计算机上正确安装了 Java，并且已经将本书中的示例文件复制到硬盘上。

进入文件夹

打开命令窗口，使用 cd 命令进入 Painter 应用的文件夹：

- 在 Windows 下输入命令“cd C:\examples\ch01\Painter”，然后按回车键。
- 在 Linux/macOS 下输入命令“cd ~/Documents/examples/ch01/Painter”，然后按回车键。

编译应用

在命令窗口中输入如下命令，然后按回车键，编译 Painter 应用的所有文件：

```
javac *.java
```

星号(*)表示所有以.java 结尾的文件都必须进行编译。

运行应用

1.9 节讲过，输入 Java 命令加上应用的.class 文件(这里是 Painter)，就可以执行这个应用。输入命令“java Painter”并按回车键，以执行应用。图 1.11 分别展示了 Painter 应用运行于 Windows、Linux 和 macOS 的情况。应用的功能在不同操作系统下是相同的，因此后面的步骤只会给出 Windows 上的屏幕输出结果。Java 命令是大小写敏感的，即小写字母与对应的大写字母含义不同。输入“Painter”时，应注意是大写的“P”，否则不会执行这个应用。如果出现错误消息“Exception in thread "main" java.lang.NoClassDefFoundError:Painter”，则表示系统的 CLASSPATH 设置存在问题。请参考“学前准备”的内容，以解决这个问题。

绘制花瓣

后面的步骤将绘制一朵红色的花和一根绿色的花茎、一些绿色的小草和蓝色的雨滴。首先要画的是红色花瓣，以中号画笔绘制。单击 Red 单选钮，将绘制颜色改成红色。接下来，在绘制区拖动鼠标，画出花瓣(见图 1.12)。如果对所绘图形不满意，可以不断单击 Undo 按钮，删除最近所画的曲线。也可以单击 Clear 按钮，重新开始绘制。

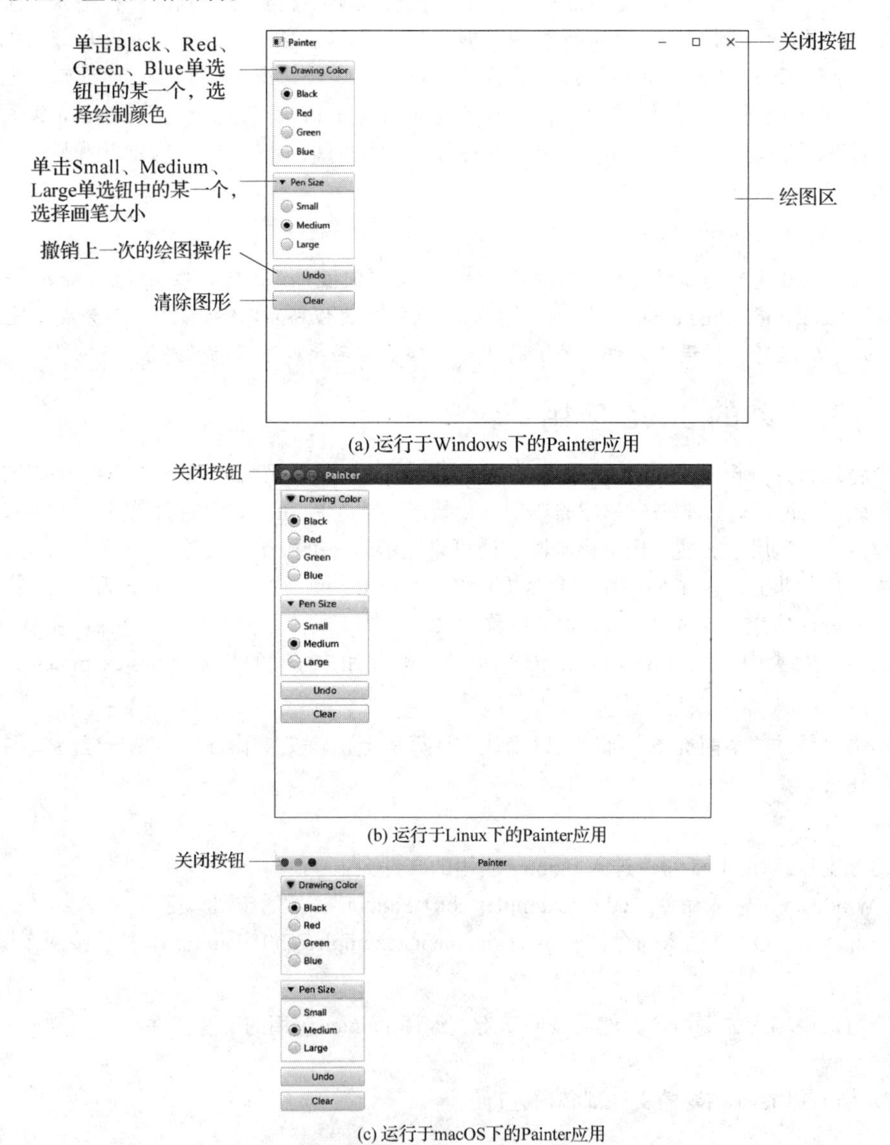

图 1.11 在 Windows、Linux 和 macOS 下执行 Painter 应用

绘制花茎、叶子和小草

分别单击 Green 和 Large 单选钮，将颜色改成绿色、画笔改成大号。然后，绘制如图 1.13 所示的花茎和叶子。接着，单击 Medium 单选钮，将画笔改成中号，绘制如图 1.13 所示的小草。

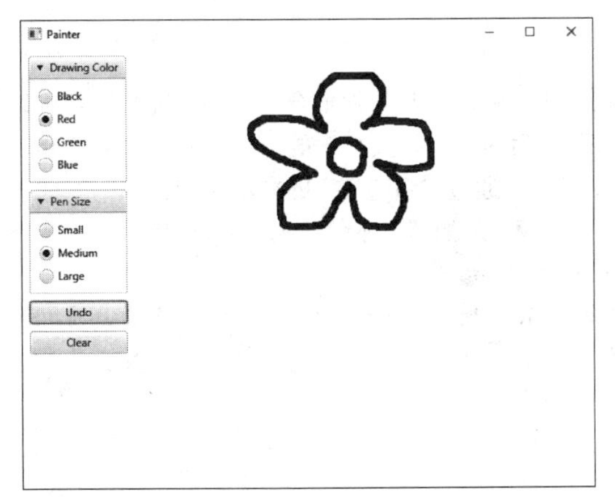

图 1.12　绘制花瓣

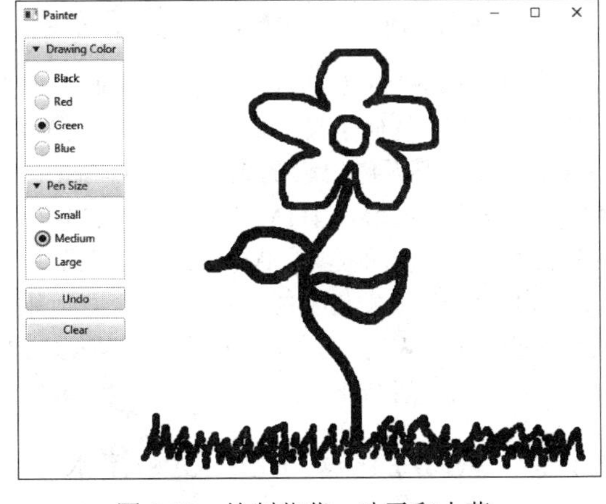

图 1.13　绘制花茎、叶子和小草

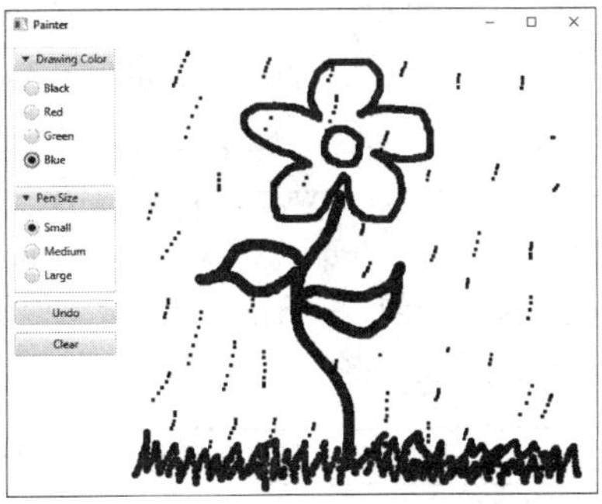

绘制雨滴

分别单击 Blue 和 Small 单选钮，将颜色改成蓝色、画笔改成小号。然后，绘制如图 1.14 所示的雨滴。

退出 Painter 应用

现在可以关闭 Painter 应用了。为此，需单击应用的关闭按钮(见图 1.11)。

图 1.14　绘制雨滴

1.11　Internet 和 WWW

20 世纪 60 年代末，美国国防部高级研究计划署(ARPA)计划将它所资助的 12 所大学和研究机构的大型计算机系统进行联网，这些计算机通过数据传输速率为 50 000 bps 的通信线路连接。当时，大多数人(也只是少数能访问网络的人)都通过电话线以 110 bps 的速率连接计算机。相关的学术研究即将开启重要一步。ARPA 的研究快速实现了 ARPANET(阿帕网)，即 Internet 的鼻祖。当今，最快的 Internet 数据传输速率可以达到每秒数十亿甚至数万亿比特。

但事情往往不按最初的计划发展。尽管 ARPANET 使科研人员能够将他们的计算机联网，但它的主要好处是通过电子邮件方便快捷地进行通信。即使在今天的 Internet 中，同样利用电子邮件、即时消息、文件传输及诸如 Facebook 和 Twitter 等社交媒体，使全球几十亿人能够彼此快速而方便地通信。

在 ARPANET 上进行通信的协议(规则集)被称为传输控制协议(TCP)。TCP 确保了由“分组”(被编号的信息序列)所组成的消息，可以从发送方经过正确路由到达接收方，每个分组都按原样到达，并按正确的顺序装配它们。

1.11.1　Internet：网间网

在早期 Internet 演变的同时，全世界的机构都在实现各自的网络，进行组织内和组织间的通信，这样就出现了大量不同的联网硬件和软件。这种现象带来的一个挑战是如何使这些不同的网络彼此通信。ARPA 为此开发了一个 Internet 协议(IP)，它创建了一个真正的“网间网”，就是今天 Internet 的体系结构。现在，这组协议被合称为 TCP/IP。

业界很快意识到，利用 Internet 可以提升它们的业务，为客户提供新型的、更好的服务。公司开始花费大量资金用来开发和强化它们的 Internet 业务，从而导致了通信运营商与软/硬件供应商之间的激烈竞争，以满足不断增长的对基础设施的需求。这样，Internet 上的带宽(bandwidth)——通信线路的信息传载能力——已经大大增加了，而硬件成本迅速下降。

1.11.2 WWW：使 Internet 易于使用

World Wide Web(WWW，简称为 Web)是与 Internet 相关的硬件和软件集合，它使计算机用户可以定位和查看几乎任何主题的多媒体文档(包含文本、图形、动画、音频及视频的组合文档)。1989 年，CERN(欧洲核子研究组织)的 Tim Berners-Lee 着手开发了一种通过“超链接”的文本文档共享信息的技术——超文本标记语言(HTML)。Tim 还写出了几个通信协议，例如超文本传输协议(HTTP)，以构成新的超文本信息系统的框架。Tim 将这些协议称为 World Wide Web。

1994 年，Tim 发起成立了一个组织——万维网联盟(W3C，http://www.w3.org)，致力于为万维网开发相关的技术。W3C 的主要目标之一是使全世界的每一个人，包括残疾人，无论他的语言和文化背景如何，都可以访问 Web。

1.11.3 Web 服务和 mashups 技术

(在线的)第 32 章中讲解了 Web 服务(见图 1.15)。一种被称为 mashups(糅合)的应用开发方法，通过组合一些互为补充的 Web 服务(经常是免费的)和其他形式的信息源，就可以快速开发出功能强大的应用。首先采用 mashups 技术的一个网站，它将 www.craigslist.org 提供的房地产信息列表与 Google Maps 的映射功能组合，提供某个区域正在出租或出售的房屋的位置地图。ProgrammableWeb(http://www.programmableweb.com)提供的一个目录，包含超过 16 500 个 API 和 6300 个 mashups。该网站的 API University(https://www.programmableweb.com/api-university)提供如何使用这些 API 并创建自己的 mashups 的指南，并给出代码样本。根据该网站的介绍，使用最多的几个 API 是 Facebook、Google Maps、Twitter 和 YouTube。

提供 Web 服务的源	使用场合	提供 Web 服务的源	使用场合
Google Maps	地图服务	PayPal	支付
Twitter	微博	Last.fm	Internet 电台
YouTube	视频搜索	Amazon eCommerce	网上购买图书及许多其他商品
Facebook	社交网络	Salesforce.com	客户关系管理(CRM)
Instagram	照片共享	Skype	网络电话
Foursquare	手机“检入”	Microsoft Bing	搜索
LinkedIn	用于商业的社交网络	Flickr	照片共享
Groupon	团购	Zillow	房地产报价
Netflix	电影租赁	Yahoo Search	搜索
eBay	Internet 拍卖	WeatherBug	天气
Wikipedia	协作式大百科全书		

图 1.15 一些流行的 Web 服务(https://www.programmableweb.com/category/all/apis)

1.11.4 物联网

Internet 已经不再是计算机的天下——它还是一个物-物相连的网络，即物联网(Internet of Things, IoT)。物品就是任何具有 IP 地址的对象，它具备通过 Internet 自动发送数据的能力。举例如下：

- 具有应答器用于支付通行费的汽车
- 显示车库中空余停车位的显示器
- 植入人体的心脏监护器
- 用于水质监控的监视器
- 报告能源使用情况的智能计量器
- 放射线探测器

- 仓库中的货物跟踪器
- 记录运动和位置情况的移动应用
- 根据天气预报和室内活动情况调节房间温度的智能温控器
- 智能家用电器
- 其他物联网产品

根据 statista.com 的统计，现在已经有 220 亿个物联网设备在使用，估计到 2020 年，这一数字将超过 500 亿[①]。

1.12　软件技术

图 1.16 中列出了许多专业术语，它们能在软件开发社区中见到。对于这些术语中的大部分，作者创建了相应的资源中心，还有更多主题的资源中心正在创建之中。

技术	描述
敏捷软件开发	一套方法学，其目标是以更快的速度实现软件，并且占用的资源更少。关于敏捷软件开发的详细信息，请参见 Agile Alliance（www.agilealliance.org）和 Agile Manifesto（www.agilemanifesto.org）
重构	重构（refactoring）是指对代码进行重新设计，使它更清晰、更易维护，但依然保持它的功能性。在敏捷软件开发中，大量利用了重构。有许多包含内置重构工具的 IDE 可以用来自动完成重构的大部分任务
设计模式	设计模式是经过了验证的及用于构建灵活的、可维护的面向对象软件的体系结构。设计模式涉及的范围是，列举出那些重复出现的模式，鼓励软件设计人员复用这些模式，用更少的时间、花费和精力开发出更高质量的软件（见在线的附录 N）
LAMP	LAMP 是一组开源技术的缩写，许多开发人员用这些技术来构建低成本的 Web 应用。LAMP 表示 Linux、Apache、MySQL 和 PHP（或 Perl、Python，它们是另外两种流行的脚本编程语言）。MySQL 是一种开源数据库管理系统。PHP 是流行的开源服务器端脚本编写语言，用于开发基于 Internet 的应用。Apache 是最为流行的 Web 服务器软件。与 LAMP 对应的 Windows 开发技术是 WAMP——Windows、Apache、MySQL 和 PHP
软件即服务（SaaS）	软件已经被当作普通的产品对待，大多数软件就是按照产品的形式提供的。如果用户希望运行某个应用，就需要从软件厂商那里购买软件包——载体可以是 CD、DVD，也可以从 Web 下载。然后，用户在计算机上安装这个软件，并在需要时运行它。有新的版本时，就需要升级软件，这常常要花费不少时间和金钱。对某些公司而言，如果有不同配置的成千上万个系统需要维护，则这个过程可能非常麻烦。利用“软件即服务”（Software as a Service，SaaS）技术，软件可在 Internet 中的某个服务器上运行。当更新了这个服务器后，全球范围内的所有客户都可以看到这些新的功能，从而避免了本地安装的需求。可以通过浏览器访问这项服务。浏览器具有非常好的可移植性，因此能够在世界上任何地方的不同类型的计算机上运行同一个应用。Salesforce.com、Google、Microsoft 及许多其他公司都提供 SaaS
平台即服务（PaaS）	平台即服务（Platform as a Service，PaaS）提供一个计算平台，用于在 Web 上开发和运行作为服务的应用，而不必在本地计算机上安装这些工具。提供 PaaS 的一些平台包括 Google App Engine、Amazon EC2 及 Windows Azure
云计算	SaaS 和 PaaS 就是云计算的例子。云计算使用户能够利用保存在“云”中的软件和数据，即通过 Internet 访问远程计算机（或者服务器）且随时可获得它们，而不必将软件和数据保存在本地台式机、笔记本电脑或者移动设备中。这提供了在任意时刻增加或者减少计算资源的灵活性。与为了确保在偶尔才有的峰值时刻有足够的存储空间和处理能力而购买昂贵的硬件相比，云计算更具成本效益。通过将管理这些应用的责任（如安装、升级软件，安全管理，备份和灾难恢复）转移给服务提供商，云计算还可以节省投资
软件开发工具集（SDK）	软件开发工具集（Software Development Kit，SDK）包含开发人员用来编程的工具和文档

图 1.16　各种软件技术

① 参见 https://www.statista.com/statistics/471264/iot-number-of-connected-devices-world-wide。

软件是复杂的。现实世界中的大型软件，可能需要数月甚至数年的设计和实施。开发大型软件产品时，通常会以一个版本序列逐步向用户开放，每一个版本都会比上一版更全面、更完善(见图 1.17)。

版本	描述
Alpha	Alpha 软件是依然处于开发状态时最早发布的产品。Alpha 版本通常有许多错误，功能不完整且不稳定，它只对小范围内的开发人员发布，以测试新特性、获得早期回馈等。Alpha 软件也经常被称为“早期体验”(early access)软件
Beta	Beta 版本是在修正了大多数主要的错误并且新的特性几乎已经实现之后，在开发过程中发布给更大范围的开发人员的一个版本。Beta 版本更稳定，但依然需要做些改动
候选发布版本	候选发布版本(release candidate)中，软件的功能已经完成，且(通常)没有错误，已经为社区的使用做好准备。社区提供了各种各样的测试环境——软件被用在不同的系统中，存在不同的使用约束和用途
最终发布版本	在候选发布版本中发现的任何错误都会被改正。最终，最后的产品会向普通大众发布。软件公司通常会利用 Internet 发布有关软件的更新文件
连续 Beta	用这种方法开发的软件通常没有版本号(如 Google 搜索或者 Gmail)。位于云中的软件(没有安装在本地计算机上)会经常更新，以便用户总是拥有最新的版本

图 1.17　软件产品发布中的各种术语

1.13 Java 问题解答

有关 Java 的问题，可以从许多在线论坛中获得答案，还能够在论坛中与其他 Java 程序员交互。一些流行的 Java 论坛及常见的编程论坛如下：

- StackOverflow.com
- Coderanch.com
- Oracle Java 论坛——https://community.oracle.com/community/java
- </dream.in.code>——http://www.dreamincode.net/forums/forum/32-java

自测题

1.1 填空题。

a)计算机处理数据时，使用的是被称为________的指令集。

b)计算机的主要逻辑单元包括：________、________、________、________、________和________。

c)本章中讨论过的三种语言类型为________、________和________。

d)将高级语言程序翻译成机器语言的程序被称为________。

e)________是一种用于移动设备的操作系统，它以 Linux 内核和 Java 为基础。

f)________版本中，软件的功能已经完成，且(通常)没有错误，已经为社区的使用做好准备。

g) Wii Remote 及许多智能手机中，利用________可获取设备的移动信息。

1.2 填空题。

a) JDK 中的________命令用于执行 Java 程序。

b) JDK 中的________命令用于编译 Java 程序。

c) Java 源代码文件的扩展名为________。

d)编译 Java 程序时，由编译器产生的文件的扩展名为________。

e)由 Java 编译器产生的文件，包含 Java 虚拟机执行的________。

1.3 填空题(见 1.5 节)。

a)对象具有________属性——通过良好定义的接口，对象可以知道如何与另一个对象通信，但通常不允许它获知另一个对象是如何实现的。

b) Java 程序员专注于创建________，它包含字段及用于操作这些字段的方法集，并为客户提供服务。

c) 从面向对象的角度对系统进行分析和设计，这一过程被称为________。

d) 通过________，可以快速而方便地创建对象的新类——新类(被称为子类)会吸收已有类(被称为超类)的特性，并可以进行定制，添加自己独有的特性。

e) _______是一种图形化语言，它可用来帮助设计软件系统的人员采用工业化的标准符号来表示软件系统。

f) 对象的大小、形状、颜色和重量等，被称为该对象的类的________。

自测题答案

1.1 a) 程序。b) 输入单元，输出单元，内存单元，中央处理单元，算术和逻辑单元，辅助存储单元。c) 机器语言，汇编语言，高级语言。d) 编译器。e) Android。f) 候选发布。g) 加速计。

1.2 a) java。b) javac。c) .java。d) .class。e) 字节码。

1.3 a) 信息隐藏。b) 类。c) 面向对象分析与设计(OOAD)。d) 继承。e) 统一建模语言(UML)。f) 属性。

练习题

1.4 填空题。

a) 从计算机外部接收信息，供计算机使用的逻辑单元是________。

b) 指导计算机解决问题的过程被称为________。

c) ________是一种计算机编程语言，它使用与英语单词类似的缩写词作为机器语言指令。

d) ________逻辑单元将已经被计算机处理过的信息发送给各种设备，以供计算机外部使用。

e) ________和________是计算机用来保持信息的两个逻辑单元。

f) 计算机用来执行计算的逻辑单元是________。

g) 计算机用来进行逻辑判断的逻辑单元是________。

h) 能够用来方便而快速地编写程序的编程语言是________。

i) 计算机能够直接理解的唯一语言是________。

j) 用于协调与其他逻辑单元的活动的逻辑单元是________。

1.5 填空题。

a) _______编程语言用于开发大规模的企业级应用，以增强 Web 服务器的功能，为消费类设备提供应用，还可用于许多其他用途。

b) ________编程语言，由于是 UNIX 操作系统的开发语言而变得广为人知。

c) ________确保了由分组组成的消息可以从发送方经过正确路由到达接收方，每个分组都按原样到达，并按正确的顺序装配它们。

d) ________编程语言是由 Bjarne Stroustrup 于 20 世纪 80 年代早期在贝尔实验室发明的。

1.6 填空题。

a) 一个 Java 程序通常要经过 5 个阶段：________、________、________、________和________。

b) ________提供支持软件开发过程的各种工具，包括编写和编辑程序的编辑器、定位逻辑错误的调试器等，还提供其他许多特性。

c) 命令“java”会调用________，以执行 Java 程序。

d) ________是一种模拟计算机的软件程序，但它隐藏了底层的操作系统和硬件，使程序与之交互。

e) ________将包含程序字节码的.class 文件放入主存。

f) ________会检查字节码，以确保它们是有效的。

1.7 解释 Java 程序的两个编译阶段的差异。

1.8 一种常见的对象是手表。讨论如下这些术语和概念应该如何应用到手表上：对象，属性，行为，类，继承(如闹钟)，建模，消息，封装，接口，信息隐藏。

挑战题

这一部分练习中需要解决的问题，涉及个人、社区、国家甚至全球。

1.9 **(测试练习："碳足迹"计算器)**一些科学家相信，碳排放，尤其是化石燃料的燃烧，对全球变暖影响巨大。如果每个人都限制碳燃料的使用，则这一趋势可以得到控制。各种机构和个人都在持续关注着它们的"碳足迹"。一些网站，如 TerraPass：

`http://www.terrapass.com/carbon-footprint-calculator-2`

和 Carbon Footprint：

`http://www.carbonfootprint.com/calculator.aspx`

提供了"碳足迹"计算器。利用这些计算器，测试一下你的"碳足迹"是什么。在后面几章的练习题中，将要求编写你自己的"碳足迹"计算器。为此，需搜索用于计算"碳足迹"的公式。

1.10 **(测试练习：体重指数计算器)**根据最近的估计，美国人口中有大约 2/3 的人超重，有大约 1/2 的人肥胖。这会导致相关疾病(如糖尿病和心脏病)的大量出现。为了判断某个人是否超重或肥胖，可以使用一种被称为体重指数(BMI)的测量方法。美国卫生与福利部在 http://www.nhlbi.nih.gov/guidelines/obesity/BMI/bmicalc.htm 上提供了一个 BMI 计算器，可用它来计算自己的 BMI。第 3 章的一个练习题将要求编写自己的 BMI 计算器。为此，需搜索用于计算 BMI 的公式。

1.11 **(混合动力汽车的特性)**本章讲解了类的一些基础知识。现在，你需要"丰富"一种被称为"混合动力汽车"的类的内容。混合动力汽车正变得越来越流行，因为与纯汽油驱动汽车相比，它通常具有更少的油耗。浏览网络，研究一下现在流行的 4～5 种混合动力汽车，然后尽可能多地列出它们与混合动力有关的特性。例如，一些共同的属性包括每加仑[1]城市路况行驶里程和每加仑干线路况行驶里程。还要列出电池的特性(类型、质量等)。

1.12 **(性别中性化)**一些人希望在各种用于沟通的表格中消除性别歧视。要求你创建一个能处理文本段的程序，将其中与性别有关的单词用中性词代替。假设已经存在一个与性别有关的单词和替换它的中性词的清单(如将"妻子"换成"配偶"，将"男人"换成"人"，将"女儿"换成"孩子"，等等)，给出读取这段文本并手工执行替换的过程。你的过程会如何产生一个奇怪的术语，如"woperchild"(意指不含性别歧视的女孩)？第 4 章中将会讲到，"过程"的更形式化称谓是"算法"，因此算法指定了要执行的步骤及执行的顺序。

1.13 **(智能助手)**人工智能领域在最近几年已经有了快速发展。目前，有许多公司都提供计算机化的智能助手，例如 IBM 的 Watson、Amazon 的 Alexa、Apple 的 Siri、Google 的 Google Now 及 Microsoft 的 Cortana。分析一下这些智能助手，看它们如何提高人们的生活质量。

1.14 **(大数据)**了解一下这个快速成长的大数据领域。找出一些相关的应用，看它们是如何用于医疗健康领域和科学研究的。

1.15 **(物联网)**现在，完全有可能在任何设备里置入一个微处理器，并将它们与 Internet 相连。这就是物联网(IoT)的起源，它已经使数百亿台设备彼此相连。研究一下 IoT，看它是如何提升人们的生活品质的。

---

1 加仑≈3.785 升。

第 2 章　Java 应用介绍、输入/输出、运算符

目标

本章将讲解

- 编写简单的 Java 应用。
- 使用输入与输出语句。
- Java 中的基本数据类型。
- 基本的内存概念。
- 使用算术运算符。
- 算术运算符的优先级。
- 编写判断语句。
- 使用相等性和关系运算符。

提纲

2.1　简介

本章将讲解 Java 编程。开始的几个程序示例会在屏幕上显示(输出)消息。接下来的一个程序演示的是，从用户那里获得(输入)两个数字，计算它们的和，并将结果显示出来。本章将讲解如何执行各种算术运算，并将结果保存起来以备后用。最后一个示例演示了如何进行判断。这个应用会比较两个数字，然后显示包含比较结果的消息。这里会使用 JDK 命令行工具来编译和运行程序。可以参考以下 Web 站点上的 Getting Started 说明视频：

```
http://www.deitel.com/books/jhtp11
```

2.2　第一个 Java 程序：输出一行文本

Java 应用是一种使用 java 命令启动 Java 虚拟机(JVM)而执行的计算机程序。2.2.1 节～2.2.2 节中，将讲解如何编译并运行 Java 应用。先看一个只显示一行文本的简单应用。图 2.1 中，程序的后面有一个灰底色的框，框中显示了它的输出结果。

```
1  // Fig. 2.1: Welcome1.java
2  // Text-printing program.
3
4  public class Welcome1 {
5     // main method begins execution of Java application
6     public static void main(String[] args) {
7        System.out.println("Welcome to Java Programming!");
8     } // end method main
9  } // end class Welcome1
```

```
Welcome to Java Programming!
```

图 2.1　文本输出程序

添加行号只是出于方便讲解的目的，它们并不是 Java 程序的一部分。这个示例演示了 Java 语言的几个重要特性。我们看到，第 7 行完成了实际工作——在屏幕上显示文字“Welcome to Java Programming!”。

在程序中添加注释

程序员插入注释的作用，是为了记录程序的相关信息，提高它的可读性。Java 编译器会忽略这些注释，因此当运行程序时，注释不会使计算机执行任何动作。

按照约定，书中的每个程序都以一个注释开始，标明图号和文件名称。第 1 行中的注释：

```
// Fig. 2.1: Welcome1.java
```

以“//”开头，表示它是一个单行注释(end-of-line comment)，在包含“//”这一行的末尾，注释就终止了。单行注释不必从一行的开头开始，它也可以从一行的中间开始，一直到该行的末尾结束(如第 5 行、第 8 行和第 9 行所示)。第 2 行：

```
// Text-printing program.
```

这个注释描述了程序的用途。Java 中也可以使用传统的注释方法，它可将注释跨行放置，例如：

```
/* This is a traditional comment. It
   can be split over multiple lines */
```

这种注释分别以分隔符“/*”“*/”开头和结尾。编译器会忽略这两个分隔符之间的所有文本。Java 分别从 C 和 C++编程语言中吸收了传统注释和单行注释的用法。

Java 还提供第三种类型的注释：Javadoc 注释。这种注释用“/**”和“*/”界定。编译器会忽略这两个分隔符之间的所有文本。Javadoc 注释可使程序文档直接嵌入程序中。这类注释是业界首选的 Java 文档化格式。javadoc 实用工具程序(JDK 的一部分)可以读取 Javadoc 注释，并将它们用于 HTML5 Web 页面格式的程序文档。书中代码采用“//”注释，以节省空间。在线的附录 G 中，讲解了 Javadoc 注释及 javadoc 工具的用法。

常见编程错误 2.1

遗忘定界注释的某个定界符是一个语法错误。当编译器遇到违反 Java 语言规则(即语法)的代码时，就会出现语法错误。这些规则与指定语句结构的自然语言语法规则类似，例如英语、法语和西班牙语中的语法规则。语法错误也被称为编译器错误、编译时错误或者编译错误，因为是编译器在编译阶段发现它的。遇到语法错误时，编译器会发出错误消息。在程序能够被正确地编译之前，必须将所有的编译错误都消除。

良好的编程实践 2.1

有些公司要求所有的程序都以一个注释开头，表明该程序的用途和作者，以及最后一次修改的日期和时间等。

使用空行

空行(例如第 3 行)、空格和制表符使代码更易于阅读。这些字符被统称为空白符(white space)。编译器会忽略空白符。

良好的编程实践 2.2

应使用空白符来强化程序的可读性。

声明类

第 4 行：

```
public class Welcome1 {
```

是类声明的开始处，它声明了一个 Welcome1 类。每一个 Java 程序都必须至少有一个由程序员定义的类。class 关键字引入类声明，它的后面紧跟类的名称。关键字是 Java 保留使用的，全部采用小写字母。附录 C 中列出了全部的 Java 关键字。

第 2 ~ 7 章中定义的每一个类都以 public 关键字开头。目前还只要求使用这个关键字。第 8 章将更多地介绍 public 类和非 public 类。

public 类的文件名称

public 类必须放置在一个文件中，文件名称的形式为 ClassName.java，所以 Welcome1 类位于 Welcome1.java 文件中。

常见编程错误 2.2

如果 public 类的文件名称与类名称不一致(包括拼写和大小写)，则会发生编译错误。

类名称与标识符

按照惯例，所有类名称都以一个大写字母开头，且将包含的每个单词的第一个字母都大写(如 SampleClassName)。类名称是一个标识符，即一个字符序列，它由字母、数字、下画线(_)和美元符($)组成，不能以数字开头，也不能包含空格。有效标识符的例子有：Welcome1，$value，_value，m_inputField1，button7。7button 不是有效的标识符，因为它以数字开头；input field 也不是有效的标识符，因为它包含空格。通常而言，不以大写字母开头的标识符不是类名称。Java 是大小写敏感的，即大小写字母是有区别的。因此，value 和 Value 是不同(但有效)的标识符。

良好的编程实践 2.3

按照惯例，类名称标识符中的每一个单词，其第一个字母都应大写。例如，类名称标识符 DollarAmount 中的第一个单词 Dollar 就以大写字母 D 开头；第二个单词 Amount 的第一个字母也为大写形式。这种命名规范被称为“驼峰规则”，因为这些大写字母类似于骆驼的驼峰。

Java 9 中的下画线

从 Java 9 开始，不能将下画线(_)作为标识符。

类体

每个类声明的体(body)，都以左花括号({)开头(程序第 4 行末尾)，并以一个对应的右花括号(})(第 9 行)结束。第 5 ~ 8 行则为缩进格式。

良好的编程实践 2.4

应将每个类声明的整个类体在花括号对内缩进一级。这种格式既突出了类声明的结构，又使它更易读。本书中用 3 个空格表示缩进一级，但有许多程序员喜欢采用 2 个或者 4 个空格。无论怎样选择，都应始终保持一致。

良好的编程实践 2.5

IDE 通常会自动进行缩进操作。缩进代码时，也可以使用 Tab 键。可以在 IDE 中进行配置，指定按一次 Tab 键缩进几个空格。

常见编程错误 2.3

如果花括号不成对出现，则是一种语法错误。

错误预防提示 2.1

只要在应用中输入了左花括号，就立即输入右花括号，然后将光标重新定位到二者之间并进行缩进，再进行输入。这种做法，有助于避免因遗漏花括号而出现错误。许多 IDE 都会自动这样操作。

声明方法

第 5 行：

```
// main method begins execution of Java application
```

是一个注释，它给出了程序第 6~8 行的用途。第 6 行：

```
public static void main(String[] args) {
```

是每个 Java 程序的执行入口点。标识符 main 之后的圆括号，表明它是一个被称为方法(method)的程序构建块。通常，Java 类声明中会包含一个或多个方法。对于 Java 应用，必须有一个被称为 main 的方法，而且它必须按第 6 行所示的方式定义，否则 JVM 将不会执行它。

方法能执行任务，并能在完成任务后返回信息。3.2.5 节中将讲解 static 关键字的作用。关键字 void 表明这个方法不返回任何信息。后面将看到方法如何返回信息。现在，只需模仿这个程序中 main 方法的用法即可。圆括号中的 String[ ] args 是每一个 main 方法声明中都必须有的部分，它将在第 7 章讲解。

第 6 行末尾的左花括号，是方法声明体的开始处。对应的右花括号结束声明(第 8 行)。第 7 行进行了缩进。

良好的编程实践 2.6

应将每个方法声明的整个方法体在花括号对内缩进一级。这种格式，既突出了类声明的结构，又使程序更易读。

用 System.out.println 产生输出

第 7 行：

```
System.out.println("Welcome to Java Programming!");
```

指示计算机执行一个动作，即输出包含在双引号间的字符串(string)，但不包括双引号本身。双引号本身不会显示。双引号及位于其中的字符构成一个字符串，也被称为一串字符或字符串字面值。编译器不会忽略字符串中的空白符。字符串不能横跨多行，但后面将看到，这不会限制在程序中使用长的字符串。

System.out 对象已经被预定义了，它被称为标准输出对象。它使程序能在执行它的命令窗口中显示信息。在 Windows 中，命令窗口是命令提示符窗口；在 UNIX/Linux/macOS 中，命令窗口被称为“终端”(terminal)或“外壳”(shell)。许多程序员将其简称为命令行。

System.out.println 方法在命令窗口中显示(display)或输出(print)一个文本行。第 7 行中圆括号内的字符串是方法的实参(argument)。当 System.out.println 完成任务后，会将输出光标(output cursor)(即下一个字符要显示的位置)放在命令窗口的下一行开始处。光标的这种移动类似于用户在文本编辑器中输入时按回车键后出现的情况——光标会移动到文档中下一行的开始处。

整个第 7 行，包括 System.out.println、圆括号内的实参“Welcome to Java Programming!”和分号(;)被统称为一条语句。通常，一个方法会包含执行任务的语句，大多数语句都以分号结尾。

在右花括号后面使用单行注释，增加可读性

为了帮助新入行的程序员，程序中结束方法声明和类声明的右花括号后面都包含一个单行注释。例如，第 8 行：

```
} // end method main
```

表示它是结束 main 方法的右花括号。第 9 行：

```
} // end class Welcome1
```

表示它是结束 Welcome1 类的右花括号。每一个注释都指明了该右花括号结束的是哪一个方法或类。从下一章开始，将不会再给出这种注释。

2.2.1 编译程序

现在，可以着手编译并执行上面的程序了。这里假定使用的是 JDE 命令行工具，而不是 IDE。本书约定示例文件保存在 Windows 系统的 C:\examples 文件夹中(对于 Linux 或 macOS，则位于用户账户的 Documents/examples 文件夹下)。

为了准备编译这个程序，需打开一个命令窗口，然后切换到保存程序所在的目录。许多操作系统都使用 cd 命令来切换目录(或文件夹)。例如，Windows 中使用命令：

```
cd c:\examples\ch02\fig02_01
```

会进入 fig02_01 目录。在 UNIX/Linux/macOS 平台下，命令：

```
cd ~/Documents/examples/ch02/fig02_01
```

会进入 fig02_01 目录。为了编译程序，需输入命令：

```
javac Welcome1.java
```

如果没有出现编译错误，则上述命令会创建一个名称为 Welcome1.class 的新文件(即 Welcome1 的类文件)，它包含代表这个应用的、与平台无关的 Java 字节码。当在某个平台上用 java 命令执行这个程序时，JVM 将会把这些字节码翻译成底层操作系统和硬件能够理解的指令。

常见编程错误 2.4

如果在编译时出现错误消息“class Welcome1 is public, should be declared in a file named Welcome1.java”，则表明文件名称与文件中的 public 类名称无法正确匹配，或者在编译该类时没有正确地输入类名称。

学习编程时，有时可以将一个能运行的程序故意“破坏”，可以借此熟悉那些错误消息。但是，这些消息并不总会指出代码中的错误是什么。如果遇到错误，则它应当提供问题所在的线索。试着在图 2.1 的代码中删除一个分号或花括号，然后重新编译它，看看这时产生的错误消息。

错误预防提示 2.2

当编译器报告语法错误时，错误可能并不在消息所指的行中。首先，要检查报告错误的那一行。如果该行没有错误，则要检查前面的几行。

每一条错误消息都包含发生错误的文件名称和行号。例如，“Welcome1.java:6”表明错误发生在 Welcome1.java 文件中的第 6 行。消息的其他部分提供的是关于语法错误的信息。

2.2.2 执行程序

现在已经编译完程序，输入如下命令并按回车键：

```
java Welcome1
```

就会启动 JVM 并载入 Welcome1.class 文件。输入命令时，要省略.class 文件扩展名，否则 JVM 不会执行程序。JVM 会调用 Welcome1 的 main 方法。接下来，第 7 行显示“Welcome to Java Programming!”。图 2.2 显示的是在 Windows 命令提示符窗口中执行程序的结果。(注：许多环境将命令提示符窗口显示为黑底白字。这里对这些设置进行了调整，以使屏幕截图更易阅读。)

错误预防提示 2.3

运行 Java 程序时，如果出现诸如“Exception in thread "main" java.lang.NoClassDefFoundError: Welcome1”的消息，则表示没有正确地设置 CLASSPATH 环境变量。请仔细回顾本书文前部分“学前准备”小节中的安装指南。在某些系统中，配置完 CLASSPATH 环境变量后，必须重启计算机或者打开一个新的命令窗口。

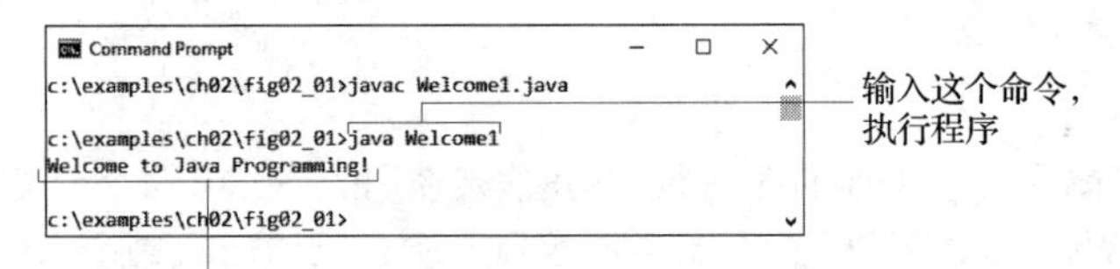

图 2.2 在命令提示符窗口中执行 Welcome1 程序

2.3 修改第一个 Java 程序

本节将修改图 2.1 中的程序，分别用多条语句输出一行文本，并用一条语句输出多行文本。

用多条语句输出一行文本

“Welcome to Java Programming!”能够以多种形式显示。图 2.3 所示的 Welcome2 类使用了两条语句(第 7 ~ 8 行)，产生与图 2.1 相同的输出。(注：此后，书中会高亮显示每个代码清单中的新特性和重要特性，如第 7 ~ 8 行所示。)

```
1  // Fig. 2.3: Welcome2.java
2  // Printing a line of text with multiple statements.
3
4  public class Welcome2 {
5     // main method begins execution of Java application
6     public static void main(String[] args) {
7        System.out.print("Welcome to ");
8        System.out.println("Java Programming!");
9     } // end method main
10 } // end class Welcome2
```

```
Welcome to Java Programming!
```

图 2.3 用多条语句输出一行文本

这个程序与图 2.1 中的程序类似，因此只讨论发生了变化的部分。第 2 行：

```
// Printing a line of text with multiple statements.
```

是一个单行注释，表明了这个程序的目的。第 4 行开始了 Welcome2 类的声明。main 方法中的第 7 ~ 8 行：

```
System.out.print("Welcome to ");
System.out.println("Java Programming!");
```

显示一行文本。第一条语句利用 System.out 的 print 方法，显示一个字符串。每一条 print 语句或 println 语句，都从上一条语句结束显示字符的地方开始显示字符。与 println 方法不同，在输出其实参之后，print 方法不会将输出光标定位到下一行的开始处，而是紧跟在显示的最后一个字符之后。因此，第 8 行会将实参中第一个字符(即字母“J”)紧跟在第 7 行显示的最后一个字符(即字符串右双引号之前的空白符)之后显示。

用一条语句输出多行文本

通过使用换行符(\n)，可以用一条语句显示多行文本。换行符指示 System.out 的 print 方法和 println 方法，何时需要将输出光标定位在命令窗口的下一行开始处。与空行、空格符和制表符一样，换行符也是空白符。图 2.4 中的程序输出了 4 行文本，它使用了换行符来确定何时开始新的一行。图 2.1 和图 2.3 中的程序大部分都是相同的。

```
1  // Fig. 2.4: Welcome3.java
2  // Printing multiple lines of text with a single statement.
3
4  public class Welcome3 {
5     // main method begins execution of Java application
6     public static void main(String[] args) {
7        System.out.println("Welcome\nto\nJava\nProgramming!");
8     } // end method main
9  } // end class Welcome3
```

```
Welcome
to
Java
Programming!
```

图 2.4 用一条语句输出多行文本

第 7 行：

```
System.out.println("Welcome\nto\nJava\nProgramming!");
```

在命令窗口中显示 4 个独立的文本行。通常，显示的字符串中的字符会与双引号中出现的字符完全相同。但是要注意，“\”和“n”这两个字符(在语句中重复出现了三次)并没有出现在屏幕上。反斜线“\”是一个转义符，它在 System.out 的 print 方法和 println 方法中有特殊的含义。当字符串中出现反斜线时，Java 会将它与后面的下一个字符组成一个转义序列——\n 表示换行符。当换行符出现在 System.out 方法要输出的字符串中时，它会使屏幕的输出光标移到命令窗口下一行的开始处。

图 2.5 中列出了几个常用的转义序列，并描述了它们如何影响命令窗口中字符的显示。有关转义序列的完整列表，请参见：

```
http://docs.oracle.com/javase/specs/jls/se8/html/jls-
   3.10.6
```

转义序列	描述
\n	换行符。将屏幕光标定位到下一行的开始处
\t	水平制表符。将屏幕光标移动到下一个制表符位置
\r	回车符。将屏幕光标定位到当前行的开始处，不前进到下一行。回车符之后输出的任何字符，都会覆盖掉以前在同一行输出的字符
\\	反斜线。输出一个反斜线字符
\"	双引号。输出一个双引号字符。例如： System.out.println("\"in quotes\"") 会显示"in quotes"

图 2.5 一些常用的转义序列

2.4 使用 printf 显示文本

System.out.printf 方法(“f”表示“格式化”)可用来显示格式化的数据。图 2.6 利用这个方法输出了两行字符串“Welcome to”和“Java Programming!”。

第 7 行：

```
System.out.printf("%s%n%s%n", "Welcome to", "Java Programming!");
```

调用 System.out.printf 方法显示程序的输出。该方法调用指定了三个实参。当方法要求多个实参时，需将它们置于一个逗号分隔清单(comma-separated list)中。

```
1  // Fig. 2.6: Welcome4.java
2  // Displaying multiple lines with method System.out.printf.
3
4  public class Welcome4 {
5     // main method begins execution of Java application
6     public static void main(String[] args) {
7        System.out.printf("%s%n%s%n", "Welcome to", "Java Programming!");
8     } // end method main
9  } // end class Welcome4
```

```
Welcome to
Java Programming!
```

图 2.6 使用 System.out.printf 方法显示多行

良好的编程实践 2.7

在实参清单的每一个逗号之后加一个空格，能够提高程序的可读性。

printf 方法的第一个实参是一个格式串(format string)，它由固定文本(fixed text)和格式指定符(format specifier)组成。固定文本由 printf 输出，就好像在 print 或 println 中输出它一样。每个格式指定符都是一个值的占位符，指定输出数据的类型。格式指定符还可以包含可选的格式信息。

格式指定符以百分号(%)开始，后接一个表示数据类型的字符。例如，格式指定符%s 是一个字符串的占位符。这个格式串表明 printf 方法应输出两个字符串，它们都以换行符结尾。在格式指定符的位置，printf 会替换格式串之后第一个实参的值。在后续每个格式指定符的位置，printf 会替换实参列表中下一个实参的值。因此，这里的第一个%s 会用“Welcome to”替换，第二个%s 会用“Java Programming!”替换，输出结果显示为两行文本。

这里没有使用转义序列\n，而是使用%n 格式指定符，它是一个在多种操作系统中都能使用的行分隔符。在线的附录 I 中详细探讨 printf 方法的格式化输出问题。

2.5 另一个 Java 程序：整数相加

下一个程序读取(或输入)用户从键盘上输入的两个整数，如–22、7、0 和 1024，计算它们的和并显示结果。为了进行后面的计算，程序必须获知用户输入的数字。程序将数值和其他数据保存在计算机内存中，并通过被称为变量(variable)的程序元素访问这些数据。图 2.7 中的程序演示了这些概念。在输出样本中，对用户的输入(即 45 和 72)采用粗体格式。和以前的程序一样，第 1 ~ 2 行给出的是图号、文件名称及程序的用途。

```
1  // Fig. 2.7: Addition.java
2  // Addition program that inputs two numbers then displays their sum.
3  import java.util.Scanner; // program uses class Scanner
4
5  public class Addition {
6     // main method begins execution of Java application
7     public static void main(String[] args) {
8        // create a Scanner to obtain input from the command window
9        Scanner input = new Scanner(System.in);
10
11       System.out.print("Enter first integer: "); // prompt
12       int number1 = input.nextInt(); // read first number from user
13
14       System.out.print("Enter second integer: "); // prompt
15       int number2 = input.nextInt(); // read second number from user
16
17       int sum = number1 + number2; // add numbers, then store total in sum
```

图 2.7 输入两个数并显示它们的和的程序

```
18
19        System.out.printf("Sum is %d%n", sum); // display sum
20     } // end method main
21  } // end class Addition
```

```
Enter first integer: 45
Enter second integer: 72
Sum is 117
```

图 2.7(续)　输入两个数并显示它们的和的程序

2.5.1 import 声明

Java 的强大之处在于，它有丰富的预定义类供程序员使用，而不必亲自从头编写。这些预定义的类被分组成不同的包(package)——相关类的命名集合，Java 的包总称为 Java 类库(Java class library)，或 Java 应用程序编程接口(Java Application Programming Interface，Java API)。第 3 行：

```
import java.util.Scanner; // program uses class Scanner
```

是一个 import 声明(import declaration)，帮助编译器找到这个程序中使用的类。这一行表示程序会使用预定义的 Scanner 类(后面将讲解)，它来自 java.util 包。编译器会确保正确地使用这个类。

常见编程错误 2.5

所有的 import 声明都必须出现在文件中第一个类声明之前。将 import 声明置于类声明的内部或者后面会导致语法错误。

常见编程错误 2.6

忘记为程序中使用的类包含 import 声明，通常会导致编译错误，其消息类似“cannot find symbol”。如果出现这种错误，应检查是否提供了合适的 import 声明，还要检查 import 声明中的名称是否正确，包括大小写字母。

2.5.2 声明并创建 Scanner 类变量及从键盘获取输入值

变量(variable)代表计算机内存中的一个位置，此处能保存一个值供程序以后使用。在能够使用之前，所有的变量都必须通过名称(name)和类型(type)声明。变量的名称使程序能访问内存中变量的值。变量的名称可以是任何有效的标识符，即一个字符序列，它由字母、数字、下画线(_)和美元符($)组成，不能以数字开头，也不能包含空格。变量的类型指定内存中该位置存储的是哪一种信息。和其他语句一样，声明语句也以分号结束。

main 方法的第 9 行：

```
Scanner input = new Scanner(System.in);
```

是一个变量声明语句，它指定了程序中使用的一个变量的名称(input)和类型(Scanner)。程序可以通过(java.util 包的)Scanner 类读取数据(如数字和字符串)，供程序使用。数据可以有许多来源，例如磁盘文件或由用户从键盘输入。在使用 Scanner 之前，程序必须先创建它并指定数据源。

第 9 行中的等于号表明 Scanner 变量 input 应当在其声明中用等于号右边的表达式 new Scanner(System.in)的结果初始化。这个表达式利用 new 关键字创建了一个 Scanner 对象，读取来自键盘的输入数据。标准输入对象 System.in 允许 Java 程序读取用户输入的数据字节。Scanner 会将这些字节翻译成程序中可以使用的类型(例如 int)。

良好的编程实践 2.8

选择有意义的变量名，可使程序具有自说明性(self-documenting)。也就是说，只要阅读程序本身就可以理解程序的功能，而无须查看手册或进行大量的注释。

良好的编程实践 2.9

按照惯例，变量名标识符遵循驼峰命名规则，但以小写字母开头，例如 firstNumber。

2.5.3 提示用户输入数据

第 11 行：

```
System.out.print("Enter first integer: "); // prompt
```

用 System.out.print 显示消息 “Enter first integer:”。这个消息被称为提示(prompt)，因为它指导用户采取特定的动作。这里使用了 print 方法而不是 println 方法，可以使用户的输入出现在与提示消息相同的一行。2.2 节讲过，以大写字母开头的标识符表示类名称。System 类位于 java.lang 包中。

软件工程结论 2.1

默认情况下，每个 Java 程序中都会导入 java.lang 包。因此，java.lang 包中的类是所有 Java API 中唯一不需要通过 import 声明导入的类。

2.5.4 声明保存整数的变量及从键盘获取整数值

第 12 行中的变量声明语句：

```
int number1 = input.nextInt(); // read first number from user
```

将 number1 变量声明成保存 int 类型的数据，即整数值，例如 72、–1127 和 0。int 值的范围为–2 147 483 648 ~ +2 147 483 647。程序中使用 int 值时，为了增加可读性，可以给数字添加下画线。因此，60_000_000 表示 int 值 60 000 000。

其他的数据类型有 float、double 和 char，前两种用于保存实数，后一种用于保存字符数据。实数是包含小数点的数，如 3.4、0.0 和–11.19。char 类型的变量表示单个字符，例如大写字母(如 A)、数字(如 7)、特殊字符(如*或%)或者转义序列(如制表符\t)。类型 int、float、double 和 char 被称为基本类型。基本类型的名称是关键字，因此必须全部小写。附录 D 总结了 8 种基本类型(boolean，byte，char，short，int，long，float，double)的特点。

第 12 行中的等于号表示 int 变量 number1 需要被初始化成表达式 input.nextInt()的结果。Scanner 对象 input 的 nextInt 方法，能获取用户从键盘输入的整数。在这个地方，程序等待用户输入数字并按回车键，以便向程序提交数据。

这里假设用户输入的是一个有效整数值。否则会发生逻辑错误，程序会终止。第 11 章中将讨论如何让程序处理这类错误，以使它们更健壮。这种做法也被称为“使程序容错”。

2.5.5 获取第二个整数

第 14 行：

```
System.out.print("Enter second integer: "); // prompt
```

提示用户输入第二个整数。第 15 行：

```
int number2 = input.nextInt(); // read second number from user
```

声明 int 变量 number2，并用从键盘输入的第二个整数值初始化它。

2.5.6 在计算中使用变量

第 17 行：

```
int sum = number1 + number2; // add numbers then store total in sum
```

声明 int 变量 sum，并用 number1 + number2 的结果初始化它。当程序遇到加法运算时，它用保存在变量 number1 和 number2 中的值进行计算。

在前面的语句中,加法运算符也是一个二元运算符——它的两个操作数分别是 number1 和 number2。包含计算的那一部分语句被称为表达式(expression)。实际上，表达式就是具有值的语句部分。表达式 number1 + number2 的值是这两个数字的和。类似地，表达式 input.nextInt()(第 12 行和第 15 行)的值是用户输入的整数值。

良好的编程实践 2.10

在二元运算符的左右两侧各加一个空格，能提高可读性。

2.5.7　显示计算结果

计算完成之后，第 19 行：

```
System.out.printf("Sum is %d%n", sum); // display sum
```

用方法 System.out.printf 显示 sum 的值。格式指定符%d 是 int 值的占位符(这里就是 sum 的值)——字母 d 代表“十进制整数”。格式串中的其他字符都为固定文本。因此，方法 printf 显示“Sum is ”，后接 sum 的值(在%d 格式指定符的位置)和一个换行符。

计算也可以在 printf 语句里面执行。我们本可以将第 17 行和第 19 行的语句合并成一条语句：

```
System.out.printf("Sum is %d%n", (number1 + number2));
```

表达式 number1 + number2 两边的圆括号不是必须有的，包含它们，只是为了强调整个表达式的值在格式指定符%d 的位置输出。类似这样的圆括号被称为冗余圆括号。

2.5.8　Java API 文档

对使用的每一个 Java API 类，都要指出它所在的包。包信息有助于找到每个包和类在 Java API 文档中的描述。这个文档的 Web 版本可以在

```
http://docs.oracle.com/javase/8/docs/api/index.html
```

中找到。Java API 文档可以从 Additional Resources 小节下载：

```
http://www.oracle.com/technetwork/java/javase/downloads
```

附录 F 中讲解了如何使用这个文档。

2.5.9　在不同语句中声明并初始化变量

将变量用于计算(或其他表达式中)之前，都必须对其赋值。第 12 行中的变量声明语句声明了变量名称 number1，同时也用输入的一个值初始化它。

有时，可以在一条语句中声明变量，然后在另一条语句中初始化它。例如，第 12 行可以写成如下的两条语句：

```
int number1; // declare the int variable number1
number1 = input.nextInt(); // assign the user's input to number1
```

第一条语句声明 number1,但没有初始化它。第二条语句使用赋值运算符,将用户输入的值赋予 number1。可以将这条语句理解成：number1 获得了 input.nextInt()的值。赋值运算符右侧的任何内容总是在赋值执行之前计算。

2.6　内存概念

类似于 number1、number2 和 sum 的变量名，实际上都对应于计算机中内存的某个位置。每个变量都具有名称、类型、大小(字节数)和值。

在图 2.7 的加法程序中，当语句(第 12 行)：

```
int number1 = input.nextInt(); // read first number from user
```

执行时，由用户输入的数字会被放入名称为 number1 的内存位置，这个位置是由编译器分配的。假设用户输入 45，则计算机会将这个整数值放入位置 number1，如图 2.8 所示，并会替换同一个位置以前的值。这个位置以前的值会丢失，所以这一过程是破坏性的。

图 2.8 展示变量 number1 的名称和值的内存位置

第 15 行的语句：

```
int number2 = input.nextInt(); // read second number from user
```

执行时，假设用户输入 72，则计算机会将这个整数值放入位置 number2。现在，内存应如图 2.9 那样。

图 2.7 中的程序获得 number1 和 number2 的值后，它会将这两个值相加，并将和值放入变量 sum 中。第 17 行的语句：

```
int sum = number1 + number2; // add numbers, then store total in sum
```

执行加法操作，然后替换 sum 以前的值。计算完 sum 的值后，内存应如图 2.10 那样。number1 和 number2 的值与它们用于计算 sum 之前的值完全相同。我们使用了这些值，但没有在执行计算时破坏它们。当从内存读取一个值时，其过程是非破坏性的。

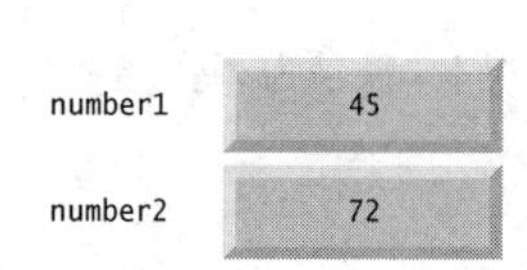

图 2.9 保存变量 number1 和 number2 的值后的内存位置

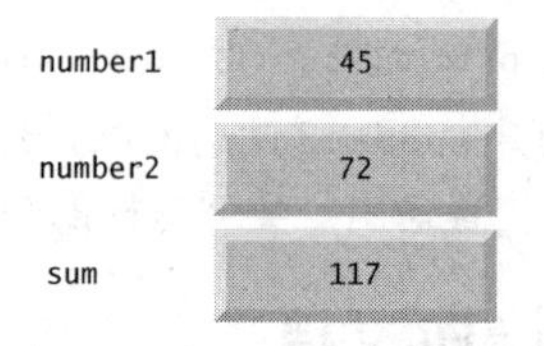

图 2.10 保存变量 number1 与 number2 的和之后的内存位置

2.7 算术运算

大多数程序都执行算术运算。图 2.11 中总结了一些算术运算符(arithmetic operator)。要注意没有在代数中使用过的各种特殊符号的用法。星号(*)表示乘法，百分号(%)是求余运算符(remainder operator)，下面很快会介绍到它们。图 2.11 中的算术运算符是二元运算符，因为它们处理的是两个操作数。例如，表达式 $f+7$ 包含了二元运算符+，以及两个操作数 f 和 7。

Java 运算	运算符	代数表达式	Java 表达式
加	+	$f+7$	f + 7
减	−	$p-c$	p − c
乘	*	bm	b * m
除	/	x/y 或 $\frac{x}{y}$ 或 $x \div y$	x / y
求余	%	$r \bmod s$	r % s

图 2.11 算术运算符

整除(integer division)会得到整数结果。例如，表达式 7 / 4 的结果是 1，而表达式 17 / 5 的结果是 3。在整除中，会丢弃(即截断)分数部分——不进行四舍五入。Java 提供了求余运算符%，它的结果是除法运算的余数。表达式 x % y 的结果是 x 除以 y 的余数。因此，7 % 4 得 3，17 % 5 得 2。这个运算符最常用于整数操作数，不过也可用于其他类型的操作数。在本章的练习及后续几章中，将考虑求余运算符的几个有趣应用，例如判断一个数是否为另一个数的倍数。

直线形式算术表达式

Java 中的算术表达式必须写成直线形式(straight-line form)，以便于将程序输入计算机。因此，类似

“*a* 除以 *b*”的表述，必须写为 *a* / *b*，才能使所有常量、变量和运算符都出现在一条直线上。如下的代数表示通常不会被编译器接受：

$$\frac{a}{b}$$

用于分组子表达式的圆括号

与代数表达式中使用的方法一样，Java 表达式也用圆括号来对各项进行分组。例如，要将 $b + c$ 的值乘以 a，可以写成

```
a * (b + c)
```

如果表达式包含嵌套圆括号，如：

```
((a + b) * c)
```

则先计算最内层圆括号中的表达式(这里是 a + b)。

运算符优先级规则

对于算术表达式中运算符的执行顺序，Java 会根据下面的运算符优先级规则来确定，它们通常与代数中的优先级规则相同：

1. 首先进行乘法、除法和求余运算。如果一个表达式中包含多个这样的运算，则按从左到右的顺序执行。乘法、除法和求余运算具有相同的优先级。
2. 然后进行加法和减法运算。如果一个表达式中包含多个这样的运算，则按从左到右的顺序执行。加法和减法运算符具有相同的优先级。

这些规则使 Java 能按正确的顺序进行运算[①]。当说到从左到右进行运算时，指的是运算符的结合律(associativity)。有些运算符的结合律是从右到左的。图 2.12 中总结了这些运算符优先级规则。附录 A 中给出了完整的运算符优先级表。

运算符	运算	求值顺序(优先级)
*	乘	首先求值。如果有多个同一种类型的运算符，则从左到右求值它们
/	除	
%	求余	
+	加	其次求值。如果有多个同一种类型的运算符，则从左到右求值它们
–	减	
=	赋值	最后求值

图 2.12 算术运算符的优先级

代数表达式与 Java 表达式

下面分析一下几个表达式样本。每个示例都会给出代数表达式和对应的 Java 表达式。下面这个表达式用于计算 5 个数的平均值：

代数表达式：$m = \frac{a+b+c+d+e}{5}$

Java 表达式：`m = (a + b + c + d + e) / 5;`

这对圆括号是必要的，因为除法的优先级比加法更高。结果是(a + b + c + d + e)全部的和除以 5。如果错误地省略这对圆括号，写成 a + b + c + d + e/5，则计算的结果是

$$a+b+c+d+\frac{e}{5}$$

下面是一个直线形式的表达式的例子：

代数表达式：$y = mx + b$

Java 表达式：`y = m * x + b;`

---

① 这里只讨论简单情形，以解释表达式的求值顺序。对于复杂的表达式，存在更复杂的求值顺序问题。更多信息，请参见 *Java Language Specification* 的第 15 章(https://docs.oracle.com/javase/specs/jls/se8/html/jls-15.html)。

这里没有必要添加圆括号。首先使用的是乘法运算符，因为乘法的优先级比加法更高。最后发生的是赋值运算，因为它比乘法和加法的优先级都低。

下面的这个示例包含求余、乘法、除法、加法和减法运算：

代数表达式： $z = pr\%q + w/x - y$

Java 表达式：
```
z = p * r % q + w / x - y;
  6   1   2   4   3   5
```

语句下面圆圈里的数字表示的是 Java 使用该运算符的顺序。*，%和 / 运算会首先按从左到右的顺序执行(即它们的结合律是从左到右的)，因为与加减运算相比，这些运算具有更高的优先级。然后，进行加法和减法运算，它们是从左到右进行的。最后，执行赋值运算(=)。

二次多项式的求值

为了更好地理解运算符优先级的规则，考虑下面这个二次多项式($y = ax^2+bx+c$)。

```
y = a * x * x + b * x + c;
```

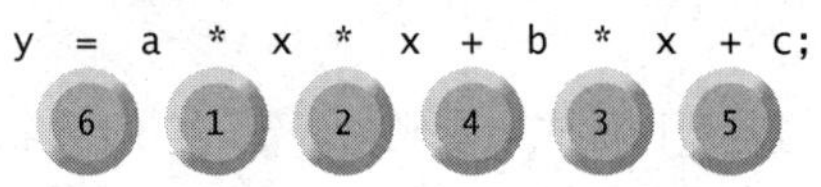

乘法运算会首先按从左到右的顺序执行(它的结合律是从左到右的)，因为与加法运算相比，它具有更高的优先级。Java 中不存在指数的代数运算符，因此 x^2 用 x * x 表示，5.4 节中将给出在 Java 中执行指数运算的另一种形式。接着执行加法运算，它是从左到右进行的。假设在前面的二次多项式中，a、b、c 和 x 分别被初始化(即赋值)成：a = 2，b = 3，c = 7，x = 5，图 2.13 中给出了这些运算符的执行顺序。

```
第1步  y = 2 * 5 * 5 + 3 * 5 + 7;   (最左边的乘法)
           2 * 5 is 10

第2步  y = 10 * 5 + 3 * 5 + 7;      (最左边的乘法)
           10 * 5 is 50

第3步  y = 50 + 3 * 5 + 7;          (加法之前的乘法)
                3 * 5 is 15

第4步  y = 50 + 15 + 7;             (最左边的加法)
           50 + 15 is 65

第5步  y = 65 + 7;                  (最后一个加法)
           65 + 7 is 72

第6步  y = 72                       (最后一个操作：将72放入y中)
```

图 2.13　二次多项式中的求值顺序

可以在表达式中使用冗余圆括号，使表达式更加清晰。例如，前面的语句可以改写成

```
y = (a * x * x) + (b * x) + c;
```

2.8　判断：相等性和关系运算符

条件(condition)是一个结果为真(true)或假(false)的表达式。本节将介绍 Java 的 if 选择语句，它使程序可以根据条件的值做出判断。例如，条件“成绩大于或等于 60”可用来判断学生是否通过了考试。如果 if 语句的条件为真，则执行语句体；如果条件为假，则不执行语句体。

if 语句中的条件可以由相等性运算符(==和!=)及关系运算符(>，<，>=，<=)构成，图 2.14 对它们进行了总结。两个相等性运算符的优先级相同，但它们的优先级比关系运算符低。相等性运算符的结合律是从左到右的。所有的关系运算符都具有相同的优先级，并且也是从左到右结合的。

代数运算符	Java 中的相等性或关系运算符	Java 条件表达式样本	Java 条件表达式的含义
相等性运算符			
=	==	x == y	x 等于 y
≠	!=	x != y	x 不等于 y
关系运算符			
>	>	x > y	x 大于 y
<	<	x < y	x 小于 y
≥	>=	x >= y	x 大于或等于 y
≤	<=	x <= y	x 小于或等于 y

图 2.14　相等性和关系运算符

图 2.15 中的程序用 6 个 if 语句比较用户输入的两个整数。如果任何一条 if 语句中的条件为真，则执行与该 if 语句相关的语句。否则，会跳过该语句。程序用一个 Scanner 接收用户输入的两个整数，并将它们保存在变量 number1 和 number2 中。然后，程序比较这两个数，并显示比较结果为真的情况。根据用户输入值的情况，这里给出了三个输出样本。

```
1   // Fig. 2.15: Comparison.java
2   // Compare integers using if statements, relational operators
3   // and equality operators.
4   import java.util.Scanner; // program uses class Scanner
5
6   public class Comparison {
7      // main method begins execution of Java application
8      public static void main(String[] args) {
9         // create Scanner to obtain input from command line
10        Scanner input = new Scanner(System.in);
11
12        System.out.print("Enter first integer: "); // prompt
13        int number1 = input.nextInt(); // read first number from user
14
15        System.out.print("Enter second integer: "); // prompt
16        int number2 = input.nextInt(); // read second number from user
17
18        if (number1 == number2)
19           System.out.printf("%d == %d%n", number1, number2);
20        }
21
22        if (number1 != number2) {
23           System.out.printf("%d != %d%n", number1, number2);
24        }
25
26        if (number1 < number2) {
27           System.out.printf("%d < %d%n", number1, number2);
28        }
29
30        if (number1 > number2) {
31           System.out.printf("%d > %d%n", number1, number2);
32        }
33
34        if (number1 <= number2) {
35           System.out.printf("%d <= %d%n", number1, number2);
36        }
37
38        if (number1 >= number2) {
39           System.out.printf("%d >= %d%n", number1, number2);
40        }
41     } // end method main
42  } // end class Comparison
```

```
Enter first integer: 777
Enter second integer: 777
777 == 777
777 <= 777
777 >= 777
```

图 2.15　用 if 语句、关系运算符和相等性运算符比较整数

```
Enter first integer: 1000
Enter second integer: 2000
1000 != 2000
1000 < 2000
1000 <= 2000
```

```
Enter first integer: 2000
Enter second integer: 1000
2000 != 1000
2000 > 1000
2000 >= 1000
```

图 2.15(续)　用 if 语句、关系运算符和相等性运算符比较整数

Comparison 类的 main 方法(第 8 ~ 41 行)开始程序的执行。第 10 行：

```
Scanner input = new Scanner(System.in);
```

声明 Scanner 变量 input，并将它赋值为从标准设备(即键盘)输入的数据。

第 12 ~ 13 行：

```
System.out.print("Enter first integer: "); // prompt
int number1 = input.nextInt(); // read first number from user
```

提示用户输入第一个整数，读入其值，并将值保存在变量 number1 中。

第 15 ~ 16 行：

```
System.out.print("Enter second integer: "); // prompt
int number2 = input.nextInt(); // read second number from user
```

提示用户输入第二个整数，读入其值，并将值保存在变量 number2 中。

第 18 ~ 20 行：

```
if (number1 == number2) {
   System.out.printf("%d == %d%n", number1, number2);
}
```

对变量 number1 和 number2 的值进行比较，测试它们的相等性。如果这两个值相等，则第 19 行的语句就显示一行文本，表明这两个数是相等的。第 22 行、第 26 行、第 30 行、第 34 行和第 38 行中的 if 语句，分别用运算符!=、<、>、<=、>=比较 number1 和 number2 中保存的值。如果某个条件为真，则对应的语句体就会显示一行适当的文本。

图 2.15 中的每一条 if 语句都包含一条缩进的语句体。还要注意，每一条语句体都被放入了一对花括号中，从而创建了一个复合语句(compound statement)或语句块(block)。

良好的编程实践 2.11

应将 if 语句体中的语句缩进，以增强可读性。IDE 通常会自动这样做，并且允许指定缩进的空格数。

错误预防提示 2.4

对于只包含一条语句的语句体，可以不使用花括号对。但是，对于有多条语句的语句体，必须使用花括号对。后面将看到，忘记将包含多条语句的语句体放入一对花括号中，会导致错误发生。为了防止出错，应总是将 if 语句的语句体都放入一对花括号中。

常见编程错误 2.7

在紧跟 if 语句右圆括号的后面放一个分号，通常是一个逻辑错误(但不是语法错误)。分号会导致 if 语句体为空，因此它不会执行任何动作，无论它的条件是否为真。更糟糕的是，if 语句原先的语句体总是会执行，从而导致程序产生不正确的结果。

空白符

注意图 2.15 中空白符的使用。前面说过，编译器通常会忽略空白符。因此，程序员可以根据自己

的喜好，将一条语句分成多行编写，或者在语句中放入一些空白符，都不会影响程序的含义。但是，将标识符或字符串分开写是不正确的。理想情况下，应尽可能使语句短小，但并不总是能做到。

错误预防提示 2.5

如果语句较长，可以将它写成多行。如果必须将一条语句跨行编写，则应选择有意义的断点，如在逗号分隔清单中的某个逗号之后，或在长表达式的一个运算符之后。如果语句跨越两行或更多行，应该将所有的后续行都缩进，直到语句结束。

已经讨论过的运算符小结

图 2.16 按递减的顺序，给出了到目前为止讨论过的运算符的优先级。除了赋值运算符=，其他运算符的结合律都是从左到右的。赋值运算符的结合律是从右到左的。赋值表达式的值为赋予运算符左边的变量的值——例如，表达式 x = 7 的值为 7。因此，表达式 x = y = 0 的值与表达式 x = (y = 0) 的值相同。它先将值 0 赋予变量 y，然后将这个赋值的结果 (0) 赋予 x。

运算符	结合律	类型
*　/　%	从左到右	乘性
+　-	从左到右	加性
<　<=　>　>=	从左到右	关系
==　!=	从左到右	相等性
=	从右到左	赋值

图 2.16　目前为止介绍过的运算符的优先级和结合律

良好的编程实践 2.12

编写包含多个运算符的表达式时，应参考运算符优先级表(见附录 A)。要保证表达式中的运算是按照所期望的顺序进行的。如果无法确定复杂表达式中的计算顺序，则可以使用圆括号来强制实现顺序，就像在代数表达式中那样。

2.9　小结

本章讲解了 Java 的许多重要特性，包括在命令窗口中显示数据，从键盘输入数据，执行计算和做出判断。本章给出的应用示例涉及许多基本的编程概念。第 3 章中将看到，Java 应用的 main 方法中通常只有几行代码——这些语句一般用来创建完成任务的对象。下一章还将介绍如何实现自己的类，并在程序中使用这些类的对象。

总结

2.2 节　第一个 Java 程序：输出一行文本

- Java 程序是一种使用 java 命令启动 JVM 而执行的计算机程序。
- 注释用于记录程序的相关信息，提高它的可读性。编译器会忽略注释。
- 单行注释以 “//” 开头，在行尾终止。
- 传统注释可跨越多行，它以 “/*” 和 “*/” 定界。
- Javadoc 注释以 “/**” 和 “*/” 定界，可将程序文档嵌入代码中。javadoc 程序根据这些文档产生 Web 页面。
- 当编译器遇到违反 Java 语言规则的代码时，就会出现语法错误。它与自然语言中的语法错误类似。
- 空行、空格和制表符被统称为空白符。空白符可使程序更可读，它们通常会被编译器忽略。
- 关键字是 Java 保留使用的，全部采用小写字母。
- class 关键字用于导入类声明。

- 按照惯例，Java 中所有的类名称都以大写字母开头，包含的每个单词的第一个字母都大写(如 SampleClassName)。
- 类名称是一个标识符，即一个字符序列，它由字母、数字、下画线(_)和美元符($)组成，不能以数字开头，也不能包含空格。
- 以关键字 public 开头的类声明必须保存在与类同名并以.java 文件扩展名结尾的文件里。
- Java 是大小写敏感的，即大写字母与小写字母是不同的。
- 每个类声明的体要用一对花括号定界。
- main 方法是所有 Java 程序的入口点，必须声明成

```
public static void main(String[] args)
```

否则，JVM 不会执行程序。

- 方法能执行任务，并能在完成任务后返回信息。关键字 void 表明方法会执行任务，但是不返回任何信息。
- 语句会指导计算机执行动作。
- 位于双引号中的字符序列被称为字符串、一串字符或字符串字面值。
- 标准输出对象(System.out)在命令窗口中显示字符。
- System.out.println 方法在命令窗口中显示它的实参值，后接一个换行符，将光标定位到下一行的开始处。

2.2.1 节　编译程序

- 可以用 javac 命令编译程序。如果程序没有语法错误，则会创建包含 Java 字节码的类文件。执行程序时，这些字节码会被 JVM 解释。

2.2.2 节　执行程序

- 为了运行程序，需输入命令 java，后接包含 main 方法的类的名称。

2.3 节　修改第一个 Java 程序

- System.out.print 方法会显示它的实参值，并将光标定位到所显示的最后一个字符的后面。
- 字符串中的反斜线是一个转义字符。Java 将转义字符与它后面的那一个字符相结合，构成一个转义序列——\n 表示换行符。

2.4 节　使用 printf 显示文本

- System.out.printf 方法(“f”表示“格式化”)可用来显示格式化的数据。
- printf 方法的第一个实参是一个格式串，它由固定文本和格式指定符组成。格式指定符指定了要输出的数据类型，它是格式串之后对应实参的占位符。
- 格式指定符以百分号(%)开始，后接一个表示数据类型的字符。格式指定符%s 是字符串的占位符；
- %n 是一个跨操作系统的行分隔符。

2.5.1 节　import 声明

- import 声明可以帮助编译器找到程序中使用的类。
- Java 具有大量预定义的类，它们被分组成不同的包。这些包被统称为 Java 类库或 Java 应用程序编程接口(Java API)。

2.5.2 节　声明并创建 Scanner 类变量及从键盘获取输入值

- 变量代表计算机内存中的一个位置，此处能保存一个值供程序以后使用。在能够使用之前，所有的变量都必须通过名称和类型声明。
- 变量的名称使程序能访问内存中变量的值。
- 程序可以通过(java.util 包的)Scanner 类读取数据，供程序使用。在使用 Scanner 类变量之前，程序必须先创建它并指定数据源。

- 变量必须被初始化，以供程序使用。
- 表达式 new Scanner(System.in)会创建一个 Scanner 对象，它从标准输入对象(System.in)读取数据——通常为键盘。

2.5.3 节　提示用户输入数据
- 提示指导用户采取特定的动作。

2.5.4 节　声明保存整数的变量及从键盘获取整数值
- int 类型用来声明保存整数值的变量。int 值的范围为–2 147 483 648 ~ +2 147 483 647。
- 程序中使用的 int 值可以不包含逗号；为了增加可读性，可以给数字添加下画线(如 60_000_000)。
- float 和 double 类型用于带小数点的实数(如–11.19，3.4)。
- char 类型的变量表示单个字符，例如大写字母(如 A)、数字(如 7)、特殊字符(如*或%)或者转义序列(如制表符\t)。
- int、float、double、char 等类型被称为基本类型。基本类型的名称是关键字，因此必须全部小写。
- Scanner 方法 nextInt 获取一个整数，供程序使用。

2.5.6 节　在计算中使用变量
- 包含计算的那一部分语句被称为表达式。

2.5.7 节　显示计算结果
- 格式指定符%d 是整数值的占位符。

2.5.9 节　在不同语句中声明并初始化变量
- 程序中使用变量之前，必须先对其赋值。
- 赋值运算符(=)使程序能够将一个值赋予一个变量。

2.6 节　内存概念
- 变量的名称对应于计算机的内存位置。每个变量都具有名称、类型、大小和值。
- 当某个值放入内存位置时，它会替换同一个位置以前的值，以前的值会丢失。

2.7 节　算术运算
- 算术运算符包括+(加法)、–(减法)、*(乘法)、/(除法)和%(求余)。
- 整除操作会得到整数结果。
- 求余运算符%的结果是除法运算的余数。
- 算术表达式必须写成直线形式。
- 如果表达式包含嵌套的圆括号，则会首先计算最内层圆括号里的值。
- 对于算术表达式中运算符的执行顺序，Java 根据运算符优先级规则来确定。
- 当谈到从左至右进行运算时，指的是运算符的结合律。有些运算符的结合律是从右到左的。
- 利用冗余圆括号，可使表达式更清晰。

2.8 节　判断：相等性和关系运算符
- 根据条件的值(真或假)，if 语句可做出判断。
- if 语句中的条件可以由相等性运算符(==和!=)及关系运算符(>，<，>=，<=)构成。
- if 语句以关键字 if 开始，后接用圆括号括起来的一个条件。如果语句体中包含多条语句，则必须用一对花括号括起来。

自测题

2.1　填空题。

a)所有方法的方法体，都以________开头，以________结尾。

b) 可以利用________语句来进行判断。

c) 单行注释以________开头。

d) ________、________和________被称为空白符。

e) ________是 Java 保留使用的。

f) Java 程序从________方法开始执行。

g) 方法________、________和________会在命令窗口显示信息。

2.2 判断下列语句是否正确。如果不正确，请说明理由。

a) 执行程序时，程序中的注释会使计算机在屏幕上显示“//”之后的文本。

b) 所有的变量在声明时都必须为其指定类型。

c) Java 会认为变量 number 和 NuMbEr 是相同的。

d) 求余运算符(%)只能用于整型操作数。

e) 算术运算符*、/、%、+和-都具有相同的优先级。

f) Java 9 中，下画线是有效的标识符。

2.3 编写 Java 语句，完成下列任务。

a) 将变量 c、thisIsAVariable、q76354、number 声明成 int 类型，并将它们都初始化成 0。

b) 提示用户输入一个整数。

c) 输入一个整数并将它赋予一个 int 类型的变量 value。假定 Scanner 变量 input 可用来从键盘读取值。

d) 在命令窗口中的一行上显示“This is a Java program”。使用 System.out.println 方法。

e) 在命令窗口中的两行上显示“This is a Java program”。第一行应以“Java”结尾。使用 System.out.printf 方法和两个%s 格式指定符。

f) 如果变量 number 不等于 7，显示“The variable number is not equal to 7”。

2.4 找出并更正如下语句中的错误。

a)
```
if (c < 7); {
    System.out.println("c is less than 7");
}
```
b)
```
if (c => 7) {
    System.out.println("c is equal to or greater than 7");
}
```

2.5 编写声明、语句或注释，完成下列任务。

a) 表明程序将计算三个整数的乘积。

b) 创建一个 Scanner 方法 input，从标准输入读取值。

c) 提示用户输入第一个整数。

d) 读取用户输入的第一个整数，并将它保存在 int 变量 x 中。

e) 提示用户输入第二个整数。

f) 读取用户输入的第二个整数，并将它保存在 int 变量 y 中。

g) 提示用户输入第三个整数。

h) 读取用户输入的第三个整数，并将它保存在 int 变量 z 中。

i) 计算包含在变量 x、y 和 z 中的三个整数的乘积，并将结果赋值给 int 变量 result。

j) 利用 System.out.printf 显示消息“Product is ”，后接变量 result 的值。

2.6 利用在练习题 2.5 中编写的语句，写一个完整的程序，它计算并显示三个整数的乘积。

自测题答案

2.1 a) 左花括号({)，右花括号(})。b) if。c) //。d) 空行、空格、制表符。e) 关键字。f) main。g) System.out.print、System.out.println 和 System.out.printf。

2.2 答案如下。

a) 错误。当运行程序时，注释不会引起动作的执行。注释是为了记录程序的相关信息，提高它的可读性。

b) 正确。

c) 错误。Java 是大小写敏感的，因此这些变量是不同的。

d) 错误。Java 中，求余运算符也能用于非整型操作数。

e) 错误。运算符*、/和%比+和–的优先级更高。

f) 错误。Java 9 中，下画线不再是有效的标识符。

2.3 答案如下所示。

a)
```
int c = 0;
int thisIsAVariable = 0;
int q76354 = 0;
int number = 0;
```
b) `System.out.print("Enter an integer: ");`

c) `int value = input.nextInt();`

d) `System.out.println("This is a Java program");`

e) `System.out.printf("%s%n%s%n", "This is a Java", "program");`

f)
```
if (number != 7) {
   System.out.println("The variable number is not equal to 7");
}
```

2.4 答案如下所示。

a) 错误：if 语句中条件 (c < 7) 的右圆括号之后的分号错误。如果不删除分号，则无论 if 中的条件是否为真，输出语句都会执行。

改正：将这个分号删除。

b) 错误：关系运算符=>不正确。

改正：将=>改成>=。

2.5 答案如下所示。

a) `// Calculate the product of three integers`

b) `Scanner input = new Scanner(System.in);`

c) `System.out.print("Enter first integer: ");`

d) `int x = input.nextInt();`

e) `System.out.print("Enter second integer: ");`

f) `int y = input.nextInt();`

g) `System.out.print("Enter third integer: ");`

h) `int z = input.nextInt();`

i) `int result = x * y * z;`

j) `System.out.printf("Product is %d%n", result);`

2.6 答案如下所示。

```
1  // Ex. 2.6: Product.java
2  // Calculate the product of three integers.
3  import java.util.Scanner; // program uses Scanner
4
5  public class Product {
6     public static void main(String[] args) {
7        // create Scanner to obtain input from command window
8        Scanner input = new Scanner(System.in);
9
10       System.out.print("Enter first integer: "); // prompt for input
11       int x = input.nextInt(); // read first integer
12
13       System.out.print("Enter second integer: "); // prompt for input
```

```
14          int y = input.nextInt(); // read second integer
15
16          System.out.print("Enter third integer: "); // prompt for input
17          int z = input.nextInt(); // read third integer
18
19          int result = x * y * z; // calculate product of numbers
20
21          System.out.printf("Product is %d%n", result);
22       } // end method main
23    } // end class Product
```

```
Enter first integer: 10
Enter second integer: 20
Enter third integer: 30
Product is 6000
```

练习题

2.7 填空题。

a) ________用于对程序进行文档描述，提高它的可读性。

b) Java 程序中，判断可由________做出。

c) 与乘法具有相同优先级的算术运算符是________和________。

d) 当算术表达式中的圆括号嵌套时，________的圆括号会首先求值。

e) 在程序执行期间，不同的时间计算机内存的位置可以包含不同的值，这被称为________。

2.8 编写 Java 语句，完成下列任务。

a) 显示消息“Enter an integer:” 并将光标留在同一行上。

b) 将变量 b 和 c 的乘积赋予 int 变量 a。

c) 利用一个注释，标明程序将执行一个工资计算过程。

2.9 判断下列语句是否正确。如果不正确，请说明理由。

a) Java 的运算符是从左至右求值的。

b) 以下均为有效的变量名称：_under_bar_，m928134，t5，j7，her_sales$，his_$account_total，a，b$，c，z，z2

c) 不带圆括号的 Java 算术表达式是从左到右求值的。

d) 以下均为无效的变量名称：3g，87，67h2，h22，2h。

2.10 假设 x= 2，y= 3，下面各条语句的结果是什么？

a) `System.out.printf("x = %d%n", x);`

b) `System.out.printf("Value of %d + %d is %d%n", x, x, (x + x));`

c) `System.out.printf("x =");`

d) `System.out.printf("%d = %d%n", (x + y), (y + x));`

2.11 下列 Java 语句中，哪些变量所包含的值会发生改变？

a) `int p = i + j + k + 7;`

b) `System.out.println("variables whose values are modified");`

c) `System.out.println("a = 5");`

d) `int value = input.nextInt();`

2.12 如果 $y = ax^3 + 7$，则针对这个方程下列哪些是正确的 Java 语句？

a) `int y = a * x * x * x + 7;`

b) `int y = a * x * x * (x + 7);`

c) `int y = (a * x) * x * (x + 7);`

d) `int y = (a * x) * x * x + 7;`

e) `int y = a * (x * x * x) + 7;`

f) `int y = a * x * (x * x + 7);`

2.13 指出以下每条 Java 语句中运算符的求值顺序，并给出执行之后 x 的值。

a) `int x = 7 + 3 * 6 / 2 - 1;`

b) `int x = 2 % 2 + 2 * 2 - 2 / 2;`

c) `int x = (3 * 9 * (3 + (9 * 3 / (3))));`

2.14 编写一个程序，它在同一行上显示数字 1 ~ 4，数字间用一个空格分开。需采用如下的技术。

a) 使用 1 条 System.out.println 语句。

b) 使用 4 条 System.out.print 语句。

c) 使用 1 条 System.out.printf 语句。

2.15 **(算术运算)** 编写一个程序，要求用户输入两个整数，从用户处获得它们，并分别显示它们的和、积、差和商。使用图 2.7 中的技术。

2.16 **(比较整数)** 编写一个程序，要求用户输入两个整数，从用户处获得这两个整数，并显示较大的数，后接短语“ is larger”。如果两个数相等，则显示消息“These numbers are equal.”。使用图 2.15 中的技术。

2.17 **(算术运算，最小值和最大值)** 编写一个程序，要求用户输入三个整数，显示它们的和、平均值、积及最小值和最大值。使用图 2.15 中的技术。(注：这个练习中的平均值计算的结果，应当是平均值的整数表示。因此，如果和值为 7，则平均值应为 2，而不是 2.3333…)

2.18 **(显示星号形状)** 编写一个程序，利用星号分别显示一个方形、一个椭圆形、一个箭头和一个菱形，如下所示。

```
*********     ***       *        *
*       *   *     *    ***      * *
*       *  *       *  *****    *   *
*       *  *       *    *     *     *
*       *  *       *    *    *       *
*       *  *       *    *     *     *
*       *  *       *    *      *   *
*       *   *     *     *       * *
*********     ***       *        *
```

2.19 给出下列代码的运行结果。

```
System.out.printf("*%n**%n***%n****%n*****%n");
```

2.20 给出下列代码的运行结果。

```
System.out.println("*");
System.out.println("***");
System.out.println("*****");
System.out.println("****");
System.out.println("**");
```

2.21 给出下列代码的运行结果。

```
System.out.print("*");
System.out.print("***");
System.out.print("*****");
System.out.print("****");
System.out.println("**");
```

2.22 给出下列代码的运行结果。

```
System.out.print("*");
System.out.println("***");
System.out.println("*****");
System.out.print("****");
System.out.println("**");
```

2.23 给出下列代码的运行结果。

```
System.out.printf("%s%n%s%n%s%n", "*", "***", "*****");
```

2.24 **(最大和最小整数)** 编写一个程序，读取 5 个整数并判断和输出其中的最大值和最小值。只能使用本章中讲解过的编程技术。

2.25 **(奇数或偶数)** 编写一个程序，读取一个整数，然后判断并显示它的奇偶性。(提示：使用求余运算符。偶数是 2 的倍数；当用 2 去除时，2 的任何倍数的余数都是 0。)

2.26 **(倍数)**编写一个程序，读取两个整数，判断第一个整数是否为第二个整数的倍数，显示结果。(提示：使用求余运算符。)

2.27 **(星形棋盘图案)**编写一个程序，显示如下的棋盘图案。

```
* * * * * * * *
 * * * * * * * *
* * * * * * * *
 * * * * * * * *
* * * * * * * *
 * * * * * * * *
* * * * * * * *
 * * * * * * * *
```

2.28 **(圆的直径、周长和面积)**下面的内容有些超前。本章中讲解了整数和 int 类型，Java 中也可以表示包含小数点的浮点数，如 3.141 59。编写一个程序，由用户输入一个圆的半径(整数值)，显示它的直径、周长和面积，π 使用浮点值 3.141 59。使用图 2.7 中的技术。(注：也可以将预定义常量 Math.PI 用于 π 值，这个常量比 3.141 59 更精确。Math 类在 java.lang 包中定义。这个包中的类会自动导入，所以不必导入 Math 类也可以使用它。)利用下面的公式(r 为半径)：

直径 $=2r$

周长 $=2\pi r$

面积 $=\pi r^2$

不能将每次计算的结果保存到变量中，而是应将每个计算指定成在 System.out.printf 语句中输出的值。计算周长和面积所产生的值为浮点数。这样的值能够通过 System.out.printf 语句以格式指定符%f 输出。第 3 章中将讲解有关浮点数的更多知识。

2.29 **(字符的整数值)**下面的内容有些超前。本章中讲解了整数和 int 类型，Java 也能够表示大写字母、小写字母及大量的特殊符号。每一个字符都有对应的整数表示。计算机使用的字符集合及这些字符对应的整数表示被称为该计算机的字符集。在程序中表明字符值的方法，就是简单地将它放入单引号中，例如'A'。

在字符的前面放上“(int)”，即可确定该字符对应的整数值，例如：

```
(int) 'A'
```

这种形式的运算符被称为强制转换运算符。(第 4 章中将讲解关于强制转换运算符的更多知识)。下面的语句会输出一个字符和它的整数值：

```
System.out.printf("The character %c has the value %d%n", 'A', ((int) 'A'));
```

当执行上面的语句时，字符串中会显示字符 A 和值 65(来自 Unicode®字符集)。格式指定符“%c”是字符的占位符(这里的字符为'A')。

使用与这个练习中前面给出的相似语句编写一个程序，显示一些大写字母、小写字母、数字和特殊符号的对应整数值。显示如下字符的对应整数值：A，B，C，a，b，c，0，1，2，$，*，+，/，空格。

2.30 **(整数中的数字)**编写一个程序，用户输入的是一个由 5 个数字组成的数，将这个数分隔成单个的数字并显示它们，数字之间用 3 个空格隔开。例如，如果用户输入 42339，则应该显示：

```
4   2   3   3   9
```

假设用户输入了正确的数字位数。如果输入的数字多于 5 位，会发生什么？如果输入的数字少于 5 位，又会发生什么？(提示：利用本章中讲解的技术即可完成这个练习。需要使用除法和求余运算符来“摘取”每一位数字。)

2.31 **(平方表和立方表)**只使用本章中讲解的技术编写一个程序，计算 0～10 的平方值和立方值，并以表格形式显示结果，如下所示。

```
number  square  cube
0       0       0
1       1       1
2       4       8
3       9       27
4       16      64
5       25      125
6       36      216
7       49      343
8       64      512
9       81      729
10      100     1000
```

2.32 **(计算负值、正值和零值)** 编写一个程序，输入 5 个数，确定并显示负值的个数、正值的个数及零值的个数。

挑战题

2.33 **(BMI 计算器)** 练习 1.10 中介绍了体重指数(BMI)计算器。计算 BMI 的公式是

$$\text{BMI} = \frac{\text{以磅为单位的体重} \times 703}{\text{以英寸为单位的身高} \times \text{以英寸为单位的身高}}$$

或者

$$\text{BMI} = \frac{\text{以千克为单位的体重}}{\text{以米为单位的身高} \times \text{以米为单位的身高}}$$

创建一个 BMI 计算器，读取用户的体重(单位为磅或千克)和身高(单位为英寸或米)，然后计算并显示他的体重指数。此外，还要根据美国国家心肺和血液研究所的结论，显示不同的 BMI 类别及其对应的值：

http://www.nhlbi.nih.gov/health/educational/lose_wt/BMI/bmicalc.htm

这样，用户就能够评估自己的 BMI 值。

(注：本章中讲解了如何用 int 类型表示整数。用上面的两个公式计算 BMI 值时，根据 int 值得到的结果也为整数值。第 3 章中将讲解如何用 double 类型表示带小数点的值。当用 double 值进行 BMI 计算时，得到的结果会包含小数点，它们被称为浮点数。)

2.34 **(全球人口增长)** 在 Internet 上搜索目前的全球人口数及人口增长率。编写一个程序，输入这两个值，然后按年分别显示 1 ~ 5 年之后预计的全球人口数。

2.35 **(拼车省钱计算器)** 研究几个拼车网站，创建一个程序，它计算你的日常驾驶成本，以便能估计出如果拼车出行的话能省下多少钱。这样做还有另外的好处，例如能减少碳排放、缓减交通拥堵。程序的输入信息如下，它需显示用户每日的驾车成本：

a) 每天的总行驶里程(英里数)

b) 每加仑汽油的费用

c) 每加仑汽油的平均行驶里程(英里数)

d) 每天的停车费用

e) 每天的通行费

第 3 章　类、对象、方法与 String 简介

目标

本章将讲解

- 声明类并用它创建对象。
- 将类的行为作为方法实现。
- 将类的属性作为实例变量实现。
- 调用对象的方法，使它们执行任务。
- 什么是方法的局部变量，它与实例变量有何不同。
- 什么是基本类型和引用类型。
- 使用构造方法初始化对象的数据。
- 使用包含小数点的数。
- 类是建模现实世界并对实体进行抽象的一种自然途径。

提纲

3.1 简介[①]

第 2 章中使用过现成的类、对象和方法。我们使用了预定义的标准输出对象 System.out，调用它的

① 在学习本章内容之前，要求预先学习过 1.5 节中有关面向对象编程的术语和概念。

print、println 和 printf 方法来显示信息。现成的 Scanner 类创建的对象用于读取用户输入的整数值并将其放入内存。本书中将使用更多的现成类和对象——它们是 Java 作为面向对象编程语言的强大之处。

本章中将创建几个自己的类和方法。创建的每个新类都成为一种新类型，可用来声明变量和创建对象。程序员可以根据需要声明新的类，这正是 Java 被称为“可扩展语言”的原因之一。

下面讲解的一个示例将创建并使用一个简单的、真实的银行账户类——Account。这个类必须具有实例变量属性，例如户名(name)和余额(balance)，还需要提供几个执行任务的方法，例如查询余额(getBalance)、存款(deposit)及取款(withdraw)。本章的几个类示例中将讲解如何构建 getBalance 方法和 deposit 方法，而 withdraw 方法的创建将作为练习题。

第 2 章中用 int 数据类型表示整数。本章中将用 double 数据类型表示账户余额，它是一种能够包含小数点的数，被称为浮点数。第 8 章继续探讨对象技术时，会用(java.math 包中的)BigDecimal 类更精确地表示货币值。如果是编写行业级的金融程序，就需要使用这个类。(或者，也可以将金额值用整数形式的美分表示，然后分别利用除法和求余操作，将结果分解成美元部分和美分部分，并在二者之间插入一个点号。)

一般情况下，本书中开发的程序都由两个或多个类组成。如果你是业界开发团队中的一员，则遇到的程序可能包含数百甚至数千个类。

3.2　实例变量、*set* 方法和 *get* 方法

本节将创建两个类——Account 类(见图 3.1)和 AccountTest 类(见图 3.2)。AccountTest 类是一个应用类，其中的 main 方法会创建并使用一个 Account 对象，用于演示 Account 类的功能。

3.2.1　包含实例变量、*set* 方法和 *get* 方法的 Account 类

不同的银行账户通常具有不同的户名。为此，Account 类(见图 3.1)包含一个 namc 实例变量。类的实例变量为该类的每一个对象(即每一个实例)保存数据。本章后面将给出一个 balance 实例变量，以便能够跟踪账户里的余额情况。Account 类包含两个方法——setName 方法将一个户名保存到 Account 对象中，getName 方法从 Account 对象获取这个户名。

```
1  // Fig. 3.1: Account.java
2  // Account class that contains a name instance variable
3  // and methods to set and get its value.
4
5  public class Account {
6     private String name; // instance variable
7
8     // method to set the name in the object
9     public void setName(String name) {
10       this.name = name; // store the name
11    }
12
13    // method to retrieve the name from the object
14    public String getName() {
15       return name; // return value of name to caller
16    }
17 }
```

图 3.1　Account 类包含实例变量 name 及设置和读取它的值的方法

类声明

类声明从第 5 行开始：

```
public class Account {
```

关键字 public(将在第 8 章详细讲解)是一个访问修饰符。目前，我们只是将每个类简单地声明成 public。每个以关键字 public 开头的类声明都必须保存在与类同名并以.java 文件扩展名结尾的文件里，否则会出现编译错误。因此，public 类 Account 和 AccountTest(见图 3.2)必须分别在文件 Account.java 和 AccountTest.java 里单独声明。

每个类声明都包含关键字 class，后面紧跟着类名称——这里为 Account。每个类的类体(body)用一对花括号封闭起来，如图 3.1 第 5 行和第 17 行所示。

标识符与驼峰命名规则

第 2 章讲过，类名称、方法名称和变量名称都为标识符，按惯例都必须遵循驼峰命名规则。此外，类名称的第一个字母应大写，而方法名称和变量名称的第一个字母为小写。

name 实例变量

1.5 节中讲过，对象具有属性，以实例变量的形式实现，并在整个生命周期中都拥有这些属性。在方法调用对象之前、方法执行之中和方法执行完毕后，实例变量都存在。类的每个对象(实例)，都有该实例变量的一个单独副本。通常，一个类由一个或多个方法组成，这些方法操作属于该类特定对象的属性。

实例变量是在类的内部声明的，但位于类的方法声明体之外。第 6 行：

```
private String name; // instance variable
```

声明了一个 String 类型的实例变量 name，它位于 setName 方法体(第 9 ~ 11 行)和 getName 方法体(第 14 ~ 16 行)之外。String 变量用于保存类似“Jane Green”之类的字符串值。如果有多个 Account 对象，则每一个对象都具有自己的 name 实例变量。由于 name 是一个实例变量，所以它能用于类的每一个方法中。

良好的编程实践 3.1

建议在类体中先给出类的实例变量，这样就可以先看到变量的名称和类型，然后才会将它们用于类的方法中。在类的方法声明外的任何地方都可以列出类的实例变量，但是如果将它们分散在各处，则代码会难以阅读。

public 和 private 访问修饰符

大多数实例变量声明的前面都有 private 关键字(如第 6 行所示)。与 public 类似，关键字 private 也是一个访问修饰符。用 private 访问修饰符声明的变量或方法，只能由声明它们的类的方法访问。因此，变量 name 只能用在 Account 对象的方法(即 setName 方法和 getName 方法)中。后面很快就会看到，这样做提供了强大的软件工程功能。

Account 类的 setName 方法

下面详细分析一下 setName 方法声明中的代码(第 9 ~ 11 行)：

```
public void setName(String name) {
   this.name = name; // store the name
}
```

方法声明的第一行(这里为第 9 行)被称为方法首部。方法的返回类型(位于方法名称的前面)指定的是当方法执行完任务之后向它的调用者返回的数据的类型。后面将看到，main 方法第 19 行中的语句(见图 3.2)调用了 setName 方法，所以 main 方法就是 setName 方法的调用者。返回类型 void(见图 3.1 第 9 行)表明 setName 方法会执行任务，但不会向它的调用者返回(即回送)任何信息。第 2 章中已经使用过返回信息的方法——例如 Scanner 类的 nextInt 方法，其输出值为用户通过键盘输入的一个整数。当 nextInt 读取用户输入的值时，它会返回这个值，供程序使用。后面会讲解，Account 方法 getName 也返回一个值。

setName 方法接收一个 String 类型的参数 name——代表作为实参传递给方法的名称。分析图 3.2 第 19 行中的方法调用时，会看到参数和实参之间是如何沟通的。

参数在参数表中声明，它位于方法首部里方法名称后面的圆括号中。如果有多个参数，则需用逗号将它们分隔。每个参数都必须为其指定一种类型(这里为 String)，后面跟着一个变量名称(这里为 name)。

参数为局部变量

第 2 章中，在程序的 main 方法中声明了它的所有变量。在特定方法体(例如 main)中声明的变量被称为局部变量，它们只能用在这个方法中。方法能够访问自己的局部变量，但不能访问其他方法的局部变量。当方法终止时，局部变量的值就丢失了。方法的参数也是该方法的局部变量。

setName 方法体

方法体用一对花括号界定(见图 3.1 第 9 行和第 11 行)，它包含执行方法任务的一条或多条语句。这里的方法体只包含一条语句(第 10 行)，它将(String 类型的)name 参数的值赋予类的 name 实例变量，从而将户名信息保存在对象中。

如果方法包含的局部变量的名称与实例变量的名称相同(分别见第 9 行和第 6 行)，则方法体会引用局部变量而不是实例变量。这时，就称局部变量在方法体中“隐藏”了实例变量。方法体可以利用 this 关键字，以明确地引用被隐藏了的实例变量，如第 10 行赋值语句的左边所示。执行完第 10 行之后，方法完成了任务，因此会返回到它的调用者。

良好的编程实践 3.2

其实，这里完全能够避免使用 this 关键字，只需在第 9 行中为参数指定另一个名称即可。不过，第 10 行中使用 this 关键字是一种广泛接受的做法，它最小化了标识符名称的需求。

Account 类的 getName 方法

getName 方法(第 14 ~ 16 行)：

```
public String getName() {
   return name; // return value of name to caller
}
```

将特定 Account 对象的户名返回给调用者。这个方法的参数表为空，因此不需要任何其他信息即可执行任务。该方法返回一个 String 值。当调用指定了返回类型的方法并完成任务后，该方法会给它的调用者返回一个结果。在 Account 对象上调用 getName 方法的语句(例如图 3.2 第 14 行和第 24 行中的语句)正如在方法声明的返回类型中指定的那样，它期待接收 Account 的户名——一个 String 值。

图 3.1 第 15 行中的 return 语句将 name 实例变量的 String 值返回给调用者。例如，当值返回给图 3.2 中第 23 ~ 24 行中的语句时，该语句会利用这个值来输出户名。

3.2.2　创建并使用 Account 类对象的 AccountTest 类

接下来，将使用 Account 类并调用它的方法。包含 main 方法的类是执行 Java 程序的起始点。Account 类本身无法执行，因为它不包含 main 方法——如果在命令窗口中输入“java Account”，则会得到错误消息“Main method not found in class Account.”。为了解决这个问题，必须单独声明一个包含 main 方法的类，或者在 Account 类中加上一个 main 方法。

驱动类 AccountTest

驾驶汽车的司机，可以控制汽车做什么(加速、减速、左转、右转，等等)，而不必知道汽车内部是如何实现这些功能的。类似地，方法(例如 main)也能够通过调用对象的方法来“控制”Account 对象，而不必知道类的内部机制是如何实现这些方法的。因此，包含 main 方法的类被称为驱动类。

为了便于熟悉本书后面及行业中的大型程序，在 AccountTest.java 文件中定义了 AccountTest 类和它的 main 方法(见图 3.2)。执行 main 方法时，它可以调用自己所在的类及其他类中的其他方法，而这些方法也可以再次调用另外的方法，依次类推。AccountTest 类的 main 方法创建了一个 Account 对象，并调用它的 getName 方法和 setName 方法。

```
1  // Fig. 3.2: AccountTest.java
2  // Creating and manipulating an Account object.
3  import java.util.Scanner;
4
5  public class AccountTest {
6     public static void main(String[] args) {
7        // create a Scanner object to obtain input from the command window
8        Scanner input = new Scanner(System.in);
```

图 3.2　创建并操作一个 Account 对象

```
 9
10        // create an Account object and assign it to myAccount
11        Account myAccount = new Account();
12
13        // display initial value of name (null)
14        System.out.printf("Initial name is: %s%n%n", myAccount.getName());
15
16        // prompt for and read name
17        System.out.println("Please enter the name:");
18        String theName = input.nextLine(); // read a line of text
19        myAccount.setName(theName); // put theName in myAccount
20        System.out.println(); // outputs a blank line
21
22        // display the name stored in object myAccount
23        System.out.printf("Name in object myAccount is:%n%s%n",
24           myAccount.getName());
25     }
26  }
```

```
Initial name is: null

Please enter the name:
Jane Green

Name in object myAccount is:
Jane Green
```

图 3.2(续)　创建并操作一个 Account 对象

接收用户输入值的 Scanner 对象

第 8 行创建了一个名称为 input 的 Scanner 类对象，读取由用户输入的户名。第 17 行提示用户输入一个户名。第 18 行利用 Scanner 对象的 nextLine 方法，读取由用户输入的户名信息，并将它的值赋予局部变量 theName。输入户名并按回车键之后，就将它提交给了程序。按回车键，会在用户输入的字符末尾插入一个换行符。nextLine 方法读取用户输入的字符(包括空白符，例如“Jane Green”中的空格)，直到遇到换行符，然后返回一个 String 值，包含除换行符外的全部字符。

后面将会看到，Scanner 类提供了各种不同的输入方法。与 nextLine 类似的一个方法是 next，它读取下一个单词。当用户输入内容之后按回车键时，next 方法会读取字符，直到遇到空白符(如空格、制表符或换行符)，然后返回一个 String 值，包含除空白符外的全部字符(空白符被丢弃)。第一个空白符之后的所有信息并没有丢失——如果以后有调用 Scanner 方法的后续语句，仍可以读取这些字符。

实例化对象——new 关键字和构造方法

第 11 行创建一个 Account 对象，并将它赋予 Account 类型的变量 myAccount。该变量的初始值为 new Account()的结果，这是一种类实例创建表达式。关键字 new 会创建指定类的一个新对象，这里的类为 Account。类的后面必须有一对圆括号。3.3 节中将看到，圆括号和类的名称组合在一起，代表对构造方法(constructor)的调用。构造方法与方法类似，但只会被 new 操作符隐式地调用，在创建对象时初始化它的实例变量。3.3 节中还将讲解如何在圆括号中放入一个实参，以指定 Account 对象 name 实例变量的初始值——这需要强化 Account 类，以启用这一功能。现在，我们先让圆括号为空。第 8 行包含一个 Scanner 对象的类实例创建表达式——它用 System.in 初始化 Scanner，告知 Scanner 从哪里读取输入值(即键盘)。

调用 Account 类的 getName 方法

第 14 行显示初始户名，它是通过调用对象的 getName 方法获取的。正如可以使用 System.out 对象调用 print、printf 和 println 方法一样，也可以使用 myAccount 对象调用 getName 和 setName 方法。第 14 行调用的 getName 方法，其构成方式是利用在第 11 行创建的 myAccount 对象后接一个点运算符(.)，然后是方法名称 getName 和一对空的圆括号，因为不需要传递实参。调用 getName 时：

1. 程序的执行会从调用处(main 中的第 14 行)转移到 getName 方法的声明部分(见图 3.1 第 14 ~ 16 行)。由于 getName 是通过 myAccount 对象调用的，getName “知道”应该操作哪一个对象的实例变量。

2. 接下来，getName 方法执行它的任务——返回户名(见图 3.1 第 15 行)。执行 return 语句时，程序会在调用 getName 的地方继续执行(见图 3.2 第 14 行)。
3. System.out.printf 显示由 getName 方法返回的 String 值。然后，程序继续执行 main 方法第 17 行。

错误预防提示 3.1

绝对不要将用户的输入内容当作格式控制字符串。当 System.out.printf 方法解析第一个实参中的格式控制字符串时，它会根据字符串中的格式转换指定符执行任务。如果格式控制字符串来自用户，则不怀好意的用户输入的格式转换指定符可能导致安全问题。

null——String 变量的默认初始值

第一行输出显示的户名是“null”。局部变量不是自动初始化的，而每个实例变量都有一个默认初始值，这是当程序员没有指定初始值时由 Java 提供的值。因此，在实例变量能够用于程序之前，它们不需要显式地初始化——除非必须初始化成与默认值不同的值。String 变量(如本例中的 name)的默认值为 null，它会在 3.5 节讲解引用类型时进一步探讨。

调用 Account 类的 setName 方法

第 19 行调用 myAccount 的 setName 方法。调用方法时，可以提供实参，其值会被赋予对应的方法参数。这里，位于圆括号中的 main 局部变量 theName 的值，就是传递给 setName 的实参值，以便方法能够执行任务。调用 setName 时：

1. 程序的执行会从 main 中的第 19 行转移到 setName 方法的声明部分(见图 3.1 第 9 ~ 11 行)，而圆括号中的实参值(theName)会被赋予方法首部中对应的参数(name)，见图 3.1 第 9 行。由于 setName 是通过 myAccount 对象调用的，setName“知道”应该操作哪一个对象的实例变量。
2. 接下来，setName 方法执行它的任务——将 name 参数的值赋予实例变量 name(见图 3.1 第 10 行)。
3. 程序执行到 setName 的右花括号时，会返回到调用 setName 的位置(见图 3.2 第 19 行)，然后继续执行图 3.2 第 20 行。

方法调用中的实参个数必须与被调用的方法声明参数表中的参数个数相同。而且，方法调用中的实参类型必须与方法声明中对应的参数类型兼容(第 6 章中将看到，实参的类型和对应参数的类型不要求总是完全一致的)。这个示例中，方法调用传递了一个 String 类型的实参(theName)，而方法声明中指定的是一个 String 类型的参数(name，在图 3.1 第 9 行声明)。因此，方法调用中的实参类型与方法头中的参数类型是完全匹配的。

显示由用户输入的户名

图 3.2 第 20 行输出一个空行。当再次执行对 getName 方法的调用时(第 24 行)，会显示在第 18 行由用户输入的户名。执行完第 23 ~ 24 行的语句之后，到达 main 方法的结尾处，程序终止。

注意，第 23 ~ 24 行表示一条语句。Java 允许将长语句分成多行编写。这里将第 24 行缩进，表示它是第 23 行的延续。

常见编程错误 3.1

将一条语句中的标识符或字符串从中间断行分开是一个语法错误。

3.2.3 编译并执行包含多个类的程序

在执行程序之前，必须先编译图 3.1 和图 3.2 中的类。这是首次创建具有多个类的程序。AccountTest 类有一个 main 方法，而 Account 类没有。为了编译这个程序，需首先进入包含程序源代码文件的目录。然后，输入命令：

```
javac Account.java AccountTest.java
```

即可同时编译这两个类。如果程序目录中只包含它的文件，则可以用如下命令编译这两个类：

```
javac *.java
```

*.java 中的星号是一个通配符，代表当前目录中以文件扩展名.java 结尾的所有文件，它们都应该被编译。如果两个类都编译正确，没有出现编译错误消息，则可以用如下命令运行程序：

```
java AccountTest
```

3.2.4 Account 类的 UML 类图

经常会使用 UML 类图来汇总类的属性和操作。行业应用中，UML 类图有助于系统设计人员以简明、图形化、编程语言无关的形式指定系统需求，而它是在程序员以特定编程语言实现系统之前完成的。图 3.3 中给出了图 3.1 中 Account 类的 UML 类图。

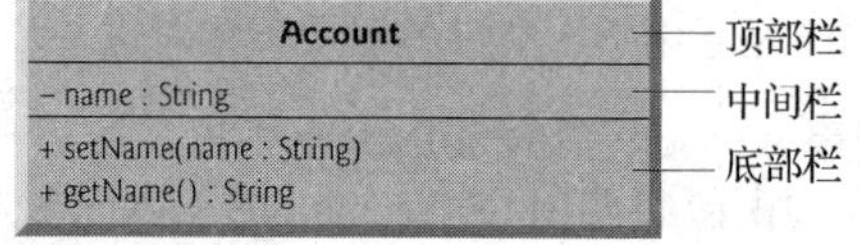

图 3.3 图 3.1 中 Account 类的 UML 类图

顶部栏

UML 中，每个类在类图中被建模成包含三栏的矩形。这个类图中，顶部栏包含名称为 Account 的类，它水平居中并以粗体显示。

中间栏

中间栏包含类的属性名称 name，它对应于 Java 中的实例变量 name。实例变量 name 在 Java 中是私有的，因此类图在相应属性名称的前面加了一个减号访问修饰符。属性名称的后面是一个冒号，接着是属性的类型，这里为 String。

底部栏

底部栏包含类的操作(operation)，setName 和 getName 对应于 Java 中的这两个方法。UML 建模操作的格式为操作名称的前面是访问修饰符(这里为+)，后面是一对圆括号。操作名称前面的加号表明 getName 在 UML 中是一个公共操作(即 Java 中的一个公共方法)。getName 不具有任何参数，因此在类图中，其后面的圆括号为空，与图 3.1 第 14 行中声明该方法时相同。setName 也为一个公共操作，但有一个名称为 name 的 String 参数。

返回类型

通过在操作名称后面的圆括号内放入冒号和返回类型，UML 类图可以表示操作的返回类型。Account 方法 getName(见图 3.1)具有 String 返回类型。setName 方法不返回值(即在 Java 中返回 void)，因此 UML 类图在这些操作的圆括号中不指定返回类型。

参数

UML 建模参数的方法与 Java 稍微有些不同(UML 是独立于编程语言的)，它在操作名称之后的圆括号中会列出参数名称，后接一个冒号和参数类型。UML 具有自己的数据类型，它们与 Java 中的数据类型相似，但为了简化，本书中只使用 Java 数据类型。Account 类的 setName 方法(见图 3.1)有一个名称为 name 的 String 参数，因此图 3.3 在圆括号中给出了 name:String，它位于方法名称的后面。

3.2.5 AccountTest 类的其他说明

静态方法 main

第 2 章中声明的每个类都包含一个名称为 main 的方法。前面曾说过，当执行程序时，Java 虚拟机(JVM)总是会自动调用 main 方法。对于其他大多数方法，都必须显式地调用它们，以执行任务。第 6 章中将讲解 toString 方法通常都是隐式调用的。

图 3.2 第 6 ~ 25 行声明了 main 方法。使 JVM 能够找到并调用 main 方法，开始程序执行的一个重

要因素是 static 关键字(第 6 行)，它表明 main 是一个静态方法。静态方法是一种特殊方法，因为不必先创建声明该方法的类的对象，也就是说，可以直接调用它——这里的类为 AccountTest。第 6 章将详细讨论静态方法。

关于 import 声明的说明

注意图 3.2 中的 import 声明(第 3 行)，这是在向编译器表明，该程序使用了 Scanner 类。第 2 章中说过，System 类和 String 类位于 java.lang 包中，这个包被隐式地导入到每个 Java 程序中。因此，所有程序都可以使用 java.lang 包中的类，而不必显式地导入它们。Java 程序中使用的大多数类都是必须显式地导入的。

在同一个目录中编译的类之间有一种特殊关系(例如 Account 类和 AccountTest 类)。默认情况下，这样的类被认为是位于同一个包中，称之为默认包(default package)。一个包中的类，会被隐式地导入到同一个包的其他类的源代码文件中。因此，当包中的某个类使用同一个包中的另一个类时，不要求有 import 声明——例如 AccountTest 类使用 Account 类的情况。

如果在引用 Scanner 类时总是将它写成 java.util.Scanner，即包含完整的包名称和类名称，则第 3 行的 import 声明并不需要。这种形式被称为类的完全限定类名称。例如，图 3.2 第 8 行也可以写成

```
java.util.Scanner input = new java.util.Scanner(System.in);
```

软件工程结论 3.1

如果每次在源代码中使用类时都指定完全限定类名称，则 Java 编译器并不需要在 Java 源代码文件中有 import 声明。大多数 Java 程序员更愿意使用 import 声明，使程序更精简。

3.2.6 具有私有实例变量、公共 *set* 方法和 *get* 方法的软件工程

利用 *set* 和 *get* 方法，可以验证修改私有数据的行为及控制数据如何返回给调用者——由此可知软件工程所带来的好处。有关它们的详细讨论请见 3.4 节。

如果实例变量为公共的，则类的任何客户，即调用该类的方法的任何其他类都可以“看到”实例变量中的数据，且可以对其进行任意操作，包括将其设置成一个无效值。

我们可能有这样的想法：尽管类的客户无法直接访问私有实例变量，但通过公共的 *set* 方法和 *get* 方法，客户可以做任何事情。还可能会认为利用公共的 *get* 方法，可以随时“偷窥”私有数据；利用公共的 *set* 方法，可以随意修改私有数据。但是，通过在程序中验证实参值，*set* 方法可以拒绝无效数据值的任何修改企图，例如将体温设置成负值，将三月份的日期范围设置成 1 ~ 31 之外的值，将产品代码设置成不属于公司产品目录中的代码，等等。*get* 方法可以让数据以不同的形式呈现。例如，Grade 类可以保存 0 ~ 100 的 int 类型的成绩，但是 getGrade 方法可以返回 String 类型的字母等级成绩，例如 90 ~ 100 返回“A”，80 ~ 89 返回“B”，等等。严格控制对私有数据的访问和呈现，可以极大地减少错误，进而增强程序的健壮性和安全性。

用访问修饰符 private 声明实例变量的方法被称为信息隐藏。当程序创建(实例化)Account 类的对象时，name 变量被封装(隐藏)在对象中，只能由该对象的类的方法访问。

软件工程结论 3.2

应该在每个实例变量和方法声明前加上访问修饰符。通常而言，应将实例变量声明成私有的，而将方法声明成公共的。后面将看到，也可以将方法声明成私有的。

具有封装数据的 Account 对象的概念视图

可以将 Account 对象按如图 3.4 所示来理解。私有实例变量 name 被隐藏在对象内部(用包含 name 的内部圆表示)，它被外层的两个公共方法保护(用包含 getName 和 setName 的外部圆表示)。需要与 Account 交互的任何客户代码，只能调用外部的公共方法。

3.3 Account 类：使用构造方法初始化对象

正如 3.2 节所述，当创建 Account 类的一个对象后(见图 3.1)，默认情况下它的 String 实例变量 name 会被初始化为 null。如果想在创建 Account 对象时提供一个户名，该怎么办呢？

声明的每个类都可以带一个包含参数的构造方法，用于创建该类的对象时将对象初始化。对每一个创建的对象，Java 都要求有一个构造方法调用，因此这里就是初始化对象的实例变量的理想位置。下一个示例用一个构造方法改进了 Account 类(见图 3.5)，它接收一个户名并在创建 Account 对象时用这个户名来初始化实例变量 name(见图 3.6)。

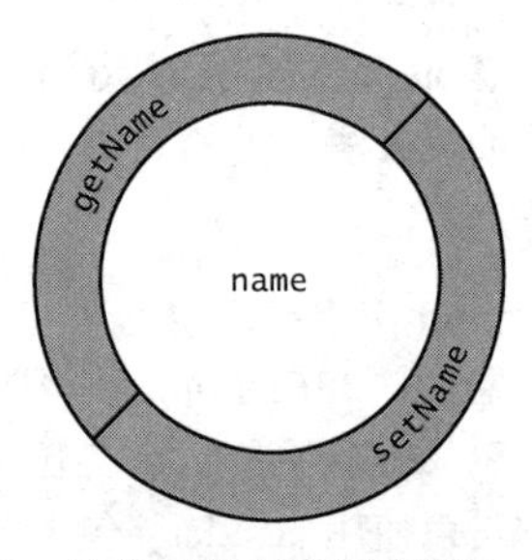

图 3.4 封装了私有实例变量 name 的 Account 对象的概念视图，具有两个位于保护层的公共方法

```
1  // Fig. 3.5: Account.java
2  // Account class with a constructor that initializes the name.
3
4  public class Account {
5     private String name; // instance variable
6
7     // constructor initializes name with parameter name
8     public Account(String name) { // constructor name is class name
9        this.name = name;
10    }
11
12    // method to set the name
13    public void setName(String name) {
14       this.name = name;
15    }
16
17    // method to retrieve the name
18    public String getName() {
19       return name;
20    }
21 }
```

图 3.5 Account 类用构造方法初始化 name

3.3.1 为定制对象初始化声明 Account 构造方法

当声明类时，程序员可以提供自己的构造方法，以便为类的对象指定自己的初始化值。例如，程序员可能希望在创建 Account 对象时为其指定一个户名，如图 3.6 第 8 行所示：

```
Account account1 = new Account("Jane Green");
```

这里的 String 实参“Jane Green”会被传递给 Account 对象的构造方法，并用于初始化 name 实例变量。上述语句要求这个类提供一个带 String 参数的构造方法。图 3.5 所示为具有这种构造方法的 Account 类的改进版。

Account 构造方法声明

图 3.5 第 8 ~ 10 行声明了 Account 构造方法，它必须与类的名称相同。构造方法在参数表中指明了执行任务所需的数据(0 个或多个)。第 8 行表明构造方法只有一个名称为 name 的 String 参数。创建新的 Account 对象时，会将某个人的姓名传递给构造方法的 name 参数。然后，构造方法会将 name 参数的值赋予实例变量 name(第 9 行)。

错误预防提示 3.2

尽管可以从构造方法调用方法，但是不要这样做。第 10 章将会解释原因。

Account 构造方法的参数 name 和 setName 方法

3.2.1 节中说过，方法参数是局部变量。图 3.5 中的构造方法和 setName 方法都有一个名称为 name

的参数。尽管它们的参数名称相同，但第 8 行中的参数为构造方法的局部变量，它对 setName 方法是不可见的；第 13 行中的参数为 setName 方法的局部变量，它对构造方法是不可见的。

3.3.2　AccountTest 类：在创建时初始化 Account 对象

AccountTest 程序(见图 3.6)利用构造方法初始化了两个 Account 对象。第 8 行创建并初始化 Account 对象 account1。关键字 new 会请求用于保存这个 Account 对象的系统内存，然后隐式地调用类的构造方法来初始化这个对象。这个调用是通过类名称后面的圆括号体现的，圆括号内包含的实参 “Jane Green” 用于初始化这个新对象的名称。第 8 行将新对象的值赋予变量 account1。第 9 行重复这一步骤，用实参 “John Blue” 初始化变量 account2。第 12 ~ 13 行利用每个对象的 getName 方法获得户名，表明确实在创建对象时已经被初始化了。输出结果为不同的户名，验证了每一个 Account 对象都具有实例变量 name 的不同副本。

```
1  // Fig. 3.6: AccountTest.java
2  // Using the Account constructor to initialize the name instance
3  // variable at the time each Account object is created.
4
5  public class AccountTest {
6     public static void main(String[] args) {
7        // create two Account objects
8        Account account1 = new Account("Jane Green");
9        Account account2 = new Account("John Blue");
10
11       // display initial value of name for each Account
12       System.out.printf("account1 name is: %s%n", account1.getName());
13       System.out.printf("account2 name is: %s%n", account2.getName());
14    }
15 }
```

```
account1 name is: Jane Green
account2 name is: John Blue
```

图 3.6　用 Account 构造方法在创建 Account 对象时初始化 name 实例变量

构造方法不能返回值

构造方法与方法的一个重要区别是构造方法不能返回值，因此不能指定返回类型(即使是 void 也不行)。通常而言，构造方法被声明成公共的——本书的后面将讲解，也可以将其声明成私有的。

默认构造方法

回忆图 3.2 第 11 行：

```
Account myAccount = new Account();
```

它利用 new 关键字创建了一个 Account 对象。“new Account” 后面的空圆括号表示对类的默认构造方法的调用——对于没有显式地声明构造方法的类，编译器会提供一个默认构造方法(没有任何参数)。当类只具有默认构造方法时，它的实例变量会被初始化成默认值。8.5 节中将看到具有多个构造方法的类。

声明了构造方法的类，没有默认构造方法

只要为类声明了构造方法，则编译器就不会为它创建默认构造方法。这时，就无法像图 3.2 中那样，用类实例创建表达式 “new Account( )” 来创建 Account 对象——除非所定义的定制构造方法没有参数。

软件工程结论 3.3

除非类的实例变量的默认初始化是可接受的，否则就应该提供一个构造方法，以确保在创建该类的每个新对象时，类的实例变量都会被合适地初始化成一个有意义的值。

在 Account 类的 UML 类图中添加构造方法

图 3.7 中的 UML 类图建模了图 3.5 中的 Account 类，该类包含一个名称为 name 的 String 类型的参数。与操作类似，在类图中，UML 在类的第三栏建模构造方法。为了区分构造方法与类的操作，UML

要求在构造方法名称之前加上“«constructor»”字样。在第三栏中，习惯的做法是将构造方法放在其他操作之前。

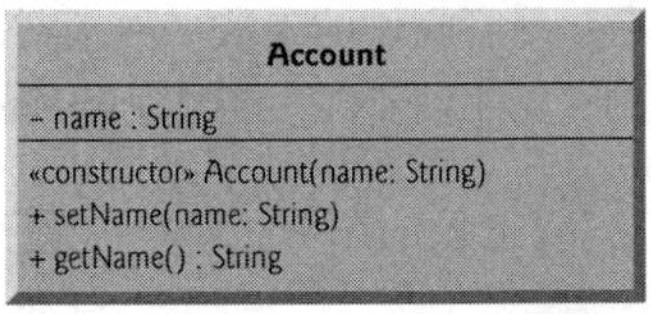

Account
– name : String
«constructor» Account(name: String) + setName(name: String) + getName() : String

图 3.7 图 3.5 中 Account 类的 UML 类图

3.4 包含浮点数余额的 Account 类

至此，就已经声明了用于维护账户余额的 Account 类。大多数账户余额都不是整数值。为此，Account 类应将账户余额表示为浮点数，即带有小数点的数(如 43.95，0.0 或–129.8873)。第 8 章中，将用 BigDecimal 类精确地处理货币值。如果是编写行业级的金融程序，就需要使用这个类。

Java 提供了在内存中保存浮点数的两种基本类型——float 和 double。float 类型的变量表示单精度浮点数，它最多有 7 位有效数字。double 类型的变量表示双精度浮点数。double 变量需要的内存量是 float 变量的两倍，它提供 15 位有效数字——大约是 float 变量的精度的两倍。

大多数程序员都会用 double 类型来表示浮点数。实际上，默认情况下 Java 将程序源代码中的所有浮点数(如 7.33 和 0.0975)都看成是 double 值。源代码中的此类值被称为“浮点字面值”。附录 D 中给出了 float 值和 double 值的精确范围。

3.4.1 包含 double 类型的实例变量 balance 的 Account 类

下一个程序中给出的 Account 类版本(见图 3.8)具有实例变量 name 和 balance，它们用于操作银行账户。银行会有许多账户，每个账户都有自己的余额，因此第 7 行声明了一个 double 类型的、名称为 balance 的实例变量。Account 类的每一个实例(即对象)都包含自己的 name 和 balance 副本。

```
1  // Fig. 3.8: Account.java
2  // Account class with a double instance variable balance and a constructor
3  // and deposit method that perform validation.
4
5  public class Account {
6     private String name; // instance variable
7     private double balance; // instance variable
8
9     // Account constructor that receives two parameters
10    public Account(String name, double balance) {
11       this.name = name; // assign name to instance variable name
12
13       // validate that the balance is greater than 0.0; if it's not,
14       // instance variable balance keeps its default initial value of 0.0
15       if (balance > 0.0) { // if the balance is valid
16          this.balance = balance; // assign it to instance variable balance
17       }
18    }
19
20    // method that deposits (adds) only a valid amount to the balance
21    public void deposit(double depositAmount) {
22       if (depositAmount > 0.0) { // if the depositAmount is valid
23          balance = balance + depositAmount; // add it to the balance
24       }
25    }
26
27    // method returns the account balance
28    public double getBalance() {
29       return balance;
30    }
31
32    // method that sets the name
33    public void setName(String name) {
34       this.name = name;
35    }
36
37    // method that returns the name
38    public String getName() {
39       return name;
40    }
41 }
```

图 3.8 具有 double 实例变量 name、balance 和构造方法的 Account 类，使用 deposit 方法进行验证操作

Account 类的双参数构造方法

Account 类包含 1 个构造方法和 4 个方法。由于一般情况下会在开立账户后立即存钱，所以构造方法(第 10 ~ 18 行)接收一个名称为 balance 的 double 类型参数，代表该账户的初始余额。第 15 ~ 17 行确保了 balance 大于 0.0。如果确实如此，则 balance 参数的值会被赋予实例变量 balance。否则，实例变量 balance 的值仍为 0.0——它的默认初始值。

Account 类的 deposit 方法

当完成任务后，deposit 方法(第 21 ~ 25 行)不返回任何数据，因此它的返回类型为 void。这个方法接收一个 depositAmount 参数——只有当参数值有效时(即大于 0)，才会将这个 double 值与实例变量 balance 的值相加。第 23 行首先将当前的 balance 值与 depositAmount 值相加，其临时的和值会被赋予 balance，从而替换 balance 的前一个值(前面说过，加法的优先级比赋值高)。要着重理解的是，第 23 行中赋值运算符右边的计算不会改变 balance 的值——这就是为什么必须有赋值操作的原因。

Account 类的 getBalance 方法

getBalance 方法(第 28 ~ 30 行)允许这个类的客户(即其他类，只要它的方法调用了这个类的方法)获得特定 Account 对象的 balance 值。该方法的返回类型为 double，带有一个空参数表。

Account 的方法都能使用 balance

注意，第 15 行、第 16 行、第 23 行、第 29 行使用了变量 balance，尽管这个变量没有在任何方法中声明。之所以能够在这些方法中使用 balance，是因为它是这个类的一个实例变量。

3.4.2　使用 Account 类的 AccountTest 类

AccountTest 类(见图 3.9)创建了两个 Account 对象(第 7 ~ 8 行)，并分别将它们初始化成有效的余额值 50.00 和无效的余额值−7.53。对于这个示例，应假定余额必须大于或等于 0。第 11 ~ 14 行对 System.out.printf 方法进行调用，输出结果是几个户名和对应的余额，它们是通过调用每一个 Account 的 getName 和 getBalance 方法获得的。

```
1  // Fig. 3.9: AccountTest.java
2  // Inputting and outputting floating-point numbers with Account objects.
3  import java.util.Scanner;
4
5  public class AccountTest {
6     public static void main(String[] args) {
7        Account account1 = new Account("Jane Green", 50.00);
8        Account account2 = new Account("John Blue", -7.53);
9
10       // display initial balance of each object
11       System.out.printf("%s balance: $%.2f%n",
12          account1.getName(), account1.getBalance());
13       System.out.printf("%s balance: $%.2f%n%n",
14          account2.getName(), account2.getBalance());
15
16       // create a Scanner to obtain input from the command window
17       Scanner input = new Scanner(System.in);
18
19       System.out.print("Enter deposit amount for account1: "); // prompt
20       double depositAmount = input.nextDouble(); // obtain user input
21       System.out.printf("%nadding %.2f to account1 balance%n%n",
22          depositAmount);
23       account1.deposit(depositAmount); // add to account1's balance
24
25       // display balances
26       System.out.printf("%s balance: $%.2f%n",
27          account1.getName(), account1.getBalance());
28       System.out.printf("%s balance: $%.2f%n%n",
29          account2.getName(), account2.getBalance());
30
31       System.out.print("Enter deposit amount for account2: "); // prompt
32       depositAmount = input.nextDouble(); // obtain user input
```

图 3.9　用 Account 对象输入和输出浮点数

```
33          System.out.printf("%nadding %.2f to account2 balance%n%n",
34             depositAmount);
35          account2.deposit(depositAmount); // add to account2 balance
36
37          // display balances
38          System.out.printf("%s balance: $%.2f%n",
39             account1.getName(), account1.getBalance());
40          System.out.printf("%s balance: $%.2f%n%n",
41             account2.getName(), account2.getBalance());
42       }
43    }
```

```
Jane Green balance: $50.00
John Blue balance: $0.00

Enter deposit amount for account1: 25.53

adding 25.53 to account1 balance

Jane Green balance: $75.53
John Blue balance: $0.00

Enter deposit amount for account2: 123.45

adding 123.45 to account2 balance

Jane Green balance: $75.53
John Blue balance: $123.45
```

图 3.9(续) 用 Account 对象输入和输出浮点数

显示 Account 对象的初始余额

当在第 12 行中为 account1 调用 getBalance 方法时，从图 3.8 的第 29 行返回 account1 的余额值，并由 System.out.printf 语句(见图 3.9 第 11 ~ 12 行)显示出来。类似地，当在第 14 行中为 account2 调用 getBalance 方法时，从图 3.8 的第 29 行返回 account2 的余额值，并由 System.out.printf 语句(见图 3.9 第 13 ~ 14 行)显示出来。account2 的初始余额为 0.00，因为构造方法拒绝了将它设置成一个负值的尝试，这样它的值依然为默认初始值。

浮点数的格式化输出

余额值由 printf 方法输出，格式指定符为%.2f。格式指定符%f 用于输出 float 或 double 类型的值。%和 f 之间的“.2”代表输出浮点数的小数点右边的小数位数(2)，也称之为该数的精度。以%.2f 格式输出的任何浮点值都会被四舍五入到百分位。例如，123.457 四舍五入成 123.46，27.33379 四舍五入成 27.33。

读取用户输入的浮点值，进行存款操作

第 19 行(见图 3.9)提示用户为 account1 输入存款额。第 20 行声明了局部变量 depositAmount，存放用户输入的每一笔存款额。与实例变量不同(例如 Account 类中的 name 和 balance)，局部变量(例如 main 中的 depositAmount)不会被默认初始化，因此通常必须显式地初始化它们。后面将看到，depositAmount 变量的初始值是由用户的输入值决定的。

常见编程错误 3.2

如果试图使用一个未被初始化的局部变量，则 Java 编译器会提示编译错误。这有助于避免危险的运行时逻辑错误。在编译时消除错误，总会比在运行时去改正它要好得多。

第 20 行通过调用 Scanner 对象 input 的 nextDouble 方法，获得来自用户的输入，该方法返回用户输入的一个 double 值。第 21 ~ 22 行显示 depositAmount 值。第 23 行调用了 account1 对象的 deposit 方法，调用时将 depositAmount 作为该方法的实参。调用 deposit 方法时，代表存款额的实参值被赋予该方法的 depositAmount 参数(见图 3.8 第 21 行)。接着，deposit 方法将该值添加到 balance 上。第 26 ~ 29 行(见图 3.9)再次输出两个 Account 的 name 值和 balance 值，可以看出，只有 account1 的余额发生了变化。

第 31 行提示用户为 account2 输入存款额。第 32 行通过调用 Scanner 对象 input 的 nextDouble 方法，

获得用户的输入。第 33 ~ 34 行显示 depositAmount 值。第 35 行调用 account2 对象的 deposit 方法，并将 depositAmount 作为该方法的实参。然后，deposit 方法将这个值加到 balance 上。最后，第 38 ~ 41 行再次输出两个 Account 的 name 值和 balance 值，可以看出，只有 account2 的余额发生了变化。

main 方法中的重复代码

第 11 ~ 12 行、第 13 ~ 14 行、第 26 ~ 27 行、第 28 ~ 29 行、第 38 ~ 39 行、第 40 ~ 41 行中的 6 组语句几乎都是相同的，它们都输出一个户名和余额。唯一的不同是 Account 对象的名称——account1 或 account2。这种重复代码带来了代码维护问题——如果需要进行错误更正或者更新，则需要修改 6 次且不能犯错。练习题 3.15 要求将图 3.9 中的代码修改成包含一个 displayAccount 方法，其参数为一个 Account 对象，输出为对象的 name 和 balance 值。这样，就能用对 displayAccount 方法的 6 次调用来替换 main 中的重复语句，进而降低了程序的规模，提升了它的维护性，因为只需包含显示 Account 的 name 和 balance 值的代码的一个副本。

软件工程结论 3.4

对于重复代码，用包含这些代码的一个副本的方法替换，就可以减少程序的规模，并能提升维护性。

Account 类的 UML 类图

图 3.10 中的 UML 类图建模了图 3.8 中的 Account 类。在第二栏中，添加了 String 类型的私有属性 name 和 double 类型的私有属性 balance。

在第三栏中，添加了 Account 构造方法，它具有一个 String 类型的参数 name 和一个 double 类型的参数 balance。这一栏中还有类的 4 个公共方法：deposit 操作具有一个 double 类型的 depositAmount 参数；getBalance 操作具有 double 返回类型；setName 操作具有一个 String 类型的 name 参数；getName 操作具有 String 返回类型。

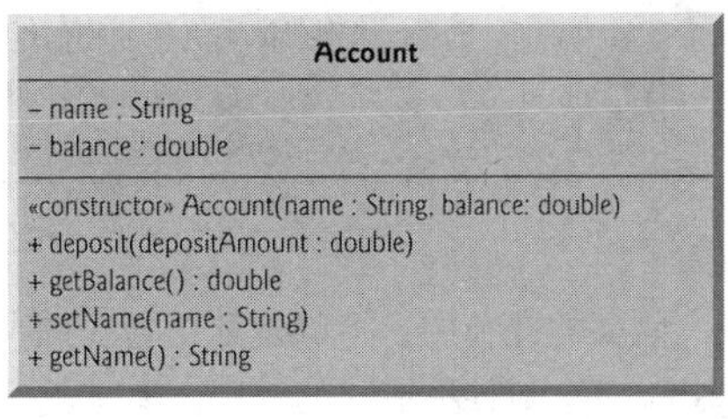

图 3.10　图 3.8 中 Account 类的 UML 类图

3.5　基本类型与引用类型的比较

Java 中的数据类型被分为基本类型与引用类型。第 2 章中使用过 int 类型的变量，它是一种基本类型。其他的基本类型包括 boolean、byte、char、short、long、float、double，它们会在附录 D 中总结。所有不是基本类型的数据类型都是引用类型。因此，指定对象类型的类就是引用类型。

基本类型的变量一次只能存储所声明类型的一个值。例如，int 变量可以存储一个整数。当将另一个值赋予该变量时，新值就会替代原来的值。

前面曾说过，默认情况下局部变量不会被初始化。基本类型的实例变量会被默认初始化：byte、char、short、int、long、float、double 类型的实例变量被初始化为 0，boolean 类型的实例变量被初始化成 false。对于基本类型变量，可以指定自己的初始值，只需在它的声明中赋予变量一个值即可。例如：

```
private int numberOfStudents = 10;
```

程序利用引用类型的变量(通常被称为引用)在计算机内存中保存对象的位置。这样的变量被认为是在程序中“引用对象”。被引用的每个对象可能包含许多实例变量。图 3.2 第 8 行：

```
Scanner input = new Scanner(System.in);
```

创建了一个 Scanner 类对象，然后将该对象的引用赋予 input 变量。图 3.2 第 11 行：

```
Account myAccount = new Account();
```

创建了一个 Account 类对象，然后将该对象的引用赋予 myAccount 变量。如果没有显式地初始化引用类型实例变量，则它会被默认初始化成 null——表示“空引用”。这就是在图 3.2 第 14 行中第一次调用 getName 时返回 null 的原因——还没有设置 name 的值，因此返回的是默认初始值 null。

为了调用对象上的方法，需要引用该对象。图 3.2 中，main 方法里的语句利用 myAccount 变量，调用 getName 方法(第 14 行和第 24 行)和 setName 方法(第 19 行)，与 Account 对象交互。基本类型的变量并不引用对象，因此这样的变量不能用来调用方法。

3.6 (选修)GUI 与图形实例：一个简单的 GUI

这个实例是为那些希望尽早学习 Java 的一种强大功能——创建图形用户界面(GUI)的读者准备的。GUI 会在第 12 章、第 13 章、第 22 章深入讨论。书中将讲解的是 JavaFX——Java 中用于 GUI、图形和多媒体技术的一种特性。本书的配套网站上还提供了与这个实例相关的 Swing 版本。图 3.11 给出了书中与 GUI 和图形实例有关的那些章节。其中每一节都会讲解一些新的概念，提供屏幕截图，以展示与程序交互的情形。然后还会提供一个或者多个练习题，以熟悉每一节中涉及的技术。

节号或练习题	主题
3.6 节	显示文本和图像
4.15 节	响应按钮单击，用 JavaFX 的图形功能画线
5.11 节	绘制矩形和椭圆
6.13 节	以多种颜色绘制形体
7.17 节	用圆弧绘制彩虹
8.16 节	将形体作为对象保存
10.14 节	识别形体类之间的相似性，创建一个形体类层次结构
练习题 13.9	综合性的练习题，允许用户选择不同的形体来画图，配置它的属性(例如颜色和填充性)，并可以通过鼠标拖动来调整形体的大小

图 3.11　探讨 GUI 与图形实例的各节及练习题

前面的几节中，将创建几个包含图形功能的程序；后续的几节中，将利用面向对象编程概念，创建一个能够绘制各种形体的程序。有关这个实例的综合训练在练习题 13.9 中给出，其中将创建一个基于 GUI 的画图程序，使用户能够选择不同的形体和颜色，并且可通过拖动鼠标来确定形体的大小和位置。希望这个实例能为大家带来丰富的内容并使你的学习充满娱乐性。

第 22 章　JavaFX 图形与多媒体

如果愿意使用 GUI 和图形，则一定要阅读第 22 章，它详细探讨了 JavaFX 的图形和多媒体功能，包括动画功能。这一章中提供了大量具有挑战性和娱乐性、与图形和多媒体相关的练习题，包括几个游戏类编程练习题：

- SpotOn 游戏要求玩家在移动的小虫(spot)从屏幕上消失之前点中它们。
- Horse Race 游戏是 SpotOn 的强化版，它由娱乐公园里的赛马比赛改进而来。在比赛中，你的马会把球滚进一个洞里，用水枪击中目标，等等。这个程序中，只要玩家成功击中了一只小虫，马就会向前移动。
- Cannon 游戏要求玩家在指定时间内将几个标靶摧毁。

3.6.1 GUI 简介

图形用户界面(GUI)为用户与程序交互提供了一种友好的机制。GUI(发音为“GOO-ee”)使程序具有与众不同的外观。GUI 是用 GUI 组件搭建的——JavaFX 称这些组件为“控件”。控件就是 GUI 组件，例如显示文本的 Label 对象、使程序能接收用户输入的文本的 TextField 对象、用户能够单击的 Button 对象，等等。用户与控件交互时(如单击按钮)，控件就会产生事件。程序能够响应这些事件——被称为“事件处理”——以明确当发生用户交互时程序应当如何响应。在第一个 GUI 和图形实例中，将搭建一个简单的、非交互性的 GUI。其内容有些冗长，因为需逐步讲解如何创建这个 GUI。

3.6.2　JavaFX Scene Builder 与 FXML

有关 GUI 与图形实例的这些小节中，将会用到 Scene Builder，它是一个用来简化 GUI 创建过程的工具，用户只需将预先已经构建好的 GUI 组件从 Scene Builder 的库拖放到设计区即可。并且，无须编写任何代码，就能够修改 GUI 的属性并定义它的风格。利用 Scene Builder 的实时编辑和预览功能，就可以在创建和修改时查看 GUI，而不必编译和运行程序。从下列站点可以下载用于 Windows、macOS 和 Linux 的 Scene Builder 版本：

```
http://gluonhq.com/labs/scene-builder/
```

FXML（FX 标记语言）

创建和修改 GUI 时，Scene Builder 会产生 FXML（FX 标记语言），它是一种用于定义和排列 JavaFX GUI 控件的语言。利用 FXML，JavaFX 可以精确地描述 GUI、图形及多媒体元素。这个实例中，并不需要了解 FXML——Scene Builder 隐藏了 FXML 的细节。

3.6.3　Welcome 程序——显示文本和图像

这一节中无须编写任何代码就能构建一个 GUI，它在 Label 控件中显示文本，在 ImageView 控件（见图 3.12）中显示一个图像。这里将使用可视化编程技术，将 JavaFX 组件拖放到 Scene Builder 的内容面板（即设计区）中。然后，将利用 Scene Builder 的 Inspector 窗口配置控件的属性，例如 Label 的文本和字体大小、ImageView 中的图像等。最后，将利用 Window 选项中的 Show Preview 功能，查看完成后的 GUI。

图 3.12　Windows 10 下预览窗口中的 Welcome GUI

3.6.4　使用 Scene Builder 创建 Welcome.fxml 文件

打开 Scene Builder，用它创建一个 FXML 文件，以定义 GUI。开始时出现的窗口如图 3.13 所示。位于窗口顶部的文字“Untitled”表示 Scene Builder 已经新创建了一个 FXML 文件，但是还没有保存它[①]。选择 File > Save，显示一个 Save As 对话框，然后选择保存文件的位置，将它命名为 Welcome.fxml，并单击 Save 按钮。

3.6.5　将图像放入包含 Welcome.fxml 的文件夹

这个程序中将用到的图像（文件名为 bug.png）位于本章 ch03 示例文件夹的 images 目录下。为了便于将它添加到程序中，需将它复制到与 Welcome.fxml 相同的文件夹下。

① 这里给出的屏幕截图是在 Windows 10 下截取的。但是，对于 Windows、macOS 和 Linux 下的 Scene Builder，同一个图像的显示结果几乎相同。主要的不同是 macOS 下的菜单栏位于屏幕顶部，而 Windows 和 Linux 下的菜单栏是窗口的一部分。

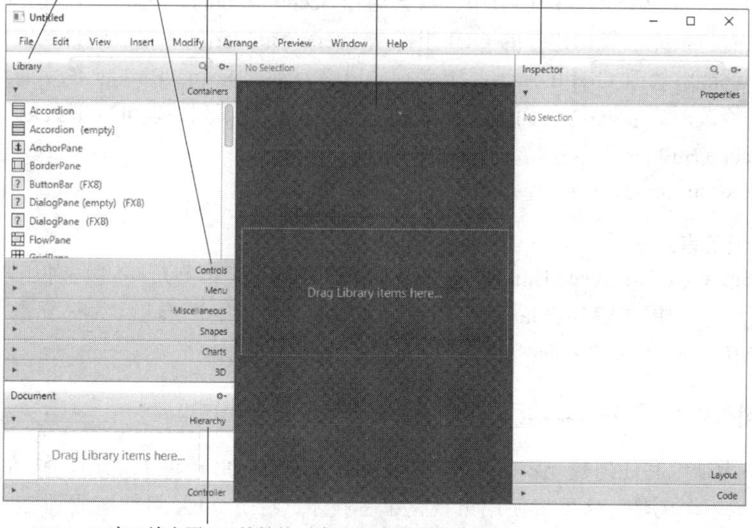

从Library窗口的Containers、Controls及其他部分中，将JavaFX组件拖放到内容面板里

使用内容面板设计GUI

利用Inspector窗口配置内容面板里当前被选中的项

Hierarchy窗口给出了GUI的结构，有助于选取并安排控件

图 3.13　首次打开时呈现的 Scene Builder

3.6.6　创建 VBox 布局容器

JavaFX 的布局容器可用来排列控件并设置它们的大小。对于这个程序，需将一个 Label 控件和一个 ImageView 控件置于 VBox 布局容器中，这个容器会将控件从上到下垂直排列。为了将 VBox 添加到内容面板以便设计 GUI，需双击 VBox 图标，它位于 Library 窗口的 Containers 部分中(也可以将 VBox 从 Containers 部分拖放到内容面板中)。

3.6.7　配置 VBox

这一节将指定 VBox 的对齐、初始大小及填充属性。

指定 VBox 的对齐属性

VBox 的对齐属性决定了它的控件的定位特性。这个程序中，我们希望 Label 和 ImageView 控件在 VBox 里两个方向(水平和垂直)都居中放置。这样，就使 Label 的上面与 ImageView 的下面具有相同的空间。为此，需进行如下操作：

1. 单击内容面板中的 VBox，选中它。这会在 Inspector 窗口的 Properties 部分中显示许多 VBox 属性。
2. 单击 Alignment 属性旁边下拉列表的向下箭头，可以看到许多不同的对齐属性值。单击 CENTER，它表示 VBox 的内容会在水平和垂直方向上都居中显示。

当 JavaFX 在运行时创建某个对象时，为该对象指定的每一个属性值，都会被用来设置它的一个实例变量。

指定 VBox 的初始大小

GUI 主布局(这里为 VBox)的初始大小决定了 JavaFX 程序窗口的默认尺寸。为了设置初始大小，需进行如下操作：

1. 选中 VBox。
2. 单击 Inspector 窗口的 Layout 部分的右箭头(▶)，展开它。这时，箭头会变成向下的(▼)。单击这个下箭头，可缩合 Layout 部分。

3．单击 Pref Width 属性的文本框，输入 450 并按回车键，将初始宽度设置成这个值。

4．单击 Pref Height 属性的文本框，输入 300 并按回车键，将初始高度设置成这个值。

3.6.8　添加并配置 Label

接下来，将创建一个在屏幕上显示文本“Welcome to JavaFX!”的 Label。

在 VBox 中添加 Label

单击 Library 窗口 Controls 部分旁边的右箭头，展开它，然后将一个 Label 拖放到内容面板中的 VBox 上（也可以通过双击 Label 来添加它）。根据 VBox 的对齐属性，Scene Builder 会自动将这个 Label 对象在水平和垂直方向居中放置（见图 3.14）。

设置 Label 的文本

设置 Label 的文本内容时，既可以双击它，然后输入文本，也可以先选中它，然后在 Inspector 窗口的 Properties 部分中设置它的 Text 属性。将这个 Label 的文本内容设置成“Welcome to JavaFX!”。

设置 Label 的字体

这个程序中，需将 Label 的文本显示成大号粗体。为此，需在 Inspector 窗口的 Properties 部分中，从 Font 属性的右边选取一个值（见图 3.15）。在出现的窗口中，将 Style 属性设置成 Bold，将 Size 属性设置成 30。现在的 Label 应当如图 3.16 所示。

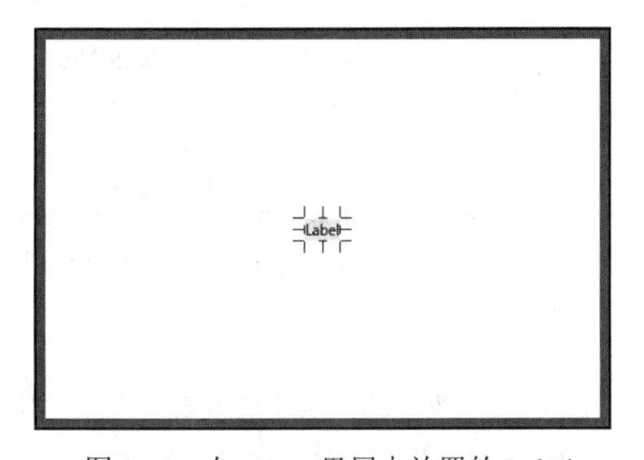

图 3.14　在 VBox 里居中放置的 Label

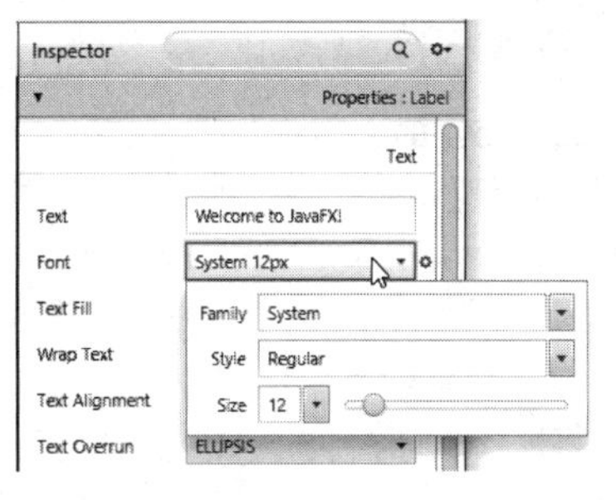

图 3.15　设置 Label 的 Font 属性

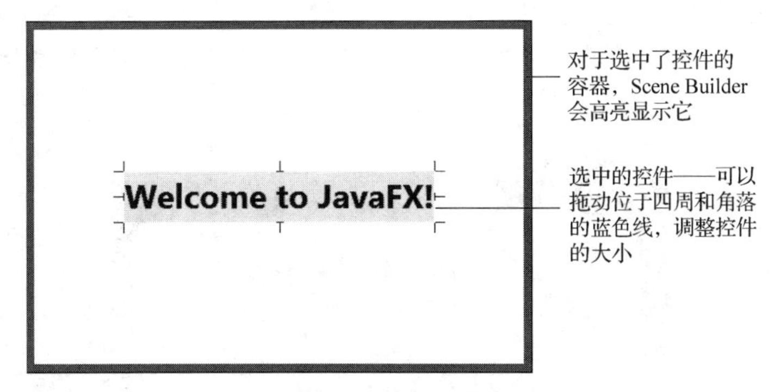

图 3.16　添加并配置完 Label 后展现的 Welcome GUI

3.6.9　添加并配置 ImageView

最后需添加的是一个用于显示小虫图像的 ImageView。

在 VBox 中添加 ImageView

从 Library 窗口的 Controls 部分中，将 ImageView 拖放到 VBox 中（位于 Label 的下面），如图 3.17

所示。也可以双击 ImageView 控件，这时 Scene Builder 会自动将一个 ImageView 对象置于 VBox 当前内容的下面。

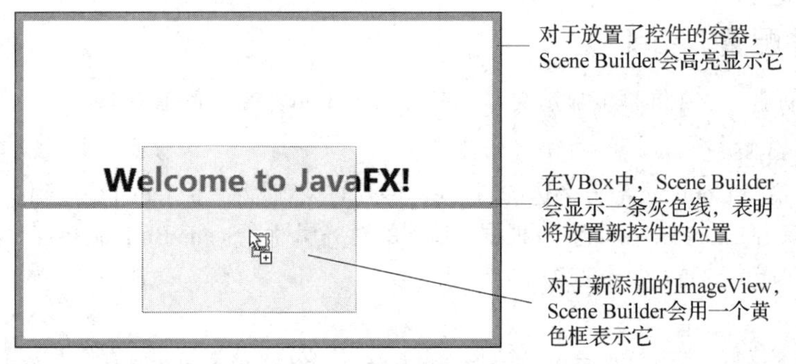

图 3.17　将 ImageView 拖放到 Label 的下面

设置 ImageView 的 Image 属性

接下来设置要显示的图像：

1. 选中 ImageView，然后在 Inspector 窗口的 Properties 部分中，单击 Image 属性旁边的省略号按钮。默认情况下，Scene Builder 会打开一个对话框，显示保存了 FXML 文件的文件夹。这就是在 3.6.5 节中放置图像文件 bug.png 的地方。
2. 选中该文件，然后单击 Open 按钮。Scene Builder 会显示这个图像，并会调整 ImageView 的大小，以匹配图像的高宽比——高度与宽度的比例。

改变 ImageView 的大小

这里希望按原始大小显示图像。如果重新设置 ImageView 默认的 Fit Width 属性和 Fit Height 属性的值(它们是将 ImageView 拖入时由 Scene Builder 设置的)，则 Scene Builder 会重新调整 ImageView 的大小，以适合图像的真实尺寸。为了重置这两个属性，需进行如下操作：

1. 展开 Inspector 窗口的 Layout 部分。
2. 将鼠标悬停在 Fit Width 属性的值上。这会在该属性值的右边显示一个 ⚙ 按钮。单击该按钮，选择 Reset to Default，重置它的值。这个技术可用于需要重置成默认值的任何属性。
3. 重复上一步，重置 Fit Height 属性的值。

至此，就已经完成了 GUI 的设计。现在，Scene Builder 的内容面板应当如图 3.18 所示。选择 File > Save，保存这个 FXML 文件。

图 3.18　在 Scene Builder 内容面板中完成后的 Welcome GUI

3.6.10　预览 Welcome GUI

可以在一个运行程序的窗口中预览这个 GUI。为此，需选择 Preview > Show Preview in Window，这时会显示一个如图 3.19 所示的窗口。

图 3.19　在 Windows 10 中预览 Welcome GUI——在 Linux、macOS 及早期的 Windows 版本下，唯一不同的显示结果是窗口边界

GUI 与图形实例练习题

3.1　在一些网站(例如 Flickr)中，找出 4 个知名的地标建筑物图像。创建一个与 Welcome 程序类似的程序，将这些图像拼贴在一起。为每一个图像加注文本。可以使用作为自己项目一部分的图像(位于本地)，也可以指定线上图像的 URL 地址。

3.7　小结

本章讲解了如何创建自己的类和方法，并创建了类的对象，调用了这些对象的方法，以完成相关任务。我们讲解了如何声明类的实例变量来维护该类的每个对象的数据，还讲解了如何声明操作这些数据的方法。本章演示了如何调用方法来告诉它执行任务、如何将信息作为实参传递给方法，实参的值会被赋予方法的参数，或者作为方法的返回值接收。接着讨论了方法的局部变量和类的实例变量的区别，并且知道了只有实例变量是被自动初始化的。本章还展示了如何使用类的构造方法来指定对象的实例变量的初始值。我们看到了如何创建 UML 类图，以便可视化地建模类的方法、属性和构造方法。最后讨论了浮点数——如何用基本类型 double 变量保存它们，如何用 Scanner 对象进行输入及如何用 printf 和格式指定符%f 格式化输出用于显示。(第 8 章中，将用 BigDecimal 类精确地表示货币值。)本章还给出了一个 GUI 与图形实例，讲解了如何编写 GUI 程序。下一章将开始介绍控制语句，它们指定程序动作的执行顺序。在方法中将会用到这些控制语句，以指定方法如何执行它的任务。

总结

3.2 节　实例变量、*set* 方法和 *get* 方法

- 创建的每个类都成为一种新类型，可用来声明变量和创建对象。
- 程序员可以根据需要声明新的类，这正是 Java 被称为可扩展语言的原因之一。

3.2.1 节　包含实例变量、*set* 方法和 *get* 方法的 Account 类

- 每个以访问修饰符 public 开头的类声明，都必须保存在与类同名并以.java 文件扩展名结尾的文件里。
- 每个类声明都包含关键字 class，后面紧跟着类的名称。
- 类、方法和变量名称都为标识符。按照惯例，它们都遵循驼峰命名规则。类名称的第一个字母

应大写，而方法和变量名称的第一个字母为小写。

- 对象具有属性，以实例变量的形式实现，并在整个生命周期中都拥有这些属性。
- 在方法调用对象之前、方法执行之中和方法执行完毕后，实例变量都存在。
- 通常，一个类由一个或多个方法组成，这些方法操作属于该类特定对象的属性。
- 实例变量是在类的内部声明的，但位于类的方法声明体之外。
- 类的每个对象(实例)，都有该实例变量的一个单独副本。
- 大多数实例变量声明的前面，都有一个 private 访问修饰符。用 private 访问修饰符声明的变量或方法只能由声明它们的类的方法访问。
- 参数在参数表中声明，它位于方法首部里方法名称后面的圆括号中。多个参数之间用逗号分隔。每个参数都必须指定一个类型和一个名称。
- 在特定方法体中声明的变量被称为局部变量，它们只能用在这个方法中。当方法终止时，局部变量的值就丢失了。方法的参数是这个方法的局部变量。
- 方法体位于一对花括号内。
- 方法体中可以包含一条或多条语句，用于执行该方法的任务。
- 方法的返回类型指定了向方法的调用者返回的数据的类型。关键字 void 表明这个方法会执行任务，但是不返回任何值。
- 如果方法名后面是一对空的圆括号，则表明这个方法执行任务时不需要任何参数。
- 当调用指定了返回类型的方法并完成任务后，该方法会给调用它的方法返回一个结果。
- return 语句将一个值从被调用方法传递给它的调用者。
- 通常，类会提供一些公共方法，让类的客户 *set*(赋值给)或 *get*(获得)私有实例变量的值。

3.2.2 节 创建并使用 Account 类对象的 AccountTest 类

- 如果某个类创建了另一个类的一个对象，然后调用该对象的方法，则它就是一个驱动类。
- Scanner 方法 nextLine 会读取字符，直到遇见换行符为止，然后将这些字符作为 String 对象返回。
- Scanner 方法 next 会读取字符，直到遇见空白符为止，然后将这些字符作为 String 对象返回。
- 类实例创建表达式以关键字 new 开头，它会创建一个新对象。
- 构造方法与方法类似，但只会被 new 操作符隐式地调用，在创建对象时初始化它的实例变量。
- 为了调用对象的方法，需在对象名后面跟一个点运算符(.)，然后是方法名和一对包含方法实参的圆括号。
- 局部变量不会被自动初始化。每一个实例变量都具有默认初始值——如果没有指定初始值，则由 Java 提供一个默认值。
- String 类型实例变量的默认值为 null。
- 方法调用为方法的每一个参数提供值——被称为实参。每一个实参的值，会被赋予方法首部中对应的参数。
- 方法调用中的实参个数必须与被调用的方法声明参数表中的参数个数相同。
- 方法调用中的实参类型必须与方法声明中对应的参数类型兼容。

3.2.3 节 编译并执行包含多个类的程序

- javac 命令能够一次编译多个类。编译时，只需在这个命令之后给出它们的源代码文件名称即可，名称之间用空格分隔。如果目录中只包含一个应用的文件，则可以用命令 javac *.java 编译它的全部类。*.java 中的星号代表当前目录中以文件扩展名.java 结尾的所有文件，它们都应该被编译。

3.2.4 节 Account 类的 UML 类图

- UML 中，每个类在类图中被建模成包含三栏的矩形。顶部栏中包含类名称，水平居中并以粗体显示。中间栏包含类的属性，对应于 Java 中的实例变量。底部栏包含类的操作，对应于 Java 中的方法和构造方法。

- UML 将实例变量表示为属性时，会列出属性名称，后接冒号和属性类型。
- UML 中，私有属性的前面会放置一个减号。
- UML 建模操作列出的操作名后面跟着一组圆括号。操作名前面的加号表明它在 UML 中是一个公共操作(即 Java 中的一个公共方法)。
- UML 建模参数的方法，是在操作名之后的圆括号中列出参数名，后接一个冒号和参数类型。
- 通过在操作名称后面的圆括号内放入冒号和返回类型，UML 用以表示操作的返回类型。
- 对于不返回值的操作，UML 类图不会指定返回类型。
- 用访问修饰符 private 声明实例变量的做法被称为信息隐藏。

3.2.5 节　AccountTest 类的其他说明

- 对于其他大多数方法，都必须显式地调用它们，以执行任务。
- 使 JVM 能够找到并调用 main 方法，开始程序的执行的一个重要因素，是 static 关键字，它表明 main 是一个静态方法。不必先创建声明该方法的类的对象，即可直接调用它。
- Java 程序中使用的大多数类都是必须显式导入的。位于同一个目录下经过编译的类之间存在一种特殊关系。默认情况下，这样的类被认为是位于同一个包(被称为默认包)中。一个包中的类会被隐式地导入到同一个包的其他类的源代码文件中。当一个类使用同一个包中的另一个类时，不要求有 import 声明。
- 如果在引用某个类时总是使用它的完全限定类名称，即包括完整的包名和类名，则 import 声明并不需要。

3.2.6 节　具有私有实例变量、公共 *set* 方法和 *get* 方法的软件工程

- 用访问修饰符 private 声明实例变量的做法被称为信息隐藏。

3.3 节　Account 类：用构造方法初始化对象

- 声明的每个类都可以带一个包含参数的构造方法，用于创建该类的对象时将对象初始化。
- Java 要求为创建的每一个对象调用一个构造方法。
- 可以在构造方法中指定参数，但不能指定返回类型。
- 如果没有为类提供构造方法，则编译器会提供不带参数的默认构造方法，而类的实例变量会被初始化成默认值。
- 只要为类声明了构造方法，编译器就不会为它创建默认构造方法。
- 类图中，UML 在第三栏将构造方法建模为操作。为了区分构造方法与类的操作，UML 要求在构造方法名之前加上“«constructor»”字样。

3.4 节　包含浮点数余额的 Account 类

- 浮点数是包含小数点的数。Java 提供了在内存中保存浮点数的两种基本类型——float 和 double。
- float 类型的变量表示单精度浮点数，有 7 位有效数字。double 类型的变量表示双精度浮点数。double 变量需要的内存量是 float 变量的两倍，有 15 位有效数字——大约是 float 变量的精度的两倍。
- 默认情况下，浮点数为 double 类型。
- 格式指定符%f 用于输出 float 或 double 类型的值。格式指定符%.2f 指定两位小数的精度，即在输出的浮点数小数点的右边有两位数字。
- Scanner 方法 nextDouble，返回一个 double 值。
- double 类型的实例变量的默认值是 0.0(或者 0)，而 int 类型的实例变量的默认值为 0。

3.5 节　基本类型与引用类型的比较

- Java 中的类型可以分为两类——基本类型和引用类型。基本类型包括 boolean、byte、char、short、int、long、float、double 等。所有不是基本类型的数据类型都是引用类型，因此，指定对象类型的类就是引用类型。

- 基本类型的变量一次只能存储所声明类型的一个值。
- 默认情况下，基本类型实例变量会被初始化。byte、char、short、int、long、float、double 类型的变量被初始化成 0，boolean 类型的变量被初始化成 false。
- 引用类型的变量(通常被称为引用)在计算机内存中保存对象的位置。这样的变量被认为是在程序中“引用对象”。被引用的对象可以包含多个实例变量和方法。
- 引用类型的实例变量会被默认初始化成 null。
- 为了调用对象的方法，必须引用该对象。基本类型变量并不引用对象，因此不能用来调用方法。

自测题

3.1 填空题。

a)每个以关键字________开头的类声明，都必须保存在与类同名并以.java 文件扩展名结尾的文件里。

b)每个类声明都包含关键字________，后面紧跟着类名。

c)关键字________会请求用于保存对象的系统内存，然后调用相应类的构造方法来初始化这个对象。

d)对于每一个参数，都必须指定________和________。

e)默认情况下，在同一个目录下编译的类被认为位于同一个包中，这个包被称为________。

f)Java 提供了在内存中保存浮点数的两种基本类型：________和________。

g)double 类型的变量表示________浮点数。

h)Scanner 方法________返回一个 double 值。

i)关键字 public 是一个________。

j)返回类型________表示方法不返回值。

k)Scanner 方法________读取每一个字符，直到遇到一个换行符为止，然后将读取的字符以 String 的形式返回。

l)String 类位于________包中。

m)如果在引用类时总是使用完全限定类名，则不要求有________。

n)________是包含小数点的数，如 7.33、0.0975 或 1000.123 45。

o)float 类型的变量表示________浮点数。

p)格式指定符________用于输出 float 或 double 类型的值。

q)Java 中的类型分为两类：________类型和________类型。

3.2 判断下列语句是否正确。如果不正确，请说明理由。

a)按照约定，方法名的第一个字母大写，而后续所有单词的首字母都大写。

b)当包中的一个类使用同一个包中的另一个类时，不要求 import 声明。

c)如果方法声明中的方法名后面是空圆括号，则表明这个方法执行任务时不需要任何参数。

d)基本类型变量可用来调用方法。

e)在特定方法体中声明的变量被称为实例变量，它们只能用在这个类的所有方法中。

f)方法体用左右两个花括号定界。

g)默认情况下，基本类型局部变量会被初始化。

h)引用类型的实例变量会被默认初始化成 null。

i)包含 public static void main(String[ ] args)声明的任何类，都可用来执行程序。

j)方法调用中的实参个数必须与被调用的方法声明参数表中的参数个数相同。

k)默认情况下，出现在源代码中的浮点值被称为浮点字面值，都是 float 类型的。

3.3 局部变量与实例变量有什么不同?

3.4 解释方法参数的作用。参数与实参有什么不同?

自测题答案

3.1 a) public。b) class。c) new。d) 类型，名称。e) 默认包。f) float，double。g) 双精度。h) nextDouble。i) 访问修饰符。j) void。k) nextLine。l) java.lang。m) import 声明。n) 浮点数。o) 单精度。p) %f。q) 基本，引用。

3.2 a) 错误。按照约定，方法名的第一个字母小写，而后续所有单词都以一个大写字母开始。b) 正确。c) 正确。d) 错误。基本类型变量不能用来调用方法，需要通过对象的引用来调用对象的方法。e) 错误。这样的变量被称为局部变量，只能用于声明它的方法之内。f) 正确。g) 错误。默认情况下，基本类型实例变量会被初始化。每一个局部变量都必须显式地赋值。h) 正确。i) 正确。j) 正确。k) 错误。默认情况下，这样的字面值是 double 类型的。

3.3 局部变量在方法体内声明，只能用于声明它的方法内。实例变量是在类中声明的，而不是在类的任何方法体内声明。而且，类的所有方法都可以访问实例变量(第 8 章中会讲到一种例外情况)。

3.4 参数代表额外的信息，方法需要这些信息才能执行任务。方法所要求的每一个参数在方法的声明中指定。实参是方法参数的一个实际值。当调用方法时，实参值会传递给方法中的对应参数，以便执行任务。

练习题

3.5 **(new 关键字)** 关键字 new 的作用是什么？解释使用它时会发生什么。

3.6 **(默认构造方法)** 什么是默认构造方法？如果类只有一个默认构造方法，对象的实例变量是如何初始化的？

3.7 **(实例变量)** 解释实例变量的作用。

3.8 **(不导入类而使用它)** 大多数类在程序中使用之前都必须导入它。为什么所有程序都允许使用 System 类和 String 类而无须导入它们？

3.9 **(不导入类而使用它)** 解释程序如何能够不导入 Scanner 类而使用它。

3.10 **(*set* 方法和 *get* 方法)** 解释类为什么可以为实例变量提供 *set* 方法和 *get* 方法。

3.11 **(修改 Account 类)** 修改 Account 类(见图 3.8)，提供一个名称为 withdraw 的方法，它从账户取款。应确保取款额没有超过余额。如果超过了，则余额不发生变化，且方法应输出消息“Withdrawal amount exceeded account balance.”。将 AccountTest 类(见图 3.9)修改成测试 withdraw 方法。

3.12 **(Invoice 类)** 创建一个名称为 Invoice 的类，五金商店可用它来表示出售过的某件商品的发票。Invoice 变量必须包含 4 项信息，即零件编号(String 类型)、零件描述(String 类型)、采购数量(int 类型)和单价(double 类型)。类中应包含一个初始化这 4 个实例变量的构造方法。为每个实例变量提供一个 *set* 方法和一个 *get* 方法。此外，还应提供一个名称为 getInvoiceAmount 的方法，它计算票面总和(即将单价与数量相乘)，然后以 double 值返回这个总和。如果总和为负数，则应设置成 0；如果单价为负数，则将它设置成 0.0。编写一个名称为 InvoiceTest 的测试程序，演示 Invoice 类的功能。

3.13 **(Employee 类)** 创建一个名称为 Employee 的类，它以实例变量的形式包含 3 项信息：员工的名字(String 类型)、员工的姓氏(String 类型)和月工资(double 类型)。提供一个构造方法，初始化这 3 个实例变量。为每个实例变量提供一个 *set* 方法和一个 *get* 方法。如果月工资为负数，则不为它赋值。编写一个名称为 EmployeeTest 的测试程序，演示 Employee 类的功能。创建两个 Employee 对象，并显示每个对象的年工资。然后，将每位员工的工资增加 10%，并再次显示员工的年工资。

3.14 **(Date 类)** 创建一个名称为 Date 的类，它以实例变量的形式包含 3 个信息块：月(int 类型)、日(int 类型)和年(int 类型)。类中应包含一个初始化这 3 个值的构造方法，并假定提供的值是正确的。为每个实例变量提供一个 *set* 方法和一个 *get* 方法。提供一个 displayDate 方法，它显示月、日和年信息，中间用斜线(/)隔开。编写一个名称为 DateTest 的测试程序，演示 Date 类的功能。

3.15 **(删除 main 方法中的重复代码)**图 3.9 的 AccountTest 类中，main 方法包含 6 组语句(第 11～12 行，第 13～14 行，第 26～27 行，第 28～29 行，第 38～39 行，第 40～41 行)，每一组语句显示 Account 对象的 name 和 balance 值。分析这些语句可知，它们唯一的不同是所操作的 Account 对象——account1 或 account2。这个练习中需新定义一个 displayAccount 方法，它只包含这组输出语句的一个副本。该方法的参数是一个 Account 对象，输出为该对象的 name 和 balance 值。用 displayAccount 调用替换 main 方法中的 6 组重复语句。每次调用时，传递的实参是要输出的那个 Account 对象。

修改图 3.9 中的 AccountTest 类，声明如下的 displayAccount 方法(见图 3.20)，使其位于 main 方法右花括号之后、AccountTest 类右花括号之前。将方法体中的注释替换成一条显示 accountToDisplay 的 name 和 balance 值的语句。

```
1  public static void displayAccount(Account accountToDisplay) {
2     // place the statement that displays
3     // accountToDisplay's name and balance here
4  }
```

图 3.20 在 Account 类中添加的 displayAccount 方法

main 是一个静态方法，因此不必先创建声明该方法的类的对象就可以直接调用它。也要将 displayAccount 方法声明成静态的。当 main 需要调用同一个类中的另一个方法，而没有预先创建该类的一个对象时，其他方法也必须被声明成静态的。

完成 displayAccount 类的声明之后，修改 main 方法，将显示每一个 Account 的 name 和 balance 值的语句用 displayAccount 调用替换——实参分别是 account1 或 account2 对象。然后，测试更新后的 AccountTest 类，以确保它的输出与图 3.9 相同。

挑战题

3.16 **(目标心率计算器)**运动时，可以利用心率监测仪来查看心率是否位于教练和医生建议的安全范围内。根据美国心脏学会(AHA)的介绍(http://bit.ly/TargetHeartRates)，每分钟的最高心率是 220 与年龄的差值。而目标心率的范围是最高心率的 50%～85%。(注：这些指标是由 AHA 估计得出的。不同人群的最高心率和目标心率，会根据健康状况、肥胖程度及性别而有所不同。在从事体育锻炼时，应咨询医生或专家。)创建一个名称为 HeartRates 的类。这个类的属性应当包含人的名字、姓氏、出生日期(由出生时的月、日、年等属性组成)。类中应包含一个接收这些数据作为参数的构造方法。对每一个属性，提供一个 *set* 方法和一个 *get* 方法。类还应当包含一个计算并返回年龄(以年计)的方法、一个计算并返回最高心率的方法，以及一个计算并返回目标心率的方法。编写一个 Java 程序，提示输入个人信息，实例化 HeartRates 类的一个对象，并输出该对象的信息，包括名字、姓氏、出生日期，然后计算并输出年龄(以年计)、最高心率及目标心率范围。

3.17 **(健康记录的计算机化)**最近的新闻中，关于卫生保健的问题是健康记录的计算机化。出于敏感的私人信息的安全性考虑(及其他原因)，这种行为必须小心对待(以后的练习题中会强调这些因素)。将健康记录计算机化，可使各类专家更容易地查看健康档案和历史情况。这可以提升卫生保健的质量，有助于避免出现药物排斥或者开出错误的药方，减少开支，甚至能在紧急情况下挽救生命。本练习题中，需要为某人设计一个最基本的 HealthProfile 类。这个类的特性应当包含他的名字、姓氏、性别、出生日期(由出生时的月、日、年等属性组成)、身高(单位为英寸)及体重(单位为磅)。类中应包含一个作为参数接收这些数据的构造方法。对每一个属性，提供一个 *set* 方法和一个 *get* 方法。这个类还应当包含几个方法，它们计算并返回用户的年龄(单位为年)、最高心率和目标心率范围(见练习题 3.16)，以及体重指数(BMI，见练习题 2.33)。编写一个 Java 程序，提示输入个人信息，实例化 HealthProfile 类的一个对象，并输出该对象的信息，包括他的名字、姓氏、性别、出生日期、身高和体重，然后计算并输出他的年龄(以年计)、BMI、最高心率及目标心率范围。还应当显示一个 BMI 值表(见练习题 2.33)。

第 4 章　控制语句(1)及赋值、++与--运算符

目标

本章将讲解

- 基本的问题求解技术。
- 通过自顶向下、逐步细化的过程开发算法。
- 使用 if 和 if...else 选择语句在多个动作中选择。
- 使用 while 循环语句反复执行程序中的语句。
- 使用计数器控制循环和标记控制循环。
- 使用复合赋值、增量和减量运算符。
- 基本数据类型的可移植性。

提纲

4.1　简介

在编写解决问题的程序之前，我们必须对问题有全局的理解，并要仔细规划解决它的办法。编写程序时，还必须知晓那些可以利用的构建块，并采用那些经过了验证的程序构建技术。本章和下一章将探讨结构化编程的理论和原则。这里给出的概念对于构造类和操作对象是至关重要的。本章将介绍 Java 的 if、if...else 和 while 控制语句，这三个程序块可以用来指定方法执行任务所需的逻辑。本章还将讲解复合赋值、增量和减量运算符。最后探讨的是 Java 中基本类型的可移植性问题。

4.2 算法

任何计算问题，都可以通过以特定的顺序执行一系列动作来得到解决。与如下两个因素相关的问题求解过程被称为算法(algorithm)：

1. 要执行的动作(action)。
2. 执行这些动作的顺序(order)。

下面的这个示例演示了正确指定执行动作顺序的重要性。

考虑某位主管早晨起床上班的"朝阳"算法：(1)起床；(2)脱睡衣；(3)沐浴；(4)穿衣；(5)吃早餐；(6)搭车上班。这个过程就是为主管每天的有效工作而准备的。现在来看一下与这个顺序稍微有些差异的步骤：(1)起床；(2)脱睡衣；(3)穿衣；(4)沐浴；(5)吃早餐；(6)搭车上班。这样看来，这位主管只能全身湿透地去上班了。指定在程序中执行语句(动作)的顺序被称为程序控制(program control)。本章将介绍如何使用 Java 中的控制语句来进行程序控制。

4.3 伪代码

伪代码是一种非形式化语言，它用来帮助程序员开发算法，而不必担心 Java 语言语法的严格细节。对于开发要转换成 Java 程序的结构化部分的算法而言，伪代码尤其有用。本书中使用的伪代码与日常的语言类似，它很方便且具亲和力，但它不是真正的计算机编程语言。图 4.7 中将给出一个用伪代码编写的算法。当然，程序员也可以用母语来设计自己的伪代码。

伪代码不会在计算机上执行，而是帮助程序员在用某种编程语言(例如 Java)编写程序之前将它"构思"出来。本章将给出几个示例，它们利用伪代码来开发 Java 程序。

这里给出的伪代码完全由字符构成，所以可以在文本编辑器中方便地输入它。经过精心准备的伪代码程序可以轻松地转换成对应的 Java 程序。

通常而言，伪代码所描述的语句只代表能将它转换成 Java 程序，且程序在计算机上运行之后会产生动作。这类动作包括输入、输出和计算。伪代码中，通常不包含变量声明的描述，但是有些程序员会列出变量并给出每个变量的用途。

4.4 控制结构

通常，程序中的语句是按照它们的编写顺序一条接一条执行的。这一过程被称为顺序执行(sequential execution)。使用即将讨论的各种 Java 语句，程序员能指定要执行的下一条语句，并不一定必须是顺序排列的下一条语句。这种情况被称为控制转移。

20 世纪 60 年代，随意使用控制转移，显然是软件开发团队经历过的许多困难的根源。人们将矛头指向了 goto 语句(那时的大多数编程语言都使用它)，它允许程序员将控制转移到程序中范围非常广的某个可能位置。(注：Java 中没有 goto 语句，但是 Java 将 goto 单词保留使用，因此程序中不能将 goto 用作标识符。)

Bohm 和 Jacopini 已经证明①，不用 goto 语句也可以编写出程序。摆在程序员面前的挑战，是将他们的编程习惯转到"无 goto 的编程"。术语"结构化编程"几乎成了"消灭 goto"的同义词。直到 20 世纪 70 年代，大多数程序员才开始认真考虑结构化编程。这样做的效果是令人赞叹的。软件开发小组称，他们的开发时间缩短了、系统能够及时交付运行并在预算之内完成软件项目。取得这些成绩的要点是结构化编程更清晰、更易调试和修改，并且不容易出错。

① C. Bohm and G. Jacopini, "Flow Diagrams, Turing Machines, and Languages with Only Two Formation Rules," *Communications of the ACM*, Vol. 9, No. 5, May 1966, pp. 336-371.

Bohm 和 Jacopini 的工作表明，所有的程序都可以通过 3 种控制结构编写，即顺序结构(sequence structure)、选择结构(selection structure)和循环结构(iteration structure)。介绍 Java 控制结构的实现时，本书中将使用 Java 语言规范中的术语——“控制语句”。

4.4.1 Java 中的顺序结构

顺序结构是 Java 的基本结构。除非用指令改变了顺序，否则计算机执行 Java 语句时，会按照编写它们的顺序一条接一条执行，即按顺序执行。图 4.1 所示的 UML 活动图(activity diagram)演示了一种典型的顺序结构，它按照顺序执行了两个计算。在顺序结构中，可以按需要包含任意多的动作。正如很快将看到的那样，在能够放置任何单一动作的地方，都可以按顺序放置多个动作。

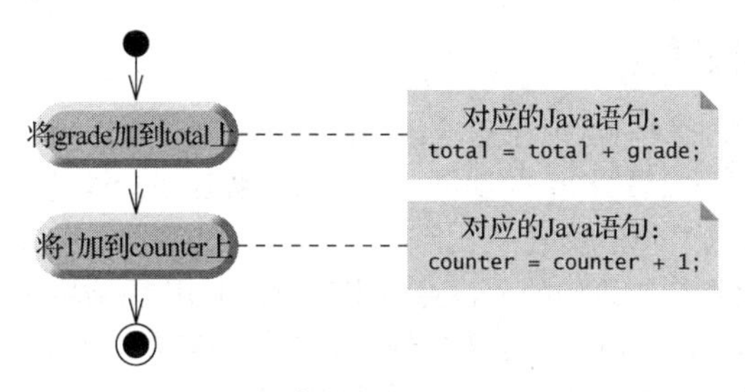

图 4.1 顺序结构的 UML 活动图

UML 活动图建模软件系统的一部分的工作流，工作流也被称为“活动”。这样的工作流可能包含部分算法，如图 4.1 中的顺序结构那样。UML 活动图由一些符号组成，如动作状态符(矩形，但左右两边是向外弯曲的弧线)、菱形和小圆圈。这些符号通过转移箭头(transition arrow)连接，代表活动的流向，即动作发生的顺序。

和伪代码一样，活动图可帮助程序员开发和描述算法。活动图还能清楚地表示控制结构是如何操作的。本章和第 5 章中，将使用 UML 活动图来展示控制语句中的控制流。在线的第 33 ~ 34 章中，会将 UML 用于真实世界的自动柜员机(ATM)案例分析中。

考虑图 4.1 中的活动图。它包含两个动作状态，每一个动作状态包含一个动作表达式，例如“将 grade 加到 total 上”或“将 1 加到 counter 上”，动作表达式指定了要执行的一个特定动作。其他的动作可能包含计算操作或输入/输出操作。活动图中的箭头代表转移，它表示动作状态发生时所代表的动作的发生顺序。图 4.1 中的活动图演示了实现动作的程序，它首先将 grade 加到 total 上，然后将 counter 加 1。

活动图顶部的实心圆代表活动的初始状态——程序执行所建模动作之前的开始工作流。活动图底部出现的用空心圆包围的实心圆代表终止状态——程序执行动作之后的结束工作流。

图 4.1 中还包含两个右上角折起的矩形，它们是 UML 注释，类似于 Java 中的注释，以解释性语句描述活动图中符号的使用目的。图 4.1 使用 UML 注释来展示与每个动作状态相关联的 Java 代码。虚线将每个注释与它所描述的元素连接起来。通常，活动图中不会包含对应的 Java 代码。此处这样做的目的，是为了演示活动图是如何与 Java 代码相关联的。关于 UML 的更多信息，可参阅在线的面向对象设计案例分析(第 33 ~ 34 章)，或者访问 http://www.uml.org。

4.4.2 Java 中的选择语句

Java 有 3 种类型的选择语句，将分别在本章和第 5 章中讨论。如果条件为真(true)，则 if 语句会执行(选择)某个动作；如果该条件为假(false)，则会跳过这个动作。如果条件为真，则 if...else 语句会执行某个动作；如果该条件为假，则会执行一个不同的动作。根据表达式的值，switch 语句(见第 5 章)会执行许多不同动作中的某一个。

if 语句是单选择语句，因为它只选择或忽略单一的动作(后面将看到，也可能是一个动作组)。if...else

语句被称为双选择语句(double-selection statement)，因为它在两个不同的动作(或两组动作)间选择。switch 语句被称为多选择语句，因为它会在许多不同的动作(或动作组)间选择。

4.4.3 Java 中的循环语句

Java 提供了 4 种循环语句，只要条件(被称为循环继续条件)为真，就会重复执行这些语句。这些循环语句是 while、do...while、for 和增强型 for。(第 5 章将讲解 do...while 和 for 语句，第 7 章将讲解增强型 for 语句。)while 和 for 语句会在它们的语句体内执行 0 次或多次动作(或动作组)——如果循环继续条件最初就为假，则不执行动作(或动作组)。do...while 语句在语句体内执行 1 次或多次动作(或动作组)。if、else、switch、while、do 和 for 都是 Java 的关键字。附录 C 中给出了 Java 关键字的完整列表。

4.4.4 Java 中的控制语句小结

Java 只有 3 种类型的控制结构(从现在开始，称它们为控制语句)：顺序语句、选择语句(3 种)和循环语句(4 种)。将许多顺序语句、选择语句和循环语句按照程序实现的适当算法组合在一起，就构成了一个程序。可以将每一种控制语句建模成一个活动图。与图 4.1 一样，每一个活动图都包含一个初始状态和一个终止状态，分别表示控制语句的入口点和出口点。利用单入/单出控制语句，就能方便地构建程序——通过将一条语句的出口点与下一条语句的入口点连接起来，就能将多条控制语句“捆绑”在一起。这种方式被称为控制语句堆叠。后面将看到，还有另外一种方式能够连接控制语句，即控制语句嵌套。在这种方式中，一条控制语句可以出现在另一条控制语句里面。因此，仅用 3 种控制语句和两种组合方式，就可以构造出 Java 程序的算法。这就是简单性的本质。

4.5 if 单选择语句

程序使用选择语句在多组可选动作间进行选择。例如，假设考试的及格分数为 60，则伪代码语句：

If student’s grade is greater than or equal to 60
　　Print “Passed”

可确定“student’s grade is greater than or equal to 60”这个条件是否为真。如果为真，则输出“Passed”，且顺序中的下一条伪代码语句会“执行”；如果条件为假，则会忽略 Print 语句，且顺序中的下一条伪代码语句会执行。可以不缩进这个选择语句的第二行，但推荐这样做，因为它凸显了结构化程序的内在结构。

可以将前面的伪代码 if 语句写成 Java 语句：

```
if (studentGrade >= 60) {
   System.out.println("Passed");
}
```

这段 Java 代码与伪代码紧密相关。这是伪代码的特性之一，它使得伪代码成为一种有用的程序开发工具。

if 语句的 UML 活动图

图 4.2 给出了 if 语句的 UML 活动图。这个图包含了活动图中最重要的符号——菱形，或称判断符号，表明要进行一个判断。工作流将沿着与该符号相关联的监控条件(guard condition)所决定的路径流动，条件可以为真，也可以为假。从判断符号产生的每个转移箭头，都有一个监控条件(在箭头旁边的方括号中指定)。如果某个监控条件为真，则工作流进入转移箭头指向的动作状态。图 4.2 中，如果成绩大于或等于 60，则程序输出“Passed”，然后转移到这个活动的终止状态；如果成绩小于 60，则程序立即转移到终止状态，不显示消息。

if 语句是单入/单出控制语句。我们将看到其他控制语句的活动图也包含初始状态、转移箭头、动作状态(指示要执行的动作)、判断符号(指示要进行的判断)、监控条件及终止状态。

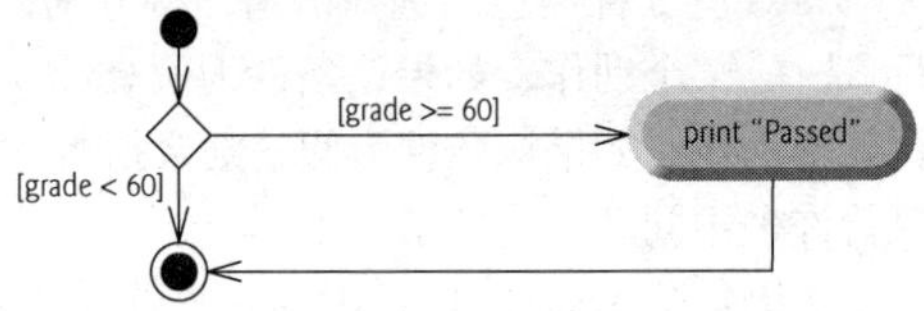

图 4.2　if 语句的 UML 活动图

4.6　if...else 双选择语句

if 单选择语句仅在条件为真时才执行指定的动作，否则就跳过这个动作。if...else 双选择语句使程序员可以指定在条件为真时执行一个动作，在条件为假时执行另一个动作。例如，伪代码语句：

```
If student's grade is greater than or equal to 60
    Print "Passed "
Else
    Print "Failed"
```

在学生的成绩大于等于 60 时输出 “Passed”，小于 60 时输出 “Failed”。任何情况下，输出发生后，序列中的下一条伪代码语句都会 “执行”。

可以将前面伪代码的 If...Else 语句写成 Java 语句：

```java
if (grade >= 60) {
   System.out.println("Passed");
}
else {
   System.out.println("Failed");
}
```

else 部分的语句体也是缩进的。无论选择哪种缩进约定，都应该在整个程序中一致地采用这种约定。

良好的编程实践 4.1

应将 if...else 语句的两个语句体部分都缩进。大多数 IDE 都会自动这样操作。

良好的编程实践 4.2

如果有多级缩进，则每一级应缩进相同的空间量。

if...else 语句的 UML 活动图

图 4.3 中给出了 if...else 语句中的控制流。再一次看到，UML 活动图中的符号(包括初始状态、转移箭头和终止状态)表示了动作状态和判断。

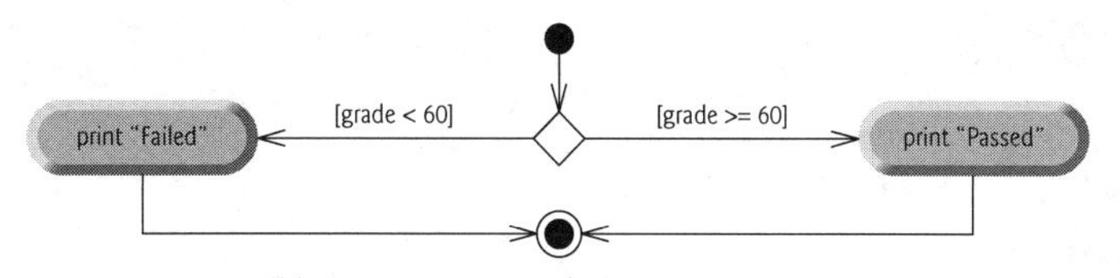

图 4.3　if...else 语句的 UML 活动图

4.6.1　嵌套 if...else 语句

在 if...else 语句中放入其他 if...else 语句，可以创建嵌套 if...else 语句。利用它，程序就能够测试多个选择条件。例如，如下的嵌套 if...else 伪代码语句会对大于或等于 90 的考试成绩输出 “A”，对 80 ~ 89 的成绩输出 “B”，对 70 ~ 79 的成绩输出 “C”，对 60 ~ 69 的成绩输出 “D”，对其他的所有成绩输出 “F”。

```
If student's grade is greater than or equal to 90
    Print "A"
else
    If student's grade is greater than or equal to 80
        Print "B"
    else
        If student's grade is greater than or equal to 70
            Print "C"
        else
```

If student's grade is greater than or equal to 60
    Print "D"
else
    Print "F"

可以将这段伪代码写成 Java 语句：

```
if (studentGrade >= 90) {
   System.out.println("A");
}
else {
   if (studentGrade >= 80) {
      System.out.println("B");
   }
   else {
      if (studentGrade >= 70) {
         System.out.println("C");
      }
      else {
         if (studentGrade >= 60) {
            System.out.println("D");
         }
         else {
            System.out.println("F");
         }
      }
   }
}
```

错误预防提示 4.1

在嵌套 if...else 语句中，应确保测试了所有可能的情况。

如果 studentGrade 变量的值大于或等于 90，则嵌套 if...else 语句中的前 4 个条件都为真，但只执行第一条 if...else 语句的 if 部分中的语句。执行完这条语句之后，会跳过最外层的 if...else 语句的 else 部分。大多数程序员更愿意将上面的嵌套 if...else 语句写成

```
if (studentGrade >= 90) {
   System.out.println("A");
}
else if (studentGrade >= 80) {
   System.out.println("B");
}
else if (studentGrade >= 70) {
   System.out.println("C");
}
else if (studentGrade >= 60) {
   System.out.println("D");
}
else {
   System.out.println("F");
}
```

这两种形式除了空格和缩进方式不同，它们的作用完全相同。编译器会忽略这些差异。后一种形式避免了将代码过多地向右缩进。前一种形式经常使一行中没有多少空间可以写代码，被迫将代码分行，这会降低程序的可读性。

4.6.2 悬垂 else 问题

控制语句的语句体应总是包含在一对花括号中。这可以避免出现被称为"悬垂 else 问题"的逻辑错误。练习题 4.27 ~ 4.29 中探讨了这类问题。

4.6.3 语句块

通常，if 语句的语句体中总是希望只有一条语句。为了在 if 语句体(或 if...else 语句的 else 语句体)

内包含多条语句，需将它们包含在一对花括号中。包含在一对花括号中的语句(例如方法体)构成了一个语句块。程序中能够放置任何单条语句的位置都可以放置语句块。

下面的示例在 if...else 语句的 else 部分包含了一个语句块：

```
if (grade >= 60) {
   System.out.println("Passed");
}
else {
   System.out.println("Failed");
   System.out.println("You must take this course again.");
}
```

这样，如果 grade 小于 60，则程序会执行 else 语句体中的两条语句，并输出：

```
Failed
You must take this course again.
```

注意，else 子句中的两条语句需要用一对花括号括起来。这对花括号很重要。如果没有它们，则语句：

```
System.out.println("You must take this course again.");
```

将位于 if...else 语句的 else 语句体之外，无论成绩是否小于 60 它都会执行。

语法错误(例如只有一个花括号)是由编译器捕获的；逻辑错误(如忘记语句块中的两个花括号)在执行时才会产生影响。致命的逻辑错误可导致程序失败并提前终止；非致命的逻辑错误可以让程序继续执行，但会产生不正确的结果。

正如语句块可以放在单条语句能够放置的任何位置一样，语句块中也可以没有任何语句。回忆 2.8 节可知，如果在应该出现语句的位置放一个分号，就表示这是一条空语句。

常见编程错误 4.1

if 单选择语句中，在 if 语句的条件后加一个分号会导致逻辑错误；if...else 双选择语句中，在 if...else 语句的条件后加一个分号会导致语法错误(当 if 部分包含实际的语句体时)。

4.6.4　条件运算符(?:)

Java 提供条件运算符(conditional operator)“?:”，可用来替换简单的 if...else 语句。这会使代码更简短、更清晰。条件运算符是唯一的三元运算符——它带有三个操作数。这些操作数与“?:”符号一起，构成了一个条件表达式。第一个操作数(位于问号左侧)是一个布尔表达式(即可求值为布尔值 true 或 false 的一个表达式)；第二个操作数(位于问号和冒号之间)是当布尔表达式的值为 true 时条件表达式的值；第三个操作数(位于冒号右侧)是当布尔表达式的值为 false 时条件表达式的值。例如，下面的语句会输出 println 的条件表达式实参的值：

```
System.out.println(studentGrade >= 60 ? "Passed" : "Failed");
```

如果布尔表达式 studentGrade >= 60 的结果为真，则这条语句中的条件表达式求值为字符串“Passed”；否则，求值为字符串“Failed”。因此，就本质而言，这条带有条件运算符的语句与本节前面的 if...else 语句的功能相同。条件运算符的优先级较低，因此通常需将整个条件表达式置于一对圆括号中。条件表达式可用作大型表达式的一部分，这些地方可能无法使用 if...else 语句。

错误预防提示 4.2

应确保“?:”运算符中的第二个和第三个操作数的类型相同，以避免微妙的错误。

4.7　Student 类：嵌套 if...else 语句

图 4.4 ~ 图 4.5 中的示例演示了一个嵌套 if...else 语句，它根据平均成绩确定学生的字母等级成绩。

Student 类

Student 类(见图 4.4)的特性与第 3 章中的 Account 类的特性相似。Student 类保存一名学生的姓名和平均成绩，并为操作这些值提供了方法。

```
1  // Fig. 4.4: Student.java
2  // Student class that stores a student name and average.
3  public class Student {
4     private String name;
5     private double average;
6
7     // constructor initializes instance variables
8     public Student(String name, double average) {
9        this.name = name;
10
11       // validate that average is > 0.0 and <= 100.0; otherwise,
12       // keep instance variable average's default value (0.0)
13       if (average > 0.0) {
14          if (average <= 100.0) {
15             this.average = average; // assign to instance variable
16          }
17       }
18    }
19
20    // sets the Student's name
21    public void setName(String name) {
22       this.name = name;
23    }
24
25    // retrieves the Student's name
26    public String getName() {
27       return name;
28    }
29
30    // sets the Student's average
31    public void setAverage(double studentAverage) {
32       // validate that average is > 0.0 and <= 100.0; otherwise,
33       // keep instance variable average's current value
34       if (average > 0.0) {
35          if (average <= 100.0) {
36             this.average = average; // assign to instance variable
37          }
38       }
39    }
40
41    // retrieves the Student's average
42    public double getAverage() {
43       return average;
44    }
45
46    // determines and returns the Student's letter grade
47    public String getLetterGrade() {
48       String letterGrade = ""; // initialized to empty String
49
50       if (average >= 90.0) {
51          letterGrade = "A";
52       }
53       else if (average >= 80.0) {
54          letterGrade = "B";
55       }
56       else if (average >= 70.0) {
57          letterGrade = "C";
58       }
59       else if (average >= 60.0) {
60          letterGrade = "D";
61       }
62       else {
63          letterGrade = "F";
64       }
65
66       return letterGrade;
67    }
68 }
```

图 4.4　保存学生姓名和平均成绩的 Student 类

这个类包含：

- String 类型的实例变量 name(第 4 行)，存储学生的姓名。
- double 类型的实例变量 average(第 5 行)，存储学生的平均成绩。

- 构造方法 Student(第 8 ~ 18 行)，用于初始化 name 和 average——5.9 节中将讲解如何用逻辑运算符测试多个条件，更精简地表示第 13 ~ 14 行和第 34 ~ 35 行。
- setName 方法和 getName 方法(第 21 ~ 28 行)，分别用于设置和获取学生姓名。
- setAverage 方法和 getAverage 方法(第 31 ~ 44 行)，分别用于设置和获取学生的平均成绩。
- 第 47 ~ 67 行中的 getLetterGrade 方法，利用嵌套 if...else 语句根据平均成绩确定学生的字母等级成绩。

Student 构造方法和 setAverage 方法都使用了嵌套 if 语句(第 13 ~ 17 行和第 34 ~ 38 行)，用来验证设置平均成绩的值——这些语句确保了值会大于 0.0 且小于或者等于 100.0。如果值不在这个范围内，则平均成绩不会改变。每一条 if 语句都包含一个简单条件。只有第 13 行中的条件为真，才会测试第 14 行中的那个条件。这样，只有当第 13 行和第 14 行中的条件同时为真时，才会执行第 15 行中的那条语句。

软件工程结论 4.1

第 3 章讲过，不能在构造方法中调用方法(第 10 章中将给出理由)。所以，图 4.4 第 13 ~ 17 行和第 34 ~ 38 行及后续的几个示例中，都会存在重复的验证代码。

StudentTest 类

为了演示 Student 类的 getLetterGrade 方法中嵌套 if...else 语句的用法，StudentTest 类的 main 方法(见图 4.5)中创建了两个 Student 对象(第 5 ~ 6 行)。然后，第 8 ~ 11 行通过调用对象的 getName 方法和 getLetterGrade 方法，分别显示每一位学生的姓名和字母等级成绩。

```
1  // Fig. 4.5: StudentTest.java
2  // Create and test Student objects.
3  public class StudentTest {
4     public static void main(String[] args) {
5        Student account1 = new Student("Jane Green", 93.5);
6        Student account2 = new Student("John Blue", 72.75);
7
8        System.out.printf("%s's letter grade is: %s%n",
9           account1.getName(), account1.getLetterGrade());
10       System.out.printf("%s's letter grade is: %s%n",
11          account2.getName(), account2.getLetterGrade());
12    }
13 }
```

```
Jane Green's letter grade is: A
John Blue's letter grade is: C
```

图 4.5　创建并测试 Student 对象

4.8　while 循环语句

当某个条件保持为真时，循环语句可以指定程序应该重复执行某个动作。伪代码语句：

```
While 购物清单上还有项目
    将下一个采购项放入购物车中并将它从清单上划去
```

描述的是购物过程中发生的循环。条件“购物清单上还有项目”可以为真，也可以为假。如果为真，则动作“将下一个采购项放入购物车中并将它从清单上划去”会执行。只要条件为真，这个动作就会重复地执行。包含在 while 循环语句内的语句构成了 while 循环语句的体，它可以是单条语句，也可以是语句块。最终，条件会变为假(当已经购买完购物清单上的最后一项并将它从清单上划去后)。这时，循环终止，接着执行循环语句之后的第一条语句。

作为 while 循环语句的一个示例，假设程序要寻找数字 3 的第一个大于 100 的幂值。执行下列 while 循环语句之后，product 就会包含结果：

```
int product = 3;

while (product <= 100) {
   product = 3 * product;
}
```

每次循环 while 语句时，都将 product 乘以 3，因此 product 的值将依次变为 9, 27, 81, 243。当 product 变成 243 时，条件 product <= 100 变为假。这会终止循环，因此 product 的最终值为 243。这时，程序将接着执行 while 语句后的下一条语句。

常见编程错误 4.2

在 while 循环语句的循环体中，如果没有给出一个使循环条件最终变为假的动作，通常会导致无限循环，即循环永远不会终止。

while 语句的 UML 活动图

图 4.6 所示的 UML 活动图演示了上述 while 语句的控制流。同样，活动图中的符号(包括初始状态、转移箭头、终止状态及三个注释)表示了动作状态和判断。这个图还引入了 UML 的合并符号(merge symbol)。UML 将合并符号和判断符号都表示为菱形。合并符号将两个活动流合并成一个。这个活动图中，合并符号将来自初始状态的转移与来自动作状态的转移合并，使它们都流入确定循环是否应该开始(或继续)执行的判断中。

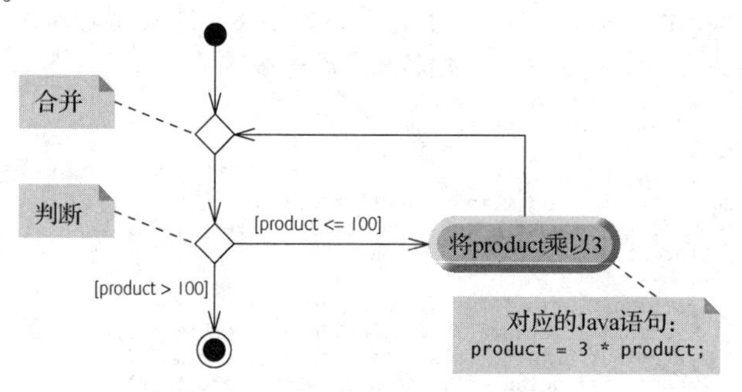

图 4.6 while 语句的 UML 活动图

根据“流入”和“流出”转移箭头的数量，可以区分判断符号和合并符号。判断符号有一个指向菱形的转移箭头，但有两个或多个从菱形引出的转移箭头，表示在这一点可能发生的转移。此外，从判断符号引出的每个转移箭头旁边，都有一个监控条件。合并符号有指向菱形的两个或多个转移箭头，但只有一个从菱形引出的转移箭头，表示将多个活动流合并，继续后面的活动。转移箭头不会与有监控条件的合并符号关联在一起。

图 4.6 清晰地展现了本节前面讨论的 while 语句。从动作状态产生的转移箭头返回到合并点，程序流从该点转移回每次循环开始时的判断点。循环会继续执行，直到监控条件 product > 100 变为真。然后，while 语句退出(到达终止状态)，控制权交给程序执行顺序中的下一条语句。

4.9 形成算法：计数器控制循环

为了演示算法是如何开发出来的，下面给出计算全班平均成绩的两种解法。考虑如下的问题描述。

A class of ten students took a quiz. The grades (integers in the range 0–100) for this quiz are available to you. Determine the class average on the quiz.

班级平均成绩等于总成绩除以学生人数。在计算机上求解这个问题的算法必须输入每个成绩，跟踪输入的所有成绩的总和，执行平均值计算并显示结果。

计数器控制循环的伪代码算法

下面利用伪代码列出要执行的动作，并指定执行它们的顺序。我们使用计数器控制循环

(counter-controlled iteration)来一次输入一个成绩。这种技术使用一个被称为计数器(counter)的变量(或控制变量),控制将执行的一组语句的次数。计数器控制循环常被称为确定性循环(definite iteration),因为在开始执行循环之前,就已经知道循环的执行次数。这个示例中,当计数器的值超过 10 时,循环就会终止。本节将给出一个完整开发的伪代码算法(见图 4.7),以及实现这个算法的 Java 程序(见图 4.8)。4.10 节中,将讲解如何利用伪代码来从头开始设计这样的算法。

注意图 4.7 的算法中对 total 和 counter 的引用。total 是一个用于累加多个值的变量,counter 是一个用于计数的变量,这里的成绩计数器表示的是将由用户输入的 10 个成绩中的哪一个。在程序中使用之前,用于保存总和的变量通常要初始化成 0。

```
1 将总和(total)设置为 0
2 将成绩计数器(counter)设置为 1
3
4 当 counter 小于或等于 10 时
5     提示用户输入下一个成绩
6     输入下一个成绩
7     将这个成绩累加到 total 中
8     将 counter 加 1
9
10 将班级平均成绩设置成 total 除以 10 的结果
11 输出班级平均成绩
```

图 4.7　利用计数器控制循环求解班级平均成绩问题的伪代码算法

软件工程结论 4.2

经验表明,在计算机上解决一个问题,最困难的部分是为解决方案设计算法。一旦确定了正确的算法,从它得出可使用的 Java 程序的过程就变得简单了。

实现计数器控制循环

图 4.8 中 ClassAverage 类的 main 方法实现了图 4.7 中的伪代码所描述的求解班级平均成绩的算法——它允许用户输入 10 个成绩,然后计算并显示平均成绩。

```
1  // Fig. 4.8: ClassAverage.java
2  // Solving the class-average problem using counter-controlled iteration.
3  import java.util.Scanner; // program uses class Scanner
4
5  public class ClassAverage {
6     public static void main(String[] args) {
7        // create Scanner to obtain input from command window
8        Scanner input = new Scanner(System.in);
9
10       // initialization phase
11       int total = 0;  // initialize sum of grades entered by the user
12       int gradeCounter = 1; // initialize # of grade to be entered next
13
14       // processing phase uses counter-controlled iteration
15       while (gradeCounter <= 10) { // loop 10 times
16          System.out.print("Enter grade: "); // prompt
17          int grade = input.nextInt(); // input next grade
18          total = total + grade; // add grade to total
19          gradeCounter = gradeCounter + 1; // increment counter by 1
20       }
21
22       // termination phase
23       int average = total / 10; // integer division yields integer result
24
25       // display total and average of grades
26       System.out.printf("%nTotal of all 10 grades is %d%n", total);
27       System.out.printf("Class average is %d%n", average);
28    }
29 }
```

```
Enter grade: 67
Enter grade: 78
Enter grade: 89
Enter grade: 67
Enter grade: 87
Enter grade: 98
Enter grade: 93
Enter grade: 85
Enter grade: 82
Enter grade: 100

Total of all 10 grades is 846
Class average is 84
```

图 4.8　用计数器控制循环求解班级平均成绩

main 方法中的局部变量

第 8 行声明并初始化了 Scanner 变量 input，用于读取用户输入的值。第 11 行、第 12 行、第 17 行、第 23 行分别将局部变量 total、gradeCounter、grade 和 average 声明为 int 类型。变量 grade 用于保存用户输入的值。

这些声明出现在 main 方法体中。回忆前面可知，方法体中声明的变量是局部变量，其使用范围只能是从变量声明所在的行到该方法声明的结束花括号。局部变量的声明必须出现在方法中使用它的位置之前。不能在声明局部变量的方法之外访问它。在 while 循环体之内声明的变量 grade 只能用于该语句块中。

初始化阶段：初始化变量 total 和 gradeCounter

(第 11 ~ 12 行中的)赋值语句将 total 初始化为 0，将 gradeCounter 初始化为 1。注意，这些初始化工作是在将变量用于计算之前进行的。

常见编程错误 4.3

在局部变量被初始化之前就使用它会导致编译错误。在将其值用于表达式之前，所有的局部变量都必须被初始化。

错误预防提示 4.3

应在声明语句或赋值语句中初始化计数器变量和总和变量。总和变量通常初始化为 0。计数器变量通常初始化为 0 或 1，取决于其用法(下面将分别举例)。

处理阶段：从用户处读取 10 个成绩

第 15 行表明，只要 gradeCounter 的值小于或等于 10，while 语句就应该一直循环(也被称为迭代)。只要这个条件保持为真，while 语句就会反复执行界定其语句体的花括号中的语句(第 15 ~ 20 行)。

第 16 行在控制台窗口中显示提示“Enter grade:”。第 17 行读入用户输入的成绩，并将其赋予变量 grade。然后，第 18 行将用户新输入的 grade 与 total 相加，并将结果赋予 total，替换以前的值。

第 19 行将 gradeCounter 加 1，表明程序已经处理了一个成绩，并且等待用户输入下一个成绩。递增 gradeCounter 的值最终会使它超过 10，此时 while 循环将终止，因为其条件(第 15 行)变成了假。

终止阶段：计算并显示班级平均成绩

当循环终止时,第 23 行执行求平均成绩的计算,并将结果赋予变量 average。第 26 行利用 System.out 的 printf 方法显示文本“Total of all 10 grades is ”，后接 total 变量的值。然后，第 27 行利用 printf 方法显示文本“Class average is ”，后接 average 变量的值。执行到第 28 行时，程序终止。

注意，这个例子只包含一个类，main 方法执行这个类要做的所有工作。本章和第 3 章中，已经看到过由两个类构成的例子，一个类包含实例变量和利用这些变量执行任务的方法，一个类包含 main 方法，用于创建另一个类的对象并调用它的方法。有时，当没有必要创建一个可复用的类来说明一个简单概念时，会将程序的全部语句放在一个类的 main 方法里。

关于整除和截尾的说明

main 方法执行的求平均成绩的计算，得到的是一个整数结果。程序的输出表明，成绩总和是 846，除以 10 之后，结果应该是浮点数 84.6。但是，计算 total / 10(见图 4.8 的第 23 行)的结果是整数 84，因为 total 和 10 都是整数。将两个整数相除，进行的是整除(integer division)——结果中的所有小数部分都被舍弃了(即截尾)。下一节中，将看到如何获得计算平均成绩的浮点型结果。

常见编程错误 4.4

如果认为整除是四舍五入(而不是截尾)，则会导致不正确的结果。例如，7 ÷ 4 在常规的算术运算中的结果是 1.75，而在整除运算中会截尾成 1，而不是四舍五入成 2。

关于算术溢出的说明

图 4.8 第 18 行：

```
total = total + grade; // add grade to total
```

会将用户输入的每一个成绩累加到 total 中。这条简单的语句有一个潜在问题——与整数相加，可能导致结果太大而无法保存到 int 变量中。这种情况被称为算术溢出，它会导致无法定义的行为，得到意想不到的结果。有关它的探讨请参见：

```
http://en.wikipedia.org/wiki/
   Integer_overflow#Security_ramifications
```

图 2.7 中加法程序的第 17 行，计算由用户输入的两个 int 值的和：

```
int sum = number1 + number2; // add numbers, then store total in sum
```

也存在同样的问题。int 变量能够保存的最大值和最小值，分别用常量 Integer.MIN_VALUE 和 Integer.MAX_VALUE 表示。对于其他的整型和浮点型，也存在类似的常量。每一个基本类型在 java.lang 包中都有对应的类类型。每个类的在线文档中，都可以找到这些常量值。Integer 类的在线文档位于：

```
http://docs.oracle.com/javase/8/docs/api/java/lang/Integer.html
```

查看在线文档是一种好习惯，它能确保在执行算术计算时不会导致溢出，例如图 4.8 第 18 行和图 2.7 第 17 行中的计算。关于它们的代码示例，可参见 CERT 站点：

```
http://www.securecoding.cert.org
```

在该网站上搜索"NUM00-J"指南即可。代码中使用了逻辑与(&&)和逻辑或(||)运算符，它们会在第 5 章讲解。对于行业级的代码，应在所有的计算中都进行类似的检查。

深入分析用户的输入

只要程序接收来自用户的输入，就可能发生各种问题。例如，图 4.8 第 17 行：

```
int grade = input.nextInt(); // input next grade
```

假定了用户会输入 0 ~ 100 的一个整数成绩。然而，也可能输入负数、大于 100 的数、包含小数点的数、包含字母或特殊符号的值等。

为了确保输入值是有效的，行业级的程序必须测试所有可能的出错情况。输入成绩的程序应该通过范围检查来确保成绩的范围为 0 ~ 100。如果越界，则可以要求用户重新输入。如果程序要求的输入位于某个值集合内(如非序列化的产品代码)，则应确保每个输入值都能在值集合内找到。

4.10　形成算法：标记控制循环

下面将 4.9 节中求班级平均成绩的问题进行推广。考虑如下的问题：

开发一个求班级平均成绩的程序，使其每次运行时都可以处理任意数量的学生成绩。

在前一个求班级平均成绩的例子里，问题描述中指定了学生数，因此提前知道了成绩个数(10 个)。这里，没有指出程序执行期间用户会输入多少个成绩。程序必须处理任意数量的成绩。那么应该如何确定何时停止输入成绩呢？怎样知道何时应该计算并输出班级的平均成绩呢？

解决这个问题的一种办法，是使用一种被称为标记值(sentinel value)的特殊值，它表示数据输入的结束。标记值又被称为信号值、哑值或标志值。用户不断输入成绩，直到所有有效成绩都输入完毕。然后，用户输入一个标记值，表示不再需要输入成绩了。标记控制循环(sentinel-controlled iteration)常被称为非确定性循环(indefinite iteration)，因为在开始执行循环之前并不知道循环的执行次数。

显然，所选的标记值必须与可接受的输入值不产生混淆。考试成绩是非负整数，因此对于这个问题，−1 是可接受的标记值。这样，计算班级平均成绩的程序在运行时可以处理诸如 95、96、75、74、89 和 −1 之类的输入流。然后，程序会计算前 5 个值的平均成绩并输出它。由于−1 是标记值，所以不应将它包含在求平均成绩的计算中。

用自顶向下、逐步细化的方法开发伪代码算法：顶层设计和第一次细化

我们利用一种被称为“自顶向下、逐步细化”的技术来开发求班级平均成绩的程序，这种技术对于具有良好结构的程序而言是至关重要的。首先从“顶层”的伪代码表示开始，这个“顶层”就是涵盖程序全部功能的一条语句：

求班级平均成绩

事实上，“顶层”就是程序的完整描述。遗憾的是，它几乎无法表达编写 Java 程序所需的足够详细的信息。因此要开始细化的过程。我们将顶层语句分解成一系列更小的任务，并将它们按照执行的顺序列出来。这就得到了如下的第一次细化结果：

初始化变量
输入成绩、对成绩求和并计算成绩个数
计算并显示班级平均成绩

这次细化只用到了顺序结构——列出来的这些步骤应该一个接一个地依次执行。

软件工程结论 4.3

与“顶层”设计一样，每次细化都是算法的一次完整描述，但是详细程度有所变化。

软件工程结论 4.4

在逻辑上，许多程序都可以被分成三个阶段：初始化变量的初始化阶段，输入数据值和相应调整变量(如计数器和总和)的处理阶段，以及计算并输出最终结果的终止阶段。

第二次细化的处理

对于自顶向下处理的第一次细化，需要用到的就只有“软件工程结论 4.3”。为了处理下一级——第二次细化，需指定各个变量。这个示例中，需要一个保存成绩总和的变量、一个表示已经处理了多少个成绩的计数器变量、一个接收由用户输入的每个成绩的变量，以及一个保存平均成绩的变量。伪代码语句：

初始化变量

可以被细化成

将总和(total)初始化成 0
将成绩计数器(counter)初始化成 0

在使用之前，只有变量 total 和 counter 需要被初始化。不需要初始化变量 average 和 grade(分别用于平均成绩和用户输入值)，因为在进行计算或输入时，会替换它们的值。

伪代码语句：

输入成绩、对成绩求和并计算成绩个数

要求不断地输入每个成绩。我们无法预先知道有多少个成绩需要处理，因此使用标记控制循环。用户每次输入一个成绩。输入完最后一个成绩后，用户输入标记值。每次输入一个成绩，程序都会测试它是否为标记值；如果是，则循环终止。这样，前述伪代码语句的第二次细化就是

```
提示用户输入第一个成绩
输入第一个成绩(可能是标记值)

While 用户还没有输入标记值:
    将这个成绩累加到 total 中
    将 counter 加 1
    提示用户输入下一个成绩
    输入下一个成绩(可能是标记值)
```

在伪代码中，构成 While 结构体的语句并没有用花括号括起来。这里只是简单地缩进了 While 下的那些语句，以表明它们属于这个 While。再次强调，伪代码只不过是一种非形式化的程序开发辅助工具。

伪代码语句：

计算并显示班级平均成绩

可以被细化成

If counter 不等于 0
　将平均成绩(average)设置成 total 除以 counter 的值
　显示 average 的值
Else
　显示"No grades were entered"

此处小心地测试了除数为 0 的情况。除数为 0 是一个逻辑错误，如果没有被检测到，则会导致程序失败或者产生无效的输出。求解班级平均成绩问题第二次细化的完整伪代码请参见图 4.9。

```
1 将总和(total)初始化成 0
2 将成绩计数器(counter)初始化成 0
3
4 提示用户输入第一个成绩
5 输入第一个成绩(可能是标记值)
6
7 While 用户还没有输入标记值
8       将这个成绩累加到 total 中
9       将 counter 加 1
10      提示用户输入下一个成绩
11      输入下一个成绩(可能是标记值)
12
13 If counter 不等于 0
14      将平均成绩(average)设置成 total 除以 counter 的值
15      显示 average 的值
16 Else
17      显示"No grades were entered"
```

图 4.9　用标记控制循环求解班级平均成绩问题的伪代码算法

错误预防提示 4.4

执行除法(/)或求余(%)计算时，右边的操作数可能为 0，应测试并处理这种情况(如显示一条错误消息)，以避免错误发生。

图 4.7 和图 4.9 的伪代码中添加了一些空行和缩进，以增强可读性。这些空行将伪代码算法分隔成各种段落，并将控制语句分开，而缩进突出的是控制语句的语句体。

图 4.9 中的伪代码算法解决的是更一般化的求解班级平均成绩问题。只经过两步细化后，这个算法就开发出来了。有时，可能需要更多步骤的细化。

软件工程结论 4.5

当指定的伪代码算法足够详细到能将它转换成 Java 语句时，应终止自顶向下、逐步细化的过程。通常而言，接下来的 Java 程序的实现就非常简单了。

软件工程结论 4.6

有些程序员不使用程序开发工具，例如伪代码。他们认为终极目标是在计算机上解决问题，而编写伪代码会耽误最终结果的产出。尽管这种做法对于简单和熟悉的问题可能起作用，但对于大型而复杂的项目而言，这样做会导致严重的错误和延迟。

实现标记控制循环

图 4.10 中的 main 方法实现了图 4.9 中的伪代码算法。尽管每个成绩都是整数，但求平均成绩时很可能产生一个带小数点的数，即实数(或浮点数)。int 类型不能表示这样的数，因此这个类利用 double 类型来处理浮点数。还将看到，控制语句可以(按顺序)堆叠到另外的控制语句上。while 语句(第 20 ~ 27 行)的后面还有一条 if...else 语句(第 31 ~ 42 行)。这个程序中的多数代码与图 4.8 中的相同，所以将重点关注新的概念。

```
1  // Fig. 4.10: ClassAverage.java
2  // Solving the class-average problem using sentinel-controlled iteration.
3  import java.util.Scanner; // program uses class Scanner
4
5  public class ClassAverage {
6     public static void main(String[] args) {
```

图 4.10　用标记控制循环求解班级平均成绩

```
7        // create Scanner to obtain input from command window
8        Scanner input = new Scanner(System.in);
9
10       // initialization phase
11       int total = 0; // initialize sum of grades
12       int gradeCounter = 0; // initialize # of grades entered so far
13
14       // processing phase
15       // prompt for input and read grade from user
16       System.out.print("Enter grade or -1 to quit: ");
17       int grade = input.nextInt();
18
19       // loop until sentinel value read from user
20       while (grade != -1) {
21          total = total + grade; // add grade to total
22          gradeCounter = gradeCounter + 1; // increment counter
23
24          // prompt for input and read next grade from user
25          System.out.print("Enter grade or -1 to quit: ");
26          grade = input.nextInt();
27       }
28
29       // termination phase
30       // if user entered at least one grade...
31       if (gradeCounter != 0) {
32          // use number with decimal point to calculate average of grades
33          double average = (double) total / gradeCounter;
34
35          // display total and average (with two digits of precision)
36          System.out.printf("%nTotal of the %d grades entered is %d%n",
37             gradeCounter, total);
38          System.out.printf("Class average is %.2f%n", average);
39       }
40       else { // no grades were entered, so output appropriate message
41          System.out.println("No grades were entered");
42       }
43    }
44 }
```

```
Enter grade or -1 to quit: 97
Enter grade or -1 to quit: 88
Enter grade or -1 to quit: 72
Enter grade or -1 to quit: -1

Total of the 3 grades entered is 257
Class average is 85.67
```

图 4.10(续) 用标记控制循环求解班级平均成绩

标记控制循环与计数器控制循环的程序逻辑比较

第 12 行将 gradeCounter 初始化为 0，因为还没有输入任何成绩。记住，这个程序使用了标记控制循环来输入各个成绩。为了精确记录输入成绩的个数，只有当用户输入了一个有效成绩之后，程序才增加 gradeCounter 的值(即加 1)。

下面将这个程序中的标记控制循环的程序逻辑与图 4.8 中的计数器控制循环的程序逻辑进行比较。在计数器控制循环中，while 语句(见图 4.8 第 15 ~ 20 行)的每次迭代都要读取用户输入的一个值，它针对的是指定的迭代次数。在标记控制循环中，程序到达 while 循环之前读入第一个值(见图 4.10 第 16 ~ 17 行)。这个值决定了程序的控制流是否进入 while 的循环体。如果 while 的条件为假，即用户输入了标记值，则不执行 while 循环体(即没有输入成绩)。反过来，如果条件为真，则循环体会执行，将用户输入的成绩加到 total 上，并将 gradeCounter 的值加 1(第 21 ~ 22 行)。然后，循环体中的第 25 ~ 26 行从用户处读入下一个值。接着，当程序控制到达第 27 行 while 循环体的结束花括号时，程序继续执行 while 条件的下一次测试(第 20 行)，使用的是用户最近输入的值。grade 的值总是在程序测试 while 条件之前先从用户那里读入，这样便能保证在处理新输入的值(即将它加到 total 上)之前，首先检测它是否为标记值。如果输入的是标记值，则循环终止，程序不将–1 加到变量 total 上。

良好的编程实践 4.3

在标记控制循环中，应该提醒用户输入标记值。

循环终止之后，执行第 31 ~ 42 行的 if...else 语句。第 31 行的条件用来判断是否输入了一个成绩。如果没有输入，则执行 if...else 语句的 else 部分(第 40 ~ 42 行)，并显示消息“No grades were entered”，程序终止。

while 语句中的花括号

注意图 4.10 中的 while 语句块(第 20 ~ 27 行)。如果没有花括号，则循环会认为它的语句体只包含第一条语句，它将成绩加到 total 上。语句块中的最后三条语句会落到循环体之外，导致计算机将代码误解为

```
while (grade != -1)
   total = total + grade; // add grade to total
gradeCounter = gradeCounter + 1; // increment counter

// prompt for input and read next grade from user
System.out.print("Enter grade or -1 to quit: ");
grade = input.nextInt();
```

如果用户在第 17 行没有输入标记值–1(while 语句之前)，则上述代码会使程序产生无限循环。

常见编程错误 4.5

省略界定语句块的花括号会导致逻辑错误，例如出现无限循环。为了防止出现这种问题，有些程序员将每个控制语句的语句体都放入一对花括号中，即使语句体中只有一条语句。

基本类型之间的显式和隐式转换

如果至少输入了一个成绩，则图 4.10 中的第 33 行会计算平均成绩。回忆图 4.8 可知，整除产生的是一个整数结果。即使变量 average 被声明为 double 类型，如果将计算平均成绩的代码写成

```
double average = total / gradeCounter;
```

在将右边除法的结果赋予 average 之前，也会丢失商的小数部分。发生这种情况，是因为 total 和 gradeCounter 都是整数，而整除会得到整数结果。

大多数平均成绩都不是整数。因此，这个示例中的班级平均成绩应为一个浮点数。为了对整数值进行浮点计算，必须临时将这些值作为浮点数对待，以用于计算中。Java 提供一种一元强制转换运算符来完成这一任务。图 4.10 第 33 行使用“(double)”强制转换运算符(一元运算符)，为操作数 total 创建了一个临时的浮点副本，操作数出现在这个运算符的右边。使用强制转换运算符的这种方式被称为“显式转换”或“类型强制转换”。保存在 total 中的值仍旧是一个整数。

现在，计算由除以整数 gradeCounter 后的浮点值组成，这个浮点值即为 total 的临时 double 版本。Java 知道如何计算操作数类型相同的算术表达式。为此，Java 会对所选操作数执行一种被称为“提升”或“隐式转换”的操作。例如，在包含 int 值和 double 值的表达式中，int 值被提升为 double 值，以便用于表达式中。这个示例中，gradeCounter 的值被提升为 double 类型，然后执行浮点除法，计算结果被赋予 average。只要“(double)”强制转换运算符应用于计算中的任何变量，就会得到 double 类型的计算结果。本章后面将讨论所有的基本类型。6.7 节中包含关于提升规则的更多信息。

常见编程错误 4.6

强制转换运算符可用于数字类基本类型(如 int 和 double)之间，也可用于相关的引用类型之间(第 10 章将讨论)。如果强制转换为错误的数据类型，可能导致编译错误或运行时错误。

强制转换运算符由包含在圆括号中的类型名称构成。运算符是一元的(即只带有一个操作数)。Java 还支持加运算符(+)和减运算符(–)的一元版本，因此可以编写类似“–7”或“+5”的表达式。强制转换运算符是从右到左结合的，而且与其他一元运算符有相同的优先级。它们的优先级比乘性运算符*、/和%

的优先级高一级（见附录 A 中的运算符优先级表）。在优先级表中，用符号“(type)”表示强制转换运算符，以说明任何类型名称都可用于构成强制转换运算符。

图 4.10 第 38 行显示班级平均成绩。这里将班级平均成绩四舍五入到百分位显示。printf 方法格式串中的格式指定符%.2f 表示 average 变量值的显示精度为小数点后两位数字——这由格式指定符中的“.2”指定。输入的三个成绩，其和为 257，得到的平均值为 85.666 666。printf 方法使用格式指定符中的精度将该值舍入到指定的位数。此处的平均值被舍入到百分位，显示为 85.67。

浮点数精度

尽管浮点数并不总是 100%精确，但其应用范围很广。例如，当说到(人的)正常体温为 98.6 华氏度时，并不需要精确到很大的位数。当把体温计上的温度读成 98.6 时，它实际可能是 98.599 947 321 064 3。对于涉及体温的大多数程序而言，将这个数字简化成 98.6 是合适的。

除法运算的结果也会产生浮点数，例如这个示例中的班级平均成绩计算。在传统的算术运算中，当用 10 除以 3 时，结果是 3.333 333 3...，这个 3 的序列会无限循环下去。计算机只分配了固定数量的空间来容纳这样的值，因此被保存的浮点值只能是近似值。

由于浮点数的非精确性，double 类型比 float 类型更合适，因为 double 变量能够更精确地表示浮点数。为此，本书中采用 double 类型。在某些程序中，甚至 float 和 double 类型的变量都是不够精确的。对于精确的浮点数要求(例如进行货币计算)，Java 提供了 BigDecimal 类(位于 java.math 包中)，它将在第 8 章讲解。

常见编程错误 4.7

使用浮点数时，如果假定它们是精确表示的，则会导致错误结果。

4.11 形成算法：嵌套控制语句

下面这个示例中，将再一次使用伪代码和自顶向下、逐步细化的方法来规划算法，并会写出对应的 Java 程序。我们已经看到，控制语句可以(按顺序)堆叠到另外的控制语句上。这个示例中，将讨论两种控制语句中的另一种连接结构——在一个控制语句中嵌套另一个控制语句。

考虑如下的问题描述。

> 某大学开设了一门课程，是为准备参加国家房地产经纪人执业考试的学生提供的。去年，有 10 名学生在学完这门课后参加了考试。现在，学校想了解这些学生的考试情况。要求编写一个程序，汇总考试结果。这 10 名学生的清单将会提供，清单上每个姓名之后的数字 1 表示通过了考试，2 表示未通过。
>
> 要求程序按如下步骤分析考试结果。
>
> 1. 输入考试结果(即 1 或 2)。程序每次请求下一个考试结果时，要在屏幕上显示消息“Enter result”。
> 2. 计算每种考试结果的数量。
> 3. 显示考试的汇总结果，分别给出通过了考试和未通过考试的学生人数。
> 4. 如果通过考试的学生超过 8 人，就显示消息“Bonus to instructor!”(给老师发奖金)。

仔细阅读了上面的问题描述之后，可得出如下结论。

1. 程序必须处理 10 名学生的考试结果。可采用计数器控制循环，因为已经事先知道了考试结果的数量。
2. 每个考试结果都是一个数字值——1 或 2。每次读入一个考试结果时，程序都必须判断这个数是 1 还是 2。在我们的算法中，将测试 1 的情况。如果数字不为 1，则假设它为 2(练习题 4.24 会考虑做出这种假设的后果)。
3. 需要用两个计数器来跟踪考试结果：一个用于统计通过了考试的学生人数，一个用于统计未通过考试的学生人数。

4. 当程序处理完所有结果后，必须判断是否有 8 名以上的学生通过了考试。

现在用自顶向下、逐步细化的方法处理。

```
分析考试结果并确定是否应给老师发奖金
```

同样，这个顶层设计是程序的完整表示，在能够将伪代码自然地转换成 Java 程序之前，还需要几个细化步骤。

第一次细化是

```
初始化变量
输入 10 个考试结果，并计算通过了考试的人数和未通过的人数
显示考试结果的汇总情况，并确定是否应给老师发奖金
```

至此，尽管已经有了整个程序的完整表示，但还有必要进行进一步的细化。首先，需指定各个变量。这里需要两个计数器来记录通过的人数和未通过的人数，其中一个用于控制循环过程。还需要一个变量用于保存用户的输入。算法开始时，保存用户输入值的变量将不会被初始化，因为它的值是在循环的每次迭代过程中从用户处读取的。

伪代码语句：

```
初始化变量
```

可以被细化成

```
将通过人数(passes)初始化成 0
将未通过人数(failures)初始化成 0
将学生计数器(student counter)初始化成 1
```

注意，只有这些计数器需要在算法开始时被初始化。

伪代码语句：

```
输入 10 个考试结果，并计算通过了考试的人数和未通过的人数
```

要求一个连续输入考试结果的循环。我们已经预先知道了只有 10 个考试结果，因此适合采用计数器控制循环。在循环里面(即循环里面的嵌套)，需要有一个双选择结构来判断每一个考试结果是通过还是失败，进而递增相应的计数器。这样，前述伪代码语句的细化是

```
While student counter 小于或等于 10 时
  提示用户输入下一个考试结果
  输入下一个考试结果

  If 学生通过了考试
      将 passes 加 1
  Else
      将 failures 加 1

  将 student counter 加 1
```

这里使用了空行将 If...Else 控制结构独立出来，这样能提高可读性。

伪代码语句：

```
显示考试结果的汇总情况，并确定是否应给老师发奖金
```

可以被细化成

```
输出通过了考试的人数
输出未通过考试的人数
```

If 有超过 8 人通过了考试

输出 “Bonus to instructor!”

完成伪代码的第二次细化，并将它转换成 Analysis 类

伪代码第二次细化的结果请参见图 4.11。为了增强可读性，图中同样使用了空行使 While 结构独立出来。现在，这个伪代码已经足够细化到能转换成 Java 语句了。

实现这个伪代码算法的 Java 类及两个执行样例，都在图4.12 中给出。第 11 ~ 13 行和第 19 行声明了 main 方法的几个变量，用于处理考试结果。

错误预防提示 4.5

应在声明局部变量时就对它进行初始化，这样做能避免由于试图使用未初始化的变量而产生的编译错误。Java 并不要求在声明局部变量时对它进行初始化，但要求在将它的值用于表达式之前必须进行初始化。

while 语句(第 16 ~ 31 行)循环了 10 次。每循环一次，读取并处理一个考试结果。注意，处理每个结果的 if...else 语句(第 22 ~ 27 行)是嵌套在 while 语句中的。如果 result 为 1，则 if...else 语句会递增 passes，否则会假设 result 为 2 并递增 failures。第 30 行先递增 studentCounter，然后才在第 16 行再次测试循环条件。输入了 10 个值后，循环终止，并在第 34 行显示 passes 和 failures 的值。第 37 ~ 39 行的 if 语句判断是否有超过 8 名的学生通过了考试。如果是，则输出消息 “Bonus to instructor!”。

```
1 将通过人数(passes)初始化成 0
2 将未通过人数(failures)初始化成 0
3 将学生计数器(student counter)初始化成 1
4
5 While student counter 小于或等于 10 时
6       提示用户输入下一个考试结果
7       输入下一个考试结果
8
9 If 学生通过了考试
10      将 passes 加 1
11 Else
12      将 failures 加 1
13
14 将 student counter 加 1
15
16 输出通过了考试的人数
17 输出未通过考试的人数
18
19 If 有超过 8 人通过了考试
20      输出“Bonus to instructor!”
```

图 4.11 细化考试结果问题的伪代码

图 4.12 显示了该程序执行两次时的样本输入和输出。在第一次执行期间，main 方法第 37 行中的条件为真，即有 8 名以上的学生通过了考试，因此程序输出消息，表明应该给老师发奖金。

```
1  // Fig. 4.12: Analysis.java
2  // Analysis of examination results using nested control statements.
3  import java.util.Scanner; // class uses class Scanner
4
5  public class Analysis {
6     public static void main(String[] args) {
7        // create Scanner to obtain input from command window
8        Scanner input = new Scanner(System.in);
9
10       // initializing variables in declarations
11       int passes = 0;
12       int failures = 0;
13       int studentCounter = 1;
14
15       // process 10 students using counter-controlled loop
16       while (studentCounter <= 10) {
17          // prompt user for input and obtain value from user
18          System.out.print("Enter result (1 = pass, 2 = fail): ");
19          int result = input.nextInt();
20
21          // if...else is nested in the while statement
22          if (result == 1) {
23             passes = passes + 1;
24          }
25          else {
26             failures = failures + 1;
27          }
28
29          // increment studentCounter so loop eventually terminates
30          studentCounter = studentCounter + 1;
31       }
32
33       // termination phase; prepare and display results
```

图 4.12 使用嵌套控制语句分析考试结果

```
34          System.out.printf("Passed: %d%nFailed: %d%n", passes, failures);
35
36          // determine whether more than 8 students passed
37          if (passes > 8) {
38             System.out.println("Bonus to instructor!");
39          }
40       }
41    }
```

```
Enter result (1 = pass, 2 = fail): 1
Enter result (1 = pass, 2 = fail): 2
Enter result (1 = pass, 2 = fail): 1
Enter result (1 = pass, 2 = fail): 1
Enter result (1 = pass, 2 = fail): 1
Enter result (1 = pass, 2 = fail): 1
Enter result (1 = pass, 2 = fail): 1
Enter result (1 = pass, 2 = fail): 1
Enter result (1 = pass, 2 = fail): 1
Enter result (1 = pass, 2 = fail): 1
Passed: 9
Failed: 1
Bonus to instructor!
```

```
Enter result (1 = pass, 2 = fail): 1
Enter result (1 = pass, 2 = fail): 2
Enter result (1 = pass, 2 = fail): 1
Enter result (1 = pass, 2 = fail): 2
Enter result (1 = pass, 2 = fail): 1
Enter result (1 = pass, 2 = fail): 2
Enter result (1 = pass, 2 = fail): 2
Enter result (1 = pass, 2 = fail): 1
Enter result (1 = pass, 2 = fail): 1
Enter result (1 = pass, 2 = fail): 1
Passed: 6
Failed: 4
```

图 4.12(续)　使用嵌套控制语句分析考试结果

4.12　复合赋值运算符

复合赋值运算符可以简化赋值表达式。例如，可以将语句：

```
c = c + 3; // adds 3 to c
```

用加法复合赋值运算符+=简写成

```
c += 3; // adds 3 to c more concisely
```

+=运算符，将运算符右边表达式的值与运算符左边变量的值相加，并将结果保存到左边的变量中。因此，赋值表达式 c += 3 会将 c 加 3。通常而言，类似：

variable = *variable* *operator* *expression*;

的语句，其中 *operator* 是二元运算符+、–、*、/或%(或者是后面将要讨论的其他二元运算符)，都可以写成下面的形式：

variable *operator*= *expression*;

图 4.13 中给出了算术复合赋值运算符、使用这些运算符的样本表达式及对运算符的解释。通过练习题 4.1(h)，可了解到复合赋值运算符的大量特性。

赋值运算符	示例表达式	用途	赋值
假定：int c = 3, d = 5, e = 4, f = 6, g = 12;			
+=	c += 7	c = c + 7	c 的结果为 10
–=	d –= 4	d = d – 4	d 的结果为 1
*=	e *= 5	e = e * 5	e 的结果为 20
/=	f / = 3	f = f / 3	f 的结果为 2
%=	g %= 9	g = g % 9	g 的结果为 3

图 4.13　算术复合赋值运算符

4.13　增量运算符和减量运算符

Java 提供了两个一元运算符(它们总结在图 4.14 中)，用于将数值型变量的值加 1 或减 1。它们是一元增量运算符++和一元减量运算符--。利用增量运算符++，可以将名称为 c 的变量的值加 1，而不必使用表达式 c = c + 1 或 c += 1。位于变量前面的增量和减量运算符分别称之为前置增量运算符(prefix increment operator)和前置减量运算符(prefix decrement operator)；位于变量后面的增量和减量运算符分别称之为后置增量运算符(postfix increment operator)和后置减量运算符(postfix decrement operator)。

运算符	示例表达式	用途
++(前置增量)	++a	将 a 增加 1，然后在包含 a 的表达式中使用 a 的新值
++(后置增量)	a++	在包含 a 的表达式中使用 a 的当前值，然后将 a 加 1
--(前置减量)	--b	将 b 减 1，然后在包含 b 的表达式中使用 b 的新值
--(后置减量)	b--	在包含 b 的表达式中使用 b 的当前值，然后将 b 减 1

图 4.14　增量和减量运算符

对变量使用前置增量(或前置减量)运算符加 1(或减 1)的操作被称为前增(或前减)。前增(或前减)指的是将变量先加 1(或减 1)，然后在表达式中使用该变量的新值。对变量使用后置增量(或后置减量)运算符加 1(或减 1)的操作被称为后增(或后减)。后增(或后减)先在表达式中使用变量的当前值，然后再将变量的值加 1(或减 1)。

良好的编程实践 4.4

与二元运算符不同，一元递增或递减运算符应该与操作数相邻放置，中间不能有空格。

前置增量运算符与后置增量运算符的比较

图 4.15 演示了++增量运算符的前置和后置版本之间的差异。减量运算符(--)的效果与此类似。

```
1  // Fig. 4.15: Increment.java
2  // Prefix increment and postfix increment operators.
3
4  public class Increment {
5     public static void main(String[] args) {
6        // demonstrate postfix increment operator
7        int c = 5;
8        System.out.printf("c before postincrement: %d%n", c); // prints 5
9        System.out.printf("    postincrementing c: %d%n", c++); // prints 5
10       System.out.printf(" c after postincrement: %d%n", c); // prints 6
11
12       System.out.println(); // skip a line
13
14       // demonstrate prefix increment operator
15       c = 5;
16       System.out.printf(" c before preincrement: %d%n", c); // prints 5
17       System.out.printf("     preincrementing c: %d%n", ++c); // prints 6
18       System.out.printf("  c after preincrement: %d%n", c); // prints 6
19    }
20 }
```

```
c before postincrement: 5
    postincrementing c: 5
 c after postincrement: 6

 c before preincrement: 5
     preincrementing c: 6
  c after preincrement: 6
```

图 4.15　前置增量与后置增量运算符的比较

第 7 行将变量 c 初始化为 5，第 8 行输出 c 的初始值。第 9 行输出表达式 c++的值。这个表达式将变量 c 后增，因此输出的是 c 的原始值(5)，然后 c 的值加 1。这样，第 9 行再次显示的是 c 的初始值(5)。第 10 行输出了 c 的新值(6)，证实变量值的确在第 9 行增加了 1。

第 15 行将 c 的值重置为 5，第 16 行输出 c 的值。第 17 行输出表达式++c 的值。这个表达式将 c 前增，因此其值增加 1，然后输出新值(6)。第 18 行再次输出 c 的值，表明执行了第 17 行之后，c 的值仍为 6。

使用算术复合赋值、增量和减量运算符来简化语句

算术复合赋值运算符及增量和减量运算符都可以用来简化语句。例如，图 4.12 中的三条赋值语句(第 23 行，第 26 行，第 30 行)：

```
passes = passes + 1;
failures = failures + 1;
studentCounter = studentCounter + 1;
```

可以用复合赋值运算符更简洁地写成

```
passes += 1;
failures += 1;
studentCounter += 1;
```

如果采用前置增量运算符，则可以写成

```
++passes;
++failures;
++studentCounter;
```

或者，采用后置增量运算符写成

```
passes++;
failures++;
studentCounter++;
```

当语句本身只对一个变量执行增量或减量运算时，则前置增量和后置增量的效果相同，前置减量和后置减量的效果也相同。只有当变量出现在一个大型表达式环境中时，前增和后增该变量才具有不同的效果(前减和后减的情况类似)。

常见编程错误 4.8

如果试图对一个表达式而不是可赋值的变量使用增量或减量运算符，则会导致语法错误。例如，++(x+1)就是一个语法错误，因为(x+1)不是变量。

运算符的优先级和结合律

图 4.16 展示了到目前为止介绍过的运算符的优先级和结合律。它们从上至下按照优先级递减的顺序排列。第二列为每个优先级中运算符的结合律。条件运算符(?:)、一元增量运算符(++)、一元减量运算符(--)、加(+)、减(-)、强制转换运算符和赋值运算符(=，+=，-=，*=，/=，%=)的结合律都是从右到左。其他运算符的结合律为从左到右。第三列给出了各组运算符的类型。

错误预防提示 4.6

在编写包含多个运算符的表达式时，应参考运算符优先级表(见附录 A)。要保证表达式中的运算是按照所期望的顺序进行的。如果无法确定复杂表达式中的计算顺序，则可以将它拆分成较小的语句，或者使用圆括号来强制实现顺序，就像在代数表达式中那样。注意，有些运算符(如赋值运算符)的结合律是从右到左的。

运算符	结合律	类型
++ --	从右到左	一元后置
++ -- + - (type)	从右到左	一元前置
* / %	从左到右	乘性
+ -	从左到右	加性
< <= > >=	从左到右	关系
== !=	从左到右	相等性
?:	从右到左	条件
= += -= *= /= %=	从右到左	赋值

图 4.16　到目前为止介绍过的运算符的优先级和结合律

4.14 基本类型

附录 D 中的表格列出了 Java 的 8 种基本类型。与 C 和 C++类似，Java 也要求所有的变量都具有类型[①]。

在 C 和 C++中，程序员经常要为一个程序单独编写不同的版本，以支持不同的计算机平台。因为在不同的计算机上，无法保证各种基本类型是等同的。例如，某台机器上的 int 值可能是用 16 位(2 字节)内存表示的，而在另一台机器上可能要用 32 位(4 字节)内存，甚至有的机器可能采用的是 64 位(8 字节)。Java 中，int 值总是 32 位(4 字节)的。

可移植性提示 4.1

Java 中的基本类型可以在支持 Java 的所有计算机平台间移植。

附录 D 中的每种类型，都列出了所占用的位数(8 位为 1 字节)及值的范围。因为 Java 的设计者希望 Java 具有最大程度的可移植性，因此对字符格式和浮点数使用了国际化标准。它的字符格式采用 Unicode，浮点数格式采用 IEEE 754。有关 Unicode 的更多信息，可访问 http://www.unicode.org；有关 IEEE 754 的更多信息，可访问 http://grouper.ieee.org/groups/754/。

回忆 3.2 节可知，在方法外声明成类的实例变量的基本类型变量，除非明确地进行了初始化，否则会自动被赋予默认值。char、byte、short、int、long、float 和 double 类型的实例变量，其默认值均为 0；boolean 类型实例变量的默认值为 false；引用类型的实例变量会被默认初始化成 null。

4.15 (选修)GUI 与图形实例：事件处理、画线

Java 的一种有吸引力的特性，是它对图形或多媒体的支持。利用这些功能，可增强程序的可视化功能。第 22 章将详细探讨 Java 中的图形和多媒体特性。

本节及后面的几个 GUI 与图形实例中，将介绍一些 JavaFX 的图形功能。这一节将创建一个 DrawLines 程序，它在一个 Canvas(画布)控件上画线。Canvas 控件是一块能在上面绘制图形的矩形区域。这个程序还会涉及事件处理——用户单击了某个按钮时，JavaFX 会调用在 Scene Builder 中指定的方法，在 Canvas 控件上画线。和 3.6 节类似，这里的实例也会比后面几个实例中的内容要多，因为需逐步讲解如何配置 GUI。

4.15.1 测试画线程序

首先，我们尝试运行一下这个画线程序，看它是如何工作的。

1. 在命令窗口中，进入本章 ch04 示例文件夹下的 GUIGraphicsCaseStudy04 目录。
2. 用如下命令编译这个程序，它会同时编译两个 Java 源代码文件：
```
javac *.java
```
3. 用如下命令运行程序：
```
java DrawLines
```

当出现如图 4.17(a)所示的程序窗口时，单击 Draw Lines 按钮。图 4.17(b)显示的是用户单击该按钮之后的 GUI。

4.15.2 搭建程序的 GUI

利用 3.6 节中讲解过的技术，可以在 DrawLines.fxml 文件中搭建该程序的 GUI。这个 GUI 包含如下控件：

① 第 17 章中将讲解一种例外情况。

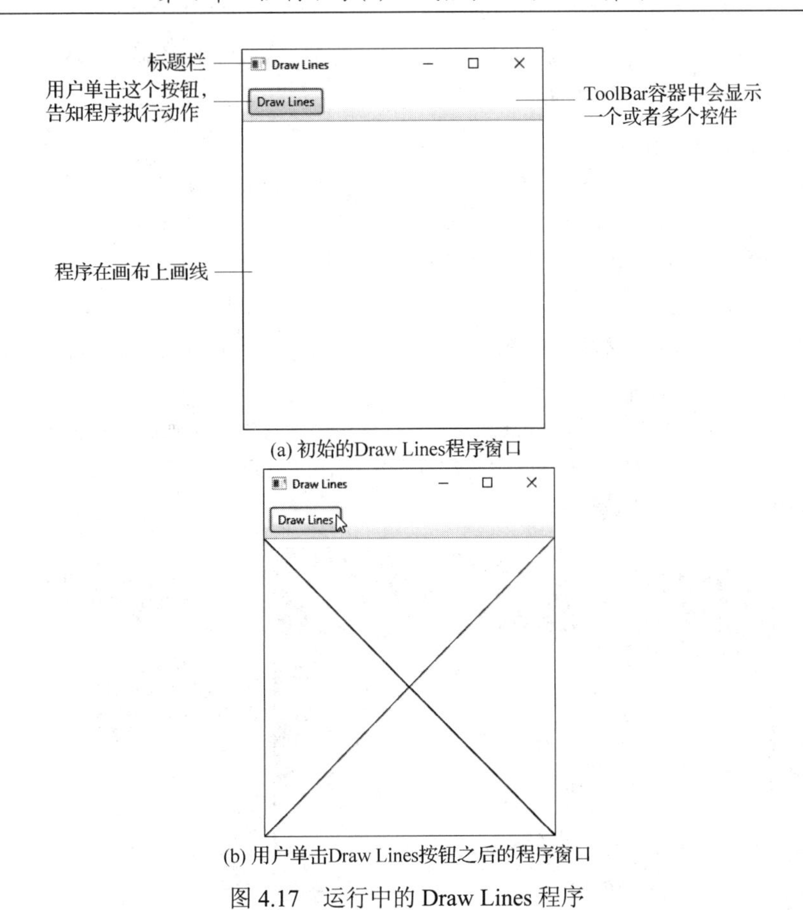

图 4.17　运行中的 Draw Lines 程序

- 一个 Button (按钮)，单击它可画线
- 一个 Canvas，用于显示图像

还要用到 BorderPane 和 ToolBar 布局 (后面将讨论)，以便在用户界面中安排上面的两个控件。

利用 Scene Builder 创建 DrawLines.fxml 文件

和 3.6.4 节中一样，打开 Scene Builder，然后选择 File > Save，显示一个 Save As 对话框。找到一个保存该 FXML 文件的位置，并将它命名为 DrawLines.fxml，单击 Save 按钮，创建该文件。

创建 BorderPane 布局容器

3.6 节中是在一个 VBox 布局容器中安排控件的。对于这个及后面的 GUI 与图形实例程序，使用的是 BorderPane 布局容器，它会将控件置于容器中 5 个区域的某个位置，如图 4.18 所示。

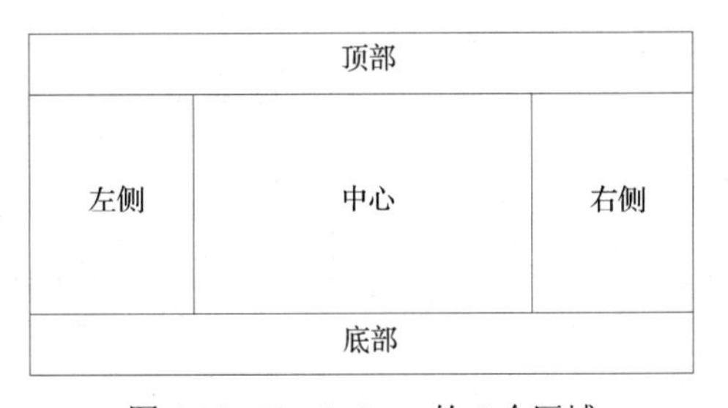

图 4.18　BorderPane 的 5 个区域

外观设计提示 4.1

BorderPane 中的所有区域都是可有可无的：如果顶部或者底部区域为空，则其他三个区域会在垂直方向扩展，以填充空出的某个区域；如果左侧或右侧区域为空，则中心区域会水平扩展，以填充空出的那个区域。

顶部和底部区域的宽度与 BorderPane 的宽度相同。左侧、中心和右侧区域会填充顶部和底部区域之间的空隙。每一个区域都可以包含一个控件或者一个部件容器，而后者还可以包含其他的控件。为了设计这个 GUI，需将一个 BorderPane 从 Library 窗口的 Containers 部分拖放到 Scene Builder 的内容面板上(也可以通过双击 BorderPane 来添加)。

添加 ToolBar 并配置它的按钮

接下来，需将一个 ToolBar(工具条)布局容器添加到 BorderPane 的顶部区域中。默认情况下，ToolBar 会将它的控件水平排列。这个程序中，ToolBar 只包含一个 Draw Lines 按钮——5.11 节中的 GUI 会包含两个按钮，而后面几个程序的 ToolBar 中会包含更多的控件。

外观设计提示 4.2

通常而言，ToolBar 会将控件放置在布局容器的边缘区域，例如 BorderPane 的顶部、右侧、底部或者左侧区域。

在 Scene Builder 的 Library 窗口的 Containers 部分，将一个 ToolBar 拖放到 BorderPane 的顶部区域，如图 4.19 所示。拖放时，Scene Builder 会显示它的 5 个区域，以便确定需将 ToolBar 放置在什么位置。默认情况下，ToolBar 会包含一个按钮(见图 4.20)。

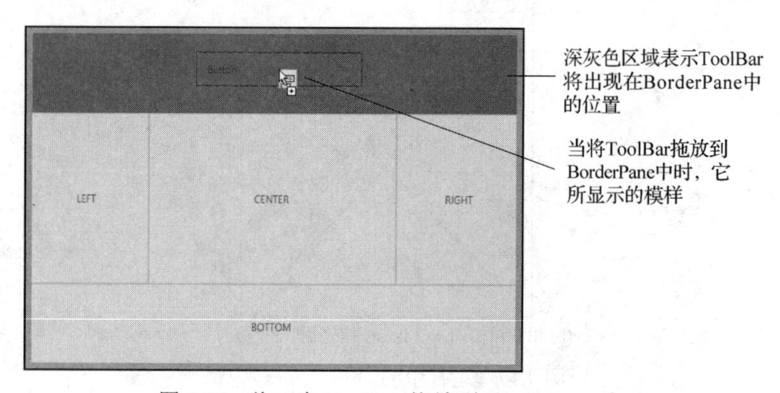

图 4.19　将一个 ToolBar 拖放到 BorderPane 中

图 4.20　初始的 ToolBar 只包含一个按钮，并且默认会占据 BorderPane 顶部区域的整个宽度

配置按钮的文本

接下来，双击这个按钮，编辑它的文本。输入“Draw Lines ”并按回车键。图 4.21 显示了更新后的按钮。

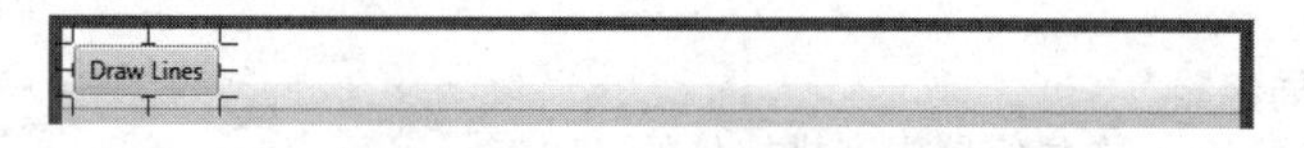

图 4.21　工具栏中的按钮包含新文本

添加并配置 Canvas 控件

接下来，将创建用于画线的画布。从 Scene Builder 的 Library 窗口的 Miscellaneous 部分，将一个 Canvas 控件拖放到 BorderPane 的中心区，如图 4.22 所示。Scene Builder 会自动创建一个 200 × 200 像素区域的画布，并将它置于 BorderPane 中心区里的居中位置。

设置画布的宽度和高度

对于这个程序，需将画布的尺寸调整为 300 × 300 像素，它也是后续大多数 GUI 与图形实例中采用的尺寸。为此，需执行如下操作：

1. 单击画布，选中它。

2．单击 Layout 旁边的右箭头(▶)，展开 Inspector 窗口的 Layout 部分。
3．将 Width 属性值设置成 300，并按回车键。
4．重复上一步，将 Height 属性值设置成 300。

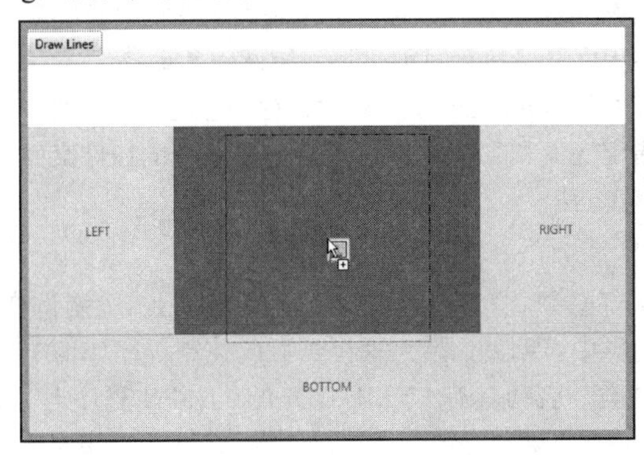

图 4.22　将一个 Canvas 控件拖放到 BorderPane 的中心区

配置 BorderPane 布局容器的大小

最后，需根据 BorderPane 所包含的内容来确定它的尺寸。3.6.7 节中讲过，GUI 主布局(这里为 BorderPane)的初始大小决定了 JavaFX 程序窗口的默认尺寸。为了设置 BorderPane 的初始大小，需进行如下操作：

1．在内容面板中单击 BorderPane，选中它。也可以在 Scene Builder 的 Document 窗口的 Hierarchy 部分(位于 Scene Builder 的左下角)单击它。
2．在 Inspector 窗口的 Layout 部分，单击 Pref Width 属性旁边的下箭头，选中 USE_COMPUTED_SIZE (见图 4.23)。这会告诉 BorderPane，需根据它所包含的内容来确定它的宽度。宽度最大的是画布，所以 BorderPane 最初会被设置成 300 像素宽。
3．对 Pref Height 属性重复上一步的操作。这会告诉 BorderPane，需根据它所包含的内容来确定它的高度。这样，BorderPane 的高度就是 ToolBar 和 Canvas 的高度之和。

保存 GUI 设计

至此，就已经完成了 GUI 的设计。完成后的 GUI 如图 4.24 所示。选择 File > Save，保存这个 FXML 文件。

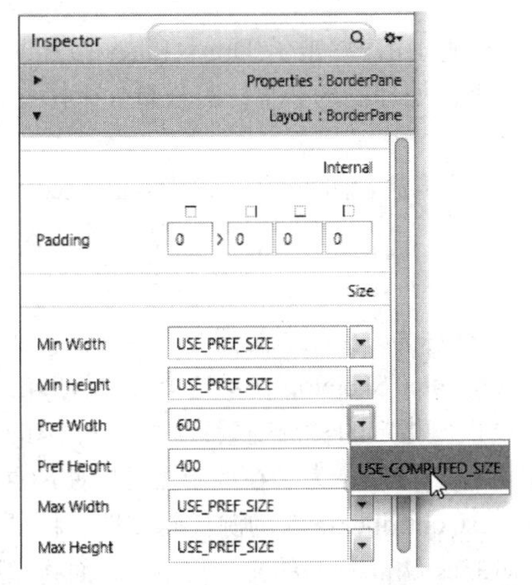

图 4.23　将 BorderPane 的 Pref Width 属性设置成 USE_COMPUTED_SIZE

图 4.24　在 Scene Builder 内容面板中完成后的 GUI

4.15.3 通过编程与 GUI 交互

前面已经创建过对象(如 Scanner、Account 和 Student)，将它们赋予变量，并且通过程序使这些对象与变量交互。JavaFX GUI 控件也是对象，可以通过程序与它们进行交互。对于那些在 Scene Builder 中创建的 GUI，JavaFX 会在程序开始执行时创建那些控件。

正如 4.15.1 节所讲，当按下 Draw Lines 按钮时，程序会响应该事件，在画布上画线。本节将讲解如何利用 Scene Builder 来指定变量和方法的名称，以便与 GUI 的控件交互。然后，Scene Builder 会创建一个类，它包含这些变量和方法。

指定程序的控制器类

显然，实例变量和方法都必须在类中声明。对于 FXML GUI，实例变量和方法是在一个被称为控制器类(controller class)的类中声明的，因为这个类可以控制程序如何响应与 GUI 的交互。4.15.4 节中将给出这个程序的控制器类。启动具有 FXML GUI 的 JavaFX 程序时，JavaFX 运行时将进行如下操作：

- 创建 GUI
- 创建在 Scene Builder 中指定的控制器类的一个对象。
- 初始化在 Scene Builder 中指定的控制器对象的所有实例变量，以便它们能够引用对应的控制对象。
- 配置在 Scene Builder 中指定的控制器对象的所有事件处理器，以便用户与对应的控件交互时能够调用它们。

为了指定控制器类的名称，需进行如下操作：

1. 展开 Scene Builder 的 Document 窗口的 Controller 部分(位于 Scene Builder 的左下角)。
2. 在 Controller Class 的旁边输入 DrawLinesController，并按回车键。按照惯例，控制器类的名称是 FXML 文件的基本名称(DrawLines.fxml 中的 DrawLines)，后加“Controller”。

指定 Canvas 控件的实例变量名称

为了在 Canvas 对象上画线，需要一个变量来引用这个对象——它是控制器类里的一个实例变量。控件的“fx:id”属性值指定的就是实例变量的名称——执行程序时，JavaFX 会用对应的控件对象初始化实例变量。为了指定 Canvas 对象的“fx:id”属性值，需进行如下操作：

1. 选中 Canvas，然后展开 Scene Builder 的 Inspector 窗口的 Code 部分，单击 Code 旁边的右箭头(▶)。
2. 在“fx:id”属性中输入“canvas”，按回车键。

指定按钮的事件处理器方法

事件处理器是一种方法，响应用户交互时会调用它，例如用户单击了 Draw Lines 按钮时。这个方法由 JavaFX 运行时控制器类的对象调用。为了指定按钮事件处理器的名称，需进行如下操作：

1. 单击按钮，选中它。
2. 在 Inspector 窗口的 Code 部分的 On Action 属性中，输入方法名称 drawLinesButtonPressed，按回车键。
3. 选择 File > Save，保存这个 FXML 文件。

产生初始的控制器类

Scene Builder 会生成一个 DrawLinesController 类——被称为“控制器骨架”——它包含上面所指定的实例变量和事件处理器。选择 View > Show Sample Controller Skeleton 显示这个类(见图 4.25)，它包含所指定的控制器类名称、一个由 Canvas 的“fx:id”属性值指定的实例变量，以及一个空的事件处理器方法 drawLinesButtonPressed。稍后将探讨这些“@FXML”符号。为了在控制器类中使用这段代码，需单击图中的 Copy 按钮，然后创建一个名称为 DrawLinesController.java 的源代码文件，将复制的代码段粘贴到这个文件里并保存它，将这个文件置于与 DrawLines.fxml 相同的文件夹下。后面将在这个文件中添加更多的操作。

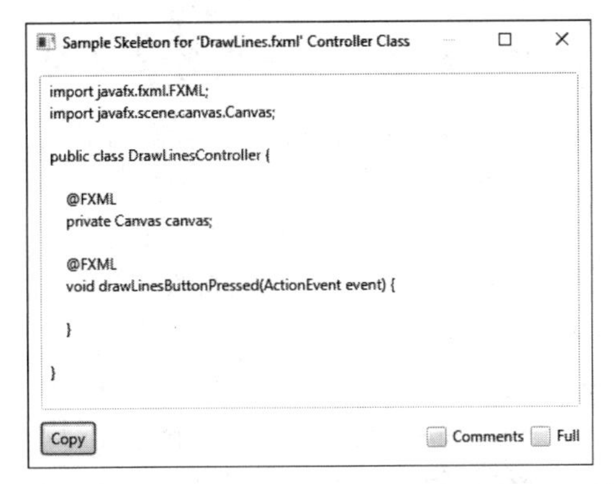

图 4.25　由 Scene Builder 生成的控制器类代码骨架

4.15.4　DrawLinesController 类

本书中的所有 JavaFX 程序都至少包含两个 Java 源代码文件：

- 一个定义 GUI 事件处理器和逻辑的控制器类。这个程序中，DrawLinesController.java 包含的是控制器类(见图 4.26)。
- 一个主程序类，它负责加载程序的 FXML 文件、创建 GUI、创建并配置对应的控制器类对象。这里的 DrawLines.java 包含的是这个主程序类(见图 4.28)。按照惯例，主程序类的名称应与 FXML 文件的基本名称相同(即 DrawLines.fxml 中的 DrawLines)。

DrawLinesController 类执行画线的操作(见图 4.26)。第 5 ~ 6 行中的 import 语句使得程序可以利用来自 javafx.scene.canvas 包中的两个类：

- Canvas 类提供绘制区域。
- GraphicsContext 类提供在画布上绘制图形的各种方法——每一个 Canvas 类都具有一个 GraphicsContext 对象。

```
 1  // Fig. 4.26: DrawLinesController.java
 2  // Using strokeLine to connect the corners of a canvas.
 3  import javafx.event.ActionEvent;
 4  import javafx.fxml.FXML;
 5  import javafx.scene.canvas.Canvas;
 6  import javafx.scene.canvas.GraphicsContext;
 7
 8  public class DrawLinesController {
 9     @FXML private Canvas canvas; // used to get the GraphicsContext
10
11     // when user presses Draw Lines button, draw two lines in the Canvas
12     @FXML
13     void drawLinesButtonPressed(ActionEvent event) {
14        // get the GraphicsContext, which is used to draw on the Canvas
15        GraphicsContext gc = canvas.getGraphicsContext2D();
16
17        // draw line from upper-left to lower-right corner
18        gc.strokeLine(0, 0, canvas.getWidth(), canvas.getHeight());
19
20        // draw line from upper-right to lower-left corner
21        gc.strokeLine(canvas.getWidth(), 0, 0, canvas.getHeight());
22     }
23  }
```

图 4.26　利用 strokeLine 方法连接画布的几个角

@FXML 符号

4.15.3 节中讲过，在程序中所操作的所有控件都必须具有 fx:id 属性。图 4.26 第 9 行声明了一个与控制器类对应的实例变量 canvas。位于声明前面的@FXML 符号表示这个变量名称可以用于 GUI 的 FXML 文件中。在控制器类中指定的变量名称必须与构建 GUI 时所指定的 fx:id 属性值完全一致。注意，这个变量并没有被初始化。执行 DrawLines 程序时，它会用来自 DrawLines.fxml 的 Canvas 对象的值初始化 canvas 变量。

位于方法之前的那个@FXML 符号(第 12 行)表示该方法可以用于 FXML 文件中，以指定控件的事件处理器。执行 Draw Lines 程序时，如果用户按下了 Draw Lines 按钮，则程序会执行 drawLinesButtonPressed 方法(第 12 ~ 22 行)。单击按钮，会产生一个 ActionEvent 对象，它包含所发生的事件的信息。对应的事件处理方法必须返回 void，且需接收一个 ActionEvent 参数(第 13 行)。(这个示例中，并没有用到 ActionEvent 参数中的信息。)

获取 GraphicsContext，在画布上画线

每一个 Canvas 类都具有一个 GraphicsContext 对象，用于在画布上绘制图形。调用 Canvas 的 getGraphicsContext2D 方法，即可获得这个 GraphicsContext 对象(第 15 行)：

```
GraphicsContext gc = canvas.getGraphicsContext2D();
```

按照惯例，用于这个对象的变量名称为 gc。

画布的坐标系统

坐标系统(见图 4.27)是一种用来标注某个图形中各个点的方案。Canvas 的坐标系统中，左上角的坐标值为(0, 0)。坐标值由一个 *x* 坐标(水平坐标)和一个 *y* 坐标(垂直坐标)组成。*x* 坐标是从左边到右边的水平距离，*y* 坐标是从顶部到底部的垂直距离。*x* 轴刻画了每一个水平坐标，*y* 轴描述的是每一个垂直坐标。坐标用于确定图形应当显示在什么位置。坐标值的单位为像素。术语“像素”代表“图形元素”，像素是显示器的最小分辨率单位。

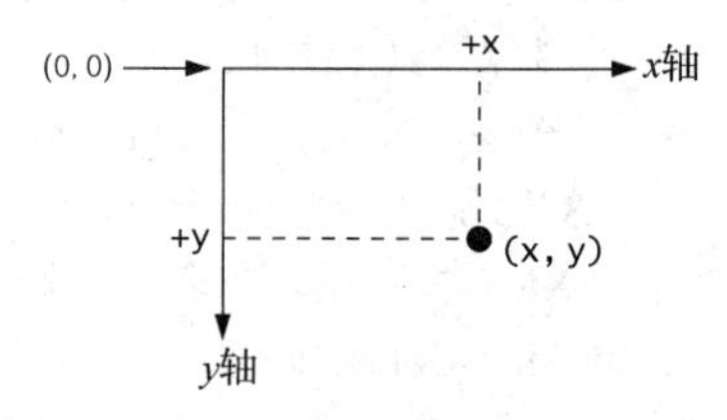

图 4.27 Java 的坐标系统，单位为像素

画线

图 4.26 第 18 行和第 21 行利用 GraphicsContext 变量 gc，画了两条连接画布 4 个角的对角线。GraphicsContext 类的 strokeLine 方法要求用 4 个实参值来画线——前两个实参值为起始点的坐标值，后两个为终点的坐标值。第 18 行中，前两个实参表示画布的左上角，后两个表示它的右下角。Canvas 方法 getWidth 和 getHeight 分别返回画布的宽度和高度(像素值)。第 21 行中，前两个实参表示画布的右上角，后两个表示它的左下角。

4.15.5 DrawLines 类——主程序类

图 4.28 给出的是 DrawLines 类——它是主程序类,用于启动程序的执行、根据 FXML 文件创建 GUI、创建并配置控制器类对象，并在窗口中显示 GUI。本书中讲解的所有 JavaFX 程序都使用类似的主程序类，它们的区别只有三处代码(注释除外)：类名称(第 9 行)，FXML 文件名称(第 14 行)，以及显示在标题栏中的文本(第 17 行)。这个类中用到了后面几章里将探讨的许多概念。目前，这个 DrawLines 类只是充当主程序类的一个模板，将它用于这个 GUI 与图形实例及练习题中。现在只需复制它的内容，编辑第 9 行、第 14 行、第 17 行，并将它重命名。12.5.4 节中将详细探讨 JavaFX 程序的主程序类。

```
1  // Fig. 4.28: DrawLines.java
2  // Main application class that loads and displays the DrawLines GUI.
3  import javafx.application.Application;
4  import javafx.fxml.FXMLLoader;
5  import javafx.scene.Parent;
6  import javafx.scene.Scene;
7  import javafx.stage.Stage;
8
9  public class DrawLines extends Application {
10    @Override
11    public void start(Stage stage) throws Exception {
```

图 4.28 加载并显示 Draw Lines GUI 的主程序类

```
12        // loads DrawLines.fxml and configures the DrawLinesController
13        Parent root =
14           FXMLLoader.load(getClass().getResource("DrawLines.fxml"));
15
16        Scene scene = new Scene(root); // attach scene graph to scene
17        stage.setTitle("Draw Lines"); // displayed in window's title bar
18        stage.setScene(scene); // attach scene to stage
19        stage.show(); // display the stage
20     }
21
22     // application execution starts here
23     public static void main(String[] args) {
24        launch(args); // create a DrawLines object and call its start method
25     }
26  }
```

图 4.28(续)　加载并显示 Draw Lines GUI 的主程序类

GUI 与图形实例练习题

4.1 利用循环和控制语句来画线，可以得到许多有趣的图形效果。

a) 设计出如图 4.29 所示的图形效果。这个图形是从左上角开始，向下方绘制扇形的线段，这些线段只占据画布的左上部分。一种解决办法是将宽度和高度均分成若干份，从而形成若干画线的步骤(根据经验，20 步就能达到很好的效果)。每条线的起始点都是画布的左上角(0, 0)。第一条线段的端点是从画布的左下角开始，垂直向上移动一步，然后水平向右移动一步。后续的每一条线段的端点都是从前一条线段的端点开始，垂直向上移动一步，然后水平向右移动一步。

b) 修改上一题，使线段从 4 个角都呈扇形分布，如图 4.30 所示。从两个相对应的角散发出来的线必须在画布的对角线处相连。

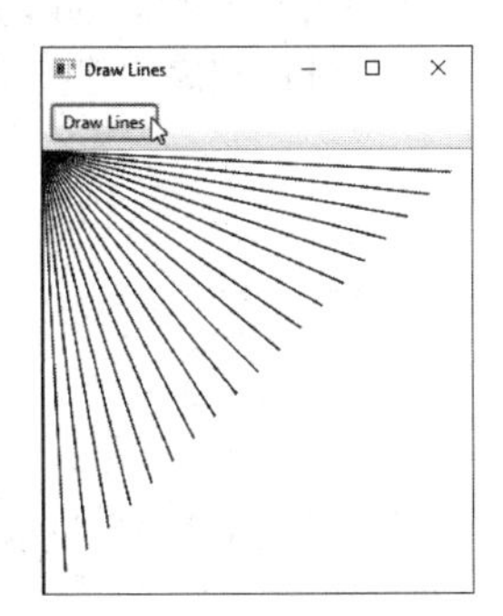

图 4.29　从一个角呈扇形分布的线段

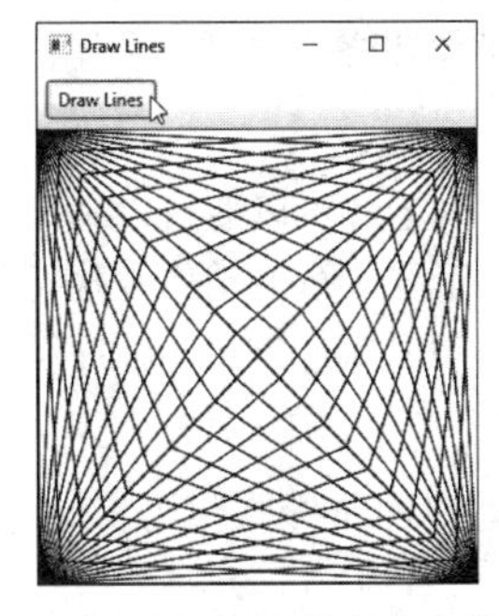

图 4.30　从 4 个角呈扇形分布的线段

4.2 图 4.31 和图 4.32 显示的设计效果是用循环和 strokeLine 方法创建的。

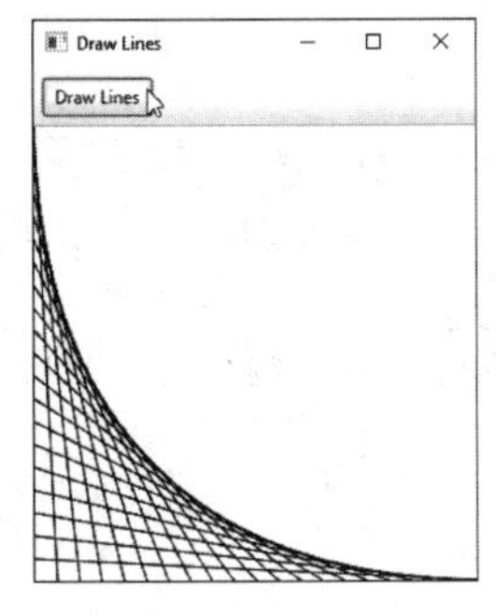

图 4.31　利用循环和 strokeLine 方法画线

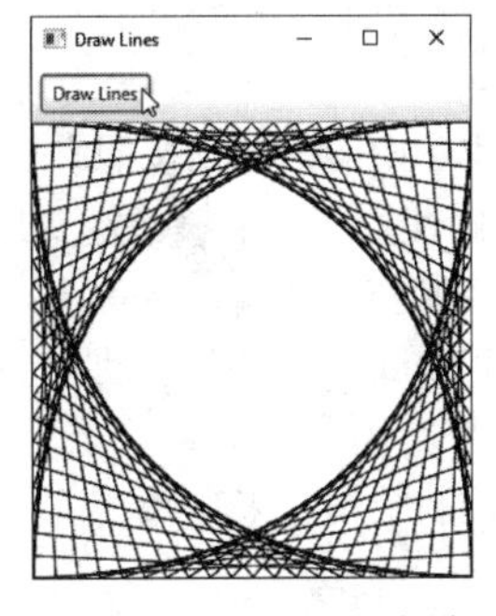

图 4.32　利用循环和 strokeLine 方法，在 4 个角画线

a) 设计出如图 4.31 所示的图形效果。首先，将每条边拆分成相等的份数(这里为 20 份，每一份表示为一步)。第一条线段从画布的左上角开始，端点位于画布底边向右移动一步。后续的每一

条线段，一个端点为依次从画布的左侧边向下移动一步，另一个端点为依次从底边向右移动一步。连续不断地画线，直到画完端点为右下角的那条线段为止。

b)修改上一题，使线段在 4 个角呈镜像分布，如图 4.32 所示。

4.16 小结

本章讲解了基本的问题求解技术，程序员使用这些技术来构建类并为这些类开发方法。本章演示了如何构建算法(即解决问题的办法)，然后讲解了如何通过伪代码开发的几个阶段来对算法进行精化，这样做的结果就是能够得到作为方法的一部分执行的 Java 代码。本章还讲解了如何通过自顶向下、逐步细化的方式，规划方法必须执行的动作及执行它们的顺序。

开发任何问题求解算法时，都只需要三种控制结构——顺序结构、选择结构和循环结构。特别地，本章讲解了 if 单选择语句、if...else 双选择语句和 while 循环语句，它们是用于解决许多问题的基本结构。我们使用了控制语句堆叠来计算一组学生的总成绩，并用计数器控制循环和标记控制循环来计算班级平均成绩。本章还使用了嵌套控制语句，根据一组考试结果进行分析和判断。本章引入了 Java 的复合赋值运算符及增量和减量运算符。最后探讨了 Java 的基本类型。第 5 章将继续讨论控制语句，讲解 for、do...while 和 switch 语句。

总结

4.1 节 简介

- 在编写解决问题的程序之前，我们必须对问题有全局的理解，并要仔细规划解决它的办法。此外，还必须知晓那些可以利用的构建块，并采用那些经过了验证的程序构建技术。

4.2 节 算法

- 任何计算问题都可以通过以特定的顺序执行一系列动作来得到解决。
- 算法是关于要执行的动作及执行它们的顺序的问题求解过程。
- 指定在程序中执行语句的顺序被称为程序控制。

4.3 节 伪代码

- 伪代码是一种非形式化语言，它用来帮助程序员开发算法，而不必担心 Java 语言语法的严格细节。
- 伪代码不是真正的计算机编程语言。当然，程序员也可以用母语来设计自己的伪代码。
- 在用某种编程语言(例如 Java)编写程序之前，伪代码可帮助程序员将它“构思”出来。
- 经过精心准备的伪代码可以轻松地转换成对应的 Java 程序。

4.4 节 控制结构

- 通常，程序中的语句是按照它们的编写顺序一条接一条执行的。这一过程被称为顺序执行。
- Java 语句使程序员能够指定要执行的下一条语句，并不一定必须是顺序排列的下一条语句。这被称为控制转移。
- Bohm 和 Jacopini 的工作表明，所有的程序都可以通过三种控制结构编写，即顺序结构、选择结构和循环结构。
- 术语“控制结构”来自计算机科学界。Java 语言规范将“控制结构”称为“控制语句”。

4.4.1 节 Java 中的顺序结构

- 顺序结构是 Java 的基本结构。除非用指令改变了顺序，否则计算机执行 Java 语句时，会按照编写它们的顺序一条接一条地执行，即按顺序执行。
- 程序中任何能够放置单条语句(单个动作)的位置，也可以放置语句块(多个动作)。

- 活动图是 UML 的一部分。活动图建模软件系统某部分的工作流，工作流也被称为活动。
- 活动图由一些符号组成，如动作状态符、菱形和小圆圈——它们通过转移箭头连接，代表活动的流向。
- 动作状态包含动作表达式，指定要执行的某个特定动作。
- 活动图中的箭头代表转移，它表示动作状态发生时所代表的动作的执行顺序。
- 活动图顶部的实心圆代表活动的初始状态——程序执行经过建模的动作之前的开始工作流。
- 活动图底部出现的用空心圆包围的实心圆代表终止状态——程序执行动作之后的结束工作流。
- 右上角折起的矩形是 UML 注解，它以解释性的语句描述图中符号的作用。

4.4.2 节　Java 中的选择语句

- Java 有三种类型的选择语句。
- if 单选择语句会选择或忽略一个或多个动作。
- if...else 双选择语句在两个不同的动作(或两组动作)间选择。
- switch 语句被称为多选择语句，因为它会在许多不同的动作(或动作组)间选择。

4.4.3 节　Java 中的循环语句

- Java 提供 while、do...while、for 及增强型 for 循环语句，只要循环继续条件为真，就会重复执行这些语句。
- while 语句和 for 语句会在它们的语句体内执行 0 次或多次动作(或动作组)——如果循环继续条件最初就为假，则不执行动作(或动作组)。do...while 语句执行语句体内的动作 1 次或多次。
- if、else、switch、while、do 和 for 都是 Java 的关键字。关键字不能用作标识符，如变量名。

4.4.4 节　Java 中的控制语句小结

- 将许多顺序语句、选择语句和循环语句按照程序实现的适当算法组合在一起，就构成了一个程序。
- 单入/单出控制语句通过将一条语句的出口点与下一条语句的入口点连接起来，就能将多条控制语句捆绑在一起。这被称为“控制语句堆叠”。
- 也可以将一个控制语句嵌套在另一个控制语句里面。

4.5 节　if 单选择语句

- 程序使用选择语句在多组可选动作间进行选择。
- if 单选择语句的活动图包含菱形，表明要进行一个判断。工作流沿着由与该符号相关的监控条件所决定的路径流动。如果某个监控条件为真，则工作流进入转移箭头指向的动作状态。
- if 语句是单入/单出控制语句。

4.6 节　if...else 双选择语句

- 只有当条件为真时，if 单选择语句才会执行它的语句体。
- if...else 双选择语句在条件为真时执行一个动作(或动作组)，在条件为假时执行另一个动作(或动作组)。

4.6.1 节　嵌套 if...else 语句

- 利用嵌套 if...else 语句，程序可以测试多个选择条件。

4.6.2 节　悬垂 else 问题

- Java 编译器总是会将 else 与前面离它最近的 if 相关联，除非加上花括号改变这种关系。

4.6.3 节　语句块

- 可以将语句块置于任何单条语句能够放置的地方。
- 逻辑错误只有在执行时才会体现。致命的逻辑错误可导致程序失败并提前终止；非致命逻辑错误可以让程序继续执行，但会使程序产生不正确的结果。

- 正如语句块可以放在单条语句能够放置的任何位置一样，语句块中也可以没有任何语句，这被称为空语句，它用一个分号表示。

4.6.4 节　条件运算符(?:)

- 条件运算符(?:)具有三个操作数。这些操作数与“?:”符号一起，构成了一个条件表达式。第一个操作数(位于问号左侧)是一个布尔表达式；第二个操作数是当布尔表达式的值为 true 时条件表达式的值；第三个操作数是当布尔表达式的值为 false 时条件表达式的值。

4.8 节　while 循环语句

- 当某个条件保持为真时，循环语句可以指定程序应该重复执行某个动作。
- UML 的合并符号将两个活动流合并成一个。
- 根据“流入”和“流出”转移箭头的数量，可以区分判断符号和合并符号。判断符号有一个指向菱形的转移箭头，但有两个或更多从菱形引出的转移箭头，表示在这一点可能发生的转移。从判断符号引出的每个转移箭头旁边都有一个监控条件。合并符号有指向菱形的两个或多个转移箭头，但只有一个从菱形引出的转移箭头，表示将多个活动流合并，继续后面的活动。转移箭头不会与有监控条件的合并符号关联在一起。

4.9 节　形成算法：计数器控制循环

- 计数器控制循环利用计数器变量(或控制变量)来控制将执行的一组语句的次数。
- 计数器控制循环常被称为确定性循环，因为在开始执行循环之前，就已经知道循环的执行次数。
- total 是一个用于累加多个值的变量,在程序中使用之前,用于保存总和的变量通常要初始化成 0。
- 局部变量的声明必须出现在方法中使用它的位置之前。不能在声明局部变量的方法之外访问它。
- 将两个整数相除进行的是整除操作——结果中的所有小数部分都被舍弃了(即截尾)。

4.10 节　形成算法：标记控制循环

- 标记控制循环使用一种被称为标记值(也被称为信号值、哑值或标志值)的特殊值，表示数据输入的结束。
- 所选的标记值必须与可接受的输入值不产生混淆。
- 自顶向下、逐步细化的技术对于具有良好结构的程序而言是至关重要的。
- (整除时)分母为 0 是一种逻辑错误。
- 对整数值执行浮点数计算时必须将其中一个整数强制转换成 double 类型。
- Java 知道如何计算操作数类型相同的算术表达式。为此，Java 会对所选操作数执行一种被称为“提升”或“隐式转换”的操作。
- 一元强制转换运算符由包含在一对圆括号中的类型名构成。

4.12 节　复合赋值运算符

- 复合赋值运算符可以简化赋值表达式。如下形式的语句：

  variable = *variable operator expression*;

  其中的二元运算符(*operator*)是+、-、*、/或者%，可以写成如下形式：

  variable operator = *expression*;

- +=运算符将运算符右边表达式的值与运算符左边变量的值相加，并将结果保存到运算符左边的变量中。

4.13 节　增量运算符和减量运算符

- 一元增量运算符++和一元减量运算符--分别用于将数值变量的值加 1 和减 1。
- 位于某个变量前面的增量运算符或者减量运算符分别被称为前置增量运算符或者前置减量运算

符。位于某个变量后面的增量运算符或者减量运算符分别被称为后置增量运算符或者后置减量运算符。

- 对变量使用前置增量(或前置减量)运算符加 1(或减 1)的操作被称为前增(或前减)。
- 前置增量(或前置减量)指的是将变量先加 1(或减 1)，然后在表达式中使用该变量的新值。
- 对变量使用后置增量(或后置减量)运算符加 1(或减 1)的操作被称为后增(或后减)。
- 后置增量(或后置减量)先在表达式中使用变量的当前值，然后再将变量的值加 1(或减 1)。
- 当语句本身只对一个变量执行增量或减量运算时，则前置增量和后置增量的效果相同，前置减量和后置减量的效果也相同。

4.14 节　基本类型

- Java 要求所有的变量都具有类型。
- Java 采用 Unicode 字符和 IEEE 754 浮点数。

自测题

4.1 填空题。

a) 所有程序都能够以三种控制结构类型编写，这三种结构是________、________和________。

b) 当条件为真时，________语句被用来执行一个动作；当条件为假时，该语句执行另一个动作。

c) 重复执行一组指令特定次数的循环被称为________循环。

d) 当无法预先知道一组语句将重复执行多少次时，应使用________来终止这个循环。

e) ________结构是 Java 的基本结构——默认情况下，语句是按照它们出现的顺序执行的。

f) 类型为 char、byte、short、int、long、float 和 double 的实例变量，其默认值都为________。

g) 如果增量运算符位于变量的________，则变量的值会加 1 且新的值会被用于表达式中。

h) 如果存在声明“int y = 5;”，则执行完语句“y += 3.3;”之后，y 的值为________。

4.2 判断下列语句是否正确。如果不正确，请说明理由。

a) 算法是关于要执行的动作及执行它们的顺序的问题求解过程。

b) 包含在一对圆括号内的一组语句被称为语句块。

c) 当条件为真时，选择语句会重复执行某个动作。

d) 嵌套控制语句出现在另一个控制语句的语句体中。

e) Java 提供的算术复合赋值运算符+=、−=、*=、/=、%=用于简化赋值表达式。

f) 基本数据类型(boolean，char，byte，short，int，long，float，double)只在 Windows 平台间是可移植的。

g) 指定在程序中执行语句的顺序被称为程序控制。

h) 一元强制转换运算符“(double)”会创建它的操作数的一个临时整数型副本。

i) boolean 类型实例变量的默认值为 true。

j) 伪代码是用来帮助程序员在用编程语言编写程序之前“思考”的。

4.3 编写 4 条不同的 Java 语句，它们都将整型变量 x 加 1。

4.4 编写 Java 语句，完成下列任务。

a) 使用一条语句，将 x 和 y 的和赋予 z，并将 x 的值增加 1。

b) 测试变量 count 的值是否大于 10。如果是，显示“Count is greater than 10”。

c) 使用一条语句，将变量 x 的值增加 1，然后用变量 total 减去 x，并将结果保存在 total 中。

d) 计算 q 除以 divisor 之后的余数，并将结果赋予 q。以两种方式编写这条语句。

4.5 编写一条 Java 语句，完成下列任务。

a) 声明一个 int 类型的变量 sum，并将它初始化成 0。

b) 声明一个 int 类型的变量 x，并将它初始化成 1。

c)计算变量 x 和 sum 的和，并将结果赋予变量 sum。

d)显示“The sum is: ”后接变量 sum 的值。

4.6 将练习题 4.5 中的语句组合成 Java 程序，计算并显示整数 1 ~ 10 的和。使用 while 循环语句和增量语句。循环应当在 x 的值变为 11 时终止。

4.7 执行完语句“product *= x++;”之后，确定 product 和 x 的值。假定二者都为 int 类型且初始值为 5。

4.8 找出并更正下列代码段中的错误。假定所有的变量都已经被正确地声明且初始化了。

a)
```
1  while (c <= 5) {
2     product *= c;
3     ++c;
```
b)
```
1  if (gender == 1) {
2     System.out.println("Woman");
3  }
4  else; {
5     System.out.println("Man");
6  }
```
4.9 下列 while 语句有什么错误?
```
1  while (z >= 0) {
2     sum += z;
3  }
```

自测题答案

4.1 a)顺序、选择、循环。b)if...else。c)计数器控制(或者确定性)。d)标记值、信号值、标志值或哑值。e)顺序。f)0。g)前面。h)8。(注：这条赋值语句可能会导致编译错误。Java 语言规范指出，复合赋值运算符会对右边表达式的值执行隐式类型强制转换，以匹配运算符左边的变量类型。这样，计算所得的值 5 + 3.3 = 8.3 会被强制转换成一个 int 值 8。)

4.2 a)正确。b)错误。包含在一对花括号内的一组语句被称为语句块。c)错误。循环语句指定当某个条件为真时要重复执行的某一条语句。d)正确。e)正确。f)错误。基本数据类型(boolean，char，byte，short，int，long，float，double)只在支持 Java 的平台间是可移植的。g)正确。h)错误。一元强制转换运算符“(double)”会创建它的操作数的一个临时浮点型副本。i)错误。boolean 类型实例变量的默认值为 false。j)正确。

4.3 将变量 x 的值加 1 的 4 种途径是
```
1  x = x + 1;
2  x += 1;
3  ++x;
4  x++;
```
4.4 答案如下。

a)`z = x++ + y;`

b)
```
1  if (count > 10) {
2     System.out.println("Count is greater than 10");
3  }
```
c)`total -= --x;`

d)
```
1  q %= divisor;
2  q = q % divisor;
```
4.5 答案如下。

a)`int sum = 0;`

b)`int x = 1;`

c)`sum += x;` or `sum = sum + x;`

d)`System.out.printf("The sum is: %d%n", sum);`

4.6 答案如下。

```
1  // Exercise 4.6: Calculate.java
2  // Calculate the sum of the integers from 1 to 10
3  public class Calculate {
4     public static void main(String[] args) {
5        int sum = 0;
6        int x = 1;
7
8        while (x <= 10) { // while x is less than or equal to 10
9           sum += x; // add x to sum
10          ++x; // increment x
11       }
12
13       System.out.printf("The sum is: %d%n", sum);
14    }
15 }
```

```
The sum is: 55
```

4.7 product = 25, x = 6

4.8 答案如下。

a) 错误：忘记了 while 语句体的右花括号。

改正：在语句“++c;”之后添加一个右花括号。

b) 错误：else 之后的分号会导致逻辑错误，第二条输出语句总是会执行。

改正：将这个分号删除。

4.9 while 语句中变量 z 的值永远不会改变。因此，如果初始时循环继续条件(z >= 0)为真，则会出现无限循环。为了防止出现无限循环，必须递减 z 的值，以使它最终变为小于 0。

练习题

4.10 比较并对照 if 单选择语句和 while 循环语句。这两种语句的相似度如何？它们有何不同？

4.11 当 Java 程序中试图用一个整数除以另一个整数时，会发生什么情况？这个计算的分数部分会发生什么？应该如何避免这种结果？

4.12 描述能将控制语句组合在一起的两种方式。

4.13 对于求前 100 个正整数的和的计算而言，应该采用何种循环？对于求任意个正整数的和的计算而言，应该采用何种循环？简要描述这些任务是如何执行的。

4.14 前置增量与后置增量有什么不同？

4.15 找出并更正如下代码段中的错误。(注：在每个代码段中可能有多个错误。)

a)

```
1  int x = 1, total;
2  while (x <= 10) {
3     total += x;
4     ++x;
5  }
```

b)

```
1  while (x <= 100)
2     total += x;
3     ++x;
```

c)

```
1  while (y > 0) {a
2     System.out.println(y);
3     ++y;
```

4.16 给出下列代码的运行结果。

```
1  // Exercise 4.16: Mystery.java
2  public class Mystery {
3     public static void main(String[] args) {
4        int x = 1;
5        int total = 0;
6
7        while (x <= 10) {
8           int y = x * x;
9           System.out.println(y);
```

```
10            total += y;
11            ++x;
12        }
13
14        System.out.printf("Total is %d%n", total);
15    }
16 }
```

对于练习题 4.17 ~ 4.20，依次执行下列步骤：

a)阅读问题描述。

b)使用伪代码和自顶向下、逐步细化的方法形成算法。

c)编写 Java 程序。

d)测试、调试并执行这个 Java 程序。

e)处理三组完整的数据。

4.17 **(汽车的油耗)**驾驶员都会关心汽车的油耗情况。某位驾驶员记录下了每次加满油后行驶的里程数和加油量。开发一个 Java 程序，向程序输入每次加油时行驶的里程数和加油量(都为整数)。程序需根据每次的加油量计算并显示油耗(每加仑行驶的里程数)，还应显示到目前为止的综合油耗。所有求平均值的计算，都必须得到浮点值。使用 Scanner 类和标记控制循环来获得用户输入的数据。

4.18 **(信用额度计数器)**开发一个 Java 程序，它判断商店的任何客户在付账时是否超出了他的信用额度。对每位客户，都存在如下信息：

a)账号

b)月初的欠款

c)客户本月已经支付的所有商品的总金额

d)客户账户本月已存入的总金额

e)允许的信用额度

这个程序需将以上所有数据作为整数输入，然后计算新的欠款(它等于月初欠款 + 已支付的总金额 − 银行存款)，显示这个新的欠款并判断它是否超出了客户的信用额度。对于已经超出了信用额度的客户，程序需显示消息“Credit limit exceeded”。使用标记控制循环获得账户数据。

4.19 **(销售佣金计数器)**一家大型公司根据佣金向销售人员发工资。销售人员每周可获得的收入，为 200 美元加上本周销售额的 9%。例如，如果某一周的销售额为 5000 美元，则销售人员的收入为 200 美元加上 5000 美元的 9%，总计 650 美元。已知每一位销售人员出售的产品清单，这些产品的编号及单价如图 4.33 所示。开发一个 Java 程序，输入每一位销售人员上周每件产品的销售情况，然后计算并显示其收入。销售人员可以出售的产品数量不限。

产品编号	单价
1	239.99
2	129.75
3	99.95
4	350.89

图 4.33 练习题 4.19 的产品数据

4.20 **(薪水计算器)**开发一个 Java 程序，计算三位员工的工资。对于前 40 个小时的工作，公司根据员工的时薪发放计时工资。超过 40 小时的工作时间，按时薪的 1.5 倍发放计时工资。三位员工的名单、每位员工上周工作的小时数及他们的时薪都已经提供。程序应输入每位员工的这些信息，然后计算并显示该员工的总工资。需要使用 Scanner 类来输入数据。

4.21 **(找出最大值)**查找最大值的过程经常用于计算机程序中。例如，确定销售竞赛优胜者的程序，要输入每位销售人员销售的商品个数。销售的商品数最多的销售人员就是获胜者。先给出一个伪代码程序，然后编写一个输入 10 个整数序列的 Java 程序，确定并显示最大的整数。程序需至少使用如下的三个变量：

a)counter。一个 1 ~ 10 的计数器(跟踪已经输入了多少个数，并判断什么时候这 10 个数已经全部被处理了)。

b)number。用户最近输入的那个整数。

c)largest。到目前为止最大的那个数。

4.22 **(表格式输出)** 编写一个 Java 程序，它使用循环用表格的形式显示如下的值：

```
N       10*N    100*N    1000*N

1       10      100      1000
2       20      200      2000
3       30      300      3000
4       40      400      4000
5       50      500      5000
```

4.23 **(找出最大的两个数)** 使用与练习题 4.21 相似的方法，找出输入的 10 个值中最大的两个值。(注：一次只能输入一个数。)

4.24 **(验证用户输入)** 修改图 4.12 中的程序，验证它的输入。对于任何输入值，如果它不为 1 或 2，则一直循环下去，直到用户输入了正确的值。

4.25 给出下列代码的运行结果。

```
1  // Exercise 4.25: Mystery2.java
2  public class Mystery2 {
3     public static void main(String[] args) {
4        int count = 1;
5
6        while (count <= 10) {
7           System.out.println(count % 2 == 1 ? "****" : "++++++++");
8           ++count;
9        }
10    }
11 }
```

4.26 给出下列代码的运行结果。

```
1  // Exercise 4.26: Mystery3.java
2  public class Mystery3 {
3     public static void main(String[] args) {
4        int row = 10;
5
6        while (row >= 1) {
7           int column = 1;
8
9           while (column <= 10) {
10             System.out.print(row % 2 == 1 ? "<" : ">");
11             ++column;
12          }
13
14          --row;
15          System.out.println();
16       }
17    }
18 }
```

4.27 **(垂悬 else 问题)** Java 编译器总是将 else 与前面离它最近的 if 相关联，除非加上花括号改变这种关系。这种行为导致了悬垂 else 问题。如下嵌套语句的缩进：

```
1  if (x > 5)
2     if (y > 5)
3        System.out.println("x and y are > 5");
4  else
5     System.out.println("x is <= 5");
```

似乎表明，如果 x 大于 5，则嵌套 if 语句判断 y 是否也大于 5。如果是，则输出字符串“x and y are > 5”。否则，如果 x 不大于 5，则 if...else 的 else 部分输出字符串“x is <= 5”。小心！这个嵌套 if...else 语句并不会按上面的方式执行。编译器实际上会将语句解释为

```
1  if (x > 5)
2     if (y > 5)
3        System.out.println("x and y are > 5");
4     else
5        System.out.println("x is <= 5");
```

其中，第一个 if 的语句体是一个嵌套 if...else 语句。外层 if 语句测试 x 是否大于 5。如果是，则继续测试 y 是否也大于 5。如果第二个条件为真，则显示正确的字符串“x and y are > 5”。但是，如果第二个条件为假，则显示字符串“x is <= 5”，即使我们知道 x 是大于 5 的也会如此。与此同样

错误的是，如果外层 if 语句的条件为假，则会跳过内层 if...else 语句，什么也不显示。对于这个练习，需对上述代码添加花括号，以强制嵌套 if...else 语句按它的设计意图执行。

4.28 **(另一个垂悬 else 问题)** 根据练习题 4.27 中对垂悬 else 问题的讨论，确定 x 为 9、y 为 11，或者 x 为 11、y 为 9 时下列各组代码的输出。下面的代码中已经省略了缩进，以使问题更具挑战性。(提示：可采用前面讲解过的缩进约定。)

a)

```
1  if (x < 10)
2  if (y > 10)
3  System.out.println("*****");
4  else
5  System.out.println("#####");
6  System.out.println("$$$$$");
```

b)

```
7  if (x < 10) {
8  if (y > 10)
9  System.out.println("*****");
10 }
11 else {
12 System.out.println("#####");
13 System.out.println("$$$$$");
14 }
```

4.29 **(另一个悬垂 else 问题)** 根据练习题 4.27 中对垂悬 else 问题的讨论，修改下列代码，以产生各小题中所示的输出。使用合适的缩进技术。除了插入花括号及进行代码缩进外，不能做其他的更改。下面的代码中已经省略了缩进，以使问题更具挑战性。(注：有可能不需要做任何改动。)

```
1  if (y == 8)
2  if (x == 5)
3  System.out.println("@@@@@");
4  else
5  System.out.println("#####");
6  System.out.println("$$$$$");
7  System.out.println("&&&&&");
```

a) 假设 x = 5，y = 8，产生如下输出：

```
@@@@@
$$$$$
&&&&&
```

b) 假设 x = 5，y = 8，产生如下输出：

```
@@@@@
```

c) 假设 x = 5，y = 8，产生如下输出：

```
@@@@@
&&&&&
```

d) 假设 x = 5，y = 7，产生如下输出：(注：else 后面的三条输出语句应属于一个语句块。)

```
#####
$$$$$
&&&&&
```

4.30 **(星号正方形)** 编写一个程序，提示用户输入正方形的边长，然后显示一个其边由星号组成的、边长为输入值的空心正方形。程序应允许边长值为 1 ~ 20。

4.31 **(回文)** 回文是指顺读和倒读都相同的字符序列。例如，下列五位数都是回文：12321，55555，45554，11611。编写一个程序，读取一个五位数并判断它是否为回文。如果输入的数字不足五位，则显示一个错误消息，并让用户重新输入。

4.32 **(输出与二进制数等价的十进制数)** 编写一个程序，输入为只包含 0 和 1 的一个整数(即二进制数)，显示它的等价十进制数。(提示：用求余和除法运算符，从右到左依次取得二进制数中的各个数字。

在十进制数制系统中，最右边的那个数具有位值 1，向左的下一个数具有位值 10，然后是 100，1000，等等。十进制数 234 可以被分解成 4 × 1 + 3 × 10 + 2 × 100。在二进制数制系统中，最右边的那个数具有位值 1，向左的下一个数具有位值 2，然后是 4，8，等等。与二进制数 1101 等价的十进制数是 1 × 1 + 0 × 2 + 1 × 4 + 1 × 8，即 13。)

4.33 **(星号棋盘图案)** 编写一个程序，要求只使用如下的输出语句：

```
1  System.out.print("* ");
2  System.out.print(" ");
3  System.out.println();
```

显示下面的棋盘图案。调用不带实参的 System.out.println 方法，可使程序输出一个换行符。(提示：需使用循环语句。)

```
* * * * * * * *
 * * * * * * * *
* * * * * * * *
 * * * * * * * *
* * * * * * * *
 * * * * * * * *
* * * * * * * *
 * * * * * * * *
```

4.34 **(包含无限循环的 2 的倍数)** 编写一个程序，在命令行窗口显示整数 2 的倍数，即 2，4，8，16，32，64，等等。循环不能终止(即应为一个无限循环)。当运行这个程序时会发生什么？

4.35 **(找出代码中的错误)** 下列语句中有什么错误？假设正确语句是要在 x 和 y 的和上加 1。

```
System.out.println(++(x + y));
```

4.36 **(三角形的边)** 编写一个程序，它读取由用户输入的三个非零值，然后判断并显示这些值是否能构成三角形的三条边。

4.37 **(直角三角形的边)** 编写一个程序，它读取三个非零整数，然后判断并显示这些值是否能构成一个直角三角形的三条边。

4.38 **(阶乘)** 非负整数 n 的阶乘可写为 $n!$，它等于 1 ~ n 的数的乘积：

$$n! = n \cdot (n-1) \cdot (n-2) \cdot \ldots \cdot 1$$

如果 $n = 0$，则：

$$n! = 1$$

例如，5! = 5 · 4 · 3 · 2 · 1，即 120。

a) 编写一个程序，它读取一个非负整数，然后计算并显示它的阶乘。

b) 编写一个程序，它使用如下公式估计数学常量 e 的值：应允许用户输入用于计算的项数。

$$e = 1 + \frac{1}{1!} + \frac{1}{2!} + \frac{1}{3!} + \ldots$$

c) 编写一个程序，它使用如下公式计算 e^x 的值：应允许用户输入用于计算的项数。

$$e^x = 1 + \frac{x}{1!} + \frac{x^2}{2!} + \frac{x^3}{3!} + \ldots$$

挑战题

4.39 **(用密码强制保护隐私)** Internet 通信及基于连接到 Internet 的计算机上的数据存储的爆炸式增长，已经大大增加了人们对隐私保护的担忧。密码学关注的是将数据编码，使它难于被未授权的用户读取，甚至希望即使采用最先进的方法也无法读取。这个练习中，需要为加密和解密数据给出一种简单的机制。希望在 Internet 上发送数据的一家公司，要求你编写一个加密数据的程序，以使它能更安全地传输。所有的数据都是作为 4 位整数传输的。程序应读取由用户输入的一个 4 位整数，并用如下方法加密它：将每一位数字进行如下替换：与 7 相加，然后将这个新值除以 10，得到的余数即为替换后的数字。接着，将第一位、第三位数字互换，将第二位、第四位数字互换。

最后，显示加密后的整数。编写另一个程序，它输入加密后的一个 4 位整数，然后解密它(是加密的逆过程)，以得到原始数字。[参考阅读材料：可以研究一下“公钥密码学”及 PGP(Pretty Good Privacy，完美隐私)公钥方案。还可以探讨一下 RSA 方案，它广泛应用于工业级的程序中。]

4.40 **(全球人口增长)**过去几个世纪中，全球的人口数量已经大幅增加了。持续的增长最终将导致对空气、饮用水、可耕地及其他有限资源的挑战。有证据表明，最近几年的人口增长已经减慢了，在 21 世纪的某个时刻，全球人口数量将达到顶峰，然后开始下降。

对于这个练习，需在线研究全球人口的增长情况。一定要调查各种不同的观点。估计当前的全球人口数量和增长率(即今年将增加的大致百分比)。编写一个程序，计算接下来的 75 年中每一年的全球人口增加数量，假设每年的增长率与今年的一致且保持不变。以表格形式输出结果。第一列应显示 1 ~ 75 的年数，第二列应显示该年末预计的人口数量，第三列显示该年新增加的人口数量。利用这些结果，判断在哪一年全球人口数量将会是现在的两倍。假设年增长率保持不变。

第 5 章　控制语句(2)及逻辑运算符

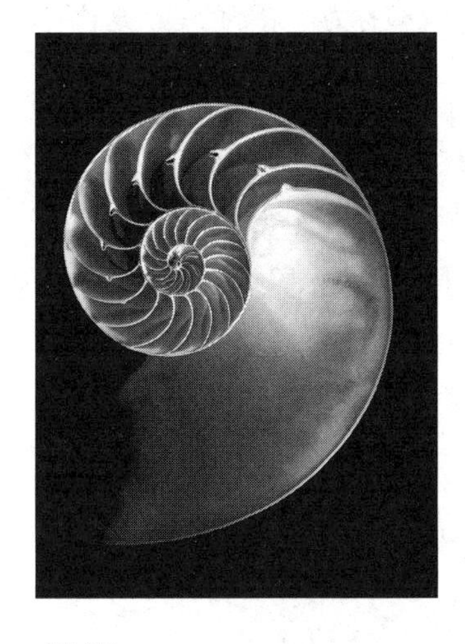

目标

本章将讲解

- 计数器控制循环的实质。
- 使用 for 和 do...while 循环反复执行程序中的语句。
- 使用 switch 选择语句的多项选择。
- 在 switch 语句中使用 String，实现一个面向对象的 AutoPolicy 示例。
- 用 break 和 continue 控制语句改变控制流。
- 在控制语句中使用逻辑运算符构成复杂的条件表达式。

提纲

5.1 简介

本章继续结构化编程理论和原则的讨论，介绍除一个 Java 的保留语句外的所有其他的控制语句。本章将演示 for、do...while 和 switch 语句的用法。通过一系列使用 while 和 for 的短小示例，将揭示计数器控制循环的实质。我们将使用 switch 语句，根据用户输入的一组数字成绩，计算对应的 A、B、C、D 和 F 成绩等级的数量。本章还将介绍 break 和 continue 控制语句，讨论 Java 的逻辑运算符，通过它们，程序员能在控制语句中使用更复杂的条件表达式。最后，将总结 Java 的控制语句及本章和第 4 章讲解过的问题求解技术。

5.2 计数器控制循环的实质

这一节使用第 4 章讨论过的 while 循环语句，将执行计数器控制循环所需的要素形式化。计数器控制循环要求有如下的要素：

1. 一个控制变量，或称之为循环计数器。
2. 控制变量的初始值。
3. 每次通过循环时，用于修改控制变量的增量或减量。“通过循环”又被称为“循环的一次迭代”。
4. 确定是否应该再次循环的循环继续条件(loop-continuation condition)。

为了查看计数器控制循环的这些要素，考虑图 5.1 中的程序，它利用一个循环来显示 1 ~ 10 的数。

图 5.1 中，计数器控制循环的要素在第 6 行、第 8 行和第 10 行定义。第 6 行将控制变量(counter)声明为 int 类型，在内存中为其保留了空间，并将其初始值设置为 1。也可以用下面的局部变量声明语句和赋值语句来初始化变量 counter：

```
int counter; // declare counter
counter = 1; // initialize counter to 1
```

```
1  // Fig. 5.1: WhileCounter.java
2  // Counter-controlled iteration with the while iteration statement.
3
4  public class WhileCounter {
5     public static void main(String[] args) {
6        int counter = 1; // declare and initialize control variable
7
8        while (counter <= 10) { // loop-continuation condition
9           System.out.printf("%d  ", counter);
10          ++counter; // increment control variable
11       }
12
13       System.out.println();
14    }
15 }
```

```
1  2  3  4  5  6  7  8  9  10
```

图 5.1　包含 while 循环语句的计数器控制循环

第 9 行显示了每次循环迭代时控制变量 counter 的值。每次循环迭代时，第 10 行将控制变量的值增加 1。while 中的循环继续条件(第 8 行)测试控制变量的值是否小于或等于 10(这是条件为真时的终止值)。即使当控制变量的值为 10 时，应用也会执行这个 while 的语句体。当控制变量的值超过 10 时(即 counter 变为 11)，循环会终止。

常见编程错误 5.1

因为浮点值可能是近似值，所以用浮点变量来控制循环，可能导致不精确的计数器值和不准确的终止情况测试。

错误预防提示 5.1

应使用整数来控制循环的计数。

5.3 for 循环语句

5.2 节给出了计数器控制循环的实质。while 语句可用来实现任何计数器控制循环。Java 还提供了 for 循环语句，它在一行代码中指定计数器控制循环的所有细节。图 5.2 利用 for 循环语句重新实现了图 5.1 中的程序。

当 for 循环语句(第 8 ~ 10 行)开始执行时，声明控制变量 counter，并将其初始化为 1(回忆 5.2 节，计数器控制循环的前两个要素是控制变量及其初始值)。接下来，程序检查循环继续条件 counter <= 10，

其前后必须有两个分号。由于 counter 的初始值为 1，因此开始时该条件为真。因此，语句体(第 9 行)显示控制变量 counter 的值，即 1。执行完循环体之后，程序通过表达式 counter++(即第二个分号右侧的部分)将 counter 加 1。然后，再次测试循环继续条件，以判断程序是否应该继续进行下一次循环。这时，控制变量的值为 2，因此条件仍为真(还未超过终止值)，程序再次执行语句体(即循环的下一次迭代)。这一过程持续到显示了 1 ~ 10 这些数，并且 counter 的值变为 11，使循环继续条件的测试失败，循环终止(第 11 行的循环体重复执行 10 次以后)。然后，程序执行 for 之后的第一条语句，即第 12 行。

```
1  // Fig. 5.2: ForCounter.java
2  // Counter-controlled iteration with the for iteration statement.
3
4  public class ForCounter {
5     public static void main(String[] args) {
6        // for statement header includes initialization,
7        // loop-continuation condition and increment
8        for (int counter = 1; counter <= 10; counter++) {
9           System.out.printf("%d  ", counter);
10       }
11
12       System.out.println();
13    }
14 }
```

```
1  2  3  4  5  6  7  8  9  10
```

图 5.2　包含 for 循环语句的计数器控制循环

图 5.2(在第 8 行中)使用了循环继续条件 counter <= 10。如果将条件错误地写成 counter < 10，则循环将只迭代 9 次。这是一种常见的逻辑错误，被称为“差 1 错误”。

常见编程错误 5.2

在循环语句的循环继续条件中，使用不正确的关系运算符或循环计数器终止值，都会导致差 1 错误。

错误预防提示 5.2

在循环继续条件中使用终止值和<=运算符可避免产生差 1 错误。对于显示 1 ~ 10 的循环，循环继续条件应为 counter <= 10(而不是 counter < 10，它会导致差 1 错误)或 counter < 11(这是正确的)。许多程序员喜欢使用基于 0 的计数。这时，为了计算 10 次，counter 应初始化为 0，而循环继续条件应为 counter < 10。

错误预防提示 5.3

第 4 章讲过，整数可能会溢出，导致逻辑错误。循环的控制变量也可能溢出。编写循环控制条件时，应防止出现这种情况。

对 for 语句首部的深入分析

图 5.3 更深入地分析了图 5.2 中的 for 语句。for 语句的第一行(包括关键字 for 和 for 之后圆括号中的所有内容)即图 5.2 中的第 8 行，有时被称为 for 语句首部。注意，for 语句首部“承担所有工作”——指定包含控制变量的 for 计数器控制循环所需的各个项目。如果在 for 语句体中有多条语句，则需要用花括号来定义循环体。

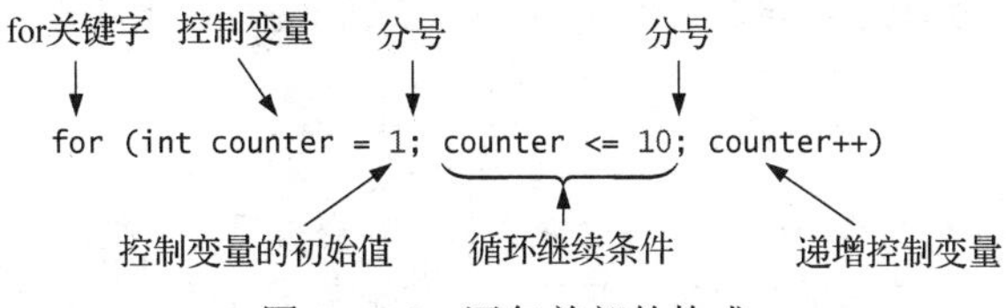

图 5.3　for 语句首部的构成

for 语句的通用格式

for 语句的一般格式是

```
for (initialization; loopContinuationCondition; increment) {
    statements
}
```

其中，*initialization* 表达式命名循环的控制变量，并且可以提供其初始值；*loopContinuationCondition* 确定循环是否应该继续执行；*increment* 修改控制变量的值(可能是增加，也可能是减少)，以便循环继续条件最终变成假。for 语句首部中的两个分号是必须有的。如果循环继续条件一开始就为假，则程序不会执行 for 语句体，而是执行 for 语句之后的语句。

用等价的 while 语句代替 for 语句

for 语句通常可以用等价的 while 语句表示，如下所示：

```
initialization;

while (loopContinuationCondition) {
    statements
    increment;
}
```

5.8 节中将给出一个无法用等价的 while 语句表示 for 语句的例子。一般情况下，for 语句用于计数器控制循环，而 while 语句用于标记控制循环。但是，while 和 for 都可以用于这两种循环类型。

for 语句控制变量的作用域

如果 for 语句首部中的 *initialization* 表达式声明了控制变量(即控制变量的类型在变量名称之前指定，如图 5.2 所示)，则控制变量只能用在这个 for 语句中——for 语句之外它将不再存在。这种限定被称为变量的作用域(scope)。变量的作用域指定了该变量可在程序的什么位置使用。例如，局部变量只能用在声明它的方法中，并且只能用在从声明它的地方到方法的结尾花括号处。第 6 章将详细讨论作用域。

常见编程错误 5.3

当 for 语句的控制变量在 for 语句首部的 *initialization* 部分声明时，在 for 语句体之后使用它，会导致编译错误。

for 语句首部中的表达式是可选的

for 语句首部中的三个表达式都是可有可无的。如果省略 *loopContinuationCondition*，则 Java 假设条件总为真，因此会产生无限循环。如果程序在循环前初始化了控制变量，则可以省略 *initialization* 表达式。如果程序用循环体中的语句来计算增量，或者根本不需要增量，则可以省略 increment 表达式。for 语句中的 *increment* 表达式就好像 for 语句体末尾的一条独立语句。因此，表达式：

```
counter = counter + 1
counter += 1
++counter
counter++
```

都与 for 语句中的 *increment* 表达式等价。许多程序员更喜欢用 counter++，因为它很简练，并且 for 循环是在语句体执行之后计算增量表达式的。因此，后置增量形式似乎更自然。这时，值增加的变量并不出现在更大的表达式中，因此实际上前置增量和后置增量具有相同的效果。

常见编程错误 5.4

在 for 语句首部的圆括号之后立即放一个分号，会使 for 语句体成为一条空语句。这是一种常见的逻辑错误。

错误预防提示 5.4

若循环语句中的循环继续条件永远不会变成假，则会出现无限循环。为了防止在计数器控制循环中出现这种情况，应确保在每次循环迭代时控制变量的值发生了变化，以使循环继续条件最终变为假。在标记控制循环中，应确保最终输入了标记值。

在 for 语句首部中放入算术表达式

在 for 语句的初始化、循环继续条件和增量部分中，都可以包含算术表达式。例如，假设 x = 2，y = 10，如果 x 和 y 都在循环体中没有被修改，则语句：

```
for (int j = x; j <= 4 * x * y; j += y / x)
```

等价于

```
for (int j = 2; j <= 80; j += 5)
```

for 语句的增量值也可以为负数，这时实际上就是减量，循环是向下计数的。

在 for 语句体中使用控制变量

程序经常显示控制变量的值，或在循环体中将其用于计算。在 for 循环中，控制变量常用于控制循环，而在 for 语句体中不涉及它。

错误预防提示 5.5

尽管在 for 循环体中可以改变控制变量的值，但应该避免这样做，因为在实践中这样做会导致一些微妙的错误。

for 语句的 UML 活动图

for 语句的 UML 活动图与 while 语句的 UML 活动图类似(见图 4.6)。图 5.4 展示了图 5.2 中 for 语句的活动图。通过这个活动图，显然可以看出初始化发生在第一次循环继续条件的测试之前，而增量操作发生在每次循环时执行了语句体之后。

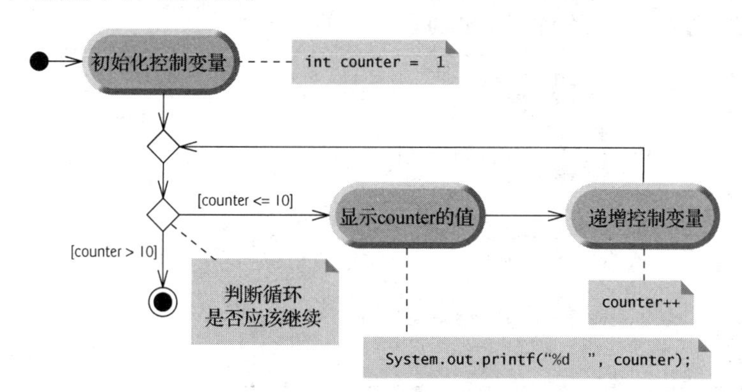

图 5.4　图 5.2 中 for 语句的 UML 活动图

5.4　使用 for 语句的示例

下面的几个示例演示了在 for 语句中改变控制变量值的几种技术。对于每种情况，都只写出了对应的 for 语句首部。要注意循环中用于减少控制变量值的关系运算符的变化。

a) 控制变量从 1 变到 100，增量为 1。

```
for (int i = 1; i <= 100; i++)
```

b) 控制变量从 100 变到 1，减量为 1。

```
for (int i = 100; i >= 1; i--)
```

c) 控制变量从 7 变到 77，增量为 7。

```
for (int i = 7; i <= 77; i += 7)
```

d) 控制变量从 20 变到 2，减量为 2。

```
for (int i = 20; i >= 2; i -= 2)
```

e)按 2，5，8，11，14，17，20 的规律变化控制变量。

```
for (int i = 2; i <= 20; i += 3)
```

f)按 99，88，77，66，55，44，33，22，11，0 的规律变化控制变量。

```
for (int i = 99; i >= 0; i -= 11)
```

常见编程错误 5.5

对于向下计数的循环，如果在循环继续条件里没有使用合适的关系运算符(如在向下计数到 1 的循环中使用了 i <= 1，而不是 i >= 1)，则通常会导致逻辑错误。

常见编程错误 5.6

如果控制变量的增减量大于 1，则不要在循环继续条件中使用相等性运算符(!=或==)。例如 for 语句首部：for(int counter = 1, counter != 10, counter += 2)。循环继续条件 counter != 10 永远不会变为假(从而导致无限循环)，因为每次迭代的增量为 2。

错误预防提示 5.6

计算循环次数时通常容易出错。后续几章中将讲解 lambda 表达式和流，这两种技术可用来消除这类错误。

5.4.1　程序：求 2～20 的偶数和

现在考虑两个示例，它们演示了 for 语句的简单用法。图 5.5 中的程序使用一条 for 语句求 2 ~ 20 的偶数和，并将结果保存在一个名称为 total 的 int 类型的变量中。

```
1  // Fig. 5.5: Sum.java
2  // Summing integers with the for statement.
3
4  public class Sum {
5     public static void main(String[] args) {
6        int total = 0;
7
8        // total even integers from 2 through 20
9        for (int number = 2; number <= 20; number += 2) {
10          total += number;
11       }
12
13       System.out.printf("Sum is %d%n", total);
14    }
15 }
```

```
Sum is 110
```

图 5.5　用 for 语句求偶数和

初始化表达式和增量表达式，可以是一个用逗号分隔的表达式列表，这样就可以使用多个初始化表达式或多个增量表达式。例如，尽管不鼓励这样做，但图 5.5 中第 9 ~ 11 行的 for 语句体可以合并到 for 语句首部的增量部分中，使用逗号分隔，如下所示：

```
for (int number = 2; number <= 20; total += number, number += 2) {
   ; // empty statement
}
```

良好的编程实践 5.1

为了增加可读性，应尽可能将控制语句首部限制在一行。

5.4.2　程序：复利计算

下一个程序使用 for 语句计算银行利息。考虑如下的问题：

一个人在储蓄账户上存入 1000 美元，年利率为 5%。假设所有利息都继续存入，计算并输出 10 年间每年末时账户上的存款余额。利用下面的公式来确定余额：

$a = p\ (1 + r)^n$

其中：

p 为最初投入的资金(本金)

r 为年利率(5%的年利率即 0.05)

n 为年数

a 是第 n 年末时的余额

对这个问题的求解(见图 5.6)涉及一个循环，为 10 年间的每一年计算存款余额。main 方法中的第 6 行、第 7 行、第 15 行分别声明了 double 变量 principal、rate、amount，并将 principal 初始化为 1000.0，将 rate 初始化为 0.05。第 15 行将 amount 初始化成复利计算的结果。Java 将 1000.0 和 0.05 这样的浮点型常量当成 double 类型。类似地，Java 将 7 和−22 这样的整数常量当成 int 类型。

```
1  // Fig. 5.6: Interest.java
2  // Compound-interest calculations with for.
3
4  public class Interest {
5     public static void main(String[] args) {
6        double principal = 1000.0; // initial amount before interest
7        double rate = 0.05; // interest rate
8
9        // display headers
10       System.out.printf("%s%20s%n", "Year", "Amount on deposit");
11
12       // calculate amount on deposit for each of ten years
13       for (int year = 1; year <= 10; ++year) {
14          // calculate new amount on deposit for specified year
15          double amount = principal * Math.pow(1.0 + rate, year);
16
17          // display the year and the amount
18          System.out.printf("%4d%,20.2f%n", year, amount);
19       }
20    }
21 }
```

```
Year   Amount on deposit
   1            1,050.00
   2            1,102.50
   3            1,157.63
   4            1,215.51
   5            1,276.28
   6            1,340.10
   7            1,407.10
   8            1,477.46
   9            1,551.33
  10            1,628.89
```

图 5.6　用 for 循环进行复利计算

用字段宽度和对齐方式格式化字符串

第 10 行输出了两列结果的列标题。第一列显示年，第二列显示该年末的存款余额。这里使用了格式指定符%20s 来输出字符串“Amount on deposit”。%和转换符 s 之间的整数 20 表明输出值显示的字段宽度为 20，即 printf 用至少 20 个字符的位置显示值。如果要输出的值小于 20 个字符的字段宽度(这里为 17)，则字段中的值默认右对齐。如果要输出的 year 值超过了 4 个字符的字段宽度，则字段宽度将向右扩展，以容纳整个值。这样将会使 amount 字段向右延伸，破坏表格格式输出中列的整齐性。为了使值能够左对齐，只需在字段宽度的前面加上一个减号(−)格式化标志即可，例如%−20s。

用 Math 类的静态方法 pow 计算复利

for 语句(第 13～19 行)执行语句体 10 次，控制变量 year 从 1 变到 10，每次加 1。当 year 的值变成 11 时，循环终止(year 代表问题描述中的 n)。

类提供了对其对象执行常见任务的方法。事实上，大多数方法都必须对某个具体对象进行调用。例如，为了输出图 5.6 中的文本，第 10 行对 System.out 对象调用了 printf 方法。一些类还提供执行通用任务的方法，它们不需要预先创建对象。这些方法被称为静态方法。例如，Java 并没有包含求幂运算符，因此 Java 的 Math 类的设计人员定义了静态方法 pow，它可计算一个数的幂值。通过指定类名，后接一个点号(.)及方法名，即可调用静态方法，也就是

ClassName.*methodName*(*arguments*)

第 6 章中将讲解如何在自己的类中实现静态方法。

我们使用 Math 类的静态方法 pow 执行图 5.6 中的复利计算。Math.pow(*x*, *y*)计算 *x* 的 *y* 次幂。这个方法接收两个 double 实参，返回一个 double 值。第 15 行执行计算 $a = p\ (1 + r)^n$，其中 *a* 表示存款额，*p* 表示本金，*r* 是年利率，*n* 是年数。Math 类在 java.lang 包中定义，所以不必导入 Math 类也可以使用它。

for 语句体中包含了 1.0 + rate 的计算，它作为 Math.pow 方法的实参出现。事实上，这个计算在每次循环时都产生相同的结果，因此每次循环迭代时重复这个计算是一种浪费。

性能提示 5.1

在循环中，应避免进行那些结果从来不会更改的计算——这样的计算通常应该放在循环之前。当今的许多高度优化的编译器会在编译代码中自动将这种计算放在循环的外面。

浮点数的格式化

在每次计算之后，第 18 行输出年份及当年年末的存款额。年份以 4 个字符的字段宽度输出(由%4d 指定)。年末存款额用浮点数输出，格式指定符为%,20.2f。

这个逗号格式化标志表明，浮点数输出时应该带分组分隔符(即美式记数法)。所用的实际分隔符取决于用户所在的地区(即国家)。例如，在美国，输出数字时每三个数字以逗号分隔，用小数点分隔数字的小数部分，如 1,234.45。格式指定符中的数字 20 表明，值应该在 20 个字符的字段宽度上右对齐输出。“.2”指定数值精度——这里是将数字四舍五入到最近的百分位，在小数点后输出两位数字。

注意四舍五入值的显示

这个示例中，将变量 amount、principal、rate 声明为 double 类型。由于要处理美元的小数部分，因此需要一种允许值中带小数点的类型。遗憾的是，浮点数会引起麻烦。这里给出一个简单说明，它解释了使用 double(或 float)类型来表示美元额(假设小数点后显示两位数字)时导致的错误。假设保存在计算机中的两个 double 类型美元额是 14.234(通常会将其四舍五入到 14.23，以供显示)和 18.673(通常会将其显示成 18.67)。当这两个数相加时，得到的内部和是 32.907，但通常会将其显示成 32.91(四舍五入)。因此，输入就是这样的：

```
  14.23
+ 18.67
  32.91
```

但是，如果我们自己将显示的这两个数相加，则得到的和应该是 32.90。所以要小心这种计算！

错误预防提示 5.7

不要使用 double(或 float)类型的变量来执行精确的货币计算。浮点数的不精确性会导致错误。后面的练习题中将利用整数来执行精确的货币计算。此外，Java 还提供了 java.math.BigDecimal 类，见图 8.16。

错误预防提示 5.8

在经济全球化中，处理币种、金额、转换、四舍五入、格式化等，是一项复杂的任务。新开发的 JavaMoney API(http://javamoney.github.io)就是专门应对这些情况的。到本书编写时为止，这个 API 还没有集成到 JDK 中。第 8 章中给出了一个使用 JavaMoney 的练习题。

5.5　do...while 循环语句

do...while 循环语句类似于 while 循环语句。在 while 循环语句中，程序在开始处测试循环继续条件，

然后执行循环体。如果条件为假，则根本不执行循环体。do...while 循环语句在执行循环体之后测试循环继续条件，因此循环体总是至少执行一次。当 do...while 循环语句终止时，将继续执行语句序列中的下一条语句。图 5.7 用 do...while 循环语句输出 1 ~ 10。

```
1  // Fig. 5.7: DoWhileTest.java
2  // do...while iteration statement.
3
4  public class DoWhileTest {
5     public static void main(String[] args) {
6        int counter = 1;
7
8        do {
9           System.out.printf("%d  ", counter);
10          ++counter;
11       } while (counter <= 10);
12
13       System.out.println();
14    }
15 }
```

```
1  2  3  4  5  6  7  8  9  10
```

图 5.7　do...while 循环语句

第 6 行声明并初始化了控制变量 counter。一旦进入 do...while 循环语句，第 9 行就输出 counter 的值，而第 10 行将 counter 加 1。然后，程序计算循环底部的循环继续条件的值(第 11 行)。如果条件为真，则循环继续执行 do...while 循环语句中的第一条语句(第 9 行)。如果条件为假，则循环终止，程序继续执行循环之后的下一条语句。

do...while 循环语句的 UML 活动图

图 5.8 中给出了 do...while 循环语句的 UML 活动图。通过该图显然可以看出，至少执行一次循环体后，才会对循环继续条件求值。可以将这个活动图与 while 语句的活动图(见图 4.6)进行比较。

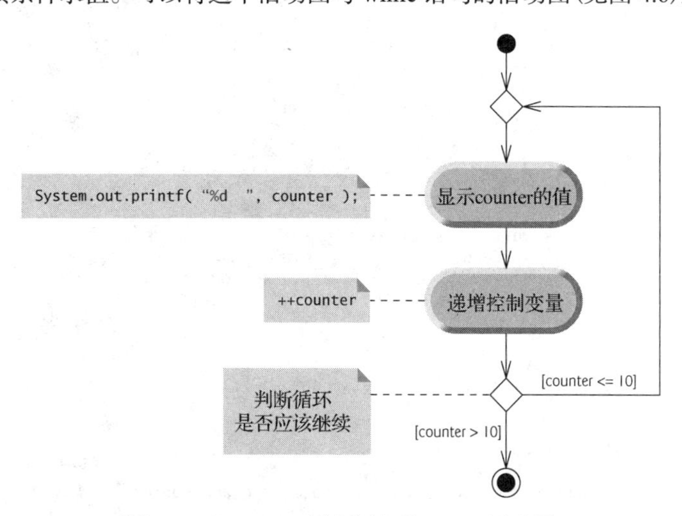

图 5.8　do...while 循环语句的 UML 活动图

5.6　switch 多选择语句

第 4 章中探讨了 if 单选择语句和 if...else 双选择语句。基于一个 byte、short、int 或者 char 类型(非 long 类型)的常量整型表达式的可能取值，switch 多选择语句能够执行不同的动作。表达式的值也可以是 String 类型，参见 5.7 节。

用 switch 语句对 A、B、C、D 和 F 成绩等级进行计数

图 5.9 根据一组由用户输入的数字成绩，计算班级平均成绩。利用一条 switch 语句，程序判断每个输入的成绩是否为 A、B、C、D 或 F，并相应增加对应的成绩等级计数器的值。程序还给出了每个成绩等级的学生数的汇总。

```
1  // Fig. 5.9: LetterGrades.java
2  // LetterGrades class uses the switch statement to count letter grades.
3  import java.util.Scanner;
4
5  public class LetterGrades {
6     public static void main(String[] args) {
7        int total = 0; // sum of grades
8        int gradeCounter = 0; // number of grades entered
9        int aCount = 0; // count of A grades
10       int bCount = 0; // count of B grades
11       int cCount = 0; // count of C grades
12       int dCount = 0; // count of D grades
13       int fCount = 0; // count of F grades
14
15       Scanner input = new Scanner(System.in);
16
17       System.out.printf("%s%n%s%n   %s%n   %s%n",
18          "Enter the integer grades in the range 0-100.",
19          "Type the end-of-file indicator to terminate input:",
20          "On UNIX/Linux/macOS type <Ctrl> d then press Enter",
21          "On Windows type <Ctrl> z then press Enter");
22
23       // loop until user enters the end-of-file indicator
24       while (input.hasNext()) {
25          int grade = input.nextInt(); // read grade
26          total += grade; // add grade to total
27          ++gradeCounter; // increment number of grades
28
29          // increment appropriate letter-grade counter
30          switch (grade / 10) {
31             case 9:  // grade was between 90
32             case 10: // and 100, inclusive
33                ++aCount;
34                break; // exits switch
35             case 8: // grade was between 80 and 89
36                ++bCount;
37                break; // exits switch
38             case 7: // grade was between 70 and 79
39                ++cCount;
40                break; // exits switch
41             case 6: // grade was between 60 and 69
42                ++dCount;
43                break; // exits switch
44             default: // grade was less than 60
45                ++fCount;
46                break; // optional; exits switch anyway
47          }
48       }
49
50       // display grade report
51       System.out.printf("%nGrade Report:%n");
52
53       // if user entered at least one grade...
54       if (gradeCounter != 0) {
55          // calculate average of all grades entered
56          double average = (double) total / gradeCounter;
57
58          // output summary of results
59          System.out.printf("Total of the %d grades entered is %d%n",
60             gradeCounter, total);
61          System.out.printf("Class average is %.2f%n", average);
62          System.out.printf("%n%s%n%s%d%n%s%d%n%s%d%n%s%d%n%s%d%n",
63             "Number of students who received each grade:",
64             "A: ", aCount,  // display number of A grades
65             "B: ", bCount,  // display number of B grades
66             "C: ", cCount,  // display number of C grades
```

图 5.9 利用 switch 语句，LetterGrades 类对 A、B、C、D 和 F 成绩等级进行计算

```
67                "D: ", dCount,  // display number of D grades
68                "F: ", fCount); // display number of F grades
69          }
70          else { // no grades were entered, so output appropriate message
71             System.out.println("No grades were entered");
72          }
73       }
74    }
```

```
Enter the integer grades in the range 0-100.
Type the end-of-file indicator to terminate input:
   On UNIX/Linux/macOS type <Ctrl> d then press Enter
   On Windows type <Ctrl> z then press Enter
99
92
45
57
63
71
76
85
90
100
^Z

Grade Report:
Total of the 10 grades entered is 778
Class average is 77.80

Number of students who received each grade:
A: 4
B: 1
C: 2
D: 1
F: 2
```

图 5.9(续)　利用 switch 语句，LetterGrades 类对 A、B、C、D 和 F 成绩等级进行计算

和以前的版本一样，LetterGrades 类的 main 方法(见图 5.9)声明了局部变量 total(第 7 行)和 gradeCounter(第 8 行)，分别记录用户输入的总成绩及成绩个数。第 9～13 行声明了表示每个成绩等级的计数器变量。注意，第 7～13 行中的变量都被初始化成 0。

main 方法包含两个主要部分。第 24～48 行使用标记控制循环，从用户处读取一个任意整数成绩，更新实例变量 total 和 gradeCounter，并针对输入的每个成绩更新相应的字母成绩等级计数器。第 51～72 行输出一个报告，包含总成绩、班级平均成绩及每个字母成绩等级的学生数。下面将更详细地探讨这些内容。

从用户处读取成绩

第 17～21 行提示用户输入整数成绩，并通过输入文件结束指示符来终止输入。文件结束指示符(end-of-file indicator)是一个与系统有关的键击组合，由用户输入，表明没有其他数据需要输入了。第 15 章会讲解当程序从文件读取输入时，应该如何使用文件结束指示符。

在 UNIX/Linux/macOS 系统中，输入 Ctrl + d 组合键就表示文件结束指示符。

<Ctrl> d

“Ctrl + d”表示同时按下 Ctrl 键和 d 键。在 Windows 系统中，输入 Ctrl + z 组合键就表示文件结束指示符。

<Ctrl> z

(注：某些系统中，必须在输入文件结束指示符之后按回车键。此外，输入文件结束指示符时，Windows 通常会在屏幕上显示“^Z”字符，如图 5.9 所示。)

可移植性提示 5.1

文件结束指示符的键击组合是与系统相关的。

while 语句(第 24～48 行)获得用户的输入。第 24 行中的条件调用了 Scanner 类的 hasNext 方法，以

判断是否还有更多的数据输入。如果还有数据输入，则方法返回布尔值 true，否则返回 false。然后，返回值用作 while 语句中条件的值。只要用户输入了文件结束指示符，hasNext 方法就返回 false。

第 25 行由用户输入一个成绩值。第 26 行将 grade 加到 total 上。第 27 行将 gradeCounter 增加 1。这些变量用于计算班级平均成绩。第 30 ~ 47 行利用一条 switch 语句，根据输入的成绩增加相应字母成绩计数器的值。

处理成绩

switch 语句(第 30 ~ 47 行)判断应该增加哪个计数器的值。这里假设用户输入了 0 ~ 100 的一个有效成绩。90 ~ 100 的成绩为 A，80 ~ 89 的成绩为 B，70 ~ 79 的成绩为 C，60 ~ 69 的成绩为 D，0 ~ 59 的成绩为 F。switch 语句由一个语句块组成，它包含一个分支标签序列和一个可选的默认分支。此处的这些语句用于判断基于成绩应将哪一个计数器加 1。

当控制流到达 switch 语句时，程序对 switch 关键字之后圆括号中的表达式(即 grade / 10)进行求值。这被称为 switch 语句的控制表达式(controlling expression)。程序将控制表达式的值与每个分支标签进行比较。控制表达式的值必须是可以求值成 byte、char、short 或 int 类型的整数值(或能够转换成整数值的 String 类型)。第 30 行的 switch 表达式执行的是整数除法，它会将结果的小数部分截去。因此，当将 0 ~ 100 的任何值除以 10 时，结果总是一个 0 ~ 10 的值。在分支标签中使用了几个这样的结果值。例如，如果用户输入整数 85，则控制表达式将求值成 int 值 8。switch 语句将 8 与每个分支标签进行比较。如果匹配成功(第 35 行的“case 8:”)，则程序执行该分支所对应的语句。对于整数 8，第 36 行将 bCount 加 1，因为 80 多分的成绩对应的是 B。break 语句(第 37 行)使程序控制继续执行 switch 之后的第一条语句。在这个程序中，这时就到达了 while 循环体的末尾，因此控制将返回到第 24 行中的循环继续条件，以判断是否应继续执行循环体。

switch 语句中的几个分支分别测试了值 10、9、8、7 和 6 的情况。注意，第 31 ~ 32 行测试了 9 和 10 的情况，二者都代表成绩等级 A。以这种方式连续列出多种情况，并且二者之间没有语句，就可以对这两种情况执行一组相同的语句。也就是说，当控制表达式求值为 9 或 10 时，将执行第 33 ~ 34 行的语句。switch 语句不提供测试值的范围的机制，因此要测试的每一个值都必须列在单独的分支标签中。每个分支中都可以有多条语句。switch 语句与其他控制语句不同，在分支中不需要用花括号将多条语句包围起来。

没有 break 语句的分支

如果没有 break 语句，则每次在 switch 中找到匹配的分支之后，就会执行对应的语句及后续的分支语句，直到遇到 break 语句或到达 switch 语句末尾为止。这种情况常被称为“落入”后续分支语句中。(这一特性可用来编写一个用于显示重复性歌词“The Twelve Days of Christmas”的简单程序，参见练习题 5.29。)

常见编程错误 5.7

在 switch 语句中在要求 break 语句的地方忘记使用它，会导致逻辑错误。

默认分支

如果在控制表达式的值与 case 标签之间没有出现匹配的情况，则会执行默认分支(第 44 ~ 46 行)中的语句。这个示例中使用了默认分支来处理 switch 表达式的值小于 6 的全部情况，即所有不及格的成绩。如果没有匹配成功且 switch 语句没有包含默认分支，则程序控制通常会继续执行 switch 语句后的下一条语句。

错误预防提示 5.9

switch 语句中，应确保在控制表达式中测试了所有可能的值。

显示成绩报告

第 51 ~ 72 行根据输入的成绩显示一个报告(见图 5.9 中的输入/输出窗口)。第 54 行确定用户是否至少输入了一个成绩——这有助于避免除数为 0 的情况。如果是，则第 56 行计算班级平均成绩。然后，第 59～68 行输出总成绩、班级平均成绩，以及获得每种字母成绩等级的学生数。如果没有输入任何成绩，则第 71 行输出一条消息。图 5.9 中的输出展示了 10 个成绩的报告。

switch 语句的 UML 活动图

图 5.10 展示了常规的 switch 语句的 UML 活动图。大多数 switch 语句在每个分支中都使用 break 语句，以便在处理完这个分支后终止 switch 语句。图 5.10 通过在活动图中包括 break 语句而强调了这一点。通过这个图显然可以看出，每个分支末尾的 break 语句可以立即使控制退出 switch 语句。

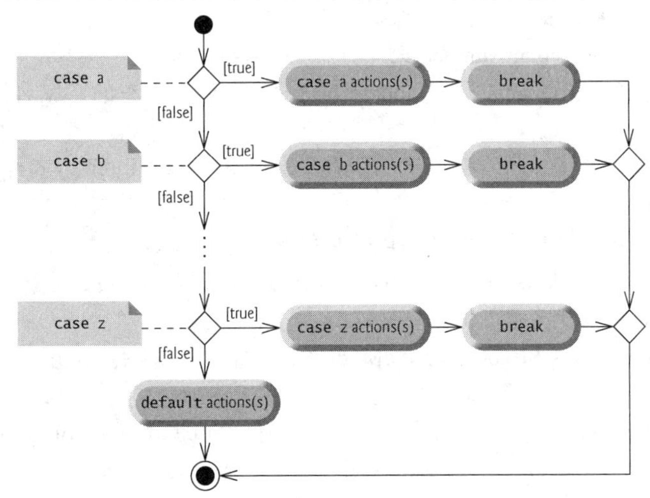

图 5.10　带 break 语句的 switch 语句的 UML 活动图

对于 switch 语句的最后一个分支(或可选的出现在最后的默认分支)不需要 break 语句，因为接下来要执行的正好是 switch 后的下一条语句。

错误预防提示 5.10

应在 switch 语句中提供一个默认分支，这能够使程序员集中精力处理其他特殊的情况。

良好的编程实践 5.2

尽管 switch 语句中的每个分支和默认分支可以按任意顺序出现，但出于清晰性考虑，最好是将默认分支放在最后。如果最后给出的是默认分支，则它的 break 语句可以省略。

关于 switch 语句每个分支中表达式的说明

使用 switch 语句时，要记住每个分支之后的表达式只能是 String 或常量整型表达式，即可求值为常量整数值(如–7、0 或 221)的 String 或整数常量的任意组合。整数常量就是一个整数值。此外，还可以使用字符常量——位于单引号中的特定字符，如 ‘A’、‘7’ 或 ‘$’ ——它们表示字符的整数值(附录 B 中给出了 ASCII 字符集中字符的整数值，而 ASCII 字符集是 Java 所用的 Unicode®字符集的子集)。

每个分支中的表达式也可以是一个常量变量(constant variable)——包含的值在整个程序中都不会变化的变量。这样的变量用关键字 final 声明(第 6 章将讨论 final 关键字)。Java 有一个 enum(枚举)类型，它也会在第 6 章讨论。enum 常量也可以用在分支标签中。

第 10 章中将给出实现 switch 逻辑的一种更好的方式——利用多态技术创建的程序，比使用 switch 逻辑的程序更明晰、更易于维护和扩展。

5.7　AutoPolicy 类实例：switch 语句中的字符串

字符串可以用作 switch 语句中的控制表达式，而字符串字面值可用在分支标签中。为了演示它们的用法，假设需要设计一个满足如下要求的程序：

假设你被一家汽车保险公司聘用，该公司服务于美国东北区的几个州：康涅狄格，缅因，马萨诸塞，新罕布什尔，新泽西，纽约，宾夕法尼亚，罗德岛和佛蒙特。公司希望创建一个能够生成报告的程序，对每一份保单，确定它是否属于“免责”条款所在的州，这些州应该包括：马萨诸塞，新泽西，纽约和宾夕法尼亚。

满足这些要求的 Java 程序包含两个类——AutoPolicy(见图 5.11)和 AutoPolicyTest(见图 5.12)。

AutoPolicy 类

AutoPolicy 类(见图 5.11)表示一份汽车保单。这个类包含：

- int 类型的实例变量 accountNumber(第 4 行)，保存保单号。
- String 类型的实例变量 makeAndModel(第 5 行)，保存汽车的厂家名称和型号(如“Toyota Camry”)。
- String 类型的实例变量 state(第 6 行)，保存某个保单所在的州的两字符缩写形式(如“MA”表示马萨诸塞州)。
- 一个构造方法(第 9 ~ 14 行)，它初始化类的实例变量。
- setAccountNumber 方法和 getAccountNumber 方法(第 17 ~ 24 行)，分别设置和获取 AutoPolicy 的 accountNumber 实例变量的值。
- setMakeAndModel 方法和 getMakeAndModel 方法(第 27 ~ 34 行)，分别设置和获取 AutoPolicy 的 makeAndModel 实例变量的值。
- setState 方法和 getState 方法(第 37 ~ 44 行)，分别设置和获取 AutoPolicy 的 state 实例变量的值。
- isNoFaultState 方法(第 47 ~ 61 行)返回一个布尔值，表示某个保单是否属于“免责”条款所在的州。注意这个方法的名称——按照命名惯例，返回布尔值的 *get* 方法，通常以“is”而不是“get”开头(这种方法常被称为“谓词方法”)。

```
1  // Fig. 5.11: AutoPolicy.java
2  // Class that represents an auto insurance policy.
3  public class AutoPolicy {
4     private int accountNumber; // policy account number
5     private String makeAndModel; // car that the policy applies to
6     private String state; // two-letter state abbreviation
7
8     // constructor
9     public AutoPolicy(int accountNumber, String makeAndModel,
10       String state) {
11       this.accountNumber = accountNumber;
12       this.makeAndModel = makeAndModel;
13       this.state = state;
14    }
15
16    // sets the accountNumber
17    public void setAccountNumber(int accountNumber) {
18       this.accountNumber = accountNumber;
19    }
20
21    // returns the accountNumber
22    public int getAccountNumber() {
23       return accountNumber;
24    }
25
26    // sets the makeAndModel
27    public void setMakeAndModel(String makeAndModel) {
28       this.makeAndModel = makeAndModel;
29    }
30
31    // returns the makeAndModel
32    public String getMakeAndModel() {
33       return makeAndModel;
34    }
35
36    // sets the state
37    public void setState(String state) {
```

图 5.11 AutoPolicy 类表示一份汽车保单

```
38          this.state = state;
39       }
40
41       // returns the state
42       public String getState() {
43          return state;
44       }
45
46       // predicate method returns whether the state has no-fault insurance
47       public boolean isNoFaultState() {
48          boolean noFaultState;
49
50          // determine whether state has no-fault auto insurance
51          switch (getState()) { // get AutoPolicy object's state abbreviation
52             case "MA": case "NJ": case "NY": case "PA":
53                noFaultState = true;
54                break;
55             default:
56                noFaultState = false;
57                break;
58          }
59
60          return noFaultState;
61       }
62    }
```

图 5.11(续)　AutoPolicy 类表示一份汽车保单

isNoFaultState 方法中，switch 语句的控制表达式(第 51 行)是由 AutoPolicy 方法 getState 返回的一个字符串。switch 语句将控制表达式的值与每一个分支标签进行比较(第 52 行)，以判断保单是否来自马萨诸塞、新泽西、纽约或宾夕法尼亚(“免责”条款所在的州)。如果匹配，则第 53 行将局部变量 noFaultState 设置成 true，switch 语句终止；否则，默认分支将 noFaultState 设置成 false(第 56 行)。接着，isNoFaultState 方法返回局部变量 noFaultState 的值。

出于简单性考虑，没有在构造方法和 *set* 方法中验证 AutoPolicy 数据的正确性，且假定州的缩写名称都为两个大写字母。此外，真实的 AutoPolicy 类很可能还会包含许多其他的属性和方法，例如投保人姓名、地址、出生日期等。练习题 5.30 中将增强 AutoPolicy 类的功能，利用 5.9 节中讲解的技术验证州缩写词的有效性。

AutoPolicyTest 类

AutoPolicyTest 类(见图 5.12)创建了两个 AutoPolicy 对象(main 中第 6 ~ 9 行)。第 12 ~ 13 行将两个对象传递给静态方法 policyInNoFaultState(第 18 ~ 25 行)，该方法使用 AutoPolicy 的方法，判断并显示所接收的对象是否代表位于“免责”条款所在州的保单。

```
1  // Fig. 5.12: AutoPolicyTest.java
2  // Demonstrating Strings in switch.
3  public class AutoPolicyTest {
4     public static void main(String[] args) {
5        // create two AutoPolicy objects
6        AutoPolicy policy1 =
7           new AutoPolicy(11111111, "Toyota Camry", "NJ");
8        AutoPolicy policy2 =
9           new AutoPolicy(22222222, "Ford Fusion", "ME");
10
11       // display whether each policy is in a no-fault state
12       policyInNoFaultState(policy1);
13       policyInNoFaultState(policy2);
14    }
15
16    // method that displays whether an AutoPolicy
17    // is in a state with no-fault auto insurance
18    public static void policyInNoFaultState(AutoPolicy policy) {
19       System.out.println("The auto policy:");
20       System.out.printf(
21          "Account #: %d; Car: %s;%nState %s %s a no-fault state%n%n",
22          policy.getAccountNumber(), policy.getMakeAndModel(),
23          policy.getState(),
```

图 5.12　演示 switch 语句中的字符串型控制表达式

```
24            (policy.isNoFaultState() ? "is": "is not"));
25      }
26   }
```

```
The auto policy:
Account #: 11111111; Car: Toyota Camry;
State NJ is a no-fault state

The auto policy:
Account #: 22222222; Car: Ford Fusion;
State ME is not a no-fault state
```

图 5.12(续) 演示 switch 语句中的字符串型控制表达式

5.8 break 和 continue 语句

除了选择语句和循环语句，Java 还提供了 break 语句(已经在讲解 switch 语句时遇到过)和 continue 语句(另可参见附录 L)，它们也能改变控制流。前一节中，展示了如何使用 break 语句来终止 switch 语句的执行，这一节中将讨论如何在循环语句中使用 break 语句。

5.8.1 break 语句

当在 while、for、do...while 或 switch 语句中执行 break 语句时，会立即从这些语句中退出。执行过程会继续在控制语句之后的第一条语句上进行。break 语句常用于从循环中提前退出，或跳过 switch 语句中的余下部分(如图 5.9 所示)。

图 5.13 演示了用 break 语句退出 for 循环的情况。当 for 语句中嵌套的 if 语句(第 8 ~ 10 行)检测到 count 为 5 时，则会执行第 9 行的 break 语句。这会终止 for 语句，程序会前进到第 15 行(紧挨在 for 语句之后的第一行)，显示一条消息，指出了循环终止时控制变量的值。这个循环只完整地执行了循环体 4 次，而不是 10 次。

```
1  // Fig. 5.13: BreakTest.java
2  // break statement exiting a for statement.
3  public class BreakTest {
4     public static void main(String[] args) {
5        int count; // control variable also used after loop terminates
6
7        for (count = 1; count <= 10; count++) { // loop 10 times
8           if (count == 5) {
9              break; // terminates loop if count is 5
10          }
11
12          System.out.printf("%d ", count);
13       }
14
15       System.out.printf("%nBroke out of loop at count = %d%n", count);
16    }
17 }
```

```
1 2 3 4
Broke out of loop at count = 5
```

图 5.13 退出 for 循环的 break 语句

5.8.2 continue 语句

当在 while、for 或 do...while 语句中执行 continue 语句时，会跳过循环体中的剩余语句，继续进行循环的下一次迭代。在 while 语句和 do...while 语句中，当执行完 continue 语句后，程序会立即对循环继续条件进行求值；在 for 语句中，会先执行增量表达式，然后对循环继续条件求值。

图 5.14 中的程序在嵌套 if 语句判断出 count 的值为 5 时，就用 continue(第 7 行)语句跳过第 10 行的语句。当执行完 continue 语句后，程序控制会继续对 for 语句中的控制变量加 1(第 5 行)。

```
1  // Fig. 5.14: ContinueTest.java
2  // continue statement terminating an iteration of a for statement.
3  public class ContinueTest {
4     public static void main(String[] args) {
5        for (int count = 1; count <= 10; count++) { // loop 10 times
6           if (count == 5) {
7              continue; // skip remaining code in loop body if count is 5
8           }
9
10          System.out.printf("%d ", count);
11       }
12
13       System.out.printf("%nUsed continue to skip printing 5%n");
14    }
15 }
```

```
1 2 3 4 6 7 8 9 10
Used continue to skip printing 5
```

图 5.14　continue 语句终止 for 循环的一次迭代

5.3 节曾讲到，while 可用来替代 for 的大多数情况。唯一的例外是当 while 语句中的增量表达式后紧跟着一个 continue 语句时。这时，程序在求循环继续条件的值之前并没有执行增量动作，因此 while 语句的执行方式与 for 语句不同。

软件工程结论 5.1

有些程序员认为 break 和 continue 违反了结构化编程原则。由于使用结构化编程技术可实现相同的功能，所以他们不使用 break 和 continue。

软件工程结论 5.2

达到高质量的软件工程和获得最佳性能的软件，这是一对矛盾。经常的情况是顾此失彼。除了那些要求获得最佳性能的情况，一般应该遵循如下原则：首先，使代码简单且正确；其次，在尽可能的情况下，使程序运行迅速且规模小。

5.9　逻辑运算符

if、if...else、while、do...while 和 for 语句都需要一个条件，以判断如何继续执行程序的控制流。到目前为止，我们只探讨过简单条件，例如 count <= 10，number != sentinelValue，total > 1000。简单条件是用关系运算符(>，<，>=，<=)及相等性运算符(==和!=)来表示的，每个表达式只测试一个条件。为了在判断过程中测试多个条件，要在多个独立的语句、嵌套 if 语句或 if...else 语句中执行测试。有时，控制语句要求更复杂的条件来判断程序的控制流。

利用 Java 中的逻辑运算符，就可以通过组合简单条件来形成更复杂的条件。逻辑运算符包括：&&(条件与)、||(条件或)、&(布尔逻辑与)、|(布尔逻辑或)、^(布尔逻辑异或)及!(逻辑非)。(注：应用于整型操作数时，&、|和^也是位运算符。位运算符将在附录 K 讲解。)

5.9.1　条件与(&&)运算符

假设希望在选择某个执行路径之前，需确保程序中某个点的两个条件同时为真。这时，可以使用条件与(&&)运算符，如下所示：

```
if (gender == FEMALE && age >= 65) {
   ++seniorFemales;
}
```

这个 if 语句包含两个简单条件。条件 gender == FEMALE 比较变量 gender 与常量 FEMALE，判断某个人是否为女性。条件 age >= 65 判断某人是否为老年人。if 语句考虑组合条件：

```
gender == FEMALE && age >= 65
```

当且仅当两个简单条件都为真时，这个条件才为真。如果组合条件为真，则 if 语句体将 seniorFemales 加 1。如果两个简单条件中有一个或两个为假，则程序跳过这个增量语句。

类似地，如下条件可确保成绩范围为 1 ~ 100：

```
grade >= 1 && grade <= 100
```

当且仅当 grade 大于或者等于 1 且 grade 小于或者等于 100 时，这个条件才为真。有些程序员发现，如果加上圆括号，会使组合条件的可读性更好，如下所示：

```
(grade >= 1) && (grade <= 100)
```

图 5.15 中的表给出了对于表达式 1 和表达式 2 求值为真或假的所有 4 种可能组合。这样的表被称为真值表。Java 将包括关系运算符、相等性运算符或逻辑运算符的所有表达式都求值为真或假。

表达式 1	表达式 2	表达式 1 && 表达式 2
false	false	false
false	true	false
true	false	false
true	true	true

图 5.15 条件与运算符的真值表

5.9.2 条件或(||)运算符

如果希望在选择某个执行路径之前，需确保程序中某个点的两个条件之一为真，则可以使用条件或(||)运算符，如下面的程序段所示：

```
if ((semesterAverage >= 90) || (finalExam >= 90)) {
   System.out.println ("Student grade is A");
}
```

这个 if 语句也包含两个简单条件。对条件 semesterAverage >= 90 求值，可根据学生在整个学期的实际表现，判断他的这门课程是否能得 A；对条件 finalExam >= 90 求值，可根据学生在期末考试中的突出表现，判断他的这门课程是否能得 A。然后，if 语句考虑组合条件：

```
(semesterAverage >= 90) || (finalExam >= 90)
```

如果这两个简单条件有一个为真，或二者都为真，则该学生获得 A。只有当两个简单条件都为假时，才不会显示消息“Student grade is A”。图 5.16 是条件或运算符的真值表。运算符&&的优先级要比||的高，它们的结合律都是从左到右的。

表达式 1	表达式 2	表达式 1 || 表达式 2
false	false	false
false	true	true
true	false	true
true	true	true

图 5.16 条件或运算符的真值表

5.9.3 复杂条件的短路求值

包含&&或||运算符的表达式部分仅在知道了条件为真或假之后才能求值。这样，对于表达式：

```
(gender == FEMALE) && (age >= 65)
```

的求值，如果 gender 不等于 FEMALE 就会立即停止(即整个表达式为假)。如果 gender 等于 FEMALE，则会继续求值(即如果条件 age >= 65 为真，则整个表达式仍会为真)。&&和||表达式的这一特性被称为短路求值(short-circuit evaluation)。

常见编程错误 5.8

在使用&&运算符的表达式中，一个条件(称其为相关条件)可能需要另一个条件为真，才能使它的求值有意义。这时，相关条件应该放在另一个条件之后，以防止出现错误。考虑表达式(i != 0) && (10 / i == 2)。相关条件(10 / i == 2)必须出现在&&的后面，以防止可能出现的除数为 0 的错误。

5.9.4 布尔逻辑与(&)和布尔逻辑或(|)运算符

布尔逻辑与(&)和布尔逻辑或(|)运算符的工作方式，分别与条件与(&&)和条件或(||)运算符相同，但它们总是将两个操作数都求值(即不执行短路求值)。因此，表达式：

```
(gender == 1) & (age >= 65)
```

无论 gender 是否等于 1，都会求值 age >= 65。如果右操作数需要承担额外的功能——修改变量的值，则这种方式就非常有用。例如：

```
(birthday == true) | (++age >= 65)
```

确保了条件++age >= 65 会被求值。这样，无论整个表达式的结果为真还是为假，变量 age 都会在表达式中加 1。

错误预防提示 5.11

出于清晰性考虑，应避免在条件中使用包含额外功能(如赋值)的表达式。这会使代码更难理解，并且可能导致微妙的逻辑错误。

错误预防提示 5.12

通常而言，不应在条件表达式中使用赋值运算符(=)。每一个条件的结果都必须为布尔值，否则会导致编译错误。在条件表达式中，只有将一个布尔表达式的结果赋予一个 boolean 类型的变量时，才会允许编译。

5.9.5 布尔逻辑异或(^)运算符

对于包含布尔逻辑异或(^)运算符的简单条件，当且仅当其操作数之一为真，且另一个操作数为假时，整个条件才为真。如果两个操作数都为真，或都为假，则整个条件为假。图 5.17 是布尔逻辑异或运算符的真值表。这个运算符可以确保两个操作数都被求值。

表达式 1	表达式 2	表达式 1 ^ 表达式 2
否	否	否
否	是	是
是	否	是
是	是	否

图 5.17 布尔逻辑异或运算符的真值表

5.9.6 逻辑非(!)运算符

逻辑非运算符(!)又被称为“逻辑否”或“逻辑补”运算符，能够“反转”一个条件的含义。逻辑运算符&&、||、&、|和^都是二元运算符，它们要组合两个条件；逻辑非运算符是一元运算符，只有一个条件作为操作数。逻辑非运算符位于条件之前，如果原始条件(不带逻辑非运算符的条件)为假，则选择一条执行路径，如下面的程序段所示：

```
if (! (grade == sentinelValue)) {
   System.out.printf("The next grade is %d%n", grade);
}
```

仅当 grade 不等于 sentinelValue 时，才会执行 printf 调用。包含条件 grade == sentinelValue 的圆括号是必须有的，因为逻辑非运算符比相等性运算符的优先级高。

大多数情况下，通过合适的关系运算符或相等性运算符，以不同的方式表达条件，就可避免使用逻辑非运算符。例如，前面的语句也可以写成

```
if (grade != sentinelValue) {
   System.out.printf("The next grade is %d%n", grade);
}
```

这种灵活性有助于以更方便的形式表达条件。图 5.18 是逻辑非运算符的真值表。

表达式	!表达式
否	是
是	否

图 5.18 逻辑非运算符的真值表

5.9.7 逻辑运算符示例

图 5.19 中的程序利用这些逻辑运算符来产生本节中讨论过的那些真值表。输出结果显示了被求值的每个布尔表达式及它的值。这里使用的是%b 格式指定符，根据布尔表达式的值来显示单词 true 或 false。第 7 ~ 11 行生成了&&的真值表；第 14 ~ 18 行是||的真值表；第 21 ~ 25 行是&的真值表；第 28 ~ 33 行表示|的真值表；第 36 ~ 41 行是^的真值表；第 44 ~ 45 行得到!的真值表。

```
1  // Fig. 5.19: LogicalOperators.java
2  // Logical operators.
3
4  public class LogicalOperators {
5     public static void main(String[] args) {
6        // create truth table for && (conditional AND) operator
7        System.out.printf("%s%n%s: %b%n%s: %b%n%s: %b%n%s: %b%n%n",
8           "Conditional AND (&&)", "false && false", (false && false),
9           "false && true", (false && true),
10          "true && false", (true && false),
11          "true && true", (true && true));
12
13       // create truth table for || (conditional OR) operator
14       System.out.printf("%s%n%s: %b%n%s: %b%n%s: %b%n%s: %b%n%n",
15          "Conditional OR (||)", "false || false", (false || false),
16          "false || true", (false || true),
17          "true || false", (true || false),
18          "true || true", (true || true));
19
20       // create truth table for & (boolean logical AND) operator
21       System.out.printf("%s%n%s: %b%n%s: %b%n%s: %b%n%s: %b%n%n",
22          "Boolean logical AND (&)", "false & false", (false & false),
23          "false & true", (false & true),
24          "true & false", (true & false),
25          "true & true", (true & true));
26
27       // create truth table for | (boolean logical inclusive OR) operator
28       System.out.printf("%s%n%s: %b%n%s: %b%n%s: %b%n%s: %b%n%n",
29          "Boolean logical inclusive OR (|)",
30          "false | false", (false | false),
31          "false | true", (false | true),
32          "true | false", (true | false),
33          "true | true", (true | true));
34
35       // create truth table for ^ (boolean logical exclusive OR) operator
36       System.out.printf("%s%n%s: %b%n%s: %b%n%s: %b%n%s: %b%n%n",
37          "Boolean logical exclusive OR (^)",
38          "false ^ false", (false ^ false),
39          "false ^ true", (false ^ true),
40          "true ^ false", (true ^ false),
41          "true ^ true", (true ^ true));
42
43       // create truth table for ! (logical negation) operator
44       System.out.printf("%s%n%s: %b%n%s: %b%n", "Logical NOT (!)",
45          "!false", (!false), "!true", (!true));
46    }
47 }
```

图 5.19 各种逻辑运算符的真值表

```
Conditional AND (&&)
false && false: false
false && true: false
true && false: false
true && true: true

Conditional OR (||)
false || false: false
false || true: true
true || false: true
true || true: true

Boolean logical AND (&)
false & false: false
false & true: false
true & false: false
true & true: true

Boolean logical inclusive OR (|)
false | false: false
false | true: true
true | false: true
true | true: true

Boolean logical exclusive OR (^)
false ^ false: false
false ^ true: true
true ^ false: true
true ^ true: false

Logical NOT (!)
!false: true
!true: false
```

图 5.19(续) 各种逻辑运算符的真值表

到目前为止讨论过的运算符的优先级和结合律

图 5.20 给出了到目前为止讨论过的 Java 运算符的优先级和结合律。这些运算符从上至下按照优先级递减的顺序排列。

运算符	结合律	类型	运算符	结合律	类型
++ --	从右到左	一元后置	^	从左到右	布尔逻辑异或
++ -- + - ! (*type*)	从右到左	一元前置	|	从左到右	布尔逻辑或
* / %	从左到右	乘性	&&	从左到右	条件与
+ -	从左到右	加性	||	从左到右	条件或
< <= > >=	从左到右	关系	?:	从右到左	条件
== !=	从左到右	相等性	= += -= *= /= %=	从右到左	赋值
&	从左到右	布尔逻辑与			

图 5.20 目前为止介绍过的运算符的优先级和结合律

5.10 结构化编程小结

正如建筑师设计建筑物时要利用同行的集体智慧一样，程序员设计程序时也应如此。与建筑行业相比，编程行业要年轻得多，因此集体智慧相对要少一些。我们已经知道，与非结构化的程序相比，用结构化编程得到的程序更易理解、测试、调试和修改，甚至在数学意义上更容易证明它的正确性。

控制语句是单入/单出语句

图 5.21 使用 UML 活动图总结了 Java 中的各种控制语句。初始状态和终止状态分别给出了每种控制语句的入口点和出口点。活动图中随意连接的各个符号会导致非结构化的程序。因此，编程专家只会选择有限的控制语句，以两种简单的方式来建立结构化的程序。

出于简单性考虑，这里只使用了单入/单出控制语句，即每个控制语句都只有一个入口和一个出口。依次连接这些控制语句，就能够形成简单的结构化程序。一个控制语句的终止状态会连接到下一个控制语句的初始状态。也就是说，在程序中这些语句是一个接一个依次放置的。这种方式被称为控制语句堆叠。构成结构化程序的规则也允许控制语句嵌套。

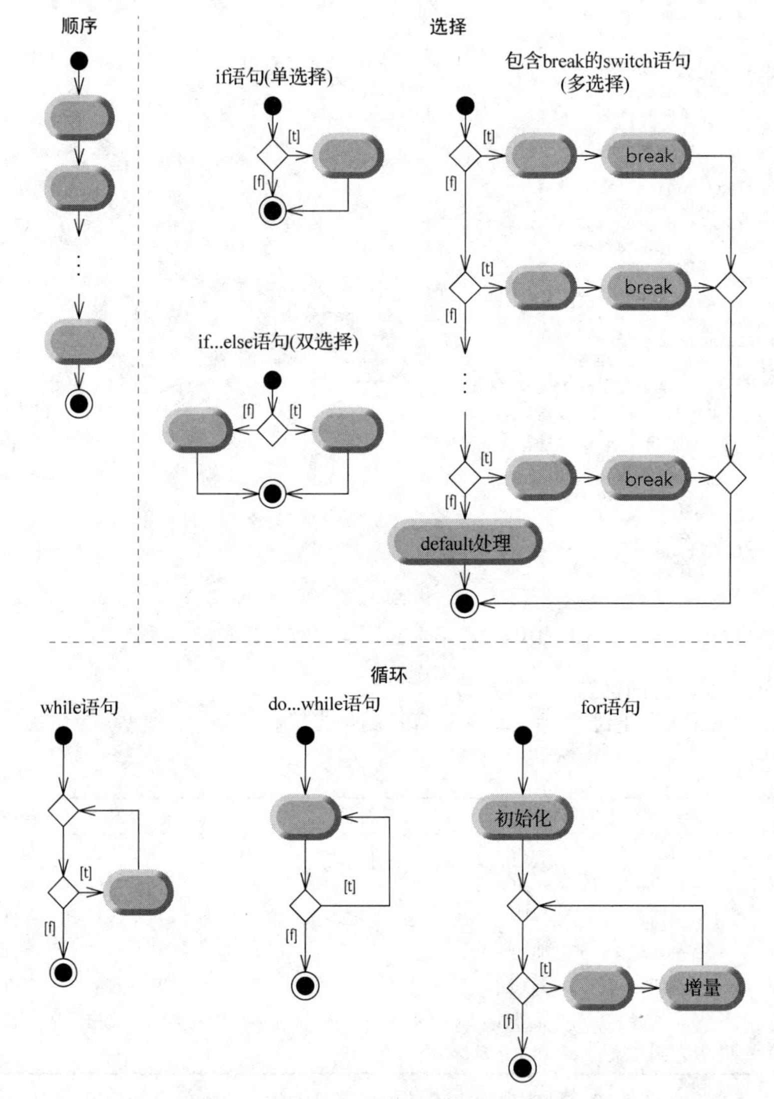

图 5.21　Java 中的顺序、选择和循环语句

构成结构化程序的规则

图 5.22 中给出了构成结构化程序的规则，这些规则假定动作状态可以用来表示任何动作。规则还假定从最简单的活动图开始(见图 5.23)，它由一个初始状态、一个动作状态、一个终止状态和一些转移箭头组成。

构成结构化程序的规则
1. 从最简单的活动图开始(见图 5.23)。
2. 任何动作状态都能用顺序执行的两个动作状态替换。
3. 任何动作状态都能用任意控制语句替换(if, if...else, switch, while, do...while, for)。
4. 规则 2 和规则 3 能以任何顺序随意使用。

图 5.22　构成结构化程序的规则

利用图 5.22 中的这些规则，总是可以得到正确结构化的活动图，简单得如同搭积木一样。例如，不断地对最简单的活动图应用规则 2，就可以得到一个依次包含许多动作状态的活动图(见图 5.24)。规则 2 产生控制语句的一个堆叠，因此可将规则 2 称为堆叠规则(stacking rule)。注意，图 5.24 中的垂直虚线不是 UML 的组成部分，这里是用它们来区分图 5.22 中规则 2 所演示的程序的 4 个活动图。

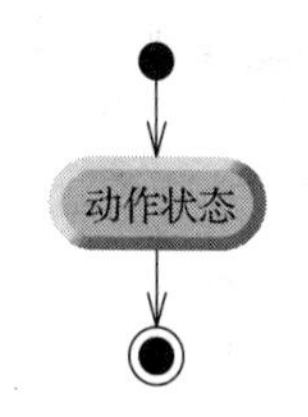

图 5.23　最简单的活动图

规则 3 被称为嵌套规则(nesting rule)。不断地对最简单的活动图应用规则 3，就可以得到一个包含整齐的嵌套控制语句的活动图。例如在图 5.25 中，最简单的活动图中的动作状态已经被双选择语句(if...else 语句)替换了。然后，再次将规则 3 应用到双选择语句的动作状态中，将这些动作状态用双选择语句替换。包围在每个双选择语句之外的虚线动作状态符号表示的是被替换掉的动作状态。(注：图 5.25 中的虚线箭头和虚线动作状态符号不是 UML 的组成部分。此处只是为了表示任何动作状态都可以用控制语句替换。)

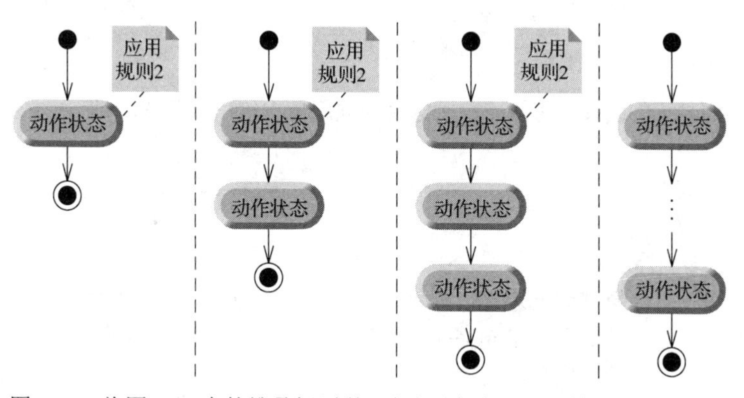

图 5.24　将图 5.22 中的堆叠规则(规则 2)重复应用到最简单的活动图中

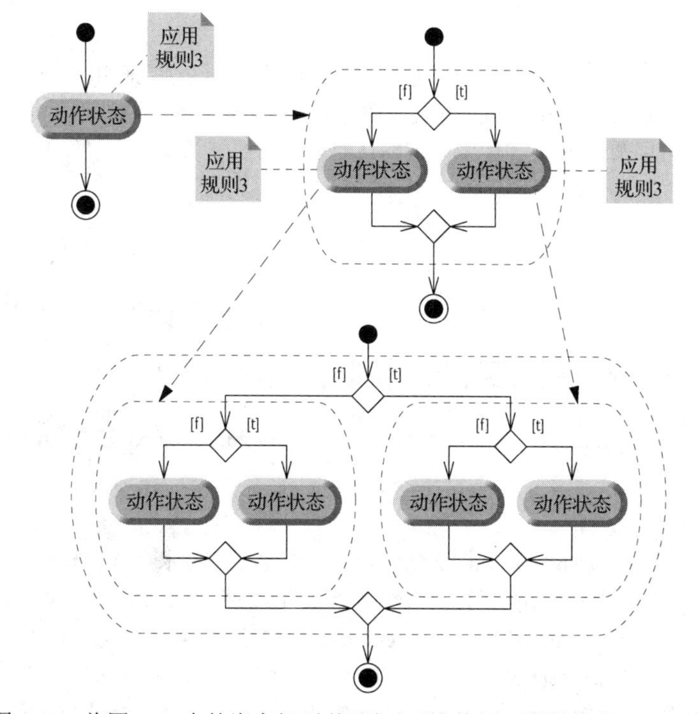

图 5.25　将图 5.22 中的嵌套规则(规则 3)重复应用到最简单的活动图中

应用规则 4，可得到更大型、更复杂和更深嵌套的语句。应用图 5.22 中的那些规则，可生成包含所有可能性的结构化活动图，进而能够得到任何结构化程序。这种结构化方法的漂亮之处是只需要使用 7 种简单的单入/单出控制语句，并且只需将它们用两种简单的方式组合。

如果遵循图 5.22 中的这些规则，就不会创造出非结构化的活动图(例如图 5.26 中的这个)。如果无法肯定某个图是否是结构化的，可反向应用图 5.22 中的规则，将它简化成最简单的活动图。如果能够简化，则表明原始活动图就是结构化的，否则就是非结构化的。

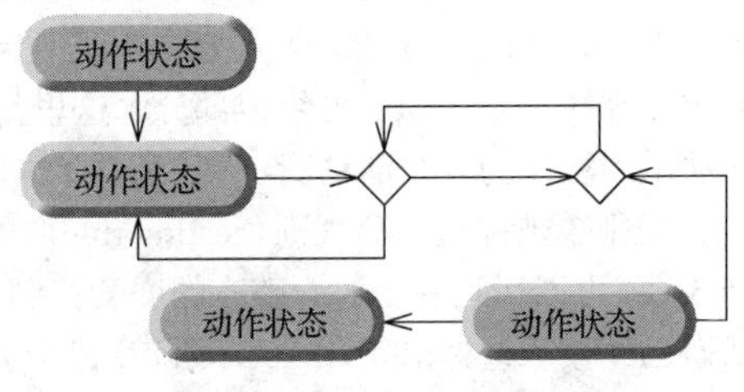

图 5.26　非结构化的活动图

三种控制结构

结构化编程可促进简单性。只需采用三种形式的控制结构即可实现任何算法：

- 顺序
- 选择
- 循环

顺序结构是显而易见的。只需简单地按执行时的顺序依次给出这些语句即可。选择结构是通过三种途径实现的：

- if 语句(单选择)
- if...else 语句(双选择)
- switch 语句(多选择)

事实上，很容易证明：简单的 if 语句就足以提供任何形式的选择结构——能用 if...else 语句和 switch 语句完成的任何事情，都能通过组合 if 语句完成(尽管也许不会很清晰和高效)。

循环结构也是通过三种途径实现的：

- while 语句
- do...while 语句
- for 语句

(注：还有第四种循环语句：增强型 for 语句，它将在 7.7 节介绍。)很容易证明：while 语句足以提供任何形式的循环。能用 do...while 和 for 语句完成的任何事情都能通过 while 语句完成(尽管也许不是很方便)。

综合以上结论，可以知道 Java 程序中所需的任何形式的控制都能够通过如下三种方式表示：

- 顺序
- if 语句(选择)
- while 语句(循环)

而且它们只需以两种方式组合：堆叠和嵌套。实际上，结构化编程具有简单性的本质。

5.11　(选修)GUI 与图形实例：绘制矩形和椭圆

本节探讨一个 Draw Shapes 程序，它演示了如何利用 GraphicsContext 方法 strokeRect 和 strokeOval，分别绘制矩形和椭圆。

创建 Draw Shapes 程序的 GUI

这个程序的 GUI 在 DrawShapes.fxml 文件中定义，它采用的技术在 3.6 节和 4.15 节讲解过。这个 GUI 与图 4.17 中的 GUI 几乎完全相同。为了搭建这个 GUI，需将 DrawLines.fxml 复制到一个新目录下，并将它重命名为 DrawShapes.fxml。然后，在 Scene Builder 中打开这个文件，并进行如下更改：

- 在 Scene Builder 的 Document 窗口的 Controller 部分，将 DrawShapesController 指定成程序的控制器类。
- (在 Inspector 窗口的 Properties 部分)将按钮的 Text 属性设置成 Draw Rectangles，(在 Inspector

窗口的 Code 部分）将按钮的 On Action 事件处理器设置成 drawRectanglesButtonPressed。

- 从 Scene Builder 的 Library 窗口的 Controls 部分，将另一个 Button 控件拖放到 ToolBar 中，然后将该控件的 Text 属性设置成 Draw Ovals，将它的 On Action 事件处理器设置成 drawOvalsButtonPressed。

如果不知道如何操作，可回顾 4.15.2 节 ~ 4.15.3 节中讲解的内容。

DrawLinesController 类

与上一个 Java FX 示例相同，这个程序也有两个 Java 源代码文件：

- DrawShapes.java 包含 JavaFX 程序的主程序类，它加载 DrawShapes.fxml 并配置 DrawShapes-Controller。
- DrawShapesController.java 包含控制器类，它根据用户单击的按钮绘制矩形或者椭圆。

为此，需复制 DrawLines.java 并将它重命名成 DrawShapes.java，并按照 4.15.5 节中的说明修改它。书中没有给出 DrawShapes.java 的内容，因为其改动只有三处：类名称（DrawShapes），需加载的 FXML 文件名称（DrawShapes.fxml），以及标题栏中显示的文本（Draw Shapes）。

用户单击了某个按钮时，DrawLinesController 类（见图 5.27）会执行绘图工作。执行 DrawShapes 程序时，它会进行如下操作：

- 配置 DrawShapesController 的 canvas 变量（第 9 行），使其引用来自 DrawShapes.fxml 的 Canvas 对象。
- 当用户单击 Draw Rectangles 按钮时，执行 strokeRectanglesButtonPressed 方法（第 12 ~ 15 行）。
- 当用户单击 Draw Ovals 按钮时，执行 strokeOvalsButtonPressed 方法（第 18 ~ 21 行）。

这两个方法都调用了 draw 方法（第 24 ~ 47 行），调用时分别传递实参“rectangles”或者“ovals”，以表明要显示的是哪一种图形。

```
1  // Fig. 5.27: DrawShapesController.java
2  // Using strokeRect and strokeOval to draw rectangles and ovals.
3  import javafx.event.ActionEvent;
4  import javafx.fxml.FXML;
5  import javafx.scene.canvas.Canvas;
6  import javafx.scene.canvas.GraphicsContext;
7  
8  public class DrawShapesController {
9     @FXML private Canvas canvas;
10 
11    // when user presses Draw Rectangles button, call draw for rectangles
12    @FXML
13    void strokeRectanglesButtonPressed(ActionEvent event) {
14       draw("rectangles");
15    }
16 
17    // when user presses Draw Ovals button, call draw for ovals
18    @FXML
19    void strokeOvalsButtonPressed(ActionEvent event) {
20       draw("ovals");
21    }
22 
23    // draws rectangles or ovals based on which Button the user pressed
24    public void draw(String choice) {
25       // get the GraphicsContext, which is used to draw on the Canvas
26       GraphicsContext gc = canvas.getGraphicsContext2D();
27 
28       // clear the canvas for next set of shapes
29       gc.clearRect(0, 0, canvas.getWidth(), canvas.getHeight());
30 
31       int step = 10;
32 
33       // draw 10 overlapping shapes
34       for (int i = 0; i < 10; i++) {
35          // pick the shape based on the user's choice
36          switch (choice) {
37             case "rectangles": // draw rectangles
38                gc.strokeRect(10 + i * step, 10 + i * step,
39                   90 + i * step, 90 + i * step);
40                break;
41             case "ovals": // draw ovals
```

图 5.27　利用 strokeRect 和 strokeOval 分别绘制矩形和椭圆

```
42                 gc.strokeOval(10 + i * step, 10 + i * step,
43                    90 + i * step, 90 + i * step);
44                 break;
45           }
46        }
47     }
48  }
```

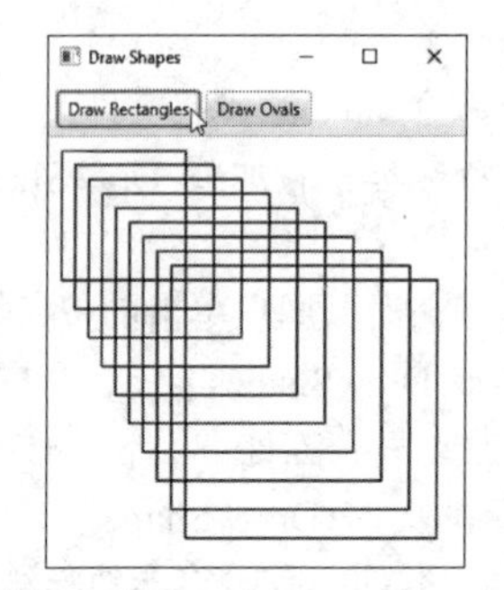

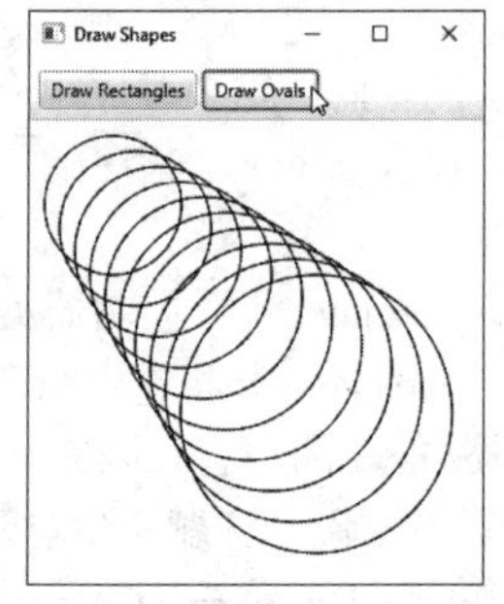

图 5.27(续) 利用 strokeRect 和 strokeOval 分别绘制矩形和椭圆

draw 方法执行实际的绘图工作。调用该方法时，它会利用 GraphicsContext 方法 clearRect 来清除以前所画的图形(第 29 行)。这个方法清除矩形区域内容的方式，是将该区域的颜色设置成画布的背景色。方法的 4 个实参分别为矩形左上角的 *x* 坐标和 *y* 坐标，以及它的宽度和高度。

第 34 ~ 46 行重复执行 10 次，绘制 10 个图形。嵌套的 switch 语句(第 36 ~ 45 行)用于确定画的是矩形还是椭圆。如果 draw 方法的 choice 参数包含"rectangles"，则绘制的就是矩形。第 38 ~ 39 行调用 GraphicsContext 方法 strokeRect，它要求有 4 个实参，前两个分别表示矩形左上角的 *x* 坐标和 *y* 坐标，后两个为矩形的宽度和高度。第一个矩形的起点是从左上角向下 10 像素、向右 10 像素的那个点；后续每一个矩形的起点，都是在前一个矩形的基础上向下、向右分别移动 10 像素。第一个矩形的宽度和高度均为 90 像素，后续每一个矩形的宽度和高度，均比前一个矩形增加 10 像素。

如果 draw 方法的 choice 参数包含"ovals"，则绘制的就是椭圆。它会创建一个假想的约束矩形，使位于其中的椭圆与矩形每条边的中点相接。strokeOval 方法(第 42 ~ 43 行)所要求的 4 个实参与 strokeRect 方法的相同。这些实参指定了椭圆的约束矩形的位置和大小。此处传递给 strokeOval 方法的实参值与第 38 ~ 39 行中传递给 strokeRect 方法的实参值相同。由于约束矩形的宽度和高度相等，所以第 42 行 ~ 第 43 行画出圆形。

GUI 与图形实例练习题

5.1 在画布中心绘制 12 个同心圆(见图 5.28)。最里面的那个圆的半径为 10 像素；后续的每一个圆都比前一个圆的半径大 10 像素。首先，找到画布的中心点。为了确定最内层圆的约束矩形的左上角位置，需从中心点向上移动一个半径、向左移动一个半径的距离(即 10 像素)。约束矩形的宽度和高度相同，均为圆的直径。

5.2 修改练习题 5.1，使其同时显示每一个圆的约束矩形(见图 5.29)。

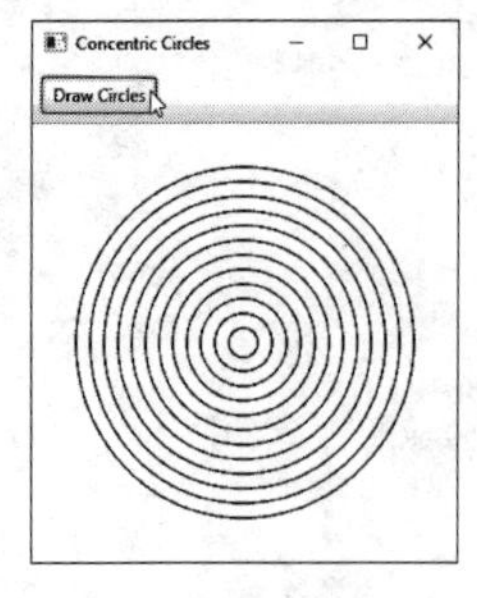

图 5.28 绘制同心圆

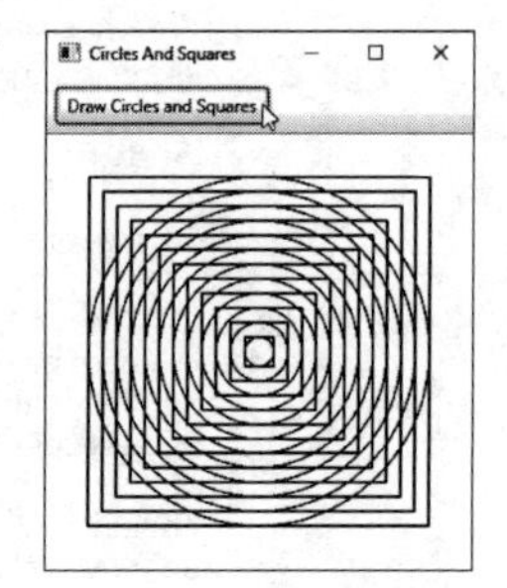

图 5.29 绘制同心圆及其约束矩形

5.12 小结

本章完成了 Java 中控制语句的介绍，它们可用来控制方法中的执行流。第 4 章探讨了 if, if...else 和 while 语句，本章则演示了 for、do...while 和 switch 语句。我们展示了任何算法都能通过某些语句的组合开发出来。这些语句包括顺序结构、三种选择语句(if、if...else 和 switch)及三种循环语句(while、do...while 和 for)。本章和第 4 章中讨论了如何组合这些构建块，以利用经过证实的程序创建和问题解决技术。我们使用了 break 语句来退出 switch 语句并立即终止循环，还使用了 continue 语句来终止循环的当前迭代并进入下一次循环。本章还讲解了 Java 的逻辑运算符，通过它们，能够在控制语句中使用更复杂的条件表达式。第 6 章中将更深入地探讨方法。

总结

5.2 节　计数器控制循环的实质

- 计数器控制循环要求一个控制变量、初始值、每次通过循环时控制变量改变的增量(或减量)，以及决定循环是否应该继续的循环继续条件。
- 可以在同一条语句中声明并初始化变量。

5.3 节　for 循环语句

- while 语句可用来实现任何计数器控制循环。
- for 语句在它的首部中指定了计数器控制循环的所有细节。
- 开始执行 for 语句时，会声明并初始化它的控制变量。如果开始时循环继续条件为真，则会执行循环体。执行完循环体之后，会计算增量表达式的结果。然后，再次执行循环继续条件测试，以判断程序是否应该继续进行下一次迭代。
- for 语句的一般格式是

```
for (initialization; loopContinuationCondition; increment) {
   statements
}
```

其中，*initialization* 表达式命名循环的控制变量，并提供其初始值；*loopContinuationCondition* 确定循环是否应该继续执行；*increment* 修改控制变量的值(可能是增加，也可能是减少)，以便循环继续条件最终变成假。for 语句首部中的两个分号是必须有的。

- 大多数 for 语句通常可以用等价的 while 语句表示，如下所示：

```
initialization;
while (loopContinuationCondition) {
   statements
   increment;
}
```

- 一般情况下，for 语句用于计数器控制循环，而 while 语句用于标记控制循环。
- 如果 for 语句首部的 *initialization* 表达式中声明了控制变量，则该变量只能用在这个 for 语句中——for 语句之外它将不再存在。
- for 语句首部中的三个表达式都是可有可无的。如果省略 *loopContinuationCondition*，则 Java 假设条件总为真，因此会产生无限循环。如果程序在循环前初始化了控制变量，则可以省略 *initialization* 表达式。如果程序用循环体中的语句来计算增量，或者根本不需要增量，则可以省略 increment 表达式。
- for 语句中的 increment 表达式就像 for 语句体末尾的一条独立语句。
- 利用一个负的增量值，可以使 for 语句向下计数。
- 如果循环继续条件最初为假，则不会执行 for 语句体。

5.4.2 节 程序：复利计算

- Java 将 1000.0 和 0.05 这样的浮点型常量当成 double 类型。类似地，Java 将 7 和–22 这样的整数常量当成 int 类型。
- 格式指定符%4s 会在一个 4 字段宽度中输出字符串，即 4 个字符的空间。如果输出值少于 4 个字符，则默认会将其右对齐。如果输出值多于 4 个字符，则会扩展字段宽度，以容纳足够数量的字符。如果要左对齐输出字符，则需用一个负整数来指定字段宽度。
- Math.pow(*x*, *y*)计算 *x* 的 *y* 次幂。这个方法接收两个 double 实参，返回一个 double 值。
- 格式指定符中的逗号格式化标志表明浮点值输出时应该带分组分隔符(即美式记数法)。所用的实际分隔符取决于用户所在的地区(即国家)。在美国，输出数字时每三个数字以逗号分隔，用小数点分隔数字的小数部分，如 1,234.45。
- 格式指定符中的点号表示精确到点号右边数字指定的整数位。

5.5 节 do...while 循环语句

- do...while 循环语句类似于 while 语句。在 while 中，程序在循环开头测试循环继续条件，然后执行循环体。如果条件为假，则根本不执行循环体。do...while 语句在执行循环体之后测试循环继续条件，因此循环体总是至少执行一次。

5.6 节 switch 多选择语句

- 基于一个 byte、 short、 int、char 类型(非 long 类型)或者 String 类型的常量整型表达式的可能取值，switch 语句能够执行不同的动作。
- 文件结束指示符是与系统有关的键击组合，它用于终止用户的输入。在 UNIX/Linux/macOS 系统中，输入 Ctrl + d 组合键，就表示文件结束指示符。“Ctrl + d”表示同时按下 Ctrl 键和 d 键。在 Windows 系统中，Ctrl + z 组合键表示文件结束指示符。
- Scanner 方法 hasNext 判断是否还有更多的数据需要输入。如果还有数据输入，则该方法返回布尔值 true，否则返回 false。只要还未输入文件结束指示符，hasNext 方法就会返回 true。
- switch 语句由一系列分支标签和一个可选的默认分支组成。
- switch 语句中，程序会计算控制表达式的值，并将结果与每一个分支标签进行比较。如果匹配，则程序将执行匹配的分支中的语句。
- 连续地列出多个分支，让它们之间没有语句，可使这些分支执行同一组语句。
- 希望在 switch 语句中进行测试的每一个值，都必须在不同的分支标签下列出。
- 每一个分支下都可以有多条语句，且它们不必放这一对花括号中。
- 一个分支下的语句通常用一个 break 语句结尾，它会终止 switch 语句的执行。
- 如果没有 break 语句，则每次在 switch 中找到匹配之后，就会执行对应分支的语句及后续的分支语句，直到遇到 break 语句或到达 switch 语句末尾为止。
- 如果在控制表达式的值和分支标签之间没有出现匹配的情况，则会执行默认分支中的语句。如果没有匹配成功且 switch 语句没有包含默认分支，则程序控制会简单地继续执行 switch 语句后的下一条语句。

5.7 节 AutoPolicy 类实例：switch 语句中的字符串

- 字符串可以用于 switch 语句的控制表达式和分支标签中。

5.8.1 节 break 语句

- 当在 while、for、do...while 或 switch 语句中执行 break 语句时，会立即从这些语句中退出。

5.8.2 节 continue 语句

- 当在 while、for、do...while 语句中执行 continue 语句时，会跳过循环体中的剩余语句，并继续进行循环的下一次迭代。在 while 语句和 do...while 语句中，当执行完 continue 语句后，程序会立即对循环继续条件进行求值。在 for 语句中，会先执行增量表达式，然后求循环继续测试条件的值。

5.9 节　逻辑运算符

- 简单条件是用关系运算符(>，<，>=，<=)及相等性运算符(==和!=)来表示的，每个表达式只测试一个条件。
- 利用简单条件的组合，逻辑运算符可以形成更复杂的条件。逻辑运算符包括：&&(条件与)、||(条件或)、&(布尔逻辑与)、|(布尔逻辑或)、^(布尔逻辑异或)及!(逻辑非)。

5.9.1 节　条件与(&&)运算符

- 为了确保两个条件同时为真，需使用条件与(&&)运算符。如果简单条件的某一个或者两个都为假，则整个表达式的结果就为假。

5.9.2 节　条件或(||)运算符

- 为了确保两个简单条件中的一个或者两个都为真，应使用条件或(||)运算符。如果简单条件中的一个或者两个为真，则整个表达式的结果就为真。

5.9.3 节　复杂条件的短路求值

- 采用&&或者||运算符的条件，会使用短路求值的方法——仅在知道了条件为真或假之后才能求值。

5.9.4 节　布尔逻辑与(&)和布尔逻辑或(|)运算符

- &和|运算符的工作方式分别与&&和||运算符相同，但前者总是将两个操作数都求值(即它们不执行短路求值)。

5.9.5 节　布尔逻辑异或(^)运算符

- 对于包含布尔逻辑异或(^)运算符的简单条件，当且仅当其操作数之一为真，且另一个操作数为假时，整个条件才为真。如果两个操作数都为真，或都为假，则整个条件为假。这个运算符也可以确保两个操作数都被求值。

5.9.6 节　逻辑非(!)运算符

- 逻辑非(!)运算符能够“颠倒”一个条件的结果。

自测题

5.1　填空题。

a)一般情况下，________语句用于计数器控制循环，而________语句用于标记控制循环。

b)do...while 语句在执行循环体________测试循环继续条件，因此循环体总是至少执行一次。

c)根据整型变量或表达式可能的值，________语句会在多个动作中间进行选择。

d)当在循环语句中执行时，________语句会跳过循环体中的剩余语句，并继续进行下一次迭代。

e)________运算符(执行短路求值)在选择某个执行路径之前，可用来确保两个条件都为真。

f)如果 for 语句首部中的循环继续条件最初为________，则不会执行 for 语句体。

g)执行相同的任务且不要求有对象存在的方法被称为________方法。

5.2　判断下列语句是否正确。如果不正确，请说明理由。

a)在 switch 选择语句中，要求有默认分支。

b)在 switch 选择语句的最后一个分支中，要求有 break 语句。

c)如果 x > y 为真，或者 a < b 为真，则表达式((x> y)&& (a< b))就为真。

d)如果包含||运算符的表达式的两个操作数有一个为真或两个都为真，则这个表达式就为真。

e)格式指定符中的逗号格式化标志(如%,20.2f)表明值输出时应该带分组分隔符。

f)为了测试 switch 语句中值的范围，需在分支标签的起始值和结尾值之间使用连字符(-)。

g)连续地列出多个分支，让它们之间没有语句，可使这些分支执行同一组语句。

5.3 编写一条或一组 Java 语句，完成下列任务。

a)使用 for 语句，求 1 ~ 99 的奇数和。假设已经声明了整型变量 sum 和 count。

b)用 pow 方法计算 2.5 的 3 次幂。

c)使用 while 循环和计数器变量 i，显示 1 ~ 20 的整数。假设已经声明了变量 i，但没有初始化它。每行显示 5 个整数。[提示：利用计算 i % 5。当它的结果为 0 时，显示一个换行符，否则显示一个制表符。假设这段代码是一个程序。用 System.out.println()方法输出换行符，用 System.out.print('\t')方法输出制表符。]

d)用 for 语句解决 c)部分同样的问题。

5.4 找出如下代码段中的错误并改正。

a)

```
1   i = 1;
2   while (i <= 10);
3      ++i;
4   }
```

b)

```
1   for (k = 0.1; k != 1.0; k += 0.1) {
2      System.out.println(k);
3   }
```

c)

```
1    switch (n) {
2       case 1:
3          System.out.println("The number is 1");
4       case 2:
5          System.out.println("The number is 2");
6          break;
7       default:
8          System.out.println("The number is not 1 or 2");
9          break;
10   }
```

d)下面的代码应显示值 1 ~ 10：

```
1   n = 1;
2   while (n < 10) {
3      System.out.println(n++);
4   }
```

自测题答案

5.1 a) for，while。b)之后。c) switch。d) continue。e) &&(条件与)。f) false。g)静态。

5.2 a)错误。默认分支是可选的。如果不需要默认动作，则没有必要使用默认分支。b)错误。break 语句用来退出 switch 语句。在 switch 选择语句的最后一个分支中，并不要求一定必须有 break 语句。c)错误。使用&&运算符时，只有两个关系表达式都为真时整个表达式才为真。d)正确。e)正确。f)错误。switch 语句不提供测试值的范围的机制，因此要测试的每一个值，都必须列在单独的分支标签中。g)正确。

5.3 答案如下。

a)

```
1   sum = 0;
2   for (count = 1; count <= 99; count += 2) {
3      sum += count;
4   }
```

b)

```
double result = Math.pow(2.5, 3);
```

c)

```
1   i = 1;
2
3   while (i <= 20) {
4      System.out.print(i);
5
6      if (i % 5 == 0) {
```

```
7         System.out.println();
8      }
9      else {
10        System.out.print('\t');
11     }
12
13     ++i;
14  }
```

d)

```
1   for (i = 1; i <= 20; i++) {
2      System.out.print(i);
3
4      if (i % 5 == 0) {
5         System.out.println();
6      }
7      else {
8         System.out.print('\t');
9      }
10  }
```

5.4 答案如下。

a) 错误。while 首部后面的分号会导致无限循环，且 while 语句体中缺失左花括号。

改正：将分号改成左花括号，或者同时删除分号和右花括号。

b) 错误：使用浮点数来控制 for 语句可能会出现错误，因为在大多数计算机中，浮点数是近似表示的。

改正：使用整数，并且为了获得所期望的值，需执行正确的计算：

```
1  for (k = 1; k != 10; k++) {
2     System.out.println((double) k / 10);
3  }
```

c) 错误：缺失的代码是第一个分支中的 break 语句。

改正：在第一个分支的末尾加上一条 break 语句。如果希望在执行完分支 1 中的语句后总是需要执行分支 2 中的语句，则分支 1 的后面不必有 break 语句。

d) 错误：在 while 循环继续条件中使用了错误的关系运算符。

改正：将<替换成<=，或者将 10 改成 11。

练习题

5.5 描述计数器控制循环的 4 个基本要素。

5.6 比较 while 循环语句和 for 循环语句。

5.7 探讨一种更适合使用 do...while 语句而不适合使用 while 语句的情况。给出原因。

5.8 比较并对照 break 语句和 continue 语句。

5.9 找出并更正下列代码段中的错误。

a)

```
1  For (i = 100, i >= 1, i++) {
2     System.out.println(i);
3  }
```

b) 下面的代码应显示整型值 value 是奇数还是偶数：

```
1  switch (value % 2) {
2     case 0:
3        System.out.println("Even integer");
4     case 1:
5        System.out.println("Odd integer");
6  }
```

c) 下面的代码应输出 19 ~ 1 的奇数：

```
1  for (i = 19; i >= 1; i += 2) {
2     System.out.println(i);
3  }
```

d) 下面的代码应输出 2 ~ 100 的偶数：

```
1  int counter = 2;
2
3  do {
4     System.out.println(counter);
5     counter += 2;
6  } While (counter < 100);
```

5.10 下面的代码会显示什么?

```
1  // Exercise 5.10: Printing.java
2  public class Printing {
3     public static void main(String[] args) {
4        for (int i = 1; i <= 10; i++) {
5           for (int j = 1; j <= 5; j++) {
6              System.out.print('@');
7           }
8
9           System.out.println();
10       }
11    }
12 }
```

5.11 **(查找最小值)**编写一个程序，它找出几个整数中的最小值。假设读取的第一个值确定了将从用户处输入的值的数量。

5.12 **(奇数的乘积)**编写一个程序，它计算 1 ~ 15 的奇数的乘积。

5.13 **(阶乘)**阶乘常用于概率问题中。正整数 *n* 的阶乘(记为 *n*!)等于 1 ~ *n* 的乘积。编写一个程序，它计算 1 ~ 20 的整数的阶乘。使用 long 类型，并以表格形式显示结果。如果要计算 100 的阶乘，会遇到什么困难?

5.14 **(改进的复利计算程序)**修改复利计算程序(见图 5.6)，分别对于利率 5%、6%、7%、8%、9%、10% 重复这些步骤。使用 for 循环来变动利率。

5.15 **(三角形输出程序)**编写一个程序，它分别显示如下的图案，其中后者位于前一个的下面。使用几个 for 循环来产生这些图案。所有的星号都必须用一条 System.out.print('*');形式的语句输出，这会使星号并排输出。System.out.println();形式的语句会使输出移动到下一行。System.out.print(' ');形式的语句可用于最后两个图案中，它会输出一个空格。在程序中不能有其他的输出语句。(提示：最后两个图案要求每一行都以适当数量的空格开始。)

```
(a)          (b)          (c)          (d)
*            **********   **********            *
**           *********     *********           **
***          ********       ********          ***
****         *******         *******         ****
*****        ******           ******        *****
******       *****             *****       ******
*******      ****               ****      *******
********     ***                 ***     ********
*********    **                   **    *********
**********   *                     *   **********
```

5.16 **(条形图输出)**计算机的一个有趣应用是显示曲线图和条形图。编写一个程序，它读取 1 ~ 30 中的 5 个数。对于读取的每一个数，程序需显示相同数量的星号。例如，如果程序读取的是 7，则应显示*******。读取完 5 个数之后，以条形图的形式显示这些星号。

5.17 **(销售情况统计)**某个在线零售店销售 5 种产品，它们的售价分别如下：产品 1，2.98 美元；产品 2，4.50 美元；产品 3，9.98 美元；产品 4，4.49 美元；产品 5，6.87 美元。编写一个程序，它读取如下的一组数据：

a)产品编号

b)销售量

程序需使用一个 switch 语句来确定每种产品的销售额，还要计算并显示所有售出产品的总销售额。使用标记控制循环，确定什么时候程序应该停止循环并显示最终结果。

5.18 **(改进的复利计算程序)**修改图 5.6 中的程序，让它只使用整数来计算复利。(提示：将所有的金额都当成以美分为单位的整数值。然后，分别利用除法和求余操作，将结果分解成美元部分和美分部分。显示结果时，在二者的中间插入一个小数点。）

5.19 假设 i = 1，j = 2，k = 3，m = 2，下面的语句会显示什么？

a) `System.out.println(i == 1);`

b) `System.out.println(j == 3);`

c) `System.out.println((i >= 1) && (j < 4));`

d) `System.out.println((m <= 99) & (k < m));`

e) `System.out.println((j >= i) || (k == m));`

f) `System.out.println((k + m < j) | (3 - j >= k));`

g) `System.out.println(!(k > m));`

5.20 **(计算 π 值)** 用下面的无限序列计算 π 值：

$$\pi = 4 - \frac{4}{3} + \frac{4}{5} - \frac{4}{7} + \frac{4}{9} - \frac{4}{11} + \cdots$$

通过计算这个序列的前 200 000 项，输出一个表，显示 π 的近似值。如果希望 π 值的前几位为 3.141 59，需使用这个序列的多少项？

5.21 **(勾股数组)** 存在三条边的边长均为整数值的正三角形。正三角形三条边的整数边长值的集合被称为勾股数组。三条边的长度必须满足关系：两条直角边长的平方和，等于斜边长的平方。编写一个程序，显示边长值不超过 500 的所有勾股数组，分别定义两条直角边和斜边为 side1、side2 和 hypotenuse。使用一个三层嵌套的 for 循环来测试所有的可能性。这种方法是“蛮力计算”的一个例子。在更高级的计算机科学课程中，存在许多有趣的问题，它们除了使用蛮力计算方法解决外，还不存在已知的算法。

5.22 **(修改三角形输出程序)** 如果要求将练习题 5.15 中输出的 4 个彼此独立的星号三角形改成并排显示，该如何修改代码？（提示：可灵活使用嵌套 for 循环。）

5.23 **(德・摩根定律)** 本章探讨了逻辑运算符&&、&、||、|、^、!。有时，德・摩根定律也可以方便地用于逻辑表达式的描述。该定律表明：表达式!(condition1 && condition2)在逻辑上与表达式(!condition1 || !condition2)等价；表达式!(condition1 || condition2)与(!condition1 && !condition2)等价。利用德・摩根定律，为下列表达式提供一个等价的表达式。然后，编写一个程序，证明两个表达式能够得到相同的结果。

a) `!(x < 5) && !(y >= 7)`

b) `!(a == b) || !(g != 5)`

c) `!((x <= 8) && (y > 4))`

d) `!((i > 4) || (j <= 6))`

5.24 **(菱形输出程序)** 编写一个程序，它显示如下的菱形图案。可以使用输出一个星号、一个空格或一个换行符的语句。应尽可能多地使用循环(嵌套 for 语句)，并尽量少使用输出语句。

```
    *
   ***
  *****
 *******
*********
 *******
  *****
   ***
    *
```

5.25 **(修改菱形输出程序)** 修改练习题 5.24 中编写的程序，它读取 1 ~ 19 中的一个奇数，这个数指定菱形的行数。程序应显示具有这个行数的一个菱形。

5.26 针对 break 语句和 continue 语句的批评是它们都不是结构化的。实际上，这两种语句都可以用结构化语句替换，但这样做会显得有些笨拙。描述一下，应该如何从程序的循环中删除 break 语句，并用等价的结构化语句替换。(提示：break 语句会从循环体中退出循环。退出循环的另一种方式是让循环继续条件的测试失败。考虑在循环继续条件测试中使用第二种测试，这种测试表示“需尽早退出循环，因为有一个‘中断’条件”。)利用这里的技术，将图 5.13 的程序中的 break 语句删除。

5.27 如下代码段的作用是什么?

```
1   for (i = 1; i <= 5; i++) {
2      for (j = 1; j <= 3; j++) {
3         for (k = 1; k <= 4; k++) {
4            System.out.print('*');
5         }
6
7         System.out.println();
8      }
9
10     System.out.println();
11  }
```

5.28 描述一下，应该如何从程序的循环中删除 continue 语句，并用等价的结构化语句替换。利用这里的技术，将图 5.14 的程序中的 continue 语句删除。

5.29 (**歌曲“The Twelve Days of Christmas”**)编写一个程序，利用循环及 switch 语句，输出歌曲“The Twelve Days of Christmas”的歌词。其中的一条 switch 语句应用于输出某一日(“first”，“second”等)。另一条 switch 语句用于输出歌词的剩余部分。关于该歌曲的完整信息，请参见 en.wikipedia.org/wiki/The_Twelve_Days_of_Christmas_(song)。

5.30 (**修改 AutoPolicy 类**)修改图 5.11 中的 AutoPolicy 类，使它能够验证美国东北区这几个州的两字母代码。这些州代码如下：CT，康涅狄格；MA，马萨诸塞；ME，缅因；NH，新罕布什尔；NJ，新泽西；NY，纽约；PA，宾夕法尼亚；VT，佛蒙特。在 AutoPolicy 方法 setState 中，使用逻辑或运算符(||)(见 5.9 节)在 if...else 语句中创建一个组合条件，它将方法的实参与州的两字母代码进行比较。如果州代码错误，则 if...else 语句的 else 部分应显示一条错误消息。后面的几章中将讲解如何使用异常处理来表明方法接收了一个无效的实参值。

挑战题

5.31 (**关于全球变暖问题的小测验**)关于全球变暖问题的争论，随着电影 *An Inconvenient Truth* 而变得广为人知。这部电影因美国前副总统戈尔而出名。戈尔和联合国政府间气候变化专家小组(IPCC)共同获得了 2007 年度诺贝尔和平奖，以表彰他们在“建立和传播关于人类活动导致的气候变化方面的大量知识”所做的贡献。在线研究关于全球变暖的正反观点(进行网络搜索时，可能要使用类似“global warming skeptics”的短语)。设计一个关于全球变暖的有 5 个问题的多项选择小测验，每个问题都有 4 个答案选项(编号 1 ~ 4)。需客观且公平地给出正反两方面的观点。接下来编写一个程序，它管理这个小测验、计算回答正确的问题个数(0 ~ 5)，并向用户反馈结果。如果用户正确地回答了全部 5 个问题，则输出“Excellent”；答对 4 个输出“Very good”；答对 3 个或以下输出“Time to brush up on your knowledge of global warming”，并应在所有输出中列出一些相关站点。

5.32 (**另一种税务规划：FairTax**)在美国存在许多使税负更为公平的提议，查看下面这个网站：

```
http://www.fairtax.org
```

探讨一下它所提议的 FairTax(公平税费)是如何运作的。一种建议是取消收入所得税和大部分其他的税种，代之以所购买的全部商品和服务的 23%的消费税。而一些反对 FairTax 的观点质疑 23%这个税率，并称由于计算税费的方式不同，更精确的税率应该是 30%。编写一个程序，它提示用户输入各种开销的费用(如供房、食物、衣服、交通、教育、健康、度假)，然后输出用户需支付的大致 FairTax 的税费是多少。

第 6 章　方法：深入探究

目标

本章将讲解

- 静态方法和字段如何与类相关联，而不是与对象相关联。
- 方法调用栈如何支持方法的调用/返回机制。
- 实参提升与强制转换。
- 包如何分组相关的类。
- 如何用安全的随机数生成方法实现机会游戏程序。
- 声明的可见性如何受限于特定的程序段。
- 什么是方法重载，如何创建重载方法。

提纲

6.1　简介

经验表明，开发并维护大型程序的最佳途径，是将它从小的、简单的部分开始构造。这种技术被称为“分而治之”。第 3 章中讲解过的方法可用来模块化程序。本章将更深入地探讨 Java 中的方法。

可以看到，不需要存在类的对象，也能够调用静态方法。我们还将了解到，Java 如何跟踪当前正在执行的方法、方法的局部变量在内存中如何维护、当方法完成执行后它如何知道返回的地方。

本章还将通过一个随机数生成方法简要讨论模拟技术，并开发了一个被称为 craps 的掷骰子游戏。在这个程序里，将使用到目前为止已讲解过的大多数编程技术。此外，还会讲解如何在程序中声明常量。

开发程序时，会使用或新创建包含多个相同名称的方法的类。这种技术被称为重载(overloading)，它用来实现执行相似任务的方法，这些方法具有不同的实参类型或不同的实参个数。第 18 章中讲解递归时，会继续探讨方法。递归提供了关于方法和算法的一种有趣的思维模式。

6.2 Java 中的程序单元

前面已经见到了各种各样的 Java 程序单元。编写程序时，可以将自己编写的方法和类与 Java 应用程序编程接口(API)及各种其他类库中可用的预定义方法和类进行组合。Java API 又被称为 Java 类库。通常，相关的类会被分组到一个包中，以便它们能被导入程序并重复使用。21.4.10 节中将讲解如何将自己开发的类按包分组。Java 9 中引入了另外一种被称为“模块”(module)的程序单元，它将在第 36 章中讲解。

Java API 提供了丰富的预定义类，类中的方法涉及执行常用数学计算、字符串操作、字符操作、输入/输出操作、数据库操作、联网操作、文件处理、错误检查及许多其他有用的任务。

软件工程结论 6.1

程序员应当熟悉 Java API 中提供的丰富的类和方法(见 http://docs.oracle.com/javase/8/docs/api)。6.8 节中给出了几个常用的包，在线的附录 F 中讲解了如何使用 API 文档。不要事事亲自动手，只要有可能，就应充分利用 Java API 中的类和方法。这可以减少开发程序的时间，避免引入编程错误。

类和方法的“分治”策略

通过将任务分解到一些自包含的单元中，类和方法能使程序模块化。位于方法体中的语句只需编写一次，即可在程序的多个位置重用它，且它对其他方法是隐藏的。

将程序通过类和方法进行模块化的动机之一，是“分治”的策略——通过从小的、简单的部分构造程序，使程序开发更可管理。另一个动机是软件复用性(software reusability)——使用现有的类和方法作为构建块来创建新程序。通常而言，总是能够通过已有的类和方法来创建程序，而不必大量编写定制的代码。例如，前几章的程序中，我们并没有定义如何从键盘读取数据值——Java 在 Scanner 类中已经提供了这些功能。第三个动机是避免代码重复。将程序划分成有意义的类和方法，可使程序更易调试和维护。

软件工程结论 6.2

为了提高软件复用性，每个方法都应该限制成执行单一的、定义良好的任务，并且方法的名称应该有效地体现这项任务。

错误预防提示 6.1

与执行多项任务的方法相比，只执行一项任务的方法更易测试和调试。

软件工程结论 6.3

如果不能选择简洁的名称来表示方法的任务，就表明这个方法可能试图执行太多的任务。应将这样的方法拆分成几个更小的方法。

方法调用间的层次关系

我们知道，方法是通过方法调用来使用的。当被调方法完成任务后，它会返回一个结果，或者只是简单地将控制返回给调用者。这种程序结构就如同管理的层级形式(见图 6.1)。老板(调用者)要求工人(被调方法)执行任务，并在完成任务后报告(即返回)结果。老板方法并不知道工人方法如何执行分派给它的任务。一个工人方法也可以调用其他的工人方法，包括老板并不知道的那些工人方法。这种实现细节的“隐藏”，促进了良好的软件工程。图 6.1 中展示了老板方法如何以分级方式与几个工人方法沟通。老板会将责任分解到多个工人方法中。注意，工人 1 充当了工人 4 和工人 5 的“老板方法”。

错误预防提示 6.2

有些方法会返回值，表明是否成功地执行了方法。调用这种方法时，一定要检查它的返回值，而且只要方法执行不成功，就应进行相应处理。

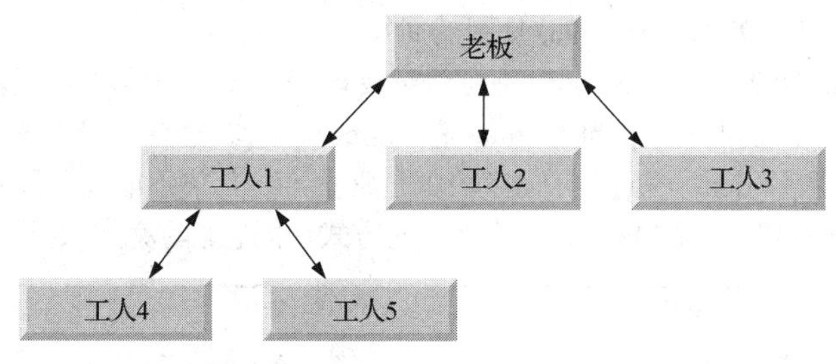

图 6.1 “老板/工人”方法的分级关系

6.3 静态方法、静态字段和 Math 类

大多数方法的执行都是响应特定对象的方法调用。但是，方法执行的任务有时候并不依赖于对象。这样的方法作为一个整体应用于声明它的类，称之为静态方法(static method)或类方法（10.10 节中，将看到接口也可以包含静态方法)。

类中通常包含一些静态方法，以便执行常见的任务。例如，图 5.6 中的程序用 Math 类的静态方法 pow 来求一个值的幂。为了将方法声明为静态的，需在方法声明的返回类型前加上关键字 static。对于需导入程序的任何类，调用它的静态方法的办法是指定类的名称，后接一个点号(.)和方法名称，如下所示：

ClassName.*methodName*(*arguments*)

Math 类的方法

下面将使用各种 Math 类的方法来展示静态方法的概念。Math 类提供了一批方法，能用来执行常见的数学计算。例如，可以用如下静态方法调用计算 900.0 的平方根：

```
Math.sqrt(900.0)
```

这个表达式的值是 30.0。sqrt 方法带有 double 类型的一个实参，它返回 double 类型的结果。为了在控制台窗口中输出上述方法调用的值，可以编写语句：

```
System.out.println(Math.sqrt(900.0));
```

这条语句中，sqrt 返回的值成为 println 方法的实参。调用 sqrt 方法之前，没有必要创建 Math 对象。还要注意，所有 Math 类方法都是静态的。因此，调用每个方法时，都要在方法名之前加上类名 Math 和一个点分隔符。

软件工程结论 6.4

Math 类位于 java.lang 包中，这个包是由编译器隐含导入的，因此在使用 Math 类的方法时不必导入这个类。

方法的实参可以是常量、变量或表达式。如果 c = 13.0, d = 3.0, f = 4.0，则语句：

```
System.out.println(Math.sqrt(c + d * f));
```

会计算并输出 13.0 + 3.0 * 4.0 = 25.0 的平方根，即 5.0。图 6.2 中总结了几个 Math 类方法。图中，x 和 y 都为 double 类型。

静态变量

回忆 3.2 节，类的每个对象都有类的实例变量的副本。存在某些变量，类的每个对象并不需要有该变量的一个单独副本(后面就会看到)。这种被声明为静态的变量也被称为类变量(class variable)。当创建了包含静态变量的类对象时，该类的所有对象都共享静态变量的一个副本。类的静态变量和实例变量共同表示了类的字段(field)。8.11 节中将讲解关于静态字段的更多知识。

Math 类静态常量 PI 和 E

Math 类声明了两个常量：Math.PI 和 Math.E，它们以高精度分别代表两个常用的数学常量：

- 常量 Math.PI(3.141 592 653 589 793)是圆的周长与直径之比。
- 常量 Math.E((2.718 281 828 459 045)是自然对数(用 Math 类中的静态方法 log 计算)的基值。

这些常量在 Math 类中用修饰符 public、final 和 static 声明。将这些常量设置成公共的，就可以在任何类中使用它们。用关键字 final 声明的任何字段都是常量——其值不能在字段初始化之后改变。让这些字段为静态的，就能通过类名称 Math 加点分隔符的方式访问它们，就像使用 Math 类的方法一样。

方法	描述	示例
abs(*x*)	*x* 的绝对值	abs(23.7) = 23.7
		abs(0.0) = 0.0
		abs(–23.7) = 23.7
ceil(*x*)	将 *x* 变为不小于 *x* 的最小整数	ceil(9.2) = 10.0
		ceil(–9.8) = –9.0
cos(*x*)	*x* 的三角余弦值(*x* 为弧度)	cos(0.0) = 1.0
exp(*x*)	指数方法 e^x	exp(1.0) = 2.718 28
		exp(2.0) = 7.389 06
floor(*x*)	将 *x* 变为不大于 *x* 的最大整数	floor(9.2) = 9.0
		floor(–9.8) = –10.0
log(*x*)	*x* 的自然对数(基数为 e)	log(Math.E) = 1.0
		log(Math.E * Math.E) = 2.0
max(*x*, *y*)	*x* 与 *y* 的较大值	max(2.3, 12.7) = 12.7
		max(–2.3, –12.7) = –2.3
min(*x*, *y*)	*x* 与 *y* 的较小值	min(2.3, 12.7) = 2.3
		min(–2.3, –12.7) = –12.7
pow(*x*, *y*)	*x* 的 *y* 次幂(x^y)	pow(2.0, 7.0) = 128.0
		pow(9.0, 0.5) = 3.0
sin(*x*)	*x* 的三角正弦值(*x* 为弧度)	sin(0.0) = 0.0
sqrt(*x*)	*x* 的平方根	sqrt(900.0) = 30.0
tan(*x*)	*x* 的三角正切值(*x* 为弧度)	tan(0.0) = 0.0

图 6.2　Math 类的几个方法

为什么将 main 方法声明为静态的

当用 java 命令运行 Java 虚拟机(JVM)时，JVM 会尝试调用所指定的类的 main 方法——这时还没有创建类的任何对象。将 main 声明为静态的，使 JVM 不必创建类的实例就可调用 main。执行程序时，将其类名称作为 java 命令的实参，即

`java` *ClassName argument1 argument2* …

JVM 载入由 *ClassName* 指定的类，并使用这个类名称调用 main 方法。前面的命令中，*ClassName* 是 JVM 的一个命令行实参，它告知 JVM 要执行哪个类。在 *ClassName* 之后，还可以指定一个字符串列表(以空格分隔)，作为 JVM 传递给程序的命令行实参。这样的实参可用来指定运行程序的选项(如文件名称)。每一个类都可以包含 main 方法，只需要执行程序时调用的是这个类的 main 方法即可。第 7 章中将会讲到，程序可以访问这些命令行实参，并使用它们来定制程序。

6.4　声明多参数方法

方法经常需要多个信息块才能执行任务。下面讲解如何编写带多个参数的方法。

图 6.3 中的程序利用一个名称为 maximum 的方法来判断并返回三个 double 值中最大的那一个。在 main 方法中，第 11 ~ 15 行提示用户输入三个 double 值并读取它们。第 18 行调用 maximum 方法(在第

25～39 行声明)，以确定作为实参传递给方法的三个 double 值中的最大者。当 maximum 方法将结果返回给第 18 行时，程序将 maximum 的返回值赋予局部变量 result。第 21 行输出这个最大值。在本节的末尾将讨论第 21 行中+运算符的用法。

```
1  // Fig. 6.3: MaximumFinder.java
2  // Programmer-declared method maximum with three double parameters.
3  import java.util.Scanner;
4
5  public class MaximumFinder {
6     public static void main(String[] args) {
7        // create Scanner for input from command window
8        Scanner input = new Scanner(System.in);
9
10       // prompt for and input three floating-point values
11       System.out.print(
12          "Enter three floating-point values separated by spaces: ");
13       double number1 = input.nextDouble(); // read first double
14       double number2 = input.nextDouble(); // read second double
15       double number3 = input.nextDouble(); // read third double
16
17       // determine the maximum value
18       double result = maximum(number1, number2, number3);
19
20       // display maximum value
21       System.out.println("Maximum is: " + result);
22    }
23
24    // returns the maximum of its three double parameters
25    public static double maximum(double x, double y, double z) {
26       double maximumValue = x; // assume x is the largest to start
27
28       // determine whether y is greater than maximumValue
29       if (y > maximumValue) {
30          maximumValue = y;
31       }
32
33       // determine whether z is greater than maximumValue
34       if (z > maximumValue) {
35          maximumValue = z;
36       }
37
38       return maximumValue;
39    }
40 }
```

```
Enter three floating-point values separated by spaces: 9.35 2.74 5.1
Maximum is: 9.35
```

```
Enter three floating-point values separated by spaces: 5.8 12.45 8.32
Maximum is: 12.45
```

```
Enter three floating-point values separated by spaces: 6.46 4.12 10.54
Maximum is: 10.54
```

图 6.3　程序员声明的 maximum 方法带有三个 double 类型的参数

public 和 static 关键字

maximum 方法的声明以关键字 public 开始，表明该方法是“可公开使用的”，也就是说，可以由其他类的方法调用它。关键字 static 使 main 方法(另一个静态方法)在第 18 行调用 maximum 方法时，不必用类名 MaximumFinder 限定方法名称，因为位于同一个类中的静态方法可以彼此直接调用。调用 maximum 方法的任何其他类，必须使用方法的完全限定形式，例如 MaximumFinder.maximum(10, 30, 20)。

maximum 方法

下面考虑 maximum 方法的声明(第 25～39 行)。第 25 行表明，该方法返回一个 double 值，方法的名称是 maximum，它需要三个 double 类型的参数(x, y, z)来完成任务。方法中的多个参数是在用逗号分隔的参数表中指定的。当在第 18 行调用 maximum 方法时，参数 x、y、z 会分别用实参 number1、number2、number3 值的副本初始化。在方法调用中，对于方法声明中的每一个参数，都必须有一个对应的实参。每个实参都必须兼容对应参数的类型。例如，double 类型的参数能够接受诸如 7.35、22 或–0.034 56 的值，但不能接受类似“hello”的字符串，也不能接受布尔值 true 或 false。6.7 节将讨论调用方法时，每一种基本类型的参数能够使用哪些实参类型。

为了确定最大值，先假定参数 x 包含最大值，因此第 26 行声明了局部变量 maximumValue，并用参数 x 的值初始化它。当然，有可能是参数 y 或 z 包含了实际的最大值，因此必须将这些值与 maximumValue 逐一比较。第 29 ~ 31 行判断 y 是否大于 maximumValue。如果是，则第 30 行将 y 的值赋予 maximumValue；第 34 ~ 36 行判断 z 是否大于 maximumValue。如果是，则第 35 行将 z 的值赋予 maximumValue。这时，三者中的最大值保留在 maximumValue 中，因此第 38 行将这个值返回到第 18 行。当程序控制返回到调用 maximum 的地方时，maximum 的参数 x、y、z 在内存中不再存在。

软件工程结论 6.5

方法最多只能返回一个值，但是这个返回值可以是包含许多实例变量值的一个对象引用。

软件工程结论 6.6

仅当要求变量用在类的多个方法中，或者程序要在该类的多个方法调用之间保存变量的值时，才应该将这样的变量声明为类的字段。

常见编程错误 6.1

将相同类型的方法参数声明成 float x, y，而不是 float x, float y，这是一个语法错误。对于参数表中的每一个参数，都要求指定类型。

通过复用 Math.max 方法实现 maximum 方法

整个 maximum 方法体也可以通过调用 Math.max 两次来实现，如下所示：

```
return Math.max(x, Math.max(y, z));
```

Math.max 的第一个调用指定了两个实参 x 和 Math.max(y, z)。在任何方法能够被调用之前，都必须先对它的实参求值，以确定它们的值。如果实参是一个方法调用，则必须先执行这个方法调用，以确定它的返回值。因此，上述语句中会首先计算 Math.max(y, z)的值，以确定 y 和 z 中的较大者。然后，将这个结果作为第二个实参传递给另一个 Math.max 调用，它返回这两个实参中的较大者。这是软件复用的一个很好的示例——通过复用 Math.max 来找到三个值中的最大者，而 Math.max 会找出两个值中的较大者。注意，这行代码比图 6.3 中的第 26 ~ 38 行简洁多了。

用字符串拼接组合字符串

通过运算符+或+=，Java 允许将多个 String 类型的对象组合成更大的字符串。这被称为字符串拼接(string concatenation)。当+运算符的两个操作数都是 String 对象时，该运算符将创建一个新的 String 对象，该对象中字符的组成方式为将右操作数中的字符放在左操作数字符的末尾。例如，表达式“hello ”+“there”会创建字符串“hello there”。

图 6.3 的第 21 行中，表达式：

```
"Maximum is: " + result
```

使用+运算符，两个操作数的类型分别为 String 和 double。Java 中的每一种基本类型值和对象都可以表示成 String 对象。当+运算符的一个操作数是 String 类型时，另一个操作数会被转换成 String 类型，然后将两个操作数拼接。第 21 行中，double 值被转换成其 String 表示，并放在字符串“Maximum is: ”的末尾。如果 double 值的末尾包含 0，则在转换成 String 时会将其丢弃。例如，9.3500 会被表示成 9.35。

在字符串拼接中，基本类型值会被转换成 String 类型的值。如果将布尔值与字符串拼接，则布尔值将转换成字符串"true"或"false"。所有对象都有一个 toString 方法，它返回该对象的字符串表示(后续几章中，将详细探讨 toString 方法)。当对象与字符串拼接时，就会隐含调用该对象的 toString 方法，以获得该对象的字符串表示。也可以显式地调用 toString 方法。

可以将一个较大的字符串拆分成几个较小的字符串，并将它们分布到多行代码中，以提高程序的可读性。之后，可以利用拼接将这些字符串重新组合起来。第 14 章将详细讲解字符串。

常见编程错误 6.2

将一个字符串断开写在多行上，这是一种语法错误。如果确实需要这么做，则可以将一个字符串拆分成几个较小的字符串，然后利用拼接来形成所需要的字符串。

常见编程错误 6.3

将用于字符串拼接的+运算符与用于加法的+运算符混淆，会导致奇怪的结果。Java 对运算符的操作数求值时，是从左到右进行的。例如，如果整型变量 y 的值为 5，则表达式"y + 2 = " + y + 2 的结果是字符串"y + 2 = 52"，而不是"y + 2 = 7"，因为 y 的值(5)先和字符串"y + 2 = "拼接，然后值 2 与新的较大字符串"y + 2 = 5"拼接。但是，表达式"y + 2 = " + (y + 2)会生成期望的结果"y + 2 = 7"。

6.5 关于声明与使用方法的说明

调用方法

存在调用方法的三种方式，分别如下所示。

1. 使用方法名称本身，调用同一个类中的另一个方法，例如图 6.3 中第 18 行的 maximum(number1, number2, number3)。
2. 使用包含对象引用的变量，后接一个点号(.)和方法名称，以调用被引用对象的非静态方法。例如，图 3.2 第 14 行中的方法调用 myAccount.getName( )，它从 AccountTest 的 main 方法中调用了 Account 类的一个方法。非静态方法常被称为实例方法。
3. 使用类名称和一个点号来调用类的静态方法，例如 6.3 节中的 Math.sqrt(900.0)。

从方法返回

有三种途径可以将控制返回到调用方法的语句。

- 到达结束方法的右花括号，返回类型为 void。
- 返回类型为 void，在方法中执行语句：

```
return;
```

- 方法返回一个结果，语句为下面的形式，其中的 *expression* 会被求值，且其结果(和控制)会被返回给调用者：

```
return expression;
```

常见编程错误 6.4

在类声明体外声明方法，或在一个方法的声明体内声明另一个方法，都是语法错误。

常见编程错误 6.5

对于在方法内声明的局部变量，如果其名称与方法参数的名称相同，则会导致编译错误。

常见编程错误 6.6

对于应该返回值的方法，如果忘记返回一个值，则是编译错误。如果指定了非 void 的其他返回类型，则方法中必须包含一条 return 语句，它返回一个与方法的返回类型兼容的值。从方法中返回了一个值，但返回值的类型已经被声明为 void，这是一个编译错误。

静态成员只能直接访问类的其他静态成员

静态方法只能直接调用同一个类里的其他静态方法(即使用方法名本身),并且只能直接操作同一个类里的静态变量。为了访问类的实例变量和实例方法(即它的非静态成员),静态方法必须使用该类对象的引用。实例方法可以访问类中所有的字段(静态变量和实例变量)以及方法。

一个类的许多个对象中,每一个都有自己的实例变量副本,它们可以同时存在。假设一个静态方法希望直接调用一个非静态方法,这个方法应该如何知道要操作哪个对象的实例变量呢?如果在调用非静态方法时没有该类的任何对象存在,会发生什么呢?

6.6 方法调用栈与活动记录

为了理解 Java 是如何执行方法调用的,先考虑一个被称为栈(stack)的数据结构(即相关数据项的集合)。可以将栈看成一叠盘子。放盘子时,通常置于最上面——将盘子"压入"(push)栈。类似地,当拿走盘子时,总是从最上面取——将盘子"弹出"(pop)栈。栈被称为后入先出(last-in, first-out,LIFO)数据结构——压入(插入)栈的最后一项,是从栈中弹出(移走)的第一项。

6.6.1 方法调用栈

对于计算机科学专业的学生而言,需重点理解的一种计算机制是方法调用栈(method-call stack),有时也被称为程序执行栈(program-execution stack)。位于"幕后"的一种数据结构支持方法的调用/返回机制。它还支持每个被调方法的局部变量的创建、维护和销毁。LIFO 行为正好就是一个方法返回到调用它的那个方法时所做的事情。

6.6.2 栈帧

调用某个方法时,它可能会调用其他方法,而后者还可能继续调用另外的方法,且所有的调用都是在方法返回之前进行的。每个方法最终都必须将控制返回给调用它的那个方法。因此,系统必须以某种方式跟踪每个方法的返回地址,以便将控制返回到它的调用者。方法调用栈就是处理这类信息的完美数据结构。只要某个方法调用了另一个方法,就会将一个项(entry)压入栈中。这个项被称为栈帧(stack frame)或活动记录(activation record),它包含被调方法返回到调用方法时所需的返回地址,还包含一些其他信息(后面会讲解)。如果被调方法返回到调用方法,而不是调用另外的方法,则会"弹出"这个方法调用的栈帧,且控制会转移到被弹出的栈帧所包含的返回地址。

调用栈的优势在于,在调用栈的顶部,每个被调方法总是能够找到返回到它的调用者时所需要的信息。而且,如果一个方法调用了另一个方法,则这个新方法的栈帧也会被"压入"调用栈。因此,新的被调方法返回到它的调用者时所需要的返回地址就位于栈的顶部。

6.6.3 局部变量与栈帧

栈帧还有另外一个重要的功能。大多数方法都包含局部变量。局部变量需要在方法执行时存在。如果一个方法调用了其他的方法,则局部变量仍然需要保持存在状态。但是,当被调方法返回到它的调用者后,它的局部变量需要"消失"。被调方法的栈帧就是保存它的局部变量的内存地址的理想场所。只要被调方法处于活动状态,它的栈帧就会存在。当方法返回时(此时不再需要它的局部变量),它的栈帧就从栈弹出,而这些局部变量将不复存在。

6.6.4 栈溢出

计算机的内存容量是有限的,因此只有一定数量的内存能够用于在方法调用栈上保存活动记录。如果发生的方法调用超出了方法调用栈上能容纳的活动记录，就会发生被称为栈溢出(stack overflow)的致命错误[①]——通常是由无限递归引起的(见第 18 章)。

6.7　实参提升与强制转换

方法调用的另一个重要特性是实参提升(argument promotion)——将实参值(在可能的情况下)转换成方法在其对应参数中希望接收的类型。例如，尽管 Math 方法 sqrt 希望接收的是一个 double 类型的实参，但程序在调用它时可以向它传递一个 int 类型的实参。语句：

```
System.out.println(Math.sqrt(4));
```

能正确地对 Math.sqrt(4)求值，并会输出结果 2.0。方法声明的参数表使 Java 在将值传递给 sqrt 方法之前，会先将 int 值 4 转换成 double 值 4.0。如果不能满足 Java 的提升规则，则这样的转换可能导致编译错误。提升规则指定了允许进行哪些转换。也就是说，它指定的是执行哪些转换时不会丢失数据。在上面的 sqrt 例子中，当将 int 值转换成 double 值时，不会改变 int 值。但是，当将 double 值转换成 int 值时，会将 double 值的小数部分截去，因此会丢失一部分值。将较大的整数类型转换成较小的整数类型时(如将 long 转换成 int，或将 int 转换成 short)，也可能导致值发生变化。

提升规则用于包含两个或多个基本类型值的表达式，还可用于作为实参传递给方法的基本类型值。一个表达式中的所有值都会被提升到其中“最高级”的那个类型。实际上，表达式使用的是值的临时副本——值的原始类型并没有变化。图 6.4 中列出了几种基本类型和每种类型能够提升到的类型。对于某一种类型，它总是可以有效提升到表中的更高级类型。例如，int 类型可以提升成更高级的 long、float、double 类型。

如果将值转换成图 6.4 中更低级的类型，则当低级类型无法表示高级类型的值时，就会得到不同的值(如 int 值 2 000 000 不能表示成 short 类型；小数点后有数字的浮点数无法表示成整型类型，例如 long、int 或 short)。因此，当可能因为转换而丢失信息时，Java 编译器要求程序员使用强制转换运算符(在 4.10 节中介绍过)来明确地进行强制转换，否则会出现编译错误。这样，就使程序员能从编译器那里获得控制权。这种运算符的本质是我知道这种转换可能导致信息丢失，但此处为了达到我的目标，这样做是允许的。假设 square 方法计算一个整数的平方根，因此它要求一个 int 实参。为了用名称为 doubleValue 的 double 实参调用 square，应该将方法调用写成

```
square((int) doubleValue)
```

这个方法调用明确地将 doubleValue 的值强制转换成一个临时整数，并用在 square 方法中。因此，如果 doubleValue 的值是 4.5，则方法收到的值是 4，返回的值是 16 而不是 20.25。

类型	有效的提升
double	无
float	double
long	float 或 double
int	long、float 或 double
char	int、long、float 或 double
short	int、long、float 或 double(不能是 char)
byte	short、int、long、float 或 double(不能是 char)
boolean	无(在 Java 中，布尔值不是数字)

图 6.4　基本类型之间允许的提升规则

① 这就是 stackoverflow.com 网站名称的由来。它是一个有关编程问题的优秀网站。

常见编程错误 6.7

当将某种基本类型值强制转换成另一种基本类型值时，如果新类型不是一个有效的提升，则可能会改变这个值。例如，将浮点值强制转换成整数值，会导致结果中的截尾错误(小数部分丢失)。

6.8 Java API 包

正如我们所见，Java 包含了许多预定义的类，它们按照相关性被分组成了不同的类别，这些类别被称为包(package)。这些包被统称为 Java 应用程序编程接口(Java API)或 Java 类库。Java 的强大之处是 Java API 中数以千计的类。图 6.5 中描述了本书中用到的一些主要的 Java API 包，而它们仅仅是 Java API 中很少的一些。

包	描述
java.awt.event	Java 抽象窗口工具集事件包(Java Abstract Window Toolkit Event Package)。包含的类和接口同时位于 java.awt 包和 javax.swing 包中，用于 GUI 组件的事件处理(见第 26 章和第 35 章)
java.awt.geom	Java 2D 形状包(Java 2D Shapes Package)。包含的类和接口用于高级二维图形处理功能(见第 27 章)
java.io	Java 输入/输出包(Java Input/Output Package)。包含的类和接口使程序能够输入/输出数据 (见第 15 章)
java.lang	Java 语言包(Java Language Package)。包含的类和接口(对它们的讨论散布于全书中)是许多 Java 程序都需要的。这个包由编译器导入到所有的程序中
java.net	Java 联网包(Java Networking Package)。包含的类和接口使程序通过计算机网络(例如 Internet)通信(见第 28 章)
java.security	Java 安全包(Java Security Package)。包含的类和接口用于强化安全能力
java.sql	JDBC 包(JDBC Package)。包含的类和接口用于数据库操作 (见第 24 章)
java.util	Java 实用工具包(Java Utilities Package)。包含的实用类和接口用于保存和处理大量的数据 其中的许多类和接口已经被升级成支持 Java SE 8 的 lambda 功能(见第 16 章)
java.util.concurrent	Java 并行包(Java Concurrency Package)。包含的工具类和接口用于实现并行执行多项任务的程序(见第 23 章)
javax.swing	Java Swing GUI 组件包(Java Swing GUI Components Package)。包含的类和接口用于 Swing GUI 组件。这个包中使用了以前的 java.awt 包中的一些元素(见第 26 章和第 35 章)
javax.swing.event	Java Swing 事件包(Java Swing Event Package)。包含的类和接口用于 javax.swing 包中 GUI 组件的事件处理，例如响应按钮单击事件(见第 26 章和第 35 章)
javax.xml.ws	JAX-WS 包(JAX-WS Package)。包含的类和接口用于 Java 中的 Web 服务(见第 32 章)
javafx 包	JavaFX 是 Java 首选的 GUI、图形和多媒体技术。本书中将大量讲解有关它的内容。
本书中用到的一些 Java SE 8 包	
java.time	Java SE 8 的日期/时间 API 包。包含的类和接口用于处理日期和时间(见第 23 章)
java.util.function 和 java.util.stream	这两个包中的类和接口用于 Java SE 8 的函数式编程(见第 17 章)

图 6.5 部分 Java API 包

可使用的 Java 包的数量相当庞大。除了图 6.5 中给出的这些包，Java 还包括了用于复杂图形、高级图形用户界面、输出、高级联网、安全性、数据库处理、多媒体、辅助功能(用于残疾人)、并发编程、密码学、XML 处理及其他许多功能的包。有关 Java 包的概述，请参见：

```
http://docs.oracle.com/javase/8/docs/api/overview-summary.html
```

在 Java API 文档中，可以找到关于预定义 Java 类的方法的其他信息。

```
http://docs.oracle.com/javase/8/docs/api
```

访问这个站点时，可单击 Index 链接，查看 Java API 中的所有类和方法，它们按字母顺序排列。找到类名称并单击它的链接，即可看到这个类的描述。单击 METHOD 链接，可看到一个包含全部方法的表。列出的每个静态方法都在其返回类型的前面加了“static”字样。

6.9　案例分析：安全的随机数生成方法

下面简要分析一种流行的编程应用：模拟和玩游戏。本节和下一节中将开发一个游戏程序，它具有多个方法。这个程序用到了本书到目前为止所讲的大多数控制语句，并引入了几个新的编程概念。

机会元素（element of chance）可以通过（java.security 包的）SecureRandom 类中的一个对象引入程序。对象可以生成随机的 boolean、byte、float、double、int、long 和 Gaussian（高斯）值。下面的几个示例中，将使用 SecureRandom 类的对象来生成随机值。

使用安全随机数

本书前几个版本中，采用的是 Random 类来获取“随机”值。这个类生成的值有可能被心怀恶意的程序员预测到。而 SecureRandom 对象产生的随机数是不可预测的。

可预测的随机数已经成为许多软件安全问题的根源。现在，大多数编程语言都具备与 SecureRandom 相类似的库，用于生成无法预测的随机数，以防止出现安全问题。本书的后面将用“随机数”指代“安全随机数”。

软件工程结论 6.7

对于需要创建安全程序的开发人员而言，Java 9 强化了 SecureRandom 的能力，参见 JEP 273。

9

创建 SecureRandom 对象

新的安全随机数生成程序对象可以用如下语句创建：

```
SecureRandom randomNumbers = new SecureRandom();
```

这样，对象就能用来生成随机值——这里只探讨 int 值。有关 SecureRandom 类的更多信息请参见：

```
http://docs.oracle.com/javase/8/docs/api/java/security/
   SecureRandom.html
```

获取随机 int 值

考虑语句：

```
int randomValue = randomNumbers.nextInt();
```

SecureRandom 方法 nextInt 可产生一个随机 int 值。如果该方法确实是随机地产生值，则每次调用它时，位于范围内的每个值被选中的可能性（或概率）应当是相等的。

更改由 nextInt 方法产生的值的范围

nextInt 方法生成的值的范围通常与特定 Java 程序所要求的值的范围不同。例如，模拟抛硬币的程序只需要用 0 代表正面（“head”），用 1 代表反面（“tail”）；模拟掷六面骰子的程序，要求 1 ~ 6 的随机整数；视频游戏中，一个随机预测下一种飞过地平线的太空船类型（一共 4 种）的程序，可能需要 1 ~ 4 的随机整数。对于这类情况，SecureRandom 类提供 nextInt 方法的另一个版本，它接收一个 int 类型的实参，返回的值为 0（含）到实参的值（不含）。例如，对于抛硬币的情况，如下语句会返回 0 或 1：

```
int randomValue = randomNumbers.nextInt(2);
```

掷六面骰子

为了演示随机数，下面的程序模拟掷六面骰子 20 次，并显示每次所掷的点值。首先利用 nextInt 方法生成 0 ~ 5 的随机数，如下所示：

```
int face = randomNumbers.nextInt(6);
```

实参 6 被称为缩放因子（scaling factor），表示 nextInt 应该生成的数值个数（这里是 6 个——0 ~ 5）。这种操作被称为“缩放由 SecureRandom 类 nextInt 方法生成的取值范围”。

六面骰子的各个面上应该有数字 1 ~ 6，而不是 0 ~ 5。因此，要在前面的结果中加上一个移位值（shifting value），以便移位生成的数字的范围。这里的移位值为 1，如下所示：

```
int face = 1 + randomNumbers.nextInt(6);
```

移位值(1)指定了期望的随机整数集中的第一个值。上面的语句为 face 赋予了一个 1 ~ 6 的随机整数。

掷六面骰子 20 次

图 6.6 中给出了两个输出样本，它们验证了前面计算的结果是 1 ~ 6 的整数，并且每次运行程序时会生成不同的随机数序列。第 3 行从 java.security 包导入了 SecureRandom 类。第 8 行创建了一个 SecureRandom 对象 randomNumbers，生成随机值。第 13 行在一个循环中掷骰子 20 次。循环中的 if 语句(第 18 ~ 20 行)在每次输出 5 个数之后，会在新的一行中显示后 5 个数字。

```
1  // Fig. 6.6: RandomIntegers.java
2  // Shifted and scaled random integers.
3  import java.security.SecureRandom; // program uses class SecureRandom
4
5  public class RandomIntegers {
6     public static void main(String[] args) {
7        // randomNumbers object will produce secure random numbers
8        SecureRandom randomNumbers = new SecureRandom();
9
10       // loop 20 times
11       for (int counter = 1; counter <= 20; counter++) {
12          // pick random integer from 1 to 6
13          int face = 1 + randomNumbers.nextInt(6);
14
15          System.out.printf("%d  ", face); // display generated value
16
17          // if counter is divisible by 5, start a new line of output
18          if (counter % 5 == 0) {
19             System.out.println();
20          }
21       }
22    }
23 }
```

```
1  5  3  6  2
5  2  6  5  2
4  4  4  2  6
3  1  6  2  2
```

```
6  5  4  2  6
1  2  5  1  3
6  3  2  2  1
6  4  2  6  4
```

图 6.6　输出经过了移位和缩放的随机整数

掷六面骰子 60 000 000 次

为了展示用 nextInt 方法生成的数大约是等概率发生的，我们用图 6.7 中的程序来模拟掷骰子 60 000 000 次。1 ~ 6 中的每一个整数都应当大约出现 10 000 000 次。注意第 18 行，这里使用了“_”数字分隔符，以增加 int 值 60_000_000 的可读性。前面说过，不能用逗号分隔数字。例如，如果将 int 值 60_000_000 写成 60,000,000，则 JDK 8 编译器会对这条 for 语句首部(第 18 行)产生多个编译错误。注意，执行这个程序会耗时数秒——参见后面有关 SecureRandom 性能的说明。

正如两个样本输出所示，由 nextInt 方法生成的缩放和移位值真实地模拟了掷六面骰子的情形。程序使用了嵌套控制语句(在 for 内嵌套 switch)，以确定骰子每面出现的次数。for 语句(第 18 ~ 42 行)迭代了 60 000 000 次。每次迭代时，第 19 行生成一个 1 ~ 6 的随机值。然后，这个值被用作 switch 语句(第 22 ~ 41 行)的控制表达式(第 22 行)。每次迭代时，基于 face 的值，switch 语句将 6 个计数器变量之一加 1。这个 switch 语句没有默认分支，因为对第 19 行中的表达式可能生成的每一个掷骰子的结果，都存在一个分支。运行这个程序，并观察结果。可以看到，每次执行它时，都会生成不同的结果。

```
1  // Fig. 6.7: RollDie.java
2  // Roll a six-sided die 60,000,000 times.
3  import java.security.SecureRandom;
4
5  public class RollDie {
6     public static void main(String[] args) {
7        // randomNumbers object will produce secure random numbers
8        SecureRandom randomNumbers = new SecureRandom();
9
10       int frequency1 = 0; // count of 1s rolled
11       int frequency2 = 0; // count of 2s rolled
12       int frequency3 = 0; // count of 3s rolled
13       int frequency4 = 0; // count of 4s rolled
14       int frequency5 = 0; // count of 5s rolled
15       int frequency6 = 0; // count of 6s rolled
16
17       // tally counts for 60,000,000 rolls of a die
18       for (int roll = 1; roll <= 60_000_000; roll++) {
19          int face = 1 + randomNumbers.nextInt(6); // number from 1 to 6
20
21          // use face value 1-6 to determine which counter to increment
22          switch (face) {
23             case 1:
24                ++frequency1; // increment the 1s counter
25                break;
26             case 2:
27                ++frequency2; // increment the 2s counter
28                break;
29             case 3:
30                ++frequency3; // increment the 3s counter
31                break;
32             case 4:
33                ++frequency4; // increment the 4s counter
34                break;
35             case 5:
36                ++frequency5; // increment the 5s counter
37                break;
38             case 6:
39                ++frequency6; // increment the 6s counter
40                break;
41          }
42       }
43
44       System.out.println("Face\tFrequency"); // output headers
45       System.out.printf("1\t%d%n2\t%d%n3\t%d%n4\t%d%n5\t%d%n6\t%d%n",
46          frequency1, frequency2, frequency3, frequency4,
47          frequency5, frequency6);
48    }
49 }
```

```
Face    Frequency
1       10001086
2       10000185
3       9999542
4       9996541
5       9998787
6       10003859
```

```
Face    Frequency
1       10003530
2       9999925
3       9994766
4       10000707
5       9998150
6       10002922
```

图 6.7　掷六面骰子 60 000 000 次

第 7 章讨论数组时，会给出一种巧妙的方式，它用一条语句替换了这个程序中的整个 switch 语句。第 17 章讲解 Java SE 8 的函数式编程功能时，将看到如何用一条语句替换掷骰子、switch 及显示结果的语句。

关于 SecureRandom 性能的说明

使用 SecureRandom 而不是 Random，可获得更高的安全级别，但会极大地影响性能。对于不太重要的程序，可以使用来自 java.util 包的 Random 类，只需用它替换 SecureRandom 即可。

通用的随机数比例缩放与移位

前面的程序中，用下面的语句模拟了掷六面骰子的情形：

```
int face = 1 + randomNumbers.nextInt(6);
```

这条语句总是会赋予变量 face 一个 1 ~ 6 的整数。这个范围的宽度(即范围内连续整数的个数)是 6，起始数是 1。观察前面的语句，可以看到范围宽度由作为实参传递给 SecureRandom 方法 nextInt 的数字 6 决定，而范围的起始数是 1，它会与 randomNumbers.nextInt(6)相加。可以将这个结果一般化为

```
int number = shiftingValue + randomNumbers.nextInt(scalingFactor);
```

其中，*shiftingValue* 指定了期望的连续整数的第一个数，*scalingFactor* 指定了在这个范围中有多少个数。

也可以从值的集合而不是连续的整数范围中随机选取整数。例如，为了从序列 2, 5, 8, 11, 14 中获得一个随机值，可以使用语句：

```
int number = 2 + 3 * randomNumbers.nextInt(5);
```

这种情况下，randomNumbers.nextInt(5)产生 0 ~ 4 的值。每个产生的值乘以 3，得到数列 0, 3, 6, 9, 12。然后，将这些值加 2，移位值的范围，就可以得到数列 2, 5, 8, 11, 14。可以将这个结果一般化成

```
int number = shiftingValue +
   differenceBetweenValues * randomNumbers.nextInt(scalingFactor);
```

其中，*shiftingValue* 指定了期望的值的第一个数，*differenceBetweenValues* 表示序列中两个连续的数之间的差，而 *scalingFactor* 指定在范围中有多少个数。

6.10 案例分析：机会游戏与 enum 类型

一个流行的机会游戏是被称为“双骰”的掷骰子游戏，在世界各地的赌场和街头小巷都可以玩这个游戏。游戏的规则很简单：

> 玩家掷两枚骰子。每枚骰子有六面，每一面都有一个 1 ~ 6 的点数。当两枚骰子停止转动后，计算两个朝上的面的点数和。如果第一次掷时，点数和为 7 或 11，则玩家获胜。如果第一次掷时点数和为 2、3 或 12(被称为“双骰”)，则玩家输，庄家赢。如果第一次掷时点数和为 4、5、6、8、9 或 10，则这个和成为玩家所要的“点数”。为了获胜，玩家必须继续掷骰子，直到掷出相同的“点数”。如果在掷出相同的点数之前掷出了点数和 7，则玩家输。

图 6.8 中的程序模拟了这个游戏，它用到了实现游戏逻辑的一些方法。main 方法(第 20 ~ 66 行)在需要时调用 rollDice 方法(第 69 ~ 80 行)，以便掷两枚骰子并计算它们的点数和。样本输出分别展示了玩家的如下几种情况：第一次掷骰子时赢，第一次掷骰子时输，继续掷一次时赢，以及继续掷一次时输。

```
1  // Fig. 6.8: Craps.java
2  // Craps class simulates the dice game craps.
3  import java.security.SecureRandom;
4
5  public class Craps {
6     // create secure random number generator for use in method rollDice
7     private static final SecureRandom randomNumbers = new SecureRandom();
8
9     // enum type with constants that represent the game status
10    private enum Status {CONTINUE, WON, LOST};
11
12    // constants that represent common rolls of the dice
13    private static final int SNAKE_EYES = 2;
14    private static final int TREY = 3;
15    private static final int SEVEN = 7;
```

图 6.8 Craps 类模拟掷骰子游戏

```
16      private static final int YO_LEVEN = 11;
17      private static final int BOX_CARS = 12;
18
19      // plays one game of craps
20      public static void main(String[] args) {
21         int myPoint = 0; // point if no win or loss on first roll
22         Status gameStatus; // can contain CONTINUE, WON or LOST
23
24         int sumOfDice = rollDice(); // first roll of the dice
25
26         // determine game status and point based on first roll
27         switch (sumOfDice) {
28            case SEVEN: // win with 7 on first roll
29            case YO_LEVEN: // win with 11 on first roll
30               gameStatus = Status.WON;
31               break;
32            case SNAKE_EYES: // lose with 2 on first roll
33            case TREY: // lose with 3 on first roll
34            case BOX_CARS: // lose with 12 on first roll
35               gameStatus = Status.LOST;
36               break;
37            default: // did not win or lose, so remember point
38               gameStatus = Status.CONTINUE; // game is not over
39               myPoint = sumOfDice; // remember the point
40               System.out.printf("Point is %d%n", myPoint);
41               break;
42         }
43
44         // while game is not complete
45         while (gameStatus == Status.CONTINUE) { // not WON or LOST
46            sumOfDice = rollDice(); // roll dice again
47
48            // determine game status
49            if (sumOfDice == myPoint) { // win by making point
50               gameStatus = Status.WON;
51            }
52            else {
53               if (sumOfDice == SEVEN) { // lose by rolling 7 before point
54                  gameStatus = Status.LOST;
55               }
56            }
57         }
58
59         // display won or lost message
60         if (gameStatus == Status.WON) {
61            System.out.println("Player wins");
62         }
63         else {
64            System.out.println("Player loses");
65         }
66      }
67
68      // roll dice, calculate sum and display results
69      public static int rollDice() {
70         // pick random die values
71         int die1 = 1 + randomNumbers.nextInt(6); // first die roll
72         int die2 = 1 + randomNumbers.nextInt(6); // second die roll
73
74         int sum = die1 + die2; // sum of die values
75
76         // display results of this roll
77         System.out.printf("Player rolled %d + %d = %d%n", die1, die2, sum);
78
79         return sum;
80      }
81   }
```

```
Player rolled 5 + 6 = 11
Player wins
```

图 6.8(续)　Craps 类模拟掷骰子游戏

```
Player rolled 5 + 4 = 9
Point is 9
Player rolled 4 + 2 = 6
Player rolled 3 + 6 = 9
Player wins
```

```
Player rolled 1 + 2 = 3
Player loses
```

```
Player rolled 2 + 6 = 8
Point is 8
Player rolled 5 + 1 = 6
Player rolled 2 + 1 = 3
Player rolled 1 + 6 = 7
Player loses
```

图 6.8(续) Craps 类模拟掷骰子游戏

rollDice 方法

根据规则，玩家必须一次掷两枚骰子。程序声明了 rollDice 方法(第 69 ~ 80 行)，用来掷两个骰子并计算它们的点数和。这个方法只声明了一次，但是在 main 方法中有两个地方(第 24 行和第 46 行)调用了它，main 方法中包含了一次完整的掷骰子游戏的逻辑。rollDice 方法不带实参，它的参数表为空。每次调用这个方法时，它都会返回骰子的点数和，因此在方法首部中指明了返回类型 int(第 69 行)。尽管第 71 ~ 72 行看起来相同(除了骰子名称不同)，但它们不一定会得到相同的结果。每条语句都会生成一个 1 ~ 6 的随机值。变量 randomNumbers 没有在方法中声明(用在第 71 ~ 72 行)，而是将它声明为该类的一个 private static final 类型的变量，并在第 7 行初始化。这样，就创建了一个能在 rollDice 的每个调用中复用的 SecureRandom 对象。如果存在一个包含 Craps 类的多个实例的程序，则它们就可以共享这一个 SecureRandom 对象。

main 方法的局部变量

这个游戏中，玩家第一次掷两枚骰子时可能输也可能赢，也可能要掷好几次才会定出输赢。main 方法(第 20 ~ 66 行)使用：

- 局部变量 myPoint(第 21 行)保存第一次掷骰子时没有决出胜负的点数和。
- 局部变量 gameStatus(第 22 行)跟踪整个游戏的状态。
- 局部变量 sumOfDice(第 24 行)保存最近一次掷骰子时的点数和。

变量 myPoint 被初始化为 0，以保证程序能够编译。如果没有初始化 myPoint，则编译器会发出错误，因为 myPoint 没有在 switch 语句的每个分支中赋值，程序可能在 myPoint 确定赋值之前使用 myPoint。相反，gameStatus 不需要初始化，因为它在 switch 语句的每个分支(包括默认分支)中都被赋值了，因此使用之前已经初始化，不需要在第 22 行初始化它。

enum 类型 Status

局部变量 gameStatus(第 22 行)被声明为新类型 Status(它在第 10 行声明)。Status 类型被声明为 Craps 类的私有成员，因为它只在这个类中使用。Status 是一种被称为 enum(枚举)的类型，在它的最简单形式中，枚举可以声明由标识符表示的一组常量。enum 类型是一种特殊的类，它由关键字 enum 和类型名称(这里是 Status)指定。和类一样，一对花括号就界定了 enum 声明的语句体。花括号内是由逗号分隔的 enum 常量表，每个常量表示一个唯一值。常量表中的值不能重复。第 8 章中将讲解关于 enum 类型的更多知识。

良好的编程实践 6.1

应在 enum 常量表中只采用大写字母，以使 enum 常量更醒目，让程序员注意到它们不是变量。

Status 类型的变量只能赋予枚举中声明的三个值之一(第 10 行)，否则会发生编译错误。玩家获胜时，程序将局部变量 gameStatus 设置为 Status.WON(第 30 行和第 50 行)；玩家输时，gameStatus 被设置为

Status.LOST（第 35 行和第 54 行）；否则，gameStatus 被设置为 Status.CONTINUE（第 38 行），表示游戏还没有结束，需要再次掷骰子。

良好的编程实践 6.2

用 enum 常量（如 Status.WON、Status.LOST、Status.CONTINUE）而不用字面值（如 0、1、2），可以使程序更可读、更好维护。

main 方法的逻辑

main 方法中的第 24 行调用了 rollDice 方法，它从 1 ~ 6 取两个随机值，分别显示第一个骰子、第二个骰子的值及点数和，并返回这个点数和。然后，main 方法进入第 27 ~ 42 行中的 switch 语句，用第 24 行的 sumOfDice 值确定游戏的输赢，或者还是要再次掷骰子。第一次掷骰子时，决定输赢的两个骰子的点数和在第 13 ~ 17 行被声明为 private static final int 常量。标识符名称使用了点数和的赌场行话。与 enum 常量类似，为了在程序中更突出这些常量，按照惯例要全部用大写字母声明。第 28 ~ 31 行用 SEVEN（7）或 YO_LEVEN（11）确定玩家第一次掷骰子时是否赢，第 32 ~ 36 行用 SNAKE_EYES（2）、TREY（3）或 BOX_CARS（12）确定玩家第一次掷骰子时是否输。第一次之后，如果还没有决出输赢，则默认分支（第 37 ~ 41 行）将 gameStatus 设置成 Status.CONTINUE，将 sumOfDice 保存到 myPoint 中并显示点数。

如果还要掷出上一次的"点数"，则执行第 45 ~ 57 行的循环。第 46 行再次掷骰子。在第 49 行，如果 sumOfDice 与 myPoint 相符，则第 50 行将 gameStatus 设置为 Status.WON，循环终止，因为游戏已经完成。在第 53 行，如果 sumOfDice 与 SEVEN 相等，则第 54 行将 gameStatus 设置为 Status.LOST，循环终止。游戏完成之后，第 60 ~ 65 行显示一条消息，表示玩家赢或输，然后程序终止。

注意，这里使用了前面介绍的各种程序控制机制。Craps 类使用了两个方法——main 和 rollDice（在 main 中调用了两次），并使用了 switch、while、if...else 和嵌套 if 控制语句。还要注意，switch 语句中利用多个分支标签，对点数和 SEVEN 与 YO_LEVEN（第 28 ~ 29 行）及 SNAKE_EYES、TREY 与 BOX_CARS（第 32 ~ 34 行）执行相同的语句。

为什么有些常量没有被定义成 enum 常量

我们可能会觉得奇怪，为什么要将骰子点数的和声明为 private static final int 常量，而不是 enum 常量。答案是程序必须将 int 变量 sumOfDice（第 24 行）与这些常量进行比较，以确定每次掷骰子的结果。假设声明了包含常量的 enum Sum 来表示游戏中所用的 5 个和值，然后将这些常量用在 switch 语句的各个分支中（第 27 ~ 42 行）。这样做会阻碍将 sumOfDice 用作 switch 语句的控制表达式，因为 Java 不允许将 int 值与 enum 常量比较。为了获得与当前程序相同的功能，必须使用一个 Sum 类型的变量 currentSum，作为 switch 语句的控制表达式。遗憾的是，Java 没有提供一种简便的方式来将 int 值转换成特定的 enum 常量。这可以通过单独的 switch 语句来实现。显然，这样做会很麻烦，并且也无法提高程序的可读性（有违使用 enum 的初衷）。

6.11　声明的作用域

前面已经看到了各种 Java 实体的声明，例如类、方法、变量和参数。这些声明指定了可以引用这些 Java 实体的名称。声明的作用域（scope）是程序中可以通过名称引用所声明实体的部分。这样的实体被称为"位于程序的作用域中"。本节将探讨几个重要的作用域问题。

基本的作用域规则如下所示。

1. 参数声明的作用域是声明所在的方法体。
2. 局部变量声明的作用域从声明点开始，到声明所在语句块结束为此。
3. for 语句首部初始化部分出现的局部变量声明的作用域是 for 语句体和首部中的其他表达式。
4. 类的方法或字段的作用域为整个类体。这样，类的实例方法就可以使用类的字段和其他方法。

任何语句块都可以包含变量声明。如果方法中的局部变量或参数与类中的字段同名，则这个字段会被隐藏，直到语句块终止执行为止——这被称为“屏蔽”（shadowing）。为了在语句块中访问被屏蔽的字段，可进行如下操作：

- 如果字段为实例变量，则在其前面加关键字 this 和一个点号，例如 this.x。
- 如果字段为静态类变量，则在其前面加类名称和一个点号，例如 *ClassName*.x。

如果在同一个方法中有多个局部变量的名称相同，则会导致编译错误。

图 6.9 演示了字段和局部变量的作用域。第 6 行声明了字段 x 并将其初始化为 1。这个字段在声明局部变量 x 的任何语句块(或方法)中被屏蔽。main 方法声明了局部变量 x(第 11 行)并将其初始化为 5。这个局部变量值的输出表明 main 方法中屏蔽了字段 x(其值为 1)。

```
1  // Fig. 6.9: Scope.java
2  // Scope class demonstrates field and local-variable scopes.
3
4  public class Scope {
5     // field that is accessible to all methods of this class
6     private static int x = 1;
7
8     // method main creates and initializes local variable x
9     // and calls methods useLocalVariable and useField
10    public static void main(String[] args) {
11       int x = 5; // method's local variable x shadows field x
12
13       System.out.printf("local x in main is %d%n", x);
14
15       useLocalVariable(); // useLocalVariable has local x
16       useField(); // useField uses class Scope's field x
17       useLocalVariable(); // useLocalVariable reinitializes local x
18       useField(); // class Scope's field x retains its value
19
20       System.out.printf("%nlocal x in main is %d%n", x);
21    }
22
23    // create and initialize local variable x during each call
24    public static void useLocalVariable() {
25       int x = 25; // initialized each time useLocalVariable is called
26
27       System.out.printf(
28          "%nlocal x on entering method useLocalVariable is %d%n", x);
29       ++x; // modifies this method's local variable x
30       System.out.printf(
31          "local x before exiting method useLocalVariable is %d%n", x);
32    }
33
34    // modify class Scope's field x during each call
35    public static void useField() {
36       System.out.printf(
37          "%nfield x on entering method useField is %d%n", x);
38       x *= 10; // modifies class Scope's field x
39       System.out.printf(
40          "field x before exiting method useField is %d%n", x);
41    }
42 }
```

```
local x in main is 5

local x on entering method useLocalVariable is 25
local x before exiting method useLocalVariable is 26

field x on entering method useField is 1
field x before exiting method useField is 10

local x on entering method useLocalVariable is 25
local x before exiting method useLocalVariable is 26

field x on entering method useField is 10
field x before exiting method useField is 100

local x in main is 5
```

图 6.9　演示字段和局部变量作用域的 Scope 类

程序声明了另外两个方法——useLocalVariable（第 24 ~ 32 行）和 useField（第 35 ~ 41 行）——它们都不带实参也不返回结果。main 方法将每个方法都调用了两次（第 15 ~ 18 行）。useLocalVariable 方法声明了局部变量 x（第 25 行）。首次调用 useLocalVariable 方法时（第 15 行），它创建局部变量 x 并将其初始化为 25，输出 x 值（第 27 ~ 28 行），将 x 的值加 1（第 29 行）并再次输出 x 值（第 30 ~ 31 行）。第二次调用 uselLocalVariable 方法时（第 17 行），它重新创建局部变量 x 并再次将其初始化为 25，因此两次调用这个方法的输出都相同。

useField 方法没有声明任何局部变量。因此，引用 x 时，它使用的是类的字段 x（第 6 行）。首次调用 useField 方法时（第 16 行），它输出字段 x 的值 1（第 36 ~ 37 行）、将字段 x 乘以 10（第 38 行）并再次输出字段 x 的值 10（第 39 ~ 40 行），然后返回。第二次调用 useField 方法时（第 18 行），字段值被修改成 10，因此方法输出 10，然后输出 100。最后，在 main 方法中，程序再次输出局部变量 x 的值（第 20 行），显示这些方法调用没有修改 main 的局部变量 x 的值，因为所有这些方法引用的是其他作用域中名称为 x 的变量。

最低权限原则

一般而言，对一件事情应该按职定权，不能赋予超过职能的权限。这样的一个例子是变量的作用域。如果没有必要，就不能允许别人“看见”变量。

良好的编程实践 6.3

声明变量时，应尽量靠近首次使用它的地方。

6.12　方法重载

一个类中可以声明多个同名的方法，只要它们的参数集不同（参数个数、类型和顺序）——这被称为方法重载（method overloading）。调用重载方法时，Java 编译器会根据调用实参的个数、类型和顺序来选择相应的方法。方法重载常用于创建几个名称相同的方法，它们执行相同或相似的任务，但使用不同类型或不同个数的实参。例如，Math 方法 abs、min 和 max（见 6.3 节）中的每一个都存在 4 个重载版本：

1. 一个版本带两个 double 参数。
2. 一个版本带两个 float 参数。
3. 一个版本带两个 int 参数。
4. 一个版本带两个 long 参数。

下一个示例演示了重载方法的声明与调用。第 8 章将介绍重载构造方法的例子。

6.12.1　声明重载方法

在 MethodOverload 类中（见图 6.10），包含了 square 方法的两个重载版本，一个计算 int 值的平方（返回一个 int 值），一个计算 double 值的平方（返回一个 double 值）。尽管这些方法的名称相同，参数表与语句体相似，但可以将它们看成是不同的方法。可以将方法名称分别看成“Square of int”和“Square of double”。

第 7 行调用了 square 方法，实参为 7。整数字面值为 int 类型，因此第 7 行的方法调用采用第 12 ~ 16 行的 square 版本，它指定的是 int 类型的参数。类似地，第 8 行调用 square 方法，实参为 7.5。浮点字面值为 double 类型，因此第 8 行的方法调用采用第 19 ~ 23 行的 square 版本，它指定的是 double 类型的参数。每个方法首先输出一行文本，证明在这种情形中调用了正确的方法。第 8 行和第 20 行显示的值采用了格式指定符%f，而且都没有指定精度。默认情况下，如果在格式指定符中没有指定精度，则浮点值以 6 位数字精度显示。

```
1  // Fig. 6.10: MethodOverload.java
2  // Overloaded method declarations.
3
4  public class MethodOverload {
5     // test overloaded square methods
6     public static void main(String[] args) {
7        System.out.printf("Square of integer 7 is %d%n", square(7));
8        System.out.printf("Square of double 7.5 is %f%n", square(7.5));
9     }
10
11    // square method with int argument
12    public static int square(int intValue) {
13       System.out.printf("%nCalled square with int argument: %d%n",
14          intValue);
15       return intValue * intValue;
16    }
17
18    // square method with double argument
19    public static double square(double doubleValue) {
20       System.out.printf("%nCalled square with double argument: %f%n",
21          doubleValue);
22       return doubleValue * doubleValue;
23    }
24 }
```

```
Called square with int argument: 7
Square of integer 7 is 49

Called square with double argument: 7.500000
Square of double 7.5 is 56.250000
```

图 6.10 重载方法的声明

6.12.2 区分重载方法

编译器根据签名(signature)区分重载方法，签名是方法名和参数个数、类型与顺序的组合，但与返回类型无关。如果编译器在编译期间只看方法名称，则图 6.10 的代码会产生歧义——编译器不知道如何区分两个 square 方法(第 12 ~ 16 行和第 19 ~ 23 行)。在内部，编译器使用更长的方法名称，其中包括原始方法名称、每个参数的类型及参数的确切顺序，以确定类的方法在该类中是否唯一。

例如，图 6.10 中，编译器可以(在内部)为指定 int 参数的 square 方法使用逻辑名称“square of int”，可以为指定 double 参数的 square 方法使用逻辑名称“square of double”(编译器实际使用的名称，比这些名称要杂乱得多)。如果 method1 的声明为

```
void method1(int a, float b)
```

则编译器可以使用逻辑名称“method1 of int and float”。如果将参数指定为

```
void method1(float a, int b)
```

则编译器可以使用逻辑名称“method1 of float and int”。参数类型的顺序非常重要——编译器认为上述两个 method1 方法首部是不同的。

6.12.3 重载方法的返回类型

讨论编译器使用的方法逻辑名称时，并没有提到方法的返回类型。方法调用无法用返回类型加以区别。当两个方法具有相同的签名和不同的返回类型时，则在编译时会发出错误消息，指出该方法已经在类中定义过了。重载方法的参数表不同时，可以具有不同的返回类型。此外，重载方法的参数个数也不要求相同。

常见编程错误 6.8

声明参数表相同的重载方法是一个编译错误，即使其返回类型不同。

6.13 （选修）GUI 与图形实例：颜色和填充图形

GraphicsContext 类提供的功能远比画线、矩形和椭圆要多得多。这里要介绍的两个新特性是颜色和填充图形。为所绘图形添加颜色，丰富了屏幕的表现力。例如，IDE 通常会为 Java 代码添加“语法颜色”，以便区分不同的代码元素，例如关键字和注释。形状也可以用某种颜色填充。第 22 章将讲解形状还可以用图像填充，或者用所谓的渐变色（gradient）填充，达到逐步变化颜色的效果。这一节将创建一个 DrawSmiley 程序，它采用几种单色和填充形状来绘制一个笑脸。

显示在屏幕上的各种颜色，是由它的红色、绿色和蓝色分量（被称为 RGB 值）定义的，每一个分量都具有值 0 ~ 255（包含二者）。分量值越高，颜色越明显。（javafx.scene.paint 包的）Color 类用于表示采用 RGB 值的颜色。为了便于使用，Color 类中包含了大量预定义的静态 Color 对象，它们能通过类名称和一个点号（.）获得，例如 Color.RED。这些预定义颜色的完整清单可参见 Color 类的文档：

```
https://docs.oracle.com/javase/8/javafx/api/javafx/scene/paint/
  Color.html
```

Color 类还提供了几个方法，用于创建定制的 Color 对象，但示例中并没有使用这些方法。

创建 Draw Smiley 程序的 GUI

这个程序的 GUI 在 DrawSmiley.fxml 中定义。这里依然采用图 4.17 中定义的 GUI，但做了如下改动：

- 在 Scene Builder 的 Document 窗口的 Controller 部分，将 DrawSmileyController 指定成程序的控制器类。
- （在 Inspector 窗口的 Properties 部分）将按钮的 Text 属性设置成 Draw Smiley，（在 Inspector 窗口的 Code 部分）将按钮的 On Action 事件处理器设置成 drawSmileyButtonPressed。

DrawSmileyController 类

同样，这里没有给出 DrawSmiley.java 的代码，因为与前面几个示例相比，唯一的变化是要加载的 FXML 文件名称（DrawSmiley.fxml），以及显示在标题栏中的文本（Draw Smiley）。DrawSmileyController 类执行绘制操作（见图 6.11）。GraphicsContext 方法 fillRect 和 fillOval 分别绘制填充矩形和椭圆。它们的参数分别与 strokeRect 和 strokeOval 方法的参数相同（见 5.11 节）：前两个参数为形体左上角的坐标，后两个参数为形体的宽度和高度——对于椭圆而言，这两个参数就是约束矩形的宽度和高度。

```
1  // Fig. 6.11: DrawSmileyController.java
2  // Drawing a smiley face using colors and filled shapes.
3  import javafx.event.ActionEvent;
4  import javafx.fxml.FXML;
5  import javafx.scene.canvas.Canvas;
6  import javafx.scene.canvas.GraphicsContext;
7  import javafx.scene.paint.Color;
8
9  public class DrawSmileyController {
10    @FXML private Canvas canvas;
11
12    // draws a smiley face
13    @FXML
14    void drawSmileyButtonPressed(ActionEvent event) {
15       // get the GraphicsContext, which is used to draw on the Canvas
16       GraphicsContext gc = canvas.getGraphicsContext2D();
17
18       // draw the face
19       gc.setFill(Color.YELLOW);
20       gc.fillOval(10, 10, 280, 280);
21       gc.strokeOval(10, 10, 280, 280);
22
23       // draw the eyes
24       gc.setFill(Color.BLACK);
25       gc.fillOval(75, 85, 40, 40);
26       gc.fillOval(185, 85, 40, 40);
27
28       // draw the mouth
29       gc.fillOval(50, 130, 200, 120);
30
```

图 6.11　利用颜色和填充形体绘制笑脸

```
31         // "touch up" the mouth into a smile
32         gc.setFill(Color.YELLOW);
33         gc.fillRect(50, 130, 200, 60);
34         gc.fillOval(50, 140, 200, 90);
35     }
36 }
```

图 6.11(续) 利用颜色和填充形体绘制笑脸

用户按下 Draw Smiley 按钮时，drawSmileyButtonPressed 方法就会绘制笑脸。第 19 行使用 GraphicsContext 方法 setFill，将填充色设置成预定义的 Color.YELLOW——除非后面调用 setFill 时改变了颜色，否则就会一直用该颜色填充形体。

第 20 行绘制了一个直径为 280 像素的实心圆，代表脸部——宽度和高度值相同时，fillOval 方法绘制的是一个圆。第 21 行使用 strokeOval 方法(实参值与 fillOval 方法相同)，用一条黑线勾勒出脸部轮廓，以便与窗口背景有更好的反衬效果。注意，GraphicsContext 类会分别管理填充色和边线色——前面已经看到，默认的边线色为黑色。利用 GraphicsContext 方法 setStroke，可以改变边线色。接下来，第 24 行将填充色设置成 Color.BLACK，第 25～26 行绘制了两个实心圆表示眼睛。

第 29 行将嘴绘制成一个椭圆，但它并不是我们所期望的。为了获得笑脸效果，需要将嘴角往上翘。第 32 行将填充色设置成 Color.YELLOW，这样，所绘制的任何形状都会被脸部掩盖。第 33 行绘制了一个矩形，其高度为嘴高度的一半。这样就会擦除嘴的上半部分，只显示下半部分。为了获得更好的微笑效果，第 34 行绘制了另一个椭圆，稍微遮盖了嘴的上部。

GUI 与图形实例练习题

6.1 利用 fillOval 方法，交替使用两种随机的颜色，绘制一个牛眼图，如图 6.12 所示。为了得到随机色，需利用下面的方法，其中 red、green、blue 为 0～255 的随机值：

```
Color.rgb(red, green, blue)
```

6.2 创建一个程序，以随机的颜色、位置和尺寸绘制 10 个随机的填充形体(见图 6.13)。Draw Shapes 按钮的事件处理器需包含一个迭代 10 次的循环。每一次循环中需进行如下工作：使用一个随机数来确定绘制的是填充矩形还是椭圆；随机挑选一种颜色；随意确定形体的坐标和尺寸。坐标位置不能超出画布的宽度和高度；每条边的长度不能大于窗口宽度或高度的一半。

6.3 改进练习题 6.2，随机确定需绘制的是非填充形体或者填充形体。

6.4 改进 Draw Smiley 程序，用白色矩形画出牙齿，用粉色椭圆绘制舌头。需使用 Color 对象 Color.WHITE 和 Color.PINK。

6.5 改进 Draw Smiley 程序，将眼睛绘制成白色的圆，眼睛里面包含用棕色的圆(Color.BROWN)表示的瞳孔。

6.6 改进 Draw Smiley 程序，只要用户单击了鼠标按键，就让眼睛眨一下。

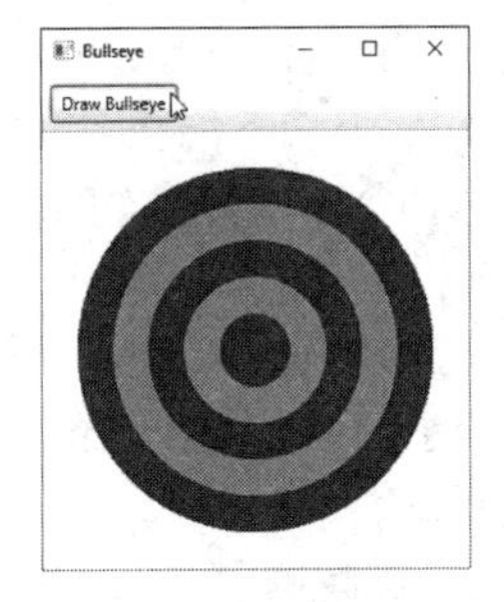

图 6.12　具有两种随机交替色的牛眼图

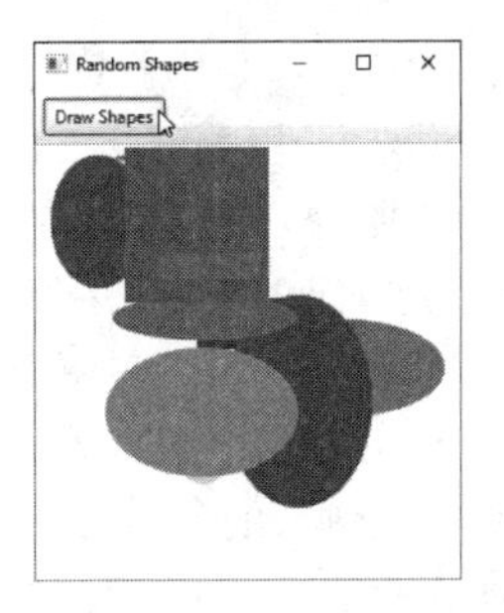

图 6.13　随机产生的形体

6.14　小结

本章讲解了有关方法声明的更多细节，探讨了实例方法与静态方法之间的不同，以及如何通过在方法名称前面加上方法所在的类名称及一个点分隔符来调用静态方法。学习了如何使用+和+=运算符来执行字符串拼接。探讨了方法调用栈和栈帧如何跟踪被调用的方法，以及当方法完成任务后如何返回。也探讨了 Java 中的提升规则，它们用于基本类型之间的隐式转换，还讲解了如何用强制转换运算符来执行显式的转换。接着，给出了 Java API 中一些经常使用的包。

了解了如何用 enum 类型和 private static final 变量声明命名常量。使用了 SecureRandom 类来产生用于模拟的随机数。还知道了类中的字段和局部变量的作用域。最后，学习了通过提供名称相同但签名不同的方法，可以重载一个类中的多个方法。这样的方法可以用来执行具有不同参数类型或参数个数的相同或相似的任务。

第 7 章将讲解如何在数组中维护数据和数据表。我们将看到掷六面骰子 60 000 000 次的更简洁程序。还会在案例分析中给出 GradeBook 的两个版本，它们在一个 GradeBook 对象中保存一组学生成绩。还要介绍如何访问程序的命令行实参，它们是在开始执行程序时传入 main 方法的。

总结

6.1 节　简介

- 经验表明，开发并维护大型程序的最佳途径，是将它从小的、简单的部分开始构造。这种技术被称为“分而治之”。

6.2 节　Java 中的程序单元

- 方法在类中声明。类通常被分组成包，以便能够被导入和复用。
- 通过将程序的任务分解到一些自包含的单元中，方法能使程序模块化。方法中的语句只需编写一次，且它们对其他方法是隐藏的。
- 利用现有的方法作为构件块来创建新程序是软件复用的一种形式，它可以避免重复编写代码。

6.3 节　静态方法、静态字段和 Math 类

- 方法调用指定了要调用的方法的名称，并为被调方法提供所需的实参，以便它执行任务。完成方法调用后，方法可以返回一个结果，或者将控制权返回给它的调用者。
- 类可以包含静态方法，它执行常规任务时并不需要类的对象。执行任务时，静态方法所需要的数据可以在方法调用中作为实参发送。调用静态方法时，需指定声明方法的类，后接一个点号(.)和方法名，如下所示：

  ClassName.methodName(arguments)
- Math 类提供的静态方法用于执行常见的数学计算。
- 常量 Math.PI(3.141 592 653 589 793)是圆的周长与直径之比。常量 Math.E(2.718 281 828 459 045)是自然对数(用 Math 类中的静态方法 log 计算)的基值。

- Math.PI 和 Math.E 是用修饰符 public、final、static 定义的。将它们设置成公共的，就可以在任何类中使用它们。用关键字 final 声明的任何字段都是常量——其值不能在字段初始化之后改变。PI 和 E 都声明为 final，因为它们的值从来不会改变。让这两个字段为静态的，就能通过类名称 Math 加点分隔符的方式访问它们，如同使用 Math 类的方法一样。
- 类的所有对象都共享该类的静态字段的一个副本。类的静态变量和实例变量共同代表了类的字段。
- 用 java 命令在 JVM 上执行程序时，JVM 会加载所指定的类，并利用这个类名称来调用 main 方法。可以指定额外的命令行实参，JVM 会将它们传递给程序。
- 可以在所声明的所有类中都放置一个 main 方法，但是只有用于执行程序的那个类中的 main 方法才会被 java 命令调用。

6.4 节 声明多参数方法

- 调用方法时，程序会复制方法的实参值，并将它们赋予方法中对应的参数。当程序控制返回到调用方法所在的点时，方法的参数会从内存移除。
- 方法最多只能返回一个值，但是它可以是包含许多值的一个对象引用。
- 仅当要求变量用在类的多个方法中，或者程序要在该类的多个方法调用之间保存变量的值时，才应该将这样的变量声明为类的字段。
- 一个方法可以在用逗号分隔的参数表中指定多个参数。每一个参数都必须有一个对应的实参。而且，每个实参的类型都必须与对应参数的类型兼容。如果方法不接受实参，则它的参数表就为空。
- 两个字符串可以通过+运算符拼接起来，这会创建一个新的字符串，它所包含的字符的组成方式为将右操作数中的字符放在左操作数字符的末尾。
- Java 中的每一种基本类型值和对象都可以表示成 String 对象。当对象与字符串拼接时，该对象会被转换成一个 String 对象，然后才拼接这两个字符串。
- 如果将布尔值与字符串拼接，则布尔值会用单词“true”或“false”表示。
- Java 中的所有对象都有一个 toString 方法，它返回该对象的字符串表示。当对象与字符串拼接时，JVM 会隐含调用该对象的 toString 方法，以获得它的字符串表示。
- 可以将一个较大的字符串拆分成几个较小的字符串，并将它们分布到多行代码中，以提高程序的可读性。然后，可以利用拼接重新组装它。

6.5 节 关于声明与使用方法的说明

- 存在调用方法的三种途径：使用方法名调用位于同一个类中的另一个方法；使用包含对象引用的变量，后接点运算符(.)和方法名，调用被引用对象的非静态方法；使用类名和点运算符(.)调用类的静态方法。
- 静态方法只能直接调用同一个类里的其他静态方法，并且只能直接操纵同一个类里的静态变量。
- 有三种途径可将控制返回到调用方法的语句：到达结束方法的右花括号，返回类型为 void；返回类型为 void，在方法中执行语句：

  ```
  return;
  ```

  以及方法返回一个结果，语句为下面的形式，其中的 *expression* 会被求值，且其结果(和控制)会被返回给调用者：

  ```
  return expression;
  ```

6.6 节 方法调用栈与活动记录

- 栈被称为后入先出(LIFO)数据结构——压入(插入)栈的最后一项是从栈中弹出(移走)的第一项。
- 被调用的方法必须知道如何返回到它的调用者。因此，当调用方法时，必须将它的返回地址压入程序执行栈。如果发生了一系列方法调用，则后续返回地址将以 LIFO 的顺序压入栈中。这样，最后执行的那个方法会首先返回到它的调用者。

- 执行程序时，方法调用栈里包含每次调用方法时用到的局部变量的内存地址。这项数据被称为方法调用的栈帧或活动记录。当执行方法调用时，有关它的栈帧会被压入方法调用栈中。当方法返回到它的调用者时，其栈帧会弹出栈，局部变量的值会销毁。
- 如果方法调用超出了方法调用栈中能够保存的栈帧的个数，这会导致栈溢出错误。程序依旧能够正常编译，但在执行时会出现栈溢出。

6.7 节　实参提升与强制转换

- 实参提升会将实参值转换成方法在其对应参数中希望接收的类型。
- 提升规则用于包含两个或多个基本类型值的表达式，还可用于作为实参传递给方法的基本类型值。每个值都会被提升到表达式中的“最高级”类型。当可能因为转换而丢失信息时，Java 编译器要求程序员使用强制转换运算符来明确地强制进行转换。

6.9 节　案例分析：安全的随机数生成方法

- (java.security 包的) SecureRandom 类对象可以生成不可预测的随机值。
- SecureRandom 方法 nextInt 可产生一个随机 int 值。
- SecureRandom 类提供的 nextInt 方法的另一个版本接收一个 int 实参，返回一个位于 0 到实参值 (不含) 之间的值。
- 位于某个范围内的随机数可以用如下语句生成：

```
int number = shift + randomNumbers.nextInt(scale);
```

  其中，*shift* 指定了期望的连续整数的第一个数，*scale* 指定了在这个范围中有多少个数。
- 随机数也可以从非连续的整数范围内选取，如下所示：

```
int number = shift + difference * randomNumbers.nextInt(scale);
```

  其中，*shift* 指定了期望的值范围中的第一个数，*difference* 表示序列中两个连续的数之间的差，而 *scale* 指定在范围中有多少个数。

6.10 节　案例分析：机会游戏与 enum 类型

- enum 类型由关键字 enum 和类型名引入。和类一样，enum 声明体用花括号 ({ 和 }) 定界。花括号内是由逗号分隔的 enum 常量表，每个常量表示一个唯一值。常量表中的值不能重复。enum 类型的变量只能被赋值为该 enum 类型的某个常量值。
- 也可以将常量声明为一个 private static final 变量。按照惯例，这样的常量要全部用大写字母声明，以便在程序中使它们更突出。

6.11 节　声明的作用域

- 作用域是程序中可以通过名称引用所声明实体 (如变量或者方法) 的部分。这样的实体被称为“位于程序的作用域中”。
- 参数声明的作用域是声明所在的方法体。
- 局部变量声明的作用域从声明点开始，到声明所在语句块结束为此。
- for 语句首部初始化部分出现的局部变量声明的作用域是 for 语句体和首部中的其他表达式。
- 类的方法或字段的作用域为整个类体。这样，就使类的方法可以使用简单名称来调用类的其他方法，或者访问类的字段。
- 任何语句块都可以包含变量声明。如果方法中的局部变量或参数与字段同名，则这个字段会被隐藏，直到语句块终止执行为止。

6.12 节　方法重载

- Java 允许在类中使用重载的方法，只要这些方法具有不同的参数集 (由参数的个数、顺序和类型确定)。
- 重载方法由签名区分——签名包括方法名称，参数个数、类型及顺序的组合，但不包括返回类型。

自测题

6.1 填空题。

a)在程序中调用方法是通过________实现的。

b)只在声明它的方法中可知的变量被称为________。

c)被调方法中的________语句可用来将表达式的值回传给调用方法。

d)关键字________表示方法不返回值。

e)数据只能从栈的________添加或删除。

f)栈被称为________的数据结构——压入(插入)栈的最后一项是从栈中弹出(移走)的第一项。

g)有三种途径可将控制从被调方法返回到调用方法，它们是________、________和________。

h)________类的对象用于生成随机数。

i)在程序执行期间，方法调用栈里包含每次调用方法时用到的局部变量的内存地址。这一数据作为方法调用栈的一部分被保存，它被称为方法调用的________或________。

j)如果方法调用的个数超出了方法调用栈的容量，就会发生被称为________的错误。

k)声明的________是程序中可以用名称引用所声明实体的部分。

l)多个方法可以具有相同的名称，它们对不同类型或数量的实参进行操作。这一特性被称为方法________。

6.2 对于图 6.8 中的 Craps 类，给出如下每个实体的作用域。

a)randomNumbers 变量

b)die1 变量

c)rollDice 方法

d)main 方法

e)sumOfDice 变量

6.3 编写一个程序，它测试图 6.2 中给出的 Math 类方法调用的示例是否真会产生所给出的结果。

6.4 为如下每个方法给出方法的首部。

a)hypotenuse 方法，它带有两个双精度浮点参数 side1 和 side2，返回一个双精度浮点结果。

b)smallest 方法，它有三个整型参数 x、y、z，返回一个整数。

c)instructions 方法，它不带任何参数，并且不返回任何值。(注：这样的方法通常用来向用户显示说明性文字。)

d)intToFloat 方法，它带一个整型参数 number，返回一个浮点值。

6.5 找出并更正下列代码段中的错误。

a)

```
1  void g() {
2     System.out.println("Inside method g");
3
4     void h() {
5        System.out.println("Inside method h");
6     }
7  }
```

b)

```
1  int sum(int x, int y) {
2     int result;
3     result = x + y;
4  }
```

c)

```
1  void f(float a); {
2     float a;
3     System.out.println(a);
4  }
```

d)

```
1   void product() {
2      int a = 6;
3      int b = 5;
4      int c = 4;
5      int result = a * b * c;
6      System.out.printf("Result is %d%n", result);
7      return result;
8   }
```

6.6 声明一个 sphereVolume 方法，它计算并返回球的体积。使用下列语句计算体积：

```
double volume = (4.0 / 3.0) * Math.PI * Math.pow(radius, 3)
```

编写一个 Java 程序，提示用户输入球体的两个半径，调用 sphereVolume 方法，计算并显示结果。

自测题答案

6.1 a) 方法调用。b) 局部变量。c) return。d) void。e) 顶。f) 后入先出（LIFO）。g) return；return 表达式；遇到方法的右花括号时。h) SecureRandom。i) 栈帧，活动记录。j) 栈溢出。k) 作用域。l) 重载。

6.2 a) 类体。b) 定义 rollDice 方法体的语句块。c) 类体。d) 类体。e) 定义 main 方法体的语句块。

6.3 如下的解决方案演示了图 6.2 中 Math 类的方法：

```
1   // Exercise 6.3: MathTest.java
2   // Testing the Math class methods.
3   public class MathTest {
4      public static void main(String[] args) {
5         System.out.printf("Math.abs(23.7) = %f%n", Math.abs(23.7));
6         System.out.printf("Math.abs(0.0) = %f%n", Math.abs(0.0));
7         System.out.printf("Math.abs(-23.7) = %f%n", Math.abs(-23.7));
8         System.out.printf("Math.ceil(9.2) = %f%n", Math.ceil(9.2));
9         System.out.printf("Math.ceil(-9.8) = %f%n", Math.ceil(-9.8));
10        System.out.printf("Math.cos(0.0) = %f%n", Math.cos(0.0));
11        System.out.printf("Math.exp(1.0) = %f%n", Math.exp(1.0));
12        System.out.printf("Math.exp(2.0) = %f%n", Math.exp(2.0));
13        System.out.printf("Math.floor(9.2) = %f%n", Math.floor(9.2));
14        System.out.printf("Math.floor(-9.8) = %f%n", Math.floor(-9.8));
15        System.out.printf("Math.log(Math.E) = %f%n", Math.log(Math.E));
16        System.out.printf("Math.log(Math.E * Math.E) = %f%n",
17           Math.log(Math.E * Math.E));
18        System.out.printf("Math.max(2.3, 12.7) = %f%n", Math.max(2.3, 12.7));
19        System.out.printf("Math.max(-2.3, -12.7) = %f%n", Math.max(-2.3, -12.7));
20        System.out.printf("Math.min(2.3, 12.7) = %f%n", Math.min(2.3, 12.7));
21        System.out.printf("Math.min(-2.3, -12.7) = %f%n", Math.min(-2.3, -12.7));
22        System.out.printf("Math.pow(2.0, 7.0) = %f%n", Math.pow(2.0, 7.0));
23        System.out.printf("Math.pow(9.0, 0.5) = %f%n", Math.pow(9.0, 0.5));
24        System.out.printf("Math.sin(0.0) = %f%n", Math.sin(0.0));
25        System.out.printf("Math.sqrt(900.0) = %f%n", Math.sqrt(900.0));
26        System.out.printf("Math.tan(0.0) = %f%n", Math.tan(0.0));
27     }
28  }
```

```
Math.abs(23.7) = 23.700000
Math.abs(0.0) = 0.000000
Math.abs(-23.7) = 23.700000
Math.ceil(9.2) = 10.000000
Math.ceil(-9.8) = -9.000000
Math.cos(0.0) = 1.000000
Math.exp(1.0) = 2.718282
Math.exp(2.0) = 7.389056
Math.floor(9.2) = 9.000000
Math.floor(-9.8) = -10.000000
Math.log(Math.E) = 1.000000
Math.log(Math.E * Math.E) = 2.000000
Math.max(2.3, 12.7) = 12.700000
Math.max(-2.3, -12.7) = -2.300000
Math.min(2.3, 12.7) = 2.300000
Math.min(-2.3, -12.7) = -12.700000
Math.pow(2.0, 7.0) = 128.000000
Math.pow(9.0, 0.5) = 3.000000
Math.sin(0.0) = 0.000000
Math.sqrt(900.0) = 30.000000
Math.tan(0.0) = 0.000000
```

6.4 答案如下。

a) `double hypotenuse(double side1, double side2)`

b) `int smallest(int x, int y, int z)`

c) `void instructions()`

d) `float intToFloat(int number)`

6.5 答案如下。

a) 错误：方法 h 在方法 g 内声明。

改正：将 h 的声明移到 g 的声明之外。

b) 错误：方法应当返回一个整数值，但没有。

改正：删除 result 变量并在方法中放入语句：

```
return x + y;
```

或者在方法体的末尾添加如下的语句：

```
return result;
```

c) 错误：参数表右圆括号后面的分号错误，且参数 a 不应该在方法内重复声明。

改正：删除参数表右圆括号后面的分号，并删除声明“float a;”。

d) 错误：方法本不应该返回值，但这里返回了一个值。

改正：将返回类型从 void 改为 int。

6.6 答案如下所示。

```
1  // Exercise 6.6: Sphere.java
2  // Calculate the volume of a sphere.
3  import java.util.Scanner;
4  
5  public class Sphere {
6     // obtain radius from user and display volume of sphere
7     public static void main(String[] args) {
8        Scanner input = new Scanner(System.in);
9  
10       System.out.print("Enter radius of sphere: ");
11       double radius = input.nextDouble();
12 
13       System.out.printf("Volume is %f%n", sphereVolume(radius));
14    }
15 
16    // calculate and return sphere volume
17    public static double sphereVolume(double radius) {
18       double volume = (4.0 / 3.0) * Math.PI * Math.pow(radius, 3);
19       return volume;
20    }
21 }
```

```
Enter radius of sphere: 4
Volume is 268.082573
```

练习题

6.7 如下的每条语句执行之后，x 的值是多少？

a) `double x = Math.abs(7.5);`

b) `double x = Math.floor(7.5);`

c) `double x = Math.abs(0.0);`

d) `double x = Math.ceil(0.0);`

e) `double x = Math.abs(-6.4);`

f) `double x = Math.ceil(-6.4);`

g) `double x = Math.ceil(-Math.abs(-8 + Math.floor(-5.5)));`

6.8 **(停车费)** 一家停车场停车 3 小时以内收费 2.00 美元；停车超过 3 小时后，每小时收费 0.50 美元(不足 1 小时按 1 小时计算)。24 小时内最多收费 10.00 美元。假设不会有一次停车超过 24 小时的情况出现。编写一个程序，它计算并显示前一天停入车库的每辆车的停车费用。需要输入每辆车的停车时间。程序需显示当前车辆的停车费用，并应计算和显示昨天的总收费。需使用 calculateCharges 方法确定每辆车的费用。

6.9 **(四舍五入到最接近的整数)** Math.floor 方法可用来将一个值四舍五入到一个与它最接近的整数。例如：

```
double y = Math.floor(x + 0.5);
```

会将数字 x 舍入到最接近的整数并将结果赋予 y。编写一个程序，它读取一些 double 值并用上面的语句舍入到最接近的整数。对于每个所处理的数，需同时显示原值和舍入后的值。

6.10 **(四舍五入到最接近的整数)** 为了将某个数四舍五入到指定的小数位，可以使用如下的语句：

```
double y = Math.floor(x * 10 + 0.5) / 10;
```

它将 x 保留至十分位(即小数点右边的第一位)。或者下面的语句：

```
double y = Math.floor(x * 100 + 0.5) / 100;
```

它将 x 保留至百分位(即小数点右边的第二位)。编写一个程序，它定义了将数 x 进行各种四舍五入操作的 4 种方法：

a) `roundToInteger(number)`

b) `roundToTenths(number)`

c) `roundToHundredths(number)`

d) `roundToThousandths(number)`

对每个读取的值，程序需显示原始值、四舍五入到最接近的整数值及十分位值、百分位值和千分位值。

6.11 回答下列问题。

a) “随机选择数字”的含义是什么？

b) 对于模拟机会游戏而言，为什么 SecureRandom 类的 nextInt 方法是有用的？

c) 为什么经常需要缩放或移位由 SecureRandom 对象产生的值？

d) 为什么将真实世界的情况进行计算机模拟是一种有用的技术？

6.12 编写语句，将随机整数赋值给如下范围内的变量 n。

a) $1 \leq n \leq 2$

b) $1 \leq n \leq 100$

c) $0 \leq n \leq 9$

d) $1000 \leq n \leq 1112$

e) $-1 \leq n \leq 1$

f) $-3 \leq n \leq 11$

6.13 对如下的整数集，编写一条语句随机显示集合中的一个数。

a) 2, 4, 6, 8, 10

b) 3, 5, 7, 9, 11

c) 6, 10, 14, 18, 22

6.14 **(求幂)** 编写一个 integerPower(base, exponent) 方法，它返回 $base^{exponent}$ 的值。例如，integerPower(3, 4) 等于 3^4(或 $3 \times 3 \times 3 \times 3$)。假设 exponent 为正整数，base 为整数。利用一条 for 语句或 while 语句控制计算过程。不要使用任何 Math 类库中的方法。将这个方法用于程序中，它读取 base 和 exponent 的整数值，并用 integerPower 方法执行计算。

6.15 **(计算斜边长)** 编写一个 hypotenuse 方法，给定直角三角形两条直角边的长度，这个方法计算其斜边长度。方法带有两个 double 类型的实参，并返回一个 double 类型的斜边值。将这个方法用于程序中，它读取 side1 和 side2 的实数值，并用 hypotenuse 方法执行计算。使用 Math 方法 pow 和 sqrt 计算图 6.14 中每一个直角三角形的斜边长。(注：Math 类也提供了 hypot 方法，用于这类计算。)

三角形	边 1	边 2
1	3.0	4.0
2	5.0	12.0
3	8.0	15.0

图 6.14 练习题 6.15 中三角形的边长值

6.16 **(倍数关系)**编写一个 isMultiple 方法，它读取两个整数并判断第二个整数是否是第一个的倍数。方法带有两个整型实参，如果第二个数是第一个数的倍数，则返回 true，否则返回 false。(提示：使用求余运算符。)将这个方法用于程序中，向程序输入一系列的整数对(每次一对)，并判断每一对数中第二个值是否为第一个值的倍数。

6.17 **(奇偶性判断)**编写一个 isEven 方法，它使用求余运算符(%)判断一个整数是否为偶数。方法带有一个整型实参，如果它为偶数，则返回 true，否则返回 false。将这个方法用于程序中，向它输入一系列的整数值(每次一个)，判断值的奇偶性。

6.18 **(显示星号正方形)**编写一个 squareOfAsterisks 方法，它显示一个由星号组成的实心正方形(行和列中的星号数量相同)，其边长由整型参数 side 指定。例如，如果 side 为 4，则方法应显示：

```
****
****
****
****
```

将这个方法用于程序中，它从用户处读取 side 的整数值，并用 squareOfAsterisks 方法输出星号。

6.19 **(显示由任意字符组成的正方形)**修改练习题 6.18 中创建的方法，使其接收第二个 fillCharacter 参数，其类型为 char。利用这个实参提供的字符，绘制正方形。因此，如果 side 为 5，fillCharacter 为#，则方法应显示：

```
#####
#####
#####
#####
#####
```

利用下面的语句(其中的 input 为一个 Scanner 对象)，读取用户从键盘输入的字符：

```
// next() returns a String and charAt(0) gets the String's first character
char fill = input.next().charAt(0);
```

6.20 **(圆面积)**编写一个程序，它提示用户输入圆的半径，并用 circleArea 方法计算圆的面积。

6.21 **(分离数字)**编写方法，完成下列任务。

a)用整数 a 除以整数 b，计算商的整数部分。

b)用整数 a 除以整数 b，计算商的余数部分。

c)利用上面给出的两个方法，编写一个 displayDigits 方法，它接收一个 1 ~ 99 999 之间的整数，显示组成这个数的每个数字序列，数字间用两个空格分开。例如，整数 4562 应显示成

```
4  5  6  2
```

将上面开发的方法集成到一个程序中，向它输入一个整数并用这个整数调用 displayDigits 方法。显示结果。

6.22 **(温度转换)**实现如下的整型方法：

a)celsius 方法返回与华氏温度相等的摄氏温度，它采用如下的公式：

```
celsius = 5.0 / 9.0 * (fahrenheit - 32);
```

b)fahrenheit 方法返回与摄氏温度相等的华氏温度，它采用如下的公式：

```
fahrenheit = 9.0 / 5.0 * celsius + 32;
```

c) 使用上面的两个方法编写一个程序，用户输入任何一种温度值(摄氏或华氏)，程序将显示对应的另一种温度值。

6.23 **(查找最小值)** 编写一个 minimum3 方法，它找出三个浮点数中的最小值。使用 Math.min 方法实现这个方法。将这个方法集成到一个程序中，它从用户处读取三个值，确定最小值并显示结果。

6.24 **(完数)** 如果某个整数的因子(包括 1 但不包括整数本身)之和等于这个整数，则它就被称为完数。例如，6 就是一个完数，因为 6 = 1 + 2 + 3。编写一个 isPerfect 方法，它判断参数 number 是否为完数。将这个方法用在一个程序中，它判断并显示 1 ~ 1000 之间的全部完数。显示每个完数的因子，以确认它确实是完数。将测试范围扩大到超过 1000 的数字，测试一下计算机的性能。显示结果。

6.25 **(素数)** 如果某个正整数只能由 1 和自身整除，则这个整数就被称为素数。例如，2、3、5、7 是素数，而 4、6、8、9 不是。根据定义，数字 1 不为素数。

a) 编写一个方法，它判断一个数是否为素数。

b) 在程序中使用这个方法，显示小于 10 000 的全部素数。为了找出所有不超过 10 000 的素数，需要测试多少个数？

c) 开始时，可能会想到要确定某个数 *n* 是否为素数，需进行测试的次数最多为 *n* / 2 次，其实只需最多测试 *n* 的平方根次即可。重新编写这个程序，并以这两种方式运行它。

6.26 **(颠倒数字)** 编写一个带整数值参数的方法，它返回这个值的逆序数字。例如，如果整数值为 7631，则方法应返回 1367。将这个方法集成到一个程序中，它从用户处读取一个值并显示结果。

6.27 **(最大公约数)** 两个整数的最大公约数(GCD)是能被这两个数整除的最大整数。编写一个 gcd 方法，它返回两个整数的最大公约数。(提示：可使用欧几里得算法。关于这个算法的信息，可访问 en.wikipedia.org/wiki/Euclidean_algorithm。) 将这个方法集成到一个程序中，它从用户处读取两个值并显示结果。

6.28 编写一个 qualityPoints 方法，它接收学生的班级平均成绩。如果成绩为 90 ~ 100，则返回 4；80 ~ 89 返回 3；70 ~ 79 返回 2；60 ~ 69 返回 1；60 分以下返回 0。将这个方法集成到一个程序中，它从用户处读取一个值并显示结果。

6.29 **(抛硬币)** 编写一个程序，它模拟抛硬币的过程。让程序在用户每次选择"Toss Coin"菜单项时抛一枚硬币。计算硬币的每一面出现的次数。显示结果。程序需调用一个独立的 flip 方法，它不带实参，硬币背面(tail)朝上时返回枚举值 TAILS，正面(head)朝上时返回枚举值 HEADS。(注：如果程序确实模拟了抛硬币的过程，则硬币两个面出现的概率应当大致相同。)

6.30 **(猜数游戏)** 编写一个程序，它按如下方式让玩家"猜数"。程序选择 1 ~ 1000 的一个随机整数，让玩家猜。显示提示"Guess a number between 1 and 1000"，玩家输入第一次猜测的数字。如果猜错，则应显示"Too high. Try again."，或者"Too low. Try again."，以帮助玩家逐步接近正确答案。程序需提示玩家再次猜数。如果猜中了，则应显示"Congratulations. You guessed the number!"，并应允许玩家选择是否再玩一次。(注：这个练习中用到的猜测技术与第 19 章讨论的二分搜索技术类似。)

6.31 **(改进的猜数游戏)** 修改练习题 6.30 中的程序，计算玩家猜过的次数。如果次数少于 10，则显示"Either you know the secret or you got lucky!"；如果次数正好是 10 次，则显示"Aha! You know the secret!"；如果多于 10 次，则显示"You should be able to do better!"。为什么能够不到 10 次就能猜中呢？对于每一次"好的猜测"，玩家都能够剔除掉一半的数。

6.32 **(两点间的距离)** 编写一个 distance 方法，它计算点 (*x*1, *y*1) 和 (*x*2, *y*2) 之间的距离。所有的坐标值和返回值都为 double 类型。将这个方法集成到一个程序中，该程序让用户输入两个点的坐标值。

6.33 **(修改掷骰子游戏)** 修改图 6.8 中的掷骰子程序，使它允许下注。将变量 bankBalance 初始化成 1000 美元。提示玩家输入下注额 wager。检查 wager 是否小于或等于 bankBalanc。如果不是，则应再次输入 wager，直到输入了有效的值为止。然后，运行一次程序。如果玩家获胜，则将 wager 加到 bankBalance 上，并显示新的 bankBalance 值。如果玩家输，则将 bankBalance 减去 wager，并显示新的 bankBalance 值。检查这个值是否已经变成了 0，如果是，则显示消息“Sorry. You busted!”。随着游戏的进展，显示各种互动式消息，例如“Oh, you're going for broke, huh?”，“Aw c'mon, take a chance!”或“You're up big. Now's the time to cash in your chips!”。通过一个独立的方法随机显示这些消息。

6.34 **(二进制、八进制和十六进制)** 编写一个程序，它显示一个表格，包含十进制数 1 ~ 256 范围内等价的二进制、八进制和十六进制值。如果不熟悉这些数制系统，则需首先阅读(在线的)附录 J。

挑战题

随着计算机成本的下降，不管学生的经济状况如何，他都能够拥有一台计算机并在学校使用。正如后面的两个练习题中所指出的那样，这种现象可以使全球范围内的学生极大地提升他们的学习体验。[注：可以查看诸如“每个孩子一台计算机”(http://www.laptop.org)之类的项目。也可以研究一下“绿色”计算机，要关注这些设备主要的“绿色”特性。利用电子产品环境评估工具(http://www.epeat.net)，可以评估台式机、笔记本及显示器的“绿色”特性，以帮助学生确定应该选购哪些产品。]

6.35 **(计算机辅助教学)** 计算机在教育领域的使用被称为“计算机辅助教学”(CAI)。编写一个程序，以帮助小学生学习乘法。利用一个 SecureRandom 对象来产生两个一位正整数。程序需向用户提示一个问题，例如：

```
How much is 6 times 7?
```

然后，学生应输入答案。接下来，需检查答案的正确性。如果回答正确，则显示消息“Very good!”，并给出另一个乘法问题。如果答错，则应显示消息“No. Please try again.”，然后让学生回答同一个问题，直到答对为止。产生每一个新问题时，应使用一个独立的方法。这个方法应在程序开始执行时调用一次，然后在学生正确回答问题后再调用一次。

6.36 **(CAI：降低学生的疲劳感)** CAI 所面临的一个问题是学生的疲劳感。通过变换计算机的响应，使学生保持注意力，可以降低疲劳感。修改练习题 6.35 中的程序，为每一个答案附带各种评语。

针对回答正确的评语有

```
Very good!
Excellent!
Nice work!
Keep up the good work!
```

针对回答错误的评语有

```
No. Please try again.
Wrong. Try once more.
Don't give up!
No. Keep trying.
```

利用随机数生成方法选择 1 ~ 4 中的一个数，并用它来为每个正确或错误的答案选择 4 种可能的评语之一。利用一条 switch 语句来提供这些评语。

6.37 **(CAI：监督学生的表现)** 更复杂的 CAI 系统可以监督某段时间学生的表现。是否进入一个新的学习主题，是以学生成功完成了前面的主题为基础的。修改练习题 6.36 中的程序，统计学生答对和答错的次数。学生回答完 10 个问题后，程序应计算正确率(百分比)。如果正确率小于 75%，则显示“Please ask your teacher for extra help.”，然后重置程序，让另一名学生答题；如果正确率超过 75%，则显示“Congratulations, you are ready to go to the next level!”，并重置程序，让另一名学生答题。

6.38 **(CAI：难度级别)** 练习题 6.35 ~ 6.37 中开发的 CAI 程序可用于小学生的乘法教学。修改这个程序，允许用户确定一个难度级别。如果级别为 1，则问题中只应出现一位数；如果级别为 2，则可以是两位数。依次类推。

6.39 **(CAI：改变问题的类型)** 修改练习题 6.38 中的程序，允许用户选择供学习的算术问题的类型。选项 1 表示只做加法；选项 2 为减法；选项 3 为乘法；选项 4 为除法；选项 5 表示混合运算。

第 7 章　数组与 ArrayList

目标

本章将讲解

- 什么是数组。
- 用数组在值列表和表中存储及读取数据。
- 声明、初始化数组，引用数组元素。
- 用增强型 for 语句迭代遍历数组。
- 将数组传入方法。
- 声明并操作多维数组。
- 使用变长实参表。
- 将命令行实参读入程序。
- 搭建一个面向对象的教师用成绩簿类。
- 用 Arrays 类中的方法执行常见的数组操作。
- 利用 ArrayList 类操作动态调整大小的、类似数组的数据结构。

提纲

7.1 简介

本章介绍数据结构(data structure)——相关数据项的集合。数组对象是一种数据结构，它由相同类型的相关数据项组成。数组方便了对一组相关值的处理。创建之后，数组就会保持相同的长度。第 16~21 章中将会深入讲解数据结构。

讨论完如何声明、创建并初始化数组之后，本章将给出几个示例，它们演示了几种常见的数组操作方法。还将介绍 Java 的异常处理机制，当程序试图访问并不存在的数组元素时，这种机制可使程序能够继续执行。本章也会分析一个案例，用数组进行牌类游戏程序中的洗牌与发牌模拟。本章还将介绍 Java 中的增强型 for 语句，与 5.3 节讨论的计数器控制 for 语句相比，它使程序更容易访问数组中的元素。我们将构建 GradeBook 类的两个版本，用数组在内存中维护一组成绩，并分析它们。本章将展示如何使用变长实参表来创建方法，可以用不同数量的实参调用它们，还会演示如何在 main 方法中处理命令行实参。接下来将利用 java.util 包中 Arrays 类的一些静态方法，进行一些常见的数组操作。

尽管数组很常用，但它的能力有限。例如，程序员必须指定数组的大小，而且在执行时如果希望修改数组的大小，则必须通过创建一个新数组来实现。在本章的末尾，将介绍一种来自 Java API 集合类的预置数据结构。这些数据结构具备的能力要比传统数组的强大，它们可复用，功能强大且效率很高。本章关注的重点是 ArrayList 集合。ArrayList 类似于数组，但功能更多，例如动态缩放——执行时可自动增加大小，以容纳更多的元素。

Java SE 8

8 学习完第 17 章后，可以用更精简和巧妙的方式实现本章中的多数示例，使它们更易于并行化，以提高在多核系统上的运行性能。

本书前言中说过，第 17 章是对本书前面许多章节的重要提升，只需使用 lambda 表达式与流即可。正是由于这个原因，建议在学习完第 7 章之后，阅读一下 17.1~17.7 节中的内容，其中讲解了 lambda 与流的概念，并利用它们重新实现了第 4~7 章中的示例。

7.2 数组

数组是一组变量，它们包含具有相同类型的值。这种变量被称为元素(或组件)。数组是对象，因此是引用类型。我们很快就会看到，通常意义上的数组实际上就是内存中数组对象的引用。数组的元素可以是基本类型或引用类型(包括数组，见 7.11 节)。要引用数组中特定的元素，就要指定数组引用名和数组元素的位置号。元素的位置号被称为这个元素的索引。

数组的逻辑表示

图 7.1 展示了整型数组 c 的逻辑表示，这个数组包含 12 个元素。程序访问数组元素时，可以采用数组访问表达式，即用数组名称加上方括号中该元素的索引。数组中的第一个元素具有 0 索引，有时被称为“第 0 个元素”。这样，数组 c 中的元素就是 c[0]、c[1]、c[2]等。数组 c 中最大的索引是 11，比数组中的元素数 12 小 1。数组的命名规则与其他变量名称的命名规则相同。

索引必须是非负整数，且必须小于数组元素个数。程序可以用表达式作为索引。例如，假设变量 a 等于 5，b 等于 6，则语句：

```
c[a + b] += 2;
```

会将数组元素 c[11]加 2。包含索引的数组名称是一个数组访问表达式。这样的表达式可用于赋值语句的左边，从而将一个新值放入数组元素中。

常见编程错误 7.1

索引必须是 int 类型的值，或可提升为 int 类型的值，即 byte、short 或 char 类型，但不能为 long 类型。如果不是这些类型，则会导致编译错误。

再认真看一看图 7.1 中的数组 c。整个数组的名称为 c；每个数组对象都知道自己的长度，并将这一信息保存在 length 实例变量中；表达式 c.length 返回数组 c 的长度。尽管数组的 length 实例变量是公共的，但不能改变它的值，因为它是一个 final 变量。这个数组的 12 个元素被分别称为 c[0], c[1], c[2],…, c[11]。c[0]的值是–45，c[1]为 6，c[2]为 0，c[7]为 62，c[11]为 78。为了计算数组 c 中前三个元素值的和，可以将语句写成

```
sum = c[0] + c[1] + c[2];
```

为了将 c[6]的值除以 2，并将结果赋予变量 x，可以写成

```
x = c[6] / 2;
```

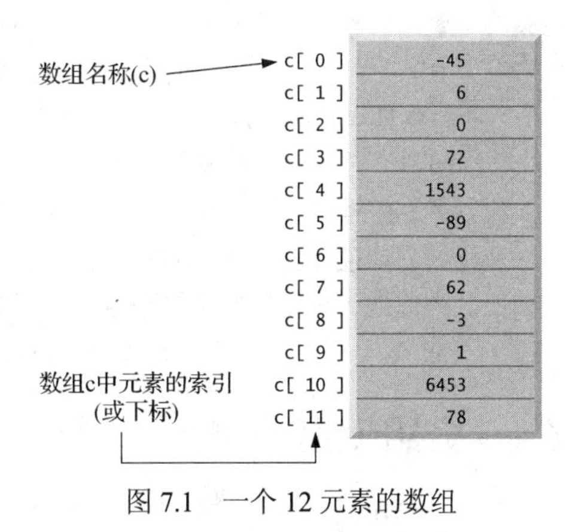

图 7.1 一个 12 元素的数组

7.3 声明和创建数组

数组对象要占用内存空间。和其他对象一样，数组也用关键字 new 创建。为了创建数组对象，需要在使用关键字 new 的数组创建表达式中，指定数组元素的类型和个数。这种表达式返回的引用可以存放在数组变量中。用下列声明和数组创建表达式得到的数组对象包含 12 个 int 元素，数组引用存放在数组变量 c 中：

```
int[] c = new int[12];
```

这个表达式可以用来创建如图 7.1 所示的数组。创建数组时，它的每一个元素都具有默认值——基本数值类型元素为 0，布尔类型元素为 false，引用类型为 null。稍后将会看到，可以在创建数组时提供非默认的初始元素值。

也可以分两步创建如图 7.1 所示的数组，如下所示：

```
int[] c; // declare the array variable
c = new int[12]; // create the array; assign to array variable
```

声明中，类型后面的方括号表示 c 是一个变量，它引用数组(即 c 中存放数组引用)。在赋值语句中，数组变量 c 接收 12 个 int 元素的新数组的引用。

常见编程错误 7.2

数组声明中，在声明的方括号内指定元素个数(如 int[12] c;)是一种语法错误。

可以在一个声明中创建多个数组。下面的语句为字符串数组 b 保留 100 个元素，为字符串数组 x 保留 27 个元素：

```
String[] b = new String[100], x = new String[27];
```

如果将数组的类型和方括号同时放在声明的开始处，就表示该声明中的所有标识符都是数组变量。这里，变量 b 和 x 都引用一个 String 数组。为了增加可读性，最好一个声明中只声明一个变量。前面的声明等价于：

```
String[] b = new String[100]; // create array b
String[] x = new String[27]; // create array x
```

良好的编程实践 7.1

为了增加可读性，最好在一个声明中只声明一个变量。每个声明都单独占一行，并用注释描述所声明的变量。

当声明中只有一个变量时，方括号可以放在类型之后，也可以放在数组变量名称之后。例如：

```
String b[] = new String[100]; // create array b
String x[] = new String[27]; // create array x
```

推荐做法是将方括号放在所引用的类型之后。

常见编程错误 7.3

在一个声明语句中声明多个数组变量可能导致微妙的错误。考虑声明 int[ ] a, b, c;。如果 a、b、c 都应该声明为数组变量，那么这个声明是正确的——方括号直接跟在类型后面，表示声明中的所有标识符都是数组变量。但是，如果本意是只有 a 为数组变量，而 b 和 c 是 int 类型的变量，则这个声明是错误的——应该写成 int a[ ], b, c;才能达到预期的目的。

程序可以声明任意类型的数组。基本类型数组的每一个元素都包含一个具有该数组所声明的元素类型的值。类似地，在引用类型的数组中，每个元素都是数组所声明的元素类型对象的一个引用。例如，int 数组中的每一个元素都是一个 int 值，而 String 数组中的每一个元素都是 String 对象的一个引用。

7.4 数组使用举例

这一节给出几个示例，它们演示了如何声明、创建、初始化数组及操作数组元素。

7.4.1 创建并初始化数组

图 7.2 中的程序用关键字 new 创建了一个包含 10 个 int 元素的数组，将其初始化为 0(int 变量的默认初始值)。第 7 行声明的 array 是一个能指向 int 元素的数组的引用。接着，用包含 10 个 int 元素的数组对象引用初始化这个变量。第 9 行输出列标题。第一列是每个数组元素的索引(0 ~ 9)，第二列是每个数组元素的默认初始值(0)。

```
1  // Fig. 7.2: InitArray.java
2  // Initializing the elements of an array to default values of zero.
3
4  public class InitArray {
5     public static void main(String[] args) {
6        // declare variable array and initialize it with an array object
7        int[] array = new int[10]; // create the array object
8
9        System.out.printf("%s%8s%n", "Index", "Value"); // column headings
10
11       // output each array element's value
12       for (int counter = 0; counter < array.length; counter++) {
13          System.out.printf("%5d%8d%n", counter, array[counter]);
14       }
15    }
16 }
```

```
Index   Value
    0       0
    1       0
    2       0
    3       0
    4       0
    5       0
    6       0
    7       0
    8       0
    9       0
```

图 7.2 将数组元素初始化为默认值 0

第 12 ~ 14 行的 for 语句输出每个数组元素的索引(表示为 counter)和值(表示为 array[counter])。控制变量 counter 最初为 0——索引值从 0 开始，因此用基数 0 开始计数，使循环能够访问每个数组元素。for 语句的循环继续条件用表达式 array.length(第 12 行)取得数组长度。本例中，数组长度为 10，因此只要控制变量 counter 的值小于 10，循环就继续执行。10 个元素的数组最高索引值为 9，因此循环继续条件用小于号保证循环不会访问超出数组末尾的元素(即循环最后一次迭代的 counter 为 9)。稍后将会介绍，如果在执行时遇到越界索引，Java 会做什么。

7.4.2 使用数组初始值设定项

程序员可以创建数组，并用数组初始值设定项初始化它的元素。数组初始值设定项是一个逗号分隔的表达式列表(被称为初始化列表)，放在一对花括号中。数组的长度由初始化列表中的数据项数确定。例如：

```
int[] n = {10, 20, 30, 40, 50};
```

会创建一个包含 5 个元素的数组，索引值为 0 ~ 4，元素 n[0]被初始化为 10，元素 n[1]被初始化为 20，等等。编译器遇到包括初始值设定项列表的数组声明时，首先计算列表中的初始值设定项个数，确定数组长度，然后在“幕后”设置相应的 new 操作。

图 7.3 中的程序用 10 个值初始化了一个整型数组(第 7 行)，并以表格形式显示数组。显示数组元素的代码(第 12 ~ 14 行)和图 7.2(第 12 ~ 14 行)中的相同。

```
 1  // Fig. 7.3: InitArray.java
 2  // Initializing the elements of an array with an array initializer.
 3
 4  public class InitArray {
 5     public static void main(String[] args) {
 6        // initializer list specifies the initial value for each element
 7        int[] array = {32, 27, 64, 18, 95, 14, 90, 70, 60, 37};
 8
 9        System.out.printf("%s%8s%n", "Index", "Value"); // column headings
10
11        // output each array element's value
12        for (int counter = 0; counter < array.length; counter++) {
13           System.out.printf("%5d%8d%n", counter, array[counter]);
14        }
15     }
16  }
```

```
Index   Value
    0      32
    1      27
    2      64
    3      18
    4      95
    5      14
    6      90
    7      70
    8      60
    9      37
```

图 7.3　用数组初始值设定项初始化数组元素

7.4.3 将计算出的值保存到数组中

图 7.4 中的程序创建了一个 10 元素的数组，并对每个元素赋值 2 ~ 20 的偶数(2, 4, 6, ..., 20)。然后，以表格形式显示这个数组。第 10 ~ 12 行的 for 语句计算数组元素的值，将控制变量 counter 的当前值乘以 2 并加 2。

```
 1  // Fig. 7.4: InitArray.java
 2  // Calculating the values to be placed into the elements of an array.
 3
 4  public class InitArray {
 5     public static void main(String[] args) {
 6        final int ARRAY_LENGTH = 10; // declare constant
 7        int[] array = new int[ARRAY_LENGTH]; // create array
 8
 9        // calculate value for each array element
10        for (int counter = 0; counter < array.length; counter++) {
11           array[counter] = 2 + 2 * counter;
12        }
13
14        System.out.printf("%s%8s%n", "Index", "Value"); // column headings
15
16        // output each array element's value
17        for (int counter = 0; counter < array.length; counter++) {
```

图 7.4　计算要放入数组元素中的值

```
18            System.out.printf("%5d%8d%n", counter, array[counter]);
19         }
20      }
21   }
```

```
Index   Value
    0       2
    1       4
    2       6
    3       8
    4      10
    5      12
    6      14
    7      16
    8      18
    9      20
```

图 7.4(续) 计算要放入数组元素中的值

第 6 行用修饰符 final 声明了常变量 ARRAY_LENGTH，取值为 10。在使用之前，常变量必须被初始化，而且此后不能修改。final 变量在它的声明中被初始化之后，如果试图对它进行修改，则编译器会发出错误消息：

cannot assign a value to final variable *variableName*

良好的编程实践 7.2

常变量也被称为命名常量。与直接用字面值(如 10)相比，常变量使程序的可读性更强，因为诸如 ARRAY_LENGTH 的命名常量清楚地表明了它的用途，而字面值根据上下文可能存在不同的含义。

良好的编程实践 7.3

按照惯例，常量采用全大写字母的形式；对于以多个单词命名的常量，单词之间应加一条下画线，例如 ARRAY_LENGTH。

常见编程错误 7.4

final 变量被初始化之后再对其赋值是一个编译错误。同样，在 final 变量被初始化之前，如果试图访问它的值，则编译器会发出错误消息：“variable variableName might not have been initialized.”。

7.4.4 数组元素求和

通常，数组元素表示的是计算时要用到的值。例如，如果数组元素表示考试成绩，则老师可能希望得到数组元素的和，并用这个和得出班级平均成绩。图 7.14 和图 7.18 中的 GradeBook 示例用到了这一技术。

图 7.5 中的程序计算了一个 10 元素的数组值的和。该程序在第 6 行声明、创建并初始化了数组，第 10 ~ 12 行执行计算。

```
1   // Fig. 7.5: SumArray.java
2   // Computing the sum of the elements of an array.
3
4   public class SumArray {
5      public static void main(String[] args) {
6         int[] array = {87, 68, 94, 100, 83, 78, 85, 91, 76, 87};
7         int total = 0;
8
9         // add each element's value to total
10        for (int counter = 0; counter < array.length; counter++) {
11           total += array[counter];
12        }
13
14        System.out.printf("Total of array elements: %d%n", total);
15     }
16  }
```

```
Total of array elements: 849
```

图 7.5 计算数组元素值的和

注意，数组初始值设定项提供的值通常从程序中读取，而不是在初始值设定项列表中指定。例如，程序可能从用户处获取这些值或从磁盘文件读取(见第 15 章)。将数据读入程序(而不是将它们“硬编码”在程序内部)能够使程序更可复用，因为这样能处理不同的数据集。

7.4.5 使用条形图显示数组数据

许多程序用图形方式向用户显示数据。例如，数字值经常用条形图显示。条形图中较长的条形按比例表示较大的值。用图形显示数字数据的一种简单方法是采用条形图，其中每个数字值显示为一串星号(*)。

老师经常要查看考试成绩的分布情况。可以画出各个成绩段内的成绩数，以了解成绩的分布。假设考试成绩为 87, 68, 94, 100, 83, 78, 85, 91, 76, 87。注意，这里有 1 个 100 分，2 个 90 多分，4 个 80 多分，2 个 70 多分，1 个 60 多分，没有不及格的。图 7.6 中的程序用一个 11 元素的数组存储这个成绩分布数据，每个元素对应于一类成绩。例如，array[0]表示 0 ~ 9 分的成绩数，array[7]表示 70 ~ 79 分的成绩数，array[10]表示 100 分的成绩数。

```
1  // Fig. 7.6: BarChart.java
2  // Bar chart printing program.
3
4  public class BarChart {
5     public static void main(String[] args) {
6        int[] array = {0, 0, 0, 0, 0, 0, 1, 2, 4, 2, 1};
7
8        System.out.println("Grade distribution:");
9
10       // for each array element, output a bar of the chart
11       for (int counter = 0; counter < array.length; counter++) {
12          // output bar label ("00-09: ", ..., "90-99: ", "100: ")
13          if (counter == 10) {
14             System.out.printf("%5d: ", 100);
15          }
16          else {
17             System.out.printf("%02d-%02d: ",
18                counter * 10, counter * 10 + 9);
19          }
20
21          // print bar of asterisks
22          for (int stars = 0; stars < array[counter]; stars++) {
23             System.out.print("*");
24          }
25
26          System.out.println();
27       }
28    }
29 }
```

```
Grade distribution:
00-09:
10-19:
20-29:
30-39:
40-49:
50-59:
60-69: *
70-79: **
80-89: ****
90-99: **
  100: *
```

图 7.6　条形图输出程序

本章稍后将给出的两个 GradeBook 类版本中(见图 7.14 和图 7.18)会包含根据一组成绩统计它们的分布情况的代码。目前而言，只需根据得到的一组成绩手工地创建数组。程序读取数组中的数，将其画成条形图。每个成绩范围后面的星号条表示这个范围的成绩个数。为了标记每个条形，第 13 ~ 19 行根据当前的 counter 值输出成绩范围(如“70-79:”)。counter 为 10 时，第 14 行用字段宽度 5 输出 100，后接一个冒号和一个空格，使标签“100: ”与其他条形标签对齐。嵌套 for 语句(第 22 ~ 24 行)输出星号。注意第 22 行的循环继续条件(stars < array[counter])。每次程序到达内部 for 循环时，循环计数从 0 到 array[counter]，从而用数组中的值确定要显示的星号数。本例中，array[0] ~ array[5]包含 0，因为没有不及格的成绩。因此，程序在前 6 个成绩范围中不显示星号。第 17 行的格式指定符%02d，表示一个 int 值应该格式化为 2 个数字宽的字段。其中的标记 0 表明，如果值的位数小于字段的宽度(2)，前面就用 0 补齐。

7.4.6 将数组元素用作计数器

有时，程序需用计数器变量汇总数据，例如统计结果。图 6.7 的掷骰子程序中，用不同的计数器跟踪了程序掷 60 000 000 次六面骰子时每一面出现的次数。图 7.7 展示了这个程序的数组版本。

```
1  // Fig. 7.7: RollDie.java
2  // Die-rolling program using arrays instead of switch.
3  import java.security.SecureRandom;
4
5  public class RollDie {
6     public static void main(String[] args) {
7        SecureRandom randomNumbers = new SecureRandom();
8        int[] frequency = new int[7]; // array of frequency counters
9
10       // roll die 60,000,000 times; use die value as frequency index
11       for (int roll = 1; roll <= 60_000_000; roll++) {
12          ++frequency[1 + randomNumbers.nextInt(6)];
13       }
14
15       System.out.printf("%s%10s%n", "Face", "Frequency");
16
17       // output each array element's value
18       for (int face = 1; face < frequency.length; face++) {
19          System.out.printf("%4d%10d%n", face, frequency[face]);
20       }
21    }
22 }
```

```
Face Frequency
   1   9995532
   2  10003079
   3  10000564
   4  10000726
   5   9998994
   6  10001105
```

图 7.7 采用数组而不是 switch 语句的掷骰子程序

图 7.7 中的程序用数组 frequency(第 8 行)计算骰子每一面出现的次数。这个程序用第 12 行中的一条语句代替了图 6.7 中的第 19 ~ 41 行。第 12 行用随机值确定要增加 frequency 的哪一个元素。第 12 行的计算生成 1 ~ 6 的随机数，因此数组 frequency 应足以容纳 6 个计数器。但是，这里使用了一个包含 7 个元素的数组，忽略 frequency[0]，因为用 frequency[1]递增点数为 1 的面比用 frequency[0]更合乎逻辑。这样，每个面的点数就可用作数组 frequency 的索引。第 12 行中，方括号内的计算会首先进行，以确定应该递增数组的哪一个元素，然后，++运算符会对该元素加 1。这里还将图 6.7 第 45 ~ 47 行换成了对数组 frequency 的循环遍历，用于输出结果(第 18 ~ 20 行)。第 17 章讲解 Java SE 8 的函数式编程功能时，将看到如何用一条语句替换第 11 ~ 13 行和第 18 ~ 20 行。

8

7.4.7 使用数组分析调查结果

下一个示例用数组统计调查中收集到的数据。考虑如下的问题描述。

20 名学生用 1 ~ 5 的分数评价学生食堂的伙食质量(1 表示很差，5 表示很好)。将 20 个评价分数放在一个整型数组中，并统计每一种评分的出现次数。

这是典型的数组应用(见图 7.8)。我们希望汇总每一种反馈(即 1 ~ 5)的数量。数组 response(第 7 ~ 8 行)是表示调查结果的一个 20 元素的整型数组。数组中的最后一个值被故意设置成了一个错误的反馈结果(14)。执行 Java 程序时，会检查数组元素索引的有效性——所有索引都必须大于或等于 0 且小于数组的长度。如果试图访问位于索引范围之外的元素，会导致运行时错误，这被称为 ArrayIndexOutOfBoundsException 异常。本节的末尾将讨论无效的反馈值的情况，演示数组边界检查的用法，并介绍 Java 的异常处理机制，它可以用来检测并处理 ArrayIndexOutOfBoundsException 异常。

frequency 数组

我们用一个 6 元素的数组 frequency(第 9 行)计算每一种反馈结果的数量。每一个元素(元素 0 除外)都被用于一种可能的调查结果值的计数器——frequency[1]计算将伙食质量评分为 1 的学生人数，frequency[2]计算评分为 2 的学生人数，等等。

```
1  // Fig. 7.8: StudentPoll.java
2  // Poll analysis program.
3
4  public class StudentPoll {
5     public static void main(String[] args) {
6        // student response array (more typically, input at runtime)
7        int[] responses =
8           {1, 2, 5, 4, 3, 5, 2, 1, 3, 3, 1, 4, 3, 3, 3, 2, 3, 3, 2, 14};
9        int[] frequency = new int[6]; // array of frequency counters
10
11       // for each answer, select responses element and use that value
12       // as frequency index to determine element to increment
13       for (int answer = 0; answer < responses.length; answer++) {
14          try {
15             ++frequency[responses[answer]];
16          }
17          catch (ArrayIndexOutOfBoundsException e) {
18             System.out.println(e); // invokes toString method
19             System.out.printf("   responses[%d] = %d%n%n",
20                answer, responses[answer]);
21          }
22       }
23
24       System.out.printf("%s%10s%n", "Rating", "Frequency");
25
26       // output each array element's value
27       for (int rating = 1; rating < frequency.length; rating++) {
28          System.out.printf("%6d%10d%n", rating, frequency[rating]);
29       }
30    }
31 }
```

```
java.lang.ArrayIndexOutOfBoundsException: 14
   responses[19] = 14

Rating Frequency
     1         3
     2         4
     3         8
     4         2
     5         2
```

图 7.8　民意调查分析程序

统计结果

for 语句(第 13 ~ 22 行)从数组 responses 一次一个地读取评分值，并递增 frequency[1] ~ frequency[5]中的某一个。这里忽略 frequency[0]，因为调查的评分值被限制在范围 1 ~ 5。循环中的重点语句出现在第 15 行，它根据对 responses[answer]值的判断，递增合适的 frequency 计数器。

下面逐步分析一下 for 语句的前几次迭代：

- 当计数器 answer 为 0 时，responses[answer]的值为 responses[0]的值(即 1，见第 8 行)。这时，frequency[responses[answer]]被解释为 frequency[1]，因此将计数器 frequency[1]递增 1。为了求值

表达式，应从最内层的方括号开始计算(answer，当前为 0)。answer 的值被插入到表达式中，然后求值下一组方括号(responses[answer])。这个值被用作 frequency 数组的索引，以判断需要递增的计数器(这时为 frequency[1])。

- 下一次循环时，answer 为 1，responses[answer]的值为 responses[1]的值(即第 8 行中的 2)，因此将 frequency[responses[answer]]解释为 frequency[2]，导致递增的是 frequency[2]。
- 当 answer 为 2 时，responses[answer]的值为 responses[2]的值(即 5，见第 8 行)，因此将 frequency [responses[answer]]解释为 frequency[5]，导致递增的是 frequency[5]。如此继续下去。

无论调查中需要处理多少数量的评分，都只需要一个 6 元素的数组(忽略元素 0)来统计结果，因为所有正确的评分值都位于 1 ~ 5 之间，而 6 元素的数组的索引值是 0 ~ 5。程序的输出中，Frequency 列只统计了 responses 数组中 20 个值的 19 个，它的最后一个元素包含的评分不正确，没有计算在内。7.5 节将探讨，如果图 7.8 中的程序遇到最后一个数组元素中的无效评分值(14)时，会发生什么。

7.5 异常处理：处理不正确的反馈值

发生异常，就表明程序在执行过程中出现了问题。异常处理机制使程序员能创建可以解决(或处理)异常情况的容错程序。某些情况下，异常处理能够使程序可以继续执行，就如同没有发生异常一样。例如，即使某个评分的结果超出了范围，图 7.8 中的 StudentPoll 程序依然会显示结果。如果程序遇到更严重的问题，则可能无法正常执行，而是要求将问题通知给用户，然后有控制地终止程序。当 JVM 或方法检测到问题时，例如无效的数组索引或无效的方法实参，则程序会抛出一个异常，也就是发生了异常。程序员自己创建的类中的方法也可能抛出异常。参见第 8 章。

7.5.1 try 语句

为了处理异常，需将可能抛出异常的任何代码放入 try 语句中(见图 7.8 第 14 ~ 21 行)。try 语句块(第 14 ~ 16 行)包含可能抛出异常的代码，而 catch 语句块(第 17 ~ 21 行)包含异常发生时用来处理异常的代码。可以用许多 catch 语句块来处理不同类型的异常，它们是在对应的 try 语句块中抛出的。当第 15 行正确地递增了 frequency 数组中的一个元素时，会忽略第 17 ~ 21 行中的语句。界定 try 语句体和 catch 语句体的花括号不能省略。

7.5.2 执行 catch 语句块

当程序遇到 responses 数组中的无效值 14 时，它会尝试将 frequency[14]加 1，这超出了数组的边界，因为 frequency 数组只有 6 个元素。由于对数组边界进行检查是在执行时进行的，所以 JVM 会产生一个异常，即第 15 行会抛出 ArrayIndexOutOfBoundsException 异常，以将这个问题告知程序。这时，try 语句块会终止，catch 语句块开始执行。如果在 try 语句块中声明了任何变量，则现在它们将位于作用域之外(从而不再存在)，在 catch 语句块中无法访问它们。

catch 语句块中声明了一个 ArrayIndexOutOfBoundsException 类型的异常参数(e)。catch 语句块能够处理所指定类型的异常。在 catch 语句块中，可以用参数的标识符与所捕获的异常对象交互。

错误预防提示 7.1

编写访问数组元素的代码时，应确保数组索引总是大于等于 0，且小于数组长度。这可以防止抛出 ArrayIndexOutOfBoundsExceptions 异常。

软件工程结论 7.1

对于行业级的软件系统，已经进行过大量的测试，但依然存在 bug。对于这类程序，推荐的做法是捕获并处理运行时异常，例如 ArrayIndexOutOfBoundsExceptions，以确保系统依然可运行，或者逐步关闭系统，同时将问题报告给开发人员。

7.5.3　异常参数的 toString 方法

当第 17 ~ 21 行捕获异常时，程序会显示一条消息，表明发生了问题。第 18 行会隐式地调用异常对象的 toString 方法，获得保存在异常对象中的错误消息并显示它。这个示例中，只要显示了这条消息，就认为已经处理了异常，程序会继续执行 catch 语句块结尾花括号之后的下一条语句。也就是说，到达 for 语句的末尾(第 22 行)，因此程序在第 13 行继续递增控制变量的值。第 8 章和第 11 章中，将会再次遇到异常处理的情况并会深入探讨它。

7.6　案例分析：模拟洗牌和发牌

本章前面的几个示例使用的是包含基本类型元素的数组。7.2 节中曾说过，数组元素可以是基本类型的，也可以是引用类型的。本节用随机数生成器和引用类型元素的数组(表示牌的对象)开发一个模拟洗牌与发牌操作的类。然后，这个类可以用于实现玩某种牌的游戏程序。本章末尾的练习将用这里开发的类构建一个扑克程序。

我们首先建立一个 Card 类(见图 7.9)，它表示一张牌，有面值(Ace, Deuce, Three,…, Jack, Queen, King)和花色(Hearts, Diamonds, Clubs, Spades)。然后，建立 DeckOfCards 类(见图 7.10)，它包含 52 张牌，类的每一个元素都是一个 Card 对象。接着，建立一个测试程序(见图 7.11)，演示 DeckOfCards 类的洗牌与发牌功能。

Card 类

Card 类(见图 7.9)包含两个 String 类型的实例变量：face 和 suit，它们用来保存特定牌的面值与花色引用。这个类的构造方法(第 9 ~ 12 行)接收两个字符串，用于初始化 face 和 suit。toString 方法(第 15 ~ 17 行)创建的字符串由牌的面值、字符串"of"和牌的花色构成[①]。Card 类的 toString 方法可以被显式地调用，以获得 Card 对象的字符串表示(如"Ace of Spades")。当对象需要字符串时(如 printf 用%s 格式指定符输出字符串对象时，或对象用+运算符与字符串拼接时)，会隐式调用对象的 toString 方法。为此，要将 toString 方法的首部声明成图 7.9 所示的形式。

```
1   // Fig. 7.9: Card.java
2   // Card class represents a playing card.
3
4   public class Card {
5      private final String face; // face of card ("Ace", "Deuce", ...)
6      private final String suit; // suit of card ("Hearts", "Diamonds", ...)
7
8      // two-argument constructor initializes card's face and suit
9      public Card(String cardFace, String cardSuit) {
10        this.face = cardFace; // initialize face of card
11        this.suit = cardSuit; // initialize suit of card
12     }
13
14     // return String representation of Card
15     public String toString() {
16        return face + " of " + suit;
17     }
18  }
```

图 7.9　Card 类表示一张牌

DeckOfCards 类

DeckOfCards 类(见图 7.10)创建并管理由 Card 对象引用的数组。命名常量 NUMBER_OF_CARDS(第 8 行)指定一副牌中的牌数量(52)。第 10 行声明并初始化一个 deck 实例变量，它引用的新 Card 数组具有 NUMBER_OF_CARDS(52)个元素——默认情况下，deck 数组的元素值为 null。第 3 章

① 第 9 章中将讲解，如果为类提供一个定制的 toString 方法，则表示“重写”了由 Object 类提供的 toString 方法的版本。从第 9 章开始，对于重写的每一个方法，会在其前面加上“@Override”字符，以防止出现编程错误。

说过，null 表示“空引用”，所以目前还没有任何 Card 对象存在。引用类型数组的声明与其他的数组声明方法一致。DeckOfCards 类还声明了一个 int 类型的实例变量 currentCard(第 11 行)，表示 deck 数组中要处理的下一个 Card 对象的序号(0 ~ 51)。

```
1  // Fig. 7.10: DeckOfCards.java
2  // DeckOfCards class represents a deck of playing cards.
3  import java.security.SecureRandom;
4
5  public class DeckOfCards {
6     // random number generator
7     private static final SecureRandom randomNumbers = new SecureRandom();
8     private static final int NUMBER_OF_CARDS = 52; // constant # of Cards
9
10    private Card[] deck = new Card[NUMBER_OF_CARDS]; // Card references
11    private int currentCard = 0; // index of next Card to be dealt (0-51)
12
13    // constructor fills deck of Cards
14    public DeckOfCards() {
15       String[] faces = {"Ace", "Deuce", "Three", "Four", "Five", "Six",
16          "Seven", "Eight", "Nine", "Ten", "Jack", "Queen", "King"};
17       String[] suits = {"Hearts", "Diamonds", "Clubs", "Spades"};
18
19       // populate deck with Card objects
20       for (int count = 0; count < deck.length; count++) {
21          deck[count] =
22             new Card(faces[count % 13], suits[count / 13]);
23       }
24    }
25
26    // shuffle deck of Cards with one-pass algorithm
27    public void shuffle() {
28       // next call to method dealCard should start at deck[0] again
29       currentCard = 0;
30
31       // for each Card, pick another random Card (0-51) and swap them
32       for (int first = 0; first < deck.length; first++) {
33          // select a random number between 0 and 51
34          int second = randomNumbers.nextInt(NUMBER_OF_CARDS);
35
36          // swap current Card with randomly selected Card
37          Card temp = deck[first];
38          deck[first] = deck[second];
39          deck[second] = temp;
40       }
41    }
42
43    // deal one Card
44    public Card dealCard() {
45       // determine whether Cards remain to be dealt
46       if (currentCard < deck.length) {
47          return deck[currentCard++]; // return current Card in array
48       }
49       else {
50          return null; // return null to indicate that all Cards were dealt
51       }
52    }
53 }
```

图 7.10 DeckOfCards 类表示一副牌

DeckOfCards 类的构造方法

这个类的构造方法使用一个 for 语句(第 20 ~ 23 行)，用 Card 对象填充 deck 实例变量。for 语句将控制变量 count 初始化为 0，并在 count 小于 deck.length 时循环，使 count 取 0 ~ 51 的每一个整数(deck 数组的索引)。每个 Card 对象用两个字符串实例化和初始化，一个来自 faces 数组(包含字符串"Ace" ~ "King")，一个来自 suits 数组(包含字符串"Hearts" "Diamonds" "Clubs" "Spades")。count % 13 总是得到 0 ~ 12 的值(第 15 ~ 16 行 faces 数组的 13 个索引)；count/13 总是得到 0 ~ 3 的值(第 17 行 suits 数组的 4 个索引)。完成循环时，deck 数组包含的 Card 对象具有 13 种面值(Ace ~ King)和 4 种花色，花色的顺序依次为 Hearts，Diamonds，Clubs，Spades。这里使用了 String 类型的数组来表示牌的花色和面值。练习题 7.34 中将修改这个示例，使用 enum(枚举)常量数组来表示花色和面值。

DeckOfCards 类的 shuffle 方法

shuffle 方法(第 27 ~ 41 行)对 deck 中的所有 Card 洗牌。这个方法对 52 张牌循环(数组索引为 0 ~ 51)。第 34 行随机选择 0 ~ 51 中的索引值，以挑选一张牌。接下来，第 37 ~ 39 行将当前 Card 对象与随机选择的 Card 对象交换。额外的变量 temp(第 37 行)临时存储交换的两个 Card 对象之一。for 循环终止后，这些 Card 对象就是随机排序的了。整个数组只进行了 52 次交换，而数组中所有 Card 对象都移动了位置。

第 37 ~ 39 行中的交换操作不可以只用两条语句完成：

```
deck[first] = deck[second];
deck[second] = deck[first];
```

如果 deck[first]为"Ace" of "Spades"，而 deck[second]为"Queen" of "Hearts"，则第一次赋值之后，两个数组都包含"Queen" of "Hearts"，而"Ace" of "Spades"将丢失。因此，变量 temp 是必须有的。

(注：对于真正的纸牌游戏，推荐使用所谓的“无偏”洗牌算法。这种算法可确保所有可能的纸牌排列情况都会公平地出现。练习题 7.35 要求研究一种流行的无偏 Fisher-Yates 洗牌算法，并用它重新实现 DeckOfCards 类的 shuffle 方法。)

DeckOfCards 类的 dealCard 方法

dealCard 方法(第 44 ~ 52 行)处理数组中的一个 Card 元素。前面说过，currentCard 表示下一张要处理的牌的索引(即最上面的一张牌)。因此，第 46 行比较 currentCard 与 deck 数组的长度。如果 deck 不为空(即 currentCard 的值小于 52)，则第 47 行返回最上面的一张牌，并将 currentCard 加 1，准备下次执行 dealCard 方法。否则，第 50 行返回 null。

洗牌与发牌

图 7.11 给出了 DeckOfCards 类。第 7 行创建一个 DeckOfCards 对象 myDeckOfCards。DeckOfCards 类的构造方法创建了包含 52 个 Card 对象的一副牌，按牌的花色与面值排序。第 8 行调用 myDeckOfCards 的 shuffle 方法，重新排列这些 Card 对象(即洗牌)。第 11 ~ 18 行处理全部的 52 张牌，将它们输出成 4 列，每列 13 张牌。第 13 行通过调用 myDeckOfCards 的 dealCard 方法处理一个 Card 对象，然后在 19 个字符宽度的字段中左对齐显示这个对象的值。当将 Card 对象作为 String 类型输出时，会隐式地调用它的 toString 方法(见图 7.9)。图 7.11 第 15 ~ 17 行在每输出 4 个 Card 对象的值后，会开始一个新行。

```
1   // Fig. 7.11: DeckOfCardsTest.java
2   // Card shuffling and dealing.
3
4   public class DeckOfCardsTest {
5      // execute application
6      public static void main(String[] args) {
7         DeckOfCards myDeckOfCards = new DeckOfCards();
8         myDeckOfCards.shuffle(); // place Cards in random order
9
10        // print all 52 Cards in the order in which they are dealt
11        for (int i = 1; i <= 52; i++) {
12           // deal and display a Card
13           System.out.printf("%-19s", myDeckOfCards.dealCard());
14
15           if (i % 4 == 0) { // output a newline after every fourth card
16              System.out.println();
17           }
18        }
19     }
20  }
```

```
Six of Spades      Eight of Spades    Six of Clubs       Nine of Hearts
Queen of Hearts    Seven of Clubs     Nine of Spades     King of Hearts
Three of Diamonds  Deuce of Clubs     Ace of Hearts      Ten of Spades
Four of Spades     Ace of Clubs       Seven of Diamonds  Four of Hearts
Three of Clubs     Deuce of Hearts    Five of Spades     Jack of Diamonds
King of Clubs      Ten of Hearts      Three of Hearts    Six of Diamonds
Queen of Clubs     Eight of Diamonds  Deuce of Diamonds  Ten of Diamonds
Three of Spades    King of Diamonds   Nine of Clubs      Six of Hearts
Ace of Spades      Four of Diamonds   Seven of Hearts    Eight of Clubs
Deuce of Spades    Eight of Hearts    Five of Hearts     Queen of Spades
Jack of Hearts     Seven of Spades    Four of Clubs      Nine of Diamonds
Ace of Diamonds    Queen of Diamonds  Five of Clubs      King of Spades
Five of Diamonds   Ten of Clubs       Jack of Spades     Jack of Clubs
```

图 7.11　洗牌与发牌

防止出现 NullPointerExceptions 异常

图 7.10 中创建的 deck 数组包含 52 个 Card 引用——默认情况下，用 new 创建的引用类型数组中的每一个元素，其初始值都为 null。同样，类的引用类型字段也会被默认初始化成 null。如果试图调用引用了 null 的方法，则会发生 NullPointerException 异常。如果是编写行业级的代码，则应确保在使用方法之前没有引用 null，以防止出现 NullPointerExceptions 异常。

7.7 增强型 for 语句

不必使用计数器，增强型 for 语句也可以实现对数组元素的迭代，从而避免了“走到数组之外”的可能性。7.16 节会讲解如何将增强型 for 语句用于 Java API 的预置数据结构(被称为集合)。增强型 for 语句的语法如下：

```
for (parameter : arrayName) {
   statement
}
```

其中，*parameter* 包括两部分——类型及标识符(如 int number)，而 *arrayName* 是要迭代的数组。*parameter* 的类型必须与数组元素的类型相兼容。正如下面的示例中演示的那样，在增强型 for 语句的每一次循环中，标识符将依次取数组元素中的每一个值。

图 7.12 中的程序用增强型 for 语句对学生成绩数组(整数)求和(第 10 ~ 12 行)。增强型 for 语句中指定的参数类型为 int，因为数组包含 int 值——每一次迭代都会从数组中选择一个 int 值。增强型 for 语句会依次迭代遍历数组中的每一个值。可以将增强型 for 语句的首部理解成：在每一次迭代中，将 array 的下一个元素值赋予 int 变量 number，然后执行下一条语句。因此，对每一次迭代，标识符 number 都会取得数组中的一个 int 值。第 10 ~ 12 行与图 7.5 第 10 ~ 12 行中使用的如下计数器控制循环是等价的，它们都是对 array 中的整数元素求和，但在增强型 for 语句中隐藏了计数的细节：

```
for (int counter = 0; counter < array.length; counter++) {
   total += array[counter];
}
```

```
1  // Fig. 7.12: EnhancedForTest.java
2  // Using the enhanced for statement to total integers in an array.
3
4  public class EnhancedForTest {
5     public static void main(String[] args) {
6        int[] array = {87, 68, 94, 100, 83, 78, 85, 91, 76, 87};
7        int total = 0;
8
9        // add each element's value to total
10       for (int number : array) {
11          total += number;
12       }
13
14       System.out.printf("Total of array elements: %d%n", total);
15    }
16 }
```

```
Total of array elements: 849
```

图 7.12 使用增强型 for 语句对数组元素求和

增强型 for 语句只能用来访问数组元素，而不能修改它们的值。如果需要修改元素值，则依然要用传统的计数器控制 for 语句。

只要不要求访问当前数组元素的索引值，就可以用增强型 for 语句替代计数器控制 for 语句。例如，对数组元素求和，只需要访问元素的值，而元素的索引并不重要。但是，如果出于某种原因，程序必须用计数器而不是简单地循环遍历数组(如就像本章前面的几个示例中那样，要在每个元素值的旁边输出索引值)，就必须使用计数器控制 for 语句。

错误预防提示 7.2

增强型 for 语句简化了迭代遍历数组的代码。这使得代码更可读，且避免了几种出错的可能性，例如错误地指定控制变量的初始值，以及使用错误的循环继续条件、增量表达式等。

Java SE 8

每次循环时，for 语句和增强型 for 语句依次从开始值到终止值迭代一次。第 17 章中将讲解流。在那里将看到，迭代遍历集合时，流提供了更巧妙、更简洁、更少出错的方式，使有些迭代能够并行执行，以更好地利用多核系统的性能。

8

7.8　将数组传入方法

本节演示如何将数组及单个数组元素作为实参传递给方法。要将数组实参传递给方法，需指定不带方括号的数组名称。例如，如果 hourlyTemperatures 数组声明如下：

```
double[] hourlyTemperatures = new double[24];
```

则方法调用语句：

```
modifyArray(hourlyTemperatures);
```

会将 hourlyTemperatures 数组的引用传递给 modifyArray 方法。每一个数组对象都“知道”自己的长度。因此，将数组对象的引用传给方法时，不必在另一个实参中传递数组长度。

为了让方法通过方法调用接收数组引用，方法的参数表中必须指定一个数组参数。例如，modifyArray 方法的首部可能为

```
void modifyArray(double[] b)
```

它表明 modifyArray 要在参数 b 中接收 double 数组的引用。方法调用传递 hourlyTemperature 数组的引用，因此被调用方法使用数组变量 b 时，它引用的数组对象与调用方法中的 hourlyTemperatures 是相同对象。

如果方法实参是整个数组或引用类型的各个数组元素，则被调方法会接收这个引用的副本。但是，如果方法实参是基本类型的数组元素，则被调方法接收这个元素的值的副本。这样的基本类型值被称为标量或标量值。为了将各个数组元素传递给方法，可以在方法调用中用数组的索引名作为实参。

图 7.13 中的程序演示了向方法传递整个数组与传递一个基本类型数组元素的差异。main 方法中直接调用了静态方法 modifyArray（第 18 行）和 modifyElement（第 30 行）。前面说过，静态方法可以直接调用同一个类中的其他静态方法，而不必添加类名称和点号。

```
1  // Fig. 7.13: PassArray.java
2  // Passing arrays and individual array elements to methods.
3
4  public class PassArray {
5     // main creates array and calls modifyArray and modifyElement
6     public static void main(String[] args) {
7        int[] array = {1, 2, 3, 4, 5};
8
9        System.out.printf(
10          "Effects of passing reference to entire array:%n" +
11          "The values of the original array are:%n");
12
13       // output original array elements
14       for (int value : array) {
15          System.out.printf("   %d", value);
16       }
17
18       modifyArray(array); // pass array reference
19       System.out.printf("%n%nThe values of the modified array are:%n");
20
21       // output modified array elements
22       for (int value : array) {
23          System.out.printf("   %d", value);
24       }
```

图 7.13　将数组和数组元素传递给方法

```
25
26        System.out.printf(
27           "%n%nEffects of passing array element value:%n" +
28           "array[3] before modifyElement: %d%n", array[3]);
29
30        modifyElement(array[3]); // attempt to modify array[3]
31        System.out.printf(
32           "array[3] after modifyElement: %d%n", array[3]);
33     }
34
35     // multiply each element of an array by 2
36     public static void modifyArray(int[] array2) {
37        for (int counter = 0; counter < array2.length; counter++) {
38           array2[counter] *= 2;
39        }
40     }
41
42     // multiply argument by 2
43     public static void modifyElement(int element) {
44        element *= 2;
45        System.out.printf(
46           "Value of element in modifyElement: %d%n", element);
47     }
48  }
```

```
Effects of passing reference to entire array:
The values of the original array are:
   1   2   3   4   5

The values of the modified array are:
   2   4   6   8   10

Effects of passing array element value:
array[3] before modifyElement: 8
Value of element in modifyElement: 16
array[3] after modifyElement: 8
```

图 7.13(续) 将数组和数组元素传递给方法

第 14 ~ 16 行中的增强型 for 语句输出数组的元素。第 18 行调用 modifyArray 方法(第 36 ~ 40 行)，将 array 作为实参传入。modifyArray 方法接收 array 引用的副本，并用这个引用将 array 的每个元素乘以 2。为了证明 array 的元素已经改变了，第 22 ~ 24 行再次输出 array 的元素。从输出可见，modifyArray 方法将每个元素的值都加倍。不能在第 37 ~ 39 行使用增强型 for 语句，因为是在修改数组的元素。

图 7.13 还演示了当单个基本类型数组元素的副本传递给方法时，在被调方法中修改这个副本，不会影响调用方法中数组元素的原始值。第 26 ~ 28 行输出调用 modifyElement 方法之前 array[3]的值(8)。在调用 modifyArray 方法修改了这个元素之后，现在它的值为 8。第 30 行调用 modifyElement 方法，将 array[3]作为实参传递给它。由于 array[3]在 array 中实际上是一个 int 值(8)，因此程序传递的是 array[3]中值的副本。modifyElement 方法(第 43 ~ 47 行)将收到的实参值乘以 2，将结果存放在 element 参数中，然后输出 element 的值(16)。和局部变量一样，方法参数在相应方法执行完毕后不复存在，因此终止 modifyElement 方法时，方法参数 element 会被销毁。当程序将控制返回给 main 方法时，第 31 ~ 32 行输出了 array[3]的未修改值(8)。

7.9 按值传递与按引用传递

前一个示例演示了如何将数组和基本类型数组元素作为实参传递给方法。现在更进一步，分析一下实参是如何传递给方法的。在许多编程语言中，有两种在方法调用中传递实参的方法：按值传递和按引用传递，它们又分别被称为按值调用和按引用调用。当按值传递实参时，是将实参值的一个副本传递给被调方法。被调方法只对这个副本进行操作。修改被调方法中的副本值，不会影响调用方法中变量的原始值。

当按引用传递实参时，被调方法能够直接访问调用方法中的实参值，并在需要时可修改它。按引用传递不需要复制潜在的大量数据，因此能够提高性能。

与其他语言不同，Java 不允许程序员选择按值传递还是按引用传递——所有的实参都是按值传递的。方法调用可以向方法传递两种类型的值：基本类型值(如 int 或 double 类型的值)的副本和对象引用的副本。对象本身是不能传递给方法的。当方法修改基本类型参数时，对参数的改动不会影响到调用方法中原始的实参值。例如，当图 7.13 的 main 中第 30 行将 array[3]传递给 modifyElement 方法时，第 44 行的语句将 element 参数的值乘 2，它不会影响 main 中 array[3]的值。引用类型的参数也是如此。如果将另一个对象的引用赋予引用类型的参数，则参数将指向新对象——保存在调用方法中变量的引用仍指向原始对象。

尽管对象的引用是按值传递的，但方法仍可利用这个对象引用的副本，通过调用它的公共方法来与被引用的对象交互。由于参数中的引用是作为实参传入的引用的副本，被调方法中的参数与调用方法中的实参都指向内存中的同一个对象。例如，图 7.13 中，modifyArray 方法中的参数 array2 和 main 方法中的变量 array 都指向内存中的同一个数组对象。通过参数 array2 进行的任何修改，都会影响到在调用方法中 array 所指向的对象。图 7.13 中，modifyArray 方法利用 array2 所做的改动，会影响到 main 方法中 array 所指向的数组对象的内容。因此，利用对象的引用，被调方法可以直接操作调用方法的对象。

性能提示 7.1

按引用传递数组，而不是传递数组对象本身，能够提高性能。因为 Java 实参是按值传递的，如果传递的是数组对象，则要传递每一个元素的副本。对于大型数组，这样会浪费时间，需消耗大量存储空间来容纳数组副本。

7.10　案例分析：GradeBook 类用数组保存成绩

下面给出即将分析的案例的第一部分，这个案例要开发一个 GradeBook 类，它表示教师所用的一个成绩簿，记录一次考试中的学生成绩，并可以提供成绩报告，包括每名学生的成绩、班级平均分、最高分、最低分、成绩分布条形图等。本节中给出的 GradeBook 类的这个版本，将一次考试中的学生成绩保存在一个一维数组中。7.12 节中给出的另一个版本，使用的是一个二维数组，它保存多次考试中每名学生的成绩。

GradeBook 类将学生成绩存放在数组中

GradeBook 类(见图 7.14)利用一个 int 类型的数组，保存在单次考试中多名学生的成绩。第 6 行将 grades 数组声明为实例变量，使每个 GradeBook 对象都维护自己的一组成绩。类的构造方法(第 9～12 行)有两个参数——课程名称和成绩数组。当程序(见图 7.15 中的 GradeBookTest 类)创建 GradeBook 对象时，它将现有 int 数组传入构造方法，将数组的引用赋予实例变量 grades(第 11 行)。grades 数组的长度由传入构造方法的数组的 length 实例变量确定。因此，GradeBook 对象可以处理不同数量的成绩。实参中的成绩可以是用户从键盘输入的，也可以从磁盘文件读取(见第 15 章)，还可以有各种其他来源。GradeBookTest 类中只用了一组成绩来初始化这个数组(见图 7.15 第 7 行)。将成绩放入 GradeBook 类的实例变量 grades 之后，这个类的所有方法都可以访问 grades 的元素。

```
1  // Fig. 7.14: GradeBook.java
2  // GradeBook class using an array to store test grades.
3
4  public class GradeBook {
5     private String courseName; // name of course this GradeBook represents
6     private int[] grades; // array of student grades
7
8     // constructor
9     public GradeBook(String courseName, int[] grades) {
10       this.courseName = courseName;
11       this.grades = grades;
12    }
```

图 7.14　使用数组保存成绩的 GradeBook 类

```
13
14     // method to set the course name
15     public void setCourseName(String courseName) {
16        this.courseName = courseName;
17     }
18
19     // method to retrieve the course name
20     public String getCourseName() {
21        return courseName;
22     }
23
24     // perform various operations on the data
25     public void processGrades() {
26        // output grades array
27        outputGrades();
28
29        // call method getAverage to calculate the average grade
30        System.out.printf("%nClass average is %.2f%n", getAverage());
31
32        // call methods getMinimum and getMaximum
33        System.out.printf("Lowest grade is %d%nHighest grade is %d%n%n",
34           getMinimum(), getMaximum());
35
36        // call outputBarChart to print grade distribution chart
37        outputBarChart();
38     }
39
40     // find minimum grade
41     public int getMinimum() {
42        int lowGrade = grades[0]; // assume grades[0] is smallest
43
44        // loop through grades array
45        for (int grade : grades) {
46           // if grade lower than lowGrade, assign it to lowGrade
47           if (grade < lowGrade) {
48              lowGrade = grade; // new lowest grade
49           }
50        }
51
52        return lowGrade;
53     }
54
55     // find maximum grade
56     public int getMaximum() {
57        int highGrade = grades[0]; // assume grades[0] is largest
58
59        // loop through grades array
60        for (int grade : grades) {
61           // if grade greater than highGrade, assign it to highGrade
62           if (grade > highGrade) {
63              highGrade = grade; // new highest grade
64           }
65        }
66
67        return highGrade;
68     }
69
70     // determine average grade for test
71     public double getAverage() {
72        int total = 0;
73
74        // sum grades for one student
75        for (int grade : grades) {
76           total += grade;
77        }
78
79        // return average of grades
80        return (double) total / grades.length;
81     }
82
83     // output bar chart displaying grade distribution
84     public void outputBarChart() {
85        System.out.println("Grade distribution:");
86
```

图 7.14(续) 使用数组保存成绩的 GradeBook 类

```
87        // stores frequency of grades in each range of 10 grades
88        int[] frequency = new int[11];
89
90        // for each grade, increment the appropriate frequency
91        for (int grade : grades) {
92           ++frequency[grade / 10];
93        }
94
95        // for each grade frequency, print bar in chart
96        for (int count = 0; count < frequency.length; count++) {
97           // output bar label ("00-09: ", ..., "90-99: ", "100: ")
98           if (count == 10) {
99              System.out.printf("%5d: ", 100);
100          }
101          else {
102             System.out.printf("%02d-%02d: ", count * 10, count * 10 + 9);
103          }
104
105          // print bar of asterisks
106          for (int stars = 0; stars < frequency[count]; stars++) {
107             System.out.print("*");
108          }
109
110          System.out.println();
111       }
112    }
113
114    // output the contents of the grades array
115    public void outputGrades() {
116       System.out.printf("The grades are:%n%n");
117
118       // output each student's grade
119       for (int student = 0; student < grades.length; student++) {
120          System.out.printf("Student %2d: %3d%n",
121             student + 1, grades[student]);
122       }
123    }
124 }
```

图 7.14（续）　使用数组保存成绩的 GradeBook 类

processGrades 方法（第 25 ~ 38 行）包含一系列方法调用，它们输出成绩汇总报告。第 27 行调用 outputGrades 方法输出 grades 数组的内容。outputGrades 方法中的第 119 ~ 122 行输出学生的成绩。这里必须使用计数器控制 for 语句，因为第 120 ~ 121 行用计数器变量 student 的值在特定学生号旁边输出每个成绩（见图 7.15 的输出）。尽管数组索引从 0 开始，但教师对学生编号时通常从 1 开始。因此，第 120 ~ 121 行输出 student + 1 作为学生号，产生成绩标记“Student 1:”“Student 2:”，等等。

接下来，processGrades 方法调用 getAverage 方法（第 30 行）获得数组中的平均成绩。getAverage 方法（第 71 ~ 81 行）用增强型 for 语句将数组 grades 中的值求和，然后计算平均值。增强型 for 语句首部的参数（即 int grade）表示每次迭代时 int 变量 grade 取得 grades 数组中的一个值。注意，第 80 行计算平均值时用 grades.length 来确定要计算平均值的成绩个数。

processGrades 方法中的第 33 ~ 34 行调用 getMinimum 和 getMaximum 方法，分别确定考试中任一学生的最低成绩和最高成绩。所有方法都是用一个增强型 for 语句对 grades 数组循环。getMinimum 方法的第 45 ~ 50 行对数组循环，第 47 ~ 49 行将每个成绩与 lowGrade 比较。如果成绩小于 lowGrade，则将 lowGrade 设置成这个成绩。执行到第 52 行时，lowGrade 就包含数组中的最低成绩。getMaximum 方法（第 56 ~ 68 行）的工作原理与 getMinimum 方法类似。

最后，processGrades 方法中的第 37 行调用 outputBarChart 方法，用类似图 7.6 的方式输出成绩数据分布图。在那个示例中，我们通过一组成绩手工地计算每一个成绩段（即 0 ~ 9, 10 ~ 19,…, 90 ~ 99, 100）中的成绩个数。而在本例中，第 91 ~ 93 行使用与图 7.7 和图 7.8 相似的技术来计算每个成绩段的成绩个数。第 88 行声明和创建了 11 个 int 值的 frequency 数组，以存储每个成绩段的个数。对 grades 数组中的每一个成绩，第 91 ~ 93 行将 frequency 数组的相应元素加 1。为了确定要将哪一个元素加 1，第 92 行将当前成绩除以 10（用整除）。例如，如果成绩为 85，则第 92 行将 frequency[8]加 1，更新 80 ~ 89 范围的成绩个数。然后，第 96 ~ 111 行根据 frequency 数组的值输出条形图(见图 7.15)。图 7.14 第 106 ~ 108 行用 frequency 数组中的值确定每一个条形中显示的星号个数。

演示 GradeBook 类的 GradeBookTest 类

图 7.15 中的程序创建了 GradeBook 类的一个对象，它使用了第 7 行声明并初始化的 int 数组 gradesArray。第 9 ~ 10 行将课程名称和 gradesArray 传入 GradeBook 类的构造方法。第 11 ~ 12 行显示一条欢迎消息，包含保存在 GradeBook 对象中存储的课程名称。第 13 行调用 GradeBook 对象的 processGrades 方法。输出显示了 myGradeBook 中 10 个成绩的汇总情况。

软件工程结论 7.2

测试程序负责创建所测试类的对象并向它提供数据。此类数据可以有多种来源。测试数据可以通过数组初始值设定项直接被放进数组中，或者由用户从键盘输入，也可以来自文件(见第 15 章)、数据库(见第 24 章)或者网络(见在线的第 28 章)。将数据传入类的构造方法，将对象实例化之后，测试程序应当调用这个对象，测试它的方法，操作它的数据。这种在测试程序中收集数据的方法，可以使类操作不同来源的数据。

```
1  // Fig. 7.15: GradeBookTest.java
2  // GradeBookTest creates a GradeBook object using an array of grades,
3  // then invokes method processGrades to analyze them.
4  public class GradeBookTest {
5     public static void main(String[] args) {
6        // array of student grades
7        int[] gradesArray = {87, 68, 94, 100, 83, 78, 85, 91, 76, 87};
8
9        GradeBook myGradeBook = new GradeBook(
10          "CS101 Introduction to Java Programming", gradesArray);
11       System.out.printf("Welcome to the grade book for%n%s%n%n",
12          myGradeBook.getCourseName());
13       myGradeBook.processGrades();
14    }
15 }
```

```
Welcome to the grade book for
CS101 Introduction to Java Programming

The grades are:

Student  1:  87
Student  2:  68
Student  3:  94
Student  4: 100
Student  5:  83
Student  6:  78
Student  7:  85
Student  8:  91
Student  9:  76
Student 10:  87

Class average is 84.90
Lowest grade is 68
Highest grade is 100

Grade distribution:
00-09:
10-19:
20-29:
30-39:
40-49:
50-59:
60-69: *
70-79: **
80-89: ****
90-99: **
  100: *
```

图 7.15 GradeBookTest 类用一个成绩数组来创建 GradeBook 对象，然后调用 processGrades 方法分析这些成绩

Java SE 8

第 17 章图 17.9 中的示例使用了流方法 min、max、count、average，以更简洁、更巧妙的方式处理 int 数组中的元素，不必编写迭代语句。第 23 章图 23.30 中的示例使用了流方法 summaryStatistics，在一个方法调用中执行本节中所有的操作。

7.11 多维数组

二维数组经常用来表示数值表，它将数据放在行和列中。为了确定特定的表元素，必须指定两个索引。习惯上，第一个是行索引，第二个是列索引。要求用两个索引来标识每一个元素的数组被称为二维数组。(多维数组可以有比二维多一些的维度。)Java 并不直接支持多维数组，但它允许以一维数组作为另一个一维数组的元素，这样就获得了多维数组的效果。图 7.16 显示了二维数组 a，它包含 3 行、4 列(即 3×4 数组)。一般来说，*m* 行、*n* 列的数组被称为 *m* × *n* 数组。

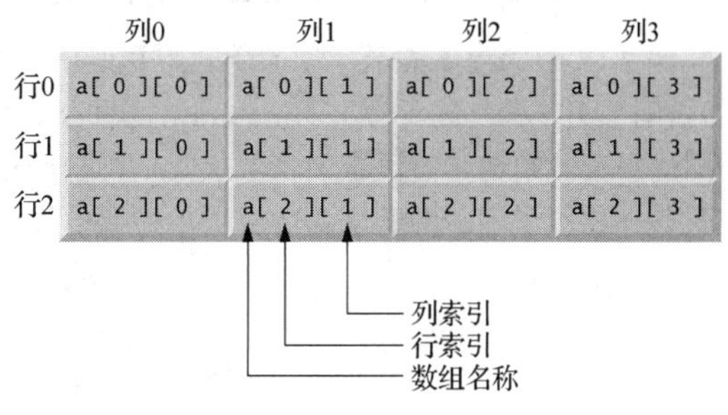

图 7.16　包含 3 行、4 列的一个二维数组

数组 a 中的每一个元素在图 7.16 中用数组访问表达式 a[*row*][*column*]标识，a 是数组名称，*row* 与 *column* 是索引，它们通过行号和列号唯一标识数组 a 中的每一个元素。行 0 中的元素名称的第一个索引都是 0；列 3 中的元素名称的第二个索引都是 3。

7.11.1 一维数组的数组

和一维数组一样，多维数组也可以在声明中用数组初始值设定项初始化。一个两行、两列的二维数组 b 可以用嵌套数组初始值设定项(nested array initializer)来声明和初始化，如下所示：

```
int[][] b = {{1, 2}, {3, 4}};
```

数组初始值设定项按行分组，每一行由一对花括号括起来。因此，1 和 2 分别用于初始化 b[0][0]和 b[0][1]，3 和 4 分别用于初始化 b[1][0] 和 b[1][1]。编译器会计算嵌套数组初始值设定项的个数(即外花括号中内花括号组的数量)，确定数组 b 的行数；计算一行中嵌套数组初始值设定项的个数，确定这一行的列数。下面很快就能看到，这意味着每一行可以具有不同的长度。

多维数组是被当作一维数组的数组来维护的。因此，在上面的声明中，数组 b 实际上由两个独立的一维数组构成：一个由嵌套数组初始值设定项列表{1，2}创建，另一个包含第二个嵌套数组初始值设定项列表{3，4}的值。这样，数组 b 本身也是一个有两个元素的数组，每个元素都是一个一维 int 数组。

7.11.2 行长度不同的二维数组

多维数组的表示方式使其非常灵活。实际上，数组 b 中的各行长度不必相同。例如：

```
int[][] b = {{1, 2}, {3, 4, 5}};
```

创建了一个包含两个元素(元素个数由嵌套数组初始值设定项的个数确定)的整型数组 b，它们是这个二维数组的两行。数组 b 的每一个元素都是一个一维 int 数组的引用。行 0 中的 int 数组是一个一维数组，它有两个元素(1, 2)；行 1 中的 int 数组也是个一维数组，它有三个元素(3, 4, 5)。

7.11.3 使用数组创建表达式创建二维数组

可以用数组创建表达式来生成每一行有相同列数的多维数组。例如，下面的语句声明了数组 b，并将它赋值为一个 3×4 数组的引用：

```
int[][] b = new int[3][4];
```

这里，用字面值 3 和 4 来分别指定行数和列数，但这并不是必需的。程序也可以用变量来指定数组的维数，因为 new 运算符是在执行时创建数组的，而不是在编译时。多维数组的元素是在创建数组对象时被初始化的。

可以用下面的方法创建各行具有不同列数的多维数组：

```
int[][] b = new int[2][];   // create 2 rows
b[0] = new int[5]; // create 5 columns for row 0
b[1] = new int[3]; // create 3 columns for row 1
```

这些语句创建了一个两行的二维数组，行 0 包含 5 列，行 1 有 3 列。

7.11.4 二维数组举例：显示元素值

图 7.17 中的程序演示了如何用数组初始值设定项初始化二维数组，以及嵌套 for 循环如何遍历数组(即访问数组的每一个元素)。InitArray 类的 main 方法声明了两个数组。array1 的声明(第 7 行)用长度相同的嵌套数组初始值设定项将数组第一行初始化为 1、2、3，将第二行初始化为 4、5、6。array2 的声明(第 8 行)采用不同长度的嵌套数组初始值设定项。这里，第一行初始化为两个元素 1、2。第二行初始化为一个元素 3，而第三行初始化为三个元素 4、5、6。

```
1  // Fig. 7.17: InitArray.java
2  // Initializing two-dimensional arrays.
3
4  public class InitArray {
5     // create and output two-dimensional arrays
6     public static void main(String[] args) {
7        int[][] array1 = {{1, 2, 3}, {4, 5, 6}};
8        int[][] array2 = {{1, 2}, {3}, {4, 5, 6}};
9
10       System.out.println("Values in array1 by row are");
11       outputArray(array1); // displays array1 by row
12
13       System.out.printf("%nValues in array2 by row are%n");
14       outputArray(array2); // displays array2 by row
15    }
16
17    // output rows and columns of a two-dimensional array
18    public static void outputArray(int[][] array) {
19       // loop through array's rows
20       for (int row = 0; row < array.length; row++) {
21          // loop through columns of current row
22          for (int column = 0; column < array[row].length; column++) {
23             System.out.printf("%d  ", array[row][column]);
24          }
25
26          System.out.println();
27       }
28    }
29 }
```

```
Values in array1 by row are
1  2  3
4  5  6

Values in array2 by row are
1  2
3
4  5  6
```

图 7.17 初始化二维数组

第 11 行和第 14 行调用了 outputArray 方法(第 18 ~ 28 行)，分别输出 array1 和 array2 的元素。outputArray 方法的参数为 int[ ][ ] array，表示这个方法接收的是二维数组。嵌套 for 语句(第 20 ~ 27 行)输出二维数组的行。在外层 for 语句的循环继续条件中，表达式 array.length 用来确定数组的行数。在内层 for 语句中，表达式 array[row].length 确定了数组中当前行的列数。内层 for 语句的这个条件使循环能确定每一行中的确切列数。图 7.18 演示了嵌套增强型 for 语句的用法。

7.11.5　使用 for 语句执行常见的多维数组操作

许多常见的数组操作都使用 for 语句。例如，下面的 for 语句将图 7.16 中数组 a 第三行(行 2)的所有元素都设置为 0：

```
for (int column = 0; column < a[2].length; column++) {
   a[2][column] = 0;
}
```

这里指定的是行 2，因此知道第一个索引值总是 2(0 是第一行，1 是第二行)。这个 for 循环只改变第二个索引(即列索引)。如果数组的第三行包含 4 个元素，则上面的 for 语句与下面的赋值语句等价：

```
a[2][0] = 0;
a[2][1] = 0;
a[2][2] = 0;
a[2][3] = 0;
```

下列嵌套 for 语句将数组 a 中的所有元素值求和：

```
int total = 0;
for (int row = 0; row < a.length; row++) {
   for (int column = 0; column < a[row].length; column++) {
      total += a[row][column];
   }
}
```

内层 for 语句将一行中的数组元素值求和。外层 for 语句首先设置行索引为 0，使内层 for 语句可以将第一行元素求和。然后，外层 for 语句将 row 递增到 1，将第二行元素求和。接着，外层 for 语句将 row 递增到 2，将第三行元素求和。当外层 for 语句终止时，可以显示变量 total 的值。下一个示例中将演示如何以类似方法用嵌套增强型 for 语句处理二维数组。

7.12　案例分析：使用二维数组的 GradeBook 类

7.10 节中介绍的 GradeBook 类(见图 7.14)用一个一维数组来存储一次考试的学生成绩。多数情况下，每学期都会进行多次考试。教师可能希望分析整个学期的成绩，包括每名学生的成绩和整个班的成绩。

GradeBook 类将学生成绩存放在一个二维数组中

图 7.18 中的 GradeBook 类用一个二维数组 grades 存储多名学生在多次考试中的成绩。数组的每一行代表一名学生在整个学期中的各次成绩，而每一列代表某次考试中所有学生的成绩。GradeBookTest 类(见图 7.19)将该数组作为实参传递给 GradeBook 构造方法。这个示例中用一个 10×3 的数组来保存 10 名学生在 3 次考试中的成绩。有 5 个方法对数组进行不同的操作，并处理这些成绩。它们与前面 GradeBook 类的一维数组版本(见图 7.14)中的对应方法类似。getMinimum 方法(见图 7.18 第 39 ~ 55 行)确定每名学生在整个学期中的最低成绩；getMaximum 方法(第 58 ~ 74 行)确定每名学生在整个学期中的最高成绩；getAverage 方法(第 77 ~ 87 行)得到某名学生在整个学期中的平均成绩；outputBarChart 方法(第 90 ~ 121 行)输出整个学期中所有成绩的条形分布图；outputGrades 方法(第 124 ~ 148 行)将数组与每名学生的学期平均成绩一起输出为表格形式。

```
1  // Fig. 7.18: GradeBook.java
2  // GradeBook class using a two-dimensional array to store grades.
3
4  public class GradeBook {
5     private String courseName; // name of course this grade book represents
6     private int[][] grades; // two-dimensional array of student grades
7
8     // two-argument constructor initializes courseName and grades array
9     public GradeBook(String courseName, int[][] grades) {
10       this.courseName = courseName;
11       this.grades = grades;
12    }
```

图 7.18　用一个二维数组保存成绩的 GradeBook 类

```
13
14      // method to set the course name
15      public void setCourseName(String courseName) {
16         this.courseName = courseName;
17      }
18
19      // method to retrieve the course name
20      public String getCourseName() {
21         return courseName;
22      }
23
24      // perform various operations on the data
25      public void processGrades() {
26         // output grades array
27         outputGrades();
28
29         // call methods getMinimum and getMaximum
30         System.out.printf("%n%s %d%n%s %d%n%n",
31            "Lowest grade in the grade book is", getMinimum(),
32            "Highest grade in the grade book is", getMaximum());
33
34         // output grade distribution chart of all grades on all tests
35         outputBarChart();
36      }
37
38      // find minimum grade
39      public int getMinimum() {
40         // assume first element of grades array is smallest
41         int lowGrade = grades[0][0];
42
43         // loop through rows of grades array
44         for (int[] studentGrades : grades) {
45            // loop through columns of current row
46            for (int grade : studentGrades) {
47               // if grade less than lowGrade, assign it to lowGrade
48               if (grade < lowGrade) {
49                  lowGrade = grade;
50               }
51            }
52         }
53
54         return lowGrade;
55      }
56
57      // find maximum grade
58      public int getMaximum() {
59         // assume first element of grades array is largest
60         int highGrade = grades[0][0];
61
62         // loop through rows of grades array
63         for (int[] studentGrades : grades) {
64            // loop through columns of current row
65            for (int grade : studentGrades) {
66               // if grade greater than highGrade, assign it to highGrade
67               if (grade > highGrade) {
68                  highGrade = grade;
69               }
70            }
71         }
72
73         return highGrade;
74      }
75
76      // determine average grade for particular set of grades
77      public double getAverage(int[] setOfGrades) {
78         int total = 0;
79
80         // sum grades for one student
81         for (int grade : setOfGrades) {
82            total += grade;
83         }
84
85         // return average of grades
```

图 7.18(续) 用一个二维数组保存成绩的 GradeBook 类

```
86          return (double) total / setOfGrades.length;
87       }
88
89       // output bar chart displaying overall grade distribution
90       public void outputBarChart() {
91          System.out.println("Overall grade distribution:");
92
93          // stores frequency of grades in each range of 10 grades
94          int[] frequency = new int[11];
95
96          // for each grade in GradeBook, increment the appropriate frequency
97          for (int[] studentGrades : grades) {
98             for (int grade : studentGrades) {
99                ++frequency[grade / 10];
100            }
101         }
102
103         // for each grade frequency, print bar in chart
104         for (int count = 0; count < frequency.length; count++) {
105            // output bar label ("00-09: ", ..., "90-99: ", "100: ")
106            if (count == 10) {
107               System.out.printf("%5d: ", 100);
108            }
109            else {
110               System.out.printf("%02d-%02d: ",
111                  count * 10, count * 10 + 9);
112            }
113
114            // print bar of asterisks
115            for (int stars = 0; stars < frequency[count]; stars++) {
116               System.out.print("*");
117            }
118
119            System.out.println();
120         }
121      }
122
123      // output the contents of the grades array
124      public void outputGrades() {
125         System.out.printf("The grades are:%n%n");
126         System.out.print("            "); // align column heads
127
128         // create a column heading for each of the tests
129         for (int test = 0; test < grades[0].length; test++) {
130            System.out.printf("Test %d  ", test + 1);
131         }
132
133         System.out.println("Average"); // student average column heading
134
135         // create rows/columns of text representing array grades
136         for (int student = 0; student < grades.length; student++) {
137            System.out.printf("Student %2d", student + 1);
138
139            for (int test : grades[student]) { // output student's grades
140               System.out.printf("%8d", test);
141            }
142
143            // call method getAverage to calculate student's average grade;
144            // pass row of grades as the argument to getAverage
145            double average = getAverage(grades[student]);
146            System.out.printf("%9.2f%n", average);
147         }
148      }
149   }
```

图 7.18(续)　用一个二维数组保存成绩的 GradeBook 类

getMinimum 方法和 getMaximum 方法

方法 getMinimum、getMaximum、outputBarChart 和 outputGrades，分别用嵌套 for 语句对 grades 数组循环，例如 getMinimum 方法声明中的嵌套增强型 for 语句(第 44 ~ 52 行)。外层增强型 for 语句迭代遍历二维数组 grades，在每次迭代中依次将各行传递给 studentGrades 参数。参数名称后面的方括号表示 studentGrades 是一个一维 int 数组的引用，即数组 grades 中的一行保存的是一名学生的成绩。为了找出最低成绩，内层 for 语句将当前一维数组 studentGrades 中的元素与变量 lowGrade 进行比较。例如，在外层 for 语句的第一次迭代中，grades 的第一行(行 0)被赋予参数 studentGrades。然后，内层增强型 for 语句循环遍历 studentGrades，将每个 grade 值与 lowGrade 进行比较。如果 grade 的值小于 lowGrade，则将 lowGrade 设置为这个成绩。在第二次外层增强型 for 语句的迭代中，将 grades 的第二行(行 1)赋予 studentGrades，将这一行的元素与变量 lowGrade 进行比较。如此重复，直到访问了 grades 的所有行。当完成了这个嵌套语句的执行后，lowGrade 中包含的就是这个二维数组中的最低成绩。getMaximum 方法的工作方式与 getMinimum 方法的类似。

outputBarChart 方法

图 7.18 中 outputBarChart 方法几乎与图 7.14 中的相同。但是，为了输出整个学期中的整体成绩分布，这里使用了嵌套增强型 for 语句(第 97 ~ 101 行)，根据二维数组中的所有成绩来创建一维数组 frequency。两个 outputBarChart 方法中显示图表的那些代码完全相同。

outputGrades 方法

outputGrades 方法(第 124 ~ 148 行)使用了嵌套 for 语句来输出数组 grades 的值，以及每名学生的学期平均成绩。图 7.19 中的输出显示了结果，它与教师实际使用的成绩簿表格格式类似。图 7.18 第 129 ~ 131 行显示了每次考试的列标题。这里使用计数器控制 for 语句，以便能用一个数字标识每次考试。类似地，第 136 ~ 147 行的 for 语句首先输出行标记，用计数器变量标识每名学生(第 137 行)。因为数组索引是从 0 开始的，所以让第 130 行和第 137 行分别输出 test +1 和 student + 1，得到从 1 开始的考试号和学生号(见图 7.19)。图 7.18 第 139 ~ 141 行的内层 for 语句用外层 for 语句的计数器变量 student 对数组 grades 的某一行循环，输出每名学生的考试成绩。可以在计数器控制 for 语句中嵌套增强型 for 语句，反之亦然。最后，第 145 行将 grades 的当前行(即 grades[student])传入 getAverage 方法，得到该名学生的学期平均成绩。

getAverage 方法

getAverage 方法(第 77 ~ 87 行)带有一个实参，即一个包含特定学生考试成绩的一维数组。当第 145 行调用 getAverage 方法时，实参是 grades[student]，它指定二维数组 grades 的某一行应该传递给 getAverage 方法。例如，根据图 7.19 创建的数组，实参 grades[1]表示保存在二维数组 grades 第二行(行 1)中的三个值(一维数组成绩)。前面曾讲过，二维数组的元素是一维数组。getAverage 方法计算数组元素的和，然后除以考试的次数，并将浮点值结果作为一个 double 值返回(见图 7.18 第 86 行)。

演示 GradeBook 类的 GradeBookTest 类

图 7.19 中的程序创建了 GradeBook 类的一个对象，它使用第 8 ~ 17 行声明并初始化的二维 int 数组 gradesArray。第 19 ~ 20 行将课程名称和 gradesArray 传入 GradeBook 类的构造方法。第 21 ~ 22 行显示一条包含课程名称的欢迎消息，然后第 23 行调用 myGradeBook 类的 processGrades 方法显示学生成绩的汇总报告。

```
1  // Fig. 7.19: GradeBookTest.java
2  // GradeBookTest creates GradeBook object using a two-dimensional array
3  // of grades, then invokes method processGrades to analyze them.
4  public class GradeBookTest {
5     // main method begins program execution
6     public static void main(String[] args) {
7        // two-dimensional array of student grades
8        int[][] gradesArray = {{87, 96, 70},
9                               {68, 87, 90},
10                              {94, 100, 90},
11                              {100, 81, 82},
12                              {83, 65, 85},
13                              {78, 87, 65},
14                              {85, 75, 83},
15                              {91, 94, 100},
16                              {76, 72, 84},
17                              {87, 93, 73}};
```

图 7.19 GradeBookTest 类用一个二维成绩数组来创建 GradeBook 对象，然后调用 processGrades 方法进行分析

```
18
19          GradeBook myGradeBook = new GradeBook(
20             "CS101 Introduction to Java Programming", gradesArray);
21          System.out.printf("Welcome to the grade book for%n%s%n%n",
22             myGradeBook.getCourseName());
23          myGradeBook.processGrades();
24       }
25    }
```

```
Welcome to the grade book for
CS101 Introduction to Java Programming

The grades are:

            Test 1  Test 2  Test 3  Average
Student  1      87      96      70    84.33
Student  2      68      87      90    81.67
Student  3      94     100      90    94.67
Student  4     100      81      82    87.67
Student  5      83      65      85    77.67
Student  6      78      87      65    76.67
Student  7      85      75      83    81.00
Student  8      91      94     100    95.00
Student  9      76      72      84    77.33
Student 10      87      93      73    84.33
```

```
Lowest grade in the grade book is 65
Highest grade in the grade book is 100

Overall grade distribution:
00-09:
10-19:
20-29:
30-39:
40-49:
50-59:
60-69: ***
70-79: ******
80-89: ***********
90-99: *******
  100: ***
```

图 7.19（续）　GradeBookTest 类用一个二维成绩数组来创建 GradeBook 对象，然后调用 processGrades 方法进行分析

7.13　变长实参表

利用变长实参表，可以在创建方法时不指定实参的个数。如果在方法参数表中的实参类型后面放上省略号(...)，就表明这个方法接收该特定类型的可变数量的实参。一个参数表中只能出现一次省略号，并且省略号及其类型必须放在参数表的末尾。通过方法重载和数组传递，尽管同样可以获得变长实参表能够实现的大部分功能，但在方法的参数表中使用省略号还是更简洁一些。

图 7.20 给出的 average 方法(第 6 ~ 15 行)带有一个 double 类型的变长实参表。Java 将变长实参表当成具有同类型元素的一维数组来处理。因此，在方法体中可以将参数 numbers 当成 double 数组处理。第 10 ~ 12 行用增强型 for 循环来迭代数组，并计算数组中所有 double 值的和。第 14 行通过 numbers.length 获得 numbers 数组的大小，用于计算平均值。在 main 方法中，第 27 行、第 29 行和第 31 行分别用 2 个、3 个和 4 个实参调用 average 方法。这个方法有一个变长实参表(第 6 行)，因此无论调用方法传递多少个 double 实参，它都可以求出其平均值。输出表明，对 average 方法的每次调用都返回了正确的值。

常见编程错误 7.5

将省略号放在方法参数表的中间来表示变长实参表，这是一个语法错误。省略号只能放在参数表的末尾。

```
1  // Fig. 7.20: VarargsTest.java
2  // Using variable-length argument lists.
3
4  public class VarargsTest {
5     // calculate average
6     public static double average(double... numbers) {
7        double total = 0.0;
8
9        // calculate total using the enhanced for statement
10       for (double d : numbers) {
11          total += d;
12       }
13
14       return total / numbers.length;
15    }
16
17    public static void main(String[] args) {
18       double d1 = 10.0;
19       double d2 = 20.0;
20       double d3 = 30.0;
21       double d4 = 40.0;
22
23       System.out.printf("d1 = %.1f%nd2 = %.1f%nd3 = %.1f%nd4 = %.1f%n%n",
24          d1, d2, d3, d4);
25
26       System.out.printf("Average of d1 and d2 is %.1f%n",
27          average(d1, d2));
28       System.out.printf("Average of d1, d2 and d3 is %.1f%n",
29          average(d1, d2, d3));
30       System.out.printf("Average of d1, d2, d3 and d4 is %.1f%n",
31          average(d1, d2, d3, d4));
32    }
33 }
```

```
d1 = 10.0
d2 = 20.0
d3 = 30.0
d4 = 40.0

Average of d1 and d2 is 15.0
Average of d1, d2 and d3 is 20.0
Average of d1, d2, d3 and d4 is 25.0
```

图 7.20 使用变长实参表

7.14 使用命令行实参

可以从命令行将实参传递给程序，方法是在 main 的参数表中放上类型为 String[ ]的参数，它表示一个字符串数组。习惯上，这个参数会被命名为 args。当用 java 命令执行程序时，Java 会将这个命令中类名称后面出现的命令行实参作为数组 args 中的字符串传入程序的 main 方法。从命令行传入的实参个数由数组的 length 属性确定。命令行实参常用于向程序传递选项和文件名称。

下一个示例中，将使用命令行实参来确定数组的大小、第一个元素的值及递增的值，以计算数组中其他元素的值。命令：

```
java InitArray 5 0 4
```

会将三个实参 5、0、4 传递给 InitArray 程序。命令行实参用空格分隔，而不是用逗号分隔。执行上述命令时，InitArray 的 main 方法接收一个 3 元素的数组 args，其中，args[0]包含字符串“5”，args[1]包含字符串“0”，args[2]包含字符串“4”。程序会决定应该如何使用这些实参——图 7.21 中的程序会将它们转换成 int 值并用于初始化一个数组。程序执行时，如果 args.length 不是 3，则程序会输出一条错误消息并终止(第 7 ~ 11 行)。否则，第 12 ~ 32 行用命令行实参的值初始化并显示数组。

第 14 行取得 args[0]的值——指定数组大小的字符串，将它转换成一个 int 值，并用它在第 15 行创建数组。Integer 类的静态方法 parseInt 能够将字符串实参转换成 int 值。

```
1  // Fig. 7.21: InitArray.java
2  // Initializing an array using command-line arguments.
3
4  public class InitArray {
5     public static void main(String[] args) {
6        // check number of command-line arguments
7        if (args.length != 3) {
8           System.out.printf(
9              "Error: Please re-enter the entire command, including%n" +
10             "an array size, initial value and increment.%n");
11       }
12       else {
13          // get array size from first command-line argument
14          int arrayLength = Integer.parseInt(args[0]);
15          int[] array = new int[arrayLength];
16
17          // get initial value and increment from command-line arguments
18          int initialValue = Integer.parseInt(args[1]);
19          int increment = Integer.parseInt(args[2]);
20
21          // calculate value for each array element
22          for (int counter = 0; counter < array.length; counter++) {
23             array[counter] = initialValue + increment * counter;
24          }
25
26          System.out.printf("%s%8s%n", "Index", "Value");
27
28          // display array index and value
29          for (int counter = 0; counter < array.length; counter++) {
30             System.out.printf("%5d%8d%n", counter, array[counter]);
31          }
32       }
33    }
34 }
```

```
java InitArray
Error: Please re-enter the entire command, including
an array size, initial value and increment.
```

```
java InitArray 5 0 4
Index   Value
    0       0
    1       4
    2       8
    3      12
    4      16
```

```
java InitArray 8 1 2
Index   Value
    0       1
    1       3
    2       5
    3       7
    4       9
    5      11
    6      13
    7      15
```

图 7.21　用命令行实参初始化数组

第 18 ~ 19 行将命令行实参 args[1]和 args[2]转换成 int 值,并分别存放在 initialValue 和 increment 中。第 22 ~ 24 行计算每个数组元素的值。

第一次执行的输出结果表明，程序接收的命令行实参个数不够。第二次执行时，用命令行实参 5、0、4 分别指定数组大小(5)、第一个元素的值(0)和数组中每个值的增量(4)。对应的输出表明，用这些值创建了一个数组，包含整数 0、4、8、12、16。第三次执行时，用命令行实参 8、1、2 产生的数组有 8 个元素，是 1 ~ 15 的奇数。

7.15 Arrays 类

Arrays 类为许多常见的数组操作提供了一些静态方法，从而不必让程序员亲自编写它们。这些方法包括：用于排序数组的 sort 方法(将元素按升序排序)、用于搜索数组的 binarySearch 方法(判断数组是否包含一个特定的值，如果是，还要找出该值所在的位置)、用于比较两个数组的 equals 方法及用于将值放入数组的 fill 方法。这些方法已经被重载，可用于基本类型数组和对象数组。本节主要讲解的是如何利用 Java API 提供的内置数组处理能力。第 19 章讲解的是如何自己设计排序和搜索算法，这是计算机科学专业的研究者和学生及高性能系统的开发人员特别感兴趣的一个主题。

图 7.22 中的程序使用了 Arrays 类的方法 sort、binarySearch、equals、fill，并展示了如何用 System 类的静态方法 arraycopy 来复制数组。在 main 方法中，第 9 行排序了 doubleArray 数组的元素。默认情况下，Arrays 类的静态方法 sort 会按照升序排序数组的元素。本章后面将讨论如何以降序排序数组元素。sort 方法的几个重载版本使程序员能够排序特定范围内的元素。第 10 ~ 14 行输出了排序后的数组。

```
1  // Fig. 7.22: ArrayManipulations.java
2  // Arrays class methods and System.arraycopy.
3  import java.util.Arrays;
4
5  public class ArrayManipulations {
6     public static void main(String[] args) {
7        // sort doubleArray into ascending order
8        double[] doubleArray = {8.4, 9.3, 0.2, 7.9, 3.4};
9        Arrays.sort(doubleArray);
10       System.out.printf("%ndoubleArray: ");
11
12       for (double value : doubleArray) {
13          System.out.printf("%.1f ", value);
14       }
15
16       // fill 10-element array with 7s
17       int[] filledIntArray = new int[10];
18       Arrays.fill(filledIntArray, 7);
19       displayArray(filledIntArray, "filledIntArray");
20
21       // copy array intArray into array intArrayCopy
22       int[] intArray = {1, 2, 3, 4, 5, 6};
23       int[] intArrayCopy = new int[intArray.length];
24       System.arraycopy(intArray, 0, intArrayCopy, 0, intArray.length);
25       displayArray(intArray, "intArray");
26       displayArray(intArrayCopy, "intArrayCopy");
27
28       // compare intArray and intArrayCopy for equality
29       boolean b = Arrays.equals(intArray, intArrayCopy);
30       System.out.printf("%n%nintArray %s intArrayCopy%n",
31          (b ? "==" : "!="));
32
33       // compare intArray and filledIntArray for equality
34       b = Arrays.equals(intArray, filledIntArray);
35       System.out.printf("intArray %s filledIntArray%n",
36          (b ? "==" : "!="));
37
38       // search intArray for the value 5
39       int location = Arrays.binarySearch(intArray, 5);
40
41       if (location >= 0) {
42          System.out.printf(
43             "Found 5 at element %d in intArray%n", location);
44       }
45       else {
46          System.out.println("5 not found in intArray");
47       }
48
49       // search intArray for the value 8763
50       location = Arrays.binarySearch(intArray, 8763);
51
52       if (location >= 0) {
```

图 7.22 Arrays 类的几个方法及 System.arraycopy 方法的用法

```
53            System.out.printf(
54               "Found 8763 at element %d in intArray%n", location);
55         }
56         else {
57            System.out.println("8763 not found in intArray");
58         }
59      }
60
61      // output values in each array
62      public static void displayArray(int[] array, String description) {
63         System.out.printf("%n%s: ", description);
64
65         for (int value : array) {
66            System.out.printf("%d ", value);
67         }
68      }
69   }
```

```
doubleArray: 0.2 3.4 7.9 8.4 9.3
filledIntArray: 7 7 7 7 7 7 7 7 7 7
intArray: 1 2 3 4 5 6
intArrayCopy: 1 2 3 4 5 6

intArray == intArrayCopy
intArray != filledIntArray
Found 5 at element 4 in intArray
8763 not found in intArray
```

图 7.22(续)　Arrays 类的几个方法及 System.arraycopy 方法的用法

第 18 行调用 Arrays 类的静态方法 fill，将 filledIntArray 的全部 10 个元素都用 7 填充。fill 的几个重载版本允许程序员用同一个值填充特定范围的元素。第 19 行调用 displayArray 方法(在第 62～68 行声明)，输出 filledIntArray 数组的内容。

第 24 行将 intArray 数组中的元素值复制到 intArrayCopy 数组中。传递给 System 方法 arraycopy 的第一个实参(intArray)是其元素要被复制的数组。第二个实参(0)是一个索引，它指定了数组中要复制的元素范围的起点。这个值可以是任何有效的数组索引。第三个实参(intArrayCopy)指定将保存副本的目标数组。第四个实参(0)指定应将第一个副本元素保存在目标数组中什么位置的索引。最后一个实参指定应从第一个实参的数组中复制多少个元素。这里是复制数组中所有的元素。

第 29 行和第 34 行调用 Arrays 类的静态方法 equals，判断两个数组的所有元素是否相等。如果它们以相同的顺序包含相同的元素，则这个方法返回 true，否则返回 false。

错误预防提示 7.3

比较两个数组的内容时，应使用 Arrays.equals(array1, array2)而不是 array1.equals(array2)，后者用于判断 array1 和 array2 是否引用同一个数组对象。

第 39 行和第 50 行调用 Arrays 类的静态方法 binarySearch，用第二个实参(分别为 5 和 8763)作为搜索键对 intArray 数组执行二分搜索。如果找到匹配的值，则 binarySearch 方法返回这个元素的索引，否则返回一个负值。返回的负值是以搜索键的插入点为基础的，即如果执行插入操作应将它插入到数组某个位置处的索引。当 binarySearch 方法确定了插入点之后，它会将该位置的索引变成负值，然后将它减去 1，这就是所获得的返回值。例如，图 7.22 中，值 8763 的插入点是数组中索引为 6 的元素。binarySearch 方法会将插入点变成–6，减去 1，得到返回值–7。从插入点减去 1，保证了当且仅当找到了搜索键时，binarySearch 方法才会返回一个正值(大于等于 0 的值)。对于在有序数组中插入元素而言，这个返回值是有用的。第 19 章中将详细讨论二分搜索。

常见编程错误 7.6

将无序数组传入 binarySearch 方法是一个逻辑错误，返回的值是未定义的。

Java SE 8——Arrays 类的 parallelSort 方法

8

Arrays 类已经新增了几个“并行”方法，它们充分利用了多核硬件的能力。parallelSort 方法可以在多核系统上更高效地排序大型数组。23.12 节中将创建一个非常大的数组，并利用 Date/Time API 中的一些功能，比较用 sort 方法和 parallelSort 方法排序这个数组时需花费的时间。

7.16 集合和 ArrayList 类简介

Java API 中提供了几个预定义的数据结构——集合(collection)，可以用来在内存中保存一组相关对象。这些类提供了高效的方法，可以组织、存储和取得数据，而不要求知道数据是如何存放的。

以前已经用数组存储过对象序列。在执行时，数组并不会自动改变它的大小来容纳更多的元素。ArrayList<E>集合类(来自 java.util 包)为这个问题提供了一种方便的解决办法——它可以为了容纳更多的元素而自动调整大小。其中 E(惯例如此)是一个占位符，当声明一个新的 ArrayList 时，会将它替换成 ArrayList 要保存的元素类型。例如：

```
ArrayList<String> list;
```

将 list 声明为一个 ArrayList 集合，它只能保存 String 类型的值。具有这种可以用于任何类型的占位符的类被称为泛型类(generic class)。只有引用类型才能在泛型类中声明变量和创建对象。但是，Java 提供了一种机制，称之为“装箱”(boxing)，可以将基本类型值包装成对象，从而能够用于泛型类中。例如：

```
ArrayList<Integer> integers;
```

将 integers 声明为一个 ArrayList 对象，它只能保存整型值。当将一个 int 值放入 ArrayList<Integer>时，该值会被装箱(包装)成一个 Integer 对象；当从 ArrayList<Integer>中取得一个 Integer 对象时，会将该对象赋予一个 int 变量，而对象里面的 int 值会被拆箱(解包)。

关于泛型集合类和泛型的更多讨论，分别见第 16 章和第 20 章。图 7.23 给出了 ArrayList<E>类中的几个常用方法。

方法	描述
add	被重载成向 ArrayList 末尾添加元素，或者在特定索引处添加元素
clear	删除 ArrayList 中的全部元素
contains	如果 ArrayList 包含指定的元素，则返回 true，否则返回 false
get	返回指定索引处的元素
indexOf	返回 ArrayList 中指定元素第一次出现的索引
remove	被重载的方法。删除第一次出现的指定值或者指定索引处的那个元素
size	返回保存在 ArrayList 中的元素个数
trimToSize	将 ArrayList 的容量裁剪成当前的元素个数

图 7.23 ArrayList<E>类中的几个常用方法

演示 ArrayList<String>的用法

图 7.24 中的程序演示了 ArrayList 类中的一些常见功能。第 8 行新创建了一个 String 类型的空 ArrayList，其默认初始容量为 10 个元素。容量表示 ArrayList 在不增长的情况下可以容纳多少个项。在“幕后”，ArrayList 是用传统的数组实现的。ArrayList 增长时，必须创建更大的内部数组，并将每个元素复制到新数组中。这是一项耗时的操作。每次添加一个元素就要加大 ArrayList，这是一种低效率的做法。实际上，只有在增加元素并且元素个数与其容量相等时(即已经没有容纳新元素的空间了)，ArrayList 才会加大。

add 方法向 ArrayList 添加元素(第 10 ~ 11 行)。带有一个实参的 add 方法将它的实参追加到 ArrayList 的末尾；带有两个实参的 add 方法会将新元素插入到指定的位置。第一个实参为索引。和数组一样，集合的索引也是从 0 开始编号的。第二个实参是要在该索引处插入的值。所有后续元素的索引都会增加 1。与在 ArrayList 的末尾添加元素相比，插入元素的操作通常会慢一些。

```
1  // Fig. 7.24: ArrayListCollection.java
2  // Generic ArrayList<E> collection demonstration.
3  import java.util.ArrayList;
4
5  public class ArrayListCollection {
6     public static void main(String[] args) {
7        // create a new ArrayList of Strings with an initial capacity of 10
8        ArrayList<String> items = new ArrayList<String>();
9
10       items.add("red"); // append an item to the list
11       items.add(0, "yellow"); // insert "yellow" at index 0
12
13       // header
14       System.out.print(
15          "Display list contents with counter-controlled loop:");
16
17       // display the colors in the list
18       for (int i = 0; i < items.size(); i++) {
19          System.out.printf(" %s", items.get(i));
20       }
21
22       // display colors using enhanced for in the display method
23       display(items,
24          "%nDisplay list contents with enhanced for statement:");
25
26       items.add("green"); // add "green" to the end of the list
27       items.add("yellow"); // add "yellow" to the end of the list
28       display(items, "List with two new elements:");
29
30       items.remove("yellow"); // remove the first "yellow"
31       display(items, "Remove first instance of yellow:");
32
33       items.remove(1); // remove item at index 1
34       display(items, "Remove second list element (green):");
35
36       // check if a value is in the List
37       System.out.printf("\"red\" is %sin the list%n",
38          items.contains("red") ? "": "not ");
39
40       // display number of elements in the List
41       System.out.printf("Size: %s%n", items.size());
42    }
43
44    // display the ArrayList's elements on the console
45    public static void display(ArrayList<String> items, String header) {
46       System.out.printf(header); // display header
47
48       // display each element in items
49       for (String item : items) {
50          System.out.printf(" %s", item);
51       }
52
53       System.out.println();
54    }
55 }
```

```
Display list contents with counter-controlled loop: yellow red
Display list contents with enhanced for statement: yellow red
List with two new elements: yellow red green yellow
Remove first instance of yellow: red green yellow
Remove second list element (green): red yellow
"red" is in the list
Size: 2
```

图 7.24　泛型 ArrayList<E>集合的用法演示

第 18 ~ 20 行显示了 ArrayList 中的项。size 方法返回 ArrayList 中当前的元素数量。get 方法(第 19 行)获得指定索引处的元素。第 23 ~ 24 行通过调用 display 方法(在第 45 ~ 54 行定义)，再次显示这些元素。第 26 ~ 27 行向 ArrayList 再添加了两个元素，然后在第 28 行显示这些元素，以确认这两个元素已经添加到了集合的末尾。

remove 方法用于删除带特定值的元素(第 30 行)。它只会删除满足条件的第一个元素。如果 ArrayList

中没有这种元素，则 remove 方法什么也不做。这个方法的一个重载版本，会删除指定索引处的元素(第 33 行)。当元素删除后，所有后续元素的索引都会减少 1。

第 38 行用 contains 方法检查 ArrayList 中是否包含某个项。如果 ArrayList 中有这个元素，则该方法返回 true，否则返回 false。这个方法将实参与 ArrayList 中的每一个元素依次比较，因此对大型 ArrayList 使用 contains 方法的效率不高。第 41 行显示了 ArrayList 的大小。

创建泛型类对象时的尖括号(<>)用法

图 7.24 第 8 行：

```
ArrayList<String> items = new ArrayList<String>();
```

注意 ArrayList<String>出现在变量声明中，也用于类实例创建表达式。采用尖括号(< >)就可以简化这类语句的创建。在泛型类对象的类实例创建表达式中使用尖括号，会让编译器来决定尖括号中包含的是什么。上述语句可写成

```
ArrayList<String> items = new ArrayList<>();
```

当编译器在类实例创建表达式中的尖括号时，它会利用变量 items 的声明来判断 ArrayList 的元素类型(String)——这被称为元素类型“推断”。

7.17 (选修)GUI 与图形实例：画圆弧

本节将构建一个 Draw Rainbow 程序，它利用数组和迭代语句，通过 GraphicsContext 方法 fillArc 画出几条彩虹。在 JavaFX 中画圆弧与画椭圆类似——圆弧就是椭圆的某一段。

创建 Draw Rainbow 程序的 GUI

这个程序的 GUI 在 DrawRainbow.fxml 中定义。这里依然采用图 4.17 中定义的 GUI，但做了如下改动：

- 在 Scene Builder 的 Document 窗口的 Controller 部分，将 DrawRainbowController 指定成程序的控制器类。
- (在 Inspector 窗口的 Properties 部分)将按钮的 Text 属性设置成 Draw Rainbow，(在 Inspector 窗口的 Code 部分)将按钮的 On Action 事件处理器设置成 drawRainbowButtonPressed。
- 还要将 Canvas 的 Width 和 Height 属性值(位于 Inspector 窗口的 Layout 部分)分别设置成 400 和 200。

DrawRainbowController 类

同样，这里没有给出 DrawRainbow.java 的代码，因为与前面几个示例相比，唯一的变化是要加载的 FXML 文件名称(DrawRainbow.fxml)，以及显示在标题栏中的文本(Draw Rainbow)。

图 7.25 中，第 16 ~ 17 行使用了多种预定义的 Color 值来初始化 colors 数组，从最内层的圆弧开始，它们依次代表彩虹的颜色。这个数组的前两个元素值为 Color.WHITE，后面将看到，它们用于绘制彩虹中心位置的两个空白圆弧。

```
1  // Fig. 7.25: DrawRainbowController.java
2  // Drawing a rainbow using arcs.
3  import javafx.event.ActionEvent;
4  import javafx.fxml.FXML;
5  import javafx.scene.canvas.Canvas;
6  import javafx.scene.canvas.GraphicsContext;
7  import javafx.scene.paint.Color;
8  import javafx.scene.shape.ArcType;
9
10 public class DrawRainbowController {
11    @FXML private Canvas canvas;
12
13    // colors to use in the rainbow, starting from the innermost
14    // The two white entries result in an empty arc in the center
15    private final Color[] colors = {
```

图 7.25 利用圆弧绘制彩虹

```
16          Color.WHITE, Color.WHITE, Color.VIOLET, Color.INDIGO, Color.BLUE,
17          Color.GREEN, Color.YELLOW, Color.ORANGE, Color.RED};
18
19       // draws a rainbow using arcs
20       @FXML
21       void drawRainbowButtonPressed(ActionEvent event) {
22          // get the GraphicsContext, which is used to draw on the Canvas
23          GraphicsContext gc = canvas.getGraphicsContext2D();
24
25          final int radius = 20; // radius of an arc
26
27          // draw the rainbow near the bottom-center
28          final double centerX = canvas.getWidth() / 2;
29          final double maxY = canvas.getHeight() - 10;
30
31          // draws filled arcs starting with the outermost
32          for (int counter = colors.length; counter > 0; counter--) {
33             // set the color for the current arc
34             gc.setFill(colors[counter - 1]);
35
36             // fill the arc from 0 to 180 degrees
37             gc.fillArc(centerX - counter * radius,
38                maxY - counter * radius, counter * radius * 2,
39                counter * radius * 2, 0, 180, ArcType.OPEN);
40          }
41       }
42    }
```

图 7.25(续)　利用圆弧绘制彩虹

drawRainbowButtonPressed 方法中的第 25 行声明了一个局部变量 radius，它指定每一个圆弧的半径。局部变量 centerX 和 maxY(第 28 ~ 29 行)用于确定彩虹底线的中心点位置。第 32 ~ 40 行利用控制变量 counter 从数组末尾依次取得元素值，首先绘制最大的圆弧，并依次将后续逐渐缩小的圆弧置于前一个圆弧的上面。第 34 行利用来自 colors 数组的元素，显示当前圆弧的填充色。数组前面的两个 Color.WHITE 元素用于在中心位置创建两个空白圆弧。更改颜色和数组元素个数，可以获得不同的彩虹效果。

第 37 ~ 39 行对 fillArc 方法的调用会绘制出一个填充的半圆。这个方法要求 6 个参数。前 4 个参数用于确定包围圆弧的定界矩形的位置，前两个参数确定矩形的左上角，后两个参数指定矩形的宽度和高度。第 5 个参数是圆弧的起始角，第 6 个参数指定圆弧的弧度。起始角和弧度都以度(°)为单位，右半轴表示 0° 。正的度数会以逆时针方向画圆弧；而负的度数会以顺时针方向绘制。最后一个实参——ArcType.OPEN 指定圆弧的两个端点不能连接成一条线。有关 ArcType 的其他选项，可参见：

```
https://docs.oracle.com/javase/8/javafx/api/javafx/scene/shape/
   ArcType.html
```

strokeArc 方法所要求的参数与 fillArc 方法相同，但它绘制的是圆弧的边而不是实心圆弧。

GUI 与图形实例练习题

7.1 **(画螺旋线)**绘制如图 7.26 所示的正方形螺旋线。从画布的中心点开始绘制，使用 strokeLine 方法。可以采用的一种技术是利用一个循环，每当绘制完两条线之后，就增加线的长度。绘制下一条线时的方向需遵循一定的模式，例如：向下、向左、向上、向右。

7.2 **(画螺旋弧线)**绘制如图 7.27 所示的螺旋弧线。利用 strokeArc 方法，一次画一个半圆。后续的每一个半圆都具有一个更大的半径(由定界矩形的宽度决定)，而且应从前一个半圆的结束处开始画。

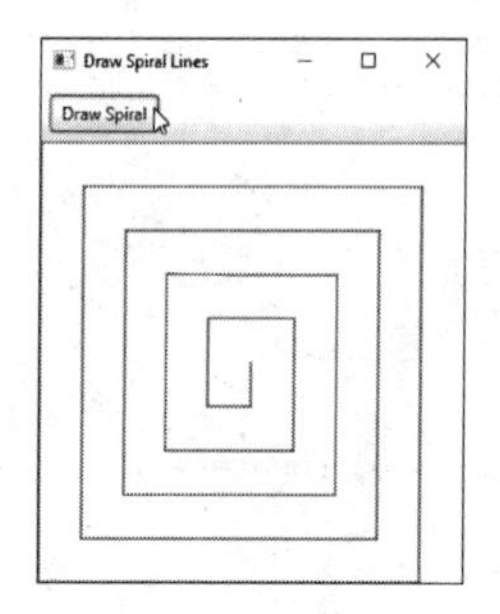

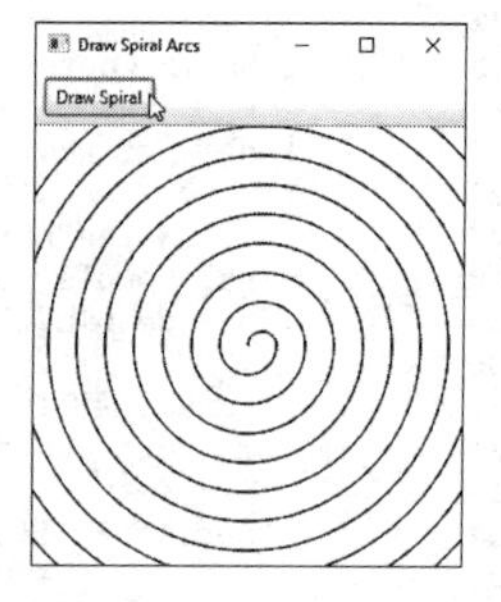

图 7.26　用 strokeLine 方法画螺旋线　　　　图 7.27　用 strokeArc 方法画螺旋弧线

7.3 **(旋转的螺旋弧线)**改进练习题 7.2，使得每当单击了 Draw Spiral 按钮时，就让这个螺旋弧线稍微旋转一下。

7.4 **(颜色变化的螺旋弧线)**改进练习题 7.2，让每一段弧线的颜色都比前一段弧线明亮一些。从黑颜色(dark)开始，然后利用 Color 方法 brighter 确定下一段圆弧的颜色。

7.5 **(改进的彩虹)**改进 Draw Rainbow 程序，使每一个圆弧更细，并利用更多的过渡色，使彩虹看起来更真实。

7.18　小结

本章首先讲解了数据结构，介绍了用数组存储和读取数据的方法。几个示例演示了如何声明、初始化数组及引用各个数组元素。本章还介绍了用增强型 for 语句来迭代遍历数组。使用了异常处理机制来测试 ArrayIndexOutOfBoundsExceptions 异常，当程序试图访问位于数组边界以外的元素时，就会发生这种异常。我们还演示了如何将数组传递给方法，如何声明和操作多维数组。最后，讲解了如何编写使用变长实参表的方法，以及如何从命令行读取传递给程序的实参。

本章介绍了 ArrayList<E>泛型集合，它提供数组的所有功能和性能，同时还包含其他有用的功能，如动态缩放。我们使用了 add 方法来向 ArrayList 的末尾添加新元素，以及将新元素插入 ArrayList 中。remove 方法可用来删除指定项的第一个实例，而重载的 remove 方法用于删除指定索引处的项。size 方法用于获取 ArrayList 中的项数。

第 16 章中将继续讲解数据结构，将介绍 Java Collections Framework(Java 集合框架)，它使用泛型来指定特定数据结构将存储的对象的确切类型。第 16 章中还会涉及 Java 的其他预定义数据结构，讲解更多的 Arrays 类方法。学习完这一章后，就可以使用第 16 章讨论的一些 Arrays 方法了，但是有些 Arrays 方法需要用到本书后面给出的概念。第 20 章将讲解泛型。泛型提供了一种创建方法和类的通用模式，可以只声明一次而用于许多不同的数据类型。第 21 章将介绍动态数据结构，如表、队列、栈和树，它们可以随程序的执行而增长和缩短。

到目前为止，我们已经讨论了类、对象、控制语句、方法、数组及集合的基本概念。第 8 章中将更深入地探讨类和对象。

总结

7.1 节　简介

- 数组是一种固定长度的数据结构，它由相同类型的相关数据项组成。

7.2 节　数组

- 数组是一组变量，它们包含具有相同类型的值。这种变量被称为元素(或组件)。数组是对象，因此是引用类型。
- 程序访问数组元素时，可以采用数组访问表达式，即用数组名称加上方括号中该元素的索引。
- 每个数组中的第一个元素都具有 0 索引，有时被称为第 0 个元素。
- 索引必须是非负整数。程序可以用表达式作为索引。
- 数组对象知道自己的长度，并将这一信息保存在 length 实例变量中。

7.3 节　声明和创建数组

- 要创建数组对象，就要在使用关键字 new 的数组创建表达式中指定数组元素的类型和个数。
- 创建数组时，数组的每一个元素都接收默认值——数值型基本类型元素为 0，布尔类型元素为 false，引用为 null。
- 声明数组时，可以将数组的类型和方括号一起写在声明的开始处，表示该声明中的所有标识符都是数组变量。
- 基本类型数组的每一个元素都包含一个具有数组所声明类型的值。在引用类型的数组中，每个元素都是数组声明类型对象的一个引用。

7.4 节　数组使用举例

- 程序可以创建数组，并用数组初始值设定项初始化它的元素。
- 常量变量用关键字 final 声明，它必须被初始化，此后不能修改。

7.5　异常处理：处理不正确的反馈值

- 发生异常就表明程序在执行过程中出现了问题。
- 异常处理可用于创建容错的程序。
- 执行 Java 程序时，JVM 会检查数组索引的有效性——所有索引都必须大于或等于 0，且小于数组的长度。如果程序使用了无效的索引，则 Java 会产生一个异常，表示程序执行时发生了错误。
- 为了处理异常，需要将可能抛出异常的任何代码放入 try 语句中。
- try 语句块包含可能抛出异常的代码，而 catch 语句块包含用来处理异常的代码。
- 可以用许多 catch 语句块来处理不同类型的异常，它们是在对应的 try 语句块中抛出的。
- 当 try 语句块终止时，在它里面声明的任何变量都会超出它的作用域。
- catch 语句块声明了一个类型和一个异常参数。在 catch 语句块中，可以用参数的标识符与所捕获的异常对象交互。
- 在执行程序时，需要检查数组元素的索引的有效性——所有的索引必须大于等于零且小于数组长度。如果试图用无效的索引访问数组元素，则会抛出 ArrayIndexOutOfBoundsException 异常。
- 异常对象的 toString 方法返回该异常的错误消息。

7.6 节　案例分析：模拟洗牌和发牌

- 当对象需要字符串时(如 printf 用%s 格式指定符输出字符串对象时，或对象用+运算符与字符串拼接时)会隐式调用对象的 toString 方法。

7.7 节　增强型 for 语句

- 增强型 for 语句可用于迭代遍历数组或者集合元素，而不必使用计数器。增强型 for 语句的语法如下：

```
for (Type parameter : arrayName) {
   statement
}
```

- 增强型 for 语句不能用于修改数组元素的值。如果需要修改，则依然要用传统的计数器控制 for 语句。

7.8 节 将数组传入方法

- 当按值传递实参时，是将实参值的一个副本传递给被调方法。被调方法只对这个副本进行操作。

7.9 节 按值传递与按引用传递

- 当按引用传递实参时，被调方法能够直接访问调用方法中的实参值，并在需要时可修改它。
- Java 中所有的实参都是按值传递的。方法调用可以向方法传递两种类型的值：基本类型值的副本和对象引用的副本。尽管对象的引用是按值传递的，但方法仍可利用这个对象引用的副本，通过调用它的公共方法来与被引用的对象交互。
- 如果传递给方法的实参是引用类型的一个数组或一个数组元素，则被调方法会接收这个引用的副本。如果方法实参是基本类型的元素，则被调方法接收这个元素值的副本。
- 要将一个数组元素传递给方法，可以将数组的索引名作为实参。

7.11 节 多维数组

- 二维数组经常用来表示数值表，它将信息放在行和列中。
- *m* 行、*n* 列的二维数组被称为 $m \times n$ 数组。这样的数组可以用数组初始值设定项初始化，形式如下：

  arrayType[][] *arrayName* = {{*row1 initializer*}, {*row2 initializer*}, ...};
- 多维数组是被当作一维数组的数组来维护的。所以二维数组中各行的长度不必相同。
- 可以用数组创建表达式来生成每一行有相同列数的多维数组，形式如下：

  arrayType[][] *arrayName* = new *arrayType*[*numRows*][*numColumns*];

7.13 节 变长实参表

- 如果在方法参数表中的实参类型后接省略号(...)，则说明这个方法接收该特定类型的可变数量的实参。方法参数表中的省略号只能出现一次，且必须位于参数表的末尾。
- 在方法体内部，变长实参表被当成了一个数组。数组中的实参个数可以通过数组的 length 属性获得。

7.14 节 使用命令行实参

- 从命令行传递实参给 main 方法，是在它的参数表中放上类型为 String[ ]的参数。习惯上，这个参数会被命名为 args。
- 用 java 命令执行程序时，Java 会将这个命令中类名称后面出现的命令行实参作为数组 args 中的字符串传入程序的 main 方法。

7.15 节 Arrays 类

- Arrays 类包含几个用于执行常见数组操作的静态方法，包括 sort(排序数组)、binarySearch(搜索排序数组)、equals(比较两个数组)及 fill(填充数组)。
- System 类的 arraycopy 方法可用于将一个数组中的元素复制到另一个数组中。

7.16 节 集合和 ArrayList 类简介

- Java API 的集合类提供了一些高效的方法，可以组织、存储和取得数据，而不要求知道数据是如何存放的。
- ArrayList<E>与数组类似，但它可以动态缩放。
- 带一个实参的 add 方法将它的实参追加到 ArrayList 的末尾。
- 带两个实参的 add 方法会将新元素插入到 ArrayList 中指定的位置。
- size 方法返回 ArrayList 中当前的元素数量。
- 实参为对象引用的 remove 方法会删除与实参值相同的第一个元素，而后面所有元素的索引值会减 1。

- 带一个整型实参的 remove 方法会删除指定索引处的元素。后面所有元素的索引值会减 1。
- 如果 ArrayList 中有指定的元素，则 contains 方法返回 true，否则返回 false。

自测题

7.1 填空题。

a) 值清单和值表可以保存在________和________中。

b) 数组是一组________(被称为元素或成员)，它们包含具有相同________的值。

c) ________使程序员能够不使用计数器迭代遍历数组中的元素。

d) 引用特定数组元素的数字被称为元素的________。

e) 使用两个索引的数组被称为________数组。

f) 用增强型 for 语句________，可以迭代遍历 double 类型的数组 numbers。

g) 命令行实参保存在________中。

h) 使用表达式________可获得命令行中实参的个数。假设命令行实参保存在 String[ ] args 中。

i) 对于命令 java MyClass test，第一个命令行实参是________。

j) 方法参数表中的________表示方法可以接收可变的实参数量。

7.2 判断下列语句是否正确。如果不正确，请说明理由。

a) 一个数组就可以保存许多不同类型的值。

b) 数组索引的类型通常应为 float。

c) 当被调方法完成执行时，传递给方法和在该方法中修改的各个数组元素，将包含修改后的值。

d) 命令行实参用逗号分隔。

7.3 为数组 fractions 执行下列任务。

a) 声明常量 ARRAY_SIZE 并将它初始化成 10。

b) 声明一个数组，它包含 ARRAY_SIZE 个元素且将其初始化为 0。

c) 引用第 5 个数组元素(索引为 4)。

d) 将索引为 9 的数组元素赋值为 1.667。

e) 将索引为 6 的数组元素赋值为 3.333。

f) 使用一条 for 语句计算所有数组元素的和。将整型变量 x 声明成循环的控制变量。

7.4 为数组 table 执行下列任务。

a) 声明并创建一个 3 × 3 的整型数组。假设常量 ARRAY_SIZE 已经被声明成 3。

b) 这个数组包含多少个元素？

c) 用 for 语句将数组的每个元素初始化成数组的索引之和。假定已将整型变量 x 和 y 声明成控制变量。

7.5 找出并更正下列代码段中的错误。

a)

```
1   final int ARRAY_SIZE = 5;
2   ARRAY_SIZE = 10;
```

b)

```
int[] b = new int[10];
for (int i = 0; i <= b.length; i++)
   b[i] = 1;
```

c)

```
int[][] a = {{1, 2}, {3, 4}};
a[1, 1] = 5;
```

自测题答案

7.1 a) 数组，集合。b) 变量，类型。c) 增强型 for 语句。d) 索引(或下标、位置号)。e) 二维。f) for (double d: numbers)。g)字符串数组，称之为 args。h)args.length。i)test。j)省略号。

7.2 答案如下。

a)错误。数组只能存储同一类型的值。

b)错误。数组索引必须为整数或者整型表达式。

c)对于数组的基本类型元素而言，是错误的。被调方法接收并操作值这个元素的一个副本，因此对它的改动不会影响到原始值。但是，如果将数组的引用传递给方法，则在被调方法中对数组元素的修改会影响到它的原始值。对引用类型的元素而言，这种说法是正确的。被调方法接收该元素引用的一个副本，而对被引用对象的改变，将反映到原始数组元素中。

d)错误。命令行实参用空格分隔。

7.3 答案如下。

a)`final int ARRAY_SIZE = 10;`

b)`double[] fractions = new double[ARRAY_SIZE];`

c)`fractions[4]`

d)`fractions[9] = 1.667;`

e)`fractions[6] = 3.333;`

f)

```
1 double total = 0.0;
2 for (int x = 0; x < fractions.length; x++)
3    total += fractions[x];
```

7.4 答案如下。

a)`int[][] table = new int[ARRAY_SIZE][ARRAY_SIZE];`

b)9 个。

c)

```
1   for (int x = 0; x < table.length; x++)
2      for (int y = 0; y < table[x].length; y++)
3         table[x][y] = x + y;
```

7.5 答案如下。

a)错误：在常量被初始化之后，不能再对它赋值。

改正：在 final int ARRAY_SIZE 声明中为常量指定一个正确值，或者声明另一个变量。

b)错误：在元素边界(b[10])的外面引用了数组元素。

改正：将<=运算符改成<。

c)错误：数组的索引操作执行不正确。

改正：将语句改成 a[1][1] = 5;。

练习题

7.6 填空题。

a)一维数组 p 包含 4 个元素，这些元素的名称是________、________、________和________。

b)命名一个数组、在数组中声明它的类型并指定维数的方法被称为________数组。

c)在一个二维数组中，第一个索引指定元素的________，第二个索引指定元素的________。

d)$m \times n$ 数组包含________行、________列和________个元素。

e)位于数组 d 的第 3 行、第 5 列的元素的名称为________。

7.7 判断下列语句是否正确。如果不正确，请说明理由。

a)为了引用数组中特定的位置或元素，就要指定数组名称和特定元素的值。

b)声明数组时，就为数组预留了存储空间。

c)为了表示需为整型数组 p 保留 100 个位置，应将其声明为 p[100];。

d)将一个 15 元素的数组初始化成 0 的程序，必须至少包含一条 for 语句。

e) 为了计算一个二维数组元素值的和，必须使用嵌套 for 语句。

7.8 编写 Java 语句，完成下列任务。

a) 显示数组 f 的元素 6(第 7 个元素) 的值。

b) 将一维整型数组 g 的全部 5 个元素都初始化成 8。

c) 计算浮点型数组 c 的 100 个元素的和。

d) 将包含 11 个元素的数组 a 复制到数组 b 的前面部分，b 包含 34 个元素。

e) 找出并显示包含在 99 个元素的浮点数组 w 中的最小值和最大值。

7.9 假设有一个 2 × 3 整型数组 t。

a) 编写声明并创建这个数组的一条语句。

b) t 包含多少行?

c) t 包含多少列?

d) t 包含多少个元素?

e) 写出能够访问 t 中第 1 行(第 2 行)全部元素的表达式。

f) 写出能够访问 t 中第 2 列(第 3 列)全部元素的表达式。

g) 编写一条语句，将 t 中行 0、列 1 的元素值设置成 0。

h) 编写语句，将 t 的全部元素初始化为 0。

i) 编写一条嵌套 for 语句，它将 t 的每个元素初始化成 0。

j) 编写一条嵌套 for 语句，它使 t 的所有元素值都从用户处获取。

k) 编写几条语句，它判断并显示 t 中的最小值。

l) 编写一条 printf 语句，它显示 t 中第 1 行元素的值。

m) 编写一条语句，它对 t 中第 3 列的全部元素求和。不能使用循环。

n) 编写几条语句，它以表格格式显示 t 中的值。在表格顶部，将列索引作为表头列出，每一行的左侧是行索引。

7.10 **(销售佣金)** 利用一个一维数组解决如下问题。公司根据佣金给销售员发工资。销售员每周可获得的收入为 200 美元加上本周销售额的 9%。例如，如果某一周的销售额为 5000 美元，则销售员的收入为 200 美元加上 5000 美元的 9%，共计 650 美元。(使用一个计数器数组) 编写一个程序，它判断每周收入在如下范围内的销售员有多少位(假设每一位销售员的收入都为整数)。

a) 200 ~ 299 美元

b) 300 ~ 399 美元

c) 400 ~ 499 美元

d) 500 ~ 599 美元

e) 600 ~ 699 美元

f) 700 ~ 799 美元

g) 800 ~ 899 美元

h) 900 ~ 999 美元

i) 1000 美元及以上

将结果以表格形式显示。

7.11 编写几条语句，对一维数组执行如下的操作。

a) 将整型数组 counts 的 10 个元素值设为 0。

b) 将整型数组 bonus 的 15 个元素的值都加 1。

c) 以列格式显示整型数组 bestScores 的 5 个值。

7.12 **(消除重复值)** 利用一个一维数组解决如下问题。编写一个程序，它输入 10 ~ 100(包含二者) 的 5 个数。读取每个数时，只要与以前读取的数字不重复，就显示它。“最坏”情况下，5 个数都是不同的。尽可能使用最小的数组解决这个问题。在用户输入每个新值之后，显示这些不同值的完整集合。

7.13 对于一个 3 × 5 的二维数组 sales，在执行下列程序段的过程中，标记出它的元素被设置成 0 的顺序。

```
1  for (int row = 0; row < sales.length; row++) {
2     for (int col = 0; col < sales[row].length; col++) {
3        sales[row][col] = 0;
4     }
5  }
```

7.14 **(变长实参表)** 编写一个程序，它计算一系列整数的积，这些整数是使用变长实参表传递给 product 方法的。用几个调用测试这个方法，每次使用不同数量的实参。

7.15 **(命令行实参)** 重新编写图 7.2 中的程序，使数组的大小由第一个命令行实参指定。如果没有提供命令行实参，则使用默认大小 10。

7.16 **(使用增强型 for 语句)** 编写一个程序，它使用增强型 for 语句对用命令行实参传入的 double 值求和。(提示：使用 Double 类的静态方法 parseDouble，将字符串转换成 double 值。)

7.17 **(掷骰子)** 编写一个程序，它模拟掷两枚骰子的过程。掷每一枚骰子时，程序应分别使用 Random 类的一个对象。然后，计算两个骰子的点数和。每个骰子都能给出 1 ~ 6 的一个整数值，因此和值应在 2 ~ 12 内变化。7 为最大可能出现的和值，2 和 12 为最小可能出现的和值。图 7.28 中给出了 36 种可能的和值组合。程序应掷这两枚骰子 36 000 000 次。使用一个一维数组，记录每种和值出现的次数。将结果以表格形式显示。

	1	2	3	4	5	6
1	2	3	4	5	6	7
2	3	4	5	6	7	8
3	4	5	6	7	8	9
4	5	6	7	8	9	10
5	6	7	8	9	10	11
6	7	8	9	10	11	12

图 7.28　两枚骰子的 36 种可能和值

7.18 **(掷骰子游戏)** 编写一个程序，它运行图 6.8 中的掷骰子游戏 1 000 000 次，并回答如下问题。

a) 在掷第 1 次、第 2 次……第 20 次及之后，玩家各赢了多少次？

b) 在掷第 1 次、第 2 次……第 20 次及之后，玩家各输了多少次？

c) 玩家获胜的概率是多少？(注：应当可以发现掷骰子是最公平的游戏之一。为什么？)

d) 运行一次掷骰子游戏的平均时长是多少？

e) 随着游戏的进行，获胜的概率会提高吗？

7.19 **(航空公司订座系统)** 一家小型航空公司为其新使用的自动订座系统购买了一台计算机。要求你开发这个新系统。编写一个程序，为这家航空公司唯一的飞机(10 个座位)分配座位。

程序应显示如下两条信息：Please type 1 for First Class(输入 1 选择头等舱)；Please type 2 for Economy(输入 2 选择经济舱)。如果用户输入 1，则需分配一个头等舱座位(座位 1 ~ 5)；如果输入为 2，则需分配一个经济舱座位(座位 6 ~ 10)。接着，程序应显示一张登机牌，包含座位号，还应标明是经济舱还是头等舱。

使用一个 boolean 类型的一维数组，表示飞机的订座情况。将数组的所有元素都初始化成 false，表示座位全部都没有被预订。分配某个座位之后，将数组中的对应元素设置成 true，表示该座位不可再预订。

对于已经预订完的座位，不能重新预订。当经济舱已订满时，需询问旅客是否愿意转到头等舱(反过来也如此)。如果愿意，则应分配适当的座位；否则，应显示消息 “Next flight leaves in 3 hours.”。

7.20 **(总销售额)** 利用一个二维数组解决如下问题。一家公司有 4 名销售员(1 ~ 4)，销售 5 种不同的产品(1 ~ 5)。每一天，所有销售员都要报告售出的每种产品的情况，包含如下信息：

a) 销售员编号

b) 产品编号

c) 该产品当日的销售额

这样，每位销售员每天都要提交 0 ~ 5 份报告。假设上个月的这些报告都存在。编写一个程序，读取上个月销售情况的全部信息，并分别按销售员和产品汇总销售额。所有的汇总结果应保存在一个二维数组 sales 中。处理完上个月的所有信息后，将结果以表格形式显示，每一列代表一位销售员，每一行代表一种产品。对所有行求和，得出上月每种产品的总销售额；对所有列求和，得出上月每一位销售员的总销售额。输出表右边的小计行及下边的小计列中，应分别包含这些总销售额信息。

7.21 **(龟图)** Logo 语言使龟图的概念变得非常有名。假设有一个机器乌龟，通过 Java 程序控制它在房间里移动。乌龟有一个表示两种方向的画笔——向上或向下。画笔向下时，乌龟会画出移动时留下的路径形状；画笔向上时，它自由移动，不写下任何东西。在这个问题中，需模拟乌龟的动作并创建一个计算机化的画板。

使用一个初始化为 0 的 20×20 数组 floor。从一个数组中读取所有指令。跟踪任何时候乌龟的当前位置及画笔的向上或向下状态。假设乌龟总是从地面位置 (0, 0) 开始，且画笔向上。程序要处理的乌龟指令如图 7.29 所示。

指令	含义
1	画笔向上
2	画笔向下
3	右转
4	左转
5,10	前进 10 格 (将 10 替换成其他数字，表示前进相应的格数)
6	显示 20 × 20 数组
9	数据结束 (标记值)

图 7.29　龟图指令

假设乌龟位于靠近中心的位置。下列“程序”会绘制并显示一个 12×12 的正方形并使画笔向上：

```
2
5,12
3
5,12
3
5,12
3
5,12
1
6
9
```

画笔向下并移动乌龟时，将数组 floor 的相应元素设置为 1。遇到指令 6 (显示数组) 时，只要数组元素为 1，就在该位置显示一个星号或任何其他符号。对于数组元素 0，则显示空白。

编写一个程序，实现上面介绍的龟图功能。编写几个龟图程序，画一些有趣的图形。可以添加其他命令，以提升龟图语言的能力。

7.22 **(骑士旅行)** 国际象棋中，最有趣的问题之一是骑士旅行问题，它最初是由数学家欧拉提出的。问题如下：能否让骑士在空棋盘上移动，走过 64 个方格且每个方格只走一次？这里将深入探讨这个有趣的问题。

骑士的移动是 L 形路线 (一个方向两格，另一垂直方向一格，即中国象棋中的“马走日”，但没有“绊马腿”的限制)。这样，从空棋盘中央的方格中，骑士 (标记为 K) 可以有 8 种不同的移动方式 (编号为 0 ~ 7)，如图 7.30 所示。

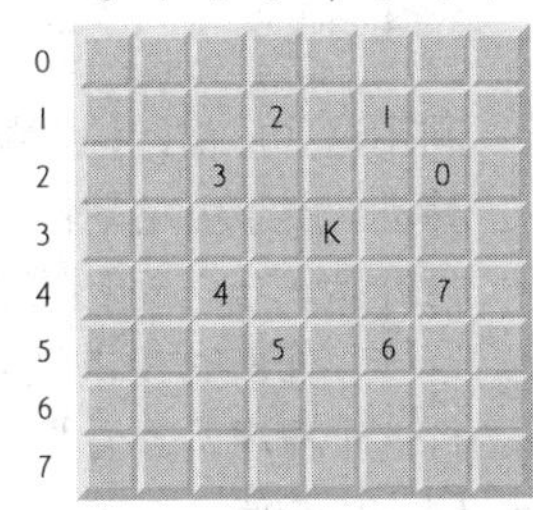

图 7.30　骑士的 8 种可能移动方式

a)在纸上画一个 8 × 8 棋盘，试着手工移动骑士。在移动的第一个方格中标 1，第二个标 2，第三个标 3，如此等等。在开始移动之前，先估计一下能够走多少步，总共有 64 步。你走了多少步？与你的预计相符吗？

b)现在，设计一个在棋盘上移动骑士的程序。棋盘用 8 × 8 的二维数组 board 表示。所有的方格都被初始化为 0。我们用水平和垂直分量分别描述 8 种可能的移动方式。例如，图 7.30 中类型 0 的移动，是由水平右移两个方格和垂直上移一个方格组成的；类型 2 的移动，是由水平左移一个方格和垂直上移两个方格组成的。水平左移和垂直上移用负数表示。8 种移动方式可以用两个一维数组 horizontal 和 vertical 描述，如下所示。

```
horizontal[0] = 2         vertical[0] = -1
horizontal[1] = 1         vertical[1] = -2
horizontal[2] = -1        vertical[2] = -2
horizontal[3] = -2        vertical[3] = -1
horizontal[4] = -2        vertical[4] = 1
horizontal[5] = -1        vertical[5] = 2
horizontal[6] = 1         vertical[6] = 2
horizontal[7] = 2         vertical[7] = 1
```

用变量 currentRow 和 currentColumn 分别表示骑士当前位置的行和列。为了进行 moveNumber 类型的移动(moveNumber 在 0 ~ 7 之间)，应使用语句：

```
currentRow += vertical[moveNumber];
currentColumn += horizontal[moveNumber];
```

编写一个解决骑士旅行问题的程序，使用一个在 1 ~ 64 之间变化的计数器，它用于记录每一方格中骑士最后一次的移动。应测试各种可能的移动，以判断骑士是否已经访问过某个方格。还应测试每一种可能的移动，以确保骑士不会走到棋盘的外面。运行这个程序，骑士移动了多少步？

c)编写并运行完骑士旅行程序之后，可以进行一些有价值的分析。利用这些分析结果，我们要开发一个移动骑士的试探程序。试探不一定会成功，但经过仔细设计的试探方法，可以极大地提高成功的可能性。我们可以发现，外层方格比靠近棋盘中心的方格更难处理。事实上，最难处理或访问的是位于四个角的方格。

直觉告诉我们，应先将骑士移到最难处理的方格，而留下那些较容易访问的方格。这样，当旅行快结束、棋盘显得拥挤时，成功的可能性最大。

可以进行一次“可访问性试探”，根据每个方格的可访问性进行分类，并(利用 L 形步伐)总是将骑士向最难访问的方格移动。在二维数组 accessibility 中记下某个方格能够访问的格数。在空棋盘上，中间 16 个方格能够访问的格数为 8，四个角中的方格能访问的格数为 2，其他方格的可访问格数为 3、4 或 6，如下所示：

```
2 3 4 4 4 4 3 2
3 4 6 6 6 6 4 3
4 6 8 8 8 8 6 4
4 6 8 8 8 8 6 4
4 6 8 8 8 8 6 4
4 6 8 8 8 8 6 4
3 4 6 6 6 6 4 3
2 3 4 4 4 4 3 2
```

利用这些可访问性试探值，重新编写骑士旅行程序。骑士应总是向具有最小可访问性值的方格移动。对于可访问性值相等的情况，骑士可以移到其中的任何一个方格。这样，旅行应从某个角开始。(注：骑士在棋盘上移动时，随着越来越多的方格被占用，程序应减少可访问性值。这样，任何时候棋盘上任一方格上的可访问性值就正好是该方格能够被访问的方格个数。)运行这个程序，查看是否访问了全部的方格。将程序修改成运行 64 次，每一次都从棋盘上的不同方格开始。有多少次全部走完了所有的方格？

d)编写一个骑士旅行程序，当遇到两个或多个方格中的可访问性值相等的情况时，确定选择哪一个方格，应先考虑从这些“相等”的方格中能够访问的那些方格。向这些相邻的方格中的某个移动时，应考虑下次移动时能向具有最小可访问性值的方格移动。

7.23 **(骑士旅行：蛮力计算方法)** 练习题 7.22(c) 中得到了解决骑士旅行问题的一种方法。这个方法用“可访问性试探”来获得许多种解法并可以有效地执行。

随着计算机的运算能力越来越强，可以采用简单的算法来解决多种问题。求解这类问题的方法被称为“蛮力计算方法”。

a) 用随机数生成方法，让骑士在棋盘上(按 L 形走法)随机移动。运行完一次后，应显示最后的棋盘情况。骑士能走多远?

b) 最大可能的情况是，上述程序中的骑士不会走得太远。现在修改程序，让骑士走 1000 次。需使用一个一维数组来跟踪每次旅行走了多少步。程序完成 1000 次旅行后，应以表格形式显示这些信息。最好的结果是什么?

c) 通常，上述程序能得到较好的走法，但无法走遍棋盘。让程序一直运行，直到走遍了一次棋盘为止。(警告：即使是功能强大的计算机，这个程序也可能需要运行数小时。) 同样，用一个表格保存每一次走了多少步，并在首次走遍棋盘后显示表格中的信息。在走遍棋盘之前，已经尝试了多少次旅行? 花费了多少时间?

d) 比较蛮力计算方法与“可访问性试探”方法，哪一个需要对问题进行更仔细的分析? 哪一种算法更难开发? 哪一个要求更强大的计算机能力? 利用“可访问性试探”方法，是否能够提前知道可以走遍棋盘? 利用蛮力计算方法，是否能够提前知道可以走遍棋盘? 分析一下蛮力计算方法的利与弊。

7.24 **(八皇后问题)** 国际象棋中的另一个难题是八皇后问题。该问题的描述如下：空棋盘上能否放置八个皇后，使一个皇后不会“攻击”另一个皇后(即不会有两个皇后在同一行、同一列或同一对角线上)。用练习题 7.22 的思路设计出解决八皇后问题的算法。运行这个程序。(提示：可以为棋盘上的每一个方格指定一个值，表示如果在空棋盘上的这个方格中放入一个皇后时可以“删除”多少个方格。角上的方格中放置的数字是 22，如图 7.31 所示。在 64 个方格中放入这些“删除数”之后，问题就变成：将下一个皇后放在删除数最小的那个方格中。为什么这种策略凭直觉就可行?)

7.25 **(八皇后问题：蛮力计算方法)** 这个练习要用几种蛮力计算方法来解决练习题 7.24 中的八皇后问题。

a) 用练习题 7.23 中的随机蛮力计算方法解决八皇后问题。

b) 用穷举法(即测试八个皇后在棋盘上的各种组合)解决八皇后问题。

c) 为什么穷举蛮力计算方法不适合用于解决骑士旅行问题?

d) 比较随机蛮力计算方法和穷举蛮力计算方法的利弊。

*	*	*	*	*	*	*	*
*	*						
*		*					
*			*				
*				*			
*					*		
*						*	
*							*

图 7.31　在棋盘左上角放入一个皇后，就“删除”了 22 个方格

7.26 **(骑士旅行：闭合路径测试)** 在骑士旅行问题中(见练习题 7.22)，如果骑士经过了 64 个方格中的每一个，且每个方格只经过一次，就表明走遍了棋盘。如果最后一次走动又回到了出发时的那个方格，则表明这是一个闭合路径。修改练习题 7.22 中的程序，测试走遍了棋盘时是否为闭合路径。

7.27 **(Eratosthenes 筛选法)** 素数是只能被自身和 1 整除的任何整数。Eratosthenes 筛选法(Sieve of Eratosthenes)，是寻找素数的一种方法。它的执行过程如下：

a) 创建一个布尔类型的数组，将所有元素初始化为 true。索引号为素数的数组元素，其值保持为 true，所有其他数组元素的值，设置为 false。

b) 从数组索引 2 开始，判断某个元素的值是否为 true。如果是，则对数组的余下部分循环，将索引值为该索引值倍数的元素设置为 false。然后，对值为 true 的下一个元素继续这一过程。对于

数组索引 2，将数组中索引值为 2 的倍数(即 4、6、8、10 等)的所有元素的值都设置为 false；对于数组索引 3，将数组中索引值为 3 的倍数(即 6、9、12、15 等)的所有元素的值都设置为 false；如此继续。

当这一过程完成时，值依然为 true 的数组元素，就表示它的索引值是一个素数。可以显示这些索引值。编写一个程序，它使用一个包含 1000 个元素的数组来确定并显示 2 ~ 999 的素数。忽略元素 0 和 1。

7.28 **(模拟：龟兔赛跑)** 现在要重新演绎经典的龟兔赛跑故事。这里将使用随机数生成方法来模拟这个令人难忘的事件。

两位选手从 70 个方格的第 1 格开始起跑，每个方格表示跑道上的一个可能位置，终点线位于第 70 个方格。第一个到达终点的选手，会被奖励一桶鲜萝卜和生菜。竞赛途中要经过一座很滑的山，因此选手可能会跌倒。

有一个每秒滴答一次的时钟，随着时钟的每一次滴答，程序应按如图 7.32 所示的规则调整选手的位置。用两个变量来跟踪它们的位置(即位置号为 1 ~ 70)。每位选手从位置 1 开始(出发点)。如果选手在跑第 1 格时就跌倒，则将它移回到第 1 格。

选手	移动类型	时间百分比	实际的移动
乌龟	快走	50%	向右 3 格
	跌倒	20%	向左 6 格
	慢走	30%	向右 1 格
兔子	睡觉	20%	不移动
	大跳	20%	向右 9 格
	大跌	10%	向左 12 格
	小跳	30%	向右 1 格
	小跌	20%	向左 2 格

图 7.32 改变龟兔位置的规则

产生一个随机整数 $i(1 \leqslant i \leqslant 10)$，以得到图 7.32 中的百分比。对于乌龟，$1 \leqslant i \leqslant 5$ 时快走，$6 \leqslant i \leqslant 7$ 时跌倒，$8 \leqslant i \leqslant 10$ 时慢走。对兔子也采用类似的方法。

起跑时，显示：

```
BANG !!!!!
AND THEY'RE OFF !!!!!
```

然后，时钟每滴答一次(即一个循环)，显示一条包含 70 个位置的线，将乌龟所在的位置显示字母 T，将兔子所在的位置显示字母 H。有可能两位选手位于同一个方格。这时，乌龟会咬兔子，所以应在该方格中显示“OUCH!!!”。除 T、H 和“OUCH!!!”(表示都占据了这个方格)以外的其他位置，都应显示为空。

显示完方格线之后，测试某位选手是否到达或超过了第 70 格。如果是，则显示获胜者并终止模拟过程。如果乌龟获胜，则显示“TORTOISE WINS!!! YAY!!!”；如果兔子赢了，则显示“Hare wins. Yuch.”。如果两位选手同时赢，则可以让乌龟赢(“同情弱者”)，或者显示“It's a tie”。如果都没有到达终点，则再次循环，模拟时钟的下一次滴答。当开始准备运行程序时，可以让一群粉丝来观看比赛，你会发现观众有多投入！

本书的后面，将讲解 Java 的大量功能，例如图形、图像、动画、声音、多线程。学习这些特性时，可以用它们来强化龟兔赛跑的效果。

7.29 **(Fibonacci 序列)** Fibonacci 序列是

0, 1, 1, 2, 3, 5, 8, 13, 21, …

从 0 和 1 开始，每个后续的 Fibonacci 数，都是前两个 Fibonacci 数之和。

a) 编写一个 fibonacci(n) 方法，计算第 n 个 Fibonacci 数。将这个方法集成到一个程序中，该程序让用户输入 n 的值。

b) 确定在你的系统中能够显示的最大 Fibonacci 数。

c) 修改 a) 中编写的程序，使用 double 类型而不是 int 类型来计算并返回 Fibonacci 数，并用这个新方法重新执行 b)。

练习题 7.30～7.34 相当具有挑战性。完成它们之后，就很容易实现那些最为流行的纸牌游戏了。

7.30 **(洗牌与发牌)** 修改图 7.11 中的程序，使其处理一手牌(包含 5 张牌)。然后，修改图 7.10 中的 DeckOfCards 类，使其包含几个方法来判断这手牌中是否有如下情况的牌。

a) 两张面值相同的牌(一对牌)。

b) 两对牌。

c) 3 张同面值的牌(如 3 张 J)。

d) 4 张同面值的牌(如 4 张 A)。

e) 同花色(5 张牌的花色相同)。

f) 一条龙(5 张牌的面值连续)。

g) 满堂红(两张牌的面值相同，另外三张牌的面值相同)

(提示：在图 7.9 的 Card 类中增加 getFace 方法和 getSuit 方法。)

7.31 **(洗牌与发牌)** 用练习题 7.30 开发的方法编写一个程序，发两手牌(每手 5 张)，判断两手牌中哪一手更好。

7.32 **(项目：洗牌与发牌)** 修改练习题 7.31 中的程序，使其模拟庄家。庄家的 5 张牌朝下放置，所以玩家看不到。程序需评估庄家手上的牌的好坏，并可以再抓取 1 ~ 3 张牌来替换掉手上不想要的同等数量的牌。接着，需再次评估牌的好坏。(警告：这个问题有些难度。)

7.33 **(项目：洗牌与发牌)** 修改练习题 7.32 中的程序，使其自动处理庄家手上的牌，同时允许玩家决定需替换自己手中的哪些牌。接着，程序需评估双方手中的牌，并确定赢家。利用这个新开发的程序，与计算机(玩家)玩 20 次。谁胜得更多？如果让你的朋友与计算机博弈，谁胜得更多？根据这些结果，优化你的程序(同样，这个问题有些难度)。再玩 20 次，修改后的程序表现更好吗？

7.34 **(项目：洗牌与发牌)** 修改图 7.9 ~ 图 7.11 中的程序，利用 Face 和 Suit 枚举类型来表示牌的面值和花色。在源代码文件中，将这两种枚举类型声明成公共的。每一个 Card 对象都应具有一个 Face 和一个 Suit 实例变量。它们在 Card 类的构造方法中被初始化。在 DeckOfCards 类中创建一个 Faces 数组，它用 Face 枚举类型中的常量名称初始化；创建一个 Suits 数组，它用 Suit 枚举类型中的常量名称初始化。(注：将枚举常量作为字符串输出时，会显示常量名称。)

7.35 **(Fisher-Yates 洗牌算法)** 在线研究 Fisher-Yates 洗牌算法，然后用它重新实现图 7.10 中的 shuffle 方法。

拓展内容：建立自己的计算机

对于下面的几个问题，要暂时撇开高级语言编程的讲解，让我们“剖开”计算机，看看其内部结构。这里将讲解的是机器语言编程，还将编写几个机器语言程序。为了强化体验，随后将(通过软件模拟技术)搭建一台计算机，在它的上面可以执行这些机器语言程序。

7.36 **(机器语言编程)** 下面将创建一台名字为 Simpletron 的计算机。顾名思义，它是一台简单但功能强大的机器。Simpletron 只能运行用它能够直接理解的语言编写的程序，这种语言被称为 Simpletron 机器语言(SML)。

Simpletron 包含一个累加器(accumulator)，它是一种特殊的寄存器，存放 Simpletron 用于各种计算和处理的信息。Simpletron 中的所有信息都按“字”(word)进行处理。字是一种有符号的 4 位十进制数，如+3364、−1293、+0007、−0001 等。Simpletron 有 100 个字的内存空间，这些字通过地址号 00，01，...，99 引用。

运行 SML 程序之前，必须先将程序载入或放置到内存中。每个 SML 程序的第一条指令(或语句)，总是会被放入地址 00 处，模拟器会从该地址开始执行。

用 SML 编写的每一条指令都占用 Simpletron 内存中的 1 个字(因此，指令是一种有符号的 4 位十进制数)。我们假定 SML 指令的符号总是正号，但数据字的符号可为正号或负号。Simpletron 内存中的每一个地址都可以包含一条指令或者程序使用的一个数据值，也可以是未使用的(从而是未定义的)内存区。每条 SML 指令的前两位是操作码(operation code)，它指定要执行的操作。图 7.33 中给出了 SML 的操作码。

SML 指令的最后两位是操作数(operand)，即操作的字所在的内存地址。下面考虑几个简单的 SML 程序。

操作码	含义
输入/输出操作	
final int READ = 10;	读取来自键盘的字，并将它保存到某个内存地址中
final int WRITE = 11;	将某个内存地址中的字显示在屏幕上
载入/保存操作	
final int LOAD = 20;	将保存在某个内存地址中的字载入累加器
final int STORE = 21;	将累加器中的字放入某个内存地址
算术运算	
final int ADD = 30;	将某个内存地址中的字与累加器中的字相加(结果保留在累加器中)
final int SUBTRACT = 31;	将某个内存地址中的字与累加器中的字相减(结果保留在累加器中)
final int DIVIDE = 32;	将某个内存地址中的字与累加器中的字相除(结果保留在累加器中)
final int MULTIPLY = 33;	将某个内存地址中的字与累加器中的字相乘(结果保留在累加器中)
控制转移操作	
final int BRANCH = 40;	转至指定内存地址
final int BRANCHNEG = 41;	如果累加器中的值为负数，则转至指定内存地址
final int BRANCHZERO = 42;	如果累加器中的值为 0，则转至指定内存地址
final int HALT = 43;	挂起，程序已经完成任务

图 7.33 SML 的操作码

第一个 SML 程序(见图 7.34)从键盘读取两个数，然后计算并显示它们的和。指令+1007 会从键盘读取第一个数，并将其放入内存地址 07(已经被初始化为 0)。然后，指令+1008 读取下一个数并将其放入内存地址 08。“载入”指令+2007 将第一个数放入累加器中；“加法”指令+3008 将第二个数与累加器中的数相加。所有的 SML 算术运算指令都将结果保留在累加器中。“保存”指令+2109 将结果放入内存地址 09。然后，“写”指令+1109 取得并显示这个结果(一个有符号的 4 位十进制数)。“挂起”指令+4300 终止程序的执行。

第二个 SML 程序(见图 7.35)，从键盘读取两个数，然后确定并显示较大的那一个。注意，这里用指令+4107 作为条件控制转移指令，它与 Java 中的 if 语句类似。

编写一个 SML 程序，完成下列任务。

a)用标记控制循环读取 10 个正数值，计算并显示它们的和。

b)用计数器控制循环读取 7 个数(包含正数和负数)，然后计算并显示它们的平均值。

c)读取一个数序列，然后找出并显示最大的那个数。读取的第一个数表示要处理多少个数。

7.37 **(计算机模拟器)**这个练习中将构建一台计算机。当然不是用购买的计算机散件组装，而是用一种功能强大的软件模拟技术来建立练习题 7.36 中 Simpletron 的面向对象软件模型。这个 Simpletron 模拟器可以将你所使用的计算机变成 Simpletron，并可以实际运行、测试和调试练习题 7.36 中所编写的 SML 程序。

地址	指令	用途
00	+1007	(读 A)
01	+1008	(读 B)
02	+2007	(载入 A)
03	+3008	(加 B)
04	+2109	(保存 C)
05	+1109	(写 C)
06	+4300	(挂起)
07	+0000	(变量 A)
08	+0000	(变量 B)
09	+0000	(结果 C)

图 7.34　读两个整数并求和的 SML 程序

地址	指令	用途
00	+1009	(读 A)
01	+1010	(读 B)
02	+2009	(载入 A)
03	+3110	(减 B)
04	+4107	(若累加器中的值为负，转至地址 07)
05	+1109	(写 A)
06	+4300	(挂起)
07	+1110	(写 B)
08	+4300	(挂起)
09	+0000	(变量 A)
10	+0000	(变量 B)

图 7.35　读两个整数并确定较大者的 SML 程序

运行这个 Simpletron 模拟器时，应首先显示如下信息：

```
*** Welcome to Simpletron! ***
*** Please enter your program one instruction    ***
*** (or data word) at a time. I will display     ***
*** the location number and a question mark (?). ***
*** You then type the word for that location.    ***
*** Type -99999 to stop entering your program.   ***
```

程序应使用一个包含 100 个元素的一维数组 memory 来模拟 Simpletron 的内存。现在，假设模拟器已经运行，让我们查看一下输入图 7.35 中的程序(见练习题 7.36)时显示的对话框：

```
00 ? +1009
01 ? +1010
02 ? +2009
03 ? +3110
04 ? +4107
05 ? +1109
06 ? +4300
07 ? +1110
08 ? +4300
09 ? +0000
10 ? +0000
11 ? -99999
```

程序应显示内存地址，后接一个问号。问号后面的值是由用户输入的。输入标记值-99999 后，程序应显示如下信息：

```
*** Program loading completed ***
*** Program execution begins  ***
```

现在，已经将 SML 程序放入(或载入)memory 数组。让 Simpletron 执行 SML 程序。和 Java 中一样，执行从地址 00 中的指令开始并依次前行，除非被控制转移指令导向到了程序的其他部分。利用 accumulator 变量来表示累加寄存器。用变量 instructionCounter 来跟踪包含所执行的指令的内存地址；用变量 operationCode 表示当前所执行的操作(即指令字左边的两位)；用变量 operand 表示当前指令所操作的内存地址。因此，operand 就是当前所执行的指令最右边的两位。不要直接从内存执行指令，而是应将要执行的下一条指令从内存转到变量 instructionRegister 中，然后，提取左边的两位，将它们放入 operationCode 中；提取右边的两位，将它们放入 operand 中。开始执行 Simpletron 时，所有的特殊寄存器都被初始化为 0。

下面逐步分析第一条 SML 指令(内存地址 00 中的指令+1009)的执行过程。这个过程被称为指令执行周期(instruction execution cycle)。

instructionCounter 给出了要执行的下一条指令的内存地址。我们用下列 Java 语句从 memory 中取得该地址的内容：

```
instructionRegister = memory[instructionCounter];
```

下列语句从指令寄存器中读取操作码和操作数：

```
operationCode = instructionRegister / 100;
operand = instructionRegister % 100;
```

现在，Simpletron 必须确定操作码表示“读”，而不是“写”“载入”等。一条 switch 语句需区分 SML 的 12 种不同操作。这条语句中，各种 SML 指令的行为被模拟成图 7.36 中所示的指令。这里将简要分析几条分支指令，其他的不再讲解。

指令	描述
读：	显示提示“Enter an integer”，然后读取一个整数并将其存放在地址 memory[operand]中
载入：	accumulator = memory[operand];
加法：	accumulator += memory[operand];
挂起：	终止 SML 程序的执行，并显示如下消息： *** Simpletron execution terminated ***

图 7.36 Simpletron 中几种 SML 指令的行为

SML 程序完成执行后，应显示每个寄存器的名称和它的内容，以及内存的完整内容。这种输出经常被称为计算机转储。为了帮助编写转储方法，图 7.37 中给出了一种转储的格式。执行完 Simpletron 程序后，转储应显示终止执行的时刻实际的指令值和数据值。

```
REGISTERS:
accumulator          +0000
instructionCounter      00
instructionRegister  +0000
operationCode           00
operand                 00

MEMORY:
       0     1     2     3     4     5     6     7     8     9
 0 +0000 +0000 +0000 +0000 +0000 +0000 +0000 +0000 +0000 +0000
10 +0000 +0000 +0000 +0000 +0000 +0000 +0000 +0000 +0000 +0000
20 +0000 +0000 +0000 +0000 +0000 +0000 +0000 +0000 +0000 +0000
30 +0000 +0000 +0000 +0000 +0000 +0000 +0000 +0000 +0000 +0000
40 +0000 +0000 +0000 +0000 +0000 +0000 +0000 +0000 +0000 +0000
50 +0000 +0000 +0000 +0000 +0000 +0000 +0000 +0000 +0000 +0000
60 +0000 +0000 +0000 +0000 +0000 +0000 +0000 +0000 +0000 +0000
70 +0000 +0000 +0000 +0000 +0000 +0000 +0000 +0000 +0000 +0000
80 +0000 +0000 +0000 +0000 +0000 +0000 +0000 +0000 +0000 +0000
90 +0000 +0000 +0000 +0000 +0000 +0000 +0000 +0000 +0000 +0000
```

图 7.37 转储样本

下面继续执行程序的第一条指令，即内存地址 00 中的+1009。前面说过，switch 语句会模拟这一任务，提示用户输入一个值、读取这个值并将其保存到内存地址 memory[operand]。然后，值会被读入地址 09 中。

此时，就完成了第一条指令的模拟。接下来，就是准备让 Simpletron 执行下一条指令。由于刚刚执行的指令不是控制转移指令，因此只需将指令计数器寄存器的值加 1 即可：

```
instructionCounter++;
```

这一动作完成了第一条指令的模拟执行。整个过程(即指令执行周期)重新开始，读取下一条要执行的指令。

下面考虑如何模拟分支指令(即控制转移指令)。只需相应调整指令计数器中的值即可。因此，无条件转移指令(40)可以用 switch 语句模拟如下：

```
instructionCounter = operand;
```

“累加器中的值为 0”的条件转移指令被模拟成

```
if (accumulator == 0) {
   instructionCounter = operand;
}
```

通过这些步骤，就可以实现 Simpletron 模拟器并运行练习题 7.36 中编写的全部 SML 程序了。如果愿意，还可以在 SML 中增加其他的功能，并在 Simpletron 模拟器中为这些功能提供模拟指令。

应该在模拟器中检查各种类型的错误。例如，在载入程序时，用户输入 Simpletron 模拟器的 memory 中的每一个数都应位于–9999 ~ +9999 之间。模拟器应当测试输入的每一个数值是否位于这个范围内。如果不是，则应提示用户重新输入，直到输入了正确的值为止。

在执行期间，模拟器应检查各种严重的错误，例如除数为 0、操作码无效、累加器溢出(即算术运算的结果大于+9999 或者小于–9999)。这样的严重错误被称为致命错误(fatal error)。检测到致命错误时，模拟器应显示错误消息，例如

```
*** Attempt to divide by zero ***
*** Simpletron execution abnormally terminated ***
```

而且应按前面介绍的格式，显示完整的计算机转储信息。这种处理方式可以帮助用户找出程序中的错误。

7.38 **(修改 Simpletron 模拟器)** 练习题 7.37 中编写的计算机软件模拟程序执行的是用 SML 编写的程序。这个练习题中，将对 Simpletron 模拟器进行几处修改和增强。第 21 章的几个练习题中，将搭建一个编译器，它能够将高级语言程序转换成 SML 程序。下面的这些改动和强化将用于执行由编译器生成的程序。

a) 将 Simpletron 模拟器的内存扩展至包含 1000 个地址，使它能够处理更大型的程序。

b) 允许模拟器执行求余运算。这个改动要求增加一条 SML 指令。

c) 允许模拟器执行指数运算。这个改动要求增加一条 SML 指令。

d) 将模拟器修改成用十六进制值而不是整数值来表示 SML 指令。

e) 将模拟器修改成允许输出换行符。这个改动要求增加一条 SML 指令。

f) 将模拟器修改成不仅能处理整数值，而且能够处理浮点值。

g) 将模拟器修改成能够处理字符串输入。[提示：每一个 Simpletron 字都可以被分为两组，每个组都包含两位整数。每一个两位整数表示一个大写字符的 ASCII(见附录 B)十进制值。增加一条机器语言指令，它读入一个字符串并将该字符串保存在以指定 Simpletron 内存地址开始的地方。该内存地址中的字的前半部分保存的是字符串中的字符个数(即字符串的长度)，而后半部分包含的是一个用两个十进制位表示的 ASCII 字符。机器语言指令应将每一个字符转换成对应的 ASCII 值，并将该值赋给一个半字。]

h) 修改模拟器，使它能处理用上一步中的格式保存的字符串的输出。[提示：增加一条机器语言指令，它显示在指定 Simpletron 内存地址开始处的字符串。该内存地址中的字的前半部分保存的是字符串中的字符个数(即字符串的长度)，而后半部分包含的是一个用两个十进制位表示的 ASCII 字符。机器语言指令会检查这个长度，并通过将每一个两位数字翻译成等价的字符来显示字符串。]

7.39 **(改进 GradeBook 类)** 修改图 7.18 中的 GradeBook 类，使构造方法的参数包含学生数量和考试次数，然后据此创建一个二维数组，而不是接收一个预先被初始化的二维数组。将这个新创建二维数组的所有元素值都设置成–1，表示还没有输入成绩。添加一个 setGrade 方法，为指定学生的某一次考试设置成绩。修改图 7.19 中的 GradeBookTest 类，为 GradeBook 类输入学生数量和考试次数，并允许老师一次输入一个成绩。

挑战题

7.40 **(民意调查)** Internet 和 Web 使更多的人能够利用网络参加投票、表达观点，等等。近几年的美国

总统候选人就大量利用了 Internet 来为竞选发布消息和筹款。这个练习中，将编写一个简单的投票程序，它使用户能够为 5 个社会认知问题确定其重要性等级(1 为最不重要，10 为最重要)。找出 5 个你认为重要的问题(例如政治问题、全球环境问题等)。利用一个一维数组 topics(String 类型)来保存这 5 个问题。为了汇总调查结果，需使用一个 5 × 10 的二维数组 responses(int 类型)，其中每一行对应于 topics 数组中的一个元素。运行程序时，应要求用户为每个问题打分。让你的朋友和家人参与调查，然后让程序显示汇总结果，应包括：

a)一个表格式报告，让 5 个问题位于表格左列，10 个重要性等级位于表格最上面一行，在每一列中放入关于每个问题的重要性数字。

b)在每一行的右边给出该问题的平均值。

c)哪一个问题的总得分最高？显示该问题和总得分。

d)哪一个问题的总得分最低？显示该问题和总得分。

第 8 章　类与对象：深入探究

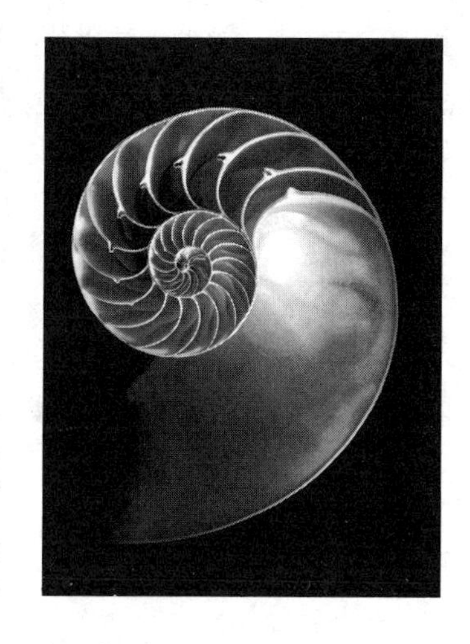

目标

本章将讲解

- 有关类声明的更多细节。
- 使用 throw 语句表明发生了问题。
- 在构造方法中使用 this 关键字，调用同一个类中的另一个构造方法。
- 使用静态变量和方法。
- 导入类的静态成员。
- 使用 enum 类型创建具有唯一标识符的常量集。
- 声明带参数的 enum 常量。
- 将 BigDecimal 用于精确的货币计算。

提纲

8.1　简介

本章将深入探讨如何建立类、控制类成员访问和创建构造方法。将展示如何在发生问题时使程序抛出异常——7.5 节中讨论过如何捕获异常。我们将使用 this 关键字，使一个构造方法能够方便地调用位于同一个类中的另一个构造方法。本章将探讨组合(composition)功能，这是一种使类可以引用其他类的对象，将它作为成员的能力。我们将重温 *set* 方法和 *get* 方法的使用。6.10 节中介绍了声明常量集的基本 enum 类型，本章讨论的则是 enum 类型与类之间的关系。和类一样，enum 类型也可以在自己的文件中用构造方法、方法和字段声明。本章还将详细讨论静态类成员和 final 实例变量，展示同一个包中不同类之间的特殊关系。最后，本章将演示如何利用 BigDecimal 类来执行精确的货币计算。后面几章中在讨论 GUI、图形和多媒体时，将给出另外的两种类类型——嵌套类和匿名内部类。

8.2 Time 类案例分析

第一个示例中有两个类：Time1 类(见图 8.1)和 Time1Test 类(见图 8.2)。Time1 类表示一天中的时间。Time1Test 类的 main 方法创建 Time1 类的一个对象并调用它的方法。这个程序的输出如图 8.2 所示。

Time1 类的声明

Time1 类包含三个 int 类型的私有实例变量(见图 8.1 第 5 ~ 7 行)——hour、minute、second，用通用时间格式表示时间(24 小时制，小时范围为 0 ~ 23，分钟和秒数的范围为 0 ~ 59)。Time1 类的公共方法包括 setTime(第 11 ~ 22 行)、toUniversalString(第 25 ~ 27 行)和 toString(第 30 ~ 34 行)。这些方法也被称为类向它的客户提供的公共服务(public service)或公共接口(public interface)。

```
1  // Fig. 8.1: Time1.java
2  // Time1 class declaration maintains the time in 24-hour format.
3
4  public class Time1 {
5     private int hour; // 0 - 23
6     private int minute; // 0 - 59
7     private int second; // 0 - 59
8
9     // set a new time value using universal time; throw an
10    // exception if the hour, minute or second is invalid
11    public void setTime(int hour, int minute, int second) {
12       // validate hour, minute and second
13       if (hour < 0 || hour >= 24 || minute < 0 || minute >= 60 ||
14          second < 0 || second >= 60) {
15          throw new IllegalArgumentException(
16             "hour, minute and/or second was out of range");
17       }
18
19       this.hour = hour;
20       this.minute = minute;
21       this.second = second;
22    }
23
24    // convert to String in universal-time format (HH:MM:SS)
25    public String toUniversalString() {
26       return String.format("%02d:%02d:%02d", hour, minute, second);
27    }
28
29    // convert to String in standard-time format (H:MM:SS AM or PM)
30    public String toString() {
31       return String.format("%d:%02d:%02d %s",
32          ((hour == 0 || hour == 12) ? 12 : hour % 12),
33          minute, second, (hour < 12 ? "AM" : "PM"));
34    }
35 }
```

图 8.1　24 小时格式的 Time1 类的声明

默认构造方法

本例中，Time1 类没有声明构造方法，因此使用编译器提供的默认构造方法(见 3.3.2 节的讨论)。每一个实例变量都会被隐式地接收一个默认 int 值。在类体中声明实例变量时，可以用与局部变量相同的初始化语法来初始化它们。

setTime 方法与抛出异常

setTime 方法(第 11 ~ 22 行)是一个公共方法，它声明了三个 int 参数，用于设置时间。第 13 ~ 14 行测试每一个实参的值，以判断它们是否越界。hour 值必须大于或等于 0 且小于 24，因为通用时间格式用 0 ~ 23 的整数表示时间(如下午 1 时为 13 时，下午 11 时为 23 时，午夜为 0 时，中午为 12 时)。类似地，minute 和 second 值都必须大于或等于 0 且小于 60。对于这些范围之外的值，setTime 方法会抛出一个 IllegalArgumentException 类型的异常(第 15 ~ 16 行)，它通知客户代码有一个无效的实参传递给了方法。正如 7.5 节所讲，可以使用 try...catch 语句来捕获异常并尝试恢复程序的执行，图 8.2 中的程序将这样做。throw 语句中的类实例创建表达式(见图 8.1 第 15 行)，创建了一个 IllegalArgumentException 类型的新对象。表达式中的圆括号对表示调用了 IllegalArgumentException 构造方法。这里调用构造方法时，允许专门指定错误消息。创建了异常对象之后，throw 语句会立即终止 setTime 方法，而异常会返回到试图设置时间的那个方法。如果所有的实参值都有效，则第 19 ~ 21 行将这些值赋予 hour、minute、second 实例变量。

软件工程结论 8.1

对于类似图 8.1 中的 setTime 方法，在将所有实参值用于设置实例变量值之前，验证它们的有效性可确保只有这些值有效时才会去修改对象的数据。

toUniversalString 方法

toUniversalString 方法(第 25 ~ 27 行)不带实参，它返回一个世界时间格式的字符串，由 6 位组成——时、分、秒各占两位。前面说过，printf 格式指定符中的 0 标志(如%02d)表示如果值没有占据指定字段宽度的全部位置，则在其前面用 0 补充。例如，如果时间为 1:30:07 PM，则 toUniversalString 方法返回 13:30:07。第 26 行用 String 类的静态方法 format 返回一个字符串，包含格式化的 hour、minute、second 值，各占两位，必要时在前面添 0(由 0 标志指定)。format 方法类似于 System.out.printf 方法，但前者返回一个格式化的字符串，而不是在命令窗口显示。toUniversalString 方法返回一个格式化的字符串。

toString 方法

toString 方法(第 30 ~ 34 行)不带实参，返回一个标准时间格式的字符串，将 hour、minute 和 second 值用冒号分开，后接 AM 或 PM(如 11:30:17 AM 或者 1:27:06 PM)。和 toUniversalString 方法一样，toString 方法用 String 类的静态方法 format 将 minute 和 second 格式化为两位值，必要时前面加 0。第 32 行用条件运算符(?:)确定字符串中的 hour 值——如果它为 0 或 12(AM 或 PM)，则显示 12，否则显示 1 ~ 11 的值。第 33 行的条件运算符确定字符串中是否返回 AM 或 PM。

前面曾介绍过，Java 中的所有对象都有 toString 方法，它返回对象的字符串表示。我们选择返回包含标准时间格式的时间字符串。当代码中需要字符串的地方出现了 Time1 对象时，会隐式地调用 toString 方法，就如同在调用 System.out.printf 时用%s 格式指定符输出值一样。也可以显式地调用 toString 方法，以获取 Time1 对象的字符串表示。

使用 Time1 类

Time1Test 类(见图 8.2)中使用了 Time1 类。第 7 行声明了一个 Time1 变量 time，并将它初始化成一个新的 Time1 对象。运算符 new 会隐式地调用 Time1 类的默认构造方法，因为 Time1 没有声明任何构造方法。为了验证这个 Time1 对象被正确地初始化了，第 10 行调用私有方法 displayTime(第 31 ~ 34 行)，而它又调用了 Time1 对象的 toUniversalString 方法和 toString 方法，分别以世界时间格式和标准时间格式显示时间。注意，这里会隐式地调用 toString 方法，而无须显式地调用。接下来，第 14 行调用 time 对象的 setTime 方法，改变时间。然后，第 15 行再次调用 displayTime 方法，用两种格式输出时间，确认时间被正确地设置了。

软件工程结论 8.2

回忆第 3 章可知，用访问修饰符 private 声明的方法，只能由声明该私有方法的类中的其他方法调用。这样的方法通常被称为实用工具方法(utility method)或帮助器方法(helper method)，因为它们通常用于支持类中其他方法的操作。

用无效值调用 Time1 类的 setTime 方法

为了演示 setTime 方法会验证它的实参值，第 20 行调用这个方法，将实参 hour、minute、second 指定为无效值 99。这条语句被放在了 try 语句块中(第 19 ~ 21 行)，setTime 方法会对它抛出 IllegalArgumentException 异常，因为实参值都是无效的。当抛出异常时，异常会在第 22 ~ 24 行被捕获，而第 23 行会通过调用它的 getMessage 方法显示有关这个异常的错误消息。第 27 行再次用两种格式输出时间，确认 setTime 方法在实参无效的情况下没有改变时间。

```
1  // Fig. 8.2: Time1Test.java
2  // Time1 object used in an app.
3
4  public class Time1Test {
5     public static void main(String[] args) {
6        // create and initialize a Time1 object
7        Time1 time = new Time1(); // invokes Time1 constructor
8
9        // output string representations of the time
10       displayTime("After time object is created", time);
11       System.out.println();
12
13       // change time and output updated time
14       time.setTime(13, 27, 6);
15       displayTime("After calling setTime", time);
16       System.out.println();
17
18       // attempt to set time with invalid values
19       try {
20          time.setTime(99, 99, 99); // all values out of range
21       }
22       catch (IllegalArgumentException e) {
23          System.out.printf("Exception: %s%n%n", e.getMessage());
24       }
25
26       // display time after attempt to set invalid values
27       displayTime("After calling setTime with invalid values", time);
28    }
29
30    // displays a Time1 object in 24-hour and 12-hour formats
31    private static void displayTime(String header, Time1 t) {
32       System.out.printf("%s%nUniversal time: %s%nStandard time: %s%n",
33          header, t.toUniversalString(), t.toString());
34    }
35 }
```

```
After time object is created
Universal time: 00:00:00
Standard time: 12:00:00 AM

After calling setTime
Universal time: 13:27:06
Standard time: 1:27:06 PM

Exception: hour, minute and/or second was out of range

After calling setTime with invalid values
Universal time: 13:27:06
Standard time: 1:27:06 PM
```

图 8.2　使用 Time1 对象

有关 Time1 类声明的软件工程

考虑 Time1 类设计中的几个问题。实例变量 hour、minute 和 second 都被声明为私有的。类的客户并不关心类中数据的实际表示方法。例如，Time1 内部可以将时间表示为从午夜算起的秒数，或者从午夜算起的分钟数和秒数，这样做完全合理。客户不必关心这些细节，照样可以使用相同的公共方法，在不知道这些变化的情况下得到相同的结果（练习题 8.5 要求将时间表示为从午夜算起的秒数，表明类客户的确不知道它的内部表示方式）。

软件工程结论 8.3

类可以简化编程，因为客户只需使用类提供的公共方法。这些方法通常是面向客户的，而不是面向实现的。客户不关心、也不必知道类的实现细节。通常，客户关心的是类能做什么，而不关心它是如何做的。

软件工程结论 8.4

与实现过程相比，接口的变化没有那么频繁。实现改变时，要相应改变依赖于实现的代码。隐藏实现细节，可以使程序的其他部分对类的实现细节的依赖度降低。

Java SE 8 中的日期/时间 API

本节中的这个示例以及后面的几个示例，演示了用于表示日期和时间的类中各种类的实现途径。对于专业的 Java 程序开发，通常不需要自己创建有关日期和时间的类，而是利用由 Java API 提供的那些类。尽管 Java 已经包含了用于操作日期和时间的类，但是 Java SE 8 中还是提供了一个新的日期/时间 API，它由 java.time 包中的那些类给出。用 Java SE 8 创建程序时，应使用这个包中的类，而不是以前的版本。这些新 API 修复了以前的类中的错误，提供更健壮、更易使用的功能，用于操作日期、时间、时区、日历等。第 23 章中将用到这个 API。有关这个 API 中类的详细信息，可参见：

```
http://docs.oracle.com/javase/8/docs/api/java/time/package-
  summary.html
```

8.3　对成员的访问控制

访问修饰符 public 和 private 用于控制对类的变量和方法的访问。第 9 章中，将介绍另一个访问修饰符 protected。公共方法的主要作用是让类的客户知道类提供的服务（类的公共接口）。类的客户不必关心类是如何完成它的任务的。为此，类的私有变量和方法（即类的实现细节）是类的客户无法直接访问的。

图 8.3 中的程序演示了在类之外无法访问类的私有成员。第 7 ~ 9 行试图访问 Time1 类的 time 对象的私有实例变量 hour、minute、second。编译这个程序时，编译器会产生一个错误消息，指出这些私有成员无法访问。这个程序假设使用的是图 8.1 中的 Time1 类。

```
1   // Fig. 8.3: MemberAccessTest.java
2   // Private members of class Time1 are not accessible.
3   public class MemberAccessTest {
4      public static void main(String[] args) {
5         Time1 time = new Time1(); // create and initialize Time1 object
6
7         time.hour = 7; // error: hour has private access in Time1
8         time.minute = 15; // error: minute has private access in Time1
9         time.second = 30; // error: second has private access in Time1
10     }
11  }
```

```
MemberAccessTest.java:7: error: hour has private access in Time1
      time.hour = 7; // error: hour has private access in Time1
          ^
MemberAccessTest.java:8: error: minute has private access in Time1
      time.minute = 15; // error: minute has private access in Time1
          ^
MemberAccessTest.java:9: error: second has private access in Time1
      time.second = 30; // error: second has private access in Time1
          ^
3 errors
```

图 8.3　不能访问 Time1 类的私有成员

常见编程错误 8.1

不是某个类的成员的方法如果访问这个类的私有成员，则会产生编译错误。

8.4　用 this 引用访问当前对象的成员

每一个对象都可以用关键字 this 引用自己（也被称为 this 引用）。调用特定对象的实例方法时，方法体会隐式地用关键字 this 引用这个对象的实例变量和其他方法。这样，就使得类的代码知道应该操作哪一个对象。从图 8.4 可以看出，也可以在实例方法体中显式地使用关键字 this。8.5 节将介绍 this 关键字的另一种有趣的用法。8.11 节将解释为什么 this 关键字不能在静态方法中使用。

图 8.4 中的程序演示了 this 引用的显式和隐式用法。这个实例首次在一个文件中声明了两个类：第

4 ~ 9 行中声明的 ThisTest 类和第 12 ~ 41 行中声明的 SimpleTime 类。当编译包含多个类的一个.java 文件时，编译器会为每一个被编译的类产生一个单独的类文件，扩展名为.class。这里会产生两个不同的文件——SimpleTime.class 和 ThisTest.class。当一个源代码文件(.java 文件)中包含多个类声明时，编译器会将它们的类文件放在同一目录下。还要注意，在图 8.4 中只有 ThisTest 类被声明为公共的。一个源代码文件中只能包含一个公共类，否则将发生编译错误。非公共类只能被同一个包中的其他类使用。3.2.5 节中讲过，被编译在同一个目录下的类位于同一个包中。因此，对于这个示例，SimpleTime 类只能由 ThisTest 类使用。

```
1  // Fig. 8.4: ThisTest.java
2  // this used implicitly and explicitly to refer to members of an object.
3
4  public class ThisTest {
5     public static void main(String[] args) {
6        SimpleTime time = new SimpleTime(15, 30, 19);
7        System.out.println(time.buildString());
8     }
9  }
10
11 // class SimpleTime demonstrates the "this" reference
12 class SimpleTime {
13    private int hour; // 0-23
14    private int minute; // 0-59
15    private int second; // 0-59
16
17    // if the constructor uses parameter names identical to
18    // instance variable names the "this" reference is
19    // required to distinguish between the names
20    public SimpleTime(int hour, int minute, int second) {
21       this.hour = hour; // set "this" object's hour
22       this.minute = minute; // set "this" object's minute
23       this.second = second; // set "this" object's second
24    }
25
26    // use explicit and implicit "this" to call toUniversalString
27    public String buildString() {
28       return String.format("%24s: %s%n%24s: %s",
29          "this.toUniversalString()", this.toUniversalString(),
30          "toUniversalString()", toUniversalString());
31    }
32
33    // convert to String in universal-time format (HH:MM:SS)
34    public String toUniversalString() {
35       // "this" is not required here to access instance variables,
36       // because method does not have local variables with same
37       // names as instance variables
38       return String.format("%02d:%02d:%02d",
39          this.hour, this.minute, this.second);
40    }
41 }
```

```
this.toUniversalString(): 15:30:19
     toUniversalString(): 15:30:19
```

图 8.4 隐式和显式地引用对象成员的 this 引用

SimpleTime 类(第 12 ~ 41 行)声明了三个私有实例变量——hour、minute、second(第 13 ~ 15 行)。类的构造方法(第 20 ~ 24 行)接收三个 int 实参，初始化一个 SimpleTime 对象。同样，构造方法中所使用的参数名称与类中实例变量的名称相同(第 13 ~ 15 行)，所以在第 21 ~ 23 行中，使用 this 来引用这些实例变量。

错误预防提示 8.1

如果写成“x = x;”，而不是“this.x = x;”，大多数 IDE 会发出警告。语句“x = x;”常被称为“无操作”语句。

buildString 方法(第 27 ~ 31 行)返回显式和隐式地使用 this 引用的语句所创建的字符串。第 29 行显式地用 this 引用调用 toUniversalString 方法，第 30 行隐式地用 this 引用调用同一个方法。这两行语句会执行相同的任务。程序员通常不会显式地使用 this 来引用当前对象中的其他方法。而且，toUniversalString 方法在第 39 行显式地用 this 引用访问了每一个实例变量。此处不是必要的，因为这个方法没有包含会隐藏类的实例变量的局部变量。

性能提示 8.1

类中的每一个方法都只存在一个副本——类的所有对象都共享该方法的代码。但是，类的每一个对象都有该类的实例变量的一个单独副本。类的非静态方法会隐式地使用 this 来确定要操作的类的指定对象。

ThisTest 类（第 5 ~ 8 行）的 main 方法演示了 SimpleTime 类的用法。第 6 行创建了 SimpleTime 类的一个实例，并调用它的构造方法。第 7 行调用对象的 buildString 方法，然后显示结果。

8.5 Time 类案例分析：重载构造方法

我们知道，可以声明自己的构造方法，以指定类的对象应该如何初始化。下面给出的一个类，包含几个重载构造方法（overloaded constructor），使这个类的对象可以用不同方式初始化。要重载构造方法，只需提供具有不同签名的多个构造方法声明即可。

带重载构造方法的 Time2 类

Time1 类的默认构造方法（见图 8.1）将 hour、minute、second 初始化为默认值 0（即通用时间的午夜）。这个默认构造方法不允许类的客户将时间初始化为非零值。Time2 类（见图 8.5）中包含 5 个重载构造方法，利用它们可以方便地初始化对象。这个程序中，4 个构造方法调用了第 5 个构造方法，保证提供的 hour 值在 0 ~ 23 范围内，minute 和 second 值在 0 ~ 59 范围内。编译器调用相应的构造方法时，会将构造方法调用中指定的实参个数、类型和顺序与每个构造方法声明中指定的参数个数、类型和顺序进行匹配。Time2 类还为每一个实例变量提供了 *set* 方法和 *get* 方法。

```
1  // Fig. 8.5: Time2.java
2  // Time2 class declaration with overloaded constructors.
3
4  public class Time2 {
5     private int hour; // 0 - 23
6     private int minute; // 0 - 59
7     private int second; // 0 - 59
8
9     // Time2 no-argument constructor:
10    // initializes each instance variable to zero
11    public Time2() {
12       this(0, 0, 0); // invoke constructor with three arguments
13    }
14
15    // Time2 constructor: hour supplied, minute and second defaulted to 0
16    public Time2(int hour) {
17       this(hour, 0, 0); // invoke constructor with three arguments
18    }
19
20    // Time2 constructor: hour and minute supplied, second defaulted to 0
21    public Time2(int hour, int minute) {
22       this(hour, minute, 0); // invoke constructor with three arguments
23    }
24
25    // Time2 constructor: hour, minute and second supplied
26    public Time2(int hour, int minute, int second) {
27       if (hour < 0 || hour >= 24) {
28          throw new IllegalArgumentException("hour must be 0-23");
29       }
30
31       if (minute < 0 || minute >= 60) {
```

图 8.5　带重载构造方法的 Time2 类

```
32            throw new IllegalArgumentException("minute must be 0-59");
33         }
34
35         if (second < 0 || second >= 60) {
36            throw new IllegalArgumentException("second must be 0-59");
37         }
38
39         this.hour = hour;
40         this.minute = minute;
41         this.second = second;
42      }
43
44      // Time2 constructor: another Time2 object supplied
45      public Time2(Time2 time) {
46         // invoke constructor with three arguments
47         this(time.hour, time.minute, time.second);
48      }
49
50      // Set Methods
51      // set a new time value using universal time;
52      // validate the data
53      public void setTime(int hour, int minute, int second) {
54         if (hour < 0 || hour >= 24) {
55            throw new IllegalArgumentException("hour must be 0-23");
56         }
57
58         if (minute < 0 || minute >= 60) {
59            throw new IllegalArgumentException("minute must be 0-59");
60         }
61
62         if (second < 0 || second >= 60) {
63            throw new IllegalArgumentException("second must be 0-59");
64         }
65
66         this.hour = hour;
67         this.minute = minute;
68         this.second = second;
69      }
70
71      // validate and set hour
72      public void setHour(int hour) {
73         if (hour < 0 || hour >= 24) {
74            throw new IllegalArgumentException("hour must be 0-23");
75         }
76
77         this.hour = hour;
78      }
79
80      // validate and set minute
81      public void setMinute(int minute) {
82         if (minute < 0 || minute >= 60) {
83            throw new IllegalArgumentException("minute must be 0-59");
84         }
85
86         this.minute = minute;
87      }
88
89      // validate and set second
90      public void setSecond(int second) {
91         if (second < 0 || second >= 60) {
92            throw new IllegalArgumentException("second must be 0-59");
93         }
94
95         this.second = second;
96      }
97
98      // Get Methods
99      // get hour value
100     public int getHour() {return hour;}
101
102     // get minute value
103     public int getMinute() {return minute;}
104
105     // get second value
```

图 8.5(续) 带重载构造方法的 Time2 类

```
106        public int getSecond() {return second;}
107
108        // convert to String in universal-time format (HH:MM:SS)
109        public String toUniversalString() {
110           return String.format(
111              "%02d:%02d:%02d", getHour(), getMinute(), getSecond());
112        }
113
114        // convert to String in standard-time format (H:MM:SS AM or PM)
115        public String toString() {
116           return String.format("%d:%02d:%02d %s",
117              ((getHour() == 0 || getHour() == 12) ? 12 : getHour() % 12),
118              getMinute(), getSecond(), (getHour() < 12 ? "AM" : "PM"));
119        }
120     }
```

图 8.5(续)　带重载构造方法的 Time2 类

Time2 类的构造方法，一个构造方法利用 this 调用另一个构造方法

第 11 ~ 13 行声明了一个所谓的无实参构造方法(no-argument constructor)，调用它时不需要实参。只要类中声明了构造方法，编译器就不会提供默认构造方法。这个无实参构造方法能确保 Time2 类的客户可以用默认值创建对象。这样的构造方法完全按方法体中指定的方式来初始化对象。方法体中使用了 this 引用，它只允许用在构造方法体的第一条语句中。第 12 行利用方法调用语法中的 this，调用有三个实参的 Time2 类的构造方法(第 26 ~ 42 行)，hour、minute、second 的值都为 0。此处的 this 引用是一种流行的做法，它复用类中另一个构造方法的初始化代码，而不是在无实参构造方法体中重写类似代码。以这种方式调用另一个构造方法的构造方法被称为“代理构造方法”。我们对 5 个 Time2 类的构造方法中的 4 个使用了这一语法，使得类更易于维护和修改。如果要改变 Time2 类对象的初始化方法，只需要修改类的其他构造方法会调用的那一个构造方法即可。

常见编程错误 8.2

在构造方法体中，利用 this 来调用同一个类中的另一个构造方法，而这个调用不是构造方法中的第一条语句，这时会产生编译错误。类的方法试图直接通过 this 来调用构造方法也会导致编译错误。

第 16 ~ 18 行声明的 Time2 类的构造方法有一个 int 参数，表示 hour，第 26 ~ 42 行将 minute 和 second 值 0 传入构造方法；第 21 ~ 23 行声明的 Time2 类的构造方法带两个 int 参数，表示 hour 和 minute，第 26 ~ 42 行将 second 值 0 传入构造方法。和无实参构造方法一样，这些构造方法都调用了那个三实参构造方法，以尽量减少代码重复。第 26 ~ 42 行声明的 Time2 类的构造方法接收三个 int 参数，分别表示 hour、minute、second。这个构造方法会验证并初始化这些实例变量。

第 45 ~ 48 行声明的 Time2 类的构造方法接收另一个 Time2 对象的引用。实参对象的值被传入三实参构造方法，用于初始化 hour、minute、second。尽管 hour、minute、second 被声明为 Time2 类的私有变量，第 47 行也可以用表达式 time.hour、time.minute、time.second 直接访问 time 实参的 hour、minute、second 值。原因在于：同一个类的对象之间有一种特殊关系。

软件工程结论 8.5

当类的一个对象具有同一个类中另一对象的引用时，第一个对象可以访问第二个对象的所有数据和方法(包括私有数据和方法)。

Time2 类的 setTime 方法

如果 setTime 方法(第 53 ~ 69 行)的任意一个实参值越界，则它会抛出一个 IllegalArgumentException 异常(第 55 行, 第 59 行, 第 63 行)。否则，该方法会将 Time2 的实例变量设置成对应的实参值(第 66 ~ 68 行)。

对 Time2 类的 *set* 方法、*get* 方法及构造方法的说明

Time2 类的 *get* 方法是在类中的其他方法里调用的。特别地，toUniversalString 和 toString 方法分别

在第 111 行和第 117 ~ 118 行调用了 getHour、getMinute、getSecond 方法。每种情况下，这些方法本可以不通过调用 *get* 方法而直接访问类的私有数据。但是，考虑将时间的表示形式从三个 int 值(需要 12 字节的内存)改成自午夜以来所流逝的秒数(只需要 4 字节的内存)。如果进行了这样的变化，则只有直接访问私有数据的方法体需要修改。具体地说，需要修改的是三实参构造方法、setTime 方法，以及针对 hour、minute、second 的各个 *set* 方法和 *get* 方法。toUniversalString 和 toString 的方法体并不需要修改，因为它们不直接访问数据。类的这种设计方式，减少了当类的实现发生变化时出现错误的可能性。

类似地，每一个 Time2 类的构造方法都可以包含来自三实参构造方法中的适当语句的副本。这样做的效率可能稍高一些，因为它消除了额外的构造方法调用。但是，重复相同的语句，会使类的内部数据表示形式的修改变得更加困难。让 Time2 类的构造方法调用一个三实参构造方法，只要求对该三实参构造方法的实现改动一次即可。而且，编译器会删除对简单方法的调用，将它替换成方法声明中的扩展代码，从而优化程序。这种技术被称为内联代码(inlining the code)，它能够提高程序的性能。

使用 Time2 类的重载构造方法

Time2Test 类(见图 8.6)调用了几个 Time2 类的重载构造方法(第 6 ~ 10 行和第 21 行)。第 6 行调用了 Time2 类的无实参构造方法。第 7 ~ 10 行演示了将实参传递给 Time2 类的其他构造方法的途径。第 7 行调用了一个单实参构造方法，它接收一个 int 值(见图 8.5 第 16 ~ 18 行)。第 8 行调用了一个两实参构造方法(见图 8.5 第 21 ~ 23 行)。第 9 行调用的是三实参构造方法(见图 8.5 第 26 ~ 42 行)。第 10 行调用的是单实参构造方法(见图 8.5 第 45 ~ 48 行)。接下来，程序显示每一个 Time2 对象的字符串表示，确认它们已经被正确地初始化了(见图 8.6 第 13 ~ 17 行)。第 21 行试图通过创建一个新的 Time2 对象来初始化 t6，并将三个无效值传递给构造方法。当构造方法使用无效的小时值来初始化对象的 hour 属性时，会发生 IllegalArgumentException 异常。第 23 行捕获了这个异常并显示了它的错误消息，其结果就是输出中的最后一行。

```
1  // Fig. 8.6: Time2Test.java
2  // Overloaded constructors used to initialize Time2 objects.
3
4  public class Time2Test {
5     public static void main(String[] args) {
6        Time2 t1 = new Time2(); // 00:00:00
7        Time2 t2 = new Time2(2); // 02:00:00
8        Time2 t3 = new Time2(21, 34); // 21:34:00
9        Time2 t4 = new Time2(12, 25, 42); // 12:25:42
10       Time2 t5 = new Time2(t4); // 12:25:42
11
12       System.out.println("Constructed with:");
13       displayTime("t1: all default arguments", t1);
14       displayTime("t2: hour specified; default minute and second", t2);
15       displayTime("t3: hour and minute specified; default second", t3);
16       displayTime("t4: hour, minute and second specified", t4);
17       displayTime("t5: Time2 object t4 specified", t5);
18
19       // attempt to initialize t6 with invalid values
20       try {
21          Time2 t6 = new Time2(27, 74, 99); // invalid values
22       }
23       catch (IllegalArgumentException e) {
24          System.out.printf("%nException while initializing t6: %s%n",
25             e.getMessage());
26       }
27    }
28
29    // displays a Time2 object in 24-hour and 12-hour formats
30    private static void displayTime(String header, Time2 t) {
31       System.out.printf("%s%n   %s%n   %s%n",
32          header, t.toUniversalString(), t.toString());
33    }
34 }
```

图 8.6 用于初始化 Time2 对象的重载构造方法

```
Constructed with:
t1: all default arguments
   00:00:00
   12:00:00 AM
t2: hour specified; default minute and second
   02:00:00
   2:00:00 AM
t3: hour and minute specified; default second
   21:34:00
   9:34:00 PM
t4: hour, minute and second specified
   12:25:42
   12:25:42 PM
t5: Time2 object t4 specified
   12:25:42
   12:25:42 PM

Exception while initializing t6: hour must be 0-23
```

图 8.6(续)　用于初始化 Time2 对象的重载构造方法

8.6　默认构造方法与无实参构造方法

每一个类都必须至少有一个构造方法。如果类的声明中不提供构造方法，则编译器会创建一个默认构造方法，调用它时不必带任何实参。默认构造方法会将实例变量初始化为其声明中指定的初始值或默认值(基本数值类型的默认值为 0，布尔类型的默认值为 false，引用类型的默认值为 null)。

前面说过，如果类声明了构造方法，则编译器就不会创建默认构造方法。这时，如果需要进行默认初始化，就必须声明一个无实参构造方法。和默认构造方法一样，无实参构造方法也用空圆括号调用。Time2 类的无实参构造方法(见图 8.5 第 11 ~ 13 行)显式地初始化了一个 Time2 对象，为三实参构造方法的每一个参数传递了值 0。由于 0 是 int 实例变量的默认值，因此本例中的无实参构造方法实际上可以用空的方法体声明。这样，当调用无实参构造方法时，每个实例变量都将接收默认值。如果省略无实参构造方法，则类的客户就无法用表达式 new Time2( )创建 Time2 对象。

错误预防提示 8.2

在构造方法的定义中，应确保没有包含返回类型。除了构造方法，Java 允许类的其他方法的名称与类的名称相同，并可以指定返回类型。这样的方法并不是构造方法，也不会在实例化类对象时被调用。

常见编程错误 8.3

如果试图将错误的实参个数或类型传递给类的构造方法来初始化类的对象，则会发生编译错误。

8.7　*set* 方法和 *get* 方法

我们知道，客户代码只能通过类的方法才能操作类的私有字段。典型的操作可能是通过 computeInterest 方法来调整客户的账户余额(如 BankAccount 类的一个私有实例变量)。*set* 方法也常被称为改变器方法(mutator method)，因为它通常会改变对象的状态，即修改实例变量的值；*get* 方法也被称为访问器方法(accessor method)或查询方法(query method)。

set 方法、*get* 方法与公共数据的比较

从本质上看，为类提供 *set* 方法和 *get* 方法似乎与声明公共实例变量相同，但正是它们之间的一个细微差别，才使 Java 非常符合软件工程的要求。如果一个类中有公共实例变量，那么引用包含该变量的对象的任何方法都可以读写这个变量。不过，如果实例变量被声明为私有的，则公共 *get* 方法显然允许其他方法访问这个变量，但 *get* 方法可以控制客户访问它的方式。例如，*get* 方法可能会控制它所返回

的数据的格式，这样就可以对客户代码屏蔽真正的数据表示。公共 *set* 方法能够而且应该仔细查验修改实例变量值的企图，并在必要时抛出异常。例如，将某一月中的日期设置为 37、将人的体重设置为负值，这样的企图应该被拒绝。因此，尽管 *set* 方法和 *get* 方法提供了对私有数据的访问，但这种访问是由方法的实现所限制的。这有助于促进实现良好的软件工程。

软件工程结论 8.6

类中不应包含公共的非常量数据，而是应将数据声明成 public static final 类型，使类的客户能够访问这些常量。例如，Math 类提供了 public static final 常量 Math.E 和 Math.PI。

set 方法中的有效性检查

将实例变量声明为私有的，并不会自动保证数据的完整性——程序员必须提供有效性检查。类的 *set* 方法可以判断出将无效数据赋予类对象的企图。*set* 方法的返回类型通常为 void，它会使用异常处理机制来表明赋予无效数据的企图。第 11 章将详细介绍异常处理。

软件工程结论 8.7

如果需要，可以提供公共方法来改变和取得私有实例变量的值。这种方式有助于向客户隐藏类的实现，提高程序的可修改性。

错误预防提示 8.3

应使用 *set* 方法和 *get* 方法创建更易调试和维护的类。如果类中只有一个方法执行某个特定任务，例如设置对象中实例变量的值，则这个类就易于调试和维护。如果没有正确地设置实例变量的值，则实际修改该实例变量的代码必然位于某个 *set* 方法中。这样，调试程序时就可以专注于这个方法。

谓词方法

访问器方法的另一常见用法是测试某个条件是否为真。这样的方法通常称之为谓词方法(predicate method)。一个例子是 ArrayList 类的 isEmpty 方法，如果 ArrayList 为空，则这个方法返回 true；否则返回 flase。在试图从 ArrayList 读出另一个项时，程序可能先要用 isEmpty 进行测试。

良好的编程实践 8.1

按照惯例，谓词方法的名称应以“is”开头，而不是以“get”开头。

8.8 组合

类可以引用其他类的对象，将它作为自己的成员。这个功能被称为组合(composition)，有时也称之为“有”关系(*has-a* relationship)。例如，AlarmClock 类的对象需要知道当前时间和启动闹钟的时间，因此可以用 Time 对象的两个引用作为 AlarmClock 对象的成员。

Date 类

下面这个组合例子包含三个类——Date 类(见图 8.7)、Employee 类(见图 8.8)和 EmployeeTest 类(见图 8.9)。Date 类声明了实例变量 month、day、year(第 5 ~ 7 行)，表示一个日期。构造方法接收三个 int 参数。第 15 ~ 18 行验证月份——如果不合法，则第 16 ~ 17 行抛出异常。第 21 ~ 25 行验证日期。如果日期不正确(闰年的 2 月 29 日需要额外的测试)，则第 23 ~ 24 行抛出异常。第 28 ~ 29 行为闰年的二月进行测试。如果月份为二月、日期为 29 日，但是年份不为闰年，则第 30 ~ 31 行抛出异常。如果没有异常抛出，则第 34 ~ 36 行初始化 Date 的实例变量，第 38 行将这个 this 引用作为字符串输出。由于 this 是当前 Date 对象的引用，因此会隐式调用对象的 toString 方法(第 42 ~ 44 行)，获得这个对象的字符串表示。这个示例中，我们假定年份是正确的。但是对于专业程序中的 Date 类，还应验证年份的正确性。

```
1  // Fig. 8.7: Date.java
2  // Date class declaration.
3
4  public class Date {
5     private int month; // 1-12
6     private int day; // 1-31 based on month
7     private int year; // any year
8
9     private static final int[] daysPerMonth =
10       {0, 31, 28, 31, 30, 31, 30, 31, 31, 30, 31, 30, 31};
11
12    // constructor: confirm proper value for month and day given the year
13    public Date(int month, int day, int year) {
14       // check if month in range
15       if (month <= 0 || month > 12) {
16          throw new IllegalArgumentException(
17             "month (" + month + ") must be 1-12");
18       }
19
20       // check if day in range for month
21       if (day <= 0 ||
22          (day > daysPerMonth[month] && !(month == 2 && day == 29))) {
23          throw new IllegalArgumentException("day (" + day +
24             ") out-of-range for the specified month and year");
25       }
26
27       // check for leap year if month is 2 and day is 29
28       if (month == 2 && day == 29 && !(year % 400 == 0 ||
29            (year % 4 == 0 && year % 100 != 0))) {
30          throw new IllegalArgumentException("day (" + day +
31             ") out-of-range for the specified month and year");
32       }
33
34       this.month = month;
35       this.day = day;
36       this.year = year;
37
38       System.out.printf("Date object constructor for date %s%n", this);
39    }
40
41    // return a String of the form month/day/year
42    public String toString() {
43       return String.format("%d/%d/%d", month, day, year);
44    }
45 }
```

图 8.7　Date 类的声明

Employee 类

Employee 类(见图 8.8)具有引用类型实例变量 firstName(String 类型)、lastName(String 类型)、birthDate(Date 类型)和 hireDate(Date 类型),表明一个类可以具有其他类对象的实例变量引用。Employee 构造方法(第 11 ~ 17 行)的 4 个参数分别表示员工的名字、姓氏、出生日期和雇佣日期。这些参数所引用的对象分别被赋值为 Employee 对象的实例变量值。调用 Employee 类的 toString 方法时，它返回的字符串包含员工的姓名和两个字符串形式的 Date 对象。每一个字符串都是隐式调用 Date 类的 toString 方法获得的。

```
1  // Fig. 8.8: Employee.java
2  // Employee class with references to other objects.
3
4  public class Employee {
5     private String firstName;
6     private String lastName;
7     private Date birthDate;
8     private Date hireDate;
9
10    // constructor to initialize name, birth date and hire date
11    public Employee(String firstName, String lastName, Date birthDate,
12       Date hireDate) {
13       this.firstName = firstName;
```

图 8.8　引用其他对象的 Employee 类

```
14         this.lastName = lastName;
15         this.birthDate = birthDate;
16         this.hireDate = hireDate;
17      }
18
19      // convert Employee to String format
20      public String toString() {
21         return String.format("%s, %s  Hired: %s  Birthday: %s",
22            lastName, firstName, hireDate, birthDate);
23      }
24   }
```

图 8.8(续) 引用其他对象的 Employee 类

EmployeeTest 类

EmployeeTest 类(见图 8.9)创建了两个 Date 对象，分别表示员工的出生日期和雇佣日期。第 8 行创建了一个 Employee 对象并初始化它的实例变量，向构造方法传入两个字符串(分别表示员工的名字和姓氏)和两个 Date 对象(分别表示出生日期和雇佣日期)。第 10 行隐式地调用了 Employee 类的 toString 方法，显示它的实例变量值，表明对象被正确地初始化了。

```
1   // Fig. 8.9: EmployeeTest.java
2   // Composition demonstration.
3
4   public class EmployeeTest {
5      public static void main(String[] args) {
6         Date birth = new Date(7, 24, 1949);
7         Date hire = new Date(3, 12, 1988);
8         Employee employee = new Employee("Bob", "Blue", birth, hire);
9
10        System.out.println(employee);
11     }
12  }
```

```
Date object constructor for date 7/24/1949
Date object constructor for date 3/12/1988
Blue, Bob  Hired: 3/12/1988  Birthday: 7/24/1949
```

图 8.9 组合的用法示例

8.9 enum 类型

图 6.8 中，引入了基本的 enum(枚举)类型，它定义用唯一标识符表示的一组常量。在那个程序中，enum 常量表示游戏的状态。本节将讨论 enum 类型与类之间的关系。与类一样，所有 enum 类型都是引用类型。enum 类型用 enum 声明(enum declaration)定义。enum 声明是用逗号分隔的 enum 常量列表，声明中还可以包含传统类的其他成分，例如构造方法、字段和方法(后面将看到)。每一个 enum 声明都定义一个 enum 类，具有如下限制：

1. enum 常量隐含为 final 类型。
2. enum 常量隐含为静态的。
3. 如果试图用 new 运算符创建 enum 类型的对象，会导致编译错误。

能够使用常量的任何地方都可以使用 enum 常量，例如 switch 语句的分支标签或者增强型 for 语句中。

在一个 enum 类型中声明实例变量、构造方法和方法

图 8.10 中的程序演示了如何在 enum 类型中声明实例变量、构造方法和方法。enum 声明包含两部分——enum 常量和 enum 类型的其他成员。

第一部分(第 7 ~ 12 行)声明了 6 个常量。常量后面是可选的实参，它们会被传递给 enum 构造方法(第 19 ~ 22 行)。与类中的构造方法一样，enum 构造方法可以指定任意数量的参数，也可以被重载。这个示例中，enum 构造方法有两个 String 参数，一个指定书名，一个指定书的版权年。为了正确地初始化每一个 enum 常量，在其后面的圆括号中包含了两个 String 实参。

```
 1  // Fig. 8.10: Book.java
 2  // Declaring an enum type with a constructor and explicit instance fields
 3  // and accessors for these fields
 4
 5  public enum Book {
 6     // declare constants of enum type
 7     JHTP("Java How to Program", "2018"),
 8     CHTP("C How to Program", "2016"),
 9     IW3HTP("Internet & World Wide Web How to Program", "2012"),
10     CPPHTP("C++ How to Program", "2017"),
11     VBHTP("Visual Basic How to Program", "2014"),
12     CSHARPHTP("Visual C# How to Program", "2017");
13
14     // instance fields
15     private final String title; // book title
16     private final String copyrightYear; // copyright year
17
18     // enum constructor
19     Book(String title, String copyrightYear) {
20        this.title = title;
21        this.copyrightYear = copyrightYear;
22     }
23
24     // accessor for field title
25     public String getTitle() {
26        return title;
27     }
28
29     // accessor for field copyrightYear
30     public String getCopyrightYear() {
31        return copyrightYear;
32     }
33  }
```

图 8.10　声明的 enum 类型，包含一个构造方法和几个实例变量字段，以及用于这些字段的方法

第二部分(第 15 ~ 32 行)声明了 enum 类型的其他成员——实例变量 title 和 copyrightYear(第 15 ~ 16 行)，一个构造方法(第 19 ~ 22 行)，以及两个方法(第 25 ~ 27 行和第 30 ~ 32 行)，分别返回书名和版权年。enum 类型 Book 中的每一个 enum 常量都是 Book 的一个对象，它具有自己的实例变量副本。

使用 enum 类型 Book

图 8.11 中的程序测试了 enum 类型 Book，并演示了如何迭代遍历一定范围内的 enum 常量。对每一个 enum 类型，编译器生成了一个静态方法 values(在第 10 行中调用)，它返回一个 enum 常量的数组，其元素按声明时的顺序排列。第 10 ~ 13 行显示了这些常量。第 12 行调用 Book 的 getTitle 和 getCopyrightYear 方法，获得与常量对应的书名和版权年。在将 enum 常量转换为字符串时(如第 11 行中的 book)，常量的标识符被用作字符串表示形式(如第一个 enum 常量的标识符 JHTP)。

```
 1  // Fig. 8.11: EnumTest.java
 2  // Testing enum type Book.
 3  import java.util.EnumSet;
 4
 5  public class EnumTest {
 6     public static void main(String[] args) {
 7        System.out.println("All books:");
 8
 9        // print all books in enum Book
10        for (Book book : Book.values()) {
11           System.out.printf("%-10s%-45s%s%n", book,
12               book.getTitle(), book.getCopyrightYear());
13        }
14
15        System.out.printf("%nDisplay a range of enum constants:%n");
16
17        // print first four books
18        for (Book book : EnumSet.range(Book.JHTP, Book.CPPHTP)) {
19           System.out.printf("%-10s%-45s%s%n", book,
20               book.getTitle(), book.getCopyrightYear());
21        }
22     }
23  }
```

图 8.11　测试 enum 类型 Book

```
All books:
JHTP      Java How to Program                        2018
CHTP      C How to Program                           2016
IW3HTP    Internet & World Wide Web How to Program   2012
CPPHTP    C++ How to Program                         2017
VBHTP     Visual Basic How to Program                2014
CSHARPHTP Visual C# How to Program                   2017

Display a range of enum constants:
JHTP      Java How to Program                        2018
CHTP      C How to Program                           2016
IW3HTP    Internet & World Wide Web How to Program   2012
CPPHTP    C++ How to Program                         2017
```

图 8.11(续) 测试 enum 类型 Book

第 18 ~ 21 行用 EnumSet 类(在 java.util 包中声明)的静态方法 range，显示 enum 类型 Book 的常量的范围。range 方法带有两个参数,分别为范围内的第一个和最后一个 enum 常量。该方法返回的 EnumSet，包含这两个常量范围内的所有常量。例如，表达式 EnumSet.range(Book.JHTP, Book.CPPHTP)返回一个 EnumSet，它包含 Book.JHTP、Book.CHTP、Book.IW3HTP 和 Book.CPPHTP。增强型 for 语句可以用来对 EnumSet 进行循环，就像对数组进行循环那样。因此，第 18 ~ 21 行用增强型 for 语句对 EnumSet 进行循环，显示每本书的书名和版权年。EnumSet 类还提供了其他几个静态方法，用于从同一个 enum 类型创建多组 enum 常量。

常见编程错误 8.4

enum 声明中，在 enum 类型的构造方法、字段和方法之后声明 enum 常量是一个语法错误。

8.10 垃圾回收

所有的对象都要使用各种系统资源，例如内存。当资源不再使用时，需要有某种方式将资源归还给系统，以避免资源泄漏。这样做可以防止资源被自己的程序或其他程序再次使用。Java 虚拟机(JVM)会自动进行垃圾回收(garbage collection)，将不再使用的对象所占用的内存回收。当对象不再有任何引用时，它就变成了“适合回收的”。回收过程通常发生在 JVM 执行它的垃圾收集器之时。在程序终止之前很久，也许就会执行垃圾回收工作。因此，Java 中的内存泄漏问题不像其他语言(如 C 和 C++语言)那样常见。因为在这些语言中，内存不是自动回收的。不过，有时在非常特别的情况下，Java 中也会出现内存泄漏。除了内存泄漏之外的其他资源泄漏也有可能发生。例如，程序也许打开了磁盘上的一个文件来修改它的内容——如果没有关闭这个文件，则在任何其他程序能够使用它之前，必须先终止这个程序。

关于 Object 类 finalize 方法的说明

Java 中的每一个类都具有 Object 类(位于 java.lang 包中)中的方法，finalize 方法就是其中之一。(第 9 章中将讲解有关 Object 类的更多内容。）绝对不要使用 finalize 方法，因为它会导致许多问题，并且在程序终止前是否调用了它，具有不确定性。

finalize 方法的意图是在回收对象的内存空间之前，让垃圾收集器对该对象执行“内务清理”(termination housekeeping)工作。如果类中使用了系统资源，如磁盘文件，则当程序中不再需要使用这些资源时，就应该提供一个方法来释放这些资源。当在 try-with-resources 语句中用到了某些资源时，使用 AutoClosable 对象可减少资源泄漏的可能性。正如其名称所暗示的，只要使用了 try-with-resources 语句完成了它的执行，它的 AutoClosable 对象就会自动关闭，有关这种对象的详细讨论请见 11.12 节。

软件工程结论 8.8

许多 Java API 类(如 Scanner 类及读写磁盘文件的那些类)都提供了 close 或 dispose 方法。当不再需要某个资源时，就可以调用这些方法来释放它们。

8.11　静态类成员

每一个对象都有类中所有实例变量的副本。某些情况下，只有某个特定变量的一个副本应当由类的所有对象共享。静态字段(被称为类变量)就是用于这种情形的。静态变量表示类际信息——类的所有对象共享相同的一块数据。静态变量的声明以关键字 static 开头。

静态变量示例

下面举一个静态数据的例子。假设某个视频游戏中有多个 Martian(火星人)和其他太空生物。每一个 Martian 都很勇敢，只要有另外 4 个 Martian，它们就敢于攻击其他太空生物。如果 Martian 不到 5 个，则每一个 Martian 都很胆小。因此，每个 Martian 都需要知道 martianCount 的值(即火星人的数量)。可以将 martianCount 作为 Martian 类的实例变量。这样，每一个 Martian 就具有这个实例变量的一个副本，而且每次创建新的 Martian 时，都必须在每一个 Martian 对象中更新 martianCount 实例变量的值。这样，冗余的副本会浪费空间，更新所有副本也会浪费时间，而且容易出错。为此，我们将 martianCount 声明成静态的，使 martianCount 成为类际数据。每一个 Martian 都可以访问 martianCount，就好像它是 Martian 类的实例变量一样，但是只需维护 martianCount 的一个静态副本。这样可以节省空间。通过 Martian 类的构造方法，使静态 martianCount 的值增加，这样可以节约时间。由于只有一个副本，因此不需要为每一个 Martian 对象的单独 martianCount 副本增加值。

软件工程结论 8.9

当类的所有对象必须使用变量的同一个副本时，应使用静态变量。

类级作用域

静态变量具有类级作用域——它们可以用于类的所有方法中。类的公共静态成员可以通过类的任何对象引用来访问，或者通过类的名称和点号，以完全限定成员名的方式来访问，如 Math.sqrt(2)。类的私有静态成员只能通过类的方法访问。实际上，即使类对象不存在，它的静态成员也存在——只要在执行时类载入了内存，这些静态成员就可以使用了。为了访问没有对象存在(或者有对象存在)的类的公共静态成员，只需在静态成员前面加上类名称和点号，如 Math.PI。为了访问没有对象存在的类的私有静态成员，必须提供公共静态方法，而且调用方法时必须通过类名称和点号加以限制。

软件工程结论 8.10

即使类没有实例化对象，也存在且可以使用静态类变量和方法。

静态方法不能直接访问类的实例变量和实例方法

静态方法不能直接访问类的实例变量和实例方法，因为静态方法可以在没有将类对象实例化的情况下被调用。出于同样的理由，this 引用不能在静态方法中使用。this 引用必须指向类的特定对象，而当调用静态方法时，内存中可能还没有该类的任何对象存在。

常见编程错误 8.5

如果静态方法只通过方法名称来调用同一个类中的实例方法，则会发生编译错误。类似地，如果静态方法只通过变量名称来调用同一个类中的实例变量，则会发生编译错误。

常见编程错误 8.6

静态方法中使用 this 引用是一个编译错误。

跟踪已经创建的 Employee 对象的数量

下一个程序声明了两个类——Employee 类(见图 8.12)和 EmployeeTest 类(见图 8.13)。Employee 类声明了私有静态变量 count(见图 8.12 第 6 行)和公共静态方法 getCount(第 32 ~ 34 行)。静态变量 count 维护着到目前为止已经创建的 Employee 类的对象个数。第 6 行将 count 初始化为 0。如果不初始化静态变量，则编译器会对它指定一个默认值，这里是 int 类型的默认值 0。

```
1  // Fig. 8.12: Employee.java
2  // static variable used to maintain a count of the number of
3  // Employee objects in memory.
4
5  public class Employee {
6     private static int count = 0; // number of Employees created
7     private String firstName;
8     private String lastName;
9
10    // initialize Employee, add 1 to static count and
11    // output String indicating that constructor was called
12    public Employee(String firstName, String lastName) {
13       this.firstName = firstName;
14       this.lastName = lastName;
15
16       ++count;  // increment static count of employees
17       System.out.printf("Employee constructor: %s %s; count = %d%n",
18          firstName, lastName, count);
19    }
20
21    // get first name
22    public String getFirstName() {
23       return firstName;
24    }
25
26    // get last name
27    public String getLastName() {
28       return lastName;
29    }
30
31    // static method to get static count value
32    public static int getCount() {
33       return count;
34    }
35 }
```

图 8.12 用于维护内存中 Employee 类对象数量的静态变量

当 Employee 对象存在时，变量 count 可以用在 Employee 对象的任何方法中——这里是在构造方法中递增 count 的值(第 16 行)。公共静态方法 getCount(第 32 ~ 34 行)返回到目前为止已经创建的 Employee 对象的数量。如果 Employee 类没有对象存在，则客户代码可以利用类名称调用 getCount 方法来访问 count 变量，即 Employee.getCount( )。

良好的编程实践 8.2

应使用类名称和点号调用每一个静态方法，以强调被调用的方法是一个静态方法。

9

当对象存在时，静态 getCount 方法也可以通过 Employee 对象的任何引用调用。但是，这会与上述的“良好的编程实践”相矛盾。实际上，Java SE 9 编译器会对图 8.13 第 16 ~ 17 行发出警告。

EmployeeTest 类

EmployeeTest 类中的 main 方法(见图 8.13)实例化了两个 Employee 对象(第 11 ~ 12 行)。调用每个 Employee 对象的构造方法时，图 8.12 第 13 ~ 14 行将 Employee 的名字和姓氏分别赋予实例变量 firstName 和 lastName 的值。这两条语句不会复制原始的 String 实参值。Java 中的字符串对象是不可变的(immutable)——创建之后不能被修改。因此，一个字符串对象可以具有多个引用，这是安全的。但是，对于 Java 中大多数其他类的对象而言，通常不是这种情况。既然字符串对象不可变，为什么能用+、+=之类的运算符来拼接它们呢？字符串拼接操作实际上会得到一个包含拼接值的新字符串对象，原始的字符串对象并没有被改动。

```
1  // Fig. 8.13: EmployeeTest.java
2  // static member demonstration.
3
4  public class EmployeeTest {
5     public static void main(String[] args) {
6        // show that count is 0 before creating Employees
```

图 8.13 静态成员演示

```
 7        System.out.printf("Employees before instantiation: %d%n",
 8           Employee.getCount());
 9
10        // create two Employees; count should be 2
11        Employee e1 = new Employee("Susan", "Baker");
12        Employee e2 = new Employee("Bob", "Blue");
13
14        // show that count is 2 after creating two Employees
15        System.out.printf("%nEmployees after instantiation:%n");
16        System.out.printf("via e1.getCount(): %d%n", e1.getCount());
17        System.out.printf("via e2.getCount(): %d%n", e2.getCount());
18        System.out.printf("via Employee.getCount(): %d%n",
19           Employee.getCount());
20
21        // get names of Employees
22        System.out.printf("%nEmployee 1: %s %s%nEmployee 2: %s %s%n",
23           e1.getFirstName(), e1.getLastName(),
24           e2.getFirstName(), e2.getLastName());
25     }
26  }
```

```
Employees before instantiation: 0
Employee constructor: Susan Baker; count = 1
Employee constructor: Bob Blue; count = 2
```

```
Employees after instantiation:
via e1.getCount(): 2
via e2.getCount(): 2
via Employee.getCount(): 2

Employee 1: Susan Baker
Employee 2: Bob Blue
```

图 8.13(续)　静态成员演示

当 main 方法终止时，局部变量 e1 和 e2 会被丢弃——不要忘了，局部变量只存在于声明它的语句块完成执行之前。由于 e1 和 e2 是第 11 ~ 12 行(见图 8.13)中所创建的 Employee 对象的唯一引用，所以当 main 方法终止时，这两个对象就变成“适合内存回收”的了。

对于常规的程序而言，垃圾收集器会最终回收这些对象所占据的内存空间。如果在程序终止之前，没有将某个对象声明成“适合内存回收”的，则操作系统会负责回收内存空间。JVM 不能保证垃圾收集器何时执行甚至是否会执行。有可能只有部分可回收的对象会被收回，也可能根本就没有对象被收回。

8.12　静态导入

6.3 节中已经讲解过 Math 类的静态字段和方法。利用类名称 Math 和点号(.)可以调用 Math 类的静态字段和方法。利用静态导入(static import)声明，使程序员可以导入类或接口的静态成员，这样就能通过类中的未限定名称访问它们——使用导入的静态成员时，不需要类名称和点号。

静态导入的形式

静态导入声明有两种形式：导入特定的静态成员和导入某个类的所有静态成员，前者又被称为单一静态导入(single static import)，后者又被称为按需静态导入(static import on demand)。如下语法形式会导入某个特定的静态成员：

```
import static packageName.ClassName.staticMemberName;
```

其中，*packageName* 是类所在的包(如 java.lang)，*ClassName* 是类名称(如 Math)，*staticMemberName* 是静态字段或方法的名称(如 PI 或 abs)。下列语法形式中，星号(*)表示类中的所有静态成员都可在文件中使用：

```
import static packageName.ClassName.*;
```

注意，静态导入声明只导入静态类成员。要指定程序中使用的类，应使用常规的 import 语句。

演示静态导入

图 8.14 中的程序演示了静态导入的用法。第 3 行是一个静态导入声明，它导入了 java.lang 包中 Math 类里的所有静态字段和方法。第 7 ~ 10 行使用了 Math 类的静态方法 sqrt(第 7 行)、ceil(第 8 行)，以及静态字段 E(第 9 行)和 PI(第 10 行)。字段名称和方法名称的前面都没有类名称 Math 和点号。

常见编程错误 8.7

如果程序试图导入的静态方法在两个或多个类中具有相同的签名，或者导入的静态字段在两个或多个类中具有相同的名称，则会发生编译错误。

```
1  // Fig. 8.14: StaticImportTest.java
2  // Static import of Math class methods.
3  import static java.lang.Math.*;
4
5  public class StaticImportTest {
6     public static void main(String[] args) {
7        System.out.printf("sqrt(900.0) = %.1f%n", sqrt(900.0));
8        System.out.printf("ceil(-9.8) = %.1f%n", ceil(-9.8));
9        System.out.printf("E = %f%n", E);
10       System.out.printf("PI = %f%n", PI);
11    }
12 }
```

```
sqrt(900.0) = 30.0
ceil(-9.8) = -9.0
E = 2.718282
PI = 3.141593
```

图 8.14 Math 类方法的静态导入

8.13 final 实例变量

“最低权限原则”(principle of least privilege)是良好软件工程的基础。对于程序，这一原则表示代码只能提供完成指定任务所需的权限和访问。通过防止代码无意(或有意)地修改变量的值，也为了防止调用不应访问的方法，最低权限原则使程序变得更健壮。

下面看一看这个原则如何运用到实例变量。有些对象要求可修改，有些则不要求。可以使用 final 关键字来指定变量不可修改(即它为常量)，一旦修改就会发生错误。例如：

```
private final int INCREMENT;
```

声明了 int 类型的 final(常量)实例变量 INCREMENT。在声明时可以初始化这类变量。如果在声明时没有将其初始化，则必须在类的每一个构造方法中初始化它。在构造方法中初始化常量，可以使类的每一个对象对这个常量具有不同的值。如果没有在声明中或者每一个构造方法中初始化 final 变量，则会发生编译错误。

常见编程错误 8.8

在初始化了 final 实例变量之后，如果试图修改它的值，则会产生编译错误。

错误预防提示 8.4

如果试图修改 final 实例变量的值，则会在编译时引起错误而不是导致执行时错误。程序员总是希望尽可能在编译时找出程序的 bug，而不愿在执行时才发现它们(实践表明，修复执行时发现的 bug 费时又费力)。

软件工程结论 8.11

将实例变量声明为 final 类型，可以满足最低权限原则。如果实例变量不应当被修改，则可以将它声明为 final 类型，以防止被修改。例如，图 8.8 中，在被初始化之后，实例变量 firstName、lastName、birthDate、hireDate 的值就再也不会被修改，所以应将它们声明为 final 类型(见练习题 8.20)。后面的程序中也会强调这一点。只要能够将变量声明成 final 类型，就应当这样做，它会使测试、调试和维护程序变得更容易。第 23 章中，将讲解有关 final 的类型更多优势。

软件工程结论 8.12

如果在声明时就被初始化成对类的所有对象都使用同一个值，则 final 字段也应被声明成静态的。这样被初始化之后，它的值就再也不会改变。因此，就没有必要为类的每一个对象保留该字段的副本。让字段成为静态的，使类的所有对象都能共享它们。

8.14 包访问

在类中声明方法或变量时，如果没有指定访问修饰符(public, protected, private，其中 protected 将在第 9 章中讨论)，则该方法或变量被认为具有包访问(package access)权限。如果程序只包含一个类声明，则包访问没有特别的意义。但是，如果程序使用了来自同一个包中的多个类(即一组相关的类)，则通过适当的类对象引用，这些类可直接访问相互间具有包访问权限的成员，或者可以通过类名称访问静态成员。包访问很少使用。

图 8.15 中的程序演示了包访问的用法。这个程序在一个源代码文件中包含了两个类——包含 main 方法的 PackageDataTest 类(第 5 ~ 19 行)和 PackageData 类(第 22 ~ 30 行)。位于同一个源文件中的类也位于同一个包中。之后，PackageDataTest 类可以修改 PackageData 对象的包访问数据。编译这个程序时，编译器将生成两个独立的.class 文件——PackageDataTest.class 和 PackageData.class。编译器会将这两个.class 文件放在同一个目录下。也可以将 PackageData 类(第 22 ~ 30 行)放入一个单独的源代码文件中。

```
1  // Fig. 8.15: PackageDataTest.java
2  // Package-access members of a class are accessible by other classes
3  // in the same package.
4
5  public class PackageDataTest {
6     public static void main(String[] args) {
7        PackageData packageData = new PackageData();
8
9        // output String representation of packageData
10       System.out.printf("After instantiation:%n%s%n", packageData);
11
12       // change package access data in packageData object
13       packageData.number = 77;
14       packageData.string = "Goodbye";
15
16       // output String representation of packageData
17       System.out.printf("%nAfter changing values:%n%s%n", packageData);
18    }
19 }
20
21 // class with package access instance variables
22 class PackageData {
23    int number = 0; // package-access instance variable
24    String string = "Hello"; // package-access instance variable
25
26    // return PackageData object String representation
27    public String toString() {
28       return String.format("number: %d; string: %s", number, string);
29    }
30 }
```

```
After instantiation:
number: 0; string: Hello

After changing values:
number: 77; string: Goodbye
```

图 8.15　类的包访问成员可以由同一个包中的其他类访问

在 PackageData 类声明中，第 23 ~ 24 行声明了实例变量 number 和 string，没有使用访问修饰符，因此它们是包访问实例变量。PackageDataTest 类的 main 方法创建了 PackageData 类的一个实例(第 7 行)，以演示直接修改 PackageData 实例变量的能力(如第 13 ~ 14 行所示)。修改后的结果可以在输出窗口中看到。

8.15 将 BigDecimal 用于精确的货币计算

前几章中，进行货币计算时，使用的是 double 类型的值。第 5 章中，讲解过 double 类型的值实际上是近似表示的。对于需要精确的浮点运算的程序，例如财务系统，则需要使用(java.math 包的)BigDecimal 类[①]。

使用 BigDecimal 计算利息

图 8.16 重新实现了图 5.6 中的复利计算程序，这里使用的是 BigDecimal 类对象。此外还采用了(java.text 包的)NumberFormat 类，为数字值提供本地化的字符串形式——例如，在美国，值 1234.56 会被格式化成“1,234.56”，而在欧洲的许多国家，它会被格式化成“1.234,56”。

```
1  // Fig. 8.16: Interest.java
2  // Compound-interest calculations with BigDecimal.
3  import java.math.BigDecimal;
4  import java.text.NumberFormat;
5
6  public class Interest {
7     public static void main(String args[]) {
8        // initial principal amount before interest
9        BigDecimal principal = BigDecimal.valueOf(1000.0);
10       BigDecimal rate = BigDecimal.valueOf(0.05); // interest rate
11
12       // display headers
13       System.out.printf("%s%20s%n", "Year", "Amount on deposit");
14
15       // calculate amount on deposit for each of ten years
16       for (int year = 1; year <= 10; year++) {
17          // calculate new amount for specified year
18          BigDecimal amount =
19             principal.multiply(rate.add(BigDecimal.ONE).pow(year));
20
21          // display the year and the amount
22          System.out.printf("%4d%20s%n", year,
23             NumberFormat.getCurrencyInstance().format(amount));
24       }
25    }
26 }
```

```
Year   Amount on deposit
   1           $1,050.00
   2           $1,102.50
   3           $1,157.62
   4           $1,215.51
   5           $1,276.28
   6           $1,340.10
   7           $1,407.10
   8           $1,477.46
   9           $1,551.33
  10           $1,628.89
```

图 8.16　用 BigDecimal 进行复利计算

创建 BigDecimal 对象

第 9 ~ 10 行声明并初始化了两个 BigDecimal 变量 principal 和 rate，使用的是 BigDecimal 静态方法 valueOf，它接收一个 double 实参，返回一个表示该实参精确值的 BigDecimal 对象。

用 BigDecimal 执行复利计算

第 18 ~ 19 行利用 BigDecimal 方法 multiply、add 和 pow 执行复利计算。第 19 行中的表达式的计算过程如下：

---

① 处理币种、金额、转换、四舍五入、格式化等是一项复杂的任务。新开发的 JavaMoney API(http://javamoney.github.io)就是专门应对这些情况的。到本书写作时为止，JavaMoney 还没有融入 Java SE 或 Java EE 中。练习题 8.22 中将利用 JavaMoney 构建一个货币转换程序。

1. 首先，表达式 rate.add(BigDecimal.ONE)将 1 与 rate 相加，得到的 BigDecimal 值为 1.05——等价于图 5.6 第 15 行中的 1.0 + rate。BigDecimal 常量 ONE 表示值 1。BigDecimal 类还提供常用的常量 ZERO(0)和 TEN(10)。
2. 接下来，对上述结果调用 BigDecimal 方法 pow，计算 1.05 的 year 次幂——这等价于图 5.6 第 15 行中将 1.0 + rate 和 year 传递给 Math.pow 方法。
3. 最后，对 principal 对象调用 BigDecimal 方法 multiply，将上述结果作为实参传递。这会返回一个 BigDecimal 值，表示到指定年末时的存款余额。

由于在每一次迭代中，表达式 rate.add(BigDecimal.ONE)产生的结果值都相同，所以可以在图 8.16 第 10 行中将 rate 初始化成 1.05。这里之所以不这样做，是为了模拟图 5.6 第 15 行中的精确计算。

用 NumberFormat 格式化货币值

对于每一次迭代，图 8.16 第 23 行：

```
NumberFormat.getCurrencyInstance().format(amount)
```

的执行过程如下：

1. 首先，使用 NumberFormat 的静态方法 getCurrencyInstance，获得一个被预先配置好的 NumberFormat 对象的值，用于将数字值格式化成本地货币的字符串。例如，在美国，数字值 1628.89 会被格式化成“$1,628.89”。本地格式化是国际化的一个重要部分，它是将程序定制成用户自己的本地化特性及语言的过程。
2. 接下来，表达式(对 getCurrencyInstance 返回的对象)调用 NumberFormat 方法 format，对 amount 值进行格式化。然后，format 方法返回本地化的字符串表示。对于美国常用的表示形式，得到的结果会被四舍五入成两位小数。

四舍五入 BigDecimal 值

除了用于前面的精确计算，BigDecimal 还可以用于四舍五入操作——默认情况下，所有的计算都是精确的，不会进行四舍五入。如果没有指定如何四舍五入一个 BigDecimal 值，而某个值又不能被精确表示，例如 1 除以 3 的结果——0.333 333 3...，则会导致 ArithmeticException 异常。

这个示例中没有展示如何为 BigDecimal 值进行四舍五入，具体做法是在创建 BigDecimal 对象时，为 BigDecimal 类的构造方法提供一个(java.math 包的)MathContext 对象。也可以为各种执行计算的 BigDecimal 方法提供 MathContext 对象。MathContext 类包含几个预配置的 MathContext 对象，细节请参见：

```
http://docs.oracle.com/javase/8/docs/api/java/math/MathContext.html
```

默认情况下，所有预配置的 MathContext 对象都采用所谓的“银行家舍入”方式，使用 RoundingMode 常量 HALF_EVEN，其说明可参见：

```
http://docs.oracle.com/javase/8/docs/api/java/math/
   RoundingMode.html#HALF_EVEN
```

确定 BigDecimal 值的精度

BigDecimal 值的精度就是小数点右边的数位个数。如果需要将 BigDecimal 值四舍五入到指定的精度，可以调用 BigDecimal 方法 setScale。例如，下列表达式返回的 BigDecimal 值具有两位小数，且使用银行家舍入方式。

```
amount.setScale(2, RoundingMode.HALF_EVEN)
```

8.16　(选修)GUI 与图形实例：使用包含图形的对象

3.6 节中已经讲过，这个案例分析的目标之一，是利用面向对象编程的概念，创建一个绘制各种形体的程序。最终，需要将绘制的这些形体保存到一个集合中。每一个形体都有自己的位置、大小和颜色。

接着，程序将迭代遍历这个集合，重新创建并显示每一个形体。此外，通过利用集合，就可以在绘图程序中添加一个“回退”功能——只要用户单击了 Undo 按钮，就能轻易地删除集合中的最后一个形体，然后迭代遍历这个集合，重新绘制图形。为此，需创建一个形体类的集合，它保存有关形体的信息。为了使这些类更“智能”，当提供了 JavaFX GraphicsContext 对象时，需要让这些类的对象能够绘制自己。本节的 DrawRandomLines 示例中将定义一个 MyLine 类，它包含如何绘制一条线的信息。这一节中会将 MyLine 对象保存在一个数组中，但是也可以使用 ArrayList<MyLine>(见 7.16 节)。

MyLine 类

图 8.17 中的程序声明了一个 MyLine 类，它导入了 GraphicsContext 类和 Color 类(第 3~4 行)。第 7~10 行声明的几个实例变量用于线的起点和终点坐标；第 11 行声明的实例变量用于保存它的边线色。第 14~22 行的构造方法具有 5 个参数，分别对应于前面声明的 5 个实例变量。第 25~28 行的 draw 方法接收一个 GraphicsContext 对象，以合适的颜色在两个端点间画一条线。

```
1  // Fig. 8.17: MyLine.java
2  // MyLine class represents a line.
3  import javafx.scene.canvas.GraphicsContext;
4  import javafx.scene.paint.Color;
5
6  public class MyLine {
7     private double x1; // x-coordinate of first endpoint
8     private double y1; // y-coordinate of first endpoint
9     private double x2; // x-coordinate of second endpoint
10    private double y2; // y-coordinate of second endpoint
11    private Color strokeColor; // color of this line
12
13    // constructor with input values
14    public MyLine(
15       double x1, double y1, double x2, double y2, Color strokeColor) {
16
17       this.x1 = x1;
18       this.y1 = y1;
19       this.x2 = x2;
20       this.y2 = y2;
21       this.strokeColor = strokeColor;
22    }
23
24    // draw the line in the specified color
25    public void draw(GraphicsContext gc) {
26       gc.setStroke(strokeColor);
27       gc.strokeLine(x1, y1, x2, y2);
28    }
29 }
```

图 8.17 MyLine 类表示一条线

创建 DrawRandomLines 程序的 GUI

这个程序的 GUI 在 DrawRandomLines.fxml 中定义。这里依然采用图 4.17 中定义的 GUI，但做了如下改动：

- 在 Scene Builder 的 Document 窗口的 Controller 部分，将 DrawRandomLinesController 指定成程序的控制器类。

DrawRandomLinesController 类

同样，这里没有给出 DrawRandomLines.java 的代码，因为与前面几个示例相比，唯一的变化是要加载的 FXML 文件名称(DrawRandomLines.fxml)，以及显示在标题栏中的文本(Draw Random Lines)。

在 drawLinesButtonPressed 方法中(见图 8.18)，第 21 行创建了一个 MyLine 数组 lines，存储要绘制的 100 条线段。第 23 行和第 24 行保存的是画布的宽度和高度，它们用于在第 29~32 行随机选取坐标值。第 27~40 行为每一个数组元素新创建了一个 MyLine 对象。第 29~32 行为每一行的两个端点产生随机坐标值，第 35~36 行随机产生颜色。第 39 行用这些随机产生的值，新创建了一个 MyLine 对象，并将它保存在数组中。最后，第 43~47 行先清除画布，然后利用增强型 for 语句，迭代遍历位于数组 lines

中的 MyLine 对象。每次迭代时，都会调用当前 MyLine 的 draw 方法，并将它传递给 Canvas 的 GraphicsContext 对象。MyLine 对象会完成实际的画线工作。

```
1  // Fig. 8.18: DrawRandomLinesController.java
2  // Drawing random lines using MyLine objects.
3  import java.security.SecureRandom;
4  import javafx.event.ActionEvent;
5  import javafx.fxml.FXML;
6  import javafx.scene.canvas.Canvas;
7  import javafx.scene.canvas.GraphicsContext;
8  import javafx.scene.paint.Color;
9  import javafx.scene.shape.ArcType;
10
11 public class DrawRandomLinesController {
12    private static final SecureRandom randomNumbers = new SecureRandom();
13    @FXML private Canvas canvas;
14
15    // draws random lines
16    @FXML
17    void drawLinesButtonPressed(ActionEvent event) {
18       // get the GraphicsContext, which is used to draw on the Canvas
19       GraphicsContext gc = canvas.getGraphicsContext2D();
20
21       MyLine[] lines = new MyLine[100]; // stores the MyLine objects
22
23       final nt width = (int) canvas.getWidth();
24       final int height = (int) canvas.getHeight();
25
26       // create lines
27       for (int count = 0; count < lines.length; count++) {
28          // generate random coordinates
29          double x1 = randomNumbers.nextInt(width);
30          double y1 = randomNumbers.nextInt(height);
31          double x2 = randomNumbers.nextInt(width);
32          double y2 = randomNumbers.nextInt(height);
33
34          // generate a random color
35          Color color = Color.rgb(randomNumbers.nextInt(256),
36             randomNumbers.nextInt(256), randomNumbers.nextInt(256));
37
38          // add a new MyLine to the array
39          lines[count] = new MyLine(x1, y1, x2, y2, color);
40       }
41
42       // clear the Canvas then draw the lines
43       gc.clearRect(0, 0, canvas.getWidth(), canvas.getHeight());
44
45       for (MyLine line : lines) {
46          line.draw(gc);
47       }
48    }
49 }
```

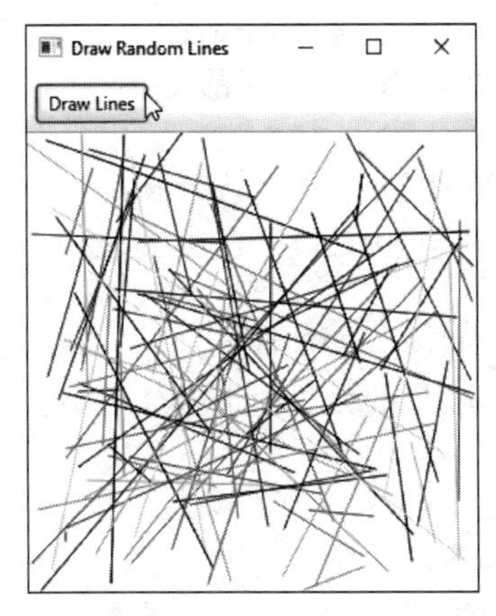

图 8.18　利用 MyLine 对象随机画线

GUI 与图形实例练习题

8.1 改进图 8.17 ~ 图 8.18 中的程序，使其能以随机的宽度画线。线的宽度可利用 GraphicsContext 方法 setLineWidth 设置。

8.2 改进图 8.17 ~ 图 8.18 中的程序，使其能够随机绘制矩形和椭圆。创建一个 MyRectangle 类和一个 MyOval 类。这两个类都应包含 x1, y1, x2, y2 坐标，一个边线色，一个填充色，以及一个用于表明形体是否应被填充的布尔标志。根据这些参数，为每一个类声明一个构造方法，用于初始化所有的实例变量。为了绘制矩形和椭圆，每一个类都应提供 getUpperLeftX、getUpperLeftY、getWidth、getHeight 方法，根据 x1, y1, x2, y2 坐标值，分别计算左上角的 (*x*, *y*) 坐标，以及形体的宽度和高度。左上角的 *x* 坐标值是两个 *x* 坐标值中较小的那一个；*y* 坐标值是两个 *y* 坐标值中较小的那一个；宽度值是两个 *x* 坐标值差的绝对值；高度是两个 *y* 坐标值差的绝对值。(此处声明的 MyRectangle 类和 MyOval 类可用于练习题 13.9 中用鼠标画图的任务，参见 13.3 节中讲解的鼠标事件处理。)程序的 GUI 应为绘制 100 个随机矩形和 100 个随机椭圆，分别提供不同的按钮。每一个按钮都有相应的事件处理器。

此外，还应修改 MyLine、MyRectangle、MyOval 类，使它们包含如下功能(将在 10.14 节中用到)：

a) 一个不带实参的构造方法，它将形体的坐标值设置为 0，将边线色及(MyRectangle 和 MyOval 类的) filled 标志设置为 false，将填充色设置为 Color.BLACK。

b) 为每一个类中的实例变量添加 *set* 方法。这些用于设置坐标值的方法，应当验证其实参值大于或者等于 0——如果不是，就将坐标值设置为 0。

c) 为每一个类中的实例变量添加 *get* 方法。draw 方法应当通过这些 *get* 方法来获取坐标值，而不是直接取得它们。

8.17 小结

本章介绍了类的更多概念。Time 类案例分析讲解了一个完整的类声明，包括私有数据、重载公共构造方法(提高初始化灵活性)、操作类数据的 *set* 方法和 *get* 方法，以及以两种不同格式返回 Time 对象的字符串表示。我们还学习了每一个类可以声明一个 toString 方法，返回该类对象的字符串表示，这个方法在类对象输出为字符串时隐式调用。此外，展示了如何在发生问题时使程序抛出异常。

this 引用在类的实例方法中隐式地用于访问类的实例变量和其他实例方法。我们显式地用 this 引用访问类成员(包括隐藏字段)，看到了在构造方法中如何用关键字 this 调用同一个类中的另一个构造方法。

本章讨论了编译器提供的默认构造方法与程序员提供的无实参构造方法的区别。类可以将其他类对象的引用作为成员——被称为组合。本章讲解了 enum 类型，学习了如何用它来创建程序中使用的一组常量。我们介绍了 Java 的垃圾回收功能，了解了 Java 如何(不可预测地)回收不再使用的对象的内存。本章解释了类中静态字段的功能，演示了如何在自己的类中声明并使用静态字段和方法，还了解了如何声明和初始化 final 变量。

本章讲解了不带访问修饰符的字段声明会被默认赋予包访问。我们看到了同一个包中类之间的关系，包中的每一个类都可以访问同一个包中其他类的包访问成员。最后，演示了如何利用 BigDecimal 类来执行精确的货币计算。

下一章将介绍 Java 中另一种面向对象编程的重要技术——继承。我们会看到 Java 中的所有类都直接或间接与 Object 类相关。还将介绍类间的关系如何能够帮助建立更强大的程序。

总结

8.2 节 Time 类案例分析

- 类中的公共方法也被称为类的公共服务或者公共接口。公共方法可以让类的客户知道类所提供的服务。

- 类的私有成员是类的客户无法访问的。
- String 类的静态 format 方法类似于 System.out.printf 方法，但前者返回一个格式化的字符串，而不是在命令窗口显示。
- Java 中的所有对象都有一个名称为 toString 的方法，它返回该对象的字符串表示。对象出现在代码中需要字符串的地方时，可以隐式地调用对象的 toString 方法。

8.3 节　对成员的访问控制

- 访问修饰符 public 和 private 用于控制对类的变量和方法的访问。
- 公共方法的主要作用是让类的客户知道类所提供的服务。类的客户不必关心类是如何完成它的任务的。
- 类的私有变量和私有方法(如它的实现细节)是类的客户无法访问的。

8.4 节　用 this 引用访问当前对象的成员

- 对象的实例方法会隐式地用关键字 this 引用这个对象的实例变量和其他方法。也可以显式地使用关键字 this。
- 编译器会为每一个被编译的类产生一个单独的类文件，扩展名为.class。
- 如果局部变量的名称与类的字段名称相同，则字段名称会被隐藏。可以在方法中使用 this 引用，以显式地调用被隐藏的字段。

8.5 节　Time 类案例分析：重载构造方法

- 将构造方法重载，可以使类的对象按不同的方式初始化。编译器会根据签名来区分重载的构造方法。
- 为了让构造方法调用同一个类中的另一个构造方法，可以使用 this 关键字，后接一对包含构造方法实参的圆括号。如果采用这种做法，则构造方法调用必须是构造方法体中的第一条语句。

8.6 节　默认构造方法与无实参构造方法

- 如果在类的声明中没有提供构造方法，则编译器会为这个类创建一个默认构造方法。
- 如果类声明了构造方法，则编译器不会创建默认构造方法。这时，如果默认初始化是必要的，程序员就必须声明一个无实参构造方法。

8.7 节　*set* 方法和 *get* 方法

- *set* 方法通常也被称为改变器方法，因为它们通常会修改某个值。*get* 方法常被称为访问器方法或查询方法。谓词方法测试某个条件的真假。

8.8 节　组合

- 类可以引用其他类的对象，将它作为自己的成员。这种功能被称为组合，有时也称之为“有”关系。

8.9 节　enum 类型

- 所有的 enum 类型都是引用类型。enum 类型用 enum 声明定义，它是一个用逗号分隔的 enum 常量列表。声明中还可以包含传统类的其他成分，例如构造方法、字段和方法。
- enum 常量隐含为 final 类型，因为它声明的是常量，不能修改。
- enum 常量隐含为静态的。
- 如果试图用 new 运算符创建 enum 类型的对象，会导致编译错误。
- 能够使用常量的任何地方都可以使用 enum 常量，例如 switch 语句的分支标签或者增强型 for 语句中。
- 在 enum 声明中的每一个 enum 常量，后面可以有实参，实参会被传递给 enum 构造方法。
- 对每一个 enum 类型，编译器生成了一个静态方法 values，它返回一个 enum 常量的数组，其元素按声明时的顺序排列。

- EnumSet 静态方法 range 带有两个参数，分别为范围内的第一个和最后一个 enum 常量。该方法返回的 EnumSet 对象包含这两个常量范围内的所有常量。

8.10 节 垃圾回收

- Java 虚拟机(JVM)自动进行垃圾回收，将不再使用的对象所占用的内存回收。当对象不再存在引用时，在 JVM 下一次执行它的垃圾收集器时，就可以将这个对象回收了。

8.11 节 静态类成员

- 静态变量表示类际信息——类的所有对象共享这个变量。
- 静态变量的作用域是所在的类。类的公共静态成员可以通过类的任何对象引用来访问，或者通过类名和点号以完全限定成员名来访问。类的私有静态成员只能通过类的方法访问。
- 只要类被载入了内存，静态类成员就已经存在。
- 静态方法不能直接访问类的实例变量和实例方法，因为静态方法可以在没有将类对象实例化的情况下被调用。
- 静态方法中不能使用 this 引用。

8.12 节 静态导入

- 静态导入声明使程序员可以引用被导入的静态成员，而不必使用类名称和点号。单一静态导入声明一次只能导入一个静态成员，而按需静态导入可导入一个类的所有静态成员。

8.13 节 final 实例变量

- 对于程序，“最低权限原则”表示代码只能提供完成指定任务所需的权限和访问。
- 关键字 final 表明变量是不可修改的。声明 final 变量或者被类的构造方法调用时，必须先初始化它。

8.14 节 包访问

- 在类中声明方法或变量时，如果没有指定访问修饰符，则该方法或变量被认为具有包访问权限。
- 来自同一个包中的多个类，通过适当的类对象引用，这些类可直接访问相互间具有包访问的成员，或者可以通过类名称访问静态成员。

8.15 节 将 BigDecimal 用于精确的货币计算

- 对于需要精确的浮点运算的程序，例如财务系统应使用(java.math 包的)BigDecimal 类。
- 带有两个实参值的 BigDecimal 类的静态方法 valueOf，返回的 BigDecimal 对象精确表示它所指定的值。
- BigDecimal 类的 add 方法将它的 BigDecimal 实参值与调用该方法的 BigDecimal 值相加，并返回结果。
- BigDecimal 类提供常量 ONE(1)、ZERO(0)和 TEN(10)。
- BigDecimal 类的 pow 方法计算第一个实参的第二个实参次幂。
- BigDecimal 类的 multiply 方法将它的 BigDecimal 实参值与调用该方法的 BigDecimal 值相乘，并返回结果。
- (java.text 包的)NumberFormat 类用于将数字值格式化成本地字符串形式。这个类的静态方法 getCurrencyInstance 返回一个预配置的 NumberFormat 对象，用于本地格式的货币值。NumberFormat 方法 format 执行格式化工作。
- 本地格式化是国际化的一个重要部分，它是将程序定制成用户自己的本地化特性及语言的过程。
- BigDecimal 可以控制数字值位数的舍入——默认情况下，所有的计算都是精确的，不会出现四舍五入的情况。如果没有指定如何四舍五入 BigDecimal 值，而某个值无法精确表示，则会发生 ArithmeticException 异常。

- 创建 BigDecimal 对象时，为 BigDecimal 类的构造方法提供一个(java.math 包的) MathContext 对象，可以指定 BigDecimal 值的舍入模式。也可以为各种执行计算的 BigDecimal 方法提供 MathContext 对象。默认情况下，所有预配置的 MathContext 对象都使用所谓的“银行家舍入”方式。
- BigDecimal 值的精度就是小数点右边的数位个数。如果需要将 BigDecimal 值四舍五入到指定的精度，可以调用 BigDecimal 方法 setScale。

自测题

8.1 填空题。

a) ________导入一个类的所有静态成员。

b) String 类的________静态方法与 System.out.printf 方法相似，但返回的是格式字符串，而不是在命令窗口中显示字符串。

c) 如果方法包含与某个字段同名的一个局部变量，则该局部变量将________该方法作用域内的这个字段。

d) 类的公共方法也被称为类的________或________。

e) ________声明导入一个静态成员。

f) 如果类声明了构造方法，则编译器不会创建________。

g) 对象出现在代码中需要字符串的地方时，可以隐式地调用对象的________方法。

h) *get* 方法常被称为________或者________。

i) ________方法测试某个条件的真假。

j) 对每一个 enum 类型，编译器生成一个静态方法________，它返回一个 enum 常量的数组，其元素按声明时的顺序排列。

k) 有时，组合被称为________关系。

l) ________声明包含由逗号分隔的常量列表。

m) ________变量表示类际信息——类的所有对象共享这个变量。

n) ________声明导入一个静态成员。

o) ________要求代码只能分配完成指定任务所需的权限量。

p) 关键字________指定在变量的声明或者一个构造方法中，当这个变量被初始化之后，就不可修改。

q) ________导入一个类的所有静态成员。

r) *set* 方法常被称为________，因为这种方法通常会改变值。

s) 使用________类可执行精确的货币计算。

t) 使用________语句表明发生了问题。

自测题答案

8.1 a) 按需静态导入。b) format。c) 屏蔽。d) 公共服务，公共接口。e) 单一静态导入。f) 默认构造方法。g) toString。h) 访问器方法，查询方法。i) 谓词。j) values。k) “有”。l) enum。m) 静态。n) 单一静态导入。o) 最低权限原则。p) final。q) 按需静态导入。r) 改变器方法。s) BigDecimal。t) throw。

练习题

8.2 (见 **8.14** 节) 给出 Java 中包访问的用法。包访问的缺点是什么？

8.3 当为构造方法指定一个返回类型(即使是 void)时，会发生什么情况？

8.4 (**Rectangle** 类) 用属性 length 和 width 创建一个 Rectangle 类，两个属性的默认值都为 1。分别提供

计算矩形周长和面积的方法。要为 length 和 width 提供 *set* 方法和 *get* 方法。通过 *set* 方法，验证 length 和 width 都为大于 0.0 且小于 20.0 的浮点数。编写一个程序，测试这个 Rectangle 类。

8.5 **(修改类的内部数据表示)**对于图 8.5 中的 Time2 类而言，完全有理由将它的内部时间表示成自午夜开始的秒数，而不是三个整数值 hour、minute 和 second。客户依然可以使用相同的公共方法得到同样的结果。修改图 8.5 中的 Time2 类，将时间表示为从午夜算起的秒数，表明类的客户的确不知道其内部表示情况。

8.6 **(储蓄账户类)**创建一个 SavingsAccount 类。利用一个静态变量 annualInterestRate 保存全部账户存款的年利率。类的每一个对象都包含一个私有实例变量 savingsBalance，表示该存款账户当前的存款余额。提供一个计算月利息的 calculateMonthlyInterest 方法，方法是将 savingsBalance 与 annualInterestRate 相乘并除以 12，并将这个利息添加到 savingsBalance 中。提供一个静态方法 modifyInterestRate，将 annualInterestRate 设置成一个新值。编写一个程序，测试这个 SavingsAccount 类。实例化两个 savingsAccount 对象 saver1 和 saver2，它们分别具有余额 2000.00 美元和 3000.00 美元。将 annualInterestRate 设置成 4%，然后计算 12 个月内每个月的利息，并为这两个账户显示新的余额。然后，将 annualInterestRate 设置成 5%，计算下一个月的月利息并为这两个账户显示新的余额。

8.7 **(改进的 Time2 类)**修改图 8.5 中的 Time2 类，使其包含一个 tick 方法，按秒递增保存在 Time2 对象中的时间。提供一个 incrementMinute 方法按分钟递增时间；另一个 incrementHour 方法按小时递增时间。编写一个程序，分别测试这三个方法，验证它们运行无误。需确保测试了如下情形：

a)递增到下一分钟。

b)递增到下一小时。

c)递增到下一天(即从 11:59:59 PM 到 12:00:00 AM)。

8.8 **(改进的 Date 类)**修改图 8.7 中的 Date 类，对变量 month、day、year 的初始化值执行错误检查(Date 类目前只验证月份和日期)。提供一个 nextDay 方法，将日期增加 1。编写一个测试 nextDay 方法的程序，在每一次循环迭代中显示日期，演示该方法运行正确。应测试如下几种情况：

a)递增到下一个月。

b)递增到下一年。

8.9 重新编写图 8.14 中的代码，为 Math 类中的每一个静态成员单独编写 import 声明。

8.10 编写一个 enum 类型 TrafficLight，它包含常量 RED、GREEN、YELLOW，且带有一个参数：信号灯的持续时间。编写一个程序，测试 TrafficLight。程序应显示不同的常量及对应的持续时间。

8.11 **(复数)**创建一个 Complex 类，对复数执行算术运算。复数的形式如下：

realPart + *imaginaryPart* * i

其中，i 的值为

$\sqrt{-1}$

编写一个程序，测试这个 Complex 类。利用浮点型变量来表示类的私有数据。提供一个构造方法，使得在声明类的对象时能够将它初始化。提供一个无实参构造方法，用于在没有提供初始值设定项的情况下使用默认值。提供几个公共方法，执行如下操作：

a)两个复数相加—— 将两个复数的实部和虚部分别相加。

b)两个复数相减—— 将左操作数的实部与右操作数的实部相减，将左操作数的虚部与右操作数的虚部相减。

c)用“(实部，虚部)”的形式输出复数。

8.12 **(日期和时间类)**创建一个 DateAndTime 类，它是练习题 8.7 中的 Time2 类和练习题 8.8 中的 Date 类的组合体。修改 incrementHour 方法，当时间被递增到下一天时，需调用 nextDay 方法。修改 toString 方法和 toUniversalString 方法，同时输出日期和时间。编写一个程序，测试这个

DateAndTime 类。尤其要测试将时间递增到下一天的情形。

8.13 **(整数集)** 创建一个 IntegerSet 类。每一个 IntegerSet 对象保存的是 0 ~ 100 的整数。这个集合通过一个布尔数组表示。如果 i 在集合中，则数组元素 a[i]的值为 true；如果 j 不在集合中，则数组元素 a[j]的值为 false。一个无实参构造方法将数组初始化成一个“空集合”(所有的数组值都为 false)。

8.14 提供如下这些方法：静态方法 union 创建第三个集合，它是两个现有集合的并集(即如果两个集合中处于同一位置的元素值有一个或两个为 true，则第三个集合中对应的数组元素值为 true，否则为 false)。静态方法 intersection 创建第三个集合，它是两个现有集合的交集(即如果两个现有集合中有一个或两个元素为 false，则第三个集合的数组元素为 false，否则第三个集合的数组元素为 true)。insertElement 方法将一个新的整数 k 插入集合中(将 a[k]设置为 true)。deleteElement 方法删除整数 m(将 a[m]设置为 false)。toString 方法返回一个字符串，它包含用空格分隔的集合中的数字列表。只包括集合中出现的元素，用“---”表示空集合。isEqualTo 方法判断两个集合是否相等。编写一个程序，测试这个 IntegerSet 类。实例化几个 IntegerSet 对象，测试所有的方法是否工作正常。

8.15 **(Date 类)** 创建一个 Date 类，使其具备如下功能：

a) 以多种格式输出日期，例如：

```
MM/DD/YYYY
June 14, 1992
DDD YYYY
```

b) 利用重载构造方法创建 Date 对象，并用上面的格式初始化日期。对于第一种格式，构造方法应接收三个整型值；第二种格式接收的是一个字符串和两个整型值；第三种情况接收两个整型值，第一个值代表一年中的第几天。

8.16 **(有理数)** 创建一个 Rational 类，执行带分数的算术运算。编写一个程序，测试这个 Rational 类。用两个整数变量表示类的私有实例变量——numerator(分子)和 denominator(分母)。提供一个构造方法，使得在声明类的对象时能够将它初始化。这个构造方法应当以简化形式保存分数。分数 2/4 等于 1/2，因此在对象中应将 numerator 保存为 1，将 denominator 保存为 2。提供一个无实参构造方法，用于在没有提供初始值设定项的情况下使用默认值。提供几个公共方法，执行如下操作：

a) 两个有理数相加，结果应为简化形式。将其实现成一个静态方法。

b) 两个有理数相减，结果应为简化形式。将其实现成一个静态方法。

c) 两个有理数相乘，结果应为简化形式。将其实现成一个静态方法。

d) 两个有理数相除，结果应为简化形式。将其实现成一个静态方法。

e) 以 a/b 的格式返回有理数的字符串表示，其中 a 为分子，b 为分母。

f) 以浮点格式返回有理数的字符串表示（应提供格式化功能，使类的客户能够指定小数点后面的位数）。

8.17 **(HugeInteger 类)** 创建一个 HugeInteger 类，它用一个 40 元素的数字数组存放多达 40 位的整数值。为这个类提供方法：parse, toString, add, subtract。parse 方法接收一个字符串，利用 charAt 方法提取每一个数字，并将与这个数字对应的整数放入一个整型数组中。为了比较 HugeInteger 对象，应提供如下几个方法：isEqualTo, isNotEqualTo, isGreaterThan, isLessThan, isGreaterThanOrEqualTo, isLessThanOrEqualTo。如果两个 HugeInteger 对象之间保持方法名称所指定的关系，则该谓词方法返回 true，否则返回 false。给出谓词方法 isZero。如果愿意，还可以提供方法：multiply, divide, remainder。(注：通过格式指定符%b，可以将布尔值输出成单词“true”或“false”。)

8.18 **(三连棋游戏)** 创建一个 TicTacToe 类，利用它能够编写出一个玩三连棋(Tic-Tac-Toe)游戏的程序。这个类应包含一个私有的 3 × 3 二维数组。使用 enum 类型表示每一个数组元素的值。enum 常量必须命名为 X、O 或 EMPTY(用于不包含 X 或 O 元素值的位置)。提供一个构造方法，将棋盘全部初始化为 EMPTY。让两个人玩这个游戏。一个人走棋时，将 X 放在指定的格中；第二个人走棋时，将 O 放在指定的格中。只允许将 X 或者 O 放入空白格中。每次走棋之后，应判断是否有人获胜(即三个 X 连成一条线，或者三个 O 连成一条线)，或者依然为平局。如果愿意，还可以将程序修改成人-机游戏。也可以让玩家指定谁下先手。如果还不满足，则可以开发一个程序，在 4×4×4 棋盘上玩三维三连棋游戏。(注：这将是一个极具挑战性的项目。)

8.19 **(具有 BigDecimal 余额值的 Account 类)** 重新编写 3.4 节中的 Account 类，将余额表示成 BigDecimal 对象，并在所有的计算中都使用 BigDecimal 值。

8.20 **(final 类型的实例变量)** 图 8.8 中，Employee 类的实例变量在被初始化之后，其值就不会变化。这样的实例变量应被声明成 final 类型。修改 Employee 类，使其实例变量为 final 类型，然后编译并运行程序，证实得到的结果没有变化。

挑战题

8.21 **(项目：紧急响应类)** 北美紧急响应服务 911 会将呼叫者与当地的公共服务应答点(PSAP)连接起来。传统上，PSAP 会要求呼叫者提供身份信息，包括地址、电话、紧急状况等，然后会调度相应的紧急处理人员(如警察，救护人员，消防人员等)。改进的 911 服务(E911)利用计算机和数据库来判断呼叫者的地址，然后将电话转接至最近的 PSAP，并会向接线员显示呼叫者的电话号码和地址。无线 E911 则能够为接线员提供来自无线呼叫者的身份信息。这是通过两个阶段实现的。首先，要求运营商提供无线电话号码，以及传输该呼叫的蜂窝站点或基站的位置。其次，要求运营商(利用诸如 GPS 等技术)提供呼叫者的位置。有关 911 的更多信息，可参见 https://www.fcc.gov/general/9-1-1-and-e9-1-1-services 和 http://people.howstuffworks.com/9-1-1.htm。创建类时，一个重要因素是决定类的属性(实例变量)。对于这个练习中的类设计，需在 Internet 上研究一下 911 服务。然后，设计一个 Emergency 类，使其能够用于面向对象的 911 紧急应答系统中。列出这个类的对象可用来表示紧急情况的属性。例如，类可能包含如下这些信息：报警人(包括电话号码)、报警位置、报警时间、紧急类别、响应类型、响应状态等。这些类属性应当能够完整描述报警的全过程，以及处理警务所需完成的步骤。

8.22 **(项目：处理全球经济中的货币问题——JavaMoney)** 在全球经济活动中，处理不同的币种、金额、货币兑换、四舍五入及格式化等问题，是一项复杂的工作。新开发的 JavaMoney API 就是专门应对这些情况的。到本书编写时为止，JavaMoney API 还没有被集成到 Java SE 或 Java EE 中。有关 JavaMoney 的信息，可访问：

```
https://java.net/projects/javamoney/pages/Home
http://jsr354.blogspot.ch
```

相关的软件和文档，可从如下站点下载：

```
http://javamoney.github.io
```

利用 JavaMoney 开发一个程序，它能够在用户指定的两种货币之间进行转换。

第 9 章　面向对象编程：继承

目标

本章将讲解

- 什么是继承，以及如何将它用于利用已有的类开发新类的过程。
- 超类和子类的概念及它们之间的关系。
- 使用关键字 extends，创建继承另一个类的属性和行为的类。
- 在超类中使用 protected 访问修饰符，使子类方法能够访问超类的成员。
- 使用 super 关键字，在子类中访问超类成员。
- 继承层次中如何使用构造方法。
- 所有类的直接或间接超类——Object 类中的方法。

提纲

9.1 简介

本章继续介绍面向对象编程(OOP)，讲解继承(inheritance)，即创建新类时可吸收现有类的成员，并可赋予其新功能或修改原有功能。利用继承，程序员可以节省开发程序的时间，将新创建的类建立在已经得到验证的、调试过的高质量软件之上。这样做还可以使系统的实现和维护变得更为高效。

当创建类时，可以指定新类从现有类中继承某些成员，而不是完全声明新的成员。现有类被称为超类(superclass)，新类被称为子类(subclass)。(C++中，将超类称为基类，将子类称为派生类。) 每一个子又可以成为其他子类的超类。

子类中可以添加自己的字段和方法。因此，子类比超类更具体，表示更特殊的对象组。子类会体现出超类的行为，并且可以改变这些行为，以使它们能够适合子类的操作。这就是继承有时被称为“特化”(specialization)的原因。

直接超类(direct superclass)是由子类显式继承的超类。间接超类(indirect superclass)是类层次中直接超类上面的任何类，类层次(class hierarchy)定义了类间的继承关系——9.2 节中将看到，UML 类图有助于理解这些关系。Java 中的类层次从 Object 类(来自 java.lang 包)开始，Java 中的每一个类都直接或间接扩展(extend)或“继承自” Object 类。9.6 节中给出了 Object 类的方法，所有其他的 Java 类都继承了这些方法。Java 只支持单一继承，即每一个类都正好从一个直接超类派生。与 C++不同，Java 不支持多重继承(即一个类从多个直接超类派生)。第 10 章中将解释用 Java 接口实现多重继承的许多好处，同时能够避免一些问题。

下面给出“是”关系(*is-a* relationship)和“有”关系(*has-a* relationship)的区别。“是”关系表示继承。在“是”关系中，子类对象也可以被看成超类对象，例如，小汽车“是”交通工具。相反，“有”关系表示组合(见第 8 章)。在“有”关系中，对象包含作为其他对象引用的成员。例如，小汽车“有”方向盘(小汽车对象具有方向盘对象的引用)。

新类可以从类库(class libraries)中的类继承。公司可以开发自己的类库，也可以利用全球范围内可用的其他类库。今后的某一天，大多数新软件都可以从标准化可复用组件构造出来，就像当今的汽车和大多数计算机硬件的生产一样。这样，就可以开发出更强大、更丰富、更经济的软件。

9.2 超类与子类

某个类的对象经常也会是另一个类的对象。例如，CarLoan(汽车贷款)“是”一种 Loan(贷款)，而 HomeImprovementLoan(家庭装修贷款)“是”一种 MortgageLoan(住房消费贷款)。因此在 Java 中，可以说 CarLoan 类是从 Loan 类继承而来的。这种情形下，Loan 类是超类，CarLoan 类是子类。CarLoan “是” Loan 的一种特殊类型，但是如果说每一种 Loan 都“是” CarLoan，则是不正确的——Loan 可以是任何类型的贷款。图 9.1 中列出了一些简单的超类和子类的例子——超类通常“更宽泛”，子类通常“更具体”。

超类	子类
Student	GraduateStudent, UndergraduateStudent
Shape	Circle, Triangle, Rectangle, Sphere, Cube
Loan	CarLoan, HomeImprovementLoan, MortgageLoan
Employee	Faculty, Staff
BankAccount	CheckingAccount, SavingsAccount

图 9.1 继承的例子

由于每一个子类对象都“是”它的超类的对象，而一个超类可以有多个子类，因此超类表示的对象集通常比子类表示的对象集更大。例如，超类 Vehicle 表示所有的交通工具——小汽车、卡车、船、自行车，等等。相反，子类 Car 是 Vehicle 类的更小、更具体的子集。

大学社区成员的层次关系

继承关系形成了树状层次结构，超类与它的子类存在一种层次关系。下面将建立一个类层次样本(见图 9.2)，它也被称为继承层次(inheritance hierarchy)。大学社区具有多种成员(CommunityMember)，包括员工(Employee)、学生(Student)和校友(Alumnus)。员工包括教务成员(Faculty)或教工(Staff)。教务成员有管理人员(Administrator，如校长、系主任)和教师(Teacher)。这个层次中，还可以包含其他的类。例如，学生有本科生和研究生。本科生有大一、大二、大三和大四学生。

层次中的箭头表示“是”关系。沿着类层次的向上箭头可以看出，Employee“是” CommunityMember，Teacher “是” Faculty。CommunityMember 是 Employee、Student 和 Alumnus 的直接超类，是类图中所有其他类的间接超类。从类图底部开始，可以沿着箭头方向采用“是”关系，直到最上层的超类。例如，Administrator “是” Faculty，“是” Employee，“是” CommunityMember，当然也“是” Object。

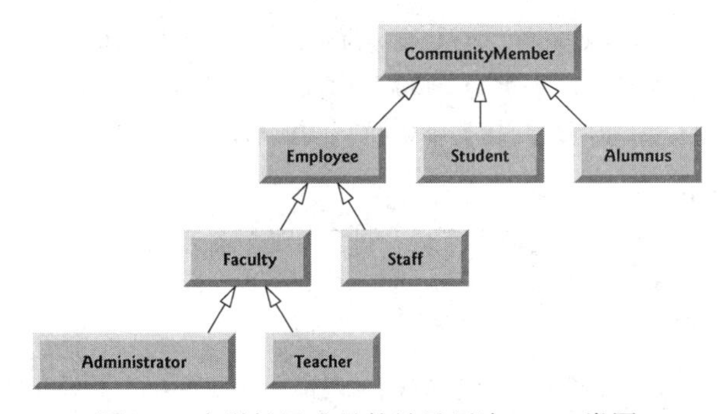

图 9.2　大学社区成员的继承层次 UML 类图

形体的层次关系

现在考虑图 9.3 中的 Shape 继承层次。这个继承层次从超类 Shape 开始，它扩展成两个子类 TwoDimensionalShape 和 ThreeDimensionalShape——形体可以是二维或者三维的。第三层是一些更具体的二维形体和三维形体。和图 9.2 一样，可以从这个图的底部开始沿箭头方向，直到类层次的最顶层超类，标识出几个“是”关系。例如，Triangle“是”TwoDimensionalShape，也“是”Shape，而 Sphere“是”ThreeDimensionalShape，也“是”Shape。层次中还可以包含其他的类。例如，椭圆和梯形也是二维形体。

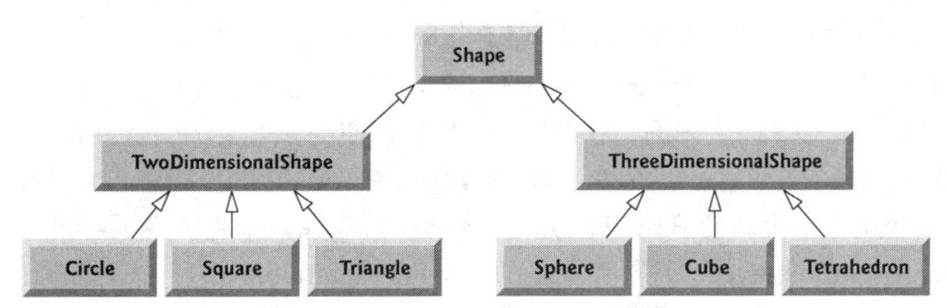

图 9.3　形体的继承层次 UML 类图

并非所有的类关系都是继承关系。第 8 章中介绍过“有”关系，其中类的成员是其他类对象的引用。这种关系通过组合现有类来创建新类。例如，对于 Employee、BirthDate 和 TelephoneNumber 类，不能说 Employee“是”BirthDate，也不能说 Employee“是”TelephoneNumber。但是，可以说 Employee“有”BirthDate，Employee“有”TelephoneNumber。

可以对超类对象和子类对象进行类似的处理——它们的共性表现在超类的成员中。从同一超类扩展出来的所有类对象，都可以作为该超类的对象使用(即这样的对象与超类具有“是”关系)。本章的后面及第 10 章中，将讨论利用这种“是”关系的许多例子。

子类可以定制继承自超类的方法。这时，子类会重写(override)或重定义(redefine)超类的方法，用更合适的实现代替它，就像在本章代码示例中经常见到的那样。

9.3　protected 成员

第 8 章中介绍过访问修饰符 public 和 private。当程序具有类或它的子类对象的引用时，可以访问这个类的公共成员。类的私有成员只能在类的内部访问。本节将介绍访问修饰符 protected，它提供了介于公共和私有之间的中级访问层次。超类的 protected 成员可以由超类成员、子类成员和同一包中的其他类访问(即 protected 成员也具有包访问性)。

当超类的公共成员和 protected 成员成为子类的成员时，它们都保持原来的访问修饰符(即超类的公共成员成为子类的公共成员，超类的 protected 成员成为子类的 protected 成员)。超类的私有成员只能在类的内部访问。这些私有成员对子类是隐藏的，只能通过继承自超类的公共方法或 protected 方法访问。

子类方法可以引用从超类继承的公共成员和 protected 成员，只需使用成员名即可。当用子类方法重写被继承的超类方法时，如果要在子类中访问超类方法，可以在超类方法名称前面加上关键字 super 和点号运算符。9.4 节中将介绍如何访问超类中被重写的成员。

软件工程结论 9.1

子类的方法不能直接访问超类的私有成员。子类通过继承超类中提供的非私有方法，即可改变超类中私有实例变量的状态。

软件工程结论 9.2

声明私有实例变量，可以帮助程序员测试、调试和修正系统。如果子类能够访问超类的私有实例变量，则继承自该子类的类同样能够访问这些实例变量。这样，就会传递私有实例变量的访问，失去信息隐藏的好处。

9.4 超类与子类的关系

本节使用的继承层次包含公司工资程序中的员工类型，利用它来讨论超类和子类的关系。在一家公司中，佣金员工(表示为超类对象)的工资为销售额的百分比，而底薪佣金员工(表示为子类对象)的工资为基本工资加销售额的百分比。

下面用 5 个示例来讨论这些类之间的关系。第一个示例创建了一个 CommissionEmployee 类，它是从 Object 类直接继承的，将员工的名字、姓氏、社会保险号、佣金比例和总销售额声明为私有实例变量。

第二个示例声明了一个 BasePlusCommissionEmployee 类，它也是从 Object 类直接继承的，将员工的名字、姓氏、社会保险号、佣金比例、总销售额和底薪声明为私有实例变量。后一个类是通过编写类所需的每一行代码而创建的。稍后可以看到，创建这个类更有效的办法是从 CommissionEmployee 类继承。

第三个示例中声明了一个新的 BasePlusCommissionEmployee 类，它扩展了 CommissionEmployee 类(即 BasePlusCommissionEmployee "是" 有底薪的 CommissionEmployee)。在开发新的子类时，这种软件复用可以使程序员编写的代码更少。这里，BasePlusCommissionEmployee 类会尝试访问 CommissionEmployee 类的私有成员——这会导致编译错误，因为子类不能访问超类的私有实例变量。

第四个示例展示了如果将 CommissionEmployee 的实例变量声明成 protected 类型，则 BasePlusCommissionEmployee 子类可以直接访问它们。两个 BasePlusCommissionEmployee 类包含相同的功能，但是可以看出，利用继承，使类更容易创建和管理。

分析完使用 protected 实例变量的便利之处后，再创建第五个示例，它将 CommissionEmployee 实例变量再次设置为私有的，以强制实现良好的软件工程。然后，将展示 BasePlusCommissionEmployee 子类如何能够利用 CommissionEmployee 类的公共方法，(以可控制的方式)操作 CommissionEmployee 类中的私有实例变量。

9.4.1 创建和使用 CommissionEmployee 类

首先声明一个 CommissionEmployee 类(见图 9.4)。第 4 行是类声明的开始，它表明 CommissionEmployee 类扩展(即继承自)Object 类(来自 java.lang 包)。这样做，会使 CommissionEmployee 类继承 Object 类的方法——Object 类中没有任何字段。如果没有明确地指定新类扩展的是哪一个类，则默认扩展的是 Object 类。为此，程序员通常不在代码中包含"extends Object"字样，本例中这样做只是为了演示。

```
1  // Fig. 9.4: CommissionEmployee.java
2  // CommissionEmployee class represents an employee paid a
3  // percentage of gross sales.
4  public class CommissionEmployee extends Object {
5     private final String firstName;
6     private final String lastName;
```

图 9.4 CommissionEmployee 类表示按销售额的百分比获取报酬的员工

```
7     private final String socialSecurityNumber;
8     private double grossSales; // gross weekly sales
9     private double commissionRate; // commission percentage
10
11    // five-argument constructor
12    public CommissionEmployee(String firstName, String lastName,
13       String socialSecurityNumber, double grossSales,
14       double commissionRate) {
15       // implicit call to Object's default constructor occurs here
16
17       // if grossSales is invalid throw exception
18       if (grossSales < 0.0) {
19          throw new IllegalArgumentException("Gross sales must be >= 0.0");
20       }
21
22       // if commissionRate is invalid throw exception
23       if (commissionRate <= 0.0 || commissionRate >= 1.0) {
24          throw new IllegalArgumentException(
25             "Commission rate must be > 0.0 and < 1.0");
26       }
27
28       this.firstName = firstName;
29       this.lastName = lastName;
30       this.socialSecurityNumber = socialSecurityNumber;
31       this.grossSales = grossSales;
32       this.commissionRate = commissionRate;
33    }
34
35    // return first name
36    public String getFirstName() {return firstName;}
37
38    // return last name
39    public String getLastName() {return lastName;}
40
41    // return social security number
42    public String getSocialSecurityNumber() {return socialSecurityNumber;}
43
44    // set gross sales amount
45    public void setGrossSales(double grossSales) {
46       if (grossSales < 0.0) {
47          throw new IllegalArgumentException("Gross sales must be >= 0.0");
48       }
49
50       this.grossSales = grossSales;
51    }
52
53    // return gross sales amount
54    public double getGrossSales() {return grossSales;}
55
56    // set commission rate
57    public void setCommissionRate(double commissionRate) {
58       if (commissionRate <= 0.0 || commissionRate >= 1.0) {
59          throw new IllegalArgumentException(
60             "Commission rate must be > 0.0 and < 1.0");
61       }
62
63       this.commissionRate = commissionRate;
64    }
65
66    // return commission rate
67    public double getCommissionRate() {return commissionRate;}
68
69    // calculate earnings
70    public double earnings() {return commissionRate * grossSales;}
71
72    // return String representation of CommissionEmployee object
73    @Override // indicates that this method overrides a superclass method
74    public String toString() {
75       return String.format("%s: %s %s%n%s: %s%n%s: %.2f%n%s: %.2f",
76          "commission employee", firstName, lastName,
77          "social security number", socialSecurityNumber,
78          "gross sales", grossSales,
79          "commission rate", commissionRate);
80    }
81 }
```

图 9.4(续)　CommissionEmployee 类表示按销售额的百分比获取报酬的员工

CommissionEmployee 类的方法和实例变量概述

CommissionEmployee 类的公共服务包括一个构造方法(第 12 ~ 33 行)、earnings 方法(第 70 行)和 toString 方法(第 73 ~ 80 行)。第 36 ~ 42 行声明的公共 *get* 方法，用于操作类的 final 实例变量(在第 5 ~ 7 行声明)firstName、lastName 和 socialSecurityNumber。这三个实例变量被声明成 final 类型，因为一旦被初始化，它们的值就不会改变——这也是不提供相应的 *set* 方法的原因。第 45 ~ 67 行，分别为这个类的 grossSales 和 commissionRate 实例变量(在第 8 ~ 9 行声明)提供了公共的 *set* 方法和 *get* 方法。这个类将所有实例变量都声明为私有的，因此其他类的对象不能直接访问它们。

CommissionEmployee 类的构造方法

构造方法不能继承，因此 CommissionEmployee 类不继承 Object 类的构造方法。但是，超类的构造方法依然可以在子类中被调用。事实上，Java 要求任何子类的构造方法的首要任务是显式地调用直接超类的构造方法(或者如果没有指定构造方法调用，则会隐式地调用)，以保证正确地初始化了从超类继承的实例变量。9.4.3 节将介绍显式地调用超类构造方法的语法。这里，CommissionEmployee 类的构造方法隐式地调用了 Object 类的构造方法。如果代码没有包含对超类的构造方法的显式调用，则 Java 会隐式地调用超类的默认构造方法或无实参构造方法。图 9.4 第 15 行的注释指出了是在哪里隐式地调用超类的 Object 的默认构造方法(这个调用不必编写代码)。Object 类的默认构造方法什么也不做。即使类没有构造方法，编译器为这个类隐式声明的默认构造方法也会调用超类的默认构造方法或无实参构造方法。

隐式地调用 Object 类的构造方法之后，第 18 ~ 20 行和第 23 ~ 26 行验证实参 grossSales 和 commissionRate 的值。如果它们的值有效(即构造方法没有抛出 IllegalArgumentException 异常)，则第 28 ~ 32 行会将构造方法的实参值赋予实例变量。

实参 firstName、lastName、socialSecurityNumber 的值被赋予相应的实例变量之前，并没有验证它们。当然可以验证名字和姓氏，也许是验证它们的长度是否合理。类似地，可以利用正则表达式(见 14.7 节)来验证社会保险号，以确保它包含 9 位数字，有或没有连字符(如 123-45-6789 或 123456789)。

CommissionEmployee 类的 earnings 方法

earnings 方法(第 70 行)计算佣金员工的收入。这个方法将 commissionRate 与 grossSales 相乘并返回结果。

CommissionEmployee 类的 toString 方法

toString 方法(第 73 ~ 80 行)是特殊的——它是所有类直接或间接从 Object 类继承的一个方法(见 9.6 节的小结)。这个方法返回对象的字符串表示。如果对象必须转换成字符串表示，就会隐式地调用这个方法，例如使用 printf 方法或 String 方法 format 时，用%s 格式指定符输出对象。Object 类的 toString 方法返回的字符串包含对象的类名称，以及该对象的哈希码(见 9.6 节)。这个方法主要是占位的作用，通常要在子类中被重写，以指定子类对象中数据的字符串表示。

CommissionEmployee 类的 toString 方法重写(重定义)了 Object 类的 toString 方法。调用 CommissionEmployee 类的 toString 方法时，它用 String 方法 format 返回包含关于佣金员工信息的字符串。要重写超类方法，子类必须在声明方法时使用与超类方法相同的签名(方法名称、参数个数、参数类型及参数顺序)——Object 类的 toString 方法不带参数，因此 CommissionEmployee 声明 toString 时也不带参数。

@Override 注解

第 73 行使用@Override 注解，表明后面声明的方法(即 toString 方法)应当重写超类中的这个方法。这种注解有助于编译器捕获一些常见错误。例如，这里被重写的超类方法 toString 包含一个大写的“S”。如果不小心将其写成了小写的“s”，则编译器会将其标记为错误，因为超类中不存在一个 tostring 方法。如果没有使用@Override 注解，则 tostring 就是一个完全不同的方法，当需要字符串时，它不会被 CommissionEmployee 类调用。

另一种常见的重写错误，是在参数表中声明了错误的参数个数或者类型。这会在无意中创建了超类方法的一个重载版本，而不是重写了已有的方法。如果试图对子类对象调用这个方法(参数个数和类型都正确)，则调用的将是超类版本而不是子类版本——这会导致潜在的微妙逻辑错误。当编译器遇到用@Override 声明的方法时，它会将这个方法的签名与超类的方法签名进行比较。如果不是严格地匹配，则编译器就会给出一条错误消息，例如“方法没有重写或实现来自超类的方法”。为此，需修正方法的签名，以使它与超类中的方法匹配。

错误预防提示 9.1

应在声明重写方法时使用@Override 注解，以确保在编译时已经正确地定义了它的签名。在编译时发现错误，总是会比在运行时发现错误更好。为此，图 7.9 和第 8 章示例中的 toString 方法都应用@Override 注解声明。

常见编程错误 9.1

用更严格的访问修饰符重写方法是一个编译错误——超类的公共方法在子类中不能变成 protected 方法或私有方法；超类的 protected 方法在子类中也不能变成私有方法。如果这样做了，则会违反“是”关系，“是”关系要求所有的子类对象都能响应对超类中声明的公共方法的调用。如果公共方法被重写成 protected 方法或私有方法，则子类对象将无法作为超类对象来响应同一个方法调用。一旦超类中将一个方法声明为公共的，则在它的所有直接和间接子类中，这个方法依然为公共的。

CommissionEmployeeTest 类

图 9.5 中的程序测试了 CommissionEmployee 类。第 6 ~ 7 行实例化了一个 CommissionEmployee 对象，并调用了 CommissionEmployee 类的构造方法(见图 9.4 第 12 ~ 33 行)，将对象初始化为名字 Sue、姓氏 Jones、社会保险号 222-22-2222，总销售额为 10 000 美元，佣金比例为 0.06。第 11 ~ 20 行用 CommissionEmployee 类的 *get* 方法，取得这个对象的实例变量值用于输出。第 22 ~ 23 行调用对象的 setGrossSales 方法和 setCommissionRate 方法，分别改变实例变量 grossSales 和 commissionRate 的值。第 25 ~ 26 行输出更新后的 CommissionEmployee 的字符串表示。用%s 格式指定符输出对象时，会隐式地调用对象的 toString 方法，以获得对象的字符串表示。(注：本章中并没有使用 earnings 方法，在第 10 章中将会大量用到它。)

```
1  // Fig. 9.5: CommissionEmployeeTest.java
2  // CommissionEmployee class test program.
3  public class CommissionEmployeeTest {
4     public static void main(String[] args) {
5        // instantiate CommissionEmployee object
6        CommissionEmployee employee = new CommissionEmployee(
7           "Sue", "Jones", "222-22-2222", 10000, .06);
8
9        // get commission employee data
10       System.out.println("Employee information obtained by get methods:");
11       System.out.printf("%n%s %s%n", "First name is",
12          employee.getFirstName());
13       System.out.printf("%s %s%n", "Last name is",
14          employee.getLastName());
15       System.out.printf("%s %s%n", "Social security number is",
16          employee.getSocialSecurityNumber());
17       System.out.printf("%s %.2f%n", "Gross sales is",
18          employee.getGrossSales());
19       System.out.printf("%s %.2f%n", "Commission rate is",
20          employee.getCommissionRate());
21
22       employee.setGrossSales(5000);
23       employee.setCommissionRate(.1);
24
25       System.out.printf("%n%s:%n%n%s%n",
```

图 9.5　CommissionEmployee 类的测试程序

```
26             "Updated employee information obtained by toString", employee);
27       }
28    }
```

```
Employee information obtained by get methods:

First name is Sue
Last name is Jones
Social security number is 222-22-2222
Gross sales is 10000.00
Commission rate is 0.06

Updated employee information obtained by toString:

commission employee: Sue Jones
social security number: 222-22-2222
gross sales: 5000.00
commission rate: 0.10
```

图 9.5(续) CommissionEmployee 类的测试程序

9.4.2 创建并使用 BasePlusCommissionEmployee 类

现在讨论继承的第二部分：声明和测试(一个全新而独立的)BasePlusCommissionEmployee 类(见图9.6)，它包含名字、姓氏、社会保险号、总销售额、佣金比例和底薪。BasePlusCommissionEmployee 类的公共服务包括 BasePlusCommissionEmployee 类的构造方法(第 13 ~ 40 行)、earnings 方法(第 89 ~ 91 行)和 toString 方法(第 94 ~ 102 行)。第 43 ~ 86 行声明的公共 *get* 和 *set* 方法，用于操作类的私有实例变量(在第 5 ~ 10 行声明)firstName、lastName、socialSecurityNumber、grossSales、commissionRate、baseSalary。这些变量和方法封装了底薪佣金员工的所有必要特性。注意，这个类和 CommissionEmployee 类(见图 9.4)具有相似之处。这个示例中，还没有分析这种相似性。

```
 1  // Fig. 9.6: BasePlusCommissionEmployee.java
 2  // BasePlusCommissionEmployee class represents an employee who receives
 3  // a base salary in addition to commission.
 4  public class BasePlusCommissionEmployee {
 5     private final String firstName;
 6     private final String lastName;
 7     private final String socialSecurityNumber;
 8     private double grossSales; // gross weekly sales
 9     private double commissionRate; // commission percentage
10     private double baseSalary; // base salary per week
11
12     // six-argument constructor
13     public BasePlusCommissionEmployee(String firstName, String lastName,
14        String socialSecurityNumber, double grossSales,
15        double commissionRate, double baseSalary) {
16        // implicit call to Object's default constructor occurs here
17
18        // if grossSales is invalid throw exception
19        if (grossSales < 0.0) {
20           throw new IllegalArgumentException("Gross sales must be >= 0.0");
21        }
22
23        // if commissionRate is invalid throw exception
24        if (commissionRate <= 0.0 || commissionRate >= 1.0) {
25           throw new IllegalArgumentException(
26              "Commission rate must be > 0.0 and < 1.0");
27        }
28
29        // if baseSalary is invalid throw exception
30        if (baseSalary < 0.0) {
31           throw new IllegalArgumentException("Base salary must be >= 0.0");
32        }
33
34        this.firstName = firstName;
35        this.lastName = lastName;
```

图 9.6 BasePlusCommissionEmployee 类表示收入为底薪加上佣金的员工

```
36          this.socialSecurityNumber = socialSecurityNumber;
37          this.grossSales = grossSales;
38          this.commissionRate = commissionRate;
39          this.baseSalary = baseSalary;
40       }
41
42       // return first name
43       public String getFirstName() {return firstName;}
44
45       // return last name
46       public String getLastName() {return lastName;}
47
48       // return social security number
49       public String getSocialSecurityNumber() {return socialSecurityNumber;}
50
51       // set gross sales amount
52       public void setGrossSales(double grossSales) {
53          if (grossSales < 0.0) {
54             throw new IllegalArgumentException("Gross sales must be >= 0.0");
55          }
56
57          this.grossSales = grossSales;
58       }
59
60       // return gross sales amount
61       public double getGrossSales() {return grossSales;}
62
63       // set commission rate
64       public void setCommissionRate(double commissionRate) {
65          if (commissionRate <= 0.0 || commissionRate >= 1.0) {
66             throw new IllegalArgumentException(
67                "Commission rate must be > 0.0 and < 1.0");
68          }
69
70          this.commissionRate = commissionRate;
71       }
72
73       // return commission rate
74       public double getCommissionRate() {return commissionRate;}
75
76       // set base salary
77       public void setBaseSalary(double baseSalary) {
78          if (baseSalary < 0.0) {
79             throw new IllegalArgumentException("Base salary must be >= 0.0");
80          }
81
82          this.baseSalary = baseSalary;
83       }
84
85       // return base salary
86       public double getBaseSalary() {return baseSalary;}
87
88       // calculate earnings
89       public double earnings() {
90          return baseSalary + (commissionRate * grossSales);
91       }
92
93       // return String representation of BasePlusCommissionEmployee
94       @Override
95       public String toString() {
96          return String.format(
97             "%s: %s %s%n%s: %s%n%s: %.2f%n%s: %.2f%n%s: %.2f",
98             "base-salaried commission employee", firstName, lastName,
99             "social security number", socialSecurityNumber,
100            "gross sales", grossSales, "commission rate", commissionRate,
101            "base salary", baseSalary);
102      }
103   }
```

图 9.6(续) BasePlusCommissionEmployee 类表示收入为底薪加上佣金的员工

BasePlusCommissionEmployee 类没有在第 4 行给出“extends Object”字样，因此这个类隐式地扩展了 Object 类。还要注意，和 CommissionEmployee 类的构造方法(见图 9.4 第 12 ~ 33 行)一样，BasePlusCommissionEmployee 类的构造方法也隐式地调用 Object 类的默认构造方法，见图 9.6 第 16 行的注释。

BasePlusCommissionEmployee 类的 earnings 方法(第 89 ~ 91 行)返回 BasePlusCommissionEmployee 的底薪加上总销售额和佣金比例相乘所得的结果。

BasePlusCommissionEmployee 类重写了 Object 类的 toString 方法，返回包含 BasePlusCommission-Employee 信息的字符串。同样，这里用格式指定符%.2f 格式化了总销售额、佣金比例和底薪，指定小数点后面两位数据精度(第 97 行)。

测试 BasePlusCommissionEmployee 类

图 9.7 中的程序测试了这个 BasePlusCommissionEmployee 类。第 7 ~ 9 行创建了一个 BasePlus-CommissionEmployee 对象，并将"Bob" "Lewis" "333-33-3333"及 5000、.04 和 300 分别作为名字、姓氏、社会保险号、总销售额、佣金比例和底薪传入构造方法。第 14 ~ 25 行用 BasePlus-CommissionEmployee 的 *get* 方法取得对象的实例变量值，用于输出。第 27 行调用对象的 setBaseSalary 方法，改变底薪。setBaseSalary 方法(见图 9.6 第 77 ~ 83 行)保证实例变量 baseSalary 不会被赋予负值。图 9.7 第 31 行显式地调用 toString 方法，获得对象的字符串表示。

```
1  // Fig. 9.7: BasePlusCommissionEmployeeTest.java
2  // BasePlusCommissionEmployee test program.
3
4  public class BasePlusCommissionEmployeeTest {
5     public static void main(String[] args) {
6        // instantiate BasePlusCommissionEmployee object
7        BasePlusCommissionEmployee employee =
8           new BasePlusCommissionEmployee(
9           "Bob", "Lewis", "333-33-3333", 5000, .04, 300);
10
11       // get base-salaried commission employee data
12       System.out.printf(
13          "Employee information obtained by get methods:%n");
14       System.out.printf("%s %s%n", "First name is",
15          employee.getFirstName());
16       System.out.printf("%s %s%n", "Last name is",
17          employee.getLastName());
18       System.out.printf("%s %s%n", "Social security number is",
19          employee.getSocialSecurityNumber());
20       System.out.printf("%s %.2f%n", "Gross sales is",
21          employee.getGrossSales());
22       System.out.printf("%s %.2f%n", "Commission rate is",
23          employee.getCommissionRate());
24       System.out.printf("%s %.2f%n", "Base salary is",
25          employee.getBaseSalary());
26
27       employee.setBaseSalary(1000);
28
29       System.out.printf("%n%s:%n%n%s%n",
30          "Updated employee information obtained by toString",
31           employee.toString());
32    }
33 }
```

```
Employee information obtained by get methods:

First name is Bob
Last name is Lewis
Social security number is 333-33-3333
Gross sales is 5000.00
Commission rate is 0.04
Base salary is 300.00

Updated employee information obtained by toString:

base-salaried commission employee: Bob Lewis
social security number: 333-33-3333
gross sales: 5000.00
commission rate: 0.04
base salary: 1000.00
```

图 9.7 BasePlusCommissionEmployee 类的测试程序

关于 BasePlusCommissionEmployee 类的说明

BasePlusCommissionEmployee 类的大部分代码(见图 9.6)与 CommissionEmployee 类的代码(见图 9.4)相同或相似。例如，私有实例变量 firstName 和 lastName，以及 getFirstName 方法和 getLastName 方法，都与 CommissionEmployee 类中的相同。这两个类中，都包含私有实例变量 socialSecurityNumber、commissionRate 和 grossSales，以及相应的 *get* 方法和 *set* 方法。此外，BasePlusCommissionEmployee 类的构造方法也和 CommissionEmployee 类的几乎相同，只是 BasePlusCommissionEmployee 类的构造方法还设置了 baseSalary。BasePlusCommissionEmployee 类中增加的其他部分，是私有实例变量 baseSalary 及 setBaseSalary 方法和 getBaseSalary 方法。BasePlusCommissionEmployee 类的 toString 方法和 CommissionEmployee 类的这个方法几乎一致，只是前者的 toString 方法还用两位小数精度输出实例变量 baseSalary 的值。

我们只是机械地将 CommissionEmployee 类的代码复制并粘贴到 BasePlusCommissionEmployee 类中，然后修改 BasePlusCommissionEmployee 类，使它包含底薪和操作底薪的方法。这种“复制-粘贴”的方法常常容易出错，而且很费时间。更糟糕的是，系统中分散着同一代码的多个副本，使代码维护非常困难——对代码的改动需要在多个类中同时进行。是否存在某种方式，将一个类的实例变量和方法“吸收”到其他类中而不必复制代码？下面的几个示例将回答这个问题，它们采用更巧妙的办法建立类，体现了继承的好处。

软件工程结论 9.3

使用继承时，所有类都会用到的实例变量和方法，应在超类中声明。在超类中对这些共同特性所做的改动，会被子类继承。如果没有继承，则要对包含该代码副本的所有源代码文件进行更改。

9.4.3 创建 CommissionEmployee-BasePlusCommissionEmployee 继承层次

下面声明的 BasePlusCommissionEmployee 类(见图 9.8)扩展了 CommissionEmployee 类(见图 9.4)。BasePlusCommissionEmployee 对象“是”一个 CommissionEmployee，因为继承传递了 CommissionEmployee 类的功能。BasePlusCommissionEmployee 类也具有实例变量 baseSalary(见图 9.8 第 4 行)。关键字 extends(第 3 行)指明了这是一个继承。BasePlusCommissionEmployee 类继承了 CommissionEmployee 类的实例变量和方法。

软件工程结论 9.4

在面向对象系统的设计阶段，通常能发现有些类是密切相关的。应当“筛选”出那些共同的实例变量和方法，并将它们放入超类中。然后，利用继承开发子类，用超类没有的功能使它们更具体化。

软件工程结论 9.5

声明子类并不会影响超类的源代码。继承会保留超类的完整性。

```
1   // Fig. 9.8: BasePlusCommissionEmployee.java
2   // private superclass members cannot be accessed in a subclass.
3   public class BasePlusCommissionEmployee extends CommissionEmployee {
4      private double baseSalary; // base salary per week
5
6      // six-argument constructor
7      public BasePlusCommissionEmployee(String firstName, String lastName,
8         String socialSecurityNumber, double grossSales,
9         double commissionRate, double baseSalary) {
10        // explicit call to superclass CommissionEmployee constructor
11        super(firstName, lastName, socialSecurityNumber,
12           grossSales, commissionRate);
13
14        // if baseSalary is invalid throw exception
15        if (baseSalary < 0.0) {
16           throw new IllegalArgumentException("Base salary must be >= 0.0");
17        }
```

图 9.8　超类的私有成员不能在子类中访问

```
18
19          this.baseSalary = baseSalary;
20       }
21
22       // set base salary
23       public void setBaseSalary(double baseSalary) {
24          if (baseSalary < 0.0) {
25             throw new IllegalArgumentException("Base salary must be >= 0.0");
26          }
27
28          this.baseSalary = baseSalary;
29       }
30
31       // return base salary
32       public double getBaseSalary() {return baseSalary;}
33
34       // calculate earnings
35       @Override
36       public double earnings() {
37          // not allowed: commissionRate and grossSales private in superclass
38          return baseSalary + (commissionRate * grossSales);
39       }
40
41       // return String representation of BasePlusCommissionEmployee
42       @Override
43       public String toString() {
44          // not allowed: attempts to access private superclass members
45          return String.format(
46             "%s: %s %s%n%s: %s%n%s: %.2f%n%s: %.2f%n%s: %.2f",
47             "base-salaried commission employee", firstName, lastName,
48             "social security number", socialSecurityNumber,
49             "gross sales", grossSales, "commission rate", commissionRate,
50             "base salary", baseSalary);
51       }
52    }
```

```
BasePlusCommissionEmployee.java:38: error: commissionRate has private access
in CommissionEmployee
      return baseSalary + (commissionRate * grossSales);
                           ^
BasePlusCommissionEmployee.java:38: error: grossSales has private access in
CommissionEmployee
      return baseSalary + (commissionRate * grossSales);
                                            ^
```

```
BasePlusCommissionEmployee.java:47: error: firstName has private access in
CommissionEmployee
         "base-salaried commission employee", firstName, lastName,
                                               ^
BasePlusCommissionEmployee.java:47: error: lastName has private access in
CommissionEmployee
         "base-salaried commission employee", firstName, lastName,
                                                          ^
BasePlusCommissionEmployee.java:48: error: socialSecurityNumber has private
access in CommissionEmployee
         "social security number", socialSecurityNumber,
                                   ^
BasePlusCommissionEmployee.java:49: error: grossSales has private access in
CommissionEmployee
         "gross sales", grossSales, "commission rate", commissionRate,
                        ^
BasePlusCommissionEmployee.java:49: error: commissionRate has private access
inCommissionEmployee
         "gross sales", grossSales, "commission rate", commissionRate,
                                                       ^
```

图 9.8(续) 超类的私有成员不能在子类中访问

CommissionEmployee 类的公共和 protected 成员可以在子类中直接访问。CommissionEmployee 类的构造方法不被继承。因此，BasePlusCommissionEmployee 类的公共服务包括它的构造方法(第 7 ~ 20 行)、从 CommissionEmployee 类继承的公共方法、setBaseSalary 方法(第 23 ~ 29 行)、getBaseSalary 方法(第 32 行)、earnings 方法(第 35 ~ 39 行)及 toString 方法(第 42 ~ 51 行)。earnings 方法和 toString 方法，重

写了 CommissionEmployee 类中的对应方法，因为它们的超类版本没有正确地计算 BasePlus-CommissionEmployee 的收入，也没有返回恰当的字符串表示。

子类的构造方法必须调用超类的构造方法

每一个子类的构造方法都必须显式或隐式地调用其超类的构造方法，以初始化从超类继承的实例变量。BasePlusCommissionEmployee 的 6 实参构造方法（第 7 ~ 20 行）的第 11 ~ 12 行显式地调用了 CommissionEmployee 类的 5 实参构造方法（在图 9.4 第 12 ~ 33 行声明），初始化 BasePlusCommissionEmployee 对象的超类部分（即变量 firstName、lastName、socialSecurityNumber、grossSales 和 commissionRate）。这里的做法是利用超类的构造方法调用语法——关键字 super 后接一对圆括号，圆括号中包含超类的构造方法实参，它们分别用于初始化超类实例变量 firstName、lastName、socialSecurityNumber、grossSales、commissionRate。图 9.8 第 11 ~ 12 行的显式超类的构造方法调用必须是构造方法体中的第一条语句。

如果 BasePlusCommissionEmployee 类的构造方法没有显式地调用超类的构造方法，则编译器会尝试插入一个对超类的默认构造方法或者无实参构造方法的调用。CommissionEmployee 类中不存在这样的构造方法，因此编译器会发出一个错误。当超类包含无实参构造方法时，可以使用 super()来显式地调用这个构造方法，但实际上很少这样做。

软件工程结论 9.6

以前说过，不能在构造方法中调用类的实例方法，第 10 章中将给出理由。但是，在子类的构造方法中调用超类的构造方法，并不违反这一原则。

BasePlusCommissionEmployee 方法 earnings 和 toString

编译器会认为图 9.8 第 38 行是错误的，因为 CommissionEmployee 的实例变量 commissionRate 和 grossSales 是私有的，而子类 BasePlusCommissionEmployee 的方法不能访问超类 CommissionEmployee 的私有实例变量。同理，对 BasePlusCommissionEmployee 类 toString 方法的第 47 ~ 49 行，编译器也会发出错误消息。利用从 CommissionEmployee 类继承的 *get* 方法，可以防止 BasePlusCommissionEmployee 类中的这些错误。例如，第 38 行可以调用 getCommissionRate 和 getGrossSales 方法，分别访问 CommissionEmployee 类的私有实例变量 commissionRate 和 grossSales。第 47 ~ 49 行，也可以通过合适的 *get* 方法取得超类实例变量的值。

9.4.4 CommissionEmployee-BasePlusCommissionEmployee 继承层次使用 protected 实例变量

为了使 BasePlusCommissionEmployee 类能够直接访问超类实例变量 firstName、lastName、socialSecurityNumber、grossSales、commissionRate，可以在超类中将这些变量声明为 protected 类型。9.3 节曾讲解过，超类的所有子类都能够访问超类的 protected 成员。在新的 CommissionEmployee 类中，只需将图 9.4 第 5 ~ 9 行修改成用 protected 访问修饰符声明实例变量即可，如下所示：

```
protected final String firstName;
protected final String lastName;
protected final String socialSecurityNumber;
protected double grossSales; // gross weekly sales
protected double commissionRate; // commission percentage
```

类声明的其他部分（这里没有给出）与图 9.4 中的相同。

我们本可以将CommissionEmployee的实例变量声明成public类型，以使子类BasePlusCommissionEmployee能够访问它们。但是，声明公共实例变量是一种糟糕的软件工程，因为这样就可以对这些变量的访问不加限制，大大增加了出错的机会。利用 protected 实例变量，子类能够访问它们，但不是子类的类和不在同一个包中的类则不能直接访问这些变量——前面曾说过，protected 类成员对于同一个包中的其他类是可见的。

BasePlusCommissionEmployee 类

BasePlusCommissionEmployee 类(见图 9.9)用几个 protected 实例变量扩展了 CommissionEmployee 类。BasePlusCommissionEmployee 类的对象继承 CommissionEmployee 类的 protected 实例变量 firstName、lastName、socialSecurityNumber、grossSales、commissionRate。现在，所有这些变量都是 BasePlusCommission-Employee 类的 protected 成员。这样，编译 earnings 方法第 38 行和 toString 方法第 46 ~ 48 行时，编译器不会产生错误。如果另一个类扩展了 BasePlusCommissionEmployee 类的这个版本，则新的子类也能够访问这些 protected 成员。

```
1  // Fig. 9.9: BasePlusCommissionEmployee.java
2  // BasePlusCommissionEmployee inherits protected instance
3  // variables from CommissionEmployee.
4
5  public class BasePlusCommissionEmployee extends CommissionEmployee {
6     private double baseSalary; // base salary per week
7
8     // six-argument constructor
9     public BasePlusCommissionEmployee(String firstName, String lastName,
10       String socialSecurityNumber, double grossSales,
11       double commissionRate, double baseSalary) {
12       super(firstName, lastName, socialSecurityNumber,
13          grossSales, commissionRate);
14
15       // if baseSalary is invalid throw exception
16       if (baseSalary < 0.0) {
17          throw new IllegalArgumentException("Base salary must be >= 0.0");
18       }
19
20       this.baseSalary = baseSalary;
21    }
22
23    // set base salary
24    public void setBaseSalary(double baseSalary) {
25       if (baseSalary < 0.0) {
26          throw new IllegalArgumentException("Base salary must be >= 0.0");
27       }
28
29       this.baseSalary = baseSalary;
30    }
31
32    // return base salary
33    public double getBaseSalary() {return baseSalary;}
34
35    // calculate earnings
36    @Override // indicates that this method overrides a superclass method
37    public double earnings() {
38       return baseSalary + (commissionRate * grossSales);
39    }
40
41    // return String representation of BasePlusCommissionEmployee
42    @Override
43    public String toString() {
44       return String.format(
45          "%s: %s %s%n%s: %s%n%s: %.2f%n%s: %.2f%n%s: %.2f",
46          "base-salaried commission employee", firstName, lastName,
47          "social security number", socialSecurityNumber,
48          "gross sales", grossSales, "commission rate", commissionRate,
49          "base salary", baseSalary);
50    }
51 }
```

图 9.9 BasePlusCommissionEmployee 类继承来自 CommissionEmployee 类的 protected 实例变量

子类对象包含超类的所有实例变量

当创建一个 BasePlusCommissionEmployee 对象时，它会包含到目前为止在类层次中声明的所有实例变量，即来自 Object 类(它没有任何实例变量)、CommissionEmployee 类和 BasePlusCommissionEmployee 类的那些实例变量。BasePlusCommissionEmployee 类并不继承 CommissionEmployee 类的构造方法，但可以显式地调用它(第 12 ~ 13 行)，以初始化从 CommissionEmployee 类继承的那些 BasePlusCommissionEmployee

实例变量。同样，CommissionEmployee 类的构造方法会隐式地调用 Object 类的构造方法。BasePlusCommissionEmployee 类的构造方法必须显式地调用 CommissionEmployee 类的构造方法，因为 CommissionEmployee 类并没有提供能够被隐式地调用的无实参构造方法。

测试 BasePlusCommissionEmployee 类

用于这个示例的 BasePlusCommissionEmployeeTest 类与图 9.7 中的类相同，产生的输出也相同，因此这里就不给出这个类的细节了。尽管图 9.6 中的 BasePlusCommissionEmployee 类没有使用继承，而图 9.9 中的类使用了继承，但两个类提供相同的功能。图 9.9 中的源代码(共 51 行)要比图 9.6 中的(共 103 行)短很多，因为在图 9.9 中，BasePlusCommissionEmployee 类的多数功能是从 CommissionEmployee 类继承的。这样，现在就只存在 CommissionEmployee 类定义的一个副本了。这使得代码更容易维护、修改和调试，因为与 CommissionEmployee 类相关的代码只存在于这一个类中。

关于使用 protected 实例变量的说明

这个示例中将超类的实例变量声明为 protected，使子类可以访问它们。允许 protected 实例变量继承，就使子类能够直接访问这些变量。但在大多数情况下，最好用私有实例变量来促进良好的软件工程。这样的代码更容易维护、修改和调试。

使用 protected 实例变量会导致几个潜在的问题。首先，子类对象可以直接设置被继承变量的值，而不必通过 *set* 方法。因此，子类对象可能对变量赋予无效值，使对象处于不一致状态。例如，如果将 CommissionEmployee 的实例变量 grossSales 声明为 protected 类型，则子类对象(如 BasePlusCommissionEmployee)可以对 grossSales 赋予一个负值。

使用 protected 实例变量的另一个问题是，子类方法的代码编写很可能依赖于超类的数据实现。实践中，子类只应依赖于超类的服务(即非私有方法)，而不应依赖于超类的数据实现。超类中使用 protected 实例变量时，如果超类的实现发生了变化，则可能需要修改超类的所有子类。例如，如果出于某种原因，需将实例变量名称 firstName 和 lastName 分别改成 first 和 last，则必须在直接引用超类实例变量 firstName 和 lastName 的所有子类中也进行同样的改动。这样的类被认为是脆弱的(fragile 或 brittle)，因为超类的小小改变就会“破坏”子类的实现。当超类的实现发生变化时，应当依然能够向子类提供相同的服务。当然，如果超类的服务发生变化，则必须重新实现它的子类。

第三个问题是类的 protected 成员对同一个包中的所有类都是可见的，通常并不希望如此。

软件工程结论 9.7

当超类的方法应当只由其子类和同一个包中的其他类使用，而不向其他客户提供时，应当使用 protected 访问修饰符。

软件工程结论 9.8

将超类实例变量声明为 private(而不是 protected)类型，可以使得在改变超类的实现时，不会影响子类的实现。

错误预防提示 9.2

应尽量避免使用 protected 实例变量，而是要采用能够访问私有实例变量的非私有方法。这样做可以确保类中的对象处于一致状态。

9.4.5　CommissionEmployee-BasePlusCommissionEmployee 继承层次使用 private 实例变量

下面再看一看这个继承层次，这次采用良好的软件工程实践。

CommissionEmployee 类

CommissionEmployee 类(见图 9.10)声明了私有实例变量 firstName、lastName、socialSecurityNumber、 grossSales、commissionRate(第 5 ~ 9 行)，并提供了公共方法 getFirstName、getLastName、getSocialSecurityNumber、setGrossSales、getGrossSales、setCommissionRate、getCommissionRate、earnings、toString，用于操作这些实例变量的值。earnings 方法(第 70 ~ 72 行)和 toString 方法(第 75 ~ 82 行)用类的 *get* 方法获得它的实例变量值。如果我们决定改变实例变量的名称，则 earnings 方法和 toString 方法的声明不需要改变，只有直接操作实例变量的 *get* 方法和 *set* 方法的方法体需要改变。这些改变只发生在超类中，子类不需要改变。将变化的影响限制在局部是一种好的软件工程实践。

```
1  // Fig. 9.10: CommissionEmployee.java
2  // CommissionEmployee class uses methods to manipulate its
3  // private instance variables.
4  public class CommissionEmployee {
5     private final String firstName;
6     private final String lastName;
7     private final String socialSecurityNumber;
8     private double grossSales; // gross weekly sales
9     private double commissionRate; // commission percentage
10
11    // five-argument constructor
12    public CommissionEmployee(String firstName, String lastName,
13       String socialSecurityNumber, double grossSales,
14       double commissionRate) {
15       // implicit call to Object constructor occurs here
16
17       // if grossSales is invalid throw exception
18       if (grossSales < 0.0) {
19          throw new IllegalArgumentException("Gross sales must be >= 0.0");
20       }
21
22       // if commissionRate is invalid throw exception
23       if (commissionRate <= 0.0 || commissionRate >= 1.0) {
24          throw new IllegalArgumentException(
25             "Commission rate must be > 0.0 and < 1.0");
26       }
27
28       this.firstName = firstName;
29       this.lastName = lastName;
30       this.socialSecurityNumber = socialSecurityNumber;
31       this.grossSales = grossSales;
32       this.commissionRate = commissionRate;
33    }
34
35    // return first name
36    public String getFirstName() {return firstName;}
37
38    // return last name
39    public String getLastName() {return lastName;}
40
41    // return social security number
42    public String getSocialSecurityNumber() {return socialSecurityNumber;}
43
44    // set gross sales amount
45    public void setGrossSales(double grossSales) {
46       if (grossSales < 0.0) {
47          throw new IllegalArgumentException("Gross sales must be >= 0.0");
48       }
49
50       this.grossSales = grossSales;
51    }
52
53    // return gross sales amount
54    public double getGrossSales() {return grossSales;}
55
56    // set commission rate
57    public void setCommissionRate(double commissionRate) {
58       if (commissionRate <= 0.0 || commissionRate >= 1.0) {
59          throw new IllegalArgumentException(
60             "Commission rate must be > 0.0 and < 1.0");
61       }
62
```

图 9.10 CommissionEmployee 类使用几个方法来操作它的私有实例变量

```
63         this.commissionRate = commissionRate;
64      }
65
66      // return commission rate
67      public double getCommissionRate() {return commissionRate;}
68
69      // calculate earnings
70      public double earnings() {
71         return getCommissionRate() * getGrossSales();
72      }
73
74      // return String representation of CommissionEmployee object
75      @Override
76      public String toString() {
77         return String.format("%s: %s %s%n%s: %s%n%s: %.2f%n%s: %.2f",
78            "commission employee", getFirstName(), getLastName(),
79            "social security number", getSocialSecurityNumber(),
80            "gross sales", getGrossSales(),
81            "commission rate", getCommissionRate());
82      }
83   }
```

图 9.10(续)　CommissionEmployee 类使用几个方法来操作它的私有实例变量

BasePlusCommissionEmployee 类

子类 BasePlusCommissionEmployee(见图 9.11)继承了 CommissionEmployee 类的非私有方法，而且能够通过这些方法(以可控方式)访问超类中的私有成员。这里的 BasePlusCommissionEmployee 类与图 9.9 中的这个类有几处不同。earnings 方法(见图 9.11 第 36 ~ 37 行)和 toString 方法(第 40 ~ 44 行)，分别调用了 getBaseSalary 方法来获得底薪值，而不是直接访问 baseSalary。如果决定要重命名实例变量 baseSalary，则只需改变 setBaseSalary 和 getBaseSalary 的方法体即可。

```
1   // Fig. 9.11: BasePlusCommissionEmployee.java
2   // BasePlusCommissionEmployee class inherits from CommissionEmployee
3   // and accesses the superclass's private data via inherited
4   // public methods.
5   public class BasePlusCommissionEmployee extends CommissionEmployee {
6      private double baseSalary; // base salary per week
7
8      // six-argument constructor
9      public BasePlusCommissionEmployee(String firstName, String lastName,
10        String socialSecurityNumber, double grossSales,
11        double commissionRate, double baseSalary) {
12        super(firstName, lastName, socialSecurityNumber,
13           grossSales, commissionRate);
14
15        // if baseSalary is invalid throw exception
16        if (baseSalary < 0.0) {
17           throw new IllegalArgumentException("Base salary must be >= 0.0");
18        }
19
20        this.baseSalary = baseSalary;
21     }
22
23     // set base salary
24     public void setBaseSalary(double baseSalary) {
25        if (baseSalary < 0.0) {
26           throw new IllegalArgumentException("Base salary must be >= 0.0");
27        }
28
29        this.baseSalary = baseSalary;
30     }
31
32     // return base salary
33     public double getBaseSalary() {return baseSalary;}
34
35     // calculate earnings
36     @Override
37     public double earnings() {return getBaseSalary() + super.earnings();}
```

图 9.11　BasePlusCommissionEmployee 类继承自 CommissionEmployee 类，能够通过继承的公共方法访问超类的私有数据

```
38
39    // return String representation of BasePlusCommissionEmployee
40    @Override
41    public String toString() {
42       return String.format("%s %s%n%s: %.2f", "base-salaried",
43          super.toString(), "base salary", getBaseSalary());
44    }
45 }
```

图 9.11(续) BasePlusCommissionEmployee 类继承自 CommissionEmployee 类，能够通过继承的公共方法访问超类的私有数据

BasePlusCommissionEmployee 类的 earnings 方法

earnings 方法(第 36 ~ 37 行)重写了 CommissionEmployee 类的 earnings 方法(见图 9.10 第 70 ~ 72 行)，以计算底薪佣金员工的收入。根据佣金计算员工的收入时，这个新方法调用了 CommissionEmployee 类的 earnings 方法，使用的是表达式 super.earnings()(见图 9.11 第 37 行)，然后将底薪与这个值相加，计算总收入。应注意子类中调用重写的超类方法的语法——在超类方法名前面加上关键字 super 和点号运算符。这种方法请求是一种良好的软件工程实践——如果一个方法执行另一个方法提供的全部或部分行为，则应调用这个方法而不要重复它的代码。让 BasePlusCommissionEmployee 类的 earnings 方法调用 CommissionEmployee 类的 earnings 方法，以计算 BasePlusCommissionEmployee 对象收入的一部分，从而避免了代码重复，减少了代码维护问题。

常见编程错误 9.2

子类中重写超类方法时，子类版本通常会调用超类版本来完成部分工作。调用超类方法时，不在超类方法名前面加上关键字 super 和点号运算符，会使子类方法调用自己，有可能导致无限递归错误，最终使方法调用栈溢出，这是一种致命的运行时错误。如果使用得当，递归是一种很有用的工具。第 18 章中将讨论递归。

BasePlusCommissionEmployee 类的 toString 方法

类似地，BasePlusCommissionEmployee 类的 toString 方法(见图 9.11 第 40 ~ 44 行)重写了 CommissionEmployee 类的 toString 方法(见图 9.10 第 75 ~ 82 行)，返回底薪佣金员工的字符串表示。这个新版本通过调用 CommissionEmployee 类的 toString 方法和表达式 super.toString()(见图 9.11 第 43 行)，创建了 BasePlusCommissionEmployee 对象的部分字符串表示(即字符串“commission employee”和 CommissionEmployee 类私有实例变量的值)。然后，BasePlusCommissionEmployee 类的 toString 方法输出 BasePlusCommissionEmployee 对象字符串表示的其余部分(即 BasePlusCommissionEmployee 类的底薪值)。

测试 BasePlusCommissionEmployee 类

BasePlusCommissionEmployeeTest 类执行的操作与图 9.7 中对 BasePlusCommissionEmployee 对象执行的操作相同，产生的输出也相同，因此这里不再给出。尽管每一个 BasePlusCommissionEmployee 类的行为相同，但图 9.11 中的这个版本是一种最佳的软件工程实践。利用继承、调用隐藏数据的方法和保证一致性，我们有效地构建了良好工程化的类。

9.5 子类的构造方法

前面曾解释过，在实例化子类对象时，是从一个构造方法链调用开始的；子类构造方法在执行自己的任务之前，要显式地(通过 super 引用)或隐式地(调用超类默认构造方法或无实参构造方法)调用直接超类的构造方法。类似地，如果超类从另一个类派生(除 Object 类外的每一个类都是如此)，则超类构造方法又要调用它的超类的构造方法，等等。这个链中最后一个调用的构造方法总是 Object 类的构造方法。最早的子类的构造方法体最后执行。每一个超类的构造方法都会操作由子类对象继承的超类实例变量。例如，考虑图 9.10 和图 9.11 中的 CommissionEmployee-BasePlusCommissionEmployee 层次。当程序创建 BasePlusCommissionEmployee 对象时，会调用 BasePlusCommissionEmployee 类的构造方法。这个构造

方法会调用 CommissionEmployee 类的构造方法，而它又隐式地调用 Object 类的构造方法。Object 类的构造方法体为空，因此控制立即返回到 CommissionEmployee 类的构造方法，它会初始化作为 BasePlusCommissionEmployee 类对象一部分的 CommissionEmployee 类的实例变量。当 CommissionEmployee 类的构造方法执行完成后，会将控制返回到 BasePlusCommissionEmployee 类的构造方法，它初始化 BasePlusCommissionEmployee 类对象的 baseSalary。

软件工程结论 9.9

Java 确保了即使构造方法不对实例变量赋值，变量也会被初始化成默认值(基本数字类型为 0，布尔值为 false，引用为 null)。

9.6　Object 类

正如本章前面所讲，所有的 Java 类都直接或间接继承自 Object 类(来自 java.lang 包)。因此，所有其他的类都继承 Object 类的 11 个方法(有些已经被重载了)。图 9.12 中总结了 Object 类的这些方法，本书中将讨论其中的几个。

方法	描述
equals	比较两个对象的相等性，如果相等则返回 true，否则返回 false。它可以将任何对象作为实参。当必须比较某个类中两个对象的相等性时，这个类必须重写 equals 方法，以比较两个对象的内容。关于实现这个方法的要求(也包括重写的 hashCode 方法)可参考它的文档，网址为 http://docs.oracle.com/javase/8/docs/api/java/lang/Object.html。equals 方法的默认实现使用运算符==判断两个引用在内存中是否指向同一个对象。14.3.3 节中将演示 String 类的 equals 方法的用法，并会给出用==运算符和 equals 方法比较字符串对象时的不同
hashCode	哈希码是一个 int 值。对于保存在哈希表(将在 16.10 节中讨论)的数据结构中的数据而言，哈希码可用来进行高速存取。这个方法也是 Object 类默认的 toString 方法实现的一部分
toString	返回对象的字符串表示(见 9.4.1 节的介绍)。这个方法的默认实现返回对象的类的包名称和类名称，后接对象的 hashCode 方法返回值的十六进制表示
wait，notify，notifyAll	notify 方法、notifyAll 方法及 wait 方法的三个重载版本都与第 23 章中讨论的多线程有关
getClass	在执行时，Java 中的每一个对象都知道自己的类型。getClass 方法(将在 10.5 节和 12.5 节中使用)返回 Class 类(位于 java.lang 包中)的一个对象包含关于对象类型的信息，例如它的类名称(由 Class 方法 getName 返回)。
finalize	在垃圾收集器回收对象的内存之前，这个 protected 方法由垃圾收集器调用，执行内务清理工作。8.10 节中说过，无法确定是否会调用或者何时调用 finalize 方法。基于这个理由，大多数程序员应避免使用这个方法。
clone	这个 protected 方法不带实参，返回一个 Object 引用，为它调用的对象创建一个副本。这个方法的默认实现执行所谓的“影子复制”(shallow copy)——位于一个对象中的实例变量值会被复制到同一种类型的另一个对象中。对于引用类型，只会复制引用。一个重写的 clone 方法的典型实现是执行“深度复制”(deep copy)，为每一个引用类型的实例变量创建一个新的对象。正确地实现这个方法有些困难。因此不鼓励使用它。一些业界专家建议，应当使用对象序列化而不是 clone 方法。对象序列化将在第 15 章讨论。第 7 章中说过，数组也是对象。因此，和其他对象一样，数组也继承 Object 类的成员。每一个数组都有一个重写的 clone 方法，它会复制数组。但是，如果数组保存对象的引用，则对象不会被复制——执行的是影子复制

图 9.12　Object 类中的方法

9.7　比较组合和继承的差异

关于组合和继承的优劣，在软件工程社区中有广泛讨论。它们各有千秋，但继承被使用得更多，而组合在某些情况下更合适。混用组合和继承，通常是一种更合理的设计方法，可参见练习题 9.16。[①]

① 本节中给出的这些概念已经在软件工程社区中有广泛讨论，它们的来源有多种，其中两本重要的图书为 Gamma, Erich et al. *Design Patterns: Elements of Reusable Object-Oriented Software*. Reading, MA: Addison-Wesley, 1995，以及 Bloch, Joshua. *Effective Java*. Upper Saddle River, NJ: Addison-Wesley, 2008。

软件工程结论 9.10

作为学生，需要熟悉那些解决问题的工具。行业中的问题要比课堂中遇到的那些问题更大、更复杂。通常而言，对于课堂中需要解决的问题，给出的答案都是唯一的，所以需要重新思考它们，利用工具按自己的方式提供合适的解决途径。作为学生，可能希望独自解决所有的问题。但是，在行业界，处理问题时经常需要与其他同事沟通。很少的时候能够让所有人对某个项目的方案投赞成票，也很难证明某一种方法就是完美的。所以，经常需要比较不同方法的优劣性，正如本节中所做的那样。

基于继承的设计

继承使类之间具有紧耦合性——子类的实现通常与它的直接或间接超类的实现相关。超类的变化会影响子类的行为，而且这种影响通常是微妙的。与松耦合的设计(基于组合的设计，后面将探讨)相比，紧耦合的设计更难于修改。由于“变化”是常态而不是偶尔才发生的，这促进了组合的使用。

通常而言，将一个子类对象赋予一个超类引用时，如果二者之间为“是”关系，则应当使用继承。当通过超类中对子类的引用调用一个方法时，会执行这个子类中对应的方法。这被称为“多态”行为，将在第 10 章讨论。

软件工程结论 9.11

大型项目中，如果类层次中不同的类是由不同的人控制的，则使用继承时会遇到困难。如果继承层次完全由一个人控制，则困难就会小得多。

基于组合的设计

组合是松耦合的。将引用作为类的实例变量组合后，它就成为类的实现细节的一部分，对类的客户代码是隐藏的。如果引用的类类型发生改变，则可能需要更改所组合的类的内部实现，但这些变化不会影响到客户代码。

此外，继承是在编译时完成的，而组合会更灵活——它能够在编译时完成，也可以在执行时完成。因为对于非最终的引用，在组合对象时是可以修改的。这种情形被称为“动态组合”。它是松耦合的另一种形态——如果引用为超类类型，则可以将被引用的对象用另一种类型的对象替换，只需这个对象与引用的类类型具有“是”关系即可。

当使用组合而不是继承时，通常需创建大量的小类，每一个小类只负责做一件事情。小类通常更容易测试、调试和修改。

Java 不提供多重继承功能——Java 中的每一个类只能扩展自一个类。但是，通过组合，新的类可以复用来自一个或者多个其他类的功能。第 10 章中将看到通过实现多个接口，能够获得多重继承的好处。

性能提示 9.1

组合的一个潜在缺点是在运行时它通常需要多个对象，这可能会对垃圾回收和虚拟内存性能产生负面影响。有关虚拟内存的结构和性能问题的探讨，通常是操作系统课程的主题。

软件工程结论 9.12

组合类的公共方法可以调用被组合对象的方法，为组合类的客户执行任务。这种操作被称为“转发方法调用”，它是利用组合而不是继承来复用类的功能的一种常见途径。

软件工程结论 9.13

当实现一个新类，通过继承或者组合来复用已有的类时，如果现有类的公共方法不应当成为新类的公共接口，则应当使用组合。

推荐的练习题

练习题 9.3 要求利用组合而不是继承，重新实现本章中的 CommissionEmployee-BasePlus-CommissionEmployee 层次。练习题 9.16 要求混合使用继承和组合，重新实现类层次，从而可以体验松耦合的组合所带来的好处。

9.8 小结

本章讲解了继承——通过获取现有类的成员来创建新类(不必复制和粘贴代码)，同时能够为新类添加新的功能。本章讲解了超类和子类，使用关键字 extends 创建继承超类成员的子类。给出了如何使用@Override 注解来表明方法应重写超类的方法，以防止无意的重载。我们介绍了访问修饰符 protected，子类方法可以直接访问 protected 超类成员。本章讲解了如何用 super 修饰符来访问重写的超类成员，看到了如何在继承层次中使用构造方法，介绍了 Java 中所有类的直接或间接超类 Object 的方法。最后，我们比较了设计类时采用组合和继承的优劣。

第 10 章中，通过引入多态将继续讨论继承问题。多态是一个面向对象的概念，可以用于方便地编写程序，用更一般的方法处理通过继承而相关联的各种类对象。学习完第 10 章之后，应当熟悉了面向对象编程的主要技术——类、对象、封装、继承和多态。

总结

9.1 节　简介

- 继承可缩减程序开发时间。
- 子类的直接超类是子类所继承的那一个类。子类的间接超类是在类层次中向上间隔两层或多层而继承的那一个类。
- 单一继承中，一个子类只有一个超类。在多重继承中，子类可从多个直接超类派生。Java 不支持多重继承。
- 子类比超类更具体，表示更小的对象组。
- 子类中的每一个对象也是它的超类中的对象。但是，超类对象并不是它的子类的对象。
- “是”关系表示继承。在“是”关系中，子类的对象也可以作为超类的对象。
- “有”关系表示组合。在“有”关系中，类对象包含其他类对象的引用。

9.2 节　超类与子类

- 单一继承关系构成了一个树状层次结构——超类与它的子类存在一种层次关系。

9.3 节　protected 成员

- 当程序具有某个超类或它的子类对象的引用时，就可以访问这个超类的公共成员。
- 超类的私有成员只能在超类声明的范围内被直接访问。
- 超类的 protected 成员提供了介于公共和私有之间的中级保护层次。它可以由超类成员、子类成员和同一包中的其他类成员访问。
- 超类的私有成员在子类中是“隐藏”的，只能通过继承自超类的公共方法或 protected 方法访问。
- 如果要在子类中访问被重写的超类方法，可以在超类方法名称前面加上关键字 super 和点号运算符。

9.4 节　超类与子类的关系

- 子类不能访问超类的私有成员，但可以访问非私有成员。
- 利用关键字 super，后接一对圆括号，圆括号中包含超类的构造方法的实参，子类就可以调用超类的构造方法。它必须是子类的构造方法体中的第一条语句。
- 超类方法可以在子类中被重写，以声明适合于子类的方法实现。
- @Override 注解表明方法应重写超类的方法。当编译器遇到用@Override 声明的方法时，它会将这个方法的签名与超类的方法签名进行比较。如果不是严格地匹配，则编译器会给出一条错误消息，例如“方法没有重写或实现来自超类的方法”。
- toString 方法不带实参，返回一个字符串。Object 类的 toString 方法通常会被子类重写。
- 用%s 格式指定符输出对象时，会隐式地调用对象的 toString 方法，以获得对象的字符串表示。

9.5 节 子类的构造方法

- 子类的构造方法的首要任务是调用直接超类的构造方法，以保证正确地初始化了从超类继承的实例变量。

9.6 节 Object 类

- 参见图 9.12 中给出的各种 Object 方法。

自测题

9.1 填空题。

a) 在软件复用的________形式中，新的类会利用已经存在的类的成员，并为新类添加新的功能。

b) 超类的________成员可以在超类声明和子类声明的范围内访问。

c) 在________关系中，子类的对象也可以看成它的超类的对象。

d) 在________关系中，类对象包含作为其他类对象引用的成员。

e) 在单一继承中，超类和它的子类存在一种________关系。

f) 当程序具有超类或它的子类对象的引用时，可以在任何地方访问这个超类的________成员。

g) 当实例化子类对象时，超类的________被隐式或显式地调用。

h) 子类的构造方法可以通过________关键字调用超类的构造方法。

9.2 判断下列语句是否正确。如果不正确，请说明理由。

a) 超类的构造方法不被子类继承。

b) “有”关系是通过继承实现的。

c) Car 类与 SteeringWheel 类和 Brakes 类具有“是”关系。

d) 当子类用相同的签名重定义了超类方法时，就认为子类重载了超类方法。

自测题答案

9.1 a) 继承。b) 公共(public) 和 protected。c) “是”或继承。d) “有”或组合。e) 层次。f) 公共。g) 构造方法。h) super。

9.2 a) 正确。b) 错误。“有”关系是通过组合实现的。“是”关系是通过继承实现的。c) 错误。这是“有”关系的例子。Car 类与 Vehicle 类为“是”关系。d) 错误。这被称为重写，而不是重载。重载的方法具有相同的名称，但有不同的方法签名。

练习题

9.3 **(建议：使用组合而不是继承)** 用继承编写的许多程序都能够用组合来编写，反过来也如此。重新编写 CommissionEmployee-BasePlusCommissionEmployee 层次中的 BasePlusCommissionEmployee 类(见图 9.11)，使它包含 CommissionEmployee 对象的引用，而不是从 CommissionEmployee 类继承。重新测试这个 BasePlusCommissionEmployee 类，证明它的功能没有变化。

9.4 **(软件复用)** 探讨继承提升软件复用性、节省开发程序的时间及帮助防止错误的各种方式。

9.5 **(Student 继承层次)** 针对大学生，画一个与图 9.2 类似的继承层次图。Student 类是这个层次中的超类，然后用 UndergraduateStudent 类和 GraduateStudent 类扩展 Student 类。尽可能地扩展这个层次深度。例如，UndergraduateStudent 类可以扩展成 Freshman、Sophomore、Junior 和 Senior 类，而 GraduateStudent 类可以扩展成 DoctoralStudent 类和 MastersStudent 类。画出这个继承层次图后，讨论类之间存在的关系。(注：不需要为这个练习编写任何代码。)

9.6 **(Shape 继承层次)** 现实世界中的形体要远比图 9.3 的继承层次中所包含的形体多得多。将所有能够想到的二维和三维形体写下来，并用尽可能多的层级将它们放入一个更完整的 Shape 层次中。这个层次的顶部应当是 Shape 类。而 TwoDimensionalShape 类和 ThreeDimensionalShape 类应当扩展 Shape 类。必要时，可在正确的位置添加其他子类，例如 Quadrilateral 类和 Sphere 类。

9.7 **(protected 与 private 的比较)** 有些程序员不愿意使用 protected 访问修饰符，因为他们认为这样做破坏了超类的封装性。与在超类中使用 private 访问修饰符相比，使用 protected 有哪些优缺点？

9.8 **(Quadrilateral 继承层次)** 为 Quadrilateral、Trapezoid、Parallelogram、Rectangle、Square 类编写一个继承层次，将 Quadrilateral 用作超类。创建并利用一个 Point 类来表示每一种形状中的点。尽可能地扩展这个层次深度。为每个类指定实例变量和方法。Quadrilateral 类的私有实例变量应为该四边形 4 个顶点的 *x-y* 坐标。编写一个程序，实例化这些类对象并输出每个对象的面积(Quadrilateral 除外)。

9.9 给出下列代码的运行结果。

a) 假定下面这个方法调用位于子类中被重写的 earnings 方法中：

```
super.earnings()
```

b) 假设下面这一行代码出现在方法声明之前：

```
@Override
```

c) 假设下面这一行代码是构造方法体的第一条语句：

```
super(firstArgument, secondArgument);
```

9.10 **(编写代码行)** 编写一行代码，分别执行如下任务：

a) 指定 PieceWorker 类继承自 Employee 类。

b) 在子类 PieceWorker 的 toString 方法中调用超类 Employee 的 toString 方法。

c) 在子类 PieceWorker 的构造方法中调用超类 Employee 的构造方法——假设超类构造方法接收三个字符串，分别表示名字、姓氏和社会保险号。

9.11 **(在构造方法体中使用 super)** 解释为什么必须在子类的构造方法体的第一条语句中使用 super 关键字。

9.12 **(在实例方法体中使用 super)** 解释为什么必须在子类实例方法体中使用 super 关键字。

9.13 **(在类体中调用 *get* 方法)** 图 9.10 和图 9.11 中，earnings 方法和 toString 方法都调用了同一个类中的各种 *get* 方法。在类中调用这些 *get* 方法有什么好处？

9.14 **(Employee 层次)** 本章中讲解了继承自 CommissionEmployee 类的 BasePlusCommissionEmployee 类，给出了一个继承层次。但是，并不是所有的员工都为佣金员工。本练习中，需创建一个更通用的 Employee 超类，它从 CommissionEmployee 类中提取出对所有员工都适用的那些属性和行为。这些共同的属性和行为包括：firstName，lastName，socialSecurityNumber，getFirstName，getLastName，getSocialSecurityNumber，以及 toString 方法的一部分。新创建一个 Employee 超类，它包含上面这些实例变量和方法，以及一个构造方法。接着，重写 9.4.5 节中的 CommissionEmployee 类，使其成为 Employee 类的子类。CommissionEmployee 类应当只包含在 Employee 超类中没有声明的那些实例变量和方法。CommissionEmployee 类的构造方法应调用 Employee 类的构造方法，而 CommissionEmployee 类的 toString 方法应调用 Employee 类的 toString 方法。完成了这些修改之后，利用这些新类运行 CommissionEmployeeTest 程序和 BasePlusCommissionEmployeeTest 程序，验证它们对 CommissionEmployee 对象和 BasePlusCommissionEmployee 对象依然会给出相同的结果。

9.15 **(新创建一个 Employee 子类)** 其他类型的员工可以是 SalariedEmployee、PieceWorker 或者 HourlyEmployee。SalariedEmployee 领取固定的周薪；PieceWorker 根据生产的产品数量获得报酬(计件工资)；HourlyEmployee 按时薪计酬(40 小时以内为小时工资；超过 40 小时的部分为小时工资的 1.5 倍)。

根据(练习题 9.14 中创建的)Employee 类创建一个 HourlyEmployee 类，它的(double 类型)实例变量 hours 表示工作小时数；(double 类型)实例变量 wage 表示时薪；一个构造方法，其实参代表名字、姓氏、社会保险号、时薪及工作小时数；*set* 方法和 *get* 方法分别设置和获取工作小时数和时薪；earnings 方法根据工作小时数计算该类员工的收入；toString 方法返回该员工的字符串表示。setWage 方法应确保 wage 为非负值；setHours 方法应确保 hours 的值位于 0 ~ 168 之间(168 为一周的总小时数)。利用 HourlyEmployee 类，创建一个与图 9.5 类似的测试程序。

9.16 **(推荐的项目：混用组合和继承**[1]**)** 本章中，创建了一个 CommissionEmployee-BasePlusCommission-Employee 继承层次，在两种类型的员工之间建模了一种关系，还展示了如何计算不同员工的收入。考虑这个问题的另一种途径，是 CommissionEmployee 和 BasePlusCommissionEmployee 都属于 Employee，但它们具有不同的 CompensationModel 对象。

CompensationModel 类需提供一个 earnings 方法。CompensationModel 的子类需包含计算某类员工报酬的细节：

a) CommissionCompensationModel 子类——对于按佣金付酬的员工，这个子类需包含 grossSales 和 commissionRate 实例变量，还需要定义一个 earnings 方法，它返回 grossSales × commissionRate 的结果。

b) BasePlusCommissionCompensationMode 子类——对于按底薪加佣金付酬的员工，这个子类需包含 grossSales、commissionRate、baseSalary 实例变量，还需要定义一个 earnings 方法，它返回 baseSalary + grossSales × commissionRate 的结果。

Employee 类的 earnings 方法只是简单地调用经过组合的 CompensationModel 的 earnings 方法，并返回它的结果。

与前一种类层次相比，这种方式更具灵活性。例如，考虑员工升职的情形(其底薪或者销售提成比例会发生变化)。利用这里给出的方式，只需更改该员工的 CompensationModel 对象即可，办法是将被组合的 CompensationModel 引用赋予一个合适的子类对象。如果使用 CommissionEmployee-BasePlusCommissionEmployee 继承层次，则需要更改该员工的类型，新创建一个合适的类对象，还需将旧对象中的数据移到新对象中。

实现这里探讨的 Employee 类和 CompensationModel 层次。除了 firstName、lastName、socialSecurity-Number、CompensationModel 实例变量，Employee 类还应当提供：

a) 一个构造方法，它接收三个 String 参数和一个 CompensationModel 对象，初始化这些实例变量。

b) 一个 *set* 方法，它允许客户代码改变 Employee 的 CompensationModel 值。

c) 一个 earnings 方法，它调用 CompensationModel 的 earnings 方法并返回结果。

如果通过 CompensationModel 超类对子类对象的引用调用 earnings 方法(子类对象可以是 CommissionCompensationModel 或者 BasePlusCommissionCompensationModel 类型)，我们希望执行的是 CompensationModel 超类的 earnings 方法。实际情况是什么呢？执行的是子类对象的 earnings 方法。这被称为“多态”行为，将在第 10 章讨论。

在测试程序中创建两个 Employee 对象，一个为 CommissionCompensationModel，另一个为 BasePlusCommissionCompensationModel，显示这两种员工的收入。接下来，动态地改变两种员工的 CompensationModel，重新显示他们的收入。第 10 章的练习题中将解释如何将 CompensationModel 实现成一个接口，而不是类。

---

[1] 感谢 Java 语言架构师 Brian Goetz，他为这个练习题中的类结构提供了建议。

第 10 章　面向对象编程：多态和接口

目标

本章将讲解

- 多态的概念及如何实现"通用编程"。
- 用重写的方法实现多态。
- 区别抽象类和具体类。
- 声明抽象方法以创建抽象类。
- 多态使系统可扩展和可维护。
- 执行时确定对象类型。
- 声明并实现接口，熟悉 Java SE 8 中的接口强化。

提纲

10.1　简介

本章继续讲解面向对象编程，介绍并演示继承层次中的多态(polymorphism)。利用多态，可以进行"通用编程"而不是"特定编程"。特别地，多态使程序能够处理(直接或间接)共享同一个超类的对象，就如同它们都是超类的对象一样。这可以简化编程。

考虑下面的多态例子。假设程序要模拟几种动物的运动，进行生物学研究。三个类 Fish、Frog 和 Bird 分别代表要研究的三种动物。假设每一个类都扩展自超类 Animal，它包含一个 move 方法并将动物的当前位置表示成 *x-y* 坐标。每一个子类都实现了 move 方法。程序维护着一个 Animal 数组，它包含各种 Animal 子类对象的引用。为了模拟动物的运动，程序每一秒钟向所有对象发送一条相同的 move 消息。不同的动物用自己的方式响应这个 move 消息——Fish 游 3 英尺[①]，Frog 跳 5 英尺，Bird 飞 10 英尺。每一个对象都知道如何根据自己特定的运动类型来相应地修改 *x-y* 坐标值。多态的主要思想是每一个对象都知道如何响应同一个方法调用，从而做正确的事(即适合该类型对象的事情)。同一个消息(即 move)发送到不同的对象时，得到的结果具有“许多种形式”，因此被称为“多态”。

可扩展性的实现

利用多态，可以设计和实现易于扩展的系统——增加新类时，程序的通用部分只需做少许修改或不必修改，只要这个新类位于继承层次中。新类只需完成简单的“插入操作”。程序中唯一要改变的部分，是新类中要求添加到继承层次中的那些新功能。例如，如果扩展 Animal 类，创建一个 Tortoise 类，它响应 move 消息时可能每秒钟爬 1 英寸，则只需编写这个 Tortoise 类并实例化 Tortoise 对象来模拟它的移动。而用于定义每一种动物如何移动的模拟部分，通常可以保持不变。

本章概述

首先，将探讨几个常见的多态例子，然后用一个简单示例演示多态行为。我们将利用超类引用，多态地操作超类对象和子类对象。

然后，将给出一个案例分析，再次利用 9.4.5 节中的员工层次开发一个简单的工资程序，用每一种员工的 earnings 方法多态地计算员工的周薪。尽管每一类员工的薪水计算方式不同，但程序员可以利用多态对员工进行“通用”处理。这个案例中将扩大类层次，加入两个新类 SalariedEmployee(用于周薪固定的员工)和 HourlyEmployee(用于计时工，加班工资为小时工资的 1.5 倍)。将为更新后的类层次中的所有类声明一组共同的功能，这些功能在“抽象”类 Employee 中声明，“具体”类 SalariedEmployee、HourlyEmployee 和 CommissionEmployee 直接继承自 Employee 类，“具体”类 BasePlusCommissionEmployee 间接继承自 Employee 类。稍后将会看到，当用超类 Employee 引用调用每一位员工的 earnings 方法时，无论员工是何种类型，Java 内置的多态功能都可以保证执行正确的收入计算。

特定编程

进行多态处理时，偶尔要“特定地”编程。后面的 Employee 案例演示了程序可以在执行时确定对象的类型并相应地处理它。这个案例分析中，将为 BasePlusCommissionEmployee 类型的员工的底薪增加 10%。为此，需利用这些功能来判断某一个特定的员工对象是否为 BasePlusCommissionEmployee 类型。如果是，则将其底薪增加 10%。

接口

本章将继续讲解 Java 接口，它尤其适合于将共同功能赋予可能并不相关的类。这样，就可以多态地处理这些类的对象——实现同一个接口的类对象可以响应所有的接口方法调用。为了演示接口的创建和使用，下面将修改工资程序，得到一个通用的账户支付程序，它可以计算公司员工的收入和购买货物的发票应付款。

10.2 多态示例

下面再给出几个多态的例子。

四边形

如果 Rectangle 类(矩形类)是由 Quadrilateral 类(四边形类)派生的，那么 Rectangle 对象就是

① 1 英尺 =0.3048 米。

Quadrilateral 对象的更特定版本。可以对 Quadrilateral 对象进行的任何操作(如计算周长或面积)也可以对 Rectangle 对象进行。这些操作还可以对其他 Quadrilateral 对象进行，例如 Square(正方形)、Parallelogram(平行四边形)和 Trapezoid(梯形)。当程序通过超类 Quadrilateral 的一个变量调用方法时，发生多态——执行时，根据保存在超类变量中的引用类型，会调用方法的正确子类版本。10.3 节中，将给出演示这一过程的一个简单代码示例。

视频游戏中的太空物体

假设要设计一个视频游戏，操作许多不同类型的对象，包括 Martian(火星人)、Venusian(金星人)、Plutonian(冥王星人)、SpaceShip(太空船)和 LaserBeam(激光柱)类的对象。这些类都是从超类 SpaceObject 继承的，它有一个 draw 方法。每一个子类都实现了这个方法。一个屏幕管理程序维护着各种类的对象引用集合(如一个 SpaceObject 数组)。为了刷新屏幕，屏幕管理程序定期向每个对象发送同一个消息——draw。但是，每一个对象会根据自己的类响应这个消息。例如，Martian 对象可能将自己画成红色，有一双绿眼睛，并且带有几根天线；SpaceShip 对象可能将自己画成亮银色的飞船；LaserBeam 对象可能在屏幕上画出亮红色的光束。我们再一次看到，当同一个消息(这里是 draw)发送到不同的对象时，得到的结果具有“多种形式”。

利用多态，在系统中增加新类时，屏幕管理程序可以使所需修改的系统代码最小化。假设要在视频游戏中增加一个新的 Mercurian(水星人)对象。为此，需建立一个扩展 SpaceObject 类的 Mercurian 类，并为它提供 draw 方法的实现。当 SpaceObject 集合中出现 Mercurian 类对象时，屏幕管理程序代码会调用 draw 方法，就如同对集合中其他对象所做的那样。因此，“插入”新的 Mercurian 对象时，程序员不必对屏幕管理程序代码做任何修改。这样，除了建立新类和修改创建新对象的代码，不必修改系统，就可以利用多态增加系统初创时没有考虑到的其他类型。

软件工程结论 10.1

多态使程序员能够处理通用情况，而将特殊情况留给执行时环境处理。程序员不必知道对象的类型(只要对象属于同一个继承层次)，就可以要求对象按照它们合适的方式运行。

软件工程结论 10.2

多态提高了可扩展性。处理多态行为的软件与接收消息的对象类型无关。不必对基础系统进行修改，就可以将响应现有方法调用的新对象类型集成到系统中。程序员只需修改实例化新对象的客户代码，以接纳新的类型。

10.3 演示多态行为

9.4 节中创建了一个类层次，BasePlusCommissionEmploye 类继承了 CommissionEmployee 类。在那一节的示例中，当操作 CommissionEmployee 对象和 BasePlusCommissionEmployee 对象时，使用了它们的引用来调用方法——超类对象中关注的是超类变量，子类对象中关注的是子类变量。对这些变量的赋值操作是显而易见的——超类变量的目的是引用超类对象；子类对象的目的是引用子类对象。但是，很快就会看到，也可以采用其他的赋值方法。

下面这个示例中，将通过超类的引用来使用子类对象。然后，将介绍如何通过超类引用调用子类的功能，以调用子类对象的方法——调用哪一个方法取决于引用对象的类型，而不是变量的类型。这个示例演示的是可以将子类对象当作超类对象看待，从而实现各种有趣的操作。程序可以创建超类变量的一个数组，这些变量引用了许多子类类型的对象。这样做是允许的，因为每一个子类对象都“是”它的超类的对象。例如，可以将 BasePlusCommissionEmployee 类对象的引用赋予超类 CommissionEmployee 变量，因为 BasePlusCommissionEmployee “是”一个 CommissionEmployee——可以将 BasePlusCommissionEmployee 当成 CommissionEmployee。

本章稍后将解释，不能将超类对象作为子类对象处理，因为超类对象不是其任何子类的对象。例如，不能将 CommissionEmployee 对象引用赋予子类 BasePlusCommissionEmployee 变量，因为 CommissionEmployee 不是 BasePlusCommissionEmployee——CommissionEmployee 没有 baseSalary 实例变量，也没有 setBaseSalary 方法和 getBaseSalary 方法。"是"关系只适用于从子类沿着继承层次向上，到达它的直接(和间接)超类，反过来不行(即不能从超类沿着继承层次向下，到达它的直接或间接子类)。

Java 编译器允许将超类引用赋予子类变量，只需显式地将超类引用强制转换为子类类型。为什么希望能够进行这种赋值呢？超类引用只能用来调用超类中声明的方法——通过超类引用调用只属于子类的方法会导致编译错误。如果程序需要对超类变量引用的子类对象进行只有子类才有的操作，则程序必须首先利用一种被称为向下强制转换(downcasting)的技术，将超类引用强制转换为子类引用。这样，程序就可以调用超类中不存在的子类方法。10.5 节中，将演示这种向下强制转换技术的用法。

软件工程结论 10.3

尽管允许进行这种操作，但通常应当避免使用向下强制转换。

图 10.1 中的示例演示了用超类和子类变量存储超类和子类对象引用的三种方式。前两种方式很简单，就像 9.4 节中那样，它们将超类引用赋予超类变量，将子类引用赋予子类变量。然后，演示了子类和超类的关系(即"是"关系)，将子类引用赋予超类变量。这个程序，分别利用了图 9.10 和图 9.11 中的 CommissionEmployee 类和 BasePlusCommissionEmployee 类。

```
1  // Fig. 10.1: PolymorphismTest.java
2  // Assigning superclass and subclass references to superclass and
3  // subclass variables.
4
5  public class PolymorphismTest {
6     public static void main(String[] args) {
7        // assign superclass reference to superclass variable
8        CommissionEmployee commissionEmployee = new CommissionEmployee(
9           "Sue", "Jones", "222-22-2222", 10000, .06);
10
11       // assign subclass reference to subclass variable
12       BasePlusCommissionEmployee basePlusCommissionEmployee =
13          new BasePlusCommissionEmployee(
14          "Bob", "Lewis", "333-33-3333", 5000, .04, 300);
15
16       // invoke toString on superclass object using superclass variable
17       System.out.printf("%s %s:%n%n%s%n%n",
18          "Call CommissionEmployee's toString with superclass reference ",
19          "to superclass object", commissionEmployee.toString());
20
21       // invoke toString on subclass object using subclass variable
22       System.out.printf("%s %s:%n%n%s%n%n",
23          "Call BasePlusCommissionEmployee's toString with subclass",
24          "reference to subclass object",
25          basePlusCommissionEmployee.toString());
26
27       // invoke toString on subclass object using superclass variable
28       CommissionEmployee commissionEmployee2 =
29          basePlusCommissionEmployee;
30       System.out.printf("%s %s:%n%n%s%n",
31          "Call BasePlusCommissionEmployee's toString with superclass",
32          "reference to subclass object", commissionEmployee2.toString());
33    }
34 }
```

```
Call CommissionEmployee's toString with superclass reference to superclass
object:

commission employee: Sue Jones
social security number: 222-22-2222
gross sales: 10000.00
commission rate: 0.06
```

图 10.1 将超类和子类引用赋予超类和子类变量

```
Call BasePlusCommissionEmployee's toString with subclass reference to
subclass object:

base-salaried commission employee: Bob Lewis
social security number: 333-33-3333
gross sales: 5000.00
commission rate: 0.04
base salary: 300.00

Call BasePlusCommissionEmployee's toString with superclass reference to
subclass object:

base-salaried commission employee: Bob Lewis
social security number: 333-33-3333
gross sales: 5000.00
commission rate: 0.04
base salary: 300.00
```

图 10.1(续) 将超类和子类引用赋予超类和子类变量

图 10.1 第 8～9 行创建了一个 CommissionEmployee 对象，并将它的引用赋予一个 CommissionEmployee 变量。第 12～14 行创建了一个 BasePlusCommissionEmployee 对象，并将它的引用赋予一个 BasePlus-CommissionEmployee 变量。这些赋值是很自然的。例如，CommissionEmployee 变量的主要作用是保存 CommissionEmployee 对象的引用。第 17～19 行用 commissionEmployee 引用，显式地调用了 toString 方法。由于 commissionEmployee 引用了 CommissionEmployee 对象，因此调用的是超类 CommissionEmployee 的 toString 版本。类似地，第 22～25 行用 basePlusCommissionEmployee 引用，显式地调用了 BasePlus-CommissionEmployee 对象的 toString 方法。这会调用子类 BasePlusCommissionEmployee 中的 toString 版本。

然后，第 28～29 行将子类对象 basePlusCommissionEmployee 的引用赋予超类 CommissionEmployee 变量，第 30～32 行用这个变量调用 toString 方法。如果超类变量包含子类对象的引用，并通过这个引用来调用方法，则实际上调用的是子类的方法。因此，第 32 行的 commissionEmployee2.toString()实际上调用的是 BasePlusCommissionEmployee 类的 toString 方法。编译器允许这种“跨越”，因为子类对象“是”超类对象(但反过来不是)。当遇到通过变量进行的方法调用时，编译器会检查变量的类类型，以确定能否调用这个方法。如果类包含了适当的方法声明(或者继承了某个方法声明)，则编译器允许这样的调用。执行时，变量引用的对象类型决定了实际使用的方法。这个过程被称为动态绑定(dynamic binding)，将在 10.5 节中讨论。

10.4 抽象类和抽象方法

当谈到类时，总是假设程序会创建该种类类型的对象。某些情况下，声明不创建任何对象的类是有用处的。这样的类被称为抽象类(abstract class)。因为抽象类在继承层次中只当作超类，因此也将它称为抽象超类(abstract superclass)。抽象超类不能用来实例化对象，因为稍后可以看到，抽象类是不完整的。子类必须声明“缺失的部分”才能成为“具体”类，随后才能实例化对象。否则，这些子类也将是抽象的。10.5 节中讲解了抽象类的用法。

抽象类的作用

抽象类的主要作用是提供合适的超类，其他类可从它继承并共享共同的设计。例如，在图 9.3 的 Shape 层次中，子类继承了 Shape 的共同属性(如 location、color、borderThickness)和共同行为(如 draw、move、resize、changeColor)。可以用来实例化对象的类被称为具体类(concrete class)。这样的类对声明的所有方法都提供了实现细节(有些实现可以被继承)。例如，可以从抽象超类 TwoDimensionalShape(二维形体)派生出具体类 Circle(圆)、Square(正方形)和 Triangle(三角形)。类似地，可以从抽象超类 ThreeDimensionalShape(三维形体)派生出具体类 Sphere(球体)、Cube(立方体)和 Tetrahedron(四面体)。抽象超类太一般化，无法创建实际的对象，它只指定了子类的共性，需要有更多细节才能创建对象。例如，如果将 draw 消息发给抽象类 TwoDimensionalShape，则它知道这个二维形体应该能够绘图，但不知道要画什么具体形状，因此无法实现真正的 draw 方法。具体类提供使对象能够实例化的细节。

并不是所有继承层次都包含抽象类。但是，在编写客户代码时，经常只使用抽象超类类型，以减少客户代码对特定子类类型的依赖性。例如，程序员可以编写一个方法，它带有一个抽象超类类型参数。调用时，向这个方法传递一个具体类的对象，该类直接或间接扩展作为参数类型指定的超类。

有时，抽象类存在多个层级。例如，图 9.3 中的 Shape 层次从抽象类 Shape 开始，下一层是抽象类 TwoDimensionalShape 和 ThreeDimensionalShape，再下一层声明了 TwoDimensionalShape 的具体类(Circle、Square、Triangle)和 ThreeDimensionalShape 的具体类(Sphere、Cube、Tetrahedron)。

声明抽象类和抽象方法

抽象类用关键字 abstract 声明。通常，抽象类包含一个或多个抽象方法。抽象方法声明中包含关键字 abstract，例如：

```
public abstract void draw(); // abstract method
```

抽象方法中，不提供方法的实现细节。包含任何抽象方法的类都必须显式地声明为抽象类，即使这个类中包含某些具体(非抽象)的方法。抽象超类的每一个具体子类也必须对超类的每一个抽象方法提供具体实现。构造方法和静态方法不能声明为抽象类型。构造方法不能继承，因此从来不会实现抽象类型的构造方法。尽管非私有静态方法可以被继承，但不能重写它。由于抽象方法意味着要被重写，以便能基于类型处理对象，因此将静态方法声明成抽象的不会有任何意义。

软件工程结论 10.4

抽象类声明了类层次中各种类的共同属性和行为(可以为抽象的或具体的)。抽象类通常包含一个或多个抽象方法，具体子类必须重写这些抽象方法。抽象类的实例变量和具体方法都遵守常规的继承规则。

常见编程错误 10.1

试图实例化抽象类的对象会导致编译错误。

常见编程错误 10.2

如果一个类声明了抽象方法，或者继承了抽象方法但没有提供方法的具体实现，则必须将这个类声明为抽象的，否则，会发生编译错误。

使用抽象类声明变量

尽管不能实例化抽象超类的对象，但稍后将会介绍，可以用抽象超类声明变量，这种变量用于保存从抽象类派生的任何具体类的对象引用。这种变量用于多态地操作子类对象。也可以用抽象超类的名称调用它所声明的静态方法。

考虑另一个使用多态的程序。绘图程序需要显示多种形状，包括程序编写完成之后可能还要添加的新形状。程序可能需要显示从抽象类 Shape 派生出的形状，如 Circle、Triangle、Rectangle 等。它用一些 Shape 变量管理要显示的对象。为了绘制这个继承层次中的任何对象，程序通过一个包含子类对象引用的超类 Shape 变量来调用对象的 draw 方法。这个方法在超类 Shape 中被声明为抽象的，因此每一个具体子类都必须针对特定的形状实现 draw 方法——Shape 继承层次中的每一个对象都知道如何绘制自己。我们不必担心每一种对象的类型，也不必在意是否遇到过该种类型的对象。

分层软件系统

多态尤其适合于高效地实现所谓的“分层软件系统”。例如，在操作系统中，操作各种类型的物理设备的方式千差万别。然而，即使是这样，从设备读数据或向设备写数据的命令具有某些共性。对于每一个设备，操作系统用称为“设备驱动程序”的一个软件来控制系统与设备间的所有通信。发送给设备驱动程序对象的写消息，需要在该设备驱动程序的上下文中具体解释，并且还要解释设备驱动程序是如何操作该特定类型设备的。然而，写调用本身实际上与对系统中任何其他设备的写调用没有什么区别——都是将内存中一定数量的字节放入设备中。面向对象的操作系统可能会用抽象超类为所有设备驱动程序提供“接口”。然后，通过从这个抽象超类继承，使所有子类都具有类似的行为。设备驱动程序方法在抽象超类中作为抽象方法声明。这些抽象方法的实现是在具体子类中提供的，子类对应于具体的设备驱动程序类型。新设备总在不断推出，而且经常是在操作系统发布后很久才面世。购买新设备时，设备厂家会提供设备驱动程序。将设备连接到计算机并安装驱动程序之后，就可以立即对它进行操作了。这是多态使系统可扩展的另一个范例。

10.5　案例分析：使用多态的工资系统

本节再次讲解 9.4 节已经探讨过的 CommissionEmployee-BasePlusCommissionEmployee 层次。这次使用的是抽象方法和多态，根据改进的员工继承层次进行工资计算。这个继承层次满足如下的要求。

> 公司每周给员工发工资。员工分为 4 种：固定工的周薪相同，无论他的工作时间有多长；计时工按时计酬，超过 40 小时要支付加班工资(为小时工资的 1.5 倍)；佣金员工按销售额的百分比提成；底薪佣金员工的工资是底薪加上销售额的百分比。在某个支付周期内，公司决定对底薪佣金员工的底薪增加 10%。公司希望能有一个程序来多态地进行工资计算。

我们用抽象类 Employee 表示一般概念上的员工。扩展 Employee 类的类包括：SalariedEmployee, CommissionEmployee, HourlyEmployee。BasePlusCommissionEmployee 类扩展了 CommissionEmployee 类，它表示最后一种员工类型(底薪佣金员工)。图 10.2 中的 UML 类图显示了这个多态的员工工资程序的继承层次。按照 UML 惯例，抽象类名称 Employee 显示为斜体。

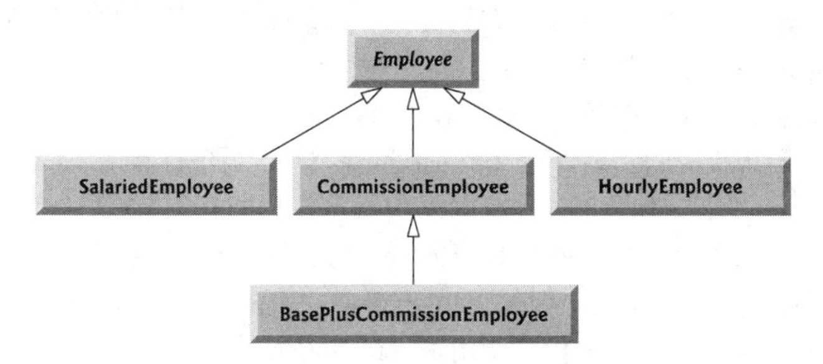

图 10.2　Employee 层次的 UML 类图

抽象超类 Employee 声明了层次的“接口”——程序可以对所有 Employee 对象调用的一组方法。术语“接口”表示程序可以和任何 Employee 子类对象通信的各种途径。不要将这个一般意义上的“接口”和 Java 中的接口混淆，Java 的接口见 10.9 节中的介绍。无论计算员工收入的方式如何，所有员工都有名字、姓氏和社会保险号。因此，抽象超类 Employee 中出现了私有实例变量 firstName、lastName、socialSecurityNumber。

图 10.3 中，左侧显示了这个类层次中的 5 个类，在顶部给出了 earnings 方法和 toString 方法。对于每一个类，图中显示了每一个方法所期望的结果。图中没有列出超类 Employee 的 *get* 方法，因为这些方法没有在任何子类中被重写，它们是在子类中直接继承和使用的。

下面的几个小节将实现图 10.2 中的 Employee 层次。10.5.1 节实现抽象超类 Employee。后面的 4 个小节将各实现一个具体类。最后一个小节中的测试程序建立了所有这些类的对象，并且多态地处理它们。

	earnings	toString
Employee	abstract	*firstName lastName* social security number: *SSN*
Salaried- Employee	weeklySalary	salaried employee: *firstName lastName* social security number: *SSN* weekly salary: *weeklySalary*

Hourly-
Employee
	if (hours <= 40) {
	  wage * hours
	}
	else if (hours > 40) {
	  40 * wage +
	  (hours - 40) *
	  wage * 1.5
	}
		hourly employee: *firstName lastName*
		social security number: *SSN*
		hourly wage: *wage*; hours worked: *hours*

Commission- Employee	commissionRate * grossSales	commission employee: *firstName lastName* social security number: *SSN* gross sales: *grossSales*; commission rate: *commissionRate*
BasePlus- Commission- Employee	(commissionRate * grossSales) + baseSalary	base salaried commission employee: *firstName lastName* social security number: *SSN* gross sales: *grossSales*; commission rate: *commissionRate*; base salary: *baseSalary*

图 10.3 Employee 层次的多态接口

10.5.1 抽象超类 Employee

Employee 类(见图 10.4)提供了 earnings 方法和 toString 方法，此外还提供了几个返回 Employee 实例变量值的 *get* 方法。earnings 方法适用于所有的员工，但会根据员工类型进行不同的收入计算。因此，在超类 Employee 中将 earnings 方法声明为抽象的。这样，该方法的默认实现并没有特定的含义，如果没有足够的信息，就无法确定应该返回什么样的收入值。

每一个子类，都需要用相应的实现重写这个 earnings 方法。为了计算员工的收入，程序将员工对象的引用赋予超类 Employee 变量，然后对这个变量调用 earnings 方法。程序需将这些 Employee 变量作为一个数组维护，其中的每一个元素都是一个 Employee 对象的引用。不能直接利用 Employee 类来创建 Employee 对象，因为它是一个抽象类。但是，由于继承，Employee 的所有子类的对象都可以看成是 Employee 对象。程序对这个数组进行迭代，调用每一个 Employee 对象的 earnings 方法。Java 会多态地处理这些方法调用。在 Employee 类中将 earnings 方法声明成抽象的，可以使通过 Employee 变量对 earnings 方法的调用得到编译，并强迫 Employee 的每一个直接具体子类重写 earnings 方法。

Employee 类的 toString 方法返回一个字符串，包含员工的名字、姓氏和社会保险号。下面将看到，Employee 的所有子类都重写了 toString 方法，生成这个子类对象的字符串表示，它包含员工类型信息(如“salaried employee: ”)，后面跟着员工的其他信息。

下面考虑 Employee 类的声明(见图 10.4)。这个类包含一个构造方法，它接收名字、姓氏和社会保险号(第 10 ~ 15 行)；获得名字、姓氏和社会保险号的 *get* 方法(分别位于第 18 行、第 21 行和第 24 行)；返回员工的字符串表示的 toString 方法(第 27 ~ 31 行)；一个抽象方法 earnings(第 34 行)，它必须在具体子类中实现。这个例子中，Employee 类的构造方法没有验证它的参数，通常应当提供这样的验证。

为什么要将 earnings 声明为抽象方法呢？仅仅因为在 Employee 类中提供这个方法的具体实现没有任何意义。因为无法计算一位广义员工的收入，必须首先知道确切的 Employee 类型，才能确定正确的收入计算方法。将这个方法声明为抽象的，就表明每一个具体子类都必须提供适当的 earnings 实现，程序可以用超类 Employee 的变量对任何类型的 Employee 多态地调用 earnings 方法。

```
1  // Fig. 10.4: Employee.java
2  // Employee abstract superclass.
3
4  public abstract class Employee {
5     private final String firstName;
6     private final String lastName;
7     private final String socialSecurityNumber;
8
9     // constructor
10    public Employee(String firstName, String lastName,
11       String socialSecurityNumber) {
12       this.firstName = firstName;
13       this.lastName = lastName;
14       this.socialSecurityNumber = socialSecurityNumber;
15    }
16
17    // return first name
18    public String getFirstName() {return firstName;}
19
20    // return last name
21    public String getLastName() {return lastName;}
22
23    // return social security number
24    public String getSocialSecurityNumber() {return socialSecurityNumber;}
25
26    // return String representation of Employee object
27    @Override
28    public String toString() {
29       return String.format("%s %s%nsocial security number: %s",
30          getFirstName(), getLastName(), getSocialSecurityNumber());
31    }
32
33    // abstract method must be overridden by concrete subclasses
34    public abstract double earnings(); // no implementation here
35 }
```

图 10.4 Employee 抽象超类

10.5.2 具体子类 SalariedEmployee

SalariedEmployee 类(见图 10.5)扩展了 Employee 类(第 4 行)，并重写了 earnings 抽象方法(第 34 ~ 35 行)，使 SalariedEmployee 成为具体类。这个类的构造方法(第 8 ~ 18 行)的实参是名字、姓氏、社会保险号和周薪；*set* 方法为实例变量 weeklySalary 赋予一个新的非负值(第 21 ~ 28 行)；*get* 方法返回 weeklySalary 的值(第 31 行)；earnings 方法(第 34 ~ 35 行)计算 SalariedEmployee 的收入；toString 方法(第 38 ~ 42 行)返回的字符串包括员工类型(“salaried employee: ”)、Employee 类的 toString 方法和 SalariedEmployee 类的 getWeeklySalary 方法产生的员工的特定信息。SalariedEmployee 类的构造方法将名字、姓氏和社会保险号传入 Employee 类的构造方法(第 10 行)，初始化超类的私有实例变量。同样，构造方法和 setWeeklySalary 方法中重复使用了验证 weeklySalary 值的代码。前面说过，对于复杂的验证过程，可以将它放入一个静态类方法中，然后在构造方法和 *set* 方法中调用它。

错误预防提示 10.1

以前说过，不能在构造方法中调用类的实例方法——可以调用静态类方法。这样做，可避免由于(直接或间接)调用类的重写方法而导致的运行时错误。更多细节请参见 10.8 节。

earnings 方法重写了 Employee 类的抽象方法 earnings，提供的具体实现返回 SalariedEmployee 的周薪。如果没有实现 earnings 方法，则 SalariedEmployee 类必须被声明为抽象的，否则，不会编译这个类。这个示例中，我们希望 SalariedEmployee 是一个具体类。

toString 方法(第 38 ~ 42 行)重写了 Employee 类的 toString 方法。如果 SalariedEmployee 类不重写 toString 方法，则 SalariedEmployee 会继承 Employee 类的 toString 版本。这时，SalariedEmployee 类的 toString 方法只会返回员工的全名和社会保险号，不能完全表示 SalariedEmployee。为了产生 SalariedEmployee 的完整字符串表示，子类的 toString 方法返回“salaried employee: ”，加上超类 Employee

的特定信息(名字、姓氏和社会保险号)，后者是调用超类的 toString 方法实现的(第 41 行)，这是代码复用的范例。SalariedEmployee 的字符串表示还包含员工的周薪，它通过类的 getWeeklySalary 方法获得。

```
1  // Fig. 10.5: SalariedEmployee.java
2  // SalariedEmployee concrete class extends abstract class Employee.
3
4  public class SalariedEmployee extends Employee {
5     private double weeklySalary;
6
7     // constructor
8     public SalariedEmployee(String firstName, String lastName,
9        String socialSecurityNumber, double weeklySalary) {
10       super(firstName, lastName, socialSecurityNumber);
11
12       if (weeklySalary < 0.0) {
13          throw new IllegalArgumentException(
14             "Weekly salary must be >= 0.0");
15       }
16
17       this.weeklySalary = weeklySalary;
18    }
19
20    // set salary
21    public void setWeeklySalary(double weeklySalary) {
22       if (weeklySalary < 0.0) {
23          throw new IllegalArgumentException(
24             "Weekly salary must be >= 0.0");
25       }
26
27       this.weeklySalary = weeklySalary;
28    }
29
30    // return salary
31    public double getWeeklySalary() {return weeklySalary;}
32
33    // calculate earnings; override abstract method earnings in Employee
34    @Override
35    public double earnings() {return getWeeklySalary();}
36
37    // return String representation of SalariedEmployee object
38    @Override
39    public String toString() {
40       return String.format("salaried employee: %s%n%s: $%,.2f",
41          super.toString(), "weekly salary", getWeeklySalary());
42    }
43 }
```

图 10.5 扩展 Employee 抽象类的 SalariedEmployee 具体类

10.5.3 具体子类 HourlyEmployee

HourlyEmployee 类(见图 10.6)也扩展了 Employee 类(第 4 行)。这个类的构造方法(第 9 ~ 24 行)的实参是名字、姓氏、社会保险号、小时工资和工时数。第 27 ~ 33 行和第 39 ~ 46 行分别声明了一个 *set* 方法，对实例变量 wage 和 hours 赋予新值。setWage 方法应确保 wage 为非负值；setHours 方法应确保 hours 的值位于 0 ~ 168 之间(168 为一周的总小时数)。HourlyEmployee 类还具有两个 *get* 方法(第 36 行和第 49 行)，分别返回 wage 和 hours 的值。earnings 方法(第 52 ~ 60 行)计算 HourlyEmployee 的收入；toString 方法(第 63 ~ 68 行)返回员工类型(“hourly employee: ”)及员工的特定信息。HourlyEmployee 类的构造方法和 SalariedEmployee 类的构造方法类似，都是将名字、姓氏和社会保险号传入超类 Employee 的构造方法(第 11 行)，初始化私有实例变量。此外，toString 方法还调用了超类的 toString 方法(第 66 行)，获得员工的特定信息(即名字、姓氏和社会保险号)，这是代码复用的又一范例。

```
1  // Fig. 10.6: HourlyEmployee.java
2  // HourlyEmployee class extends Employee.
3
4  public class HourlyEmployee extends Employee {
```

图 10.6 扩展 Employee 类的 HourlyEmployee 类

```
5      private double wage; // wage per hour
6      private double hours; // hours worked for week
7
8      // constructor
9      public HourlyEmployee(String firstName, String lastName,
10        String socialSecurityNumber, double wage, double hours) {
11        super(firstName, lastName, socialSecurityNumber);
12
13        if (wage < 0.0) { // validate wage
14           throw new IllegalArgumentException("Hourly wage must be >= 0.0");
15        }
16
17        if ((hours < 0.0) || (hours > 168.0)) { // validate hours
18           throw new IllegalArgumentException(
19              "Hours worked must be >= 0.0 and <= 168.0");
20        }
21
22        this.wage = wage;
23        this.hours = hours;
24     }
25
26     // set wage
27     public void setWage(double wage) {
28        if (wage < 0.0) { // validate wage
29           throw new IllegalArgumentException("Hourly wage must be >= 0.0");
30        }
31
32        this.wage = wage;
33     }
34
35     // return wage
36     public double getWage() {return wage;}
37
38     // set hours worked
39     public void setHours(double hours) {
40        if ((hours < 0.0) || (hours > 168.0)) { // validate hours
41           throw new IllegalArgumentException(
42              "Hours worked must be >= 0.0 and <= 168.0");
43        }
44
45        this.hours = hours;
46     }
47
48     // return hours worked
49     public double getHours() {return hours;}
50
51     // calculate earnings; override abstract method earnings in Employee
52     @Override
53     public double earnings() {
54        if (getHours() <= 40) { // no overtime
55           return getWage() * getHours();
56        }
57        else {
58           return 40 * getWage() + (getHours() - 40) * getWage() * 1.5;
59        }
60     }
61
62     // return String representation of HourlyEmployee object
63     @Override
64     public String toString() {
65        return String.format("hourly employee: %s%n%s: $%,.2f; %s: %,.2f",
66           super.toString(), "hourly wage", getWage(),
67           "hours worked", getHours());
68     }
69  }
```

图 10.6(续)　扩展 Employee 类的 HourlyEmployee 类

10.5.4　具体子类 CommissionEmployee

CommissionEmployee 类(见图 10.7)扩展了 Employee 类(第 4 行)。这个类的构造方法(第 9 ~ 25 行)包含的实参是名字、姓氏、社会保险号、销售额和佣金比例。两个 *set* 方法(第 28 ~ 34 行和第 40 ~ 47 行)分别为实例变量 commissionRate 和 grossSales 赋予新值；两个 *get* 方法(第 37 行和第 50 行)取得这些实例变量的值；earnings 方法(第 53 ~ 56 行)计算 CommissionEmployee 的收入；toString 方法(第 59 ~ 65 行)返回员工类型(“commission employee: ”)和员工的特定信息。CommissionEmployee 类的构造方法也将名字、姓氏和社会保险号传入 Employee 类的构造方法(第 12 行)，初始化 Employee 的私有实例变量。toString 方法调用了超类的 toString 方法(第 62 行)，获得员工的特定信息(即名字、姓氏和社会保险号)。

```
1  // Fig. 10.7: CommissionEmployee.java
2  // CommissionEmployee class extends Employee.
3
4  public class CommissionEmployee extends Employee {
5     private double grossSales; // gross weekly sales
6     private double commissionRate; // commission percentage
7
8     // constructor
9     public CommissionEmployee(String firstName, String lastName,
10       String socialSecurityNumber, double grossSales,
11       double commissionRate) {
12       super(firstName, lastName, socialSecurityNumber);
13
14       if (commissionRate <= 0.0 || commissionRate >= 1.0) { // validate
15          throw new IllegalArgumentException(
16             "Commission rate must be > 0.0 and < 1.0");
17       }
18
19       if (grossSales < 0.0) { // validate
20          throw new IllegalArgumentException("Gross sales must be >= 0.0");
21       }
22
23       this.grossSales = grossSales;
24       this.commissionRate = commissionRate;
25    }
26
27    // set gross sales amount
28    public void setGrossSales(double grossSales) {
29       if (grossSales < 0.0) { // validate
30          throw new IllegalArgumentException("Gross sales must be >= 0.0");
31       }
32
33       this.grossSales = grossSales;
34    }
35
36    // return gross sales amount
37    public double getGrossSales() {return grossSales;}
38
39    // set commission rate
40    public void setCommissionRate(double commissionRate) {
41       if (commissionRate <= 0.0 || commissionRate >= 1.0) { // validate
42          throw new IllegalArgumentException(
43             "Commission rate must be > 0.0 and < 1.0");
44       }
45
46       this.commissionRate = commissionRate;
47    }
48
49    // return commission rate
50    public double getCommissionRate() {return commissionRate;}
51
52    // calculate earnings; override abstract method earnings in Employee
53    @Override
54    public double earnings() {
55       return getCommissionRate() * getGrossSales();
56    }
57
58    // return String representation of CommissionEmployee object
59    @Override
60    public String toString() {
61       return String.format("%s: %s%n%s: $%,.2f; %s: %.2f",
62          "commission employee", super.toString(),
63          "gross sales", getGrossSales(),
64          "commission rate", getCommissionRate());
65    }
66 }
```

图 10.7 扩展 Employee 类的 CommissionEmployee 类

10.5.5 间接具体子类 BasePlusCommissionEmployee

BasePlusCommissionEmployee 类(见图 10.8)扩展了 CommissionEmployee 类(第 4 行)，因此是 Employee 类的一个间接子类。BasePlusCommissionEmployee 类的构造方法(第 8 ~ 19 行)包含的实参是名字、姓氏、社会保险号、销售额、佣金比例和底薪。它将除底薪外的所有其他实参传递给 CommissionEmployee 类的构造方法(第 11 ~ 12 行)，以初始化超类中的实例变量。BasePlusCommissionEmployee 还包含一个 *set* 方法(第 22 ~ 28 行)和一个 *get* 方法(第 31 行)，前者为实例变量 baseSalary 赋予新值，后者返回 baseSalary 的值。earnings 方法(第 34 ~ 35 行)计算 BasePlusCommissionEmployee 的收入。earnings 方法在第 35 行调用了超类 CommissionEmployee 的 earnings 方法，计算员工收入的佣金部分——这是代码复用的又一范例。BasePlusCommissionEmployee 的 toString 方法(第 38 ~ 43 行)创建了 BasePlusCommissionEmployee 的字符串表示，它包含 "base-salaried"，后接通过调用超类 CommissionEmployee 的 toString 方法产生的字符串(第 41 行)，然后是底薪。得到的字符串结果为 "base-salaried commission employee"，后接 BasePlusCommissionEmployee 的其他信息。前面曾介绍过，CommissionEmployee 的 toString 方法通过调用超类(即 Employee)的 toString 方法，获得员工的名字、姓氏和社会保险号——这就是代码复用。BasePlusCommissionEmployee 的 toString 方法发起了一系列方法调用，跨越了 Employee 层次中的三层。

```
1  // Fig. 10.8: BasePlusCommissionEmployee.java
2  // BasePlusCommissionEmployee class extends CommissionEmployee.
3
4  public class BasePlusCommissionEmployee extends CommissionEmployee {
5     private double baseSalary; // base salary per week
6
7     // constructor
8     public BasePlusCommissionEmployee(String firstName, String lastName,
9        String socialSecurityNumber, double grossSales,
10       double commissionRate, double baseSalary) {
11       super(firstName, lastName, socialSecurityNumber,
12          grossSales, commissionRate);
13
14       if (baseSalary < 0.0) { // validate baseSalary
15          throw new IllegalArgumentException("Base salary must be >= 0.0");
16       }
17
18       this.baseSalary = baseSalary;
19    }
20
21    // set base salary
22    public void setBaseSalary(double baseSalary) {
23       if (baseSalary < 0.0) { // validate baseSalary
24          throw new IllegalArgumentException("Base salary must be >= 0.0");
25       }
26
27       this.baseSalary = baseSalary;
28    }
29
30    // return base salary
31    public double getBaseSalary() {return baseSalary;}
32
33    // calculate earnings; override method earnings in CommissionEmployee
34    @Override
35    public double earnings() {return getBaseSalary() + super.earnings();}
36
37    // return String representation of BasePlusCommissionEmployee object
38    @Override
39    public String toString() {
40       return String.format("%s %s; %s: $%,.2f",
41          "base-salaried", super.toString(),
42          "base salary", getBaseSalary());
43    }
44 }
```

图 10.8 扩展 CommissionEmployee 类的 BasePlusCommissionEmployee 类

10.5.6 多态处理、运算符 instanceof 和向下强制转换

为了测试 Employee 层次，图 10.9 中的程序为 4 个具体类 SalariedEmployee、HourlyEmployee、CommissionEmployee 和 BasePlusCommissionEmployee 分别创建了一个对象。首先通过每一个对象自己的类型非多态地操作这些对象，然后用 Employee 变量数组多态地操作它们。在多态地处理对象时，程序将每个 BasePlusCommissionEmployee 的底薪增加 10%——这要求在执行时确定对象的类型。最后，程序多态地确定并输出 Employee 数组中每一个对象的类型。第 7 ~ 16 行创建了 4 种 Employee 具体子类的对象。第 20 ~ 28 行非多态地输出每个对象的字符串表示和收入。当用%s 格式指定符将对象输出为字符串时，printf 方法会隐式地调用各个对象的 toString 方法。

```
1  // Fig. 10.9: PayrollSystemTest.java
2  // Employee hierarchy test program.
3
4  public class PayrollSystemTest {
5     public static void main(String[] args) {
6        // create subclass objects
7        SalariedEmployee salariedEmployee =
8           new SalariedEmployee("John", "Smith", "111-11-1111", 800.00);
9        HourlyEmployee hourlyEmployee =
10          new HourlyEmployee("Karen", "Price", "222-22-2222", 16.75, 40);
11       CommissionEmployee commissionEmployee =
12          new CommissionEmployee(
13          "Sue", "Jones", "333-33-3333", 10000, .06);
14       BasePlusCommissionEmployee basePlusCommissionEmployee =
15          new BasePlusCommissionEmployee(
16          "Bob", "Lewis", "444-44-4444", 5000, .04, 300);
17
18       System.out.println("Employees processed individually:");
19
20       System.out.printf("%n%s%n%s: $%,.2f%n%n",
21          salariedEmployee, "earned", salariedEmployee.earnings());
22       System.out.printf("%s%n%s: $%,.2f%n%n",
23          hourlyEmployee, "earned", hourlyEmployee.earnings());
24       System.out.printf("%s%n%s: $%,.2f%n%n",
25          commissionEmployee, "earned", commissionEmployee.earnings());
26       System.out.printf("%s%n%s: $%,.2f%n%n",
27          basePlusCommissionEmployee,
28          "earned", basePlusCommissionEmployee.earnings());
29
30       // create four-element Employee array
31       Employee[] employees = new Employee[4];
32
33       // initialize array with Employees
34       employees[0] = salariedEmployee;
35       employees[1] = hourlyEmployee;
36       employees[2] = commissionEmployee;
37       employees[3] = basePlusCommissionEmployee;
38
39       System.out.printf("Employees processed polymorphically:%n%n");
40
41       // generically process each element in array employees
42       for (Employee currentEmployee : employees) {
43          System.out.println(currentEmployee); // invokes toString
44
45          // determine whether element is a BasePlusCommissionEmployee
46          if (currentEmployee instanceof BasePlusCommissionEmployee) {
47             // downcast Employee reference to
48             // BasePlusCommissionEmployee reference
49             BasePlusCommissionEmployee employee =
50                (BasePlusCommissionEmployee) currentEmployee;
51
52             employee.setBaseSalary(1.10 * employee.getBaseSalary());
53
54             System.out.printf(
55                "new base salary with 10%% increase is: $%,.2f%n",
56                employee.getBaseSalary());
57          }
```

图 10.9 Employee 层次的测试程序

```
58
59          System.out.printf(
60             "earned $%,.2f%n%n", currentEmployee.earnings());
61       }
62
63       // get type name of each object in employees array
64       for (int j = 0; j < employees.length; j++) {
65          System.out.printf("Employee %d is a %s%n", j,
66             employees[j].getClass().getName());
67       }
68    }
69 }
```

```
Employees processed individually:

salaried employee: John Smith
social security number: 111-11-1111
weekly salary: $800.00
earned: $800.00

hourly employee: Karen Price
social security number: 222-22-2222
hourly wage: $16.75; hours worked: 40.00
earned: $670.00

commission employee: Sue Jones
social security number: 333-33-3333
gross sales: $10,000.00; commission rate: 0.06
earned: $600.00

base-salaried commission employee: Bob Lewis
social security number: 444-44-4444
gross sales: $5,000.00; commission rate: 0.04; base salary: $300.00
earned: $500.00

Employees processed polymorphically:

salaried employee: John Smith
social security number: 111-11-1111
weekly salary: $800.00
earned $800.00
```

```
hourly employee: Karen Price
social security number: 222-22-2222
hourly wage: $16.75; hours worked: 40.00
earned $670.00

commission employee: Sue Jones
social security number: 333-33-3333
gross sales: $10,000.00; commission rate: 0.06
earned $600.00

base-salaried commission employee: Bob Lewis
social security number: 444-44-4444
gross sales: $5,000.00; commission rate: 0.04; base salary: $300.00
new base salary with 10% increase is: $330.00
earned $530.00

Employee 0 is a SalariedEmployee
Employee 1 is a HourlyEmployee
Employee 2 is a CommissionEmployee
Employee 3 is a BasePlusCommissionEmployee
```

图 10.9（续）　Employee 层次的测试程序

创建 employees 数组

第 31 行声明了一个 employees 数组，并将它赋值为 4 个 Employee 变量。第 34 ~ 37 行分别将这个数组元素赋值为 SalariedEmployee、HourlyEmployee、CommissionEmployee、BasePlusCommissionEmployee 引用。这些赋值是允许的，因为 SalariedEmployee、HourlyEmployee、CommissionEmployee、BasePlusCommission-Employee 都“是”Employee。因此，可以将 SalariedEmployee、HourlyEmployee、CommissionEmployee、BasePlusCommissionEmployee 对象的引用赋予超类 Employee 变量，即使 Employee 是一个抽象类。

多态地处理 employees 数组

第 42 ~ 61 行对数组 employees 进行迭代，对 Employee 变量 currentEmployee 调用 toString 方法和 earnings 方法，每次迭代都赋值不同的 Employee 引用。输出结果表明，确实对每一个类调用了特定的方法。执行时，会根据 currentEmployee 所指的对象类型，调用正确的 toString 方法和 earnings 方法。这一过程被称为动态绑定(dynamic binding)或后绑定(late binding)。例如，第 43 行隐式地调用了 currentEmployee 所指对象的 toString 方法。动态绑定的结果是使 Java 能够在执行时而不是编译时确定应该调用哪一个 toString 方法。注意，只有 Employee 类的方法才能通过 Employee 变量调用(当然，Employee 包含 Object 类的方法)。超类引用可以用来调用只有超类才有的方法，而子类方法的实现是被多态地调用的。

对 BasePlusCommissionEmployee 执行特定类型的操作

我们对 BasePlusCommissionEmployee 对象进行特殊处理——遇到这种对象时，就将它的底薪增加 10%。多态地处理对象时，通常不必担心“特例”，但为了调整底薪，必须在执行时确定 Employee 对象的特定类型。第 46 行用 instanceof 运算符判断特定的 Employee 对象类型是否为 BasePlusCommission-Employee。如果 currentEmployee 所引用的对象是一个 BasePlusCommissionEmployee，则第 46 行的条件为 true。由于超类与子类的“是”关系，所以对 BasePlusCommissionEmployee 子类的任何对象，该条件也为 true。第 49 ~ 50 行将 currentEmployee 从 Employee 类型向下强制转换为 BasePlusCommission-Employee 类型，只有当对象与 BasePlusCommissionEmployee 存在“是”关系时，这个强制转换才是允许的。第 46 行的条件保证了这一点。如果要对当前的 Employee 对象调用子类 BasePlus-CommissionEmployee 的方法 getBaseSalary 和 setBaseSalary，就必须进行这种强制转换操作——下面很快就会看到，如果试图让超类引用直接调用只有子类才有的方法，会导致编译错误。

常见编程错误 10.3

将超类变量赋予子类变量是一个编译错误。

常见编程错误 10.4

向下强制转换引用时，如果在执行时这个引用和强制转换运算符指定的类型不为“是”关系，则会发生 ClassCastException 异常。

如果第 46 行的 instanceof 表达式成立，则第 49 ~ 56 行会执行 BasePlusCommissionEmployee 对象所要求的特殊处理。利用 BasePlusCommissionEmployee 变量 employee，第 52 行调用了子类特有的 getBaseSalary 方法和 setBaseSalary 方法，取得员工的底薪并将它增加 10%。

多态地调用 earnings 方法

第 59 ~ 60 行对 currentEmployee 调用了 earnings 方法，它多态地调用相应子类对象的 earnings 方法。第 59 ~ 60 行多态地获得 SalariedEmployee、HourlyEmployee、CommissionEmployee 的收入，产生的结果与第 20 ~ 25 行分别获得这些员工收入的情况相同。第 59 ~ 60 行从 BasePlusCommissionEmployee 获得的收入要比第 26 ~ 28 行获得的高，因为底薪增加了 10%。

获取每一位员工的类别名称

第 64 ~ 67 行将每种员工类型显示为字符串。Java 中的每一个对象都知道自己的类，可以通过 getClass 方法获得这一信息，它是所有类从 Object 类继承的方法。getClass 方法返回 Class 类(来自 java.lang 包)的一个对象，包含关于对象类型的信息，也包括它的类名称。第 66 行对当前对象调用了 getClass 方法，获得它的类名称。getClass 调用的结果被用于调用 getName 方法，以获得对象的类名称。

避免向下强制转换时的编译错误

前面的示例中，在第 49 ~ 50 行将 Employee 变量向下强制转换为 BasePlusCommissionEmployee 变量，这样就避免了几个编译错误。如果从第 50 行删除强制转换运算符“(BasePlusCommissionEmployee)”，试图直接将 Employee 变量 currentEmployee 赋予 BasePlusCommissionEmployee 变量 employee，则会收

到“incompatible types”(类型不兼容)的编译错误。这个错误消息表明，将超类对象 currentEmployee 的引用赋予子类变量 employee 是不允许的。编译器会阻止这种赋值操作，因为 CommissionEmployee 不是 BasePlusCommissionEmployee—— “是”关系只存在于从子类到它的超类，反过来则不行。

类似地,如果第 52 行和第 56 行使用超类变量 currentEmployee 来调用只有子类才有的 getBaseSalary 方法和 setBaseSalary 方法，则在每一行都会收到编译错误消息“cannot find symbol”。对超类变量调用只有子类才有的方法是不允许的——尽管第 52 行和第 56 行只有在第 46 行返回 true 时才执行。第 46 行返回 true,表示 currentEmployee 已经拥有 BasePlusCommissionEmployee 对象的引用。利用超类 Employee 变量，可以调用只在 Employee 类中才有的方法——earnings、toString 及 *get* 和 *set* 方法。

软件工程结论 10.5

运行时实际调用的方法取决于对象的类型，所以变量只能调用属于该变量类型的方法，编译器会检验这一点。

10.6　超类和子类变量之间允许的赋值

前面已经给出了一个完整的程序，它对不同的子类对象进行多态处理。现在小结一下超类和子类对象及变量，指出它们能够做什么，不能做什么。尽管子类对象也“是”超类对象，但两者毕竟是不同的。前面讨论过，子类对象可以当作超类对象。但是，由于子类可以具有只有子类才有的成员，因此将超类引用赋予子类变量时，要进行显式强制转换，否则会使超类对象中的子类成员未定义。

前面已经讨论过将超类和子类引用赋予超类和子类类型的三种途径：

1. 将超类引用赋予超类变量，这是显而易见的。
2. 将子类引用赋予子类变量，这也是顺理成章的。
3. 将子类引用赋予超类变量是安全的，因为子类对象“是”超类对象。但是，这个超类变量只能用于引用超类成员。如果代码通过超类变量引用了只有子类才有的成员，则编译器会报告错误。

10.7　final 方法和 final 类

6.3 节和 6.10 节中曾说过，可以将变量声明成 final 类型，表示它在初始化之后不能修改——这样的变量表示常量值。也可以将方法参数声明成 final 类型，以防止在方法体中修改它的值。还可以用 final 修饰符来声明方法和类。

final 方法不能被重写

超类中的 final 方法不能在子类中被重写——这保证了 final 方法的实现可以由类层次中所有的直接和间接子类使用。声明为 private 的方法隐含为 final 类型，因为不可能在子类中重写它们。静态方法也隐含为 final 类型。final 方法的声明不能改变，因此所有子类都使用同一个方法实现，对 final 方法的调用在编译时解析——被称为静态绑定(static binding)。

final 类不能是超类

不能将一个 final 类扩展成子类。final 类中的所有方法都隐含为 final 类型。String 类是 final 类的一个例子。如果允许创建 String 类的一个子类，则该子类的对象就可以用于需要字符串的任何地方。由于 String 类不能扩展,使用 String 类的程序只能利用 Java API 中指定的 String 对象的功能。将类声明成 final 类型，还能防止程序员创建绕过安全限制的子类。

至此，就已经探讨完了 final 类型的变量、方法和类，强调了只要不发生改变，就应将变量、方法或者类声明成 final 类型，这是“最低权限原则”的体现。第 23 章中讲解并发性时将会看到，将变量声明成 final 类型会极大地简化并行程序的编写，这种程序可用于多核处理器中。关于如何使用 final 类型的更多分析，请访问：

http://docs.oracle.com/javase/tutorial/java/IandI/final.html

常见编程错误 10.5

声明 final 类的子类会导致编译错误。

软件工程结论 10.6

Java API 中，绝大部分类都没有被声明成 final 类型。这样做就使程序员可以利用继承和多态。但是在某些情况下，将类声明成 final 类型是重要的——主要是出于安全性的考虑。此外，除非在设计类时仔细地考虑了它的扩展性，否则应将它声明为 final 类型，以避免发生(微妙的)错误。

软件工程结论 10.7

尽管不能扩展 final 类，但可以通过组合复用这种类。

10.8 分析从构造方法调用方法时的问题

前面说过，不能在构造方法中调用被重写的方法。为了理解它的原因，回忆一下当构建子类对象时，子类对象方法会首先调用它的直接超类中的构造方法。这时，位于子类构造方法体中的任何子类实例变量的初始化代码还没有执行。如果超类的构造方法调用了被子类重写过的一个方法，则会执行这个方法的子类版本。如果子类方法使用了还没有被正确初始化的实例变量，则可能导致微妙的、难于发现的错误，因为子类的构造方法的执行过程还没有结束。

假设构造方法和 *set* 方法对某个实例变量执行相同的验证工作。应该如何处理那些相同的验证代码呢?

- 如果代码简洁，则可以在构造方法和 *set* 方法中重复这些代码。这是避免出现上述问题的一种简易途径。
- 如果验证代码很长，则可以定义一个静态验证方法——通常为一个私有静态帮助器(helper)方法——然后在构造方法和 *set* 方法中调用它。在构造方法中调用静态方法是允许的，因为静态方法不会被重写。

也可以让构造方法调用 final 实例方法，只要该方法没有直接或间接调用任何被重写的实例方法。

10.9 创建和使用接口

8

(注：Java SE 8 接口强化在 10.10 节讲解，第 17 章给出了更多细节；Java SE 9 接口强化在 10.11 节讲解。)

下一个示例(见图 10.11 ~ 图 10.14)再次审视了 10.5 节中的工资系统。假设公司希望在一个支付程序中执行多种财务操作——除了计算必须支付给每位员工的工资，还要计算各种发票(如购买货物的账单)的应付款。尽管员工和发票之间没有关联，但对它们的操作都是计算某种应付款。对于员工，应付款指的是员工收入；对于发票，应付款指的是发票上的总货价。能否在一个程序中多态地计算员工和发票的应付款呢? Java 能否让不相关的类实现一组共同方法(如计算应付款的方法)? Java 接口(interface)提供的正是这种功能。

标准化交互

接口定义并标准化了人和系统彼此交互的方式。例如，收音机上的控制钮就是用户与收音机内部元件之间的接口。控制钮能使用户执行一组有限的操作(如调台、调音量、选择 AM/FM)，不同的收音机可能用不同的方法实现这些控制钮(如使用按钮、拨盘或语音命令)。接口指定了收音机必须允许用户进行什么操作，但没有指定如何进行操作。

类似地，1.5 节的汽车类比中，“基本的驾驶功能”接口由方向盘、加速踏板和制动踏板组成。通过它们，司机可以告知汽车应该做什么。只要知道了如何利用这个接口来转弯、加速和刹车，即使汽车厂商的设计不同，司机也能够驾驶许多种汽车。例如，存在多种制动系统——碟刹、鼓刹、防抱死制动、液压制动、空气制动，等等。踩下制动踏板时，汽车使用何种制动系统并不重要，只需它能够让汽车减速即可。

软件对象通过接口通信

软件对象也是通过接口进行通信的。Java 接口描述一组方法，对象可以调用这些方法，告诉对象执行某个任务或返回某种信息。下一个示例中引入了接口 Payable，它描述对象在付款时必须具备的功能。也就是说，要提供确定正确的应付款的方法。接口声明(interface declaration)以关键字 interface 开始，只能包含常量和抽象方法。与类不同的是，所有的接口成员都必须为公共的，并且接口不能指定任何实现细节，如具体的方法声明和实例变量①。接口中声明的所有方法都隐含为 public 和 abstract 类型，而所有字段都隐含为 public、static 和 final 类型。

使用接口

为了使用接口，具体类必须指明它实现(implement)接口，并且必须用接口声明中的签名来声明接口中定义的方法。为了指定一个类实现了某个接口，需在类声明第一行的末尾添加关键字 implements，后接接口的名称。例如：

```
public class ClassName extends SuperclassName implements InterfaceName
```

或者

```
public class ClassName implements InterfaceName
```

其中，*InterfaceName* 可以是一个用逗号分隔的接口名称列表。

实现接口，就如同与编译器签署了一份协议："我会声明接口指定的所有方法，否则会将类声明为 abstract 类型"。

常见编程错误 10.6

如果一个具体类实现了某个接口，但没有实现该接口的任何抽象方法，则将导致编译错误，提示类必须被声明为 abstract 类型。

将不同类型的类相关联

当不同类型的类(即不能通过类层次相关联的类)需要共享共同的方法和常量时，经常会使用接口。这样，就可以多态地处理不相关的类的对象——实现同一个接口的类对象可以响应相同的(位于该接口中的)方法调用。程序员可以创建接口，描述所期望的功能，然后在需要这个功能的任何类中实现这个接口。例如，本节开发的账户支付程序中，我们在需要计算应付款的任何类(如 Employee 类和 Invoice 类)中都实现了 Payable 接口。

接口与抽象类的比较

如果不存在需要继承的默认实现，也就是没有字段和具体方法实现时，常常使用接口而不是抽象类。与公共抽象类一样，接口通常为公共类型。与公共类一样，公共接口也必须在与接口同名的文件中声明，文件扩展名为.java。

软件工程结论 10.8

多数开发人员认为，与类相比，接口是一种更为重要的建模技术，尤其是当使用 Java SE 8(见 10.10 节)中的接口强化功能时。

标记接口

标记接口(tagging interface 或 marker interface)为一个空接口，它没有任何方法或常量值。这种接口用于向类添加"是"关系。例如，Java 中有一种被称为"对象序列化"的机制，分别利用 ObjectOutputStream

---

① 10.10 节和 10.11 节中，分别讲解了 Java SE 8 和 Java SE 9 中接口的强化功能，允许在接口中提供方法的实现及私有方法。

类和 ObjectInputStream 类，它能够将对象转换成字节表示，也能够将字节表示转换回对象。为了使对象能够使用这种机制，只需将对象标记成 Serializable 即可，实现的办法是在类声明第一行的末尾添加“implements Serializable”。这样，类中的所有对象就会与 Serializable 具有“是”关系，从而实现基本的对象序列化。

10.9.1 开发 Payable 层次

为了建立程序，确定员工工资和发票的应付款，首先要创建一个 Payable 接口，它包含 getPaymentAmount 方法，返回的 double 值是实现该接口的任何类对象的应付款。getPaymentAmount 方法是 Employee 层次 earnings 方法的通用版，earnings 方法只计算 Employee 的应付款，而 getPaymentAmount 方法可以适用于各种不相关的对象。声明了 Payable 接口之后，我们引入 Invoice 类，它实现了这个接口。然后，修改 Employee 类，使它也实现 Payable 接口。

Invoice 类和 Employee 类代表了公司要计算应付款的目标。这两个类都实现了 Payable 接口，因此程序可以对 Invoice 对象和 Employee 对象调用 getPaymentAmount 方法。很快就会看到，这样就可以多态地处理 Invoice 类和 Employee 类，满足公司账户支付程序的要求。

良好的编程实践 10.1

声明接口中的方法时，选择的方法名称应该能够描述该方法的通用目标，因为这个方法可以由各种不相关的类实现。

包含接口的 UML 类图

图 10.10 中的 UML 类图显示了账户支付程序中使用的接口和类层次。这个层次从 Payable 接口开始。UML 区分接口和类的方式，是在接口名称上面的书名号中加上“interface”字样。UML 通过实现(realization)表示类和接口间的关系。类需要“实现”接口的方法。类图中用带虚线的箭头建模了这种实现关系，空心箭头从实现类指向接口。图 10.10 中的类图表明 Invoice 类和 Employee 类都实现了 Payable 接口。与图 10.2 中的类图相同，Employee 类显示为斜体，表示它是一个抽象类。具体类 SalariedEmployee 扩展 Employee 类，继承超类和 Payable 接口的实现关系。

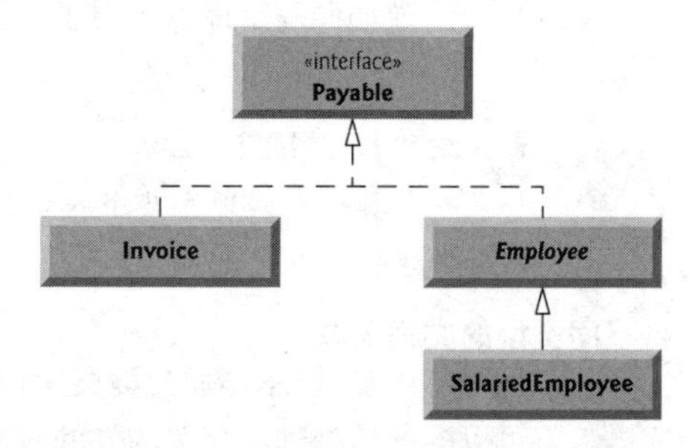

图 10.10 Payable 接口层次的 UML 类图

10.9.2 Payable 接口

图 10.11 第 4 行用关键字 interface 表明它是 Payable 接口的声明。这个接口包含一个名称为 getPaymentAmount 的公共抽象方法。接口方法默认是 public 和 abstract 类型，所以没有必要这样声明它。这里的 Payable 接口只有一个方法，但接口可以包含任意数量的方法。此外，getPaymentAmount 方法也没有参数，但接口方法可以包含参数。接口还可以包含 final 类型的静态常量。

良好的编程实践 10.2

声明接口方法时，明确地将其指定成 public 和 abstract 类型，可使声明更清晰。10.10 节和 10.11 节中将看到，在 Java SE 8 和 Java SE 9 中，接口中还允许存在其他类型的方法。

```
1  // Fig. 10.11: Payable.java
2  // Payable interface declaration.
3
4  public interface Payable {
5     public abstract double getPaymentAmount(); // no implementation
6  }
```

图 10.11 Payable 接口的声明

10.9.3　Invoice 类

Invoice 类(见图 10.12)表示只包含一种货物账单信息的简单发票。这个类声明了私有实例变量 partNumber、partDescription、quantity、pricePerItem(第 5 ~ 8 行)，分别表示零件编号、零件描述、采购数量和单价。Invoice 类还包含一个构造方法(第 11 ~ 26 行)、一个 *get* 方法(第 29 ~ 38 行)和一个 toString 方法(第 41 ~ 46 行)，后者返回 Invoice 对象的字符串表示。

```
1  // Fig. 10.12: Invoice.java
2  // Invoice class that implements Payable.
3
4  public class Invoice implements Payable {
5     private final String partNumber;
6     private final String partDescription;
7     private final int quantity;
8     private final double pricePerItem;
9
10    // constructor
11    public Invoice(String partNumber, String partDescription, int quantity,
12       double pricePerItem) {
13       if (quantity < 0) { // validate quantity
14          throw new IllegalArgumentException("Quantity must be >= 0");
15       }
16
17       if (pricePerItem < 0.0) { // validate pricePerItem
18          throw new IllegalArgumentException(
19             "Price per item must be >= 0");
20       }
21
22       this.quantity = quantity;
23       this.partNumber = partNumber;
24       this.partDescription = partDescription;
25       this.pricePerItem = pricePerItem;
26    }
27
28    // get part number
29    public String getPartNumber() {return partNumber;}
30
31    // get description
32    public String getPartDescription() {return partDescription;}
33
34    // get quantity
35    public int getQuantity() {return quantity;}
36
37    // get price per item
38    public double getPricePerItem() {return pricePerItem;}
39
40    // return String representation of Invoice object
41    @Override
42    public String toString() {
43       return String.format("%s: %n%s: %s (%s) %n%s: %d %n%s: $%,.2f",
44          "invoice", "part number", getPartNumber(), getPartDescription(),
45          "quantity", getQuantity(), "price per item", getPricePerItem());
46    }
47
48    // method required to carry out contract with interface Payable
49    @Override
50    public double getPaymentAmount() {
51       return getQuantity() * getPricePerItem(); // calculate total cost
52    }
53 }
```

图 10.12　Invoice 类实现了 Payable 接口

第 4 行表明 Invoice 类实现了 Payable 接口。和所有类一样，Invoice 类也隐式地继承自 Object 类。Invoice 类实现了 Payable 接口中的一个抽象方法——getPaymentAmount 方法(在第 49 ~ 52 行声明)。这个方法计算发票的总应付款。它将 quantity 和 pricePerItem 的值相乘(通过相应的 *get* 方法获得)，并返回结果。这个方法满足 Payable 接口中实现它的要求——已经满足了与编译器的接口协议。

一个类只能扩展自另一个类，但可以实现多个接口

Java 不允许子类从多个超类继承，但允许从一个超类继承并实现多个接口。为了实现多个接口，只需在类声明的 implements 关键字之后列出一个逗号分隔的接口名称列表即可。例如：

```
public class ClassName extends SuperclassName implements FirstInterface,
    SecondInterface, ...
```

软件工程结论 10.9

实现了多个接口的类的所有对象，与所有实现的接口类型具有“是”关系。

ArrayList 类(见 7.16 节)是一个 Java API 类，它实现了多个接口。例如，ArrayList 类实现了 Iterable 接口，它使用增强型 for 语句来迭代 ArrayList 的元素。ArrayList 类还实现了 List 接口(见 16.6 节)，它所声明的几个常用方法(如 add、remove、contains)可用于表示列表项的任何对象。

10.9.4 修改 Employee 类，实现 Payable 接口

现在修改 Employee 类，使它实现 Payable 接口(见图 10.13)。这个类的声明与图 10.4 中的相似，只有两点不同：

- 首先，图 10.13 第 4 行表明 Employee 类实现了 Payable 接口。
- 第 38 行实现了 Payable 接口的 getPaymentAmount 方法。

注意，这个方法只是简单地调用了 Employee 的抽象方法 earnings。执行时，当对 Employee 子类对象调用 getPaymentAmount 方法时，它会调用该子类的具体方法 earnings，而这个方法知道如何计算该子类类型的对象的收入。

```
1  // Fig. 10.13: Employee.java
2  // Employee abstract superclass that implements Payable.
3
4  public abstract class Employee implements Payable {
5     private final String firstName;
6     private final String lastName;
7     private final String socialSecurityNumber;
8
9     // constructor
10    public Employee(String firstName, String lastName,
11       String socialSecurityNumber) {
12       this.firstName = firstName;
13       this.lastName = lastName;
14       this.socialSecurityNumber = socialSecurityNumber;
15    }
16
17    // return first name
18    public String getFirstName() {return firstName;}
19
20    // return last name
21    public String getLastName() {return lastName;}
22
23    // return social security number
24    public String getSocialSecurityNumber() {return socialSecurityNumber;}
25
26    // return String representation of Employee object
27    @Override
28    public String toString() {
29       return String.format("%s %s%nsocial security number: %s",
30          getFirstName(), getLastName(), getSocialSecurityNumber());
31    }
32
33    // abstract method must be overridden by concrete subclasses
34    public abstract double earnings(); // no implementation here
35
36    // implementing getPaymentAmount here enables the entire Employee
37    // class hierarchy to be used in an app that processes Payables
38    public double getPaymentAmount() {return earnings();}
39 }
```

图 10.13 Employee 抽象超类实现了 Payable 接口

Employee 子类与 Payable 接口

类实现接口时，继承提供的“是”关系依然适用。Employee 类实现了 Payable 接口，因此可以说 Employee“是”一个 Payable，因而 Employee 的子类也“是”一个 Payable。这样，如果用图 10.13 中新的 Employee 超类更新 10.5 节中的类层次，则 SalariedEmployee、HourlyEmployee、CommissionEmployee 和 BasePlusCommissionEmployee 都为 Payable 对象。正如可以将 SalariedEmployee 子类对象的引用赋予一个超类 Employee 变量一样，也可以将 SalariedEmployee 对象(或任何其他的 Employee 子类对象)的引用赋予 Payable 变量。Invoice 类实现了 Payable 接口，因此 Invoice 对象也“是”Payable 对象，可以将 Invoice 对象的引用赋予 Payable 变量。

软件工程结论 10.10

在“是”关系的实现上，继承和接口相似。实现了接口的类对象，都可以将其看成该接口类型的对象；实现了接口的类的子类对象，也可以将其看成该接口类型的对象。

软件工程结论 10.11

超类和子类之间的“是”关系，以及接口和实现接口的类之间的“是”关系，在将对象传递给方法时会得到保持。方法参数收到超类或接口类型的实参时，这个方法会多态地处理作为实参收到的对象。

软件工程结论 10.12

利用超类引用，可以多态地调用超类(及 Object 类)声明中声明的任何方法。利用接口引用，也可以多态地调用接口、超接口(即扩展接口的接口)及 Object 类中声明的任何方法——接口类型的变量必须引用一个调用方法的对象，而所有的对象都可以使用 Object 类中的方法。

10.9.5 用 Payable 接口多态处理 Invoice 和 Employee

图 10.14 中的 PayableInterfaceTest 类演示了可以用 Payable 接口在一个程序中多态地处理一组 Invoice 对象和 Employee 对象。第 7 ~ 12 行声明并初始化了一个 4 元素数组 payableObjects。第 8 ~ 9 行将 Invoice 对象的引用放入 payableObjects 的前两个元素位置。然后，第 10 ~ 11 行将 SalariedEmployee 对象的引用放入后两个元素位置。这些赋值是允许的，因为 Invoice“是”一个 Payable，SalariedEmployee“是”一个 Employee，而 Employee“是”一个 Payable。

```
1  // Fig. 10.14: PayableInterfaceTest.java
2  // Payable interface test program processing Invoices and
3  // Employees polymorphically.
4  public class PayableInterfaceTest {
5     public static void main(String[] args) {
6        // create four-element Payable array
7        Payable[] payableObjects = new Payable[] {
8           new Invoice("01234", "seat", 2, 375.00),
9           new Invoice("56789", "tire", 4, 79.95),
10          new SalariedEmployee("John", "Smith", "111-11-1111", 800.00),
11          new SalariedEmployee("Lisa", "Barnes", "888-88-8888", 1200.00)
12       };
13
14       System.out.println(
15          "Invoices and Employees processed polymorphically:");
16
17       // generically process each element in array payableObjects
18       for (Payable currentPayable : payableObjects) {
19          // output currentPayable and its appropriate payment amount
20          System.out.printf("%n%s %npayment due: $%,.2f%n",
21             currentPayable.toString(), // could invoke implicitly
22             currentPayable.getPaymentAmount());
23       }
24    }
25 }
```

图 10.14 Payable 接口测试程序，多态地处理 Invoice 对象和 Employee 对象

```
Invoices and Employees processed polymorphically:

invoice:
part number: 01234 (seat)
quantity: 2
price per item: $375.00
payment due: $750.00

invoice:
part number: 56789 (tire)
quantity: 4
price per item: $79.95
payment due: $319.80

salaried employee: John Smith
social security number: 111-11-1111
weekly salary: $800.00
payment due: $800.00

salaried employee: Lisa Barnes
social security number: 888-88-8888
weekly salary: $1,200.00
payment due: $1,200.00
```

图 10.14(续) Payable 接口测试程序，多态地处理 Invoice 对象和 Employee 对象

第 18 ~ 23 行多态地处理 payableObjects 中的每一个 Payable 对象，显示每一个对象的字符串表示及应付款数。尽管接口 Payable 中没有声明 toString 方法，但第 21 行通过 Payable 接口引用调用了这个方法——所有的引用(包括接口类型的引用)都引用了扩展 Object 类的对象，因此它们都有 toString 方法。(这里也可以隐式地调用 toString 方法。)第 22 行调用 Payable 方法 getPaymentAmount，无论对象的实际类型是什么，它都获得 payableObjects 中每一个对象的应付款数。输出表明，第 21 ~ 22 行的两个方法调用，的确调用了适用于该类的 toString 方法和 getPaymentAmount 方法。

10.9.6 Java API 的常用接口

开发 Java 程序时，会大量使用接口。Java API 中包含许多接口，而多数 Java API 方法都可以将接口作为参数，并可以返回接口值。图 10.15 中给出了 Java API 中的常用接口，它们会在后面的几章中使用。

接口	描述
Comparable	Java 包含几个比较运算符(<, <=, >, >=, ==, !=)，使程序员能够比较基本类型值。但是，这些运算符不能用来比较对象。Comparable 接口允许将实现了这个接口的类对象与另一个类对象进行比较。这个接口常用于在集合(例如 ArrayList)中排序对象。第 16 章和第 20 章中将用到 Comparable 接口
Serializable	用来标识某种类的接口，类的对象能够被写入(序列化)或读取(去序列化)自某种存储类型(如磁盘文件、数据库字段)，或者通过网络传输
Runnable	由表示要执行任务的任何类实现。这种类对象通常以并行方式执行，采用的是一种被称为多线程的技术(见第 23 章的讨论)。这个接口包含一个 run 方法，它描述了对象执行时的行为
GUI 事件监听器接口	计算机用户每天都要与图形用户界面(GUI)打交道。在 Web 浏览器中，需要输入地址才能访问 Web 站点，或者需要单击某个按钮返回到前一个站点。浏览器会响应这种交互并执行所期望的任务。这种交互被称为事件，而浏览器用来响应事件的代码被称为事件处理器。第 12 章中，将讲解如何创建具有事件处理器的 GUI，以响应用户交互。事件处理器在实现了相应的事件监听器接口的类中声明。每一个事件监听器接口都指定了必须实现的一个或多个方法，以响应用户的交互
AutoCloseable	实现了这个接口的类能够使用 try-with-resources 语句(见第 11 章)，以防止资源泄漏。第 15 章和第 24 章中用到了这个接口

图 10.15 Java API 中的常用接口

8 10.10 Java SE 8 的接口强化

这一节介绍 Java SE 8 中新增加的那些接口特性。后面的几章中会更加详细地讲解它们。

10.10.1　默认接口方法

Java SE 8 之前，接口方法只能是公共抽象方法。这意味着对于实现了该接口的类，接口指定了能够执行哪些操作，而没有指定如何执行这些操作。

Java SE 8 中，接口还可以包含公共默认方法。如果实现了该接口的类没有重写这种公共默认方法，则它就可以使用由方法所提供的具体默认实现，这种实现指定了如何执行操作。如果一个类实现了这种接口，则它也会获得该接口的默认实现(如果存在的话)。为了声明默认方法，需在方法的返回类型之前放入关键字 default，并提供一个具体的方法实现。

将方法添加到现有接口中

在 Java SE 8 之前，在接口中添加方法会导致那些没有实现这些新方法的类无法工作。前面说过，如果一个类没有实现接口的全部方法，则必须将它声明成抽象的。

如果添加的是一个默认方法，则实现了原始接口的任何类依然可以使用——这个类会接收新的默认方法。如果一个类实现了 Java SE 8 接口，就如同与编译器签署了一份协议：“我会声明接口指定的所有抽象方法，否则会将类声明为 abstract 类型”。类不必重写接口的默认方法，但也可以这么做。

软件工程结论 10.13

利用 Java SE 8 的默认方法，可以在接口中添加新方法，而不必改动现有代码。

接口与抽象类的比较

Java SE 8 之前，当不需要继承实现的细节时(字段和方法实现都不需要继承)，则通常采用接口而不是抽象类。利用默认方法，可以在接口中声明共同的方法实现。这样做就在设计类时提供了更大的灵活性，因为一个类可以实现许多接口，但是只能扩展一个超类。

10.10.2　静态接口方法

Java SE 8 之前，常见的做法是将接口与包含静态帮助器方法的类相关联，以用于实现了该接口的对象。第 16 章中讲解的 Collections 类具有多个静态帮助器方法，用于实现了 Collection、List、Set 及其他接口的对象。例如，Collections 方法 sort 可用于排序实现了 List 接口的任何类对象。利用静态接口方法，这样的帮助器方法就可以直接在接口中声明，而不必单独在一个类中声明。

10.10.3　函数式接口

Java SE 8 中，只包含一个抽象方法的接口，被称为“函数式接口”(functional interface)，也被称为“SAM 接口”(单一抽象方法接口)。Java API 中存在着许多这样的接口。本书中用到的一些函数式接口如下所示：

- ChangeListener(第 12 章)——当与一个滑动式 GUI 控件交互时，该接口用于定义所调用的方法。
- Comparator(第 16 章)——该接口定义的方法用于比较某种类型的两个对象，以判断第一个对象是否小于、等于或者大于第二个对象。
- Runnable(第 23 章)——该接口定义的任务可以与程序的其他部分并行地执行。

函数式接口大量用于 Java 的 lambda 功能，它将在第 17 章讲解。lambda 为实现函数式接口提供了一种简短的记法。

10.11　Java SE 9 的私有接口方法

9

我们知道，类的私有帮助器方法只能由类的其他方法调用。Java SE 9 中，可以通过私有接口方法在接口中声明帮助器方法。接口的私有实例方法能够由该接口的其他实例方法直接调用(即不通过对象引用)。接口的私有静态方法可以由该接口的实例方法或者静态方法调用。

常见编程错误 10.7

在私有接口方法的声明中包含 default 关键字会导致编译错误——默认方法必须是公共的。

10.12 私有构造方法

3.4 节中提到过，通常应将构造方法声明成公共的。有时，需要将一个或多个构造方法声明成私有的。

防止对象实例化

让类的构造方法为私有的，就可以阻止客户代码创建这个类的对象。例如，在 Math 类中，只包含公共静态常量和公共静态方法。没有必要创建一个 Math 对象来使用它的常量和方法，所以其构造方法为私有的。

在构造方法中共享初始化代码

私有构造方法的一种常见用法，是与类中的其他构造方法共享初始化代码。可以使用代理构造方法(见图 8.5)来调用包含共享初始化代码的私有构造方法。

工厂方法

私有构造方法的另一种常见用法，是强制代码使用所谓的“工厂方法”来创建对象。工厂方法是一种公共静态方法，它会创建并初始化指定类型的对象(可能是同一个类中的对象)，然后返回一个该对象的引用。这种结构的一个主要好处，是方法的返回类型可以是接口或者超类(抽象类或者具体类)。本书在线的“设计模式”附录中，详细探讨了工厂方法。①

10.13 使用接口继承而非实现继承②

通过 extends 关键字得到实现继承(implementation inheritance)，已经在第 9 章和本章详细讲解过了。我们已经知道，Java 不允许一个类继承自多个超类。

利用接口继承(interface inheritance)，由类实现的接口描述了各种抽象方法，它们是新类必须具体化的。新类还可以继承一些方法的实现(Java SE 8 中的接口允许这样做)，但不能继承实例变量。前面说过，Java 允许一个类实现多个接口，也可以扩展另一个类。接口还可以扩展其他的接口。

10.13.1 实现继承适合于少量的紧耦合类

实现继承主要用于声明紧密相关的一些类，只要它们的大多数实例变量和方法实现相同。所有的子类对象都与超类具有“是”关系。所以，在任何需要使用超类对象的地方都可以使用子类对象。

通过实现继承声明的类是紧耦合的——只需在超类中定义共同的实例变量和方法，就可以将它们继承到子类中。对超类所做的改动会直接影响到相应的子类。使用超类变量时，只有超类对象或者某个子类对象才能够赋予该变量。

实现继承的一个主要缺点是类之间的紧耦合关系，使得修改继承层次变得困难。例如，考虑 10.5 节中的 Employee 继承层次。如果考虑使其支持退休计划，则由于存在多种不同的退休计划(如 401K 和 IRA)，所以需要在 Employee 类中增加一个 makeRetirementDeposit 方法，然后定义各种各样的子类，例如 SalariedEmployeeWith401K、SalariedEmployeeWithIRA、HourlyEmployeeWith401K、HourlyEmployeeWithIRA 等。根据不同的员工类型和退休计划，每一个子类都要重写 makeRetirementDeposit 方法。正如

---

① 参见 Gamma, Erich et al. *Design Patterns: Elements of Reusable Object-Oriented Software*. Reading, MA: Addison-Wesley, 1995。

② 其定义请参见 Gamma, Erich et al. *Design Patterns: Elements of Reusable Object-Oriented Software*. Reading, MA: Addison-Wesley, 1995, 17–18。更深入的探讨请参见 Bloch, *Joshua. Effective Java*. Upper Saddle River, NJ: Addison-Wesley, 2008。

我们能看到的，这种类型的子类数量会快速增长，使得类层次难以维护。

第 9 章中提到过，与由许多人管理的大型类层次相比，由一个人控制的小型继承层次更易于维护。对于与实现继承相关联的紧耦合类而言，情况更是如此。

10.13.2　接口继承具有最好的灵活性

与实现继承相比，接口继承经常需要做更多的工作，因为必须提供接口中抽象方法的具体实现——即使在多个类中，这些实现的代码是相似的或者相同的，也必须分别编写。但是，由于消除了类之间的紧耦合性，所以其灵活性更好。使用接口类型的变量时，可以将它(直接或间接地)赋予实现了该接口的任何类型的对象。这样就便于在代码中添加新类型，用新的、提升了类的实现能力的对象替换现有的对象。10.4 节末尾在抽象类环境下讨论过的设备驱动程序就是一个很好的例子，它表明接口能够使系统很容易改动。

软件工程结论 10.14

Java SE 8 和 Java SE 9 中的接口强化(见 10.10 节和 10.11 节)，允许接口包含公共和私有实例方法及静态方法，使得在用接口进行编程时，几乎可以替代以前需要使用抽象类的情形。除了字段，可以获得类所提供的所有功能，而且类还可以实现任意数量的接口，但只能从一个(抽象或者具体的)类扩展。

软件工程结论 10.15

正如可以修改超类那样，也可以对接口进行改动。如果接口方法的签名发生变化，则所有对应的类都必须改动。经验表明，与实现接口相比，接口本身的改动机会要少得多。

10.13.3　重新审视 Employee 层次

下面利用组合和接口，重新探讨 10.5 节中的 Employee 层次。可以认为位于类层次中的每一种员工类型，都是一个具有 CompensationModel 的 Employee 类。可以将 CompensationModel 声明成一个具有抽象方法 earnings 的接口，然后声明该接口的实现，指定员工获得报酬的各种途径：

- SalariedCompensationModel 包含一个 weeklySalary 实例变量，它实现的 earnings 方法返回一个 weeklySalary 值。
- HourlyCompensationModel 包含 wage 和 hours 实例变量，它实现的 earnings 方法根据工作小时数和小时工资(超过 40 小时，按小时工资的 1.5 倍计算)返回薪水值。
- CommissionCompensationModel 包含 grossSales 和 commissionRate 实例变量，它实现的 earnings 方法返回二者相乘的结果。
- BasePlusCommissionCompensationModel 包含 grossSales、commissionRate、baseSalary 实例变量，它实现的 earnings 方法返回 baseSalary + grossSales × commissionRate 的结果。

所创建的每一个 Employee 对象，都能用相应 CompensationModel 实现的对象初始化。Employee 类的 earnings 方法只会利用这个类的组合 CompensationModel 实例变量，以调用对应 CompensationModel 对象的 earnings 方法。

薪酬模式发生变化时的灵活性

将不同的 CompensationModel 作为实现了同一个接口的不同的类声明，这为将来的变化提供了灵活性。假设对于那些完全根据总销售额来获得报酬的员工，需要将他们的佣金比例提高 10%。而对于那些有底薪的员工，其佣金比例保持不变。10.5 节的 Employee 层次中，对 CommissionEmployee 类的 earnings 方法做出上述改动(见图 10.7)，会直接影响到底薪佣金员工的工资计算，因为 BasePlusCommissionEmployee 的 earnings 方法调用了 CommissionEmployee 的 earnings 方法。但是，对 CommissionCompensationModel 的 earnings 方法做出上述改动，则不会影响到 BasePlusCommissionCompensationModel，因为这两个类没有通过继承被关联在一起。

员工升职时的灵活性

与 10.5 节中的类层次相比，如果员工获得了升职，则基于接口的组合更具灵活性。Employee 类可以提供一个 setCompensationModel 方法，它接收一个 CompensationModel 实参，并将它赋予 Employee 的一个组合 CompensationModel 实例变量。如果员工获得升职，则只需调用 setCompensationModel 方法，将该员工现有的 CompensationModel 对象用一个合适的新对象替换即可。如果使用 10.5 节中的 Employee 层次对某位员工升职，则需要更改该员工的类型，新创建一个合适的类对象，还需将旧对象中的数据移到新对象中。练习题 10.17 中，要求利用本节中给出的 CompensationModel 接口，重新完成练习题 9.16。

员工获取退休金时的灵活性

利用组合和接口，还可以使 Employee 层次比 10.5 节中的更具灵活性。假设要使类层次支持退休计划(401K 和 IRA)，则可以说每一个 Employee 都“有”RetirementPlan，因此可以定义一个具有 makeRetirementDeposit 方法的 RetirementPlan 接口。然后，可以为各种退休计划类型提供合适的实现方法。

10.14 (选修)GUI 与图形实例：利用多态性画图

我们已经注意到，在 GUI 与图形实例练习题 8.2 中，形体类具有许多相似性。利用继承，可以从 MyLine、MyRectangle 和 MyOval 类中“提取出”一些共同的特性，并将它们置于一个形体超类中。然后，可以利用超类类型的各种变量，多态地处理各种形体对象。将冗余的代码剔除，可以得到一个更小的、更灵活的、更易维护的程序。

GUI 与图形实例练习题

10.1 修改 GUI 与图形实例练习题 8.2 中的 MyLine、MyOval、MyRectangle 类，创建如图 10.16 所示的类层次。MyShape 层次中的类必须是“智能的”形体类，它们知道如何绘制自己(前提条件是有一个 GraphicsContext 对象告知它在哪里进行绘制)。程序根据这个层次创建了对象之后，就能够在它的整个 MyShape 生命周期里多态地操作这个对象。

图 10.16 中的 MyShape 类必须是抽象的。由于 MyShape 代表的是普通意义上的任何形体，所以如果不知道具体的形体是什么，就无法实现 draw 方法。类层次中表示形体坐标位置和颜色的数据应被声明成 MyShape 类的私有实例变量。除了这些共同的数据，MyShape 类还应当声明如下几个方法：

a)一个无实参构造方法，它将形体的所有坐标值设置为 0，将形体的边线色设置为 Color.BLACK。

b)一个初始化坐标值和边线色的构造方法，其值由实参提供。

c)用于设置坐标和颜色的几个 *set* 方法，允许程序员单独设置类层次中某个形体的数据。

d)用于获取坐标和颜色值的几个 *get* 方法，允许程序员单独取得类层次中某个形体的数据。

e)一个抽象方法：

```
public abstract void draw(GraphicsContext gc);
```

调用它，会告知 MyShape 在屏幕上绘制自己。

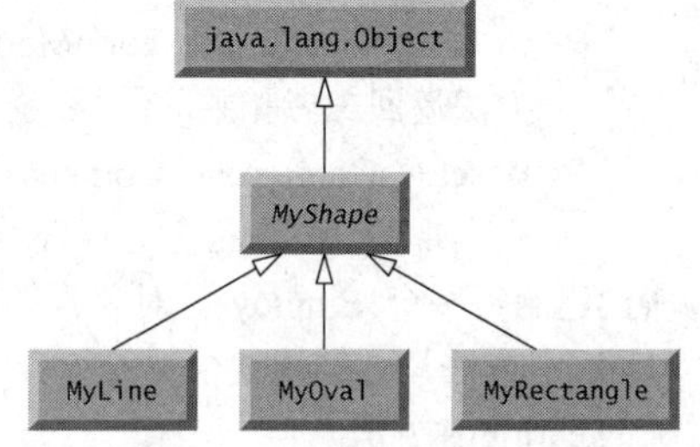

图 10.16 MyShape 类层次

为了确保封装性，位于 MyShape 类中的所有数据都必须是私有的。这需要合适的 *set* 方法和 *get* 方法声明，以操作这些数据。MyLine 类应提供一个无实参构造方法，以及一个实参为坐标值和边线色的构造方法。MyOval 类和 MyRectangle 类应提供一个无实参构造方法和一个包含实参的构造方法，其实参为坐标值、边线色、填充色及确定形体是否应被填充的标志。这个无实参构造方法的作用，除了设置一些默认值，还需要将形体的 filled 标志设置为 false，表示默认情况下形体是未填充的。

如果已知平面上两个点的位置，则可以通过它们画线、矩形或者椭圆。画线时，需要两个点的坐标值($x1$，$y1$)和($x2$，$y2$)。GraphicsContext 方法 strokeLine 可以将这两个点连接成一条线。对于椭圆和矩形，则可以根据它们的坐标值计算出绘制形体时所需要的 4 个实参值。左上角 x 坐标值是两个 x 坐标值中较小的那一个；y 坐标值是两个 y 坐标值中较小的那一个；宽度值是两个 x 坐标差的绝对值；高度是两个 y 坐标差的绝对值。

程序中，不应包含 MyLine、MyOval 或者 MyRectangle 变量，而只能有 MyShape 变量，它们的值分别为 MyLine、MyOval 和 MyRectangle 对象的引用。通过程序产生的形体应当是随机的，且需将它们保存在一个 ArrayList<MyShape> 中。绘制 MyShape 对象时，需迭代遍历 ArrayList<MyShape>，多态地调用每一种形体的 draw 方法。应允许用户指定需要生成的形体个数。程序需生成并显示指定数量的形体。创建形体时，应利用随机数生成器选择形体，并指定一些默认值，包括坐标、边线色，以及形体是否填充和填充色(矩形和椭圆)。

10.2 **(改进绘图程序)**练习题 10.1 中，创建了一个 MyShape 层次，MyLine、MyOval 和 MyRectangle 类都直接扩展自 MyShape 类。研究一下 MyOval 类和 MyRectangle 类之间的相似性。重新设计并实现 MyOval 类和 MyRectangle 类的代码，将它们的共同特性“提取”到一个抽象类 MyBoundedShape 中，得到如图 10.17 所示的类层次。MyBoundedShape 类声明的两个构造方法与 MyShape 类的相似，需增加的一个参数用于指定形体是否应被填充。MyBoundedShape 类还应声明几个 *get* 方法和 *set* 方法，用于设置 filled 标志的值及填充色。另外的几个方法用于计算形体的左上角 x 坐标、y 坐标、宽度及高度。不要忘了绘制椭圆和矩形时所需要的值可以从两个点的坐标值计算得出。如果设计得当，则新的 MyOval 类和 MyRectangle 类分别只需要两个构造方法和一个 draw 方法。

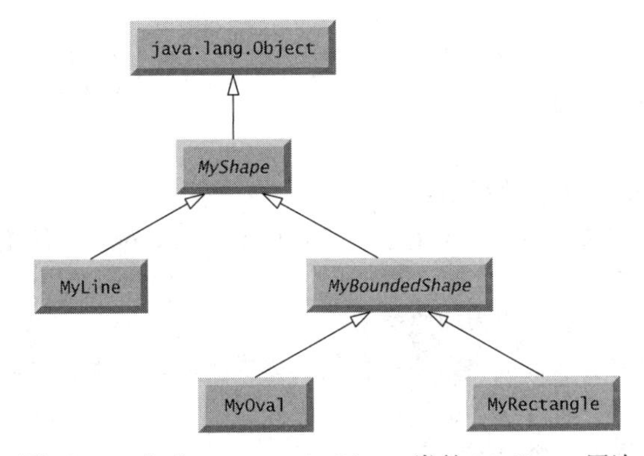

图 10.17　包含 MyBoundedShape 类的 MyShape 层次

10.15　小结

本章介绍了多态——处理类层次中共享同一个超类的多个对象时，把它们都当成这个超类的对象的一种能力。我们探讨了多态如何使系统具备可扩展性和可维护性，然后演示了如何利用重写的方法来影响多态行为。本章介绍了抽象类，这使得程序员可以提供合适的超类，让其他类继承。接着讲解了抽象类可以声明抽象方法，每个子类必须实现这些抽象方法才能成为具体类，程序可以用抽象类的变量多态地调用抽象方法的子类实现。本章也讲解了如何在执行时确定对象的类型。本章给出了 final 方法和 final 类的概念，还探讨了声明和实现接口的另一种途径，让不同的类获得相同的功能性，使这些类的对象能够被多态地处理。

本章介绍了 Java SE 8 中的接口强化功能——默认方法和静态方法，以及 Java SE 9 中的私有方法。接着探讨了私有构造方法的用途。最后比较的是接口继承与实现继承，还利用 CompensationModel 接口重新实现了 Employee 层次。

至此，本书已经讲解了类、对象、封装、继承、接口和多态等概念，它们是面向对象编程的最本质内容。

第 11 章中将探讨异常，用于在程序执行期间处理错误。利用异常处理，可以得到更健壮的程序。

总结

10.1 节 简介

- 多态使程序能够处理类层次中具有共同超类的对象，就如同它们都是超类的对象一样。这样做可以简化编程。
- 利用多态可以设计并实现易于扩展的系统。程序中唯一要针对新类而改动的部分，是程序员加进类层次的新类所包含的信息。

10.3 节 演示多态行为

- 当遇到通过变量进行的方法调用时，编译器会检查变量的类类型，以确定能否调用这个方法。如果类包含了适当的方法声明(或者继承了某个适当的方法声明)，则编译器允许编译这样的调用。执行时，变量引用的对象类型决定了实际使用的方法。

10.4 节 抽象类和抽象方法

- 抽象类不能用来实例化对象，因为抽象类是不完整的。
- 抽象类的主要作用是提供合适的超类，其他类可以从它继承并由此共享共同的设计。
- 可以用来实例化对象的类被称为具体类。具体类对声明的所有方法都提供了实现细节(有些实现可以被继承)。
- 程序员经常在编写客户代码时只使用抽象超类类型，以减少客户代码对特定子类类型的依赖性。
- 有时，抽象类存在多个层级。
- 通常，抽象类包含一个或多个抽象方法。
- 抽象方法中不提供方法的实现细节。
- 包含任何抽象方法的类都必须声明为抽象类。抽象超类的每一个具体子类必须对超类的每一个抽象方法提供具体实现。
- 构造方法和静态方法不能声明为抽象类型。
- 抽象超类变量可以具有从该超类派生的任何具体类的对象引用。通常，程序用这种变量多态地操作子类对象。
- 多态尤其适合于实现分层软件系统。

10.5 节 案例分析：使用多态的工资系统

- 通过在超类中包含抽象方法，类层次的设计者可以要求所有具体子类都提供该方法的实现。
- 大多数方法调用都是在执行时刻根据所操作的对象类型来解析的。这一过程被称为动态绑定或后绑定。
- 可以将超类变量用于调用只在超类中声明的那些方法。
- instanceof 运算符用于判断某个对象是否与特定的类型具有“是”关系。
- Java 中的每一个对象都知道自己所属的类，且可以通过 Object 方法 getClass 访问，该方法返回一个(java.lang 包的)Class 类对象。
- “是”关系只适用于从子类到它的超类，反过来不成立。

10.6 节　超类和子类变量之间允许的赋值

- 将超类引用赋予子类变量是不允许的，除非使用强制转换运算符。

10.7 节　final 方法和 final 类

- 在超类中声明为 final 的方法，不能在子类中被重写。
- 私有方法隐含为 final 类型，因为无法在子类中重写它。
- 静态方法也隐含为 final 类型。
- final 方法的声明从来不会改变，因此所有子类都使用相同的方法实现，对 final 方法的调用是在编译时解析的，这被称为静态绑定。
- 编译器会优化程序，删除 final 方法的调用，在所有方法调用的位置内联它的扩展代码。
- final 类不能扩展。
- final 类中的所有方法都隐含为 final 类型。

10.8 节　分析从构造方法调用方法时的问题

- 对于某个实例变量，如果构造方法和 *set* 方法都执行相同的验证工作，且用于验证的代码比较简洁，则这些代码可以同时出现在构造方法和 *set* 方法中。
- 对于较长的验证代码，可以将它放入一个静态验证方法中。

10.9 节　创建和使用接口

- 接口指定哪些操作是允许的，但不给出如何执行这些操作的定义。
- Java 接口描述的方法可以由对象调用。
- 接口的声明用关键字 interface 开头。
- 接口中声明的所有方法都隐含为 public 和 abstract 类型，而所有字段都隐含为 public、static 和 final 类型。
- 为了使用接口，具体类必须指明它实现接口，并且必须用接口声明中的签名来声明接口中定义的每一个抽象方法。没有实现接口中所有抽象方法的类，必须被声明成抽象的。
- 实现接口就如同与编译器签署了一份协议：“我会声明接口指定的所有方法，否则会将类声明为抽象类型”。
- 接口常用于不同(不相关)的类需共享共同的方法和常量时。这样，就可以多态地处理不相关的类对象——实现同一个接口的类对象可以响应相同的方法调用。
- 程序员可以创建接口，描述所期望的功能，然后在需要这个功能的任何类中实现这个接口。
- 当不存在需要继承的默认实现时，也就是没有实例变量或默认方法实现时，常常使用接口而不是抽象类。
- 与公共抽象类一样，接口通常也为公共类型，因此通常在与接口同名的文件中声明，文件扩展名为.java。
- Java 不允许子类从多个超类继承，但允许从一个超类继承并实现多个接口。
- 实现多个接口的类的所有对象，与每个实现的接口类型具有“是”关系。
- 接口中可以声明常量。常量隐含为 public、static 和 final 类型。

10.10 节　Java SE 8 的接口强化

- Java SE 8 中，接口可以声明默认方法——包含具体实现的公共方法，指定应该如何执行操作。
- 类实现接口时，它会接收接口的默认具体方法实现(如果没有重写它)。
- 为了在接口中声明默认方法，需在方法的返回类型之前放入关键字 default，并提供一个完整的方法体。
- 强化具有默认方法的接口时，实现了原始接口的任何类都无须改动，因为它只会接收默认的方法实现。

- 利用默认方法可以在接口(而不是抽象类)中声明共同的方法实现，从而为类的设计提供了更多的灵活性。
- Java SE 8 中，接口可以包含公共静态方法。
- Java SE 8 中只包含一个方法的接口被称为函数式接口。Java API 中存在着许多这样的接口。
- 函数式接口大量用于 Java SE 8 的 lambda 功能中。后面将看到，lambda 为实现函数式接口提供了一种简短的记法。

10.11 节 Java SE 9 的私有接口方法

- Java SE 9 中，可以通过私有接口实例方法和静态方法，在接口中声明帮助器方法。

10.12 节 私有构造方法

- 将类的构造方法声明为私有的，就可以阻止客户代码创建这个类的对象。
- 可以使用代理构造方法来调用包含共享初始化代码的私有构造方法。
- 可以利用私有构造方法，强制客户代码使用“工厂方法”来创建并初始化对象。

10.13 节 使用接口继承而非实现继承

- 利用接口继承，由类实现的接口描述了各种抽象方法，它们是新类必须具体化的。新类还可以继承一些方法的实现(Java SE 8 中的接口允许这样做)，但不能继承实例变量。
- 接口还可以扩展其他的接口。
- 实现继承主要用于声明紧密相关的一些类，只要它们的大多数实例变量和方法实现相同。
- 通过实现继承声明的类是紧耦合的。对超类所做的改动会直接影响到相应的子类。
- 实现继承的一个主要缺点是类之间的紧耦合关系，使得修改继承层次变得困难。
- 与实现继承相比，接口继承经常需要做更多的工作，因为必须提供接口中抽象方法的具体实现——即使在多个类中，这些实现的代码是相似的或者相同的，也必须分别编写。
- 由于消除了类之间的紧耦合性，所以接口继承的灵活性更好。使用接口类型的变量时，可以将它(直接或间接地)赋予实现了该接口的任何类型的对象。
- Java SE 8 和 Java SE 9 中的接口强化，使得在用接口进行编程时，几乎可以替代以前需要使用抽象类的所有情形。

自测题

10.1 填空题。

a)如果类至少包含一个抽象方法，则它必须被声明成________类。

b)其对象能够被实例化的类被称为________类。

c)________利用超类变量调用超类或子类对象上的方法，使程序员能够实现“通用编程”。

d)类中不提供实现的非接口方法，必须用________关键字声明。

e)将超类变量中的引用强制转换成子类类型被称为________。

10.2 判断下列语句是否正确。如果不正确，请说明理由。

a)抽象类中的所有方法都必须被声明成抽象的。

b)通过子类变量调用只在子类中存在的方法是不允许的。

c)如果超类声明了一个抽象方法，则子类必须实现这个方法。

d)实现接口的类对象，都可以将其看成该接口类型的对象。

10.3 (Java SE 8 和 Java SE 9 接口)填空题。

a)Java SE 8 中，接口可以声明________，即包含具体实现的公共方法，指定应该如何执行操作。

b)Java SE 8 中，接口可以包含________帮助器方法。

c)Java SE 8 中，只包含一个方法的接口被称为________。

d)Java SE 9 中，接口可以包含________实例方法和静态方法。

自测题答案

10.1 a）抽象。b）具体。c）多态。d）abstract。e）向下强制转换。

10.2 a）错误。抽象类可以包含带有实现的方法，也可以包含抽象方法。b）错误。通过超类变量调用只在子类中存在的方法是不允许的。c）错误。只有具体子类才必须实现方法。d）正确。

10.3 a）默认方法。b）静态。c）函数式接口。d）私有。

练习题

10.4 多态如何使程序员能够进行“通用编程”而不是“特定编程”？探讨一下“通用编程”的主要好处。

10.5 什么是抽象方法？描述适合使用抽象方法的情形。

10.6 多态如何提升扩展性？

10.7 讨论将超类和子类引用赋予超类和子类类型变量的三种途径。

10.8 比较抽象类与接口。什么情况下要使用抽象类？什么情况下要使用接口？

10.9 **（Java SE 8 接口）**在现有接口中添加新的方法时，默认方法如何不会破坏那些已经实现了原始接口的类？

10.10 **（Java SE 8 接口）**什么是函数式接口？

10.11 **（Java SE 8 接口）**在接口中添加静态方法，有什么用途？

10.12 **（Java SE 9 接口）**在接口中添加私有方法，有什么用途？

10.13 **（修改工资系统）**修改图 10.4 ~ 图 10.9 中的工资系统，使它在 Employee 类中包含私有实例变量 birthDate。利用图 8.7 中的 Date 类来表示员工的生日。为 Date 类添加 *get* 方法。假设工资是按月支付的。创建一个 Employee 变量数组，保存各种员工对象的引用。在一个循环中（多态地）计算每一位员工的工资，如果当前月份是员工的生日月份，则为该员工增加 100.00 美元的奖金。

10.14 **（项目：Shape 层次）**实现图 9.3 中的 Shape 层次。每一个 TwoDimensionalShape 都应当包含一个 getArea 方法，它计算二维形体的面积。每一个 ThreeDimensionalShape 都应当包含 getArea 方法和 getVolume 方法，它们分别计算三维形体的表面积和体积。创建一个程序，利用一个 Shape 数组引用层次中每一个具体类的对象。需输出每一个数组元素引用的对象的文本描述。此外，在处理数组中所有形体的循环中，需判断形体是 TwoDimensionalShape 还是 ThreeDimensionalShape。如果为 TwoDimensionalShape，则显示它的面积；如果为 ThreeDimensionalShape，则显示它的表面积和体积。

10.15 **（修改工资系统）**修改图 10.4 ~ 图 10.9 中的工资系统，使它包含另外一个 Employee 子类 PieceWorker，它表示根据生产商品的数量而支付工资的员工。PieceWorker 类应包含私有实例变量 wage（保存每生产一件商品，员工得到的工资）和 pieces（保存生产的商品数量）。在 PieceWorker 类中提供 earnings 方法的具体实现，它将 wage 和 pieces 相乘得出员工的收入。创建一个 Employee 变量数组，保存这个新的 Employee 层次中每一个具体类对象的引用。显示每位员工的字符串表示和他的收入。

10.16 **（修改应付款程序）**这个练习中，要修改图 10.11 ~ 图 10.14 中的应付款程序，使它包含图 10.4 ~ 图 10.9 中的工资程序的完整功能。程序应依然能够处理两个 Invoice 对象，但现在需对 4 种 Employee 子类的每一种处理一个对象。如果当前被处理的对象是 BasePlusCommissionEmployee，则程序应将员工的底薪增加 10%。最后，对每个对象输出工资额。利用如下步骤来创建这个新程序。

a）修改 HourlyEmployee 类（见图 10.6）和 CommissionEmployee 类（见图 10.7），将它们作为实现了 Payable 的 Employee 类版本（见图 10.13）的子类，放入 Payable 层次中。（提示：在每个子类中

将 earnings 方法的名称改成 getPaymentAmount，以使类满足它与 Payable 接口的继承约定。)

b) 修改 BasePlusCommissionEmployee 类(见图 10.8)，使它扩展在上面创建的 CommissionEmployee 类的版本。

c) 修改 PayableInterfaceTest(见图 10.14)，多态地处理两个 Invoice、一个 SalariedEmployee、一个 HourlyEmployee、一个 CommissionEmployee 和一个 BasePlusCommissionEmployee。首先，要输出每一个 Payable 对象的字符串表示，然后，如果对象是 BasePlusCommissionEmployee，则将它的底薪增加 10%。最后，对每一个 Payable 对象输出工资额。

10.17 **(推荐的项目：混用组合和继承[①])**练习题 9.16 中，将第 9 章的 CommissionEmployee-BasePlusCommissionEmployee 继承层次重新建模成一个 Employee 层次，使得每一种员工都具有不同的 CompensationModel 对象。本练习中，要求重新实现练习题 9.16 的 CompensationModel 类，使其成为一个接口，提供的公共抽象方法 earnings 不包含参数，且返回一个 double 值。然后，创建实现了 CompensationModel 接口的如下几个类：

a) SalariedCompensationModel 类——对于周薪固定的员工，这个类需包含一个 weeklySalary 实例变量，且需要实现 earnings 方法，返回 weeklySalary 值。

b) HourlyCompensationModel 类——对于按时薪计酬(包括每周工作超过 40 小时的加班工资)的员工，这个类需包含 wage 和 hours 实例变量，且需根据工作的小时数实现 earnings 方法(见图 10.6 中 HourlyEmployee 类的 earnings 方法)。

c) CommissionCompensationModel 类——对于按佣金付酬的员工，这个类需包含 grossSales 和 commissionRate 实例变量，还需要实现 earnings 方法，它返回 grossSales × commissionRate 的结果。

d) BasePlusCommissionCompensationMode 类——对于按底薪加佣金付酬的员工，这个类需包含 grossSales、commissionRate 和 baseSalary 实例变量，还需要实现 earnings 方法，它返回 baseSalary + grossSales × commissionRate 的结果。

在测试程序中，需为上面描述的每一种 CompensationModel 创建一个 Employee 对象，然后显示每一类员工的收入。接着，动态地改变员工的 CompensationModel，重新显示他的收入。

10.18 **(推荐的项目：实现 Payable 接口)**修改练习题 10.17 中的 Employee 类，使它实现图 10.11 中的 Payable 接口。用练习题 10.17 中的 Employee 对象替换图 10.14 中的那些 SalariedEmployee 对象，并演示可以多态地处理 Employee 对象和 Invoice 对象。

挑战题

10.19 **(CarbonFootprint 接口：多态)**正如本章中讲解的那样，利用接口可以为各种可能的类指定相似的行为。全球的政府和公司都在更加关注“碳足迹”(carbon footprint，即每年向大气中排放的二氧化碳量)的问题，它们来自燃烧各种燃料的建筑物、汽车等。许多科学家将全球变暖的现象归咎于这些温室气体。创建三个没有继承关系的小型类：Building、Car 和 Bicycle 类。为每一个类定义一些独有的属性和行为。编写一个包含 getCarbonFootprint 方法的 CarbonFootprint 接口。让这三个类实现这个接口，利用 getCarbonFootprint 方法计算每一个类的大致碳足迹(需查看相关网站来了解如何计算碳足迹)。编写一个程序，创建每个类的对象，将这些对象的引用放入 ArrayList<CarbonFootprint>，然后迭代遍历这个 ArrayList，多态地调用每个对象的 getCarbonFootprint 方法。对于每一个对象，需输出一些表明对象类别的信息及它的碳足迹信息。

① 感谢 Java 语言架构师 Brian Goetz，他为这个练习题中的类结构提供了建议。

第 11 章　异常处理：深入探究

目标

本章将讲解

- 为什么异常处理是一种解决运行时问题的有效机制。
- 使用 try 语句块界定可能发生异常的代码。
- 使用 throw 语句表明问题。
- 使用 catch 语句块指定异常处理器。
- 何时使用异常处理。
- Java 异常层次。
- 使用 finally 语句块释放资源。
- 捕获一个异常并抛出另一个异常的链式异常。
- 创建用户定义异常。
- 利用调试特性 assert，表明方法中某个点的条件应当为 true。
- try 语句块终止时，try-with-resources 语句如何能够自动释放资源。

提纲

11.1　简介

从第 7 ~ 8 章可知，异常表示程序在执行期间出现了问题。利用异常处理，可以使程序解决这些问题。某些情况下，处理完异常后，程序可以继续执行，就如同没有问题发生一样。本章中讲解的异常处理特性使程序员可以编写出健壮且容错的程序，从而使程序能够处理问题并继续执行，或者“从容地”终止。[①]

首先，我们通过试图将某个整数除以 0 的方法来讲解如何处理异常。本章将探讨何时应使用异常处理机制，并给出异常处理类层次的一部分。我们将看到，只有 Throwable 的子类才能用于异常处理。本章将介绍 try 语句的 finally 语句块，无论是否发生异常，它都会执行。然后，我们将展示如何使用链式

① Java 的异常处理机制是以 Andrew Koenig 和 Bjarne Stroustrup 的研究成果为基础的。参见：A. Koenig 和 B. Stroustrup, “Exception Handling for C++ (revised),” *Proceedings of the Usenix C++ Conference, pp*. 149–176, San Francisco, April 1990。

异常，将与程序相关的信息添加到异常中，还会讲解如何创建自己的异常类型。接着，本章将引入前置条件和后置条件，当分别调用方法和返回方法时，这些条件必须为真。最后讲解的是断言，程序员可利用它在开发程序时调试代码。我们还会探讨如何在一个 catch 处理器中捕获多个异常，以及在 try 语句块中执行完 try-with-resources 语句之后，如何自动释放资源。

本章关注的是异常处理的概念，并会给出几个示例，演示各种不同的特性。许多 Java API 方法都会抛出异常，它们都会在代码中得到处理。图 11.1 中给出了一些异常类型，其中有一些是已经遇到过的，有些则是新出现的。

软件工程结论 11.1

不同的公司都有自己严格的设计、编码、测试、调试及维护标准。这些标准因公司而异。不同的公司也有自己的异常处理标准，这些标准会因应用类型的不同而有所差异，例如实时系统、高性能数学计算、大数据、基于网络的分布式系统等。本章讲解的内容与这些行业标准是兼容的。

章号	异常示例
第 7 章	ArrayIndexOutOfBoundsException
第 8 ~ 10 章	IllegalArgumentException
第 11 章	ArithmeticException, InputMismatchException
第 15 章	SecurityException, FileNotFoundException, IOException, ClassNotFoundException, IllegalStateException, FormatterClosedException, NoSuchElementException
第 16 章	ClassCastException, UnsupportedOperationException, NullPointerException，定制的异常类型
第 20 章	ClassCastException，定制的异常类型
第 21 章	IllegalArgumentException，定制的异常类型
第 23 章	InterruptedException, IllegalMonitorStateException,ExecutionException, CancellationException
第 24 章	SQLException, IllegalStateException, PatternSyntaxException
第 28 章	MalformedURLException, EOFException, SocketException, InterruptedException, UnknownHostException
第 31 章	SQLException

图 11.1 本书中将要讲解的各种异常类型

11.2 示例：除数为 0 时没有处理异常

首先，我们演示不采用异常处理机制的程序中出现错误时，会发生什么情况。图 11.2 中的程序提示用户输入两个整数并将它们传递给 quotient 方法，这个方法计算两个整数相除的结果并以 int 值返回。这个示例中，当方法发现问题且无法处理时，会抛出异常(即发生异常)。

```
1  // Fig. 11.2: DivideByZeroNoExceptionHandling.java
2  // Integer division without exception handling.
3  import java.util.Scanner;
4
5  public class DivideByZeroNoExceptionHandling {
6     // demonstrates throwing an exception when a divide-by-zero occurs
7     public static int quotient(int numerator, int denominator) {
8        return numerator / denominator; // possible division by zero
9     }
10
11    public static void main(String[] args) {
12       Scanner scanner = new Scanner(System.in);
13
14       System.out.print("Please enter an integer numerator: ");
15       int numerator = scanner.nextInt();
```

图 11.2 不包含异常处理机制的整除操作

```
16        System.out.print("Please enter an integer denominator: ");
17        int denominator = scanner.nextInt();
18
19        int result = quotient(numerator, denominator);
20        System.out.printf(
21           "%nResult: %d / %d = %d%n", numerator, denominator, result);
22     }
23  }
```

```
Please enter an integer numerator: 100
Please enter an integer denominator: 7

Result: 100 / 7 = 14
```

```
Please enter an integer numerator: 100
Please enter an integer denominator: 0
Exception in thread "main" java.lang.ArithmeticException: / by zero
        at DivideByZeroNoExceptionHandling.quotient(
           DivideByZeroNoExceptionHandling.java:8)
        at DivideByZeroNoExceptionHandling.main(
           DivideByZeroNoExceptionHandling.java:19)
```

```
Please enter an integer numerator: 100
Please enter an integer denominator: hello
Exception in thread "main" java.util.InputMismatchException
        at java.util.Scanner.throwFor(Unknown Source)
        at java.util.Scanner.next(Unknown Source)
        at java.util.Scanner.nextInt(Unknown Source)
        at java.util.Scanner.nextInt(Unknown Source)
        at DivideByZeroNoExceptionHandling.main(
            DivideByZeroNoExceptionHandling.java:17)
```

图 11.2(续)　不包含异常处理机制的整除操作

栈踪迹

图 11.2 中的第一个执行样本表明成功地执行了除法操作。在第二次执行时，用户输入了分母 0。输入了这个无效值后，程序显示了几行信息。这类信息被称为“栈踪迹”（stack trace），它在描述性消息中包含了异常的名称（java.lang.ArithmeticException），以及发生异常的那一刻完整的方法调用栈（即调用链）。栈踪迹包含导致异常的执行路径，其中包含每一个方法的调用。这有助于程序员调试程序。即使没有发生异常，也可以通过调用 Thread.dumpStack( ) 方法，随时查看栈踪迹。

ArithmeticException 的栈踪迹

第一行表明发生了 ArithmeticException 异常。异常名称后面的文本“/ by zero”表明，之所以发生这个异常，是因为除数为 0。Java 不允许在整除运算中出现除数为 0 的情况。当出现这种情况时，Java 会抛出 ArithmeticException 异常。在计算中有大量的情形可以导致出现这个异常，因此额外的数据（“/ by zero”）为程序员提供了更具体的信息。

从栈踪迹中的最后一行开始，我们看到异常在 main 方法第 19 行中被检测到。栈踪迹的每一行都包含类名称和方法（DivideByZeroNoExceptionHandling.main），后接文件名称和行号（DivideByZeroNoExceptionHandling.java:19）。沿栈踪迹向上，可以看到异常发生在第 8 行的 quotient 方法中。调用链的最上面一行给出了抛出点（throw point），即发生异常的初始位置。这个异常的抛出点位于 quotient 方法的第 8 行。

关于浮点数算术运算的说明

Java 允许在浮点数除法计算中出现除数 0。这种计算的结果是一个无穷大的正值或无穷小的负值，在 Java 中它们被表示成浮点值（但会显示成“Infinity”或“–Infinity”）。如果将 0.0 除以 0.0，则结果是 NaN（“不是一个数字”），在 Java 中它也被表示成一个浮点值（但显示成“NaN”）。如果需要将一个浮点值与 NaN 进行比较，则可以使用 Float 类（用于 float 值）或者 Double 类（用于 double 值）的 isNaN 方法。这两个类都位于 java.lang 包中。

InputMismatchException 的栈踪迹

在第三次执行中，用户输入字符串“hello”作为分母。注意，再次显示了栈踪迹。这一次告知的是发生了 InputMismatchException 异常(位于 java.util 包中)。前面几个从用户读取数字值的示例中，都假设用户会输入合适的整数值。但是，有时用户可能出错，输入了非整数值。当 Scanner 方法 nextInt 接收到一个不表示有效整数值的字符串时，会发生 InputMismatchException 异常。从栈踪迹中的末尾开始，可以看到异常在 main 方法第 17 行中被检测到。沿栈踪迹向上，可看到异常发生在 nextInt 方法中。注意，在应该给出文件名称和行号的地方，显示的是文本“Unknown Source”。这是所谓的“调试符号”(debugging symbol)，它为无法在 JVM 中使用的方法的类提供了文件名称和行号——通常是 Java API 中的类出现这种情况。许多 IDE 都能够访问 Java API 的源代码，并会在栈踪迹中显示文件名称和行号。

程序终止

图 11.2 的执行样本中，在发生异常和显示栈踪迹的同时，程序也退出了。但 Java 中并不会总是出现这种情况。有时，即使发生了异常且显示了栈踪迹，程序仍然可以继续执行。这时，程序可能产生意外的结果。例如，图形用户界面(GUI)程序通常可以继续执行。在图 11.2 中，两种类型的异常都是在 main 方法中被检测到的。下一个示例中将看到如何处理这些异常，以使程序能正常地执行完毕。

11.3 示例：处理 ArithmeticException 异常和 InputMismatchException 异常

图 11.3 中的程序以图 11.2 中的程序为基础，它通过异常处理机制来处理发生的 ArithmeticExceptions 异常和 InputMistmatchExceptions 异常。这个程序依然提示用户输入两个整数并将它们传递给 quotient 方法，该方法计算两个整数相除的结果并以 int 值返回。但这个版本的程序使用了异常处理机制，以便当用户犯错时程序能捕获并处理异常，也就是允许用户再次输入整数。

```
1  // Fig. 11.3: DivideByZeroWithExceptionHandling.java
2  // Handling ArithmeticExceptions and InputMismatchExceptions.
3  import java.util.InputMismatchException;
4  import java.util.Scanner;
5
6  public class DivideByZeroWithExceptionHandling
7  {
8     // demonstrates throwing an exception when a divide-by-zero occurs
9     public static int quotient(int numerator, int denominator)
10       throws ArithmeticException {
11       return numerator / denominator; // possible division by zero
12    }
13
14    public static void main(String[] args) {
15       Scanner scanner = new Scanner(System.in);
16       boolean continueLoop = true; // determines if more input is needed
17
18       do {
19          try { // read two numbers and calculate quotient
20             System.out.print("Please enter an integer numerator: ");
21             int numerator = scanner.nextInt();
22             System.out.print("Please enter an integer denominator: ");
23             int denominator = scanner.nextInt();
24
25             int result = quotient(numerator, denominator);
26             System.out.printf("%nResult: %d / %d = %d%n", numerator,
27                denominator, result);
28             continueLoop = false; // input successful; end looping
29          }
30          catch (InputMismatchException inputMismatchException) {
31             System.err.printf("%nException: %s%n",
32                inputMismatchException);
33             scanner.nextLine(); // discard input so user can try again
34             System.out.printf(
```

图 11.3 处理 ArithmeticException 异常和 InputMismatchException 异常

```
35                  "You must enter integers. Please try again.%n%n");
36            }
37            catch (ArithmeticException arithmeticException) {
38               System.err.printf("%nException: %s%n", arithmeticException);
39               System.out.printf(
40                  "Zero is an invalid denominator. Please try again.%n%n");
41            }
42         } while (continueLoop);
43      }
44   }
```

```
Please enter an integer numerator: 100
Please enter an integer denominator: 7

Result: 100 / 7 = 14
```

```
Please enter an integer numerator: 100
Please enter an integer denominator: 0

Exception: java.lang.ArithmeticException: / by zero
Zero is an invalid denominator. Please try again.

Please enter an integer numerator: 100
Please enter an integer denominator: 7

Result: 100 / 7 = 14
```

```
Please enter an integer numerator: 100
Please enter an integer denominator: hello

Exception: java.util.InputMismatchException
You must enter integers. Please try again.

Please enter an integer numerator: 100
Please enter an integer denominator: 7

Result: 100 / 7 = 14
```

图 11.3(续)　处理 ArithmeticException 异常和 InputMismatchException 异常

图 11.3 中的第一个执行样本表明程序成功地执行了，没有遇到任何问题。在第二个执行样本中，用户输入了分母 0，这时会发生 ArithmeticException 异常。第三个执行样本中，用户输入了字符串“hello”作为分母，这时会发生 InputMismatchException 异常。对于每一个异常，都会通知用户发生了错误并要求重新输入，然后提示输入两个新整数。在每个执行样本中，程序都成功地执行完毕。

InputMismatchException 类是在第 3 行导入的。ArithmeticException 类并不需要导入，因为它位于 java.lang 包中。第 16 行创建了一个布尔变量 continueLoop，如果用户还没有输入有效的值，则 continueLoop 的值为 true。第 18 ~ 42 行不断要求用户输入，直到接收了有效的输入值为止。

在 try 语句块中包含代码

第 19 ~ 29 行是一个 try 语句块，它包含可能会抛出异常的代码，以及当发生异常时不应该执行的代码(也就是说，如果发生了异常，则 try 语句块中剩下的代码将会忽略)。try 语句块由关键字 try 和后面的花括号对中的代码块组成。[注：有时，术语“try 语句块”只表示 try 关键字之后的代码块(不包括 try 关键字本身)。出于简单性考虑，本书使用的术语“try 语句块”不仅指 try 关键字之后的代码块，也表示 try 关键字。]从键盘读取整数的每一条语句(第 21 行和第 23 行)都使用了 nextInt 方法读取一个 int 值。如果读入的值不是一个整数值，则 nextInt 方法会抛出 InputMismatchException 异常。

可能导致 ArithmeticException 异常的除法操作并没有在这个 try 语句块中执行。对 quotient 方法的调用(第 25 行)会调用执行除法的代码(第 11 行)。如果分母为 0，则 JVM 会抛出 ArithmeticException 异常。

软件工程结论 11.2

异常可能是由 try 语句块中的代码直接导致的，可能是由调用其他方法导致的，也可能是由 try 语句块中的代码所发起的深层嵌套方法调用所导致的，还有可能是由 JVM 执行 Java 字节码导致的。

捕获异常

本例中，try 语句块的后面有两个 catch 语句块，一个处理 InputMismatchException 异常(第 30 ~ 36 行)，另一个处理 ArithmeticException 异常(第 37 ~ 41 行)。catch 语句块(也称之为 catch 子句或异常处理器)会捕获(即接收)并处理异常。catch 语句块从关键字 catch 开始，后接位于圆括号对中的参数(称为异常参数，见稍后的讨论)和包含在花括号对中的代码块。

try 语句块的后面必须至少紧跟着一个 catch 语句块或一个 finally 语句块(见 11.6 节的讨论)。每一个 catch 语句块都在圆括号对中指定了异常参数，表示处理器能够处理的异常类型。当 try 语句块中发生了异常时，就会执行异常参数的类型与这个异常匹配的那个 catch 语句块(也就是说，catch 语句块的类型与被抛出的异常类型准确对应，或者是它的直接或间接超类)。异常参数的名称使 catch 语句块能够与被捕获的异常对象交互。例如，会隐式地调用被捕获的异常的 toString 方法(如第 31 ~ 32 行和第 38 行所示)，它会显示关于异常的基本信息。注意，这里使用了 System.err(标准错误流)对象来输出错误消息。和 System.out 中的方法一样，System.err 中的几个输出方法也会默认在命令提示符下显示数据。

第一个 catch 语句块的第 33 行，调用了 Scanner 方法 nextLine。由于发生了 InputMismatchException 异常，因此对 nextInt 方法的调用，不会成功地读取用户的数据，所以用一个 nextLine 方法调用读取这个输入值。这时，还没有对输入值做任何事情，因为我们知道它是无效的。每一个 catch 语句块都会显示一条错误消息并要求用户再次尝试。当任何一个 catch 语句块终止之后，会提示用户进行输入。稍后将详细介绍异常处理中这个控制流是如何工作的。

常见编程错误 11.1

在 try 语句块与对应的 catch 语句块之间放置代码，是一种语法错误。

多重 catch

一种相对比较常见的情形是一个 try 语句块后面跟着几个处理各种异常类型的 catch 语句块。如果有多个 catch 语句块的语句体是相同的，则可以利用多重 catch(multi-catch)特性，在一个 catch 处理器中捕获这些异常类型并执行同一项任务。多重 catch 语句的语法如下：

```
catch (Type1 | Type2 | Type3 e)
```

异常类型之间用竖线分开。这条语句表明，在异常处理器中可以捕获所指定类型(或这些类型的子类)的异常。在多重 catch 语句中，可以指定任意数量的 Throwable 类型。这里的异常参数类型是所指定类型的共同超类。

未捕获异常

未捕获异常(uncaught exception)就是没有对应的 catch 语句块的异常。图 11.2 的第二个和第三个输出中显示了未捕获异常的结果。如果前面的示例中发生了异常，则程序(在显示异常的栈踪迹后)会提前终止。对于未捕获异常，情况并不会总是这样。Java 中使用了一种执行程序的“多线程”模型——每一个线程就是一个并行的活动。一个程序可以具有许多线程。如果程序只有一个线程，则未捕获异常会导致程序终止。如果程序具有多个线程，则未捕获异常将只会终止异常所在的那个线程。但是，在这样的程序中，某些线程可能依赖于其他线程。如果某个线程由于未捕获异常而终止了，则可能会对程序的其他部分产生负面效果。第 23 章中将深入探讨多线程问题。

异常处理的终止模型

如果 try 语句块中发生了异常(如图 11.3 第 23 行的代码抛出的 InputMismatchException 异常)，则 try

语句块会立即终止，程序控制会转移到后面第一个异常参数类型与所有抛出类型相符的 catch 语句块。图 11.3 中，第一个 catch 语句块捕获 InputMismatchExceptions 异常（在输入无效值时发生），第二个 catch 语句块捕获 ArithmeticExceptions 异常（在除数为 0 时发生）。处理完异常之后，程序控制不返回抛出点，因为 try 语句块已经“过期”（任何局部变量都已经丢失）。控制在最后一个 catch 语句块之后恢复。这称为异常处理的终止模型（termination model）。有些语言使用异常处理的恢复模型（resumption model），处理异常之后，程序控制会返回到抛出点。

注意，这里是基于异常的类型来命名异常参数的（inputMismatchException 和 arithmeticException）。Java 程序员经常简单地使用字母 e 作为异常参数的名称。

执行完 catch 语句块之后，程序的控制流前进到最后一个 catch 语句块（这里是第 42 行）之后的第一条语句。do...while 语句中的条件为真（变量 continueLoop 包含它的初始值 true），因此控制会返回到循环开始的地方，用户会再次得到输入提示。这条控制语句会一直循环下去，直到输入了有效值为止。此时，程序控制会到达第 28 行，它将 false 值赋予变量 continueLoop。这样，try 语句块就终止了。如果在 try 语句块中没有异常抛出，则会跳过 catch 语句块，控制在 catch 语句块之后的第一条语句继续执行（当在 11.6 节中探讨 finally 语句块时，会看到另一种情况）。现在，do...while 循环的条件为假，main 方法终止。

try 语句块和相应的 catch 或 finally 语句块一起，就构成了 try 语句。不要将术语“try 语句块”和“try 语句”相混淆，后者既包含了 try 语句块，也包含了后面的 catch 语句块或 finally 语句块。

和任何其他代码块中一样，当 try 语句块终止时，在其中声明的局部变量就会位于作用域之外，不再是可访问的。因此，try 语句块中的局部变量在对应的 catch 语句块中是不可访问的。当 catch 语句块终止时，在语句块中声明的局部变量（包括它的异常参数）也将位于作用域之外并被销毁。try 语句中的任何其他 catch 语句块都会被忽略，而执行会在 try...catch 序列后的第一行代码处恢复。如果存在 finally 语句块，则执行的就是 finally 语句块。

使用 throws 子句

quotient 方法中（见图 11.3 第 9～12 行），第 10 行被称为 throws 子句。它指定了方法可能会抛出的异常。这条子句必须出现在方法的参数表之后、方法体之前，它包含一个用逗号分隔的异常类型表。这些异常可能是由方法体中的语句抛出的，也可能是由方法体中调用的方法抛出的。这个程序中添加的 throws 子句，表明这个方法可能抛出 ArithmeticException 异常。这样，quotient 方法的调用者就知道它可能会抛出 ArithmeticException 异常。有些异常类型，例如 ArithmeticException，并不要求在 throws 子句中给出。方法能够抛出的异常，可以是与在 throws 子句中列出的异常类具有“是”关系的那些异常类型。更多细节请参见 11.5 节。

错误预防提示 11.1

在程序中使用某个方法之前，应先阅读它的在线 API 文档。文档中指出了这个方法会抛出的异常（如果存在），并给出了发生这种异常的原因。其次，还应阅读指定异常类的在线 API 文档。异常类的文档通常包含为什么会发生这种异常的原因。最后，应在程序中提供处理这些异常的代码。

当执行第 11 行时，如果分母为 0，则 JVM 将抛出一个 ArithmeticException 对象。这个对象将被第 37～41 行的 catch 语句块捕获，显示关于隐式地调用异常的 toString 方法得到的基本异常信息，然后提示用户再次输入。

如果分母不为 0，则 quotient 方法会执行除法并将结果返回给 try 语句块中 quotient 方法的调用点（第 25 行）。第 26～27 行显示了计算的结果，第 28 行将 continueLoop 设置成 false。这样，try 语句块就成功地完成了，因此程序会跳过 catch 语句块，第 42 行的条件测试会失败，main 方法正常地执行完毕。

当 quotient 方法抛出 ArithmeticException 异常时，它会终止且不会返回值，其局部变量会超出作用域（并会被销毁）。如果 quotient 方法包含引用对象的局部变量，且这些对象不存在其他的引用，则它们会被标上“垃圾回收”的标记。而且，当发生异常时，调用了 quotient 方法的 try 语句块会在执行第 26～28 行之前终止。此外，如果在抛出异常之前在 try 语句块内创建了局部变量，则它们会超出作用域。

如果第 21 行或第 23 行产生了 InputMismatchException 异常，则 try 语句块会终止，执行会在第 30～36 行的 catch 语句块继续。这时，没有调用 quotient 方法。然后，main 方法会在最后一个 catch 语句块继续执行。

11.4 何时使用异常处理

异常处理专门用于同步错误(synchronous error)，这种错误是在语句执行时发生的。这类错误的常见例子包括：数组下标越界、算术溢出(即值位于可表示的范围之外)、除数为 0、无效的方法参数、线程中断(见第 23 章)。异常处理并不是用于处理与异步事件(asynchronous event，例如磁盘 I/O 完毕、网络消息到达、鼠标单击和键击)相关的错误，这类事件是与程序的控制流并行的，且是独立的。

软件工程结论 11.3

从设计过程开始，就应将异常处理和错误恢复策略融入系统中——当系统已经实现之后，再希望融入这些策略将是困难的。

软件工程结论 11.4

异常处理为程序错误的文档化、检测和恢复提供了统一、简单的技术。这种技术有助于让开发大型项目的程序员理解彼此的错误处理代码。

软件工程结论 11.5

有无数的情况可以导致异常，而有些异常是很容易处理的。

软件工程结论 11.6

有时，通过预先验证数据，可以防止出现异常。例如，在执行整数除法操作之前，可以确保分母不为 0，这样就可以防止发生 ArithmeticException 异常。

11.5 Java 异常层次

所有的 Java 异常类都直接或间接继承自 Exception 类，它们构成了一个继承层次。程序员可以扩展这个层次，创建自己的异常类。

图 11.4 中给出了这个继承层次从 Throwable 类(Object 类的一个子类)开始的一小部分，Throwable 类是 Exception 类的超类。只有 Throwable 类的对象才能用于异常处理机制。Throwable 类具有两个直接子类：Exception 和 Error。Exception 类和它的子类——例如 RuntimeException 类(位于 java.lang 包中)和 IOException 类(位于 java.io 包中)——表示能够在 Java 程序中发生的异常情况，且它们能被程序捕获。Error 类和它的子类表示在 JVM 中发生的非正常情况。Error 类中定义的大多数异常情形并不会经常发生，不应当被程序捕获——通常而言，程序是不可能从 Error 中恢复的。

Java 的异常层次中包含数百个类。有关 Java 异常类的信息，在 Java API 中都能够找到。有关 Throwable 类的文档，可查看：

```
http://docs.oracle.com/javase/8/docs/api/java/lang/Throwable.html
```

在这个站点上可查看该类的子类，以获得关于 Java 的 Exception 类和 Error 类的更多信息。

检验异常与非检验异常

Java 中区分检验异常(checked exception)与非检验异常(unchecked exception)。这种区分是重要的，因为 Java 编译器对检验异常(后面将探讨)有一些特殊要求。异常的类型决定了它是检验异常还是非检验异常。

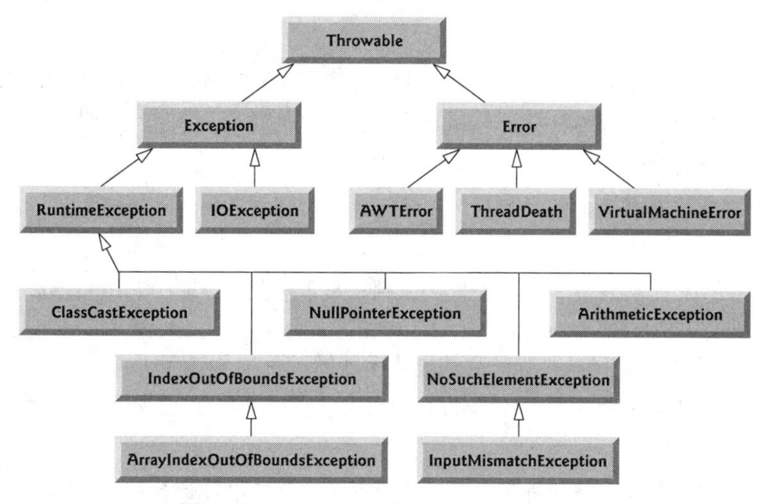

图 11.4　Throwable 类的继承层次(部分)

RuntimeException 为非检验异常

RuntimeException 类(位于 java.lang 包中)的直接或间接子类的所有异常类型都是非检验异常。这类异常通常是由程序代码检测到的。非检验异常的例子包括：

- ArrayIndexOutOfBoundsException(见第 7 章)——只要确保数组索引总是大于或者等于 0，且小于数组长度，即可避免出现这种异常。
- ArithmeticException(见图 11.3)——执行除以 0 的操作之前，检查分母是否为 0，即可避免出现这种异常。

直接或者间接继承自 Error 类的类(见图 11.4)，都是非检验异常，因为通常而言，Error 类中的异常都是不可恢复的，所以程序不应尝试处理这种异常。例如，VirtualMachineError 的文档指出，出现这类异常，表明“JVM 已经损坏，或者资源已经耗尽”。因此程序无法处理这类情况。

检验异常

继承自 Exception 类，但不是直接或间接继承自 RuntimeException 类的所有类，都被认为是检验异常。这样的异常通常是在不由程序控制的情况下发生的。例如，在处理文件的过程中，程序不能打开文件的原因是文件不存在。

编译器与检验异常

编译器会检验每个方法调用和方法声明，以判断方法是否会抛出检验异常。如果是，则编译器会保证检验异常被捕获了，或者已经在 throws 子句中声明——这被称为“捕获或声明”要求(catch-or-declare requirement)。在后面的几个示例中，将讲解如何捕获或声明检验异常。回忆 11.3 节可知，throws 子句指定了方法抛出的异常。这种异常不是在方法体中捕获的。为了满足“捕获或声明”要求的“捕获”部分，产生异常的代码必须包含在 try 语句块中，且必须为检验异常类型(或它的某个超类类型)提供一个 catch 处理器。为了满足“捕获或声明”要求的“声明”部分，含有产生异常的代码的方法，必须在它的参数表之后、方法体之前提供包含检验异常类型的一个 throws 子句。如果不满足“捕获或声明”要求，则编译器将给出错误消息。这样，就会迫使程序员需要考虑当调用抛出检验异常的方法时可能导致的问题。

错误预防提示 11.2

程序员必须处理检验异常。与简单地忽略异常相比，这样做能够得到更健壮的代码。

常见编程错误 11.2

如果子类方法重写了超类方法，则在子类方法的 throws 子句中列出比超类方法更多的异常，是一个错误。但是，子类的 throws 子句可以包含超类的 throws 子句中的一个子集。

软件工程结论 11.7

如果方法调用了抛出检验异常的其他方法，则这些异常必须在调用方法中捕获或声明。如果异常能够在方法中得到有效处理，则方法应捕获这个异常而不仅仅是声明它。

软件工程结论 11.8

检验异常通常表示那些能够由程序纠正的问题，所以要求程序员处理它。

编译器与非检验异常

与检验异常不同，Java 编译器不会检查代码来判断是否捕获或声明了非检验异常。非检验异常通常可以通过正确的编码来防止发生。例如，图 11.3 中由 quotient 方法(第 9～12 行)抛出的非检验异常 ArithmeticException，如果在试图执行除法之前能确保分母不为 0，则就可以避免出现这个异常。非检验异常不要求列在方法的 throws 子句中。即使将它列出来，也不要求程序捕获这样的异常。

软件工程结论 11.9

尽管编译器不会强制非检验异常具有“捕获或声明”要求，但当知道可能发生这样的异常时，最好提供适当的异常处理代码。例如，尽管 NumberFormatException 异常(RuntimeException 的直接子类)是一个非检验异常，但程序应该为 Integer 方法 parseInt 处理这种异常。这样做可以使程序更健壮。

捕获子类异常

如果编写的 catch 处理器能够捕获超类的异常对象，则它也能够捕获这个类的所有子类的对象。这样，就可以多态地捕获并处理相关联的异常。如果这些异常要求不同的处理方式，则可以单独地捕获并处理每一种子类异常。

只执行第一个匹配的 catch 语句块

如果有多个 catch 语句块与特定的异常类型匹配，则当这种类型的异常发生时，只有第一个 catch 语句块会执行。在与一个特定的 try 语句块相关联的两个不同的 catch 语句块中捕获同一种类型的异常，是一个编译错误。但是，可以有多个 catch 语句块匹配一个异常。例如，可以存在多个 catch 语句块，它们指定的类型与某个异常类型相同，或者是该异常类型的超类。例如，可以在 ArithmeticException 类型的 catch 语句块后面放置一个 Exception 类型的 catch 语句块，二者都匹配 ArithmeticException 异常，但只有第一个匹配的 catch 语句块会执行。

常见编程错误 11.3

在子类异常类型的 catch 语句块之前放置一个超类异常类型的 catch 语句块，会阻止子类异常类型 catch 语句块的执行，因此是一个编译错误。

错误预防提示 11.3

如果忘记显式地测试一个或多个子类异常类型，则单独捕获该种类型的异常被认为是错误的。只要捕获了异常的超类类型，就可以保证它的所有子类异常对象都能被捕获到。在所有其他子类 catch 语句块的后面放置一个超类类型的 catch 语句块，可以确保所有的子类异常都会被最终捕获到。

软件工程结论 11.10

对于行业应用，不建议抛出或捕获 Exception 类型的异常——本章中使用它，只是出于演示异常处理机制的目的。后续几章将探讨抛出并处理特定的异常类型的情形。

11.6 finally 语句块

获得了某些资源的程序，必须显式地将资源返回给系统，以避免出现所谓的“资源泄漏”(resource

leak)问题。在诸如 C 和 C++的编程语言中，最常见的资源泄漏情形是内存泄漏。对于不再使用的内存，Java 会自动执行垃圾回收工作，从而避免了大多数内存泄漏的问题。但是，有可能发生其他类型的资源泄漏。例如，如果没有正确地关闭不再使用的文件、数据库连接或者网络连接，就可能使得它们在其他程序中无法使用。

错误预防提示 11.4

一种微妙的情况是 Java 并没有彻底消除内存泄漏。只要存在对象的引用，Java 就不会对该对象执行垃圾回收工作。因此，如果无意间保留了不再需要的对象引用，则可能发生内存泄漏。

可选的 finally 语句块由关键字 finally 和后面包含在花括号对中的代码组成，有时称之为 finally 子句(finally clause)。如果提供了 finally 语句块，则应当将其放于最后一个 catch 语句块之后。如果不存在 catch 语句块，则必须提供 finally 语句块，且它应当紧挨在 try 语句块之后放置。

何时执行 finally 语句块

无论在对应的 try 语句块中是否抛出了异常，finally 语句块都会执行。如果 try 语句块中使用了 return 语句、break 语句或 continue 语句，或者到达了它的右花括号，finally 语句块也会执行。如果程序在 try 语句块之前由于调用了 System.exit 方法而退出，则不会执行 finally 语句块。这个方法将在第 15 章中讲解，它会立即终止程序。

如果在 try 语句块中发生的异常不能由它的某个 catch 处理器捕获，则程序会跳过 try 语句块的余下部分，控制会进入 finally 语句块。然后，程序会将异常传递给下一个外围的 try 语句块，通常位于调用方法中。在那里，相关联的 catch 语句块可能会捕获它。这一过程可以穿越 try 语句块的许多层。此外，异常也可能不会被捕获到(见 11.3 节的讨论)。

即使 catch 语句块抛出了异常，finally 语句块也依旧会执行。然后，这个异常会被传递给下一个外层 try 语句块——同样，这通常发生在调用方法中。

在 finally 语句块中释放资源

由于 finally 语句块总是会执行，因此通常它会包含资源泄漏代码。假设资源是在 try 语句块中分配的。如果没有异常发生，则会跳过 catch 语句块，程序控制权会进入 finally 语句块，它将释放资源。然后，控制权进入 finally 语句块之后的第一条语句。如果在 try 语句块中发生了异常，则 try 语句块就会终止。如果程序在某个 catch 语句块中捕获到异常，则程序会处理这个异常，然后由 finally 语句块释放资源，控制权进入 finally 语句块之后的第一条语句。如果没有捕获这个异常，则 finally 语句块依然会释放资源，并会尝试捕获在调用方法中发生的异常。

错误预防提示 11.5

finally 语句块是释放在 try 语句块中分配的资源(例如打开的文件)的理想场所，这样做有助于消除资源泄漏。

性能提示 11.1

当不再需要某个资源时，应尽可能早地、明确地释放它。这也使得资源能够尽早得到利用，从而提高资源利用率和程序性能。

演示 finally 语句块

图 11.5 中的程序演示了即使在对应的 try 语句块中没有抛出异常，也会执行 finally 语句块。程序包含静态方法 main(第 5 ~ 14 行)、throwException(第 17 ~ 35 行)和 doesNotThrowException(第 38 ~ 50 行)。throwException 方法和 doesNotThrowException 方法被声明成静态的，因此 main 方法能够直接调用它们，而不必实例化 UsingExceptions 对象。

System.out 和 System.err 都是流(stream)，即字节序列。System.out(被称为标准输出流)用于显示程序的输出，System.err(被称为标准错误流)用于显示程序的错误。这些流的输出可以被重定向(即将它们发送到命令提示符以外的地方，例如文件)。利用这两个不同的流，就能够轻易地将错误消息与其他输出区分开。例如，可以将来自 System.err 的输出数据发送到日志文件，而将来自 System.out 的输出数据显示在屏幕上。出于简单性的考虑，本章中不会重定向 System.err 的输出，而是将这类消息显示在命令提示符处。第 15 章中将讲解关于输入/输出流的更多知识。

```
1  // Fig. 11.5: UsingExceptions.java
2  // try...catch...finally exception handling mechanism.
3
4  public class UsingExceptions {
5     public static void main(String[] args) {
6        try {
7           throwException();
8        }
9        catch (Exception exception) { // exception thrown by throwException
10          System.err.println("Exception handled in main");
11       }
12
13       doesNotThrowException();
14    }
15
16    // demonstrate try...catch...finally
17    public static void throwException() throws Exception {
18       try { // throw an exception and immediately catch it
19          System.out.println("Method throwException");
20          throw new Exception(); // generate exception
21       }
22       catch (Exception exception) { // catch exception thrown in try
23          System.err.println(
24             "Exception handled in method throwException");
25          throw exception; // rethrow for further processing
26
27          // code here would not be reached; would cause compilation errors
28
29       }
30       finally { // executes regardless of what occurs in try...catch
31          System.err.println("Finally executed in throwException");
32       }
33
34       // code here would not be reached; would cause compilation errors
35    }
36
37    // demonstrate finally when no exception occurs
38    public static void doesNotThrowException() {
39       try { // try block does not throw an exception
40          System.out.println("Method doesNotThrowException");
41       }
42       catch (Exception exception) { // does not execute
43          System.err.println(exception);
44       }
45       finally { // executes regardless of what occurs in try...catch
46          System.err.println("Finally executed in doesNotThrowException");
47       }
48
49       System.out.println("End of method doesNotThrowException");
50    }
51 }
```

```
Method throwException
Exception handled in method throwException
Finally executed in throwException
Exception handled in main
Method doesNotThrowException
Finally executed in doesNotThrowException
End of method doesNotThrowException
```

图 11.5 try...catch...finally 异常处理机制

用 throw 语句抛出异常

当 main 方法(见图 11.5)开始执行时，会进入它的 try 语句块并立即调用 throwException 方法(第 7 行)。throwException 方法会抛出 Exception 异常。第 20 行的语句被称为 throw 语句，执行它时就表明发生了异常。到目前为止，我们只是捕获了由被调方法抛出的异常。可以用 throw 语句抛出异常。就像 Java API 中的方法抛出的异常一样，用这种方式也是告知客户程序发生了异常。throw 语句指定了要抛出的对象。throw 语句的操作对象可以是派生自 Throwable 类的任何类对象。

软件工程结论 11.11

当对任何 Throwable 对象调用 toString 方法时，结果字符串将包含提供给构造方法的描述性字符串，或者如果没有提供字符串，则只会包含类的名称。

软件工程结论 11.12

抛出异常时，可以不包含所发生的问题的相关信息。这时，只要简单了解发生的特定类型的异常，就能够为处理器正确地处理这个问题提供足够的信息。

软件工程结论 11.13

如果构造方法的参数是无效的，则应在该方法中抛出异常——这样做可防止所创建的对象处于无效状态。

重抛异常

图 11.5 第 25 行重抛了异常。如果 catch 语句块接收到异常，判断出无法处理它，或者只能部分地处理它，则它会重新抛出这个异常。重抛异常会将异常(或它的一部分)推给与外层 try 语句相关联的另一个 catch 语句块去处理。重抛异常的方法是使用 throw 关键字，后接被捕获到的异常对象的引用。异常不能从 finally 语句块中重抛出来，因为来自 catch 语句块的异常参数(一个局部变量)已经不存在了。

当发生重抛异常时，下一个外层 try 语句块会检测到这个异常，其 catch 语句块会尝试处理它。这个示例中，下一个外层 try 语句块位于 main 方法的第 6 ~ 8 行中。不过，在处理重抛的异常之前，会执行 finally 语句块(第 30 ~ 32 行)。然后，main 方法会检测到 try 语句块中的重抛异常，并在 catch 语句块中处理它(第 9 ~ 11 行)。

接着，main 方法会调用 doesNotThrowException 方法(第 13 行)。在 doesNotThrowException 方法的 try 语句块中没有抛出异常(第 39 ~ 41 行)，因此程序会跳过 catch 语句块(第 42 ~ 44 行)，但无论如何，都会执行 finally 语句块(第 45 ~ 47 行)。程序的执行会前进到 finally 语句块后面的那一条语句(第 49 行)。然后，控制返回到 main 方法，程序终止。

常见编程错误 11.4

如果控制进入了 finally 语句块但存在还没有被捕获的一个异常，且 finally 语句块抛出了不是在它的代码块中捕获的异常，则第一个异常将丢失，来自 finally 语句块中的异常将被返回给调用方法。

错误预防提示 11.6

应避免在 finally 语句块中放置能抛出异常的代码。如果要求有这样的代码，则应将它放在 finally 语句块中的 try...catch 语句里。

常见编程错误 11.5

如果认为从 catch 语句块中抛出的异常将由这个 catch 语句块处理，或者由与同一个 try 语句相关联的任何其他 catch 语句块处理，则会导致逻辑错误。

良好的编程实践 11.1

异常处理的意图，是将错误处理代码从程序代码的主线中剥离出来，以提高程序的清晰性。不应在可能抛出异常的每一条语句周围都放置 try...catch...finally 语句，这会降低程序的可读性。而应让一个 try 语句块形成一个有效的代码块，后面跟着处理每一个可能发生的异常的 catch 语句块，然后是一个 finally 语句块(如果要求有它的话)。

11.7 栈解退和从异常获得信息

当抛出了异常但还没有在特定的方法中捕获时，则方法调用栈会被“解退”(unwound)，并试图在下一个外层 try 语句块中捕获这个异常。这一过程被称为“栈解退”(stack unwinding)。解退方法调用栈，意味着抛出未捕获异常的那个方法将终止，这个方法中的所有局部变量都将超出作用域，控制会返回到最初调用这个方法的语句。如果有一个 try 语句块包含了该语句，则它就会尝试捕获这个异常。如果并没有 try 语句块包含这条语句，或者没有捕获到这个异常，则栈解退会再次发生。图 11.6 中的程序演示了栈解退的用法，main 方法中的异常处理器展示了应当如何访问异常对象中的数据。

```
1  // Fig. 11.6: UsingExceptions.java
2  // Stack unwinding and obtaining data from an exception object.
3
4  public class UsingExceptions {
5     public static void main(String[] args) {
6        try {
7           method1();
8        }
9        catch (Exception exception) { // catch exception thrown in method1
10          System.err.printf("%s%n%n", exception.getMessage());
11          exception.printStackTrace();
12
13          // obtain the stack-trace information
14          StackTraceElement[] traceElements = exception.getStackTrace();
15
16          System.out.printf("%nStack trace from getStackTrace:%n");
17          System.out.println("Class\t\tFile\t\t\tLine\tMethod");
18
19          // loop through traceElements to get exception description
20          for (StackTraceElement element : traceElements) {
21             System.out.printf("%s\t", element.getClassName());
22             System.out.printf("%s\t", element.getFileName());
23             System.out.printf("%s\t", element.getLineNumber());
24             System.out.printf("%s%n", element.getMethodName());
25          }
26       }
27    }
28
29    // call method2; throw exceptions back to main
30    public static void method1() throws Exception {
31       method2();
32    }
33
34    // call method3; throw exceptions back to method1
35    public static void method2() throws Exception {
36       method3();
37    }
38
39    // throw Exception back to method2
40    public static void method3() throws Exception {
41       throw new Exception("Exception thrown in method3");
42    }
43 }
```

```
Exception thrown in method3

java.lang.Exception: Exception thrown in method3
        at UsingExceptions.method3(UsingExceptions.java:41)
        at UsingExceptions.method2(UsingExceptions.java:36)
        at UsingExceptions.method1(UsingExceptions.java:31)
        at UsingExceptions.main(UsingExceptions.java:7)

Stack trace from getStackTrace:
Class           File                    Line    Method
UsingExceptions UsingExceptions.java    41      method3
UsingExceptions UsingExceptions.java    36      method2
UsingExceptions UsingExceptions.java    31      method1
UsingExceptions UsingExceptions.java    7       main
```

图 11.6 栈解退与从异常对象获取数据

栈解退

在 main 方法中，try 语句块(第 6 ~ 8 行)调用了 method1 方法(在第 30 ~ 32 行声明)，而它又调用了 method2 方法(在第 35 ~ 37 行)声明，method2 方法调用了 method3 方法(在第 40 ~ 42 行声明)。method3 方法的第 41 行抛出了一个 Exception 对象，这就是抛出点。由于 throw 语句没有被包含在 try 语句块中，所以会发生栈解退——method3 方法会在第 41 行终止，然后将控制返回到 method2 方法中调用 method3 方法的语句(即第 36 行)。由于没有 try 语句块包含第 36 行，因此将再次发生栈解退——method2 方法在第 36 行终止，然后控制返回到 method1 方法中调用 method2 方法的那条语句(即第 31 行)。由于没有 try 语句块包含第 31 行，因此将再一次发生栈解退——method1 方法在第 31 行终止，然后控制返回到 main 方法中调用 method1 方法的那条语句(即第 7 行)。第 6 ~ 8 行中的 try 语句块包含了这一条语句。由于异常还没有被处理，因此 try 语句块会终止，第一个匹配的 catch 语句块(第 9 ~ 26 行)会捕获并处理这个异常。如果不存在匹配的 catch 语句块，且异常没有在抛出它的每一个方法中声明，则会发生编译错误——main 方法没有 throws 子句，因为它会捕获这个异常。应注意情况并不总是这样的——对于非检验异常，程序能够编译通过，但运行时会得到意想不到的结果。

从异常对象获取数据

所有的异常都派生自 Throwable 类，它提供的 printStackTrace 方法向标准错误流输出栈踪迹(见 11.2 节的讨论)。当测试和调试程序时，经常要使用这个方法。Throwable 类还提供 getStackTrace 方法，可获取由 printStackTrace 方法输出的栈踪迹信息。Throwable 类的 getMessage 方法(由所有的 Throwable 子类继承)返回保存在异常中的描述性字符串。Throwable 类的 toString 方法(由所有的 Throwable 子类继承)会返回一个字符串，包含异常类的名称及一条描述性消息。

没有在程序中捕获的异常，会导致 Java 运行默认的异常处理器。它会显示异常的名称、表明发生了问题的描述性消息及完整的执行栈踪迹。这样的异常会终止单线程程序的执行。在多线程程序中，会终止导致异常的线程。多线程问题将在第 23 章讨论。

图 11.6 中的 catch 处理器(第 9 ~ 26 行)演示了 getMessage、printStackTrace、getStackTrace 方法的用法。如果希望将栈踪迹信息输出到标准错误流以外的流中，则可以将 getStackTrace 方法返回的信息输出到另一个流中，或者使用一个 printStackTrace 方法的重载版本。将数据发送到另外的流的方法，见第 15 章的讨论。

第 10 行调用了异常的 getMessage 方法，获得异常的描述。第 11 行调用了异常的 printStackTrace 方法，输出栈踪迹，表明在哪里发生了异常。第 14 行调用了异常的 getStackTrace 方法，将获得的栈踪迹信息当成 StackTraceElement 对象的一个数组。第 20 ~ 25 行获得数组中的每一个 StackTraceElement 对象，并调用它的 getClassName、getFileName、getLineNumber、getMethodName 方法，分别获得这个 StackTraceElement 对象的类名称、文件名称、行号和方法名称。每一个 StackTraceElement 对象都表示方法调用栈上的一个方法调用。

程序的输出展示了由 printStackTrace 方法给出的栈踪迹信息，它的格式是 className.methodName (fileName:lineNumber)，其中 className、methodName、fileName 分别表示发生异常的类名称、方法名称和文件名称，而 lineNumber 表示异常是在文件中的什么位置发生的。从图 11.2 中可以看到这种输出。getStackTrace 方法使得能够对异常信息进行定制处理。将 printStackTrace 方法的输出与由 StackTraceElement 对象创建的输出进行比较，可以看出二者都包含相同的栈踪迹信息。

软件工程结论 11.14

有时，可以通过编写一个包含空体的 catch 处理器来忽略某个异常。在这样做之前，应确保这个异常不会设定某个条件，栈中位于其上的代码不会依赖于该条件。

Java SE 9：Stack-Walking API

9

Throwable 方法 printStackTrace 和 getStackTrace 都会处理整个方法调用栈。进行调试时，这会导致效率低下——例如，我们可能只关心与特定类中的方法相对应的栈踪迹。Java SE 9 中引入了一个 Stack-Walking API(位于 java.lang 包中的 StackWalker 类)，它采用 lambda 与流(见第 17 章)，以更高效的方式访问方法调用栈信息。关于这个 API 的更多知识，请参见：

```
http://openjdk.java.net/jeps/259
```

11.8 链式异常

有时，方法响应异常的方式是抛出一个特别针对当前程序的不同的异常类型。如果 catch 语句块抛出了一个新异常，则原始异常的信息和栈踪迹将丢失。在 Java 的早期版本中，不存在用新的异常信息包装原始异常信息的机制，从而无法提供表明程序中的原始问题发生在哪里的完整栈踪迹。这就使调试这样的问题变得特别困难。链式异常(chained exception)使得异常对象能包含来自原始异常的完整的栈踪迹信息。图 11.7 中的程序演示了链式异常的用法。

```
1   // Fig. 11.7: UsingChainedExceptions.java
2   // Chained exceptions.
3
4   public class UsingChainedExceptions {
5      public static void main(String[] args) {
6         try {
7            method1();
8         }
9         catch (Exception exception) { // exceptions thrown from method1
10           exception.printStackTrace();
11        }
12     }
13
14     // call method2; throw exceptions back to main
15     public static void method1() throws Exception {
16        try {
17           method2();
18        }
19        catch (Exception exception) { // exception thrown from method2
20           throw new Exception("Exception thrown in method1", exception);
21        }
22     }
23
24     // call method3; throw exceptions back to method1
25     public static void method2() throws Exception {
26        try {
27           method3();
28        }
29        catch (Exception exception) { // exception thrown from method3
30           throw new Exception("Exception thrown in method2", exception);
31        }
32     }
33
34     // throw Exception back to method2
35     public static void method3() throws Exception {
36        throw new Exception("Exception thrown in method3");
37     }
38  }
```

```
java.lang.Exception: Exception thrown in method1
        at UsingChainedExceptions.method1(UsingChainedExceptions.java:17)
        at UsingChainedExceptions.main(UsingChainedExceptions.java:7)
Caused by: java.lang.Exception: Exception thrown in method2
        at UsingChainedExceptions.method2(UsingChainedExceptions.java:27)
        at UsingChainedExceptions.method1(UsingChainedExceptions.java:17)
        ... 1 more
Caused by: java.lang.Exception: Exception thrown in method3
        at UsingChainedExceptions.method3(UsingChainedExceptions.java:36)
        at UsingChainedExceptions.method2(UsingChainedExceptions.java:27)
        ... 2 more
```

图 11.7 链式异常

程序的控制流

这个程序由 4 个方法组成：main(第 5 ~ 12 行)、method1(第 15 ~ 22 行)、method2(第 25 ~ 32 行)和 method3(第 35 ~ 37 行)。main 方法中的 try 语句块在第 7 行调用了 method1 方法；method1 方法中的 try 语句块在第 17 行调用了 method2 方法；method2 方法中的 try 语句块在第 27 行调用了 method3 方法。在 method3 方法中，第 36 行抛出了一个 Exception 异常。由于这条语句不位于 try 语句块中，因此 method3 方法会终止，异常返回到调用方法(method2)中(第 27 行)。这条语句位于 try 语句块中，因此 try 语句块会终止，异常在第 29 ~ 31 行被捕获。catch 语句块中的第 30 行抛出一个新的异常。调用 Exception 类的构造方法时，使用了两个实参——第二个实参表示导致问题发生的那个原始异常。程序中，这个异常发生在第 36 行。由于异常是从 catch 语句块中抛出的，所以 method2 方法会终止，并将一个新的异常返回给调用方法 method1(第 17 行)。同样，这条语句位于 try 语句块中，因此 try 语句块会终止，异常在第 19 ~ 21 行被捕获。catch 语句块中的第 20 行会抛出一个新的异常，并在 Exception 类的构造方法中将它用作第二个实参。由于异常是从 catch 语句块中抛出的，所以 method1 方法会终止，并在第 7 行将一个新的异常返回给调用方法(main)。main 中的 try 语句块会终止，异常在第 9 ~ 11 行被捕获。第 10 行输出栈踪迹。

Throwable 方法 getCause

对于任何链式异常，通过调用 Throwable 方法 getCause，就可以获得最初导致异常发生的那个 Throwable 对象。

程序的输出

注意程序的输出，前三行表示最近抛出的异常(即第 20 行 method1 方法抛出的异常)；后面的 4 行表示第 27 行 method2 方法抛出的异常；最后的 4 行代表第 36 行 method3 方法抛出的异常。还要注意，当从后往前查看输出时，就能看出还剩下多少链式异常。

11.9　声明新的异常类型

当构建 Java 程序时，大多数程序员都使用来自 Java API、第三方厂商及可免费获得的类库(通常能从 Internet 下载)中已有的类。这些类中的方法通常都被声明成当发生问题时会抛出适当的异常。程序员可以编写处理这些已有的异常的代码，使程序变得更健壮。

如果需要建立自己的类供其他程序员使用，则合适的做法是声明针对特定问题的自己的异常类，当其他程序员使用这些可复用的类时，可能就会遇到这些问题。

新的异常类型必须扩展现有的异常类型

新的异常类必须扩展现有的异常类，以确保这个类能用于异常处理机制中。异常类与其他的类并无不同，但是，典型的异常类只应包含如下 4 个构造方法：

- 一个构造方法不带实参，它将默认的错误消息字符串传递给超类构造方法。
- 一个构造方法接收一个定制的错误消息实参(String 类型)，并将它传递给超类构造方法。
- 一个构造方法接收一个定制的错误消息实参(String 类型)和一个 Throwable 对象的实参(用于链式异常)，并将它们传递给超类构造方法。
- 一个构造方法接收一个 Throwable 对象的实参(用于链式异常)，并将它传递给超类构造方法。

良好的编程实践 11.2

将每种执行时的错误类型与具有相应名称的 Exception 类相关联，可以提高程序的清晰性。

软件工程结论 11.15

大多数程序员都不需要声明自己的异常类。在自己定义异常类之前，应研究一下 Java API 中现有的异常类，并尽量从中挑选一个。如果没有合适的现有类，则应尝试扩展一个相关联的异常类。例如，如果正在创建一个表示方法何时试图进行除以 0 操作的新类，则可以扩展 ArithmeticException 类，因为除以 0 操作发生在算术运算期间。如果现有类中没有适合新的异常类的超类，则需要确定新类是检验异常类还是非检验异常类。如果要求客户程序处理这个异常，则新的异常类应当是一个检验异常类(即应扩展 Exception 类而不是 RuntimeException 类)。客户程序应当能够从这样的异常中顺利地恢复。如果希望客户程序能够忽略这个异常，则新的异常类需扩展 RuntimeException 类(即新的异常是一个非检验异常)。

良好的编程实践 11.3

习惯上，所有的异常类名称都以单词 Exception 结尾。

11.10 前置条件和后置条件

程序员会花费大量的时间来维护和调试代码。为了便于完成这些任务并提升整体设计，可以指定在执行方法之前和之后所期望的状态。这些状态分别被称为前置条件(precondition)和后置条件(postcondition)。

前置条件

当调用方法时，前置条件必须为真。前置条件描述了对方法参数的约束，还给出了方法对程序在执行之前的当前状态的任何其他预期。如果不满足前置条件，则方法的行为就是未定义的——它可能抛出异常、用非法值进行处理，或者会尝试从错误中恢复。如果前置条件不满足，则不要指望程序会有一致的行为。

后置条件

当方法成功地返回之后，后置条件就为真。后置条件描述了对返回值的约束，还给出了方法可能具有的任何其他辅助效果。如果是在编写方法，则应文档化所有的后置条件，以使其他人在调用这个方法时知道所期望的结果是什么。还应确认当确实满足前置条件时，这个方法会实现它的所有后置条件。

如果不满足前置条件或者后置条件，则应抛出异常

当不满足前置条件或后置条件时，方法通常应抛出异常。例如，可以查看 String 方法 charAt，它具有一个 int 参数——String 中的索引。对于前置条件，charAt 方法假设索引会大于或等于 0，小于 String 的长度。如果前置条件满足，则后置条件会指出方法将返回 String 中参数 index 指定的位置处的字符。否则，方法会抛出 IndexOutOfBoundsException 异常。如果满足了前置条件，则 charAt 方法也会满足它的后置条件。我们不必考虑方法是如何真正接收索引处的字符的细节。

通常而言，方法的前置条件和后置条件是作为它的规范的一部分给出的。当定义自己的方法时，应在方法声明之前的注释中给出前置条件和后置条件。

11.11 断言

当实现并调试一个类时，有时在方法的特定位置表明条件必须为真是有用的。这些条件被称为断言(assertion)，通过在开发过程中捕获潜在的 bug，标识出可能的逻辑错误，断言有助于确保程序的有效性。前置条件和后置条件是断言的两种类型。前置条件是在调用方法时关于程序状态的断言，而后置条件是在方法完成之后关于程序状态的断言。

尽管可以将断言表述成注释，指导程序的开发，但 Java 包含两种版本的 assert 语句，用于在程序中验证断言。assert 语句会对一个布尔表达式求值，如果结果为 false，则抛出 AssertionError 异常(Error 类的一个子类)。assert 语句的第一种形式是

```
assert expression;
```

如果 *expression* 为 false，则会抛出 AssertionError 异常。第二种形式是

```
assert expression1 : expression2;
```

它会求值 *expression1*，并在 *expression1* 为 false 时抛出一个包含 *expression2* 错误消息的 AssertionError 异常。

可以使用断言在程序中实现前置条件和后置条件，也可用来检验任何其他中间状态，帮助程序员确保代码无误。图 11.8 演示了 assert 语句的用法。第 9 行提示用户输入 0 ~ 10 的数，然后第 10 行读取这个数。第 13 行判断用户输入的数是否在有效范围内。如果超出了范围，则程序会报告错误，否则会正常地向下处理。

```
1  // Fig. 11.8: AssertTest.java
2  // Checking with assert that a value is within range
3  import java.util.Scanner;
4
5  public class AssertTest {
6     public static void main(String[] args) {
7        Scanner input = new Scanner(System.in);
8
9        System.out.print("Enter a number between 0 and 10: ");
10       int number = input.nextInt();
11
12       // assert that the value is >= 0 and <= 10
13       assert (number >= 0 && number <= 10) : "bad number: " + number;
14
15       System.out.printf("You entered %d%n", number);
16    }
17 }
```

```
Enter a number between 0 and 10: 5
You entered 5
```

```
Enter a number between 0 and 10: 50
Exception in thread "main" java.lang.AssertionError: bad number: 50
        at AssertTest.main(AssertTest.java:13)
```

图 11.8　用 assert 语句检验一个值是否在范围之内

断言主要由程序员使用，用于调试和找出程序中的逻辑错误。调试程序时，必须明确地启用断言，但是它会降低性能，且对程序的用户是不必要的。因此启用断言，需使用 java 命令的-ea 命令行选项，即：

```
java -ea AssertTest
```

软件工程结论 11.16

用户不会遇到类似 AssertionError 的异常——它们只应在程序开发期间使用。为此，不需要捕获任何 AssertionError 异常，而是应当在发生这样的错误时允许程序终止，以便能查看错误消息，然后找出问题的根源并修正它。在最终的产品代码中，不应使用 assert 语句来表明运行时问题(图 11.8 中这样做是出于演示的目的)，而应当使用异常机制。

11.12　try-with-resources：自动释放资源

通常而言，资源释放代码应放在 finally 语句块中。无论对应的 try 语句块中使用资源时是否发生了异常，这样做都可以保证会释放资源。另一种做法是使用 try-with-resources 语句，在 try 语句块中使用一个或多个资源并在对应的 finally 语句块中释放它们时，利用 try-with-resources 语句可以简化代码的编写。例如，文件处理程序可以用 try-with-resources 语句处理文件，保证文件不再使用时能正确地关闭它——第 15 章中将演示这种做法。所有的资源都必须是一个实现了 AutoCloseable 接口的类的对象，因此它具有 close 方法。

try-with-resources 语句的一般格式是

```
try (ClassName theObject = new ClassName()) {
   // use theObject here, then release its resources at
   // the end of the try block
}
catch (Exception e) {
   // catch exceptions that occur while using the resource
}
```

其中，*ClassName* 是一个实现了 AutoCloseable 接口的类。这段代码创建了一个 *ClassName* 对象，并将它用在 try 语句块中，然后在 try 语句块的末尾调用它的 close 方法，或者如果发生了异常，则在 catch 语句块的末尾放置 close 方法，以释放这个对象的资源。在 try 后面的圆括号对里面可以创建多个 AutoCloseable 对象，只需将它们用分号隔开即可。第 15 章和第 24 章中将看到使用 try-with-resources 语句的一些示例。

Java SE 9：try-with-resources 语句使用 effectively final 变量

8 Java SE 8 中引入了 effectively final 局部变量。如果某个变量在被声明和初始化之后，使用该变量的方法没有改变该变量的值，则编译器就能够推断出这个变量能够被声明成 final 类型。这样的变量就是 effectively final 变量。这种变量常用于 lambda 表达式中(见第 17 章)。

9 Java SE 9 中，可以创建一种 AutoCloseable 对象，并将它赋予一个被声明成 final 类型(或者 effectively final 类型)的局部变量。接着，可以在 try-with-resources 语句中使用这个变量，并在 try 语句块的末尾释放该对象的资源。

```
ClassName theObject = new ClassName();

try (theObject) {
   // use theObject here, then release its resources at
   // the end of the try block
}
catch (Exception e) {
   // catch exceptions that occur while using the resource
}
```

在 try 语句块的花括号中，可以用分号将多个 AutoCloseable 对象分隔开。这可以简化 try-with-resources 语句的代码，尤其是当需要使用核释放多个 AutoCloseable 对象时。

11.13 小结

本章介绍了如何用异常处理来应付程序中出现的错误。然后演示了异常处理可以从程序的执行“主线”中删除错误处理代码，并且展示了如何用 try 语句块来包含可能抛出异常的代码，如何用 catch 语句块处理可能产生的异常。

本章探讨了异常处理的终止模型。处理异常之后，程序控制不返回到抛出点。我们分析了检验异常与非检验异常，并且探讨了如何用 throws 子句来指定方法可能抛出的异常。

本章介绍了如何用 finally 语句块释放资源(无论是否发生异常)，还知道了如何抛出异常和重抛异常。然后讲解了如何用 printStackTrace、getStackTrace、getMessage 方法获得关于异常的信息。接着探讨了链式异常，它使得程序员能够将原始的异常信息用新的异常信息包装。随后概述了如何创建自己的异常类。

本章介绍了前置条件和后置条件，它们能帮助程序员理解当调用自己的方法时必须为真的那些条件，以及方法返回时的条件。当不满足前置条件或后置条件时，方法通常应抛出异常。我们还探讨了 assert 语句，讲解了它如何能用来帮助程序员调试程序。特别是 assert 语句能用来确保满足前置条件和后置条件。

最后，本章介绍了在同一个 catch 处理器中处理多种异常类型的多重 catch，以及在 try 语句块中用于自动释放资源的 try-with-resources 语句。下一章将深入探讨图形用户界面(GUI)。

总结

11.1 节　简介

- 出现了异常，就表明程序在执行期间出现了问题。
- 异常处理使程序员能创建可以解决异常的程序。

11.2 节　示例：除数为 0 时没有处理异常

- 如果方法检测到问题且无法处理它，则会抛出异常。
- 异常的栈踪迹，包含异常的名称及发生异常的那一刻完整的方法调用栈，异常名称以描述性的消息表明发生了问题。
- 程序中发生异常的位置被称为抛出点。

11.3 节　示例：处理 ArithmeticException 异常和 InputMismatchException 异常

- try 语句块中包含的代码，可能会抛出异常，也可以是当异常发生时不应当执行的代码。
- 异常可能是由 try 语句块中的代码直接导致的，也可能是由于调用其他方法导致的，还有可能是由于 try 语句块中的代码所发起的深层嵌套方法调用所导致的。
- catch 语句块以关键字 catch 和一个异常参数开头，后接用于处理该类异常的代码块。当 try 语句块检测到异常时，就会执行这个代码块。
- try 语句块的后面必须至少紧跟着一个 catch 语句块或一个 finally 语句块。
- catch 语句块中，位于圆括号对中的异常参数指明了要处理的异常类型。这个参数的名称使得 catch 语句块能够与所捕获的异常对象交互。
- 未捕获异常就是没有对应 catch 语句块的异常。如果程序只有一个线程，则未捕获异常会导致程序提前终止。如果程序包含多个线程，则只有发生了异常的那个线程会终止。程序的其他线程依然会运行，但有可能得到错误的结果。
- 多重 catch 可用来在一个 catch 处理器中捕获多种异常类型，并可为每一种异常类型执行相同的任务。多重 catch 的语法是使用竖线(|)来分隔不同的异常类型：

```
catch (Type1 | Type2 | Type3 e)
```

- 如果 try 语句块中发生了异常，则该语句块会立即终止，且程序控制会转移到参数类型与所抛出异常的类型相匹配的第一个 catch 语句块。
- 处理完异常之后，程序控制不返回抛出点，因为 try 语句块已经过期。这被称为异常处理的终止模型。
- 当异常发生时，如果存在多个匹配的 catch 语句块，则只有第一个语句块会执行。
- throws 子句位于方法的参数表之后、方法体之前，它指定了方法可能会抛出的异常(用逗号分隔)。

11.4 节　何时使用异常处理

- 异常处理用于处理同步错误，这种错误在执行语句时发生。
- 异常处理并不是用于处理与异步事件相关联的问题的，这类事件与程序的控制流并行，且是独立执行的。

11.5 节　Java 异常层次

- 所有的 Java 异常类都直接或间接继承自 Exception 类。
- 程序员可以扩展 Java 的异常层次，创建自己的异常类。
- Throwable 类是 Exception 类的超类，从而也是所有异常的超类。只有 Throwable 类的对象才能用于异常处理机制。
- Throwable 类具有两个子类：Exception 和 Error。
- Exception 类和它的子类表示 Java 程序中可能发生的异常情况，且它们能够被程序捕获。

- Error 类和它的子类表示在 Java 运行时系统中可能发生的错误。错误并不会经常发生，且程序通常不需要捕获它。
- Java 将异常分成两类：检验异常和非检验异常。
- Java 编译器不会检查代码来判断是否捕获或声明了非检验异常。非检验异常通常可以通过正确的编码来防止发生。
- RuntimeException 的子类表示非检验异常。继承自 Exception 类，但不是继承自 RuntimeException 类的所有类都是检验异常。
- 如果编写的 catch 语句块能够捕获超类类型的异常对象，则它也能够捕获这个类的所有子类的对象。这样，就可以多态地处理相关联的异常。

11.6 节 finally 语句块

- 获得了某类资源的程序，必须将资源返回给系统，以避免所谓的“资源泄漏”问题。有可能泄漏资源的代码通常应放在 finally 语句块中。
- finally 语句块是可选的。如果提供了 finally 语句块，则它应当放于最后一个 catch 语句块之后。
- 无论对应的 try 语句块或者 catch 语句块中是否抛出了异常，finally 语句块总是会执行。
- 如果在 try 语句块中发生的异常不能由它的某个 catch 处理器捕获，则程序控制会进入 finally 语句块。然后，这个异常会被传递给下一个外层 try 语句块。
- 即使 catch 语句块抛出了异常，finally 语句块也依旧会执行。然后，这个异常会被传递给下一个外层 try 语句块。
- throw 语句可以抛出任何 Throwable 对象。
- 一旦 catch 语句块接收到异常，判断出无法处理它，或者只能部分地处理它，则它会重新抛出这个异常。重抛异常，会将异常处理(或它的一部分)推给与外层 try 语句相关联的另一个 catch 语句块。
- 当发生重抛异常时，下一个外层 try 语句块会检测到这个异常，其 catch 语句块会尝试处理它。

11.7 节 栈解退和从异常获得信息

- 当抛出了异常但还没有在特定的方法中将其捕获时，则方法调用栈会被“解退”，并试图在下一个外层 try 语句块中捕获这个异常。
- Throwable 类提供的 printStackTrace 方法可输出方法调用栈信息。当测试和调试程序时，经常要使用这个方法。
- Throwable 类还提供 getStackTrace 方法，它可获取由 printStackTrace 方法输出的栈踪迹信息。
- Throwable 类的 getMessage 方法返回保存在异常中的描述性字符串。
- getStackTrace 方法获得的栈踪迹信息为 StackTraceElement 对象的一个数组。每一个 StackTraceElement 对象，都表示方法调用栈上的一个方法调用。
- StackTraceElement 的方法 getClassName、getFileName、getLineNumber、getMethodName，分别获得类名称、文件名称、行号及方法名称。

11.8 节 链式异常

- 链式异常使得异常对象能包含完整的栈踪迹信息，包括导致发生当前异常的前几个异常的信息。

11.9 节 声明新的异常类型

- 新的异常类必须扩展某个已有的异常类，以确保这个类能用于异常处理机制中。

11.10 节 前置条件和后置条件

- 当调用方法时，它的前置条件必须为真。
- 当方法成功地返回之后，它的后置条件就为真。
- 定义自己的方法时，应在方法声明之前的注释中给出前置条件和后置条件。

11.11 节　断言

- 断言有助于找出潜在的 bug，并可发现可能的逻辑错误。
- assert 语句用于在程序中验证断言。
- 为了在运行时启用断言，需在运行 java 命令时使用-ea 选项。

11.12 节　try-with-Resources：自动释放资源

- try-with-resources 语句简化了代码的编写，利用它可获得资源，在 try 语句块中使用资源，并在对应的 finally 语句块中释放资源。在 try 关键字后面的圆括号中分配资源，然后在 try 语句块中使用该资源。最后，在 try 语句块的末尾调用资源的 close 方法，释放资源。
- 每一个资源必须是一个实现了 AutoCloseable 接口的类的对象——这样的类具有 close 方法。
- 在 try 关键字后面的圆括号对里面可以分配多个资源，只需将它们用分号隔开即可。

自测题

11.1 列出 5 种常见的异常情形。
11.2 为什么异常尤其适合于处理 Java API 中由类的方法产生的错误？
11.3 什么是“资源泄漏”？
11.4 如果 try 语句块中没有抛出异常，则当执行完 try 语句块后，程序控制会转到什么位置？
11.5 列出使用 catch(Exception *exceptionName*)语句的主要好处。
11.6 传统的程序应当捕获 Error 对象吗？为什么？
11.7 如果没有 catch 处理器匹配所抛出对象的类型，会出现什么情况？
11.8 如果有多个 catch 语句块匹配所抛出对象的类型，会出现什么情况？
11.9 为什么必须将一个超类类型指定成 catch 语句块中的类型？
11.10 使用 finally 语句块的一个主要理由是什么？
11.11 如果 catch 语句块抛出一个 Exception 对象，会发生什么？
11.12 catch 语句块中语句 throw *exceptionReference* 的作用是什么？
11.13 当 try 语句块抛出一个 Exception 对象时，局部引用会发生什么？

自测题答案

11.1 内存耗尽，数组下标越界，算术溢出，除数为 0，无效的方法参数。
11.2 这不同于 Java API 中的类的那些方法，它们能满足所有用户对错误处理工作的需求。
11.3 当正在执行的程序没有正确地释放不再需要的资源时，就会发生资源泄漏。
11.4 针对这条 try 语句的 catch 语句块会跳过，而程序会在最后一个 catch 语句块之后恢复执行。如果存在一个 finally 语句块，则会首先执行它，然后程序在 finally 语句块之后恢复执行。
11.5 语句 catch(Exception *exceptionName*)会捕获 try 语句块中抛出的任何类型的异常。这样做的一个好处，是任何异常都能被捕获。可以处理这个异常，或者重抛它。
11.6 Error 对象通常表示位于 Java 底层系统的严重问题，大多数程序都不希望捕获 Error 对象，因为无法使程序重新恢复。
11.7 这会导致程序持续在下一个 try 语句中搜索匹配的异常类型。如果存在 finally 语句块，则会在异常进入下一个 try 语句之前执行它。如果没有 try 语句匹配 catch 语句块，且异常是被声明的(或非检验的)，则会输出栈踪迹且当前线程会提前终止。如果异常是检验的，但是没有被捕获或声明，则会发生编译错误。
11.8 会执行位于 try 语句块之后的第一个匹配的 catch 语句块。
11.9 这会使程序捕获相关的异常类型并以一致的方式处理它们。但是，为了更精确地处理异常，通常更好的做法是个别地处理子类类型。

11.10 为了防止资源泄漏，释放资源的首选方法是使用 finally 语句块。

11.11 首先，控制会进入 finally 语句块(如果存在)。然后，异常会由与对应 try 语句块(如果存在)相关的 catch 语句块(如果存在)处理。

11.12 它会重抛异常，供外围 try 语句的异常处理器处理。这发生在当前 try 语句的 finally 语句块执行完之后。

11.13 引用会超出范围之外。如果被引用的对象变成不可获得的，则它会被垃圾回收机制回收。

练习题

11.14 **(异常情况)**列出本书前面各章所有程序中发生过的各种异常情况。尽可能多地列出更多的异常情况。对于每一种情况，简要描述程序通常会如何利用本章中讲解过的异常处理技术来处理它。常见的异常包括除数为 0 及数组下标越界。

11.15 **(异常与构造方法失败)**在本章之前，我们发现处理由构造方法检测到的错误有些棘手。解释为什么异常处理机制是应对构造方法失败的一种有效方法。

11.16 **(捕获由超类引起的异常)**利用继承可创建一个异常超类(被称为 ExceptionA)和几个异常子类(被称为 ExceptionB 和 ExceptionC)，其中 ExceptionB 继承自 ExceptionA，而 ExceptionC 继承自 ExceptionB。编写一个程序，演示 ExceptionA 类型的 catch 语句块如何捕获 ExceptionB 和 ExceptionC 类型的异常。

11.17 **(用 Exception 类捕获异常)**编写一个程序，演示各种异常是如何用下列语句捕获的：

```
catch (Exception exception)
```

这里需定义 ExceptionA 类(继承自 Exception 类)和 ExceptionB 类(继承自 ExceptionA 类)。程序中应创建几个 try 语句块，分别抛出 ExceptionA、ExceptionB、NullPointerException 和 IOException 类型的异常。所有的异常都必须由 Exception 类型指定的 catch 语句块捕获。

11.18 **(catch 语句块的顺序)**编写一个程序，演示 catch 语句块顺序的重要性。如果在捕获子类的异常之前试图捕获超类的异常，则编译器应发出错误提示。

11.19 **(构造方法失败)**编写一个程序，给出一个构造方法，它将关于构造方法失败的信息传递给一个异常处理器。定义一个 SomeClass 类，它在构造方法中抛出异常。程序应创建一个 SomeClass 类型的对象，并捕获由这个构造方法抛出的异常。

11.20 **(重抛异常)**编写一个演示重抛异常的程序。定义两个方法 someMethod 和 someMethod2。someMethod2 方法的功能就是抛出一个异常。someMethod 方法调用 someMethod2，捕获一个异常并重抛它。用 main 方法调用 someMethod 方法，并捕获被重抛的异常。输出这个异常的栈踪迹。

11.21 **(用外层语句捕获异常)**编写一个程序，演示带有自己的 try 语句块的方法，不必捕获在这个语句块里产生的每一个错误。有些异常可以传递给外围语句并得到处理。

第 12 章　JavaFX GUI(1)

目标

本章将讲解

- 建立 JavaFX GUI 并处理用户与 GUI 交互产生的事件。
- JavaFX 程序窗口的结构。
- 使用 JavaFX Scene Builder 创建 FXML 文件，不必编写任何代码即可描述 JavaFX 场景，包括标签图像视图、文本框、滑标及按钮。
- 利用 VBox 和 GridPane 布局容器，排列 GUI 组件。
- 利用控件类，定义 JavaFX FXML GUI 的事件处理器。
- 建立两个 JavaFX 程序。

提纲

12.1　简介

图形用户界面(GUI)为用户与程序的交互提供了一种友好的机制。GUI(发音为“GOO-ee”)使程序具有与众不同的外观。GUI 用 GUI 组件(component)搭建。GUI 组件也被称为控件(control)或窗件(widget)，窗件是“窗口小件”(window gadget)的简称。GUI 组件就是对象，用户能通过鼠标、键盘或其他的输入形式(例如语音识别)与之交互。

外观设计提示 12.1

应该为不同的程序提供一致的、直观的用户界面组件，使用户对新程序也能够熟悉，从而可以更快速地了解并使用它。

Java 中 GUI 的历史

Java 中，最早的 GUI 库为 Abstract Window Toolkit(AWT)。Java SE 1.2 中，增加了 Swing。直到最近，Swing 依然是主要的 Java GUI 技术，它依然是 Java 的一部分，且一直被广泛使用。(在线的)第 26 章和第 35 章中探讨了 Swing。

JavaFX 是 Java 未来的 GUI、图形和多媒体 API。2007 年，Sun Microsystems 公司(2010 年被 Oracle 收购)宣布将推出 JavaFX，以便与 Adobe Flash 和 Microsoft Silverlight 竞争。JavaFX 1.0 发布于 2008 年。在 2.0 版发布之前，开发人员需用 JavaFX Script 编写 JavaFX 程序，JavaFX Script 会被编译成 Java 字节码，使 JavaFX 程序能够在 Java 虚拟机上运行。从 2011 年发布的 JavaFX 2.0 开始，JavaFX 成为一个 Java 库，从而能够直接在 Java 程序中使用。与 Swing 相比，JavaFX 的优势如下：

- JavaFX 更易于使用——它为客户程序提供了一个 API，其功能包括 GUI、图形和多媒体(图像、动画、音频和视频)。Swing 只用于 GUI，所以对于图形和多媒体程序，需要使用其他的 API。
- 利用 Swing，许多 IDE 都提供了 GUI 设计工具，它们用于将 GUI 组件拖放到面板中。但是，不同的 IDE 会得到不同的程序代码(如不同的变量和方法名称)。JavaFX Scene Builder(见 12.2 节)既可以单独使用，也可以集成到许多 IDE 中。它所得到的代码总是一致的，与所用的 IDE 无关。
- 尽管可以定制 Swing 组件，JavaFX 允许程序员利用层叠样式表(Cascading Style Sheet，CSS)完全控制 JavaFX GUI 的外观(见第 13 章)——CSS 也是构建 Web 页面所采用的技术。
- JavaFX 具有更佳的线程化支持——对于当今的多核系统而言，这是获得最佳程序性能的一个重要因素。
- JavaFX 将 GPU(图形处理单元)用于硬件加速渲染。
- JavaFX 支持对 JavaFX 组件进行重新定位和方向重置的转换，以及随着时间推移改变 JavaFX 组件属性的动画。这种转换和动画，可使程序更具直观性、更容易使用。
- 为了强化现有 GUI 的功能，JavaFX 提供了多种途径——利用 SwingNode 类，可以在 JavaFX 程序中嵌入 Swing GUI 功能；利用 JFXPanel 类，可以在 Swing 程序中嵌入 JavaFX 功能。

本章将讲解 JavaFX GUI 的基础知识，下一章中将涉及它的更多细节；第 22 章探讨的是图形和多媒体；本书的配套网站上，摘录了 *Java How to Program, 10e* 中有关 Swing 和 Java 2D 的几章。

12.2 JavaFX Scene Builder

讲解 GUI 编程的大多数 Java 教材，都是通过手工编码 GUI 的。也就是说，作者都是从头开始编写 GUI 代码，而没有利用可视化的 GUI 设计工具。这是由各自为战的 Java IDE 市场所决定的——由于存在数量众多的 Java IDE，所以教材的作者们无法根据其中的任何一个来编写教材，因为使用不同的 Java IDE，得到的代码是不同的。

JavaFX 的组织方式有所不同。Scene Builder 是一个完全独立的 JavaFX GUI 可视化布局工具，但是也能够将它用于各种 IDE 中，包括最为流行的几个：Eclipse，IntelliJ IDEA 和 NetBeans。Scene Builder 的下载地址为

```
http://gluonhq.com/labs/scene-builder/
```

将 GUI 组件从 Scene Builder 库拖放到设计区，稍做修改和调整，就可以利用 JavaFX Scene Builder 创建 GUI，而且这一过程无须编写任何代码。利用 Scene Builder 的实时编辑和预览功能，就可以在创建和修改时查看 GUI 的效果，而不必编译和运行程序。可以利用层叠样式表(CSS)来设置 GUI 的整体外观——这种概念有时被称为“皮肤化”(skinning)。第 22 章中，将讲解如何利用 CSS 进行样式化。

FXML(FX 标记语言)

创建和修改 GUI 时，Scene Builder 会产生 FXML(FX 标记语言)，它是一种用于定义和排列 JavaFX GUI 控件的 XML 词汇表。XML(可扩展标记语言)是一种广泛用于描述事物的语言——它可同时被计算

机和人类理解。在 JavaFX 中，FXML 可以精确地描述 GUI、图形和多媒体元素。对于本章的学习，不需要读者理解 FXML 或者 XML。正如 12.4 节中将看到的那样，JavaFX Scene Builder 隐藏了 FXML 的细节，从而只需关注如何定义 GUI 应包含的内容，而不必指定如何生成这些内容——这是声明性编程的一个示例。

软件工程结论 12.1

FXML 代码与在 Java 源代码中定义程序逻辑的代码是分离的——这种将接口(GUI)与实现(Java 代码)分离的方式，使得 JavaFX GUI 程序更容易调试、修改和维护。

12.3　JavaFX 程序窗口的结构

JavaFX 程序窗口由几个部分组成(见图 12.1)。

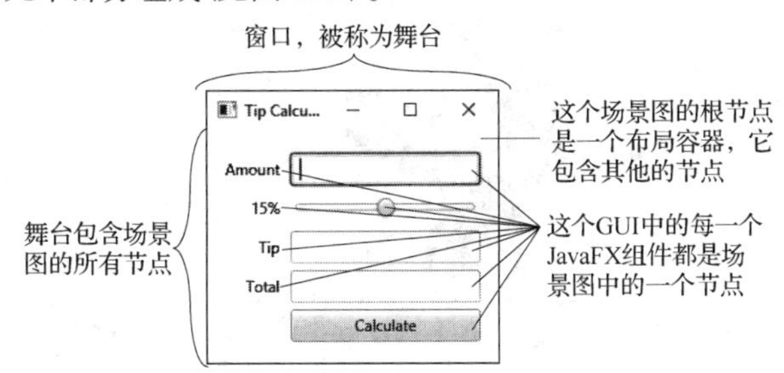

图 12.1　JavaFX 程序窗口的组成部分

控件

控件(control)是一种 GUI 组件，例如显示文本的标签(Label)、使程序能够接收用户输入信息的文本框(TextField)、通过单击发起动作的按钮(Button)，等等。

舞台

显示 JavaFX GUI 的窗口被称为舞台(stage)，它是(javafx.stage 包的) Stage 类的实例。

场景

包含一个活动场景(scene)的舞台，将 GUI 定义成一个场景图(scene graph)——程序的可视化元素的树状数据结构，例如 GUI 控件、形体、图像、视频、文本等(21.7 节中将探讨树)。场景是(javafx.scene 包的) Scene 类的实例。

节点

场景图中的所有可视化元素都是节点(node)——(javafx.scene 包的) Node 子类的一个实例，这个类定义了所有节点的常见属性和行为。除了场景图中的第一个节点(根节点)，每一个节点都有一个父节点。节点可以具有转换(如移动、旋转、缩放)、透明度(节点是否透明，部分透明或者不透明)、效果(如拖放阴影、模糊、反射、反光)等属性，它们将在第 22 章探讨。

布局容器

包含子节点的节点(根节点)通常为布局容器(layout container)，它将子节点放置在场景中。本章中将使用两种布局容器(VBox 和 GridPane)。更多容器将在第 13 ~ 22 章中讲解。位于布局容器中的节点是一些控件的组合——在更复杂的 GUI 中，也可能包含其他的布局容器。

事件处理器与控件类

用户与控件交互时(如单击按钮或者在文本框中输入文本)，控件就会产生事件。程序能够响应这些事件——被称为“事件处理”——以指定当发生用户交互时程序应当如何响应。事件处理器(event handler)就是响应用户交互的一个方法。FXML GUI 的事件处理器是在所谓的控制器类(controller class)中定义的，参见 12.5.5 节。

12.4 Welcome 程序——显示文本和图像

这一节中无须编写任何代码,就能构建一个 GUI,它在一个 Label 控件中显示文本,在一个 ImageView 控件(见图 12.2)中显示图像。这里将使用可视化编程技术，将 JavaFX 组件拖放到 Scene Builder 的内容面板(即设计区)中。然后，将利用 Scene Builder 的 Inspector 窗口配置控件的属性，例如 Label 的文本和字体大小、ImageView 中的图像等。最后，将利用 Window 选项中的 Show Preview 功能，查看完成后的 GUI。12.5 节中的 Tip Calculator 程序中，将探讨用于加载和显示 FXML GUI 的 Java 代码。然后，练习题 12.3 中将创建一个 Java 程序，显示在本节中创建的这个 Welcome GUI。

图 12.2　Windows 10 下预览窗口中的 Welcome GUI

12.4.1 利用 Scene Builder 创建 Welcome.fxml 文件

首先需打开 Scene Builder，以便创建用于定义 GUI 的 FXML 文件。开始时出现的窗口如图 12.3 所示。位于窗口顶部的文字“Untitled”表示 Scene Builder 已经新创建了一个 FXML 文件，但是还没有保存它。[1]选择 File > Save,显示一个 Save As 对话框,然后选择保存文件的位置,将它命名为 Welcome.fxml,并单击 Save 按钮。

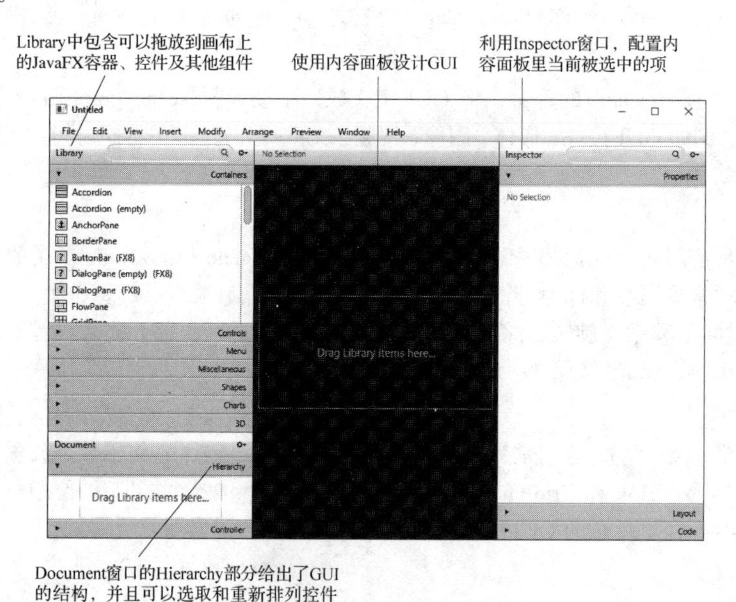

图 12.3　首次打开时呈现的 Scene Builder

① 这里给出的屏幕截图是在 Windows 10 下截取的。位于 Windows、macOS 和 Linux 下的 Scene Builder，其显示效果几乎相同。主要的不同是 macOS 下的菜单栏位于屏幕顶部，而 Windows 和 Linux 下的菜单栏是窗口的一部分。

12.4.2 将图像放入包含 Welcome.fxml 的文件夹

这个程序中将用到的图像(文件名为 bug.png)位于本章示例文件夹的 images 目录下。为了便于将它添加到程序中，需将它复制到与 Welcome.fxml 相同的文件夹下。

12.4.3 创建 VBox 布局容器

对于这个程序，需将一个 Label 控件和一个 ImageView 控件置于 VBox 布局容器里(位于 javafx.scene.layout 包中)，这个容器是场景图的根节点。JavaFX 的布局容器可用来排列控件并设置它们的大小。VBox 会将它的节点从上到下垂直排列。12.5 节中将探讨 GridPane 布局容器，第 13 章中还将给出更多的容器。为了将 VBox 添加到内容面板以便设计 GUI，需双击 VBox 图标，它位于 Library 窗口的 Containers 部分。(也可以将 VBox 从 Containers 部分拖放到内容面板中。)

12.4.4 配置 VBox 布局容器

这一节将指定 VBox 的对齐属性、初始大小及填充属性。

指定 VBox 的对齐属性

VBox 的 Alignment 属性决定了 VBox 子节点的布局位置。这个程序中，我们希望 Label 和 ImageView 这两个子节点在场景图里两个方向(水平和垂直)都居中放置。这样，就使 Label 的上面与 ImageView 的下面具有相同的间距。为此，需进行如下操作：

1. 单击内容面板中的 VBox，选中它。这会在 Inspector 窗口的 Properties 部分中显示许多 VBox 属性。
2. 单击 Alignment 属性旁边下拉列表的向下箭头，可以看到许多不同的对齐属性值。将这个属性设置成 CENTER。

当运行 JavaFX 创建某个对象时，为该对象指定的每一个属性值，都会被用来设置它的一个实例变量。

指定 VBox 的初始大小

场景图根节点的初始大小(宽度和高度)用于在执行程序时确定窗口的大小。为了设置初始大小，需进行如下操作：

1. 选中 VBox。
2. 单击 Layout 旁边的右箭头(▶)，展开 Inspector 窗口的 Layout 部分。这时，右箭头会变成下箭头。再次单击这个下箭头，可缩合 Layout 部分。
3. 单击 Pref Width 属性的文本框，输入 450 并按回车键，将初始宽度设置成这个值。
4. 单击 Pref Height 属性的文本框，输入 300 并按回车键，将初始高度设置成这个值。

12.4.5 添加并配置 Label

接下来，将创建一个在屏幕上显示文本“Welcome to JavaFX!”的 Label。

在 VBox 中添加 Label

单击 Library 窗口 Controls 部分旁边的右箭头，展开它，然后将一个 Label 拖放到内容面板中的 VBox 上(也可以通过双击 Label 控件来添加它)。根据 VBox 的 Alignment 属性值，Scene Builder 会自动将这个 Label 对象在水平和垂直方向居中放置。

设置 Label 的文本

设置 Label 的文本内容时，既可以双击它，然后输入文本，也可以先选中它，然后在 Inspector 窗口的 Properties 部分中设置它的 Text 属性。将这个 Label 的文本内容设置成“Welcome to JavaFX!”。

设置 Label 的字体

这个程序中，需将 Label 的文本显示成大号粗体。为此，需在 Inspector 窗口的 Properties 部分中，从 Font 属性的右边选取一个值。在出现的窗口中，将 Style 属性设置成 Bold，Size 属性设置成 30。现在的 Label 应当如图 12.4 所示。

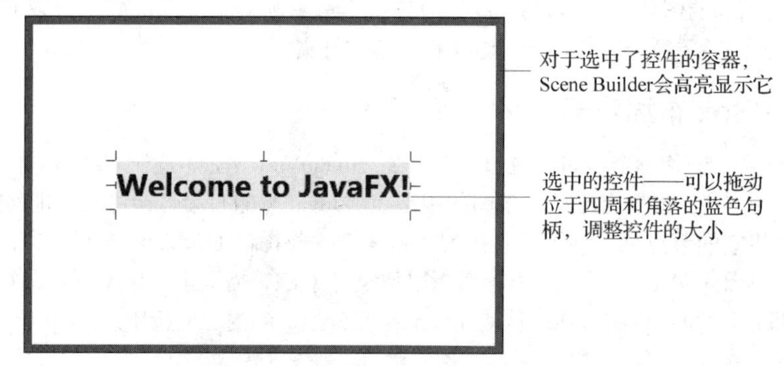

图 12.4 添加并配置完 Label 后呈现的 Welcome GUI

12.4.6 添加并配置 ImageView

最后，需添加一个用于显示小虫图像的 ImageView。

在 VBox 中添加 ImageView

从 Library 窗口的 Controls 部分中，将 ImageView(位于 Label 的下面)拖放到 VBox 中，如图 12.5 所示。也可以双击 ImageView 控件，这时 Scene Builder 会自动将一个 ImageView 对象置于 Label 的下面。可以拖放 VBox 中的控件，或者利用 Document 窗口的 Hierarchy 部分，重新排列它们(见图 12.3)。Scene Builder 会自动将 ImageView 在 VBox 中水平放置。还要注意，Label 和 ImageView 是垂直居中的，且 Label 的上面和 ImageView 的下面具有相同的间距。

设置 ImageView 的 Image 属性

接下来，设置要显示的图像。

1. 选中 ImageView，然后在 Inspector 窗口的 Properties 部分中，单击 Image 属性旁边的省略号按钮。默认情况下，Scene Builder 会打开一个对话框，显示保存了 FXML 文件的文件夹。这就是在 12.4.2 节中放置图像文件 bug.png 的地方。
2. 选中该文件，然后单击 Open 按钮。Scene Builder 会显示这个图像，并会调整 ImageView 的大小，以匹配图像的高宽比——高度与宽度的比例。

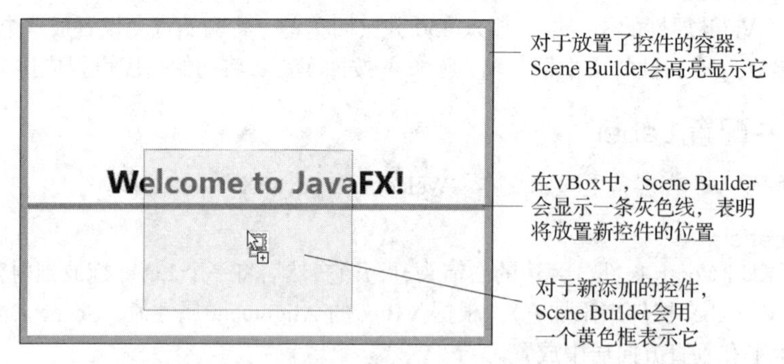

图 12.5 将 ImageView 拖放到 Label 的下面

改变 ImageView 的大小

这里希望按原始大小显示图像。如果重新设置 ImageView 默认的 Fit Width 属性和 Fit Height 属性(它们是将 ImageView 拖入时由 Scene Builder 设置的)，则 Scene Builder 会重新调整 ImageView 的大小，以适合图像的真实尺寸。为了重置这两个属性，需进行如下操作：

1. 展开 Inspector 窗口的 Layout 部分。
2. 将鼠标悬停在 Fit Width 属性的值上。这会在其右边显示一个按钮。单击该按钮，选择 Reset to Default，重置它的值。这个技术可用于需要重置成默认值的任何属性。
3. 重复上一步，重置 Fit Height 属性的值。

至此，就已经完成了 GUI 的设计。现在，Scene Builder 的内容面板应当如图 12.6 所示。选择 File > Save，保存这个 FXML 文件。

图 12.6　在 Scene Builder 内容面板中完成设置后的 Welcome GUI

12.4.7　预览 Welcome GUI

可以在一个运行程序的窗口中预览这个 GUI。为此，需选择 Preview > Show Preview in Window，这会显示一个如图 12.7 所示的窗口。

图 12.7　在 Windows 10 中预览 Welcome GUI——在 Linux、macOS 及早期的 Windows 版本下，唯一的不同是窗口边界

12.5　Tip Calculator 程序——事件处理

图 12.8(a)中的 Tip Calculator 程序，用于计算并显示某次餐厅消费需付的小费额及总金额。默认情况下，小费额为消费额的 15%。通过移动 Slider 滑块，可以让小费百分比在 0%和 30%之间变化——参见图 12.8(b)和图 12.8(c)。本节中，将利用几个 JavaFX 组件来构建这个 Tip Calculator 程序，并会讲解如何通过 GUI 响应用户的交互。

下面分别使用 15%和 20%的小费百分比来测试这个程序。然后，将讲解用来创建这个程序的技术。还将利用 Scene Builder 构建程序的 GUI。最后，将给出这个程序的完整 Java 代码并详细分析它。

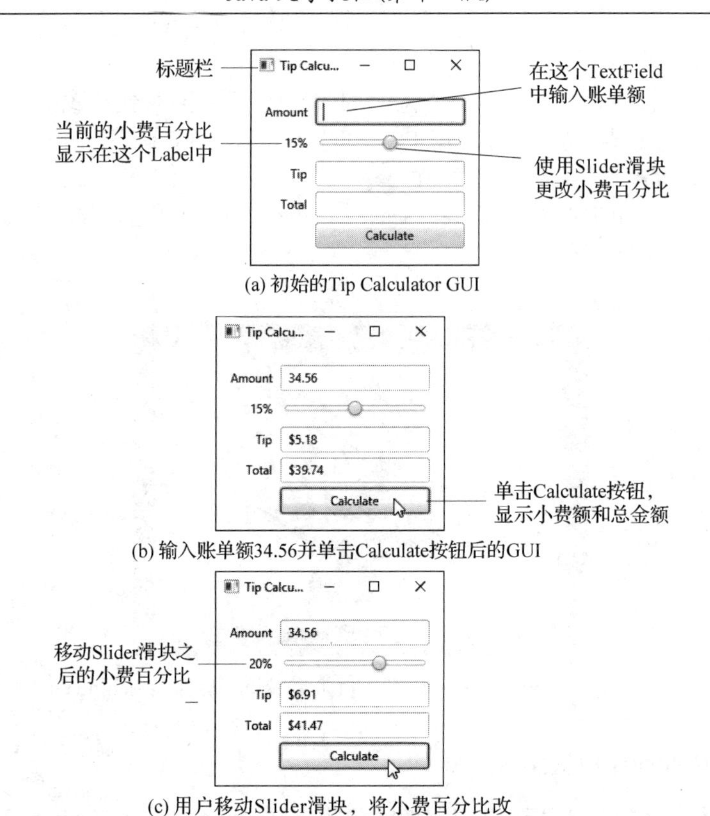

(a) 初始的Tip Calculator GUI

(b) 输入账单额34.56并单击Calculate按钮后的GUI

(c) 用户移动Slider滑块，将小费百分比改成20%，然后单击Calculate按钮后的GUI

图 12.8　输入账单额并计算小费额

12.5.1　测试 Tip Calculator 程序

编译并运行这个程序，文件位于本章示例文件夹的 TipCalculator 目录下。包含 main 方法的类的名称为 TipCalculator。

输入账单额

在键盘上输入 34.56，然后单击 Calculate 按钮。Tip 和 Total 文本框中，会分别显示小费额(比例为 15%)及总金额，见图 12.8(b)。

选择不同的小费百分比

下面使用 Slider 滑块来设置一个定制的小费百分比。拖动 Slider 滑块，直到百分比显示为 20%为止[参见图 12.8(c)]，然后单击 Calculate 按钮，这会更新小费额和总金额。拖动滑块时，位于 Slider 左边 Label 中的小费百分比数字会同步更新。默认情况下，Slider 中允许选择的值范围为 0.0 ~ 100.0，但是在这里，需将该范围限制为 0 ~ 30。

12.5.2　技术概览

本节讲解用于构建这个 Tip Calculator 程序的技术。

Application 类

负责启动 JavaFX 程序的类，是 Application 类(来自 javafx.application 包)的一个子类。调用该子类的 main 方法时，其过程如下：

1. main 方法调用 Application 类的静态 launch 方法，开始执行程序。
2. launch 方法会使 JavaFX 运行时创建 Application 子类的一个对象，并调用 start 方法。

3．该子类的 start 方法会创建 GUI，并将 GUI 与 Scene 结合，然后将其置于 Stage 上，Stage 被 start 方法作为一个实参值接收。

用 GridPane 排列 JavaFX 组件

前面说过，布局容器会将 JavaFX 组件置于 Scene 中。(javafx.scene.layout 包的)GridPane 会将 JavaFX 组件在矩形网格中以行和列的形式排列。

这个程序使用 GridPane(见图 12.9)，将组件安排成 5 行、2 列。GridPane 中的每一个单元格可以为空，也可以包含一个或多个 JavaFX 组件，甚至可以是含有其他控件的布局容器。GridPane 中的每一个组件可以占据多个行或者多个列，但这个 GUI 中不会这样做。当将 GridPane 控件拖放到 Scene Builder 的内容面板上时，Scene Builder 会默认创建一个 3 行、2 列的 GridPane 对象。必要时，可以添加或者减少行列数。后面构建 GUI 的过程中，将会探讨 GridPane 的其他特性。有关 GridPane 类的更多信息，请访问：

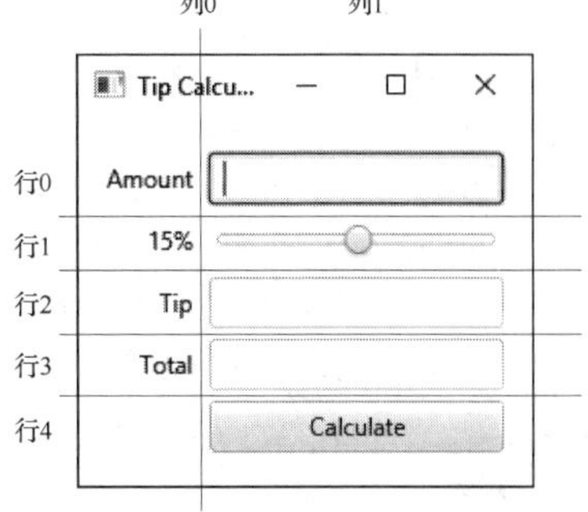

图 12.9　Tip Calculator GUI 的 GridPane，用行和列标记

```
https://docs.oracle.com/javase/8/javafx/api/javafx/scene/layout/
  GridPane.html
```

用 Scene Builder 创建并定制化 GUI

通过将控件拖放到 Scene Builder 的内容面板上，将创建几个 Label 和 TextField，以及一个 Slider 和一个 Button，然后通过 Inspector 窗口定制它们。

- (javafx.scene.control 包的)TextField 用于接收用户输入的文本，也可以显示文本。这里将使用一个可编辑的 TextField，让用户输入账单额；使用两个不可编辑的 TextField，用于显示小费额和总金额。
- (javafx.scene.control 包的)Slider 在默认情况下代表的是一个 0.0 ~ 100.0 的值，允许用户通过移动滑块选择该范围内的一个数字。这里会将 Slider 定制成只允许用户在 0 ~ 30 范围内选择小费百分比。
- (javafx.scene.control 包的)Button 用于让用户发起一个动作——按下 Calculate 按钮时，会计算并显示小费额和总金额。

格式化数字，表示本地货币和百分比字符串

这里将使用(java.text 包的)NumberFormat 类来创建本地货币和百分比字符串——国际化的重要组成部分。[①]

事件处理

通常，用户会与程序的 GUI 交互，表明程序应执行的任务。例如，在电子邮件程序中编写电子邮件时，单击“发送”按钮会告知程序将邮件发送到指定的电子邮件地址。

GUI 是事件驱动的。当用户与 GUI 组件交互时，这种交互(被称为事件)会使程序执行某项任务。使程序执行任务的一些常见用户交互包括：单击按钮、在文本域中输入、从菜单选择一项、关闭窗口和移动鼠标。发生事件时执行任务的代码被称为事件处理器(event handler)；响应事件的整个过程被称为事件处理(event handling)。

在程序能够响应特定控件的事件之前，必须经过几个编码步骤：

1．创建表示事件处理器的一个类并实现适当的接口——被称为事件监听器接口(event-listener interface)。

---

① 前面说过，新开发的 JavaMoney API(http://javamoney.github.io)是用于处理不同的币种、金额、货币兑换、四舍五入及格式化等问题的。到本书编写时为止，这个 API 还没有集成到 JDK 中。

2. 指明当事件发生时，应当通知上一步中创建的类的对象——被称为事件处理器注册（registering the event handler）。

这个程序中将响应两个事件——用户移动 Slider 滑块时，需更新用于显示当前小费百分比的那个 Label；用户单击 Calculate 按钮时，需计算并显示小费额和总金额。

后面将看到，对于某些事件，例如用户单击某个按钮，可以利用 Scene Builder 的 Inspector 窗口中的 Code 部分，将该控件与它的事件处理方法连接起来。这里实现的事件监听器接口，用于调用所指定的方法。控件的属性值变动时所发生的事件，例如用户移动 Slider 滑块改变它的值，必须以代码的形式创建一个完整的事件处理器。

实现 ChangeListener 接口，处理 Slider 滑块位置变化的情形

下面将实现的 ChangeListener 接口（来自 javafx.beans.value 包），用于响应用户移动 Slider 滑块时的事件。特别地，将使用该接口的 changed 方法，显示移动滑块时的小费百分比。

模型-视图-控制器（MVC）结构

将 GUI 实现成 FXML 的 JavaFX 程序，遵循模型-视图-控制器（Model-View-Controller，MVC）设计模式，该模式将程序的数据（包含在模型中）、GUI（视图）和处理逻辑（控制器）分离开来。

控制器实现用于处理用户输入的逻辑；模型包含数据；视图呈现保存在模型中的数据。只要用户输入了数据，控制器就会用该数据填充模型。在 Tip Calculator 程序中，模型为账单额、小费额和总金额。当模型发生变化时，控制器会更新视图，以反映更新后的数据。

在 JavaFX FXML 程序中，控制器类（controller class）定义的实例变量用于与控件交互，而事件处理方法用于响应用户的交互。控制器类中，还可以声明更多的实例变量、静态变量及方法，以支持程序的功能。类似于 Tip Calculator 的简单程序，经常将模型和控制器在一个类中定义，正如这个示例中所做的那样。

FXMLLoader 类

开始执行 JavaFX FXML 程序时，会利用 FXMLLoader 类的静态方法 load，来加载表示程序 GUI 的 FXML 文件。这个方法的功能是

- 创建 GUI 的场景图——包含 GUI 的布局和控件——并返回一个执行场景图根节点的 Parent（来自 javafx.scene 包）引用。
- 初始化控件的实例变量，用于通过程序操作组件。
- 为 FXML 中的所有事件创建并注册事件处理器。

12.5.4 节和 12.5.5 节中将详细探讨这些步骤。

12.5.3 搭建程序的 GUI

这一节将详细讲解创建 Tip Calculator 程序 GUI 的步骤。只有完成了这些步骤之后，GUI 才会看起来像图 12.8 中显示的那样。

控件的 fx:id 属性值

如果控制器类需要在程序中处理控件或者布局（这里是处理一个 Label、所有的 TextField、一个 Slider），则必须为该控件或者布局提供一个名称。12.5.4 节中，将讲解如何为 FXML 中的每一个组件声明一个 Java 变量，以及如何初始化这些变量。每一个对象的名称都是通过它的 fx:id 属性来指定的。设置该属性值的方法是在场景中选取某个组件，然后展开它的 Inspector 窗口，在 Code 部分下，fx:id 属性位于其顶部。图 12.10 中，给出了 Tip Calculator 程序需要操作的那些控件的 fx:id 属性。出于清晰性考虑，这里的命名规范是在 fx:id 属性中使用控件的类名称。

创建 TipCalculator.fxml 文件

正如 12.4.1 节中那样，需打开 Scene Builder 才能创建新的 FXML 文件。然后，选择 File > Save，

显示一个 Save As 对话框，选取一个保存文件的位置，将其命名为 TipCalculator.fxml，然后单击 Save 按钮。

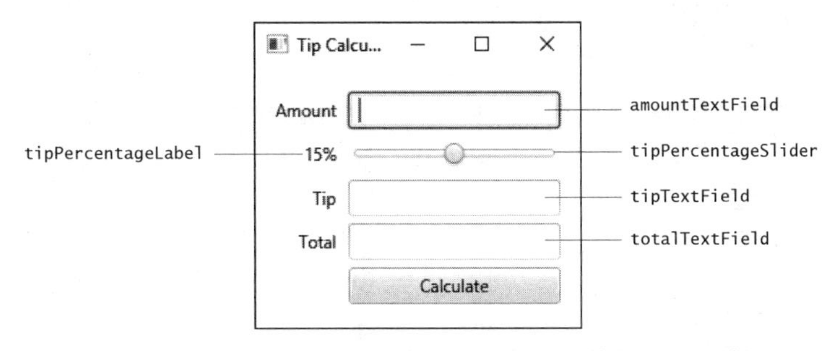

图 12.10　Tip Calculator 程序中需操作的控件的 fx:id 属性

步骤 1：添加 GridPane

从 Library 窗口的 Containers 部分，将一个 GridPane 拖放到 Scene Builder 的内容面板中。默认情况下，GridPane 包含 3 行、2 列，如图 12.11 所示。

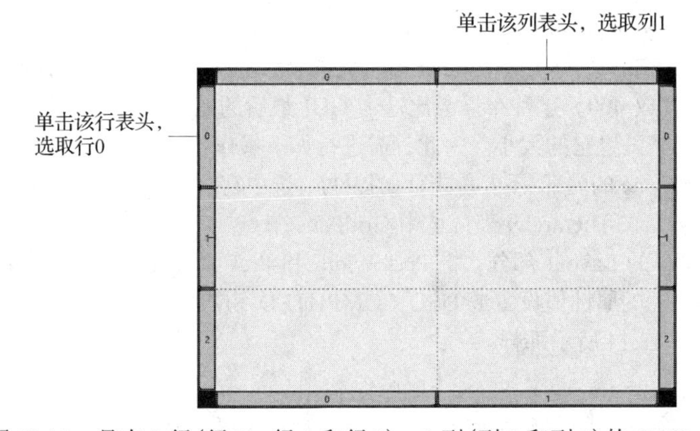

图 12.11　具有 3 行(行 0、行 1 和行 2)、2 列(列 0 和列 1)的 GridPane

步骤 2：为 GridPane 添加更多的行

回忆图 12.9，它具有 5 行、2 列。应该如何再添加两行呢？在现有行的上面或者下面添加一行的办法如下：

1. 用鼠标右键单击任一行的行号标签，然后选择 Grid Pane > Add Row Above 或者 Grid Pane > Add Row Below。
2. 重复上述过程，再添加一行。

添加完两行后，现在的 GridPane 应如图 12.12 所示。可以采用类似的步骤来添加列。删除某一行或者某一列的方法，是在单击鼠标右键出现的弹出菜单中选择 Delete。

步骤 3：在 GridPane 中添加控件

下面将在 GridPane 中添加图 12.9 里的那些控件。对于图 12.10 中那些具有 fx:id 属性值的控件，将它添加到 GridPane 中时，需在 Inspector 窗口的 Code 部分设置它的 fx:id 属性值。执行如下步骤：

1. 添加几个 Label。从 Library 窗口的 Controls 部分，将几个 Label 拖放到列 0 的前 4 行(GridPane 的左列)。添加它们时，按照图 12.9 所示设置它们的文本。
2. 添加几个 TextField。从 Library 窗口的 Controls 部分，将几个 TextField 拖放到列 1 的行 0、2、3 中(GridPane 的右列)。
3. 添加一个 Slider。从 Library 窗口的 Controls 部分，拖放一个水平 Slider 到行 1、列 1 单元格。

4. 添加一个 Button。从 Library 窗口的 Controls 部分，拖放一个 Button 到行 4、列 1 单元格，将它的文本改成 Calculate。双击该 Button，可以设置它的文本。也可以先选中它，然后在 Inspector 窗口的 Properties 部分设置它的 Text 属性。

完成后的 GridPane 如图 12.13 所示。

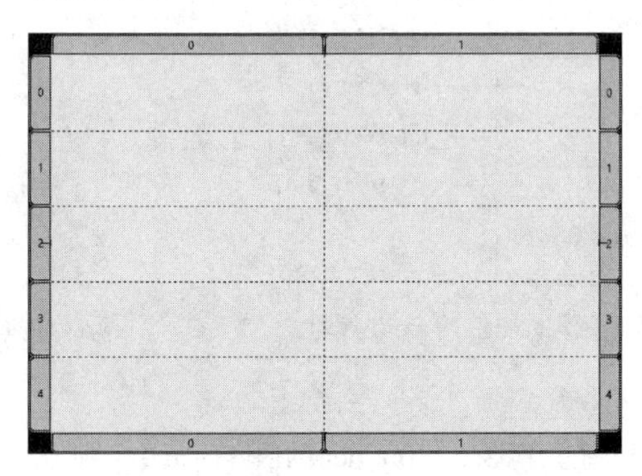

图 12.12 添加两行之后的 GridPane

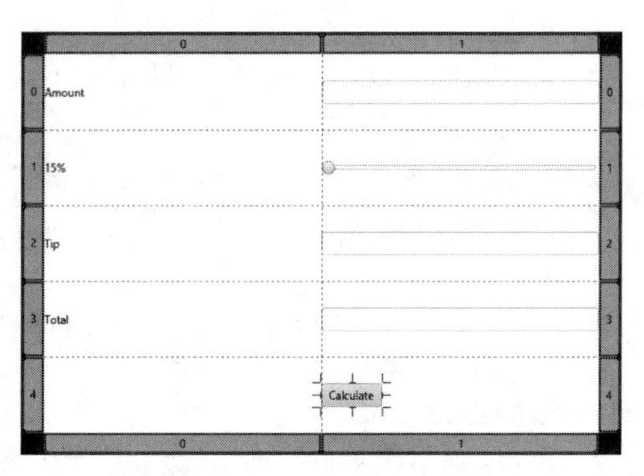

图 12.13 添加了 Tip Calculator 控件的 GridPane

步骤 4：将 GridPane 的大小调整成适合它的内容

当添加布局来设计 GUI 时，Scene Builder 自动就能将该布局对象的 Pref Width 属性值设置成 600、将 Pref Height 属性设置成 400。这种布局会比这个 GUI 最后的宽度和高度大很多。对于这个程序，我们希望根据布局的内容来设置它的大小。为此，需进行如下操作：

1. 首先，单击 GridPane 的内部(不要单击任何控件)，选中它。有时，更容易的做法是在 Scene Builder 的 Document 窗口的 Hierarchy 部分选中 GridPane 节点。
2. 在 Inspector 窗口的 Layout 部分，将 Pref Width 和 Pref Height 属性重新设置为默认值(见 12.4.4 节)。这会将它们的属性值设置成 USE_COMPUTED_SIZE，让布局来计算自己的尺寸。

现在，布局应如图 12.14 所示那样。

步骤 5：右对齐列 0 的内容

默认情况下，GridPane 列的内容是左对齐的。为了右对齐列 0 中的内容，需单击该列的顶部或者底部的标签，然后在 Inspector 窗口的 Layout 部分，将它的 Halignment(水平对齐)属性设置成 RIGHT。

步骤 6：将 GridPane 列的大小调整成适合它的内容

默认情况下，Scene Builder 会将 GridPane 的列宽设置成 100 像素、行宽设置成 30 像素，以便于将控件拖放到单元格中。本程序中，需将每一个列都设置成适合它的内容。为此，单击列 0 顶部或底部的标签，选中它，然后在 Inspector 窗口的 Layout 部分，将 Pref Width 属性重置为默认大小(即 USE_COMPUTED_SIZE)，表示列宽应容纳最长的那一行——这里为 Amount 行。为列 1 重复同样的操作。现在，GridPane 应如图 12.15 所示。

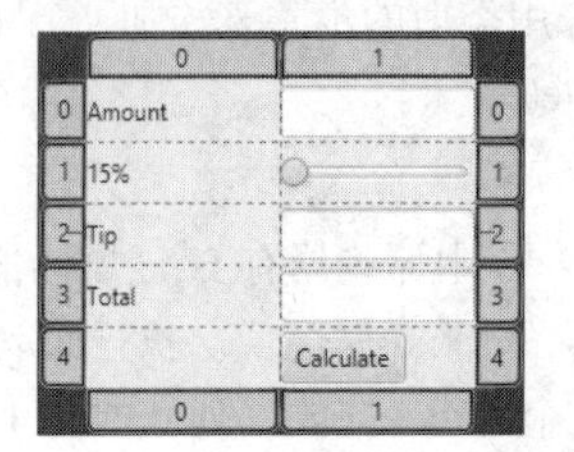

图 12.14 将 GridPane 的大小调整为适合内容

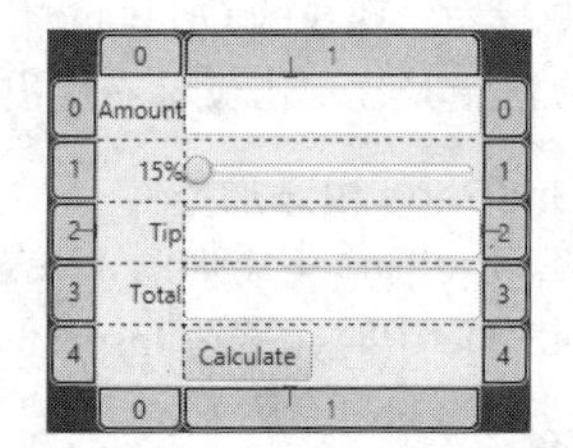

图 12.15 将 GridPane 的列的大小调整为适合内容

步骤 7：调整 Button 大小

默认情况下，Scene Builder 会根据 Button 上的文本来设置它的宽度。对于这个程序，需将 Button

的宽度设置成与右列中其他控件的宽度相同。为此，需选中该 Button，然后在 Inspector 窗口的 Layout 部分，将它的 Max Width 属性设置成 MAX_VALUE。这会使 Button 的宽度与列宽相同。

预览 GUI

选择 Preview > Show Preview in Window，即可预览这个 GUI。如图 12.16 所示，左列中的那些 Label 与右列中的控件之间没有间距。此外，GridPane 四周也没有空白，因为默认情况下，Stage 的大小被设置成适合 Scene 的内容。这样，就使许多控件位于窗口的边界。下一步中，将改正这些问题。

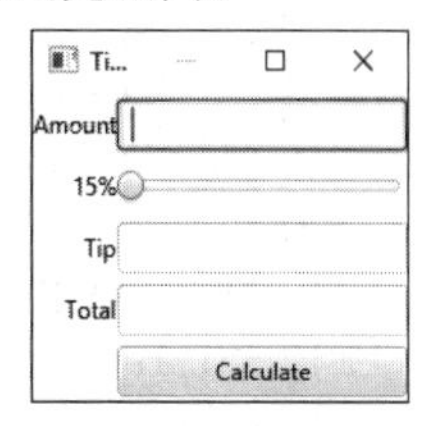

图 12.16 调整 TextField 和 Button 大小后的 GridPane

步骤 8：配置 GridPane 的间隙和列间的水平间距

节点的内容与它四周之间的空白被称为间隙(padding)，它将内容与节点边缘分开。由于 GridPane 的尺寸决定了 Stage 的窗口大小，所以 GridPane 的间隙会将 Stage 所包含的控件与窗口边缘分隔开。为了设置间隙的大小，需选中 GridPane，然后在 Inspector 窗口的 Layout 部分，将 Padding 属性的 4 个值(分别对应 TOP、RIGHT、BOTTOM、LEFT)设置成 14——JavaFX 建议控件的边与 Scene 边缘的间隙为这个值。

利用 GridPane 的 Hgap(水平间距)和 Vgap(垂直间距)属性，可以分别指定 GridPane 的列和行之间的间隔距离。由于 Scene Builder 将每一个 GridPane 的行高设置为 30 像素——这比该程序中的控件高度要大，因此程序的组件之间，已经具备了一些垂直方向的空隙。为了指定列间的水平间距，需在 Document 窗口的 Hierarchy 部分选中 GridPane，然后在 Inspector 窗口的 Layout 部分，将 Hgap 属性设置为 8，它是两个控件之间推荐的间距。如果希望精确地控制控件之间的水平间距，则需将每一行的 Pref Height 属性重新设置为默认值，然后设置 GridPane 的 Vgap 属性。

步骤 9：使 tipTextField 和 totalTextField 不可编辑且不能获得焦点

这个程序中使用的 tipTextField 和 totalTextField 仅仅用于显示结果，而不是用于接收文本输入的。为此，它们不应具有交互性。只有当 TextField 获得了焦点时(即用户正在与之交互的那个控件)，才可以在其中输入内容。当用鼠标单击某一个可交互的控件时，它就获得了焦点。类似地，当按下 Tab 键时，焦点会从当前的控件转移到下一个可获得焦点的控件——转移的顺序为控件被添加到 GUI 中的顺序。交互式控件，例如 TextField、Slider、Button，默认是可以获得焦点的。非交互式控件，例如 Label，则无法获得焦点。

本程序中，tipTextField 和 totalTextField 应该既不可编辑，也无法获得焦点。为此，需同时选中这两个 TextField，然后在 Inspector 窗口的 Properties 部分，不勾选 Editable 和 Focus Traversable 属性。为了同时选中多个控件，可(在 Document 窗口的 Hierarchy 部分或者内容面板中)选中第一个，然后按住 Shift 键并单击其他的控件。

步骤 10：设置 Slider 的属性

为了完成这个 GUI，还需要配置 Tip Calculator 的 Slider 属性。默认情况下，Slider 值的选取范围为 0.0 ~ 100.0，初始值为 0.0。这个程序中，只允许小费百分比的范围为 0 ~ 30，默认值为 15。为此，需选中这个 Slider，然后在 Inspector 窗口的 Properties 部分，将它的 Max 属性设置为 30，将 Value 属性设置为 15。还要将 Block Increment 属性设置为 5——当用户在滑块和某个端点间单击鼠标时，Value 属性值将增加或者减少的额度。选择 File > Save，保存这个 FXML 文件。

尽管已经将 Max、Value、Block Increment 属性值设置为整数，当用户移动滑块时，Slider 依然可以产生浮点值。在程序的 Java 代码中，会在响应 Slider 事件时将它的值限制成整数。

预览最终的布局

至此，就已经完成了 Tip Calculator 的设计。选择 Preview > Show Preview in Window，可以查看最终的 GUI(见图 12.17)。12.5.5 节中分析 TipCalculatorController 类时，将讲解如何在 FXML 文件中指定 Calculate 按钮的事件处理器。

指定控制器类的名称

12.5.2 节中曾说过，JavaFX FXML 程序中，控制器类定义的实例变量，通常用于在程序中与控件及事件处理方法进行交互。在运行时，为了确保程序加载 FXML 文件时能够创建控制器类的对象，必须在 FXML 文件中指定控制器类的名称：

1. 展开 Scene Builder 的 Document 窗口的 Controller 部分(位于图 12.3 中 Hierarchy 部分的下面)。
2. 在 Controller Class 中输入 TipCalculatorController——按照惯例，控制器类的名称的前面与 FXML 文件的名称(TipCalculator)相同，后面加上单词“Controller”。

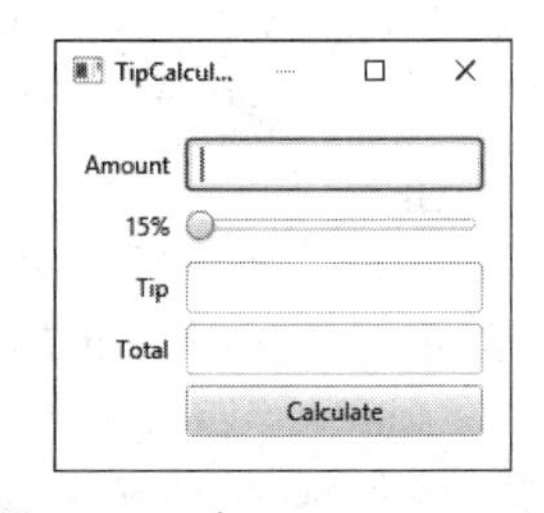

图 12.17 在 Scene Builder 中预览最终的 GUI

指定 Calculate 按钮的事件处理器方法名称

在 FXML 文件中，可以指定用于处理控件的事件的方法名称。选中了某个控件时，Inspector 窗口的 Code 部分会给出在 FXML 文件中能够明确的事件处理器的所有事件。用户单击某个按钮时，会调用在 On Action 域中指定的方法，该方法是在 Scene Builder 的 Controller 窗口下指定的控制器类中定义的。在 On Action 域中输入 calculateButtonPressed。

生成一个控制器类样本

可以让 Scene Builder 生成一个基本的控制器类，它包含用于在程序中与控件进行交互的那些变量，以及一个内容为空的 Calculate 按钮事件处理器。Scene Builder 称它为“控制器骨架”。选择 View > Show Sample Controller Skeleton，即可得到这个骨架(见图 12.18)。可以看出，这个样本类的名称与所指定的类名称相同，它给出的变量用于具有 fx:id 属性的控件，另外还有一个空的 Calculate 按钮事件处理器。12.5.5 节中将探讨@FXML 符号。为了利用这个骨架来创建控制器类，需单击 Copy 按钮，然后将它的内容粘贴到一个名称为 TipCalculatorController.java 的文件中。该文件位于与本节中创建的 TipCalculator.fxml 文件相同的文件夹下。

图 12.18 由 Scene Builder 生成的控制器骨架

12.5.4 TipCalculator 类

一个简单的 JavaFX FXML 程序具有两个 Java 源代码文件。对于 Tip Calculator 程序，这两个源代码文件是

- TipCalculator.java——包含 TipCalculator 类(将在本节中探讨)，它声明的 main 方法会加载 FXML 文件，以创建 GUI，并将 GUI 与 Scene 捆绑，显示在程序的 Stage 上。
- TipCalculatorController.java——包含 TipCalculatorController 类(12.5.5 节将探讨)，它指定 Slider 和 Calculate 按钮的事件处理器。

图 12.19 中给出了 TipCalculator 类。12.5.2 节中探讨过，JavaFX 程序的起始点是一个 Application 子类，所以 TipCalculator 类扩展了 Application 类(第 9 行)。main 方法调用 Application 类的静态 launch 方法(第 23 行)，初始化 JavaFX 运行时并启动程序的执行。该方法会使 JavaFX 运行时创建 TipCalculator 类的一个对象，并调用它的 start 方法(第 10 ~ 19 行)，传递的是一个 Stage 对象，表示程序将显示的那个窗口。JavaFX 运行时会创建这个窗口。

```
1  // Fig. 12.19: TipCalculator.java
2  // Main app class that loads and displays the Tip Calculator's GUI
3  import javafx.application.Application;
4  import javafx.fxml.FXMLLoader;
5  import javafx.scene.Parent;
6  import javafx.scene.Scene;
7  import javafx.stage.Stage;
8
9  public class TipCalculator extends Application {
10    @Override
11    public void start(Stage stage) throws Exception {
12       Parent root =
13          FXMLLoader.load(getClass().getResource("TipCalculator.fxml"));
14
15       Scene scene = new Scene(root); // attach scene graph to scene
16       stage.setTitle("Tip Calculator"); // displayed in window's title bar
17       stage.setScene(scene); // attach scene to stage
18       stage.show(); // display the stage
19    }
20
21    public static void main(String[] args) {
22       // create a TipCalculator object and call its start method
23       launch(args);
24    }
25 }
```

图 12.19　加载并显示 Tip Calculator GUI 的主程序类

重写 Application 方法 start

start 方法(第 11 ~ 19 行)会创建 GUI，并将 GUI 与 Scene 结合，然后将其置于 Stage 上，Stage 被 start 方法作为一个实参值接收。第 12 ~ 13 行使用 FXMLLoader 类的静态方法 load，创建 GUI 的场景图。这个方法的作用是

- 将一个(javafx.scene 包的)Parent 引用返回给场景图的根节点——程序中 GUI 的 GridPane 引用。
- 创建一个 TipCalculatorController 类的对象，该类在 FXML 文件中指定。
- 初始化控件的实例变量，用于通过程序操作组件。
- 将 FXML 文件中指定的事件处理器与对应的控件绑定。这被称为“注册事件处理器”，使用户与控件交互时，控件能够调用对应的方法。

12.5.5 节中，将探讨控件实例变量的初始化及事件处理器的注册过程。

创建 Scene

为了显示 GUI，必须将它与 Scene 绑定，然后将 Scene 与 Stage 绑定，并将 Stage 作为一个实参传递给 start 方法。为了将 GUI 与 Scene 绑定，第 15 行创建了一个 Scene，将 root(场景图的根节点)作为实参传递给这个构造方法。默认情况下，Scene 的大小由场景图根节点的大小决定。这个 Scene 构造方

法的几个重载版本，可以指定 Scene 的大小和填充特性(颜色、渐变、图像)，这会出现在 Scene 的背景中。第 16 行利用 Stage 方法 setTitle，指定出现在 Stage 窗口标题栏中的文本。第 17 行调用 Stage 方法 setScene，将 Scene 置于 Stage 上。最后，第 18 行调用 Stage 方法 show，显示这个 Stage 窗口。

12.5.5 TipCalculatorController 类

图 12.20 ~ 图 12.23 给出的 TipCalculatorController 类响应用户与 Calculate 按钮和 Slider 的交互。

TipCalculatorController 类的 import 语句

图 12.20 给出了 TipCalculatorController 类的一些 import 声明。

```
1  // TipCalculatorController.java
2  // Controller that handles calculateButton and tipPercentageSlider events
3  import java.math.BigDecimal;
4  import java.math.RoundingMode;
5  import java.text.NumberFormat;
6  import javafx.beans.value.ChangeListener;
7  import javafx.beans.value.ObservableValue;
8  import javafx.event.ActionEvent;
9  import javafx.fxml.FXML;
10 import javafx.scene.control.Label;
11 import javafx.scene.control.Slider;
12 import javafx.scene.control.TextField;
13
```

图 12.20 TipCalculatorController 类的 import 声明

TipCalculatorController 类中用到的类和接口包括：

- java.math 包中的 BigDecimal 类(第 3 行)，用于执行精确的货币计算。java.math 包的 RoundingMode 枚举值(第 4 行)用于指定在计算时，或者将浮点数格式化成字符串时，如何将 BigDecimal 值进行圆整化(四舍五入)。
- java.text 包的 NumberFormat 类(第 5 行)提供数字式格式化功能，例如本地货币和百分比的格式。例如，在美国，货币值 34.95 会被格式化成$34.95，而 15 的 100 等分会被格式化成 15%。NumberFormat 类决定了运行程序的系统的本地化设置情况，并据此格式化货币和百分数。
- 实现的 javafx.beans.value 包的 ChangeListener 接口(第 6 行)，用于响应用户移动 Slider 滑块时的事件。该接口的 changed 方法接收的对象，实现了 ObservableValue 接口(第 7 行)——当值发生变化时会产生事件。
- Button 的事件处理器接收一个 ActionEvent 对象(第 8 行，来自 javafx.event 包)，表明用户单击了哪一个按钮。第 13 章中将看到，许多 JavaFX 控件都支持 ActionEvent 事件。
- 第 9 行的后缀“FXML”(来自 javafx.fxml 包)，用于 JavaFX 控制器类的代码中，标识那些必须引用 GUI 的 FXML 文件中 JavaFX 组件的实例变量，以及可以响应 JavaFX 组件事件的方法。
- javafx.scene.control 包(第 10 ~ 12 行)包含许多 JavaFX 控件类，包括 Label、Slider 和 TextField。

TipCalculatorController 类的静态变量和实例变量

图 12.21 第 16 ~ 37 行给出了 TipCalculatorController 类的静态变量和实例变量。NumberFormat 对象(第 16 ~ 19 行)被分别用来格式化货币值和百分比。NumberFormat 方法 getCurrencyInstance 返回的 NumberFormat 对象，利用运行程序的系统的默认本地化设置，将结果格式化成货币值。同样，NumberFormat 方法 getPercentInstance 返回一个 NumberFormat 对象，利用系统的默认本地设置格式化百分比值。BigDecimal 对象 tipPercentage(第 21 行)，用于保存当前的小费百分比，并在用户单击 Calculate 按钮时用于小费计算(见图 12.22)。

@FXML 符号

12.5.3 节说过，需要在 Java 源代码中进行操作的所有控件，都需要有一个 fx:id 属性。图 12.21 的第 24 ~ 37 行，声明了控制器类的对应实例变量。每一个声明前面的@FXML 符号(第 24 行，第 27 行，第

30 行，第 33 行，第 36 行)，表示该变量名称可以用于描述程序 GUI 的 FXML 文件中。在控制器类中指定的变量名称，必须与构建 GUI 时所指定的 fx:id 属性值完全一致。当 FXMLLoader 加载 TipCalculator.fxml 以创建 GUI 时，它也会初始化用@FXML 声明的实例变量，以确保它们引用了 FXML 文件中对应的 GUI 组件。

```
14   public class TipCalculatorController {
15      // formatters for currency and percentages
16      private static final NumberFormat currency =
17         NumberFormat.getCurrencyInstance();
18      private static final NumberFormat percent =
19         NumberFormat.getPercentInstance();
20
21      private BigDecimal tipPercentage = new BigDecimal(0.15); // 15% default
22
23      // GUI controls defined in FXML and used by the controller's code
24      @FXML
25      private TextField amountTextField;
26
27      @FXML
28      private Label tipPercentageLabel;
29
30      @FXML
31      private Slider tipPercentageSlider;
32
33      @FXML
34      private TextField tipTextField;
35
36      @FXML
37      private TextField totalTextField;
38
```

图 12.21　TipCalculatorController 类的静态变量和实例变量

TipCalculatorController 的 calculateButtonPressed 事件处理器

图 12.22 给出了 TipCalculatorController 的 calculateButtonPressed 方法，当用户单击了 Calculate 按钮时会调用它。位于方法之前的那个@FXML 符号(第 40 行)表示该方法可以用于 FXML 文件中，以指定控件的事件处理器。对于产生 ActionEvent 的控件(及许多其他的 JavaFX 控件)，事件处理方法必须返回 void，且只接收一个 ActionEvent 参数(第 41 行)。

```
39      // calculates and displays the tip and total amounts
40      @FXML
41      private void calculateButtonPressed(ActionEvent event) {
42         try {
43            BigDecimal amount = new BigDecimal(amountTextField.getText());
44            BigDecimal tip = amount.multiply(tipPercentage);
45            BigDecimal total = amount.add(tip);
46
47            tipTextField.setText(currency.format(tip));
48            totalTextField.setText(currency.format(total));
49         }
50         catch (NumberFormatException ex) {
51            amountTextField.setText("Enter amount");
52            amountTextField.selectAll();
53            amountTextField.requestFocus();
54         }
55      }
56
```

图 12.22　TipCalculatorController 的 calculateButtonPressed 事件处理器

注册 Calculate 按钮的事件处理器

当 FXMLLoader 加载 TipCalculator.fxml 创建 GUI 时，它会为 Calculate 按钮的 ActionEvent 创建并注册一个事件处理器。这个事件的事件处理器必须实现 EventHandler<ActionEvent>接口——和 ArrayList 一样，EventHandler 是一泛型类(见第 7 章)。该接口的 handle 方法接收一个 ActionEvent 参数，返回 void。当用户单击 Calculate 按钮时，该方法会调用 calculateButtonPressed 方法。FXMLLoader 会为所有监听器执行类似的任务，这些监听器是通过 Scene Builder 的 Inspector 窗口的 Code 部分指定的。

计算并显示小费额和总金额

第 43 ~ 48 行计算并显示小费额和总金额。第 43 行调用 amountTextField 的 getText 方法，获得由用户输入的账单额。该字符串会被传递给 BigDecimal 的构造方法，当实参值不为数字时，会抛出 NumberFormatException 异常。这时，第 51 行调用 amountTextField 的 setText 方法，在 TextField 中显示消息 "Enter amount"。然后，第 52 行调用 selectAll 方法，选取这个 TextField 的文本；第 53 行调用 requestFocus 方法，为该 TextField 设置焦点。现在，用户就不必先在 amountTextField 里选中它的文本，即可立即输入值了。getText、setText、selectAll 方法从(javafx.scene.control 包的)TextInputControl 类中被继承到 TextField 类中，而 requestFocus 方法从(javafx.scene 包的)Node 类中被继承到 TextField 类中。

如果第 43 行没有抛出异常，则第 44 行调用 multiply 方法，将账单额与 tipPercentage 相乘，计算小费额；第 45 行将小费额和账单额相加，计算总金额。接下来，第 47 ~ 48 行利用 currency 对象的 format 方法，创建两个货币格式的字符串，分别表示小费额和总金额，并显示在 tipTextField 和 totalTextField 中。

TipCalculatorController 的 initalize 方法

图 12.23 给出了 TipCalculatorController 的 initialize 方法。该方法可用来在显示 GUI 之前配置控制器。第 60 行调用 currency 对象的 setRoundingMode 方法，指定应当如何圆整化货币值。RoundingMode.HALF_UP 值表示应当采用四舍五入的方式——例如，34.567 应格式化成 34.57，而 34.564 的结果是 34.56。

```
57      // called by FXMLLoader to initialize the controller
58      public void initialize() {
59         // 0-4 rounds down, 5-9 rounds up
60         currency.setRoundingMode(RoundingMode.HALF_UP);
61
62         // listener for changes to tipPercentageSlider's value
63         tipPercentageSlider.valueProperty().addListener(
64            new ChangeListener<Number>() {
65               @Override
66               public void changed(ObservableValue<? extends Number> ov,
67                  Number oldValue, Number newValue) {
68                  tipPercentage =
69                     BigDecimal.valueOf(newValue.intValue() / 100.0);
70                  tipPercentageLabel.setText(percent.format(tipPercentage));
71               }
72            }
73         );
74      }
75   }
```

图 12.23 TipCalculatorController 的 initalize 方法

将匿名内部类用于事件处理

每一个 JavaFX 控件都具有多种属性。有些属性值(例如 Slider 的值)发生变化时，会产生事件。对于这类事件，必须手工地将事件处理器注册成一个对象，该对象实现了(javafx.beans.value 包的)ChangeListener 接口。

ChangeListener 是一个泛型类型，其类型由属性的类型指定。调用 valueProperty 的结果(第 63 行)会返回一个(javax.beans.property 包的)DoubleProperty 对象，表示 Slider 的值。DoubleProperty 是一个 ObservableValue<Number>对象，当值发生变化时会通知监听器。实现了 ObservableValue 接口的所有类，都提供一个 addListener 方法(在第 63 行调用)，用于注册一个实现了 ChangeListener 接口的事件处理器。对于 Slider 的值，addListener 的实参为实现了 ChangeListener<Number>的一个对象，因为 Slider 的值为数字类型。

如果不需要在别处使用事件处理器，则通常将它定义成匿名内部类(anonymous inner class)的一个实例——声明匿名内部类时，不需要提供名称，而且它通常出现在方法内部。第 64 ~ 72 行为 addListener 方法的实参，它作为一条语句出现，其功能为

- 声明事件监听器的类。

- 创建这个类的一个对象。
- 将该对象注册成监听器，监听 tipPercentageSlider 值的变化情况。

由于匿名内部类没有名称，所以必须在声明它的那个位置创建它的一个对象(第 64 行的 new 关键字)。然后，该对象的引用被传递给 addListener。new 关键字的后面，第 64 行的句法：

```
ChangeListener<Number>()
```

是匿名内部类声明的开始，它实现了 ChangeListener<Number>接口。这与如下的类声明开头相似：

```
public class MyHandler implements ChangeListener<Number>
```

第 64 行的左花括号和第 72 行的右花括号就是匿名内部类语句体的边界。第 65 ~ 71 行声明了接口的 changed 方法，它的实参为发生了变化的 ObservableValue 引用，包含事件发生前 Slider 旧值的 Number 对象，以及一个包含 Slider 新值的 Number 对象。用户移动 Slider 滑块时，第 68 ~ 69 行会保存新的小费百分比，第 70 行会更新 tipPercentageLabel 的文本。(第 66 行中的“? extends Number”表示 ObservableValue 的类型实参为一个 Number 类或者 Number 子类对象。有关这种记法的详细讨论，请见 20.7 节)。

有关匿名内部类的说明

匿名内部类能够访问它的顶级类的实例变量、静态变量和方法——这里的匿名内部类使用了实例变量 tipPercentage 和 tipPercentageLabel，以及静态变量 percent。但是，匿名内部类只能访问声明它的方法的某些局部变量——只有在方法体中声明的 final 变量或者 effectively final(Java SE 8)变量才可以被访问。

软件工程结论 12.2

事件的监听器必须实现合适的事件监听器接口。

常见编程错误 12.1

忘记为特定的 GUI 组件的事件类型注册事件处理器对象，会导致这种类型的事件被忽略掉。

Java SE 8：使用 lambda 实现 ChangeListener

10.10 节讲过，Java SE 8 包含一个方法的接口，例如图 12.23 的 ChangeListener 是一个函数式接口。第 17 章将介绍如何用 lambda 实现这种接口。

12.6 后续有关 JavaFX 章节中的主题

JavaFX 是一种强大的 GUI、图形和多媒体技术。第 13 章和第 22 章中将讲解：

- 更多的 JavaFX 布局和控件。
- 处理其他的事件类型(例如 MouseEvent)。
- 对场景图的节点实施转换(如移动、旋转、缩放、倾斜)和效果(如拖放阴影、模糊、反射、发光)。
- 使用 CSS 指定控件的外观。
- 使用 JavaFX 属性和数据绑定，当对应的数据发生变化时自动更新控件。
- 使用 JavaFX 的图形功能。
- 执行 JavaFX 动画。
- 利用 JavaFX 多媒体功能播放音视频。

除此之外，作者的 JavaFX 资源中心：

```
http://www.deitel.com/JavaFX
```

给出了一些在线资源的链接，可以了解有关 JavaFX 的更多知识。

12.7 小结

本章讲解的是 JavaFX。，并且给出了 JavaFX 舞台(程序窗口)的结构。本章指出了舞台会显示一个场景图，它由节点组成，而节点包含布局和控件。

在 JavaFX Scene Builder 中，利用可视化技术设计出了 GUI，创建它时不必编写任何 Java 代码。利用 VBox 和 GridPane 布局容器，将 Label、ImageView、TextField、Slider、Button 控件放入了场景中。FXMLLoader 类可以利用在 Scene Builder 中创建的 FXML 来创建 GUI。

本章实现的控制器类可以响应 Button 和 Slider 控件的用户交互。本章展示了某些事件处理器可以在 FXML 中直接定义，但是用于改变控件属性值的那些事件处理器，则必须在控制器代码中实现。我们还讲解了 FXMLLoader 会创建并初始化控制器类的实例，初始化具有@FXML 符号的那些控制器实例变量，并会为 FXML 中指定的所有事件创建和注册事件处理器。

下一章中，将用到其他的 JavaFX 控件和布局，并利用 CSS 来设计 GUI 样式。还将讲解更多的 JavaFX 属性，并会利用一种被称为“数据绑定”的技术来将 GUI 中的元素自动更新成新数据。

总结

12.1 节 简介

- 图形用户界面(GUI)为用户与程序的交互提供了一种友好的机制。GUI 使程序具有与众不同的外观。
- GUI 由 GUI 组件构成——有时称其为控件或窗件。
- 应该为不同的程序提供一致的、直观的用户界面组件，使用户对新程序也能够熟悉，从而可以更快速地了解并使用它。
- JavaFX 是 Java 的 GUI、图形和多媒体 API。

12.2 节 JavaFX Scene Builder

- Scene Builder 工具是一种独立的 JavaFX GUI 可视化布局工具，它也可以用于其他 IDE 中。
- 将 GUI 组件从 Scene Builder 库拖放到设计区，稍做修改和调整，就可以利用 JavaFX Scene Builder 创建 GUI，而且这一过程无须编写任何代码。
- 利用 Scene Builder 的实时编辑和预览功能，就可以在创建和修改时查看 GUI 的效果，而不必编译和运行程序。
- 可以利用层叠样式表(CSS)来设置 GUI 的整体外观——这种概念，有时称其为“皮肤化”。
- 创建和修改 GUI 时，Scene Builder 会产生 FXML(FX 标记语言)，它是一种用于定义和排列 JavaFX GUI 控件的 XML 词汇表。
- XML(可扩展标记语言)是一种广泛用于描述事物的语言——它可同时被计算机和人类理解。
- FXML 可以精确地描述 GUI、图形和多媒体元素。
- FXML 代码与程序逻辑是分开的，程序逻辑在 Java 源代码中定义。
- 将接口(GUI)与实现(Java 代码)分离，使得易于调试、修改和维护 JavaFX GUI 程序。

12.3 节 JavaFX 程序窗口的结构

- 显示 JavaFX GUI 的窗口被称为舞台，它是(javafx.stage 包的)Stage 类的实例。
- 包含一个场景的舞台，将 GUI 定义成一个场景图——程序的可视化元素的树状数据结构，例如 GUI 控件、形体、图像、视频、文本等。场景是(javafx.scene 包的)Scene 类的实例。
- 场景图中的所有可视化元素都是节点——(javafx.scene 包的)Node 子类的一个实例，这个类定义了所有节点的常见属性和行为。
- 场景图中的第一个节点被称为根节点。
- 包含子节点的节点通常为布局容器，它将子节点放置在场景中。
- 布局容器中节点的排列是控件和其他可能的布局容器的组合。
- 用户与控件交互时会产生事件。利用事件处理机制，程序可以指定当与用户交互时应当发生什么。

- 事件处理器就是响应用户交互的一个方法。FXML GUI 的事件处理器是在控制器类中定义的。

12.4 节　Welcome 程序——显示文本和图像

- 利用可视化编程技术，可以将 JavaFX 组件拖放到 Scene Builder 的设计区(被称为内容面板)，然后利用 Scene Builder 的 Inspector 窗口配置组件的选项。
- JavaFX 的布局容器可用来安排 GUI 组件并设置它们的大小。
- (javafx.scene.layout 包的)VBox 布局容器将它的节点从上到下垂直排列。
- 为了将布局添加到 Scene Builder 的内容面板，需在 Library 窗口的 Containers 部分双击它，或者将它从 Containers 部分拖放到内容面板中。
- VBox 的 Alignment 属性决定了 VBox 子节点的布局位置。
- 当 JavaFX 在运行时创建某个对象时，为该对象指定的每一个属性值都会被用来设置它的一个实例变量。
- 场景图根节点的初始大小(宽度和高度)，用于在执行程序时确定窗口的大小。
- 为了将控件添加到布局中，需将它从 Library 拖放到内容面板中的一个布局上。也可以双击 Library 中的某一项。
- 设置 Label 的文本内容时，既可以双击它，然后输入文本，也可以先选中它，然后在 Inspector 窗口的 Properties 部分设置它的 Text 属性。
- 为了设置 Label 的字体，需在 Inspector 窗口的 Properties 部分中，从 Font 属性的右边选取一个值。在出现的窗口中，可以设置字体的属性。
- 可以拖放 VBox 中的控件，或者利用 Document 窗口的 Hierarchy 部分，重新排列它们。
- 为了指定 ImageView 的图像，可以选中该 ImageView，然后在 Inspector 窗口的 Properties 部分中，单击 Image 属性旁边的省略号按钮。从对话框中选取一个图像即可。
- 为了将某个属性重新设置成它的默认值，可将鼠标悬停在该属性的值上。这会在该属性的值的右边显示一个按钮。单击该按钮，选择 Reset to Default，重置它的值。
- 选择 Preview > Show Preview in Window，可以预览程序运行时的 GUI 效果。

12.5.2 节　技术概览

- JavaFX 程序的 main 类继承自(javafx.application 包的)Application 类。
- main 类的 main 方法会调用 Application 类的静态 launch 方法，启动 JavaFX 程序的执行。然后，这个方法会使 JavaFX 运行时创建 Application 子类的一个对象，并调用它的 start 方法，这个方法会创建 GUI，将 GUI 与 Scene 绑定，并将 Scene 置于 Stage 上，Stage 被 start 方法作为一个实参值接收。
- (javafx.scene.layout 包的)GridPane 会将 JavaFX 节点在矩形网格中以行和列的形式排列。
- GridPane 中的每一个单元格可以为空，也可以包含一个或多个 JavaFX 组件，甚至可以是含有其他控件的布局容器。
- GridPane 中的每一个组件都可以跨越多个列或者多个行。
- (javafx.scene.control 包的)TextField 用于接收用户输入的文本，也可以显示文本。
- 默认情况下，(javafx.scene.control 包的)Slider 表示一个 0.0 ~ 100.0 的值，允许用户通过移动滑块选择该范围内的一个数字。
- (javafx.scene.control 包的)Button 使用户可以发起一个动作。
- (java.text 包的)NumberFormat 类可以格式化本地货币和百分比字符串。
- GUI 是事件驱动的。用户与 GUI 组件交互时，这个交互(被称为事件)会驱动程序执行任务。
- 响应事件并执行任务的代码被称为事件处理器。
- 对于某些事件，可以利用 Scene Builder 的 Inspector 窗口的 Code 部分，将该控件与它的事件处理方法连接起来。这时，会创建一个实现事件监听器接口的类，并会调用所指定的那个方法。

- 对于控件的属性值发生变化时所产生的事件，必须创建事件处理器的完整代码。
- 实现的 ChangeListener 接口(来自 javafx.beans.value 包)用于响应用户移动 Slider 滑块时的事件。
- 将 GUI 实现成 FXML 的 JavaFX 程序，遵循 MVC 设计模式，该模式将程序的数据(包含在模型中)、GUI(视图)和处理逻辑(控制器)分离开来。控制器实现用于处理用户输入的逻辑。视图表示保存在模型中的数据。只要用户输入了数据，控制器就会用该数据填充模型。当模型发生变化时，控制器会更新视图，以反映更新后的数据。对于简单的程序，通常将模型和控制器放在一个类中。
- 在 JavaFX FXML 程序中，事件处理器是在控制器类中定义的。控制器类定义的实例变量，用于在程序中与控件进行交互。
- FXMLLoader 类的静态方法 load 利用表示程序 GUI 的 FXML 文件，创建 GUI 的场景图，并向场景图的根节点返回一个(javafx.scene 包的)Parent 引用。它也会初始化控件的实例变量，并为 FXML 中指定的任何事件创建和注册事件处理器。

12.5.3 节　搭建程序的 GUI

- 如果控件或者布局将在控制器类中通过程序进行操作，则必须为该控件或布局提供一个名称。每一个对象的名称都是通过它的 fx:id 属性来指定的。设置该属性值的方法是在场景中选取某个组件，然后展开它的 Inspector 窗口，在 Code 部分下，fx:id 属性位于其顶部。
- 默认情况下，GridPane 包含 3 行、2 列。为了在现有行的上面或者下面添加新行，可用鼠标右键单击该行的行号标签，然后选择 Grid Pane > Add Row Above 或者 Grid Pane > Add Row Below。
- 删除某一行或者某一列的方法是在单击鼠标右键出现的弹出菜单中选择 Delete。
- 双击一个 Button，可以设置它的文本。也可以先选中它，然后在 Inspector 窗口的 Properties 部分设置它的 Text 属性。
- 默认情况下，GridPane 列的内容是左对齐的。为了更改它的对齐属性，需单击该列的顶部或者底部标签，然后在 Inspector 窗口的 Layout 部分，设置它的 Halignment 属性。
- 将 GridPane 列某个节点的 Pref Width 属性设置成它的默认值 USE_COMPUTED_SIZE，表示列宽应容纳最长的那一行。
- 为了将某个 Button 的宽度设置成与 GridPane 列中其他控件的宽度相同，需选中该 Button，然后在 Inspector 窗口的 Layout 部分，将它的 Max Width 属性设置成 MAX_VALUE。
- 节点的内容与它四周之间的空白被称为间隙，它将内容与节点边缘分开。为了设置间隙大小，需选中某个节点，然后在 Inspector 窗口的 Layout 部分设置 Padding 属性的值。
- 利用 GridPane 的 Hgap(水平间距)和 Vgap(垂直间距)属性，可以分别指定 GridPane 的列和行之间的间隔距离。
- 只有当 TextField 获得了焦点时(即用户正在与之交互的那个控件)，才可以在其中输入内容。当用鼠标单击某一个可交互的控件时，它就获得了焦点。类似地，当按下 Tab 键时，焦点会从当前的控件转移到下一个可获得焦点的控件——转移的顺序为控件被添加到 GUI 中的顺序。

12.5.4 节　TipCalculator 类

- 为了显示 GUI，必须将它与 Scene 绑定，然后将 Scene 与 Stage 绑定，并将该 Stage 传递给 Application 方法 start。
- 默认情况下，Scene 的大小由场景图根节点的大小决定。这个 Scene 构造方法的几个重载版本，可以指定 Scene 的大小和填充特性(颜色、渐变、图像)，这会出现在 Scene 的背景中。
- 利用 Stage 方法 setTitle 可以指定出现在 Stage 窗口标题栏中的文本。
- Stage 方法 setScene 将 Scene 置于 Stage 中。
- Stage 方法 show 会显示一个 Stage 窗口。

12.5.5 节　TipCalculatorController 类

- java.math 包的 RoundingMode 枚举值，用于指定在计算时或者将浮点数格式化成字符串时，如何将 BigDecimal 值进行圆整化(四舍五入)。
- java.text 包的 NumberFormat 类提供数字式格式化功能，例如本地货币和百分比的格式。
- Button 的事件处理器接收一个 ActionEvent 对象，表明它被单击了。许多 JavaFX 控件都支持 ActionEvent。
- javafx.scene.control 包中有许多 JavaFX 控件类。
- 每一个实例变量前面的@FXML 符号表示该变量名称可以用于描述程序 GUI 的 FXML 文件之中。在控制器类中指定的变量名称必须与构建 GUI 时所指定的 fx:id 属性值完全一致。
- 当 FXMLLoader 加载 FXML 以创建 GUI 时，它也会初始化用@FXML 声明的实例变量，以确保它们引用了 FXML 文件中对应的 GUI 组件。
- 位于方法之前的那个@FXML 符号，表示该方法可以用于 FXML 文件中，以指定控件的事件处理器。
- 当 FXMLLoader 创建控制器类的一个对象时，它会判断该类是否包含一个不带参数的 initialize 方法。如果是，则会调用该方法来初始化控制器。这个方法可用来在显示 GUI 之前配置控制器。
- 匿名内部类就是声明时不带名称的一个类，它通常出现在方法声明的里面。
- 由于匿名内部类不具有名称，因此这种类的对象必须在声明这个类的地方创建。
- 匿名内部类能够访问它的顶级类的实例变量、静态变量和方法，但是只能访问声明它的方法的某些局部变量——只有在方法体中声明的 final 变量或者 effectively final(Java SE 8)变量才可以被访问。

自测题

12.1 填空题。

a) ________可以显示文本，也可以接收由用户输入的文本。

b) 利用________，可以将 GUI 组件放入矩形栅格的单元格中。

c) JavaFX Scene Builder 的 Document 窗口的________部分中，给出了 GUI 的结构，并且可以选取和重新排列控件。

d) 为了响应用户移动 Slider 时产生的事件，需实现________接口。

e) ________表示程序的窗口。

f) 显示 GUI 之前，FXMLLoader 会调用________方法。

g) 场景的内容放置在它的________中。

h) 场景图中的元素被称为________。

i) 利用________，可以通过拖放技术来搭建 JavaFX 的 GUI。

j) 有关 JavaFX GUI 的描述包含在________文件中。

12.2 判断下列语句是否正确。如果不正确，请说明理由。

a) Java 中必须通过手工编码来创建 JavaFX GUI。

b) VBox 布局将组件在场景中垂直排列。

c) 为了右对齐 GridPane 列中的控件，需将它的 Alignment 属性设置成 RIGHT。

d) FXMLLoader 会初始化控件的“@FXML”实例变量。

e) 需要重写 Application 类的 launch 方法来显示 JavaFX 程序的场景。

f) 用户正在交互的那个控件具有焦点。

g) 默认情况下，Slider 允许选择 0 ~ 255 的值。

h)一个节点可以跨越 GridPane 中的多个列。

i)所有的 Application 具体子类都必须直接或间接重写 start 方法。

自测题答案

12.1 a) TextField。b) GridPane。c) Hierarchy。d) ChangeListener<Number>。e) Stage。f) 初始化。g) 场景图。h) 节点。i) JavaFX Scene Builder。j) FXML。

12.2 a) 错误。不必编写任何代码，可以利用 JavaFX Scene Builder 来创建 JavaFX GUI。b) 正确。c) 错误。属性的名称为 Halignment。d) 正确。e) 错误。需要重写 Application 类的 start 方法来显示 JavaFX 程序的场景。f) 正确。g) 错误。默认情况下，Slider 中允许选择的值范围为 0.0 ~ 100.0。h) 正确。i) 正确。

练习题

12.3 **(运行 Welcome 程序)** 12.4 节中创建了 Welcome 程序的 GUI，并且利用 Scene Builder 的 Show Preview in Window 选项预览了它。创建一个 Application 子类(和 12.5.4 节中那个类似)，在一个 JavaFX 窗口中加载并显示 Welcome.fxml 文件。

12.4 **(Addition 程序)** 创建图 2.7 中加法程序的一个 JavaFX 版本。利用两个 TextField 来接收用户的输入，用一个 Button 来发起这个计算操作。将结果显示在一个 Label 中。由于 TextField 方法 getText 返回一个字符串，所以必须将用户输入的字符串转换成一个 int 值，以用于计算中。Integer 类的静态方法 parseInt，其 String 实参表示一个整数，它返回一个 int 值。

12.5 **(照片簿程序)** 通过诸如 Flickr 之类的站点，找到 4 张著名景点的照片。创建一个与 Welcome 程序类似的程序，将这些照片拼贴在一起，并为每一张照片加注文本说明。可以使用作为自己的项目一部分的图像，也可以指定线上图像的 URL 地址。

12.6 **(改进的 Tip Calculator 程序)** 修改 Tip Calculator 程序，允许用户输入某次聚会的参与人数。如果账单由所有参与者均分，计算并显示每人需支付的金额。

12.7 **(Mortgage Calculator 程序)** 创建一个计算房贷的程序。由用户输入房屋购买价格、首付额和利率。根据这些值计算贷款额(购买价格减去首付额)，并分别显示贷款年限为 10 年、20 年和 30 年时的月还款额。需利用一个 Slider 让用户随意选择贷款年限，并据此显示月还款额。

12.8 **(College Loan Payoff Calculator 程序)** 某家银行提供还款期可为 5, 10, 15, 20, 25, 30 年的学生贷款。编写一个程序，让用户输入贷款额和年利率。根据这两个值，程序需显示贷款年限及对应的月还款额。

12.9 **(Car Payment Calculator 程序)** 通常而言，银行提供的汽车贷款年限为 2 ~ 5 年(24 ~ 60 月)。借款人会按月分期付款。每月的付款额与贷款月数、贷款额及利率相关。编写一个程序，让用户输入汽车价格、首付款和年利率。程序需根据 2 ~ 5 年的贷款年限分别显示还款月数及月还款额。提供不同的选项，可方便用户比较不同的还款计划并选择最优的那一个。

12.10 **(Miles-Per-Gallon Calculator 程序)** 驾驶员通常希望知道汽车所消耗的每一加仑汽油能够行驶多少英里，以便估算用油成本。开发一个程序，允许用户输入行驶的英里数和消耗的汽油加仑数，然后计算并显示对应的每加仑英里数。

挑战题

12.11 **(Body Mass Index Calculator 程序)** 下面两个公式可用来计算体重指数(BMI)：

$$\text{BMI} = \frac{\text{weightInPounds} \times 703}{\text{heightInInches} \times \text{heightInInches}}$$

或者

$$BMI = \frac{weightInKilograms}{heightInMeters \times heightInMeters}$$

创建一个计算 BMI 的程序，允许用户输入体重和身高值，然后计算并显示 BMI 值。还应显示如下信息(来自美国卫生与福利部及全国卫生研究所)，以便用户能够评估自己的 BMI：

```
BMI VALUES
Underweight: less than 18.5
Normal:      between 18.5 and 24.9
Overweight:  between 25 and 29.9
Obese:       30 or greater
```

12.12 (**Target-Heart-Rate Calculator 程序**)运动时，可以利用心率监测仪来查看心率是否位于教练和医生建议的安全范围内。根据美国心脏学会(AHA)的介绍(http://bit.ly/ AHATargetHeartRates)，每分钟的最高心率是 220 与年龄的差值。而目标心率的范围是最高心率的 50% ~ 85%。(注：这些指标是由 AHA 估计得出的。不同人群的最高心率和目标心率会根据健康状况、肥胖程度及性别而有所不同。进行体育锻炼时，应咨询医生或健康专家。)编写一个程序，输入某人的年龄，然后计算并显示他的最高心率值和目标心率值。

第 13 章　JavaFX GUI(2)

目标

本章将讲解

- 使用 JavaFX 布局窗格在场景图中布局节点的更多细节。
- 继续利用 Scene Builder 搭建 JavaFX GUI。
- 创建并操作 RadioButton 和 ListView。
- 使用 BorderPane 和 TitledPane 布局控件。
- 处理鼠标事件。
- 使用属性绑定和属性监听器，当控件的属性值发生变化时执行任务。
- 在程序中创建布局和控件。
- 使用定制的单元格工厂定制化 ListView 单元格。
- 简要回顾其他的 JavaFX 功能。
- 简介 Java SE 9 中所做的 JavaFX 9 更新。

提纲

13.1　简介

本章继续讲解 JavaFX[①]，内容如下：

① 对应的 Swing GUI 一章，现在已经变成了在线的第 35 章，它可以在学习完在线的第 26 章后讲解。第 26 章的内容，只要求学习完本书前 11 章后就可以讲解。

- 使用其他布局(TitledPane、BorderPane、Pane)及控件(RadioButton、ListView)。
- 处理鼠标事件和 RadioButton 事件。
- 设置事件处理器，响应控件属性的变化(如改变 Slider 的值)。
- 将矩形和圆在场景图中作为节点显示。
- 将对象集合与 ListView 绑定，显示集合的内容。
- 定制 ListView 单元格的外观。

最后，将概述其他的 JavaFX 功能，并会讲解 Java SE 9 中对 JavaFX 所做的更新，它们会在本书在线的 Java SE 9 章节中探讨。

13.2　在场景图中布局节点

布局决定了场景图中节点的大小及位置。

节点大小

通常而言，节点的大小不能被强行定义。如果被强行定义，则在首次载入时可能看上去不错，但当缩放窗口或更新内容时，就可能变形了。除了 width 和 height 属性，大多数 JavaFX 节点都具有属性 prefWidth、prefHeight、minWidth、minHeight、maxWidth、maxHeight，它们指定了当把该节点置于父节点中时，该节点可以接受的范围区间。

- 两个最小尺寸属性指定了节点所允许的最小尺寸(像素数)。
- 两个最大尺寸属性指定了节点所允许的最大尺寸(像素数)。
- 两个首选尺寸属性指定了大多数情况下节点应使用的宽度和高度。

节点位置和布局窗格

节点位置应相对于其父节点及父节点中的其他节点来定义。JavaFX 布局窗格(layout pane)是一个容器节点，它根据其子节点的大小和位置，将子节点放置在场景图中。子节点可以是控件、其他布局窗格、形体等。

大多数 JavaFX 布局窗格都采用相对定位的方法——如果某个布局窗格节点的大小发生改变，则它会根据子节点的属性，相应调整它们的大小和位置。图 13.1 中给出了几种 JavaFX 布局窗格的描述。本章中将用到 Pane、BorderPane、GridPane、VBox，它们来自 javafx.scene.layout 包。

布局	描　述
AnchorPane	设置子节点相对于窗格边缘的位置。窗格大小的调整不会改变节点的布局
BorderPane	包含 5 个区域：顶部、底部、左侧、中心、右侧，可以将节点放入这些位置。顶部和底部区域的宽度为整个 BorderPane 的宽度，其高度为各自子节点的首选高度。左侧和右侧区域的高度为 BorderPane 的高度(不含顶部和底部高度)，其宽度为各自子节点的首选宽度。中心区域占据 BorderPane 的所有剩余空间。可以将工具栏、导航栏、主内容区等置于不同的区域中
FlowPane	将节点连续(水平或垂直地)排列。如果到达窗格边界，则节点会转入下一个新行(水平 FlowPane)或下一个新列(垂直 FlowPane)
GridPane	创建一个灵活的网格，按行和列的形式排列节点
Pane	布局窗格的基本类。可用于将节点定位到固定位置——被称为绝对定位
StackPane	将节点以堆叠方式放置。新添加的节点会被置于前一个节点的上面。例如，可以将文本置于图像的上面
TilePane	一个水平或者垂直网格，包含多个大小相同的单元格(tile)。水平放置的节点会在到达 TilePane 宽度处时折行；垂直放置的节点会在到达 TilePane 高度处时折行
HBox	将节点在一行中水平放置
VBox	将节点在一列中垂直放置

图 13.1　JavaFX 的布局窗格

13.3 Painter 程序：RadioButton、鼠标事件和形体

本节将创建一个简单的 Painter 程序(见图 13.2)，可以拖动鼠标来画图。首先，将概述需要用到的技术，然后讲解如何创建项目并构建它的 GUI。最后，将给出 Painter 类和 PainterController 类的源代码。

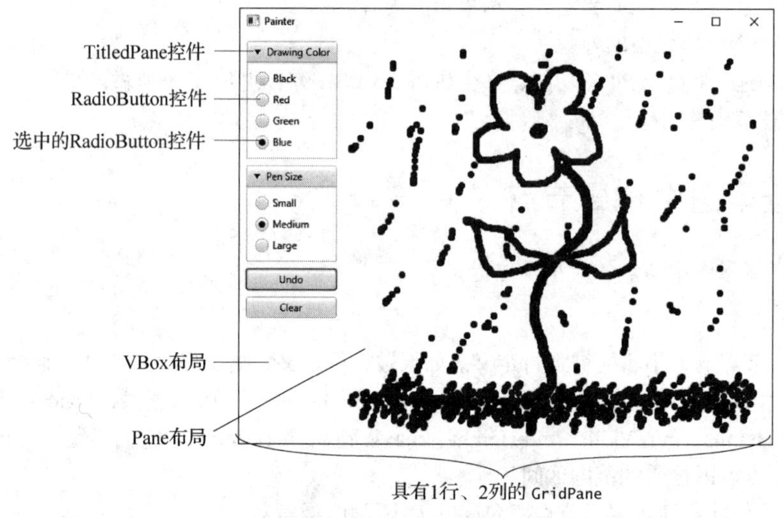

图 13.2　Painter 程序

13.3.1 技术概览

本节讲解用于构建这个 Painter 程序的一些 JavaFX 特性。

RadioButton 和 ToggleGroup

RadioButton(单选钮)提供几个互斥的选项。可以在 ToggleGroup 中添加多个 RadioButton，以确保每次只有一个 RadioButton 被选中。对于这个程序，将利用 JavaFX Scene Builder 的功能来指定 FXML 文件中每一个 RadioButton 所属的 ToggleGroup。当然，也可以在 Java 中创建一个 ToggleGroup，然后利用 RadioButton 的 setToggleGroup 方法，指定该单选钮所属的 ToggleGroup。

BorderPane 布局容器

BorderPane 布局容器会将控件放入图 13.3 所示的 5 个区域之一。顶部和底部区域的宽度与 BorderPane 的宽度相同。左侧、中心和右侧区域会填充顶部和底部区域之间的空隙。每一个区域都可以包含一个控件或者一个布局容器，而后者还可以包含其他的控件。

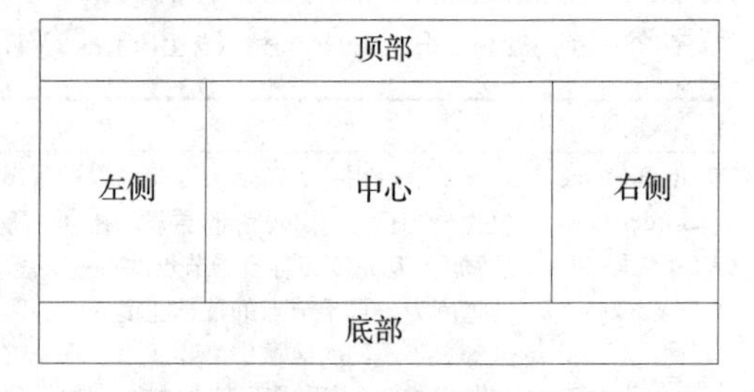

图 13.3　BorderPane 的 5 个区域

外观设计提示 13.1

BorderPane 中的所有区域都是可有可无的：如果顶部或者底部区域为空，则其他三个区域会在垂直方向扩展，以填充空出的某个区域；如果左侧或右侧区域为空，则中心区域会水平扩展，以填充空出的那个区域。

TitledPane 布局容器

TitledPane 布局容器会将标题显示在顶部，它是一个包含布局节点的伸缩式面板，而布局节点中也可以包含其他节点。这里将使用几个 TitledPane 来管理程序中的 RadioButton，以帮助用户理解每一个 RadioButton 组的用途。

JavaFX 形体

javafx.scene.shape 包中，包含用于创建二维和三维形体节点的各种类，这些形体可以显示在场景图中。本程序中，将通过编程在用户拖动鼠标时创建几个 Circle 对象，然后将它们置于绘制区，以便在场景图中显示它们。

Pane 布局容器

所创建的每一个 Circle 对象都会被放置于 Pane 布局(绘制区)中指定的 *x-y* 坐标位置,坐标圆点位于绘制区的左上角。

处理鼠标事件

拖动鼠标时，程序控制器会响应它的事件，在 Pane 布局容器的当前鼠标位置上(按当前所选颜色和画笔大小)显示一个小圆。JavaFX 节点支持多种鼠标事件，它们在图 13.4 中给出。对于这个程序，将为 Pane 定义一个 onMouseDragged 事件处理器。JavaFX 还支持其他类型的输入事件。例如，对于触屏设备，存在各种各样的触屏事件；对于键盘，也有多种键击事件存在。有关 JavaFX 节点事件的完整列表，可参见 Node 类中那些以单词“on”开头的属性，网址为

```
http://docs.oracle.com/javase/8/javafx/api/javafx/scene/Node.html
```

鼠标事件	在某个节点中发生时
onMouseClicked	用户单击鼠标按键——按下并且释放了鼠标按键，但没有移动鼠标——光标依然位于同一个节点中
onMouseDragEntered	在拖动鼠标的过程中，光标进入节点边界——拖动鼠标的同时，按下了鼠标按键
onMouseDragExited	拖动鼠标的过程中，光标移出节点边界
onMouseDragged	拖动鼠标时，光标位于节点内，并且鼠按标键一直被按下
onMouseDragOver	拖动操作开始于某个节点，光标会跨过该节点
onMouseDragReleased	拖动操作已完成，释放鼠标按键
onMouseEntered	光标进入节点边界
onMouseExited	光标退出节点边界
onMouseMoved	光标在节点边界内移动
onMousePressed	用户按下鼠标按键，并且光标在唯一节点边界里面
onMouseReleased	用户释放鼠标按键，并且光标在唯一节点边界里面

图 13.4　鼠标事件

设置控件的用户数据

所有的 JavaFX 控件都有一个 setUserData 方法，它接收一个 Object 参数。可以利用这个方法来存储希望与控件相关联的任何对象。对于与绘制颜色相关的 RadioButton，可以存储该 RadioButton 所表示的指定 Color 对象值；对于与画笔大小相关的 RadioButton，存储的则是一个对应于画笔大小的 enum 常量。当处理 RadioButton 事件时，需要用到这两个对象。

13.3.2　创建 Painter.fxml 文件

创建一个文件夹，用于存放这个程序的文件，然后打开 Scene Builder，将新创建的 FXML 文件保存为 Painter.fxml。如果已经打开了某个 FXML 文件，则也可以选择 File > New，新创建一个 FXML 文件，然后保存它。

13.3.3　构建 GUI

本节探讨 Painter 程序的 GUI。和第 12 章不同，这里不会给出构建 GUI 的所有步骤，而是重点关注新概念的一些细节。

软件工程结论 13.1

构建 GUI 时，与直接在设计区定义布局和控件相比，通过 Scene Builder 的 Hierarchy 窗口操作它们，通常更容易些。

控件的 fx:id 属性值

图 13.5 中，给出了 Painter 程序需要操作的那些控件的 fx:id 属性。构建 GUI 时，正如第 12 章探讨过的，应在 FXML 文档中设置对应的 fx:id 属性。

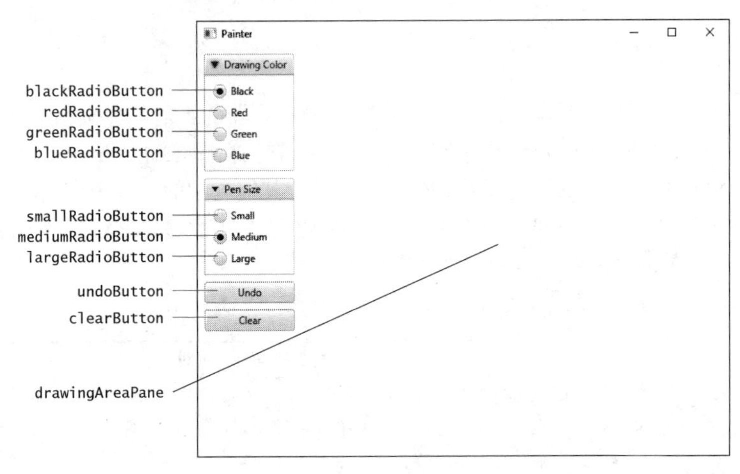

图 13.5 标注了 fx:id 属性的 Painter GUI，用于在程序中操作这些控件

步骤 1：将 BorderPane 作为根布局节点

从 Scene Builder 的 Library 窗口的 Containers 部分，将一个 BorderPane 拖放到内容面板中。

步骤 2：配置 BorderPane

将 GridPane 的 Pref Width 和 Pref Height 属性分别设置成 640 和 480。前面说过，舞台的大小是由 FXML 文档中根节点的大小决定的。将 BorderPane 的 Padding 属性设置成 8。

步骤 3：添加 VBox 和 Pane

将一个 VBox 拖放到 BorderPane 的左侧区域，一个 Pane 拖放到中心区域。拖放到 BorderPane 上时，Scene Builder 会显示布局的 5 个区域，并会高亮显示释放鼠标时将放置的那个区域。按图 13.5 所示，将 Pane 的 fx:id 属性设置成 drawingAreaPane。

对于 VBox，将它的 Spacing 属性(位于 Inspector 窗口的 Layout 部分)设置成 8，在控件与它的容器之间增加一些垂直间距。将它的右 Margin 属性设置成 8，在 VBox 和 Pane 之间增加一些水平间距。此外，还需要将它的 Pref Width 和 Pref Height 属性重置为默认值 USE_COMPUTED_SIZE，并将它的 Max Height 属性设置为 MAX_VALUE。这会使 VBox 尽量变宽，以容纳它的子节点，并且会占据整个列的高度。

将 Pane 的 Pref Width 和 Pref Height 属性重置为 USE_COMPUTED_SIZE，将它的 Max Width 和 Max Height 属性设置为 MAX_VALUE，以使它充满整个 BorderPane 的中心区域。在 Inspector 窗口的 Properties 部分的 JavaFX CSS 类别中，单击 Style 下面的区域(初始时为空)，选择“-fx-background-color”，表示希望指定 Pane 的背景色。在该字段的右边，将颜色设置成 white。

步骤 4：在 VBox 中添加 TitledPane

从 Library 窗口的 Containers 部分，将两个 TitledPane (empty) 对象拖入 VBox 中。将第一个 TitledPane 的 Text 属性设置为 Drawing Color；将第二个 TitledPane 的 Text 属性设置为 Pen Size。

步骤 5：定制 TitledPane

每一个 TitledPane 中，都应包含多个 RadioButton。TitledPane 将使用 VBox 来管理这些控件。在每一个 TitledPane 中拖入一个 VBox。对这些 VBox，将它们的 Spacing 属性设置为 8，将 Pref Width 和 Pref Height 属性设置为 USE_COMPUTED_SIZE，使 VBox 会根据其内容来调整大小。

步骤 6：在 VBox 中添加 RadioButton

从 Library 窗口的 Controls 部分，将 4 个 RadioButton 拖放到 Drawing Color TitledPane 的 VBox 中，将 3 个 RadioButton 放入 Pen Size TitledPane 的 VBox 中，然后按如图 13.5 所示，配置它们的 Text 和 fx:id 属性。选择 blackRadioButton，确保它的 Selected 属性被选中了。然后，对 mediumRadioButton 进行同样的操作。

步骤 7：指定 RadioButton 所属的 ToggleGroup

选中第一个 TitledPane 的 VBox 中所有的 4 个 RadioButton，然后将它们的 Toggle Group 属性设置成 colorToggleGroup。加载 FXML 文件时，会创建一个相同名称的 ToggleGroup 对象，而这 4 个 RadioButton 会与它相关联，以确保每次只有一个 RadioButton 被选中。对第二个 TitledPane 的 VBox 中的 3 个 RadioButton 进行同样的操作，但是需将它的 Toggle Group 属性设置成 sizeToggleGroup。

步骤 8：设置 TitledPane 的首选宽度和高度

对于每一个 TitledPane，将它的 Pref Width 和 Pref Height 属性设置成 USE_COMPUTED_SIZE，以便 TitledPane 能够根据其内容调整大小。

步骤 9：添加 Button

在这两个 TitledPane 的下面，添加两个 Button，然后按图 13.5 所示配置它们的 Text 属性和 fx:id 属性。将两个 Button 的 Max Width 属性设置成 MAX_VALUE，以便能够占据 VBox 的整个宽度。

步骤 10：设置 VBox 的宽度

我们希望 VBox 的宽度正好能够用于显示某一个列中的那些控件。为此，需在 Document 窗口的 Hierarchy 部分，选中这个 VBox。将列的 Min Width 和 Pref Width 属性设置成 USE_COMPUTED_SIZE，将 Max Width 属性设置成 USE_PREF_SIZE(表示首选宽度为最大宽度)。此外，还要将它的 Max Height 属性设置为默认的 USE_COMPUTED_SIZE。现在，GUI 看起来应如图 13.5 所示的那样。

步骤 11：指定控制器类的名称

12.5.2 节中曾说过，JavaFX FXML 程序中，控制器类定义的实例变量，通常用于在程序中与控件及事件处理方法进行交互。在运行时，为了确保程序加载 FXML 文件时能够创建控制器类的对象，必须在 FXML 文件中指定控制器类的名称：

1. 展开 Scene Builder 的 Controller 窗口(位于 Hierarchy 窗口的下面)。
2. 在 Controller Class 域中，输入 PainterController。

步骤 12：指定事件处理器方法的名称

接下来，在 Inspector 窗口的 Code 部分，可以指定用于处理控件的事件的方法名称。

- 对于 drawingAreaPane，可以将其 On Mouse Dragged 事件处理器指定成 drawingAreaMouseDragged (位于 Code 部分 Mouse 标题的下面)。对于每一个鼠标拖动事件，这个方法将以指定的颜色和尺寸画一个圆点。
- 对于 4 个 Drawing Color RadioButton，需将它们的 On Action 事件处理器指定成 colorRadioButton-Selected。这个方法，将根据用户的选择设置绘制色。
- 对于 3 个 Pen Size RadioButton，需将它们的 On Action 事件处理器指定成 sizeRadioButtonSelected。这个方法将根据用户的选择设置画笔大小。
- 对于 Undo Button，需将其 On Action 事件处理器指定成 undoButtonPressed。这个方法将删除用户在屏幕上绘制的最后一个圆点。
- 对于 Clear Button，需将其 On Action 事件处理器指定成 clearButtonPressed。这个方法将全部清除所绘制的图。

步骤 13：生成一个控制器类样本

正如 12.5 节中看到的那样，如果选择 View > Show Sample Controller Skeleton，Scene Builder 会生成一个初始的控制器类骨架。可以将这段骨架代码复制到 PainterController.java 文件中，并将它保存到与 Painter.fxml 相同的文件夹下。13.3.5 节中，将给出完整的 PainterController 类。

13.3.4 Application 类的 Painter 子类

图 13.6 中给出了 Application 类的 Painter 子类，用于启动程序，它所执行的任务与 12.5.4 节中的 Tip Calculator 程序类似。

```
1  // Fig. 13.6: Painter.java
2  // Main application class that loads and displays the Painter's GUI.
3  import javafx.application.Application;
4  import javafx.fxml.FXMLLoader;
5  import javafx.scene.Parent;
6  import javafx.scene.Scene;
7  import javafx.stage.Stage;
8  
9  public class Painter extends Application {
10    @Override
11    public void start(Stage stage) throws Exception {
12       Parent root =
13          FXMLLoader.load(getClass().getResource("Painter.fxml"));
14 
15       Scene scene = new Scene(root);
16       stage.setTitle("Painter"); // displayed in window's title bar
17       stage.setScene(scene);
18       stage.show();
19    }
20 
21    public static void main(String[] args) {
22       launch(args);
23    }
24 }
```

图 13.6 加载并显示 Painter GUI 的主程序类

13.3.5 PainterController 类

图 13.7 给出了 PainterController 类的最终版本，其中针对这个程序的新特性已经被高亮显示了。回忆第 12 章可知，控制器类定义的实例变量，用于在程序中与控件及事件处理方法进行交互。控制器类中，还可以声明更多的实例变量、静态变量及方法，以支持程序的功能。

```
1  // Fig. 13.7: PainterController.java
2  // Controller for the Painter app
3  import javafx.event.ActionEvent;
4  import javafx.fxml.FXML;
5  import javafx.scene.control.RadioButton;
6  import javafx.scene.control.ToggleGroup;
7  import javafx.scene.input.MouseEvent;
8  import javafx.scene.layout.Pane;
9  import javafx.scene.paint.Color;
10 import javafx.scene.paint.Paint;
11 import javafx.scene.shape.Circle;
12 
13 public class PainterController {
14    // enum representing pen sizes
15    private enum PenSize {
16       SMALL(2),
17       MEDIUM(4),
18       LARGE(6);
19 
20       private final int radius;
21 
22       PenSize(int radius) {this.radius = radius;} // constructor
23 
```

图 13.7 Painter 程序的控制器

```
24        public int getRadius() {return radius;}
25     };
26
27     // instance variables that refer to GUI components
28     @FXML private RadioButton blackRadioButton;
29     @FXML private RadioButton redRadioButton;
30     @FXML private RadioButton greenRadioButton;
31     @FXML private RadioButton blueRadioButton;
32     @FXML private RadioButton smallRadioButton;
33     @FXML private RadioButton mediumRadioButton;
34     @FXML private RadioButton largeRadioButton;
35     @FXML private Pane drawingAreaPane;
36     @FXML private ToggleGroup colorToggleGroup;
37     @FXML private ToggleGroup sizeToggleGroup;
38
39     // instance variables for managing Painter state
40     private PenSize radius = PenSize.MEDIUM; // radius of circle
41     private Paint brushColor = Color.BLACK; // drawing color
42
43     // set user data for the RadioButtons
44     public void initialize() {
45        // user data on a control can be any Object
46        blackRadioButton.setUserData(Color.BLACK);
47        redRadioButton.setUserData(Color.RED);
48        greenRadioButton.setUserData(Color.GREEN);
49        blueRadioButton.setUserData(Color.BLUE);
50        smallRadioButton.setUserData(PenSize.SMALL);
51        mediumRadioButton.setUserData(PenSize.MEDIUM);
52        largeRadioButton.setUserData(PenSize.LARGE);
53     }
54
55     // handles drawingArea's onMouseDragged MouseEvent
56     @FXML
57     private void drawingAreaMouseDragged(MouseEvent e) {
58        Circle newCircle = new Circle(e.getX(), e.getY(),
59           radius.getRadius(), brushColor);
60        drawingAreaPane.getChildren().add(newCircle);
61     }
62
63     // handles color RadioButton's ActionEvents
64     @FXML
65     private void colorRadioButtonSelected(ActionEvent e) {
66        // user data for each color RadioButton is the corresponding Color
67        brushColor =
68           (Color) colorToggleGroup.getSelectedToggle().getUserData();
69     }
70
71     // handles size RadioButton's ActionEvents
72     @FXML
73     private void sizeRadioButtonSelected(ActionEvent e) {
74        // user data for each size RadioButton is the corresponding PenSize
75        radius =
76           (PenSize) sizeToggleGroup.getSelectedToggle().getUserData();
77     }
78
79     // handles Undo Button's ActionEvents
80     @FXML
81     private void undoButtonPressed(ActionEvent event) {
82        int count = drawingAreaPane.getChildren().size();
83
84        // if there are any shapes remove the last one added
85        if (count > 0) {
86           drawingAreaPane.getChildren().remove(count - 1);
87        }
88     }
89
90     // handles Clear Button's ActionEvents
91     @FXML
92     private void clearButtonPressed(ActionEvent event) {
93        drawingAreaPane.getChildren().clear(); // clear the canvas
94     }
95  }
```

图 13.7(续)　Painter 程序的控制器

PenSize 枚举

第 15 ~ 25 行定义了一个内嵌的 enum 类型 PenSize，它指定了 3 种画笔尺寸：SMALL、MEDIUM 和 LARGE。每一个枚举值都有一个对应的半径值。当创建 Circle 对象以响应鼠标拖动事件时，就会用到这个半径值。

Java 允许在一个类中声明其他的类、接口和 enum 类型的值，它们为嵌套类型。除了 12.5.5 节中讲解过的匿名嵌套内部类，目前讨论过的所有的类、接口和 enum 类型，都为顶级类型——它们不是在其他类型中声明的。此处声明的 enum 类型 PenSize 是一种私有嵌套类型，因为它只由 PainterController 类使用。本书的后面将更多地讲解嵌套类型。

实例变量

第 28 ~ 37 行声明了几个@FXML 实例变量，使控制器能够利用它们在程序中与 GUI 交互。前面说过，这些变量的名称必须与 Painter.fxml 中指定的 fx:id 值一致。否则，FXMLLoader 就无法将 GUI 组件与实例变量关联起来。其中有两个@FXML 实例变量属于 ToggleGroup——在 RadioButton 的事件处理器中，将利用它们来判断所选的是哪一个 RadioButton。第 40 ~ 41 行定义了两个传统的实例变量，分别用于存储当前的绘制颜色值和画笔大小值。

initialize 方法

前面说过，当 FXMLLoader 创建控制器类的一个对象时，它会判断该类是否包含一个不带参数的 initialize 方法。如果是，则会调用该方法来初始化控制器。第 44 ~ 53 行定义的 initialize 方法，指定了每一个 RadioButton 所对应的用户数据对象：Color 或者 PenSize。这些对象将用在 RadioButton 的事件处理器中。

drawingAreaMouseDragged 事件处理器

第 56 ~ 61 行定义的 drawingAreaMouseDragged 事件处理器，对应于 drawingAreaPane 中的鼠标拖动事件。所定义的每一个鼠标事件处理器，都必须有一个 MouseEvent 参数(位于 javafx.scene.input 包中)。发生事件时，这个参数会包含关于事件的信息，例如它的位置、是否有鼠标按键按下、用户正与之交互的节点，等等。在 Scene Builder 中，需要将 drawingAreaMouseDragged 指定成 drawingAreaPane 的 On Mouse Dragged 事件处理器。

第 58 ~ 59 行利用构造方法，新创建了一个 Circle 对象。这个 Circle 构造方法的实参值为中心点的 *x* 坐标、*y* 坐标，以及半径和颜色。

接下来，第 60 行将这个新的 Circle 对象与 drawingAreaPane 绑定。每一个布局窗格，都有一个 getChildren 方法，它返回的 ObservableList<Node>集合包含该布局的所有子节点。ObservableList 提供的几个方法用于添加和删除元素。在本章的后面，将对 ObservableList 有更多的讲解。第 60 行使用 ObservableList 的 add 方法，用于向 drawingAreaPane 添加新节点——所有的 JavaFX 形体都间接继承自 javafx.scene 包的 Node 类。

colorRadioButtonSelected 事件处理器

第 64 ~ 69 行定义的 colorRadioButtonSelected 事件处理器，响应 Drawing Color RadioButton 的 ActionEvent 事件，它发生于新选择了一个颜色单选钮时。在 Scene Builder 中，可以将这个事件处理器指定成 4 个 Drawing Color RadioButton 的 On Action 事件处理器。

第 67 ~ 68 行设置当前的绘制颜色。ColorToggleGroup 方法 getSelectedToggle 返回一个当前被选中的 Toggle 对象。RadioButton 类是实现了 Toggle 接口的多个控件之一(其他两个为 RadioButtonMenuItem 和 ToggleButton)。然后，使用 Toggle 的 getUserData 方法，获取在 initialize 方法中与对应的 RadioButton 相关联的用户数据对象。对于颜色单选钮，这个对象为 Color，所以将它强制转换成一个 Color 对象，并将它赋予 brushColor。

sizeRadioButtonSelected 事件处理器

第 72 ~ 77 行定义的 sizeRadioButtonSelected 事件处理器，响应 Pen Size RadioButton 的 ActionEvent

事件。将这个事件处理器指定成 3 个 Pen Size RadioButton 的 On Action 事件处理器。利用与 colorRadioButtonSelected 方法中设置当前颜色的相同方法，第 75 ~ 76 行设置当前的画笔大小。

undoButtonPressed 事件处理器

第 80 ~ 88 行定义的 undoButtonPressed 事件处理器，响应来自 undoButton 的 ActionEvent 事件，将最后一个圆点删除。在 Scene Builder 中，将它指定成 undoButton 的 On Action 事件处理器。

为了撤销最后一个圆点，需从 drawingAreaPane 的子节点集合中移除最后一个子节点。首先，第 82 行获得该集合中的元素个数。然后，当个数大于 0 时，第 86 行移除集合中最后一个索引处的节点。

clearButtonPressed 事件处理器

第 91 ~ 94 行定义的 clearButtonPressed 事件处理器，响应来自 clearButton 的 ActionEvent 事件，清空 drawingAreaPane 的子节点集合。在 Scene Builder 中，将它指定成 clearButton 的 On Action 事件处理器。第 93 行清空子节点集合，擦除整个图画。

13.4 Color Chooser 程序：属性绑定和属性监听器

本节给出的 Color Chooser 程序(见图 13.8)演示了属性绑定和属性监听器的用法。

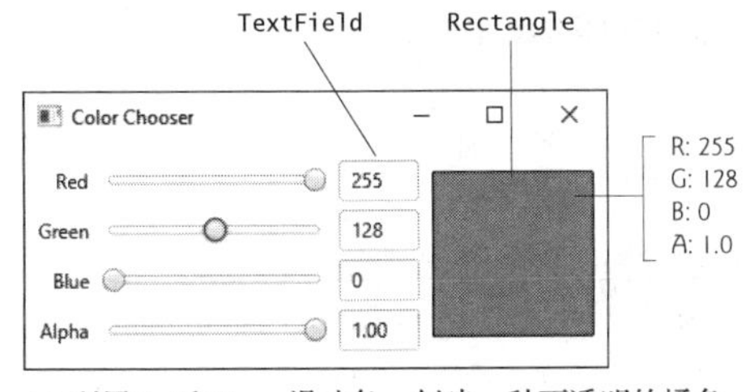

(a) 利用Red和Green滑动条，创建一种不透明的橘色

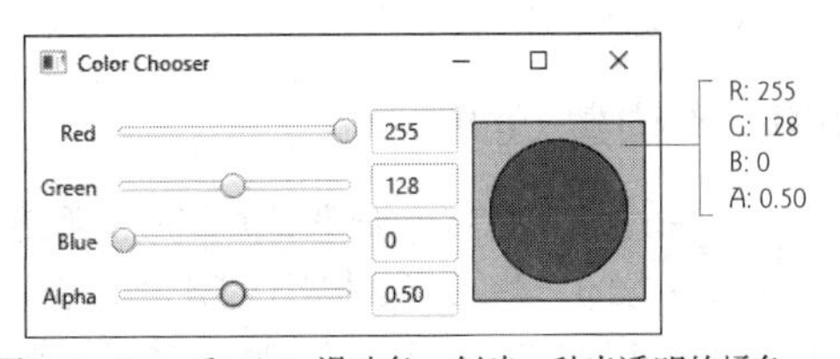

(b) 利用Red、Green和Alpha滑动条，创建一种半透明的橘色——这种颜色混合了有颜色的正方形后面的圆的颜色

图 13.8　显示不透明和半透明橘色效果的 Color Chooser 程序

13.4.1 技术概览

本节讲解用于构建 Color Chooser 程序的一些技术。

RGBA 颜色

本程序采用 RGBA 颜色系统，根据 4 个滑动条的值显示一个带颜色的矩形。RGBA 中，每种颜色表示为红、绿、蓝三个颜色值，取值范围为 0 ~ 255，其中 0 表示无色，255 表示全色。例如，红色值为 0 的颜色表示不包含红色成分。alpha 值(A)的取值范围为 0.0 ~ 1.0，它表示颜色的不透明度，0.0 表示完全透明，1.0 表示完全不透明。图 13.8 中给出的两个颜色样本具有相同的 RGB 值，但图 13.8(b)中的颜色是半透明的。需要利用一个由 RGBA 值创建的 Color 对象来填充显示颜色的矩形。

类的属性

JavaFX 大量使用属性。利用特定的命名规范，通过创建一套 *set* 方法和 *get* 方法来定义属性。通常而言，用来定义读/写某个属性的一对方法，其形式如下：

```
public final void setPropertyName(Type propertyName)
public final Type getPropertyName()
```

一般情况下，这类方法所操作的私有实例变量，其名称与属性相同，但并不要求必须这样。例如，setHour 方法和 getHour 方法代表了一个名称为 hour 的属性，并且通常处理的是一个名称为 hour 的私有实例变量。如果属性代表的是一个布尔值，则它的 *get* 方法名称通常以“is”开头，而不是“get”——例如 ArrayList 方法 isEmpty。

软件工程结论 13.2

定义属性的方法，必须将其声明为 final 类型，以防止子类重写这些方法。否则，可能会在客户代码中得到意外的结果。

属性绑定

JavaFX 属性的实现方式，使得属性可以被观察到(observable)——属性值发生变化时，其他对象能够做出响应。这与事件处理的方式类似。响应属性变化的一种途径，是利用属性绑定(property binding)。当某个对象的属性发生变化时，属性绑定能够使另一个对象的属性也更新。例如，当用户移动了 Slider 滑块时，可以通过属性绑定让一个 TextField 显示对应的 Slider 值。属性绑定并不限于只有 JavaFX 控件才能使用。javafx.beans.property 包中有许多类可以用来定义可绑定的属性。

属性监听器

属性监听器与属性绑定类似。属性监听器(property listener)就是当属性值发生变化时会调用的一个事件处理器。在这个事件处理器中，程序可以根据需要对属性值的变化做出响应。对于 Color Chooser 程序，如果 Slider 的值发生变化，则属性监听器会将它的值保存到一个对应的实例变量中，并会根据所有 4 个 Slider 值的情况新创建一个 Color 对象，而且会将它设置成 Rectangle 对象的填充色，以显示当前颜色。有关属性、属性绑定和属性监听器的更多信息，请参见：

```
http://docs.oracle.com/javase/8/javafx/properties-binding-tutorial/
binding.htm
```

13.4.2 构建 GUI

本节探讨 Color Chooser 程序的 GUI。和第 12 章不同，这里不会给出构建 GUI 的所有步骤，而是重点关注新概念的一些细节。构建 GUI 时，与直接在设计区定义布局和控件相比，通过 Scene Builder 的 Document 窗口的 Hierarchy 部分操作它们，通常更容易些。在此之前，需先打开 Scene Builder，创建一个名称为 ColorChooser.fxml 的 FXML 文件。

控件的 fx:id 属性

图 13.9 中，给出了 Color Chooser 程序需要操作的那些控件的 fx:id 属性。构建 GUI 时，正如第 12 章探讨过的，应在 FXML 文档中设置对应的 fx:id 属性。

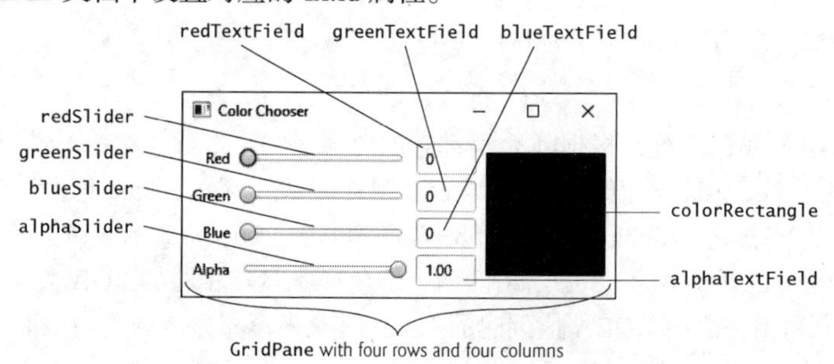

图 13.9 Color Chooser 程序中需操作的控件的 fx:id 属性

步骤 1：添加 GridPane

从 Library 窗口的 Containers 部分，将一个 GridPane 拖放到 Scene Builder 的内容面板中。

步骤 2：配置 GridPane

该程序的 GridPane 需要 4 行、4 列。利用以前讲解过的技术，向 GridPane 添加 1 行、2 列。将它的 Hgap 和 Padding 属性值设置为 8，为列之间提供间距。

步骤 3：添加控件

按照图 13.9 所示，在 GridPane 中添加几个 Label、Slider、TextField 及一个 Circle 和一个

Rectangle——Circle 和 Rectangle 位于 Scene Builder 的 Library 窗口的 Shapes 部分。添加 Circle 和 Rectangle 时，需将它们置于最右列的第一行。应首先添加 Circle，然后添加 Rectangle，这样才能使 Circle 位于布局中的矩形之后。将这些 Label 和 TextField 的属性值按图 13.9 所示进行设置，并为它们定义合适的 fx:id 属性。

步骤 4：配置 Slider

对于红色、绿色和蓝色 Slider，将它们的 Max 属性设置为 255(RGBA 颜色模式中某种颜色的最大值)。对于 alpha Slider，将它的 Max 属性设置成 1.0(RGBA 颜色模式中的最大不透明度值)。

步骤 5：配置 TextField

将所有 TextField 的 Pref Width 属性设置为 50。

步骤 6：配置 Rectangle

将 Rectangle 的 Width 和 Height 属性设置为 100，将 Row Span 属性设置为 Remainder，使它占据全部的 4 行。

步骤 7：配置 Circle

将 Circle 的 Radius 属性设置为 40，将 Row Span 属性设置为 Remainder，使它占据全部的 4 行。

步骤 8：配置行属性

将 4 个列的 Pref Height 属性设置为 USE_COMPUTED_SIZE，使它们的行高与其内容相同。

步骤 9：配置列属性

将 4 个列的 Pref Width 属性设置为 USE_COMPUTED_SIZE，使它们的列宽与其内容相同。将最左边列的 Halignment 属性设置为 RIGHT，将最右边列的 Halignment 属性设置为 CENTER。

步骤 10：配置 GridPane

将 GridPane 的 Pref Width 和 Pref Height 属性设置为 USE_COMPUTED_SIZE，使其大小可根据内容调整。现在，GUI 看起来应如图 13.9 所示。

步骤 11：指定控制器类的名称

在运行时，为了确保程序加载 FXML 文件时能够创建控制器类的对象，必须在 FXML 文件中指定控制器类的名称：ColorChooserController。

步骤 12：生成一个控制器类样本

选择 View > Show Sample Controller Skeleton，然后将显示的代码复制到 ColorChooserController.java 文件中，并将这个文件保存到与 ColorChooser.fxml 相同的文件夹下。13.4.4 节中，将给出完整的 ColorChooserController 类定义。

13.4.3　Application 类的 ColorChooser 子类

图 13.10 中给出了用于启动程序的 Application 子类 ColorChooser。和以前的 JavaFX 示例一样，这个类也会加载 FXML 文件并显示程序 GUI。

```
1   // Fig. 13.10: ColorChooser.java
2   // Main application class that loads and displays the ColorChooser's GUI.
3   import javafx.application.Application;
4   import javafx.fxml.FXMLLoader;
5   import javafx.scene.Parent;
6   import javafx.scene.Scene;
7   import javafx.stage.Stage;
8
9   public class ColorChooser extends Application {
10     @Override
11     public void start(Stage stage) throws Exception {
12        Parent root =
13           FXMLLoader.load(getClass().getResource("ColorChooser.fxml"));
```

图 13.10　加载并显示 Color Chooser GUI 的主程序类

```
14
15         Scene scene = new Scene(root);
16         stage.setTitle("Color Chooser");
17         stage.setScene(scene);
18         stage.show();
19      }
20
21      public static void main(String[] args) {
22         launch(args);
23      }
24   }
```

图 13.10(续) 加载并显示 Color Chooser GUI 的主程序类

13.4.4 ColorChooserController 类

图 13.11 给出了 ColorChooserController 类的最终版本，其中针对这个程序的新特性已经被高亮显示了。

```
1   // Fig. 13.11: ColorChooserController.java
2   // Controller for the ColorChooser app
3   import javafx.beans.value.ChangeListener;
4   import javafx.beans.value.ObservableValue;
5   import javafx.fxml.FXML;
6   import javafx.scene.control.Slider;
7   import javafx.scene.control.TextField;
8   import javafx.scene.paint.Color;
9   import javafx.scene.shape.Rectangle;
10
11  public class ColorChooserController {
12     // instance variables for interacting with GUI components
13     @FXML private Slider redSlider;
14     @FXML private Slider greenSlider;
15     @FXML private Slider blueSlider;
16     @FXML private Slider alphaSlider;
17     @FXML private TextField redTextField;
18     @FXML private TextField greenTextField;
19     @FXML private TextField blueTextField;
20     @FXML private TextField alphaTextField;
21     @FXML private Rectangle colorRectangle;
22
23     // instance variables for managing
24     private int red = 0;
25     private int green = 0;
26     private int blue = 0;
27     private double alpha = 1.0;
28
29     public void initialize() {
30        // bind TextField values to corresponding Slider values
31        redTextField.textProperty().bind(
32           redSlider.valueProperty().asString("%.0f"));
33        greenTextField.textProperty().bind(
34           greenSlider.valueProperty().asString("%.0f"));
35        blueTextField.textProperty().bind(
36           blueSlider.valueProperty().asString("%.0f"));
37        alphaTextField.textProperty().bind(
38           alphaSlider.valueProperty().asString("%.2f"));
39
40        // listeners that set Rectangle's fill based on Slider changes
41        redSlider.valueProperty().addListener(
42           new ChangeListener<Number>() {
43              @Override
44              public void changed(ObservableValue<? extends Number> ov,
45                 Number oldValue, Number newValue) {
46                 red = newValue.intValue();
47                 colorRectangle.setFill(Color.rgb(red, green, blue, alpha));
48              }
49           }
50        );
51        greenSlider.valueProperty().addListener(
52           new ChangeListener<Number>() {
```

图 13.11 ColorChooser 程序的控制器

```
53                @Override
54                public void changed(ObservableValue<? extends Number> ov,
55                   Number oldValue, Number newValue) {
56                   green = newValue.intValue();
57                   colorRectangle.setFill(Color.rgb(red, green, blue, alpha));
58                }
59             }
60          );
61          blueSlider.valueProperty().addListener(
62             new ChangeListener<Number>() {
63                @Override
64                public void changed(ObservableValue<? extends Number> ov,
65                   Number oldValue, Number newValue) {
66                   blue = newValue.intValue();
67                   colorRectangle.setFill(Color.rgb(red, green, blue, alpha));
68                }
69             }
70          );
71          alphaSlider.valueProperty().addListener(
72             new ChangeListener<Number>() {
73                @Override
74                public void changed(ObservableValue<? extends Number> ov,
75                   Number oldValue, Number newValue) {
76                   alpha = newValue.doubleValue();
77                   colorRectangle.setFill(Color.rgb(red, green, blue, alpha));
78                }
79             }
80          );
81       }
82    }
```

图 13.11(续)　ColorChooser 程序的控制器

实例变量

第 13 ~ 27 行声明了控制器的几个实例变量。变量 red、green、blue 和 alpha 分别保存的是 redSlider、greenSlider、blueSlider 和 alphaSlider 的当前值。只要用户移动了 Slider 滑块，这些值就用于更新 colorRectangle 的填充色。

initialize 方法

第 29 ~ 81 行定义的 initialize 方法会在创建完 GUI 之后初始化控制器。这里，initialize 方法的作用是配置属性绑定和属性监听器。

属性与属性绑定

第 31 ~ 38 行在 Slider 的值与对应 TextField 的文本之间设置属性绑定，以便当 Slider 发生变化时，会相应更新 TextField 的信息。考虑第 31 ~ 32 行，它将 redSlider 的 valueProperty 与 redTextField 的 textProperty 绑定：

```
redTextField.textProperty().bind(
   redSlider.valueProperty().asString("%.0f"));
```

TextField 有一个 text 属性，它的值由 textProperty 方法作为(javafx.beans.property 包的) StringProperty 返回。StringProperty 方法 bind 接收的实参为一个 ObservableValue 值。ObservableValue 值发生变化时，会相应更新被绑定的属性值。这里，ObservableValue 的值为表达式 redSlider.valueProperty( ).asString ("%.0f") 的结果。Slider 的 valueProperty 方法将其 valueproperty 值作为一个 DoubleProperty 返回，它为一个可观察的 double 值。由于必须将 TextField 的 text 属性与一个 String 绑定，所以调用 DoubleProperty 方法 asString，它返回一个 StringBinding 对象(一个 ObservableValue 值)，得到 DoubleProperty 值的 String 表示。这个版本的 asString 方法所接收的格式化控制 String，指定了 DoubleProperty 值的格式。

属性监听器

当属性值发生变化时，为了执行指定的任务，必须注册属性监听器。第 41 ~ 80 行为这些 Slider 的 value 属性注册了属性监听器。考虑第 41 ~ 50 行，当用户移动 redSlider 滑块时，会执行所注册的 ChangeListener 监听器。正如 12.5 节中为 Tip Calculator 程序的 Slider 所做的那样，这里也使用了一个匿名内部类来定义监听器。每一个 ChangeListener 都会将 newValue 参数中的 int 值保存到对应的一个实例变量中，然后调用 colorRectangle 的 setFill 方法更改颜色，其中利用了 Color 方法 rgb，以新创建一个 Color 对象。

13.5 Cover Viewer 程序：数据驱动的 GUI 及 JavaFX 集合

通常，程序需要编辑和显示数据。JavaFX 提供了一种功能丰富的模式，使 GUI 可以与数据交互。本节将构建一个 Cover Viewer 程序(见图 13.12)，它将一个 Book 对象的列表与一个 ListView 绑定。用户在 ListView 中选取了某一项时，会在一个 ImageView 中显示对应图书的封面图像。

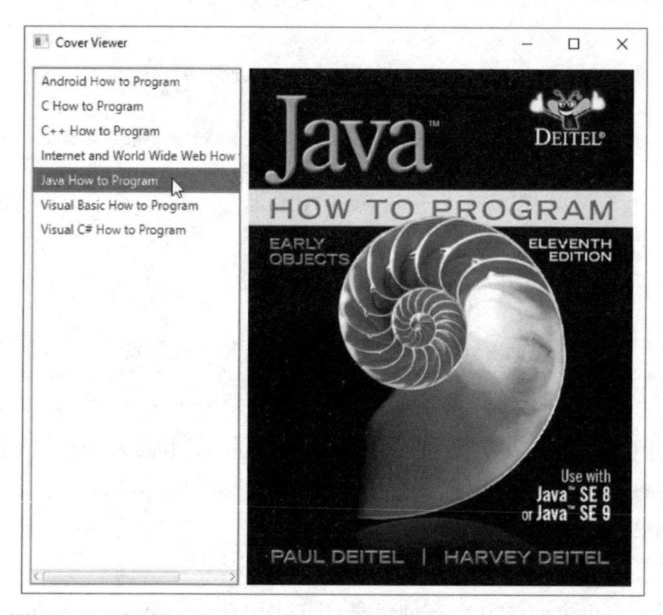

图 13.12 选取了 Java How to Program 图书的 Cover Viewer 程序

13.5.1 技术概览

这个程序利用了一个 ListView 控件来显示书名集合。尽管可以逐个在 ListView 中添加项目，但这个程序会将一个 ObservableList 对象与 ListView 绑定。如果 ObservableList 发生变化，则会自动通知它的观察者(这里为 ListView)。javafx.collections 包中定义了 ObservableList(与 ArrayList 类似)及其他可观察的集合接口。这个包中还包含 FXCollections 类，它提供的几个静态方法用于创建并操作这些可观察的集合。利用属性监听器，可以在用户从 ListView 中选择了一项时，能够显示正确的图像——发生变化的属性就是所选中的那一项。

13.5.2 将图像放入程序文件夹中

在本章的示例文件夹中，将 images 文件夹(包含 large 和 small 子文件夹)复制到保存程序的 FXML 文件、源代码文件 CoverViewer.java 和 CoverViewerController.java 的那个文件夹下。尽管这里只会用到大图像，但下一个示例中将用到这两组图像。

13.5.3 构建 GUI

本节探讨 Cover Viewer 程序的 GUI。和以前所做的一样，需新创建一个 FXML 文件，然后将它保存为一个 CoverViewer.fxml 文件。

控件的 fx:id 属性

图 13.13 中给出了 Cover Viewer 程序需要操作的那些控件的 fx:id 属性。构建 GUI 时，应在 FXML 文档中设置对应的 fx:id 属性。

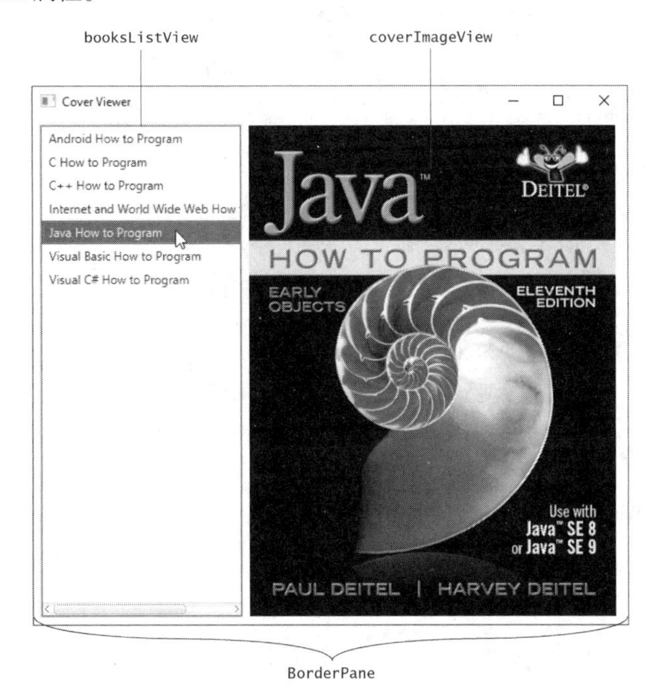

图 13.13 Cover Viewer 程序中需操作的控件的 fx:id 属性

添加并配置控件

利用以前讲解过的技术，创建一个 BorderPane。在左侧区域放置一个 ListView 控件，在中心区域放置一个 ImageView。对于 ListView 分别设置如下属性：

- Margin——8(右边距)，用于将 ListView 和 ImageView 分开。
- Pref Width——200。
- Max Height——MAX_VALUE。
- Min Width、Min Height、Pref Height 和 Max Width——USE_COMPUTED_SIZE。

对于 ImageView，将它的 Fit Width 和 Fit Height 属性分别设置为 370 和 480。为了使 BorderPane 能够根据其内容调整大小，需将它的 Pref Width 和 Pref Height 设置成 USE_COMPUTED_SIZE。此外，需将 Padding 属性设置成 8，使 BorderPane 从舞台插入。

指定控制器类的名称

在运行时，为了确保程序加载 FXML 文件时能够创建控制器类的对象，必须在 FXML 文件中指定控制器类的名称：CoverViewerController。

生成一个控制器类样本

选择 View > Show Sample Controller Skeleton，然后将显示的代码复制到 CoverViewerController.java 文件中，并将这个文件保存到与 CoverViewer.fxml 相同的文件夹下。13.5.5 节中将给出完整的 CoverViewerController 类定义。

13.5.4 Application 类的 CoverViewer 子类

图 13.14 给出了 Application 子类 CoverViewer 的定义。

```
1  // Fig. 13.14: CoverViewer.java
2  // Main application class that loads and displays the CoverViewer's GUI.
3  import javafx.application.Application;
4  import javafx.fxml.FXMLLoader;
5  import javafx.scene.Parent;
6  import javafx.scene.Scene;
7  import javafx.stage.Stage;
8
9  public class CoverViewer extends Application {
10    @Override
11    public void start(Stage stage) throws Exception {
12       Parent root =
13          FXMLLoader.load(getClass().getResource("CoverViewer.fxml"));
14
15       Scene scene = new Scene(root);
16       stage.setTitle("Cover Viewer");
17       stage.setScene(scene);
18       stage.show();
19    }
20
21    public static void main(String[] args) {
22       launch(args);
23    }
24 }
```

图 13.14 加载并显示 Cover Viewer GUI 的主程序类

13.5.5 CoverViewerController 类

图 13.15 给出了 CoverViewerController 类的最终版本，其中针对这个程序的新特性已经被高亮显示了。

```
1  // Fig. 13.15: CoverViewerController.java
2  // Controller for Cover Viewer application
3  import javafx.beans.value.ChangeListener;
4  import javafx.beans.value.ObservableValue;
5  import javafx.collections.FXCollections;
6  import javafx.collections.ObservableList;
7  import javafx.fxml.FXML;
8  import javafx.scene.control.ListView;
9  import javafx.scene.image.Image;
10 import javafx.scene.image.ImageView;
11
12 public class CoverViewerController {
13    // instance variables for interacting with GUI
14    @FXML private ListView<Book> booksListView;
15    @FXML private ImageView coverImageView;
16
17    // stores the list of Book Objects
18    private final ObservableList<Book> books =
19       FXCollections.observableArrayList();
20
21    // initialize controller
22    public void initialize() {
23       // populate the ObservableList<Book>
24       books.add(new Book("Android How to Program",
25          "/images/small/androidhtp.jpg", "/images/large/androidhtp.jpg"));
26       books.add(new Book("C How to Program",
27          "/images/small/chtp.jpg", "/images/large/chtp.jpg"));
28       books.add(new Book("C++ How to Program",
29          "/images/small/cpphtp.jpg", "/images/large/cpphtp.jpg"));
30       books.add(new Book("Internet and World Wide Web How to Program",
31          "/images/small/iw3htp.jpg", "/images/large/iw3htp.jpg"));
32       books.add(new Book("Java How to Program",
33          "/images/small/jhtp.jpg", "/images/large/jhtp.jpg"));
34       books.add(new Book("Visual Basic How to Program",
35          "/images/small/vbhtp.jpg", "/images/large/vbhtp.jpg"));
36       books.add(new Book("Visual C# How to Program",
37          "/images/small/vcshtp.jpg", "/images/large/vcshtp.jpg"));
38       booksListView.setItems(books); // bind booksListView to books
39
40       // when ListView selection changes, show large cover in ImageView
```

图 13.15 Cover Viewer 程序的控制器

```
41            booksListView.getSelectionModel().selectedItemProperty().
42               addListener(
43                  new ChangeListener<Book>() {
44                     @Override
45                     public void changed(ObservableValue<? extends Book> ov,
46                        Book oldValue, Book newValue) {
47                        coverImageView.setImage(
48                           new Image(newValue.getLargeImage()));
49                     }
50                  }
51               );
52        }
53     }
```

图 13.15(续)　Cover Viewer 程序的控制器

“@FXML”实例变量

第 14 ~ 15 行声明了控制器的几个@FXML 实例变量。注意，ListView 是一个泛型类，它用于显示 Book 对象的值。Book 类包含三个 String 实例变量，以及对应的 *set* 方法和 *get* 方法：

- title——书名
- thumbImage——图书缩略图的路径(用于下一个示例中)
- largeImage——图书封面大图像的路径

这个类还提供一个 toString 方法和一个构造方法，前者返回书名，后者初始化三个实例变量。需将 Book 类从示例文件夹复制到包含 CoverViewer.fxml、CoverViewer.java 和 CoverViewerController.java 的那个文件夹下。

books 实例变量

第 18 ~ 19 行将 books 实例变量定义成一个 ObservableList<Book>对象，并通过调用 FXCollections 静态方法 observableArrayList 初始化它。这个方法返回的空集合对象(与 ArrayList 类似)实现了 ObservableList 接口。

初始化 books

initialize 方法中的第 24 ~ 37 行创建并向 books 集合添加了几个 Book 对象。第 38 行将这个集合传递给 ListView 方法 setItems，它将这个 ListView 与 ObservableList 绑定。这种数据绑定，使得 ListView 能够自动显示这些 Book 对象。默认情况下，ListView 中显示的是 Book 对象的 String 表示。(下一个示例中，将讲解如何定制化显示形式。)

监听 ListView 选项的变化

为了使显示的图书封面能够与当前所选中的图书同步，需要监听 ListView 中所选项目的变化情况。默认情况下，ListView 只支持单项选择——每次只能选中一个项目。ListView 也支持多项选择。选择的类型是由 ListView 的 MultipleSelectionModel(javafx.scene.control 包中 SelectionModel 的子类)管理的，这个子类包含一些可观察的属性，以及各种方法，用于操作 ListView 项。

为了响应选项的变化情况，需为 MultipleSelectionModel 的 selectedItem 属性注册一个监听器(第 41 ~ 51 行)。ListView 方法 getSelectionModel 返回一个 MultipleSelectionModel 对象。这个示例中，MultipleSelectionModel 的 selectedItemProperty 方法返回一个 ReadOnlyObjectProperty<Book>对象，而对应的 ChangeListener 方法，其参数为一个 oldValue 和一个 newValue，分别对应于上一次所选的 Book 对象及新选中的 Book 对象。

第 47 ~ 48 行利用 newValue 的大图像路径，初始化一个新的 Image 对象(位于 javafx.scene.image 包中)，它会加载该图像。然后，将这个新 Image 对象传递给 coverImageView 的 setImage 方法显示图像。

13.6　Cover Viewer 程序：定制 ListView 单元格

前一个示例中，ListView 显示的是 Book 对象的 String 表示(书名)。这个示例中，将通过一个定制的 ListView 单元格工厂来创建几个单元格，利用一个 VBox、一个 ImageView 和一个 Label，显示每一本图书的缩略图和书名(见图 13.16)。

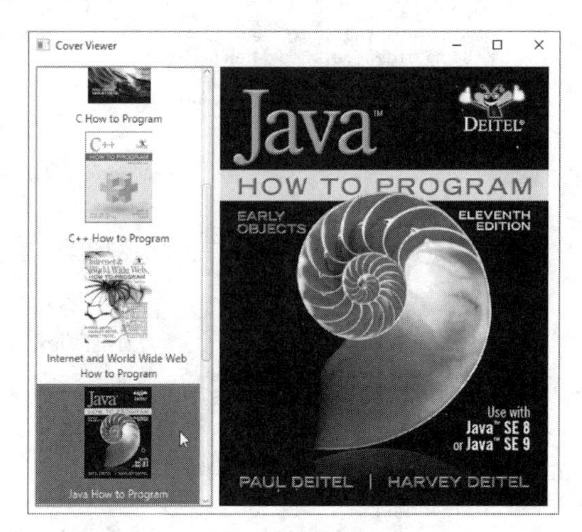

图 13.16 选取了 Java How to Program 图书的 Cover Viewer 程序

13.6.1 技术概览

用于定制 ListView 单元格格式的 ListCell 泛型类

正如 13.5 节中所讲，默认情况下，ListView 单元格中显示的是 ListView 项的字符串表示。为了创建定制的单元格格式，必须首先定义(javafx.scene.control 包的)ListCell 泛型类的一个子类，指定如何创建一个 ListView 单元格。ListView 显示它的项时，它会从单元格工厂获取 ListCell 对象。这里使用的是 ListView 的 setCellFactory 方法，替换返回 ListCell 子类对象的方法。需要重写这个类的 updateItem 方法，以定制化单元格的布局和内容。

在程序中创建布局和控件

以前的 GUI 都是利用 JavaFX Scene Builder 用可视化的形式创建的。对于这个程序，将在程序中创建 GUI 的一部分——事实上，在 Scene Builder 中见到的所有东西都可以直接在 Java 代码中实现。特别地，我们将创建并配置一个包含 ImageView 和 Label 的 VBox 布局。VBox 代表了定制的 ListView 单元格格式。

13.6.2 复制 CoverViewer 程序

这个程序的 FXML 布局，以及 Book 类和 CoverViewer 类的定义，与 13.5 节中的相同，而 CoverViewerController 类中只新添加了一条语句。这里，将只给出实现了定制的 ListView 单元格工厂的一个新类，以及 CoverViewerController 类中的那条新语句。这里不会从头开始创建一个新程序，而是从前一个示例中将 CoverViewer 程序的文件复制到一个名称为 CoverViewerCustomListView 的新文件夹下。

13.6.3 ImageTextCell 类定制单元格工厂类

ImageTextCell 类(见图 13.17)定义了定制的 ListView 单元格布局。这个类扩展了 ListCell<Book>类，因为它定义的是在 ListView 单元格显示的定制 Book 对象表示。

构造方法

第 17 ~ 29 行的构造方法，配置了几个实例变量，用于构建定制的表示。第 18 行表明 VBox 中的单元格内容会居中显示。第 20 ~ 22 行配置 ImageView，并将它与 VBox 的子集合绑定。第 20 行表明

ImageView 应保持图像的高宽比；第 21 行指定 ImageView 的高度为 100 点；第 22 行将 ImageView 与 VBox 绑定。

```
1  // Fig. 13.17: ImageTextCell.java
2  // Custom ListView cell factory that displays an Image and text
3  import javafx.geometry.Pos;
4  import javafx.scene.control.Label;
5  import javafx.scene.control.ListCell;
6  import javafx.scene.image.Image;
7  import javafx.scene.image.ImageView;
8  import javafx.scene.layout.VBox;
9  import javafx.scene.text.TextAlignment;
10
11 public class ImageTextCell extends ListCell<Book> {
12    private VBox vbox = new VBox(8.0); // 8 points of gap between controls
13    private ImageView thumbImageView = new ImageView(); // initially empty
14    private Label label = new Label();
15
16    // constructor configures VBox, ImageView and Label
17    public ImageTextCell() {
18       vbox.setAlignment(Pos.CENTER); // center VBox contents horizontally
19
20       thumbImageView.setPreserveRatio(true);
21       thumbImageView.setFitHeight(100.0); // thumbnail 100 points tall
22       vbox.getChildren().add(thumbImageView); // attach to Vbox
23
24       label.setWrapText(true); // wrap if text too wide to fit in label
25       label.setTextAlignment(TextAlignment.CENTER); // center text
26       vbox.getChildren().add(label); // attach to VBox
27
28       setPrefWidth(USE_PREF_SIZE); // use preferred size for cell width
29    }
30
31    // called to configure each custom ListView cell
32    @Override
33    protected void updateItem(Book item, boolean empty) {
34       // required to ensure that cell displays properly
35       super.updateItem(item, empty)
36
37       if (empty || item == null) {
38          setGraphic(null); // don't display anything
39       }
40       else {
41          // set ImageView's thumbnail image
42          thumbImageView.setImage(new Image(item.getThumbImage()));
43          label.setText(item.getTitle()); // configure Label's text
44          setGraphic(vbox); // attach custom layout to ListView cell
45       }
46    }
47 }
```

图 13.17 显示图像和文本的定制的 ListView 单元格工厂

第 24 ~ 26 行配置 Label，并将它与 VBox 的子集合绑定。第 24 行表明，如果 Label 上的文本太宽，超过了它的宽度，则需将文本折行显示；第 25 行指定文本需在 Label 上居中显示；第 26 行将 Label 与 VBox 绑定。最后，第 28 行规定单元格应使用它的首选宽度，这是由它的父 ListView 宽度决定的。

updateItem 方法

updateItem 方法(第 32 ~ 46 行)配置 Label 的文本和 ImageView 的图像，然后在 ListView 中显示定制的表示。当需要 ListView 单元格时，该方法由 ListView 的单元格工厂调用——首次显示 ListView 时，以及当 ListView 单元格即将滚入屏幕时。这个方法接收一个 Book 对象和一个布尔值，后者判断即将创建的单元格是否为空。必须调用 updateItem 的超类版本(第 35 行)，以确保正确显示了定制的单元格。

如果单元格为空，或者 item 参数为空，则不会显示图书信息，所以第 38 行调用 ImageTextCell 继承的 setGraphic 方法时，其实参值为 null。这个方法的实参为一个 Node 对象，表示需在单元格中显示的内容。该实参可以是任何 JavaFX Node 对象，从而为呈现定制化的单元格提供了极大的灵活性。

如果有图书需要显示，则第 40 ~ 45 行会配置 ImageTextCell 的 Label 和 ImageView。第 42 行配置

Book 的 Image，并将它设置成在 ImageView 中显示；第 43 行将 Label 的文本设置成书名。最后，第 44 行利用 setGraphic 方法，将 ImageTextCell 的 VBox 设置成单元格的定制表示。

性能提示 13.1

为了最优化 ListView 的表现，最好的做法是将定制表示的控件在 ListCell 子类中定义成实例变量，然后在该子类的构造方法中配置它们。这样做，可以最小化 updateItem 方法的每一次调用中的工作。

13.6.4 CoverViewerController 类

定义完定制的单元格布局之后，为了更新 CoverViewerController，需设置 ListView 的单元格工厂。在 CoverViewerController 的 initialize 方法中，将下列代码插入到最后一行之后：

```
booksListView.setCellFactory(
   new Callback<ListView<Book>, ListCell<Book>>() {
      @Override
      public ListCell<Book> call(ListView<Book> listView) {
         return new ImageTextCell();
      }
   }
);
```

并添加一条 import javafx.util.Callback 语句。

ListView 方法 setCellFactory 的实参是(javafx.util 包的)CallBack 函数式接口的一个实现。这个泛型接口提供一个 call 方法，它接收一个实参，返回一个值。这里实现的 Callback 接口具有一个匿名内部类对象。在 Callback 的尖括号对中，第一个类型(ListView<Book>)为 call 方法的参数类型，第二个类型(ListCell<Book>)为该方法的返回类型。其中的参数 Book 表示将显示定制的单元格的 ListView。call 方法只是简单地创建并返回 ImageTextCell 类的一个对象。

8 每当 ListView 需要新的单元格时，就会调用这个匿名内部类的 call 方法，以获得一个新的 ImageTextCell。接着，调用 ImageTextCell 的 update 方法，创建定制的单元格表示。注意，如果使用 Java SE 8 lambda(见第 17 章)，而不是匿名内部类，则可以用一行代码替换掉设置单元格工厂的整条语句。

13.7 其他 JavaFX 功能

本节给出的是 JavaFX 8 和 JavaFX 9 中其他的 JavaFX 功能。

TableView 控件

13.5 节中讲解了如何将数据与 ListView 控件绑定。通常而言，需要从数据库中加载这样的数据(见第 24 章和第 29 章)。JavaFX 的 TableView 控件(位于 javafx.scene.control 包中)按行和列的形式显示表格式数据，并且支持用户与数据的交互。

辅助性

8 在 Java SE 8 的一个更新版本中，JavaFX 添加了一些辅助性特性，以帮助那些有视觉障碍的用户。例如，各种操作系统中的屏幕阅读器，可以读出屏幕上的文字或者用户提供的文字，以帮助视障用户理解控件的用途。当然，必须首先启用操作系统中的屏幕阅读功能。JavaFX 控件还支持：

- 利用键盘操作 GUI——例如，用户可以按 Tab 键，从一个控件跳到另一个控件。如果启用了屏幕阅读器，则当用户在控件间移动时，屏幕阅读器会读出每一个控件的相关信息(见下面的讲解)。
- 高对比度模式可使控件更可读——利用屏幕阅读器时，必须在操作系统中启用这一特性。

有关屏幕阅读器及高对比度模式的更多信息，请参见操作系统的文档。

JavaFX Node 子类还具有如下与辅助性相关联的属性：

- accessibleTextProperty——屏幕阅读器对某个控件读出的一个字符串。例如，通常而言，屏幕阅读器会读出显示在一个 Button 上的文本，但是如果为该 Button 设置了这个属性，则读出的就是该属性值的文本。对于不具有文本的控件，例如 ImageView，也可以设置这个属性，以提供辅助性文本。
- accessibleHelpProperty——它所提供的关于控件的描述性字符串，比 accessibleTextProperty 属性提供的信息更详细。这个属性的文本用于让用户理解控件在程序中的用途。
- accessibleRoleProperty——来自(javafx.scene 包的)AccessibleRole 枚举的一个值。利用这个属性值，屏幕阅读器可以判断某个控件所支持的属性和动作。
- accessibleRoleDescriptionProperty——有关控件的一段文本描述。屏幕阅读器读完它之后，通常会接着读出控件的内容(例如 Button 上的文本)，或者 accessibleTextProperty 的值。

此外，还可以在 GUI 中添加一些 Label，以描述控件。这时，应将每一个 Label 的 labelFor 属性设置成它所描述的那个控件。例如，用于输入电话号码的一个 TextField，其前面可以有一个包含文本“Phone Number”的 Label。如果该 Label 的 labelFor 属性指向那个 TextField，则屏幕阅读器在向用户描述 TextField 时也会读取 Label 的文本。

第三方 JavaFX 库

JavaFX 正变得越来越流行。有各种各样的开源、第三方库定义了更多的 JavaFX 功能，可以将它们集成到自己的程序中。一些流行的 JavaFX 库如下所示：

- ControlsFX(http://www.controlsfx.org/)，提供常见的对话框、更多的控件、验证功能、强化的 TextField、SpreadSheetView、强化的 TableView，等等。在 http://docs.controlsfx.org/上，可以找到它的 API 文档；在 http://code.controlsfx.org 上，有各种各样的代码示例。第 22 章中，用到了一个开源的 ControlsFX 对话框。
- JFXtras(http://jfxtras.org/)，也提供许多额外的 JavaFX 控件，包括日期/时间选择器、用于维护日常事项的控件、日历控件、更多的窗口特性，等等。
- Medusa 提供许多 JavaFX 计量表，它们看起来像时钟、速度表等。在 https://github.com/HanSolo/Medusa/blob/master/README.md 上，可以找到它们的示例。

创建定制的 JavaFX 控件

通过扩展现有 JavaFX 控件类，或者直接扩展 JavaFX 的 Control 类，可以创建定制的控件。

JavaFXPorts：用于移动和嵌入式设备的 JavaFX

Java 的一个重要好处，是编写的程序能够运行于任何具有 Java 虚拟机(JVM)的设备上，包括笔记本电脑、台式机、服务器、移动设备和嵌入式设备(例如物联网上的设备)。Oracle 官方只支持 JavaFX 用于桌面程序。Gluon 的开源 JavaFXPorts 项目，将 JavaFX 桌面版本扩展到了移动设备(iOS 和 Android)，以及诸如廉价的 Raspberry Pi 之类的设备(https://www.raspberrypi.org/)，它们可以用于独立式计算机或者嵌入式设备程序。关于 JavaFXPorts 的更多信息，请访问：

```
http://javafxports.org/
```

此外，Gluon Mobile 还为 iOS 和 Android 提供了优化的移动式 JavaFX 实现。更多信息，请访问：

```
http://gluonhq.com/products/mobile/
```

用于调试 JavaFX 场景和节点的 Scenic View

Scenic View 是一个用于 JavaFX 场景和节点的调试工具。可以将 Scenic View 直接嵌入程序中，也可以将它作为单独的程序运行。Scenic View 可以检查 JavaFX 的场景和节点，动态地修改它们，并查看这些变化对屏幕效果的影响——这些操作无须编辑代码，也不必重新编译并运行程序。更多信息，请访问：

```
http://www.scenic-view.org
```

现实的 JavaFX 资源和 JavaFX

访问：

http://bit.ly/JavaFXResources

可得到一个冗长且还在不断扩张的 JavaFX 资源列表，它们包含如下这些链接：

- 文章
- 教程(免费或者收费)
- 重要的博客和站点
- YouTube®视频
- 图书(需购买)
- 大量库、工具、项目和框架
- 来自 JavaFX 演示的幻灯片展示
- 各种真实的 JavaFX 示例

13.8 JavaFX 9：Java SE 9 JavaFX 的更新

本节给出的是 JavaFX 9 中的几处改变和强化。

Java SE 9 模块化

9

Java SE 9 中新增加的最重要的软件工程特性，是模块化系统。这一特性也适用于 JavaFX 9。主要的 JavaFX 9 模块包括：

- javafx.base——包含所有 JavaFX 9 程序都需要用到的那些包。所有其他的 JavaFX 9 模块都依赖于这个模块。
- javafx.controls——包含用于控件、布局和图表的那些包，包括本章和第 12 章中用到的各种控件。
- javafx.fxml——包含用于 FXML 的那些包，包括本章和第 12 章中用到的那些 FXML 特性。
- javafx.graphics——包含用于图形、动画、CSS(节点样式化)、文本等的那些包(见第 22 章)。
- javafx.media——包含用于音/视频集成的那些包(见第 22 章)。
- javafx.swing——包含用于在 JavaFX 9 程序中集成 Swing GUI 组件的那些包(见第 26 章和第 35 章)。
- javafx.web——包含用于集成 Web 内容的包。

如果程序中使用了模块化和 JDK 9，则在运行时只有程序所要求的那些模块会被加载。否则，程序会继续按以前的方式运行，只要没有使用所谓的内部 API 即可。内部 API，即还没有进行文档化的 Java API，它不是供公开使用的。在模块化 JDK 9 中，这样的 API 被自动定义成私有的，程序无法访问它们——依赖于 Java SE 9 之前的内部 API 的任何代码都不会被编译。本书在线讲解的 Java SE 9 中，有关于模块化的更多信息。细节请参见本书前言。

新的公共皮肤 API

9

第 22 章中，将讲解一种被称为层叠样式表(CSS)的技术，用于格式化 JavaFX 对象。最早开发的 CSS，用于在 Web 页面中格式化元素。我们将看到，CSS 允许将 GUI 的表现(如字体、间距、大小、颜色、位置)与它的结构和内容(布局容器、形体、文本、GUI 组件等)分离开。如果 JavaFX GUI 的表现完全由样式表决定(样式表指定了呈现 GUI 的规则)，则只需换成一个新的样式表——有时被称为皮肤(skin)——就可以使 GUI 发生变化。这种操作常被称为“皮肤化”(skinning)。

所有的 JavaFX 控件都有一个决定其默认外观的皮肤类。JavaFX 8 中，这些皮肤类被定义成了内部 API。但是，有许多开发人员通过扩展这些皮肤类，创建出一些定制的皮肤。JavaFX 9 中，这些皮肤类被作为公共 API 放入了 javafx.scene.control.skin 包中。通过扩展合适的皮肤类，可以为某类控件提供定制的外观。然后创建一个定制皮肤类的对象，通过 setSkin 方法，就可以将这种皮肤应用到控件上。

Linux 中的 GTK+ 3 支持

GTK+（GIMP 工具集，参见 http://gtk.org）是一种 GUI，JavaFX 用它来绑定场景，以便在 Linux 上呈现 GUI 和图形。现在，Java SE 9 中的 JavaFX 已经支持 GTK+ 3，它是 GTK+的最新版本。

高 DPI 屏幕支持

Java SE 8 的更新版中，JavaFX 添加了对在 Windows 和 macOS 下高 DPI（dots-per-inch，每英寸点数）屏幕的支持。Java SE 9 中增加了对 Linux 高 DPI 的支持。对 Windows、macOS 和 Linux 操作系统，还增加了通过编程在 JavaFX 程序中处理 GUI 的呈现范围。

更新后的 GStreamer

利用开源的 GStreamer 框架，JavaFX 实现了它的音/视频功能（https://gstreamer.freedesktop.org）。JavaFX 9 中集成了最新的 GStreamer 版本，修复了许多 bug，且性能得到了加强。

更新后的 WebKit

JavaFX 的 WebView 控件，可以使 Web 内容嵌入到 JavaFX 程序中。WebView 以开源的 WebKit 框架（http://www.webkit.org）为基础，WebKit 是一个 Web 浏览器引擎，它支持加载和呈现 Web 页面。JavaFX 9 中集成的是 WebKit 的更新版本。

13.9　小结

本章继续探讨 JavaFX，更详细地讲解了 JavaFX 的布局面板，并利用 BorderPane、TitledPane 和 Pane 来管理控件。

本章探讨了 JavaFX 节点所支持的许多鼠标事件，并且在一个简单的 Painter 程序中使用了 onMouseDragged 事件。当用户拖动鼠标滑过 Pane 时，这个程序会显示一些圆点。Painter 程序允许用户从两组互斥的 RadioButton 中选择颜色和画笔大小。我们使用了几个 ToggleGroup 来管理每一组中 RadioButton 之间的关系。还讲解了如何为控件提供所谓的用户数据 Object。当选中了某个 RadioButton 时，就从 ToggleGroup 中获得它，然后得到该 RadioButton 的用户数据 Object，以确定画笔颜色和大小。

本章探讨了属性绑定和属性监听器，然后利用它们实现了一个 Color Chooser 程序。我们将一个 TextField 的文本与 Slider 的值绑定，然后在用户移动了 Slider 的滑块时自动更新 TextField 的文本。还利用了属性监听器，当 Slider 的值发生变化时，程序的控制器会更新 Rectangle 的颜色。

在 Cover Viewer 程序中，讲解了如何将一个 ObservableList 集合与 ListView 控件绑定，用集合的元素填充这个 ListView。默认情况下，集合中的每一个对象在 ListView 中是作为一个 String 显示的。我们还将一个属性监听器配置成当用户在 ListView 中选取了某一项时，程序会在 ImageView 中显示一个图像。此外修改了 Cover Viewer 程序，利用定制的 ListView 单元格工厂来指定 ListView 单元格内容的布局。最后，介绍了其他几种 JavaFX 的功能，以及 Java SE 9 中对 JavaFX 所做的更新。

下一章中，将探讨 String 类及它的方法。还将介绍正则表达式，并演示如何用正则表达式验证用户输入。

总结

13.2 节　在场景图中布局节点

- 布局决定了场景图中节点的大小及位置。
- 通常而言，节点的大小不能被强行定义。
- 除了 width 和 height 属性，大多数 JavaFX 节点都具有属性 prefWidth、prefHeight、minWidth、minHeight、maxWidth 和 maxHeight，它们指定了当置于父节点中时，该节点可以接受的范围区间。
- 两个最小尺寸属性指定了节点所允许的最小尺寸（像素数）。

- 两个最大尺寸属性指定了节点所允许的最大尺寸(像素数)。
- 两个首选尺寸属性指定了大多数情况下节点应使用的宽度和高度。
- 节点位置应相对于其父节点及父节点中的其他节点来定义。
- JavaFX 布局窗格是一个容器节点，它根据其子节点的大小和位置，将子节点放置在场景图中。
- 大多数 JavaFX 布局窗格都采用相对定位的形式。

13.3.1 节　技术概览

- RadioButton 提供几个互斥的选项。
- 可以在 ToggleGroup 中添加多个 RadioButton，以确保每次只有一个 RadioButton 被选中。
- 如果在程序中创建了一个 ToggleGroup(而不是在 FXML 中声明它)，则可以调用 RadioButton 的 setToggleGroup 方法，指定它所属的 ToggleGroup。
- BorderPane 布局容器会将控件放入 5 个区域之一：顶部、右侧、底部、左侧和中心。顶部和底部区域的宽度与 BorderPane 的宽度相同。左侧、中心和右侧区域会填充顶部和底部区域之间的空隙。每一个区域都可以包含一个控件或者一个布局容器，而后者还可以包含其他的控件。
- BorderPane 中的所有区域都是可有可无的：如果顶部或者底部区域为空，则其他三个区域会在垂直方向扩展，以填充空出的某个区域；如果左侧或右侧区域为空，则中心区域会水平扩展，以填充空出的那个区域。
- TitledPane 布局容器会将标题显示在顶部，它是一个包含布局节点的伸缩式面板，而布局节点中也可以包含其他节点。
- javafx.scene.shape 包中包含用于创建二维和三维形体节点的各种类,这些形体可以显示在场景图中。
- 节点会被放置于 Pane 布局的指定 *x-y* 坐标位置，坐标圆点位于绘制区的左上角。
- JavaFX 节点支持多种鼠标事件。
- JavaFX 支持其他类型的输入事件，例如触屏事件和键击事件。
- 所有的 JavaFX 控件都有一个 setUserData 方法，它接收一个 Object 参数。可以利用这个方法来保存与控件相关联的任何对象——当发生控件事件时，通常会用到这个 Object。

13.3.2 节　创建 Painter.fxml 文件

- 如果在 Scene Builder 中已经打开了一个 FXML 文件,则可以选择 File > New,新创建一个 FXML 文件，然后保存它。

13.3.3 节　构建 GUI

- VBox 的 Spacing 属性指定控件与它的容器之间的垂直间距。
- 将节点的 Max Height 属性设置成 MAX_VALUE，会使节点占据它的父节点的全部高度。
- Style 值“-fx-background-color”指定了节点的背景色。
- TitledPane 的 Text 属性指定出现在 TitledPane 顶部的标题。
- RadioButton 的 Text 属性指定出现在该 RadioButton 旁边的文本。
- RadioButton 的 Selected 属性表明它是否被选中。
- 在 FXML 中设置 RadioButton 的 Toggle Group 属性会将该 RadioButton 添加到这个 ToggleGroup 中。
- 将控件的 Max Width 属性设置成 MAX_VALUE，会使控件占据它的父节点的整个宽度。
- 控件的 On Mouse Dragged 事件处理器(位于 Code 部分 Mouse 标题的下面)指定当用户在该控件上拖动鼠标时应该如何处理。
- 为了指定当用户与 RadioButton 交互时应做些什么，需设置它的 On Action 事件处理器。
- 为了指定当用户与 Button 交互时应做些什么，需设置它的 On Action 事件处理器。

13.3.5 节　PainterController 类

- 顶级类型不能在其他类型中声明。
- Java 允许在一个类中声明另一个类、接口和枚举值——它们被称为嵌套类型。
- 所定义的每一个鼠标事件处理器，都必须有一个 MouseEvent 类型的参数（位于 javafx.scene.input 包中）。发生事件时，这个参数会包含关于事件的信息，例如它的位置、是否有鼠标按键按下、用户正与之交互的节点，等等。
- 每一个布局窗格都有一个 getChildren 方法，它返回的 ObservableList<Node>集合包含该布局的所有子节点。ObservableList 提供的几个方法，用于添加和删除元素。
- 所有的 JavaFX 形体都间接继承自 javafx.scene 包中的 Node 类。
- ToggleGroup 方法 getSelectedToggle 返回一个当前被选中的 Toggle 对象。RadioButton 类是实现了 Toggle 接口的多个控件之一（其他两个为 RadioButtonMenuItem 和 ToggleButton）。
- Toggle 的 getUserData 方法取得与该控件相关联的用户数据 Object。

13.4.1 节　技术概览

- RGBA 中，每种颜色表示为红、绿、蓝三个颜色值，取值范围为 0 ~ 255，其中 0 表示无色，255 表示全色。alpha 值（A）的取值范围为 0.0 ~ 1.0，它表示颜色的不透明度，0.0 表示完全透明，1.0 表示完全不透明。
- 利用特定的命名规范，属性通过创建一套 *set* 方法和 *get* 方法来定义。一般情况下，这类方法所操作的私有实例变量，其名称与属性相同，但并不要求必须这样。如果属性代表的是一个布尔值，则它的 *get* 方法名称通常以“is”开头，而不是”get”。
- JavaFX 中的属性是可观察的——属性值发生变化时，其他对象能够做出响应。
- 响应属性变化的一种途径是利用属性绑定。当某个对象的属性值发生变化时，属性绑定能够使另一个对象的属性也更新。
- 属性绑定并不限于只有 JavaFX 控件才能使用。javafx.beans.property 包中有许多类可以用来定义可绑定的属性。
- 属性监听器就是当属性值发生变化时会调用的一个事件处理器。在事件处理器中，程序可以根据需要对属性值的变化做出响应。

13.4.2 节　构建 GUI

- Circle 和 Rectangle 位于 Scene Builder 的 Library 窗口的 Shapes 部分。

13.4.4 节　ColorChooserController 类

- 控制器类的 initialize 方法，通常用于配置属性绑定和属性监听器。
- TextField 有一个 text 属性，它的值由 textProperty 方法作为（javafx.beans.property 包的）StringProperty 返回。
- StringProperty 方法 bind，接收的实参为一个 ObservableValue 值。ObservableValue 值发生变化时，会相应更新被绑定的属性值。
- Slider 方法 valueProperty，将该 Slider 的 value 属性值作为 DoubleProperty 类的一个对象返回，它是一个可观察的 double 值。
- DoubleProperty 方法 asString 返回的 StringBinding 对象（一个可观察值），得到该 DoubleProperty 的字符串表示。
- 当属性值发生变化时，为了执行指定的任务，必须注册属性监听器。

13.5 节　Cover Viewer 程序：数据驱动的 GUI 及 JavaFX 集合

- JavaFX 提供了一种功能丰富的模式，使 GUI 可以与数据交互。

13.5.1 节　技术概览

- ListView 控件用于显示一个对象集。
- 尽管可以逐个在 ListView 中添加项目，但通常的做法是将一个 ObservableList 对象与 ListView 绑定。
- 如果 ObservableList 发生变化，则会自动通知它的观察者(例如 ListView)。
- javafx.collections 包中定义了 ObservableList(与 ArrayList 类似)及其他可观察的集合接口。
- FXCollections 类提供的几个静态方法，用于创建并操作可观察的集合。

13.5.5 节　CoverViewerController 类

- FXCollections 静态方法 observableArrayList，返回的空集合对象(与 ArrayList 类似)实现了 ObservableList 接口。
- ListView 方法 setItems 接收一个 ObservableList，并将一个 ListView 与它绑定。这种数据绑定，使得 ListView 能够自动显示 ObservableList 的对象——默认格式为 String。
- 通常而言，ListView 只支持单项选择——每次只能选中一个项目。ListView 也支持多项选择。选择的类型是由 ListView 的 MultipleSelectionModel(javafx.scene.control 包中 Selection- Model 的子类)管理的，这个子类包含一些可观察的属性，以及各种方法，用于操作 ListView 项。
- 为了响应选项的变化情况，需为 MultipleSelectionModel 的 selectedItem 属性注册一个监听器。
- ListView 方法 getSelectionModel 返回一个 MultipleSelectionModel 对象。
- MultipleSelectionModel 方法 selectedItemProperty 返回一个 ReadOnlyObjectProperty，而对应的 ChangeListener 方法，其参数为一个 oldValue 和一个 newValue，分别对应于上一次所选的对象及新选中的对象。

13.6.1 节　技术概览

- 为了创建定制的 ListView 单元格格式，必须首先定义(javafx.scene.control 包的)ListCell 泛型类的一个子类，指定如何创建一个 ListView 单元格。
- ListView 显示它的项时，会从单元格工厂获取 ListCell 对象。
- 使用 ListView 的 setCellFactory 方法，替换返回 ListCell 子类对象的方法。需重写这个类的 updateItem 方法，以定制单元格的布局和内容。
- 在 Scene Builder 中所做的全部事情，都可以在 Java 代码中实现。

13.6.3 节　ImageTextCell 类定制单元格工厂类

- 定制的 ListView 单元格布局被定义成 ListCell<*Type*>的一个子类，其中“*Type*”是显示在 ListView 单元格中的对象类型。
- ListCell<*Type*>子类的 updateItem 方法会创建定制的单元格表现形式。当需要 ListView 单元格时，该方法由 ListView 的单元格工厂调用——首次显示 ListView 时，以及当 ListView 单元格即将滚入屏幕时。
- updateItem 方法接收一个对象和一个布尔值，后者判断即将创建的单元格是否为空。必须调用 updateItem 的超类版本以确保正确显示了定制的单元格。
- ListCell<*Type*>的 setGraphic 方法接收一个 JavaFX Node 对象，它代表所定制的单元格的外观。

13.6.4 节　CoverViewerController 类

- 一旦定义了定制的单元格的布局，就必须设置 ListView 的单元格工厂。
- ListView 方法 setCellFactory 的实参是(javafx.util 包的)CallBack 接口的一个实现。这个泛型接口提供的 call 方法接收一个实参，返回定制的 ListCell<*Type*>子类的一个对象。

13.7 节　其他 JavaFX 功能

- JavaFX 的 TableView 控件(来自 javafx.scene.control 包中)按行和列的形式显示表格式数据，并且支持用户与数据的交互。

- 在 Java SE 8 的一个更新版本中，JavaFX 添加了一些辅助性特性，以帮助那些有视觉障碍的用户。这些特性包括屏幕阅读器支持、通过键盘进行 GUI 导航，以及使控件更可读的高对比度模式。
- 有关屏幕阅读器及高对比度模式的更多信息，请参见操作系统的文档。
- JavaFX Node 子类还具有与辅助性相关联的一些属性。
- accessibleTextProperty 是屏幕阅读器对某个控件读出的一个字符串。
- accessibleHelpProperty 是所提供的关于控件的描述性字符串，比 accessibleTextProperty 属性提供的信息更详细。这个属性的文本用于让用户理解控件在程序中的用途。
- accessibleRoleProperty 是来自(javafx.scene 包的)AccessibleRole 枚举的一个值。利用这个属性值，屏幕阅读器可以判断某个控件所支持的属性和动作。
- accessibleRoleDescriptionProperty 是有关控件的一段文本描述。屏幕阅读器读完它之后，通常会接着读出控件的内容或者 accessibleTextProperty 的值。
- 可以在 GUI 中添加一些 Label 以描述控件。这时，应将每一个 Label 的 labelFor 属性设置成它所描述的那个控件。如果 Label 的 labelFor 属性指向另一个控件，则屏幕阅读器在向用户描述该控件时，也会读取 Label 的文本。
- 通过扩展现有 JavaFX 控件类，或者直接扩展 JavaFX 的 Control 类，可以创建定制的控件。
- Scenic View(http://www.scenic-view.org/)是一个用于 JavaFX 场景和节点的调试工具。可以将 Scenic View 直接嵌入程序中，也可以将它作为单独的程序运行。Scenic View 可以检查 JavaFX 的场景和节点，动态地修改它们，并查看这些变化对屏幕效果的影响——这些操作无须编辑代码，也不必重新编译并运行程序。

13.8 节　JavaFX 9：Java SE 9 JavaFX 的更新

- JavaFX 9 最重要的新特性是模块化。
- 如果程序中使用了模块化和 JDK 9，则在运行时只有程序所要求的那些模块会被加载。否则，程序会继续按以前的方式运行，只要没有使用所谓的内部 API 即可。内部 API，即还没有进行文档化的 Java API，它不是供公开使用的。
- 如果 JavaFX GUI 的表现完全由样式表决定(样式表指定了呈现 GUI 的规则)，则只需换成一个新的样式表——有时称为皮肤——就可以使 GUI 发生变化。这种操作常被称为“皮肤化”。
- 所有的 JavaFX 控件都有一个决定其默认外观的皮肤类。
- JavaFX 8 中，皮肤类被定义成内部 API。JavaFX 9 中，皮肤类变成了 javafx.scene.control.skin 包中的公共 API。
- 可以扩展合适的皮肤类，以定制某一类型控件的外观。然后创建一个定制皮肤类的对象，通过 setSkin 方法，就可以将这种皮肤应用到控件上。
- JavaFX 9 支持 GTK+ 3，它是最新的 GTK+版本。
- Java SE 8 的更新版中，JavaFX 添加了对在 Windows 和 macOS 下高 DPI 屏幕的支持。Java SE 9 中增加了对 Linux 高 DPI 的支持。
- 对于 Windows、macOS 和 Linux 操作系统，JavaFX 9 中增加了通过编程在 JavaFX 程序中处理 GUI 的呈现范围。
- 利用开源的 GStreamer 框架，JavaFX 实现了它的音/视频功能(https://gstreamer.freedesktop.org)。JavaFX 9 中集成了最新的 GStreamer 版本，修复了许多 bug，且性能得到了加强。
- JavaFX 的 WebView 控件可以使 Web 内容嵌入到 JavaFX 程序中。WebView 以开源的 WebKit 框架(http://www.webkit.org)为基础，WebKit 是一个 Web 浏览器引擎，它支持加载和呈现 Web 页面。JavaFX 9 中集成的是 WebKit 的更新版本。

自测题

13.1 填空题。

a) 可以在________中添加多个 RadioButton，以确保每次只有一个 RadioButton 被选中。

b) ________决定了场景图中节点的大小及位置。

c) ________布局容器会将标题显示在顶部，它是一个包含布局节点的伸缩式面板，而布局节点中也可以包含其他节点。

d) ________包中，包含用于创建二维和三维形体节点的各种类，这些形体可以显示在场景图中。

e) 控件的________事件处理器，指定当用户在该控件上拖动鼠标时应该如何处理。

f) 为了指定当用户与 RadioButton 交互时应做些什么，需设置它的________事件处理器。

g) TextField 有一个 text 属性，它的值由 textProperty 方法作为(javafx.beans.property 包的)________返回。

h) DoubleProperty 方法 asString 返回的________对象(一个可观察值)，得到该 DoubleProperty 的字符串表示。

i) 尽管可以逐个在 ListView 中添加项目，但通常的做法是将一个________对象与 ListView 绑定。

j) ________类提供的几个静态方法，用于创建并操作可观察的集合。

k) ListView 显示它的项时，会从________获取 ListCell 对象。

l) JavaFX 的________控件，可以使 Web 内容嵌入到 JavaFX 程序中。

m) 在 Java SE 8 的一个更新版本中，JavaFX 添加了一些________，以帮助那些有视觉障碍的用户。这些特性包括屏幕阅读器支持、通过键盘进行 GUI 导航，以及使控件更可读的高对比度模式。

13.2 判断下列语句是否正确。如果不正确，请说明理由。

a) 通常而言，节点的大小应当强行定义。

b) 节点位置，应相对于其父节点及父节点中的其他节点来定义。

c) 大多数 JavaFX 布局窗格都采用固定绝对定位的形式。

d) RadioButton 提供几个互斥的选项。

e) JavaFX 布局窗格是一个容器节点，它根据其子节点的大小和位置，将子节点放置在场景图中。

f) ToggleGroup 方法 getToggle，返回一个当前被选中的 Toggle 对象。

g) 每一个布局窗格都有一个 getChildren 方法，它返回的 ObservableList<Node>集合，包含该布局的所有子节点。

h) 响应属性变化的唯一途径，是利用属性绑定。当某个对象的属性发生变化时，属性绑定能够使另一个对象的属性也更新。

i) JavaFX 中的属性是可观察的——属性值发生变化时，其他对象能够做出响应。

j) 属性绑定只能用于 JavaFX 控件。

k) RGBA 中，每种颜色表示为红、绿、蓝三个颜色值，取值范围为 0 ~ 255，其中 0 表示无色，255 表示全色。alpha 值(A)的取值范围为 0.0 ~ 1.0，它表示颜色的不透明度，0.0 表示完全透明，1.0 表示完全不透明。

l) 为了响应 ListView 选项的变化，需为 SingleSelectionModel 的 selectedItem 属性注册一个监听器。

m) 为了创建定制的 ListView 单元格格式，必须首先定义(javafx.scene.control 包的)CellFormat 泛型类的一个子类，指定如何创建一个 ListView 单元格。

n) 只能通过 Scene Builder 来构建 JavaFX GUI。

o) JavaFX 的(javafx.scene.control 包的)TableView 控件，按行和列的形式显示表格式数据，并且支持用户与数据的交互。

p) 可以在 GUI 中添加一些 Label，以描述控件。这时，应将每一个 Label 的 describesControl 属性设置成它所描述的那个控件。

自测题答案

13.1 a) ToggleGroup。b) 布局。c) TitledPane。d) javafx.scene.shape。e) On Mouse Dragged。f) On Action。g) StringProperty。h) StringBinding。i) ObservableList。j) FXCollections。k) 单元格工厂。l) WebView。m) 辅助性特性。

13.2 a) 错误。通常而言，节点的大小不能被强行定义。b) 正确。c) 错误。大多数 JavaFX 布局窗格都采用相对定位的形式。d) 正确。e) 正确。f) 错误。ToggleGroup 方法 getSelectedToggle，返回一个当前被选中的 Toggle 对象。g) 正确。h) 错误。利用属性监听器，当属性的值发生变化时会调用这个事件处理器。i) 正确。j) 错误。属性绑定并不限于只有 JavaFX 控件才能使用。javafx.beans.property 包中，有许多类可以用来定义可绑定的属性。k) 正确。l) 错误。为了响应 ListView 选项的变化，需为 MultipleSelectionModel 的 selectedItem 属性注册一个监听器。m) 错误。为了创建定制的 ListView 单元格格式，必须首先定义（javafx.scene.control 包的）ListCell 泛型类的一个子类，指定如何创建一个 ListView 单元格。n) 错误。在 Scene Builder 中所做的全部事情，都可以在 Java 代码中实现。o) 正确。p) 错误。可以在 GUI 中添加一些 Label，以描述控件。这时，应将每一个 Label 的 labelFor 属性设置成它所描述的那个控件。

练习题

13.3 **（修改 Painter 程序）**将（13.4 节创建的）Color Chooser 程序里的 RGBA 颜色选择器，集成到（13.3 节的）Painter 程序中，使用户能够随意挑选绘制颜色。改变 Slider 值时，应同时更新显示给用户的色卡，并将 brushColor 实例变量的值设置成当前 Color 对象的值。

13.4 **（Contacts 程序）**以（13.5 ~ 13.6 节的）Cover Viewer 程序为蓝本，创建一个 Contacts 程序。将联系人信息保存到一个包含 Contact 对象的 ObservableList 列表中。联系人信息，应包含名字、姓氏、Email 地址和电话号码等属性（还可以包含其他属性）。用户从联系人列表中选中了某一位时，应将这个人的信息显示在一个由 TextField 组成的 Grid 中。信息发生变化时（更新现有联系人的数据、添加新联系人、删除已有联系人），包含联系人信息的 ListView 应显示更新后的数据。ListView 中只显示联系人的姓氏。

13.5 **（修改 Contacts 程序）**修改上一题中的程序，为每一位联系人添加一个照片。提供一个定制的 ListView 单元格工厂，显示联系人的名字和照片，名字按姓氏排序。

13.6 **（修改 Tip Calculator 程序）**12.5 节中的 Tip Calculator 程序并不需要一个 Button 来执行计算。利用属性监听器来执行计算，重新实现这个程序。只要用户修改了账单额或者小费百分比，就显示结果。还需要利用属性绑定来更新显示在 Label 上的小费百分比。

13.7 **（高级项目：修改 Color Chooser 程序）**13.4 节中 Color Chooser 程序里创建的属性绑定，当 Slider 的值发生变化时，会更新 TextField 的文本。但是，反过来就不存在这种功能。JavaFX 还支持双向属性绑定。在线研究一下双向属性绑定的问题，然后在 Slider 和 TextField 之间创建一种双向绑定，使得当修改 TextField 值时，也会更新对应的 Slider 值。

13.8 **（项目：小型 Web 浏览器）**分析一下 JavaFX 的 WebView 控件和 WebEngine 类，然后创建一个 JavaFX 程序，提供基本的 Web 浏览功能。有关它们的介绍，请参见 https://docs.oracle.com/javase/8/javafx/embedded-browser-tutorial/overview.htm。

（选修）GUI 与图形实例练习题：交互式多态绘图程序

13.9 **（项目：交互式多态绘图程序）**实现一个 JavaFX 程序，它利用练习题 10.2 中的 MyShape 类层次，创建一个完全交互的绘图程序。无须对 MyShape 类层次做任何改变。程序应将这些形体保存在一个 ArrayList<MyShape>中。用户可以指定绘制特性，例如绘制形状、边线色、填充色，以及形体是中空还是被填充的。提供一个鼠标事件处理器，使用户能够拖动鼠标，定位形体并决定形体的大小。此外，还应使用户能够撤销所绘制的最后一个形体，或者清除全部的形体。

第 14 章　字符串、字符与正则表达式

目标

本章将讲解

- 创建并操作 String 类的不可变字符/字符串对象。
- 创建并操作 StringBuilder 类的可变字符串对象。
- 创建并操作 Character 类的对象。
- 使用 String 类的 split 方法将 String 对象拆分成标记。
- 使用正则表达式验证输入到程序中的 String 数据。

提纲

14.1 简介

本章讲解 Java 处理字符串和字符的功能。这里探讨的技术，适合于验证程序输入、向用户显示信息及进行其他基于文本的操作。它们也适用于开发文本编辑器、字处理软件、页面排版软件及其他种类的文本处理软件。在前面的几章中，已经展示过几种处理字符串的能力。本章将详细探讨 String 类、StringBuilder 类和 Character 类的能力，它们来自 java.lang 包，这些类提供了 Java 中字符串和字符操作的基本功能。

本章还将探讨正则表达式，它为程序提供了验证输入的功能。这种功能位于 String 类、Matcher 类和 Pattern 类中，后两个类来自 java.util.regex 包。

14.2　字符和字符串基础

字符是 Java 源程序的基础内容。每个程序都由字符序列构成，以有意义的方式组合起来，Java 编译器将这个序列解释为指令，指令描述了如何完成任务。程序可能包含字符字面值(character literal)。字符字面值就是表示为整数值的字符，位于单引号中。例如，'z'表示字母 z 的整数值，'\t'表示 Tab 键的整数值。字符字面值的值，就是这个字符在计算机的 Unicode 字符集中的整数值。附录 B 中给出了 ASCII 字符集中字符的整数值，ASCII 字符集是 Unicode 字符集的子集(见在线的附录 H)。

回忆 2.2 节可知，字符串就是被看成一个单元的字符序列。字符串可以包含字母、数字及各种特殊字符，例如+、-、*、/ 和 $。字符串就是 String 类的一个对象。字符串字面值(作为 String 对象保存在内存中)被写成包含在双引号中的一个字符序列，例如：

```
"John Q. Doe"                 （一个名字）
"9999 Main Street"            （一个街道地址）
"Waltham, Massachusetts"      （一个城市和州名）
"(201) 555-1212"              （一个电话号码）
```

字符串可以被赋予 String 引用。声明：

```
String color = "blue";
```

将 String 变量 color 初始化成包含字符串“blue”的 String 对象的引用。

性能提示 14.1

为了节省内存，对于具有相同内容的所有字符串字面值，Java 都将它们当成一个具有许多引用的 String 对象。

14.3　String 类

在 Java 中，String 类用来表示字符串。下面的几个小节将讲解 String 类的许多功能。

性能提示 14.2

在 Java SE 9 中，Java 采用了更为紧凑的 String 表示方式。这会极大地减少用来保存包含 Latin-1 字符(字符代码为 0～255 的字符)的 String 对象所占用的内存。更多信息请参见 JEP 254 的提议(见 http://openjdk.java.net/jeps/254)。

9

14.3.1　String 类的构造方法

String 类提供了以各种方式初始化 String 对象的多个构造方法。其中的 4 个构造方法在图 14.1 的 main 方法中给出。

```
1   // Fig. 14.1: StringConstructors.java
2   // String class constructors.
3
4   public class StringConstructors {
5      public static void main(String[] args) {
6         char[] charArray = {'b', 'i', 'r', 't', 'h', ' ', 'd', 'a', 'y'};
7         String s = new String("hello");
8
9         // use String constructors
10        String s1 = new String();
11        String s2 = new String(s);
12        String s3 = new String(charArray);
13        String s4 = new String(charArray, 6, 3);
14
```

图 14.1　String 类的构造方法

```
15          System.out.printf(
16             "s1 = %s%ns2 = %s%ns3 = %s%ns4 = %s%n", s1, s2, s3, s4);
17       }
18    }
```

```
s1 =
s2 = hello
s3 = birth day
s4 = day
```

图 14.1(续) String 类的构造方法

第 10 行用 String 类的无实参构造方法实例化了一个新的 String 对象，并将它的引用赋予 s1。这个新的 String 对象不包含字符(即为空字符,也可以表示成""),长度为 0。第 11 行用 String 类的实参为 String 对象的构造方法实例化了一个新的 String 对象，并将它的引用赋予 s2。这个新的 String 对象包含的字符序列，与作为实参传递给构造方法的 String 对象中的字符序列相同。

性能提示 14.3

没有必要复制已经存在的 String 对象。String 对象是不可变的(immutable)，因为 String 类没有提供允许修改 String 对象内容的任何方法。事实上，根本无须调用 String 类的构造方法。

第 12 行实例化了一个新的 String 对象，并将它的引用赋予 s3，它使用的是带一个 char 数组实参的 String 类的构造方法。这个新的 String 对象包含数组中字符的副本。

第 13 行实例化了一个新的 String 对象，并将它的引用赋予 s4，它使用的 String 类的构造方法，具有 char 数组和两个整数实参。第二个实参指定从数组中复制字符的起始位置(偏移量)。记住，第一个字符的位置是 0。第三个实参指定要从数组中复制的字符个数(数量)。这个新的 String 对象包含的字符串由所复制的字符构成。如果指定的偏移量或字符数量导致要访问字符数组界外的元素，则会抛出 StringIndexOutOfBoundsException 异常。

14.3.2 String 方法 length、charAt 和 getChars

String 方法 length、charAt 和 getChars，分别返回字符串的长度、获得字符串中指定位置的字符、取得作为 char 数组返回的字符串中的字符集。图 14.2 中的程序演示了这些方法的用法。

```
1   // Fig. 14.2: StringMiscellaneous.java
2   // This application demonstrates the length, charAt and getChars
3   // methods of the String class.
4
5   public class StringMiscellaneous {
6      public static void main(String[] args) {
7         String s1 = "hello there";
8         char[] charArray = new char[5];
9
10        System.out.printf("s1: %s", s1);
11
12        // test length method
13        System.out.printf("%nLength of s1: %d", s1.length());
14
15        // loop through characters in s1 with charAt and display reversed
16        System.out.printf("%nThe string reversed is: ");
17
18        for (int count = s1.length() - 1; count >= 0; count--) {
19           System.out.printf("%c ", s1.charAt(count));
20        }
21
22        // copy characters from string into charArray
23        s1.getChars(0, 5, charArray, 0);
24        System.out.printf("%nThe character array is: ");
25
26        for (char character : charArray) {
```

图 14.2 String 方法 length、charAt 和 getChars

```
27            System.out.print(character);
28         }
29
30         System.out.println();
31      }
32   }
```

```
s1: hello there
Length of s1: 11
The string reversed is: e r e h t   o l l e h
The character array is: hello
```

图 14.2(续)　String 方法 length、charAt 和 getChars

第 13 行用 String 方法 length 确定 s1 中的字符个数。和数组一样，字符串总是知道自己的长度。但与数组不同的是，需要通过 String 类的 length 方法才能得到字符串的长度。

第 18 ~ 20 行以逆序输出字符串 s1 中的字符(用空格分隔)。String 方法 charAt(第 19 行)返回字符串中指定位置的字符。charAt 方法接收一个充当索引的整型实参，并返回这个位置处的字符。和数组一样，字符串中第一个元素的索引是 0。

第 23 行用 String 类的 getChars 方法，将字符串中的字符复制到一个字符数组。第一个实参是字符串中的起始索引，字符将从这里开始复制；第二个实参是要从字符串中复制的最后一个字符之后的那个位置；第三个实参是复制字符的目标字符数组；最后一个实参是将放置被复制字符的目标字符数组中的起始索引。接下来，第 26 ~ 28 行一次一个字符地输出这个字符数组的内容。

14.3.3　比较字符串

第 19 章中将讨论数组的排序和搜索。经常需要做的是，所排序和搜索的信息是由几个必须进行比较的字符串组成的，应将它们有序地放置，或者要判断某个字符串是否出现在数组中(或其他集合中)。String 类提供的几个方法，可用来比较字符串。下面的两个例子演示了它们的用法。

为了理解一个字符串如何“大于”或者“小于”另一个字符串，可以考虑对姓氏序列按字母顺序处理的过程。毫无疑问，我们会将“Jones”放在“Smith”前面，因为在字母表中，“Jones”的第一个字母位于“Smith”的第一个字母之前。字母表并不仅仅是 26 个字母的列表，它还是字符的有序集合。每个字母在这个列表中都有一个指定的位置。例如，Z 不仅是字母表中的一个字母，它还是字母表中的第 26 个字母。

计算机是如何知道一个字母位于另一个字母前面的呢？在计算机中，所有的字符都表示成数字码(见附录 B)。当计算机比较字符串时，实际上只是比较字符串中字符的数字码。

图 14.3 中的程序演示了 String 方法 equals、equalsIgnoreCase、compareTo 和 regionMatches 的用法，并使用了相等运算符==来比较两个 String 对象。

```
1   // Fig. 14.3: StringCompare.java
2   // String methods equals, equalsIgnoreCase, compareTo and regionMatches.
3
4   public class StringCompare {
5      public static void main(String[] args) {
6         String s1 = new String("hello"); // s1 is a copy of "hello"
7         String s2 = "goodbye";
8         String s3 = "Happy Birthday";
9         String s4 = "happy birthday";
10
11        System.out.printf(
12           "s1 = %s%ns2 = %s%ns3 = %s%ns4 = %s%n%n", s1, s2, s3, s4);
13
14        // test for equality
15        if (s1.equals("hello")) {  // true
16           System.out.println("s1 equals \"hello\"");
17        }
```

图 14.3　String 方法 equals、equalsIgnoreCase、compareTo 和 regionMatches 的用法

```
18         else {
19            System.out.println("s1 does not equal \"hello\"");
20         }
21
22         // test for equality with ==
23         if (s1 == "hello") { // false; they are not the same object
24            System.out.println("s1 is the same object as \"hello\"");
25         }
26         else {
27            System.out.println("s1 is not the same object as \"hello\"");
28         }
29
30         // test for equality (ignore case)
31         if (s3.equalsIgnoreCase(s4)) { // true
32            System.out.printf("%s equals %s with case ignored%n", s3, s4);
33         }
34         else {
35            System.out.println("s3 does not equal s4");
36         }
37
38         // test compareTo
39         System.out.printf(
40            "%ns1.compareTo(s2) is %d", s1.compareTo(s2));
41         System.out.printf(
42            "%ns2.compareTo(s1) is %d", s2.compareTo(s1));
43         System.out.printf(
44            "%ns1.compareTo(s1) is %d", s1.compareTo(s1));
45         System.out.printf(
46            "%ns3.compareTo(s4) is %d", s3.compareTo(s4));
47         System.out.printf(
48            "%ns4.compareTo(s3) is %d%n%n", s4.compareTo(s3));
49
50         // test regionMatches (case sensitive)
51         if (s3.regionMatches(0, s4, 0, 5)) {
52            System.out.println("First 5 characters of s3 and s4 match");
53         }
54         else {
55            System.out.println(
56               "First 5 characters of s3 and s4 do not match");
57         }
58
59         // test regionMatches (ignore case)
60         if (s3.regionMatches(true, 0, s4, 0, 5)) {
61            System.out.println(
62               "First 5 characters of s3 and s4 match with case ignored");
63         }
64         else {
65            System.out.println(
66               "First 5 characters of s3 and s4 do not match");
67         }
68      }
69   }
```

```
s1 = hello
s2 = goodbye
s3 = Happy Birthday
s4 = happy birthday

s1 equals "hello"
s1 is not the same object as "hello"
Happy Birthday equals happy birthday with case ignored
```

```
s1.compareTo(s2) is 1
s2.compareTo(s1) is -1
s1.compareTo(s1) is 0
s3.compareTo(s4) is -32
s4.compareTo(s3) is 32

First 5 characters of s3 and s4 do not match
First 5 characters of s3 and s4 match with case ignored
```

图 14.3(续) String 方法 equals、equalsIgnoreCase、compareTo 和 regionMatches 的用法

String 方法 equals

第 15 行用 equals 方法（String 类中被重写的一个 Object 方法），比较字符串 s1 与字符串字面值“hello”的相等性。对于两个 String 对象，这个方法判断它们所包含的内容是否完全一致。如果是，则返回真，否则返回假。比较的结果为真，因为字符串 s1 是用字符串字面值 “hello” 初始化的。equals 方法使用词典比较（lexicographical comparison）——比较每个字符串中表示每个字符的 Unicode 整数值（更多信息，请参见在线的附录 H）。因此，如果将字符串 “hello” 与 “HELLO” 进行比较，则结果为假，因为小写字母的整数表示与对应大写字母的整数表示是不相同的。

用==运算符比较字符串

第 23 行的条件用相等运算符（==）比较字符串 s1 与字符串字面值 “hello” 的相等性。当用==比较基本类型值时，如果两个值相同，则结果为真。当用==运算符比较引用时，如果两个引用都指向内存中的同一个对象，则结果也为真。为了比较对象实际内容（或状态信息）的相等性，必须调用某个方法。对于 String，这个方法就是 equals。上述条件会在第 23 行求值为假，因为引用 s1 是用如下语句初始化的：

```
s1 = new String("hello");
```

它会创建一个包含字符串字面值 “hello” 的新的 String 对象，并将这个新对象赋予变量 s1。如果 s1 是用如下语句初始化的：

```
s1 = "hello";
```

则它会直接将字符串字面值 “hello” 赋予变量 s1，比较的结果将为真。记住，Java 会将具有相同内容的所有字符串字面值对象当成一个 String 对象，这个对象可以存在许多引用。因此，第 6 行、第 15 行和第 23 行都会引用内存中同一个 String 对象 “hello”。

常见编程错误 14.1

用==运算符比较引用会导致逻辑错误，因为用这个运算符比较引用时，判断的是它们是否指向同一个对象，而不是判断两个对象是否具有相同的内容。当用==运算符比较两个具有相同值（但彼此独立）的对象时，结果将为假。当比较对象以判断它们是否具有相同的内容时，应使用 equals 方法。

String 方法 equalsIgnoreCase

如果是在排序字符串，则可以用 equalsIgnoreCase 方法比较它们的相等性。这个方法会忽略每个字符串中字母的大小写差异。因此，字符串 “hello” 和 “HELLO” 的比较结果是相同的。第 31 行使用 String 方法 equalsIgnoreCase 将字符串 s3（“Happy Birthday”）与字符串 s4（“happy birthday”）进行比较。这个比较的结果为真，因为比较会忽略字母的大小写差异。

String 方法 compareTo

第 39 ~ 48 行使用 compareTo 方法比较字符串。String 类实现的 Comparable 接口声明了一个 compareTo 方法。第 40 行将字符串 s1 与字符串 s2 进行比较。字符串相等时，CompareTo 方法返回 0。如果调用 CompareTo 的字符串小于通过实参传入的字符串，则返回负值，否则返回正值。compareTo 方法采用词典比较法——比较的是每个字符串中对应字符的数字值。

String 方法 regionMatches

第 51 行的条件使用 String 方法 regionMatches，比较两个字符串中某一部分的相等性。第一个实参是调用该方法的字符串的起始索引；第二个实参是一个用于比较的字符串；第三个实参是用于比较的字符串的起始索引；最后一个实参是要在两个字符串中进行比较的字符个数。只有当指定的字符数在词典顺序上是相等的时，方法才会返回真。

最后，第 60 行中的条件使用 String 方法 regionMatches 的 5 实参版本，比较两个字符串中某个部分的相等性。当第一个实参为真时，该方法会忽略所比较字符串中字母的大小写差异。其他的实参与前面所描述的 4 实参版本相同。

String 方法 startsWith 和 endsWith

图 14.4 中的程序演示了 String 方法 startsWith 和 endsWith 的用法。main 方法创建的 strings 数组包含字符串“started”“starting”“ended”“ending”。main 方法的其余部分由三个 for 语句组成，它测试数组元素，以判断它们是否以某组特定的字符开头或结尾。

```
1  // Fig. 14.4: StringStartEnd.java
2  // String methods startsWith and endsWith.
3
4  public class StringStartEnd {
5     public static void main(String[] args) {
6        String[] strings = {"started", "starting", "ended", "ending"};
7
8        // test method startsWith
9        for (String string : strings) {
10          if (string.startsWith("st")) {
11             System.out.printf("\"%s\" starts with \"st\"%n", string);
12          }
13       }
14
15       System.out.println();
16
17       // test method startsWith starting from position 2 of string
18       for (String string : strings) {
19          if (string.startsWith("art", 2)) {
20             System.out.printf(
21                "\"%s\" starts with \"art\" at position 2%n", string);
22          }
23       }
24
25       System.out.println();
26
27       // test method endsWith
28       for (String string : strings) {
29          if (string.endsWith("ed")) {
30             System.out.printf("\"%s\" ends with \"ed\"%n", string);
31          }
32       }
33    }
34 }
```

```
"started" starts with "st"
"starting" starts with "st"

"started" starts with "art" at position 2
"starting" starts with "art" at position 2

"started" ends with "ed"
"ended" ends with "ed"
```

图 14.4 String 类的 startsWith 方法和 endsWith 方法

第 9 ~ 13 行使用带一个 String 实参的 startsWith 方法版本。if 语句中的条件(第 10 行)判断数组中每个字符串是否以字符“st”开头。如果是，则方法返回真，程序输出这个字符串。否则，方法返回假，不输出任何信息。

第 18 ~ 23 行使用带一个 String 实参和一个整数实参的 startsWith 方法版本。这个整数指定了字符串中开始进行比较的索引位置。if 语句中的条件(第 19 行)，判断数组中每个字符串从第三个字符开始是否包含字符“art”。如果是，则方法返回真，程序输出这个字符串。

第三个 for 语句(第 28 ~ 32 行)使用带一个 String 实参的 endsWith 方法。第 29 行中的条件判断数组中的每个字符串是否以字符“ed”结尾。如果是，则方法返回真，程序输出这个字符串。

14.3.4 定位字符串中的字符和子串

通常而言，搜索字符串中的字符或字符集是有用的。例如，创建字处理程序的程序员，可能希望提供搜索文档的功能。图 14.5 中的程序，演示了 String 方法 indexOf 和 lastIndexOf 的许多版本，它们搜索字符串中指定的字符或子串。

```
1  // Fig. 14.5: StringIndexMethods.java
2  // String searching methods indexOf and lastIndexOf.
3
4  public class StringIndexMethods {
5     public static void main(String[] args) {
6        String letters = "abcdefghijklmabcdefghijklm";
7
8        // test indexOf to locate a character in a string
9        System.out.printf(
10          "'c' is located at index %d%n", letters.indexOf('c'));
11       System.out.printf(
12          "'a' is located at index %d%n", letters.indexOf('a', 1));
13       System.out.printf(
14          "'$' is located at index %d%n%n", letters.indexOf('$'));
15
16       // test lastIndexOf to find a character in a string
17       System.out.printf("Last 'c' is located at index %d%n",
18          letters.lastIndexOf('c'));
19       System.out.printf("Last 'a' is located at index %d%n",
20          letters.lastIndexOf('a', 25));
21       System.out.printf("Last '$' is located at index %d%n%n",
22          letters.lastIndexOf('$'));
23
24       // test indexOf to locate a substring in a string
25       System.out.printf("\"def\" is located at index %d%n",
26          letters.indexOf("def"));
27       System.out.printf("\"def\" is located at index %d%n",
28          letters.indexOf("def", 7));
29       System.out.printf("\"hello\" is located at index %d%n%n",
30          letters.indexOf("hello"));
31
32       // test lastIndexOf to find a substring in a string
33       System.out.printf("Last \"def\" is located at index %d%n",
34          letters.lastIndexOf("def"));
35       System.out.printf("Last \"def\" is located at index %d%n",
36          letters.lastIndexOf("def", 25));
37       System.out.printf("Last \"hello\" is located at index %d%n",
38          letters.lastIndexOf("hello"));
39    }
40 }
```

```
'c' is located at index 2
'a' is located at index 13
'$' is located at index -1

Last 'c' is located at index 15
Last 'a' is located at index 13
Last '$' is located at index -1

"def" is located at index 3
"def" is located at index 16
"hello" is located at index -1
```

```
Last "def" is located at index 16
Last "def" is located at index 16
Last "hello" is located at index -1
```

图 14.5　字符串搜索方法 indexOf 和 lastIndexOf

这个示例中所有的搜索，都是对字符串 letters 进行的(letters 用“abcdefghijklmabcdefghijklm”初始化)。第 9 ~ 14 行用 indexOf 方法搜索字符串中首次出现的指定字符。如果 indexOf 方法发现了这个字符，就返回字符串中这个字符的索引，否则返回–1。存在搜索字符串中字符的两个 indexOf 版本。第 10 行中的表达式使用的 indexOf 方法版本，其实参是要查找的字符的整数表示。第 12 行中的表达式使用了 indexOf 方法的另一个版本，它带有两个整数实参，一个是要查找的字符的整数表示，另一个是在字符串中开始搜索的起始索引。

第 17 ~ 22 行用 lastIndexOf 方法搜索字符串中最后一次出现的指定字符。这个方法从字符串的结尾处往前搜索，直到字符串的开始处。如果发现了这个字符，就返回字符串中这个字符的索引，否则返回–1。存在搜索字符串中字符的两个 lastIndexOf 版本。第 18 行中表达式使用的版本，其实参是字符的整数表示。第 20 行中表达式使用的版本带两个整数实参，一个是要查找的字符的整数表示，另一个是在字符串中开始反向搜索的起始索引。

第 25 ~ 38 行演示的 indexOf 方法和 lastIndexOf 方法的版本，其第一个实参都是一个 String。这两个方法的版本执行与上面相似的操作，但只搜索字符串实参中指定的字符序列(或子串)。如果找到了子串，则它们就返回子串中第一个字符在字符串中的索引。

14.3.5 抽取字符串中的子串

String 类提供了两个 substring 方法，它们通过复制已经存在的某个 String 对象的一部分，即可创建一个新的 String 对象。每个方法都返回一个新的 String 对象。它们的用法在图 14.6 中演示。

```
1  // Fig. 14.6: SubString.java
2  // String class substring methods.
3
4  public class SubString {
5     public static void main(String[] args) {
6        String letters = "abcdefghijklmabcdefghijklm";
7
8        // test substring methods
9        System.out.printf("Substring from index 20 to end is \"%s\"%n",
10          letters.substring(20));
11       System.out.printf("%s \"%s\"%n",
12          "Substring from index 3 up to, but not including, 6 is",
13          letters.substring(3, 6));
14    }
15 }
```

```
Substring from index 20 to end is "hijklm"
Substring from index 3 up to, but not including, 6 is "def"
```

图 14.6 String 类的 substring 方法

第 10 行中的表达式 letters.substring(20)使用的 substring 方法，带一个整数实参，这个实参指定了要从原始字符串 letters 中复制字符的起始索引。返回的子串包含从起始索引到字符串结尾的字符。如果指定的索引位于字符串的边界之外，则会导致 StringIndexOutOfBoundsException 异常。

第 13 行中使用的 substring 方法带两个整数实参——原始字符串中开始复制字符的起始索引和要复制的最后一个字符之后一个位置的索引(即复制到字符串中这个索引位置，但不包括这个位置的字符)。返回的子串包含原始字符串中指定字符的副本。如果指定的索引位于字符串的边界之外，则会导致 StringIndexOutOfBoundsException 异常。

14.3.6 拼接字符串

String 方法 concat(见图 14.7)会拼接两个 String 对象(与使用+运算符类似)，返回的新的 String 对象包含来自两个原始字符串的字符。第 11 行中的表达式 s1.concat(s2)所形成的字符串，是将字符串 s2 中的字符追加到字符串 s1 中字符的后面。s1 和 s2 所指向的原始字符串并不会改变。

```
1  // Fig. 14.7: StringConcatenation.java
2  // String method concat.
3
4  public class StringConcatenation {
5     public static void main(String[] args) {
6        String s1 = "Happy ";
7        String s2 = "Birthday";
8
9        System.out.printf("s1 = %s%ns2 = %s%n%n",s1, s2);
10       System.out.printf(
11          "Result of s1.concat(s2) = %s%n", s1.concat(s2));
```

图 14.7 String 方法 concat

```
12         System.out.printf("s1 after concatenation = %s%n", s1);
13      }
14   }
```

```
s1 = Happy
s2 = Birthday

Result of s1.concat(s2) = Happy Birthday
s1 after concatenation = Happy
```

图 14.7(续)　String 方法 concat

14.3.7　其他 String 方法

String 类提供了几个方法，它们返回修改后的字符串副本，或者返回字符数组。这些方法都不会改变原始字符串的内容，它们的用法在图 14.8 中给出。

```
1    // Fig. 14.8: StringMiscellaneous2.java
2    // String methods replace, toLowerCase, toUpperCase, trim and toCharArray.
3
4    public class StringMiscellaneous2 {
5       public static void main(String[] args) {
6          String s1 = "hello";
7          String s2 = "GOODBYE";
8          String s3 = "   spaces   ";
9
10         System.out.printf("s1 = %s%ns2 = %s%ns3 = %s%n%n", s1, s2, s3);
11
12         // test method replace
13         System.out.printf(
14            "Replace 'l' with 'L' in s1: %s%n%n", s1.replace('l', 'L'));
15
16         // test toLowerCase and toUpperCase
17         System.out.printf("s1.toUpperCase() = %s%n", s1.toUpperCase());
18         System.out.printf("s2.toLowerCase() = %s%n%n", s2.toLowerCase());
19
20         // test trim method
21         System.out.printf("s3 after trim = \"%s\"%n%n", s3.trim());
22
23         // test toCharArray method
24         char[] charArray = s1.toCharArray();
25         System.out.print("s1 as a character array = ");
26
27         for (char character : charArray) {
28            System.out.print(character);
29         }
30
31         System.out.println();
32      }
33   }
```

```
s1 = hello
s2 = GOODBYE
s3 =    spaces

Replace 'l' with 'L' in s1: heLLo

s1.toUpperCase() = HELLO
s2.toLowerCase() = goodbye

s3 after trim = "spaces"

s1 as a character array = hello
```

图 14.8　String 方法 replace、toLowerCase、toUpperCase、trim 和 toCharArray

第 14 行使用 String 方法 replace 返回一个新的 String 对象，它将字符串 s1 中所有的小写字母'l'都用大写字母'L'替换。这个方法不会改变原始字符串。如果字符串中不存在第一个实参，则 replace 方法会返回原始字符串。replace 方法的一个重载版本，可用来替换子串而不是单个的字符。

第 17 行使用 String 方法 toUpperCase 产生新的 String 对象，它将 s1 中的小写字母转换成对应的大写字母。这个方法返回的新的 String 对象包含转换后的字符串，而原始字符串不会改变。如果没有要转换的字符，则 toUpperCase 方法返回原始字符串。

第 18 行使用 String 方法 toLowerCase 产生新的 String 对象，它将 s2 中的大写字母转换成对应的小写字母。原始字符串会保持不变。如果没有要转换的字符，则 toLowerCase 方法返回原始字符串。

第 21 行使用 String 方法 trim 产生一个新的 String 对象，它将所操作的字符串的开始和末尾的空白符全部删除。这个方法返回一个新的 String 对象，它包含的字符串已经没有了开始和末尾的空白符。原始字符串会保持不变。如果在开始或末尾处没有空白符，则 trim 方法返回原始字符串。

第 24 行使用 String 方法 toCharArray，创建的新字符数组包含字符串 s1 中字符的副本。第 27 ~ 29 行输出这个数组中的每一个字符。

14.3.8　String 方法 valueOf

可以看出，Java 中的每一个对象都具有一个 toString 方法，它使程序能够获得对象的字符串表示。遗憾的是，这种技术不能用于基本类型，因为它们并不拥有方法。String 类提供了几个静态方法，它们所包含的任何类型的实参都能够转换成 String 对象。图 14.9 中的程序演示了 String 方法 valueOf 的用法。

```
1  // Fig. 14.9: StringValueOf.java
2  // String valueOf methods.
3
4  public class StringValueOf {
5     public static void main(String[] args) {
6        char[] charArray = {'a', 'b', 'c', 'd', 'e', 'f'};
7        boolean booleanValue = true;
8        char characterValue = 'Z';
9        int integerValue = 7;
10       long longValue = 10000000000L; // L suffix indicates long
11       float floatValue = 2.5f; // f indicates that 2.5 is a float
12       double doubleValue = 33.333; // no suffix, double is default
13       Object objectRef = "hello"; // assign string to an Object reference
14
15       System.out.printf(
16          "char array = %s%n", String.valueOf(charArray));
17       System.out.printf("part of char array = %s%n",
18          String.valueOf(charArray, 3, 3));
19       System.out.printf(
20          "boolean = %s%n", String.valueOf(booleanValue));
21       System.out.printf(
22          "char = %s%n", String.valueOf(characterValue));
23       System.out.printf("int = %s%n", String.valueOf(integerValue));
24       System.out.printf("long = %s%n", String.valueOf(longValue));
25       System.out.printf("float = %s%n", String.valueOf(floatValue));
26       System.out.printf(
27          "double = %s%n", String.valueOf(doubleValue));
28       System.out.printf("Object = %s", String.valueOf(objectRef));
29    }
30 }
```

```
char array = abcdef
part of char array = def
boolean = true
char = Z
int = 7
long = 10000000000
float = 2.5
double = 33.333
Object = hello
```

图 14.9　String 方法 valueOf

第 16 行中的表达式 String.valueOf(charArray)，使用字符数组 charArray 创建了一个新的 String 对象。第 18 行中的表达式 String.valueOf(charArray, 3, 3)，使用字符数组 charArray 的一部分创建了一个新的 String 对象，第二个实参指定了所使用的字符的起始索引，第三个实参指定了要使用的字符个数。

valueOf 方法还有其他 7 个版本，它们分别具有 boolean、char、int、long、float、double 和 Object 类型的实参。这些版本在第 19 ~ 28 行演示。带 Object 实参的 valueOf 版本是可以使用的，因为所有的 Object 都能够通过 toString 方法转换成 String。

（注：第 10 ~ 11 行使用了字面值 10000000000L 和 2.5f，分别作为 long 类型变量 longValue 和 float 类型变量 floatValue 的初始值。默认情况下，Java 会将整型字面值当成 int 类型，将浮点型字面值当成 double 类型。在字面值 10000000000 的后面添加字母 L，在字面值 2.5 的后面添加字母 f，表示编译器应当将 10000000000 当成 long 类型的数据，将 2.5 当成 float 类型的数据。大写字母 L 和小写字母 l 都可以用来表示 long 类型变量，大写 F 和小写 f 都可以用来表示 float 类型变量。）

14.4　StringBuilder 类

现在探讨 StringBuilder 类的特性，这个类用于创建和操作动态字符串——可修改的字符串。每一个 StringBuilder 类对象都能够保存由它的容量所指定的字符个数。超过 StringBuilder 的容量时，它会扩容，以容纳更多的字符。

性能提示 14.4

Java 可以执行某些涉及 String 对象的优化操作(如多个变量引用同一个 String 对象)，因为 Java 知道这些对象不会改变。如果数据不会发生改变，则应使用 String(而不是 StringBuilder)。

性能提示 14.5

在经常执行字符串拼接或其他字符串改动的程序中，用 StringBuilder 类来实现这些改动通常更有效率。

软件工程结论 14.1

StringBuilder 不是线程安全的。如果有多个线程要求访问同一个动态字符串信息，则应在代码中使用 StringBuffer 类。StringBuilder 类和 StringBuffer 类的作用虽然相同，但后者是线程安全的。关于线程的更多信息请参见第 23 章。

14.4.1　StringBuilder 类的构造方法

StringBuilder 类提供了 4 个构造方法，图 14.10 的程序中演示了其中的三个。第 6 行使用 StringBuilder 类的无实参构造方法，创建了一个不包含字符的 StringBuilder，并将它初始化成 16 个字符的容量(StringBuilder 的默认容量)。第 7 行使用带整型实参的构造方法，创建了一个不包含字符的 StringBuilder 对象，它的初始容量由这个实参指定(即 10)。第 8 行使用带 String 实参的构造方法，创建的 StringBuilder 包含 String 实参中的字符。初始容量是 String 实参中的字符数加上 16。第 10 ~ 12 行隐式地使用 StringBuilder 类的 toString 方法，用 printf 方法输出这些 StringBuilder 对象的值。在 14.4.4 节中，将探讨 Java 如何使用 StringBuilder 对象来实现用于字符串拼接的+运算符和+=运算符。

```
1   // Fig. 14.10: StringBuilderConstructors.java
2   // StringBuilder constructors.
3
4   public class StringBuilderConstructors {
5      public static void main(String[] args) {
6         StringBuilder buffer1 = new StringBuilder();
7         StringBuilder buffer2 = new StringBuilder(10);
8         StringBuilder buffer3 = new StringBuilder("hello");
9
10        System.out.printf("buffer1 = \"%s\"%n", buffer1);
11        System.out.printf("buffer2 = \"%s\"%n", buffer2);
12        System.out.printf("buffer3 = \"%s\"%n", buffer3);
13     }
14  }
```

图 14.10　StringBuilder 类的构造方法的用法

```
buffer1 = ""
buffer2 = ""
buffer3 = "hello"
```

图 14.10(续) StringBuilder 类的构造方法的用法

14.4.2 StringBuilder 方法 length、capacity、setLength 和 ensureCapacity

StringBuilder 类提供的 length 方法和 capacity 方法分别返回 StringBuilder 对象中当前的字符数，以及在不分配更多内存时可以存储的字符数。ensureCapacity 方法保证 StringBuilder 对象至少具有所指定的容量。setLength 方法会增加或减少 StringBuilder 对象的长度。图 14.11 中的程序演示了这些方法的用法。

```
1  // Fig. 14.11: StringBuilderCapLen.java
2  // StringBuilder length, setLength, capacity and ensureCapacity methods.
3
4  public class StringBuilderCapLen {
5     public static void main(String[] args) {
6        StringBuilder buffer = new StringBuilder("Hello, how are you?");
7
8        System.out.printf("buffer = %s%nlength = %d%ncapacity = %d%n%n",
9           buffer.toString(), buffer.length(), buffer.capacity());
10
11       buffer.ensureCapacity(75);
12       System.out.printf("New capacity = %d%n%n", buffer.capacity());
13
14       buffer.setLength(10));
15       System.out.printf("New length = %d%nbuffer = %s%n",
16          buffer.length(), buffer.toString());
17    }
18 }
```

```
buffer = Hello, how are you?
length = 19
capacity = 35

New capacity = 75

New length = 10
buffer = Hello, how
```

图 14.11 StringBuilder 方法 length、setLength、capacity 和 ensureCapacity

上述程序包含一个 StringBuilder 对象 buffer。第 6 行使用带一个 String 实参的构造方法，将 StringBuilder 对象初始化成“Hello, how are you?”。第 8 ~ 9 行输出这个对象的内容、长度和容量。注意在输出窗口中，开始时 StringBuilder 对象的容量是 35。前面说过，带 String 实参的构造方法会将容量初始化成作为实参传递的字符串长度加上 16。

第 11 行使用 ensureCapacity 方法，将 StringBuilder 的容量扩展成至少包含 75 个字符。实际上，如果初始容量小于实参值，则方法会确保容量是实参所指定的数字与初始容量的两倍加上 2 之中的较大者。如果 StringBuilder 的当前容量大于所指定的容量，则容量会保持不变。

性能提示 14.6

动态地增加 StringBuilder 容量，所花费的时间相对较长。如果执行大量这样的操作，则会降低程序的性能。如果 StringBuilder 可能需多次扩容，则在开始时就将它的容量设置得较大，这样可以提升性能。

第 14 行使用 setLength 方法，将 StringBuilder 对象的长度设置成 10。如果指定的长度小于 StringBuilder 对象中当前的字符个数，则它的内容会被截尾成指定的长度(即丢弃 StringBuilder 中指定长度之后的字符)。如果指定的长度大于 StringBuilder 的当前字符数，则会在字符后面追加空字符(具有数字表示 0 的字符)，直到 StringBuilder 中的字符总数等于指定的长度时为止。

14.4.3 StringBuilder 方法 charAt、setCharAt、getChars 和 reverse

StringBuilder 方法 charAt、setCharAt、getChars 和 reverse 用于操作 StringBuilder 中的字符(见图 14.12)。charAt 方法(第 10 行)带一个整数实参，它返回 StringBuilder 中这个索引处的字符。getChars 方法(第 13 行)将 StringBuilder 中的字符复制到作为实参传递的字符数组中。这个方法有 4 个实参：StringBuilder 中要复制的字符的起始索引、比要复制的最后一个字符的索引多一个位置的索引、存放所复制字符的字符数组及应将第一个字符放在字符数组中什么地方的起始位置。setCharAt 方法(第 20 ~ 21 行)带有一个整数实参和一个字符实参，它将 StringBuilder 中指定位置处的字符设置成这个实参中的字符。reverse 方法(第 24 行)会颠倒 StringBuilder 的内容。试图访问位于字符串之外的字符，会导致 StringIndexOutOfBoundsException 异常。

```
1  // Fig. 14.12: StringBuilderChars.java
2  // StringBuilder methods charAt, setCharAt, getChars and reverse.
3
4  public class StringBuilderChars {
5     public static void main(String[] args) {
6        StringBuilder buffer = new StringBuilder("hello there");
7
8        System.out.printf("buffer = %s%n", buffer.toString());
9        System.out.printf("Character at 0: %s%nCharacter at 4: %s%n%n",
10          buffer.charAt(0), buffer.charAt(4));
11
12       char[] charArray = new char[buffer.length()];
13       buffer.getChars(0, buffer.length(), charArray, 0);
14       System.out.print("The characters are: ");
15
16       for (char character : charArray) {
17          System.out.print(character);
18       }
19
20       buffer.setCharAt(0, 'H');
21       buffer.setCharAt(6, 'T');
22       System.out.printf("%n%nbuffer = %s", buffer.toString());
23
24       buffer.reverse();
25       System.out.printf("%n%nbuffer = %s%n", buffer.toString());
26    }
27 }
```

```
buffer = hello there
Character at 0: h
Character at 4: o

The characters are: hello there

buffer = Hello There

buffer = erehT olleH
```

图 14.12 StringBuilder 方法 charAt、setCharAt、getChars 和 reverse

14.4.4 StringBuilder 类的各种 append 方法

StringBuilder 类提供了几个重载的 append 方法(见图 14.13)，可以在 StringBuilder 的末尾追加各种类型的值。针对每个基本类型、字符数组、String、Object 及其他的类型，都提供了 append 方法的不同版本(前面说过，toString 方法会产生任何 Object 的字符串表示)。每个 append 方法都带有一个实参，方法将实参转换成字符串并追加到 StringBuilder 中。调用 System.getProperty("line.separator")会返回一个与平台无关的换行符。

```
1  // Fig. 14.13: StringBuilderAppend.java
2  // StringBuilder append methods.
3
4  public class StringBuilderAppend
5  {
```

图 14.13 StringBuilder 类的各种 append 方法

```
 6      public static void main(String[] args)
 7      {
 8         Object objectRef = "hello";
 9         String string = "goodbye";
10         char[] charArray = {'a', 'b', 'c', 'd', 'e', 'f'};
11         boolean booleanValue = true;
12         char characterValue = 'Z';
13         int integerValue = 7;
14         long longValue = 10000000000L;
15         float floatValue = 2.5f;
16         double doubleValue = 33.333;
17
18         StringBuilder lastBuffer = new StringBuilder("last buffer");
19         StringBuilder buffer = new StringBuilder();
20
21         buffer.append(objectRef)
22               .append(System.getProperty("line.separator"))
23               .append(string)
24               .append(System.getProperty("line.separator"))
25               .append(charArray)
26               .append(System.getProperty("line.separator"))
27               .append(charArray, 0, 3)
28               .append(System.getProperty("line.separator"))
29               .append(booleanValue)
30               .append(System.getProperty("line.separator"))
31               .append(characterValue);
32               .append(System.getProperty("line.separator"))
33               .append(integerValue)
34               .append(System.getProperty("line.separator"))
35               .append(longValue)
36               .append(System.getProperty("line.separator"))
37               .append(floatValue)
38               .append(System.getProperty("line.separator"))
39               .append(doubleValue)
40               .append(System.getProperty("line.separator"))
41               .append(lastBuffer);
42
43         System.out.printf("buffer contains%n%s%n", buffer.toString());
44      }
45   }
```

```
buffer contains
hello
goodbye
abcdef
abc
true
Z
7
10000000000
2.5
33.333
last buffer
```

图 14.13(续) StringBuilder 类的各种 append 方法

编译器会利用 StringBuilder 和这些 append 方法来实现+运算符和+=运算符，用于字符串拼接。例如，假设存在声明：

```
String string1 = "hello";
String string2 = "BC";
int value = 22;
```

则语句：

```
String s = string1 + string2 + value;
```

会将“hello”“BC”和 22 拼接起来。拼接过程是这样的：

```
String s = new StringBuilder().append("hello").append("BC").
   append(22).toString();
```

首先，前述语句会创建一个空的 StringBuilder 对象，然后向它追加字符串“hello”、字符串“BC”和整数 22。接下来，StringBuilder 的 toString 方法会将 StringBuilder 转换成一个 String 对象，并将它赋予字符串 s。语句：

```
s += "!";
```

可以按如下方式执行(不同的编译器可能有所不同)：

```
s = new StringBuilder().append(s).append("!").toString();
```

这会创建一个空的 StringBuilder 对象，然后向它追加 s 的当前内容，后接一个 “!”。接下来，StringBuilder 的 toString 方法(此处一定需要被显式地调用)会将 StringBuilder 的内容作为字符串返回，并将结果赋予 s。

14.4.5 StringBuilder 类的插入和删除方法

StringBuilder 类提供了几个重载的 insert 方法，可以在 StringBuilder 的任何位置中插入各种类型的值。针对每个基本类型、字符数组、String、Object 及 CharSequence，都提供了 insert 方法的不同版本。每个方法的第二个实参，都会被插入到第一个实参指定的索引处。如果第一个实参小于 0 或者大于 StringBuilder 对象的长度，则会发生 StringIndexOutOfBoundsException 异常。StringBuilder 类还提供了 delete 方法和 deleteCharAt 方法，用于删除 StringBuilder 对象中任意位置的字符。delete 方法带两个实参：起始索引及要删除的最后一个字符后面一个位置的索引。从起始索引开始到结尾索引处的全部字符(不包括结尾索引处的那个字符)都会被删除。deleteCharAt 方法具有一个实参——要删除的字符的索引。无效的索引会导致这两个方法抛出 StringIndexOutOfBoundsException 异常。图 14.14 演示了 StringBuilder 类的 insert、delete 和 deleteCharAt 方法的用法。

```
1  // Fig. 14.14: StringBuilderInsertDelete.java
2  // StringBuilder methods insert, delete and deleteCharAt.
3
4  public class StringBuilderInsertDelete {
5     public static void main(String[] args) {
6        Object objectRef = "hello";
7        String string = "goodbye";
8        char[] charArray = {'a', 'b', 'c', 'd', 'e', 'f'};
9        boolean booleanValue = true;
10       char characterValue = 'K';
11       int integerValue = 7;
12       long longValue = 10000000;
13       float floatValue = 2.5f; // f suffix indicates that 2.5 is a float
14       double doubleValue = 33.333;
15
16       StringBuilder buffer = new StringBuilder();
17
18       buffer.insert(0, objectRef);
19       buffer.insert(0, "  "); // each of these contains two spaces
20       buffer.insert(0, string);
21       buffer.insert(0, "  ");
22       buffer.insert(0, charArray);
23       buffer.insert(0, "  ");
24       buffer.insert(0, charArray, 3, 3);
25       buffer.insert(0, "  ");
26       buffer.insert(0, booleanValue);
27       buffer.insert(0, "  ");
28       buffer.insert(0, characterValue);
29       buffer.insert(0, "  ");
30       buffer.insert(0, integerValue);
31       buffer.insert(0, "  ");
32       buffer.insert(0, longValue);
33       buffer.insert(0, "  ");
34       buffer.insert(0, floatValue);
35       buffer.insert(0, "  ");
36       buffer.insert(0, doubleValue);
37
38       System.out.printf(
39          "buffer after inserts:%n%s%n%n", buffer.toString());
40
41       buffer.deleteCharAt(10); // delete 5 in 2.5
42       buffer.delete(2, 6); // delete .333 in 33.333
43
44       System.out.printf(
```

图 14.14　StringBuilder 类的 insert、delete 和 deleteCharAt 方法

```
45            "buffer after deletes:%n%s%n", buffer.toString());
46      }
47   }
```

```
buffer after inserts:
33.333  2.5  10000000  7  K  true  def  abcdef  goodbye  hello

buffer after deletes:
33  2.  10000000  7  K  true  def  abcdef  goodbye  hello
```

图 14.14(续)　StringBuilder 类的 insert、delete 和 deleteCharAt 方法

14.5　Character 类

Java 提供了 8 个类型包装器类：Boolean、Character、Double、Float、Byte、Short、Integer 和 Long，它们能将基本类型值当成对象。本节将讲解 Character 类，它是基本类型 char 的类型包装器类。

大多数 Character 方法都是静态方法，它们可方便地处理单个的 char 值。这些方法至少带一个字符实参，对它执行测试或操作。Character 类还包含一个接收 char 实参的构造方法，用于初始化 Character 对象。Character 类中的大多数方法都将在后面的三个示例中给出。关于 Character 类(及全部类型包装器类)的更多信息，请参见 Java API 文档中的 java.lang 包。

图 14.15 中的程序演示了测试字符的静态方法，以判断它们是否为特定的字符类型，另外几个静态方法对字符进行大小写转换。可以输入任何字符并将这些方法应用到这个字符。

```
1   // Fig. 14.15: StaticCharMethods.java
2   // Character static methods for testing characters and converting case.
3   import java.util.Scanner;
4
5   public class StaticCharMethods {
6      public static void main(String[] args) {
7         Scanner scanner = new Scanner(System.in); // create scanner
8         System.out.println("Enter a character and press Enter");
9         String input = scanner.next();
10        char c = input.charAt(0); // get input character
11
12        // display character info
13        System.out.printf("is defined: %b%n", Character.isDefined(c));
14        System.out.printf("is digit: %b%n", Character.isDigit(c));
15        System.out.printf("is first character in a Java identifier: %b%n",
16           Character.isJavaIdentifierStart(c));
17        System.out.printf("is part of a Java identifier: %b%n",
18           Character.isJavaIdentifierPart(c));
19        System.out.printf("is letter: %b%n", Character.isLetter(c));
20        System.out.printf(
21           "is letter or digit: %b%n", Character.isLetterOrDigit(c));
22        System.out.printf(
23           "is lower case: %b%n", Character.isLowerCase(c));
24        System.out.printf(
25           "is upper case: %b%n", Character.isUpperCase(c));
26        System.out.printf(
27           "to upper case: %s%n", Character.toUpperCase(c));
28        System.out.printf(
29           "to lower case: %s%n", Character.toLowerCase(c));
30     }
31  }
```

```
Enter a character and press Enter
A
is defined: true
is digit: false
is first character in a Java identifier: true
is part of a Java identifier: true
is letter: true
is letter or digit: true
is lower case: false
is upper case: true
to upper case: A
to lower case: a
```

图 14.15　用于测试字符和转换字符大小写的 Character 类的静态方法

```
Enter a character and press Enter
8
is defined: true
is digit: true
is first character in a Java identifier: false
is part of a Java identifier: true
is letter: false
is letter or digit: true
is lower case: false
is upper case: false
to upper case: 8
to lower case: 8
```

```
Enter a character and press Enter
$
is defined: true
is digit: false
is first character in a Java identifier: true
is part of a Java identifier: true
is letter: false
is letter or digit: false
is lower case: false
is upper case: false
to upper case: $
to lower case: $
```

图 14.15(续)　用于测试字符和转换字符大小写的 Character 类的静态方法

第 13 行使用 Character 方法 isDefined，判断字符 c 是否在 Unicode 字符集中定义了。如果是，则方法返回真，否则返回假。第 14 行使用 Character 方法 isDigit，判断字符 c 是否为 Unicode 字符集中定义的数字。如果是，则方法返回真，否则返回假。

第 16 行使用 Character 方法 isJavaIdentifierStart，判断 c 是否能作为 Java 中标识符的第一个字符(即字母、下画线或美元符)。如果是，则方法返回真，否则返回假。第 18 行使用 Character 方法 isJavaIdentifierPart，判断 c 是否能用作 Java 中标识符的一部分(即数字、字母、下画线或美元符)。如果是，则方法返回真，否则返回假。

第 19 行使用 Character 方法 isLetter，判断 c 是否为字母。如果是，则方法返回真，否则返回假。第 21 行使用 Character 方法 isLetterOrDigit，判断字符 c 是否为字母或数字。如果是，则方法返回真，否则返回假。

第 23 行使用 Character 方法 isLowerCase，判断字符 c 是否为小写字母。如果是，则方法返回真，否则返回假。第 25 行使用 Character 方法 isUpperCase，判断字符 c 是否为大写字母。如果是，则方法返回真，否则返回假。第 27 行使用 Character 方法 toUpperCase，将字符 c 转换成对应的大写形式。如果字符有对应的大写形式，则返回转换后的大写字符，否则返回它的原始实参。第 29 行使用 Character 方法 toLowerCase，将字符 c 转换成对应的小写形式。如果字符有对应的小写形式，则这个方法返回转换后的小写字符，否则返回它的原始实参。

图 14.16 演示了静态 Character 方法 digit 和 forDigit 的用法，它们分别以不同的数制系统将字符转换成数字和将数字转换成字符。常见的数制系统包括十进制(基为 10)、八进制(基为 8)、十六进制(基为 16)和二进制(基为 2)。数字的基也被称为底(radix)。关于在不同数制系统间转换的更多信息，请参见在线的附录 J。

```
1   // Fig. 14.16: StaticCharMethods2.java
2   // Character class static conversion methods.
3   import java.util.Scanner;
4
5   public class StaticCharMethods2 {
6      public static void main(String[] args) {
7         Scanner scanner = new Scanner(System.in);
8
9         // get radix
10        System.out.println("Please enter a radix:");
11        int radix = scanner.nextInt();
```

图 14.16　Character 类中的几个静态转换方法

```
12
13          // get user choice
14          System.out.printf("Please choose one:%n1 -- %s%n2 -- %s%n",
15             "Convert digit to character", "Convert character to digit");
16          int choice = scanner.nextInt();
17
18          // process request
19          switch (choice) {
20             case 1: // convert digit to character
21                System.out.println("Enter a digit:");
22                int digit = scanner.nextInt();
23                System.out.printf("Convert digit to character: %s%n",
24                   Character.forDigit(digit, radix));
25                break;
26             case 2: // convert character to digit
27                System.out.println("Enter a character:");
28                char character = scanner.next().charAt(0);
29                System.out.printf("Convert character to digit: %s%n",
30                   Character.digit(character, radix));
31                break;
32          }
33       }
34    }
```

```
Please enter a radix:
16
Please choose one:
1 -- Convert digit to character
2 -- Convert character to digit
2
Enter a character:
A
Convert character to digit: 10
```

```
Please enter a radix:
16
Please choose one:
1 -- Convert digit to character
2 -- Convert character to digit
1
Enter a digit:
13
Convert digit to character: d
```

图 14.16(续) Character 类中的几个静态转换方法

第 24 行使用 forDigit 方法，将一个整型数字转换成一个字符，这个数字的数制系统由整数 radix 指定(数制系统的基)。例如，基为 16(即 radix)的整数 13，其字符值是'd'。在各种数制系统中，小写字母和大写字母表示相同的值。第 30 行使用 digit 方法，将变量 character 转换成一个整数，这个整数的数制系统由 radix(数制系统的基)指定。例如，基为 16(即 radix)的数制系统中，字符'A'表示的是基为 10 的数制系统中的值 10。基必须位于 2 和 36 之间(包含二者)。

图 14.17 中的程序演示了 Character 类的一个构造方法和几个实例方法的用法，它们是 charValue、toString 和 equals 方法。第 5 ~ 6 行实例化了两个 Character 对象，分别将字符常量'A'和'a'赋予两个 Character 变量。Java 会自动将这些 char 字面值转换成 Character 对象——这个过程被称为“自动装箱”(autoboxing)，将在 16.4 节中详细讨论。第 9 行使用 Character 方法 charValue，返回保存在 Character 对象 c1 中的 char 值。这一行还利用 toString 方法，返回 Character 对象 c2 的字符串表示。第 11 行中的条件，使用 equals 方法来判断对象 c1 是否具有与 c2 相同的内容(即每个对象中的字符都是相同的)。

```
1  // Fig. 14.17: OtherCharMethods.java
2  // Character class instance methods.
3  public class OtherCharMethods {
4     public static void main(String[] args) {
5        Character c1 = 'A';
6        Character c2 = 'a';
```

图 14.17 Character 类中几个实例方法的演示

```
7
8          System.out.printf(
9             "c1 = %s%nc2 = %s%n%n", c1.charValue(), c2.toString());
10
11         if (c1.equals(c2)) {
12            System.out.println("c1 and c2 are equal%n");
13         }
14         else {
15            System.out.println("c1 and c2 are not equal%n");
16         }
17      }
18   }
```

```
c1 = A
c2 = a

c1 and c2 are not equal
```

图 14.17(续)　Character 类中几个实例方法的演示

14.6　标记化 String

当我们阅读句子时，会在心里将它分解成标记(token)，即单个的单词和标点符号，每个标记都会表达含义。编译器也会执行标记化的工作。它会将程序中的语句分解成单个的片段，例如关键字、标识符、运算符及其他的编程语言元素。下面将讲解的是 String 方法 split，它会将字符串分解成一个一个的标记。标记间是通过定界符(delimiter)彼此分开的，定界符通常是空白符，例如空格、制表符、换行符和回车符。其他字符也可以用作分隔标记的定界符。图 14.18 中的程序演示了 split 方法的用法。

用户按回车键时，输入的句子会保存到变量 sentence 中。第 14 行用 String 实参" "调用了 String 方法 split，它返回一个 String 数组。实参中的空格字符，是 split 方法用来定位字符串中标记的定界符。在下一节中将看到，split 方法的实参可以是一个正则表达式，用于更复杂的标记化。第 15～16 行显示了 tokens 数组的长度——sentence 中标记的个数。第 18～20 行在单独的一行上输出每个标记。

```
1    // Fig. 14.18: TokenTest.java
2    // Tokenizing with String method split
3    import java.util.Scanner;
4
5    public class TokenTest {
6       // execute application
7       public static void main(String[] args) {
8          // get sentence
9          Scanner scanner = new Scanner(System.in);
10         System.out.println("Enter a sentence and press Enter");
11         String sentence = scanner.nextLine();
12
13         // process user sentence
14         String[] tokens = sentence.split(" ");
15         System.out.printf("Number of elements: %d%nThe tokens are:%n",
16            tokens.length);
17
18         for (String token : tokens) {
19            System.out.println(token);
20         }
21      }
22   }
```

```
Enter a sentence and press Enter
This is a sentence with seven tokens
Number of elements: 7
The tokens are:
This
is
a
sentence
with
seven
tokens
```

图 14.18　用 String 方法 split 进行标记化

14.7 正则表达式及 Pattern 类和 Matcher 类

正则表达式(regular expression)是一个字符串，它描述了用于匹配另一个字符串中的字符的搜索模式。它可用于验证输入，确保数据满足特定的格式。例如，美国的邮政编码必须由 5 位数字组成，而姓氏必须只包含字母、空格、单引号和连字符。正则表达式的一个用处，是方便编译器的编译过程。通常而言，编译器会使用一个大型而复杂的正则表达式来验证程序的语法。如果程序代码不匹配正则表达式，则编译器将提示代码中存在语法错误。

String 类提供了几个用来执行正则表达式操作的方法，其中最简单的用法是执行匹配操作。String 方法 matches 接收一个指定正则表达式的字符串，将调用它的 String 对象的内容与这个正则表达式进行匹配。这个方法返回的布尔值表明了匹配是否成功。

正则表达式由字面值字符和特殊符号组成。图 14.19 中给出了能够用于正则表达式的几个预定义的字符类(predefined character class)。字符类是表示一组字符的转义序列。数字是任何数字字符；词字符(word character)是任何字母(小写或大写)、任何数字或下画线字符；空白符(white-space character)是空格、制表符、回车符、换行符或进位符。对于试图用正则表达式进行匹配的字符串，每个字符类都匹配其中的一个字符。

字符	匹配	字符	匹配
\d	任何数字	\D	任何非数字
\w	任何词字符	\W	任何非词字符
\s	任何空白符	\S	任何非空白符

图 14.19 预定义的字符类

正则表达式并不限于这些预定义的字符类，它还可以使用各种运算符和其他形式的符号来匹配复杂的模式。图 14.20 和图 14.21 中的程序，通过正则表达式来验证用户的输入，其中采用了几种这样的技术。(注：这个程序并没有设计成匹配所有可能的有效用户输入。)

```
1  // Fig. 14.20: ValidateInput.java
2  // Validating user information using regular expressions.
3
4  public class ValidateInput {
5     // validate first name
6     public static boolean validateFirstName(String firstName) {
7        return firstName.matches("[A-Z][a-zA-Z]*");
8     }
9
10    // validate last name
11    public static boolean validateLastName(String lastName) {
12       return lastName.matches("[a-zA-z]+(['-][a-zA-Z]+)*");
13    }
14
15    // validate address
16    public static boolean validateAddress(String address) {
17       return address.matches(
18          "\\d+\\s+([a-zA-Z]+|[a-zA-Z]+\\s[a-zA-Z]+)");
19    }
20
21    // validate city
22    public static boolean validateCity(String city) {
23       return city.matches("([a-zA-Z]+|[a-zA-Z]+\\s[a-zA-Z]+)");
24    }
25
26    // validate state
27    public static boolean validateState(String state) {
28       return state.matches("([a-zA-Z]+|[a-zA-Z]+\\s[a-zA-Z]+)");
29    }
30
31    // validate zip
32    public static boolean validateZip(String zip) {
33       return zip.matches("\\d{5}");
34    }
```

图 14.20 用正则表达式验证用户信息

```
35
36      // validate phone
37      public static boolean validatePhone(String phone) {
38         return phone.matches("[1-9]\\d{2}-[1-9]\\d{2}-\\d{4}");
39      }
40   }
```

图 14.20(续)　用正则表达式验证用户信息

```
 1  // Fig. 14.21: Validate.java
 2  // Input and validate data from user using the ValidateInput class.
 3  import java.util.Scanner;
 4
 5  public class Validate {
 6     public static void main(String[] args) {
 7        // get user input
 8        Scanner scanner = new Scanner(System.in);
 9        System.out.println("Please enter first name:");
10        String firstName = scanner.nextLine();
11        System.out.println("Please enter last name:");
12        String lastName = scanner.nextLine();
13        System.out.println("Please enter address:");
14        String address = scanner.nextLine();
15        System.out.println("Please enter city:");
16        String city = scanner.nextLine();
17        System.out.println("Please enter state:");
18        String state = scanner.nextLine();
19        System.out.println("Please enter zip:");
20        String zip = scanner.nextLine();
21        System.out.println("Please enter phone:");
22        String phone = scanner.nextLine();
23
24        // validate user input and display error message
25        System.out.printf("%nValidate Result:");
26
27        if (!ValidateInput.validateFirstName(firstName)) {
28           System.out.println("Invalid first name");
29        }
30        else if (!ValidateInput.validateLastName(lastName)) {
31           System.out.println("Invalid last name");
32        }
33        else if (!ValidateInput.validateAddress(address)) {
34           System.out.println("Invalid address");
35        }
36        else if (!ValidateInput.validateCity(city)) {
37           System.out.println("Invalid city");
38        }
39        else if (!ValidateInput.validateState(state)) {
40           System.out.println("Invalid state");
41        }
42        else if (!ValidateInput.validateZip(zip)) {
43           System.out.println("Invalid zip code");
44        }
45        else if (!ValidateInput.validatePhone(phone)) {
46           System.out.println("Invalid phone number");
47        }
48        else {
49           System.out.println("Valid input.  Thank you.");
50        }
51     }
52  }
```

```
Please enter first name:
Jane
Please enter last name:
Doe
Please enter address:
123 Some Street
Please enter city:
Some City
Please enter state:
SS
Please enter zip:
123
Please enter phone:
123-456-7890

Validate Result:
Invalid zip code
```

图 14.21　用 ValidateInput 类输入并验证用户数据

```
Please enter first name:
Jane
Please enter last name:
Doe
Please enter address:
123 Some Street
Please enter city:
Some City
Please enter state:
SS
Please enter zip:
12345
Please enter phone:
123-456-7890

Validate Result:
Valid input.  Thank you.
```

图 14.21(续) 用 ValidateInput 类输入并验证用户数据

图 14.20 中的程序会验证用户的输入。第 7 行验证名字。为了匹配不具备预定义字符类的一组字符，需使用方括号。例如，模式“[aeiou]”可匹配任何元音字母。字符的范围，可通过在两个字符间放一条短线指明。这个示例中，“[A-Z]”匹配单个的大写字母。如果方括号中的第一个字符是“^”，则表达式可接受除这个符号后面的字符之外的任何字符。但是，“[^Z]”与“[A-Y]”并不相同，后者匹配任何大写字母 A ~ Y，而前者匹配除 Z 之外的任何字符，包括小写字母和非字母(例如换行符)。字符类的范围，是由字母的整数值确定的。这个示例中，“[A-Za-z]”匹配所有的大写字母和小写字母。范围“[A-z]”除匹配所有的字母外，还匹配其整数值位于大写 Z 和小写 a 之间的那些字符(如[和\)。关于字符整数值的更多信息，请参见附录 B。和预定义的字符类一样，用方括号定界的字符类，也只匹配所搜索对象中的一个字符。

图 14.20 第 7 行中第二个字符类后面的星号，表示能够匹配任意数量的字母。一般而言，当正则表达式中出现正则表达式运算符“*”时，就表示程序试图匹配紧挨在“*”前面的子表达式的 0 次或多次出现。运算符“+”会尝试匹配紧挨在它前面的子表达式的 1 次或多次出现。因此，“A*”和“A+”都会匹配“AAA”或“A”，但只有“A*”能匹配一个空字符串。

如果 validateFirstName 方法返回真(见图 14.21 第 27 行)，则程序会调用 validateLastName 方法(见图 14.20 第 11 ~ 13 行)，尝试验证姓氏(第 30 行)。验证姓氏的正则表达式，匹配由单引号或连字符分隔的任意数量的字母。

图 14.21 第 33 行调用 validateAddress 方法(见图 14.20 第 16 ~ 19 行)来验证地址。第一个字符类匹配任意数字 1 次或多次(\\d+)。注意，这里使用了两个反斜线字符，因为在字符串中，反斜线通常是一个转义序列的开始。因此在 Java 的字符串中，\\d 表示正则表达式模式\d。接着匹配的是 1 个或多个空白符(\\s+)。字符“|”让表达式匹配左边或右边的项。例如，“Hi (John|Jane)”会匹配“Hi John”和“Hi Jane”。圆括号用于分组正则表达式的各个部分。这个示例中，竖线的左边匹配一个单词，而右边匹配由任意数量的空白符分隔的两个单词。这样，地址必须包含一个数字，后接一个或两个单词。因此，“10 Broadway”和“10 Main Street”都是有效的地址。验证城市和州名的方法(分别见图 14.20 第 22 ~ 24 行和第 27 ~ 29 行)，也匹配至少有一个字符的任何单词，或者匹配至少有一个字符且用一个空格分开的任何两个单词，因此，Waltham 和 West Newton 都会被匹配到。

量词

星号(*)和加号(+)的正式名称是量词(quantifier)。图 14.22 中给出了所有的量词。前面已经见过了星号(*)和加号(+)量词的用法了。所有的量词，只会影响到紧挨在它前面的子表达式。问号量词将它的模式匹配 0 次或 1 次。一对花括号中包含一个数字({*n*})，表示正好匹配表达式 *n* 次。图 14.20 第 33 行中用这个量词来验证邮政编码。在花括号中数字后面放一个逗号，表示至少匹配表达式 *n* 次。一对花括号中包含两个数字({*n*,*m*})，表示匹配表达式 *n* ~ *m* 次(包含二者)。量词可用于包含在圆括号中的模式，以创建更复杂的正则表达式。

所有的量词都是贪婪的(greedy)。这意味着只要匹配一直是成功的，量词就会尽可能多地进行匹配。但是，如果任何量词后面有一个问号，则量词就是“不情愿的”(reluctant)，有时被称为“懒惰的”(lazy)。这时，它只会尽可能少地匹配模式，只要有一个成功就会停止。

量词	匹配
*	匹配前面的模式 0 次或多次
+	匹配前面的模式 1 次或多次
?	匹配前面的模式 0 次或 1 次
{*n*}	正好匹配 *n* 次
{*n*,}	至少匹配 *n* 次
{*n*,*m*}	匹配 *n* ~ *m* 次(包含二者)

图 14.22　正则表达式中的量词

邮政编码(见图 14.20 第 33 行)匹配数字 5 次。这个正则表达式使用了一个数字字符类和一个花括号中带数字 5 的量词。电话号码(见图 14.20 第 38 行)匹配 3 个数字(第一个不能为 0)，后接一条短线、另外 3 个数字(第一个同样不能为 0)、一条短线和 4 个数字。

String 方法 matches 检查整个字符串是否与正则表达式相符。例如，我们希望接收的姓氏可以是“Smith”，但不能是“9@Smith#”。如果只有一个子串匹配正则表达式，则 matches 方法会返回假。

14.7.1　替换子串和分隔字符串

有时，我们需要替换字符串的某些部分，或者将字符串分解成小的片段。为此，String 类提供了 replaceAll、replaceFirst 和 split 方法，它们的用法在图 14.23 中演示。

```
1   // Fig. 14.23: RegexSubstitution.java
2   // String methods replaceFirst, replaceAll and split.
3   import java.util.Arrays;
4
5   public class RegexSubstitution {
6      public static void main(String[] args) {
7         String firstString = "This sentence ends in 5 stars *****";
8         String secondString = "1, 2, 3, 4, 5, 6, 7, 8";
9
10        System.out.printf("Original String 1: %s%n", firstString);
11
12        // replace '*' with '^'
13        firstString = firstString.replaceAll("\\*", "^");
14
15        System.out.printf("^ substituted for *: %s%n", firstString);
16
17        // replace 'stars' with 'carets'
18        firstString = firstString.replaceAll("stars", "carets");
19
20        System.out.printf(
21           "\"carets\" substituted for \"stars\": %s%n", firstString);
22
23        // replace words with 'word'
24        System.out.printf("Every word replaced by \"word\": %s%n%n",
25           firstString.replaceAll("\\w+", "word"));
26
27        System.out.printf("Original String 2: %s%n", secondString);
28
29        // replace first three digits with 'digit'
30        for (int i = 0; i < 3; i++) {
31           secondString = secondString.replaceFirst("\\d", "digit");
32        }
33
34        System.out.printf(
35           "First 3 digits replaced by \"digit\" : %s%n", secondString);
36
37        System.out.print("String split at commas: ");
38        String[] results = secondString.split(",\\s*"); // split on commas
39        System.out.println(Arrays.toString(results));
40     }
41  }
```

```
Original String 1: This sentence ends in 5 stars *****
^ substituted for *: This sentence ends in 5 stars ^^^^^
"carets" substituted for "stars": This sentence ends in 5 carets ^^^^^
Every word replaced by "word": word word word word word word ^^^^^

Original String 2: 1, 2, 3, 4, 5, 6, 7, 8
First 3 digits replaced by "digit" : digit, digit, digit, 4, 5, 6, 7, 8
String split at commas: [digit, digit, digit, 4, 5, 6, 7, 8]
```

图 14.23　String 方法 replaceFirst、replaceAll 和 split

replaceAll 方法会将字符串中匹配正则表达式(第一个实参)的原始文本用新文本(第二个实参)替换。第 13 行将 firstString 中的所有“*”都换成“^”。注意,正则表达式(“*”)包含两条反斜线。通常,*是一个量词,表示正则表达式应匹配前面的模式任意次。但是,在第 13 行中,我们希望找出所有的字面值字符*,为此必须用字符\转义字符*。对特殊的表达式字符用\进行转义,就会告知匹配引擎要查找实际的字符。由于表达式是保存在 Java 字符串中的,而反斜线在 Java 字符串中又是一个特殊字符,因此必须再添加一条反斜线。这样,Java 字符串“*”就表示匹配搜索字符串中一个*字符的正则表达式模式*。第 18 行中,对于 firstString 中正则表达式“stars”的每一个匹配,都会用“carets”替换。第 25 行用 replaceAll 方法将字符串中的所有单词用“word”替换。

replaceFirst 方法(第 31 行)会对第一个匹配模式的位置进行替换。Java 中的字符串是不可变的,因此 replaceFirst 方法会返回一个新字符串,其中的字符已经被替换了。这一行包含原始字符串,并将它用 replaceFirst 方法返回的字符串进行了替换。通过迭代三次,就将 secondString 中的前三个数字实例(\d)替换成了文本“digit”。

split 方法将字符串分割成几个子串。原始字符串在匹配正则表达式指定的定界符处被拆开。split 方法返回一个字符串数组,它包含匹配正则表达式字符之间的子串。在第 38 行,我们用 split 方法来拆分用逗号分隔的整数字符串。实参是定位定界符的正则表达式。这里使用的是正则表达式“,\s*”,按逗号将字符串分割成几个子串。再次注意,Java 字符串“,\\s*”表示的是正则表达式“,\s*”。通过匹配任何空白符,就可以消除结果字串中的额外空格。逗号和空白符不会作为子串的一部分返回。第 39 行使用 Arrays 方法 toString 将 results 的内容显示在方括号中,并将它们用逗号分开。

14.7.2 Pattern 类和 Matcher 类

除了 String 类的正则表达式功能,Java 还在 java.util.regex 包中提供了其他的类,它们可帮助开发人员使用正则表达式。Pattern 类表示一个正则表达式。Matcher 类同时包含正则表达式模式和一个要在其中搜索模式的 CharSequence。

(java.lang 包的)CharSequence 是一个接口,它允许读取字符序列。这个接口要求声明 charAt、length、subSequence 和 toString 方法。String 类和 StringBuilder 类都实现了 CharSequence 接口,因此它们的实例都可以用于 Matcher 类。

常见编程错误 14.2

正则表达式可以针对实现 CharSequence 接口的任何类对象进行测试,但是正则表达式必须是一个 String。试图将正则表达式作为 StringBuilder 创建,是一个错误。

如果正则表达式只使用一次,则应当使用静态 Pattern 方法 matches。这个方法的实参是一个字符串和一个 CharSequence,前者指定正则表达式,后者是要执行匹配的字符序列。它返回的布尔值,表示搜索对象(第二个实参)是否匹配正则表达式。

如果要多次使用正则表达式(如在一个循环中),则更有效率的做法是使用静态 Pattern 方法 compile,为这个正则表达式创建一个特定的 Pattern 对象。这个方法接收一个表示正则表达式的字符串,返回一个新 Pattern 对象,然后可用它来调用 matcher 方法。这个方法接收一个要搜索的 CharSequence 并返回一个 Matcher 对象。

Matcher 类提供 matches 方法,它执行的任务与 Pattern 方法 matches 的相同,但不带实参,搜索模式和搜索对象被封装在 Matcher 对象中。Matcher 类还提供其他几个方法,包括 find、lookingAt、replaceFirst 和 replaceAll。

图 14.24 中的程序是利用正则表达式的一个简单例子。这个程序用正则表达式匹配生日。表达式匹配不为四月的生日,而且姓名应以“J”开头。

```
1  // Fig. 14.24: RegexMatches.java
2  // Classes Pattern and Matcher.
3  import java.util.regex.Matcher;
4  import java.util.regex.Pattern;
5
6  public class RegexMatches {
7     public static void main(String[] args) {
8        // create regular expression
9        Pattern expression =
10          Pattern.compile("J.*\\d[0-35-9]-\\d\\d-\\d\\d");
11
12       String string1 = "Jane's Birthday is 05-12-75\n" +
13          "Dave's Birthday is 11-04-68\n" +
14          "John's Birthday is 04-28-73\n" +
15          "Joe's Birthday is 12-17-77";
16
17       // match regular expression to string and print matches
18       Matcher matcher = expression.matcher(string1);
19
20       while (matcher.find()) {
21          System.out.println(matcher.group());
22       }
23    }
24 }
```

```
Jane's Birthday is 05-12-75
Joe's Birthday is 12-17-77
```

图 14.24　Pattern 类和 Matcher 类

第 9 ~ 10 行调用静态方法 compile，创建了一个 Pattern 对象。正则表达式中的点号“.”(第 10 行)匹配除换行符外的任何单个字符。第 18 行为编译后的正则表达式和匹配序列(string1)创建了一个 Matcher 对象。第 20 ~ 22 行用 while 循环迭代这个字符串。第 20 行使用 Matcher 方法 find，尝试将搜索对象的一部分与搜索模式进行匹配。每次调用这个方法时，都会从上一次调用结尾的地方开始，因此可以找出多个匹配的情况。Matcher 方法 lookingAt 执行相同的任务，但它总是从搜索对象的开始处进行搜索，且总是找出第一个匹配(如果存在)。

常见编程错误 14.3

(String 类、Pattern 类或 Matcher 类的)matches 方法只有当整个搜索对象都匹配正则表达式时，才会返回真。(Matcher 类的)find 方法和 lookingAt 方法只要搜索对象的一部分匹配正则表达式，就会返回真。

第 21 行使用了 Matcher 方法 group，它从搜索对象中返回匹配搜索模式的字符串。所返回的这个字符串是调用 find 或 lookingAt 方法的最后一个匹配的字符串。图 14.24 的输出表明在 string1 中找到了两个匹配。

Java SE 8

17.13 节中将看到，Java SE 8 中可以将正则表达式和 lambda 及流组合使用，以实现功能强大的字符串和文件处理程序。

8

Java SE 9：新的 Matcher 方法

Java SE 9 中新增加了几个重载的 Matcher 方法——appendReplacement、appendTail、replaceAll、results 及 replaceFirst。appendReplacement 和 appendTail 方法接收的是 StringBuilder 而不是 StringBuffer。replaceAll、results 和 replaceFirst 方法用于 lambda 与流。第 17 章中将给出这三个方法的用法。

9

14.8　小结

本章讲解了用于选择字符串的一部分和操作字符串的更多 String 方法。我们学习了 Character 类和它所声明的几个用于处理字符的方法，探讨了用于创建字符串的 StringBuilder 类的功能。本章的末尾研究了正则表达式，它为搜索和匹配满足特定模式的字符串部分提供了强大的功能。下一章中将讲解文件处理，包括如何保存持久化数据及如何取得它们。

总结

14.2 节 字符和字符串基础

- 字符字面值的值，就是它在 Unicode 字符集中的整数值。字符串可以包含字母、数字及各种特殊字符，例如+、-、*、/和$。Java 中的字符串就是 String 类的一个对象。字符串字面值需放在一对双引号中。

14.3 节 String 类

- String 对象是不可变的，它的字符内容在创建之后就不能改变。
- String 方法 length 返回字符串中的字符个数。
- String 方法 charAt 返回字符串中指定位置的字符。
- String 方法 regionMatches 比较两个字符串中某个部分的相等性。
- String 方法 equals 测试相等性。如果两个字符串的内容相同，则该方法返回真，否则返回假。equals 方法采用词典比较法来比较字符串。
- 当用==比较基本类型值时，如果两个值相同，则结果为真。当用==运算符比较引用时，如果两个引用都指向同一个对象，则结果为真。
- 对于具有相同内容的所有字符串字面值，Java 都将它们当成一个 String 对象。
- String 方法 equalsIgnoreCase，在比较字符串时会忽略大小写差异。
- 如果两个字符串相等，则 String 方法 CompareTo 利用词典比较法返回 0；如果调用 CompareTo 方法的字符串小于通过实参传入的字符串，则返回负值；如果调用 CompareTo 方法的字符串大于通过实参传入的字符串，则返回正值。
- String 方法 startsWith 和 endsWith 分别判断字符串是否以作为实参指定的字符开头或结尾。
- String 方法 indexOf 查找字符或者子串第一次出现的位置。String 方法 lastIndexOf 查找字符或者子串最后一次出现的位置。
- String 方法 substring 复制并返回现有字符串对象的一部分。
- String 方法 concat 拼接两个字符串对象，并返回这个新对象。
- String 方法 replace 返回一个新字符串对象，它将第一个实参中指定的字符用第二个实参中的字符替换。replace 方法的一个重载版本，可用来替换子串而不是单个的字符。
- String 方法 toUpperCase 返回的新字符串，将原始字符串中的小写字母用对应的大写字母替换。String 方法 toLowerCase，返回的新字符串，将原始字符串中的大写字母用对应的小写字母替换。
- String 方法 trim 产生一个新的字符串对象，它将所操作的字符串的开始和末尾的空白符(空格、换行符、制表符)全部删除。
- String 方法 toCharArray 返回的 char 数组，包含字符串中的字符。
- String 类的静态方法 valueOf 将它的实参转换成一个字符串。

14.4 节 StringBuilder 类

- StringBuilder 类提供的几个构造方法，使得初始化 StringBuilder 时可以：不提供字符，初始容量为 16 个字符；不提供字符，初始容量由一个整数实参指定；提供字符，初始容量为这些字符的个数加上 16。
- StringBuilder 方法 length 返回当前保存在 StringBuilder 中的字符个数。StringBuilder 方法 capacity 返回在不分配更多内存时 StringBuilder 可以存储的字符数。
- StringBuilder 方法 ensureCapacity 确保 StringBuilder 至少具有所指定的容量。setLength 方法会增加或减少 StringBuilder 对象的长度。

- StringBuilder 方法 charAt 返回指定索引处的字符。setCharAt 方法设置指定位置的字符。StringBuilder 方法 getChars 将 StringBuilder 中的字符复制到作为实参传递的字符数组中。
- StringBuilder 类中几个重载的 append 方法可将基本类型、字符数组、String、Object 或者 CharSequence 类型的值添加到 StringBuilder 的末尾。
- StringBuilder 类中几个重载的 insert 方法可将基本类型、字符数组、String、Object 或者 CharSequence 类型的值插入到 StringBuilder 的任何位置。

14.5 节　Character 类

- Character 方法 isDefined 判断一个字符是否位于 Unicode 字符集中。
- Character 方法 isDigit 判断字符是否为一个 Unicode 数字。
- Character 方法 isJavaIdentifierStart 判断一个字符是否能够用作 Java 标识符的第一个字符。Character 方法 isJavaIdentifierPart 判断字符能否用作标识符。
- Character 方法 isLetter 判断字符是否为一个字母。Character 方法 isLetterOrDigit 判断字符是否为一个字母或数字。
- Character 方法 isLowerCase 判断字符是否为一个小写字母。Character 方法 isUpperCase 判断字符是否为一个大写字母。
- Character 方法 toUpperCase 将字符转换成它的大写形式。Character 方法 toLowerCase 将字符转换成它的小写形式。
- Character 方法 digit 将字符实参转换成一个整数，这个整数的数制系统由 radix（数制系统的基）指定。Character 方法 forDigit 将整数实参转换成一个字符，这个整数的数制系统由 radix 指定。
- Character 方法 charValue 返回保存在 Character 对象中的字符。Character 方法 toString 返回字符的字符串表示形式。

14.6 节　标记化 String

- String 类的 split 方法根据实参中指定的定界符标记化字符串，返回包含这些标记的一个 String 数组。

14.7 节　正则表达式及 Pattern 类和 Matcher 类

- 正则表达式描述了用于匹配另一个字符串中的字符的搜索模式。它可用于验证输入，确保数据满足特定的格式。
- String 方法 matches 接收一个指定正则表达式的字符串，将调用它的 String 对象的内容与这个正则表达式进行匹配。这个方法返回的布尔值表明了匹配是否成功。
- 字符类是表示一组字符的转义序列。对于试图用正则表达式进行匹配的字符串，每个字符类都匹配其中的一个字符。
- 词字符（\w）是任何字母（大写或小写）、任何数字或下画线字符。
- 空白符（\s）是空格、制表符、回车符、换行符或进位符。
- 数字（\d）是数字字符。
- 为了匹配不具备预定义字符类的一组字符，需使用方括号。字符的范围可通过在两个字符间放一条短线指明。如果方括号中的第一个字符是“^”，则表达式可接受除这个符号后面的字符外的任何字符。
- 当正则表达式中出现正则表达式运算符“*”时，就表示程序试图匹配紧挨在“*”前面的子表达式的 0 次或多次出现。
- 运算符“+”会尝试匹配紧挨在它前面的子表达式的 1 次或多次出现。
- 字符“|”让表达式匹配左边或右边的项。
- 圆括号是为了分组正则表达式的部分而使用的。

- 星号(*)和加号(+)的正式名称是量词。
- 量词只会影响到紧挨在它前面的子表达式。
- 问号量词将它的模式匹配 0 次或 1 次。
- 一对花括号中包含一个数字({n})表示正好匹配表达式 n 次。在花括号中包含一个逗号，后接一个数字，表示至少匹配模式 n 次。
- 一对花括号中包含两个数字({n,m})表示匹配表达式 n ~ m 次(包括二者)。
- 量词是贪婪的——只要匹配一直是成功的，量词就会尽可能多地进行匹配。如果量词后接一个问号，则量词就是“懒惰的”，它只会尽可能少地匹配模式，只要有一个成功就会停止。
- replaceAll 方法会将字符串中匹配正则表达式(第一个实参)的原始文本用新文本(第二个实参)替换。
- 利用“\”转义特殊的正则表达式字符，就是在告诉正则表达式匹配引擎去搜索实际的字符，而不是将它用作量词。
- replaceFirst 方法会对第一个匹配模式的位置进行替换，并返回替换后的新字符串。
- split 方法将一个字符串分解成几个子串，分解位置位于与指定的正则表达式相匹配的地方。它返回一个子串数组。
- Pattern 类表示一个正则表达式。
- Matcher 类同时包含正则表达式模式和一个要在其中搜索模式的 CharSequence。
- CharSequence 是一个接口，它允许读取字符序列。String 类和 StringBuilder 类都实现了 CharSequence 接口，因此它们都可以用于 Matcher 类。
- 如果只使用一次正则表达式，则静态 Pattern 方法 matches 的实参是一个字符串和一个 CharSequence，前者指定正则表达式，后者是要执行匹配的字符序列。它返回的布尔值表示搜索对象(第二个实参)是否匹配正则表达式。
- 如果要多次使用正则表达式，则更有效率的做法是使用静态 Pattern 方法 compile，为这个正则表达式创建一个特定的 Pattern 对象。这个方法接收一个表示模式的字符串，返回一个新 Pattern 对象。
- Pattern 方法 matcher 接收一个要搜索的 CharSequence 并返回一个 Matcher 对象。Matcher 方法 matches 执行的任务与 Pattern 方法 matches 的相同，但它不带实参。
- Matcher 方法 find 尝试将搜索对象的一部分与搜索模式进行匹配。每次调用这个方法时，都会从上一次调用结尾的地方开始，因此可以找出多个匹配的情况。
- Matcher 方法 lookingAt 执行相同的任务，但它总是从搜索对象的开始处进行搜索，且总是找出第一个匹配(如果存在的话)。
- Matcher 方法 group 从搜索对象中返回匹配搜索模式的字符串。所返回的这个字符串是调用 find 或 lookingAt 方法的最后一个匹配的字符串。

自测题

14.1 判断下列语句是否正确。如果不正确，请说明理由。

a) 当用=比较两个字符串时，如果它们包含的值相同，则结果为真。

b) 字符串对象在创建后可以修改。

14.2 为如下各题中的任务编写一条语句。

a) 比较字符串 s1 和字符串 s2 中内容的相等性。

b) 利用“+=”运算符，将字符串 s2 追加到字符串 s1 末尾。

c) 确定字符串 s1 的长度。

自测题答案

14.1 a) 和 b) 的答案如下。

a) 错误。应使用运算符==来比较两个字符串对象，以判断它们在内存中是否为同一个对象。

b) 错误。字符串对象是不可变的——创建之后不能被修改。但是，StringBuilder 对象在创建之后可以被修改。

14.2 a) ~ c) 的答案如下。

a) `s1.equals(s2)`

b) `s1 += s2;`

c) `s1.length()`

练习题

14.3 **(比较字符串)** 编写一个程序，它使用 String 方法 compareTo 比较用户输入的两个字符串。输出的信息应表明第一个字符串是否小于、等于或大于第二个字符串。

14.4 **(比较字符串的一部分)** 编写一个程序，它使用 String 方法 regionMatches 比较用户输入的两个字符串。程序应输入需比较的字符个数，以及进行比较的起始索引值。应给出所比较字符是否相同的结果。执行比较操作时，忽略大小写差异。

14.5 **(随机语句)** 编写一个程序，使用随机数生成方法产生语句。用 4 个字符串数组 article、noun、verb 和 preposition，按顺序(即 article、noun、verb、preposition、article、noun)依次从每个数组中随机挑选一个单词，创建一条语句。选择一个单词后，将其拼接在前面的单词的后面。单词间用空格分开。当输出最后的语句时，它应以一个大写字母开头，以一个句点结尾。程序应产生并显示 20 条语句。

article 数组包含冠词 the、a、one、some 和 any；noun 数组包含名词 boy、girl、dog、town 和 car；verb 数组包含动词过去式 drove、jumped、ran、walked 和 skipped；preposition 数组包含介词 to、from、over、under 和 on。

14.6 **(项目：五行诗)** 五行诗(limerick)是一种幽默的韵文，它包含五行，其中前两行的韵律与第五行相同，另外两行的韵律相同。利用与练习题 14.5 中类似的技术，编写一个 Java 程序，它随机产生五行诗。得到一首好的五行诗，是一项挑战性工作，但是结果是值得的。

14.7 **(pig Latin)** 编写一个将英语短语编码成 pig Latin(儿童黑话)的程序。pig Latin 是一种编码语言形式。有多种不同的方法能够得到 pig Latin 短语。出于简单性考虑，这里使用如下的一种算法。为了从英语语言短语中得到一个 pig Latin 短语，需利用 String 方法 split，将英语短语标记化成单词。为了将每一个英语单词翻译成一个 pig Latin 单词，将英语单词的第一个字母放在 pig Latin 单词的末尾，并在其后添加字母“ay”。这样，单词“jump”就变成了“umpjay”；单词“the”变成“hetay”；单词“computer”变成“omputercay”。单词间的空格保持不变。假设有下列条件：英语短语由用空格分隔的单词组成，没有标点符号且所有的单词都有两个或多个字母。printLatinWord 方法用于显示每一个单词。需将所有标记传递给 printLatinWord 方法，以输出 pig Latin 单词。让用户输入一个英语句子，然后显示转换后的句子。

14.8 **(标记化电话号码)** 编写一个程序，将电话号码用“(555) 555-5555”的形式作为字符串输入。程序应使用 String 方法 split，得到 4 个不同的标记：区位码，前 3 位数字，后 4 位数字。所有 7 位数字应当位于一个字符串中。应输出区位码和电话号码。注意，在标记化过程中，需要更改定界符。

14.9 **(显示颠倒了单词顺序的一条语句)** 编写一个程序，输入一行文本，用 String 方法 split 标记化它，然后以逆序形式输出这些标记。定界符为空格。

14.10 **(以大写和小写形式显示字符串)**编写一个程序，输入一行文本，然后两次输出它：一次为全大写形式，一次为全小写形式。

14.11 **(搜索字符串)**编写一个程序，输入一行文本及一个搜索字符。利用 String 方法 indexOf，确定该字符在文本中的出现次数。

14.12 **(搜索字符串)**根据上一题中的程序编写另一个程序，输入一行文本，用 String 方法 indexOf 确定文本中每一个字母的出现次数。不区分字母的大小写形式。将每一个字母及其总数保存到一个数组中，然后以表格形式输出这些值。

14.13 **(标记化及字符串比较)**编写一个程序，读取一行文本，用空格定界符标记化它，并输出那些以字母“b”开头的单词。

14.14 **(标记化及字符串比较)**编写一个程序，读取一行文本，用空格定界符标记化它，并输出那些以字母“ED”结尾的单词。

14.15 **(将 int 值转换成字符)**编写一个程序，输入一个字符的数字码(整数)，显示对应的字符。修改这个程序，使其产生 000 ~ 255 范围内所有可能的三位数字码，并尝试输出对应的字符。

14.16 **(自定义 String 方法)**编写一个 String 搜索方法 indexOf 和 lastIndexOf 的自定义版本。

14.17 **(从一个五字母单词中创建三字母字符串)**编写一个程序，从用户处读取一个五字母的单词，产生能从该单词派生出的全部三字母字符串。例如，从单词 bathe 可以得到经常使用的三字母单词是 ate、bat、bet、tab、hat、the 和 tea。

拓展内容：字符串操作练习题

前面的练习题针对的是课本内容，它们用来检验对于基本的字符串处理概念的理解。这一节涉及字符串的中级和高级处理，这些练习题充满挑战性，但是很有趣。不同的问题，其难度差异很大。有些需要两小时的程序编写和实现过程，另一些则是可能需要两到三周才能完成的实验室任务，还有一些是颇具挑战性的团队项目。

14.18 **(文本分析)**利用字符串操作，产生出了用来分析知名作家的作品的一些有趣方法。其中的一项研究，关注是否真有 William Shakespeare 这个人。一些学者相信，有大量的证据表明 Christopher Marlowe 实际上代笔了莎士比亚的一些名作。研究人员利用计算机来寻找这两位作家的作品之间的相似性。这个练习将用三种方法来分析一些文本。

a)编写一个程序，从键盘读取一行文本，以表格形式输出文本中每一个字母的出现次数。例如，短语：

```
To be, or not to be: that is the question:
```

包含 1 个“a”，2 个“b”，没有“c”，等等。

b)编写一个程序，读取一行文本，以表格形式输出文本中所有 1 字母单词、2 字母单词、3 字母单词……的出现次数。例如，图 14.25 中给出了下面的短语中各种单词的统计结果。

```
Whether 'tis nobler in the mind to suffer
```

单词长度	出现次数
1	0
2	2
3	1
4	2(包括“tis”)
5	0
6	2
7	1

图 14.25 对文本“Whether 'tis nobler in the mind to suffer”进行的单词长度统计

c)编写一个程序，读取一行文本，以表格形式输出文本中不同单词的出现次数。表格中单词的出现顺序应与它们在文本中的出现顺序相同。例如，如下两行文本：

```
To be, or not to be: that is the question:
Whether 'tis nobler in the mind to suffer
```

包含单词“to”3 次、“be”2 次、“or”1 次……

14.19 **(用各种格式输出日期)**日期可以用几种常见的格式输出，其中的两种格式为

```
04/25/1955 and April 25, 1955
```

编写一个程序，用第一种格式读取一个日期，以第二种格式输出它。

14.20 **(支票保护)** 计算机常用于支票开具系统中，例如工资支付程序和应付账款程序。经常有一些奇怪的现象出现，例如每周的薪水支票，被错误地写成超过 100 万美元。在支票开具系统中出现这类错误，是由人为失误或者计算机错误造成的。系统设计人员应考虑某些控制机制，以防止发生这类错误。

另外一个严重的问题是有人试图以欺诈手段兑现支票，故意改变支票金额。为了防止更改金额，有些支票开具系统采用了一种被称为“支票保护”的技术。由计算机打印的支票包含固定数量的空间，可以在其中打印一个金额。假设一张工资支票包含 8 个空格，计算机需在这些空格里打印出每周的薪水额。如果金额足够大，则全部的 8 个空格都会被填满。例如：

```
1,230.60 (check amount)
--------
12345678 (position numbers)
```

如果金额小于 1000 美元，则左边的几个空格里就不会有任何数字出现。例如：

```
   99.87
--------
12345678
```

有三个空格没有数字。这时就可以通过添加数字来改变金额。为了防止出现这种情况，许多支票开具系统都会在数字前面添加一些星号：

```
***99.87
--------
12345678
```

编写一个程序，输入一个需在支票上显示的美元金额，然后以支票保护形式输出这个金额。必要时，在数字前面加星号。假定用于输出的空间为 9 个空格。

14.21 **(以单词形式写出等价的支票额)** 继续练习题 14.20 的探讨，再次强调防止篡改支票金额的重要性。一种常见的保护办法，是将金额同时以数字和单词的形式给出。即使有人能够更改支票的数字金额，改变它的单词金额却是极其困难的。编写一个程序，输入一个小于 1000 美元的数字式支票额，以单词形式写出其对应的金额。例如，112.43 美元应写成

```
ONE hundred TWELVE and 43/100
```

14.22 **(莫尔斯码)** 也许最著名的编码方案是莫尔斯码(Morse code)，它是由 Samuel Morse 在 1832 年发明的，用于电报系统。对于字母表中的字母、数字及一些特殊字符(如句点、逗号、冒号、分号)，莫尔斯码都为它们分配了一些点和破折号序列。在声音系统中，点代表一个短音，破折号代表一个长音。其他的点和破折号用于光系统和信号系统。单词之间的分隔用一个空格表示，或者通过默认的点或破折号表示。在声音系统中，空格用一个短时间的无声表示。莫尔斯码的国际版本如图 14.26 所示。

编写一个程序，读取一段英语短语，将其用莫尔斯码编码。另外编写一个程序，读取一段莫尔斯码，将其转换成等价的英语短语。两个莫尔斯码字母用一个空格区分，两个莫尔斯码单词用三个空格区分。

14.23 **(英制-公制转换)** 编写一个程序，协助用户进行英制-公制转换。程序应允许用户将单位名称指定成字符串(如对于公制系统，可以是厘米、升、克等；对于英制系统，可以是英寸、夸脱、磅等)，还应能够回答一些简单问题，例如：

```
"How many inches are in 2 meters?"
"How many liters are in 10 quarts?"
```

程序应能够识别出无效的转换。例如，问题：

```
"How many feet are in 5 kilograms?"
```

是无意义的，因为“feet”(英尺)是长度单位，而“kilograms”(千克)是质量单位。

字符	代码	字符	代码	字符	代码
A	.-	N	-.	数字	
B	-...	O	---	1	.----
C	-.-.	P	.--.	2	..---
D	-..	Q	--.-	3	...--
E	.	R	.-.	4	....-
F	..-.	S	...	5	.....
G	--.	T	-	6	-....
H	....	U	..-	7	--...
I	..	V	...-	8	---..
J	.---	W	.--	9	----.
K	-.-	X	-..-	0	-----
L	.-..	Y	-.--		
M	--	Z	--..		

图 14.26　国际版本的莫尔斯码中的字母和数字

拓展内容：处理字符串的挑战项目

14.24 (**项目：拼写检查**)我们日常使用的许多程序，都内置有拼写检查功能。这个项目中，需要开发一个自己的拼写检查工具。后面会给出一些初步的建议，然后再考虑添加更多的功能。可以从一本计算机词典中获取单词。

为什么在输入时会出现这么多的单词拼写错误呢？有些情况下，是因为不知道它的正确拼写形式是什么，所以只能靠猜想；有些情况下，是因为调换了两个字母(如将“default”输入成“defualt”)；有时，是无意间两次输入了同一个字母(如输入了“hanndy”而不是“handy”)；有时，输入的是键盘上相邻的一个字母(如将“birthday”输入成“biryhday”)。

在 Java 中设计并实现一个拼写检查程序。程序需处理一个字符串数组 wordList。用户可以输入 wordList 中的这些字符串。(注：第 15 章将讲解文件处理的问题。利用文件处理功能，可以从保存在文件中的词典里获取单词，用于拼写检查。)

程序应要求用户输入一个单词，然后在 wordList 数组中寻找该单词。如果找到，则输出“Word is spelled correctly.”；如果没有找到，则输出“Word is not spelled correctly.”。然后，程序应继续在 wordList 中寻找用户试图输入的那个单词。例如，可以尝试两个相邻字母移位的情形，以便找出“default”这个词与 wordList 中的某个单词直接匹配的情形。当然，这表示程序应检验所有可能的移位，例如单词“edfault”“dfeault”“deafult”“defalut”“defautl”。如果在 wordList 中找到这样一个单词，则应输入一条消息，例如：

```
Did you mean "default"?
```

实现其他的测试，例如用单个字母替换掉重复的双字母。还可以进行其他测试，以提升拼写检查程序的价值。

14.25 (**项目：填字游戏程序**)许多人都玩过填字游戏，但很少有人想过可以设计出这种游戏。此处建议将填字游戏作为一个字符串处理项目完成，它要求付出大量的努力。

即使对于最简单的填字游戏而言，也会有许多问题需要程序员去解决。例如，如何在计算机内部表示游戏中的网格？应该使用字符串序列，还是二维数组？

程序员需要一个单词源(词典)，它应能够被程序直接使用。应该如何保存这些单词，以便程序能够完成复杂的操作呢？

如果信心满满，还可以在游戏中提供一些线索，为横向和纵向单词给出一些简要提示。即使只输出一个空白的填字表格，就不是一件简单的事情。

挑战题

14.26 (**项目：健康烹饪食谱**)在美国，人口肥胖率正在以令人担忧的速度上升。可以查看美国疾病控制与防护中心(CDC)网站(http://www.cdc.gov/obesity/data/adult.html)上的地图，它给出了美国过去20年来全国的肥胖发展趋势。与肥胖相关的是一些疾病(如心脏病、高血压、高胆固醇、II 型糖尿病)也呈高发态势。创建一个程序，帮助用户在烹饪时选择更健康的食谱，并帮助那些对某些食物(如干果和麸质)过敏的人找到替代食品。程序应能从用户处读取一个菜谱，并对其中的某些配料给出更健康的替代食品。图 14.27 中给出了一些常用的替代食品。程序应显示一条警告语，比如“对饮食做出重大改变之前，应咨询医生”。

配　料	替代食品
1 杯酸奶油	1 杯酸奶
1 杯牛奶	1/2 杯脱脂奶加 1/2 杯水
1 茶匙柠檬汁	1/2 茶匙醋
1 杯糖	1/2 杯蜂蜜、1 杯糖浆或 1/4 杯龙舌兰花蜜
1 杯黄油	1 杯人工黄油或酸奶
1 杯面粉	1 杯黑麦面或米粉
1 杯蛋黄酱	1 杯脱脂乳干酪或 1/8 杯蛋黄酱加 7/8 杯酸奶
1 个鸡蛋	2 大汤匙玉米粉、木薯粉或土豆粉，或者 2 个蛋清，或者 1/2 根大香蕉(糊状)
1 杯牛奶	1 杯豆奶
1/4 杯油	1/4 杯苹果酱
白面包	全麦面包

图 14.27　常见的替代食品

程序需考虑替代食品并不是一对一的。例如，如果蛋糕配料要求 3 个鸡蛋，则可能要用 6 份蛋清来替代。关于度量和替代食品的转换数据，可以从如下这些网站获得：

```
http://chinesefood.about.com/od/recipeconversionfaqs/f/usmetricrecipes.htm
http://www.pioneerthinking.com/eggsub.html
http://www.gourmetsleuth.com/conversions.htm
```

程序应考虑用户的健康状况，比如高胆固醇、高血压、麸质过敏，等等。对于高胆固醇的情况，应建议使用鸡蛋和日常食物的替代食品；如果用户希望减肥，则应建议使用低卡路里的替代食品来代替糖。

14.27 (**项目：垃圾邮件扫描程序**)垃圾邮件(或废邮件)使美国用于垃圾邮件防范软件、装备、网络资源、带宽等方面的开支每年达数十亿美元，并由此降低了生产力。在线研究一些最常见的垃圾邮件消息和单词，并检查一下自己的垃圾邮件文件夹。创建一个垃圾邮件中最常使用的 30 个单词和短语的清单。编写一个程序，让用户输入一条电子邮件消息。然后，在消息中扫描这 30 个关键字或短语。只要它们在消息中出现一次，就为消息的“垃圾指数”增加 1 分。接下来，根据消息的“垃圾指数”来评估它为垃圾邮件的可能性。

14.28 (**项目：SMS 语言**)短消息服务(SMS)是一种通信服务，它允许在手机之间发送不超过 160 个字符的文本。随着全球手机用户的激增，在许多国家，SMS 已经有了许多其他用途，比如发布关于自然灾害的消息等。由于 SMS 消息的长度有限，因此在消息中经常使用 SMS 语言，即常用单词和短语的缩写。例如在 SMS 消息中，“IMO”表示“in my opinion”。在线研究一下这些 SMS 语言。编写一个程序，让用户输入一条用 SMS 语言编写的消息，然后将它翻译成英语(或其他语言)。还要提供一种机制，能够将用英语(或其他语言)编写的文本翻译成 SMS 语言。一个潜在的问题是，一个 SMS 缩写可以被扩展成各种短语。例如，前面使用的 IMO，也可以代表“International Maritime Organization”或“in memory of”，等等。

第 15 章　文件、输入/输出流、NIO 与 XML 序列化

目标

本章将讲解

- 创建、读取、写入和更新文件。
- 利用 NIO.2 API 的特性，取得有关文件和目录的信息。
- 文本文件与二进制文件的差异。
- 使用 Formatter 类将文本输出到文件。
- 使用 Scanner 类从文件输入文本。
- 使用顺序文本文件处理方法，开发一个真实的信用查询程序。
- 利用 XML 序列化和 JAXB API，将对象写入文件，从文件读取对象。
- 使用 FileChooser 对话框，允许用户选择磁盘上的文件或者目录。
- 使用 java.io 接口和类，执行基于字节和基于字符的输入/输出操作。

提纲

15.1　简介

保存在变量和数组中的数据是临时的——当局部变量离开作用域或程序终止时，数据都会消失。为了能够长期保存数据，甚至在创建数据的程序终止之后依然能够保存它们，计算机使用了文件(file)。人们每天都利用文件来完成一些任务，例如撰写文档或者创建电子表格。计算机将文件存放在辅助存储设备中，例如硬盘、DVD、闪存等。在文件中保存的数据被称为持久数据(persistent data)，因为当程序结束执行后，这些数据依然存在。本章将讲解 Java 程序中如何创建、更新和处理文件。

首先讨论的是 Java 体系结构如何在程序中处理文件。接下来，会讲解数据能够以两种不同的文件类型保存，即文本文件和二进制文件，并会分析它们的差异。我们将演示如何用 Paths 类、Files 类，以及 Path 接口和 DirectoryStream 接口(位于 java.nio.file 包中)取得关于文件或目录的信息，然后探讨如何

读写文件。本章会创建和操作一些文本文件。但是后面将看到，将文本文件中的数据以对象形式读取和写入是一件困难的事情。许多面向对象的语言(包括 Java)都提供了方便的途径，可以将对象写入文件和从文件读取对象(被称为序列化和去序列化)。为了演示这种能力，本章重新建立了几个以前使用文本文件的顺序访问程序，但这次是将对象写入文件和从文件取得对象。第 24 章和第 29 章中将探讨数据库。

15.2　文件和流

Java 将每个文件都视为有序的字节流(见图 15.1)[①]。所有操作系统都提供一种机制来判断文件的结束，例如文件结束标记(end-of-file marker)或者文件的总字节数，将其记录在由系统维护的管理性数据结构中。当到达字节流的末尾时，处理字节流的 Java 程序会收到来自操作系统的一个标志——程序不需要知道底层平台是如何表示文件或流的。某些情况下，将文件结束标记的出现当作一个异常。另外一些情况下，标记是在流处理对象上调用的方法的返回值。

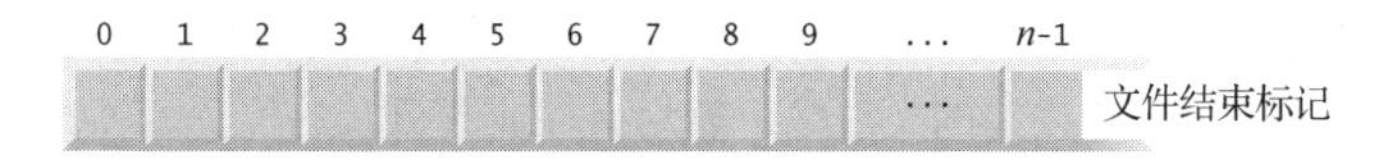

图 15.1　Java 中 n 个字节的文件的视图

基于字节的流和基于字符的流

文件流可用来输入和输出作为字符或字节的数据。

- 基于字节的流以二进制格式输入和输出数据。char 值为 2 字节，int 值为 4 字节，double 值包含 8 字节，等等。
- 基于字符的流将数据作为字符序列来输入和输出。字符序列中的每一个字符都为 2 字节——某个值中的字节数与该值中的字符数相关。例如，值 2 000 000 000 需要 20 字节(10 个字符，每个字符为 2 字节)。但是，值 7 只需要 2 字节(1 个字符)。

利用基于字节的流创建的文件为二进制文件(binary file)，而利用基于字符的流创建的文件为文本文件(text file)。文本文件可以被文本编辑器读取。二进制文件可以被能够理解它的特定内容和排序方式的程序读取。可以将二进制文件中的数字值用于计算中，而字符 5 就是一个能够用于文本字符串中的字符，例如“Sarah Miller is 15 years old”。

标准输入流、标准输出流和标准错误流

通过创建一个对象并将字节流或字符流与文件相关联，Java 程序就可以打开文件。这个对象的构造方法会与操作系统进行交互来打开文件。Java 还将流与不同的设备相关联。当开始执行程序时，Java 会创建与设备相关联的三个流对象——System.in、System.out 和 System.err。System.in(标准输入流)对象，通常使程序可以从键盘输入字节值；System.out(标准输出流)对象，通常使程序可以向屏幕输出数据；System.err(标准错误流)对象，通常使程序可以向屏幕输出基于字符的错误消息。所有的流都能被重定向(redirect)。对于 System.in 对象，这种能力可以使程序从不同的源读取字节值；对于 System.out 和 System.err 对象，这种能力使输出能被发送到不同的位置，例如磁盘文件。System 类提供了 setIn、setOut 和 setErr 方法，可分别重定向标准输入流、输出流和错误流。

java.io 包和 java.nio 包

对于来自 java.io 包和 java.nio 包的类和接口，Java 程序执行基于流的操作。java.nio 包提供新的 Java I/O API，它最早出现在 Java SE 6 中，并不断得到强化。其他的一些包中，也提供 Java API 功能，它包含的类和接口以 java.io 包和 java.nio 包中的类和接口为基础。

---

① Java 的 NIO API 也为高性能 I/O 提供了一些类和接口，它们用于实现所谓的“基于信道的结构”。这些主题已经超出了本书的探讨范围。

基于字符的输入和输出操作，可以通过 Scanner 类和 Formatter 类进行，参见 15.4 节。前面已经大量使用过 Scanner 类，用于从键盘输入数据。Scanner 类也可以从文件读取数据。Formatter 类可以使格式化的数据输出到任何基于文本的流中，所使用的方法与 System.out.printf 方法类似。附录 I 中给出了用 printf 方法进行格式化输出的细节。所有这些特性，都同样能够用于格式化文本文件。在第 28 章中，将使用流类来实现几个联网程序。

Java SE 8 增加了另一种流类型

8

第 17 章中介绍了一种新的流类型，它用于处理元素集合(类似于数组和 ArrayList)，而不是用于处理本章文件处理示例中的字节流。17.13 节中将使用 Files 方法 lines，新创建一种包含文件中文本行的流。

15.3 使用 NIO 类和接口来获得文件和目录信息

Path 和 DirectoryStream 接口，以及 Paths 和 Files 类(位于 java.nio.file 包中)，都可以用于获取有关磁盘文件和目录的信息：

- Path 接口——实现了这个接口的类对象，表示文件或者目录的位置。Path 对象不会打开文件或提供任何文件处理的功能。(java.io 包的)File 类也常用于获取文件位置。
- Paths 类——提供的几个静态方法，用于获得表示文件或者目录位置的一个 Path 对象。
- Files 类——提供的几个静态方法，用于常见的文件/目录操作，例如复制文件，创建/删除文件/目录；取得关于文件/目录的信息；读取文件内容；取得能够操作文件/目录内容的对象；等等。
- DirectoryStream 接口——实现了这个接口的类对象，使程序能够迭代遍历目录的内容。

创建 Path 对象

利用 Paths 类的静态方法 get，可以将一个表示文件或者目录位置的字符串转换成一个 Path 对象。然后，利用 Path 接口和 Files 类中的一些方法，可以判断出文件或者目录的信息。后面会讲解几个这种方法的用法。关于这些方法的完整清单，请参见：

```
http://docs.oracle.com/javase/8/docs/api/java/nio/file/Path.html
http://docs.oracle.com/javase/8/docs/api/java/nio/file/Files.html
```

绝对路径与相对路径

文件或目录的路径，确定了它在磁盘上的位置。路径包括通向该文件或目录的部分或全部目录。绝对路径(absolute path)包括从根目录(root directory)开始、通向指定文件或目录的全部目录。位于特定磁盘驱动器上的每一个文件或目录，在路径中都具有同一个根目录。相对路径(relative path)是“相对于”另一个目录的——例如一个“相对于”执行程序所在的路径。

从 URI 获得 Path 对象

Files 静态方法 get 的一个重载版本，利用一个 URI 对象来定位文件或者目录。统一资源定位标识符(Uniform Resource Identifier，URI)是用于定位 Web 站点的统一资源定位器(Uniform Resource Locators，URL)的更广义形式。例如，http://www.deitel.com/是 Deitel & Associates 公司 Web 站点的 URL。根据操作系统的不同，URI 定位文件的方式也有所变化。在 Windows 平台下，URI：

```
file://C:/data.txt
```

表示的是保存在 C 盘根目录下的 data.txt 文件。在 UNIX/Linux 平台下，URI：

```
file:/home/student/data.txt
```

表示的是保存在用户 student 主目录下的 data.txt 文件。

示例：取得文件和目录信息

图 15.2 中的程序，提示用户输入文件或者目录的名称，然后利用 Paths、Path、Files 和 DirectoryStream 类来输出关于文件或者目录的信息。

```
1  // Fig. 15.2: FileAndDirectoryInfo.java
2  // File class used to obtain file and directory information.
3  import java.io.IOException;
4  import java.nio.file.DirectoryStream;
5  import java.nio.file.Files;
6  import java.nio.file.Path;
7  import java.nio.file.Paths;
8  import java.util.Scanner;
9
10 public class FileAndDirectoryInfo {
11    public static void main(String[] args) throws IOException {
12       Scanner input = new Scanner(System.in);
13
14       System.out.println("Enter file or directory name:");
15
16       // create Path object based on user input
17       Path path = Paths.get(input.nextLine());
18
19       if (Files.exists(path)) { // if path exists, output info about it
20          // display file (or directory) information
21          System.out.printf("%n%s exists%n", path.getFileName());
22          System.out.printf("%s a directory%n",
23             Files.isDirectory(path) ? "Is" : "Is not");
24          System.out.printf("%s an absolute path%n",
25             path.isAbsolute() ? "Is" : "Is not");
26          System.out.printf("Last modified: %s%n",
27             Files.getLastModifiedTime(path));
28          System.out.printf("Size: %s%n", Files.size(path));
29          System.out.printf("Path: %s%n", path);
30          System.out.printf("Absolute path: %s%n", path.toAbsolutePath());
31
32          if (Files.isDirectory(path)) { // output directory listing
33             System.out.printf("%nDirectory contents:%n");
34
35             // object for iterating through a directory's contents
36             DirectoryStream<Path> directoryStream =
37                Files.newDirectoryStream(path);
38
39             for (Path p : directoryStream) {
40                System.out.println(p);
41             }
42          }
43       }
44       else { // not file or directory, output error message
45          System.out.printf("%s does not exist%n", path);
46       }
47    } // end main
48 } // end class FileAndDirectoryInfo
```

```
Enter file or directory name:
c:\examples\ch15

ch15 exists
Is a directory
Is an absolute path
Last modified: 2013-11-08T19:50:00.838256Z
Size: 4096
Path: c:\examples\ch15
Absolute path: c:\examples\ch15

Directory contents:
C:\examples\ch15\fig15_02
C:\examples\ch15\fig15_12_13
C:\examples\ch15\SerializationApps
C:\examples\ch15\TextFileApps
```

```
Enter file or directory name:
C:\examples\ch15\fig15_02\FileAndDirectoryInfo.java

FileAndDirectoryInfo.java exists
Is not a directory
Is an absolute path
Last modified: 2013-11-08T19:59:01.848255Z
Size: 2952
Path: C:\examples\ch15\fig15_02\FileAndDirectoryInfo.java
Absolute path: C:\examples\ch15\fig15_02\FileAndDirectoryInfo.java
```

图 15.2　用来获取文件和目录信息的 File 类

开始时，程序提示用户输入文件或者目录名称(第 14 行)。第 17 行输入文件或者目录的名称，并将它传递给 Paths 静态方法 get，它会将字符串转换成一个 Path 对象。第 19 行调用 Files 静态方法 exists，它接收一个 Path 对象，判断它是否在磁盘上存在(文件或者目录)。如果不存在，则控制前进到第 45 行，显示一条消息，包含 Path 对象的字符串表示，后接 “does not exist.”。否则，第 21 ~ 42 行完成如下任务：

- Path 方法 getFileName(第 21 行)取得文件或者目录的 String 名称，不包含位置信息。
- Files 静态方法 isDirectory(第 23 行)接收一个 Path 对象，返回一个布尔值，表明该对象是否为磁盘上的一个目录。
- Path 方法 isAbsolute(第 25 行)返回一个布尔值，表明该 Path 对象是否为文件或者目录的绝对路径。
- Files 静态方法 getLastModifiedTime(第 27 行)接收一个 Path 对象，返回一个(java.nio.file.attribute 包的)FileTime 对象，获得该文件最后一次修改的时间。程序输出的是 FileTime 的默认字符串表示。
- Files 静态方法 size(第 28 行)接收一个 Path 对象，返回一个 long 类型值，表示文件或者目录中的字节数。对于目录，所返回的值与平台有关。
- Path 方法 toString(在第 29 行被隐式调用)返回 Path 对象的字符串表示。
- Path 方法 toAbsolutePath(第 30 行)将 Path 对象转换成一个绝对路径。

如果 Path 表示一个目录(第 32 行)，则第 36 ~ 37 行利用 Files 静态方法 newDirectoryStream 获得一个 DirectoryStream<Path>对象，它包含指向目录内容的那些 Path 对象。第 39 ~ 41 行显示 DirectoryStream<Path>中每一个 Path 对象的字符串表示。注意，和 ArrayList 一样(见 7.16 节)，DirectoryStream 也是一个泛型类。

程序的第一次输出中，Path 对象表示的是包含本章示例文件的目录。第二次输出中，Path 对象表示的是这个示例的源代码文件。这两种情况指定的都是绝对路径。

错误预防提示 15.1

即使确定了 Path 对象存在，图 15.2 中的方法也有可能抛出 IOException 异常。例如，在调用了 Files 方法 exists 之后、执行第 21 ~ 42 行中的语句之前，Path 所代表的文件或者目录可能被删除了。在行业级的文件和目录处理程序中，要求对各种可能性进行大量的异常处理操作。

分隔符

分隔符(separator character)用来分隔路径中的目录和文件。Windows 系统中，分隔符是反斜线(\)字符；Linux 或 macOS 中，分隔符是正斜线(/)字符。Java 以相同的方式处理路径名称中的这两种字符。例如，如果使用路径：

```
c:\Program Files\Java\jdk1.6.0_11\demo/jfc
```

它包含两种分隔符，则 Java 依然能够正确地处理这个路径。

良好的编程实践 15.1

当构建代表路径信息的字符串时，可以利用 File.separator 来获得本地计算机上正确的分隔符，而不是显式地使用正斜线或者反斜线。这个常量为包含一个字符的字符串，即系统中正确的分隔符。

常见编程错误 15.1

在字符串字面值中，使用\而不是\\作为目录分隔符，是一个逻辑错误。单反斜线\表示它和后面的一个字符构成一个转义序列。所以，要在字符串字面值中用\\来插入一个\。

15.4 顺序文本文件

接下来，将创建并操作几个顺序文件(sequential file)，文件中的记录按记录键字段(record-key field)的顺序存储。先处理的是文本文件，以便能够快速地创建可以供阅读的文件。下面将讨论如何创建、写入/读取数据及更新顺序文本文件。此外，还将给出一个信用查询程序，它从文件中取得数据。15.4.1 ~ 15.4.3 节中的程序全部位于本章的 TextFileApps 目录下，以便它们能够处理位于同一个目录下的那个文本文件。

15.4.1 创建顺序文本文件

因为 Java 将文件视为无结构的，所以“记录”等的说法在 Java 语言中是不存在的。这样，程序员就必须结构化文件，以满足程序的要求。在下面的这个示例中，可看到如何将文件中的记录用键(key)结构化。

这一节中的程序，创建了一个简单的顺序文本文件，它用于应收账系统，帮助记录客户拖欠公司账款的信息。对于每一位客户，程序从用户处取得账号、客户姓名和客户结余(即客户欠公司的货物和服务款)。每一位客户的数据就构成这位客户的“记录”。这个程序中，账号是记录键(record key)——文件将按账号顺序创建和维护。这个程序假定用户是按账号顺序输入记录的。在(基于顺序文件的)综合应收账系统中，应提供排序功能，使用户可以按任意顺序输入记录。然后，记录会被排序并写入文件。

CreateTextFile 类

CreateTextFile 类(见图 15.3)使用一个 Formatter 对象来输出格式字符串，它具有与 System.out.printf 方法相同的格式化能力。可以将 Formatter 对象输出到各种地方，例如命令窗口或者文件。本示例中就是这样做的。Formatter 对象是在一条 try-with-resources 语句中实例化的(第 13 行，见 11.12 节)——前面说过，当 try 语句块正常终止，或者由于异常而终止时，try-with-resources 会关闭它的资源。这一行中的构造方法带有一个实参——包含文件名称(包括路径)的一个字符串。如果不指定路径(如这里所示)，则 JVM 假定文件位于程序执行时所在的目录。对于文本文件，采用.txt 文件扩展名。如果文件不存在，则会创建它。如果打开的是已经存在的文件，则它的内容会被截去——文件中的所有数据都会被丢弃。如果没有异常发生，则文件会打开并可以写入数据——Formatter 对象能够用来向文件写入数据。

```
1  // Fig. 15.3: CreateTextFile.java
2  // Writing data to a sequential text file with class Formatter.
3  import java.io.FileNotFoundException;
4  import java.lang.SecurityException;
5  import java.util.Formatter;
6  import java.util.FormatterClosedException;
7  import java.util.NoSuchElementException;
8  import java.util.Scanner;
9
10 public class CreateTextFile {
11    public static void main(String[] args) {
12       // open clients.txt, output data to the file then close clients.txt
13       try (Formatter output = new Formatter("clients.txt")) {
14          Scanner input = new Scanner(System.in);
15          System.out.printf("%s%n%s%n? ",
16             "Enter account number, first name, last name and balance.",
17             "Enter end-of-file indicator to end input.");
18
19          while (input.hasNext()) { // loop until end-of-file indicator
20             try {
21                // output new record to file; assumes valid input
22                output.format("%d %s %s %.2f%n", input.nextInt(),
23                   input.next(), input.next(), input.nextDouble());
24             }
25             catch (NoSuchElementException elementException) {
26                System.err.println("Invalid input. Please try again.");
27                input.nextLine(); // discard input so user can try again
28             }
29
30             System.out.print("? ");
31          }
32       }
33       catch (SecurityException | FileNotFoundException |
34          FormatterClosedException e) {
```

图 15.3　用 Formatter 类向顺序文本文件写入数据

```
35            e.printStackTrace();
36         }
37      }
38   }
```

```
Enter account number, first name, last name and balance.
Enter end-of-file indicator to end input.
? 100 Bob Blue 24.98
? 200 Steve Green -345.67
? 300 Pam White 0.00
? 400 Sam Red -42.16
? 500 Sue Yellow 224.62
? ^Z
```

图 15.3(续) 用 Formatter 类向顺序文本文件写入数据

第 33 ~ 36 行为多 catch 语句，它用于处理各种异常：

- 如果用户没有权限向第 13 行中打开的那个文件写数据，则会发生 SecurityException 异常。
- 如果文件不存在，且没有创建新的文件，或者在第 13 行打开文件时出现错误，则会发生 FileNotFoundException 异常。
- 如果试图在第 22 ~ 23 行将 Formatter 对象写入文件，该对象已经关闭，则会发生 FormatterClosedException 异常。

对于这些异常，程序将显示它的栈踪迹，然后终止。

将数据写入文件

第 15 ~ 17 行提示用户输入一个记录的各个字段数据，或在完成了输入时键入一个文件结束符。图 15.4 中列出了在各种计算机系统中输入文件结束符的组合——有些 IDE 不支持这些基于控制台的输入(因而必须在命令窗口中执行程序)。第 19 行利用 Scanner 方法 hasNext，判断输入的是否为文件结束键组合。循环会一直执行，直到 hasNext 方法遇到文件结束键组合。

操作系统	键 组 合
macOS 和 Linux	回车键 + Ctrl + D 组合键
Windows	Ctrl + Z 组合键

图 15.4 表示文件结束的键组合

第 22 ~ 23 行利用一个 Scanner，从用户处读取数据，然后利用 Formatter 将数据作为一条记录输出。如果数据是错误的格式(如当要求 int 值时输入的是字符串)，或者没有更多的数据输入时，每一个 Scanner 输入方法都会抛出一个 NoSuchElementException 异常(在第 25 ~ 28 行处理)。

如果没有异常发生，则记录的信息会用 format 方法输出，它执行的格式化操作，与 System.out.printf 方法相同。format 方法向 Formatter 对象的输出目标输出格式化字符串，即 clients.txt 文件。格式串“%d %s %s %.2f%n”表明当前的记录当作整数保存(账号)，后接一个字符串(名字)、另一个字符串(姓氏)和一个浮点值(余额)。每一个信息之间用一个空格分开，而 double 值(余额)是用两位小数输出的(由%.2f 中的“.2”指定)。文本文件中的数据可以通过文本编辑器查看，也可以在以后由设计成读取这个文件的程序读取(见 15.4.2 节)。(注：也可以利用 java.io.PrintWriter 类将数据输出到文本文件，这个类提供了用于输出格式化数据的 format 方法和 printf 方法。)

用户输入文件结束键组合之后，try-with-resources 语句会调用 Formatter 方法 close，关闭 Formatter 对象及底层的输出文件。如果没有显式地调用 close 方法，则当程序执行结束时，通常操作系统会关闭文件，这是操作系统“执行清理操作”的一个例子。但是，当不再需要文件时，应当总是显式地关闭它。

输出样本

这个程序的样本数据见图 15.5。在程序的执行样本中，用户输入了 5 个账户的信息，然后输入了文件结束符，表明数据输入已经完成。执行样本中没有显示数据记录在文件中的实际样子。下一节中，为了验证文件已经被成功地创建了，将给出一个程序，它读取这个文件并输出文件的内容。由于这是一个文本文件，因此也可以在文本编辑器中打开它，查看这些信息。

样本数据			
100	Bob	Blue	24.98
200	Steve	Green	–345.67
300	Pam	White	0.00
400	Sam	Red	–42.16
500	Sue	Yellow	224.62

图 15.5　图 15.3 中程序的样本数据

15.4.2　从顺序文本文件读取数据

文件中保存的数据，在需要时可将其取出用于处理。前一节演示了如何创建文件用于顺序访问，这一节将讲解如何从文本文件中顺序地读取数据，将演示 Scanner 类如何能用来从文件而不是从键盘输入数据。图 15.6 中的程序会从 14.5.1 节的程序创建的 clients.txt 文件读取记录，并将显示记录的内容。第 14 行创建了一个 Scanner 对象，它用来从文件获得输入。

```
1  // Fig. 15.6: ReadTextFile.java
2  // This program reads a text file and displays each record.
3  import java.io.IOException;
4  import java.lang.IllegalStateException;
5  import java.nio.file.Files;
6  import java.nio.file.Path;
7  import java.nio.file.Paths;
8  import java.util.NoSuchElementException;
9  import java.util.Scanner;
10
11 public class ReadTextFile {
12    public static void main(String[] args) {
13       // open clients.txt, read its contents and close the file
14       try(Scanner input = new Scanner(Paths.get("clients.txt"))) {
15          System.out.printf("%-10s%-12s%-12s%10s%n", "Account",
16             "First Name", "Last Name", "Balance");
17
18          // read record from file
19          while (input.hasNext()) { // while there is more to read
20             // display record contents
21             System.out.printf("%-10d%-12s%-12s%10.2f%n", input.nextInt(),
22                input.nextInt(), input.next(), input.nextDouble());
23          }
24       }
25       catch (IOException | NoSuchElementException |
26          IllegalStateException e) {
27          e.printStackTrace();
28       }
29    }
30 }
```

```
Account   First Name  Last Name      Balance
100       Bob         Blue             24.98
200       Steve       Green          -345.67
300       Pam         White             0.00
400       Sam         Red             -42.16
500       Sue         Yellow          224.62
```

图 15.6　使用 Scanner 类的对象读取顺序文本文件

try-with-resources 语句通过实例化一个 Scanner 对象(第 14 行)，打开文件供读取。将一个 Path 对象传递给构造方法，它指明 Scanner 对象将从 clients.txt 文件读取数据，这个文件位于程序执行时所在的目录。如果没有找到文件，则会发生 IOException 异常。这个异常是由第 25 ~ 28 行处理的。

第 15 ~ 16 行显示程序输出的列标题。第 19 ~ 23 行读取并显示文件内容，直到遇到文件结束标记

——hasNext 方法在第 19 行返回假。第 21 ~ 22 行使用 Scanner 方法 nextInt、next 和 nextDouble，分别输入一个 int 值(账号)、两个字符串(名字和姓氏)和一个 double 值(余额)。每一条记录，就是文件中的一行数据。如果文件中的信息没有被正确地格式化(如在应该为余额的地方放置了一个姓氏)，则当输入记录时会发生 NoSuchElementException 异常。如果在输入数据之前关闭了 Scanner 对象，则会发生 IllegalStateException 异常。这些异常在第 25 ~ 28 行处理。在第 21 行的格式字符串中，账号、名字和姓氏是左对齐的，而余额是右对齐的，输出时带两位小数精度。循环的每一次迭代，都会输入文本文件中的一行文本，它表示一条记录。当循环终止，到达第 24 行时，try-with-resources 语句会隐式地调用 Scanner 类的 close 方法，关闭 Scanner 对象和文件。

15.4.3 案例分析：信用查询程序

为了从文件中顺序读取数据，程序通常从文件的开头开始，连续读取全部的数据，直到发现了期望的信息。有时，必须在执行程序的过程中多次(从文件的开头)顺序地处理文件。Scanner 类不允许重新定位到文件的开头。如果需要再次读取文件，则程序必须先关闭它然后重新打开。

图 15.7 ~ 图 15.8 中的程序，使信用经理能够获得那些具有零余额(即客户不欠公司钱)、贷方余额(即公司欠客户的钱)和借方余额(即客户欠公司的货款和服务款)的客户清单。贷方余额是一个负值，而借方余额是一个正值。

MenuOption 枚举

首先创建一个 enum(枚举)类型(见图 15.7)，以定义信用经理可以使用的菜单选项——如果需要为不同的 enum 常量提供指定的值，则需要这样做。各种选择及其对应的值在第 5 ~ 8 行给出。

```
 1  // Fig. 15.7: MenuOption.java
 2  // enum type for the credit-inquiry program's options.
 3  public enum MenuOption {
 4     // declare contents of enum type
 5     ZERO_BALANCE(1),
 6     CREDIT_BALANCE(2),
 7     DEBIT_BALANCE(3),
 8     END(4);
 9
10     private final int value; // current menu option
11
12     // constructor
13     private MenuOption(int value) {this.value = value;}
14  }
```

图 15.7 用于信用查询程序的菜单选项的 enum 类型

CreditInquiry 类

图 15.8 中的程序包含信用查询程序的功能。这个程序显示了一个文本菜单，允许信用经理输入三个选项之一来获得信用信息：

- 选项 1(ZERO_BALANCE)会产生具有零余额的账户清单。
- 选项 2(CREDIT_BALANCE)会产生具有贷方余额(负值)的账户清单。
- 选项 3(DEBIT_BALANCE)会产生具有借方余额(正值)的账户清单。
- 选项 4(END)终止程序的执行。

```
1  // Fig. 15.8: CreditInquiry.java
2  // This program reads a file sequentially and displays the
3  // contents based on the type of account the user requests
4  // (credit balance, debit balance or zero balance).
5  import java.io.IOException;
6  import java.lang.IllegalStateException;
7  import java.nio.file.Paths;
8  import java.util.NoSuchElementException;
9  import java.util.Scanner;
```

图 15.8 信用查询程序

```
10
11 public class CreditInquiry {
12    private final static MenuOption[] choices = MenuOption.values();
13
14    public static void main(String[] args) {
15       Scanner input = new Scanner(System.in);
16
17       // get user's request (e.g., zero, credit or debit balance)
18       MenuOption accountType = getRequest(input);
19
20       while (accountType != MenuOption.END) {
21          switch (accountType) {
22             case ZERO_BALANCE:
23                System.out.printf("%nAccounts with zero balances:%n");
24                break;
25             case CREDIT_BALANCE:
26                System.out.printf("%nAccounts with credit balances:%n");
27                break;
28             case DEBIT_BALANCE:
29                System.out.printf("%nAccounts with debit balances:%n");
30                break;
31          }
32
33          readRecords(accountType);
34          accountType = getRequest(input); // get user's request
35       }
36    }
37
38    // obtain request from user
39    private static MenuOption getRequest(Scanner input) {
40       int request = 4;
41
42       // display request options
43       System.out.printf("%nEnter request%n%s%n%s%n%s%n%s%n",
44          " 1 - List accounts with zero balances",
45          " 2 - List accounts with credit balances",
46          " 3 - List accounts with debit balances",
47          " 4 - Terminate program");
48
49       try {
50          do { // input user request
51             System.out.printf("%n? ");
52             request = input.nextInt();
53          } while ((request < 1) || (request > 4));
54       }
55       catch (NoSuchElementException noSuchElementException) {
56          System.err.println("Invalid input. Terminating.");
57       }
58
59       return choices[request - 1]; // return enum value for option
60    }
61
62    // read records from file and display only records of appropriate type
63    private static void readRecords(MenuOption accountType) {
64       // open file and process contents
65       try (Scanner input = new Scanner(Paths.get("clients.txt"))) {
66          while (input.hasNext()) { // more data to read
67             int accountNumber = input.nextInt();
68             String firstName = input.next();
69             String lastName = input.next();
70             double balance = input.nextDouble();
71
72             // if proper account type, display record
73             if (shouldDisplay(accountType, balance)) {
74                System.out.printf("%-10d%-12s%-12s%10.2f%n", accountNumber,
75                   firstName, lastName, balance);
76             }
77             else {
78                input.nextLine(); // discard the rest of the current record
79             }
80          }
81       }
82       catch (NoSuchElementException | IllegalStateException |
83          IOException e) {
```

图 15.8(续)　信用查询程序

```
84            System.err.println("Error processing file. Terminating.");
85            System.exit(1);
86         }
87      }
88
89      // use record type to determine if record should be displayed
90      private static boolean shouldDisplay(
91         MenuOption option, double balance) {
92         if ((option == MenuOption.CREDIT_BALANCE) && (balance < 0)) {
93            return true;
94         }
95         else if ((option == MenuOption.DEBIT_BALANCE) && (balance > 0)) {
96            return true;
97         }
98         else if ((option == MenuOption.ZERO_BALANCE) && (balance == 0)) {
99            return true;
100        }
101
102        return false;
103     }
104 }
```

```
Enter request
 1 - List accounts with zero balances
 2 - List accounts with credit balances
 3 - List accounts with debit balances
 4 - Terminate program

? 1
```

```
Accounts with zero balances:
300       Pam         White           0.00

Enter request
 1 - List accounts with zero balances
 2 - List accounts with credit balances
 3 - List accounts with debit balances
 4 - Terminate program

? 2

Accounts with credit balances:
200       Steve       Green        -345.67
400       Sam         Red           -42.16

Enter request
 1 - List accounts with zero balances
 2 - List accounts with credit balances
 3 - List accounts with debit balances
 4 - Terminate program

? 3

Accounts with debit balances:
100       Bob         Blue           24.98
500       Sue         Yellow        224.62

Enter request
 1 - List accounts with zero balances
 2 - List accounts with credit balances
 3 - List accounts with debit balances
 4 - Terminate program

? 4
```

图 15.8(续) 信用查询程序

记录信息是通过读取文件收集的，读取时会判断每条记录是否满足所选择的账户类型的标准。main 方法中的第 18 行调用了 getRequest 方法(第 39 ~ 60 行)，显示菜单选项，将用户输入的数字翻译成一个 MenuOption，并将结果保存在 MenuOption 变量 accountType 中。第 20 ~ 35 行会一直循环，直到用户指定了程序应当终止。第 21 ~ 31 行会将当前记录集的标题输出到屏幕上。第 33 行调用 readRecords 方法(第 63 ~ 87 行)，它循环遍历文件并读取每一条记录。

readRecords 方法利用一条 try-with-resources 语句，创建一个 Scanner 对象，打开文件供读取(第 65 行)。每次调用这个方法打开文件时，都会用一个新的 Scanner 对象读取文件，以便能再次从文件的开头读取。第 67 ~ 70 行读取一条记录。第 73 行调用了 shouldDisplay 方法(第 90 ~ 103 行)，判断当前记录是否满足所请求的账户类型。如果这个方法返回真，则程序会显示账户信息。当到达文件结束标记时，循环终止，try-with-resources 语句关闭 Scanner 对象和文件。一旦已经读取了所有的记录，控制就返回到 main 方法，再次调用 getRequest 方法(第 34 行)，获取用户的下一个菜单选项。

15.4.4　更新顺序文本文件

在许多顺序文本文件中，如果要修改数据，则存在破坏文件中其他数据的风险。例如，如果需要将名字“White”改成“Worthington”，则不能只简单地改掉旧名字，因为新名字要求更多的空间。文件中 White 的记录是

```
300 Pam White 0.00
```

如果这条记录采用较长的名字，且从文件中的同一位置开始重写，则记录将是

```
300 Pam Worthington 0.00
```

与原始记录相比，新记录更长(具有更多的字符)。“Worthington”会覆盖掉当前记录中的“0.00”，而从“Worthington”中第二个“o”开始的字符，将覆盖掉文件中下一个顺序记录的开始处。这里的问题是文本文件中的字段(及记录)，其大小能变化。例如，7、14、–117、2074 和 27 383 在内部都被保存为具有相同字节数(4)的 int 值，但将它们显示在屏幕上或作为文本写入文件时，它们具有不同的字段大小。因此，顺序文件中的记录，通常不会在某个位置进行更新，而是需重写整个文件。为了更改上面的名字，需将“300 Pam White 0.00”之前的记录复制到一个新文件中，然后在新文件中写入这条新记录(它的大小可以不同于被替换的记录)，接着将“300 Pam White 0.00”之后的记录复制到新文件中。为了更新一条记录而进行这样的操作是效率低下的，但是当需要更新大量记录时，这样做是值得的。

15.5　XML 序列化

15.4 节中演示了如何将记录的各个字段作为文本写入文件中，还演示了如何从文件中读取这些字段。有时，我们希望将全部对象写入一个文件，或者从文件读取整个对象(也可以通过网络连接操作——参见本书在线的 REST Web 服务一章)。正如第 12 章中所讲，XML(可扩展标记语言)是一种用于描述数据的广泛使用的语言。XML 是一种常用来表示对象的格式。在本书在线讲解 Web 服务的那一章中，还用到了另一种常见的格式，被称为 JSON(JavaScript Object Notation)，它能在 Internet 上传输数据。这里使用 XML 而不是 JSON，是因为用于操作 XML 对象的 API 已经被内置在 Java SE 中，而用于操作 JSON 对象的 API 位于 Java EE(企业版)中。

这一节中将利用 JAXB(Java Architecture for XML Binding)来操作数据。我们将看到，JAXB 可用来执行 XML 序列化工作——JAXB 称其为“封送处理”(marshaling)。被序列化的对象由 XML 表示，它包含了对象的数据。将序列化对象写入文件之后，可以从文件读取它并去序列化(deserialize)，即表示对象的 XML 及它的数据，能够用来在内存中重建该对象。

15.5.1　使用 XML 序列化创建顺序文本文件

本节中展示的序列化操作是用基于字符的流执行的，所以结果为一个文本文件，能够在标准的文本编辑器中查看它的内容。首先，将创建序列化对象并将它写入一个文件。

声明 Account 类

首先定义一个 Account 类(见图 15.9)，它封装的客户记录信息用于这几个实例化示例中。这个示例中全部的类及 15.5.2 节中的一个类，都位于本章示例文件夹下的 SerializationApps 目录中。Account 类

包含私有变量 account、firstName、lastName 和 balance(第 4 ~ 7 行)，以及用于处理这些变量的 *set* 方法和 *get* 方法。尽管这个示例中的 *set* 方法没有验证数据，但是通常应该这样做。

```
 1  // Fig. 15.9: Account.java
 2  // Account class for storing records as objects.
 3  public class Account {
 4     private int accountNumber;
 5     private String firstName;
 6     private String lastName;
 7     private double balance;
 8
 9     // initializes an Account with default values
10     public Account() {this(0, "", "", 0.0);}
11
12     // initializes an Account with provided values
13     public Account(int accountNumber, String firstName,
14        String lastName, double balance) {
15        this.accountNumber = accountNumber;
16        this.firstName = firstName;
17        this.lastName = lastName;
18        this.balance = balance;
19     }
20
21     // get account number
22     public int getAccountNumber() {return accountNumber;}
23
24     // set account number
25     public void setAccountNumber(int accountNumber)
26        {this.accountNumber = accountNumber;}
27
28     // get first name
29     public String getFirstName() {return firstName;}
30
31     // set first name
32     public void setFirstName(String firstName)
33        {this.firstName = firstName;}
34
35     // get last name
36     public String getLastName() {return lastName;}
37
38     // set last name
39     public void setLastName(String lastName) {this.lastName = lastName;}
40
41     // get balance
42     public double getBalance() {return balance;}
43
44     // set balance
45     public void setBalance(double balance) {this.balance = balance;}
46  }
```

图 15.9 用于将记录保存成对象的 Account 类

普通旧式 Java 对象

JAXB 可用于 POJO(Plain Old Java Objects，普通旧式 Java 对象)——无须超类或者接口，即可支持 XML 序列化。默认情况下，JAXB 只会序列化对象的公共实例变量和公共读写属性。回忆 13.4.1 节可知，读写属性是根据特定的命名规范，通过创建一套 *set* 方法和 *get* 方法来定义的。Account 类中，getAccountNumber 方法和 setAccountNumber 方法(第 22 ~ 26 行)定义了一个名称为 accountNumber 的读写属性。同样，第 29 ~ 45 行中的 *get* 方法和 *set* 方法分别定义了 firstName、lastName 和 balance 的读写属性。这个类还必须提供一个公共的默认(或无实参)构造方法，用于从文件读取对象时能够重新创建它们。

声明 Accounts 类

从图 15.11 可知，这个示例将 Account 对象保存在一个 List<Account>中，然后用一个操作，将整个 List 序列化成一个文件。为了序列化 List，必须将它定义成类的一个实例变量。为此，在 Accounts 类中封装了这个 List<Account>(见图 15.10)。

第 9 ~ 10 行声明并初始化了 List<Account>实例变量 accounts。JAXB 允许程序员定制 XML 序列化，例如序列化一个私有实例变量或者只读属性。符号@XMLElement(第 9 行，位于 javax.xml.bind.annotation

包中)表明，应当序列化这个私有实例变量。稍后将探讨这个符号中的 name 实参。必须有这个符号，因为实例变量不是公共的，并且没有对应的公共读写属性。

```
1  // Fig. 15.10: Accounts.java
2  // Maintains a List<Account>
3  import java.util.ArrayList;
4  import java.util.List;
5  import javax.xml.bind.annotation.XmlElement;
6
7  public class Accounts {
8     // @XmlElement specifies XML element name for each object in the List
9     @XmlElement(name="account")
10    private List<Account> accounts = new ArrayList<>(); // stores Accounts
11
12    // returns the List<Accounts>
13    public List<Account> getAccounts() {return accounts;}
14 }
```

图 15.10 用于序列化对象的 Account 类

将 XML 序列化对象写入文件

图 15.11 中的程序将 Accounts 对象序列化并将它写入了一个文本文件。这个程序与 15.4 节中的程序类似，所以只讲解那些新特性。第 9 行从 javax.xml.bind 包导入了一个 JAXB 类。这个包中包含了用于执行 XML 序列化的许多相关的类，JAXB 类中还包含几个静态方法，可以方便地用来执行一些常见的操作。

```
1  // Fig. 15.11: CreateSequentialFile.java
2  // Writing objects to a file with JAXB and BufferedWriter.
3  import java.io.BufferedWriter;
4  import java.io.IOException;
5  import java.nio.file.Files;
6  import java.nio.file.Paths;
7  import java.util.NoSuchElementException;
8  import java.util.Scanner;
9  import javax.xml.bind.JAXB;
10
11 public class CreateSequentialFile {
12    public static void main(String[] args) {
13       // open clients.xml, write objects to it then close file
14       try(BufferedWriter output =
15          Files.newBufferedWriter(Paths.get("clients.xml"))) {
16
17          Scanner input = new Scanner(System.in);
18
19          // stores the Accounts before XML serialization
20          Accounts accounts = new Accounts();
21
22          System.out.printf("%s%n%s%n? ",
23             "Enter account number, first name, last name and balance.",
24             "Enter end-of-file indicator to end input.");
25
26          while (input.hasNext()) { // loop until end-of-file indicator
27             try {
28                // create new record
29                Account record = new Account(input.nextInt(),
30                   input.next(), input.next(), input.nextDouble());
31
32                // add to AccountList
33                accounts.getAccounts().add(record);
34             }
35             catch (NoSuchElementException elementException) {
36                System.err.println("Invalid input. Please try again.");
37                input.nextLine(); // discard input so user can try again
38             }
39
40             System.out.print("? ");
41          }
42
43          // write AccountList's XML to output
44          JAXB.marshal(accounts, output);
45       }
```

图 15.11 用 JAXB 和 BufferedWriter 将对象写入文件

```
46         catch (IOException ioException) {
47            System.err.println("Error opening file. Terminating.");
48         }
49      }
50   }
```

```
Enter account number, first name, last name and balance.
Enter end-of-file indicator to end input.
? 100 Bob Blue 24.98
? 200 Steve Green -345.67
? 300 Pam White 0.00
? 400 Sam Red -42.16
? 500 Sue Yellow 224.62
? ^Z
```

图 15.11(续) 用 JAXB 和 BufferedWriter 将对象写入文件

为了打开文件，第 14 ~ 15 行调用了 Files 静态方法 newBufferedWriter，它接收一个 Path 对象，该对象指定了要打开用于写入的那个文件(clients.xml)，如果文件已经存在，则返回的 BufferedWriter 对象可以让 JAXB 类用来向它写入文本。如果以这种方式打开已经存在的文件用于输出，则它以前的内容会被清除。XML 文件的标准扩展名是.xml。如果在打开文件的过程中发生问题，例如程序没有访问文件的权限，或者打开的是只读文件却要写入它，则第 14 ~ 15 行会抛出 IOException 异常。这时，程序会显示一个错误消息(第 46 ~ 48 行)，然后终止。否则，output 变量就可以用来写入文件。

第 20 行创建了一个包含 List<Account>的 Accounts 对象。第 26 ~ 41 行输入每一条记录，创建一个 Account 对象(第 29 ~ 30 行)，并将它添加到 List 中(第 33 行)。

当用户输入文件结束标记来终止输入时，第 44 行会利用 JAXB 类的静态方法 marshal 将包含 List<Account>的 Accounts 对象序列化成 XML。第一个实参是要序列化的对象。针对这个 marshal 方法特定重载版本的第二个实参，是用于输出成 XML 的一个(java.io 包的) Writer 对象——BufferedWriter 是 Writer 的子类。第 14 ~ 15 行获得的 BufferedWriter 将 XML 输出到文件。

注意，只需要一条语句，就可以写入整个 Accounts 对象及位于 List<Account>中的所有对象。在图 15.11 的执行样本中，我们输入了如图 15.5 所示的 5 个账户信息。

XML 输出

图 15.12 给出了 clients.xml 文件的内容。尽管并不需要理解这个示例中的 XML 文件是如何起作用的，但这个 XML 文件是可以理解的。JAXB 序列化一个类对象时，它会将类名称作为对应 XML 元素的名称(但首字母改成小写)，所以，accounts 元素(第 2 ~ 33 行)就代表了 Accounts 对象。

回忆图 15.10 的 Accounts 类中的第 9 行，List<Account>实例变量的前面有符号：

```
@XmlElement(name="account")
```

除了使 JAXB 能够序列化实例变量，这个符号还指定了 XML 元素的名称(account)，用于表示序列化输出中的每一个 Account 对象。例如，图 15.12 第 3 ~ 8 行代表 Bob Blue 的那个 Account。如果没有指定这个符号的 name 实参，则实例变量的名称(accounts)就会被用作 XML 元素的名称。还可以定制 JAXB XML 序列化中的许多其他要素。更多信息，请访问：

```
https://docs.oracle.com/javase/tutorial/jaxb/intro/
```

```
1  <?xml version="1.0" encoding="UTF-8" standalone="yes"?>
2  <accounts>
3      <account>
4          <accountNumber>100</accountNumber>
5          <balance>24.98</balance>
6          <firstName>Bob</firstName>
7          <lastName>Blue</lastName>
8      </account>
9      <account>
10         <accountNumber>200</accountNumber>
11         <balance>-345.67</balance>
12         <firstName>Steve</firstName>
```

图 15.12 clients.xml 的内容

```
13            <lastName>Green</lastName>
14        </account>
15        <account>
16            <accountNumber>300</accountNumber>
17            <balance>0.0</balance>
18            <firstName>Pam</firstName>
19            <lastName>White</lastName>
20        </account>
21        <account>
22            <accountNumber>400</accountNumber>
23            <balance>-42.16</balance>
24            <firstName>Sam</firstName>
25            <lastName>Red</lastName>
26        </account>
27        <account>
28            <accountNumber>500</accountNumber>
29            <balance>224.62</balance>
30            <firstName>Sue</firstName>
31            <lastName>Yellow</lastName>
32        </account>
33    </accounts>
```

图 15.12(续)　clients.xml 的内容

Account 类的每一个属性，都具有对应的一个 XML 元素，其名称与属性名称相同。例如，第 4 ~ 7 行中的各个元素，分别为 Bob Blue 的 accountNumber、balance、firstName 和 lastName——JAXB 会将 XML 元素按字母顺序排列，但并不总会如此。属性的里面是对应的属性值——accountNumber 为 100、balance 为 24.98、firstName 为 Bob、lastName 为 Blue。第 9 ~ 32 行，表示的是在程序执行样本中输入的另外 4 个 Account 对象。

15.5.2　从顺序文本文件读取和去序列化数据

前一小节介绍了如何创建一个包含 XML 序列化对象的文件。这一节，将探讨如何从文件中顺序地读取序列化数据。图 15.13 中的程序从 15.5.1 节的程序所创建的文件中读取数据，然后显示它的内容。这个程序通过调用 Files 静态方法 newBufferedReader 打开文件。该方法接收的 Path 对象指定要打开的文件。如果文件存在且没有异常方式，则返回一个 BufferedReader，用于读取文件。

```
 1  // Fig. 15.13: ReadSequentialFile.java
 2  // Reading a file of XML serialized objects with JAXB and a
 3  // BufferedReader and displaying each object.
 4  import java.io.BufferedReader;
 5  import java.io.IOException;
 6  import java.nio.file.Files;
 7  import java.nio.file.Paths;
 8  import javax.xml.bind.JAXB;
 9
10  public class ReadSequentialFile {
11     public static void main(String[] args) {
12        // try to open file for deserialization
13        try(BufferedReader input =
14           Files.newBufferedReader(Paths.get("clients.xml"))) {
15           // unmarshal the file's contents
16           Accounts accounts = JAXB.unmarshal(input, Accounts.class);
17
18           // display contents
19           System.out.printf("%-10s%-12s%-12s%10s%n", "Account",
20              "First Name", "Last Name", "Balance");
21
22           for (Account account : accounts.getAccounts()) {
23              System.out.printf("%-10d%-12s%-12s%10.2f%n",
24                 account.getAccountNumber(), account.getFirstName(),
25                 account.getLastName(), account.getBalance());
26           }
27        }
28        catch (IOException ioException) {
29           System.err.println("Error opening file.");
30        }
31     }
32  }
```

图 15.13　读取用 JAXB XML 序列化的文件并显示对象内容

```
Account    First Name  Last Name      Balance
100        Bob         Blue             24.98
200        Steve       Green          -345.67
300        Pam         White             0.00
400        Sam         Red             -42.16
500        Sue         Yellow          224.62

No more records
```

图 15.13(续) 读取用 JAXB XML 序列化的文件并显示对象内容

第 16 行使用 JAXB 静态方法 unmarshal，读取 clients.xml 的内容，并将 XML 元素转换成一个 Accounts 对象。此处使用的重载 unmarshal 方法从一个(java.io 包的)Reader 对象读取 XML 元素，并创建一个由第二个实参指定类型的对象——BufferedReader 为 Reader 的子类。第 13 ~ 14 行获得的 BufferedReader，从文件读取文本。Unmarshal 方法的第二个实参为一个(java.lang 包的)Class<T>对象，表示根据 XML 创建的对象类型——Accounts.class 是 Java 编译器采用的一种简写形式，它表示：

```
new Class<Accounts>
```

需再次注意，只用一条语句就读取了整个文件，并重建了 Accounts 对象。如果没有发生异常，则第 19 ~ 26 行会显示这个 Accounts 对象的内容。

15.6 FileChooser 和 DirectoryChooser 对话框

JavaFX 类 FileChooser 和 DirectoryChooser(位于 javafx.stage 包中)会显示一个对话框，分别允许用户选择文件或者目录。为了演示这些对话框的用法，下面的示例是 15.3 节中的示例的强化版本。图 15.14 ~ 图 15.15 中的示例包含了一个 JavaFX 图形用户界面(GUI)，但显示的数据与前一个示例相同。

创建 JavaFX GUI

图 15.15(a)中的 GUI 由一个 600 × 400 的 BorderPane 组成，其 fx:id 属性为 borderPane：

- BorderPane 的顶部是一个 ToolBar(来自 Scene Builder 的 Library 窗口的 Containers 部分)，它可以将控件水平(默认)或者垂直放置。通常而言，会将 ToolBar 放置在 GUI 的边缘区域，例如 BorderPane 的顶部、右侧、底部或者左侧区域。
- BorderPane 的中心是一个 TextArea 控件，其 fx:id 属性为 textArea。将该控件的 Text 属性设置为“Select file or directory”，并启用它的 Wrap Text 属性，以确保较长的文本能够折行显示。如果在 TextArea 中实际的文本行数超过了它能容纳的行数，则会显示一个垂直滚动条。(假设没有启用 Wrap Text 属性，若文本很长，则也会显示一个水平滚动条。)

默认情况下，ToolBar 会包含一个 Button。可以将其他控件拖放到 ToolBar 上，必要时可以删除这个默认 Button。在这个 ToolBar 上增加第二个 Button。对于第一个 Button，设置如下属性：

- Text 属性为“Select File”
- fx:id 属性为 selectFileButton
- On Action 事件处理器为 selectFileButtonPressed

为第二个 Button 设置如下属性：

- Text 属性为“Select Directory”
- fx:id 属性为 selectDirectoryButton
- On Action 事件处理器为 selectDirectoryButtonPressed

最后，将 FileChooserTestController 指定成 FXML 的控制器。

启动程序的类

FileChooserTest 类(见图 15.14)用于启动这个 JavaFX 程序，它采用了第 12 ~ 13 章中讲解的技术。

```
33 // Fig. 15.14: FileChooserTest.java
34 // App to test classes FileChooser and DirectoryChooser.
35 import javafx.application.Application;
36 import javafx.fxml.FXMLLoader;
37 import javafx.scene.Parent;
38 import javafx.scene.Scene;
39 import javafx.stage.Stage;
40
41 public class FileChooserTest extends Application {
42    @Override
43    public void start(Stage stage) throws Exception {
44       Parent root =
45          FXMLLoader.load(getClass().getResource("FileChooserTest.fxml"));
46
47       Scene scene = new Scene(root);
48       stage.setTitle("File Chooser Test"); // displayed in title bar
49       stage.setScene(scene);
50       stage.show();
51    }
52
53    public static void main(String[] args) {
54       launch(args);
55    }
56 }
```

图 15.14　演示 FileChooser 对话框

控制器类

FileChooserTestController 类(见图 15.15)响应各个 Button 事件。这两个事件处理器都会调用 analyzePath 方法(在第 70 ~ 110 行定义)，判断 Path 是文件还是目录，然后显示关于 Path 的信息。如果为目录，则会显示它的内容。

```
1 // Fig. 15.15: FileChooserTestController.java
2 // Displays information about a selected file or folder.
3 import java.io.File;
4 import java.io.IOException;
5 import java.nio.file.DirectoryStream;
6 import java.nio.file.Files;
7 import java.nio.file.Path;
8 import java.nio.file.Paths;
9 import javafx.event.ActionEvent;
10 import javafx.fxml.FXML;
11 import javafx.scene.control.Button;
12 import javafx.scene.control.TextArea;
13 import javafx.scene.layout.BorderPane;
14 import javafx.stage.DirectoryChooser;
15 import javafx.stage.FileChooser;
16
17 public class FileChooserTestController {
18    @FXML private BorderPane borderPane;
19    @FXML private Button selectFileButton;
20    @FXML private Button selectDirectoryButton;
21    @FXML private TextArea textArea;
22
23    // handles selectFileButton's events
24    @FXML
25    private void selectFileButtonPressed(ActionEvent e) {
26       // configure dialog allowing selection of a file
27       FileChooser fileChooser = new FileChooser();
28       fileChooser.setTitle("Select File");
29
30       // display files in folder from which the app was launched
31       fileChooser.setInitialDirectory(new File("."));
32
33       // display the FileChooser
34       File file = fileChooser.showOpenDialog(
35          borderPane.getScene().getWindow());
36
37       // process selected Path or display a message
38       if (file != null) {
39          analyzePath(file.toPath());
```

图 15.15　显示关于所选文件或者目录的信息

```
40          }
41          else {
42             textArea.setText("Select file or directory");
43          }
44       }
45
46       // handles selectDirectoryButton's events
47       @FXML
48       private void selectDirectoryButtonPressed(ActionEvent e) {
49          // configure dialog allowing selection of a directory
50          DirectoryChooser directoryChooser = new DirectoryChooser();
51          directoryChooser.setTitle("Select Directory");
52
53          // display folder from which the app was launched
54          directoryChooser.setInitialDirectory(new File("."));
55
56          // display the FileChooser
57          File file = directoryChooser.showDialog(
58             borderPane.getScene().getWindow());
59
60          // process selected Path or display a message
61          if (file != null) {
62             analyzePath(file.toPath());
63          }
64          else {
65             textArea.setText("Select file or directory");
66          }
67       }
68
69       // display information about file or directory user specifies
70       public void analyzePath(Path path) {
71          try {
72             // if the file or directory exists, display its info
73             if (path != null && Files.exists(path)) {
74                // gather file (or directory) information
75                StringBuilder builder = new StringBuilder();
76                builder.append(String.format("%s:%n", path.getFileName()));
77                builder.append(String.format("%s a directory%n",
78                   Files.isDirectory(path) ? "Is" : "Is not"));
79                builder.append(String.format("%s an absolute path%n",
80                   path.isAbsolute() ? "Is" : "Is not"));
81                builder.append(String.format("Last modified: %s%n",
82                   Files.getLastModifiedTime(path)));
83                builder.append(String.format("Size: %s%n", Files.size(path)));
84                builder.append(String.format("Path: %s%n", path));
85                builder.append(String.format("Absolute path: %s%n",
86                   path.toAbsolutePath()));
87
88                if (Files.isDirectory(path)) { // output directory listing
89                   builder.append(String.format("%nDirectory contents:%n"));
90
91                   // object for iterating through a directory's contents
92                   DirectoryStream<Path> directoryStream =
93                      Files.newDirectoryStream(path);
94
95                   for (Path p : directoryStream) {
96                      builder.append(String.format("%s%n", p));
97                   }
98                }
99
100               // display file or directory info
101               textArea.setText(builder.toString());
102            }
103            else { // Path does not exist
104               textArea.setText("Path does not exist");
105            }
106         }
107         catch (IOException ioException) {
108            textArea.setText(ioException.toString());
109         }
110      }
111   }
```

图 15.15(续) 显示关于所选文件或者目录的信息

a) 初始化应用窗口。

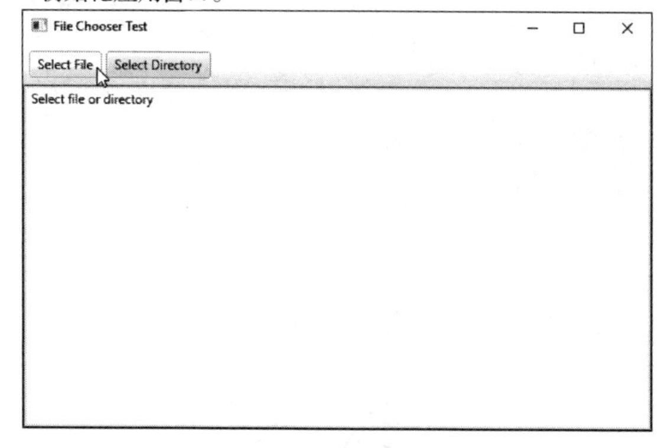

b) 当用户单击Select File 按钮时，从Select File 对话框选择FileChooserTest.java。

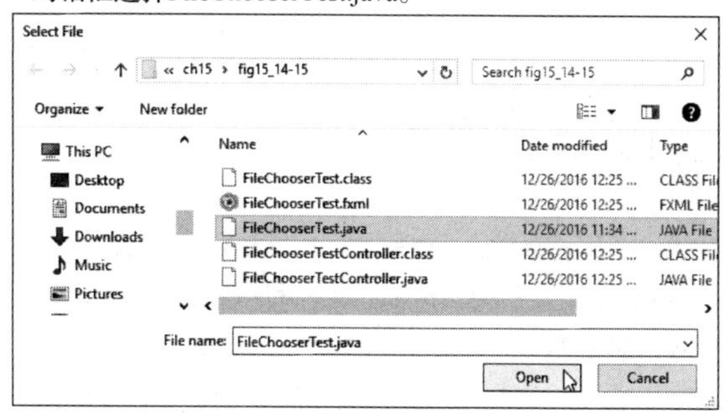

c) 显示FileChooserTest.java文件的信息

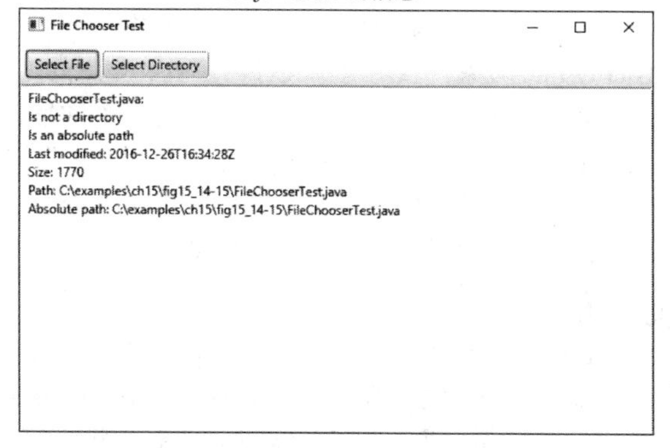

d) 当用户单击Select Directory按钮时, 从Select Directory 对话框选择fig15_14-15。

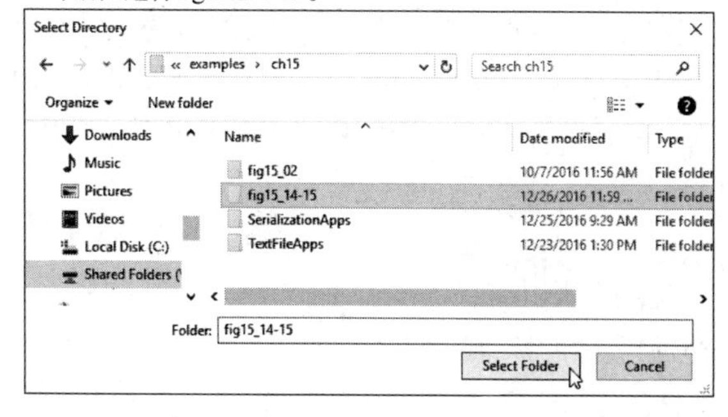

图 15.15(续)　显示关于所选文件或者目录的信息

e)显示fig15_14-15目录的信息。 14-15.

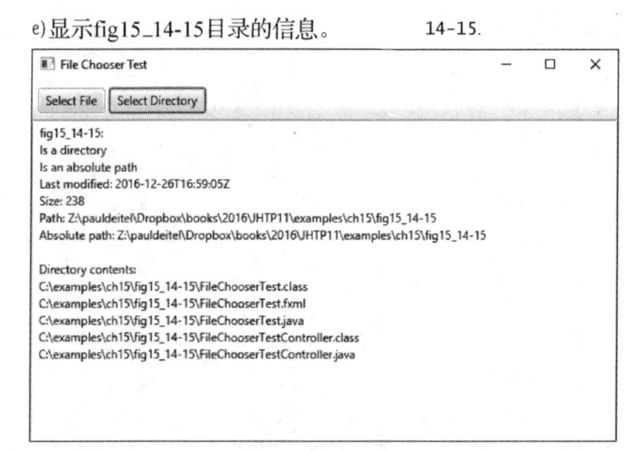

图 15.15(续) 显示关于所选文件或者目录的信息

selectFileButtonPressed 方法

用户单击 Select File 按钮时，会调用 selectFileButtonPressed 方法(第 24 ~ 44 行)，配置并显示一个 FileChooser 对话框。第 28 行设置显示在 FileChooser 标题栏中的文本。第 31 行指定显示 FileChooser 对话框时，最初打开的目录。setInitialDirectory 方法接收一个 File 对象，表示目录位置—— "." 代表启动程序时所在的当前目录。

第 34 ~ 35 行通过调用 FileChooser 的 showOpenDialog 方法，显示一个对话框，其中的 Open 按钮用于打开文件。还有一个 showSaveDialog 方法，它显示的对话框包含一个 Save 按钮，用于保存文件。这个方法接收的实参为程序的 Window 对象引用。这个非空的实参，使得 FileChooser 成为一个模态对话框，除非用户让这个对话框消失了——选择了文件或者单击了 Cancel 按钮，否则无法与程序的其他部分交互。为了获得用户的 Window 值，使用了 borderPane 的 getScene 方法来取得它的父 Scene 引用，然后利用 Scene 的 getWindow 方法，取得包含该 Scene 的 Window 引用。

showOpenDialog 方法返回的 File 对象，表示所选文件的位置；如果用户单击了 Cancel 按钮，则返回 null。如果 File 不为 null，则第 39 行调用 analyzePath，显示所选文件的信息——File 方法 toPath 返回一个表示位置的 Path 对象。否则，第 42 行在 TextArea 中显示一条消息，告知用户需选择一个文件或者目录。图 15.15(b) 和图 15.15(c) 中的屏幕截图，显示的是选中了 FileChooserTest.java 文件的 FileChooser 对话框，以及在用户单击了 Open 按钮之后显示的该文件的信息。

selectDirectoryButtonPressed 方法

用户单击 Select Directory 按钮时，会调用 selectDirectoryButtonPressed 方法(第 47 ~ 67 行)，配置并显示一个 DirectoryChooser 对话框。这个方法执行的任务与 selectFileButtonPressed 方法相同。主要的差异位于第 57 行，它调用了 DirectoryChooser 方法 showDialog，显示一个对话框——对于所选目录，不存在打开和保存对话框。showDialog 方法返回的 File 对象表示所选目录的位置；如果单击的是 Cancel 按钮，则返回 null。如果 File 不为 null，则第 62 行调用 analyzePath 方法，显示关于目录的信息。否则，第 65 行在 TextArea 中显示一条消息，告知用户需选择一个文件或者目录。图 15.15(d) 和图 15.15(e) 中的屏幕截图，显示的是选中了 fig15_14-15 目录的 FileChooser 对话框，以及在用户单击了 Select Folder 按钮之后显示的该目录的信息。

15.7 (选修) 其他的 java.io 类

本节讲解的是(java.io 包的)其他的接口和类。

15.7.1 用于字节输入/输出的接口和类

InputStream 和 OutputStream 是抽象类，它们声明的方法分别用于执行基于字节的输入和输出。

管道流

管道(pipe)是线程间的同步通信通道。第 23 章中将探讨线程。Java 提供了 PipedOutputStream 类(OutputStream 的子类)和 PipedInputStream 类(InputStream 的子类)，用于建立程序中两个线程间的管道。通过写入 PipedOutputStream，一个线程可以向另一个线程发送数据。目标线程可以通过 PipedInputStream 从管道中读取信息。

过滤器流

FilterInputStream 会过滤 InputStream，而 FilterOutputStream 会过滤 OutputStream。过滤(filter)仅仅表示过滤器流提供了额外的功能，例如将数据字节集成到有意义的基本类型单元中。FilterInputStream 和 FilterOutputStream 通常被用作子类，因此它们的一些过滤功能是由子类提供的。

PrintStream 类(FilterOutputStream 的子类)执行将文本输出到指定流的工作。实际上，本书的前面已经利用过 PrintStream 类来执行输出——System.out 和 System.err 就是 PrintStream 对象。

数据流

按照原始字节读取数据是快速的，但数据未经加工。通常，程序会将数据读取成字节的聚合，构成 int 值、float 值、double 值，等等。Java 程序可以利用几个类来以聚合形式输入和输出数据。

DataInput 接口描述的方法，用于从输入流中读取基本类型值。DataInputStream 类和 RandomAccessFile 类都实现了这个接口，读取字节集并将它们看成基本类型值。DataInput 接口包含方法 readBoolean、readByte、readChar、readDouble、readFloat、readFully(用于字节数组)、readInt、readLong、readShort、readUnsignedByte、readUnsignedShort、readUTF(用于读取在 Java 中编码的 Unicode 字符，附录 H 中将探讨 UTF 编码)及 skipBytes。

DataOutput 接口描述的一套方法，用于将基本类型的数据写入输出流中。DataOutputStream 类(FilterOutputStream 的子类)和 RandomAccessFile 类都实现了这个接口，将基本类型值写入字节中。DataOutput 接口包含方法 write 的重载版本(用于字节或字节数组)，还包含方法 writeBoolean、writeByte、writeBytes、writeChar、writeChars(用于 Unicode 字符串)、writeDouble、writeFloat、writeInt、writeLong、writeShort 和 writeUTF(输出为 Unicode 而修改的文本)。

缓冲流

缓冲(buffer)是一种增强 I/O 性能的技术。利用 BufferedOutputStream 类(FilterOutputStream 类的子类)，每条输出语句就不必真正在物理上将数据传输到输出设备上(与处理器和主存的速度相比，这是一个较慢的操作)。而是将每个输出操作定向到内存中一个被称为缓冲区的区域，这个区域足够容纳许多输出操作的数据。然后，当缓冲区被填满时，会执行一个大的物理输出操作(physical output operation)，将数据实际传输到输出设备。定向到内存中输出缓冲区的输出操作，经常被称为逻辑输出操作(logical output operation)。利用 BufferedOutputStream 类，通过调用流对象的 flush 方法，可以在任何时候将部分填充的缓冲区强制输出到设备。

利用缓冲，可以极大地提升程序的性能。与访问计算机内存的速度相比，典型的 I/O 操作是极其缓慢的。缓冲减少了 I/O 操作的次数，它会首先将较小的输出组合在内存中。与程序发起的 I/O 请求数量相比，实际的 I/O 操作次数会少一些。因此，使用缓冲的程序具有更高的效率。

性能提示 15.1

与未缓冲的 I/O 相比，缓冲的 I/O 可明显提高性能。

利用 BufferedInputStream 类(FilterInputStream 类的子类)，文件中的许多“逻辑”数据块是被当作一个大的物理输入操作读入内存缓冲区的。当程序请求每个新的数据块时，会从缓冲区中获得它(有时，这一过程被称为“逻辑输入操作”)。当缓冲区为空时，会从输入设备中执行下一个实际的物理输入操作，读入数据的下一个逻辑块组。因此，与程序发起的读取请求数量相比，实际的物理输入操作次数会少一些。

基于内存的字节数组流

Java 流 I/O 的功能包括：从内存中的字节数组输入，以及输出到内存中的字节数组。ByteArrayInputStream 类(InputStream 类的子类)会从内存中的字节数组读取数据。ByteArrayOutputStream 类(OutputStream 类的子类)会将数据输出到内存中的字节数组。字节数组的一个用途是数据验证。程序可以从输入流中一次将整行文本输入到一个字节数组中。然后，验证例程会审查数组的内容并在必要时更正数据。最后，确定了输入数据的格式正确后，程序就可以从这个字节数组读取输入。输出到字节数组，是利用 Java 强大的流输出格式化功能的一种好途径。例如，利用将在以后显示的相同格式，数据可以保存在字节数组中。然后，可以将这个字节数组输出到文件，以保持格式不变。

从多个流中顺序输入

SequenceInputStream 类(InputStream 类的子类)能够拼接多个 InputStream 对象——程序可以将输入流组看成一个连续的 InputStream。当程序到达输入流的末尾时，流会关闭，而序列中的下一个流会打开。

15.7.2 用于字符输入/输出的接口和类

除了基于字节的流，Java 还提供了 Reader 和 Writer 抽象类，它们是基于字符的流，和 15.4 节中用于文本文件处理的流类似。大多数基于字节的流，都具有对应的基于字符的、具体的 Reader 类或者 Writer 类。

基于字符的缓冲 Reader 类和 Writer 类

BufferedReader 类(抽象类 Reader 的子类)和 BufferedWriter(抽象类 Writer 的子类)使得缓冲能用于基于字符的流。前面说过，基于字符的流使用 Unicode 字符，这样的流能够处理具有 Unicode 字符集的任何语言中的数据。

基于内存的字符数组的 Reader 类和 Writer 类

CharArrayReader 类和 CharArrayWriter 类分别将字符流读取和写入到字符数组中。LineNumberReader 类(BufferedReader 类的子类)是一个缓冲字符流，它跟踪读取的行数(即通过换行符、回车符或回车换行组合来增加行的计数)。如果程序需要通知用户特定行上的错误，则跟踪行数就是有用的。

基于字符的文件、管道和字符串的 Reader 类和 Writer 类

利用 InputStreamReader 类，可以将一个 InputStream 对象转换成 Reader 对象。类似地，利用 OutputStreamWriter 类，可以将一个 OutputStream 对象转换成 Writer 对象。FileReader 类(InputStreamReader 类的子类)和 FileWriter 类(OutputStreamWriter 类的子类)分别从文件读取字符和将字符写入文件。PipedReader 类和 PipedWriter 类实现了管道化的字符流，它们用来在线程间传递数据。StringReader 类和 StringWriter 类分别从字符串中读取字符和将字符写入字符串中。PrintWriter 类将字符写入流中。

15.8 小结

这一章讲解了如何操作持久数据。比较了基于字节的流和基于字符的流，介绍了几个来自 java.io 包和 java.nio.file 包的类。我们利用 Files 类和 Paths 类及 Path 接口和 DirectoryStream 接口，取得关于文件和目录的信息。通过顺序文本文件处理，可以操作按照记录键字段顺序保存的记录。并且利用了 XML 序列化来保存和取得整个对象。最后，利用一个使用 FileChooser 对话框的小型示例，使用户能够从 GUI 方便地选择文件。下一章中，将探讨 Java 中用于操作数据集合的类，例如 7.16 节中讲解过的 ArrayList 类。

总结

15.1 节 简介

- 计算机利用文件来长期保存大量的持久数据，在创建数据的程序终止之后依然会保存这些数据。

- 计算机将文件存放在辅助存储设备中，例如固态硬盘。

15.2 节　文件和流

- Java 将每个文件都视为有序的字节流。
- 所有操作系统都提供一种机制来判断文件的结束，例如文件结束标记或者文件的总字节数。
- 基于字节的流以二进制格式保存数据。
- 基于字符的流按字符顺序保存数据。
- 利用基于字节的流创建的文件为二进制文件。利用基于字符的流创建的文件为文本文件。文本文件可由文本编辑器读取，而二进制文件是由将数据转换成人可读的格式的程序读取的。
- Java 还将流与不同的设备相关联。执行 Java 程序时，与设备相关联的三种流对象为 System.in、System.out 和 System.err。

15.3 节　使用 NIO 类和接来获得文件和目录信息

- Path 表示文件或者目录的位置。Path 对象不会打开文件或提供任何文件处理的功能。
- Paths 类用于获得表示文件或者目录位置的一个 Path 对象。
- Files 类提供的几个静态方法用于常见的文件/目录操作，例如复制文件，创建/删除文件/目录；取得关于文件/目录的信息；读取文件内容；取得能够操作文件/目录内容的对象；等等。
- DirectoryStream 使程序能够迭代遍历目录的内容。
- 利用 Paths 类的静态方法 *get* 可以将一个表示文件或者目录位置的字符串，转换成一个 Path 对象。
- 基于字符的输入和输出可以通过 Scanner 类和 Formatter 类执行。
- Formatter 类采用与 System.out.printf 相似的方式，将格式化数据输出到屏幕或文件。
- 绝对路径包括从根目录开始、通向指定文件或目录的全部目录。位于磁盘驱动器上的每一个文件或目录在路径中都具有同一个根目录。
- 相对路径始于程序执行时所在的目录。
- Files 静态方法 exists 接收一个 Path 对象，判断它是否在磁盘上存在(文件或者目录)。
- Path 方法 getFileName 取得文件或者目录的 String 名称不包含位置信息。
- Files 静态方法 isDirectory 接收一个 Path 对象返回一个布尔值，表明该对象是否为磁盘上的一个目录。
- Path 方法 isAbsolute 返回一个布尔值，表明该 Path 对象是否为文件或者目录的绝对路径。
- Files 静态方法 getLastModifiedTime 接收一个 Path 对象，返回一个(java.nio.file.attribute 包的) FileTime 对象，获得该文件最后一次修改的时间。
- Files 静态方法 size 接收一个 Path 对象返回一个 long 类型值，表示文件或者目录中的字节数。对于目录，所返回的值与平台有关。
- Path 方法 toString 返回一个表示 Path 值的字符串。
- Path 方法 toAbsolutePath 将 Path 对象转换成一个绝对路径。
- Files 静态方法 newDirectoryStream 返回一个包含目录内容的 Path 对象的 DirectoryStream<Path>。
- 分隔符用来分隔路径中的目录和文件。

15.4 节　顺序文本文件

- Java 将文件视为无结构的。程序员必须结构化文件，以满足程序的要求。
- 为了从文件中顺序读取数据，程序通常从文件的开头开始，连续读取全部的数据，直到发现了所要的信息。
- 在许多顺序访问文件中，如果要修改数据，则存在破坏文件中其他数据的风险。更新顺序文本文件中的记录时，通常需要重写整个文件。

15.5 节　XML 序列化

- JAXB 可用来执行 XML 序列化工作——JAXB 称其为“封送处理”。
- 被序列化的对象由 XML 表示，它包含了对象的数据。
- 将序列化对象写入文件之后，可以从文件中读取它并去序列化。

15.5.1 节　使用 XML 序列化创建顺序文本文件

- JAXB 可以用于 POJO。
- 默认情况下，JAXB 只会序列化对象的公共实例变量和公共读写属性。类还必须提供一个公共的默认(或无实参)构造方法，用于从文件读取对象时能够重新创建它们。
- 为了序列化 List，必须将它定义成类的一个实例变量。
- 利用 JAXB，可以定制化 XML 序列化的许多因素。
- 符号@XMLElement(位于 javax.xml.bind.annotation 包中)表明，应当序列化实例变量，还可以指定 XML 元素的名称。
- (javax.xml.bind 包的)JAXB 类执行 XML 序列化工作。
- Files 静态方法 newBufferedWriter 接收一个 Path 对象，它指定要打开用于写的那个文件。如果文件存在，则返回一个 BufferedWriter 对象，用于将文本写入文件。如果以这种方式打开已经存在的文件用于输出，则它以前的内容会被清除。
- XML 文件的标准扩展名是.xml。
- JAXB 静态方法 marshal 会将对象序列化成 XML 格式。这个方法的实参是要序列化的对象，以及一个用于输出成 XML 格式的(java.io 包的)Writer 对象。
- BufferedWriter 类扩展了 Writer 类。
- 当 JAXB 序列化类对象时，它会将类名称用作对应的 XML 元素名称，但第一个字母为小写形式。
- 属性的 XML 元素的名称与属性名称相同。

15.5.2 节　从顺序文本文件读取和去序列化数据

- Files 静态方法 newBufferedReader 接收一个 Path 对象，它指定要打开的那个文件。如果文件存在，则返回一个 BufferedReader 对象，用于从文件读取文本。
- JAXB 静态方法 unmarshal 读取文件内容，并将 XML 元素转换成由第二个实参指定的类型的一个对象。第二个实参为一个(java.lang 包的)Class<T>对象，表示需创建的对象类型。
- 符号“ClassName.class”是 new Class<ClassName>的简写形式。

15.6 节　FileChooser 和 DirectoryChooser 对话框

- JavaFX 类 FileChooser 和 DirectoryChooser(位于 javafx.stage 包中)会显示一个对话框，分别允许用户选择文件或者目录。
- ToolBar 布局(来自 Scene Builder 的 Library 窗口的 Containers 部分)，可以将控件水平(默认)或者垂直放置。
- TextArea 控件中可以显示多行文本。它的 Wrap Text 属性可以使较长的文本折行显示。
- 如果要显示的文本内容较多，则 TextArea 会出现一个垂直滚动条。即使没有设置 Wrap Text 属性，TextArea 也可以显示垂直滚动条。
- 默认情况下，ToolBar 会包含一个 Button。可以将其他控件拖放到 ToolBar 上，必要时可以删除这个默认 Button。
- FileChooser 方法 setInitialDirectory 接收一个 File 对象，表示最初在对话框中显示的那个文件夹。
- FileChooser 方法 showOpenDialog 会显示一个打开的对话框；showSaveDialog 方法显示一个用于保存文件的对话框。这个方法接收的实参为程序的 Window 对象引用。如果它的实参不为 null，则会使 FileChooser 成为一个模态对话框。除非用户让这个对话框消失了，否则无法与程序的其他部分交互。

- showOpenDialog 方法返回的 File 对象表示所选文件的位置；如果用户单击了 Cancel 按钮，则返回 null。
- File 方法 toPath 返回一个表示位置的 Path 对象。
- DirectoryChooser 方法 showDialog 显示一个对话框。这个方法返回的 File 对象，表示所选目录的位置；如果用户单击了 Cancel 按钮，则返回 null。

15.7 节　(选修)其他的 java.io 类

- InputStream 和 OutputStream 是用于执行基于字节 I/O 的抽象类。
- 管道是线程间的同步通信通道。线程通过 PipedOutputStream 发送数据。目标线程可以通过 PipedInputStream 从管道中读取信息。
- 过滤器流提供了额外的功能，例如将数据字节集成到有意义的基本类型单元中。FilterInputStream 和 FilterOutputStream 通常需要扩展，因此它们的一些过滤功能是由具体子类提供的。
- PrintStream 执行文本输出。System.out 和 System.err 都为 PrintStream。
- DataInput 接口描述的方法，用于从输入流中读取基本类型值。DataInputStream 和 RandomAccessFile 类都实现了这个接口。
- DataOutput 接口描述的方法用于将基本类型的数据写入输出流中。DataOutputStream 和 RandomAccessFile 类都实现了这个接口。
- 缓冲是一种增强 I/O 性能的技术。缓冲减少了 I/O 操作的次数，它会将较小的输出组合在内存中。与程序发起的 I/O 请求数量相比，实际的 I/O 操作次数会少一些。
- 利用 BufferedOutputStream，所有的输出操作都会被定向到一个足够大的缓冲区，它能够容纳多次输出操作的数据。当缓冲区被填满时，会执行一个大的物理输出操作，将数据实际传输到输出设备。通过调用流对象的 flush 方法，可以在任何时候将部分填充的缓冲区强制输出到设备。
- 利用 BufferedInputStream 类，文件中的许多“逻辑”数据块是被当作一个大的物理输入操作读入内存缓冲区的。当程序请求数据时，会从缓冲区中获得它。当缓冲区为空时，会执行下一个实际的物理输入操作。
- ByteArrayInputStream 会将字节数组读入内存中。ByteArrayOutputStream 会从内存输出一个字节数组。
- SequenceInputStream 会将多个 InputStream 拼接。当程序到达输入流的末尾时，流会关闭，而序列中的下一个流会打开。
- Reader 和 Writer 抽象类处理的是基于 Unicode 字符的流。大多数基于字节的流，都具有对应的基于字符的、具体的 Reader 类或者 Writer 类。
- BufferedReader 类和 BufferedWriter 类将缓冲基于字符的流。
- CharArrayReader 类和 CharArrayWriter 类操作的是 char 数组。
- LineNumberReader 是一个缓冲的字符流，它跟踪读取的行数。
- FileReader 类和 FileWriter 类执行基于字符的文件 I/O。
- PipedReader 类和 PipedWriter 类实现了管道化的字符流，它们用来在线程间传递数据。
- StringReader 类和 StringWriter 类分别从字符串中读取字符和将字符写入字符串中。PrintWriter 类将字符写入流中。

自测题

15.1　判断下列语句是否正确。如果不正确，请说明理由。

a) 必须显式地创建 System.in、System.out 和 System.err 流对象。

b) 当用 Scanner 类从文件读取数据时，如果希望多次读取它，则文件先关闭文件，然后重新打开它，并且需要从文件开始处读取。

c) Files 静态方法 exists 接收一个 Path 对象，判断它是否在磁盘上存在(文件或者目录)。

d)在文本编辑器中无法阅读 XML 文件。

e)绝对路径包括从根目录开始、通向指定文件或目录的全部目录。

f)Formatter 类包含 printf 方法，它可使格式化数据输出到屏幕上或者文件中。

15.2 完成如下任务，假定它们都用于同一个程序。

a)编写一条语句，打开一个 oldmast.txt 文件用于输入——使用 Scanner 变量 inOldMaster。

b)编写一条语句，打开一个 trans.txt 文件用于输入——使用 Scanner 变量 inTransaction。

c)编写一条语句，创建并打开一个 newmast.txt 文件用于输出——使用 Formatter 变量 outNewMaster。

d)编写一条语句，从 oldmast.txt 文件读取一条记录。利用这些数据创建一个 Account 类对象——使用 Scanner 变量 inOldMaster。假定 Account 类为图 15.9 中的同一个类。

e)编写一条语句，从 trans.txt 文件读取一条记录。该记录是一个 TransactionRecord 类对象——使用 Scanner 变量 inTransaction。假定 TransactionRecord 类包含一个 setAccount 方法(参数为一个 int 值)和一个 setAmount 方法(参数为一个 double 值)，前者用于设置账号，后者用于设置交易额。

f)编写一条语句，输出 newmast.txt 文件中的记录。记录为一个 Account 类型的对象——使用 Formatter 变量 outNewMaster。

15.3 编写一条语句，完成下列任务。

a)利用 XML 序列化和一个名称为 writer 的 BufferedWriter，输出一个名称为 accounts 的 Accounts 对象。

b)利用一个名称为 reader 的 BufferedReader 将一个 XML 序列化对象输入到 Accounts 对象中。

自测题答案

15.1 a)错误。这三个流是在 Java 程序开始执行时创建的。b)正确。c)正确。d)错误。XML 文件既可被计算机读取，也可由人阅读。e)正确。f)错误。Formatter 类包含 format 方法，它可使格式化数据输出到屏幕上或者文件中。

15.2 a) ~ f)的答案如下。

a)
```
Scanner oldmastInput = new Scanner(Paths.get("oldmast.txt"));
```
b)
```
Scanner inTransaction = new Scanner(Paths.get("trans.txt"));
```
c)
```
Formatter outNewMaster = new Formatter("newmast.txt");
```
d)
```
Account account = new Account();
account.setAccount(inOldMaster.nextInt());
account.setFirstName(inOldMaster.next());
account.setLastName(inOldMaster.next());
account.setBalance(inOldMaster.nextDouble());
```
e)
```
TransactionRecord transaction = new Transaction();
transaction.setAccount(inTransaction.nextInt());
transaction.setAmount(inTransaction.nextDouble());
```
f)
```
outNewMaster.format("%d %s %s %.2f%n",
   account.getAccount(), account.getFirstName(),
   account.getLastName(), account.getBalance());
```

15.3 a)和 b)的答案如下。

a)
```
JAXB.marshal(accounts, writer);
```
b)
```
Accounts account = JAXB.unmarshal(reader, Accounts.class);
```

练习题

15.4 (**文件匹配**)自测题 15.2 中，要求编写一系列的单条语句。实际上，这些语句构成了一种文件处理程序的核心部分——文件匹配程序。对于商业性的数据处理，一个系统中经常有多个文件。例如，在应收账系统中，通常有一个主文件，其中包含关于每个客户的详细信息，例如客户的姓名、地址、电话号码、未偿余额、信用额度、折扣条款、合同安排，还有可能包含该客户最近购买和现金支付的简要记录。

随着交易的发生(如销售已经完成，且货款已经收到)，关于它的信息就会进入文件中。在每一个商业周期的末尾(有些公司为一个月，其他的可能为一周，某些情况下为一天)，存放交易记录的文件(被称为 trans.txt)会被导入主文件(被称为 oldmast.txt)，以更新每一个账户的购买和支付记录。在更新期间，主文件会被重写成 newmast.txt 文件，然后被用在下一个商业周期结束时，再次执行这个更新过程。

文件匹配程序，必须处理在单个文件程序中不会出现的某些问题。例如，匹配的情况不会总是发生。如果主文件中的某位客户，在当前商业周期中没有购买过任何商品，也没有支付过现金，则在交易文件中就不存在这位客户的记录。同样，某位有过购买或支付记录的客户，有可能是刚刚搬迁到这个社区，所以公司还没有为这位客户创建过任何主记录。

编写一个完整的文件匹配应收账程序。进行匹配操作时，需将每一个文件中的账号作为记录键。假定所有文件都为顺序文本文件，且记录是按账号递增的顺序保存的。

a) 定义一个 TransactionRecord 类。这个类的对象，包含一个账号及交易额信息。提供几个方法，用于修改和获取这些值。

b) 修改图 15.9 中的 Account 类，使其包含一个 combine 方法，其参数为一个 TransactionRecord 对象，并且需将 Account 对象的余额和 TransactionRecord 对象的金额值组合起来。

c) 编写另一个程序，创建用于测试这个程序的数据。利用图 15.16 和图 15.17 中的账户数据样本。运行这个程序，创建 trans.txt 文件和 oldmast.txt 文件，将它们用于文件匹配程序。

d) 创建一个 FileMatch 类，实现文件匹配功能。这个类应包含读取 oldmast.txt 和 trans.txt 的方法。当发生匹配时(即具有相同账号的记录，同时出现在主文件和交易文件中)，则将交易记录中的金额添加到主记录中的当前余额上，并编写一条 newmast.txt 记录。(假定在交易文件中的购买记录，是用一个正数额表示的。付款记录，为一个负值。)如果某个账号出现在主记录中，但是没有对应的交易记录，则只需将这个主记录写入 newmast.txt。如果存在交易记录，但没有对应的主记录，则在日志文件中写入一条消息“......账号的交易记录不匹配”(省略号用来自交易记录的账号补充)。日志文件，为一个名称为 log.txt 的文本文件。

主文件账号	姓　名	余　额
100	Alan Jones	348.17
300	Mary Smith	27.19
500	Sam Sharp	0.00
700	Suzy Green	–14.22

图 15.16　主文件的数据样本

15.5 **(具有多条交易记录的文件匹配)** 对于同一个记录键，有可能存在多条交易记录的情况(实际上这很常见)。例如，在一个商业周期内，一位客户有多次购买和现金支付行为。重写练习题 15.4 中的应收账文件匹配程序，处理同一个记录键可能存在多条交易记录的情况。修改 CreateData.java 中的测试数据，添加图 15.18 中的交易记录。

交易文件账号	交易额
100	27.14
300	6211
400	100.56
900	82.17

图 15.17　交易文件的数据样本

账号	金额
300	83.89
700	80.78
700	1.53

图 15.18　其他的交易记录

15.6 **(XML 序列化与文件匹配)** 利用 XML 序列化，重新编写练习题 15.5 中的程序。创建的程序应能够读取保存在.xml 文件中的数据——这可以通过修改 15.5.2 节中的代码实现。

15.7 **(电话号码单词生成器)**标准的电话机面板上都有数字 0 ~ 9。其中，数字 2 ~ 9 中的每一个都有相关联的三个字母(见图 15.19)。许多人发现记忆电话号码很困难，因此他们利用数字与字母之间的对应关系，开发了一种与电话号码相对应的 7 字母单词。例如，如果电话号码为 686-2377，则可以利用图 15.19 中给出的对应关系，得到一个 7 字母单词 NUMBERS。每一个 7 字母单词，都正好对应一个 7 位数的电话号码。对于希望提升外卖业务的饭店而言，可以使用电话号码 825-3688(即 TAKEOUT)。

每一个 7 位数电话号码，可以对应许多不同的 7 字母单词。但是，大多数这样的单词都是不知所云的字母拼凑。不过，如果理发店老板知道他的电话号码 424-7288 可以对应成 HAIRCUT 时，一定会很高兴；兽医也会得意于他的电话号码 738-2273(对应 PETCARE)；卖汽车的人，对他的电话号码 639-2277(对应 NEWCARS)也会感到惊喜。

数 字	字 母	数 字	字 母	数 字	字 母
2	A B C	5	J K L	8	T U V
3	D E F	6	M N O	9	W X Y
4	G H I	7	P R S		

图 15.19 电话机面板上的数字和字母

编写一个程序，提供一个 7 位数的数字，利用 Formatter 对象来写出一个文件，文件内容为与该数字相对应的 7 字母单词的全部可能组合。一共存在 2187 (3^7)种这样的组合。将电话号码中的数字 0 和 1 剔除。

15.8 **(学生调查)**图 7.8 中包含一个硬编码到程序中的调查结果数组。如果希望将待处理的调查结果存放在文件中，则这个练习要求两个独立的程序。首先，创建一个程序，提示用户输入调查结果，并将每个结果输出到一个文件中。用 Formatter 对象创建一个名称为 numbers.txt 的文件。每一个整数都需要用 format 方法写入。然后，修改图 7.8 中的程序，使它从 numbers.txt 文件中读取调查结果。读取时应使用 Scanner 方法。利用 nextInt 方法，一次从文件中输入一个整数。程序应持续从文件读取调查结果，直到文件结束。结果应输出到文本文件 output.txt。

挑战题

15.9 **(网络钓鱼扫描程序)**网络“钓鱼”是一种盗窃身份的形式。在一封电子邮件中，发送者伪装成一个可信赖的源，试图获得接收者的私人信息，比如用户名、口令、信用卡号码、社会保险号等(目前的钓鱼形式有许多种，不限于电子邮件)。钓鱼邮件宣称它们来自公众熟知的银行、信用卡公司、拍卖网站、社交网络、在线支付服务公司等，貌似十分合法。这些欺骗性的消息常常会链接到诱骗(假冒)网站，要求用户输入敏感信息。

在线搜索有关钓鱼欺骗的信息。也可以访问反钓鱼工作组网站：

```
http://www.antiphishing.org
```

及 FBI 的 Cyber Investigations 网站：

```
http://www.fbi.gov/about-us/investigate/cyber/cyber
```

可以找到最新的欺骗手法及如何保护自己的信息。

创建一个钓鱼信息中最常使用的 30 个单词、短语和公司名称的清单。根据你对钓鱼信息与这些单词或短语的相似度的估计，为每个单词或短语赋予一个点值(例如，如果有部分相似，则为 1 个点值；如果是中等程度相似，则为 2 个点值；如果高度相似，则为 3 个点值)。编写一个程序，在一个文本文件中扫描这些单词和短语。对于文本文件中每一次找到的单词或短语，将它的点值添加到总点值中。对于找到的每一个单词或短语输出一行信息，包括该单词或短语、出现次数及总点数。然后，给出整条消息的总点数。对于接收到的真正的钓鱼邮件，程序给予了一个高总点数吗？对于接收到的合法邮件，程序给予了一个高总点数吗？

第 16 章　泛型集合

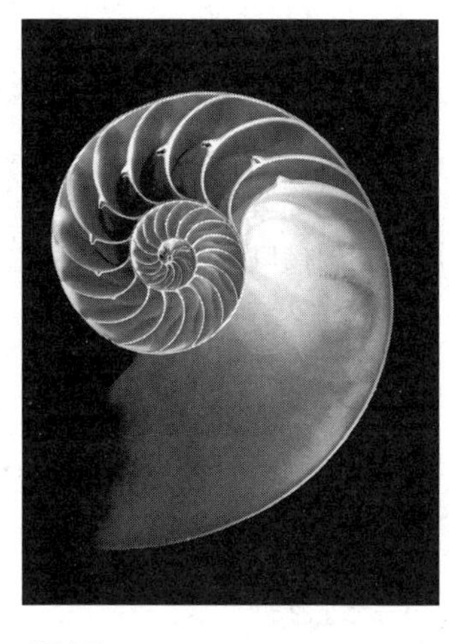

目标

本章将讲解

- 什么是集合。
- 使用 Arrays 类操作数组。
- 使程序能够将基本数据类型当作对象处理的类型包装器类。
- 发生在类型包装器类对象和对应的基本类型之间的自动装箱和拆箱。
- 使用集合框架的预构建泛型数据结构。
- 用 Collections 类的各种算法处理集合。
- 用迭代器遍历集合。
- 使用同步包装器和修改包装器。
- Java SE 9 中用于创建小型、不可变的 List、Set 和 Map 的工厂方法。

提纲

16.1　简介

7.16 节中讲解了泛型 ArrayList 集合，它是一种可动态调整大小的、类似数组的数据结构，保存创建 ArrayList 时指定类型的对象的引用。本章将继续探讨 Java 集合框架，它包含了许多其他的预构建的泛型数据结构。

集合的例子包括：保存在智能手机或者媒体播放器上的歌曲、联系人列表、一副牌、喜欢的球队成员、学校课程，等等。

在本章，将探讨集合框架接口，它声明了每一种集合类型的功能、实现这些接口的类、处理集合对象的方法，以及遍历集合的迭代器。

Java SE 8

学习完第 17 章后，可以用更精简和巧妙的方式实现本章中的多数示例，使它们更易于并行化，以提高在多核系统上的运行性能。第 23 章中，将讲解如何利用 Java 的并发集合和并行流操作，提高在多核系统上的性能。

8

Java SE 9

16.14 节，将介绍 Java SE 9 中新增加的几个便利工厂方法，可以用它们来创建小型的不可变集合。只要创建了这种集合，就无法修改它们。

9

16.2 集合概述

集合(collection)是一种数据结构(实际上就是对象)，它保存其他对象的引用。通常而言，集合可包含任意类型的对象引用，只要集合的元素类型之间存在一种“是”关系。集合框架接口声明的是对不同集合类型执行的一般性操作。图 16.1 中列出了一些集合框架接口。这些接口的几个实现，是在框架内提供的。也可以为这些接口指定自定义的实现。

接 口	描 述
Collection	集合层次中的根接口，它派生出 Set、Queue 和 List 接口
Set	不包含重复值的集合
List	能够包含重复元素的有序集合
Map	将键与值相关联的集合，不能包含重复的键。Map 不是从 Collection 派生的
Queue	通常是模型化队伍的一个先入先出集合，也可以指定其他的顺序

图 16.1 一些集合框架接口

基于 Object 的集合

集合框架的类和接口是 java.util 包的成员。在 Java 的早期版本中，集合框架中的类是在 Object 引用中保存并操作的，它使用户能够在集合中保存任何对象，因为所有的类都直接或者间接派生自 Object 类。通常，程序需要处理特定类型的对象。这样，从集合中获得的 Object 引用，通常需要向下强制转换成合适的类型，以使程序能正确地处理它。正如第 10 章中探讨过的，通常应避免执行向下强制转换操作。

泛型集合

为了避免出现这种情况，集合框架用泛型功能得到了强化，这已经在第 7 章讨论泛型 ArrayList 时介绍过，第 20 章中还会进行更详细的讨论。利用泛型，可使程序员指定将保存到集合中的确切类型，从而带来编译时类型检查(compile-time type checking)的好处——如果集合中使用了不合适的类型，则编译器会发出消息，指明存在错误。指定泛型集合中要保存的具体类型之后，从集合中取得的任何引用，都将具有指定的类型。这样就不必进行显式类型强制转换，不会因为引用对象不是正确类型而抛出 ClassCastException 异常。此外，对于在使用泛型之前编写的 Java 代码，泛型集合可以向前兼容它们。

良好的编程实践 16.1

不要事必躬亲——可以利用 Java 集合框架中的接口和集合，创建自己的数据结构。Java 中的接口和集合已经得到了充分测试和优化，能够满足大多数程序的要求。

挑选集合

每一个集合的文档，都给出了它的内存需求，以及用它的方法进行某些操作时的性能表现，例如添加/删除元素、搜索元素、排序元素等。在选择集合之前(Set，List，Map，Queue，等等)，需在线查看一下它的文档，然后挑选最适合程序需求的一种。第 19 章探讨了某个算法在执行任务时的难度——它是根据要处理的数据项的个数来确定的。学习完第 19 章之后，就可以更好地理解在线文档中有关集合的性能表现的描述了。

16.3　类型包装器类

每一种基本类型(在附录 D 中给出)都有对应的类型包装器类(位于 java.lang 包中)。这些类包括 Boolean、Byte、Character、Double、Float、Integer、Long 及 Short 等 8 种。利用它们，可以将基本类型值作为对象操作。这一点很重要，因为第 16 ~ 21 章中通过借用或者自己开发的数据结构，就可以操作和共享对象——它们不能操作基本类型的变量。但是，它们可以操作类型包装器类的对象。

因为每一个类都是从 Object 类派生的。每一种数字类型包装器类——Byte、Short、Integer、Long、Float 和 Double——都扩展自 Number 类。而且，类型包装器类是 final 类，所以不能扩展它们。基本类型不具有方法，因此与基本类型相关的方法位于对应的类型包装器类中(例如，将字符串转换成 int 值的 parseInt 方法位于 Integer 类中)。

16.4　自动装箱和自动拆箱

Java 提供自动装箱和自动拆箱功能，用于基本类型值和类型包装器对象之间的自动转换。装箱转换(boxing conversion)能够将基本类型值转换成对应的类型包装器类的一个对象，拆箱转换(unboxing conversion)能够将类型包装器类的一个对象转换成对应的一个基本类型值。这两种转换分别被称为自动装箱(autoboxing)和自动拆箱(auto-unboxing)，它们都是自动执行的。考虑语句：

```
Integer[] integerArray = new Integer[5]; // create integerArray
integerArray[0] = 10; // assign Integer 10 to integerArray[0]
int value = integerArray[0]; // get int value of Integer
```

这里的自动装箱发生在将一个 int 值(10)赋予 integerArray[0]时，因为 integerArray 保存的是 Integer 对象的引用，而不是 int 值。当将 integerArray[0]赋予 int 变量 value 时，发生的是自动拆箱，因为变量 value 保存的是 int 值，而不是 Integer 对象的引用。在某些条件下也可能发生装箱转换，只要求值结果为基本 boolean 值或者 Boolean 对象。第 16 ~ 21 章中的许多示例都使用了这些转换，以保存基本类型值或者从数据结构中取得它们。

16.5　Collection 接口和 Collections 类

Collection 接口包含批量操作(bulk operation)，即操作是对整个集合执行的，这种操作用于添加、清除和比较集合中的对象(或元素)。Collection 中的元素也可以被转换成数组。此外，Collection 接口还提供了一个返回 Iterator 对象的方法，它使得程序能遍历集合并在迭代过程中删除元素。16.6.1 节中将探讨 Iterator 类。Collection 接口中的其他方法使程序能确定集合的大小、判断集合是否为空。

软件工程结论 16.1

Collection 常常用作方法的参数类型，以便能够对实现 Collection 接口的所有对象进行多态处理。

软件工程结论 16.2

大多数集合实现都提供了一个带 Collection 实参的构造方法，从而允许构造出一个包含特定集合元素的新集合。

Collections 类提供的几个静态便利方法，用于对集合进行搜索、排序和执行其他的操作。16.7 节中将详细探讨 Collections 方法。还会讲解 Collections 类的包装器方法，它们能够将集合当成同步集合(synchronized collection，见 16.11 节)或者不可修改集合(unmodifiable collection，见 16.12 节)。同步集合用于多线程(见第 23 章的讨论)，它使得程序能够并行地操作。当程序的两个或者多个线程共享一个集合时，有可能发生问题。做一个简单的类比，设想有一个交叉路口。如果允许所有的汽车都同时通过这个路口，就会发生交通事故。为此，在交叉路口提供了信号灯，以控制路口的通行。类似地，我们也能够同步地访问集合，只要保证在某个时刻只有一个线程在操作这个集合即可。Collections 类的同步包装器方法返回集合的几个同步版本，它们能够在程序的多个线程间共享。第 23 章中，还探讨了一些来自 java.util.concurrent 包的类，这个包为多线程程序提供了更为强大的集合。当类的客户需要查看集合的元素，但又不允许它通过添加或删除元素来修改集合时，就可以使用不可修改集合。

16.6 List

List(有时称之为序列)是一个有序元素的 Collection，它可以包含重复值。和数组索引一样，List 的索引也是从 0 开始的(即第一个元素的索引值是 0)。除了继承自 Collection 的那些方法，List 还提供了用于通过索引操作元素的方法、操作指定范围内元素的方法、搜索元素的方法，以及获得一个 ListIterator 访问元素的方法。

List 接口是由多个类实现的，包括 ArrayList 类和 LinkedList 类。当将基本类型值添加到这些类的对象中时，会发生自动装箱，因为这些类只能保存对象的引用。ArrayList 类是 List 类中可调整大小的一种数组形式。向已经存在的 ArrayList 中插入一个元素，是一种低效率的操作——所插入元素之后的全部元素都必须移动位置。对于一个包含大量元素的集合而言，这是一种费时的操作。对于在集合的中间插入(或者删除)元素而言，LinkedList 就是一种高效率的操作。但是，如果需要跳到集合中特定元素的位置，则与 ArrayList 相比，LinkedList 的效率并不高。第 21 章将探讨链表的体系结构。

后面的两个小节将演示 List 和 Collection 的功能。16.6.1 节中讲解用 Iterator 从 ArrayList 删除元素；16.6.2 节中将使用 ListIterator 及 List 和 LinkedList 特有的几个方法。

16.6.1 ArrayList 和 Iterator

图 16.2 中的程序，利用 ArrayList(见 7.16 节的介绍)演示了 Collection 接口的几种能力。程序将两个 Color 数组放入 ArrayList 中，并使用一个 Iterator，从第一个 ArrayList 集合中删除来自第二个 ArrayList 集合的元素。

```
1  // Fig. 16.2: CollectionTest.java
2  // Collection interface demonstrated via an ArrayList object.
3  import java.util.List;
4  import java.util.ArrayList;
5  import java.util.Collection;
6  import java.util.Iterator;
7
8  public class CollectionTest {
9     public static void main(String[] args) {
10       // add elements in colors array to list
11       String[] colors = {"MAGENTA", "RED", "WHITE", "BLUE", "CYAN"};
12       List<String> list = new ArrayList<String>();
13
14       for (String color : colors) {
15          list.add(color); // adds color to end of list
16       }
17
18       // add elements in removeColors array to removeList
19       String[] removeColors = {"RED", "WHITE", "BLUE"};
20       List<String> removeList = new ArrayList<String>();
21
22       for (String color : removeColors) {
23          removeList.add(color);
24       }
25
26       // output list contents
27       System.out.println("ArrayList: ");
28
29       for (int count = 0; count < list.size(); count++) {
30          System.out.printf("%s ", list.get(count));
31       }
32
33       // remove from list the colors contained in removeList
34       removeColors(list, removeList);
35
36       // output list contents
37       System.out.printf("%n%nArrayList after calling removeColors:%n");
```

图 16.2 通过 ArrayList 对象演示 Collection 接口

```
38
39          for (String color : list) {
40             System.out.printf("%s ", color);
41          }
42       }
43
44       // remove colors specified in collection2 from collection1
45       private static void removeColors(Collection<String> collection1,
46          Collection<String> collection2) {
47          // get iterator
48          Iterator<String> iterator = collection1.iterator();
49
50          // loop while collection has items
51          while (iterator.hasNext()) {
52             if (collection2.contains(iterator.next())) {
53                iterator.remove(); // remove current element
54             }
55          }
56       }
57    }
```

```
ArrayList:
MAGENTA RED WHITE BLUE CYAN

ArrayList after calling removeColors:
MAGENTA CYAN
```

图 16.2(续)　通过 ArrayList 对象演示 Collection 接口

第 11 行和第 19 行声明并初始化了两个 String 数组 colors 和 removeColors。第 12 行和第 20 行创建了两个 ArrayList<String>对象，并将它们的引用分别赋予 List<String>变量 list 和 removeList。注意，ArrayList 是一个泛型类，因此能够指定一个类型实参(这里是 String)来表明每个列表中元素的类型。由于在编译时指定了要保存到集合中的类型，因此泛型集合提供了编译时类型安全，使得编译器能够捕获使用无效类型的企图。例如，不能在 String 集合中保存 Employee 对象。

利用 List 方法 add，第 14 ~ 16 行用保存在数组 colors 中的 String 填充这个 list，第 22 ~ 24 行用保存在数组 removeColors 中的 String 填充 removeList。add 方法会将元素添加到 List 末尾。第 29 ~ 31 行输出 list 中的所有元素。第 29 行调用 List 方法 size，获得 ArrayList 的元素个数。第 30 行使用 List 方法 get，取得各个元素的值。第 29 ~ 31 行也可以采用增强型 for 语句。

第 34 行用实参 list 和 removeList 调用 removeColors 方法(第 45 ~ 56 行)。removeColors 方法从 list 集合中删除 removeList 中指定的 String。在 removeColors 方法完成了它的任务之后，第 39 ~ 41 行输出 list 中的元素。

removeColors 方法声明了两个 Collection<String>参数(第 45 ~ 46 行)，允许包含字符串的任何两个 Collection 作为实参传递给这个方法。这个方法通过一个 Iterator 访问第一个 Collection (collection1) 中的元素。第 48 行调用 Collection 方法 iterator，获得 Collection 的 Iterator 对象。Collection 和 Iterator 接口都是泛型类型。循环继续条件(第 51 行)调用了 Iterator 方法 hasNext，判断 Collection 是否还包含更多的元素。如果还有元素存在，则 hasNext 方法返回真，否则返回假。

第 52 行的 if 条件调用 Iterator 方法 next，获得下一个元素的引用，然后使用第二个 Collection (collection2) 的 contains 方法，判断 collection2 是否包含由 next 方法返回的那个元素。如果包含，则第 53 行调用 Iterator 方法 remove，从 collection1 中删除这个元素。

常见编程错误 16.1

创建集合的迭代器之后，如果集合被它的某个方法修改了，则这个迭代器会立即变为无效——此后对这个迭代器进行的任何操作都会失败，并且会抛出 ConcurrentModificationException 异常。因此，称迭代器是"快速失效的"。快速失效的迭代器可确保改动的集合不会同时被两个或者多个线程操作，否则可能会打乱集合。第 23 章中，将讲解可以安全地被多个并发线程操作的并发集合(位于 java.util.concurrent 包中)。

软件工程结论 16.3

这个示例中，是通过两个 List 变量引用 ArrayList 的。这样做，使得代码更灵活、更易修改——如果今后觉得使用 LinkedList 更合适，则只需要修改创建 ArrayList 对象的第 12 行和第 20 行即可。通常而言，当创建集合对象时，需通过一个对应的集合接口类型的变量来引用该对象。同样，将 removeColors 方法实现成接收 Collection 引用，使得这个方法可用于实现了 Collection 接口的任何集合。

使用<>符号的类型引用

第 12 行和第 20 行，在初始化语句的左右两边指定了保存在 ArrayList 中的类型(这里是 String)。在声明和创建泛型类型变量和对象的语句中，也可以使用带有<>符号的类型引用——被称为菱形符号(diamond notation)。例如，第 12 行可以写成

```
List<String> list = new ArrayList<>();
```

这里，Java 在声明左侧的尖括号中使用了类型(即 String)，作为声明右侧所创建的 ArrayList 中的类型。本章后面的示例中将采用这种语法。

16.6.2 LinkedList

图 16.3 中的程序演示了对 LinkedList 的各种操作。这个程序创建了包含 String 的两个 LinkedList。一个 List 中的元素被添加到了另一个 List 中。然后，将所有的 String 都转换成大写形式，并删除某个范围内的元素。

```
1   // Fig. 16.3: ListTest.java
2   // Lists, LinkedLists and ListIterators.
3   import java.util.List;
4   import java.util.LinkedList;
5   import java.util.ListIterator;
6
7   public class ListTest {
8      public static void main(String[] args) {
9         // add colors elements to list1
10        String[] colors =
11           {"black", "yellow", "green", "blue", "violet", "silver"};
12        List<String> list1 = new LinkedList<>();
13
14        for (String color : colors) {
15           list1.add(color);
16        }
17
18        // add colors2 elements to list2
19        String[] colors2 =
20           {"gold", "white", "brown", "blue", "gray", "silver"};
21        List<String> list2 = new LinkedList<>();
22
23        for (String color : colors2) {
24           list2.add(color);
25        }
26
27        list1.addAll(list2); // concatenate lists
28        list2 = null; // release resources
29        printList(list1); // print list1 elements
30
31        convertToUppercaseStrings(list1); // convert to uppercase string
32        printList(list1); // print list1 elements
33
34        System.out.printf("%nDeleting elements 4 to 6...");
35        removeItems(list1, 4, 7); // remove items 4-6 from list
36        printList(list1); // print list1 elements
37        printReversedList(list1); // print list in reverse order
38     }
39
40     // output List contents
41     private static void printList(List<String> list) {
```

图 16.3 List、LinkedList 和 ListIterator 的演示

```
42         System.out.printf("%nlist:%n");
43
44         for (String color : list) {
45            System.out.printf("%s ", color);
46         }
47
48         System.out.println();
49      }
50
51      // locate String objects and convert to uppercase
52      private static void convertToUppercaseStrings(List<String> list) {
53         ListIterator<String> iterator = list.listIterator();
54
55         while (iterator.hasNext()) {
56            String color = iterator.next(); // get item
57            iterator.set(color.toUpperCase()); // convert to upper case
58         }
59      }
60
61      // obtain sublist and use clear method to delete sublist items
62      private static void removeItems(List<String> list,
63         int start, int end) {
64         list.subList(start, end).clear(); // remove items
65      }
66
67      // print reversed list
68      private static void printReversedList(List<String> list) {
69         ListIterator<String> iterator = list.listIterator(list.size());
70
71         System.out.printf("%nReversed List:%n");
72
73         // print list in reverse order
74         while (iterator.hasPrevious()) {
75            System.out.printf("%s ", iterator.previous());
76         }
77      }
78   }
```

```
list:
black yellow green blue violet silver gold white brown blue gray silver

list:
BLACK YELLOW GREEN BLUE VIOLET SILVER GOLD WHITE BROWN BLUE GRAY SILVER

Deleting elements 4 to 6...
list:
BLACK YELLOW GREEN BLUE WHITE BROWN BLUE GRAY SILVER

Reversed List:
SILVER GRAY BLUE BROWN WHITE BLUE GREEN YELLOW BLACK
```

图 16.3(续) List、LinkedList 和 ListIterator 的演示

第 12 行和第 21 行创建了 String 类型的两个 LinkedList：list1 和 list2。LinkedList 是一个泛型类，它具有一个类型参数，本例中指定类型实参为 String。第 14 ~ 16 行和第 23 ~ 25 行调用 List 方法 add，将来自 colors 和 colors2 数组的元素分别追加到 list1 和 list2 的末尾。

第 27 行调用 List 方法 addAll，将 list2 的所有元素追加到 list1 的末尾。第 28 行将 list2 置为 null，因为不再需要它。第 29 行调用 printList 方法(第 41 ~ 49 行)，输出 list1 的内容。第 31 行调用 convertToUppercaseStrings 方法(第 52 ~ 59 行)，将每个 String 元素变成大写，然后第 32 行再次调用 printList 方法，显示修改后的 String 元素。第 35 行调用 removeItems 方法(第 62 ~ 65 行)，删除列表中从索引 4 开始到索引 7 的元素(不包括索引 7 处的元素)。第 37 行调用 printReversedList 方法(第 68 ~ 77 行)，以逆序输出这个列表。

convertToUppercaseStrings 方法

convertToUppercaseStrings 方法(第 52 ~ 59 行)将它的 List 实参中的小写 String 元素变成大写形式。第 53 行调用 List 方法 listIterator，获得 List 的双向迭代器(即能够向后或向前遍历 List 的迭代器)。ListIterator 也是一个泛型类。这个示例中，ListIterator 引用了 String 对象，因为 listIterator 方法是在 String

类型的 List 上调用的。第 55 行调用 hasNext 方法，判断 List 是否还包含更多的元素。第 56 行获得 List 中的下一个 String。第 57 行调用 String 方法 toUpperCase，获得 String 的大写版本，调用 ListIterator 的 set 方法，将当前 iterator 引用的 String 用 toUpperCase 方法返回的 String 替换。和 toUpperCase 方法类似，String 方法 toLowerCase 会返回 String 的小写版本。

removeItems 方法

removeItems 方法(第 62 ~ 65 行)从列表中删除某个范围内的元素。第 64 行调用 List 方法 subList，获得 List 的一部分(被称为子列表)。这就是所谓的“范围视图”方法(range-view method)，它使程序能够查看列表的某个部分。子列表就是调用了 subList 方法的 List 的一个视图。subList 方法带两个实参：子列表的开始索引和结尾索引。结尾索引处的元素不包含在子列表中。这个示例中，第 35 行传递给 subList 的开始索引是 4，结尾索引是 7。返回的子列表是索引 4 ~ 6 的元素集。接下来，程序对这个子列表调用 List 方法 clear，从 List 中删除子列表的元素。对子列表所做的任何改变，也会作用于原始的 List。

printReversedList 方法

printReversedList 方法(第 68 ~ 77 行)以逆序的形式输出列表。第 69 行调用 List 方法 listIterator，以起始位置作为实参(这里为列表中的最后一个元素)，获得该列表的一个双向迭代器。List 方法 size 返回 List 中的元素个数。while 条件(第 74 行)调用 ListIterator 的 hasPrevious 方法，判断以逆序遍历列表时是否还有更多的元素。第 75 行调用 ListIterator 的 previous 方法，从列表中获得前一个元素，并将它输出到标准输出流中。

集合及 Arrays 方法 asList

Arrays 类提供了一个静态方法 asList 用于将一个数组(有时称之为支持数组，backing array)当作一个 List 集合看待。利用 List 视图，使程序员能够将数组像列表那样操作。对于将数组中的元素添加到某种集合及排序数组而言，这个视图是有用的。下一个示例演示了如何用数组的 List 视图创建一个 LinkedList，因为不能将数组传递给 LinkedList 构造方法。用 List 视图排序数组元素的演示见图 16.7。对 List 视图的任何改变，都会影响到数组，而对数组的任何改变，也会影响到 List 视图。允许对 asList 方法返回的视图进行的唯一操作是 *set* 类型的操作，它会改变视图及支持数组中的值。对视图进行的任何其他改变(例如添加或者删除元素)，都会导致 UnsupportedOperationException 异常。

将数组当成 List 和将 List 转换成数组

图 16.4 中的程序使用 Arrays 方法 asList 将数组当成一个 List，并使用 List 的 toArray 方法，从 LinkedList 集合中获得数组。程序调用 asList 方法创建数组的 List 视图，然后用它来初始化一个 LinkedList 对象，将一系列字符串添加到 LinkedList 中，并调用 toArray 方法获得包含字符串引用的数组。

```
1  // Fig. 16.4: UsingToArray.java
2  // Viewing arrays as Lists and converting Lists to arrays.
3  import java.util.LinkedList;
4  import java.util.Arrays;
5
6  public class UsingToArray {
7     public static void main(String[] args) {
8        String[] colors = {"black", "blue", "yellow"};
9        LinkedList<String> links = new LinkedList<>(Arrays.asList(colors));
10
11       links.addLast("red"); // add as last item
12       links.add("pink"); // add to the end
13       links.add(3, "green"); // add at 3rd index
14       links.addFirst("cyan"); // add as first item
15
16       // get LinkedList elements as an array
17       colors = links.toArray(new String[links.size()]);
```

图 16.4　将数组当成 List 和将 List 转换成数组

```
18
19         System.out.println("colors: ");
20
21         for (String color : colors) {
22            System.out.println(color);
23         }
24      }
25   }
```

```
colors:
cyan
black
blue
yellow
green
red
pink
```

图 16.4(续) 将数组当成 List 和将 List 转换成数组

第 9 行构建的 String 类型 LinkedList，包含 colors 数组中的元素。使用 Arrays 方法 asList，返回数组的 List 视图，然后利用它来初始化 LinkedList，使用接收一个 Collection 实参的构造方法(List 是一种 Collection)。第 11 行调用 LinkedList 方法 addLast，将"red"添加到 links 的末尾。第 12 ~ 13 行调用 LinkedList 方法 add，将 "pink" 作为最后一个元素、将 "green" 作为索引 3 处的元素(即第四个元素)添加。addLast 方法的工作方式与单实参的 add 方法相同。第 14 行调用 LinkedList 方法 addFirst，将"cyan"作为 LinkedList 的第一个元素添加。这些 "添加" 操作是允许的，因为它们是对 LinkedList 对象的操作，而不是对 asList 方法返回的视图的操作。(注：当将 "cyan" 作为第一个元素添加时，"green" 会成为 LinkedList 中的第五个元素。)

第 17 行调用 List 接口的 toArray 方法，从 links 中获得一个 String 数组。这个数组是列表元素的副本——对数组内容的改变不会影响到列表。传递给 toArray 方法的数组的类型，与期望 toArray 方法返回的类型相同。如果数组的元素个数大于或等于 LinkedList 中的元素个数，则 toArray 会将列表中的元素复制到它的数组实参中，并返回这个数组。如果 LinkedList 的元素个数比传递给 toArray 方法的数组的元素个数多，则 toArray 方法会分配一个相同类型的新数组，作为实参接收，将列表的元素复制到这个新数组中并返回它。

常见编程错误 16.2

将包含数据的数组传递给 toArray 方法时，可能会导致逻辑错误。如果数组中的元素个数少于调用 toArray 方法的列表的元素个数，则会分配一个新数组来保存列表的元素，而不会保留数组实参中的元素。如果数组中元素的个数多于列表中元素的个数，则数组中的元素(从索引 0 开始)会被列表中的元素覆盖。数组余下部分中的第一个元素会被设置成 null，以表明到达了列表末尾。

16.7 Collections 方法

Collections 类中提供了几个高性能的算法，用于操作集合元素。这些算法(见图 16.5)被实现成静态方法。方法 sort、binarySearch、reverse、shuffle、fill 和 copy 对 List 进行操作；方法 min、max、addAll、frequency 和 disjoint 对 Collection 进行操作。

软件工程结论 16.4

集合框架方法是多态的。也就是说，无论底层的实现如何，每个方法都能够对实现特定接口的对象进行操作。

方 法	描 述
sort	排序 List 的元素
binarySearch	利用 7.15 节和 19.4 节中讲解的高效二分搜索算法，找出 List 中的一个对象
reverse	将 List 的元素逆序排序
shuffle	随机排序 List 的元素
fill	将每一个 List 元素设置成特定对象的引用
copy	将一个 List 中的引用复制到另一个 List 中
min	返回 Collection 中的最小元素
max	返回 Collection 中的最大元素
addAll	将数组中的全部元素追加到 Collection 中
frequency	计算集合中有多少个元素与指定的元素相等
disjoint	判断两个集合是否不存在相同的元素

图 16.5 Collections 类中的一些方法

16.7.1 sort 方法

sort 方法排序 List 的元素。元素的类型必须实现了 Comparable 接口。排序的顺序是由元素的类型按照 compareTo 方法实现的自然顺序确定的。例如，数字值的自然顺序为升序；String 值的自然顺序为它们的词典顺序(见 14.3 节)。compareTo 方法在 Comparable 接口中声明，有时称之为自然比较方法(natural comparison method)。调用 sort 方法时，可以将一个 Comparator 对象指定成第二个实参，这个对象能够确定元素的不同排序方式。

按升序排序

图 16.6 中的程序使用了 Collections 方法 sort，按升序排序 List 中的元素(第 15 行)。第 12 行将 list 创建成一个 String 类型的 List。第 13 行和第 16 行都隐式地调用了 list 的 toString 方法，分别以输出结果中的格式输出它的内容。

```
1  // Fig. 16.6: Sort1.java
2  // Collections method sort.
3  import java.util.List;
4  import java.util.Arrays;
5  import java.util.Collections;
6
7  public class Sort1 {
8     public static void main(String[] args) {
9        String[] suits = {"Hearts", "Diamonds", "Clubs", "Spades"};
10
11       // Create and display a list containing the suits array elements
12       List<String> list = Arrays.asList(suits);
13       System.out.printf("Unsorted array elements: %s%n", list);
14
15       Collections.sort(list); // sort ArrayList
16       System.out.printf("Sorted array elements: %s%n", list);
17    }
18 }
```

```
Unsorted array elements: [Hearts, Diamonds, Clubs, Spades]
Sorted array elements: [Clubs, Diamonds, Hearts, Spades]
```

图 16.6 Collections 方法 sort 的用法

按降序排序

图 16.7 中的程序以降序排序图 16.6 中的相同字符串列表。这里引入了一个 Comparator 接口，它用来以另一种顺序排序 Collection 的元素。第 16 行调用 Collections 方法 sort，以降序排序 List。静态 Collections 方法 reverseOrder 返回一个 Comparator 对象，它以逆序排序集合的元素。由于要排序的集合为一个 List<String>，所以 reverseOrder 方法返回一个 Comparator<String>。

```
1  // Fig. 16.7: Sort2.java
2  // Using a Comparator object with method sort.
3  import java.util.List;
4  import java.util.Arrays;
5  import java.util.Collections;
6
7  public class Sort2 {
8     public static void main(String[] args) {
9        String[] suits = {"Hearts", "Diamonds", "Clubs", "Spades"};
10
11       // Create and display a list containing the suits array elements
12       List<String> list = Arrays.asList(suits); // create List
13       System.out.printf("Unsorted array elements: %s%n", list);
14
15       // sort in descending order using a comparator
16       Collections.sort(list, Collections.reverseOrder());
17       System.out.printf("Sorted list elements: %s%n", list);
18    }
19 }
```

```
Unsorted array elements: [Hearts, Diamonds, Clubs, Spades]
Sorted list elements: [Spades, Hearts, Diamonds, Clubs]
```

图 16.7 具有 Comparator 对象的 Collections 方法 sort 的用法

用 Comparator 类进行排序

图 16.8 中的程序创建了一个定制的 Comparator 类,其名称为 TimeComparator,它实现了 Comparator 接口，比较两个 Time2 对象。Time2 类的声明见图 8.5，它表示带有小时、分钟和秒数的时间。

```
1  // Fig. 16.8: TimeComparator.java
2  // Custom Comparator class that compares two Time2 objects.
3  import java.util.Comparator;
4
5  public class TimeComparator implements Comparator<Time2> {
6     @Override
7     public int compare(Time2 time1, Time2 time2) {
8        int hourDifference = time1.getHour() - time2.getHour();
9
10       if (hourDifference != 0) { // test the hour first
11          return hourDifference;
12       }
13
14       int minuteDifference = time1.getMinute() - time2.getMinute();
15
16       if (minuteDifference != 0) { // then test the minute
17          return minuteDifference;
18       }
19
20       int secondDifference = time1.getSecond() - time2.getSecond();
21       return secondDifference;
22    }
23 }
```

图 16.8 定制的 Comparator 类，比较两个 Time2 对象

TimeComparator 类实现 Comparator 接口，它是带一个类型实参的泛型类型(这里为 Time2)。实现了 Comparator 接口的类，必须声明一个接收两个实参的 Compare 方法，如果第一个实参小于第二个，则返回一个负整数；如果两个实参相等，则返回 0；如果第一个实参大于第二个，则返回一个正整数。compare 方法(第 6 ~ 22 行)执行两个 Time2 对象之间的比较。第 8 行比较两个 Time2 对象的小时数。如果它们的小时数不同(第 10 行)，则返回它们的差值。如果这个差值为正，则表示第一个小时数大于第二个小时数，因而第一个时间就长于第二个时间；如果这个差值为负，则表示第一个小时数小于第二个小时数，因而第一个时间就短于第二个时间；如果这个差值为 0，则表示它们的小时数相等，因此必须测试分钟数(或许还要测试秒数)，以判断哪个时间更长。

图 16.9 中的程序,利用定制的 Comparator 类 TimeComparator 来排序列表。第 9 行创建了一个 Time2 对象的 ArrayList。前面说过，ArrayList 和 List 都是泛型类型，它们接收的类型实参指定了集合的元素

类型。第 11 ~ 15 行创建了 5 个 Time2 对象，并将它们添加到这个列表中。第 21 行调用 sort 方法，向它传递 TimeComparator 类(见图 16.8)的一个对象。

```
1  // Fig. 16.9: Sort3.java
2  // Collections method sort with a custom Comparator object.
3  import java.util.List;
4  import java.util.ArrayList;
5  import java.util.Collections;
6
7  public class Sort3 {
8     public static void main(String[] args) {
9        List<Time2> list = new ArrayList<>(); // create List
10
11       list.add(new Time2(6, 24, 34));
12       list.add(new Time2(18, 14, 58));
13       list.add(new Time2(6, 5, 34));
14       list.add(new Time2(12, 14, 58));
15       list.add(new Time2(6, 24, 22));
16
17       // output List elements
18       System.out.printf("Unsorted array elements:%n%s%n", list);
19
20       // sort in order using a comparator
21       Collections.sort(list, new TimeComparator());
22
23       // output List elements
24       System.out.printf("Sorted list elements:%n%s%n", list);
25    }
26 }
```

```
Unsorted array elements:
[6:24:34 AM, 6:14:58 PM, 6:05:34 AM, 12:14:58 PM, 6:24:22 AM]
Sorted list elements:
[6:05:34 AM, 6:24:22 AM, 6:24:34 AM, 12:14:58 PM, 6:14:58 PM]
```

图 16.9 具有定制 Comparator 对象的 Collections 方法 sort 的用法

16.7.2 shuffle 方法

Shuffle 方法随机排序 List 的元素。第 7 章中给出了使用一个循环来模拟一副牌的洗牌和发牌程序。图 16.10 中的程序，利用 shuffle 方法来打乱一“叠” Card 对象，它们可以用于一个纸牌游戏模拟程序中。

Card 类(第 8 ~ 32 行)代表一副牌。每一个 Card 对象都具有牌面值和花色。第 9 ~ 11 行声明了两个 enum 类型——Face 和 Suit，分别代表某张牌的牌面值和花色。toString 方法(第 29 ~ 31 行)返回的 String，包含用字符串“of ”分隔的 Card 的牌面值和花色。当将 enum 常量转换成字符串时，常量的标识符被当成了字符串来表示。通常，对于 enum 常量，都采用大写字母的形式。这个示例中，对每个 enum 常量都采用只大写第一个字母的形式，因为我们希望所显示的牌的牌面值和花色只有第一个字母大写(如“Ace of Spades”)。

```
1  // Fig. 16.10: DeckOfCards.java
2  // Card shuffling and dealing with Collections method shuffle.
3  import java.util.List;
4  import java.util.Arrays;
5  import java.util.Collections;
6
7  // class to represent a Card in a deck of cards
8  class Card {
9     public enum Face {Ace, Deuce, Three, Four, Five, Six,
10       Seven, Eight, Nine, Ten, Jack, Queen, King }
11    public enum Suit {Clubs, Diamonds, Hearts, Spades}
12
13    private final Face face;
14    private final Suit suit;
15
16    // constructor
17    public Card(Face face, Suit suit) {
```

图 16.10 采用 Collections 方法 shuffle 的洗牌和发牌程序

```
18          this.face = face;
19          this.suit = suit;
20       }
21
22       // return face of the card
23       public Face getFace() {return face;}
24
25       // return suit of Card
26       public Suit getSuit() {return suit;}
27
28       // return String representation of Card
29       public String toString() {
30          return String.format("%s of %s", face, suit);
31       }
32    }
33
34    // class DeckOfCards declaration
35    public class DeckOfCards {
36       private List<Card> list; // declare List that will store Cards
37
38       // set up deck of Cards and shuffle
39       public DeckOfCards() {
40          Card[] deck = new Card[52];
41          int count = 0; // number of cards
42
43          // populate deck with Card objects
44          for (Card.Suit suit : Card.Suit.values()) {
45             for (Card.Face face : Card.Face.values()) {
46                deck[count] = new Card(face, suit);
47                ++count;
48             }
49          }
50
51          list = Arrays.asList(deck); // get List
52          Collections.shuffle(list);  // shuffle deck
53       }
54
55       // output deck
56       public void printCards() {
57          // display 52 cards in four columns
58          for (int i = 0; i < list.size(); i++) {
59             System.out.printf("%-19s%s", list.get(i),
60                ((i + 1) % 4 == 0) ? System.lineSeparator() : "");
61          }
62       }
63
64       public static void main(String[] args) {
65          DeckOfCards cards = new DeckOfCards();
66          cards.printCards();
67       }
68    }
```

```
Deuce of Clubs     Six of Spades      Nine of Diamonds   Ten of Hearts
Three of Diamonds  Five of Clubs      Deuce of Diamonds  Seven of Clubs
Three of Spades    Six of Diamonds    King of Clubs      Jack of Hearts
Ten of Spades      King of Diamonds   Eight of Spades    Six of Hearts
Nine of Clubs      Ten of Diamonds    Eight of Diamonds  Eight of Hearts
Ten of Clubs       Five of Hearts     Ace of Clubs       Deuce of Hearts
Queen of Diamonds  Ace of Diamonds    Four of Clubs      Nine of Hearts
Ace of Spades      Deuce of Spades    Ace of Hearts      Jack of Diamonds
Seven of Diamonds  Three of Hearts    Four of Spades     Four of Diamonds
Seven of Spades    King of Hearts     Seven of Hearts    Five of Diamonds
Eight of Clubs     Three of Clubs     Queen of Clubs     Queen of Spades
Six of Clubs       Nine of Spades     Four of Hearts     Jack of Clubs
Five of Spades     King of Spades     Jack of Spades     Queen of Hearts
```

图 16.10(续) 采用 Collections 方法 shuffle 的洗牌和发牌程序

第 44 ~ 49 行用具有不同牌面值和花色组合的牌填充了一个 deck 数组。Face 和 Suit 都是 Card 类的公共静态 enum 类型。为了在 Card 类之外使用这些 enum 类型，必须用它所在的类名称(即 Card)和一个点分隔符来限定每个 enum 的类型名称。因此，第 44 行和第 45 行分别使用 Card.Suit 和 Card.Face 来声明 for 语句的控制变量。前面说过，enum 类型的 values 方法返回的数组，包含这个 enum 类型的全部常量。第 44 ~ 49 行使用增强型 for 语句来构造 52 个新的 Card 对象。

洗牌发生在第 52 行，它调用 Collections 类的静态方法 shuffle，打乱牌的顺序。shuffle 方法要求一个 List 类型的实参，因此在使用它之前，必须先获得数组的 List 视图。第 51 行调用 Arrays 类的静态方法 asList，获得 deck 数组的 List 视图。

printCards 方法(第 56 ~ 62 行)用 4 个列显示这副牌。在循环的每次迭代中，第 59 ~ 60 行在 19 个字符宽度中左对齐输出某张牌，并根据已经输出的牌数，在后面接一个换行符或者一个空字符串。如果已经输出的牌数能被 4 整除，则输出一个换行符，否则输出一个空字符串。注意，第 60 行使用了 System 方法 lineSeparator，在每输出 4 张牌之后，输出一个与平台无关的换行符。

16.7.3 reverse、fill、copy、max 和 min 方法

Collections 类提供用于逆序、填充和复制 List 的方法。reverse 方法会颠倒 List 中元素的顺序；fill 方法用指定的值填充 List 中的元素。如果需要重新初始化 List，则可以使用 fill 方法。copy 方法带两个实参：目标 List 和源 List。源 List 中的每一个元素，都会被复制到目标 List 中。目标 List 的大小必须至少和源 List 相同，否则会发生 IndexOutOfBoundsException 异常。如果目标 List 比源 List 大，则没有被覆盖的元素值会保持不变。

到目前为止，我们所见过的每一个方法，都是对 List 进行操作的。min 方法和 max 方法可以对任何 Collection 类型的对象进行操作。min 方法返回 Collection 中最小的元素，而 max 方法返回 Collection 中最大的元素。这两个方法都能将一个 Comparator 对象作为第二个实参，执行对象的定制比较，例如图 16.9 中的 TimeComparator。图 16.11 中的程序演示了 reverse、fill、copy、max 和 min 方法的用法。

```
1  // Fig. 16.11: Algorithms1.java
2  // Collections methods reverse, fill, copy, max and min.
3  import java.util.List;
4  import java.util.Arrays;
5  import java.util.Collections;
6
7  public class Algorithms1 {
8     public static void main(String[] args) {
9        // create and display a List<Character>
10       Character[] letters = {'P', 'C', 'M'};
11       List<Character> list = Arrays.asList(letters); // get List
12       System.out.println("list contains: ");
13       output(list);
14
15       // reverse and display the List<Character>
16       Collections.reverse(list); // reverse order the elements
17       System.out.printf("%nAfter calling reverse, list contains:%n");
18       output(list);
19
20       // create copyList from an array of 3 Characters
21       Character[] lettersCopy = new Character[3];
22       List<Character> copyList = Arrays.asList(lettersCopy);
23
24       // copy the contents of list into copyList
25       Collections.copy(copyList, list);
26       System.out.printf("%nAfter copying, copyList contains:%n");
27       output(copyList);
28
29       // fill list with Rs
30       Collections.fill(list, 'R');
31       System.out.printf("%nAfter calling fill, list contains:%n");
32       output(list);
33    }
34
35    // output List information
36    private static void output(List<Character> listRef) {
37       System.out.print("The list is: ");
38
39       for (Character element : listRef) {
40          System.out.printf("%s ", element);
41       }
```

图 16.11 Collections 方法 reverse、fill、copy、max 和 min 的用法演示

```
42
43        System.out.printf("%nMax: %s", Collections.max(listRef));
44        System.out.printf("  Min: %s%n", Collections.min(listRef));
45     }
46  }
```

```
list contains:
The list is: P C M
Max: P  Min: C

After calling reverse, list contains:
The list is: M C P
Max: P  Min: C

After copying, copyList contains:
The list is: M C P
Max: P  Min: C

After calling fill, list contains:
The list is: R R R
Max: R  Min: R
```

图 16.11(续) Collections 方法 reverse、fill、copy、max 和 min 的用法演示

第 11 行创建了一个 List<Character>变量 list，并将它初始化成 Character 数组 letters 的 List 视图。第 12 ~ 13 行输出了 List 的当前内容。第 16 行调用 Collections 方法 reverse，颠倒 list 中元素的顺序。reverse 方法带一个 List 实参。由于 list 是数组 letters 的 List 视图，所以现在数组元素已经是逆序的了。颠倒顺序后的内容在第 17 ~ 18 行输出，第 25 行使用 Collections 方法 copy，将 list 的元素复制到 copyList 中。对 copyList 的改变不会影响到 letters，因为 copyList 是一个独立的 List，它不是 letters 数组的 List 视图。copy 方法要求两个 List 实参——目标 List 和源 List。第 30 行调用 Collections 方法 fill，将字符'R'放入每一个 list 元素中。由于 list 是 letters 数组的 List 视图，因此这个操作会将 letters 中的所有元素都变成'R'。fill 方法要求的第一个实参是一个 List，第二个实参是这个 List 的元素类型对象，这里的对象就是字符'R'的装箱版本。第 43 ~ 44 行调用 Collections 方法 max 和 min，分别查找 Collection 中的最大元素和最小元素。前面说过，List 接口扩展了 Collection 接口，因此 List“是”Collection。

16.7.4 binarySearch 方法

高速二分搜索算法(将在 19.4 节详细讨论)已经作为一个静态 Collections 方法 binarySearch，被内置到 Java 的集合框架中。这个方法用于找出 List(LinkedList 或者 ArrayList)中的一个对象。如果找到了这个对象，则返回它的索引；如果没有找到，则返回一个负值。确定这个负值时，binarySearch 方法会首先计算插入点并对它添加一个负号。然后，binarySearch 将插入点减去 1，这就是所获得的返回值。这样做，就保证了 binarySearch 方法只有在找到了对象时才返回正值(大于或者等于 0 的值)。如果列表中有多个元素匹配搜索键，则无法保证哪个元素会首先找到。图 16.12 中的程序使用 binarySearch 方法来搜索 ArrayList 中的一系列字符串。

```
1   // Fig. 16.12: BinarySearchTest.java
2   // Collections method binarySearch.
3   import java.util.List;
4   import java.util.Arrays;
5   import java.util.Collections;
6   import java.util.ArrayList;
7
8   public class BinarySearchTest {
9      public static void main(String[] args) {
10        // create an ArrayList<String> from the contents of colors array
11        String[] colors = {"red", "white", "blue", "black", "yellow",
12           "purple", "tan", "pink"};
13        List<String> list = new ArrayList<>(Arrays.asList(colors));
14
```

图 16.12 Collections 方法 binarySearch 的用法

```
15        Collections.sort(list); // sort the ArrayList
16        System.out.printf("Sorted ArrayList: %s%n", list);
17
18        // search list for various values
19        printSearchResults(list, "black");
20        printSearchResults(list, "red");
21        printSearchResults(list, "pink");
22        printSearchResults(list, "aqua"); // below lowest
23        printSearchResults(list, "gray"); // does not exist
24        printSearchResults(list, "teal"); // does not exist
25     }
26
27     // perform search and display result
28     private static void printSearchResults(
29        List<String> list, String key) {
30
31        System.out.printf("%nSearching for: %s%n", key);
32        int result = Collections.binarySearch(list, key);
33
34        if (result >= 0) {
35           System.out.printf("Found at index %d%n", result);
36        }
37        else {
38           System.out.printf("Not Found (%d)%n",result);
39        }
40     }
41  }
```

```
Sorted ArrayList: [black, blue, pink, purple, red, tan, white, yellow]

Searching for: black
Found at index 0

Searching for: red
Found at index 4

Searching for: pink
Found at index 2

Searching for: aqua
Not Found (-1)

Searching for: gray
Not Found (-3)

Searching for: teal
Not Found (-7)
```

图 16.12(续) Collections 方法 binarySearch 的用法

第 13 行将 list 初始化成包含 colors 数组元素副本的一个 ArrayList。Collections 方法 binarySearch 希望 List 实参中的元素按升序排序，因此第 15 行使用 Collections 方法 sort 来排序这个列表。如果 List 实参的元素没有排序，则使用 binarySearch 方法的结果就是未定义的。第 16 行输出排序后的列表。第 19～24 行调用 printSearchResults 方法(第 28～41 行)，执行搜索并输出结果。第 32 行调用 Collections 方法 binarySearch，搜索 list 中指定的键。binarySearch 方法要求第一个实参是一个 List，第二个实参是搜索键。第 34～39 行输出搜索的结果。binarySearch 方法的一个重载版本将 Comparator 对象用作它的第三个实参，它指定 binarySearch 应该如何比较搜索键和 List 的元素。

16.7.5 addAll、frequency 和 disjoint 方法

Collections 类还提供了 addAll、frequency 和 disjoint 方法。Collections 方法 addAll 带两个实参：一个要插入新元素的 Collection 和一个提供要插入的元素的数组(或者变长实参表)。frequency 方法带两个实参：要搜索的 Collection 和集合中要搜索的那个对象。这个方法返回第二个实参在集合中出现的次数。Collections 方法 disjoint 带两个 Collections 实参，如果它们没有相同的元素，则返回真。图 16.13 中的程序演示了 addAll、frequency 和 disjoint 的用法。

```java
// Fig. 16.13: Algorithms2.java
// Collections methods addAll, frequency and disjoint.
import java.util.ArrayList;
import java.util.List;
import java.util.Arrays;
import java.util.Collections;

public class Algorithms2 {
   public static void main(String[] args) {
      // initialize list1 and list2
      String[] colors = {"red", "white", "yellow", "blue"};
      List<String> list1 = Arrays.asList(colors);
      ArrayList<String> list2 = new ArrayList<>();

      list2.add("black"); // add "black" to the end of list2
      list2.add("red"); // add "red" to the end of list2
      list2.add("green"); // add "green" to the end of list2

      System.out.print("Before addAll, list2 contains: ");

      // display elements in list2
      for (String s : list2) {
         System.out.printf("%s ", s);
      }

      Collections.addAll(list2, colors); // add colors Strings to list2

      System.out.printf("%nAfter addAll, list2 contains: ");

      // display elements in list2
      for (String s : list2) {
         System.out.printf("%s ", s);
      }

      // get frequency of "red"
      int frequency = Collections.frequency(list2, "red");
      System.out.printf("%nFrequency of red in list2: %d%n", frequency);

      // check whether list1 and list2 have elements in common
      boolean disjoint = Collections.disjoint(list1, list2);

      System.out.printf("list1 and list2 %s elements in common%n",
         (disjoint ? "do not have" : "have"));
   }
}
```

```
Before addAll, list2 contains: black red green
After addAll, list2 contains: black red green red white yellow blue
Frequency of red in list2: 2
list1 and list2 have elements in common
```

图 16.13 Collections 方法 addAll、frequency 和 disjoint 的用法

第 12 行用 colors 数组中的元素初始化了 list1，第 15 ~ 17 行将字符串 "black" "red" "green" 添加到 list2 中。第 26 行调用 addAll 方法将 colors 数组中的元素添加到 list2 中。第 36 行利用 frequency 方法获得字符串 "red" 在 list2 中的出现次数。第 40 行调用 disjoint 方法测试 list1 和 list2 中是否包含相同的元素。

16.8 PriorityQueue 类和 Queue 接口

前面说过，队列是一种集合，表示正在等待的一列。通常而言，插入是在队列的末尾进行的，而删除是在前面进行的。21.6 节中，将探讨并实现队列数据结构；第 23 章中，将会用到一种并发队列。本节中探讨的是来自 java.util 包的 Queue 接口和 PriorityQueue 类，Queue 接口扩展了 Collection 接口并提供了额外的操作，用于在队列中插入、删除和检查元素。PriorityQueue 类实现了 Queue 接口，它按照 Comparable 元素的 compareTo 方法指定的自然顺序排序元素，也可以按照构造方法提供的 Comparator 对象排序元素。

PriorityQueue 类提供的功能，能够按有序的方式在底层数据结构中执行插入操作，也能够在底层数据结构的上面执行删除操作。当将元素添加到 PriorityQueue 时，它们按优先级顺序插入。这样，具有最高优先级的元素(即具有最大值的元素)就是从 PriorityQueue 中首先被删除的元素。

常见的 PriorityQueue 操作包括 offer、poll、peek、clear 和 size。offer 操作将一个元素按照优先级顺序插入到合适的位置;poll 操作会删除优先级队列中具有最高优先级的那个元素(即队列头的那个元素); peek 操作可以获得优先级队列中具有最高优先级的那个元素的引用(不删除它); clear 操作用来删除优先级队列中的全部元素; size 操作用于获得优先级队列中的元素数量。

图 16.14 中的程序演示了 PriorityQueue 类的用法。第 8 行创建了一个保存 Double 值的 PriorityQueue 对象，其初始容量为 11 个元素，并且按照对象的自然顺序排序了这些元素(PriorityQueue 的默认设置)。PriorityQueue 是一个泛型类。第 8 行用类型实参 Double 实例化了这个 PriorityQueue 对象。PriorityQueue 类还提供了另外几个构造方法。其中一个构造方法的两个实参是一个 int 值和一个 Comparator 对象，它用 int 实参指定的初始容量创建 PriorityQueue 对象，其顺序由 Comparator 指定。第 11 ~ 13 行使用 offer 方法将元素添加到优先级队列中。如果程序试图将 null 对象添加到队列中，则 offer 方法会抛出 NullPointerException 异常。第 18 ~ 21 行中的循环，使用 size 方法来判断优先队列是否为空(第 18 行)。当存在元素时，第 19 行使用 PriorityQueue 方法 peek 来获取队列中具有最高优先级的元素，并用于输出(不会从队列中删除它)。第 20 行用 poll 方法从队列中删除这个具有最高优先级的元素，并且会返回这个被删除了的元素。

```java
1  // Fig. 16.14: PriorityQueueTest.java
2  // PriorityQueue test program.
3  import java.util.PriorityQueue;
4
5  public class PriorityQueueTest {
6     public static void main(String[] args) {
7        // queue of capacity 11
8        PriorityQueue<Double> queue = new PriorityQueue<>();
9
10       // insert elements to queue
11       queue.offer(3.2);
12       queue.offer(9.8);
13       queue.offer(5.4);
14
15       System.out.print("Polling from queue: ");
16
17       // display elements in queue
18       while (queue.size() > 0) {
19          System.out.printf("%.1f ", queue.peek()); // view top element
20          queue.poll(); // remove top element
21       }
22    }
23 }
```

```
Polling from queue: 3.2 5.4 9.8
```

图 16.14 PriorityQueue 类的测试程序

16.9 Set

Set 就是一种不包含重复值的元素集合。集合框架中包含了几个 Set 实现，包括 HashSet 和 TreeSet。HashSet 将它的元素(无序)保存在哈希表中，而 TreeSet 将它的元素(有序)保存在树中。16.10 节中将讨论哈希表；21.7 节中将讲解树。图 16.15 中的程序使用 HashSet 删除 List 中重复的字符串。前面说过，List 和 Collection 都是泛型类型，因此第 14 行创建了一个包含 Sting 对象的 List，第 18 行将一个集合传递给 printNonDuplicates 方法(第 22 ~ 33 行)，它的实参为一个 Collection 对象。第 24 行用 Collection<String>实参构建了一个 HashSet<String>。根据定义，Set 不包含任何重复值，因此当构建 HashSet 时，它会删除 Collection 中的任何重复值。第 28 ~ 30 行输出 Set 中的元素。

```
1  // Fig. 16.15: SetTest.java
2  // HashSet used to remove duplicate values from array of strings.
3  import java.util.List;
4  import java.util.Arrays;
5  import java.util.HashSet;
6  import java.util.Set;
7  import java.util.Collection;
8
9  public class SetTest {
10    public static void main(String[] args) {
11       // create and display a List<String>
12       String[] colors = {"red", "white", "blue", "green", "gray",
13          "orange", "tan", "white", "cyan", "peach", "gray", "orange"};
14       List<String> list = Arrays.asList(colors);
15       System.out.printf("List: %s%n", list);
16
17       // eliminate duplicates then print the unique values
18       printNonDuplicates(list);
19    }
20
21    // create a Set from a Collection to eliminate duplicates
22    private static void printNonDuplicates(Collection<String> values) {
23       // create a HashSet
24       Set<String> set = new HashSet<>(values);
25
26       System.out.printf("%nNonduplicates are: ");
27
28       for (String value : set) {
29          System.out.printf("%s ", value);
30       }
31
32       System.out.println();
33    }
34 }
```

```
List: [red, white, blue, green, gray, orange, tan, white, cyan, peach, gray,
orange]

Nonduplicates are: tan green peach cyan red orange gray white blue
```

图 16.15 用来从字符串数组中删除重复值的 HashSet

排序 Set

集合框架还包含(扩展 Set 的)SortedSet 接口，用于以有序的方式维护 Set 元素，元素可以是自然顺序(如数字以升序排序)，也可以是由 Comparator 指定的顺序。TreeSet 类实现了 SortedSet 接口。图 16.16 中的程序将一些字符串放入 TreeSet 中。将字符串添加到 TreeSet 后，它们就是有序的了。这个示例还演示了几个“范围视图”方法的用法，它们使程序能够查看集合的某一部分。

```
1  // Fig. 16.16: SortedSetTest.java
2  // Using SortedSets and TreeSets.
3  import java.util.Arrays;
4  import java.util.SortedSet;
5  import java.util.TreeSet;
6
7  public class SortedSetTest {
8     public static void main(String[] args) {
9        // create TreeSet from array colors
10       String[] colors = {"yellow", "green", "black", "tan", "grey",
11          "white", "orange", "red", "green"};
12       SortedSet<String> tree = new TreeSet<>(Arrays.asList(colors));
13
14       System.out.print("sorted set: ");
15       printSet(tree);
16
17       // get headSet based on "orange"
18       System.out.print("headSet (\"orange\"):  ");
19       printSet(tree.headSet("orange"));
20
```

图 16.16 使用 SortedSet 和 TreeSet

```
21         // get tailSet based upon "orange"
22         System.out.print("tailSet (\"orange\"):  ");
23         printSet(tree.tailSet("orange"));
24
25         // get first and last elements
26         System.out.printf("first: %s%n", tree.first());
27         System.out.printf("last : %s%n", tree.last());
28      }
29
30      // output SortedSet using enhanced for statement
31      private static void printSet(SortedSet<String> set) {
32         for (String s : set) {
33            System.out.printf("%s ", s);
34         }
35
36         System.out.println();
37      }
38   }
```

```
sorted set: black green grey orange red tan white yellow
headSet ("orange"):  black green grey
tailSet ("orange"):  orange red tan white yellow
first: black
last : yellow
```

图 16.16(续) 使用 SortedSet 和 TreeSet

第 12 行创建了一个 TreeSet<String>，它包含数组 colors 中的元素，然后将这个新的 TreeSet<String>赋予 SortedSet<String>变量 tree。第 15 行利用 printSet 方法(第 31 ~ 37 行)输出原始字符串集合，稍后将讨论这个方法。第 19 行调用 TreeSet 方法 headSet，获得元素小于"orange"的 TreeSet 子集。这个视图是从 headSet 方法返回的，然后用 printSet 方法输出。如果对子集进行了任何改变，则它也会影响到原始的 TreeSet，因为 headSet 返回的子集是 TreeSet 的一个视图。

第 23 行调用 TreeSet 方法 tailSet，获得元素大于或者等于"orange"的 TreeSet 子集，然后输出结果。通过 tailSet 视图进行的任何改变，都会影响到原始的 TreeSet。第 26 ~ 27 行调用 SortedSet 方法 first 和 last，分别获得集合中的最小元素和最大元素。

printSet 方法(第 31 ~ 37 行)将 SortedSet 作为实参接收并输出它。第 32 ~ 34 行利用增强型 for 语句，输出 SortedSet 的所有元素。

16.10 Map

Map 将键与值相关联。Map 中的键必须是唯一的，但与它相关联的值不必如此。如果 Map 同时包含唯一的键和唯一的值，则称它为一对一映射。如果只有键是唯一的，则称 Map 实现了多对一映射——可以将多个键映射到一个值。

Map 不同于 Set，Map 包含键和值，而 Set 只包含值。实现了 Map 接口的两个类，分别为 HashMap 和 TreeMap。HashMap 将元素保存在哈希表中，而 TreeMap 将元素保存在树中。这一节将讨论哈希表，并提供一个使用 HashMap 保存键/值对的例子。SortedMap 接口扩展了 Map，将它的键维护成有序的——顺序可以是元素的自然顺序，也可以是由 Comparator 指定的顺序。TreeMap 类实现了 SortedMap。

使用哈希表的 Map 实现

程序创建对象时，需要高效率地保存和获取这些对象。如果数组中数据的某些方面直接匹配数字型键值，并且这些键值唯一而紧凑，则对数组排序和从数组检索信息时，可以实现高效率。如果 100 名员工的社会保险号为 9 位数字，要用社会保险号作为键保存并取得员工数据，则通常需要有一个包含 8 亿个元素的数组，因为根据美国社会安全管理局的 Web 站点，9 位数的社会保险号必须以 001 ~ 899 开头(不包括 666)。

http://www.socialsecurity.gov/employer/randomization.html

让所有的程序都将社会保险号用作键，这是不切实际的。一个拥有足够大的数组的程序，只需简单地将社会保险号用作数组索引，就能够高效率地保存和取得员工记录。

许多程序都存在这样的问题，或者键的类型不正确(如不是对应于数组下标的正整数)，或者虽然类型正确，但在大范围上稀疏分布。我们需要的是将社会保险号和库存零件号之类的键，转换成唯一数组索引的高速模式。这样，程序需要保存某个信息时，这种模式就可以快速地将程序的键转换成索引，而记录就可以存放在数组中这个位置。获取信息时，也可以按同样的方式解决：只要程序具有它希望获得的数据记录对应的键，就只需对键进行转换，即可得到保存数据的位置的数组索引，从而可以获得该数据。

此处描述的模式就是一个被称为“哈希”(hashing)技术的基础。这个名称是怎么得来的呢？当将键转换成数组索引时，我们故意将位打乱，使数字变得“分散”。实际上，这个数字只用于保存和取得这个特定的数据记录，此外并无任何实际的意义。

这个模式可能发生冲突(即两个不同的键被“哈希”成同一个数组中的单元格或者元素)。由于不能将两个不同的值存放在同一空间中，因此需要对第一次进行哈希时，不位于特定数组索引范围内的所有记录寻找另一个存储地址。有许多模式可以做这项工作。一种模式是“再哈希”(即对键重新采用哈希变换，得到另一个候选的数组单元格)。哈希过程被设计成在整个表中都分布着值，因此可以假设只需进行几次哈希运算，即可找到可用的单元格。

另一种模式是用一个哈希运算来定位第一个候选单元格。如果这个单元格已被占用，则按顺序搜索后续单元格，直到找到可用单元格为止。获取信息时，也可以按同样的方式解决：键被哈希一次，以确定原始位置并检查它是否包含所期望的数据。如果是，则搜索完成。否则，继续线性地搜索后续单元格，直到找到所要的数据。

解决哈希表冲突最常用的办法，是让表中的每个单元格都作为一个“哈希桶”，通常就是被哈希到这个单元格的所有键/值对的链表。这就是 Java 的 HashMap 类(位于 java.util 包中)采用的解决办法。HashMap 实现了 Map 接口。

哈希表的负载因子(load factor)会影响哈希模式的性能。负载因子是哈希表中占用的单元格个数与哈希表中单元格总数的比值。这个比值越接近于 1.0，发生冲突的可能性就越大。

性能提示 16.1

哈希表的负载因子是需要在内存空间与执行时间之间进行权衡的经典例子：通过提高负载因子，可以得到更好的内存利用率。但是，由于增加了哈希冲突，因此程序的运行会减慢。通过降低负载因子，可以得到更好的程序运行速度，因为减少了哈希冲突。但这会降低内存利用率，因为哈希表的大部分是空的。

计算机科学专业的学生会在数据结构和算法课程中学到哈希模式。利用 HashMap 类，不必实现哈希表，即可使用哈希技术，这是一个典型的复用例子。学习面向对象编程时，“复用”的思想意义重大。前面几章中说过，类封装并隐藏了复杂性(即实现的细节)，并提供了用户友好的界面。正确地实现这样的类，是面向对象编程领域中最有价值的技巧之一。图 16.17 中的程序用 HashMap 计算每个单词在字符串中出现的次数。

第 12 行用默认初始容量(16 个元素)和默认负载因子(0.75)创建了一个空 HashMap，这些默认值内置在 HashMap 的实现中。当 HashMap 中占据的位置个数多于容量与负载因子的乘积时，就会自动使容量加倍。HashMap 是一个泛型类，它带有两个类型实参，第一个指定键的类型(String)，第二个指定值的类型(Integer)。前面说过，传递给泛型类的类型实参必须是引用类型，因此第二个类型实参是 Integer，而不是 int。

```
1  // Fig. 16.17: WordTypeCount.java
2  // Program counts the number of occurrences of each word in a String.
3  import java.util.Map;
4  import java.util.HashMap;
5  import java.util.Set;
6  import java.util.TreeSet;
7  import java.util.Scanner;
```

图 16.17　计算每个单词在字符串中的出现次数的程序

```
 8
 9 public class WordTypeCount {
10    public static void main(String[] args) {
11       // create HashMap to store String keys and Integer values
12       Map<String, Integer> myMap = new HashMap<>();
13
14       createMap(myMap); // create map based on user input
15       displayMap(myMap); // display map content
16    }
17
18    // create map from user input
19    private static void createMap(Map<String, Integer> map) {
20       Scanner scanner = new Scanner(System.in); // create scanner
21       System.out.println("Enter a string:"); // prompt for user input
22       String input = scanner.nextLine();
23
24       // tokenize the input
25       String[] tokens = input.split(" ");
26
27       // processing input text
28       for (String token : tokens) {
29          String word = token.toLowerCase(); // get lowercase word
30
31          // if the map contains the word
32          if (map.containsKey(word)) { // is word in map?
33             int count = map.get(word); // get current count
34             map.put(word, count + 1); // increment count
35          }
36          else {
37             map.put(word, 1); // add new word with a count of 1 to map
38          }
39       }
40    }
41
42    // display map content
43    private static void displayMap(Map<String, Integer> map) {
44       Set<String> keys = map.keySet(); // get keys
45
46       // sort keys
47       TreeSet<String> sortedKeys = new TreeSet<>(keys);
48
49       System.out.printf("%nMap contains:%nKey\t\tValue%n");
50
51       // generate output for each key in map
52       for (String key : sortedKeys) {
53          System.out.printf("%-10s%10s%n", key, map.get(key));
54       }
55
56       System.out.printf(
57          "%nsize: %d%nisEmpty: %b%n", map.size(), map.isEmpty());
58    }
59 }
```

```
Enter a string:
this is a sample sentence with several words this is another sample
sentence with several different words

Map contains:
Key             Value
a                   1
another             1
different           1
is                  2
sample              2
sentence            2
several             2
this                2
with                2
words               2

size: 10
isEmpty: false
```

图 16.17(续) 计算每个单词在字符串中的出现次数的程序

第 14 行调用 createMap 方法(第 19 ~ 40 行)，它使用一个 Map 对象来计算每个单词在句子中的出现次数。第 22 行获得用户的输入，第 25 行将它进行标记化。第 28 ~ 39 行将每一个标记转换成小写字母(第 29 行)，然后调用 Map 方法 containsKey(第 32 行)，判断这个单词是否位于映射中(从而也会出现在前面的字符串中)。如果 Map 不包含这个单词，则第 37 行使用 Map 方法 put，创建一个新项，它的键为这个单词，而值是一个包含 1 的 Integer 对象。当程序将整数 1 传递给 put 方法时，会发生自动装箱，因为映射将单词的出现次数保存成 Integer 类型。如果单词已经存在于映射中，则第 33 行使用 Map 方法 get，获得映射中与键相关联的值(count)。第 34 行递增这个值，并使用 put 方法来替换映射中与键相关联的值。put 方法返回与键相关联的以前的值。如果键不在映射中，则返回 null。

错误预防提示 16.1

在 Map 中应总是使用不可变的键。键决定了所对应的值的存放位置。如果在插入操作之后，键发生了变化，则在以后试图取得该键所对应的值时，则可能找不到。本章的几个示例中，键为 String 类型，而 String 是不可变的。

displayMap 方法(第 43 ~ 58 行)显示映射中所有的项。它使用 HashMap 方法 keySet(第 44 行)获得键的集合。映射中键的类型为 String，因此 keySet 方法返回一个泛型类型 Set，其类型参数被指定成 String。第 47 行创建了这些键的一个 TreeSet，其中的键是排序的。第 52 ~ 54 行访问映射中的每一个键和它的值。第 53 行用格式指定符%-10s 左对齐显示每一个键，用格式指定符%10s 右对齐显示每一个值。键是按升序显示的。第 57 行调用 Map 方法 size 获得 Map 中键/值对的数量；调用 Map 方法 isEmpty 返回的布尔值表示该 Map 是否为空。

16.11　同步集合

第 23 章中将探讨多线程。集合框架中的集合，默认情况下都是不同步的。因此，当不要求多线程时，它们能进行高效率的操作。但是，正是由于它们是不同步的，因此由多个线程对 Collection 进行的并发访问，可能会导致不确定的结果或者致命错误——第 23 章中将看到这种情况。为了防止潜在的线程问题，对可能由多个线程访问的集合使用了同步包装器。包装器对象会接收方法调用、添加线程同步(以防止对集合的并发访问)，并代理对被包装的集合对象的调用。Collections 类提供的几个静态方法，用于将集合包装成同步版本。用于同步包装器方法的首部，在图 16.18 中列出。有关这些方法的细节，请参见：http://docs.oracle.com/javase/8/docs/api/java/util/Collections.html。所有方法的参数都为一个集合，且返回该集合的同步化视图。例如，下列代码会创建一个保存 String 对象的同步 List(list2)。

```
List<String> list1 = new ArrayList<>();
List<String> list2 = Collections.synchronizedList(list1);
```

第 23 章中，还探讨了一些来自 java.util.concurrent 包的类，这个包为并发访问提供了更为强大的集合。

公共静态方法的首部
<T> Collection<T> synchronizedCollection(Collection<T> c)
<T> List<T> synchronizedList(List<T> aList)
<T> Set<T> synchronizedSet(Set<T> s)
<T> SortedSet<T> synchronizedSortedSet(SortedSet<T> s)
<K, V> Map<K, V> synchronizedMap(Map<K, V> m)
<K, V> SortedMap<K, V> synchronizedSortedMap(SortedMap<K, V> m)

图 16.18　一些同步包装器方法

16.12　不可修改集合

Collections 类提供的一套静态方法，用于对集合创建不可修改包装器。如果试图修改集合，则不可修改包装器会抛出 UnsupportedOperationException 异常。在不可修改集合中，保存在集合中的引用是不可修改的，但所引用的对象是可修改的，除非该对象属于某个不可变类，例如 String。图 16.19 中列出了这些方法的首部。关于这些方法的细节，可访问：http://docs.oracle.com/javase/8/docs/api/java/util/Collections.html。所有这些方法的参数都是一个泛型类型，并返回该泛型类型的一个不可修改视图。例如，下列代码会创建一个保存 String 对象的不可修改 List(list2)。

```
List<String> list1 = new ArrayList<>();
List<String> list2 = Collections.unmodifiableList(list1);
```

软件工程结论 16.5

利用不可修改包装器，可以创建只允许其他人进行只读访问，而自己可进行读写访问的集合。实现这种集合，只需向其他人提供不可修改包装器，而对自己保留原始集合的引用。

公共静态方法的首部
<T> Collection<T> unmodifiableCollection(Collection<T> c)
<T> List<T> unmodifiableList(List<T> aList)
<T> Set<T> unmodifiableSet(Set<T> s)
<T> SortedSet<T> unmodifiableSortedSet(SortedSet<T> s)
<K, V> Map<K, V> unmodifiableMap(Map<K, V> m)
<K, V> SortedMap<K, V> unmodifiableSortedMap(SortedMap<K, V> m)

图 16.19 一些不可修改包装器方法

16.13 抽象实现

集合框架提供 Collection 接口的各种抽象实现，使程序员能够快速“调制出”完整的定制化实现。这些抽象实现包括一个名称为 AbstractCollection 的 Collection“瘦”实现，一个名称为 AbstractList 的允许(像数组一样)访问它的元素的 List 实现，一个名称为 AbstractMap 的 Map 实现，一个名称为 AbstractSequentialList 的允许顺序访问它的元素的 List 实现，一个名称为 AbstractSet 的 Set 实现，以及一个名称为 AbstractQueue 的 Queue 实现。关于这些类的更多信息，请参见：http:// docs.oracle.com /javase/8 /docs/api/java/util/package-summary.html。为了编写定制化的实现，可以扩展最能满足需求的那个抽象实现，实现这个类的所有抽象方法，并在必要时可重写它的具体方法。

16.14 Java SE 9：用于不可变集合的便利工厂方法①

Java SE 9 在 List、Set 和 Map 中新增加了几个静态便利工厂方法，用于创建小型不可变集合——创建之后，就无法修改它们(JEP 269)。10.12 节中讲解过工厂方法——单词“工厂”表示这些方法能够创建对象。可以方便地使用它们，因为只需将一些元素作为实参传递给某个便利工厂方法即可。方法会创建一个集合，并会将这些元素添加到集合中。

16.12 节中讨论过的不可修改包装器，它所返回的集合会创建一个可变集合的不可变视图——对原始可变集合的引用依然可以用来修改集合。但是，便利工厂方法返回的定制化集合对象就是不可变的，且已经被优化成用于保存小型集合。第 17 章和第 23 章中，将讲解如何对不可变实体采用 lambda 与流，以创建“并行的”代码，使它们能够在当今的多核系统下更高效地运行。图 16.20 中的程序演示了这些便利工厂方法用于一个 List、一个 Set 及两个 Map 的用法。

① 如果本节中有关 Java SE 9 的内容发生了变化，会将这些更新发布在本书配套网站上：http://www.deitel.com/books/jhtp11。下面的示例要求有 JDK 9 才能执行。

常见编程错误 16.3

如果某个方法试图修改由 List、Set 或 Map 便利工厂方法返回的集合，则会导致 Unsupported-OperationException 异常。

软件工程结论 16.6

在 Java 中，集合元素总是为对象的引用。由不可变集合引用的对象也可以是可变的。

```
1  // Fig. 16.20: FactoryMethods.java
2  // Java SE 9 collection factory methods.
3  import java.util.List;
4  import java.util.Map;
5  import java.util.Set;
6
7  public class FactoryMethods {
8     public static void main(String[] args) {
9        // create a List
10       List<String> colorList = List.of("red", "orange", "yellow",
11          "green", "blue", "indigo", "violet");
12       System.out.printf("colorList: %s%n%n", colorList);
13
14       // create a Set
15       Set<String> colorSet = Set.of("red", "orange", "yellow",
16          "green", "blue", "indigo", "violet");
17       System.out.printf("colorSet: %s%n%n", colorSet);
18
19       // create a Map using method "of"
20       Map<String, Integer> dayMap = Map.of("Monday", 1, "Tuesday", 2,
21          "Wednesday", 3, "Thursday", 4, "Friday", 5, "Saturday", 6,
22          "Sunday", 7);
23       System.out.printf("dayMap: %s%n%n", dayMap);
24
25       // create a Map using method "ofEntries" for more than 10 pairs
26       Map<String, Integer> daysPerMonthMap = Map.ofEntries(
27          Map.entry("January", 31),
28          Map.entry("February", 28),
29          Map.entry("March", 31),
30          Map.entry("April", 30),
31          Map.entry("May", 31),
32          Map.entry("June", 30),
33          Map.entry("July", 31),
34          Map.entry("August", 31),
35          Map.entry("September", 30),
36          Map.entry("October", 31),
37          Map.entry("November", 30),
38          Map.entry("December", 31)
39       );
40       System.out.printf("monthMap: %s%n", daysPerMonthMap);
41    }
42 }
```

```
colorList: [red, orange, yellow, green, blue, indigo, violet]

colorSet: [yellow, green, red, blue, violet, indigo, orange]

dayMap: {Tuesday=2, Wednesday=3, Friday=5, Thursday=4, Saturday=6, Monday=1,
Sunday=7}

monthMap: {April=30, February=28, September=30, July=31, October=31,
November=30, December=31, March=31, January=31, June=30, May=31, August=31}
```

```
colorList: [red, orange, yellow, green, blue, indigo, violet]

colorSet: [violet, yellow, orange, green, blue, red, indigo]

dayMap: {Saturday=6, Tuesday=2, Wednesday=3, Sunday=7, Monday=1, Thursday=4,
Friday=5}

monthMap: {February=28, August=31, July=31, November=30, April=30, May=31,
December=31, September=30, January=31, March=31, June=30, October=31}
```

图 16.20　Java SE 9 中用于集合的工厂方法

List 接口的便利工厂方法 of

第 10 ~ 11 行利用 List 便利工厂方法 of，创建了一个不可变 List<String>。of 方法可以对 0 ~ 10 个元素的 List 重载，另一个重载版本可以接收任意数量的元素。第 12 行显示这个 List 内容的 String 表示——它会自动迭代遍历 List 的元素，以创建这个 String 表示。此外，所返回的 List 元素的顺序一定会与 of 方法的实参顺序相同。

性能提示 16.2

由便利工厂方法返回的集合，最多可对 10 个元素(List 和 Set)或者 10 个键/值对(Map)进行优化。

软件工程结论 16.7

之所以只对 0 ~ 10 个元素的 of 方法进行重载，是因为研究表明，它们已经涵盖了绝大多数不可变集合的情形。

性能提示 16.3

重载 0 ~ 10 个元素的 of 方法，就避免了处理变长实参表所带来的额外开销。这会提高那些创建小型、不可变集合的程序的性能。

常见编程错误 16.4

由便利工厂方法返回的集合不允许包含空值——如果有实参为空，则会抛出 NullPointerException 异常。

Set 接口的便利工厂方法 of

第 15 ~ 16 行利用 Set 便利工厂方法 of，创建了一个不可变 Set<String>。和 List 的 of 方法一样，Set 的 of 方法也有针对 0 ~ 10 个 Set 元素的重载版本，以及一个针对任何元素个数的重载版本。第 17 行显示了 Set 内容的 String 表示。注意，这个程序给出了两个样本输出，两个输出中的 Set 元素顺序是不同的。根据 Set 接口的文档说明，由便利工厂方法返回的 Set，其迭代顺序是不确定的——正如输出所示，它的顺序可以变化。

常见编程错误 16.5

如果 Set 方法 of 的实参包含重复值，则会抛出 IllegalArgumentException 异常。

Map 接口的便利工厂方法 of

第 20 ~ 22 行利用 Map 便利工厂方法 of，创建了一个不可变 Map<String, Integer>。和 List、Set 一样，Map 的 of 方法针对 0 ~ 10 个键/值对进行了重载。每一对实参(如第 20 行中的"Monday"和 1)表示一个键/值对。对于超过 10 个键/值对的 Map，Map 接口提供了一个 ofEntries 方法(后面将探讨)。第 23 行显示了 Map 内容的 String 表示。根据 Map 接口的文档说明，由便利工厂方法返回的 Map 键，其迭代顺序是不确定的——正如输出所示，它的顺序可以变化。

常见编程错误 16.6

如果存在重复的键，则 Map 的 of 和 ofEntries 方法都会抛出 IllegalArgumentException 异常。

Map 接口的便利工厂方法 ofEntries

第 26 ~ 39 行利用 Map 便利工厂方法 ofEntries，创建了一个不可变 Map<String, Integer>。这个方法的每一个实参，都是调用 Map 静态方法 entry 的结果，这个方法会创建并返回一个 Map.Entry 对象，表示一个键/值对。第 40 行显示了 Map 内容的 String 表示。这些输出再一次确认了多次执行程序时，对 Map 键的迭代顺序可以发生变化。

16.15 小结

本章介绍了 Java 的集合框架。分析了集合层次，探讨了如何在程序中利用集合框架接口来多态地使用集合。我们使用了 ArrayList 类和 LinkedList 类，它们都实现了 List 接口，并且给出了用于操作队列的 Java 内置接口和类。本章利用了几个预定义的方法来操作集合，讲解了如何使用 Set 接口和 HashSet 类来操作具有唯一值的无序集合。然后，本章讲解的是用于操作具有唯一值的有序集合的 SortedSet 接口和 TreeSet 类。接下来给出的是用于操作键/值对的 Java 中的接口和类——Map、SortedMap、HashMap 和 TreeMap。最后探讨的是 Collections 类中用于获得集合中不可修改视图和同步视图的几个静态方法。还给出了 Java SE 9 中用于创建不可变的 List、Set 和 Map 的便利工厂方法。更多信息可参见 http://docs.oracle.com/ javase/8/docs/technotes/guides/collections。

第 17 章中将利用 Java SE 8 的函数式编程能力来简化集合的操作。第 23 章中将讲解如何利用 Java 的并发集合和并行流操作，提高在多核系统上的性能。

总结

16.1 节 简介

- Java 集合框架提供了预置的数据结构和方法。

16.2 节 集合概述

- 集合是一种能够保存其他对象引用的对象。
- 集合框架中的类和接口位于 java.util 包中。
- Set 和 List 接口扩展了 Collection，它包含用于添加、删除及比较集合对象的操作。

16.3 节 类型包装器类

- 利用类型包装器类(如 Integer、Double、Boolean)，使程序员能够将基本类型值当作对象操作。这些类的对象可以用于集合中。

16.4 节 自动装箱和自动拆箱

- 利用装箱，能够将基本类型值转换成对应的类型包装器类的一个对象。利用拆箱，能够将类型包装器对象转换成对应的基本类型值。
- Java 会自动执行装箱转换和拆箱转换。

16.5 节 Collection 接口和 Collections 类

- Collection 方法 iterator 可以获得集合的 Iterator 对象。
- Collections 类提供几个用于操作集合的静态方法。

16.6 节 List

- List 接口由 ArrayList 类和 LinkedList 类实现。ArrayList 是一种可调整大小的数组实现。LinkedList 是 List 的链表实现。
- 对于声明并创建泛型类型变量和对象的语句，Java 支持使用具有<>符号的类型引用。
- Iterator 方法 hasNext 判断 Collection 是否包含更多的元素。next 方法返回 Collection 中下一个对象的引用，并会前进到下一个 Iterator 对象。
- List 是一个有序元素的 Collection，它可以包含重复值。
- subList 方法返回 List 的视图。对这个视图所做的改变，也会使 List 发生变化。
- clear 方法会删除 List 中的元素。
- toArray 方法将集合的内容作为数组返回。

16.7 节 Collections 方法

- sort、binarySearch、reverse、shuffle、fill、copy 方法都对 List 进行操作。min 和 max 方法对 Collections 进行操作。
- addAll 方法将数组中的全部元素追加到集合中；frequency 方法计算集合中有多少个元素与指定

的元素相等；disjoint 方法判断两个集合是否存在相同的元素。min 方法和 max 方法分别找出集合中的最小项和最大项。

- Comparator 接口提供一种按不同于自然顺序来排序 Collection 元素的方式。
- Collections 方法 reverseOrder 返回一个 Comparator 对象，它可以用于 sort 方法，以逆序排序集合的元素。
- shuffle 方法会随机排序 List 元素。
- binarySearch 方法可找到有序 List 中的某个键。

16.8 节　PriorityQueue 类和 Queue 接口

- Queue 接口扩展了 Collection 接口为队列的插入、删除和检查元素提供了额外的操作。
- PriorityQueue 实现了 Queue 接口，它可以按照自然顺序排序元素，也可以按照通过构造方法提供的 Comparator 对象排序元素。
- PriorityQueue 方法 offer 根据优先级顺序在适当位置插入一个元素。poll 方法删除优先队列中具有最高优先级的元素。peek 方法获得优先队列中具有最高优先级的元素引用。clear 方法删除优先级队列中的全部元素。size 方法获得优先级队列中的元素个数。

16.9 节　Set

- Set 就是一种不包含重复元素的无序 Collection。HashSet 将元素保存在哈希表中。TreeSet 将元素保存在树中。
- SortedSet 接口扩展了 Set 用于以有序的方式维护 Set 元素。TreeSet 类实现了 SortedSet 接口。
- TreeSet 方法 headSet 获得的 TreeSet 视图中所包含的元素，是小于指定元素的那些元素。TreeSet 方法 tailSet 获得的 TreeSet 视图中所包含的元素，是大于或者等于指定元素的那些元素。对这些视图进行的任何改变，都会影响到原始的 TreeSet。

16.10 节　Map

- Map 包含键/值对且不能包含重复的键。HashMap 将元素保存在哈希表中，TreeMap 将元素保存在树中。
- HashMap 具有两个类型实参——键的类型和值的类型。
- HashMap 方法 put 将一个键/值对添加到 HashMap 中。get 方法可以找出与指定的键相关联的值。isEmpty 方法判断 Map 是否为空。
- HashMap 方法 keySet 返回键的集合。Map 方法 size 返回 Map 中键/值对的数量。
- SortedMap 接口扩展了 Map，用于以有序的方式维护 Map 中的键。TreeMap 类实现了 SortedMap。

16.11 节　同步集合

- 集合框架中的集合是不同步的。用于集合的同步包装器可以使集合被多个线程同时访问。

16.12 节　不可修改集合

- 如果试图修改集合，则不可修改集合包装器会抛出异常。

16.13 节　抽象实现

- 集合框架提供 Collection 接口的各种抽象实现，使程序员能够快速“调制出”完整的定制实现。

16.14 节　Java SE 9：用于不可变集合的便利工厂方法

- Java SE 9 在 List、Set 和 Map 中新增加了几个静态便利工厂方法，用于创建小型不可变集合——创建之后，就无法修改它们。
- 便利工厂方法返回的定制化集合对象就是不可变的，并且已经被优化成用于保存小型集合。
- List 便利工厂方法 of 可以创建一个不可变 List。
- List 方法 of 可以对 0 ~ 10 个元素的 List 重载，另一个重载版本可以接收任意数量的元素。所返回的 List 元素的顺序，一定会与 of 方法的实参顺序相同。

- Set 便利工厂方法 of，可以创建一个不可变 Set。
- Set 方法 of，可以对 0 ~ 10 个元素的 Set 重载，另一个重载版本可以接收任意数量的元素。
- 由便利工厂方法返回的 Set，其迭代顺序是不确定的。
- Map 便利工厂方法 of，可以创建一个不可变 Map。
- Map 方法 of，针对 0 ~ 10 个键/值对进行了重载。每一对实参代表一个键/值对。
- 由便利工厂方法返回的 Map，其键的迭代顺序是不确定的。
- 对于超过 10 个键/值对的 Map，便利工厂方法 ofEntries 可以创建一个不可变 Map。这个方法的每一个实参都是调用 Map 静态方法 entry 的结果，这个方法会创建并返回一个 Map.Entry 对象表示一个键/值对。

自测题

16.1 填空题。

a) ________用于迭代集合，但迭代期间可以删除集合中的元素。

b) List 中的元素可以通过元素的________访问。

c) 如果 myArray 包含一些 Double 对象的引用，则当执行语句“myArray[0] = 1.25;”时，会发生________。

d) ________类提供与数组类似的数据结构功能，但它能动态地调整大小。

e) 利用________可以创建只允许其他人只读访问，而自己可进行读写访问的集合。

f) 如果 myArray 包含 Double 对象的引用，则当执行语句“double number = myArray[0];”时，会发生________。

g) Collections 算法________判断两个集合是否存在相同的元素。

16.2 判断下列语句是否正确。如果不正确，请说明理由。

a) 基本类型的值可以直接保存在集合中。

b) Set 中可以包含重复值。

c) Map 中可以包含重复的键。

d) LinkedList 中可以包含重复值。

e) Collections 是一个接口。

f) 迭代器可以删除元素。

g) 在哈希法中，当负载因子升高时，发生冲突的可能性会降低。

h) PriorityQueue 中允许存在空元素。

自测题答案

16.1 a) Iterator。b) 索引。c) 自动装箱。d) ArrayList。e) 不可修改包装器。f) 自动拆箱。g) disjoint。

16.2 a) ~ h) 的答案如下。

a) 错误。当将一个基本类型值添加到集合中时，会发生自动装箱，这表明基本类型会被转换成对应的类型包装器类。

b) 错误。Set 中不可以包含重复值。

c) 错误。Map 中不可以包含重复的键。

d) 正确。

e) 错误。Collections 是一个类，Collection 是一个接口。

f) 正确。

g) 错误。随着负载因子升高，哈希表中能够存储对象的单元格会减少，因此发生冲突的可能性会增加。

h) 错误。试图插入一个空元素，会导致 NullPointerException 异常。

练习题

16.3 给出如下术语的定义。

a) `Collection`

b) `Collections`

c) `Comparator`

d) `List`

e) 负载因子

f) 冲突

g) 哈希法中的空间/时间权衡

h) `HashMap`

16.4 解释为什么当 ArrayList 对象的当前尺寸小于容量时，插入元素的操作相对较快，而当 ArrayList 对象的当前尺寸等于容量时，插入元素的操作相对较慢。

16.5 简要回答下列问题。

a) Set 和 Map 的主要区别是什么?

b) 将一个基本类型值(如 double)添加到集合中时，会发生什么情况?

c) 不使用 Iterator，能输出集合中的全部元素吗? 如果可以，该如何做?

16.6 简要解释如下与 Iterator 相关的方法的作用。

a) `iterator`

b) `hasNext`

c) `next`

16.7 简要解释如下 HashMap 类中每个方法的作用。

a) `put`

b) `get`

c) `isEmpty`

d) `containsKey`

e) `keySet`

16.8 判断下列语句是否正确。如果不正确，请说明理由。

a) 在执行 binarySearch 操作之前，集合中的元素必须按升序排序。

b) first 方法可获得 TreeSet 中的第一个元素。

c) 用 Arrays 方法 asList 创建的 List，其大小是可以伸缩的。

16.9 利用 asList 方法和带有一个 Collection 实参的 LinkedList 构造方法，重写图 16.3 第 10 ~ 25 行，使其更精简。

16.10 **(消除重复值)** 编写一个程序，读取一个名字序列，将它们保存在一个 Set 中，然后删除重复的名字。应允许用户搜索名字。

16.11 **(计算字母数)** 修改图 16.17 中的程序，使其计算每个字母的出现次数而不是每个单词的出现次数。例如，字符串“HELLO THERE”包含两个 H、三个 E、两个 L、一个 O、一个 T 和一个 R。显示得到的结果。

16.12 **(颜色选择器)** 利用 HashMap 来创建一个可复用的类，它从 Color 类中选择 13 种预定义的颜色。颜色的名称为键，而预定义的 Color 对象为值。在程序中使用这个新类，使用户能选择某种颜色并用它绘制某个形状。

16.13 **(计算重复的单词)** 编写一个程序，它确定并输出某个句子中重复的单词数。不区分字母的大小写。忽略标点符号。

16.14 **(按有序的方式将元素插入 LinkedList 中)** 编写一个程序，它将 0～100 的 25 个随机整数依次插入一个 LinkedList 对象中。程序应先排序这些元素，然后计算它们的和及浮点型平均值。

16.15 **(复制并颠倒 LinkedList)** 编写一个程序，它创建一个 10 字符的 LinkedList 对象，然后创建第二个 LinkedList 对象，复制第一个 LinkedList 中的元素，并以逆序将元素放入这个 LinkedList 中。

16.16 **(质数和质因子)** 编写一个程序，它从用户处获得一个整数输入，然后判断它是否为质数。如果不是，则显示该数的全部质因子。质数的因子是 1 和自身。不为质数的数，都具有唯一的因子分解形式。例如，54 的因子为 2、3、3、3，这些值相乘的结果是 54。因此对于 54，输出因子应为 2 和 3。需在程序中使用 Set。

16.17 **(用 TreeSet 排序单词)** 编写一个程序，用 String 方法 split 按单词拆分由用户输入的一行文本，然后将所有的单词放入一个 TreeSet 中。输出这个 TreeSet 中的元素。(注：这样做会使元素按升序顺序输出。)

16.18 **(更改 PriorityQueue 的排序顺序)** 图 16.14 的输出表明 PriorityQueue 是按升序输出这些 Double 元素的。重新编写这个程序，使其按降序输出(如 9.8 应为最高优先级的元素，而不是 3.2)。

第 17 章　lambda 与流

目标

本章将讲解

- 各种函数式编程技巧，以及它们如何与面向对象编程互为补充。
- 使用 lambda 与流来简化那些处理元素顺序的任务。
- 什么是流；流源、中间操作及终端操作如何形成流管道。
- 创建代表 int 值和随机 int 值范围的流。
- 使用 lambda 实现函数式接口。
- 执行 IntStreams 中间操作 filter、map、mapToObj 和 sorted，以及终端操作 forEach、count、min、max、sum、average 和 reduce。
- 执行 Streams 中间操作 distinct、filter、map、mapToDouble 和 sorted，以及终端操作 collect、forEach、findFirst 和 reduce。
- 处理无限流。
- 使用 lambda 实现事件处理器。

提纲

17.1　简介[①]

有关 Java 编程的思想，已经发生了深刻变革。在 Java SE 8 之前，Java 支持三种编程规范[②]——过程式编程、面向对象编程和泛型编程。Java SE 8 中增加了 lambda 与流——函数式编程中的重要技术。

本章将利用 lambda 与流来编写更快、更简单、更紧凑、错误更少的程序。第 23 章中，将看到这样的程序更容易被并行化(如可以同步执行多项操作)，从而可以利用多核体系来强化性能——这就是 lambda 与流的主要作用。

软件工程结论 17.1

第 23 章中将看到，如果几个并行的任务改变了程序的状态(即程序中变量的值)，则会很难使它们能够正确地执行。为此，本章中讲解的技术，关注的是不可变性——不修改所处理的数据源及程序状态。

这一章中将提供有关 lambda 与流的许多示例(见图 17.1)，首先给出的是如何用更好的方式完成第 5 章中程序的任务。前几个示例，涵盖的是前几章的内容。为此，有些术语要到本章的后面才会讨论。图 17.2 中给出的是后面几章中将用到的 lambda 与流。

节　号	涵盖章号
17.2 ~ 17.4 节，讲解基本的 lambda 与流功能，利用它们可以处理一定范围内的整数，并且不必使用计数器控制循环	第 5 章　控制语句(2)及逻辑运算符
17.6 节，讲解方法引用，并将它和 lambda 与流一起，用于处理一定范围内的整数	第 6 章　方法：深入探究
17.7 节，讲解处理一维数组的 lambda 与流功能	第 7 章　数组与 ArrayList
17.8 ~ 17.9 节，探讨主要的函数式接口及其他 lambda 概念，并将它们用于本章前面的几个示例中。10.10 节中讲解了 Java SE 8 的增强型接口特性(默认方法、静态方法，以及函数式接口的概念)，它们支持 Java 中的函数式编程技术	第 10 章　面向对象编程：多态和接口
17.16 节，讲解如何利用 lambda 实现 JavaFX 事件监听器函数式接口	第 12 章　JavaFX GUI(1)
17.11 节，展示如何利用 lambda 与流来处理 String 对象的集合	第 14 章　字符串、字符与正则表达式
17.13 节，讲解如何利用 lambda 与流来处理来自文件的文本行——这一节中的示例还使用了第 14 章中讲解的一些正则表达式功能	第 15 章　文件、输入/输出流、NIO 与 XML 序列化

图 17.1　本章中将探讨的 lambda 与流及它们的示例

① 我们很荣幸地邀请到 Brian Goetz 仔细审查了本书的上一版，他特别检查了这一章并给出了很多建议。这一版中根据他的意见进行了更新。任何不妥之处，都是我们自己的疏忽。Brian Goetz 是 Oracle 公司的一位 Java 语言体系架构师，也是 Java SE 8 中 lambda 项目的规范主管，图书 *Java Concurrency in Practice* 的作者之一。

② 本章中讲解的流与第 15 章中讲解的输入/输出流不同，后者是程序用来从文件读取的字节流，或者将字节流写入文件。17.13 节中将利用 lambda 和流来处理文件的内容。

内 容	章 号
利用 lambda 实现 Swing 事件监听器函数式接口	第 35 章 Swing GUI 组件(2)
函数式程序更易于并行化，从而能够利用多核体系来增强性能。演示并行流的处理过程。展示当排序大型数组时，与在单核体系结构下运行相比，Arrays 方法 parallelSort 在多核体系结构上能够提升性能	第 23 章 并发性
利用 lambda 实现 Swing 事件监听器函数式接口	第 26 章 Swing GUI 组件(1)
使用流处理数据库查询结果	第 29 章 Java 持久性 API(JPA)

图 17.2 后面将讲解的 lambda 与流内容

17.2 流和聚合

(本节将演示流如何能够简化第 5 章中讲解的那些程序的任务。)

在计数器控制循环中，通常需要确定希望完成的目标是什么，然后才能用一个 for 循环精确地指定如何实现这个目标。本节中，将首先分析这种方法，然后给出实现相同任务的一种更佳的途径。

17.2.1 使用 for 循环计算 1～10 的整数和

假设要完成的任务是计算 1 ~ 10 的整数和。第 5 章中曾讲解过，可以利用一个计数器控制循环来实现：

```
int total = 0;

for (int number = 1; number <= 10; number++) {
   total += number;
}
```

这个循环精确地指定了如何执行任务：利用一条 for 语句，处理 1 ~ 10 的控制变量 number 的每一个值，将 number 的当前值与 total 相加，并在每一次加法操作后递增 number。这被称为外部迭代(external iteration)，因为能够了解迭代的全部细节。

17.2.2 对于 for 循环使用外部迭代容易出错

思考一下上述代码存在的潜在问题。这个循环要求两个变量(total 和 number)。在每一次迭代过程中，它们的值都会改变。只要编写的代码涉及变量值的改动，都有可能导致错误发生。前述代码中存在几种出错的可能性。例如：

- 错误地初始化变量 total
- 错误地初始化 for 循环的控制变量 number
- 使用了不正确的循环继续条件
- 错误地递增了控制变量 number
- 错误地将 number 值与 total 相加

此外，随着任务复杂度的增加，理解代码的作用就变成了理解代码本身了。这会使得代码更难阅读、调试和修改，而且更容易包含错误。

17.2.3 使用流和聚合计算和值

现在用另一种途径来思考，我们需要确定“做什么”，而不是“如何做”。图 17.3 中，只指明了希望完成的是什么——对 1 ~ 10 的整数求和，然后让 Java 的 IntStream 类(位于 java.util.stream 包)去处理“如何做”的事情。这个程序的关键点，是第 9 ~ 10 行中的表达式：

```
IntStream.rangeClosed(1, 10)
         .sum()
```

可以将其理解成：对于 1 ~ 10 的 int 值流，计算它们的和。也可以将其简化成：计算 1 ~ 10 的和。注意，这里既没有使用计数器控制变量，也不存在一个保存和值的变量——这是因为 IntStream 中已经定义了 rangeClosed 和 sum。

```
1  // Fig. 17.3: StreamReduce.java
2  // Sum the integers from 1 through 10 with IntStream.
3  import java.util.stream.IntStream;
4
5  public class StreamReduce {
6     public static void main(String[] args) {
7        // sum the integers from 1 through 10
8        System.out.printf("Sum of 1 through 10 is: %d%n",
9           IntStream.rangeClosed(1, 10)
10                   .sum());
11    }
12 }
```

```
Sum of 1 through 10 is: 55
```

图 17.3 使用 IntStream 计算 1 ~ 10 的整数和

流与流管道

第 9 ~ 10 行中的链式方法调用创建了一个流管道(stream pipeline)。流(stream)是一个要对其执行任务的元素序列，而流管道会使流元素在任务序列(或者处理步骤)中移动。

良好的编程实践 17.1

使用链式方法调用时，应和图 17.3 第 9 ~ 10 行那样，将点号垂直对齐，以增强可读性。

指定数据源

流管道通常以一个创建流的方法调用开头——称之为数据源。第 9 行用方法调用：

```
IntStream.rangeClosed(1, 10)
```

指定了数据源，它会创建一个 IntStream 对象，表示一个有序的 int 值范围。

此处使用了一个静态方法 rangeClosed，创建一个 int 元素 1 ~ 10 的有序序列。该方法之所以被命名为 rangeClosed，是因为它得到的是值的闭域——方法的两个实参值(1 和 10)也包含在结果中。IntStream 还有一个 range 方法，它的结果中只包含第一个实参值，不包含第二个实参值。例如：

```
IntStream.range(1, 10)
```

得到的 IntStream 包含元素 1 ~ 9，不包含 10。

计算 IntStream 元素的和

接下来，第 10 行用如下的处理步骤完成了流管道的操作：

```
.sum()
```

它会调用 IntStream 的 sum 实例方法，返回流中所有 int 元素的和——这里为 1 ~ 10 的整数和。

由 sum 方法执行的处理步骤被称为聚合(reduction)——将包含全部值的流聚合成一个值(和值)。它是几个预定义的 IntStream 聚合操作之一。17.7 节中将给出其他的几个数学方法 count、min、max、average 和 summaryStatistics，以及一个用于自定义聚合操作的 reduce 方法。

处理流管道

终端操作(terminal operation)会发起流管道的处理过程，并会得到一个结果。IntStream 方法 sum 就是一个终端操作，它得到流元素的和。同样，聚合方法 count、min、max、average、summaryStatistics 和 reduce 均为终端操作。在本章的其他部分，还会看到另外的终端操作。17.3.3 节中将更详细地探讨终端操作。

17.2.4 内部迭代

上述示例中的关键之处，在于它指定了希望完成的任务“是什么”——计算 1 ~ 10 的整数和，而不是指定“如何完成它”。

这是声明式编程(declarative programming)的一个示例，而不是通常的命令式编程(imperative programming)。前者指定“任务是什么”，后者指定“如何完成任务”。这里将任务分解成了两个简单的部分——得到闭域中的数(1 ~ 10)和计算它们的和。在内部，IntStream(即数据源本身)已经知道如何执行这些任务。这样，就无须指定如何迭代遍历元素，也不必声明和使用任何会随时变化的变量。这被称为内部迭代(internal iteration)，因为 IntStream 会处理所有的迭代细节——函数式编程的重要理念。与 for 语句的外部迭代不同，图 17.3 第 9 行主要的潜在错误，是设置了不正确的起始或者终止实参值。只要习惯了这种内部迭代，就可以更容易地理解流管道代码。

软件工程结论 17.2

函数式编程技术可用来编写高级代码，因为许多细节是由 Java 流库来实现的。这样，代码就会变得很精简，从而能够提高生产率，并可快速原型化程序。

软件工程结论 17.3

函数式编程技术可以消除大量错误，例如差 1 错误(因为迭代细节已经被库隐藏了)，以及不正确地修改变量(因为程序员关注的是不可修改性，从而不会修改数据)。这样，就使编写正确的程序变得更容易了。

17.3 映射和 lambda

(本节将演示流如何能够简化第 5 章中讲解的那些程序的任务。)

上述示例中指定的流管道，只包含一个数据源和一个产生结果的终端操作。大多数流管道还会包含一些中间操作，它们指定的任务用于处理流元素，然后在终端操作得到结果。

这个示例中将采用一种常见的中间操作，被称为映射(mapping)，它会将流元素转换成一个新值。得到的结果是一个具有相同数量元素的流，元素值为转换后的结果。有时，映射后的元素类型会与原始流元素的类型不同。

为了演示映射是如何工作的，回顾一下图 5.5 中的程序，它利用外部迭代计算 2 ~ 20 的偶整数和，如下所示：

```
int total = 0;

for (int number = 2; number <= 20; number += 2) {
   total += number;
}
```

图 17.4 中的程序利用流和内部迭代，重新完成了这项任务。

```
1  // Fig. 17.4: StreamMapReduce.java
2  // Sum the even integers from 2 through 20 with IntStream.
3  import java.util.stream.IntStream;
4
5  public class StreamMapReduce {
6     public static void main(String[] args) {
7        // sum the even integers from 2 through 20
8        System.out.printf("Sum of the even ints from 2 through 20 is: %d%n",
9           IntStream.rangeClosed(1, 10)              // 1...10
10                .map((int x) -> {return x * 2;}) // multiply by 2
11                .sum());                          // sum
12    }
13 }
```

```
Sum of the even ints from 2 through 20 is: 110
```

图 17.4 用 IntStream 计算 2 ~ 20 的偶数和

第 9 ~ 11 行中的流管道执行了三个链式方法调用：

- 第 9 行创建了一个数据源——包含元素 1 ~ 10 的一个 IntStream。

- 第 10 行将在后面详细讨论，它执行的处理步骤将流中的每一个元素(x)映射成它的倍数(乘以 2)。得到的结果是一个包含偶整数 2, 4, 6, 8, 10, 12, 14, 16, 18, 20 的流。
- 第 11 行将这些流元素聚合成一个值——元素的和值。这就是终端操作，它发起了管道的处理过程，然后对流元素求和。

此处的新特性是第 10 行的映射操作，它将每一个流元素乘以 2。IntStream 方法 map 执行的操作为(第 10 行)：

```
(int x) -> {return x * 2;}
```

下一小节中，将看到"接收一个 int 类型的参数 x，返回它的倍数值"的另一种用法。对于流中的每一个元素，都会调用这个方法，调用时传递的是当前流中的元素。方法的返回值成为 map 方法返回的新流的一部分。

17.3.1 lambda 表达式

正如本章中随处能见的那样，有许多中间操作和终端操作，其实参都是方法。第 10 行中 map 方法的实参为

```
(int x) -> {return x * 2;}
```

它被称为 lambda 表达式(或者 lambda)，表示一个匿名方法——没有名称的方法。尽管 lambda 表达式的语法和我们以前看到的方法不同，但其左边就如同一个方法参数表，而右边就是一个方法体。稍后将详细讲解它的语法。

利用 lambda 表达式创建的方法，可以将其当成数据，并可进行如下操作：

- 将 lambda 表达式作为实参传递给其他方法(如 map 方法，甚至其他的 lambda 表达式)。
- 将 lambda 表达式赋予一个变量，供以后使用。
- 从方法返回 lambda 表达式。

后面将看到，它们的功能都很强大。

软件工程结论 17.4

利用 lambda 与流，可以将函数式编程和面向对象编程的优点结合到一起。

17.3.2 lambda 语法

lambda 的组成为一个参数表，后接一个箭头(->)和一个表达式体：

(*parameterList*) -> {*statements*}

第 10 行中的 lambda：

```
(int x) -> {return x * 2;}
```

接收一个 int 参数，将它的值乘以 2，然后返回结果。这里的表达式体为一个语句块，它将语句放在一对花括号中。编译器可以从这个表达式推断出返回的是一个 int 值，因为参数 x 为 int 类型的，字面值 2 也是一个 int 值——int 值与 int 值相乘，得到一个 int 类型的结果。和方法声明相同，lambda 的参数也是在一个逗号分隔的列表中指定的。上述 lambda 和下面的方法类似：

```
int multiplyBy2(int x) {
   return x * 2;
}
```

但是，lambda 不必具有名称，并且编译器能够推断出它的返回类型。lambda 语法存在几种变体。

省略 lambda 的参数类型

通常可以省略 lambda 的参数类型，例如：

```
(x) -> {return x * 2;}
```

这时，编译器能够根据 lambda 的上下文推断出参数类型和返回类型——后面还会讲解。如果编译器无法推断出参数类型或者返回类型(如可能存在多种类型)，则会发出错误提示。

简化 lambda 表达式体

如果表达式体中只包含一个表达式，则可以省略 return 关键字、花括号对及分号：

```
(x) -> x * 2
```

这时，lambda 会隐式地返回表达式的值。

简化 lambda 的参数表

如果参数表中只包含一个参数，则可以省略括号：

```
x -> x * 2
```

具有空参数表的 lambda

为了定义一个具有空参数表的 lambda，只需在箭头左边放置一对空括号即可：

```
() -> System.out.println("Welcome to lambdas!")
```

方法引用

除了上述几种 lambda 变体，还存在几种专门的 lambda 缩写形式，它们被称为方法引用，将在 17.6 节探讨。

17.3.3 中间操作和终端操作

第 9 ~ 11 行显示的流管道中，map 为中间操作，而 sum 为终端操作。map 方法是众多对流元素执行任务的中间操作之一。

惰性操作与急切操作

中间操作采用的是惰性求值法(lazy evaluation)——每一个中间操作的结果都是一个新的流对象，而且在调用终端操作得到结果之前，不会对流元素进行任何处理。这样，就使得库的开发人员能够优化那些与流处理有关的性能。例如，假设有 1 000 000 个 Person 对象，而要查找的是姓氏为“Jones”的第一个对象。这时，就不必处理全部 1 000 000 个元素，而只需在找到了第一个匹配的 Person 对象时，终止流处理的过程即可。

性能提示 17.1

惰性求值法可提升性能，它会确保只有在需要时才执行操作。

终端操作是“急切的”(eager)——调用它时，就会执行所请求的操作。本章的后面，将会更多地探讨惰性操作和急切操作。17.5 节中，通过讨论流管道的中间操作如何应用到每一个流元素，将看到惰性操作是如何提升性能的。图 17.5 和图 17.6 中，分别给出了一些常见的中间操作和终端操作。

常见的中间操作	
filter	返回的流只包含满足某个条件(被称为谓词)的元素。与原始流相比，新流通常包含更少的元素
distinct	返回的流只包含唯一的元素——重复的元素会被删除
limit	返回的流包含从原始流开始的指定数量的元素
map	返回的流为原始流元素映射成的新值(有可能类型不同)——例如，将数字值映射成它的平方值，或者将数字型成绩映射成字母型成绩(A, B, C, D, F)。新流中的元素数量与原始流相同
sorted	返回的流中的元素是有序的。新流中的元素数量与原始流相同。可以指定成升序或者降序

图 17.5 常见的中间操作

常见的终端操作	
forEach	处理流中的每一个元素(如显示每一个元素)
聚合操作——处理流中的所有值，并返回一个值	
average	返回数字型流中元素的平均值
count	返回流中所包含的元素个数
max	返回流中的最大值
min	返回流中的最小值
reduce	利用相关联的聚合类功能，将集合中的元素聚合成一个单一值(如将两个元素相加，返回和值的 lambda)

图 17.6　常见的终端操作

17.4　过滤

(本节将演示流如何能够简化第 5 章中讲解的那些程序的任务。)

另一种常见的中间流操作是过滤元素，以挑选满足某个条件的元素。其中的条件被称为谓词(predicate)。例如，下列代码会将 1 ~ 10 范围内的偶整数乘以 3，并计算它们的和：

```
int total = 0;

for (int x = 1; x <= 10; x++) {
   if (x % 2 == 0) { // if x is even
      total += x * 3;
   }
}
```

图 17.7 中的程序利用流重新实现了上述循环。

```
1  // Fig. 17.7: StreamFilterMapReduce.java
2  // Triple the even ints from 2 through 10 then sum them with IntStream.
3  import java.util.stream.IntStream;
4  
5  public class StreamFilterMapReduce {
6     public static void main(String[] args) {
7        // sum the triples of the even integers from 2 through 10
8        System.out.printf(
9           "Sum of the triples of the even ints from 2 through 10 is: %d%n",
10          IntStream.rangeClosed(1, 10)
11                   .filter(x -> x % 2 == 0)
12                   .map(x -> x * 3)
13                   .sum());
14    }
15 }
```

```
Sum of the triples of the even ints from 2 through 10 is: 90
```

图 17.7　利用 IntStrea，将 2 ~ 10 范围内的偶整数乘以 3，然后计算它们的和

第 10 ~ 13 行中的流管道执行了 4 个链式方法调用：

- 第 10 行创建了数据源——用于闭域 1 ~ 10 的一个 IntStream。
- 第 11 行(后面将详细探讨)通过挑选那些只能被 2 整除的元素(即偶整数)，过滤流中的元素，得到一个 2, 4, 6, 8, 10 的偶整数流。
- 第 12 行将流中的每一个元素(x)的值映射成一个 3 倍的值，得到一个 6, 12, 18, 24, 30 的偶整数流。
- 第 13 行将流聚合成它的元素之和(90)。

此处的新特性是第 11 行中的过滤操作。IntStream 方法 filter 接收的实参是一个单参数方法，且该方法返回一个布尔结果。对于某个给定的元素，如果结果为真，则将该元素包含在结果流中。

第 11 行中的 lambda：

```
x -> x % 2 == 0
```

判断它的 int 类型的实参值是否能被 2 整除(即余数为 0)。如果是，则返回真；否则，返回假。对于流中的每一个元素，filter 方法会调用该 lambda 方法作为实参，并会将当前的流元素传递给它。如果方法的返回值为真，则对应的元素就成为 filter 所返回的中间流的一部分。

第 11 行创建的中间流，表示那些只能被 2 整除的元素。接下来，第 12 行利用 map 方法创建的中间流，表示将偶整数 2，4，6，8，10 乘以 3 后的元素(6，12，18，24，30)。第 13 行调用终端操作 sum，发起了一个流处理过程。此时，这些组合的处理步骤会被用于每一个元素。然后，sum 方法返回流中所有元素的和。下一小节中，将更深入地探讨这一过程。

错误预防提示 17.1

流管道中，操作的顺序是很重要的。例如，从 1 ~ 10 中过滤出偶数，得到 2, 4, 6, 8, 10，然后将这些值加倍，会得到 4，8，12，16，20。但是，如果将 1 ~ 10 中的数先加倍，得到 2，4，6，8，10，12，14，16，18，20，再过滤出偶数，得到的就是所有这些值，因为在执行过滤操作之前，它们就已经是偶数了。

这个示例中的流管道，只需使用 map 和 sum 即可实现。练习题 17.18 中，将要求取消 filter 操作。

17.5 元素如何在流管道中移动

17.3 节中提到过，每一个中间操作都会得到一个新的流。这些新流就是一个代表处理步骤中的对象，它指明流管道中某个特定的点。将这些中间操作的方法调用串联起来，就可以使全部处理步骤都在每一个流元素上得以执行。流管道中最后那一个流对象，包含了所有的处理步骤。

对流管道执行终端操作时，在将中间操作的处理步骤用于下一个流元素之前，它们会被用于某个指定的流元素。这样，图 17.7 中流管道的操作方式如下：

```
对每一个元素
   如果该元素为偶整数
      将该元素值乘以 3，并将结果添加到总和中
```

为了证明这一点，考虑下面这个图 17.7 的流管道的修改版本，其中的每一个 lambda 都显示了中间操作的名称及当前流元素的值：

```
IntStream.rangeClosed(1, 10)
         .filter(
            x -> {
               System.out.printf("%nfilter: %d%n", x);
               return x % 2 == 0;
            })
         .map(
            x -> {
               System.out.println("map: " + x);
               return x * 3;
            })
         .sum()
```

下面这个改进后的管道的输出结果(添加了注释)，清楚地表明在下一个流元素的 filter 操作之前，就已经对每一个偶整数进行了 map 操作：

```
filter: 1 // odd so no map step is performed for this element

filter: 2 // even so a map step is performed next
map: 2

filter: 3 // odd so no map step is performed for this element

filter: 4 // even so a map step is performed next
map: 4
```

```
filter: 5 // odd so no map step is performed for this element

filter: 6 // even so a map step is performed next
map: 6

filter: 7 // odd so no map step is performed for this element

filter: 8 // even so a map step is performed next
map: 8

filter: 9 // odd so no map step is performed for this element

filter: 10 // even so a map step is performed next
map: 10
```

对于奇元素，不会执行 map 操作。当 filter 步骤返回 false 时，会忽略针对这个元素的其他处理步骤，因为该元素没有包含在结果中。(图 17.7 中的源代码文件位于该示例的一个子文件夹中。)

17.6　方法引用

(本节将演示流如何能够简化第 6 章中讲解的那些程序的任务。)

对于那些调用另一个方法的 lambda，可以用这个方法的名称来替换 lambda——称之为方法引用(method reference)。编译器会将方法引用转换成一个合适的 lambda 表达式。

和图 6.6 一样，图 17.8 中的程序使用了 SecureRandom 方法来获得 1 ~ 6 范围内的一个随机数。这个程序利用流来创建随机值，利用方法引用来显示结果。17.6.1 ~ 17.6.4 节中将详细分析这些代码。

```
1  // Fig. 17.8: RandomIntegers.java
2  // Shifted and scaled random integers.
3  import java.security.SecureRandom;
4  import java.util.stream.Collectors;
5
6  public class RandomIntegers {
7     public static void main(String[] args) {
8        SecureRandom randomNumbers = new SecureRandom();
9
10       // display 10 random integers on separate lines
11       System.out.println("Random numbers on separate lines:");
12       randomNumbers.ints(10, 1, 7)
13                    .forEach(System.out::println);
14
15       // display 10 random integers on the same line
16       String numbers =
17          randomNumbers.ints(10, 1, 7)
18                       .mapToObj(String::valueOf)
19                       .collect(Collectors.joining(" "));
20       System.out.printf("%nRandom numbers on one line: %s%n", numbers);
21
22    }
23 }
```

```
Random numbers on separate lines:
4
3
4
5
1
5
5
3
6
5

Random numbers on one line: 4 6 2 5 6 4 3 2 4 1
```

图 17.8　输出经过了平移和缩放的随机整数

17.6.1 创建随机值的 IntStream

SecureRandom 类的 ints 方法返回一个包含随机数的 IntStream。在第 12 ~ 13 行的流管道:

```
randomNumbers.ints(10, 1, 7)
```

创建了一个 IntStream 数据源,其中指定了随机 int 值的个数(10),最小的随机值(1),以及最大(但不包含在结果中)的随机值(7)。这样,第 12 行得到的 IntStream 结果是 10 个位于 1 ~ 6 的随机整数。

17.6.2 使用 forEach 和方法引用对流元素执行任务

接下来,流管道的第 13 行利用 IntStream 方法 forEach(一个终端操作)对每一个流元素执行一项任务。forEach 方法接收的实参为一个方法,该方法带有一个参数,并利用该参数的值执行任务。

forEach 的实参:

```
System.out::println
```

为一个方法引用——调用指定方法的 lambda 表达式的简写形式。如下形式的方法引用:

objectName::*instanceMethodName*

为一种有界实例方法引用(bound instance method reference)——"有界"表示"::"左边的指定对象(System.out),必须用来调用"::"右边的实例方法(println)。编译器会将 System.out::println 转换成一个单参数的 lambda 表达式:

```
x -> System.out.println(x)
```

它将 lambda 的实参——当前流元素(用 x 表示)——转换成 System.out 对象的 println 实例方法,进而隐式地输出该实参的 String 表示结果。第 12 ~ 13 行的流管道与下列 for 循环等价:

```
for (int i = 1; i <= 10; i++) {
   System.out.println(1 + randomNumbers.nextInt(6));
}
```

17.6.3 使用 mapToObj 将整数映射成 String 对象

第 16 ~ 19 行的流管道:

```
String numbers =
   randomNumbers.ints(10, 1, 7)
                .mapToObj(String::valueOf)
                .collect(Collectors.joining(" "));
```

创建的 String 对象包含用空格分隔的、范围为 1 ~ 6 的 10 个随机整数。这个管道执行了三个链式方法调用:

- 第 17 行创建了数据源——包含 10 个随机整数、范围为 1 ~ 6 的一个 IntStream。
- 第 18 行将每一个 int 值映射成它的 String 表示,得到一个 String 中间流。以前使用过的 IntStream 方法 map 返回另一个 IntStream。为了映射成 String 表示,这里使用了 IntStream 方法 mapToObj,它能将 int 值映射成引用类型元素的流。和 map 方法一样,mapToObj 的实参是一个单参数的方法,该方法需返回一个结果。这里,mapToObj 的实参是一个 ClassName::staticMethodName 形式的静态方法引用。编译器会将 String::valueOf(它返回实参的 String 表示)转换成一个单参数的 lambda,它调用 valueOf,传递的实参是当前的流元素:

  ```
  x -> String.valueOf(x)
  ```

- 第 19 行将在 17.6.4 节中详细分析,它使用了终止操作 collect,将所有的 String 拼接起来,用空格分开。collect 方法是一种聚合操作,因为它只返回一个对象——这里是一个 String。

然后,第 20 行显示所得到的 String。

17.6.4 将 String 与 collect 拼接

考虑图 17.8 第 19 行。流的终端操作 collect 利用了一个集合器(collector)将流的元素变成一个对象——通常为一个集合。这种操作与聚合类似，但是 collect 返回的对象包含流元素，而聚合只返回一个流元素类型的值。这个示例中，使用的是一个预定义的集合器，它由静态 Collectors 方法 joining 返回。这个集合器将流元素拼接成一个 String 表示，两个元素之间用 joining 方法的实参(这里为一个空格)分隔开。然后，collect 方法返回所得到的 String。本章中，还将探讨其他的集合器。

17.7 IntStream 操作

(本节将演示 lambda 与流如何能够简化第 7 章中讲解的那些程序的任务。)

图 17.9 中的程序演示了如何对通过数组创建的流执行其他的 IntStream 操作。这里及前几个示例中讲解的 IntStream 技术，也同样适用于 LongStream 和 DoubleStream，它们分别用于 long 值和 double 值。17.7.1 ~ 17.7.4 节中将详细分析这些代码。

```
1  // Fig. 17.9: IntStreamOperations.java
2  // Demonstrating IntStream operations.
3  import java.util.Arrays;
4  import java.util.stream.Collectors;
5  import java.util.stream.IntStream;
6
7  public class IntStreamOperations {
8     public static void main(String[] args) {
9        int[] values = {3, 10, 6, 1, 4, 8, 2, 5, 9, 7};
10
11       // display original values
12       System.out.print("Original values: ");
13       System.out.println(
14          IntStream.of(values)
15                .mapToObj(String::valueOf)
16                .collect(Collectors.joining(" ")));
17
18       // count, min, max, sum and average of the values
19       System.out.printf("%nCount: %d%n", IntStream.of(values).count());
20       System.out.printf("Min: %d%n",
21          IntStream.of(values).min().getAsInt());
22       System.out.printf("Max: %d%n",
23          IntStream.of(values).max().getAsInt());
24       System.out.printf("Sum: %d%n", IntStream.of(values).sum());
25       System.out.printf("Average: %.2f%n",
26          IntStream.of(values).average().getAsDouble());
27
28       // sum of values with reduce method
29       System.out.printf("%nSum via reduce method: %d%n",
30          IntStream.of(values)
31                .reduce(0, (x, y) -> x + y));
32
33       // product of values with reduce method
34       System.out.printf("Product via reduce method: %d%n",
35          IntStream.of(values)
36                .reduce((x, y) -> x * y).getAsInt());
37
38       // sum of squares of values with map and sum methods
39       System.out.printf("Sum of squares via map and sum: %d%n%n",
40          IntStream.of(values)
41                .map(x -> x * x)
42                .sum());
43
44       // displaying the elements in sorted order
45       System.out.printf("Values displayed in sorted order: %s%n",
46          IntStream.of(values)
47                .sorted()
48                .mapToObj(String::valueOf)
49                .collect(Collectors.joining(" ")));
50    }
51 }
```

图 17.9 演示 IntStream 操作

```
Original values: 3 10 6 1 4 8 2 5 9 7

Count: 10
Min: 1
Max: 10
Sum: 55
Average: 5.50

Sum via reduce method: 55
Product via reduce method: 3628800
Sum of squares via map and sum: 385

Values displayed in sorted order: 1 2 3 4 5 6 7 8 9 10
```

图 17.9(续) 演示 IntStream 操作

17.7.1 创建 IntStream 并显示它的值

IntStream 静态方法 of(第 14 行)接收一个 int 类型的数组实参，返回的 IntStream 对象用于处理数组值。第 14 ~ 16 行的流管道：

```
IntStream.of(values)
        .mapToObj(String::valueOf)
        .collect(Collectors.joining(" ")));
```

显示流元素。首先，第 14 行为 values 数组创建了一个 IntStream。然后，第 15 ~ 16 行利用 mapToObj 方法和 collect 方法(见图 17.8)，获得流元素的 String 表示，元素间用空格分开。这个示例及后续的示例中将多次用到这种技术来显示流元素。

这里利用了如下的方法来不断地根据 values 数组创建 IntStream：

```
IntStream.of(values)
```

也许你会认为，只需保存这个流并不断地使用它即可。但是，只要流管道用终端操作进行了处理，就不能再使用这个流了，因为它无法维持原始数据源。

17.7.2 终端操作 count、min、max、sum 和 average

IntStream 类提供了多种终端操作，用于对 int 值的流进行常见的流聚合处理：

- count(第 19 行)返回流中所包含的元素个数。
- min(第 21 行)返回一个(java.util 包的)OptionalInt 对象，包含流中最小的 int 值。对于某些流，有可能不包含任何元素。所返回的 OptionalInt 使 min 方法在流至少包含一个元素的情况下，能够返回最小值。这个示例中的流包含有 10 个元素，所以调用 OptionalInt 类的 getAsInt 方法，可以得到最小值。如果流中没有元素，则 OptionalInt 不会包含任何 int 值，而 getAsInt 方法会抛出一个 NoSuchElementException 异常。为了防止出现这种异常，可以调用 orElse 方法，它在 OptionalInt 包含值的情况下返回这个值，否则返回的就是传递给该方法的一个值。
- max(第 23 行)返回的 OptionalInt，可能包含流中最大的 int 值。同样，这里调用了 OptionalInt 的 getAsInt 方法来获得最大值，因为我们已经知道流中包含元素。
- sum 方法(第 24 行)返回流中所有 int 值的和。
- average(第 26 行)返回的 OptionalDouble 值(位于 java.util 包中)可能包含流中 int 值的平均值，其类型为 double。这里示例的流中已经包含元素，所以可以调用 OptionalDouble 类的 getAsDouble 方法来获得平均值。如果流中没有元素，则 OptionalDouble 对象就不会包含平均值，且 getAsDouble 方法会抛出 NoSuchElementException 异常。和 OptionalInt 一样，为了防止出现这种异常，可以调用 orElse 方法，它在 OptionalDouble 包含值的情况下返回这个值，否则返回的就是传递给该方法的一个值。

IntStream 类还提供 summaryStatistics 方法，它对 IntStream 的元素一次性执行 count、min、max、sum

和 average 操作，返回的这些结果是一个(java.util 包的) IntSummaryStatistics 对象。与重复地对 IntStream 执行单一操作相比，这种做法极大地提升了性能。这个对象具有用于获取每一种结果的方法，以及一个用于汇总所有结果的 toString 方法。例如，对于图 17.9 中的 values 数组，语句：

```
System.out.println(IntStream.of(values).summaryStatistics());
```

得到的结果为

```
IntSummaryStatistics{count=10, sum=55, min=1, average=5.500000,
max=10}
```

17.7.3 终端操作 reduce

前面已经讲解过了各种预定义的聚合操作。通过 IntStream 的 reduce 方法，也可以自定义聚合操作——实际上，17.7.2 节中讲解过的每一种终端操作，都是 reduce 方法的具体实现。第 30 ~ 31 行的流管道：

```
IntStream.of(values)
        .reduce(0, (x, y) -> x + y)
```

展示了如何利用 reduce 方法(而不是 sum 方法)来计算 IntStream 的和值。

reduce 的第一个实参(0)是该运算的标识值(identity value)——当与任何流元素(通过第二个实参中的 lambda 表达式)组合在一起时，能够得到该元素的原始值的那一个值。例如，当与某个元素相加时，标识值就是 0，因为任何 int 值与 0 相加，其结果就是原始的 int 值。同样，当与某个元素相乘时，标识值就是 1，因为任何 int 值与 1 相乘，其结果就是原始的 int 值。

reduce方法的第二个实参为一个接收两个 int 值的方法(这两个值分别表示一个二元运算的左操作数和右操作数)，该方法利用这两个值执行某种计算并返回结果。lambda 表达式：

```
(x, y) -> x + y
```

会将这两个值相加。具有两个或者多个参数的 lambda 表达式必须用一对圆括号包围起来。

错误预防提示 17.2

由 reduce 指定的运算必须具有结合性——reduce 作用于这些流元素的操作顺序必须是无关的。这一点很重要，因为允许将 reduce 的操作按任意顺序运用于流元素。不具有结合性的操作，根据处理顺序的不同，可能导致不同的结果。例如，减法就是一种非结合性的操作——表达式 7 – (5 – 3) 的结果为 5，而 (7 – 5) – 3 的结果为–1。为了提高性能，将多个操作分散到多个核上的并行流(见第 23 章)具有结合性的 reduce 操作极其重要。练习题 23.19 中更深入地探讨了这个问题。

对于下面的流元素：

```
3 10 6 1 4 8 2 5 9 7
```

进行聚合操作的步骤如下所示：

```
0 + 3 --> 3
3 + 10 --> 13
13 + 6 --> 19
19 + 1 --> 20
20 + 4 --> 24
24 + 8 --> 32
32 + 2 --> 34
34 + 5 --> 39
39 + 9 --> 48
48 + 7 --> 55
```

注意，第一个计算将标识值(0)用作左操作数；后续的计算中，其左操作数为前一个计算的结果。这个聚合过程会一直持续，直到所有的 IntStream 值都用完。这时，所得到的最终和值会返回。

用 reduce 方法计算值的乘积

第 35 ~ 36 行的流管道：

```
IntStream.of(values)
         .reduce((x, y) -> x * y).getAsInt()
```

使用了 reduce 方法的一维版本，它返回一个 OptionalInt 值——如果流中包含元素，则返回这些元素值的乘积；否则，就得不到结果。

对于下面的流元素：

```
3 10 6 1 4 8 2 5 9 7
```

进行聚合操作的步骤如下所示：

```
3 * 10 --> 30
30 * 6 --> 180
180 * 1 --> 180
180 * 4 --> 720
720 * 8 --> 5,760
5,760 * 2 --> 11,520
11,520 * 5 --> 57,600
57,600 * 9 --> 518,400
518,400 * 7 --> 3,628,800
```

这个过程会一直持续，直到集合中的所有 IntStream 值都用完。这时，所得到的最终乘积值会返回。

也可以使用双参数的 reduce 方法，如下所示：

```
IntStream.of(values)
         .reduce(1, (x, y) -> x * y)
```

但是，如果流为空，则这个版本的 reduce 方法会返回标识值(1)——对于空的流而言，这不是所期望的结果。

计算多个值的平方和

下面探讨如何计算流元素的平方和。使用流管道时，可以将其中的处理步骤分解成多个易于理解的任务。计算流元素的平方和涉及两项不同的任务：

- 计算每一个流元素的平方值
- 将得到的值相加

这里没有采用 reduce 方法调用，而是对第 40 ~ 42 行中的流管道使用了 map 方法和 sum 方法：

```
IntStream.of(values)
         .map(x -> x * x)
         .sum());
```

从而形成了一个“先计算平方值，然后求和”的运算。首先，用 map 方法得到的新 IntStream 包含原始元素的平方值；然后，sum 方法计算这些值的和。

17.7.4　排序 IntStream 值

7.15 节中讲解过如何用 Arrays 类的静态方法 sort 来排序数组，也可以对流元素进行排序。第 46 ~ 49 行的流管道：

```
IntStream.of(values)
         .sorted()
         .mapToObj(String::valueOf)
         .collect(Collectors.joining(" ")));
```

会将流元素排序，并将排序后的值用空格分开。IntStream 的中间操作 sorted 会将流元素默认按升序排序。和 filter 一样，sorted 也是一种惰性操作——只有当终端操作发起了流管道的处理过程时，它才会执行。

17.8　函数式接口

(本节要求读者具备 10.9 ~ 10.10 节中讲解过的接口知识。)

10.10 节讲解过 Java SE 8 的增强型接口特性——默认方法和静态方法，还讲解过函数式接口——只包含一个抽象方法的接口(还可能包含默认方法和静态方法)。这样的接口也被称为单一抽象方法(SAM)接口。函数式接口大量用于函数风格的 Java 编程中。所谓的“纯函数”具有引用透明性。这样的函数：

- 只与它的参数相关
- 没有坏影响
- 不维护任何状态

Java 中，纯函数就是实现了函数式接口的那些方法——通常被定义成 lambda，如同本章前面所见的那些示例中一样。状态的改变，发生在将数据从一个方法传递到另一个方法的过程中。方法之间没有共享数据。

软件工程结论 17.5

纯函数更安全，因为它不会改变程序的状态(变量)。这也会使它更不容易出错，从而更易于测试、修改和调试。

java.util.function 包中的函数式接口

java.util.function 包中具有多个函数式接口。图 17.10 中给出了 6 个基本的泛型函数式接口。本章的示例中用到了其中的几个。表中的“T”和“R”为泛型类型名称，“T”代表函数式接口所操作的对象类型；“R”表示方法的返回类型。java.util.function 包中的其他许多函数式接口是图 17.10 中这些接口的特殊版本。大多数这些接口都用于 int、long 和 double 类型的值。还存在用于二元操作(方法具有两个实参)的 Consumer、Function 和 Predicate 泛型定制版本。对于接收 lambda 的 IntStream 方法，它的参数实际上就是某个接口的 int 定制化版本。

接　口	描　述
BinaryOperator<T>	表示的方法具有两个类型相同的参数，返回同样类型的一个值。利用这两个参数执行任务(如执行计算)，返回结果。传递给 IntStream 方法 reduce(见 17.7 节)的 lambda，实现了 IntBinaryOperator——BinaryOperator 的 int 版本
Consumer<T>	表示一个返回 void 的单参数方法。利用这个参数执行任务，例如输出对象、调用方法等。传递给 IntStream 方法 forEach(见 17.6 节)的 lambda，实现了 IntConsumer 接口——Consumer 的 int 版本。后面的几个小节中，将给出多个 Consumer 的示例
Function<T,R>	表示的单参数方法，在该参数上执行任务并返回结果——其类型可能与参数类型不同。传递给 IntStream 方法 mapToObj(见 17.6 节)的 lambda，实现了 IntFunction 接口——Function 的 int 版本。后面的几个小节中，将给出多个 Function 的示例
Predicate<T>	表示一个返回布尔结果的单参数方法。用于判断参数是否满足某个条件。传递给 IntStream 方法 filter(见 17.4 节)的 lambda，实现了 IntPredicate 接口——Predicate 的 int 版本。后面的几个小节中，将给出多个 Predicate 的示例
Supplier<T>	表示一个返回结果的无参数方法。常用于创建集合对象，其中包含的是流运算的结果。17.13 节以后，将看到 Supplier 的几个示例
UnaryOperator<T>	表示一个单参数方法，返回的结果类型与参数的类型相同。17.3 节中传递给 IntStream 方法 map 的 lambda，实现了 IntUnaryOperator——UnaryOperator 的 int 版本。后面的几个小节中，将给出多个 UnaryOperator 的示例

图 17.10　java.util.function 包中 6 个基本的泛型函数接口

17.9　lambda：深入探究

类型推断与 lambda 的目标类型

任何需要函数式接口的地方，都可以使用 lambda 表达式。通常而言，Java 编译器能够根据 lambda 所在的环境，推断出 lambda 参数的类型及它的返回类型。这是由 lambda 的目标类型(target type)决定的，这就是函数式接口的类型，即代码中出现 lambda 表达式的地方所期望的类型。例如，图 17.4 中调用 IntStream 方法 map 的流管道中：

```
IntStream.rangeClosed(1, 10)
        .map((int x) -> {return x * 2;})
        .sum()
```

目标类型为 IntUnaryOperator，它表示的方法具有一个 int 参数，且返回一个 int 结果。这里，lambda 参数的类型被明确地声明成 int,所以编译器会推断出它的返回类型也为 int——IntUnaryOperator 所要求的。

编译器也可以推断出 lambda 参数的类型。例如，图 17.7 中调用 IntStream 方法 filter 的流管道中：

```
IntStream.rangeClosed(1, 10)
        .filter(x -> x % 2 == 0)
        .map(x -> x * 3)
        .sum()
```

目标类型为 IntPredicate，它表示的方法具有一个 int 参数，且返回一个 boolean 结果。这里，编译器推断出 lambda 参数 x 的类型为 int——IntPredicate 所要求的。一般情况下，本书的示例中会让编译器去推断 lambda 参数的类型。

lambda 的作用域

与方法不同，lambda 本身不具有作用域。因此，即使 lambda 参数的名称与它所包含的方法局部变量的名称相同，也无法隐藏对方法的局部变量的使用。对于这种情形，编译器会发出错误提示，因为方法的局部变量和 lambda 参数位于同一个作用域中。

捕获式 lambda 和 final 类型的局部变量

引用所包含方法的局部变量的 lambda(lambda 的静态作用域)被称为捕获式 lambda(capturing lambda)。对于这样的 lambda，编译器会获取局部变量的值，并将它与该 lambda 一起保存，以便当进行 lambda 运算时，能够用到这个值。这一点很重要，因为当 lambda 的静态作用域不再存在时，可以将该 lambda 传递给执行它的另一个方法。

在静态作用域里由 lambda 引用的局部变量必须是 final 类型。这样的变量既可以被显式地声明成 final 类型，也可以是 effectively final 类型(Java SE 8)。如果某个变量在被声明和初始化之后，使用该变量的方法没有改变它的值，则编译器就可以推断出这个变量能够被声明成 final 类型。这样的变量就是 effectively final 变量。

17.10 Stream<Integer>操作

(本节要求读者具备 10.9 ~ 10.10 节中讲解过的接口知识。)

前面已经讲解过了 IntStream。Stream 可以对引用类型的对象执行任务。IntStream 就是一个针对 int 类型的值进行了优化的 Stream，它提供的方法用于执行常见的 int 操作。图 17.11 中的程序利用与前面的示例中相同的技术，对 Stream<Integer>执行过滤和排序操作，还展示了如何将流管道的结果放入一个新的集合中，以供后续的处理。后面的几个示例中，将使用其他引用类型的 Stream。

```
1  // Fig. 17.11: ArraysAndStreams.java
2  // Demonstrating lambdas and streams with an array of Integers.
3  import java.util.Arrays;
4  import java.util.List;
5  import java.util.stream.Collectors;
6
7  public class ArraysAndStreams {
8     public static void main(String[] args) {
9        Integer[] values = {2, 9, 5, 0, 3, 7, 1, 4, 8, 6};
10
11       // display original values
12       System.out.printf("Original values: %s%n", Arrays.asList(values));
13
14       // sort values in ascending order with streams
15       System.out.printf("Sorted values: %s%n",
16          Arrays.stream(values)
17                .sorted()
18                .collect(Collectors.toList()));
19
20       // values greater than 4
```

图 17.11 用 Integer 数组演示 lambda 与流的操作

```
21          List<Integer> greaterThan4 =
22             Arrays.stream(values)
23                   .filter(value -> value > 4)
24                   .collect(Collectors.toList());
25          System.out.printf("Values greater than 4: %s%n", greaterThan4);
26
27          // filter values greater than 4 then sort the results
28          System.out.printf("Sorted values greater than 4: %s%n",
29             Arrays.stream(values)
30                   .filter(value -> value > 4)
31                   .sorted()
32                   .collect(Collectors.toList()));
33
34          // greaterThan4 List sorted with streams
35          System.out.printf(
36             "Values greater than 4 (ascending with streams): %s%n",
37             greaterThan4.stream()
38                   .sorted()
39                   .collect(Collectors.toList()));
40       }
41    }
```

```
Original values: [2, 9, 5, 0, 3, 7, 1, 4, 8, 6]
Sorted values: [0, 1, 2, 3, 4, 5, 6, 7, 8, 9]
Values greater than 4: [9, 5, 7, 8, 6]
Sorted values greater than 4: [5, 6, 7, 8, 9]
Values greater than 4 (ascending with streams): [5, 6, 7, 8, 9]
```

图 17.11(续)　用 Integer 数组演示 lambda 与流的操作

这个示例中使用了一个 Integer 数组 values(第 9 行)，它用一些 int 值初始化——编译器会将每一个 int 值都装箱成一个 Integer 对象。在执行流处理之前，第 12 行显示了 values 的内容。Arrays 方法 asList 会创建 values 数组的一个 List<Integer>视图。泛型接口 List(在第 16 章详细探讨过)由 ArrayList(见第 7 章)之类的集合实现。第 12 行显示的是 List<Integer>的默认 String 表示，它由一对方括号组成，方括号里面是一个用逗号分隔的元素列表——示例中处理的就是这个用 String 表示的列表。17.10.1 ~ 17.10.5 节中，将详细分析示例中的这些代码。

17.10.1　创建 Stream<Integer>

Arrays 类的 stream 方法可根据一个对象数组创建一个 Stream 对象——例如，第 16 行得到的是一个 Stream<Integer>，因为 stream 的实参为一个 Integer 数组。(java.util.stream 包的)Stream 接口是一个可以对任何引用类型执行流操作的泛型接口。所处理的对象类型由 Stream 的源决定。

Arrays 类还提供了几个 stream 方法的重载版本，可从 int、long 和 double 数组(或者数组中某个范围内的元素)分别创建 IntStream、LongStream 和 DoubleStream。

17.10.2　排序 Stream 并收集结果

第 16 ~ 18 行的流管道：

```
Arrays.stream(values)
      .sorted()
      .collect(Collectors.toList())
```

利用了几种流技术来排序 values 数组，并将结果置于一个 List<Integer>中。首先，第 16 行根据 values 创建了一个 Stream<Integer>。然后，第 17 行调用 Stream 方法 sorted，排序这些元素——得到一个中间 Stream<Integer>，其值为升序。(17.11.3 节中将探讨如何按降序排序。)

创建包含流管道结果的新集合

处理流时，通常需要新创建一些包含处理结果的集合，以供后面的操作。为此，可以使用 Stream 的终端操作 collect(见图 17.11 第 18 行)。随着对流管道的处理，collect 方法会执行一个动态聚合(mutable reduction)操作，创建 List、Map 或者 Set，并会将流管道的结果放入集合中。也可以使用动态聚合操作

toArray，将结果放入一个 Stream 元素类型的新数组中。

第 18 行中 collect 方法的这个版本，接收的实参是一个实现了(java.util.stream 包的) Collector 接口的对象，它指定了如何执行动态聚合。(java.util.stream 包的) Collectors 类提供的几个静态方法，返回的是预定义的 Collector 实现结果。Collectors 方法 toList(第 18 行)返回的 Collector，将 Stream<Integer> 的元素放入 List<Integer>集合中。第 15 ~ 18 行中显示所得到的 List<Integer>时，隐式调用了它的 toString 方法。

也可以利用动态聚合来执行最终的数据转换操作。例如，图 17.8 中在调用 IntStream 方法 collect 时，就用到了 Collectors 方法 joining 返回的对象。在幕后，这个 Collector 对象用到了(java.util 包的) StringJoiner 接口，将这些流元素的 String 表示连接起来，然后调用 StringJoiner 的 toString 方法，将结果转换成一个 String。17.12 节中，将给出 Collectors 类中其他的方法。有关更多预定义的 Collectors 方法的信息，请访问：

```
https://docs.oracle.com/javase/8/docs/api/java/util/stream/
   Collectors.html
```

17.10.3 过滤 Stream 并保存结果

图 17.11 第 21 ~ 24 行中的流管道：

```
List<Integer> greaterThan4 =
   Arrays.stream(values)
         .filter(value -> value > 4)
         .collect(Collectors.toList());
```

创建一个 Stream<Integer>，过滤这个流，找出大于 4 的所有值，并将结果放入一个 List<Integer>中。Stream 方法 filter 的 lambda 实参，实现了(java.util.function 包的)函数式接口 Predicate，代表一个返回布尔值的单参数方法，表明参数值是否满足该谓词的条件。

流管道的 List<Integer>结果被赋予变量 greaterThan4，该变量用于第 25 行，显示那些大于 4 的值；第 37 ~ 39 行用它来执行针对大于 4 的值的其他操作。

17.10.4 排序 Stream 并收集结果

第 29 ~ 32 行的流管道：

```
Arrays.stream(values)
      .filter(value -> value > 4)
      .sorted()
      .collect(Collectors.toList())
```

按有序的方式显示大于 4 的值。首先，第 29 行创建了一个 Stream<Integer>。然后，第 30 行过滤这些元素，找出所有大于 4 的值。接着，第 31 行表示需要将结果排序。最后，第 32 行将得到的结果收集到一个 List<Integer>中，并作为一个 String 显示。

性能提示 17.2

应在使用 sorted 之前调用 filter，这样流管道就只会排序那些位于结果中的元素。

17.10.5 排序以前收集的结果

第 37 ~ 39 行的流管道：

```
greaterThan4.stream()
            .sorted()
            .collect(Collectors.toList()));
```

利用在第 21 ~ 24 行创建的 greaterThan4 集合，对从前面的流管道得到的结果执行了其他处理。List 方法 stream 用于创建流。接着，排序这些元素，并将结果收集到一些新的 List<Integer>中，并显示它的 String 表示。

17.11 Stream<String>操作

(本节将演示 lambda 与流如何能够简化第 14 章中讲解的那些程序的任务。)

到目前为止，还只处理过包含 int 值和 Integer 对象的流。图 17.12 中的程序对 Stream<String>对象执行类似的流操作。此外，这里还演示了如何进行大小写不敏感的排序操作，以及如何按降序排序结果。这个示例中，使用了 String 数组 strings(第 9 ~ 10 行)，它用一些颜色名称进行了初始化，其中有些名称的首字母为大写。在执行流处理之前，第 13 行显示了 strings 的内容。17.11.1 ~ 17.11.3 节中将详细分析示例中的这些代码。

```
1  // Fig. 17.12: ArraysAndStreams2.java
2  // Demonstrating lambdas and streams with an array of Strings.
3  import java.util.Arrays;
4  import java.util.Comparator;
5  import java.util.stream.Collectors;
6
7  public class ArraysAndStreams2 {
8     public static void main(String[] args) {
9        String[] strings =
10          {"Red", "orange", "Yellow", "green", "Blue", "indigo", "Violet"};
11
12       // display original strings
13       System.out.printf("Original strings: %s%n", Arrays.asList(strings));
14
15       // strings in uppercase
16       System.out.printf("strings in uppercase: %s%n",
17          Arrays.stream(strings)
18                .map(String::toUpperCase)
19                .collect(Collectors.toList()));
20
21       // strings less than "n" (case insensitive) sorted ascending
22       System.out.printf("strings less than n sorted ascending: %s%n",
23          Arrays.stream(strings)
24                .filter(s -> s.compareToIgnoreCase("n") < 0)
25                .sorted(String.CASE_INSENSITIVE_ORDER)
26                .collect(Collectors.toList()));
27
28       // strings less than "n" (case insensitive) sorted descending
29       System.out.printf("strings less than n sorted descending: %s%n",
30          Arrays.stream(strings)
31                .filter(s -> s.compareToIgnoreCase("n") < 0)
32                .sorted(String.CASE_INSENSITIVE_ORDER.reversed())
33                .collect(Collectors.toList()));
34    }
35 }
```

```
Original strings: [Red, orange, Yellow, green, Blue, indigo, Violet]
strings in uppercase: [RED, ORANGE, YELLOW, GREEN, BLUE, INDIGO, VIOLET]
strings less than n sorted ascending: [Blue, green, indigo]
strings less than n sorted descending: [indigo, green, Blue]
```

图 17.12 用 Strings 数组演示 lambda 与流的操作

17.11.1 将 String 映射成大写形式

第 17 ~ 19 行的流管道：

```
Arrays.stream(strings)
      .map(String::toUpperCase)
      .collect(Collectors.toList()));
```

以大写形式显示 String 对象的值。为此，第 17 行根据 strings 数组创建了一个 Stream<String>。然后，第 18 行调用 String 实例方法 toUpperCase，将每一个流元素映射成它的大写版本。

Stream 方法 map 接收的对象，实现了 Function 函数式接口，表示用参数执行任务并返回结果的一个单参数方法。这里传递给 map 方法的是一个 ClassName::instanceMethodName (String::toUpperCase)形式的无界实例方法引用(unbound instance method reference)。“无界”表示这个方法引用不会指明方法所调用的特定对象——编译器会将它转换成一个单参数的 lambda，该 lambda 会对它的参数调用实例方法，且该参数必须为 ClassName 类型。这里，编译器会将 String::toUpperCase 转换成一个形如：

```
s -> s.toUpperCase()
```

的 lambda，它返回实参的大写版本。第 19 行将结果收集到一个 List<String>中，并输出它的 String 表示。

17.11.2 过滤 String 并以大小写不敏感的升序排序

第 23 ~ 26 行的流管道：

```
Arrays.stream(strings)
      .filter(s -> s.compareToIgnoreCase("n") < 0)
      .sorted(String.CASE_INSENSITIVE_ORDER)
      .collect(Collectors.toList())
```

过滤并排序 String。第 23 行根据 strings 数组创建了一个 Stream<String>。然后，第 24 行调用 Stream 方法 filter，利用 Predicate lambda 中大小写不敏感的比较方式，找出所有小于字母 n 的 String。第 25 行排序结果，第 26 行将结果收集到一个 List<String>中，并输出它的 String 表示。

这里，第 25 行调用的 Stream 方法 sorted，它接收的实参为一个 Comparator 对象。Comparator 定义的 compare 方法将第一个实参与第二个实参相比较，如果前者小于后者，则返回一个负值；二者相等，返回 0；否则，返回一个正值。默认情况下，sorted 方法会使用所比较的对象的类型的自然顺序——对于 String 而言，自然顺序是大小写敏感的，这意味着“Z”小于“a”。如果传递的是预定义的 Comparator String.CASE_INSENSITIVE_ORDER，则执行的是大小写不敏感的排序操作。

17.11.3 过滤 String 并以大小写不敏感的降序排序

第 30 ~ 33 行的流管道：

```
Arrays.stream(strings)
      .filter(s -> s.compareToIgnoreCase("n") < 0)
      .sorted(String.CASE_INSENSITIVE_ORDER.reversed())
      .collect(Collectors.toList()));
```

执行与第 23 ~ 26 行相同的任务，但将 String 按降序排序。函数式接口 Comparator 包含默认方法 reversed，它会颠倒排序的顺序。如果将 reversed 用在 String.CASE_INSENSITIVE_ORDER 行，sorted 方法执行的就是大小写不敏感的降序排序。

17.12 Stream<Employee>操作

(本节将演示 lambda 与流如何能够简化第 16 章中讲解的那些程序的任务。)

本章前面的几个示例，执行的流操作针对的是几种基本类型(如 int)及 Java 类库类型(如 Integer 和 String)。还可以对自定义的类型执行上述操作。

图 17.13 ~ 图 17.21 中的这个示例演示了如何对 Stream<Employee>执行各种 lambda 与流操作。Employee 类(见图 17.13)表示的员工，包含名字、姓氏、薪水及部门等属性，它所提供的几个方法用于获取这些属性值。这个类还提供了一个 getName 方法(第 39 ~ 41 行)和一个 toString 方法(第 44 ~ 48 行)，前者将员工的名字和姓氏作为一个 String 返回，后者将员工的名字、姓氏、薪水和部门值作为一个格式化的 String 返回。17.12.1 ~ 17.12.7 节中将详细分析示例中的这些代码。

```
1  // Fig. 17.13: Employee.java
2  // Employee class.
3  public class Employee {
4     private String firstName;
5     private String lastName;
6     private double salary;
7     private String department;
```

图 17.13 用在图 17.14 ~ 图 17.21 中的 Employee 类

```
8
9     // constructor
10    public Employee(String firstName, String lastName,
11       double salary, String department) {
12       this.firstName = firstName;
13       this.lastName = lastName;
14       this.salary = salary;
15       this.department = department;
16    }
17
18    // get firstName
19    public String getFirstName() {
20       return firstName;
21    }
22
23    // get lastName
24    public String getLastName() {
25       return lastName;
26    }
27
28    // get salary
29    public double getSalary() {
30       return salary;
31    }
32
33    // get department
34    public String getDepartment() {
35       return department;
36    }
37
38    // return Employee's first and last name combined
39    public String getName() {
40       return String.format("%s %s", getFirstName(), getLastName());
41    }
42
43    // return a String containing the Employee's information
44    @Override
45    public String toString() {
46       return String.format("%-8s %-8s %8.2f   %s",
47          getFirstName(), getLastName(), getSalary(), getDepartment());
48    }
49 }
```

图 17.13(续) 用在图 17.14 ~ 图 17.21 中的 Employee 类

17.12.1 创建并显示 List<Employee>

ProcessingEmployees 类(见图 17.14 ~ 图 17.21)被分成了几个图来展示，以便能够集中讨论与对应代码最接近的 lambda 和流操作。每一个图中，还包含了程序中与该图中的代码相对应的输出结果。

图 17.14 创建了一个 Employee 数组 employees(第 15 ~ 22 行)，并取得了它的 List 视图(第 25 行)。第 29 行创建了一个 Stream<Employee>，然后利用 Stream 方法 forEach，显示每一位员工的 String 表示。Stream 方法 forEach，其实参为一个实现了 Consumer 函数式接口的对象，该接口表示一个需要对流中的每一个元素执行的动作——所对应的方法需接收一个实参，且返回 void。有界实例方法引用 System.out::println，会被编译器转换成一个单参数的 lambda，该 lambda 的实参(一个 Employee)会被传递给 System.out 对象的 println 实例方法，它会隐式地调用 Employee 类的 toString 方法，取得其 String 表示。图 17.14 的输出结果就是每一位员工的 String 表示(第 29 行)。这里，Stream 方法 forEach 将每一个 Employee 对象传递给 System.out 对象的 println 方法，它会调用 Employee 类的 toString 方法。

```
1  // Fig. 17.14: ProcessingEmployees.java
2  // Processing streams of Employee objects.
3  import java.util.Arrays;
4  import java.util.Comparator;
5  import java.util.List;
6  import java.util.Map;
7  import java.util.TreeMap;
8  import java.util.function.Function;
9  import java.util.function.Predicate;
```

图 17.14 处理 Employee 对象流

```
10  import java.util.stream.Collectors;
11
12  public class ProcessingEmployees {
13     public static void main(String[] args) {
14        // initialize array of Employees
15        Employee[] employees = {
16           new Employee("Jason", "Red", 5000, "IT"),
17           new Employee("Ashley", "Green", 7600, "IT"),
18           new Employee("Matthew", "Indigo", 3587.5, "Sales"),
19           new Employee("James", "Indigo", 4700.77, "Marketing"),
20           new Employee("Luke", "Indigo", 6200, "IT"),
21           new Employee("Jason", "Blue", 3200, "Sales"),
22           new Employee("Wendy", "Brown", 4236.4, "Marketing")};
23
24        // get List view of the Employees
25        List<Employee> list = Arrays.asList(employees);
26
27        // display all Employees
28        System.out.println("Complete Employee list:");
29        list.stream().forEach(System.out::println);
30
```

```
Complete Employee list:
Jason    Red      5000.00   IT
Ashley   Green    7600.00   IT
Matthew  Indigo   3587.50   Sales
James    Indigo   4700.77   Marketing
Luke     Indigo   6200.00   IT
Jason    Blue     3200.00   Sales
Wendy    Brown    4236.40   Marketing
```

图 17.14(续) 处理 Employee 对象流

Java SE 9：用 List 方法 of 创建不可变 List<Employee>

图 17.14 中首先创建了一个 Employee 数组(第 15 ~ 22 行)，然后取得该数组的一个 List 视图(第 25 行)。第 16 章中讲过，在 Java SE 9 中，可以利用 List 静态方法 of 直接填充一个不可变 List。

9

```
List<Employee> list = List.of(
   new Employee("Jason", "Red", 5000, "IT"),
   new Employee("Ashley", "Green", 7600, "IT"),
   new Employee("Matthew", "Indigo", 3587.5, "Sales"),
   new Employee("James", "Indigo", 4700.77, "Marketing"),
   new Employee("Luke", "Indigo", 6200, "IT"),
   new Employee("Jason", "Blue", 3200, "Sales"),
   new Employee("Wendy", "Brown", 4236.4, "Marketing"));
```

17.12.2 过滤薪水在指定范围内的员工

前面所使用的 lambda，都是直接作为实参传递给流方法的。图 17.15 中的程序，演示了如何将一个 lambda 保存在变量中，以供后面使用。第 32 ~ 33 行声明了函数式接口类型 Predicate<Employee>的一个变量，并将它初始化成一个单参数的 lambda，它返回一个布尔值(Predicate 所要求的)。如果薪水位于 4000 ~ 6000 美元范围内，则该 lambda 返回 true。被保存下来的这个 lambda 用在第 40 行和第 47 行中，以过滤员工。

```
31        // Predicate that returns true for salaries in the range $4000-$6000
32        Predicate<Employee> fourToSixThousand =
33           e -> (e.getSalary() >= 4000 && e.getSalary() <= 6000);
34
35        // Display Employees with salaries in the range $4000-$6000
36        // sorted into ascending order by salary
37        System.out.printf(
38           "%nEmployees earning $4000-$6000 per month sorted by salary:%n");
39        list.stream()
40           .filter(fourToSixThousand)
41           .sorted(Comparator.comparing(Employee::getSalary))
42           .forEach(System.out::println);
43
```

图 17.15 过滤薪水位于 4000 ~ 6000 美元的员工

```
44        // Display first Employee with salary in the range $4000-$6000
45        System.out.printf("%nFirst employee who earns $4000-$6000:%n%s%n",
46           list.stream()
47               .filter(fourToSixThousand)
48               .findFirst()
49               .get());
50
```

```
Employees earning $4000-$6000 per month sorted by salary:
Wendy     Brown     4236.40   Marketing
James     Indigo    4700.77   Marketing
Jason     Red       5000.00   IT

First employee who earns $4000-$6000:
Jason     Red       5000.00   IT
```

图 17.15(续) 过滤薪水位于 4000 ~ 6000 美元的员工

第 39 ~ 42 行中的流管道执行如下任务：

- 第 39 行创建了一个 Stream<Employee>。
- 第 40 行利用名称为 fourToSixThousand 的 Predicate 过滤这个流。
- 第 41 行按照薪水排序位于流中的 Employee 对象。为了创建一个薪水 Comparator，使用了 Comparator 接口的静态方法 comparing，它接收的 Function 对实参执行任务并返回结果。无界实例方法引用 Employee::getSalary，会被编译器转换成一个单参数的 lambda，它对 Employee 实参调用 getSalary 方法。由 comparing 方法返回的 Comparator，会对两个 Employee 对象调用它的 Function 实参，然后返回一个结果：如果第一个 Employee 的薪水小于第二个 Employee，则返回一个负值；二者相等，返回 0；否则，返回一个正值。Stream 方法 sorted 利用这些值来排序员工。
- 最后，第 42 行执行终端操作 forEach，处理流管道，并按薪水输出员工信息。

流管道处理的短路操作

5.9 节中，讲解过如何用逻辑与(&&)和逻辑或(||)运算符进行短路求值。惰性求值法的一种性能特点，是具备短路求值法的能力——只要得到了所期望的结果，就会停止处理流管道。图 17.15 第 48 行演示了 Stream 方法 findFirst 的用法——用于处理流管道的一种短路终端操作，只要在流的中间操作中找到了第一个对象，就终止对流的处理。根据员工的原始列表，第 46 ~ 49 行中的流管道：

```
list.stream()
    .filter(fourToSixThousand)
    .findFirst()
    .get()
```

会过滤出薪水在 4000 ~ 6000 美元范围内的员工。处理过程如下：

- Predicate fourToSixThousand 被用于第一位员工(Jason Red)。他的薪水(5000 美元)位于 4000 ~ 6000 美元范围内，所以 Predicate 返回 true，且流会立即终止，使得只处理流中 8 个对象中的 1 个。
- 然后，findFirst 方法返回一个包含所找到对象的 Optional(这里为 Optional<Employee>)。调用 Optional 方法 get(第 49 行)会返回所匹配的 Employee 对象。即使流中包含上百万的 Employee 对象，filter 操作也只会执行到发现了所匹配的对象为止。

这个示例中，我们知道至少有一位员工的薪水位于 4000 ~ 6000 美元范围内，所以调用 Optional 方法 get 时，没有检查 Optional 是否包含一个结果。如果从 findFirst 得到一个空 Optional，则这种操作会导致 NoSuchElementException 异常。

错误预防提示 17.3

对于返回 Optional<T>的流操作，应将结果保存在一个同类型的变量中，然后利用对象的 isPresent 方法，确认存在一个结果，然后再调用 Optional 的 get 方法。这样，就可以防止出现 NoSuchElementException 异常。

findFirst 方法是几种与搜索相关的终端操作之一。图 17.16 中给出了几个类似的 Stream 方法。

与搜索相关的终端操作	
findAny	与 findFirst 相似，但是会根据前面的中间操作的结果来查找并返回流元素。找到元素之后，会立即终止对流管道的处理。通常情况下，findFirst 用于串行流，而 findAny 用于并行流(见 23.13 节)
anyMatch	判断是否有流元素满足指定的条件。如果至少有一个流元素满足，则返回 true，否则返回 false。如果找到了满足条件的元素，则立即终止对流管道的处理
AllMatch	判断流中的全部元素是否都满足指定的条件。如果是，则返回 true，否则返回 false。如果有元素不满足条件，则立即终止对流管道的处理

图 17.16　与搜索相关的终端操作

17.12.3　使用多个字段排序员工

图 17.17 中的程序展示了如何通过流用多个字段来排序对象。这个示例中，采用的是先按姓氏、后按名字的顺序来排序员工。为此，首先创建两个 Function，它们都接收一个 Employee 并返回一个 String：

- byFirstName(第 52 行)被赋予一个方法引用，用于 Employee 实例方法 getFirstName。
- byLastName(第 53 行)被赋予一个方法引用，用于 Employee 实例方法 getLastName。

接下来，利用这两个 Function 来创建一个 Comparator(第 56 ~ 57 行的 lastThenFirst)，首先按姓氏比较两个 Employee，然后按名字比较。这里使用了 Comparator 方法 comparing 来创建 Comparator，它对 Employee 调用了 Function byLastName，获得姓氏。对于得到的 Comparator，调用了 Comparator 方法 thenComparing，以创建一个组合式 Comparator，首先按姓氏比较两个 Employee；如果姓氏相同，则再按名字比较它们。第 62 ~ 64 行利用这个新的 lastThenFirst Comparator 按升序排序员工，然后显示结果。第 69 ~ 71 行再次用到了这个 Comparator，但是调用了它的 reversed 方法，表示应按姓氏、名字的降序来排序员工。第 52 ~ 57 行也可以更精简地写成

```
Comparator<Employee> lastThenFirst =
   Comparator.comparing(Employee::getLastName)
         .thenComparing(Employee::getFirstName);
```

```
51      // Functions for getting first and last names from an Employee
52      Function<Employee, String> byFirstName = Employee::getFirstName;
53      Function<Employee, String> byLastName = Employee::getLastName;
54
55      // Comparator for comparing Employees by first name then last name
56      Comparator<Employee> lastThenFirst =
57         Comparator.comparing(byLastName).thenComparing(byFirstName);
58
59      // sort employees by last name, then first name
60      System.out.printf(
61         "%nEmployees in ascending order by last name then first:%n");
62      list.stream()
63         .sorted(lastThenFirst)
64         .forEach(System.out::println);
65
66      // sort employees in descending order by last name, then first name
67      System.out.printf(
68         "%nEmployees in descending order by last name then first:%n");
69      list.stream()
70         .sorted(lastThenFirst.reversed())
71         .forEach(System.out::println);
72
```

```
Employees in ascending order by last name then first:
Jason    Blue     3200.00   Sales
Wendy    Brown    4236.40   Marketing
Ashley   Green    7600.00   IT
James    Indigo   4700.77   Marketing
Luke     Indigo   6200.00   IT
Matthew  Indigo   3587.50   Sales
Jason    Red      5000.00   IT

Employees in descending order by last name then first:
Jason    Red      5000.00   IT
Matthew  Indigo   3587.50   Sales
Luke     Indigo   6200.00   IT
James    Indigo   4700.77   Marketing
Ashley   Green    7600.00   IT
Wendy    Brown    4236.40   Marketing
Jason    Blue     3200.00   Sales
```

图 17.17　按姓氏、名字排序员工

组合 lambda 表达式

java.util.function 包中的许多函数式接口都提供了一些默认方法，可以用它们来组合一些功能。例如，IntPredicate 接口包含三个默认方法：

- and——针对所调用的 IntPredicate 和作为实参接收到的 IntPredicate，用短路求值执行逻辑与操作。
- negate——颠倒所调用的 IntPredicate 的布尔结果。
- or——针对所调用的 IntPredicate 和作为实参接收到的 IntPredicate，用短路求值执行逻辑或操作。

利用这些方法和 IntPredicate 对象，可以组合出更复杂的条件。例如，下面的两个 IntPredicate 都用 lambda 初始化了：

```
IntPredicate even = value -> value % 2 == 0;
IntPredicate greaterThan5 = value -> value > 5;
```

为了找出 IntStream 中大于 5 的偶整数，可以将如下组合 IntPredicate 传递给 IntStream 方法 filter：

```
even.and(greaterThan5)
```

和 IntPredicate 一样，函数式接口 Predicate 所代表的方法，返回的布尔值表明它的实参是否满足某个条件。Predicate 也具有用于组合谓词的方法 and 和 or，以及用于颠倒谓词布尔结果的 negate 方法。

17.12.4　将员工映射成具有唯一姓氏的字符串

前面使用过 map 操作对 int 值执行计算、将 int 值转换成 String 值，以及将 String 值转换成大写形式。图 17.18 中的程序将一种类型(Employee)的对象映射成了另一种类型(String)的对象。第 75 ~ 79 行中的流管道执行如下任务：

- 第 75 行创建了一个 Stream<Employee>。
- 第 76 行利用无界实例方法引用 Employee::getName 作为 map 方法的 Function 实参，将员工映射成姓氏。得到的结果就是一个只包含员工姓氏的 Stream<String>。
- 第 77 行对这个 Stream<String>调用 Stream 方法 distinct ，消除任何重复的结果——所获得的流中只包含了那些不重复的姓氏。
- 第 78 行排序这些姓氏。
- 最后，第 79 行执行终端操作 forEach，处理流管道，并按顺序输出员工姓氏。

第 84 ~ 87 行先按姓氏、后按名字排序员工，然后用 Employee 实例方法 getName(第 86 行)将 Employee 映射成 String，并在一个终端操作 forEach 中显示这些排序后的全名。

```
73        // display unique employee last names sorted
74        System.out.printf("%nUnique employee last names:%n");
75        list.stream()
76            .map(Employee::getLastName)
77            .distinct()
78            .sorted()
79            .forEach(System.out::println);
80
81        // display only first and last names
82        System.out.printf(
83           "%nEmployee names in order by last name then first name:%n");
84        list.stream()
85            .sorted(lastThenFirst)
86            .map(Employee::getName)
87            .forEach(System.out::println);
88
```

```
Unique employee last names:
Blue
Brown
Green
Indigo
Red
```

图 17.18　将 Employee 对象映射成姓氏和全名

```
Employee names in order by last name then first name:
Jason Blue
Wendy Brown
Ashley Green
James Indigo
Luke Indigo
Matthew Indigo
Jason Red
```

图 17.18(续) 将 Employee 对象映射成姓氏和全名

17.12.5 按部门分组员工

前面使用过终端流操作 collect，将一些流元素拼接成一个 String，或者将流元素放入一个 List 集合中。图 17.19 中的程序利用 Stream 方法 collect(第 93 行)，按照部门分组员工。

```
89       // group Employees by department
90       System.out.printf("%nEmployees by department:%n");
91       Map<String, List<Employee>> groupedByDepartment =
92          list.stream()
93              .collect(Collectors.groupingBy(Employee::getDepartment));
94       groupedByDepartment.forEach(
95          (department, employeesInDepartment) -> {
96             System.out.printf("%n%s%n", department);
97             employeesInDepartment.forEach(
98                employee -> System.out.printf("   %s%n", employee));
99          }
100      );
101
```

```
Employees by department:

Sales
   Matthew  Indigo    3587.50   Sales
   Jason    Blue      3200.00   Sales

IT
   Jason    Red       5000.00   IT
   Ashley   Green     7600.00   IT
   Luke     Indigo    6200.00   IT

Marketing
   James    Indigo    4700.77   Marketing
   Wendy    Brown     4236.40   Marketing
```

图 17.19 按部门分组员工

collect 的实参为一个 Collector，它指定了如何将数据汇总成有用的形式。这里的 Collector 是 Collectors 静态方法 groupingBy 所返回的结果，该方法接收的 Function 会分类流中的对象。这个 Function 所返回的值被用作 Map 集合中的键。

当 collect 方法用于这个 Collector 时，其结果就是一个 Map<String, List<Employee>>，其中的 String 键为部门，而 List<Employee>包含该部门中的员工。这个 Map 被赋予了变量 groupedByDepartment，它被用在第 94 ~ 100 行，以显示按部门分组的员工。Map 方法 forEach 对所有的 Map 键/值对执行操作——这里的键为部门，而值为所在部门的员工集合。这个方法的实参为一个对象，它实现了函数式接口 BiConsumer，表示一个不返回结果的双参数方法。对于 Map，第一个参数为键，第二个参数为对应的值。

17.12.6 计算每一个部门的员工数

图 17.20 中的程序再次演示了 Stream 方法 collect 和 Collectors 静态方法 groupingBy 的用法，但这里是计算每一个部门的员工数。此处采用的技术是将分组和聚合操作合并到一个操作里。

```
102        // count number of Employees in each department
103        System.out.printf("%nCount of Employees by department:%n");
104        Map<String, Long> employeeCountByDepartment =
105           list.stream()
106               .collect(Collectors.groupingBy(Employee::getDepartment,
107                  Collectors.counting()));
108        employeeCountByDepartment.forEach(
109           (department, count) -> System.out.printf(
110              "%s has %d employee(s)%n", department, count));
111
```

```
Count of Employees by department:
Sales has 2 employee(s)
IT has 3 employee(s)
Marketing has 2 employee(s)
```

图 17.20 计算每一个部门里的员工数

第 104 ~ 107 行中的流管道生成 Map<String, Long>，其中 String 键为部门名称，对应的 Long 值为该部门中的员工数。这里使用的是 Collectors 静态方法 groupingBy 的双参数版本：

- 第一个参数为一个 Function，它将流中的对象分类。
- 第二个参数为另一个 Collector(被称为下游 Collector)，它用于收集由 Function 分类的对象。

这里的第二个实参为一个对 Collectors 静态方法 counting 的调用。通过这种方法得到的 Collector，计算的是给定类别中元素的个数，而不是将这些元素放入一个 List 中。然后，第 108 ~ 110 行从得到的 Map<String，Long>中输出这些键/值对。

17.12.7 计算员工薪水总和及平均值

前面已经讲过，基本类型元素的流可以通过 mapToObj 方法(位于 IntStream、LongStream 和 DoubleStream 类中)映射成对象流。同样，对象流也可以被映射成 IntStream、LongStream 或者 DoubleStream。图 17.21 中的程序演示了 Stream 方法 mapToDouble(第 116 行，第 123 行，第 129 行)如何将对象映射成 double 值，并返回一个 DoubleStream。这里是将 Employee 对象映射成员工的薪水，以便计算薪水总和及平均值。

```
112        // sum of Employee salaries with DoubleStream sum method
113        System.out.printf(
114           "%nSum of Employees' salaries (via sum method): %.2f%n",
115           list.stream()
116               .mapToDouble(Employee::getSalary)
117               .sum());
118
119        // calculate sum of Employee salaries with Stream reduce method
120        System.out.printf(
121           "Sum of Employees' salaries (via reduce method): %.2f%n",
122           list.stream()
123               .mapToDouble(Employee::getSalary)
124               .reduce(0, (value1, value2) -> value1 + value2));
125
126        // average of Employee salaries with DoubleStream average method
127        System.out.printf("Average of Employees' salaries: %.2f%n",
128           list.stream()
129               .mapToDouble(Employee::getSalary)
130               .average()
131               .getAsDouble());
132     }
133  }
```

```
Sum of Employees' salaries (via sum method): 34524.67
Sum of Employees' salaries (via reduce method): 34525.67
Average of Employees' salaries: 4932.10
```

图 17.21 计算员工薪水总和及平均值

mapToDouble 方法接收的对象实现了函数式接口 ToDoubleFunction(位于 java.util.function 包中),它是一个返回 double 值的单参数方法。第 116 行、第 123 行、第 129 行中,传递给 mapToDouble 方法的是一个无界实例方法引用 Employee::getSalary,将当前员工的薪水作为一个 double 值返回。编译器会将这个方法引用转换成一个单参数的 lambda,对 Employee 实参调用 getSalary 方法。

第 115 ~ 117 行创建了一个 Stream<Employee>,将它映射成一个 DoubleStream,然后调用 DoubleStream 方法 sum,计算员工的薪水总和。第 122 ~ 124 行也是计算薪水总和,但采用的是 DoubleStream 方法 reduce,而不是 sum 方法——注意,第 124 行中的 lambda 也可以用静态方法引用替换:

```
Double::sum
```

Double 类的 sum 方法接收两个 double 值,返回它们的和。

最后,第 128 ~ 131 行利用 DoubleStream 方法 average,计算员工的薪水平均值。如果 DoubleStream 中不包含任何元素,则该方法返回 OptionalDouble。因为我们已经知道这个流中包含元素,所以只需调用 OptionalDouble 方法 getAsDouble,以得到结果。

17.13 根据文件创建 Stream<String>

图 17.22 中的程序利用 lambda 和流来汇总一个文件中每一个单词的出现次数,然后按首字母来分组显示每一个单词的汇总情况。这种操作常被称为语词检索(concordance):

```
http://en.wikipedia.org/wiki/Concordance_(publishing)
```

语词检索经常被用于分析一些作家的作品。例如,针对莎士比亚和克里斯托弗·马洛(Christopher Marlowe,英国戏剧家)及其他作家的语词检索,可以分析他们是否为同一个人。图 17.23 给出了这个程序的输出结果。图 17.22 第 14 行创建了一个正则表达式 Pattern,用于将文本行拆分成单词。模式"\s+"表示一个或者多个连续的空白符——因为在 String 中,"\"代表一个转义序列,所以在正则表达式中必须将"\"写成"\\"。这个程序中,假定要读取的文件不包含标点符号。但是,可以利用 14.7 节中讲解的正则表达式技术,将标点符号删除。

```
1  // Fig. 17.22: StreamOfLines.java
2  // Counting word occurrences in a text file.
3  import java.io.IOException;
4  import java.nio.file.Files;
5  import java.nio.file.Paths;
6  import java.util.Map;
7  import java.util.TreeMap;
8  import java.util.regex.Pattern;
9  import java.util.stream.Collectors;
10
11 public class StreamOfLines {
12    public static void main(String[] args) throws IOException {
13       // Regex that matches one or more consecutive whitespace characters
14       Pattern pattern = Pattern.compile("\\s+");
15
16       // count occurrences of each word in a Stream<String> sorted by word
17       Map<String, Long> wordCounts =
18          Files.lines(Paths.get("Chapter2Paragraph.txt"))
19               .flatMap(line -> pattern.splitAsStream(line))
20               .collect(Collectors.groupingBy(String::toLowerCase,
21                  TreeMap::new, Collectors.counting()));
22
23       // display the words grouped by starting letter
24       wordCounts.entrySet()
25          .stream()
26          .collect(
27             Collectors.groupingBy(entry -> entry.getKey().charAt(0),
28                TreeMap::new, Collectors.toList()))
29          .forEach((letter, wordList) -> {
30             System.out.printf("%n%C%n", letter);
31             wordList.stream().forEach(word -> System.out.printf(
32                "%13s: %d%n", word.getKey(), word.getValue()));
33          });
34    }
35 }
```

图 17.22 计算文本文件中单词的出现次数

```
A
            a: 2
          and: 3
  application: 2
   arithmetic: 1
B
        begin: 1
C
   calculates: 1
 calculations: 1
      chapter: 1
     chapters: 1
  commandline: 1
     compares: 1
   comparison: 1
      compile: 1
     computer: 1
D
    decisions: 1
 demonstrates: 1
      display: 1
     displays: 2
E
      example: 1
     examples: 1
F
          for: 1
         from: 1
H
          how: 2

I
       inputs: 1
     instruct: 1
   introduces: 1
J
         java: 1
          jdk: 1
L
         last: 1
        later: 1
        learn: 1
M
         make: 1
     messages: 2
N
      numbers: 2
O
      obtains: 1
           of: 1
           on: 1
       output: 1
P
      perform: 1
      present: 1
      program: 1
  programming: 1
     programs: 2

R
       result: 1
      results: 2
          run: 1
S
         save: 1
       screen: 1
         show: 1
          sum: 1
T
         that: 3
          the: 7
        their: 2
         then: 2
         this: 2
           to: 4
        tools: 1
          two: 2
U
          use: 2
         user: 1
W
           we: 2
         with: 1
Y
       you'll: 2
```

图 17.23　用三列显示图 17.22 的输出结果

汇总文件中每一个单词的出现次数

第 17～21 行的流管道：

```
Map<String, Long> wordCounts =
   Files.lines(Paths.get("Chapter2Paragraph.txt"))
        .flatMap(line -> pattern.splitAsStream(line))
        .collect(Collectors.groupingBy(String::toLowerCase,
           TreeMap::new, Collectors.counting()));
```

将文本文件 Chapter2Paragraph.txt 中的内容(它位于与该示例文件相同的文件夹下)汇总到一个 Map<String, Long>中，其中的 String 键为文件中的单词，而对应的 Long 值为该单词的出现次数。这个管道执行如下任务：

- 第 18 行调用 Files 方法 lines(Java SE 8 中新增)，从文件读取文本行，返回一个 Stream<String>，包含文件中的每一行。(java.nio.file 包的)Files 类是 Java API 的众多类中的一个，这些类提供的方法都返回 Stream。
- 第 19 行利用 Stream 方法 flatMap，将每一行文本拆分成单词。flatMap 方法接收的 Function 将对象映射成元素流。这里的对象是一个包含单词的 String，而结果就是包含各个单词的 Stream<String>。第 19 行中的 lambda 将表示文本行的 String 传递给 Pattern 方法 splitAsStream(Java SE 8 中新增)，它利用 Pattern 中的正则表达式(第 14 行)将 String 分解成单词。第 19 行的结果就是包含所有文本行中每一个单词的一个 Stream<String>。这个 lambda 也可以替换成方法引用 pattern::splitAsStream。
- 第 20～21 行利用 Stream 方法 collect 计算每一个单词的出现次数，并将单词和它的出现次数放入一个 TreeMap<String, Long>中——TreeMap 会保持它的键的顺序。此处使用的 Collectors 方法 groupingBy 接收三个实参——分类器、Map 工厂和下游 Collector。分类器是一个 Function，它返回的对象作为键用在结果 Map 中——方法引用 String::toLowerCase 会将每一个单词都转换成小写形式。Map 工厂是一个实现了 Supplier 接口的对象，它返回一个新的 Map 集合——这里使用的是构造方法引用 TreeMap::new，它返回的 TreeMap 将键按有序的方式排列。编译器会将构造方法引用转换成一个无参数的 lambda，返回一个新 TreeMap。Collectors.counting()为一个下游 Collector，它确定流中每一个键的出现次数。这个 TreeMap 的键类型为分类器 Function 的返回类型(String)，而它的值类型由下游 Collector 确定——Collectors.counting()返回一个 Long 值。

按首字母分组显示汇总信息

接下来，第 24 ~ 33 行中的流管道按照键的首字母分组 Map wordCounts 中的键/值对：

```
wordCounts.entrySet()
        .stream()
        .collect(
           Collectors.groupingBy(entry -> entry.getKey().charAt(0),
             TreeMap::new, Collectors.toList()))
        .forEach((letter, wordList) -> {
           System.out.printf("%n%C%n", letter);
           wordList.stream().forEach(word -> System.out.printf(
              "%13s: %d%n", word.getKey(), word.getValue()));
        });
```

所得到的新 Map 的键为一个 Character，而对应的值为一个 List，即 wordCounts 中的键/值对，其中的键以 Character 开头。上述语句执行如下任务：

- 首先，需要获得一个用于处理 wordCounts 中键/值对的 Stream。Map 接口中不存在任何返回 Stream 的方法。因此，第 24 行对 wordCounts 调用 Map 方法 entrySet，获得一个包含 Map.Entry 对象的 Set，每一个对象都包含一个来自 wordCounts 的键/值对。这样，就得到了一个 Set<Map.Entry <String，Long>>类型的对象。
- 第 25 行调用 Set 方法 stream，获得一个 Stream<Map.Entry<String，Long>>。
- 第 26 ~ 28 行用三个实参(分类器、Map 工厂和下游 Collector)调用 Stream 方法 collect。这里的分类器 Function 获得来自 Map.Entry 的键，然后利用 String 方法 charAt，获得键中的首字母——它就是结果 Map 中的 Character 键。同样，这里利用了构造方法引用 TreeMap::new 作为 Map 工厂，以创建按有序方式保存键的一个 TreeMap。Collectors.toList()是一个下游 Collector，它将 Map.Entry 对象放入一个 List 集合中。collect 方法的结果就是一个 Map<Character, List<Map.Entry <String，Long>>>。
- 最后，为了按字母显示单词及其出现次数的汇总情况(即语词检索)，第 29 ~ 33 行将一个 lambda 传递给了 Map 方法 forEach。这个 lambda(一个 BiConsumer)接收两个参数——letter 和 wordList 分别表示 Character 键和 List 值，它们是前面的 collect 操作得到的 Map 中的键/值对。这个 lambda 有两条语句，所以必须将它们放在一对花括号中。第 30 行中的语句在单独的一行中显示 Character 键。第 31 ~ 32 行中的语句从 wordList 中获得 Stream<Map.Entry<String, Long>>，然后调用 Stream 方法 forEach，显示每一个 Map.Entry 对象中的键和值。

17.14　随机值流

图 6.7 中的程序展示了如何利用外部迭代(for 循环)和一条 switch 语句，汇总掷六面骰子 60 000 000 次的情况，其中的 switch 语句用于确定应该递增哪一个计数器。然后，利用了额外的语句来执行外部迭代，以显示结果。图 7.7 中的程序重新实现了图 6.7 中的程序的功能，但用一条语句来递增数组中的各个计数器——依然利用了外部迭代来获得 60 000 000 次随机值并汇总最终的结果。这两个程序版本都利用了可变变量来控制外部迭代的操作，并汇总结果。图 17.24 中的程序用一条语句重新实现了上述两个程序的功能，它使用了 lambda、流、内部迭代，没有使用可变变量来掷骰子 60 000 000 次，计算出了骰子每一面的出现次数，并且显示了结果。

性能提示 17.3

与使用(java.util 包的)Random 相比，如果采用 SecureRandom 来得到安全随机数，则性能会大幅降低。所以，运行图 17.24 中的程序时，有可能感觉停滞了——在作者的计算机上，需要 1 分钟多的时间才能完成。为了节省时间，可以使用 Random 类。但是，对于行业应用而言，应当使用安全随机数。在练习题 17.25 中，要求对图 17.24 中的流管道计时；在练习题 23.18 中，需要对并行流管道计时，以查看在多核系统上是否有性能提升。

```
1  // Fig. 17.24: RandomIntStream.java
2  // Rolling a die 60,000,000 times with streams
3  import java.security.SecureRandom;
4  import java.util.function.Function;
5  import java.util.stream.Collectors;
6
7  public class RandomIntStream {
8     public static void main(String[] args) {
9        SecureRandom random = new SecureRandom();
10
11       // roll a die 60,000,000 times and summarize the results
12       System.out.printf("%-6s%s%n", "Face", "Frequency");
13       random.ints(60_000_000, 1, 7)
14             .boxed()
15             .collect(Collectors.groupingBy(Function.identity(),
16                Collectors.counting()))
17             .forEach((face, frequency) ->
18                System.out.printf("%-6d%d%n", face, frequency));
19    }
20 }
```

```
Face  Frequency
1     9992993
2     10000363
3     10002272
4     10003810
5     10000321
6     10000241
```

图 17.24　掷六面骰子 60 000 000 次

SecureRandom 类具有重载方法 ints、longs 和 doubles，它们继承自 Random 类。这些方法分别返回 IntStream、LongStream 和 DoubleStream，表示一个随机数流。每一个方法都具有 4 个重载版本。下面给出的是几个 ints 重载版本——longs 方法和 doubles 方法，分别对 long 值和 double 值的流执行相同的任务：

- ints()——为随机 int 值的无限流(见 17.15 节)创建一个 IntStream。
- ints(long)——用指定数量的随机 int 值创建一个 IntStream。
- ints(int, int)——为半开放范围内的随机 int 值的无限流创建一个 IntStream。半开放范围包含第一个实参值，但不包含第二个实参值。
- ints(long，int，int)——用范围内指定数量的随机 int 值创建一个 IntStream。范围包含第一个实参值，但不包含第二个实参值。

第 13 行使用最后一个 ints 重载版本(17.6 节中讲解过)，创建一个范围为 1 ~ 6、包含 60 000 000 个随机整数值的 IntStream。

将 IntStream 转换成 Stream<Integer>

这个示例中，将骰子每一面的点数作为一个 Integer 键、将点数出现的次数作为一个 Long 值，将它们放入了一个 Map<Integer, Long>中。遗憾的是，Java 不允许集合中出现基本类型值，所以为了分析 Map 中的结果，必须首先将 IntStream 转换成一个 Stream<Integer>。这是通过调用 IntStream 方法 boxed 实现的。

汇总点数的出现次数

第 15 ~ 16 行调用 Stream 方法 collect，将汇总的结果放入一个 Map<Integer, Long>中。Collectors 方

法 groupingBy(第 15 行)的第一个实参为 Function 接口中对静态方法 identity 的调用,它所创建的 Function 只会返回其实参值。这样，就可以让真正的随机值用作 Map 中的键。groupingBy 方法的第二个实参计算每一个键的出现次数。

显示结果

第 17 ~ 18 行调用所获得的 Map 的 forEach 方法，显示汇总结果。这个方法接收的实参对象实现了 BiConsumer 函数式接口。前面说过，对于 Map，第一个参数为键，第二个参数为对应的值。第 17 ~ 18 行中的 lambda 使用参数 face 作为键、使用 frequency 作为值，并且会显示每一种点数及其出现次数。

17.15 无限流

一种数据结构，例如数组或者集合，总是代表有限数量的元素——所有的元素都保存在内存中，而内存容量是有限的。从有限数据结构创建的流，当然也只包含有限数量的元素，本章前面的示例中就是这样的。

可以将惰性求值法用于无限流(infinite stream)，表示不知道数量、可能为无限个的元素。例如，可以定义一个 nextPrime 方法，每次调用它时，都会得到素数序列中的下一个素数。这样，就可以利用这个方法来定义一个无限流，它表示所有的素数。但是，由于在执行终端操作之前，流都是“惰性”的，所以可以利用一些中间操作来限制元素数量，使得终端操作只在这些元素上执行。考虑如下的伪代码流管道：

```
创建一个代表所有素数的无限流
    如果素数小于 10 000
        则显示该素数
```

尽管开始使用的是一个无限流，但只会显示有限数量的素数(小于 10 000 的素数)。

可以利用流接口方法 iterate 和 generate 来创建无限流。对于前面所讨论的素数而言，可以使用这两个方法的 IntStream 版本。

IntStream 方法 iterate

考虑如下的无限流管道：

```
IntStream.iterate(1, x -> x + 1)
         .forEach(System.out::println);
```

IntStream 方法 iterate 会产生一个有序的序列值，其起始值为第一个实参中的种子值(1)。后续的每一个元素，都是将作为第二个实参的 IntUnaryOperator 作用到前一个元素之上得到的。上述管道会得到一个无限序列 1, 2, 3, 4, 5…但它存在一个问题：没有指定需要产生多少个元素。因此，它就是一个无限循环。

限定无限流的元素个数

限定元素个数的一种途径，是利用短路求值终端操作 limit，它能够指定流中元素个数的最大值。如果是无限流，则 limit 能够终止元素的无限生成。因此，如下流管道：

```
IntStream.iterate(1, x -> x + 1)
         .limit(10)
         .forEach(System.out::println);
```

开始时是一个无限流，但是将其元素个数限制为 10，所以它会显示 1 ~ 10 的数。同样，管道：

```
IntStream.iterate(1, x -> x + 1)
         .map(x -> x * x)
         .limit(10)
         .sum()
```

开始时也是一个无限流，但是最后计算的只是整数 1 ~ 10 的平方和。

错误预防提示 17.4

对于使用方法产生无限流的那些流管道，应限制它所产生的元素个数。

IntStream 方法 generate

也可以利用 generate 方法创建无序的无限流，该方法的实参为一个 IntSupplier，表示的方法不带实参，返回一个 int 值。例如，如果有一个名称为 random 的 SecureRandom 对象，则如下流管道会得到并显示 10 个随机整数：

```
IntStream.generate(() -> random.nextInt())
         .limit(10)
         .forEach(System.out::println);
```

它与如下使用 SecureRandom 的无实参 ints 方法等价（见 17.14 节）：

```
SecureRandom.ints()
         .limit(10)
         .forEach(System.out::println);
```

17.16　lambda 事件处理器

12.5.5 节中，讲解过如何利用匿名内部类实现事件处理器。具有一个抽象方法的事件监听器接口，例如 ChangeListener，为函数式接口。对于这样的接口，可以利用 lambda 实现事件处理器。例如，图 12.13 中的如下 Slider 事件处理器：

```
tipPercentageSlider.valueProperty().addListener(
   new ChangeListener<Number>() {
      @Override
      public void changed(ObservableValue<? extends Number> ov,
         Number oldValue, Number newValue) {
         tipPercentage =
            BigDecimal.valueOf(newValue.intValue() / 100.0);
         tipPercentageLabel.setText(percent.format(tipPercentage));
      }
   }
);
```

可以利用 lambda 更精简地表示为

```
tipPercentageSlider.valueProperty().addListener(
   (ov, oldValue, newValue) -> {
      tipPercentage =
         BigDecimal.valueOf(newValue.intValue() / 100.0);
      tipPercentageLabel.setText(percent.format(tipPercentage));
   });
```

对于简单的事件处理器，lambda 可以极大地减少代码数量。

17.17　关于 Java SE 8 接口的更多说明

Java SE 8 接口允许继承方法

函数式接口只能包含一个抽象方法。但是，它还可以包含多个默认方法和静态方法，只要它们是在接口声明中完整定义的即可。例如，Function 接口被大量用在函数式编程中，它具有方法 apply（抽象）、compose（默认）、andThen（默认）和 identity（静态）。

当类实现一个具有默认方法的接口且没有重写这些方法时，这个类就继承了这些默认方法。接口的设计人员可以在不破坏实现了该接口的现有代码的基础上，为它添加新的默认方法和静态方法。例如，Comparator 接口（见 16.7.1 节）可以具有许多默认方法和静态方法，但是实现了该接口的以前的类依然能够在 Java SE 8 中正确地编译和执行。

前面说过，一个类可以实现多个接口。如果某个类实现了两个或者多个彼此不相关的接口，但这些接口提供的默认方法具有相同的签名，则这个类必须重写该方法，否则会导致编译错误。

8

Java SE 8：@FunctionalInterface 注解

程序员创建自己的函数式接口时，应确保它只包含一个抽象方法，但可以具有零个或者多个默认/静态方法。尽管不是强制性要求，将接口声明成函数式接口时，可以在其前面添加一个@Functional-Interface 注解。这样，编译器就可以确保该接口只包含一个抽象方法，否则就会出现编译错误。

17.18 小结

本章讲解了 lambda、流及函数式接口。并且给出了多个示例，它们用简单的方式实现了前几章的程序中的任务。

我们探讨了如何处理 IntStream 中的元素——int 值流。创建了一个表示闭域中的 int 值的 IntStream，然后利用中间和终端流操作来创建并处理流管道，以获得结果。本章利用 lambda 来创建实现了函数式接口的匿名方法，并将这些 lambda 传递给流管道中的方法，为流元素指定处理步骤。本章还根据 int 数组创建了一些 IntStream。

本章探讨了如何将流的中间处理步骤应用到每一个元素，展示了如何将 forEach 终端操作用于每一个流元素。我们利用了聚合操作来计算流元素的个数、确定最大/最小值、计算它们的和及平均值。还利用了 reduce 方法来创建自己的聚合操作。

本章使用了中间操作来过滤匹配谓词的元素，并将这些元素映射成新值——这些操作得到的中间流，可以对其进行其他处理。还讲解了按升序或者降序排序元素，以及如何根据多个字段来排序对象。

本章演示了利用 Collectors 类中各种预定义的 Collector 实现方法，将流管道的结果保存到集合中。还可以利用 Collector 将元素按类别分组。

有各种各样的类可用来创建流数据源。例如，利用 Files 方法 lines，可以将文件中的文本行读入 Stream<String>中；利用 SecureRandom 方法 ints，可以得到一个包含随机值的 IntStream。还讲解了如何将 IntStream(通过 boxed 方法)转换成 Stream<Integer>，以便利用 Stream 方法 collect 来汇总 Integer 值的出现次数，并将结果保存在一个 Map 中。

本章介绍了无限流，以及如何限制它所产生的元素个数。利用 lambda，可以实现事件处理函数式接口。最后讲解的是一些关于 Java SE 8 接口和流的更多内容。下一章中，将讲解递归编程，让方法直接或者间接地调用自身。

总结

17.1 节 简介

- Java SE 8 中增加了 lambda 和流——函数式编程中的重要技术。
- 利用 lambda 和流，可更快地编写程序，使程序更小、更精简，且不易出错。

17.2 节 流和聚合

- 在计数器控制循环中，通常需要确定希望完成的目标是什么，然后才能用一个 for 循环精确地指定如何实现这个目标。

17.2.1 节 使用 for 循环计算 1～10 的整数和

- 利用外部迭代，可以指定迭代的所有细节。

17.2.2 节 对于 for 循环使用外部迭代容易出错

- 每一次循环，外部迭代都会改变变量的值。
- 只要编写的代码涉及变量值的改动，都有可能导致错误发生。

17.2.3 节 使用流和聚合计算和值

- (java.util.stream 包的)IntStream 类中定义的方法，可用来替代计数器控制循环。

- 流就是一个元素序列，可对它执行一些任务。
- 流管道会使流元素在任务序列(或者处理步骤)中移动。
- 流管道通常以一个创建流的方法调用开头——被称为数据源。
- IntStream 静态方法 rangeClosed 所创建的 IntStream，包含一组闭域值——方法的两个实参值都位于结果元素之内。
- IntStream 方法 range，其结果中只包含第一个实参值，不包含第二个实参值。
- IntStream 的 sum 实例方法返回流中所有 int 值的和。
- sum 方法执行聚合操作——将一些值汇总成一个值。其他预定义的聚合操作包括 count、min、max、average 和 summaryStatistics。还存在一个用于自定义聚合操作的 reduce 方法。
- 终端操作会发起流管道的处理过程，并会得到一个结果。
- IntStream 方法 sum 就是一个终端操作，它得到流元素的和。

17.2.4 节　内部迭代

- 在内部，不必声明和使用任何会随时变化的变量，IntStream 知道如何迭代遍历元素。这被称为内部迭代，因为 IntStream 会处理所有的迭代细节——函数式编程的重要理念。
- 只要习惯了这种内部迭代，流管道代码就可以更容易地理解。

17.3 节　映射和 lambda

- 大多数流管道会包含一些中间操作，它们指定的任务用于处理流元素，然后在终端操作得到结果。
- 映射型的中间操作可将流元素转换成一个新值。得到的结果是一个具有相同数量元素的流，元素值为转换后的结果。有时，映射后的元素类型会与原始流元素的类型不同。
- IntStream 方法 map 接收的实参为一个对象，它代表一个具有单参数且返回一个结果的方法。
- 对于流中的每一个元素，map 会调用作为实参传递给它的那个方法，并会将当前的流元素传递给它。这个方法的返回值成为 map 方法返回的新流的一部分。

17.3.1 节　lambda 表达式

- 有许多中间操作和终端操作，其实参都是方法，且通常都是作为 lambda 表达式实现的。
- lambda 表达式代表一个匿名方法——没有名称的方法。
- 利用 lambda 表达式创建的方法，可以将其当成数据。lambda 表达式可以作为实参传递给其他方法、赋予变量以供后面使用，还可以让方法返回 lambda 表达式。

17.3.2 节　lambda 语法

- lambda 的组成为一个参数表，后接一个箭头(->)和一个表达式体：

  (参数表)-> {语句}
- 位于花括号中的语句块可以包含一条或者多条语句。
- 编译器会根据 lambda 所处的环境推断出返回类型。
- 和方法声明相同，lambda 的参数也是在一个逗号分隔的列表中指定的。
- 通常可以省略 lambda 的参数类型。这时，编译器会根据 lambda 所在的环境，推断参数类型及它的返回类型。
- 如果表达式体中只包含一个表达式，则可以省略 return 关键字、花括号对及分号。这时，lambda 会隐式地返回表达式的值。
- 如果参数表中只包含一个参数，则可以省略括号。
- 为了定义一个具有空参数表的 lambda，只需在箭头左边放置一对空括号即可。

17.3.3 节　中间操作和终端操作

- 中间操作采用的是惰性求值法——每一个中间操作的结果都是一个新的流对象，而且在调用终端操作得到结果之前，不会对流元素进行任何处理。这样，就使得库的开发人员能够优化那些与流处理有关的性能。

- 终端操作是“急切”的——调用它时，就会执行所请求的操作。

17.4 节 过滤

- 另一种常见的中间流操作是过滤元素，以挑选满足某个条件的元素。其中的条件被称为谓词。
- IntStream 方法 filter 接收的实参，是一个带有一个参数的方法，且该方法返回一个布尔结果。对于某个给定的元素，如果结果为真，则将该元素包含在结果流中。
- 执行终端操作时，由中间操作指定的处理步骤会被用于每一个流元素。

17.5 节 元素如何在流管道中移动

- 这些新流就是一个代表所有处理步骤中的对象，它指明流管道中某个特定的点。
- 将这些中间操作串联起来，就可以使全部处理步骤都在每一个流元素上得以执行。
- 流管道中最后一个流对象包含了所有的处理步骤。
- 对流管道执行终端操作时，在将中间操作的处理步骤用于下一个流元素之前，它们会被用于某个指定的流元素。

17.6 节 方法引用

- 能够使用 lambda 的地方，都可以通过方法引用来使用方法名称——编译器会将方法引用转换成合适的 lambda 表达式。
- 当 lambda 只是用来调用对应的方法时，就可以采用方法引用。

17.6.1 节 创建随机值的 IntStream

- SecureRandom 类的 ints 方法返回一个包含随机数的 IntStream。

17.6.2 节 使用 forEach 和方法引用对流元素执行任务

- IntStream 方法 forEach(一个终端操作)对每一个流元素执行一项任务。
- forEach 方法接收的实参为一个方法，该方法带有一个参数，并利用该参数的值执行任务。
- 方法引用是调用指定方法的 lambda 表达式的简写形式。
- objectName::instanceMethodName 形式的方法引用为一个有界实例方法引用，它表明“::”左边的对象，必须用来调用“::”右边的实例方法。编译器会将方法引用转换成一个单参数的 lambda，其中的 lambda 体会对指定的对象调用这个方法，传递的实参为当前的流元素。

17.6.3 节 使用 mapToObj 将整数映射成 String 对象

- IntStream 方法 map 会返回另一个 IntStream。
- IntStream 方法 mapToObj 会将 int 值映射成一个引用类型元素的流。
- 静态方法引用具有形式 ClassName::staticMethodName，编译器会将它转换成一个单参数的 lambda，它会对指定的类调用这个方法，传递的实参为当前的流元素。
- Stream 终端操作 collect 可用来拼接 String 流元素。collect 方法是一种聚合形式，因为它只返回一个对象。

17.6.4 节 将 String 与 collect 拼接

- 流的终端操作 collect，其实参为一个集合器对象，它指定了如何将流的元素变成一个对象。
- 由 Collectors 静态方法 joining 返回的预定义集合器，将流元素拼接成一个 String 表示，两个元素之间用 joining 方法的实参分隔开。然后，collect 方法返回所得到的 String。

17.7 节 IntStream 操作

- LongStream 和 DoubleStream 分别处理 long 类型和 double 类型的流值。

17.7.1 节 创建 IntStream 并显示它的值

- IntStream 静态方法 of 接收一个 int 类型的数组实参，返回的 IntStream 对象用于处理数组值。

- 只要流管道用终端操作进行了处理，就不能再使用这个流了，因为它无法维持原始数据源。

17.7.2 节 终端操作 count、min、max、sum 和 average

- IntStream 方法 count 返回流中所包含的元素个数。
- IntStream 方法 min 返回一个(java.util 包的)OptionalInt 对象，包含流中最小的 int 值。
- 对于某些流，有可能不包含任何元素。所返回的 OptionalInt 使 min 方法在流至少包含一个元素的情况下，能够返回最小值。
- 如果存在值，则 OptionalInt 的 getAsInt 方法获得这个值；否则，会抛出 NoSuchElementException 异常。
- IntStream 方法 max 返回的 OptionalInt，可能包含流中最大的 int 值。
- IntStream 方法 average 返回的 OptionalDouble(位于 java.util 包中)，可能包含流中 int 值的平均值，其类型为 double。如果存在值，则 OptionalDouble 的 getAsDouble 方法获得这个值；否则会抛出 NoSuchElementException 异常。
- IntStream 方法 summaryStatistics 对 IntStream 的元素一次性执行 count、min、max、sum 和 average 操作，返回的这些结果是一个(java.util 包的) IntSummaryStatistics 对象。

17.7.3 节 终端操作 reduce

- 利用 IntStream 的 reduce 方法，可以自定义聚合操作。
- reduce 的第一个实参是该运算的标识值——当与任何流元素(通过第二个实参中的 lambda 表达式)组合在一起时，能够得到该元素的原始值的那一个值。
- reduce 方法的第二个实参为一个接收两个 int 值的方法(这两个值分别表示一个二元运算的左操作数和右操作数)，该方法利用这两个值执行某种计算并返回结果。
- 单实参的 reduce 方法返回一个 OptionalInt，如果流中包含元素，则包含结果。开始时，单实参的 reduce 方法不会用标识值和流中的第一个元素进行聚合操作，而是使用流中的前两个元素。
- 使用流管道时，可以将其中的处理步骤分解成多个易于理解的任务。

17.7.4 节 排序 IntStream 值

- IntStream 的中间操作 sorted 会将流元素默认按升序排序。

17.8 节 函数式接口

- 函数式接口只能包含一个抽象方法。这样的接口也被称为单一抽象方法(SAM)接口。
- 所谓的“纯函数”只与它的参数相关，不会有什么坏的影响，且不会维持任何状态。
- 纯函数为函数式接口的一种实现形式，通常被定义成 lambda。
- java.util.function 包中具有多个函数式接口。

17.9 节 lambda：深入探究

- 任何需要函数式接口的地方都可以使用 lambda 表达式。
- 通常而言，Java 编译器能够根据 lambda 所在的环境，推断出 lambda 参数的类型及它的返回类型。这是由 lambda 的目标类型决定的，也就是函数式接口的类型，即代码中出现 lambda 表达式的地方所期望的类型。
- 与方法不同，lambda 本身不具有作用域。
- 引用所包含方法的局部变量的 lambda(lambda 的静态作用域)被称为捕获式 lambda。编译器会获取局部变量的值，并将它与该 lambda 一起保存，以便当进行 lambda 运算时，能够用到这个值。
- 在静态作用域里由 lambda 引用的局部变量，必须是 final 类型或者 effectively final 类型。
- 如果某个局部变量在被声明和初始化之后，使用该变量的方法没有改变该变量的值，则编译器就可以推断出这个变量能够被声明成 final 类型。这样的变量就是 effectively final 变量。

17.10 节　Stream<Integer>操作

- 流可以针对引用类型的对象执行任务。
- Arrays 方法 asList 可以创建数组的一个 List 视图。

17.10.1 节　创建 Stream<Integer>

- Arrays 方法 stream 可根据对象数组创建一个 Stream。
- (java.util.stream 包的)Stream 接口是一个可以对任何引用类型执行流操作的泛型接口。
- Arrays 类还提供了几个 stream 方法的重载版本，可从 int、long 和 double 数组(或者数组内某个范围内的元素)分别创建 IntStream、LongStream 和 DoubleStream。

17.10.2 节　排序 Stream 并收集结果

- 处理流时，通常需要新创建一些包含处理结果的集合，以供后面的操作。为此，可以利用 Stream 的终端操作 collect。
- collect 方法会执行一个动态聚合操作，创建 List、Map 或者 Set，并会将流管道的结果放入集合中。
- 动态聚合操作 toArray 将结果放入一个 Stream 元素类型的新数组中。
- (java.util.stream 包的)Collector 指定了如何执行动态聚合操作。
- (java.util.stream 包的)Collectors 类提供的几个静态方法，返回的是预定义的 Collector 实现结果。
- Collectors 方法 toList 返回的 Collector，会将流元素放入一个 List 中。

17.10.3 节　过滤 Stream 并保存结果

- Stream 方法 filter 的 lambda 实参，实现了(java.util.function 包的)函数式接口 Predicate，代表一个返回布尔值的单参数方法，表明参数值是否满足该谓词的条件。

17.10.5 节　排序以前收集的结果

- List 方法 stream 可以根据集合创建一个 Stream。

17.11.1 节　将 String 映射成大写形式

- Stream 方法 map 接收的实参为一个对象，它实现了函数式接口 Function。这个接口表示用参数执行任务并返回结果的一个单参数方法。
- 无界实例方法引用具有形式 ClassName::instanceMethodName。编译器会将它转换成一个单参数的 lambda，该 lambda 会对它的参数调用实例方法，且该参数必须为 ClassName 类型。

17.11.2 节　过滤 String 并以大小写不敏感的升序排序

- Stream 方法 sorted 的重载版本接收一个 Comparator，它所定义的 compare 方法将第一个实参与第二个实参相比较，如果前者小于后者，则返回一个负值；二者相等，返回 0；否则，返回一个正值。
- 默认情况下，sorted 方法会使用所比较对象类型的自然顺序。如果传递的是预定义的 Comparator String.CASE_INSENSITIVE_ORDER，则执行的是大小写不敏感的排序操作。

17.11.3 节　过滤 String 并以大小写不敏感的降序排序

- 函数式接口 Comparator 包含默认方法 reversed，它会颠倒排序的顺序。

17.12.1 节　创建并显示 List<Employee>

- Stream 方法 forEach，其实参为一个实现了 Consumer 函数式接口的对象，该接口表示一个需要对流中的每一个元素执行的动作——所对应的方法需接收一个实参，且返回 void。

17.12.2 节　过滤薪水在指定范围内的员工

- 可以将一个 lambda 保存在变量中，以供后面使用。
- Comparator 接口的静态方法 comparing 接收的 Function 对实参执行任务并返回结果。由 comparing 方法返回的 Comparator 会对两个流元素调用它的 Function 实参，然后返回一个结果：如果第一个实参值小于第二个，则返回一个负值；二者相等，返回 0；否则，返回一个正值。

- 惰性求值法的一种性能特性是具备短路求值法的能力——只要得到了所期望的结果，就会停止处理流管道。
- Stream 方法 findFirst 是一种短路求值终端操作——处理流管道时，只要在流的中间操作中找到了第一个对象，就终止对流的处理。
- findFirst 方法返回一个包含所找到对象的 Optional（如果该对象存在）。Optional 方法 get 返回所匹配的对象，否则会抛出 NoSuchElementException 异常。

17.12.3 节　使用多个字段排序员工

- 利用默认方法 thenComparing 可以组合多个 Comparator。
- java.util.function 包中的许多函数式接口都提供了一些默认方法，可以用它们来组合一些功能。
- IntPredicate 接口的默认方法 and 针对所调用的 IntPredicate 和作为实参接收到的 IntPredicate，用短路求值执行逻辑与操作。
- IntPredicate 接口的默认方法 negate 颠倒所调用的 IntPredicate 的布尔结果。
- IntPredicate 接口的默认方法 or 针对所调用的 IntPredicate 和作为实参接收到的 IntPredicate，用短路求值执行逻辑或操作。
- Predicate 接口所代表的方法返回的布尔值表明它的对象实参是否满足某个条件。Predicate 也具有用于组合谓词的方法 and 和 or，以及用于颠倒谓词布尔结果的 negate 方法。

17.12.4 节　将员工映射成具有唯一姓氏的字符串

- Stream 方法 distinct 可消除流中的重复元素。

17.12.5 节　按部门分组员工

- Collectors 静态方法 groupingBy 所返回的 Collector，接收的 Function 会分类流中的对象。这个 Function 所返回的值被用作 Map 集合中的键。
- Map 方法 forEach 对每一个 Map 中的键/值对执行操作。这个方法的实参为一个对象，它实现了函数式接口 BiConsumer，表示一个不返回结果的双参数方法。对于 Map，第一个参数为键，第二个参数为对应的值。

17.12.6 节　计算每一个部门的员工数

- 具有双实参的 Collectors 静态方法 groupingBy 接收的 Function 会分类流中的对象，而另一个 Collector（被称为下游 Collector）用于收集由 Function 分类的对象。
- Collectors 静态方法 counting 计算的是给定类别中元素的个数，而不是将这些元素放入一个 List 中。

17.12.7 节　计算员工薪水总和及平均值

- Stream 方法 mapToDouble 将对象映射成 double 值，并返回一个 DoubleStream。
- mapToDouble 方法接收一个（java.util.function 包的）ToDoubleFunction，表示一个返回 double 值的单参数方法。
- DoubleStream 方法 average 在 DoubleStream 不包含任何元素时返回一个 OptionalDouble。

17.13 节　根据文件创建 Stream<String>

- Files 方法 lines 创建的 Stream<String>，用于从文件读取文本行。
- Stream 方法 flatMap 接收的 Function 将对象映射成一个流。例如，将一行文本映射成一个包含各个单词的流。
- Pattern 方法 splitAsStream 利用正则表达式拆分字符串。
- 三个实参的 Collectors 方法 groupingBy，其实参分别为分类器、Map 工厂和下游 Collector。分类器 Function 返回的对象被用作结果 Map 中的键。Map 工厂是一个实现了 Supplier 接口的对象，它返回一个新的 Map 集合。下游 Collector 决定了如何收集每一个组中的元素。

- Map 方法 entrySet 返回一个 Map.Entry 对象的 Set，它包含来自 Map 的键/值对。
- Set 方法 stream 返回的流用于处理 Set 元素。

17.14 节　随机值流

- SecureRandom 类的 ints、longs 和 doubles 方法(继承自 Random 类)，分别对随机数流返回一个 IntStream、LongStream 和 DoubleStream。
- 没有实参的 ints 方法为随机 int 值的无限流创建一个 IntStream。无限流为一种无法知道元素个数的流——可以利用短路求值终端操作来完成对无限流的处理。
- 具有 long 类型实参的 ints 方法用指定数量的随机 int 值创建一个 IntStream。
- 具有两个 int 类型的实参的 ints 方法用范围内指定数量的随机 int 值创建一个无限流的 IntStream。范围包含第一个实参值，但不包含第二个实参值。
- 具有一个 long 类型和两个 int 类型的实参的 ints 方法，用范围内指定数量的随机 int 值创建一个 IntStream。范围包含第一个实参值，但不包含第二个实参值。
- 为了将 IntStream 转换成 Stream<Integer>，可以调用 IntStream 方法 boxed。
- Function 静态方法 identity 创建的 Function 会返回它的实参值。

17.15 节　无限流

- Java 的流接口还支持那些表示不知道数量、可能有无限个元素的数据源。它们被称为无限流。
- IntStream 方法 iterate 会产生一个有序的序列值，其起始值为第一个实参中的种子值。后续的每一个元素都是将作为第二个实参的 IntUnaryOperator 作用到前一个元素之上得到的。
- 限定元素个数的一种途径是利用短路求值终端操作 limit，它能够指定流中元素个数的最大值。
- 也可以利用一个接收 IntSupplier 的 generate 方法，创建无序的无限流。IntSupplier 接口表示的方法不带实参，返回一个 int 值。

17.16 节　lambda 事件处理器

- 有些事件监听器接口是函数式接口。对于这样的接口，可以利用 lambda 实现事件处理器。对于简单的事件处理器，lambda 可以极大地减少代码数量。

17.17 节　关于 Java SE 8 接口的更多说明

- 函数式接口只能包含一个抽象方法。但是，它还可以包含多个默认方法和静态方法，只要它们是在接口声明中完整定义的即可。
- 当类实现一个具有默认方法的接口且没有重写这些方法时，这个类就继承了这些默认方法。接口的设计人员可以在不破坏实现了该接口的现有代码的基础上，为它添加新的默认方法和静态方法。
- 如果某个类从两个接口继承了同一个默认方法，则这个类必须重写该方法，否则会导致编译错误。
- 程序员创建自己的函数式接口时，应确保它只包含一个抽象方法，但可以具有零个或者多个默认/静态方法。
- 将接口声明成函数式接口时，可以在其前面添加一个@FunctionalInterface 注解。这样，编译器就可以确保该接口只包含一个抽象方法，否则就会出现编译错误。

自测题

17.1 填空题。

a) lambda 表达式实现了________。

b) 利用________迭代，库就能够确定如何访问集合中的所有元素，以执行任务。

c) 函数式程序更容易被________(即可以同步执行多项操作)，从而可以利用多核体系来强化性能。

d) 函数式接口________的实现包含两个 T 实参，对它们执行某种操作(如进行计算)，并返回 T 类型的一个值。
e) 函数式接口________的实现包含一个 T 实参并返回一个布尔值，测试 T 实参是否满足某种条件。
f) ________表示一个匿名方法——为实现函数式接口提供了一种简短的记法。
g) 中间流操作是________，在调用终端操作之前，它会一直执行。
h) 终端流操作________对流中的每一个元素执行处理过程。
i) ________lambda 使用来自 lambda 静态作用域的局部变量。
j) 惰性求值法的一种性能特性是具备________的能力——只要得到了所期望的结果，就会停止处理流管道。
k) 对于 Map，BiConsumer 的第一个参数为________，第二个参数为对应的________。

17.2 判断下列语句是否正确。如果不正确，请说明理由。
a) 任何需要函数式接口的地方，都可以使用 lambda 表达式。
b) 终端操作是“惰性”的——调用它时，就会执行所请求的操作。
c) reduce 方法的第一个实参被称为标识值——当与任何流元素(通过 IntBinaryOperator)组合在一起时，能够得到该元素的原始值的那一个值。例如，当与某个元素相加时，标识值就是 1；与某个元素相乘时，标识值为 0。
d) Stream 方法 findFirst 是一种处理流管道的短路终端操作，只要找到了第一个对象，就终止对流的处理。
e) Stream 方法 flatMap 接收的 Function 将流映射成一个对象。例如，对象可以是一个包含单词的 String，而结果就是包含各个单词的 Stream<String>。
f) 当类实现一个具有默认方法的接口且重写了这些方法时，这个类就继承了这些默认方法。接口的设计人员可以在不破坏实现了该接口的现有代码的基础上，为它添加新的默认方法和静态方法。

17.3 为如下每一项任务编写 lambda 或者方法引用。
a) 编写一个 lambda，使它能够利用一个 IntConsumer 参数传递给方法。这个 lambda 需显示它的实参值，后接一个空格。
b) 编写一个方法引用，替换如下的 lambda：

```
(String s) -> {return s.toUpperCase();}
```

c) 编写一个无实参的 lambda，隐式地返回字符串“Welcome to lambdas!”。
d) 为 Math 方法 sqrt 编写一个方法引用。
e) 创建一个单参数的 lambda，它返回实参的立方值。

自测题答案

17.1 a) 函数式接口。b) 内部。c) 并行化。d) BinaryOperator<T>。e) Predicate<T>。f) lambda 表达式。g) 惰性的。h) forEach。i) 捕获式。j) 短路求值。k) 键，值。

17.2 a) 正确。b) 错误。终端操作是“急切”的——调用它时，就会执行所请求的操作。c) 错误。当与某个元素相加时，标识值就是 0；与某个元素相乘时，标识值为 1。d) 正确。e) 错误。Stream 方法 flatMap 接收的 Function，将对象映射成元素流。f) 错误。应为“没有重写”，而不是“重写”。

17.3 答案如下。

a)
```
value -> System.out.printf("%d ", value)
```
b)
```
String::toUpperCase
```
c)
```
() -> "Welcome to lambdas!"
```
d)
```
Math::sqrt
```
e)
```
value -> value * value * value
```

练习题

17.4 填空题。

a) 根据流源、中间操作及终端操作的结果，可以得到________流。

b) 下面的代码利用了________迭代技术。

```
1  int sum = 0;
2
3  for (int counter = 0; counter < values.length; counter++) {
4     sum += values[counter];
5  }
```

c) 函数式编程，关注的是________——不会修改所处理的数据源，也不会改变任何程序状态。

d) 函数式接口________的实现包含一个 T 实参并返回 void，对 T 实参执行某种操作，例如输出对象，对该对象调用某个方法，等等。

e) 函数式接口________的实现不包含实参并返回一个 T 类型的值——它经常用于创建一个集合对象，其元素为流操作的结果。

f) 流是实现了 Stream 接口的对象，并可对元素________执行函数式编程任务。

g) 中间流操作________得到的流，只包含满足某个条件的元素。

h) ________会将流管道的处理结果放入一个集合中，例如 List、Map 或者 Set。

i) 对 filter 或其他中间流操作的调用，是“惰性”的——在遇到“急切”的________操作之前，它们不会执行。

j) Pattern 方法________利用正则表达式拆分字符串，并得到一个流。

k) 函数式接口只能包含一个________方法。但是，它还可以包含多个________方法和静态方法，只要它们是在接口声明中完整定义的即可。

17.5 判断下列语句是否正确。如果不正确，请说明理由。

a) 中间操作指定的任务对流元素进行操作。这种做法是高效率的，因为它避免了创建新流。

b) 聚合操作处理流中的所有值，并将它们转换成一个新流。

c) 如果需要一个 int 值的有序序列，则可以创建一个 IntStream，使其包含调用 IntStream 方法 range 和 rangeClosed 所得到的值。这两个方法都带有两个 int 实参，表示值的范围。rangeClosed 方法得到的值序列只包含第一个实参值，不包含第二个实参值。range 方法得到的值序列包含两个实参值。

d) (java.nio.file 包的) Files 类是 Java API 中众多类中的一个，这些类提供的方法都强化了对 Stream 的支持。

e) Map 接口中不存在任何返回 Stream 的方法。

f) Function 接口具有方法 apply (抽象)、compose (抽象)、andThen (默认) 和 identity (静态)。

g) 如果某个类从两个接口继承了同一个默认方法，则这个类必须重写该方法，否则编译器无法知道应该使用哪一个方法，所以会导致编译错误。

17.6 为如下每一项任务编写 lambda 或者方法引用。

a) 编写一个 lambda 表达式，接收两个 double 参数 a 和 b，返回它们的乘积。采用的 lambda 形式必须明确地给出每一个参数的类型。

b) 重写上面的 lambda 表达式，但是不给出每一个参数的类型。

c) 重写上面的 lambda 表达式，采用的 lambda 形式必须隐式地返回 lambda 体表达式的值。

d) 编写一个无实参的 lambda，隐式地返回字符串 “Welcome to lambdas!”。

e) 为 ArrayList 类编写一个构造方法引用。

f) 将 lambda 用作事件处理器，重新实现如下语句：

```
1  slider.valueProperty().addListener(
2     new ChangeListener<Number>() {
3        @Override
4        public void changed(ObservableValue<? extends Number> ov,
5           Number oldValue, Number newValue) {
6           System.out.printf("The slider's new value is %s%n", newValue);
7        }
8     }
9  );
```

17.7 下列流管道中存在什么错误？

```
1  list.stream()
2      .filter(value -> value % 2 != 0)
3      .sum()
```

17.8 假设如下的 list 为一个 List<Integer>，详细解释如下流管道的用途。

```
1  list.stream()
2      .filter(value -> value % 2 != 0)
3      .reduce(0, Integer::sum)
```

17.9 假设如下的 random 为一个 SecureRandom 对象，详细解释如下流管道的用途。

```
1  random.ints(1000000, 1, 3)
2        .boxed()
3        .collect(Collectors.groupingBy(Function.identity(),
4           Collectors.counting()))
5        .forEach((side, frequency) ->
6           System.out.printf("%-6d%d%n", side, frequency));
```

17.10 **(统计文件中的字符个数)** 修改图 17.22 中的程序，统计文件中每一个字符的出现次数。

17.11 **(统计目录下的文件类型)** 15.3 节中，讲解过如何获取磁盘上有关文件和目录的信息。此外，还使用了 DirectoryStream 来显示目录的内容。现在，DirectoryStream 接口已经包含了一个默认方法 entries，它返回一个 Stream。利用 15.3 节中讲解的技术、entries 方法、lambda 及流，统计某个目录下的文件类型。

17.12 **(处理 Stream<Invoice>)** 利用包含本章示例文件 exercises 文件夹下的 Invoice 类，创建一个 Invoice 对象的数组。使用图 17.25 中给出的样本数据。Invoice 类包含 4 个实例变量：partNumber(部件编号，String 类型)，partDescription(部件描述，String 类型)，quantity(要采购的部件数量，int 类型)，pricePerItem(部件单价，double 类型)，还包含与这些变量相对应的 get 方法。对 Invoice 对象数组执行下列查询并显示结果。

a) 利用流按 partDescription 排序对象，并显示结果。

b) 利用流按 pricePerItem 排序对象，并显示结果。

c) 利用流将每一个 Invoice 对象映射成对应的 partDescription 和 quantity，按 quantity 排序并显示结果。

d) 利用流将每一个 Invoice 映射成它的 partDescription 和 Invoice 的值(即 quantity × pricePerItem)。根据 Invoice 值排序结果。

e) 修改上面的答案，选择范围在 200 ~ 500 美元的 Invoice 值。

f) 找出一个 Invoice，其 partDescription 中包含单词“saw”。

部件编号	部件描述	数　量	单　价
83	Electric sander	7	57.98
24	Power saw	18	99.99
7	Sledge hammer	11	21.50
77	Hammer	76	11.99
39	Lawn mower	3	79.50
68	Screwdriver	106	6.99
56	Jig saw	21	11.00
3	Wrench	34	7.50

图 17.25　练习题 17.12 的样本数据

17.13 **(删除重复的单词)**编写一个程序，从用户处输入一个句子(假设没有标点符号)，然后确定并显示按字母顺序排列的不重复的单词。不区分字母的大小写。

17.14 **(排序字母并删除重复的字母)**编写一个程序，它将 30 个随机字母插入到一个 List<Character>中。执行如下操作并显示结果。

a) 按升序排序这个 List。

b) 按降序排序这个 List。

c) 按升序显示删除了重复值的 List。

17.15 **(流的性能)**根据图 17.7 中的流管道，回答如下问题。

a) filter 操作调用了它的 lambda 实参多少次?

b) map 操作调用了它的 lambda 实参多少次?

c) 如果将流管道中的 filter 操作和 map 操作对调，则 map 操作会调用它的 lambda 实参多少次?

17.16 **(过滤和排序 IntStream)**利用 SecureRandom 方法 ints，得到 50 个 1 ~ 999 范围内的随机流，然后过滤这些流元素，只选择其中的奇数，并按升序显示结果。

17.17 **(按部门计算员工的平均薪水值)**修改 17.12 节中的 Stream<Employee>示例，利用流按部门显示员工的平均薪水值。

17.18 **(计算 2 ~ 10 范围内偶整数三倍值的和)**图 17.7 中的程序，计算了 2 ~ 10 范围内偶整数三倍值的和。在一个流管道中同时使用了 filter 和 map。只利用 map，重新实现图 17.7 中的流管道(与图 17.4 中的程序类似)。

17.19 **(用 IntStream 计算班级平均成绩)**图 4.8 和图 4.10 中，分别演示了如何利用计数器控制循环和标记控制循环来计算班级平均成绩。创建一个程序，它读取整数成绩并将它们保存在一个 ArrayList 中，然后利用流来执行平均成绩的计算。

17.20 **(将整数成绩映射成字母成绩)**创建一个成绩，它读取整数成绩并将它们保存在一个 ArrayList 种，然后利用流来显示与它们等价的字母成绩(A, B, C, D 或者 F)。

17.21 **(计算二维数组中的平均成绩)**图 7.19 中定义了一个 10 × 3 的二维数组，表示 10 名学生在 3 次考试中的成绩。利用流管道，计算全部成绩的平均值。这里，需利用 Stream 方法 of，根据二维数组创建一个流；利用 Stream 方法 flatMapToInt，将每一行映射成一个 int 值流。

17.22 **(计算二维数组中的平均成绩)**图 7.19 中定义了一个 10 × 3 的二维数组，表示 10 名学生在 3 次考试中的成绩。利用流来计算每一位学生的平均成绩。

17.23 **(找出具有指定姓氏的第一个人)**创建一个 Person 对象的集合，它们都具有 firstName(名字)和 lastName(姓氏)属性。利用流，找出姓氏为 Jones 的第一个 Person 对象。应确保集合中有多个 Person 具有 Jones 姓氏。

17.24 **(素数的无限流)**利用一个整数无限流，显示前 n 个素数，n 是由用户输入的一个值。

17.25 **(计算掷骰子 60 000 000 次所花费的时间)**图 17.24 中所实现的流管道，利用 SecureRandom 方法 ints 方法产生的值，掷骰子 60 000 000 次。java.time 包中的 Instant 和 Duration 类型，可以用来获取处理流管道前后所处的时间，然后可以计算出两个 Instant 的差值，以得出所花费的总时间。利用 Instant 的静态方法 now 取得当前时间。为了确定两个 Instant 之间的差，需利用 Duration 类的静态方法 between，它返回的 Duration 对象包含差值。Duration 的方法 toMillis 返回的是毫秒数。利用这些计时技术，计算流管道操作所花费的时间。然后，利用 java.util 包中的 Random 类(而不是 SecureRandom 类)重新计时。

第 18 章　递　　归

目标

本章将讲解

- 递归概念。
- 编写并使用递归方法。
- 确定递归算法中的基本情形和递归步骤。
- 系统如何处理递归方法调用。
- 递归与迭代的不同之处，何时适合使用它们。
- 什么是分形，如何利用递归、JavaFX 的 Canvas 类及 GraphicsContext 类来绘制分形。
- 什么是递归回溯，为什么它是一种高效的问题求解技术。

提纲

18.1　简介

以前讲解过的程序，通常由严格按层次方式调用的方法组成。对某些问题，可以利用自己调用自己的方法——递归方法(recursive method)。这样的方法可以直接调用自己，也可以通过另一方法间接调用自己。在高级计算机科学课程中，递归是一个需要深入探讨的重要主题。下面将首先讲解递归的概念，然后再给出几个包含递归方法的示例。图 18.1 中，汇总了本书中的一些递归示例和练习题。

章　号	递归示例和练习题	章　号	递归示例和练习题
18	Factorial 方法(见图 18.3 和图 18.4)	18	将整数变成它的整数值幂(练习题 18.9)
	Fibonacci 方法(见图 18.5)		可视化递归(练习题 18.10)
	汉诺塔(见图 18.11)		最大公约数(练习题 18.11)
	分形(见图 18.20)		判断字符串是否为回文(练习题 18.14)
	程序运行结果（练习题 18.7、18.12 和 18.13)		八皇后问题(练习题 18.15)
	找出代码中的错误(练习题 18.8)		输出数组(练习题 18.16)

图 18.1　本书中的递归示例和练习题汇总

章 号	递归示例和练习题	章 号	递归示例和练习题
18	逆序输出数组(练习题 18.17)	19	合并排序(见图 19.6)
	数组中的最小值(练习题 18.18)		线性搜索(练习题 19.8)
	星形分形(练习题 18.19)		二分搜索(练习题 19.9)
	利用递归回溯完成迷宫遍历(练习题 18.20)		快速排序(练习题 19.10)
	随机生成迷宫(练习题 18.21)	21	二叉树插入(见图 21.15)
	任意大小的迷宫(练习题 18.22)		二叉树的前序遍历(见图 21.15)
	计算 Fibonacci 数所需的时间(练习题 18.23)		二叉树的中序遍历(见图 21.15)
	Koch 曲线(练习题 18.24)		二叉树的后序遍历(见图 21.15)
	Koch 雪花(练习题 18.25)		逆序输出链表(练习题 21.20)
	文件和目录的递归操作(练习题 18.26)		搜索链表(练习题 21.21)

图 18.1(续) 本书中的递归示例和练习题汇总

18.2 递归概念

递归问题的解决办法有许多相同之处。调用递归方法解决问题时，方法实际上只知道如何解决最简单的情况——称之为基本情形(base case)。方法对基本情形的调用，只是简单地返回一个结果。如果在更复杂的问题中调用方法，则方法将问题分成两个概念性部分——方法中能够处理的部分和方法中不能够处理的部分。为了进行递归，后者要模拟原问题，但稍做简化或缩小。由于这个新问题与原问题相似，因此方法调用自己的最新副本来处理这个较小的问题——称之为递归调用(recursive call)，也称为递归步骤(recursion step)。递归步骤中通常包含一条 return 语句，其结果将与方法中需要处理的部分组合，形成的结果返回给原调用者。这种将问题分解成两个较小部分的概念，是第 6 章中介绍过的“分治”策略的一种形式。

递归步骤在对方法的原始调用依然打开时执行，即原调用还没有完成它的执行。递归步骤可能导致更多的递归调用，因为可以继续将每一个新的子问题分解为两个概念性部分。为了让递归最终停止，每次方法调用时都要使问题进一步简化，从而产生越来越小的问题序列，最终转换到基本情形。这时，方法能处理这个基本情形，并向上一级方法调用返回结果。这个返回过程一直发生，直到原方法调用将最终结果返回给调用者。18.3 节中，将给出一个精确演示这个过程的示例。

递归方法可以调用另一个方法，而这个方法也能够回调递归方法。这样的过程被称为间接递归调用(indirect recursive call)或间接递归(indirect recursion)。例如，A 方法调用 B 方法，而 B 方法又回调 A 方法。这仍然被看成是递归，因为当第一个对 A 方法的调用依然是活动的时，进行了第二个对 A 方法的调用——即第一个 A 方法调用还没有完成执行(因为它在等待 B 方法返回一个结果)，也没有返回到 A 方法的原调用者。

目录的递归结构

为了更好地理解递归概念，考虑一个示例。对计算机用户而言，这个示例十分常见——计算机中文件系统目录的递归定义。通常，计算机将相关文件保存在一个目录下。目录可以为空，也可以包含文件或其他的目录(通常称之为子目录)。如此继续下去，每一个子目录还可以包含文件或目录。如果要列出目录中的每一个文件(包括该目录的子目录中的所有文件)，则需要创建一个方法，它首先列出初始目录的文件，然后进行递归调用，列出该目录的每一个子目录下的文件。当目录到达不包含任何子目录的地方时，就出现了基本情形。这时，原始目录下的所有文件都已经列出了，不再需要进一步的递归。练习题 18.26 中，要求编写一个递归遍历目录结构的程序。

18.3 使用递归示例：阶乘

下面用递归执行一个流行的数学计算。考虑正整数 n 的阶乘——写为 $n!$ (读音为“n 阶乘”)，它是下列序列的积：

$n \cdot (n-1) \cdot (n-2) \cdot \ldots \cdot 1$

其中，1!等于 1，0!定义为 1。例如，5!等于 $5 \times 4 \times 3 \times 2 \times 1$，即 120。

大于或等于 0 的整数 number 的阶乘，可以用下列 for 循环(非递归地)迭代计算：

```
factorial = 1;
for (int counter = number; counter >= 1; counter--) {
   factorial *= counter;
}
```

通过下列关系，可以得到大于 1 的整数的阶乘计算的递归声明：

$$n! = n \cdot (n-1)!$$

例如，5! = 5 × 4!，如下所示：

$$5! = 5 \cdot 4 \cdot 3 \cdot 2 \cdot 1$$
$$5! = 5 \cdot (4 \cdot 3 \cdot 2 \cdot 1)$$
$$5! = 5 \cdot (4!)$$

计算 5!的过程如图 18.2 所示。图 18.2(a)显示了如何进行递归调用，直到 1!(基本情形)求值为 1，递归终止。图 18.2(b)显示了每次递归调用时向调用者返回的值，直到计算完最终值并返回它。

图 18.3 中的程序用递归法计算并输出 0 ~ 21 的整数阶乘。递归方法 factorial(第 6 ~ 13 行)首先测试终止条件是否为 true(第 7 行)。如果 number 小于或等于 1(基本情形)，则 factorial 返回 1，不再继续递归，方法返回。(这个示例中，能够调用 factorial 方法的先决条件，是它的实参值为非负数。)如果 number 大于 1，则第 11 行语句将问题表示为 number 乘以递归调用 factorial 计算的 number - 1 的阶乘，它比原先 factorial(number)的计算稍微简单一些。

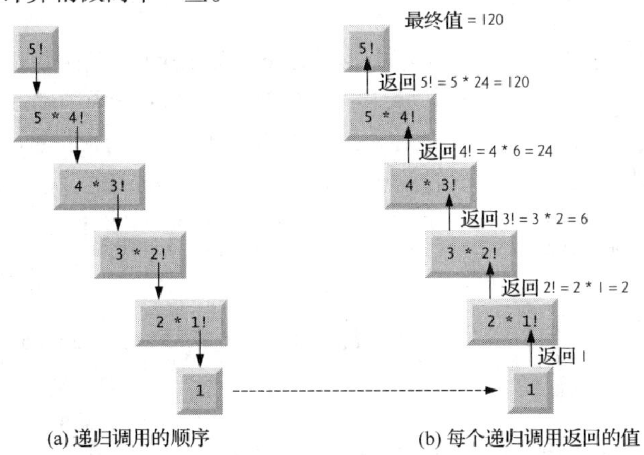

图 18.2　5!的递归计算

常见编程错误 18.1

省略基本情形，或者将递归步骤错误地写成不能回推到基本情形，都会导致称为无穷递归(infinite recursion)的逻辑错误。这种递归调用会不断进行，直到内存耗尽。这种错误就如同迭代(非递归)解决方案中的无限循环。

```
1  // Fig. 18.3: FactorialCalculator.java
2  // Recursive factorial method.
3
4  public class FactorialCalculator {
5     // recursive method factorial (assumes its parameter is >= 0)
6     public static long factorial(long number) {
7        if (number <= 1) { // test for base case
8           return 1; // base cases: 0! = 1 and 1! = 1
9        }
10       else { // recursion step
11          return number * factorial(number - 1);
12       }
13    }
```

图 18.3　阶乘递归方法

```
14
15     public static void main(String[] args) {
16        // calculate the factorials of 0 through 21
17        for (int counter = 0; counter <= 21; counter++) {
18           System.out.printf("%d! = %d%n", counter, factorial(counter));
19        }
20     }
21  }
```

```
0! = 1
1! = 1
2! = 2
3! = 6
4! = 24
5! = 120
...
12! = 479001600 —— 12! causes overflow for int variables
...
20! = 2432902008176640000
21! = -4249290049419214848 —— 21! causes overflow for long variables
```

图 18.3(续) 阶乘递归方法

main 方法(第 15 ~ 20 行)显示 0 ~ 21 的阶乘值①。对 factorial 方法的调用发生在第 18 行。factorial 方法接收一个 long 类型的参数，返回一个 long 类型的结果。程序的输出表明，阶乘值很快就变得非常大。我们选择 long 类型(它能表示相对较大的整数)，使程序可以计算大于 12 的阶乘。遗憾的是，factorial 方法很快就会产生很大的值，当计算 21!时，从最后一行输出就能够看出，它超出了 long 变量能存储的最大值。

由于整型类型的限制，最终可能要用 float 或 double 变量来计算大数的阶乘。这就指出了某些编程语言的弱点——不能方便地扩展出能够满足不同程序要求的新类型。第 9 章中讲过，Java 是一种可扩展语言，可以在需要时创建任意大的整数。事实上，java.math 包中明确地提供了 BigInteger 类和 BigDecimal 类，它们用于不能用基本类型进行的任意精度的数学计算。关于这两个类的更多信息，请参见：

```
http://docs.oracle.com/javase/8/docs/api/java/math/BigInteger.html
http://docs.oracle.com/javase/8/docs/api/java/math/BigDecimal.html
```

用 lambda 和流计算阶乘

8 如果已经学完第 17 章，则可以尝试完成练习题 18.28，它需要利用 lambda 和流(而不是递归)来计算阶乘。

18.4 利用 BigInteger 重新实现 FactorialCalculator 类

8

图 18.4 中的程序利用几个 BigInteger 变量重新实现了 FactorialCalculator 类。为了演示如何处理比 long 变量能存储的值更大的值，这里计算的是 0 ~ 50 的阶乘。第 3 行导入了 java.math 包中的 BigInteger 类。新的 factorial 方法(第 7 ~ 15 行)接收的实参为 BigInteger 类型，且返回一个 BigInteger 值。

```
1  // Fig. 18.4: FactorialCalculator.java
2  // Recursive factorial method.
3  import java.math.BigInteger;
4
5  public class FactorialCalculator {
6     // recursive method factorial (assumes its parameter is >= 0)
7     public static BigInteger factorial(BigInteger number) {
8        if (number.compareTo(BigInteger.ONE) <= 0) { // test base case
9           return BigInteger.ONE; // base cases: 0! = 1 and 1! = 1
10       }
```

图 18.4 用递归方法计算阶乘

① 本章几个示例中 main 方法的 for 循环，也可以利用 IntStream 和它的 rangeClosed 方法及 forEach 方法，通过 lambda 和流来实现(见练习题 18.27)。

```
11          else { // recursion step
12             return number.multiply(
13                factorial(number.subtract(BigInteger.ONE)));
14          }
15       }
16
17       public static void main(String[] args) {
18          // calculate the factorials of 0 through 50
19          for (int counter = 0; counter <= 50; counter++) {
20             System.out.printf("%d! = %d%n", counter,
21                factorial(BigInteger.valueOf(counter)));
22          }
23       }
24    }
```

```
0! = 1
1! = 1
2! = 2
3! = 6
...
21! = 51090942171709440000 —— 21! and larger values no longer cause overflow
22! = 1124000727777607680000
...
47! = 258623241511168180642964355153611979969197632389120000000000
48! = 12413915592536072670862289047373375038521486354677760000000000
49! = 608281864034267560872252163321295376887552831379210240000000000
50! = 30414093201713378043612608166064768844377641568960512000000000000
```

图 18.4(续) 用递归方法计算阶乘

由于 BigInteger 不是一种基本类型，所以不能对它使用算术、关系、相等性等运算符，而是必须通过一些 BigInteger 方法来执行这些任务。第 8 行利用 BigInteger 方法 compareTo 来测试基本情形。这个方法将调用它的 BigInteger number 与它的 BigInteger 实参值进行比较。如果前者小于后者，则返回–1；二者相等，返回 0；否则，返回 1。第 8 行将 BigInteger number 与 BigInteger 常量 ONE 进行比较，后者代表整数值 1。如果返回的结果为–1 或 0，则表示 number 小于或者等于 1(基本情形)，方法返回 BigInteger.ONE。否则，第 12 ~ 13 行执行递归步骤，利用 BigInteger 方法 multiply 和 subtract，实现 number 乘以 number – 1 的阶乘的计算。程序输出表明，BigInteger 能够处理由阶乘计算所得到的大值。

用 lambda 和流计算阶乘

如果已经学完第 17 章，则可以尝试完成练习题 18.28，它需要利用 lambda 和流(而不是递归)来计算阶乘。

18.5 使用递归示例：Fibonacci 序列

Fibonacci 序列是

0, 1, 1, 2, 3, 5, 8, 13, 21, …

它从 0 和 1 开始，而每个后续的 Fibonacci 数都是前两个数之和。这个序列是一种自然序列，它描述了某种螺旋形式。两个相邻的 Fibonacci 数的比值，趋向于常量值 1.618…，它被称为黄金比例(golden ratio)或黄金分割(golden mean)。人们很容易通过黄金比例找到视觉上的美感。当设计窗户、房间和建筑物的长度与宽度时，建筑师常常使用黄金比例。明信片的长度和宽度之比，也常常被设计成黄金比例。

Fibonacci 序列可以采用下面的递归定义：

fibonacci(0) = 0
fibonacci(1) = 1
fibonacci(n) = fibonacci(n – 1) + fibonacci(n – 2)

对 Fibonacci 计算而言，存在两个基本情形：fibonacci(0)被定义成 0，而 fibonacci(1)被定义成 1。图 18.5 中的程序利用了 fibonacci 方法(第 9 ~ 18 行)，递归地计算了第 i 个 Fibonacci 数。main 方法(第 20 ~ 26 行)测试 fibonacci，显示 0 ~ 40 的 Fibonacci 值。在第 22 行 for 语句首部中创建的变量 counter，表明对每一

次 for 语句的迭代，应该计算哪一个 Fibonacci 数。Fibonacci 数的增长速度也很快(但没有递归那么快)。因此，需使用 BigInteger 作为 fibonacci 方法的参数类型和返回类型。

```
1  // Fig. 18.5: FibonacciCalculator.java
2  // Recursive fibonacci method.
3  import java.math.BigInteger;
4
5  public class FibonacciCalculator {
6     private static BigInteger TWO = BigInteger.valueOf(2);
7
8     // recursive declaration of method fibonacci
9     public static BigInteger fibonacci(BigInteger number) {
10       if (number.equals(BigInteger.ZERO) ||
11            number.equals(BigInteger.ONE)) { // base cases
12          return number;
13       }
14       else { // recursion step
15          return fibonacci(number.subtract(BigInteger.ONE)).add(
16             fibonacci(number.subtract(TWO)));
17       }
18    }
19
20    public static void main(String[] args) {
21       // displays the fibonacci values from 0-40
22       for (int counter = 0; counter <= 40; counter++) {
23          System.out.printf("Fibonacci of %d is: %d%n", counter,
24            fibonacci(BigInteger.valueOf(counter)));
25       }
26    }
27 }
```

```
Fibonacci of 0 is: 0
Fibonacci of 1 is: 1
Fibonacci of 2 is: 1
Fibonacci of 3 is: 2
Fibonacci of 4 is: 3
Fibonacci of 5 is: 5
Fibonacci of 6 is: 8
Fibonacci of 7 is: 13
Fibonacci of 8 is: 21
Fibonacci of 9 is: 34
Fibonacci of 10 is: 55
...
Fibonacci of 37 is: 24157817
Fibonacci of 38 is: 39088169
Fibonacci of 39 is: 63245986
Fibonacci of 40 is: 102334155
```

图 18.5　fibonacci 方法

main 方法中对 fibonacci 方法(第 24 行)的调用不是递归调用，但是对 fibonacci 的所有后续调用都是递归的(第 15 ~ 16 行)，因为在这个位置的调用是由 fibonacci 方法本身发起的。每次调用 fibonacci 方法时，它都会立即测试基本情形，即 number 是否等于 0 或 1(第 10 ~ 11 行)。这里，使用了 BigInteger 常量 ZERO 和 ONE，分别表示值 0 和 1。如果第 10 ~ 11 行中的条件为真，则 fibonacci 方法只会简单地返回 number，因为 fibonacci(0)等于 0，fibonacci(1)等于 1。有趣的是，如果 number 大于 1，则递归步骤会产生两个递归调用(第 15 ~ 16 行)，每一个都比原来的 fibonacci 调用稍微简单一些。第 15 ~ 16 行利用 BigInteger 方法 add 和 subtract，实现递归步骤。还使用了 BigInteger 常量 TWO，它在第 6 行定义。

分析对 fibonacci 方法的调用

图 18.6 中展示了 fibonacci 方法是如何对 fibonacci(3)求值的。在图的下面，留下了三个值 1、0 和 1，它们是求值基本情形的结果。前两个值(从左到右)为 1 和 0，它们是调用 fibonacci(1)和 fibonacci(0)的返回值。1 与 0 相加的和是作为 fibonacci(2)的值返回的。它与 fibonacci(1)调用的结果(1)相加，得到值 2。然后，这个最终值作为 fibonacci(3)的结果返回。

从图 18.6 中可得出几个有趣的结果，它们与 Java 编译器对运算符的操作数的求值顺序有关。这个顺序与运算符作用于操作数的顺序并不相同，后者为运算符优先级的规则所指定的顺序。从图 18.6 可知，当求值 fibonacci(3)时，会进行两个递归调用：fibonacci(2)和 fibonacci(1)。那么，这些调用的顺序如何呢？Java 语言中，操作数的求值顺序是从左到右的。因此，会首先调用 fibonacci(2)，然后才调用 fibonacci(1)。

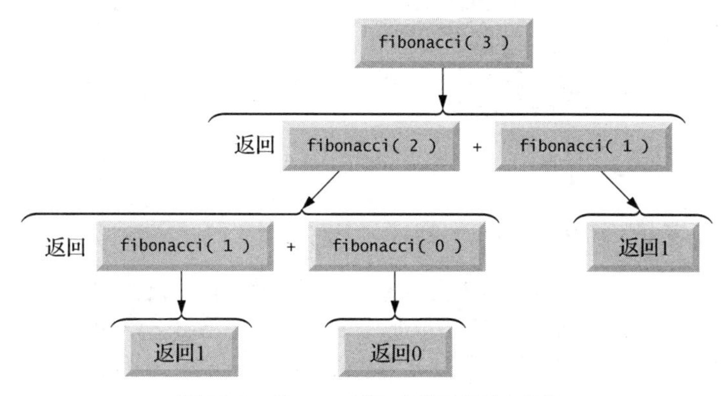

图 18.6 fibonacci(3)的递归调用细节

复杂性问题

需要注意此处这个产生 Fibonacci 数的递归程序的阶数。只要调用的 fibonacci 方法不与某个基本情形(0 或 1)相匹配，都会导致对 fibonacci 方法的另外两个递归调用。因此，这一套递归调用就会快速增长到失去控制。用图 18.5 中的程序计算 20 的 Fibonacci 值，就要求调用 fibonacci 方法 21 891 次，而计算 30 的 Fibonacci 值，居然要求调用这个方法 2 692 537 次！当计算更大的 Fibonacci 值时，注意每一个 Fibonacci 数都会导致在计算时间和对 fibonacci 方法调用上的急剧增长。例如，31 的 Fibonacci 值要求 4 356 617 次调用，而 32 的 Fibonacci 值要求 7 049 155 次调用。可以看到，对 fibonacci 方法的调用次数增长很快：计算 31 的 Fibonacci 值要比计算 30 的 Fibonacci 值多 1 664 080 次调用，而计算 32 的 Fibonacci 值要比计算 31 的 Fibonacci 值多 2 692 538 次调用。后者多出来的调用次数是前者的 1.5 倍还多。这种现象导致的问题，足以令世界上功能最强大的计算机也感到无能为力。

(注：在复杂性理论领域，有些计算机科学家专门研究算法完成任务的难度。有关复杂性问题的详细研究，在高级计算机科学课程中被称为“算法”。第 19 章中将探讨各种复杂性问题。)

本章的几个练习题中，将强化图 18.5 中的 Fibonacci 程序，使它能够计算出完成任务所需要的大致时间。为此，需要调用静态 System 方法 currentTimeMillis，它不带实参，返回自 1970 年 1 月 1 日起到目前的毫秒数。

性能提示 18.1

应避免编写 Fibonacci 风格的递归程序，因为它会导致方法调用的指数级“爆炸”增长。

用 lambda 和流计算 Fibonacci 数

如果已经学完第 17 章，则可以尝试完成练习题 18.29，它需要利用 lambda 和流(而不是递归)来计算 Fibonacci 数。

8

18.6 递归与方法调用栈

第 6 章中讲解过栈数据结构，以理解 Java 是如何执行方法调用的。在那里，同时探讨过方法调用栈和栈帧。本节将利用这些概念来演示方法调用栈(也称程序执行栈)是如何处理递归方法调用的。

首先从回顾前面那个 Fibonacci 示例开始，特别要关注的是用值 3 调用 fibonacci 方法的情形，如图 18.6 所示。为了展示方法调用的栈帧放入栈的顺序，在图 18.7 中将每个方法调用用字母标出。

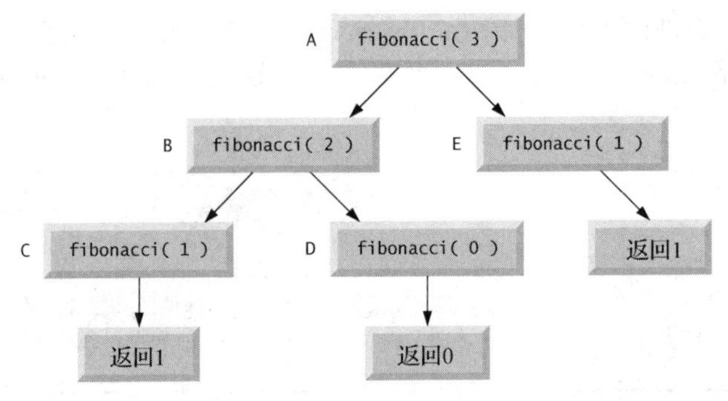

图 18.7 包含在 fibonacci(3)调用里的方法调用

当进行第一个方法调用(A)时,有一个栈帧会被放入程序执行栈中,它包含局部变量 number 的值(这时是 3)。这个栈(包括方法调用 A 的栈帧)的情况在图 18.8(a)中给出。(注:此处采用的是经过了简化的栈。真正的程序执行栈和它的栈帧要比图 18.8 中的情况复杂得多,它会包含当执行完成时应该将方法调用返回到哪里的信息。)

在方法调用 A 内部包含了方法调用 B 和 E。原始的方法调用还没有完成,因此它的栈帧将保留在栈中。在 A 中进行的第一个方法调用是方法 B,因此方法调用 B 的栈帧会被压入栈中,它位于方法调用 A 的栈帧的上面。在调用方法 E 之前,方法调用 B 必须执行并完成。

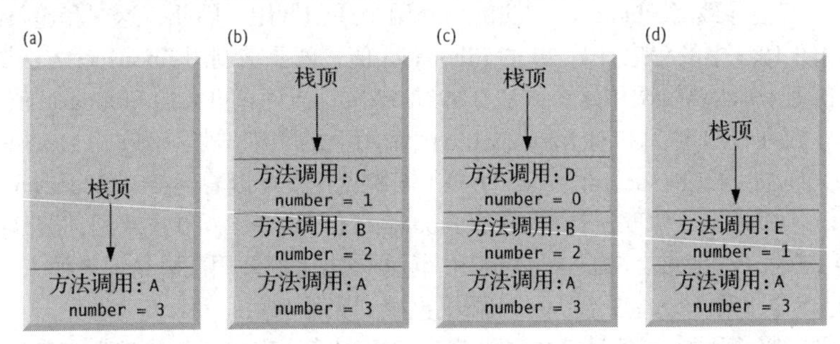

图 18.8 程序执行栈上的方法调用

在方法调用 B 内部,包含了方法调用 C 和 D。首先调用的是方法 C,它的栈帧被压入栈中,见图 18.8(b)。方法调用 B 还没有完成,因此它的栈帧将依然位于程序执行栈上。当执行方法调用 C 时,它没有执行更进一步的方法调用,只返回值 1。当这个方法返回时,它的栈帧会被弹出栈顶。现在,位于栈顶的方法调用是 B,它会继续通过执行方法调用 D 而执行。方法调用 D 的栈帧被压入栈,见图 18.8(c)。方法调用 D 完成时没有调用更多的方法,它返回值 0。然后,这个方法调用的栈帧被弹出栈。

现在,方法调用 B 中调用的两个方法都返回了。方法调用 B 继续执行,返回值 1,完成后它的栈帧被弹出栈。这时,方法调用 A 的栈帧位于栈顶,它继续执行。这个方法调用的是方法 E,它的栈帧现在被压入栈中,见图 18.8(d)。方法调用 E 完成并返回值 1,它的栈帧被弹出栈。同样,方法调用 A 会继续执行。

这时,方法调用 A 中没有任何其他方法调用,因此能完成它的执行,将值 2 返回给 A 的调用者,即 fibonacci(3) = 2。A 的栈帧被弹出栈。正在执行的方法,其栈帧总是位于栈顶,而栈帧中包含了它的局部变量的值。

18.7 递归与迭代的比较

前面探讨了 factorial 方法和 fibonacci 方法,它们通过递归或迭代可轻易实现。本节将比较这两种方法,并讨论在特定的情况下,为什么应该选择其中一种而放弃另一种。

迭代和递归都以一条控制语句为基础：迭代使用循环语句(如 for、while 或 do...while)，而递归使用选择语句(如 if、if...else 或 switch)。

- 二者都涉及循环：迭代直接使用了循环语句，而递归通过不断重复的方法调用实现循环。
- 迭代和递归都包含一个终止测试：迭代在循环继续条件失败时终止，递归在遇到基本情形时终止。
- 递归及使用计数器控制循环的迭代，都能够逐渐靠近终止情况：迭代对计数器进行修改，直到计数器的值最终导致循环继续条件失败时为止；递归产生原始问题的更简单版本，直到到达基本情形为止。
- 迭代和递归都可能导致无限循环：如果循环继续条件永远不会变成假，迭代就是一个无限循环；如果在每次递归调用时递归步骤都不能简化问题，使得无法到达基本情形，或者没有测试基本情形，就会出现无限递归。

为了演示迭代和递归之间的差别，让我们看一个阶乘问题的迭代解决方案(见图 18.9 第 10 ~ 12 行)。这里使用了循环语句，而没有使用选择语句(见图 18.3 第 7 ~ 12 行)。这两种方案中，都使用了终止测试。递归方案中(见图 18.3)，第 7 行测试了基本情形。图 18.9 的迭代方案中，第 10 行测试循环继续条件——如果测试失败，就终止循环。最后，迭代方案并不产生原始问题的更小版本，而是使用一个不断被修改的计数器，直到循环继续条件变为假。

```
1  // Fig. 18.9: FactorialCalculator.java
2  // Iterative factorial method.
3
4  public class FactorialCalculator {
5     // iterative declaration of method factorial
6     public long factorial(long number) {
7        long result = 1;
8
9        // iteratively calculate factorial
10       for (long i = number; i >= 1; i--) {
11          result *= i;
12       }
13
14       return result;
15    }
16
17    public static void main(String[] args) {
18       // calculate the factorials of 0 through 10
19       for (int counter = 0; counter <= 10; counter++) {
20          System.out.printf("%d! = %d%n", counter, factorial(counter));
21       }
22    }
23 }
```

```
0! = 1
1! = 1
2! = 2
3! = 6
4! = 24
5! = 120
6! = 720
7! = 5040
8! = 40320
9! = 362880
10! = 3628800
```

图 18.9　阶乘迭代方法

递归具有许多缺点。它会不断机械地进行方法调用，从而导致处理器时间和内存空间上的大量开销。对于处理器时间和内存空间来说，这种操作的代价都是“昂贵”的。每一个递归调用，都会导致创建方法的另一个副本(实际上，只有方法的变量保存在栈帧中)——这会消耗大量的内存空间。由于迭代是在方法内发生的，因此就避免了重复的方法调用和额外的内存分配。

软件工程结论 18.1

能够用递归方法解决的任何问题，都可以用迭代的方式来解决；反过来也如此。如果递归方法能够更自然地描述问题，并产生更易理解和调试的程序，则通常可以选择递归方法而不是迭代方法。递归方法通常能以更少的代码行实现。选择递归方案的另一个理由是不容易设计出迭代方案。

性能提示 18.2

当性能很重要时，可以尝试各种不同的迭代方法或者递归方法，以找出满足要求的那一种。

常见编程错误 18.2

如果不小心让一个非递归的方法调用了自身，则无论是直接的还是(通过另一个方法)间接的调用，都会导致无限递归。

18.8 汉诺塔

本章前面讲解过能够方便地通过递归或迭代实现的方法。下面将探讨的这个问题，体现的是用递归方法比迭代方法更方便。

每一位计算机科学家都会遇到一些经典的问题，汉诺塔问题(Towers of Hanoi)就是其中一个。传说在远东地区有一座教堂，牧师们试图将一叠金盘子从一个柱子移到另一个柱子(见图 18.10)。柱子上最初有 64 个盘子，它们按尺寸大小依次排列，大的在下，小的在上。牧师们一次只能移动一个盘子，且任何时候不能将大盘子放在小盘子上面。一共有三根柱子，其中的一根可用来临时存放盘子。假设盘子移完之后，世界末日就会到来，因此我们不希望帮助他们来加快移盘进度。

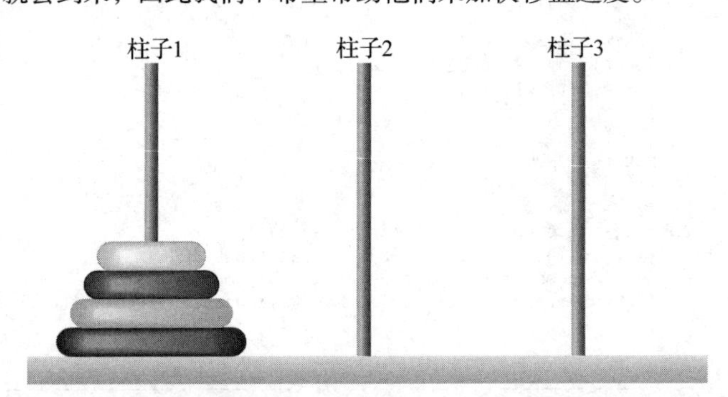

图 18.10　4 个盘子的汉诺塔问题

假设牧师要将盘子从柱子 1 移到柱子 3。我们要设计一个算法，它输出移动盘子的顺序。

如果采用迭代方法，则很快就会发现这个问题太复杂了。但是，如果采用递归方法，则会发现它不难解决。移动 n 个盘子，可以简化为移动 $n-1$ 个盘子(从而可以利用递归)，如下所示：

1. 将 $n-1$ 个盘子从柱子 1 移到柱子 2 上，柱子 3 用作临时存放区。
2. 将最后一个盘子(最大的那个)从柱子 1 移到柱子 3 上。
3. 将 $n-1$ 个盘子从柱子 2 移到柱子 3 上，柱子 1 用作临时存放区。

移动 $n=1$ 个盘子时(即递归的基本情形)，过程结束。这项任务很容易完成，只需移动盘子即可，不需要临时存放区。

图 18.11 中，solveTowers 方法(第 5 ~ 22 行)解决的就是汉诺塔问题。该方法的参数为盘子总数(这里为 3)、起始柱子、目标柱子及临时柱子。

当只有一个盘子需要从起始柱子移动到目标柱子时，发生的就是基本情形(第 8 ~ 11 行)。递归步骤(第 15 ~ 21 行)从第一根柱子(sourcePeg)开始，移动 disks − 1 个盘子(第 15 行)到临时柱子(tempPeg)。当只剩下最后一个盘子还没有被移动到临时柱子上时，第 18 行将最大的那一个盘子从起始柱子移动到目标柱子。第 21 行调用 solveTowers 方法，递归地将 disks − 1 个盘子从临时柱子(tempPeg)移动到目标柱子(destinationPeg)，但临时使用的是第一根柱子(sourcePeg)。这样，就把所有的盘子移动完毕。main 方法中的第 31 行调用递归的 solveTowers 方法，在命令窗口中输出所有的移动步骤。

```
1  // Fig. 18.11: TowersOfHanoi.java
2  // Towers of Hanoi solution with a recursive method.
3  public class TowersOfHanoi {
4     // recursively move disks between towers
5     public static void solveTowers(int disks, int sourcePeg,
6        int destinationPeg, int tempPeg) {
7        // base case -- only one disk to move
8        if (disks == 1) {
9           System.out.printf("%n%d --> %d", sourcePeg, destinationPeg);
10          return;
11       }
12
13       // recursion step -- move (disk - 1) disks from sourcePeg
14       // to tempPeg using destinationPeg
15       solveTowers(disks - 1, sourcePeg, tempPeg, destinationPeg);
16
17       // move last disk from sourcePeg to destinationPeg
18       System.out.printf("%n%d --> %d", sourcePeg, destinationPeg);
19
20       // move (disks - 1) disks from tempPeg to destinationPeg
21       solveTowers(disks - 1, tempPeg, destinationPeg, sourcePeg);
22    }
23
24    public static void main(String[] args) {
25       int startPeg = 1; // value 1 used to indicate startPeg in output
26       int endPeg = 3; // value 3 used to indicate endPeg in output
27       int tempPeg = 2; // value 2 used to indicate tempPeg in output
28       int totalDisks = 3; // number of disks
29
30       // initial nonrecursive call: move all disks.
31       solveTowers(totalDisks, startPeg, endPeg, tempPeg);
32    }
33 }
```

```
1 --> 3
1 --> 2
3 --> 2
1 --> 3
2 --> 1
2 --> 3
1 --> 3
```

图 18.11　用递归方法解决汉诺塔问题

18.9　分形

分形(fractal)是将某种模式的图案不断递归地重复生成而构建出的一个几何图形。将模式不断递归地用于原始图形的某一部分，就形成了一个分形。尽管这样的图形在 20 世纪之前就已经被研究，但是直到 20 世纪 70 年代，才由数学家 Benoit Mandelbrot 将其命名为“分形”。他还研究了分形创建的一些特性，以及分形的一些应用。Mandelbrot 的分形几何学，为自然界许多复杂的形态提供了数学模型，例如山川、云朵和海岸线。在数学和科学界，分形有许多用途。它可用来帮助理解各种系统或模型，包括自然界(如生态系统)、人体(如大脑的褶皱)及宇宙(如星系团)。并不是所有的分形都能够模拟实物。绘制分形已经成为一种流行的艺术形式。分形具有“自相似”属性——当将其分解成更小的部分时，每一个小的部分就是一个缩小版的整体。如果将分形的一部分放大，得到的图案与原始分形完全一致，则这样的分形就是严格自相似的。

18.9.1　Koch 曲线分形

作为一个示例，下面探讨一个严格自相似的 Koch 曲线分形(见图 18.12)。它的构成方式如下：删除一条线段中间三分之一的部分，另外添加两条在端点相交的线段，使它们与已经删除了的那一条线段形成一个短边三角形。创建分形时所用的模式，经常涉及删除前一个分形图案的一部分。这种模式决定了分形的最终结果——这里，我们关注的是如何在递归方案中利用它。

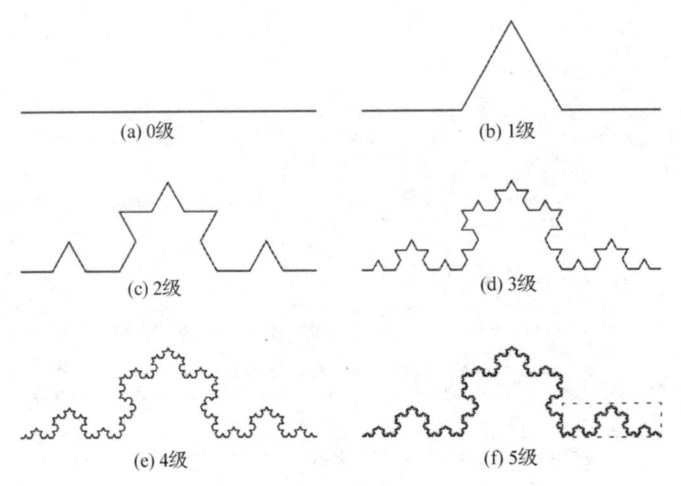

图 18.12 Koch 曲线分形

首先从一条直线开始，见图 18.12(a)。然后，利用它的模式，在中间三分之一的地方创建一个三角形，见图 18.12(b)。接着，对每一条线段再次利用这个模式，得到图 18.12(c)。每一次应用这个模式时，就将分形提升到一个新的级(level)或者深度(depth)；有时，也使用术语“阶”(order)。可以在多个级上显示分形图形——例如，图 18.12(d)展示的就是应用了三次迭代模式后得到的 3 级分形。经过多次迭代之后，这个分形看起来就如同雪花的一部分，见图 18.12(e)和图 18.12(f)。由于这是一个严格自相似的分形，所以它的每一部分与整个分形完全相同。例如，图 18.12(f)中，用一个虚线框标出了这个分形的一部分。如果将位于虚线框中的这一部分图形放大，则它就和图 18.12(f)中的分形整体完全相同。练习题 18.24 中，要求利用本节中讲解过的绘图技术，实现 Koch 曲线分形。

与 Koch 曲线相类似的一种分形被称为 Koch 雪花分形，它开始时为一个三角形，而不是一条线段。将同样的模式应用于这个三角形的每一条边上，就会得到一个雪花图形。练习题 18.25 中，要求你研究一下 Koch 雪花分形，然后创建一个绘制这种分形的程序。

18.9.2 (选修)案例分析：罗氏羽毛分形

下面利用递归来演示如何绘制分形，我们将编写一个程序，创建一个严格自相似的分形。这个分形被称为“罗氏羽毛分形”，它以创建者、Deitel & Associates 公司的员工 Sin Han Lo 的名字命名。最终，这个分形将变成半片羽毛(见图 18.20 的输出)。基本情形为一个 0 级的分形，即两个点 A 和 B 之间的一条线段(见图 18.13)。为了创建更高级别的分形，需找出线段的中点(C 点)。为了计算 C 点的位置，需利用如下公式：

```
xC = (xA + xB) / 2;
yC = (yA + yB) / 2;
```

(注：字母 A、B、C 左边的 x 和 y，分别表示对应点的 *x* 坐标和 *y* 坐标。例如，xA 表示 A 点的 *x* 坐标，yC 表示 C 点的 *y* 坐标。在图中，每一个点的坐标用括号中的两个数字表示。)

为了创建这个分形，还需要找到一个 D 点，它位于线段 AC 的上方，使 ADC 成为一个等腰三角形。计算 D 点的位置时，需利用公式：

```
xD = xA + (xC - xA) / 2 - (yC - yA) / 2;
yD = yA + (yC - yA) / 2 + (xC - xA) / 2;
```

将这个分形从 0 级变成 1 级的过程如下：首先，添加 C 点和 D 点(见图 18.14)；然后，删除原始的 AB 线段，添加线段 DA、DC 和 DB。这几条线段将以某种角度摆放，使得分形最终看起来就如同一片羽毛。

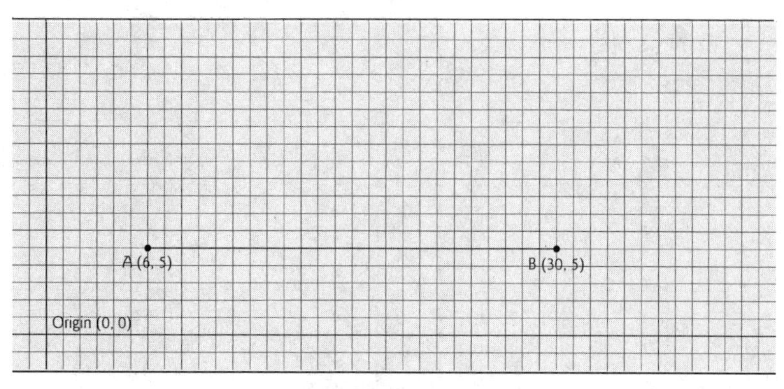

图 18.13 0 级罗氏羽毛分形

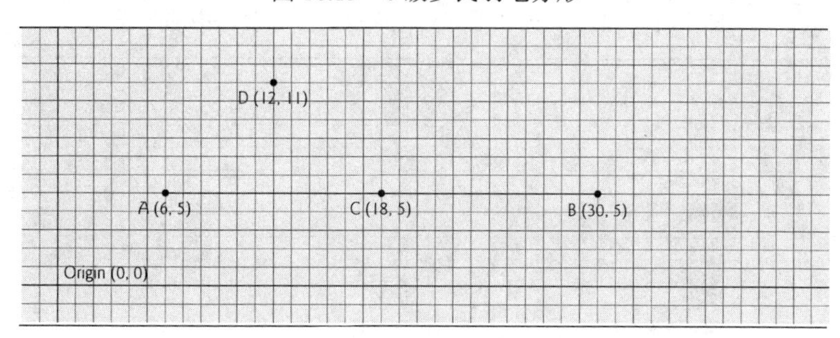

图 18.14 确定 1 级罗氏羽毛分形的 C 点和 D 点

为了进行下一级分形，对 1 级分形中的三条线段继续采用这个算法。对于每一条线段，依次使用上面的公式，但需将以前的 D 点当成 A 点，而每一条线段的另一个端点为 B 点。图 18.15 中，展示了 0 级分形的线段(一条虚线)，以及 1 级分形中新添加的三条线段。图中已经将 D 点换成了 A 点，而原来的 A 点、C 点和 B 点，被分别换成了 B1 点、B2 点和 B3 点。利用上述公式，在每一条线段上找出新的 C 点和 D 点。这些点用 1～3 进行了编号，以明确它们与哪一条线段相关联。例如，C1 点和 D1 点分别表示它们是与 A 点和 B1 点形成的线段相关联的 C 点和 D 点。

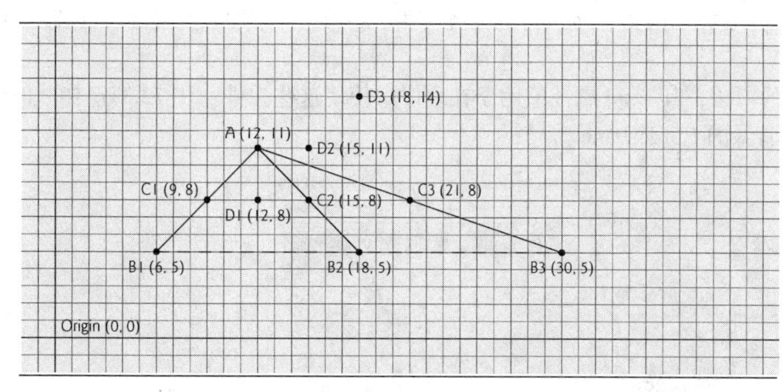

图 18.15 1 级罗氏羽毛分形，C 点和 D 点用于 2 级分形(注：0 级分形在图中表示为一条虚线，以展示它与当前分形的位置关系)

为了进行 2 级分形，需删除图 18.15 中的三条线段，并用从 C 点到 D 点的一些新线段替换它们。图 18.16 中的分形给出了这些新添加的线段(1 级分形中的那些线段显示为虚线)。

图 18.17 中，展示的是去除了 1 级分形中的虚线的 2 级分形。将这一过程重复数次，这个分形就会展现成半片羽毛的模样，如图 18.20 的输出所示。

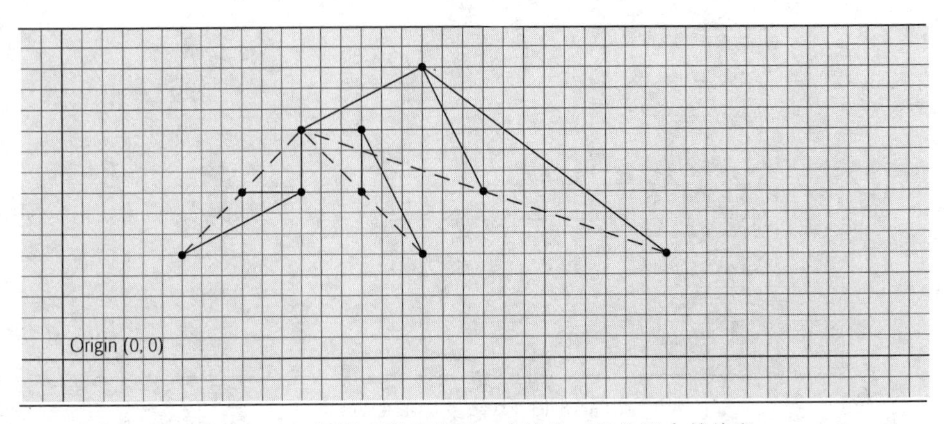

图 18.16 2 级罗氏羽毛分形，虚线为 1 级分形中的线段

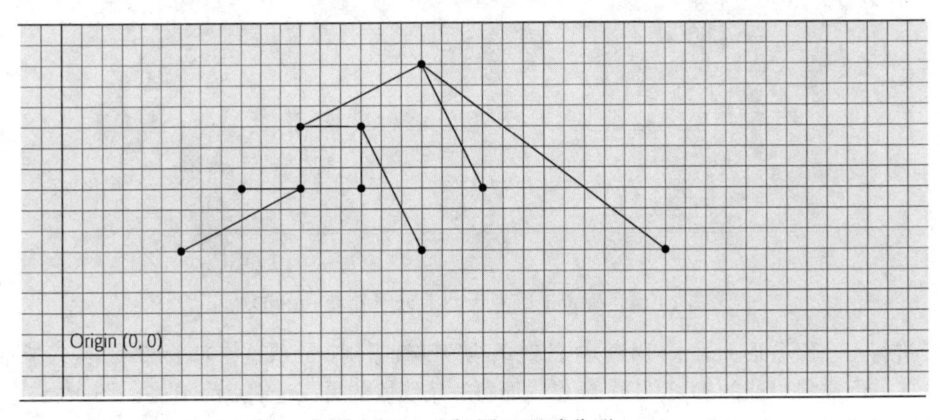

图 18.17 2 级罗氏羽毛分形

18.9.3 (选修)Fractal 程序 GUI

本节和下一节，将构建一个 JavaFX Fractal 程序，它用于展示罗氏羽毛分形的结果——这里不会给出它的 Application 子类，因为它所执行的任务与第 12～13 章中加载并显示程序 FXML 的 Application 子类相同。

图 18.18 中的 GUI，其 fx:id 属性值用于在程序中使用这些控件。和 13.3 节中的 Painter 程序类似，这里也使用白色背景的 BorderPane 布局：

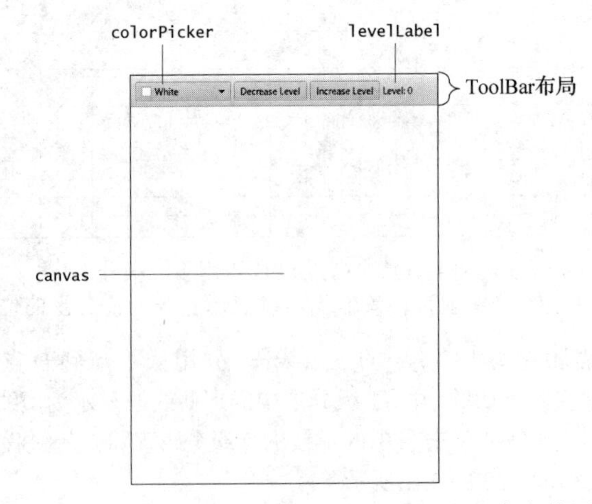

图 18.18 标注了 fx:id 属性的 Fractal GUI，用于在程序中使用这些控件

- 顶部区域放置一个 ToolBar(位于 Scene Builder 的 Library 窗口的 Containers 部分)。ToolBar 布局用于在水平(默认)或垂直方向上排列控件。通常而言，会将 ToolBar 放置在 GUI 的边缘区域，例如 BorderPane 的顶部、右侧、底部或者左侧区域。
- 在中心区域，放置了一个 400 × 480 像素的 Canvas 控件(它来自 Scene Builder 的 Library 窗口的 Miscellaneous 部分)。Canvas 为 Node 的一个子类，它可以利用 GraphicsContext 来绘制图形(这两个类都位于 javafx.scene.canvas 包中)。这个示例中，将讲解如何用特定的颜色画一条线；22.10 节中将详细探讨 Canvas 类和 GraphicsContext 类。

为了使 BorderPane 的大小适合它的内容，需将它的 Pref Width 和 Pref Height 属性设置成 USE_COMPUTED_SIZE(见第 13 章)。

ToolBar 及其他控件

默认情况下，ToolBar 会包含一个 Button。可以将其他控件拖放到 ToolBar 上，必要时可以删除这个默认 Button。这里需添加一个 ColorPicker 控件(fx:id 属性值为 colorPicker)、一个 Button 和一个 Label(fx:id 属性值为 levelLabel)。这两个 Button 和 Label 的 text 属性如图 18.18 所示。

ColorPicker

ColorPicker 提供预定义的颜色选择 GUI。默认情况下，它允许用户通过色卡(一些小正方形的颜色样卡)选取颜色。初始时，所选颜色为 White(白色)。在程序中，会将其设置成 Blue(蓝色)。图 18.19 中，展示的是 ColorPicker 的默认 GUI，以及当用户单击了 ColorPicker 的 Custom Color 链接时，所显示的 Custom Colors GUI。在 Custom Colors GUI 中，可以随意定制颜色。

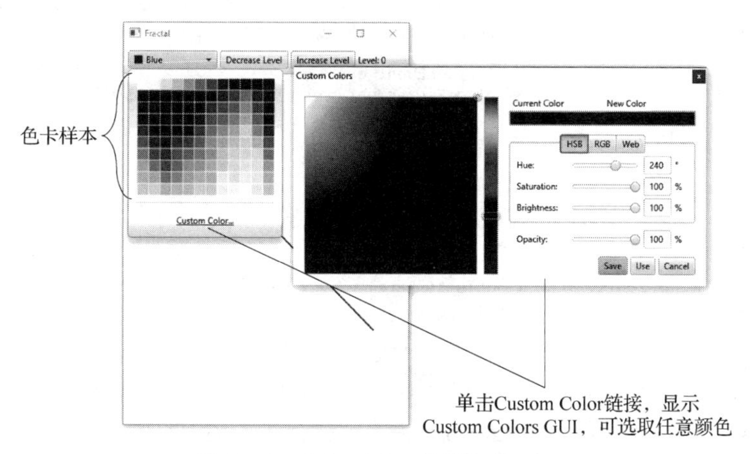

图 18.19 ColorPicker 的预定义 GUI

事件处理器

用户在默认 GUI 中选取了一种颜色，或者定制了某种颜色并在 Custom Colors GUI 中单击了 Save 按钮之后，会发生 ActionEvent 事件。在 Scene Builder 中，将 ColorPicker 的 On Action 事件处理器设置为 colorSelected。此外，还应将 Decrease Level 和 Increase Level 按钮的 On Action 事件处理器，分别设置成 decreaseLevelButtonPressed 和 increaseLevelButtonPressed。

18.9.4 (选修)FractalController 类

图 18.20 中给出了一个 FractalController 类，它定义了程序的事件处理器和方法，用来递归地绘制罗氏分形。图中的前几个输出结果，展示的是 0 ~ 5 级的分形；最后两个分别是 8 级和 11 级的分形。如果只观察分形的一个分支，则可以看出它与整个图形完全相同。这个特性使得它成为一个严格自相似的分形。

```
1   // Fig. 18.20: FractalController.java
2   // Drawing the "Lo feather fractal" using recursion.
3   import javafx.event.ActionEvent;
4   import javafx.fxml.FXML;
5   import javafx.scene.canvas.Canvas;
6   import javafx.scene.canvas.GraphicsContext;
7   import javafx.scene.control.ColorPicker;
8   import javafx.scene.control.Label;
9   import javafx.scene.paint.Color;
10  import javafx.scene.shape.Line;
11
12  public class FractalController {
13     // constants
14     private static final int MIN_LEVEL = 0;
15     private static final int MAX_LEVEL = 15;
16
17     // instance variables that refer to GUI components
18     @FXML private Canvas canvas;
19     @FXML private ColorPicker colorPicker;
20     @FXML private Label levelLabel;
21
22     // other instance variables
23     private Color currentColor = Color.BLUE;
24     private int level = MIN_LEVEL; // initial fractal level
25     private GraphicsContext gc; // used to draw on Canvas
26
27     // initialize the controller
28     public void initialize() {
29        levelLabel.setText("Level: " + level);
30        colorPicker.setValue(currentColor); // start with purple
31        gc = canvas.getGraphicsContext2D(); // get the GraphicsContext
32        drawFractal();
33     }
34
35     // sets currentColor when user chooses a new Color
36     @FXML
37     void colorSelected(ActionEvent event) {
38        currentColor = colorPicker.getValue(); // get new Color
39        drawFractal();
40     }
41
42     // decrease level and redraw fractal
43     @FXML
44     void decreaseLevelButtonPressed(ActionEvent event) {
45        if (level > MIN_LEVEL) {
46           --level;
47           levelLabel.setText("Level: " + level);
48           drawFractal();
49        }
50     }
51
52     // increase level and redraw fractal
53     @FXML
54     void increaseLevelButtonPressed(ActionEvent event) {
55        if (level < MAX_LEVEL) {
56           ++level;
57           levelLabel.setText("Level: " + level);
58           drawFractal();
59        }
60     }
61
62     // clear Canvas, set drawing color and draw the fractal
63     private void drawFractal() {
64        gc.clearRect(0, 0, canvas.getWidth(), canvas.getHeight());
65        gc.setStroke(currentColor);
66        drawFractal(level, 40, 40, 350, 350);
67     }
68
69     // draw fractal recursively
70     public void drawFractal(int level, int xA, int yA, int xB, int yB) {
71        // base case: draw a line connecting two given points
72        if (level == 0) {
73           gc.strokeLine(xA, yA, xB, yB);
74        }
```

图 18.20　利用递归绘制罗氏羽毛分形

```
75        else { // recursion step: determine new points, draw next level
76           // calculate midpoint between (xA, yA) and (xB, yB)
77           int xC = (xA + xB) / 2;
78           int yC = (yA + yB) / 2;
79
80           // calculate the fourth point (xD, yD) which forms an
81           // isosceles right triangle between (xA, yA) and (xC, yC)
82           // where the right angle is at (xD, yD)
83           int xD = xA + (xC - xA) / 2 - (yC - yA) / 2;
84           int yD = yA + (yC - yA) / 2 + (xC - xA) / 2;
85
86           // recursively draw the Fractal
87           drawFractal(level - 1, xD, yD, xA, yA);
88           drawFractal(level - 1, xD, yD, xC, yC);
89           drawFractal(level - 1, xD, yD, xB, yB);
90        }
91     }
92  }
```

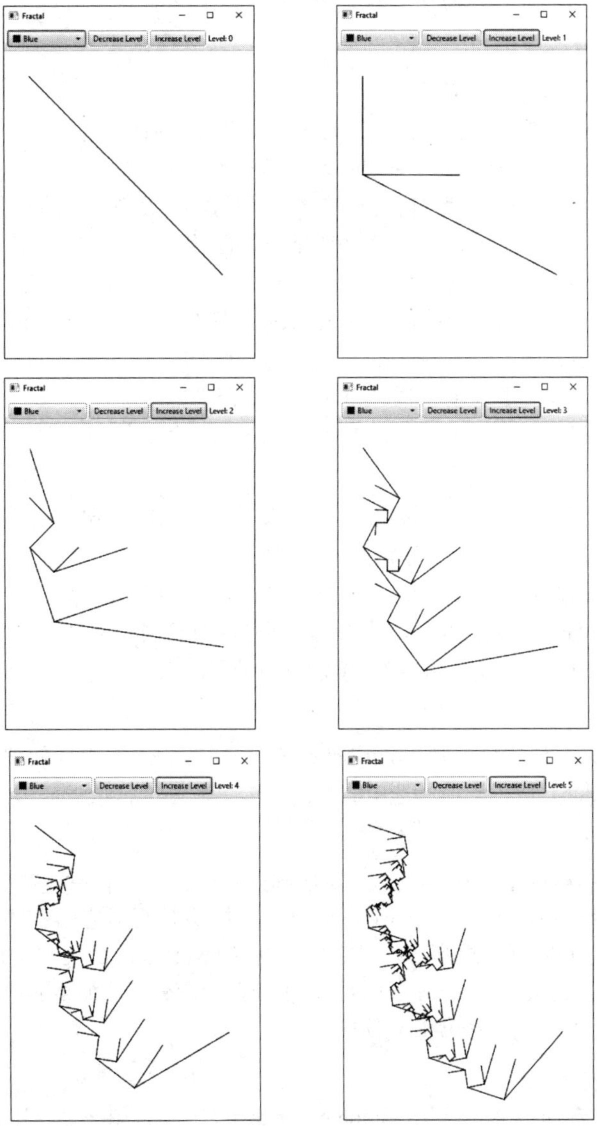

图 18.20(续) 利用递归绘制罗氏羽毛分形

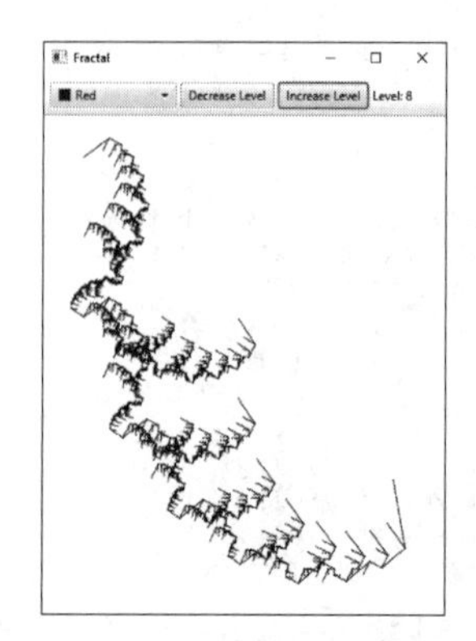

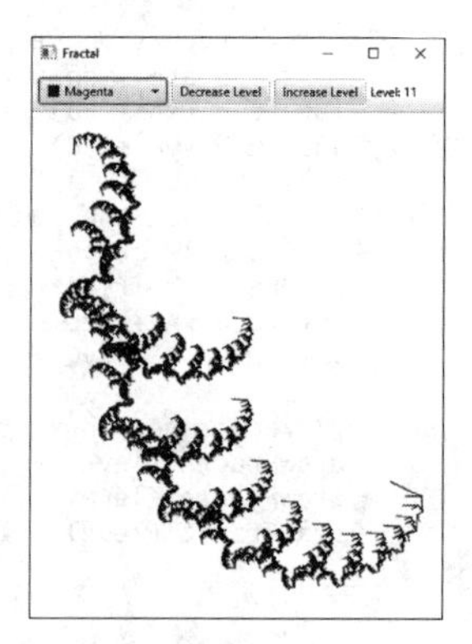

图 18.20(续) 利用递归绘制罗氏羽毛分形

FractalController 中的字段

第 14 ~ 25 行声明了类的一些字段：

- 常量 MIN_LEVEL 和 MAX_LEVEL(第 14 ~ 15 行)分别指定能够绘制的最小和最大分形级。到达 15 级之后，分形中的变化(在当前尺寸下)很难被观察到，所以将 15 设置成分形的最大级。如果超过 13 级，则呈现分形时会变得较慢，因为需要绘制更多的细节。
- 第 18 ~ 20 行声明了几个@FXML 实例变量，它们用来在程序中引用 GUI 的控件。前面说过，这些变量是由 FXMLLoader 初始化的。
- 第 23 行声明了一个 Color 变量 currentColor,并将它初始化成常量 Color.BLUE。(javafx.scene.paint 包的)Color 类包含用于常见颜色的各种常量，并提供用于创建定制颜色的方法。
- 第 24 行声明了 int 变量 level，代表当前分形级。
- 第 25 行声明的 GraphicsContext 变量 gc 用于在 Canvas 上绘制图形。

initialize 方法

创建并初始化程序的控制器时，initialize 方法(第 28 ~ 33 行)会完成如下操作：

- 设置 levelLabel 的初始文本，表明现在是 0 级分形。
- 将 colorPicker 的初始值设置成 currentColor(Color.BLUE)。
- 获得 canvas 的 GraphicsContext 值，以当前所选颜色绘制线段。
- 调用 drawFractal 方法(第 63 ~ 67 行)绘制 0 级分形。

colorSelected 事件处理器

如果用户选择了另一种颜色，则 colorPicker 的 colorSelected 事件处理器(第 36 ~ 40 行)会利用 ColorPicker 方法 getValue，取得当前所选中的颜色，然后调用 drawFractal 方法(第 63 ~ 67 行)，以这个新颜色和当前的 level 值，重新绘制分形。

decreaseLevelButtonPressed 和 increaseLevelButtonPressed 事件处理器

用户按下 Decrease Level 或者 Increase Level 按钮时，会执行对应的事件处理器(第 43 ~ 50 行或者第 53 ~ 60 行)。它们分别降低和提高分形级，相应设置 levelLabel 的文本，并会调用 drawFractal 方法(第 63 ~ 67 行)，根据新的 level 和 currentColor 的值重新绘制分形。如果所选的级低于 MIN_LEVEL 或者高于 MAX_LEVEL，则程序不会做任何事情。

不带实参的 drawFractal 方法

调用 drawFractal 方法时，它会利用 GraphicsContext 方法 clearRect 来清除以前所绘制的图形。这个方法清除矩形区域的方式是将该区域的内容设置成 Canvas 的背景色。方法的 4 个实参分别为矩形左上角的 x 坐标和 y 坐标，以及它的宽度和高度。这里清除的是整个 Canvas 区域——getWidth 方法和 getHeight 方法分别返回 Canvas 的宽度和高度。

接下来，第 65 行调用 GraphicsContext 方法 setStroke，将绘图色设置成 currentColor。接着，第 66 行调用重载的递归方法 drawFractal(第 70 ~ 91 行)，绘制分形。

具有 5 个参数的 drawFractal 方法

第 70 ~ 91 行定义的这个递归方法用于创建分形。该方法具有 5 个参数：第一个参数为罗氏分形级；其余 4 个整型参数用于确定两个点的 *x* 坐标和 *y* 坐标。该方法的基本情形(第 72 行)出现在 level = 0 时。这时，第 73 行利用 GraphicsContext 方法 strokeLine，在当前所调用 drawFractal 方法的 4 个实参所确定的两个点之间绘制一条线段。

递归步骤(第 75 ~ 90 行)的第 77 ~ 84 行用于计算：

- (xC, yC)——(xA, yA) 和 (xB, yB) 的中点。
- (xD, yD)——与 (xA, yA) 和 (xC, yC) 一起，用于创建一个右等腰三角形的那个点。

然后，第 87 ~ 89 行对三组不同的点进行了三次递归调用。

由于在到达基本情形之前，不会绘制任何线段，所以对于每一次的递归调用，两个点之间的距离会越来越短。随着级的提升，这个分形会变得越来越平滑，呈现出的细节也会越来越多。当到达 12 级时，分形的形状会稳定住——更多级下的形状会和 12 级的形状大致相同，更多的细节会很难观察到。根据形状和大小的不同，所有的分形都会在某个级时稳定下来。

18.10　递归回溯

前面所有的递归方法都具有相似的结构——如果到达基本情形，就返回结果；否则，再进行一次或多次递归调用。本节将探究一种更为复杂的递归技术，它能够在一个迷宫中找到一条路径，如果存在某种可能的解决办法，就返回真。这种解决办法是一次在迷宫中前进一步，方向可以是上、下、左、右(不允许沿对角线移动)。从迷宫中的当前位置开始(起始点为入口)，执行如下步骤：对于每一个可能的方向，沿该方向前进一步，进行一次递归调用，以从这个新位置解决剩下的迷宫问题。如果发现这是一条死路(即如果再前进一步，就会撞墙)，则回退到前一个位置，然后尝试另一个方向。如果其他方向也无法走通，则再次回退。不断持续这一过程，直到在迷宫中找到一个点，从它出发，可以在另一个方向前进一步。找到了这个点之后，沿着一个新的方向前进，并用另一个递归调用解决剩下的迷宫问题。

为了回退到前一个位置，只需让递归方法返回 false 即可，并让方法调用链向后移动到前一个递归调用(它使用的是迷宫中的前一个点)。这种利用递归返回到前一个判断点的方法被称为递归回溯(recursive backtracking)。如果一组递归调用无法解决问题，则程序需回退到前一个判断点，进行另外的判断，这通常会得到另一组递归调用。上面所讲的示例中，前一个判断点就是迷宫中的前一个位置，而判断的就是进行下一次移动时需走的方向。由于在一个方向上已经是死路，所以需使用另一个方向。迷宫问题的递归回溯解决方案，利用递归在半路上向方法调用链返回，然后尝试另一个方向。如果回溯到了迷宫的起始位置，且所有方向上的路径都已经尝试过了，则表明不存在解决该迷宫问题的方案。

本章后面的几个练习题，要求采用递归回溯法分别解决一个迷宫问题(练习题 18.20 ~ 18.22)和八皇后问题(练习题 18.15)。对于八皇后问题，需找出一条路径，在一个空棋盘上放置八个皇后，使它们不会相互“攻击”(即没有两个皇后位于同一行、同一列或者同一条对角线上)。

18.11　小结

本章讲解了如何创建递归方法——调用自身的方法。递归方法通常将问题分解成两个概念性部分——方法知道如何解决的部分(基本情形)和不知道如何解决的部分(递归步骤)。递归步骤就是原始问题的缩小版，它通过递归方法调用来执行。本章给出了一些流行的递归示例，例如计算阶乘、产生 Fibonacci 序列值。接着分析了递归在幕后是如何工作的，包括在程序执行栈中，递归方法调用是如何入栈和出栈的。我们还对递归和迭代方法进行了比较分析。本章讲解了如何利用递归来解决更复杂的问题——汉诺塔问题及分形。本章的最后提到了递归回溯，这种技术可使递归调用回退，以尝试另一种解决方案。下一章中将会给出各种各样的技术，用于排序数据列表及搜索列表中的某一项，还将分析各种情形，从而确定应该采用哪一种搜索或排序技术。

总结

18.1 节 简介

- 递归是直接调用自己或通过另一方法间接调用自己的方法。

18.2 节 递归概念

- 调用递归方法解决问题时，方法只知道如何解决最简单的情况——称之为基本情形。方法对基本情形的调用，只是简单地返回一个结果。
- 如果递归方法调用处理的是比基本情形更复杂的问题，则通常会将这个问题分解成两个概念性部分——方法中能够处理的部分和方法中不能够处理的部分。
- 为了进行递归，方法中不能够处理的部分需要模拟原始问题，但稍做简化或缩小。由于这个新问题与原始问题相似，因此方法调用自己的最新副本来处理这个较小的问题——称之为递归步骤。
- 为了让递归最终停止，每次方法调用时都要使问题进一步简化，从而产生越来越小的问题序列，最终转换到基本情形。这时，方法能处理这个基本情形，并向上一级方法调用返回结果。
- 递归方法可以调用另一个方法，而这个方法也能够回调递归方法。这种处理方式，得到的依然是对原始方法的递归调用。这样的过程被称为间接递归调用或间接递归。

18.3 节 使用递归示例：阶乘

- 省略基本情形或将递归步骤错误地写成不能回推到基本情形，都会导致无限递归，它最终会耗尽内存。这种错误就如同迭代(非递归)解决方案中的无限循环问题。

18.5 节 使用递归示例：Fibonacci 序列

- Fibonacci 序列从 0 和 1 开始，而每个后续的 Fibonacci 数都是前两个数之和。
- 两个相邻的 Fibonacci 数的比例趋向于常量值 1.618...，它被称为黄金比例或黄金分割。
- 有些递归方案，例如计算 Fibonacci 序列的递归，会导致方法调用的“爆炸式”增长。

18.6 节 递归与方法调用栈

- 正在执行的方法，其栈帧总是位于栈顶，而栈帧中包含了它的局部变量的值。

18.7 节 递归与迭代的比较

- 迭代和递归都以一条控制语句为基础：迭代使用循环语句，而递归使用选择语句。
- 二者都涉及循环：迭代直接使用了循环语句，而递归通过不断重复的方法调用实现循环。
- 迭代和递归都包含一个终止测试：迭代在循环继续条件为假时终止，递归在遇到基本情形时终止。
- 使用计数器控制循环的迭代和递归，都会逐渐靠近终止情况：迭代对计数器进行修改，直到计数器的值最终导致循环继续条件失败时为止；递归产生原始问题的更简单版本，直到到达基本情形为止。
- 迭代和递归都可能导致无限循环：如果循环继续条件永远不会变成假，则迭代就是一个无限循环；如果在每次递归调用时递归步骤都不能简化问题，使得无法到达基本情形，就会出现无限递归。
- 递归会不断机械地进行方法调用，从而导致处理器时间和内存空间上的大量开销。

- 能够用递归方法解决的任何问题都可以用迭代的方式来解决。
- 如果递归方法能够更自然地体现出问题，并产生更易理解和调试的程序，则通常可以选择递归方法而不是迭代方法。
- 递归方法通常能以更少的代码行实现；反过来，对应的迭代方法可能需要大量的代码行。选择递归方法的另一个理由是不容易设计出迭代方法。

18.9 节　分形
- 分形是将某种模式的图案不断递归地重复生成而构建出的一个几何图形。
- 分形具有“自相似”的属性——每一个小的部分，就是一个缩小版的整体。
- ToolBar 布局用于在水平(默认)或垂直方向上排列控件。通常而言，会将 ToolBar 放置在 GUI 的边缘区域。
- Canvas 为 Node 的一个子类，它可以利用 GraphicsContext 类对象来绘制图形。这两个类都位于 javafx.scene.canvas 包中。
- 默认情况下，ToolBar 会包含一个 Button。可以将其他控件拖放到 ToolBar 上，必要时可以删除这个默认 Button。
- ColorPicker 提供预定义的颜色选择 GUI。默认情况下，它允许用户通过色卡(一些小正方形的颜色样卡)选取颜色。它同时提供供定制颜色的 Custom Colors GUI。
- 用户在默认 GUI 中选取了一种颜色,或者定制了某种颜色并在 Custom Colors GUI 中单击了 Save 按钮之后，会发生 ActionEvent 事件。
- (javafx.scene.paint 包的)Color 类包含用于常见颜色的各种常量,并提供用于创建定制颜色的方法。
- ColorPicker 方法 getValue 返回当前所选颜色。
- GraphicsContext 方法 clearRect 清除矩形 Canvas 的内容。
- Canvas 方法 getWidth 和 getHeight 分别返回画布的宽度和高度。
- GraphicsContext 方法 setStroke 设置边线色。
- GraphicsContext 方法 strokeLine 在两点之间画一条线。

18.10 节　递归回溯
- 递归回溯中，如果一组递归调用无法解决问题，则程序需回退到前一个判断点，进行另外的判断，这通常会得到另一组递归调用。

自测题

18.1 判断下列语句是否正确。如果不正确，请说明理由。

a)间接调用自身的方法不是一种递归形式。

b)递归能够有效提高计算效率，因为它减小了内存空间的使用。

c)调用递归方法解决问题时，方法实际上只知道如何解决最简单的情况(称之为基本情形)。

d)为了进行递归，递归步骤必须模拟原问题，但其规模要比原问题更大。

18.2 为了终止递归，必须有________。

a)递归步骤

b)break 语句

c)void 返回类型

d)基本情形

18.3 对递归方法的首次调用，是一种________。

a)非递归调用

b)递归调用

c)递归步骤
d)以上都不是

18.4 每次使用分形的模式时，就认为该分形位于一种新的________。
a)宽度
b)高度
c)级
d)体积

18.5 迭代和递归都用到了________。
a)循环语句
b)终止测试
c)计数器变量
d)以上都不是

18.6 填空题。
a)两个相邻的 Fibonacci 数的比值趋向于常量值 1.618...，它被称为________或________。
b)迭代通常使用循环语句，而递归一般使用________语句。
c)分形具有________的属性——当将其分解成更小的部分时,每一个小的部分就是一个缩小版的整体。

自测题答案

18.1 a)错误。间接调用自身的方法为一种间接递归形式。b)错误。递归的计算效率不高，因为它需要多个方法调用，且需占用大量内存空间。c)正确。d)错误。为了进行递归，递归步骤必须模拟原问题，但其规模要比原问题更小。

18.2 d。

18.3 a。

18.4 c。

18.5 b。

18.6 a)黄金比例，黄金分割。b)选择。c)“自相似”。

练习题

18.7 下面的代码会显示什么?

```
1  public int mystery(int a, int b) {
2     if (b == 1) {
3        return a;
4     }
5     else {
6        return a + mystery(a, b - 1);
7     }
8  }
```

18.8 **(查找错误)**找出如下递归方法中的错误并改正。该方法应计算出 0 ~ n 的和。

```
1  public int sum(int n) {
2     if (n == 0) {
3        return 0;
4     }
5     else {
6        return n + sum(n);
7     }
8  }
```

18.9 **(递归 power 方法)**编写一个递归方法 power(base, exponent)，它返回：

$base^{\text{exponent}}$

例如，power(3, 4) = 3×3×3×3。假设 exponent 是一个大于或等于 1 的整数。提示：递归步骤应使用关系：

$$base^{\text{exponent}} = base \cdot base^{\text{exponent}-1}$$

终止条件是 exponent 等于 1，因为

$$base^1 = base$$

将这个方法放入一个程序中，该程序要求用户输入 base 值和 exponent 值。

18.10 **(可视化递归)** 我们可以直观地看到递归是如何执行的。修改图 18.3 中的 factorial 方法，输出它的局部变量和递归调用参数。对每一次递归调用，需在单独的一行中显示它的结果，并缩进一级。尽力使输出清晰、有趣且含义明确。此处的目标是设计并实现一种输出格式，使其有助于更容易地理解递归。还可以对本书中其他有关递归的示例和练习增加类似的输出信息。

18.11 **(最大公约数)** 两个整数 x 和 y 的最大公约数，是能同时被这两个数整除的最大的数。编写一个递归方法 gcd，它返回 x 和 y 的最大公约数。x 和 y 的 gcd 递归定义如下：如果 y = 0，则 gcd(x, y) = x；否则，gcd(x, y) = gcd(y, x % y)，其中%是求余运算。用这个方法替换练习题 6.27 中所编写的方法。

18.12 下面的代码会显示什么？

```
1  // Exercise 18.12: MysteryClass.java
2  public class MysteryClass {
3     public static int mystery(int[] array2, int size) {
4        if (size == 1) {
5           return array2[0];
6        }
7        else {
8           return array2[size - 1] + mystery(array2, size - 1);
9        }
10    }
11
12    public static void main(String[] args) {
13       int[] array = {1, 2, 3, 4, 5, 6, 7, 8, 9, 10};
14
15       int result = mystery(array, array.length);
16       System.out.printf("Result is: %d%n", result);
17    }
18 }
```

18.13 下面的代码会显示什么？

```
1  // Exercise 18.13: SomeClass.java
2  public class SomeClass {
3     public static String someMethod(int[] array2, int x) {
4        if (x < array2.length) {
5           return String.format(
6              "%s%d ", someMethod(array2, x + 1), array2[x]);
7        }
8        else {
9           return "";
10       }
11    }
12
13    public static void main(String[] args) {
14       int[] array = {1, 2, 3, 4, 5, 6, 7, 8, 9, 10};
15       String results = someMethod(array, 0);
16       System.out.println(results);
17    }
18 }
```

18.14 **(回文)** 顺读和倒读都相同的语句被称为回文。例如，"radar""able was i ere i saw elba""a man a plan a canal panama"（忽略空格）都是回文。编写一个递归方法 testPalindrome，如果保存在数组中的字符串为回文，则返回布尔值 true；否则，返回 false。该方法需忽略字符串中的空格和大小写差异。（提示：String 方法 toCharArray 返回一个包含字符串中字符的 char 数组。）

18.15 **(八皇后问题)** 国际象棋中的一个难题是八皇后问题。该问题的描述如下：空棋盘上能否放置八个皇后，使一个皇后不会"攻击"另一个（即不会有两个皇后位于同一行、同一列或同一对角线上）。

例如，如果将一个皇后放到棋盘左上角的方格中，则图 18.21 中所有用星号标注的位置都不能放置皇后。用递归方法解决此问题。(提示：从第一列开始，找到该列中能够放置皇后的一个位置——刚开始时，可将皇后放在第一行。然后，递归地搜索剩下的列。对于前几个列，存在能够放置皇后的多个位置。使用第一个可用的方格。如果某一列中没有方格能够放置皇后，则需返回到前一列，并让皇后移动到下一行。这种不断前进/回退、尝试不同方法的操作，就是一种递归回溯。)

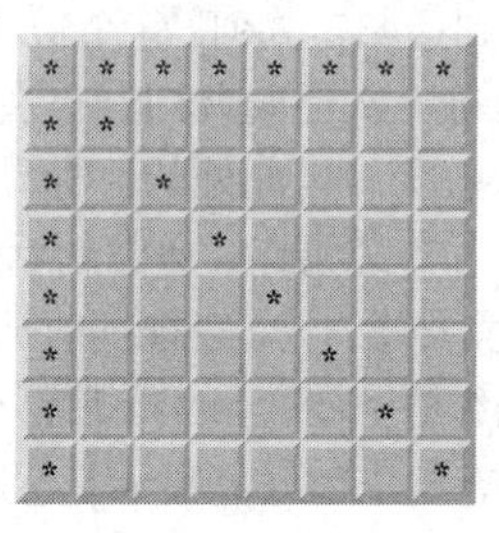

图 18.21 在棋盘左上角放入一个皇后，就“删除”了 22 个方格

18.16 **(输出数组)** 编写一个递归方法 printArray，它输出一个整型数组中的所有元素，用空格分隔。

18.17 **(逆序输出数组)** 编写一个递归方法 stringReverse，它的实参为一个字符数组，这些字符组成一个字符串。以逆序输出这个字符串。

18.18 **(找出数组中的最小值)** 编写一个递归方法 recursiveMinimum，它找出一个整型数组中的最小元素。如果实参为只有一个元素的数组，则该方法返回。

18.19 **(分形)** 重新实现 18.9 节中讲解的分形模式，使其形成一个具有多种颜色的星形。开始时就使用 5 行(见图 18.22)，其中的每一行为一个星形的一条边。对每条边都采用罗氏羽毛分形模式。

18.20 **(利用递归回溯的迷宫旅行)** 图 18.23 中由“#”和“.”构成的网格是迷宫的一种二维数组表示。“#”代表迷宫的墙，“.”为穿过迷宫的路径。在迷宫中的移动只能发生在这些“.”上。

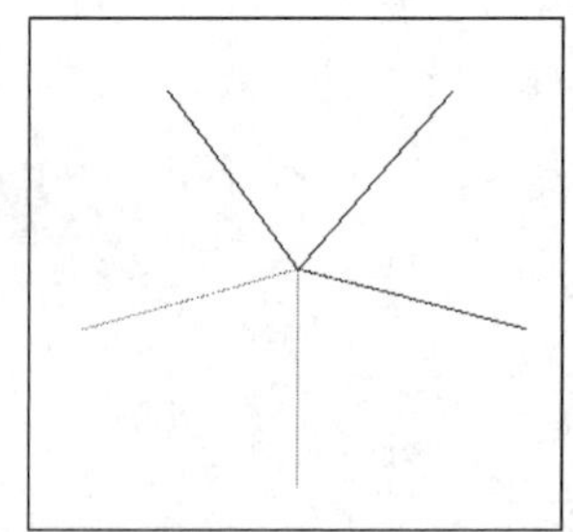

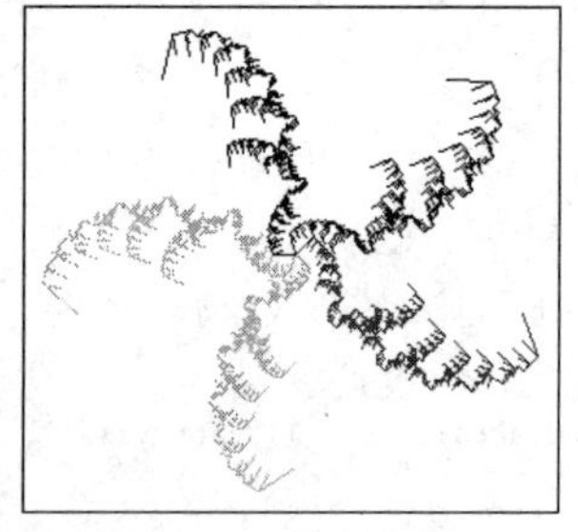

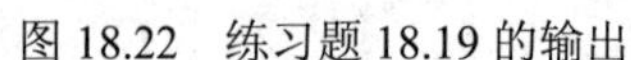

图 18.22 练习题 18.19 的输出

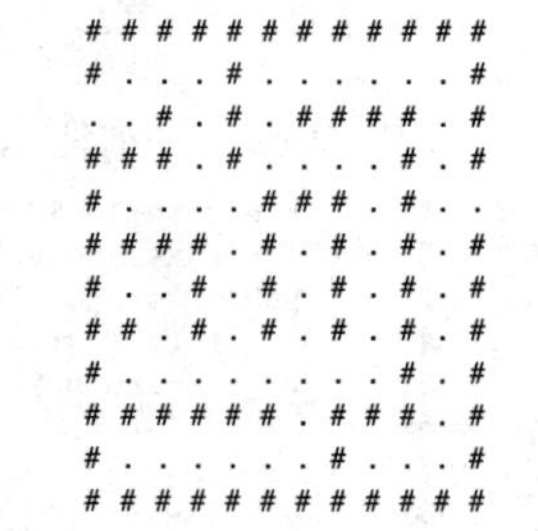

```
# # # # # # # # # # # #
# . . . # . . . . . . #
. . # . # . # # # # . #
# # # . # . . . . # . #
# . . . . # # # . # . .
# # # # . # . # . # . #
# . . # . # . # . # . #
# # . # . # . # . # . #
# . . . . . . . . # . #
# # # # # # . # # # . #
# . . . . . . # . . . #
# # # # # # # # # # # #
```

图 18.23 表示迷宫的二维数组

编写一个递归方法 mazeTraversal，穿过如图 18.23 所示的迷宫。该方法接收的实参为一个 12×12 的字符数组，表示一个迷宫；另一个实参为迷宫中的当前位置(首次调用它时，当前位置为迷宫入口点)。在方法尝试找到出口的过程中，需将字符“x”放置在所经过路径的每一个点上。一个简单的算法可用来穿过迷宫(假设存在出口)。如果不存在出口，则应再次回到起始位置。该算法如下所示：从当前位置开始，尝试向所有可能的方向(上、下、左、右)移动一个位置。如果至少能在一个方向上移动，则递归地调用 mazeTraversal 方法，将新移动到的位置作为当前位置。如果所有方向都无法移动，则“回退”到前一个位置，并尝试一个新方向(递归回溯)。设计这个方法时，需显示每移动一步之后的迷宫，使用户能够看到是如何穿越它的。最后的输出结果只应显示最终的穿越路径——如果某个方向无法走通，则不应显示“x”。(提示：为了显示最终路径，可以用另外的字符(如'0')将无法走通的路径标记出来。)

18.21 **(随机生成迷宫)**编写一个 mazeGenerator 方法，它的实参为一个 12 × 12 的二维字符数组，输出为一个随机迷宫。该方法还应为迷宫提供一个入口和出口。利用随机生成的几个迷宫，测试练习题 18.20 中 mazeTraversal 方法。

18.22 **(任何大小的迷宫)**将前两个练习题中的 mazeTraversal 方法和 mazeGenerator 方法进行扩展，使它们能够处理任意大小的迷宫。

18.23 **(计算 Fibonacci 数所需的时间)**强化图 18.5 中的 Fibonacci 程序，使其能够得出执行计算所需的大致时间数，以及需对递归方法调用多少次。为此，需要调用静态 System 方法 currentTimeMillis，它不带实参，返回计算机计时的毫秒数。两次调用这个方法——分别在调用 fibonacci 方法之前和之后。将两次调用的结果保存下来，计算它们的差，就得出执行计算所需的毫秒数。然后给 FibonacciCalculator 类添加一个变量，并利用它来确定调用了多少次 fibonacci 方法。显示结果。

18.24 **(项目：Koch 曲线)**利用 18.9 节中讲解的技术，实现一个绘制 Koch 曲线的程序。

18.25 **(项目：Koch 雪花)**在线研究一下 Koch 雪花，利用 18.9 节中讲解的技术，实现一个绘制 Koch 雪花的程序。

有关 lambda 和流的练习题

18.26 **(项目：文件和目录的递归操作)**利用第 14 章中讲解的字符串处理技术、15.3 节中讲解的文件和目录功能及 16.10 节中的 Map，创建一个程序，它递归地遍历一个由用户提供的目录结构，并给出特定目录路径下每一种文件类型的文件个数(.java, .txt, .class, .docx，等等)。将文件扩展名按有序方式排序。接下来，分析一下 Files 类中的 walk 方法。这个方法会遍历整个目录及它的子目录，并返回一个流，它包含目录内容。然后，利用 lambda 和流(而不是递归)重新实现这个项目。

18.27 **(项目:将循环转换成 lambda 和流)**本章示例中用到的计数器控制 for 循环，都可以利用 IntStream 的 rangeClosed 得到一个值范围，然后利用 IntStream 的 forEach 方法来指定一个 lambda，并对每一个值执行它。例如，forEach 方法的 lambda 实参，可以调用 factorial 方法(见图 18.3 和图 18.4)或者 fibonacci 方法(见图 18.5)，并显示结果。

18.28 **(项目：用 lambda 和流计算阶乘)**用 lambda 和流(而不是递归)重新实现图 18.3 和图 18.4 中的 factorial 方法，计算阶乘。

18.29 **(项目：用 lambda 和流计算 Fibonacci 数)**用 lambda 和流(而不是递归)重新实现图 18.5 中的 fibonacci 方法，计算 Fibonacci 数。

第 19 章　搜索、排序与大 O 记法

目标

本章将讲解

- 利用线性搜索和二分搜索算法，搜索数组中给定的值。
- 利用迭代选择排序和插入排序算法排序数组。
- 利用递归合并排序算法排序数组。
- 分析搜索算法和排序算法的效率。
- 利用大 O 记法比较算法效率。

提纲

19.1　简介

搜索数据涉及确定一个值(称之为搜索键，search key)是否在数据中存在，以及确定(如果存在)该值的位置。两种流行的搜索算法是简单的线性搜索及更快但更复杂的二分搜索。按升序或降序来排列数据，会根据一个或多个排序键(sort key)来使数据有序放置。姓名的列表可以按字母顺序排序；银行账户可以按账号排序；员工工资支付记录可以按社会保险号排序。本章将讲解两种简单的排序算法：选择排序和插入排序，还会讲解一个更有效率但更复杂的算法：合并排序。图 19.1 中，给出了本书的示例和练习题中讨论过的搜索算法和排序算法。

软件工程结论 19.1

在需要进行搜索和排序操作的程序中，应充分利用 Java Collections API（见第 16 章）中那些预定义的功能。本章中讲解的技术只涉及搜索和排序算法背后的一些基本概念。在高级的计算机科学课程中，会详细探讨这些算法。

章　号	算　法	出　处
搜索算法		
16	Collections 类的 binarySearch 方法	图 16.12
19	线性搜索	19.2 节
	二分搜索	19.4 节
	递归线性搜索	练习题 19.8
	递归二分搜索	练习题 19.9
21	线性搜索 List	练习题 21.21
	二叉树搜索	练习题 21.23
	排序算法	
16	Collections 类的 sort 方法	图 16.6 ~ 图 16.9
	SortedSet 集合	图 16.16
19	选择排序	19.6 节
	插入排序	19.7 节
	递归合并排序	19.8 节
	冒泡排序	练习题 19.5，19.6
	桶排序	练习题 19.7
	递归快速排序	练习题 19.10
21	二叉树排序	21.7 节

图 19.1　本书中讲解的搜索算法和排序算法

有关示例中计数器控制 for 循环的说明

本章中大量用到了计数器控制 for 循环来演示各种算法中的搜索和排序机制。其实，多数这些循环都可以用 Java SE 8 的流功能实现（见第 17 章）。

19.2　线性搜索

查找电话号码、通过搜索引擎找出 Web 站点、在词典中查找某个单词的定义等，都涉及对大量数据的搜索。这一节和 19.4 节将探讨两种常见的搜索算法，其中一个易于编程但较为低效（线性搜索），另一个编写复杂但效率较高（二分搜索）。

线性搜索算法

线性搜索算法（linear search algorithm）会依次搜索数组中的每一个元素。如果搜索键不与数组中的某个元素匹配，则算法会测试每一个元素，且在到达数组末尾时会通知用户没有找到搜索键。如果搜索键位于数组中，则算法会测试每一个元素，直到找到了匹配搜索键的那个元素为止，并且会返回该元素的索引。

作为一个示例，考虑一个包含如下值的数组：

```
34   56   2   10   77   51   93   30   5   52
```

程序需搜索值 51。利用线性搜索算法，程序会首先检查 34 是否与搜索键匹配。因为它们不相等，所以会检查 56 是否与搜索键匹配。程序会随后依次测试数组中的每一个值，分别是 2、10 和 77。测试 51 时，它匹配搜索键，因此方法返回索引 5，即数组中 51 所在的位置。如果在检查完每一个数组元素之后，程序发现搜索键不与数组中的任何元素匹配，则会返回一个标记值（如–1）。

线性搜索的实现

LinearSearchTest 类(见图 19.2)包含一个静态方法 linearSearch 和一个 main 方法，前者用于对一个 int 数组执行搜索，后者用于测试 linearSearch 方法。

```
1  // Fig. 19.2: LinearSearchTest.java
2  // Sequentially searching an array for an item.
3  import java.security.SecureRandom;
4  import java.util.Arrays;
5  import java.util.Scanner;
6
7  public class LinearSearchTest {
8     // perform a linear search on the data
9     public static int linearSearch(int data[], int searchKey) {
10       // loop through array sequentially
11       for (int index = 0; index < data.length; index++) {
12          if (data[index] == searchKey) {
13             return index; // return index of integer
14          }
15       }
16
17       return -1; // integer was not found
18    }
19
20    public static void main(String[] args) {
21       Scanner input = new Scanner(System.in);
22       SecureRandom generator = new SecureRandom();
23
24       int[] data = new int[10]; // create array
25
26       for (int i = 0; i < data.length; i++) { // populate array
27          data[i] = 10 + generator.nextInt(90);
28       }
29
30       System.out.printf("%s%n%n", Arrays.toString(data)); // display array
31
32       // get input from user
33       System.out.print("Please enter an integer value (-1 to quit): ");
34       int searchInt = input.nextInt();
35
36       // repeatedly input an integer; -1 terminates the program
37       while (searchInt != -1) {
38          int position = linearSearch(data, searchInt); // perform search
39
40          if (position == -1) { // not found
41             System.out.printf("%d was not found%n%n", searchInt);
42          }
43          else { // found
44             System.out.printf("%d was found in position %d%n%n",
45                searchInt, position);
46          }
47
48          // get input from user
49          System.out.print("Please enter an integer value (-1 to quit): ");
50          searchInt = input.nextInt();
51       }
52    }
53 }
```

```
[59, 97, 34, 90, 79, 56, 24, 51, 30, 69]

Please enter an integer value (-1 to quit): 79
79 was found in position 4

Please enter an integer value (-1 to quit): 61
61 was not found

Please enter an integer value (-1 to quit): 51
51 was found in position 7

Please enter an integer value (-1 to quit): -1
```

图 19.2 顺序搜索数组中的一个元素

linearSearch 方法

linearSearch 方法(第 9 ~ 18 行)执行线性搜索。该方法的参数为所搜索的数组(data)和搜索键(searchKey)。第 11 ~ 15 行对 data 数组中的元素进行循环。第 12 行将每一个元素与 searchKey 进行比较。如果值相等，则第 13 行返回该元素的索引。如果数组中存在重复值，则线性搜索会返回数组中与搜索键匹配的第一个元素的索引。如果循环结束时没有找到匹配的值，则第 17 行返回–1。

main 方法

main 方法使用户能够搜索数组。第 24 ~ 28 行创建了一个 10 元素的 int 数组，并将它用 10 ~ 99 的随机 int 值填充。然后，第 30 行用 Arrays 静态方法 toString 显示数组的内容。这个方法返回数组的 String 形式，其元素位于一对方括号中，且用逗号隔开。

第 33 ~ 34 行提示用户输入搜索键。第 38 行调用 linearSearch 方法，判断 searchInt 是否在 data 数组中。如果数组中不存在搜索键，则 linearSearch 返回–1，且会将结果通知用户(第 41 行)。如果 searchInt 位于数组中，则 linearSearch 返回它所在的位置，即第 44 ~ 45 行的输出。第 49 ~ 50 行让用户再次输入一个搜索键。

用 Java SE 8 流随机产生数组值

17.14 节中讲解过，可以利用 SecureRandom 方法 ints，生成包含随机值的流。图 19.2 中，可以将第 24 ~ 28 行改写为

```
int[] data = generator.ints(10, 10, 91).toArray();
```

ints 的第一个实参(10)是流中的元素个数。第二个和第三个实参表示所产生的随机 int 值范围为 10 ~ 90(不包括 91)。对所获得的 IntStream 流，调用 toArray 方法，即可得到一个包含 10 个随机值的 int 数组。本章后面的示例中将采用这种基于流的技术，而不会再使用用于填充数组的 for 语句。当需要创建可视化输出结果，以展示搜索和排序算法的工作机制时，将再次使用 for 语句。

19.3 大 O 记法

所有搜索算法的目标都是相同的：找出与给定搜索键匹配的元素(如果该元素存在的话)。但是，搜索算法之间存在许多差异。其中主要的不同是完成搜索所要求的效率。描述算法效率的一种办法是使用大 O 记法(Big O notation)，它表示为了解决问题，算法需付出多大的努力。对于搜索算法和排序算法，大 O 记法与数据集中的元素个数相关。本章中，将使用大 O 记法来描述最坏情形下各种搜索和排序算法的运行次数。

19.3.1 O(1)算法

假设算法的目的是测试数组的第一个元素是否与第二个元素相等。如果数组有 10 个元素，则这个算法要求一次比较；如果数组有 1000 个元素，则它依然只要求一次比较。实际上，这个算法与数组中的元素个数完全没有关系。因此，可以说它具有常量运行时间(constant run time)，用大 O 记法表示为 $O(1)$，读成“1 阶”。具有 $O(1)$ 特性的算法并不一定只要求进行一次比较。$O(1)$ 只表示比较的次数是恒定的，即它不会随数组规模的变大而增长。测试数组第一个元素是否与后面 3 个元素中的任何一个相等的算法，其效率依然是 $O(1)$ 的，尽管它要求 3 次比较。

19.3.2 O(n)算法

测试数组第一个元素是否与其他任何元素相等的算法最多要求 $n - 1$ 次比较，其中 n 为数组中的元素个数。如果数组有 10 个元素，则最多要求 9 次比较；如果有 1000 个元素，则最多要求 999 次比较。随着 n 变得越来越大，表达式中的 n 会处于“支配地位”，而减 1 会变得无足轻重。当 n 增大时，大 O 记法会保留占支配地位的部分而忽略不重要的部分。为此，要求总共 $n - 1$ 次比较的算法(例如前面描述

的那一个)，其效率被认为是 $O(n)$ 的。我们称 $O(n)$ 算法具有线性运行时间(linear run time)。通常，将 $O(n)$ 读成“位于 n 阶”或简单地读成“n 阶”。

19.3.3 $O(n^2)$ 算法

现在，假设算法是测试数组中的任何一个元素是否与其他元素重复。第一个元素必须与数组中除这个元素外的其他所有元素进行比较；第二个元素必须与数组中除第一个元素及本身外的其他所有元素进行比较(第一个元素已经比较过了)；第三个元素必须与数组中除前3个元素外的其他所有元素进行比较。因此，这个算法需进行 $(n-1)+(n-2)+\cdots+2+1$ 次比较，即 $n^2/2-n/2$ 次。随着 n 的增加，n^2 将占支配地位，而 n 将变得不重要。同样，大 O 记法会强调 n^2 部分，保留 $n^2/2$。但是稍后将看到，在大 O 记法中会省略常量因子。

大 O 记法考虑算法运行时间随 n 增加的变化情况。假设算法要求 n^2 次比较，则对于 4 个元素，算法要求 16 次比较；对于 8 个元素，要求 64 次比较。对于这类算法，元素个数加倍，比较次数增加 4 倍。假设一个类似的算法要求 $n^2/2$ 比较，则对于 4 个元素，算法要求 8 次比较；对于 8 个元素，要求 32 次比较。同样，元素个数加倍，比较次数增加 4 倍。这两个算法都以 n^2 速度增长，因此大 O 记法可以忽略常量，记为 $O(n^2)$，这被称为平方运行时间，读成“位于 n^2 阶”或简单地读成“n^2 阶”。

n 较小时，$O(n^2)$ 算法(在当今的计算机上)不会有明显的性能影响。但是，随着 n 增大，计算性能会有所下降。$O(n^2)$ 算法在处理几百万个元素的数组时，要求几万亿次的操作(每个操作可能要执行几条机器指令)。我们在台式机上测试了本章的 $O(n^2)$ 算法，需花费 7 分钟时间。对于一个包含数十亿元素的数组(在当今的大数据应用中，这很正常)，所要求的操作有一百万兆次。对于台式机而言，大约需要 13.3 年才能完成！本章后面将看到，$O(n^2)$ 算法其实很容易编写。我们还会看到大 O 指标更好的算法，这些高效算法需要一些技巧来创建，但它们的性能要优越得多，特别在 n 值较大时和将算法集成到大型程序中时。

19.3.4 线性搜索的大 O 效率

线性搜索算法的运行效率为 $O(n)$。线性搜索算法的最坏情形是要检查每一个元素，以判断数组中是否存在搜索项。如果数组长度加倍，则算法要执行的比较次数也会加倍。如果搜索键刚好匹配数组开头或其附近的元素，则线性搜索可以得到很好的性能。但是，我们要寻找的是在所有搜索中平均性能较好的算法，包括匹配搜索键的元素位于数组末尾或其附近的情况。

线性搜索是一种易于编程的算法，但与其他搜索算法相比，它的运行速度较慢。如果程序要对大数组进行多次搜索，则最好采用更高效的算法，如下一节将要介绍的二分搜索。

性能提示 19.1

简单算法的性能可能不佳。但它们的优点是易于编程、测试和调试。有时，要用更复杂的算法来获得最佳性能。

19.4 二分搜索

二分搜索比线性搜索更高效，但要求数组是预先排序的。这个算法的第一次迭代会测试数组的中间位元素。如果它匹配搜索键，则算法结束。假设数组按升序排序，则如果搜索键小于中间位元素，则它不可能匹配数组后半部分中的任何元素，因此算法只需继续处理数组的前半部分(即第一个元素到中间位元素前一个元素)。如果搜索键大于中间位元素，则它不可能匹配数组前半部分中的任何元素，因此算法只需继续处理数组的后半部分(即中间位元素后一个元素到数组最后一个元素)。每一次迭代，都测试数组余下部分(称为子数组)的中值。如果搜索键不匹配中间位元素，则算法会丢弃剩余元素的一半。如果找到了匹配搜索键的元素，或者子数组的长度变为 0 时，算法结束。

示例

作为一个示例，考虑如下 15 元素的排序数组：

```
2  3  5  10  27  30  34  51  56  65  77  81  82  93  99
```

搜索键为 65。实现二分搜索算法的程序首先检查 51 是否为搜索键(因为 51 是数组的中间位元素)。由于搜索键(65)大于 51，因此会丢弃 51 和数组的前半部分(这些元素都小于 51)。

```
56  65  77  81  82  93  99
```

接下来，算法检查 81(数组余下部分的中间位元素)是否匹配搜索键。由于搜索键 65 小于 81，因此会放弃 81 和大于 81 的元素。经过两次比较后，算法已经将要检查的值缩减到 3 个(56, 65, 77)。接着，测试 65(它匹配搜索键)，返回包含 65 的数组元素索引。这个算法只需要 3 次比较，就确定了搜索键是否与某个数组元素值匹配。如果使用线性搜索算法，则需要 10 次比较。(注：这里采用的是 15 元素的数组，因此数组中恰好总有一个中间位元素。如果元素个数为偶数，则数组的中点位于两个元素之间。算法可以使用两个元素中的较大者作为中间位元素。)

19.4.1　二分搜索的实现

BinarySearchTest 类(见图 19.3)包含：

- 静态方法 binarySearch，用于在 int 数组中找出搜索键。
- 静态方法 remainingElements，用于显示数组中的剩余元素。
- main 方法，用于测试 binarySearch 方法。

第 60 ~ 89 行的 main 方法几乎与图 19.2 中的 main 方法相同。这个程序中，第 65 行创建了一个 15 元素的流(Java SE 8)，它包含一些随机值，按升序排序，然后将流元素转换成一个 int 数组。前面曾介绍过，二分搜索算法只适用于排序数组。程序的第一行输出结果是这个 int 数组(升序)的内容。用户让程序搜索 18 时，会首先测试中间位元素(在图 19.3 的输出中显示为*号)，即 57。由于搜索键小于 57，因此程序会忽略数组的后半部分，只测试前半部分的中间位元素。由于搜索键小于 36，因此程序丢弃子数组的后半部分，只剩下 3 个元素。最后，程序测试 18(它匹配搜索键)，并返回索引 1。

```
1  // Fig. 19.3: BinarySearchTest.java
2  // Use binary search to locate an item in an array.
3  import java.security.SecureRandom;
4  import java.util.Arrays;
5  import java.util.Scanner;
6
7  public class BinarySearchTest {
8     // perform a binary search on the data
9     public static int binarySearch(int[] data, int key) {
10       int low = 0; // low end of the search area
11       int high = data.length - 1; // high end of the search area
12       int middle = (low + high + 1) / 2; // middle element
13       int location = -1; // return value; -1 if not found
14
15       do { // loop to search for element
16          // print remaining elements of array
17          System.out.print(remainingElements(data, low, high));
18
19          // output spaces for alignment
20          for (int i = 0; i < middle; i++) {
21             System.out.print("   ");
22          }
23          System.out.println(" * "); // indicate current middle
24
25          // if the element is found at the middle
26          if (key == data[middle]) {
27             location = middle; // location is the current middle
28          }
```

图 19.3　使用二分搜索算法定位数组中的某一项(中间位元素用*标注)

```
29          else if (key < data[middle]) { // middle element is too high
30             high = middle - 1; // eliminate the higher half
31          }
32          else { // middle element is too low
33             low = middle + 1; // eliminate the lower half
34          }
35
36          middle = (low + high + 1) / 2; // recalculate the middle
37       } while ((low <= high) && (location == -1));
38
39       return location; // return location of search key
40    }
41
42    // method to output certain values in array
43    private static String remainingElements(
44       int[] data, int low, int high) {
45       StringBuilder temporary = new StringBuilder();
46
47       // append spaces for alignment
48       for (int i = 0; i < low; i++) {
49          temporary.append("   ");
50       }
51
52       // append elements left in array
53       for (int i = low; i <= high; i++) {
54          temporary.append(data[i] + " ");
55       }
56
57       return String.format("%s%n", temporary);
58    }
59
60    public static void main(String[] args) {
61       Scanner input = new Scanner(System.in);
62       SecureRandom generator = new SecureRandom();
63
64       // create array of 15 random integers in sorted order
65       int[] data = generator.ints(15, 10, 91).sorted().toArray();
66       System.out.printf("%s%n%n", Arrays.toString(data)); // display array
67
68       // get input from user
69       System.out.print("Please enter an integer value (-1 to quit): ");
70       int searchInt = input.nextInt();
71
72       // repeatedly input an integer; -1 terminates the program
73       while (searchInt != -1) {
74          // perform search
75          int location = binarySearch(data, searchInt);
76
77          if (location == -1) { // not found
78             System.out.printf("%d was not found%n%n", searchInt);
79          }
80          else { // found
81             System.out.printf("%d was found in position %d%n%n",
82                searchInt, location);
83          }
84
85          // get input from user
86          System.out.print("Please enter an integer value (-1 to quit): ");
87          searchInt = input.nextInt();
88       }
89    }
90 }
```

```
[13, 18, 29, 36, 42, 47, 56, 57, 63, 68, 80, 81, 82, 88, 88]

Please enter an integer value (-1 to quit): 18
13 18 29 36 42 47 56 57 63 68 80 81 82 88 88
                     *
13 18 29 36 42 47 56
         *
13 18 29
   *
18 was found in position 1
```

图 19.3(续) 使用二分搜索算法定位数组中的某一项(中间位元素用*标注)

```
Please enter an integer value (-1 to quit): 82
13 18 29 36 42 47 56 57 63 68 80 81 82 88 88
                      *
                        63 68 80 81 82 88 88
                                 *
                                    82 88 88
                                       *
                                    82
                                    *
82 was found in position 12

Please enter an integer value (-1 to quit): 69
13 18 29 36 42 47 56 57 63 68 80 81 82 88 88
                      *
                        63 68 80 81 82 88 88
                                 *
                        63 68 80
                           *
                              80
                              *
69 was not found

Please enter an integer value (-1 to quit): -1
```

图 19.3(续)　使用二分搜索算法定位数组中的某一项(中间位元素用*标注)

第 9 ~ 40 行声明了 binarySearch 方法，它的参数分别为要搜索的数组(data)和搜索键(key)。第 10 ~ 12 行对当前搜索的数组部分计算 low 索引、high 索引和 middle 索引的值。首次调用这个方法时，low 索引为 0，high 索引为数组长度减 1，middle 索引为这两个值的平均值。第 13 行将元素的 location 初始化为–1，找不到搜索键时将返回这个值。第 15 ~ 37 行会一直循环，直到 low 大于 high(找不到搜索键时的情况)或者 location 不等于–1(表明找到了搜索键)。第 26 行测试 middle 元素的值是否等于 key。如果是，则第 27 行将 middle 值赋予 location，循环终止，并将 location 值返回给调用者。循环每次迭代时，都只测试一个值(第 26 行)，并在该值不为搜索键时丢弃数组中的另一半值(第 29 ~ 31 行或者第 32 ~ 34 行)。

19.4.2　二分搜索的效率

在最坏情形下，用二分搜索算法测试 1023 个元素的排序数组，只需进行 10 次比较。不断地将 1023 除以 2(因为每次比较都可以丢弃一半的数组元素)并进行舍入(因为还要剔除中间位元素)，依次得到数值 511, 255, 127, 63, 31, 15, 7, 3, 1, 0。数值 1023 (2^{10}–1) 只需经过 10 次除以 2 的操作，就得到了 0，表示不再需要测试更多的元素。除以 2，就相当于二分搜索算法中的一次迭代。这样，对于包含 1 048 575 (2^{20}–1) 个元素的数组，最多只需 20 次比较就可以找到搜索键；对于包含 10 亿(小于 2^{30}–1)个元素的数组，最多只需 30 次比较。与线性搜索相比，它的性能有了巨大提升。对于 10 亿个元素的数组，线性搜索平均需要 5 亿次比较，而二分搜索最多只需 30 次！对任何排序数组进行二分搜索所需的最大比较次数，是大于数组元素个数的第一个 2 的幂指数，表示为 $\log_2 n$。由于所有二分搜索算法的增长速率大致相同，因此在大 O 记法中省略了底数。因此，二分搜索的大 O 记法为 $O(\log n)$，称之为对数运行时间(logarithmic run time)，读成“log *n* 阶”。

19.5　排序算法

对数据进行排序(即将数据按照某种特定的顺序排列，例如升序或降序)是最重要的计算应用之一。银行按账号排序所有的交易记录，以便能在每月末准备各种银行报表。电话公司先按姓氏、后按名字排序账户清单，以便于查找电话号码。几乎每个机构都要进行某种数据排序，而且通常要排序大量的数据。数据排序是计算量很大的问题，吸引了大量研究工作。

关于排序要理解的一个重要概念是无论用哪一种算法，最终结果(排序数组)应该是相同的。算法的选择只影响运行时间和程序使用的内存量。本章的余下部分将介绍三种常见的排序算法。前两种(选择排序和插入排序)很容易编程但效率低；最后一种是合并排序，它比前面两种要快得多，但更难编程。我们只关注基本类型数据(int 类型的数据)的数组的排序。还可以排序对象类的数组——16.7.1 节中，就利用了 Collections API 的内置排序功能。

19.6　选择排序

选择排序(selection sort)是一种简单而低效的排序算法。如果要按升序排序数组，则它的第一次迭代是从数组中选择最小的元素，并将它与第一个元素交换。第二次迭代选择第二个最小元素(它是剩余元素中最小的那一个)，并将它与第二个元素交换。算法继续执行，直到最后一次迭代选择了第二大的元素，并将它与倒数第二个位置的元素交换，使最大的元素位于最后一个位置。经过第 i 次迭代后，数组中最小的前 i 个数据项，将按照升序保存在数组的前 i 个元素中。

作为一个示例，考虑数组：

```
34   56   4   10   77   51   93   30   5   52
```

实现选择排序的程序，首先会找出这个数组的最小元素(4)，它位于索引 2 处。将 4 与 34 交换，得到

```
4   56   34   10   77   51   93   30   5   52
```

然后，找出剩余元素(除 4 之外的所有元素)中的最小值，即位于索引 8 处的 5。将 5 与 56 交换，得到

```
4   5   34   10   77   51   93   30   56   52
```

第三次迭代时，找出下一个最小值(10)，并将它与 34 交换。

```
4   5   10   34   77   51   93   30   56   52
```

这一过程一直继续，直到整个数组完成排序。

```
4   5   10   30   34   51   52   56   77   93
```

第一次迭代后，最小元素出现在第一个位置；第二次迭代后，最小的两个元素按顺序出现在前两个位置；第三次迭代后，最小的三个元素按顺序出现在前三个位置。

19.6.1　选择排序的实现

SelectionSortTest 类(见图 19.4)包含：

- 静态方法 selectionSort，利用选择排序算法排序 int 数组。
- 静态方法 swap，交换两个数组元素的值。
- 静态方法 printPass，显示每一次迭代之后的数组内容。
- main 方法，用于测试 selectionSort 方法。

在 main 方法中，第 61 行利用 Java SE 8 流，创建了一个 int 数组 data，并将它用 10 ~ 99 的随机 int 值填充。第 64 行调用 selectionSort 方法，按升序排序数组。

8

```
1  // Fig. 19.4: SelectionSortTest.java
2  // Sorting an array with selection sort.
3  import java.security.SecureRandom;
4  import java.util.Arrays;
5
6  public class SelectionSortTest {
7     // sort array using selection sort
8     public static void selectionSort(int[] data) {
9        // loop over data.length - 1 elements
10       for (int i = 0; i < data.length - 1; i++) {
11          int smallest = i; // first index of remaining array
12
13          // loop to find index of smallest element
14          for (int index = i + 1; index < data.length; index++) {
15             if (data[index] < data[smallest]) {
16                smallest = index;
17             }
18          }
```

图 19.4　对数组执行选择排序

```
19
20            swap(data, i, smallest); // swap smallest element into position
21            printPass(data, i + 1, smallest); // output pass of algorithm
22         }
23      }
24
25      // helper method to swap values in two elements
26      private static void swap(int[] data, int first, int second) {
27         int temporary = data[first]; // store first in temporary
28         data[first] = data[second]; // replace first with second
29         data[second] = temporary; // put temporary in second
30      }
31
32      // print a pass of the algorithm
33      private static void printPass(int[] data, int pass, int index) {
34         System.out.printf("after pass %2d: ", pass);
35
36         // output elements till selected item
37         for (int i = 0; i < index; i++) {
38            System.out.printf("%d  ", data[i]);
39         }
40
41         System.out.printf("%d* ", data[index]); // indicate swap
42
43         // finish outputting array
44         for (int i = index + 1; i < data.length; i++) {
45            System.out.printf("%d  ", data[i]);
46         }
47
48         System.out.printf("%n               "); // for alignment
49
50         // indicate amount of array that's sorted
51         for (int j = 0; j < pass; j++) {
52            System.out.print("--  ");
53         }
54         System.out.println();
55      }
56
57      public static void main(String[] args) {
58         SecureRandom generator = new SecureRandom();
59
60         // create unordered array of 10 random ints
61         int[] data = generator.ints(10, 10, 91).toArray();
62
63         System.out.printf("Unsorted array: %s%n%n", Arrays.toString(data));
64         selectionSort(data); // sort array
65         System.out.printf("%nSorted array: %s%n", Arrays.toString(data));
66      }
67   }
```

```
Unsorted array: [40, 60, 59, 46, 98, 82, 23, 51, 31, 36]

after pass  1: 23  60  59  46  98  82  40* 51  31  36
               --
after pass  2: 23  31  59  46  98  82  40  51  60* 36
               --  --
after pass  3: 23  31  36  46  98  82  40  51  60  59*
               --  --  --
```

```
after pass  4: 23  31  36  40  98  82  46* 51  60  59
               --  --  --  --
after pass  5: 23  31  36  40  46  82  98* 51  60  59
               --  --  --  --  --
after pass  6: 23  31  36  40  46  51  98  82* 60  59
               --  --  --  --  --  --
after pass  7: 23  31  36  40  46  51  59  82  60  98*
               --  --  --  --  --  --  --
after pass  8: 23  31  36  40  46  51  59  60  82* 98
               --  --  --  --  --  --  --  --
after pass  9: 23  31  36  40  46  51  59  60  82* 98
               --  --  --  --  --  --  --  --  --

Sorted array: [23, 31, 36, 40, 46, 51, 59, 60, 82, 98]
```

图 19.4(续)　对数组执行选择排序

selectionSort 方法和 swap 方法

第 8 ~ 23 行声明了 selectionSort 方法。第 10 ~ 22 行共循环 data.length – 1 次。第 11 行声明变量 smallest，并将它初始化成当前的索引值 i。该变量保存的是剩余数组中最新元素的索引。第 14 ~ 18 行对数组中的剩余元素进行循环。对于每一个元素，第 15 行都将它的值与最小元素的值进行比较。如果当前元素小于最小元素，则第 16 行将当前元素的索引赋予 smallest。循环结束时，smallest 将包含剩余数组中最小的那个元素的索引。第 20 行调用 swap 方法(第 26 ~ 30 行)，将这个最小元素放在数组中的下一个位置。

printPass 方法

printPass 方法利用一些短线(第 51 ~ 53 行)来指明每一次循环之后数组中已经排好序的部分。与最小元素交换的元素位置，其旁边用星号标注。每一轮迭代过程中，星号旁边的元素(在第 41 行指定)和最右边虚线上面的元素是要交换的两个值。

19.6.2 选择排序的效率

选择排序算法的运行效率为 $O(n^2)$。selectionSort 方法采用了嵌套 for 循环语句。外层 for 循环(第 10 ~ 22 行)对数组中前 $n-1$ 个元素进行迭代，将剩余元素中最小的那一个交换到它的排序位置；内层 for 循环(第 14 ~ 18 行)迭代遍历剩余数组中的每一个元素，查找最小的那一个。这个循环在外层循环第一次迭代时执行 $n-1$ 次，第二次迭代时执行 $n-2$ 次，然后是 $n-3, \cdots, 3, 2, 1$ 次。内层循环将总共迭代 $n(n-1)/2$ 或 $(n^2-n)/2$ 次。在大 O 记法中，会丢弃较小的项和常量，因此最后得到 $O(n^2)$。

19.7 插入排序

插入排序(insertion sort)是另一种简单而低效的排序算法。首次进行迭代时，它取数组中的第二个元素，如果小于第一个元素，则将二者交换。第二次迭代时，找到第三个元素，根据它与前两个元素的大小关系，将它插入到正确的位置。这样，前三个元素就是有序的了。第 i 次迭代之后，原始数组的前 i 个元素将完成排序。

考虑下面这个数组，它与选择排序和合并排序中所用的数组相同。

```
34   56   4   10   77   51   93   30   5   52
```

实现插入排序算法的程序，首先分析数组的前两个元素：34 和 56。它们已经排好序，因此程序继续(如果它们的顺序不正确，则会交换它们)。

下一次迭代中找到第三个值，即 4。它小于 56，因此将 4 保存在一个临时变量中，并将 56 向右移动一个位置。然后，检查并判断出 4 小于 34，因此将 34 向右移动一个位置。现在，到达了数组的起始位置，因此将 4 放在位置 0 中。现在的数组是

```
4   34   56   10   77   51   93   30   5   52
```

下一次迭代中，程序将值 10 保存在一个临时变量中。然后，将 10 与 56 比较，并将 56 向右移动一个位置，因为它大于 10。接着，将 10 与 34 比较，并将 34 向右移动一个位置。当将 10 与 4 比较时，因为 10 大于 4，因此就将 10 放在位置 1 中。现在，数组变成

```
4   10   34   56   77   51   93   30   5   52
```

利用这个算法，在第 i 次迭代时，原始数组的前 i 个元素已经排好序，但不一定处于最终位置，因为数组后面可能还有更小的值。

19.7.1 插入排序的实现

InsertionSortTest 类(见图 19.5)包含：

- 静态方法 insertionSort，利用插入排序算法排序 int 数组。
- 静态方法 printPass，显示每一次迭代之后的数组内容。
- main 方法，用于测试 insertionSort 方法。

main 方法(第 51 ~ 60 行)与图 19.4 中的 main 方法几乎相同，第 58 行调用了 insertionSort 方法，按升序排序数组元素。

```
1  // Fig. 19.5: InsertionSortTest.java
2  // Sorting an array with insertion sort.
3  import java.security.SecureRandom;
4  import java.util.Arrays;
5
6  public class InsertionSortTest {
7     // sort array using insertion sort
8     public static void insertionSort(int[] data) {
9        // loop over data.length - 1 elements
10       for (int next = 1; next < data.length; next++) {
11          int insert = data[next]; // value to insert
12          int moveItem = next; // location to place element
13
14          // search for place to put current element
15          while (moveItem > 0 && data[moveItem - 1] > insert) {
16             // shift element right one slot
17             data[moveItem] = data[moveItem - 1];
18             moveItem--;
19          }
20
21          data[moveItem] = insert; // place inserted element
22          printPass(data, next, moveItem); // output pass of algorithm
23       }
24    }
25
26    // print a pass of the algorithm
27    public static void printPass(int[] data, int pass, int index) {
28       System.out.printf("after pass %2d: ", pass);
29
30       // output elements till swapped item
31       for (int i = 0; i < index; i++) {
32          System.out.printf("%d  ", data[i]);
33       }
34
35       System.out.printf("%d* ", data[index]); // indicate swap
36
37       // finish outputting array
38       for (int i = index + 1; i < data.length; i++) {
39          System.out.printf("%d  ", data[i]);
40       }
41
42       System.out.printf("%n               "); // for alignment
43
44       // indicate amount of array that's sorted
45       for (int i = 0; i <= pass; i++) {
46          System.out.print("--  ");
47       }
48       System.out.println();
49    }
50
51    public static void main(String[] args) {
52       SecureRandom generator = new SecureRandom();
53
54       // create unordered array of 10 random ints
55       int[] data = generator.ints(10, 10, 91).toArray();
56
57       System.out.printf("Unsorted array: %s%n%n", Arrays.toString(data));
58       insertionSort(data); // sort array
59       System.out.printf("%nSorted array: %s%n", Arrays.toString(data));
60    }
61 }
```

图 19.5　对数组执行插入排序

```
Unsorted array: [34, 96, 12, 87, 40, 80, 16, 50, 30, 45]

after pass  1: 34  96* 12  87  40  80  16  50  30  45
               --  --
after pass  2: 12* 34  96  87  40  80  16  50  30  45
               --  --  --
after pass  3: 12  34  87* 96  40  80  16  50  30  45
               --  --  --  --
after pass  4: 12  34  40* 87  96  80  16  50  30  45
               --  --  --  --  --
after pass  5: 12  34  40  80* 87  96  16  50  30  45
               --  --  --  --  --  --
after pass  6: 12  16* 34  40  80  87  96  50  30  45
               --  --  --  --  --  --  --
after pass  7: 12  16  34  40  50* 80  87  96  30  45
               --  --  --  --  --  --  --  --
after pass  8: 12  16  30* 34  40  50  80  87  96  45
               --  --  --  --  --  --  --  --  --
after pass  9: 12  16  30  34  40  45* 50  80  87  96
               --  --  --  --  --  --  --  --  --  --

Sorted array: [12, 16, 30, 34, 40, 45, 50, 80, 87, 96]
```

图 19.5(续) 对数组执行插入排序

insertionSort 方法

第 8 ~ 24 行声明了一个 insertionSort 方法。第 10 ~ 23 行对数组中的 data.length – 1 个元素进行循环。每一次迭代中，第 11 行会将要插入到数组已排序部分的那个元素保存到变量 insert 中。第 12 行声明并初始化了 moveItem 变量，它跟踪要插入元素的位置。第 15 ~ 19 行通过循环找到这个元素应该插入的正确位置。当到达数组的开始处，或者当遇到其值小于被插入元素值的元素时，循环就终止。第 17 行将一个元素向右移动一个位置；第 18 行将位置减少 1，以便插入下一个元素。循环结束后，第 21 行将这个元素插入到正确的位置。

printPass 方法

printPass 方法(第 27 ~ 49 行)的输出利用虚线表示数组中每一次迭代之后已经排序的部分。要插入的元素，其旁边用星号标注。

19.7.2 插入排序的效率

插入排序算法的运行效率也为 $O(n^2)$。与选择排序算法类似，插入排序算法的实现(第 8 ~ 24 行)包含两个循环。for 循环(第 10 ~ 23 行)迭代 data.length – 1 次，在已经排序的元素中的适当位置插入一个元素。本程序中，data.length – 1 等于 $n-1$(因为 data.length 是数组的长度)。while 循环(第 15 ~ 19 行)迭代遍历数组中前面的元素。最坏情形下，这个 while 循环要求 $n-1$ 次比较。每一个循环都要运行 $O(n)$ 次。在大 O 记法中，嵌套循环意味着要将每个循环的迭代次数相乘。对外循环中的每一次迭代，内循环中都有一定次数的迭代。这个算法对外循环中的每一个 $O(n)$ 次迭代，内循环中都有 $O(n)$ 次的迭代。二者相乘，就得到大 O 记法 $O(n^2)$。

19.8 合并排序

合并排序(merge sort)是一种高效率的排序算法，但与选择排序和插入排序相比，它的概念要复杂一些。排序数组时，合并排序算法会将其分成两个等长的子数组，将每个子数组排序后，再将它们合并成一个大数组。如果数组包含奇数个元素，则算法创建两个子数组时，会让其中一个数组多包含一个元素。

本例中实现合并排序的方法是采用递归。递归的基本情形为单元素数组，它显然是排序的，因此合并排序算法会在调用一个元素的数组时立即返回。递归步骤中，会将数组分成两个大致等长的子数组，并递归地排序它们，然后将两个排序数组合并成一个大的排序数组。

假设算法已经将两个较小的数组排序，分别得到排序数组 A：

```
4   10   34   56   77
```

和数组 B：

```
5   30   51   52   93
```

合并排序会将这两个排序数组合并成一个大的排序数组。A 中最小的元素是 4(位于 A 中索引 0 处)；B 中最小的元素是 5(位于 B 中索引 0 处)。为了确定大数组中最小的元素，算法比较 4 和 5。来自 A 中的值较小，因此 4 成为合并数组中的第一个元素。算法继续比较 10(A 中的第二个元素) 和 5(B 中的第一个元素)。来自 B 中的值较小，因此 5 成为合并数组中的第二个元素。算法继续比较 10 和 30，10 成为合并数组中的第三个元素。算法会依次这样比较下去。

19.8.1　合并排序的实现

图 19.6 中声明的 MergeSortTest 类包含：

- 静态方法 mergeSort，利用合并排序算法发起 int 数组的排序过程。
- 静态方法 sortArray，执行递归合并排序算法。它由 mergeSort 方法调用。
- 静态方法 merge，将两个排好序的子数组合并成一个排序数组。
- 静态方法 subarrayString，获得子数组的字符串表示，用于输出。
- main 方法，用于测试 mergeSort 方法。

main 方法(第 104 ~ 113 行)与图 19.4 和图 19.5 中的 main 方法几乎相同，第 111 行调用了 mergeSort 方法，按升序排序数组元素。这个程序的输出给出了合并排序所执行的分解与合并操作，显示了算法每一步的排序过程。有必要详细分析这些输出结果，以充分理解这个算法的实现过程。

```
1  // Fig. 19.6: MergeSortTest.java
2  // Sorting an array with merge sort.
3  import java.security.SecureRandom;
4  import java.util.Arrays;
5
6  public class MergeSortTest {
7     // calls recursive sortArray method to begin merge sorting
8     public static void mergeSort(int[] data) {
9        sortArray(data, 0, data.length - 1); // sort entire array
10    }
11
12    // splits array, sorts subarrays and merges subarrays into sorted array
13    private static void sortArray(int[] data, int low, int high) {
14       // test base case; size of array equals 1
15       if ((high - low) >= 1) { // if not base case
16          int middle1 = (low + high) / 2; // calculate middle of array
17          int middle2 = middle1 + 1; // calculate next element over
18
19          // output split step
20          System.out.printf("split:   %s%n",
21             subarrayString(data, low, high));
22          System.out.printf("         %s%n",
23             subarrayString(data, low, middle1));
24          System.out.printf("         %s%n%n",
25             subarrayString(data, middle2, high));
26
27          // split array in half; sort each half (recursive calls)
28          sortArray(data, low, middle1); // first half of array
29          sortArray(data, middle2, high); // second half of array
30
31          // merge two sorted arrays after split calls return
32          merge (data, low, middle1, middle2, high);
33       }
34    }
35
36    // merge two sorted subarrays into one sorted subarray
37    private static void merge(int[] data, int left, int middle1,
38       int middle2, int right) {
```

图 19.6　对数组执行合并排序

```
39
40         int leftIndex = left; // index into left subarray
41         int rightIndex = middle2; // index into right subarray
42         int combinedIndex = left; // index into temporary working array
43         int[] combined = new int[data.length]; // working array
44
45         // output two subarrays before merging
46         System.out.printf("merge:   %s%n",
47            subarrayString(data, left, middle1));
48         System.out.printf("         %s%n",
49            subarrayString(data, middle2, right));
50
51         // merge arrays until reaching end of either
52         while (leftIndex <= middle1 && rightIndex <= right) {
53            // place smaller of two current elements into result
54            // and move to next space in arrays
55            if (data[leftIndex] <= data[rightIndex]) {
56               combined[combinedIndex++] = data[leftIndex++];
57            }
58            else {
59               combined[combinedIndex++] = data[rightIndex++];
60            }
61         }
62
63         // if left array is empty
64         if (leftIndex == middle2) {
65            // copy in rest of right array
66            while (rightIndex <= right) {
67               combined[combinedIndex++] = data[rightIndex++];
68            }
69         }
70         else { // right array is empty
71            // copy in rest of left array
72            while (leftIndex <= middle1) {
73               combined[combinedIndex++] = data[leftIndex++];
74            }
75         }
76
77         // copy values back into original array
78         for (int i = left; i <= right; i++) {
79            data[i] = combined[i];
80         }
81
82         // output merged array
83         System.out.printf("         %s%n%n",
84            subarrayString(data, left, right));
85      }
86
87      // method to output certain values in array
88      private static String subarrayString(int[] data, int low, int high) {
89         StringBuilder temporary = new StringBuilder();
90
91         // output spaces for alignment
92         for (int i = 0; i < low; i++) {
93            temporary.append("   ");
94         }
95
96         // output elements left in array
97         for (int i = low; i <= high; i++) {
98            temporary.append(" " + data[i]);
99         }
100
101        return temporary.toString();
102     }
103
104     public static void main(String[] args) {
105        SecureRandom generator = new SecureRandom();
106
107        // create unordered array of 10 random ints
108        int[] data = generator.ints(10, 10, 91).toArray();
109
110        System.out.printf("Unsorted array: %s%n%n", Arrays.toString(data));
111        mergeSort(data); // sort array
112        System.out.printf("Sorted array: %s%n", Arrays.toString(data));
113     }
114  }
```

图 19.6(续) 对数组执行合并排序

```
Unsorted array:
[75, 56, 85, 90, 49, 26, 12, 48, 40, 47]

split:    75 56 85 90 49 26 12 48 40 47
          75 56 85 90 49
                         26 12 48 40 47

split:    75 56 85 90 49
          75 56 85
                   90 49

split:    75 56 85
          75 56
                85

split:    75 56
          75
             56

merge:    75
             56
          56 75

merge:    56 75
                85
          56 75 85

split:             90 49
                   90
                      49

merge:             90
                      49
                   49 90

merge:    56 75 85
                   49 90
          49 56 75 85 90

split:                   26 12 48 40 47
                         26 12 48
                                  40 47
```

```
split:                   26 12 48
                         26 12
                               48

split:                   26 12
                         26
                            12

merge:                   26
                            12
                         12 26

merge:                   12 26
                               48
                         12 26 48

split:                            40 47
                                  40
                                     47

merge:                            40
                                     47
                                  40 47

merge:                   12 26 48
                                  40 47
                         12 26 40 47 48

merge:    49 56 75 85 90
                         12 26 40 47 48
          12 26 40 47 48 49 56 75 85 90

Sorted array: [12, 26, 40, 47, 48, 49, 56, 75, 85, 90]
```

图 19.6(续)　对数组执行合并排序

mergeSort 方法

图 19.6 第 8 ~ 10 行声明了一个 mergeSort 方法。第 9 行调用 sortArray 方法,实参为 0 和 data.length –1,它们是要排序的数组的起始索引和结束索引。这些值用来通知 sortArray 方法对整个数组进行操作。

递归方法 sortArray

sortArray 方法(第 13 ~ 34 行)递归地执行合并排序算法。第 15 行测试基本情形。如果数组长度为 1,则数组已经排序,因此方法立即返回。如果数组长度大于 1,则方法将数组分为两部分,并递归地调用 sortArray 方法,将两个子数组排序,然后将它们合并。第 28 行对前半部分数组递归地调用 sortArray 方法,而第 29 行对后半部分数组执行相同的操作。当这两个方法调用返回时,两部分数组都已经是排好序的。第 32 行对两个排序数组调用 merge 方法(第 37 ~ 85 行),将它们合并成一个大的排序数组。

merge 方法

第 37 ~ 85 行声明了 merge 方法。第 52 ~ 61 行会不断循环,直到到达某个子数组的末尾。第 55 行比较这两个数组的开头元素。如果左数组中的元素较小,则第 56 行将其放在合并数组中的适当位置上;如果右数组中的元素较小,则第 59 行将其放在合并数组中的适当位置上。while 循环结束时,某个子数组的全部元素就已经放到了合并数组中,但另一个子数组中仍然包含数据。第 64 行测试左数组是否已经到达了末尾。如果是,则第 66 ~ 68 行将右数组中的剩余元素放入合并数组中。如果左数组还没有到达末尾,则右数组已经到达,因此第 72 ~ 74 行将左数组中的剩余元素放入合并数组中。最后,第 78 ~ 80 行将合并数组复制到原始数组中。

19.8.2 合并排序的效率

与插入排序和选择排序相比,合并排序的效率要高得多。看一下对 sortArray 方法的第一次调用(非递归)。它得到的是对 SortArray 方法的两次递归调用,操作的是长度约为原始数组一半的两个子数组,此外还有对 merge 方法的一次调用。在最坏情形下,只需 $n-1$ 次比较就可以填充原始数组,即它的运行效率为 $O(n)$(前面曾介绍过,数组中的每一个元素,都可以通过比较两个子数组中的两个元素来选择)。对 sortArray 方法的两次调用,导致的是对该方法的 4 次递归调用,操作的是长度约为原始数组四分之一的两个子数组,此外还有对 merge 方法的两次调用。在最坏情形下,每一次调用都只需进行 $n/2-1$ 次比较,因此总的比较次数为 $O(n)$。持续这一过程,每次调用 sortArray 方法时,都会得到另外两次对该方法的调用和一次对 merge 方法的调用,直到算法将数组分解成了一个元素的数组时为止。每一次迭代,都要进行 $O(n)$ 次比较来合并子数组。每一次都将数组长度减半,因此将数组长度加倍时,只需要多一次迭代;数组长度变成 4 倍时,只需要多两次迭代。这种模式是对数模式,其结果是 $\log_2 n$ 次迭代。因此,总效率为 $O(n \log n)$。

19.9 本章的搜索和排序算法的效率小结

图 19.7 中,总结了本章中的搜索和排序算法的运行效率。图 19.8 中列出了本章中涉及的大 O 值与 n 值的关系,以强调它们的增长速度的差异。

算　法	出　处	大 O 值
搜索算法		
线性搜索	19.2 节	$O(n)$
二分搜索	19.4 节	$O(\log n)$
递归线性搜索	练习题 19.8	$O(n)$
递归二分搜索	练习题 19.9	$O(\log n)$
排序算法		

图 19.7　搜索算法、排序算法及它们的大 O 值

算　法	出　处	大 O 值
选择排序	19.6 节	$O(n^2)$
插入排序	19.7 节	$O(n^2)$
合并排序	19.8 节	$O(n \log n)$
冒泡排序	练习题 19.5、19.6	$O(n^2)$

图 19.7(续)　搜索算法、排序算法及它们的大 O 值

n =	$O(\log n)$	$O(n)$	$O(n \log n)$	$O(n^2)$
1	0	1	0	1
2	1	2	2	4
3	1	3	3	9
4	1	4	4	16
5	1	5	5	25
10	1	10	10	100
100	2	100	200	10 000
1000	3	1000	300	10^6
1 000 000	6	1 000 000	6 000 000	10^{12}
1 000 000 000	9	1 000 000 000	9 000 000 000	10^{18}

图 19.8　常见大 O 记法的比较次数

19.10　大规模并行处理与并行算法

当今的多核台式机，通常具有 2 个、4 个或者 8 个核。我们已经进入了一个大规模并行处理的时代。这个时代所谈论的不是 2 个、4 个或者 8 个处理器，而是数千个甚至几百万个处理器。

搜索的终极目标，是利用大规模并行处理来同步测试每一个元素。这样，在一个硬件“周期”里，就能够知晓某个特定的值是否位于数组中。

第 23 章中，将讲解并行算法和多核硬件如何能够提高搜索和排序算法的性能。

19.11　小结

本章讲解了搜索和排序的相关概念，探讨了线性搜索和二分搜索，以及选择排序、插入排序和合并排序。我们介绍了大 O 记法，它用于分析算法的效率。下两章将讲解如何建立动态数据结构，在执行时，它们可以增长或收缩。第 20 章将探讨如何利用 Java 的泛型能力来实现泛型方法和类。第 21 章将详细讲解泛型数据结构的实现。本章中给出的所有算法都是单线程的——第 23 章中，将探讨多线程，并解释它如何能使程序在多核系统上具有更好的性能表现。

总结

19.1 节　简介

- 搜索涉及确定搜索键是否在数据中存在，以及(如果存在的话)该值的位置。
- 排序涉及将数据按顺序排列。

19.2 节　线性搜索

- 线性搜索算法会依次搜索数组中的每一个元素，直到找出匹配搜索键的元素，或者到达数组末尾(没有找到搜索键)。

19.3 节　大 O 记法

- 各种搜索算法的主要差异是完成搜索所要求的效率。

- 大 O 记法表示为了解决问题算法需付出多大的努力。对于搜索算法和排序算法，它尤其与数据集中的元素个数相关。
- 具有 $O(1)$ 特性的算法并不一定只要求进行一次比较。$O(1)$ 表示比较的次数不会随数组规模的变大而增长。
- $O(n)$ 算法具有线性运行时间。
- 当 n 增大时，大 O 记法会保留占支配地位的部分而忽略不重要的部分。
- 大 O 记法关心算法运行时间的增长速率，因此会忽略常量。
- 线性搜索算法的运行效率为 $O(n)$。
- 线性搜索算法的最坏情形是要检查每一个元素，以判断数组中是否存在搜索键。这发生在搜索键为最后一项，或者搜索键不存在时。

19.4 节　二分搜索

- 二分搜索比线性搜索更高效，但要求数组是预先排序的。
- 二分搜索算法的第一次迭代会测试数组的中间位元素。如果它匹配搜索键，则算法结束，返回它的索引。如果搜索键小于中间位元素，则搜索会针对数组的前半部分继续进行；如果搜索键大于中间位元素，则搜索会针对数组的后半部分继续进行。二分搜索的每一次迭代，都会测试剩余数组的中间值。如果没有找到搜索键，则会丢弃剩余元素的一半。
- 二分搜索是一种比线性搜索效率更高的算法，因为每次比较时，都会丢弃数组中一半的元素。
- 二分搜索算法的运行效率为 $O(\log n)$，因为在每一步中都会丢弃剩余元素中的一半。这被称为对数运行时间。
- 如果数组长度加倍，则二分搜索算法只要求多进行一次比较操作。

19.6 节　选择排序

- 选择排序是一种简单而低效的排序算法。
- 排序从选择数组中最小的元素开始，并将它与第一个元素交换。第二次迭代选择第二小的元素(它是剩余元素中最小的那一个)，并将它与第二个元素交换。算法继续执行，直到最后一次迭代选择了第二大的元素，并将它与倒数第二个位置的元素交换，使最大的元素位于最后一个位置。经过选择排序的第 i 次迭代后，整个数组中最小的前 i 个元素，将保存在数组的前 i 个位置中。
- 选择排序算法的运行效率为 $O(n^2)$。

19.7 节　插入排序

- 首次进行迭代时，插入排序算法取数组中的第二个元素，如果小于第一个元素，则将二者交换。第二次迭代时找到第三个元素，根据它与前两个元素的大小关系，将它插入到正确的位置。在第 i 次迭代之后，原始数组的前 i 个元素将完成排序。
- 插入排序算法的运行效率为 $O(n^2)$。

19.8 节　合并排序

- 合并排序是一种高效率的排序算法，但与选择排序和插入排序相比，它的实现更复杂。合并排序算法排序数组时，会将其分成两个等长的子数组，将每个子数组递归地排序后，再将它们合并成一个大数组。
- 合并排序的基本情形是只包含一个元素的数组。一个元素的数组显然是排序的，因此合并排序算法会在调用一个元素的数组时立即返回。算法的合并部分是将两个排序数组合并成一个大的排序数组。
- 合并排序通过检查每个数组中的第一个元素来执行合并操作，它就是数组中最小的元素。合并排序取得其中最小的元素，并将它放在大数组中第一个元素上。如果子数组中还有元素，则合并排序会检查该数组中的第二个元素(是剩余的最小元素)，将其与另一子数组中的第一个元素比较。合并排序会持续这一过程，直到填充完大数组。

- 最坏情形下，首次调用合并排序时，要经过 $O(n)$ 次比较才能填充最终数组的 n 个位置。
- 合并排序算法的合并部分对两个子数组进行，它们的长度大约为 $n/2$。创建每个子数组时，都要求对它们进行 $n/2-1$ 次比较，即一共要进行 $O(n)$ 次比较。这一模式会一直持续，因为每一次迭代所操作的数组都会加倍，但每一个数组的长度都会比前一次迭代时减半。
- 与二分搜索类似，拆分数组需要进行 $\log n$ 次迭代，因此总效率为 $O(n \log n)$。

自测题

19.1 填空题。

a)与 32 元素的数组相比，对 128 元素的数组运行选择排序程序时，通常要多________倍的时间。

b)合并排序算法的效率是________。

19.2 二分搜索与合并排序的大 O 对数部分，表示的主要意思是什么？

19.3 插入排序在什么方面优于合并排序？合并排序在什么方面优于插入排序？

19.4 文中指出，合并排序会先将数组分解为两个子数组，然后将它们进行排序并合并。为什么有人不理解“将两个子数组排序”？

自测题答案

19.1 a)16。因为当排序 4 倍的信息时，$O(n^2)$ 算法的运行时间会是原来的 16 倍。b)$O(n \log n)$。

19.2 这两个算法都采用“二分”方法，即将数组大小减少一半。二分搜索算法在每次比较后，都会丢弃一半的数组元素。每次调用时，合并排序算法会将数组分成两部分。

19.3 与合并排序相比，插入排序更容易理解和编程。但与插入排序相比，合并排序的效率要高得多。前者的效率为 $O(n^2)$，而后者的效率为 $O(n \log n)$。

19.4 实际上，并不会排序这两个子数组，它只是简单地将原始数组减半，直到得到一个元素的子数组，它自然是排序的。然后，通过合并一个元素的子数组建立原先的两个子数组，这样一直合并，直到将整个数组排完序。

练习题

19.5 **(冒泡排序)**冒泡排序是另一种简单而低效的排序方法。之所以称为“冒泡排序”或“下沉排序”，是因为较小的值会逐渐向数组顶部(即第一个元素的方向)“冒泡”，而较大的值会向数组底部(即末尾)“下沉”。这种技术利用嵌套循环对数组迭代多次。每次迭代时，都会比较连续的两个元素。如果它们为升序(或值相等)，则冒泡排序会保持值的原来位置；如果为降序，则冒泡排序会将它们的值交换。第一遍会比较数组的前两个元素，必要时将它们交换。然后，比较第二个元素和第三个元素。最后，比较数组的后两个元素，必要时进行交换。一遍迭代之后，最大的那个元素会出现在最后的位置；两遍迭代之后，最大的两个元素会出现在最后两个位置。为什么冒泡排序是一种 $O(n^2)$ 算法？

19.6 **(改进的冒泡排序)**通过下列简单的修改，提升练习题 19.5 中开发的冒泡排序的性能。

a)第一遍迭代之后，最大的数位于数组最高索引元素处；第二遍迭代之后，最大的两个数已经“就位”，如此继续。在每一遍迭代时不进行 9 次比较(对于 10 元素的数组而言)，而是将冒泡排序修改成第二遍时只比较 8 次，第三遍只比较 7 次，如此递减。

b)数组中的数据可能已经是正确顺序或接近正确顺序，也许不需要 9 次迭代就已经足够了。修改算法，在每一遍迭代结束时检查是否有交换行为发生。如果没有，则数据一定是排好序的，因此程序应该终止。如果发生了交换，则至少还应再迭代一遍。

19.7 **(桶排序)**桶排序针对的是一个要排序的一维正整数数组，还有一个二维整数数组，后者的行索引为 0 ~ 9，列索引为 0 ~ $n-1$，其中 n 为要排序数组中的数值个数。这个二维数组的每一行被称为一个“桶”。编写一个 BucketSort 类，它包含一个 sort 方法，该方法执行下列操作。

a) 根据值的个位(最右边位)的情况，将一维数组的每个值放入桶数组的行中。例如，97 放入行 7(第 8 行)，3 放入行 3，100 放入行 0。这一过程被称为“分布传递”。

b) 逐行地对桶数组进行循环，并将值复制回原始数组中。这一过程被称为“收集传递”。上述值在一维数组中的新顺序为 100，3，97。

c) 对十位、百位、千位等重复上述过程。在第二遍(十位)迭代中，100 放入行 0，3 放入行 0(因为 3 没有十位)，97 放入行 9。经过“收集传递”之后，上述值在一维数组中的新顺序为 100，3，97。在第三遍(百位)迭代中，100 放入行 1，3 和 97 放入行 0(97 在 3 之后)。经过最后的“收集传递”之后，原始数组就已经是排序的了。

二维桶数组的长度，必须是要排序的整型数组长度的 10 倍。这种排序方法提供了比冒泡排序更好的性能，但要求更多的内存——冒泡排序方法只要求比数据元素多一个空间。这是“以空间换时间”的另一个实例。桶排序方法比冒泡排序更快，但要求更多的内存。桶排序的这一个版本，要求每一遍迭代都将所有数据复制回原始数组中。另一种可行的办法，是创建第二个二维桶数组，并在两个桶数组之间不断地交换数据。

19.8 **(递归线性搜索)**修改图 19.2 中的程序，用递归方法 recursiveLinearSearch 对数组执行线性搜索。这个方法的实参为搜索键和起始索引。如果找到搜索键，则返回它在数组中的索引，否则返回 –1。每次调用递归方法时，都应检查数组中的一个索引。

19.9 **(递归二分搜索)**修改图 19.3 中的程序，用递归方法 recursiveBinarySearch 对数组执行二分搜索。这个方法的实参为搜索键、起始索引和终止索引。如果找到搜索键，则返回它在数组中的索引，否则返回–1。

19.10 **(快速排序)**对于一维数组值，一种称为“快速排序”(quicksort)的递归排序技术使用如下的基本算法。

a) 分区步骤：取未排序数组的第一个元素，确定它在排序数组中的最终位置(即该元素左边的所有值都小于该元素，右边的所有值都大于该元素。下面会讲解如何能实现)。现在，我们就有了一个位置正确的元素及两个还未排序的子数组。

b) 递归步骤：对每个未排序的子数组执行上一步。每次对未排序的子数组执行上一步时，又可以将另一个元素放入它在排序数组中的最终位置，此外还会创建另外两个未排序的子数组。当子数组中只有一个元素时，该元素就已经在它的最终位置了(因为一个元素的数组是排序的)。

这个算法似乎很简单,但应该如何确定每个子数组的第一个元素在排序数组中的最终位置呢？例如，考虑下列数值(粗体元素是分区元素，它将被放入排序数组中的最终位置)：

37 2 6 4 89 8 10 12 68 45

从数组最右边的元素开始，比较 37 与每一个元素，直到找出小于 37 的元素，然后将它与 37 交换。第一个小于 37 的元素是 12，因此将它们交换。新的数组是

12 2 6 4 89 8 10 37 68 45

元素 12 采用斜体，表示刚刚与 37 交换。

从数组的左边元素 12 后面的元素开始，比较 37 与每一个元素，直到找出大于 37 的元素，然后将它与 37 交换。第一个大于 37 的元素是 89，因此将它们交换。新的数组是

12 2 6 4 37 8 10 *89* 68 45

从数组的右边元素 89 前面的那个元素开始，比较 37 与每一个元素，直到找出小于 37 的元素，然后将它与 37 交换。第一个小于 37 的元素是 10，因此将它们交换。新的数组是

12 2 6 4 *10* 8 37 89 68 45

从数组的左边元素 10 后面的那个元素开始，比较 37 与每一个元素，直到找出大于 37 的元素，然后将它与 37 交换。没有更多的元素大于 37，因此当将 37 与自己比较时，就知道 37 已经位于排序数组中的最终位置了。现在，37 左边的每个值都比它小，而右边的每个值都比它大。

对上述数组采用分区后，就出现了两个未排序的子数组。小于 37 的未排序子数组，包含值 12，2，6，4，10，8；大于 37 的未排序子数组，包含值 89，68，45。排序过程会继续递归地进行，对这两个未排序子数组进行和原始数组相同的处理。

根据前面的讨论，编写一个递归方法 quickSortHelper，排序一个一维整型数组。这个方法的实参为要排序的原始数组的起始索引和终止索引。

挑战题

19.11 **(可视化排序算法)** 前面几章中，讲解过计算机如何能够帮助提升学习效果。本章探讨了各种排序算法，它们都有同一个目标——得到一个排好序的数组。但是，算法的实现方式有所差异。利用图形、动画和声音，可以使算法"活灵活现"。在线研究一些流行的视频站点，搜索"排序算法可视化"等主题，描述一下如何自己实现这类功能。第 22 章和第 23 章中，将讲解能够实现多媒体排序程序的技术。

第 20 章　泛型类和泛型方法：深入探究

目标

本章将讲解

- 创建泛型方法，用不同类型的实参执行相同的任务。
- 创建泛型 Stack 类，保存任何类或接口类型的对象。
- 泛型方法和泛型类的编译时翻译。
- 如何用非泛型或泛型方法重载泛型方法。
- 当方法体中不要求关于参数的精确类型信息时，使用通配符。

提纲

20.1　简介

第 7 章和第 16 章中，已经使用过现有的泛型方法和泛型类。这一章中，将讲解如何编写自己的泛型方法和泛型类。

如果只需要编写一个 sort 方法，就能够排序 Integer 数组、String 数组或者支持排序的任何类型的数组（即能够对它的元素进行比较），则是一个不错的想法。如果只需要编写一个 Stack 类，就能够将它当作整数 Stack 类、浮点数 Stack 类、字符串 Stack 类或者任何其他类型的 Stack 类使用，则同样也是一个很好的主意。如果能够在编译时检测到类型失配，则是一件更好的事情——这称为编译时类型安全。例如，如果栈只能保存整数值，则将字符串压入栈中，应当导致编译错误。本章将探讨泛型（generic），尤其是泛型方法（generic method）和泛型类（generic class），它们提供了创建上述类型安全的通用模型的办法。

20.2　泛型方法的由来

重载方法常用于对不同类型的数据执行相似的操作。为了理解泛型方法的由来，先看一个示例（见图 20.1），它包含三个重载的 printArray 方法（第 20 ~ 27 行、第 30 ~ 37 行和第 40 ~ 47 行），分别输出 Integer 数组、Double 数组和 Character 数组的元素的字符串表示。这里本可以使用基本类型 int、double 和 char 的数组，之所以使用这些类型包装器类的数组来构建这个泛型方法示例，是因为只有引用类型才能在泛型方法和泛型类中指定泛型类型。

```
1  // Fig. 20.1: OverloadedMethods.java
2  // Printing array elements using overloaded methods.
3
4  public class OverloadedMethods {
5     public static void main(String[] args) {
6        // create arrays of Integer, Double and Character
7        Integer[] integerArray = {1, 2, 3, 4, 5, 6};
8        Double[] doubleArray = {1.1, 2.2, 3.3, 4.4, 5.5, 6.6, 7.7};
9        Character[] characterArray = {'H', 'E', 'L', 'L', 'O'};
10
11       System.out.printf("Array integerArray contains: ");
12       printArray(integerArray); // pass an Integer array
13       System.out.printf("Array doubleArray contains: ");
14       printArray(doubleArray); // pass a Double array
15       System.out.printf("Array characterArray contains: ");
16       printArray(characterArray); // pass a Character array
17    }
18
19    // method printArray to print Integer array
20    public static void printArray(Integer[] inputArray) {
21       // display array elements
22       for (Integer element : inputArray) {
23          System.out.printf("%s ", element);
24       }
25
26       System.out.println();
27    }
28
29    // method printArray to print Double array
30    public static void printArray(Double[] inputArray) {
31       // display array elements
32       for (Double element : inputArray) {
33          System.out.printf("%s ", element);
34       }
35
36       System.out.println();
37    }
38
39    // method printArray to print Character array
40    public static void printArray(Character[] inputArray) {
41       // display array elements
42       for (Character element : inputArray) {
43          System.out.printf("%s ", element);
44       }
45
46       System.out.println();
47    }
48 }
```

```
Array integerArray contains: 1 2 3 4 5 6
Array doubleArray contains: 1.1 2.2 3.3 4.4 5.5 6.6 7.7
Array characterArray contains: H E L L O
```

图 20.1　用几个重载方法输出数组元素

程序首先声明并初始化三个数组——6 元素的 Integer 数组 integerArray(第 7 行)、7 元素的 Double 数组 doubleArray(第 8 行)和 5 元素的 Character 数组 characterArray(第 9 行)。然后，第 11 ~ 16 行显示每一个数组的内容。

编译器遇到方法调用时，它会寻找方法名称相同且参数匹配方法调用的实参类型的方法声明。这个示例中，每一个 printArray 调用都正好匹配 printArray 方法声明之一。例如，第 12 行调用 printArray 方法时，用 integerArray 作为实参。编译器会判断实参的类型(即 Integer[ ])，找到指定一个 Integer[ ]参数的、名称为 printArray 的方法(在第 20 ~ 27 行中找到)，由此建立对这个方法的调用。类似地，当编译器遇到第 14 行中的调用时，它判断出实参的类型(即 Double[ ])，然后找到指定一个 Double[ ]参数的、名称为 printArray 的方法(在第 30 ~ 37 行中找到)，由此建立对这个方法的调用。最后，当编译器遇到第 16 行中的调用时，它判断出实参的类型(即 Character[ ])，然后找到指定一个 Character[ ]参数的、名称为 printArray 的方法(在第 40 ~ 47 行中找到)，由此建立对这个方法的调用。

重载的 printArray 方法的共性

下面分析一下这些 printArray 方法。数组元素类型出现在方法的首部(第 20 行，第 30 行，第 40 行)和 for 语句的首部(第 22 行，第 32 行，第 42 行)。如果将每一个方法中的元素类型替换成泛型名称(惯例为 T)，则这三个方法会与图 20.2 中的方法相同。看起来，如果将三个方法中的数组元素类型替换成一个泛型类型，则应当能声明一个 printArray 方法，它可以显示包含对象的任何数组元素的字符串表示。图 20.2 中这个方法声明与 20.3 节中讨论的泛型 printArray 方法的声明相似。这个方法声明不会被编译——此处只是为了表明：图 20.1 中的三个 printArray 方法，除了所处理的数据类型不同，其他都是相同的。

```
1  public static void printArray(T[] inputArray) {
2     // display array elements
3     for (T element : inputArray)  {
4        System.out.printf("%s ", element);
5     }
6
7     System.out.println();
8  }
```

图 20.2 实际的类型名称被泛型名称(T)替换了的 printArray 方法

20.3 泛型方法：实现及编译时翻译

如果多个重载方法对每一个实参类型的操作都相同，则可以用一个泛型方法，更简洁、更方便地编码这些重载方法。可以编写一个泛型方法声明，用不同类型的实参调用它。根据传入泛型方法的实参类型，编译器会相应处理每一个方法调用。编译时，编译器保证了代码的类型安全性，从而可以防止出现运行时错误。

图 20.3 中的程序用泛型方法 printArray 重新实现了图 20.1 中的程序(见图 20.3 第 20 ~ 27 行)。第 12 行、第 14 行、第 16 行中对 printArray 方法的调用与图 20.1 中的那些调用相同，而且两个程序的输出也相同。这充分体现了泛型的强大功能。

```
1  // Fig. 20.3: GenericMethodTest.java
2  // Printing array elements using generic method printArray.
3
4  public class GenericMethodTest {
5     public static void main(String[] args) {
6        // create arrays of Integer, Double and Character
7        Integer[] integerArray = {1, 2, 3, 4, 5};
8        Double[] doubleArray = {1.1, 2.2, 3.3, 4.4, 5.5, 6.6, 7.7};
9        Character[] characterArray = {'H', 'E', 'L', 'L', 'O'};
10
11       System.out.printf("Array integerArray contains: ");
12       printArray(integerArray); // pass an Integer array
13       System.out.printf("Array doubleArray contains: ");
14       printArray(doubleArray); // pass a Double array
15       System.out.printf("Array characterArray contains: ");
16       printArray(characterArray); // pass a Character array
17    }
18
19    // generic method printArray
20    public static <T> void printArray(T[] inputArray) {
21       // display array elements
22       for (T element : inputArray) {
23          System.out.printf("%s ", element);
24       }
25
26       System.out.println();
27    }
28 }
```

```
Array integerArray contains: 1 2 3 4 5
Array doubleArray contains: 1.1 2.2 3.3 4.4 5.5 6.6 7.7
Array characterArray contains: H E L L O
```

图 20.3 用泛型方法 printArray 输出数组元素

泛型方法的类型参数部分

所有的泛型方法声明都将类型参数部分(type-parameter section)放在一对尖括号中(本例中为第 20 行的<T>)，它位于方法的返回类型前面。类型参数部分包含一个或多个类型参数，用逗号分开。类型参数也被称为类型变量(type variable)，它是指定泛型类型名称的一个标识符。在泛型方法声明中，类型参数可以用来声明返回类型、参数及局部变量，它们充当传递给泛型方法的实参的占位符。这些实参也被称为实际类型实参(actual type argument)。泛型方法体的声明方式与其他方法相同。类型参数只能表示引用类型，不能表示基本类型(如 int、double 和 char)。此外，在整个方法声明中，类型参数名称必须与类型参数部分中声明的名称相匹配。例如，第 22 行将 element 声明为类型 T，它匹配第 20 行声明的类型参数(T)。类型参数只可以在类型参数部分声明一次，但能在方法的参数表中多次出现。例如，在下面的方法参数表中，类型参数名称 T 出现了两次：

```
public static <T> T maximum(T value1, T value2)
```

不同泛型方法中的类型参数名称可以相同。对于 printArray 方法，T 在图 20.1 的重载的方法中出现了两次，它指定的数组元素类型为 Integer、Double 和 Character。printArray 方法的其他部分与图 20.1 中的版本一致。

良好的编程实践 20.1

类型参数名称经常采用字母 T(表示“类型”)、E(表示“元素”)、K(表示“键”)或者 V(表示“值”)。其他常见的命名惯例，请参见 http://docs.oracle.com/javase/tutorial/java/generics/types.html。

测试泛型方法 printArray

对于图 20.1，图 20.3 中的程序首先声明并初始化了三个数组——6 元素的 Integer 数组 integerArray(第 7 行)、7 元素的 Double 数组 doubleArray(第 8 行)和 5 元素的 Character 数组 characterArray(第 9 行)。然后，通过调用 printArray 方法(第 12 行，第 14 行，第 16 行)输出每个数组，实参分别为 integerArray、doubleArray 和 characterArray。

当编译器遇到第 12 行时，它首先判断出实参 integerArray 的类型(即 Integer[ ])，并试图找出指定了一个 Integer[ ]参数的、名称为 printArray 的方法。这里不存在这样的一个方法。接下来，编译器判断是否存在一个名称为 printArray 的泛型方法，它指定单一数组参数并使用类型参数来表示数组元素类型。编译器判断出 printArray(第 20 ~ 27 行)匹配这种情形，从而设置对这个方法的调用。第 14 行和第 16 行调用 printArray 方法时，重复的是相同的类型推导过程。

常见编程错误 20.1

如果编译器不能找到匹配的非泛型方法调用或泛型方法声明，就会发生编译错误。

常见编程错误 20.2

如果编译器没有找到完全匹配方法调用的方法声明，而是找到了满足方法调用的两个或多个方法，则会发生编译错误。有关如何调用重载方法或泛型方法的完整描述，请参见 http://docs.oracle.com/javase/specs/jls/se8/html/jls-15.html#jls-15.12。

除了建立方法调用，编译器还会判断方法体中的操作是否能够应用到保存在数组实参中的元素。本例中，对数组元素执行的唯一操作是输出它们的字符串表示。第 23 行对每一个 element 执行了隐式的 toString 调用。为了采用泛型，数组的每一个元素都必须是类或者接口类型的一个对象。由于所有的对象都有 toString 方法，因此编译器判断出第 23 行能够对 printArray 数组实参中的任何对象执行有效的操作。Integer、Double 和 Character 类的 toString 方法，分别返回底层 int、double 和 char 值的字符串表示。

编译时的类型擦除

当编译器将泛型方法 printArray 翻译成 Java 字节码时，它会删除类型参数部分，并用实际的类型替换类型参数。这一过程被称为“擦除”(erasure)。默认情况下，所有的泛型类型都会用 Object 类型替换。这样，printArray 方法的编译后版本就如图 20.4 所示——只有这段代码的一个副本用于示例中所有的 printArray 调用。对于其他编程语言而言，实现类似的机制是非常困难的，例如 C++模板中，会为用作实参传递给方法的每一种类型产生源代码的不同副本并进行编译。正如将在 20.4 节中讨论的那样，泛型的翻译和编译要比这一节中讨论的稍微复杂一些。

图 20.3 中的程序将 printArray 声明为泛型方法后，就省掉了图 20.1 的重载方法，创建了一个可复用方法，可以输出包含对象的任何数组中元素的字符串表示。但是，这个特定的示例中将 Object 数组用作参数，可以简单地将 printArray 方法声明成如图 20.4 所示的形式。这同样可以得到相同的结果，因为任何 Object 都可以作为 String 输出。当类型参数存在一些限制时，则泛型方法的好处就体现出来了，正如下一节中演示的那样。

```
1  public static void printArray(Object[] inputArray) {
2     // display array elements
3     for (Object element : inputArray) {
4        System.out.printf("%s ", element);
5     }
6
7     System.out.println();
8  }
```

图 20.4 编译器执行完擦除之后的泛型方法 printArray

20.4 其他编译时翻译问题：将类型参数用作返回类型的方法

下面给出的这个泛型方法，它的类型参数用在返回类型和参数表中(见图 20.5)。这个程序使用泛型方法 maximum，确定并返回它的三个同类型实参中的最大者。遗憾的是，关系运算符>不能用于引用类型。但是，如果某个类实现了泛型接口 Comparable<T>(位于 java.lang 包中)，则可以比较这个类的两个对象。所有基本类型的类型包装器类都实现了这个接口。泛型接口(generic interface)使用户可以在一个接口声明中指定一组相关的类型。Comparable<T>对象具有一个 compareTo 方法。例如，如果有两个 Integer 对象 integer1 和 integer2，则可以用下列表达式进行比较：

```
integer1.compareTo(integer2)
```

声明实现 Comparable<T>接口的类时，必须定义一个 compareTo 方法，使它能够比较该类的两个对象的内容，并返回比较的结果。compareTo 方法的返回结果为

- 如果两个对象相等，则返回 0
- 如果 object1 小于 object2，则返回一个负整数
- 如果 object1 大于 object2，则返回一个正整数

例如，Integer 类的 compareTo 方法可以比较保存在两个 Integer 对象中的 int 值。实现 Comparable<T>接口的一个好处是，它的对象能够用于 Collections 类(位于 java.util 包中)的排序和搜索方法。第 16 章中已经讨论过这些方法。这里是在 maximum 方法中使用 compareTo 方法，以帮助确定最大值。

```
1  // Fig. 20.5: MaximumTest.java
2  // Generic method maximum returns the largest of three objects.
3
4  public class MaximumTest {
5     public static void main(String[] args) {
6        System.out.printf("Maximum of %d, %d and %d is %d%n", 3, 4, 5,
7           maximum(3, 4, 5));
8        System.out.printf("Maximum of %.1f, %.1f and %.1f is %.1f%n",
9           6.6, 8.8, 7.7, maximum(6.6, 8.8, 7.7));
10       System.out.printf("Maximum of %s, %s and %s is %s%n", "pear",
11          "apple", "orange", maximum("pear", "apple", "orange"));
12    }
```

图 20.5 在类型参数中包含上界的泛型方法 maximum

```
13
14    // determines the largest of three Comparable objects
15    public static <T extends Comparable<T>> T maximum(T x, T y, T z) {
16       T max = x; // assume x is initially the largest
17
18       if (y.compareTo(max) > 0) {
19          max = y; // y is the largest so far
20       }
21
22       if (z.compareTo(max) > 0) {
23          max = z; // z is the largest
24       }
25
26       return max; // returns the largest object
27    }
28 }
```

```
Maximum of 3, 4 and 5 is 5
Maximum of 6.6, 8.8 and 7.7 is 8.8
Maximum of pear, apple and orange is pear
```

图 20.5(续)　在类型参数中包含上界的泛型方法 maximum

在泛型方法 maximum 中指定类型参数的上界

泛型方法 maximum(第 15 ~ 27 行)用类型参数 T 作为它的返回类型(第 15 行)，方法参数 x、y、z 的类型(第 15 行)及局部变量 max 的类型(第 16 行)也为 T。类型参数部分指明了 T 扩展 Comparable<T>——只有实现了接口 Comparable<T>的类对象才能用于这个方法。Comparable<T>被称为类型参数的上界(upper bound)。默认情况下，Object 为上界，表示可以采用任意类型的对象。无论类型参数是否扩展了类或实现了接口，类型参数声明在定界参数时，总是使用关键字 extends。上界可以是一个用逗号分隔的列表，它可以包含 0 个或者一个类、0 个或者多个接口。

与图 20.3 中 printArray 方法的类型参数(它能够输出包含任何对象类型的数组)相比，maximum 方法的类型参数更具限制性。这个 Comparable<T>限制很重要，因为并不是所有对象都可以进行比较。Comparable<T>对象一定具有 compareTo 方法。

maximum 方法使用 6.4 节中采用过的相同算法，确定它的三个实参中的最大值。这个方法假设第一个实参(x)为最大值，并将它赋予局部变量 max(见图 20.5 第 16 行)。然后，第 18 ~ 20 行的 if 语句判断 y 是否大于 max。这个条件用表达式 y.compareTo(max)调用 y 的 compareTo 方法，判断 y 与 max 的关系。该表达式返回一个负整数、0 或者一个正整数。如果 compareTo 方法的返回值大于 0，则 y 比 max 大，它的值被赋予 max。类似地，第 22 ~ 24 行中的 if 语句判断 z 是否大于 max。如果是，则将 z 赋予 max。接着，第 26 行将 max 返回给调用者。

调用 maximum 方法

在 main 方法中，第 7 行用整数 3、4、5 调用了 maximum 方法。当编译器遇到这个调用时，会首先寻找带三个 int 类型实参的 maximum 方法。由于没有这样的方法，因此编译器会寻找可以使用的泛型方法，这会找到泛型方法 maximum。但是，前面说过，泛型方法的实参必须是引用类型。因此，编译器会将三个 int 值自动装箱成 Integer 对象，并指定将这三个对象传递给 maximum 方法。Integer 类(位于 java.lang 包中)实现了 Comparable<Integer>接口，使得 compareTo 方法能够比较两个 Integer 对象中的 int 值。这样，对 maximum 方法而言，Integer 就是有效的实参类型。当代表最大值的 Integer 值返回时，用%d 格式指定符输出它，这会将它输出成一个 int 基本类型值。因此，maximum 方法的返回值是作为 int 值输出的。

类似的过程也发生在第 9 行传递给 maximum 方法的三个 double 实参中。每一个 double 值都被自动装箱成一个 Double 对象并传递给 maximum 方法。这样做也是允许的，因为 Double 类(位于 java.lang 包中)实现了 Comparable<Double>接口。maximum 方法返回的 Double 对象是用格式指定符%.1f 输出的，它输出一个 double 基本类型值。因此，maximum 方法的返回值是自动装箱的并作为一个 double 值输出。

第 11 行对 maximum 方法的调用接收三个 String 对象，它们也是 Comparable<String>对象。我们故意将最大值放在每个方法调用中的不同位置(第 7 行，第 9 行，第 11 行)，以表明泛型方法总是能找到最大值，无论它在实参表中的位置如何。

擦除与类型参数的上界

当编译器将方法 maximum 翻译成字节码时，它会执行擦除，用实际的类型替换类型参数。图 20.3 中，所有的泛型类型都会用 Object 类型替换。实际上，所有的类型参数都会用类型参数的上界替换，上界是在类型参数部分指定的。图 20.6 中的程序模拟了 maximum 方法的类型擦除，展示了删除类型参数部分、将类型参数 T 在整个方法声明中用上界 Comparable 替换之后的源代码。擦除完 Comparable<T> 的结果，就是一个 Comparable。

```
1   public static Comparable maximum(Comparable x, Comparable y,
2      Comparable z) {
3
4      Comparable max = x; // assume x is initially the largest
5
6      if (y.compareTo(max) > 0) {
7         max = y; // y is the largest so far
8      }
9
10     if (z.compareTo(max) > 0) {
11        max = z; // z is the largest
12     }
13
14     return max; // returns the largest object
15  }
```

图 20.6　编译器执行完擦除之后的 maximum 泛型方法

擦除之后，maximum 方法就指定了它的返回类型是 Comparable。但是，调用方法并不期望接收一个 Comparable 对象。它期望接收的是作为实参传递给 maximum 的相同类型的对象，这里，即为 Integer、Double 或 String 类型。当编译器用方法声明中的上界类型替换类型参数信息时，它也会在每个方法调用的前面显式地插入强制转换运算符，以确保返回值是调用者所期望的类型。因此，第 7 行(见图 20.5)对 maximum 方法的调用的前面，有一个 Integer 强制转换操作，即

```
(Integer) maximum(3, 4, 5)
```

第 9 行对 maximum 方法的调用的前面，有一个 Double 强制转换操作，即

```
(Double) maximum(6.6, 8.8, 7.7)
```

第 11 行对 maximum 方法的调用的前面，有一个 String 强制转换操作，即

```
(String) maximum("pear", "apple", "orange")
```

在每一种情况下，针对返回值而强制转换的类型是根据特定的方法调用中实参的类型推断出来的。因为根据方法的声明，返回类型和实参类型必须匹配。如果不采用泛型，则实现强制转换操作就是程序员的责任。

20.5　重载泛型方法

同其他方法一样，泛型方法也可以被重载。类能够提供两个或者多个泛型方法，指定的方法名称相同而方法参数不同。例如，图 20.3 中的泛型方法 printArray，可以用另一个 printArray 泛型方法重载，对它增加参数 lowSubscript 和 highSubscript，指定要输出的数组部分(见练习题 20.5)。

泛型方法也可以由非泛型方法重载。编译器遇到方法调用时，它会搜索与调用所指定方法名和实参类型具有最佳匹配的方法声明。如果有两个或者多个重载的方法同时匹配，则会发生错误。例如，图 20.3 中的泛型方法 printArray 可以重载成一个字符串版本，以整齐的表格格式输出字符串(见练习题 20.6)。

20.6　泛型类

谈到数据结构(例如栈)时，可以不考虑它操作的元素类型。泛型类提供了以独立于类型的方式描述栈(或者任何其他类)概念的方法。在以后，可以实例化泛型类的类型特定对象。泛型为软件复用提供了可行性。

利用泛型类，可以用简单扼要的记号来表示代替类的类型参数的实际类型。编译时，编译器保证了代码的类型安全性，并用 20.3 ~ 20.4 节中描述的擦除技术使客户端代码能够与泛型类交互。

例如，一个泛型 Stack 类可以是创建许多逻辑 Stack 类(如"Stack of Double""Stack of Integer""Stack of Character""Stack of Employee")的基础。这些类被称为参数化类(parameterized class)或参数化类型(parameterized type)，因为它们接收一个或多个类型参数。前面曾说过，类型参数只能用于引用类型，这意味着 Stack 泛型类不能用基本类型实例化。但是，可以实例化保存 Java 类型包装器类的 Stack 类，并允许 Java 利用自动装箱来将基本类型值转换成对象。当将基本类型值(如 int 值)放入包含包装器类对象(如 Integer)的 Stack 时会发生自动装箱；当包装器类对象从 Stack 弹出时会发生自动拆箱，并将它的值赋予一个基本类型变量。

实现泛型 Stack 类

图 20.7 中的程序声明了一个泛型 Stack 类(用于演示目的)——java.util 包中已经包含了一个泛型 Stack 类。泛型类的声明看起来与非泛型类相同，只不过类的名称后面跟着一个类型参数部分(第 6 行)。这里的类型参数 E 代表 Stack 将操作的元素类型。和泛型方法一样，泛型类的类型参数部分，可以有一个或者多个类型参数用逗号分隔。(练习题 20.8 中，将创建带两个类型参数的一个泛型类。)Stack 类的整个声明中都用类型参数 E 表示元素类型。这里是将 Stack 实现为 ArrayList。

```
 1  // Fig. 20.7: Stack.java
 2  // Stack generic class declaration.
 3  import java.util.ArrayList;
 4  import java.util.NoSuchElementException;
 5
 6  public class Stack<E> {
 7     private final ArrayList<E> elements; // ArrayList stores stack elements
 8
 9     // no-argument constructor creates a stack of the default size
10     public Stack() {
11        this(10); // default stack size
12     }
13
14     // constructor creates a stack of the specified number of elements
15     public Stack(int capacity) {
16        int initCapacity = capacity > 0 ? capacity : 10; // validate
17        elements = new ArrayList<E>(initCapacity); // create ArrayList
18     }
19
20     // push element onto stack
21     public void push(E pushValue) {
22        elements.add(pushValue); // place pushValue on Stack
23     }
24
25     // return the top element if not empty; else throw exception
26     public E pop() {
27        if (elements.isEmpty()) { // if stack is empty
28           throw new NoSuchElementException("Stack is empty, cannot pop");
29        }
30
31        // remove and return top element of Stack
32        return elements.remove(elements.size() - 1);
33     }
34  }
```

图 20.7　Stack 泛型类的声明

Stack 类将变量 elements 声明为 ArrayList<E>(第 7 行)。这个 ArrayList 将保存 Stack 的元素。我们知道，ArrayList 可以动态地增长，因此 Stack 类的对象也可以动态地增长。Stack 类的无实参构造方法(第 10 ~ 12 行)调用了单实参构造方法(第 15 ~ 18 行)，创建的 Stack 对象的底层 ArrayList 具有 10 元素的容量。也可以直接调用单实参构造方法，将 Stack 创建成指定的初始容量。第 16 行验证构造方法的实参；第 17 行用指定的容量创建了一个 ArrayList(如果容量无效的话，则将容量指定成 10)。

push 方法(第 21 ~ 23 行)利用 ArrayList 方法 add，将压入的项追加到 elements 的末尾。ArrayList 中的最后一个元素表示栈顶。

pop 方法(第 26 ~ 33 行)首先判断是否从空栈弹出元素。如果是，则第 28 行抛出 NoSuchElement Exception 异常(位于 java.util 包中)。否则，第 32 行删除底层 ArrayList 的最后一个元素，返回 Stack 的栈顶元素。

利用泛型方法，当编译泛型类时，编译器会对类的类型参数执行擦除工作，将它们替换成各自的上界。对于 Stack 类(见图 20.7)，没有指定上界，因此会使用默认上界 Object。泛型类的类型参数的作用域为整个类。但是，类型参数不能用在类的静态变量声明中。

测试泛型 Stack 类

下面这个程序(见图 20.8)使用了 Stack 泛型类(见图 20.7)。第 11 ~ 12 行创建并初始化了类型为 Stack<Double>(读作“Stack of Double”)和 Stack<Integer>(读作“Stack of Integer”)的两个变量。类型 Double 和 Integer 是 Stack 的类型实参(type argument)。它们用于替换类型参数，以使编译器能执行类型检查，并在必要时插入强制转换运算符。后面将更详细地讨论强制转换运算符。第 11 ~ 12 行用容量 5 实例化了 doubleStack ，用容量 10(默认值)实例化了 integerStack。第 15 ~ 16 行和第 19 ~ 20 行，分别调用了 testPushDouble 方法(第 24 ~ 33 行)、testPopDouble 方法(第 36 ~ 52 行)、testPushInteger 方法(第 55 ~ 64 行)和 testPopInteger 方法(第 67 ~ 83 行)，演示对两个 Stack 的操作。

```
1  // Fig. 20.8: StackTest.java
2  // Stack generic class test program.
3  import java.util.NoSuchElementException;
4
5  public class StackTest {
6     public static void main(String[] args) {
7        double[] doubleElements = {1.1, 2.2, 3.3, 4.4, 5.5};
8        int[] integerElements = {1, 2, 3, 4, 5, 6, 7, 8, 9, 10};
9
10       // Create a Stack<Double> and a Stack<Integer>
11       Stack<Double> doubleStack = new Stack<>(5);
12       Stack<Integer> integerStack = new Stack<>();
13
14       // push elements of doubleElements onto doubleStack
15       testPushDouble(doubleStack, doubleElements);
16       testPopDouble(doubleStack); // pop from doubleStack
17
18       // push elements of integerElements onto integerStack
19       testPushInteger(integerStack, integerElements);
20       testPopInteger(integerStack); // pop from integerStack
21    }
22
23    // test push method with double stack
24    private static void testPushDouble(
25       Stack<Double> stack, double[] values) {
26       System.out.printf("%nPushing elements onto doubleStack%n");
27
28       // push elements to Stack
29       for (double value : values) {
30          System.out.printf("%.1f ", value);
31          stack.push(value); // push onto doubleStack
32       }
33    }
34
35    // test pop method with double stack
36    private static void testPopDouble(Stack<Double> stack) {
37       // pop elements from stack
38       try {
39          System.out.printf("%nPopping elements from doubleStack%n");
40          double popValue; // store element removed from stack
41
```

图 20.8 Stack 泛型类的测试程序

```
42            // remove all elements from Stack
43            while (true) {
44               popValue = stack.pop(); // pop from doubleStack
45               System.out.printf("%.1f ", popValue);
46            }
47         }
48         catch(NoSuchElementException noSuchElementException) {
49            System.err.println();
50            noSuchElementException.printStackTrace();
51         }
52      }
53
54      // test push method with integer stack
55      private static void testPushInteger(
56         Stack<Integer> stack, int[] values) {
57         System.out.printf("%nPushing elements onto integerStack%n");
58
59         // push elements to Stack
60         for (int value : values) {
61            System.out.printf("%d ", value);
62            stack.push(value); // push onto integerStack
63         }
64      }
65
66      // test pop method with integer stack
67      private static void testPopInteger(Stack<Integer> stack) {
68         // pop elements from stack
69         try {
70            System.out.printf("%nPopping elements from integerStack%n");
71            int popValue; // store element removed from stack
72
73            // remove all elements from Stack
74            while (true) {
75               popValue = stack.pop(); // pop from intStack
76               System.out.printf("%d ", popValue);
77            }
78         }
79         catch(NoSuchElementException noSuchElementException) {
80            System.err.println();
81            noSuchElementException.printStackTrace();
82         }
83      }
84   }
```

```
Pushing elements onto doubleStack
1.1 2.2 3.3 4.4 5.5
Popping elements from doubleStack
5.5 4.4 3.3 2.2 1.1
java.util.NoSuchElementException: Stack is empty, cannot pop
        at Stack.pop(Stack.java:28)
        at StackTest.testPopDouble(StackTest.java:44)
        at StackTest.main(StackTest.java:16)
```

```
Pushing elements onto integerStack
1 2 3 4 5 6 7 8 9 10
Popping elements from integerStack
10 9 8 7 6 5 4 3 2 1
java.util.NoSuchElementException: Stack is empty, cannot pop
        at Stack.pop(Stack.java:28)
        at StackTest.testPopInteger(StackTest.java:75)
        at StackTest.main(StackTest.java:20)
```

图 20.8(续)　Stack 泛型类的测试程序

testPushDouble 方法和 testPopDouble 方法

testPushDouble 方法(第 24 ~ 33 行)调用了 push 方法(第 31 行)，将 doubleElements 数组中存放的 double 值 1.1、2.2、3.3、4.4、5.5 放入 doubleStack 中。当程序试图将一个基本 double 值压入 doubleStack 中时(它只能保存 Double 对象的引用)，会在第 31 行发生自动装箱。

testPopDouble 方法(第 36 ~ 52 行)在一个无限 while 循环(第 43 ~ 46 行)中调用了 Stack 方法 pop(第 44 行)，从栈中移走所有的值。从输出可以看出，数值确实是按后入先出的顺序弹出的。当然，这是栈所定义的特性。当这个循环试图弹出第六个值时，doubleStack 为空，因此 pop 方法会抛出 NoSuchElementException 异常，这会导致程序前进到 catch 语句块(第 48 ~ 51 行)。栈踪迹指出了所发生的异常，并显示 Stack 方法 pop 在文件 Stack.java 第 28 行产生了异常(见图 20.7)。栈踪迹还显示 StackTest.java 文件第 44 行(见图 20.8)的 StackTest 方法 testPopDouble 调用了 pop 方法,而 testPopDouble 方法是在 StackTest.java 文件第 16 行由 main 方法调用的。这个信息使我们可以确定发生异常时方法调用栈中的方法。由于程序捕获了异常，因此 Java 运行时环境认为异常已经处理，程序可以继续执行。

当程序将栈中弹出的 Double 对象赋予 double 类型的基本变量时，会在第 44 行发生自动拆箱。回忆 20.4 节可知，编译器会插入强制转换运算符，以确保从泛型方法返回正确的类型。执行擦除操作之后，Stack 方法 pop 返回一个 Object 类型的对象。但是，testPopDouble 方法的客户端代码，期望接收的是 pop 方法返回的 double 值。因此，编译器会插入一个 Double 强制转换运算符，即

```
popValue = (Double) stack.pop();
```

赋予 popValue 变量的值是从 pop 方法返回的(经强制转换)Double 对象拆箱后的值。

testPushInteger 方法和 testPopInteger 方法

testPushInteger 方法(第 55 ~ 64 行)调用了 Stack 方法 push，将值放入 integerStack 中，直到栈已满。testPopInteger 方法(第 67 ~ 83 行)调用了 Stack 方法 pop，将值从 integerStack 中移走。注意，弹出值时采用的是后入先出的顺序。在擦除的过程中，编译器会知道当 pop 方法返回时，testPopInteger 方法中的客户端代码期望接收一个 int 值。因此，编译器会插入一个 Integer 强制转换运算符，即

```
popValue = (Integer) stack.pop();
```

赋予 popValue 变量的值是从 pop 方法返回的(经强制转换)Integer 对象拆箱后的值。

创建几个泛型方法，测试 Stack<E>类

testPushDouble 方法和 testPushInteger 方法中分别压入 Stack<Double>和 Stack<Integer>值的代码，它们几乎是相同的，而 testPopDouble 方法和 testPopInteger 方法中分别弹出 Stack<Double>和 Stack<Integer>值的代码，它们也几乎是相同的。这就表明，可以再次利用泛型方法。图 20.9 中的程序，声明了泛型方法 testPush(第 24 ~ 33 行)，执行与图 20.8 中 testPushDouble 方法和 testPushInteger 方法相同的任务，即将值压入 Stack<E>中。类似地，泛型方法 testPop(见图 20.9 第 36 ~ 52 行)执行与图 20.8 中 testPopDouble 方法和 testPopInteger 方法相同的任务，即将值从 Stack<E>中弹出。图 20.9 中的输出与图 20.8 中的完全相同。

```
1  // Fig. 20.9: StackTest2.java
2  // Passing generic Stack objects to generic methods.
3  import java.util.NoSuchElementException;
4
5  public class StackTest2 {
6     public static void main(String[] args) {
7        Double[] doubleElements = {1.1, 2.2, 3.3, 4.4, 5.5};
8        Integer[] integerElements = {1, 2, 3, 4, 5, 6, 7, 8, 9, 10};
9
10       // Create a Stack<Double> and a Stack<Integer>
11       Stack<Double> doubleStack = new Stack<>(5);
12       Stack<Integer> integerStack = new Stack<>();
13
14       // push elements of doubleElements onto doubleStack
15       testPush("doubleStack", doubleStack, doubleElements);
16       testPop("doubleStack", doubleStack); // pop from doubleStack
17
18       // push elements of integerElements onto integerStack
19       testPush("integerStack", integerStack, integerElements);
20       testPop("integerStack", integerStack); // pop from integerStack
21    }
22
23    // generic method testPush pushes elements onto a Stack
24    public static <E> void testPush(String name , Stack<E> stack,
25       E[] elements) {
26       System.out.printf("%nPushing elements onto %s%n", name);
```

图 20.9 将泛型 Stack 对象传入泛型方法

```
27
28         // push elements onto Stack
29         for (E element : elements) {
30            System.out.printf("%s ", element);
31            stack.push(element); // push element onto stack
32         }
33      }
34
35      // generic method testPop pops elements from a Stack
36      public static <E> void testPop(String name, Stack<E> stack) {
37         // pop elements from stack
38         try {
39            System.out.printf("%nPopping elements from %s%n", name);
40            E popValue; // store element removed from stack
41
42            // remove all elements from Stack
43            while (true) {
44               popValue = stack.pop();
45               System.out.printf("%s ", popValue);
46            }
47         }
48         catch(NoSuchElementException noSuchElementException) {
49            System.out.println();
50            noSuchElementException.printStackTrace();
51         }
52      }
53   }
```

```
Pushing elements onto doubleStack
1.1 2.2 3.3 4.4 5.5
Popping elements from doubleStack
5.5 4.4 3.3 2.2 1.1
java.util.NoSuchElementException: Stack is empty, cannot pop
        at Stack.pop(Stack.java:28)
        at StackTest2.testPop(StackTest2.java:44)
        at StackTest2.main(StackTest2.java:16)

Pushing elements onto integerStack
1 2 3 4 5 6 7 8 9 10
Popping elements from integerStack
10 9 8 7 6 5 4 3 2 1
java.util.NoSuchElementException: Stack is empty, cannot pop
        at Stack.pop(Stack.java:28)
        at StackTest2.testPop(StackTest2.java:44)
        at StackTest2.main(StackTest2.java:20)
```

图 20.9(续) 将泛型 Stack 对象传入泛型方法

第 11 行和第 12 行，分别创建了一个 Stack<Double>对象和一个 Stack<Integer>对象。第 15 ~ 16 行和第 19 ~ 20 行分别调用泛型方法 testPush 和 testPop，测试这些 Stack 对象。由于类型参数只能表示引用类型，所以为了能够将数组 doubleElements 和 integerElements 传入泛型方法 testPush，第 7 ~ 8 行中的数组声明必须用包装器类型 Double 和 Integer 声明。当用基本类型值初始化这些数组时，编译器会对每个基本类型值进行自动装箱。

泛型方法 testPush(第 24 ~ 33 行)用类型参数 E(在第 24 行指定)表示 Stack<E>中保存的数据类型。这个泛型方法带有三个实参——表示输出的 Stack<E>对象名称的字符串、Stack<E>类型的对象引用和一个 E 类型的数组，E 就是要压入 Stack<E>的元素的类型。当调用 push 方法时，编译器会保证 Stack 类型和要压入 Stack 的元素的一致性，这就是泛型方法调用的实际值。泛型方法 testPop(第 36 ~ 52 行)带两个实参——表示要输出的 Stack<E>对象名的字符串和 Stack<E>类型的对象引用。

20.7 接收类型参数的方法中的通配符

本节将介绍一种功能强大的泛型概念：通配符(wildcard)。先给出一个示例(见图 20.10)，它指明了通配符的由来。假设要实现一个泛型方法 sum，它对集合(例如 List)中的数字求和。首先，必须将这些数字插入到一个集合中。由于泛型类只能用于类类型或者接口类型，因此数字会被自动装箱成类型包装器类的对象。例如，任何 int 值都会被自动装箱成 Integer 对象，而任何 double 值会被自动装箱成 Double 对象。无论 List 中数字的类型如何，我们都能够计算它们的和。为此，将用类型实参 Number 声明这个 List，Number 是 Integer 类和 Double 类的超类。此外，sum 方法还将接收一个 List<Number>类型的参数，并计算它的元素的和。

```
1  // Fig. 20.10: TotalNumbers.java
2  // Totaling the numbers in a List<Number>.
3  import java.util.ArrayList;
4  import java.util.List;
5
6  public class TotalNumbers {
7     public static void main(String[] args) {
8        // create, initialize and output List of Numbers containing
9        // both Integers and Doubles, then display total of the elements
10       Number[] numbers = {1, 2.4, 3, 4.1}; // Integers and Doubles
11       List<Number> numberList = new ArrayList<>();
12
13       for (Number element : numbers) {
14          numberList.add(element); // place each number in numberList
15       }
16
17       System.out.printf("numberList contains: %s%n", numberList);
18       System.out.printf("Total of the elements in numberList: %.1f%n",
19          sum(numberList));
20    }
21
22    // calculate total of List elements
23    public static double sum(List<Number> list) {
24       double total = 0; // initialize total
25
26       // calculate sum
27       for (Number element : list) {
28          total += element.doubleValue();
29       }
30
31       return total;
32    }
33 }
```

```
numberList contains: [1, 2.4, 3, 4.1]
Total of the elements in numberList: 10.5
```

图 20.10 计算 List<Number>中的数之和

第 10 行声明并初始化了一个 Number 数组。由于初始值设定项是基本类型值，因此 Java 会将它们都自动装箱成对应包装器类型的对象。int 值 1 和 3 被自动装箱成 Integer 对象，double 值 2.4 和 4.1 被自动装箱成 Double 对象。第 11 行创建了一个保存 Number 对象的 ArrayList 对象，并将它赋予 List 变量 numberList。

第 13 ~ 15 行遍历数组 numbers，并将每个元素放入 numberList 中。第 17 行隐式地调用 List 的 toString 方法这个 List 的内容。第 18 ~ 19 行显示这些元素值的和，它是由 sum 方法调用返回的。

sum 方法(第 23 ~ 32 行)接收一个 List<Number>对象，并计算集合中 Number 的和。这个方法使用 double 值来执行计算，并将结果作为 double 值返回。第 27 ~ 29 行计算 List 元素值的和。for 语句将每一个 Number 赋予变量 element，然后使用 Number 类的 doubleValue 方法，获得 Number 的底层基本值作为 double 值。得到的结果值会与 total 相加。当循环终止时，第 31 行返回 total。

在 sum 方法的参数中使用通配符类型实参

回忆图 20.10，sum 方法的作用是对保存在 List 中的任何类型的 Number 求和。我们创建了一个同时包含 Integer 对象和 Double 对象的 List<Number>。图 20.10 的输出表明了 sum 方法的工作无误。既然 sum 方法能够对 List<Number>的元素求和，就完全有可能也希望它能够用于只包含一种数值类型的元素的 List 中，例如 List<Integer>。因此，可以修改 TotalNumbers 类，创建 List<Integer>，并将它传递给 sum 方法。当编译程序时，编译器会发出如下错误消息：

```
TotalNumbersErrors.java:19: error: incompatible types:
List<Integer> cannot be converted to List<Number>
```

尽管 Number 是 Integer 的超类，但是编译器不会认为 List<Number>类型是 List<Integer>的超类型。如果是，则对 List<Number>执行的每一个操作，也能用于 List<Integer>上。需要考虑一个事实：可以将一个 Double 对象添加到 List<Number>中，因为 Double 是 Number 的子类。但是，不能将一个 Double 对象添加到 List<Integer>中，因为 Double 不是 Integer 的子类。因此，这种子类型关系并不成立。

应该如何创建一个更灵活的 sum 方法的版本，能够对包含任何 Number 子类元素的 List 求和呢？这就体现出了通配符类型实参(wildcard type argument)的重要性。通配符使程序员能够指定方法参数、返回值、变量或字段等，它们充当参数化类型的超类型。图 20.11 中，sum 方法的参数在第 52 行用如下的类型声明：

```
List<? extends Number>
```

通配符类型实参用一个问号表示，代表“未知的类型”。这里，通配符扩展了 Number 类，它表示通配符具有上界 Number。因此，未知的类型实参必须是 Number 或者它的子类。利用通配符类型实参，sum 方法可以接收一个包含任意 Number 类型的 List 实参，例如 List<Integer>(第 20 行)、List<Double>(第 34 行)、List<Number>(第 48 行)。

```
1  // Fig. 20.11: WildcardTest.java
2  // Wildcard test program.
3  import java.util.ArrayList;
4  import java.util.List;
5
6  public class WildcardTest {
7     public static void main(String[] args) {
8        // create, initialize and output List of Integers, then
9        // display total of the elements
10       Integer[] integers = {1, 2, 3, 4, 5};
11       List<Integer> integerList = new ArrayList<>();
12
13       // insert elements in integerList
14       for (Integer element : integers) {
15          integerList.add(element);
16       }
17
18       System.out.printf("integerList contains: %s%n", integerList);
19       System.out.printf("Total of the elements in integerList: %.0f%n%n",
20          sum(integerList));
21
22       // create, initialize and output List of Doubles, then
23       // display total of the elements
24       Double[] doubles = {1.1, 3.3, 5.5};
25       List<Double> doubleList = new ArrayList<>();
26
27       // insert elements in doubleList
28       for (Double element : doubles) {
29          doubleList.add(element);
30       }
31
32       System.out.printf("doubleList contains: %s%n", doubleList);
33       System.out.printf("Total of the elements in doubleList: %.1f%n%n",
34          sum(doubleList));
35
36       // create, initialize and output List of Numbers containing
37       // both Integers and Doubles, then display total of the elements
38       Number[] numbers = {1, 2.4, 3, 4.1}; // Integers and Doubles
39       List<Number> numberList = new ArrayList<>();
40
41       // insert elements in numberList
42       for (Number element : numbers) {
43          numberList.add(element);
44       }
45
46       System.out.printf("numberList contains: %s%n", numberList);
47       System.out.printf("Total of the elements in numberList: %.1f%n",
48          sum(numberList));
```

图 20.11　通配符测试程序

```
49      }
50
51      // total the elements; using a wildcard in the List parameter
52      public static double sum(List<? extends Number> list) {
53         double total = 0; // initialize total
54
55         // calculate sum
56         for (Number element : list) {
57            total += element.doubleValue();
58         }
59
60         return total;
61      }
62   }
```

```
integerList contains: [1, 2, 3, 4, 5]
Total of the elements in integerList: 15

doubleList contains: [1.1, 3.3, 5.5]
Total of the elements in doubleList: 9.9

numberList contains: [1, 2.4, 3, 4.1]
Total of the elements in numberList: 10.5
```

图 20.11(续) 通配符测试程序

第 10 ~ 20 行创建并初始化了一个 List<Integer>，输出它的元素并调用 sum 方法对这些元素求和(第 20 行)。第 24 ~ 34 行和第 38 ~ 48 行，分别为 List<Double>及包含 Integer 和 Double 值的 List<Number>执行相同的操作。

在 sum 方法中(第 52 ~ 61 行)，尽管方法并不直接知道 List 实参的元素类型，但至少知道它们是 Number 类型的，因为通配符是用上界 Number 指定的。正是由于这个原因，第 57 行是允许的，因为所有的 Number 对象都具有 doubleValue 方法。

通配符的限制

由于方法首部中的通配符(第 52 行)没有指定类型参数的名称，因此不能在方法体中将它用作类型名称(即不能在第 56 行用问号替换 Number)。不过，如果将 sum 方法声明成如下形式：

```
public static <T extends Number> double sum(List<T> list)
```

则就能够允许方法接收包含任何 Number 子类元素的 List。然后，可以在方法体中使用类型参数 T。

如果通配符没有用上界指定，则只有 Object 类型的方法才能对通配符类型的值进行调用。而且，在参数的类型实参中使用通配符的方法，不能用来向由参数引用的集合添加元素。

常见编程错误 20.3

在方法的类型参数部分中使用通配符，或者在方法体中将通配符用作变量的类型，都会导致语法错误。

20.8 小结

本章探讨了泛型，介绍了如何用在类型参数部分中指定的类型参数来声明泛型方法和泛型类。本章讲解了如何指定类型参数的上界，Java 编译器如何使用类型擦除，强制转换泛型方法和类所支持的多种类型，还讲解了如何在泛型方法或泛型类中使用通配符。

下一章将讲解如何建立动态数据结构，在执行时，它们可以增长或收缩。特别地，我们将利用本章所讲的泛型功能，实现这种数据结构。

总结

20.1 节 简介

- 泛型方法使用户可以在一个方法声明中指定一组相关的方法。

- 利用泛型类和接口可以指定一组相关联的类型。

20.2 节　泛型方法的由来

- 重载方法常用于对不同类型的数据执行相似的操作。
- 编译器遇到方法调用时，它会寻找方法名称相同且参数匹配方法调用的实参类型的方法声明。

20.3 节　泛型方法：实现及编译时翻译

- 如果几个重载方法对每一个实参类型都执行相同的操作，则可以用泛型方法更简洁、更方便地编码重载方法。可以利用不同数据类型的实参，调用同一个泛型方法。根据传入泛型方法的实参类型，编译器会相应处理每一个方法调用。
- 所有的泛型方法声明都将类型参数部分放在一对尖括号中，它位于方法的返回类型前面。
- 类型参数部分包含一个或多个类型参数，用逗号分开。
- 类型参数是用于指定泛型类型名称的标识符。在泛型方法声明中，类型参数可以用来声明返回类型、参数及局部变量，它们充当传递给泛型方法的实参的占位符。这些实参也称之为实际类型实参。类型参数只能表示引用类型。
- 在整个方法声明中，类型参数名称必须与类型参数部分中声明的名称相匹配。类型参数部分中只能将类型参数声明一次，但可以在方法的参数表中多次出现。
- 编译器遇到方法调用时，它会判断出实参的类型，并尝试寻找方法名称相同且参数匹配实参类型的方法声明。如果没有这样的方法，则编译器会尝试查找方法名称相同且参数类型相兼容的方法，以找出匹配的泛型方法。
- 实现了 Comparable 接口的任何类对象，都可以通过该接口的 compareTo 方法进行比较。如果两个对象相等，则返回 0；如果第一个小于第二个，则返回一个负整数；如果第一个大于第二个，则返回一个正整数。
- 所有基本类型的类型包装器类都实现了 Comparable 接口。
- Comparable 对象可以用在 Collections 类的排序和搜索方法中。
- 编译泛型方法时，编译器会执行擦除操作，删除类型参数部分，并用实际的类型替换类型参数。默认情况下，所有类型参数都被替换成它的上界。如果没有特别指定，上界就是 Object。

20.4 节　其他编译时翻译问题：将类型参数用作返回类型的方法

- 对返回可变类型的方法执行擦除操作时，会在每个方法调用的前面显式地插入强制转换运算符，以确保返回值是调用者所期望的类型。

20.5 节　重载泛型方法

- 可以用非泛型方法或其他泛型方法重载泛型方法。

20.6 节　泛型类

- 泛型类提供了一种途径，可以用与类型无关的方式来描述类。之后可以实例化泛型类的类型特定对象。
- 泛型类的声明看起来与非泛型类相同，只不过类的名称后面跟着一个类型参数部分。泛型类的类型参数部分可以有一个或者多个类型参数，用逗号分隔。
- 编译泛型类时，编译器会对类的类型参数执行擦除工作，将它们替换成各自的上界。
- 类型参数不能用在类的静态声明中。
- 实例化泛型类的对象时，在类名称后面的尖括号中指定的类型被称为类型实参。类型实参用于替换类型参数，以使编译器能执行类型检查并在必要时插入强制转换运算符。

20.7 节　接收类型参数的方法中的通配符

- Number 类为 Integer 类和 Double 类的超类。

- Number 方法 doubleValue 获得 Number 的底层值作为 double 值。
- 通配符类型实参使程序员能够指定方法参数、返回值、变量等，它们充当参数化类型的超类型。通配符类型实参用一个问号表示，代表“未知的类型”。
- 通配符也可以具有上界。由于通配符不是类型参数的名称，因此不能在方法体中将它用作类型名称。
- 如果通配符没有用上界指定，则只有 Object 类型的方法才能对通配符类型的值进行调用。
- 将通配符用作类型实参的方法，不能用来向由参数引用的集合添加元素。

自测题

20.1 判断下列语句是否正确。如果不正确，请说明理由。

a)泛型方法不能与非泛型方法具有相同的名称。

b)所有泛型方法声明都将类型参数部分放在方法名称的前面。

c)一个泛型方法可以被另一个名称相同、方法参数不同的泛型方法重载。

d)类型参数部分只能将类型参数声明一次，但可以在方法的参数表中多次出现。

e)不同泛型方法的类型参数名称必须不同。

f)泛型类的类型参数的作用域是除其静态成员外的整个类。

20.2 填空题。

a)利用________和________就分别能用一个方法声明指定一组相关的方法，或者用一个类声明指定一组相关的类。

b)类型参数部分用________分隔。

c)泛型方法的________用于指定方法实参的类型、方法的返回类型或声明方法内部的变量。

d)在泛型类声明中，类名称的后面是________。

e)语法________指定了通配符的上界为类型 T。

自测题答案

20.1 a)错误。泛型和非泛型方法可以具有相同的名称。一个泛型方法可以被另一个名称相同、方法参数不同的泛型方法重载。泛型方法也可以用具有相同方法名和不同实参数量的非泛型方法重载。b)错误。所有使用命名类型参数(与通配符相反)的泛型方法声明，都将类型参数部分放在方法的返回类型前面。c)正确。d)正确。e)错误。不同泛型方法的类型参数名称可以相同。f)正确。

20.2 a)泛型方法，泛型类。b)尖括号。c)类型参数。d)类型参数部分。e)? extends T。

练习题

20.3 (表示法释义)解释下列表示法在 Java 程序中的作用：

```
public class Array<T> { }
```

20.4 (**泛型方法 selectionSort**)根据图 19.4 中的排序程序，编写一个泛型方法 selectionSort。再编写一个测试程序，输入、排序并输出一个 Integer 数组和一个 Float 数组。(提示：在 selectionSort 方法的类型参数部分采用<T extends Comparable<T>>，以便能够利用 compareTo 方法来比较 T 所代表的类型的对象。)

20.5 (**重载泛型方法 printArray**)重载图 20.3 中的泛型方法 printArray，使其另外包含两个整型实参：lowSubscript 和 highSubscript。调用这个方法时，只显示数组的指定部分。需验证 lowSubscript 和 highSubscript 的有效性。如果任何一个越界，则重载的 printArray 方法应抛出 InvalidSubscriptException 异常；否则，返回要显示的元素个数。然后，修改 main 方法，对 integerArray、doubleArray 和 characterArray 数组使用 printArray 方法的两个版本。应测试这两个版本的所有功能。

20.6　**(用非泛型方法重载泛型方法)**用非泛型版本重载图 20.3 中的泛型方法 printArray，以整齐的表格形式显示字符串数组，输出样本如下所示。

```
Array stringArray contains:
one      two      three    four
five     six      seven    eight
```

20.7　**(泛型方法 isEqualTo)**编写 isEqualTo 方法的一个简单泛型版本，它用 equals 方法比较两个实参，相等时返回 true，否则返回 false。利用这个泛型方法，在程序中调用 isEqualTo 处理各种内置的类型，例如 Object 或 Integer。运行程序时，传递给 isEqualTo 方法的对象会根据它们的内容或者所引用的对象进行比较吗?

20.8　**(泛型类 Pair)**编写一个泛型类 Pair，它有两个类型参数 F 和 S，分别代表一对值中第一个元素和第二个元素的类型。为第一个元素和第二个元素添加 get 方法和 set 方法。(提示：类首部应当是 public class Pair<F，S>。)

20.9　**(重载泛型方法)**应该如何重载泛型方法?

20.10　**(判断调用的是哪一个方法)**编译器会执行匹配过程，以判断使用方法时应该调用哪一个版本。在什么情况下试图进行匹配时会导致编译时错误?

20.11　**(语句的作用)**为什么 Java 程序可以使用语句：

```
List<Employee> workerList = new ArrayList<>();
```

第 21 章　定制泛型数据结构

目标

本章将讲解

- 用引用、自引用类、递归及泛型形成链式数据结构。
- 创建和操作动态数据结构，例如链表、队列、栈和二叉树。
- 链式数据结构的各种重要应用。
- 用组合创建可复用的数据结构。
- 将类放入包中，提升复用性。

提纲

21.1　简介

本章将讲解如何构建在执行时可以伸缩的动态数据结构(dynamic data structure)。链表(linked list)是数据项的集合，它们“链接在一起”，用户可以在链表的任何地方进行插入和删除操作。栈(stack)在编译器和操作系统中非常重要，插入和删除只在它的一个末端进行，即栈顶(top)。队列(queue)表示排队的行，插入操作在队列的后面(也称之为队尾)进行，而删除操作位于前面(也称之为队头)。二叉树(binary tree)可以实现数据的高速搜索和排序，有效地消除了重复的数据项，可以用来表示文件系统目录、将表达式编译成机器语言，以及实现其他许多有趣的应用。

本章将讨论这几类数据结构，并实现创建和操作它们的程序。还将利用类和组合(composition)来创建它们，以提供复用性和可维护性。此外，也会讲解如何将类打包，以供其他程序使用。本章是为计算机科学和计算机工程专业的学生准备的，他们需要知道如何构建链式数据结构。

软件工程结论 21.1

对绝大多数软件开发人员而言，应当使用在第 16 章中讲解过的预定义的泛型集合类，而不应自己开发定制的链式数据结构。

“建立自己的编译器”项目

如果你豪情满怀，则可以尝试本章拓展内容中的那一个大项目：建立自己的编译器。我们已经使用过 Java 编译器来将 Java 程序翻译成字节码，以便能够执行它们。这个项目的目标是自己建立一个编译器。它能读取使用简单但功能强大的高级语言编写的语句(这些语句与流行的 BASIC 语言的早期版本类似)，并将它们翻译成 Simpletron 机器语言(SML)指令——SML 是在第 7 章的拓展内容中讲解过的一种语言。然后，Simpletron 模拟程序会执行由这个编译器产生的 SML 程序。利用面向对象的方法完成这个项目，就为实践本书中所讲的知识提供了机会。这个拓展内容认真考虑了高级语言的规范，并给出了算法描述，它们用于将高级语言语句转换成机器语言指令。如果喜欢挑战，还可以尝试在后面的练习题中强化这个编译器和 Simpletron 模拟器。

21.2　自引用类

自引用类(self-referential class)包含的实例变量引用了相同类类型对象的另一个对象。例如，泛型 Node 类的声明为

```
class Node<E> {
   private E data;
   private Node<E> nextNode; // reference to next linked node
   public Node(E data) { /* constructor body */ }
   public void setData(E data) { /* method body */ }
   public E getData() { /* method body */ }
   public void setNext(Node<E> next) { /* method body */ }
   public Node<E> getNext() { /* method body */ }
}
```

它包含两个私有实例变量——data(泛型类型 E)和 Node<E>变量 nextNode。变量 nextNode 引用了一个 Node<E>对象，它是所声明的同一个类的对象，因此这个类被称为“自引用类”。字段 nextNode 是一个“链”(link)——它将 Node<E>类型的一个对象与相同类型的另一个对象“链起来”。类型 Node<E>还包含 5 个方法：接收一个值、初始化数据的构造方法；设置数据值的 setData 方法；返回数据值的 getData 方法；设置 nextNode 值的 setNext 方法；返回下一个节点引用的 getNext 方法。

自引用对象可以链接在一起，形成有用的数据结构，如链表、队列、栈和树。图 21.1 演示了链接在一起的两个自引用对象，它们形成一个链表——Node<Integer>对象中的数据值为 15 和 10。反斜线(表示 null 引用)放在第二个自引用对象的链成员中，表示这个链不引用另外的对象。这个反斜线只起演示作用，它不是 Java 中的反斜线字符。按照惯例，代码中采用 null 表示数据结构的结尾。

15 → 10

图 21.1　将自引用对象链接在一起

21.3　动态内存分配

创建和操作动态数据结构，要求进行动态内存分配(dynamic memory allocation)——使程序在执行时可以获得更多的内存空间以容纳新的节点，或者释放不再需要的空间。记住，Java 并不要求程序员释放动态分配的内存。Java 会自动执行垃圾回收操作，将程序中不再需要的对象回收。

动态内存的可用量，最大可以为计算机可用物理内存的容量，或者虚拟内存系统中可用的磁盘容量。通常而言，动态内存的容量要小得多，因为计算机的可用内存必须供许多程序共享。

声明和创建类实例的表达式：

```
// 10 is nodeToAdd's data
Node<Integer> nodeToAdd = new Node<Integer>(10);
```

会分配一个 Node<Integer>对象，它返回的引用被赋值给 nodeToAdd。如果没有内存可用，则上述表达式会抛出 OutOfMemoryError 异常。在后面探讨链表、栈、队列和树的几个小节中，都将使用动态内存分别和自引用类来创建动态数据结构。

21.4 链表

链表(linked list)是自引用类对象的线性集合(序列)，这些对象称之为节点(node)，它们由引用的链连接起来，因此称之为“链”表。通常而言，程序会通过第一个节点的引用来访问链表。后续的每一个节点，都通过前一个节点中保存的链引用访问。按照惯例，链表中最后一个节点的链引用设置为 null，表示链表的结尾。数据会动态地从链表中添加和删除——必要时，程序会创建和删除节点。栈和队列也是线性数据结构——事实上，它们是链表的受限版本。树是一种非线性数据结构。

一列数据可以存放在传统的 Java 数组中，但链表具有几个优点。当数据结构中要表示的数据元素个数无法预测时，就适合采用链表。链表是动态的，因此它的长度可以根据需要增加或减少，而传统的 Java 数组的大小无法改变——程序创建它时，其大小就已经确定了。(当然，ArrayList 可以增大和缩小。)传统数组可以被填满，而链表只有在没有足够的内存满足动态存储请求时，才会被填满。java.util 包中含有 LinkedList 类(见第 16 章)，用于实现和操作链表。

性能提示 21.1

只要找到插入点，在链表中进行插入操作就会很快——只需修改两处引用即可。所有现有节点对象，都会保持它们当前在内存中的位置。

链表可以有序排列，只需将新插入的每一个元素置于合适的位置即可（当然，找到正确的插入点需要时间)，而不必移动链表中的现有元素。

性能提示 21.2

在有序数组中的插入和删除操作会浪费时间——插入或删除之后，所有的元素都必须相应地移位。

21.4.1 单向链表

通常而言，链表节点在内存中不是连续保存的，而是在逻辑上连续的。图 21.2 演示了具有几个节点的一个链表。图中是一个单向链表(singly linked list)——每一个节点依次包含下一个节点的引用。经常采用的是双向链表(doubly linked list)——每一个节点都同时包含前一个节点和后一个节点的引用。

性能提示 21.3

数组元素在内存中是连续存放的。这样就能够即时访问任意数组元素——元素的地址可以根据数组开始处的地址和偏移量直接计算出来。链表不存在这种情况——元素只能通过从头开始(或者在双向链表中，从末尾开始)遍历链表来访问。

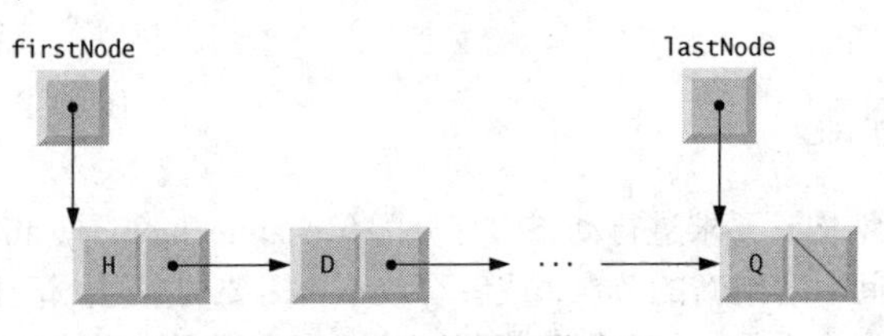

图 21.2 链表的图形化表示

21.4.2 实现泛型 List 类

图 21.3 和图 21.4 中的程序用泛型 List 类对象操作包含各种对象的一列数据。这个程序由三个类组成：ListNode(见图 21.3 第 8 ~ 28 行)、List(见图 21.3 第 31 ~ 132 行)和 ListTest(见图 21.4)。封装在每个 List 对象中的是 ListNode 对象的一个链表。

(注：List 类和 ListNode 类位于 com.deitel.datastructures 包中，以便它们能够在本章的示例中重复使用。) 21.4.10 节中，将讲解 package 语句(见图 21.3 第 3 行)，展示如何编译并运行使用了自定义包中的类的程序。

```
1  // Fig. 21.3: List.java
2  // ListNode and List class declarations.
3  package com.deitel.datastructures;
4
5  import java.util.NoSuchElementException;
6
7  // class to represent one node in a list
8  class ListNode<E> {
9     // package access members; List can access these directly
10    E data; // data for this node
11    ListNode<E> nextNode; // reference to the next node in the list
12
13    // constructor creates a ListNode that refers to object
14    ListNode(E object) {this(object, null);}
15
16    // constructor creates ListNode that refers to the specified
17    // object and to the next ListNode
18    ListNode(E object, ListNode<E> node) {
19       data = object;
20       nextNode = node;
21    }
22
23    // return reference to data in node
24    E getData() {return data;}
25
26    // return reference to next node in list
27    ListNode<E> getNext() {return nextNode;}
28 }
29
30 // class List definition
31 public class List<E> {
32    private ListNode<E> firstNode;
33    private ListNode<E> lastNode;
34    private String name; // string like "list" used in printing
35
36    // constructor creates empty List with "list" as the name
37    public List() {this("list");}
38
39    // constructor creates an empty List with a name
40    public List(String listName) {
41       name = listName;
42       firstNode = lastNode = null;
43    }
44
45    // insert item at front of List
46    public void insertAtFront(E insertItem) {
47       if (isEmpty()) { // firstNode and lastNode refer to same object
48          firstNode = lastNode = new ListNode<E>(insertItem);
49       }
50       else { // firstNode refers to new node
51          firstNode = new ListNode<E>(insertItem, firstNode);
52       }
53    }
54
55    // insert item at end of List
56    public void insertAtBack(E insertItem) {
57       if (isEmpty()) { // firstNode and lastNode refer to same object
58          firstNode = lastNode = new ListNode<E>(insertItem);
59       }
60       else { // lastNode's nextNode refers to new node
61          lastNode = lastNode.nextNode = new ListNode<E>(insertItem);
62       }
63    }
64
65    // remove first node from List
66    public E removeFromFront() throws NoSuchElementException {
67       if (isEmpty()) { // throw exception if List is empty
68          throw new NoSuchElementException(name + " is empty");
69       }
70
71       E removedItem = firstNode.data; // retrieve data being removed
72
73       // update references firstNode and lastNode
74       if (firstNode == lastNode) {
75          firstNode = lastNode = null;
```

图 21.3　ListNode 和 List 的类声明

```
76          }
77          else {
78             firstNode = firstNode.nextNode;
79          }
80
81          return removedItem; // return removed node data
82       }
83
84       // remove last node from List
85       public E removeFromBack() throws NoSuchElementException {
86          if (isEmpty()) { // throw exception if List is empty
87             throw new NoSuchElementException(name + " is empty");
88          }
89
90          E removedItem = lastNode.data; // retrieve data being removed
91
92          // update references firstNode and lastNode
93          if (firstNode == lastNode) {
94             firstNode = lastNode = null;
95          }
96          else { // locate new last node
97             ListNode<E> current = firstNode;
98
99             // loop while current node does not refer to lastNode
100            while (current.nextNode != lastNode) {
101               current = current.nextNode;
102            }
103
104            lastNode = current; // current is new lastNode
105            current.nextNode = null;
106         }
107
108         return removedItem; // return removed node data
109      }
110
111      // determine whether list is empty; returns true if so
112      public boolean isEmpty() {return firstNode == null;}
113
114      // output list contents
115      public void print() {
116         if (isEmpty()) {
117            System.out.printf("Empty %s%n", name);
118            return;
119         }
120
121         System.out.printf("The %s is: ", name);
122         ListNode<E> current = firstNode;
123
124         // while not at end of list, output current node's data
125         while (current != null) {
126            System.out.printf("%s ", current.data);
127            current = current.nextNode;
128         }
129
130         System.out.println();
131      }
132   }
```

图 21.3(续) ListNode 和 List 的类声明

21.4.3 ListNode 和 List 泛型类

ListNode 泛型类(见图 21.3 第 8 ~ 28 行)声明了两个包级访问字段：data 和 nextNode。data 字段为 E 类型的引用。这样，当客户代码创建对应的 List 对象时，才能确定它的类型。变量 nextNode 保存的是链表中后一个 ListNode 对象的引用(如果是最后一个节点，则为 null)。

List 类(第 31 ~ 132 行)中的第 32 ~ 33 行声明的引用 firstNode 和 lastNode，分别指向 List 中的第一个和最后一个 ListNode。两个构造方法(第 37 行和第 40 ~ 43 行)将这两个引用都初始化成 null。List 类中几个最为重要的方法分别为 insertAtFront(第 46 ~ 53 行)、insertAtBack(第 56 ~ 63 行)、removeFromFront

(第 66 ~ 82 行)和 removeFromBack(第 85 ~ 109 行)。isEmpty 方法(第 112 行)是一个谓词方法(predicate method)，它判断链表是否为空(即第一个节点的引用是否为 null)。谓词方法通常用来测试一个条件是否满足，而不会修改所调用的对象。如果链表为空，则 isEmpty 方法返回 true，否则返回 false。print 方法(第 115 ~ 131 行)显示链表的内容。讲解完 ListTest 类之后，将更详细地探讨 List 类的这些方法。

21.4.4 ListTest 类

ListTest 类的 main 方法(见图 21.4)创建了一个 List<Integer>对象(第 8 行)。然后，在链表开头用 insertAtFront 方法插入对象；在末尾用 insertAtBack 方法插入对象；用 removeFromFront 方法删除开头的对象；用 removeFromBack 方法删除末尾的对象。执行完每一个插入和删除操作之后，ListTest 调用 List 方法 print，输出当前链表的内容。如果试图从空链表中删除对象，则会发生 NoSuchElementException 异常。所以，要将 removeFromFront 和 removeFromBack 方法调用置于一个 try 语句块中，后面有一个合适的异常处理器。注意，第 11 行、第 13 行、第 15 行、第 17 行中，程序传递给 insertAtFront 方法和 insertAtBack 方法的是基本类型的 int 值。这两个方法在声明时都使用了一个泛型类型 E 的参数(见图 21.3 第 46 行和第 56 行)。由于这个程序处理的是 List<Integer>类型的对象，因此类型 E 就代表了 Integer 类型包装器类。这样，JVM 就会将每一个字面值自动装箱成一个 Integer 对象，然后将这个对象插入链表中。

```
 1  // Fig. 21.4: ListTest.java
 2  // ListTest class to demonstrate List capabilities.
 3  import com.deitel.datastructures.List;
 4  import java.util.NoSuchElementException;
 5
 6  public class ListTest {
 7     public static void main(String[] args) {
 8        List<Integer> list = new List<>();
 9
10        // insert integers in list
11        list.insertAtFront(-1);
12        list.print();
13        list.insertAtFront(0);
14        list.print();
15        list.insertAtBack(1);
16        list.print();
17        list.insertAtBack(5);
18        list.print();
19
20        // remove objects from list; print after each removal
21        try {
22           int removedItem = list.removeFromFront();
23           System.out.printf("%n%d removed%n", removedItem);
24           list.print();
25
26           removedItem = list.removeFromFront();
27           System.out.printf("%n%d removed%n", removedItem);
28           list.print();
29
30           removedItem = list.removeFromBack();
31           System.out.printf("%n%d removed%n", removedItem);
32           list.print();
33
34           removedItem = list.removeFromBack();
35           System.out.printf("%n%d removed%n", removedItem);
36           list.print();
37        }
38        catch (NoSuchElementException noSuchElementException) {
39           noSuchElementException.printStackTrace();
40        }
41     }
42  }
```

图 21.4　演示 List 功能的 ListTest 类

```
The list is: -1
The list is: 0 -1
The list is: 0 -1 1
The list is: 0 -1 1 5

0 removed
The list is: -1 1 5

-1 removed
The list is: 1 5
```

```
5 removed
The list is: 1

1 removed
Empty list
```

图 21.4(续) 演示 List 功能的 ListTest 类

21.4.5 List 方法 insertAtFront

下面详细分析 List 类中的每一个方法，并会给出由 insertAtFront、insertAtBack、removeFromFront 及 removeFromBack 方法所执行的引用操作演示图。insertAtFront 方法(见图 21.3 第 46 ~ 53 行)将一个新节点放在链表的开头。其操作步骤为

1. 调用 isEmpty 方法，判断链表是否为空(第 47 行)。
2. 如果链表为空，则将 firstNode 和 lastNode 都设置为由 insertItem 初始化的新 ListNode(第 48 行)。(前面说过，赋值运算符的求值顺序为从右到左。)第 14 行的 ListNode 构造方法会调用第 18 ~ 21 行的 ListNode 构造方法，将实例变量 data 设置成引用 insertItem，将引用 nextNode 设置成 null，因为 null 是链表中的第一个和最后一个节点。
3. 如果链表不为空，则新节点被链入，将 firstNode 设置为这个新的 ListNode 对象，并用 insertItem 和 firstNode 初始化这个对象(第 51 行)。执行 ListNode 构造方法时(第 18 ~ 21 行)，它将 data 设置为引用作为实参传入的 insertItem，并执行插入操作，将新节点的 nextNode 引用设置为作为实参传入的 ListNode，即以前的第一个节点。

图 21.5(a)中给出的是 insertAtFront 操作期间和新节点被链入之前的链表和新节点。图 21.5(b)中的虚线箭头表示 insertAtFront 操作中的步骤 3，它使包含 12 的节点成为新的链表首节点。

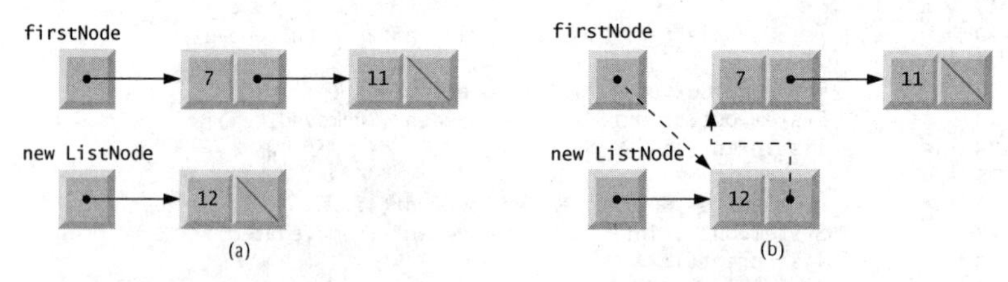

图 21.5 insertAtFront 操作的图形化演示

21.4.6 List 方法 insertAtBack

insertAtBack 方法(见图 21.3 第 56 ~ 63 行)将一个新节点放在链表末尾。其操作步骤为

1. 调用 isEmpty 方法，判断链表是否为空(第 57 行)。
2. 如果链表为空，则将 firstNode 和 lastNode 都设置为由 insertItem 初始化的新 ListNode(第 58 行)。第 14 行的 ListNode 构造方法会调用第 18 ~ 21 行的 ListNode 构造方法，将实例变量 data 设置成引用 insertItem，将 nextNode 引用设置成 null。
3. 如果链表不为空，则第 61 行将新节点链入，将 lastNode 和 lastNode.nextNode 设置为用 insertItem 初

始化的新 ListNode 对象。ListNode 的构造方法(第 14 行)将实例变量 data 设置成引用作为实参传递的 insertItem，并将 nextNode 引用设置成 null，因为它是链表的最后一个节点。

图 21.6(a)中显示了 insertAtBack 操作期间和新节点被链入之前的链表与新节点。图 21.6(b)中的虚线箭头表示 insertAtBack 操作中的步骤 3，它将新节点添加到非空的链表末尾。

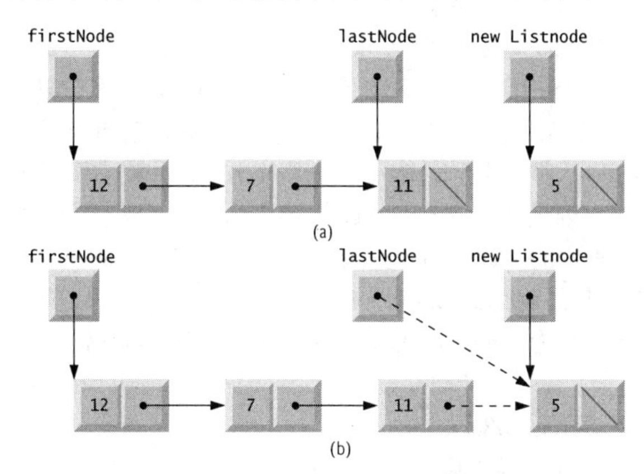

图 21.6　insertAtBack 操作的图形化演示

21.4.7　List 方法 removeFromFront

removeFromFront 方法(见图 21.3 第 66～82 行)删除链表中的第一个节点，并返回所删除数据的引用。如果调用这个方法时，链表为空，则会抛出 NoSuchElementException 异常(第 67～69 行)。否则，方法返回所删除数据的引用。其操作步骤为

1. 将 firstNode.data(待删除的数据)赋予 removedItem(第 71 行)。
2. 如果 firstNode 和 lastNode 指向同一个对象(第 74 行)，则表示列表中只有一个元素。所以，方法将 firstNode 和 lastNode 设置为 null(第 75 行)，将该节点从列表中删除(链表变成空)。
3. 如果链表中有多个节点，则方法让 lastNode 引用保持不变，而将 firstNode.nextNode 的值赋予 firstNode(第 78 行)。这样，firstNode 就引用了链表中原来的第二个节点。
4. 返回 removedItem 引用(第 81 行)。

图 21.7(a)中演示了删除操作之前的链表；图 21.7(b)中的虚线和箭头显示了这些引用操作。

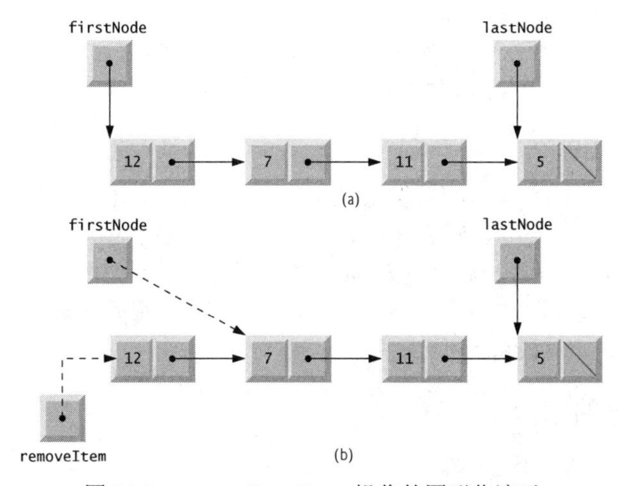

图 21.7　removeFromFront 操作的图形化演示

21.4.8 List 方法 removeFromBack

removeFromBack 方法(见图 21.3 第 85 ~ 109 行)删除链表中的最后一个节点，并返回所删除数据的引用。程序调用这个方法时，如果链表为空，则会抛出 NoSuchElementException 异常(第 86 ~ 88 行)。其操作步骤为

1. 将 lastNode.data(待删除的数据)赋予 removedItem(第 90 行)。
2. 如果 firstNode 和 lastNode 指向同一个对象(第 93 行)，则表示列表中只有一个元素。所以，第 94 行将 firstNode 和 lastNode 设置为 null，将该节点从列表中删除(链表变成空)。
3. 如果链表中有多个节点，则创建 ListNode 引用 current，并将它赋予 firstNode(第 97 行)。
4. 现在，用 current 遍历列表，直到它引用倒数第二个节点。第 100 ~ 102 行的 while 循环，只要 current.nextNode(链表中的下一个节点)不是 lastNode，就将 current.nextNode 赋予 current。
5. 找到倒数第二个节点后，将 current 赋予 lastNode(第 104 行)，以更新链表中最后一个节点。
6. 将 current.nextNode 设置为 null(第 105 行)，将最后一个节点从链表中删除，并在当前节点处终止这个链表。
7. 返回 removedItem 引用(第 108 行)。

图 21.8(a)中演示了删除操作之前的链表，图 21.8(b)中的虚线和箭头显示了这些引用操作。(这里将 List 的插入和删除操作限制在只能用于链表的开头和结尾。练习题 21.26 中将强化这个 List 类，使它能够在任意位置进行插入和删除操作。)

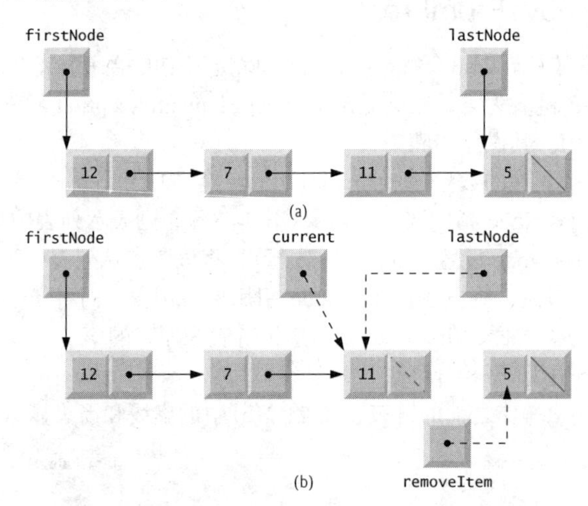

图 21.8 removeFromBack 操作的图形化演示

21.4.9 List 方法 print

print 方法(见图 21.3 第 115 ~ 131 行)首先判断链表是否为空(第 116 ~ 119 行)。如果是，则显示一条消息，将控制返回给调用方法；否则输出链表中的数据。第 122 行创建了一个 ListNode 引用 current，并将它初始化成 firstNode。如果 current 不为 null，则表示链表中还有更多的项。因此，第 126 行输出 current.data 的字符串表示；第 127 行将 current.nextNode 引用的值赋予 current，移动到链表中的下一个节点。这个输出算法对链表、栈和队列均适用。

21.4.10 创建自己的包

我们已经知道，Java API 类型(类、接口和 enum)都是根据类型的关联性将它们分组成包的。包促进了软件复用，使程序可以导入其他包中的类，而不是将这些类复制到使用它们的每一个程序的文件夹中。程序员利用包来安排程序的各个部分，在大型程序中尤其如此。例如，可以让一个包中的类型用于

程序的图形用户界面，另一个包负责程序中的数据，还有一个包用来通过网络与服务器通信。此外，包还有助于为所声明的每一种类型确定唯一的名称，以防止类名称冲突(稍后将讨论)。本节中还将介绍如何创建并使用自己的包。此处所讨论的操作，主要由一些 IDE 来处理，例如 NetBeans、Eclipse 及 IntelliJ IDEA。我们将重点关注如何用 JDK 的命令行工具创建和使用包。

声明可复用类的步骤

为了将类导入多个程序，就必须将它放入包中，使其可复用。建立可复用类的步骤如下。

1. 声明一个或者多个 public 类型(类、接口或者 enum)。如果希望某种类型能够在它所声明的包之外使用，则必须将它声明为 public。
2. 选择唯一的包名称，并在源代码文件中增加一个 package 声明(package declaration)，表示可复用类声明。
3. 编译这个类型，将它放置在合适的包目录中。
4. 将可复用类型导入程序，然后就能够使用它们。

下面详细讨论每一个步骤。

步骤 1：创建 public 类型，以供复用

对于这个步骤，需声明将放入包中的类型，包括可复用类型及任何其他所需要的类型。图 21.3 中的 List 类为 public 类型，所以它可用在包以外的地方。但是，ListNode 类不是 public 类型，所以它只能由 List 类及同一个包中所声明的任何其他类型使用。如果源代码文件中包含多种类型，则当编译这个文件时，会将所有的类型置于同一个包中。

步骤 2：添加 package 语句

需提供一个包含这个包名称的 package 声明。包含位于同一个包中的类型的所有源代码文件，都必须具有相同的 package 声明。图 21.3 中的语句：

```
package com.deitel.datastructures;
```

表明该文件中声明的所有类型——图 21.3 中的 ListNode 和 List，都位于 com.deitel.datastructures 包中。

每一个 Java 源代码文件中只能有一个 package 声明，而且它必须位于所有其他声明和语句之前。如果没有提供 package 语句，则所声明的类型就位于所谓的默认包中，且它只能被位于同一个目录下默认包中的其他类访问。本书前面的所有程序使用的都是默认包。

包命名规范

包名称的各个部分用点号分隔，一个包通常有两个或多个部分。为了使包名称唯一，通常用机构或者公司 Internet 域名的逆序开头。例如，作者的域名为 deitel.com，所以包名称的开始部分为 com.deitel。如果域名为 yourcollege.edu，则包名称应以 edu.yourcollege 开头。

在逆序的域名之后，可以指定包名称的其余部分。如果程序员所在的公司有多个部门，或者所在的大学有多个学院，则也可以将部门或学院的名称作为包名称的下一个部分。类似地，如果包中的类型专门用于某一个项目，则也可以将项目名称置于包名称中。这里，将 datastructures 作为包名称的一部分，表示 ListNode 类和 List 类来自这个讲解数据结构的章。

完全限定名称

包名称是完全限定类名称(fully qualified type name)的一部分。所以，List 类的名称实际上应为 com.deitel.datastructures.List。程序中可以使用完全限定名称，也可以导入类并使用它的简单名称(simple name)，即这个程序中的类名称——List。如果另一个包中也包含名称为 List 的类，则可以用完全限定名称来加以区分，以避免名称冲突(name conflict)，也称名称碰撞(name collision)。

步骤 3：编译包中的类型

第 3 步要编译这些类型，以便将它们保存到合适的包中。编译包含 package 声明的 Java 文件时，得

到的类文件会被放在由该声明所指定的目录中。com.deitel.datastructures 包中的类会被置于如下目录中：

```
com
   deitel
      datastructures
```

package 声明中的这些名称指定了包中各个类的确切位置。

javac 命令行选项-d，使编译器会根据 package 声明创建合适的目录。这个选项还指定了应该将包名称中的顶级目录放到系统的什么位置——路径可以是相对的，也可以是绝对的。例如，命令：

```
javac -d . List.java
```

指定包名称中的第一个目录(com)应该在当前目录下。在 Windows、UNIX、Linux 和 macOS 操作系统里，上述命令中-d 之后的点号表示当前目录。类似地，命令：

```
javac -d .. List.java
```

指定包名称中的第一个目录(com)应当在父目录下——本章中的可复用类就是这么放置的。用-d 选项进行编译后，这个包的 datastructures 目录下就包含了文件 ListNode.class 和 List.class。

步骤 4：导入包中的类型

将类型编译进包之后，就可以将它们导入程序中。ListTest 类(见图 21.4)位于默认包中，因为它的.java 文件不包含 package 声明。ListTest 类和 List 类位于不同的包中，所以必须导入 List 类，以便 ListTest 类能够使用它(见图 21.4 第 3 行)。或者，也可以在 ListTest 类中用完全限定类名称指定 List 类。例如，图 21.4 第 8 行也可以写成

```
com.deitel.datastructures.List<Integer> list =
   new com.deitel.datastructures.List<>();
```

单一类型导入声明与按需类型导入声明

图 21.4 第 3～4 行为单一类型导入声明(single-type-import declaration)——只指定了要导入的一个类。如果源代码文件使用了某个包中的多个类，则可以用按需类型导入声明(type-import-on-demand)的形式导入它们：

```
import packagename.*;
```

其中的星号是告知编译器，来自 *packagename* 包的所有 public 类，在包含该 import 语句的文件中都不必采用完全限定类名称。执行程序的过程中，当需要用到其中的某个类时，才会加载它。利用前面的导入声明，使程序员可以使用来自 *packagename* 包的任何类的简单名称。本书中采用的是单一类型导入声明，以展示每一个程序中所使用的确切类型。

常见编程错误 21.1

import 声明 import java.*;会导致编译错误。必须指定要导入的类所在的包的完整名称。

错误预防提示 21.1

采用单一类型导入声明，就只会在代码中导入那些真正需要的类型，从而可以避免出现名称冲突。

编译程序时指定类路径

当编译 ListTest 类时，javac 必须找到 List 类的.class 文件，以确保 ListTest 类能够正确地使用它。编译器利用一个称为类加载器(class loader)的特殊对象来查找它所需要的类。类加载器首先搜索与 JDK 捆绑的标准 Java 类，然后搜索那些可选包(optional package)。Java 提供了一种扩展机制(extension mechanism)，使新的(可选的)包能被添加到 Java 中，用于开发和执行。如果某个类既不在标准 Java 类中，也不在扩展类中，则类加载器会搜索类路径(classpath)，它是一个包含可复用类型的目录或者存档文件(archive file)的列表。目录或者存档文件彼此用目录分隔符(directory separator)区分开——Windows 中，分隔符是分号；UNIX/Linux/macOS 中，分隔符是冒号。存档文件是包含其他文件及其目录的独立文件，通常采用压缩格式。例如，程序中使用的标准类包含在存档文件 rt.jar 中，它是随 JDK 安装的。通常，存档文件以.jar 或.zip 文件扩展名结尾。

默认情况下，类路径只包括当前目录。但是，类路径可通过如下方式修改。

1. 在 javac 编译命令中提供-classpath 选项。
2. 设置 CLASSPATH 环境变量(由用户定义和由操作系统维护的一个特殊变量，它使程序可以在指定位置搜索类)。

如果在编译 ListTest.java 时没有指定-classpath 选项：

```
javac ListTest.java
```

则类加载器会假定由 ListTest 程序所使用的其他包位于同一个目录中。前面说过，这些包放置在父目录下，以便它们能够被本章中的其他程序使用。所以，为了在 Windows 下编译 ListTest.java，应使用命令：

```
javac -classpath .;.. ListTest.java
```

在 UNIX/Linux/macOS 下，应使用命令：

```
javac -classpath .:.. ListTest.java
```

类路径中的点号使类加载器能够找到当前目录下的 ListTest 文件；双点号用于找到父目录下 com.deitel.datastructures 包中的内容。也可以将-classpath 选项简写成-cp。

常见编程错误 21.2

如果指定的类路径中不包含当前目录，则会使当前目录中的类(及当前目录中的包)不能正确地加载。如果必须加载当前目录中的类和包，就要在类路径中加上点号，以包含当前目录。

软件工程结论 21.2

实践表明，在编译命令中用-classpath 选项指定程序的类路径，要比设置 CLASSPATH 环境变量更好，因为它使每一个程序都有自己的类路径。

错误预防提示 21.2

如果用 CLASSPATH 环境变量来指定类路径，当有多个程序使用同一个包的不同版本时，可能会出现微妙的、难以确定的错误。

执行程序时指定类路径

执行程序时，JVM 必须能够找到程序中使用的类的.class 文件。与编译器一样，java 命令也用类加载器首先搜索标准类和扩展类，然后搜索类路径(默认为当前目录)。可以用前面介绍的几种编译方式，明确地指定类路径。与编译器的情况一样，最好通过命令行 JVM 选项为每一个程序分别指定类路径。可以在 java 命令中指定类路径，方法是用-classpath 或-cp 命令行选项，后接目录或存档文件列表。同样，如果必须加载当前目录中的类和包，就要在类路径中加上点号，以包含当前目录。为了执行 ListTest 程序，需使用如下命令：

```
java -classpath .;.. ListTest
```

(在 UNIX/Linux/macOS 中，应使用冒号而不是分号。)对于本章后面的示例，同样需要采用类似的 javac 和 java 命令。关于类路径的更多信息，请参见 docs.oracle.com/javase/8/docs/technotes/tools/index.html#general。

21.5　栈

栈是链表的受限版本——只能在栈顶添加或删除节点。为此，栈被称为后入先出(last-in，first-out，LIFO)数据结构。位于栈底的节点，其链引用被设置成 null，表示栈的结尾。栈不一定要实现成链表——它也可以通过数组或者 ArrayList 等实现。

栈的操作

用于操作栈的两个主要方法是 push 和 pop，前者在栈顶添加一个新节点，后者从栈顶删除一个节点。pop 方法还会返回所弹出节点中的数据。

栈的应用

栈有许多有趣的应用。例如，当程序调用方法时，被调用的方法必须知道如何返回到它的调用者，因此需要将调用方法的返回地址压入程序执行栈(见 6.6 节)。如果发生了一系列方法调用，则后续的返回地址将以 LIFO 的顺序压入栈中。因此，每一个方法都能返回到它的调用者。栈支持递归方法调用，使用时与传统的非递归方法调用相同。

在程序执行期间，程序执行栈里还包含了每次调用方法时用到的局部变量的内存地址。当方法返回到它的调用者时，这个方法的局部变量地址就会弹出栈，并且程序将不再知道这些变量的情况。如果某个局部变量为引用类型，而它所引用的对象不再被其他变量所引用，则该对象就变成了垃圾，可以被回收。

编译器利用栈来求算术表达式的值，并产生用于处理表达式的机器语言代码。本章后面的练习题体现了栈的几种应用情形，包括用栈来开发一个完整的、可运行的编译器。

包含 List<E>的 Stack<E>类

下面利用链表和栈之间的紧密关系，通过复用 List<E>类(见图 21.3)来实现一个栈类。通过采用组合，将 List 对象的引用当作一个 private 实例变量看待。本章中的链表、栈和队列数据结构都被实现成保存任意类型的对象引用，以提高它们的可复用性。图 21.9 中的 Stack<E>类是在 com.deitel.datastructures 包中声明的(第 3 行)。Stack<E>的源代码文件不必导入 List<E>，因为这些类位于同一个包中。使用如下命令，可以编译 Stack 类：

```
javac -d .. -cp .. Stack.java
```

```
1  // Fig. 21.9: Stack.java
2  // Stack uses a composed List object.
3  package com.deitel.datastructures;
4
5  import java.util.NoSuchElementException;
6
7  public class Stack<E> {
8     private List<E> stackList;
9
10    // constructor
11    public Stack() {stackList = new List<E>("stack");}
12
13    // add object to stack
14    public void push(E object) {stackList.insertAtFront(object);}
15
16    // remove object from stack
17    public E pop() throws NoSuchElementException {
18       return stackList.removeFromFront();
19    }
20
21    // determine if stack is empty
22    public boolean isEmpty() {return stackList.isEmpty();}
23
24    // output stack contents
25    public void print() {stackList.print();}
26 }
```

图 21.9 使用组合 List 对象的 Stack

Stack<E>的方法

Stack<E>类包含 4 个方法——push、pop、isEmpty 和 print，本质上，它们分别为 List<E>的 insertAtFront、removeFromFront、isEmpty 和 print 方法。List<E>的其他方法(insertAtBack 和 removeFromBack)不能被 Stack<E>客户代码访问——通过组合私有 List<E>(第 8 行)来实现 Stack<E>的功能，而不是采用继承，就可以隐藏其他的 List<E>方法。

这里的每一个 Stack<E>方法都被实现成对一个 List<E>方法的调用。这称之为委托(delegation)——每一个 Stack<E>方法都将它的工作委托给了一个适当的 List<E>方法。也就是说，Stack<E>将它的工作委托给了 List<E>方法调用——insertAtFront(第 14 行)、removeFromFront(第 18 行)、isEmpty(第 22 行)及 print(第 25 行)。

测试 Stack<E>类

StackTest 类(见图 21.10)创建了一个 Stack<Integer>对象 stack(第 8 行)。程序将一些 int 值压入栈中(第 11 行，第 13 行，第 15 行，第 17 行)。每一个实参值会被自动装箱成一个 Integer 对象。第 21 ~ 23 行从栈中弹出这些对象。如果对空栈调用 pop 方法，则会抛出 NoSuchElementException 异常。这时，程序会给出该异常的栈踪迹，显示发生异常时程序执行栈中的方法。每一个 pop 操作之后，程序输出了栈的内容。使用如下命令，可以编译并运行这个 Stack 类：

```
javac -cp .;.. StackTest.java
java -cp .;.. StackTest
```

```
 1  // Fig. 21.10: StackTest.java
 2  // Stack manipulation program.
 3  import com.deitel.datastructures.Stack;
 4  import java.util.NoSuchElementException;
 5
 6  public class StackTest {
 7     public static void main(String[] args) {
 8        Stack<Integer> stack = new Stack<>();
 9
10        // use push method
11        stack.push(-1);
12        stack.print();
13        stack.push(0);
14        stack.print();
15        stack.push(1);
16        stack.print();
17        stack.push(5);
18        stack.print();
19
20        // remove items from stack
21        boolean continueLoop = true;
22
23        while (continueLoop) {
24           try {
25              int removedItem = stack.pop(); // remove top element
26              System.out.printf("%n%d popped%n", removedItem);
27              stack.print();
28           }
29           catch (NoSuchElementException noSuchElementException) {
30              continueLoop = false;
31              noSuchElementException.printStackTrace();
32           }
33        }
34     }
35  }
```

```
The stack is: -1
The stack is: 0 -1
The stack is: 1  0 -1
The stack is: 5  1  0 -1

5 popped
The stack is: 1 0 -1

1 popped
The stack is: 0 -1

0 popped
The stack is: -1

-1 popped
Empty stack
java.util.NoSuchElementException: stack is empty
        at com.deitel.datastructures.List.removeFromFront(List.java:68)
        at com.deitel.datastructures.Stack.pop(Stack.java:18)
        at StackTest.main(StackTest.java:25)
```

图 21.10　操作栈的程序

21.6 队列

另一种常用的数据结构是队列。队列与超市里的收银线相似——收银员会为队列中的第一个人服务；其他顾客要从后面排队并等待服务。

队列的操作

队列节点只能从队头删除，从队尾插入。因此，队列是一种先入先出(first-in，first-out，FIFO)数据结构。队列的插入和删除操作分别被称为入队(enqueue)和出队(dequeue)。

队列的应用

队列在计算机系统中有许多用途。CPU 中的每一个核一次只能为一个程序服务。请求处理器时间的每一个程序，都会被放入队列中。位于队头的程序就是下一个接受服务的程序。当前面的程序接受服务时，后面的程序逐渐前进到队头。

队列也可以用来支持打印假脱机(print spooling)程序。例如，一台打印机可以供网络上所有的用户共享。即使打印机正忙时，其他用户也可以向打印机发送打印作业。这些打印作业会被放在队列中，直到打印机可以打印它们。队列是由打印假脱机程序(spooler)管理的，它保证在前一个打印作业完成时，将下一个打印作业发送到打印机。

计算机网络中的信息分组也会在队列中等待。每次分组到达网络节点时，必须沿着分组的最终目的地路径路由到下一个节点。路由节点一次路由一个分组，因此其他分组要入队，直到路由器将它路由。

计算机网络中的文件服务器用于处理网络上来自许多客户端的文件访问请求。对于来自客户端的服务请求，文件服务器的能力有一定的限制。当超过它的能力时，客户端请求会在队列中等待。

包含 List<E>的 Queue<E>类

图 21.11 中创建了一个 Queue<E>类，它包含一个 List<E>对象(见图 21.3)，并提供了 enqueue、dequeue、isEmpty、print 方法。List<E>类包含的其他方法(insertAtFront 和 removeFromBack)，不能通过 Queue<E>的公共接口访问。利用组合，就能够对 Queue<E>的客户代码隐藏 List<E>类的其他公共方法。每一个 Queue<E>方法都将它的工作委托给了一个对应的List<E>方法——enqueue 调用 List<E>方法 removeFromFront(第 18 行)，isEmpty 调用 List<E>方法 isEmpty(第 22 行)，print 调用 List<E>方法 print(第 25 行)。为了复用性，将 Queue<E>类在 com.deitel.datastructures 包中声明。同样，这里没有导入 List<E>，因为它位于同一个包中。

```
1  // Fig. 21.11: Queue.java
2  // Queue uses class List.
3  package com.deitel.datastructures;
4
5  import java.util.NoSuchElementException;
6
7  public class Queue<E> {
8     private List<E> queueList;
9
10    // constructor
11    public Queue() {queueList = new List<E>("queue");}
12
13    // add object to queue
14    public void enqueue(E object) {queueList.insertAtBack(object);}
15
16    // remove object from queue
17    public E dequeue() throws NoSuchElementException {
18       return queueList.removeFromFront();
19    }
20
21    // determine if queue is empty
22    public boolean isEmpty() {return queueList.isEmpty();}
23
24    // output queue contents
25    public void print() {queueList.print();}
26 }
```

图 21.11 使用 List 类的队列

测试 Queue<E>类

QueueTest 类的 main 方法(见图 21.12)创建并初始化了一个 Queue<E>变量 queue(第 8 行)。第 11 行、第 13 行、第 15 行、第 17 行将 4 个整数入队，利用自动装箱将它们作为 Integer 对象插入队列中。第 21 ~ 33 行按照 FIFO 的顺序将这些对象出队。如果队列为空，则 dequeue 方法会抛出 NoSuchElement- Exception 异常，且程序会显示该异常的栈踪迹。

```
1  // Fig. 21.12: QueueTest.java
2  // Class QueueTest.
3  import com.deitel.datastructures.Queue;
4  import java.util.NoSuchElementException;
5
6  public class QueueTest {
7     public static void main(String[] args) {
8        Queue<Integer> queue = new Queue<>();
9
10       // use enqueue method
11       queue.enqueue(-1);
12       queue.print();
13       queue.enqueue(0);
14       queue.print();
15       queue.enqueue(1);
16       queue.print();
17       queue.enqueue(5);
18       queue.print();
19
20       // remove objects from queue
21       boolean continueLoop = true;
22
23       while (continueLoop) {
24          try {
25             int removedItem = queue.dequeue(); // remove head element
26             System.out.printf("%n%d dequeued%n", removedItem);
27             queue.print();
28          }
29          catch (NoSuchElementException noSuchElementException) {
30             continueLoop = false;
31             noSuchElementException.printStackTrace();
32          }
33       }
34    }
35 }
```

```
The queue is: -1
The queue is: -1 0
The queue is: -1 0 1
The queue is: -1 0 1 5

-1 dequeued
The queue is: 0 1 5

0 dequeued
The queue is: 1 5

1 dequeued
The queue is: 5

5 dequeued
Empty queue
java.util.NoSuchElementException: queue is empty
        at com.deitel.datastructures.List.removeFromFront(List.java:68)
        at com.deitel.datastructures.Queue.dequeue(Queue.java:18)
        at QueueTest.main(QueueTest.java:25)
```

图 21.12　QueueTest 类

21.7　树

链表、栈和队列都是线性数据结构(即一个数据序列)。树是一种非线性的二维数据结构，它具有几个特殊的属性。树节点可以包含两个或多个链。本节将讲解二叉树(见图 21.13)，它的每一个节点都包含两个链(其中的 1 个或 2 个链可以为 null)。根节点(root node)是树的第一个节点。根节点中的每一个链都指向一个子节点(child)。左子节点(left child)是左子树(left subtree)中的第一个节点(也称为左子树的根节点);右子节点(right child)是右子树(right subtree)中的第一个节点(也将其称为右子树的根节点)。某个节点的两个子节点被称为同胞节点(sibling)。没有子节点的节点被称为叶节点。计算机科学家通常从根节点开始向下画树，这与大自然中的树正好相反。

下面的示例中将创建一种特殊的二叉树，即二叉搜索树(binary search tree)。二叉搜索树(没有重复的节点值)的特征是任何左子树的值都小于该子树父节点的值；任何右子树的值都大于该子树父节点的值。图 21.14 中给出了一个带 12 个整数值的二叉搜索树。与一组数据相对应的二叉搜索树的形状由树中插入数值的顺序确定。

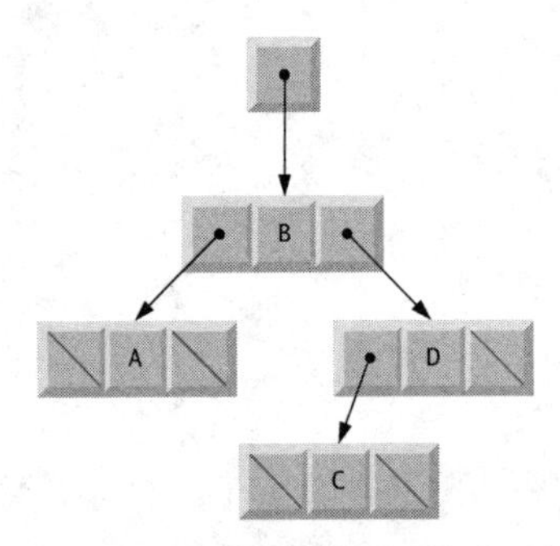

图 21.13 二叉树的图形化表示

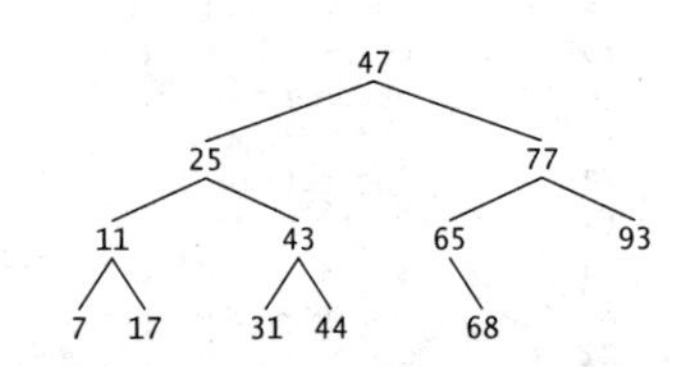

图 21.14 包含 12 个值的二叉搜索树

图 21.15 和图 21.16 中创建了一个泛型二叉搜索树类，并用它来处理一个整数树。图 21.16 中的程序利用递归的前序(preorder)、中序(inorder)和后序(postorder)遍历(树几乎总是用递归方式处理的)，处理了整个树(即走遍了它的所有节点)。程序产生了 10 个随机数，并将它们插入树中。Tree<E>类是在 com.deitel.datastructures 包中声明的以供复用。

```
1  // Fig. 21.15: Tree.java
2  // TreeNode and Tree class declarations for a binary search tree.
3  package com.deitel.datastructures;
4
5  // class TreeNode definition
6  class TreeNode<E extends Comparable<E>> {
7     // package access members
8     TreeNode<E> leftNode;
9     E data; // node value
10    TreeNode<E> rightNode;
11
12    // constructor initializes data and makes this a leaf node
13    public TreeNode(E nodeData) {
14       data = nodeData;
15       leftNode = rightNode = null; // node has no children
16    }
17
18    // locate insertion point and insert new node; ignore duplicate values
19    public void insert(E insertValue) {
20       // insert in left subtree
21       if (insertValue.compareTo(data) < 0) {
22          // insert new TreeNode
23          if (leftNode == null) {
24             leftNode = new TreeNode<E>(insertValue);
25          }
26          else { // continue traversing left subtree recursively
27             leftNode.insert(insertValue);
28          }
29       }
30       // insert in right subtree
31       else if (insertValue.compareTo(data) > 0) {
```

图 21.15 用于二叉搜索树的 TreeNode 和 Tree 类声明

```
32            // insert new TreeNode
33            if (rightNode == null) {
34               rightNode = new TreeNode<E>(insertValue);
35            }
36            else { // continue traversing right subtree recursively
37               rightNode.insert(insertValue);
38            }
39         }
40      }
41   }
42
43   // class Tree definition
44   public class Tree<E extends Comparable<E>> {
45      private TreeNode<E> root;
46
47      // constructor initializes an empty Tree of integers
48      public Tree() {root = null;}
49
50      // insert a new node in the binary search tree
51      public void insertNode(E insertValue) {
52         if (root == null) {
53            root = new TreeNode<E>(insertValue); // create root node
54         }
55         else {
56            root.insert(insertValue); // call the insert method
57         }
58      }
59
60      // begin preorder traversal
61      public void preorderTraversal() {preorderHelper(root);}
62
63      // recursive method to perform preorder traversal
64      private void preorderHelper(TreeNode<E> node) {
65         if (node == null) {
66            return;
67         }
68
69         System.out.printf("%s ", node.data); // output node data
70         preorderHelper(node.leftNode); // traverse left subtree
71         preorderHelper(node.rightNode); // traverse right subtree
72      }
73
74      // begin inorder traversal
75      public void inorderTraversal() {inorderHelper(root);}
76
77      // recursive method to perform inorder traversal
78      private void inorderHelper(TreeNode<E> node) {
79         if (node == null) {
80            return;
81         }
82
83         inorderHelper(node.leftNode); // traverse left subtree
84         System.out.printf("%s ", node.data); // output node data
85         inorderHelper(node.rightNode); // traverse right subtree
86      }
87
88      // begin postorder traversal
89      public void postorderTraversal() {postorderHelper(root);}
90
91      // recursive method to perform postorder traversal
92      private void postorderHelper(TreeNode<E> node) {
93         if (node == null) {
94            return;
95         }
96
97         postorderHelper(node.leftNode); // traverse left subtree
98         postorderHelper(node.rightNode); // traverse right subtree
99         System.out.printf("%s ", node.data); // output node data
100     }
101  }
```

图 21.15(续)　用于二叉搜索树的 TreeNode 和 Tree 类声明

```
1   // Fig. 21.16: TreeTest.java
2   // Binary tree test program.
3   import java.security.SecureRandom;
4   import com.deitel.datastructures.Tree;
5
6   public class TreeTest {
7      public static void main(String[] args) {
8         Tree<Integer> tree = new Tree<Integer>();
9         SecureRandom randomNumber = new SecureRandom();
10
11        System.out.println("Inserting the following values: ");
12
13        // insert 10 random integers from 0-99 in tree
14        for (int i = 1; i <= 10; i++) {
15           int value = randomNumber.nextInt(100);
16           System.out.printf("%d ", value);
17           tree.insertNode(value);
18        }
19
20        System.out.printf("%n%nPreorder traversal%n");
21        tree.preorderTraversal();
22
23        System.out.printf("%n%nInorder traversal%n");
24        tree.inorderTraversal();
25
26        System.out.printf("%n%nPostorder traversal%n");
27        tree.postorderTraversal();
28        System.out.println();
29     }
30  }
```

```
Inserting the following values:
49 64 14 34 85 64 46 14 37 55

Preorder traversal
49 14 34 46 37 64 55 85

Inorder traversal
14 34 37 46 49 55 64 85

Postorder traversal
37 46 34 14 55 85 64 49
```

图 21.16　二叉树的测试程序

下面详细分析一下这个二叉树程序。TreeTest类的main方法(见图21.16)从实例化一个空的Tree<E>对象开始,并将它的引用赋予变量tree(第8行)。第14~18行随机产生10个整数,并通过调用insertNode方法(第17行),将它们插入一个二叉树中。然后,对树执行前序、中序和后序遍历(第21行,第24行,第27行)。后面将详细讲解这些步骤。

Tree<E>类概览

Tree<E>类(见图21.15第44~101行)要求它的类型实参实现Comparable接口,使插入树中的每一个值都能够与已有的值进行比较,以便找出插入点。这个类的私有root实例变量(第45行)是树的根节点的TreeNode<E>引用。Tree<E>的构造方法(第48行)将root初始化为null,表示一个空树。这个类包含一个insertNode方法(第51~58行),用于在树中插入一个新节点;还包含用于遍历树的preorderTraversal方法(第61行)、inorderTraversal方法(第75行)和postorderTraversal方法(第89行)。每一个方法都调用一个递归的私有实用工具方法,对树的内部值执行遍历操作。

Tree<E>方法 insertNode

Tree<E>方法 insertNode(第51~58行)首先判断树是否为空。如果是,则第53行创建一个新的TreeNode,用插入的值将节点初始化,并将这个新节点赋予root引用。如果树不为空,则第56行调用TreeNode方法insert(第19~40行),递归地判断树中新节点的位置,并在该位置插入节点。二叉搜索树中,节点只能作为叶节点插入。

TreeNode<E>方法 insert

TreeNode<E>方法 insert 比较插入的值与当前节点中的 data 值。如果插入的值小于当前节点中的值(第 21 行)，则程序判断左子树是否为空(第 23 行)。如果是，则第 24 行分配一个新的 TreeNode，用插入的值将节点初始化，并将新节点赋予 leftNode 引用。否则，第 27 行对左子树递归调用 insert 方法，将值插入左子树中。如果插入的值大于当前节点中的值(第 31 行)，则程序判断右子树是否为空(第 33 行)。如果是，则第 34 行分配一个新的 TreeNode，用插入的值将节点初始化，并将新节点赋予 rightNode 引用。否则，第 37 行对右子树递归调用 insert 方法，将值插入右子树中。

二叉搜索树可以帮助消除重复的值。创建树时，插入操作能识别出重复值，因为每次对要插入的值与原有值进行比较时，都会进行"向左"或"向右"的判断。这样，插入操作最终要比较重复值和包含相同值的节点。这时，插入操作只需将重复值放弃即可(本示例中就是这样做的)。在这个 Tree<E>类中，如果 insertValue 已经位于树中，则将它丢弃。注意，在这 15 个随机产生的值中，有两个重复值被丢弃了。

Tree<E>方法 preorderTraversal、inorderTraversal 和 postorderTraversal

preorderTraversal、inorderTraversal 和 postorderTraversal 方法，分别调用了帮助器方法 preorder Helper(第 64 ~ 72 行)、inorderHelper(第 78 ~ 86 行)和 postorderHelper(第 92 ~ 100 行)，遍历树并输出节点的值。

root 引用的实现细节对程序员是隐藏的。利用这些帮助器方法，Tree<E>类就使得客户代码不必通过根节点即可对树进行遍历操作。preorderTraversal、inorderTraversal 和 postorderTraversal 方法，只将私有 root 引用传入相应的帮助器方法，以遍历树。每一个递归帮助器方法的基本情形，是判断它所接收的引用是否为 null。如果是，则立即返回。

下面分析对二叉搜索树的中序遍历情形，它按升序输出节点的值。创建二叉搜索树的过程，实际上就是排序数据。因此，这个过程被称为二叉树排序(binary tree sort)。inorderHelper 方法(第 78 ~ 86 行)定义了中序遍历的步骤：

1. 用 inorderHelper 方法遍历左子树(第 83 行)。
2. 处理节点中的值(第 84 行)。
3. 用 inorderHelper 方法遍历右子树(第 85 行)。

中序遍历要处理完某个节点左子树中的节点值后，才处理该节点中的值。对于图 21.17 中的树，其中序遍历过程为

```
6 13 17 27 33 42 48
```

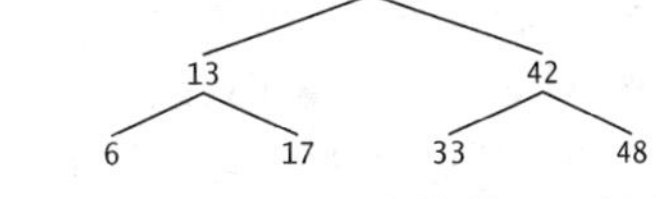

图 21.17 包含 7 个值的二叉搜索树

preorderHelper 方法(见图 21.15 第 64 ~ 72 行)定义的前序遍历步骤为

1. 处理节点中的值(第 69 行)。
2. 用 preorderHelper 方法遍历左子树(第 70 行)。
3. 用 preorderHelper 方法遍历右子树(第 71 行)。

前序遍历处理所访问节点中的每一个值。处理完节点中的值之后，再处理左子树中的值，然后处理右子树中的值。对于图 21.17 中的树，其前序遍历过程为

```
27 13 6 17 42 33 48
```

postorderHelper 方法(见图 21.15 第 92 ~ 100 行)定义的后序遍历步骤为

1. 用 postorderHelper 方法遍历左子树(第 97 行)。
2. 用 postorderHelper 方法遍历右子树(第 98 行)。
3. 处理节点中的值(第 99 行)。

后序遍历在处理完节点所有子节点的值之后，再处理该节点的值。图 21.17 中的树，其后序遍历过程为

```
6 17 13 33 48 42 27
```

二叉树的搜索性能

搜索二叉树中某个值的速度很快，尤其是紧密树(又称平衡树，balanced tree)。紧密树(tightly packed tree)中，每一层的元素个数都是上一层的两倍。图 21.17 中给出的就是一个紧密二叉树。包含 n 个元素的紧密二叉搜索树，具有 $\log_2 n$ 层。因此，为了找到匹配值或确定无匹配值存在，最多只需要 $\log_2 n$ 次比较。搜索包含 1000 个元素的紧密二叉树，最多需要 10 次比较，因为 $2^{10} > 1000$；搜索包含 1 000 000 个元素的紧密二叉树，最多需要 20 次比较，因为 $2^{20} > 1\,000\,000$。

其他有关树的算法

本章后面的几个练习题，给出的是其他的二叉树操作算法，例如：删除二叉树中的一项；按二维树格式输出二叉树的值；执行二叉树的层序(level-order)遍历。二叉树的层序遍历，从根节点所在的层开始，逐层访问树的节点。在每一层，层序遍历都是从左到右访问节点的。其他有关二叉树的练习题，包括允许二叉搜索树包含重复值、在二叉树中插入字符串值、判断二叉树有多少层等。

21.8 小结

本章是讲解数据结构的最后一部分。第 16 章中讲解了 Java 集合框架的内置集合；第 20 章中介绍的是如何实现泛型方法和集合。本章给出的是如何构建在执行时可以伸缩的动态数据结构。链表是数据项的集合，这些数据项被“链接在一起”。程序可以在链表的开头和末尾执行插入和删除操作。栈和队列数据结构是链表的受限版本。对栈的插入和删除操作是在栈顶执行的。队列表示排队的行，插入操作在队尾进行，而删除操作位于队头。本章还讲解了二叉树。二叉搜索树可以执行高速的数据搜索和排序，并可有效地消除重复项。本章探讨了如何创建并打包这些数据结构，以提供可复用性和可维护性。

下一章中，将讲解其他的 JavaFX 特性，包括图形、多媒体，以及如何用 JavaFX 的 CSS 功能定制 GUI 外观。

总结

21.1 节 简介

- 动态数据结构在执行时可以伸缩。
- 链表是数据项的集合，它们“链接在一起”，用户可以在链表的任何地方进行插入和删除操作。
- 对编译器和操作系统而言，栈很重要——插入和删除操作只能在栈顶进行。
- 对于队列，插入操作位于队尾，删除操作位于队头。
- 二叉树可以实现数据的高速搜索和排序，有效消除重复的数据项，可以用来表示文件系统目录、将表达式编译成机器语言。

21.2 节 自引用类

- 自引用类包含另一个对象(同一个类类型)的引用。自引用对象可以链接在一起，形成动态数据结构。

21.3 节 动态内存分配

- 动态内存的可用量，最大可以为计算机可用物理内存的容量，或者虚拟内存系统中可用的磁盘容量。通常而言，动态内存的容量要小得多，因为计算机的可用内存必须供许多程序共享。
- 如果没有内存可用，则会抛出 OutOfMemoryError 异常。

21.4 节 链表

- 程序通过第一个节点的引用访问链表。后续的每一个节点都通过前一个节点中保存的链引用成员访问。

- 习惯上，链表中最后一个节点的链引用设置为 null，表示链表的结尾。
- 节点可以包含任何类型的数据，包括其他类对象。
- 当要保存的数据元素个数无法预测时，就适合采用链表。链表是动态的，因此它的长度可以根据需要增加或减少。
- 传统 Java 数组的长度不能改变，因为数组长度在创建时就固定了。
- 通常而言，链表节点在内存中不是连续保存的，而是在逻辑上连续的。
- 包有助于管理程序的各个部分，并促进了软件复用。
- 包的唯一类型命名规范可以防止名称冲突。
- 为了将某种类型导入多个程序，就必须将它放入包中。每一个 Java 源代码文件中只能有一个 package 声明，而且它必须位于所有其他声明和语句之前。
- 每一个包的名称都应以 Internet 域名的逆序开头。在这个逆序的域名之后，可以为包选择任何其他名称。
- 编译包中的类时，javac 命令行选项-d 可用来指定将包保存在什么位置，且编译器创建包所在的目录(如果还不存在该目录的话)。
- 包名称是完全限定类名称的一部分。
- 单一类型导入声明指定了要导入的一个类。按需类型导入声明，只会使程序导入包中需要用到的那些类。
- 编译器利用类加载器，在类路径中查找它所需要的类。类路径由目录或存档文件列表组成，它们之间用目录分隔符隔开。
- 编译器和 JVM 所用的类路径，可以在 javac 或 java 命令中通过-classpath 或-cp 选项提供，也可以在 CLASSPATH 环境变量中设置。如果必须加载当前目录中的类和包，就要在类路径中加上点号，以包含当前目录。

21.5 节　栈

- 栈被称为后入先出(LIFO)数据结构。用于操作栈的两个主要方法是 push 和 pop，前者在栈顶添加一个新节点，后者从栈顶删除一个节点。pop 方法会返回所删除节点中的数据。
- 程序调用一个方法时，被调方法必须知道如何返回它的调用者，因此要将返回地址压入程序执行栈中。如果发生了一系列方法调用，则后续返回值将以后入先出的顺序压入栈中。
- 程序执行栈里包含每次调用方法时用到的局部变量的内存地址。当方法返回到它的调用者时，这个方法的局部变量地址就会弹出栈，并且程序将不再知道这些变量的情况。
- 编译器利用栈来求算术表达式的值，并产生用于处理表达式的机器语言代码。
- 将每一个栈方法实现成对 List 方法的调用的技术被称为委托——采用委托的栈方法，会调用合适的 List 方法。

21.6 节　队列

- 队列与超市里的收银线相似——收银员会为队列中的第一个人服务，其他客户要从后面排队并等待服务。
- 队列节点只能从队头删除，从队尾插入。因此，队列是先入先出(FIFO)数据结构。
- 队列的插入和删除操作分别被称为入队和出队。
- 队列在计算机系统中有许多用途。CPU 中的每一个核，一次只能为一个程序服务。其他程序会被放入队列中。位于队头的程序就是下一个接受服务的程序。当前面的程序接受服务时，后面的程序逐渐前进到队头。

21.7 节　树

- 树是一种非线性的二维数据结构。树节点可以包含两个或多个链。
- 二叉树是一种所有节点都包含两个链的树。根节点是树的第一个节点。

- 根节点中的每一个链都指向一个子节点。左子节点是左子树中的第一个节点，右子节点是右子树中的第一个节点。
- 节点的两个子节点被称为同胞节点。没有子节点的节点被称为叶节点。
- 二叉搜索树(没有重复的节点值)的特征是任何左子树的值都小于该子树父节点的值，而任何右子树的值都大于该子树父节点的值。二叉搜索树中，节点只能作为叶节点插入。
- 二叉搜索树的中序顺序遍历按升序处理节点值。
- 前序顺序遍历处理所访问的每一个节点值，再处理左子树中的值，然后处理右子树中的值。
- 后序顺序遍历先处理所有子节点的值，然后处理所访问的节点值。
- 二叉搜索树可以帮助消除重复的值。创建树时，插入操作能识别出重复值，因为每次对要插入的值与原有值进行比较时，都会进行“向左”或“向右”的判断。这样，插入操作最终要比较重复值和包含相同值的节点。重复值会被丢弃掉。
- 紧密树中，每一层的元素个数都是上一层的两倍。包含 n 个元素的紧密二叉搜索树具有 $\log_2 n$ 层。因此，为了找到匹配值或确定无匹配值存在，最多只需要 $\log_2 n$ 次比较。搜索包含 1000 个元素的紧密二叉树，最多需要 10 次比较，因为 $2^{10} > 1000$；搜索包含 1 000 000 个元素的紧密二叉树，最多需要 20 次比较，因为 $2^{20} > 1\,000\,000$。

自测题

21.1 填空题。

a)________类用于定义动态数据结构，即可以在执行时伸缩的数据结构。

b)________是链表的受限版本，它只能从开头插入和删除节点。

c)________方法并不改变链表的值，它只用于判断链表是否为空。

d)队列是________数据结构，因为先插入的节点会先删除。

e)链表中对下一个节点的引用被称为________。

f)Java 中自动回收动态分配的内存技术被称为________。

g)________是链表的受限版本，它只能从末尾插入节点，从开头删除节点。

h)________是一种非线性的二维数据结构，它包含的节点可以具有两个或多个链。

i)栈是一种________数据结构，因为最后插入的节点会先被删除。

j)________的点包含两个链成员。

k)树的第一个节点是________节点。

l)树节点中的每一个链被称为该节点的________或者________。

m)没有子节点的树节点被称为________节点。

n)用于二叉搜索树的三个遍历算法分别是________、________和________。

o)编译包中的类时，javac 命令行选项________可用来指定将包保存在什么位置，且编译器创建包所在的目录(如果还不存在该目录)。

p)编译器利用________在类路径中查找它所需要的类。

q)编译器和 JVM 所用的类路径，可以在 javac 或 java 命令中通过________选项提供，也可以在________环境变量中设置。

r)每个 Java 源代码文件中只能有一个________，而且它必须位于所有其他声明和语句之前。

21.2 链表和栈有什么不同?

21.3 栈和队列有什么不同?

21.4 解释下列两项如何提升数据结构的可复用性:

a)类

b)组合

21.5 对于图 21.18 中的二叉搜索树，分别给出它的前序、中序、后序遍历结果。

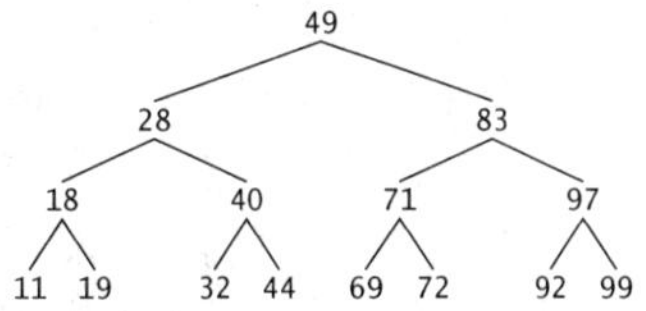

图 21.18　包含 15 个节点的二叉搜索树

自测题答案

21.1 a) 自引用。b) 栈。c) 谓词。d) 先入先出(FIFO)。e) 链。f) 垃圾回收。g) 队列。h) 树。i) 后入先出(LIFO)。j) 二叉树。k) 根。l) 子节点或子树。m) 叶。n) 前序遍历，中序遍历，后序遍历。o) -d。p) 类加载器。q) -classpath 或-cp，CLASSPATH。r) 包声明。

21.2 对于链表，可以在任意位置插入或者删除节点；对于栈，只能从栈顶操作(插入或删除)。

21.3 队列为 FIFO 数据结构——节点只能在队尾插入，在队头删除。栈为 LIFO 数据结构，它只包含对栈顶节点的单一引用，插入和删除操作都在栈顶执行。

21.4 答案如下。

a) 利用类可以创建任意数量的数据结构对象。

b) 组合将另一个类的实例引用保存到一个字段中，使类可以复用代码。该实例的公共方法可以由包含该引用的类中的方法调用。

21.5 中序遍历结果为

```
11 18 19 28 32 40 44 49 69 71 72 83 92 97 99
```

前序遍历结果为

```
49 28 18 11 19 40 32 44 83 71 69 72 97 92 99
```

后序遍历结果为

```
11 19 18 32 44 40 28 69 72 71 92 99 97 83 49
```

练习题

21.6 **(链表拼接)** 编写一个程序，将两个包含字符对象的链表拼接起来。ListConcatenate 类包含一个静态方法 concatenate，它的实参为两个链表对象的引用，并需将第二个实参所引用的链表拼接到第一个链表的后面。

21.7 **(有序链表的插入操作)** 编写一个程序，将 0～100 的 25 个随机整数，按从小到大的顺序插入一个链表中。为此，需修改图 21.3 中的 List<E>类，以使它成为一个有序链表。这个新类命名为 SortedList 类。

21.8 **(合并有序链表)** 修改练习题 21.7 中的 SortedList 类，使其包含一个 merge 方法，将作为实参接收的 SortedList，与调用这个方法的 SortedList 合并。编写一个程序，测试这个 merge 方法。

21.9 **(逆序复制链表)** 编写一个静态方法 reverseCopy，其实参为一个 List<E>对象，返回结果为颠倒了元素顺序的 List<E>。编写一个程序，测试这个方法。

21.10 **(用栈将一行语句逆序输出)** 编写一个程序，让用户输入一行文本，然后，用栈来以逆序显示该行文本中的单词。

21.11 **(回文)** 编写一个程序，用栈来判断一个字符串是否为回文(即顺读和倒读都相同的字符串)。忽略大小写差异、空格和标点符号。

21.12 **(中缀-后缀转换程序)** 编译器用栈来处理表达式，并产生机器语言代码。这个练习和下一个练习中，将分析编译器是如何计算由常量、运算符和括号组成的表达式的值的。

我们在书写表达式时(如 3 + 4，7 / 9)，通常将运算符(这里是+和/)放在操作数之间，这称为中缀表式法。计算机“更喜欢”使用后缀表示法，也就是将运算符放在两个操作数的右边。前面的中缀表达式用后缀表示法编写，就分别变成：3 4+和 7 9 /。

为了得到一个复杂的中缀表达式的结果，编译器首先将它转换成后缀表达式，然后再对它进行计算。所有计算后缀表达式结果的算法，都只需对它做一次从左到右的遍历。这些算法都用栈对象来支持它的操作，但栈在每个算法中的用途不同。

这个练习中，需实现一个将中缀形式转换成后缀形式的 Java 算法。下一个练习中，需实现一个计算后缀表达式值的 Java 算法。后面的一个练习中，将会发现这个练习中编写的代码有助于实现一个可完整运行的编译器。

编写一个 InfixToPostfixConverter 类，将一个由一位整型数字组成的普通中缀算术表达式(假定输入的是一个有效的表达式)转换成后缀表达式。例如，将中缀表达式：

```
(6 + 2) * 5 - 8 / 4
```

转换成后缀表达式：

```
6 2 + 5 * 8 4 / -
```

程序应将表达式读入 StringBuffer infix，并用本章中完成了的栈类来帮助创建 StringBuffer postfix 中的后缀表达式。创建后缀表达式的算法如图 21.19 所示。

```
1  将左括号'('入栈。
2  在 infix 的末尾添加一个右括号')'。
3
4  若栈非空，则从左到右读取 infix 并做如下工作：
5      如果 infix 中的当前字符是一个数字，则将其追加到 postfix。
6
7      如果 infix 中的当前字符是一个左括号，则将它入栈。
8
9      如果 infix 中的当前字符是一个运算符，
10         若栈顶运算符(如有)的优先级等于或高于当前运算符，
11           则将其弹出栈
12           并追加到 postfix。
13         将 infix 中的当前字符入栈。
14
15     如果 infix 中的当前字符是一个右括号，
16         从栈顶弹出运算符并将它们追加到 postfix，
17           直到左括号位于栈顶。
18         从栈中弹出(并丢弃)左括号。
```

图 21.19 用于创建后缀表达式的算法

表达式中允许使用的算术运算符如下：

+ 加法
- 减法
* 乘法
/ 除法
^ 指数
% 求余

栈通过栈节点维护，每一个栈节点都包含数据，也包含下一个栈节点的引用。需要提供的几个方法如下。

a) convertToPostfix 方法将中缀表达式转换成后缀表达式。

b) isOperator 方法判断其参数 c 是否为一个运算符。

c) precedence 方法判断(来自中缀表达式的) operator1 的优先级，是否低于、等于或者高于(来自栈的) operator2 的优先级。如果 operator1 的优先级低于或等于 operator2 的优先级，则方法返回 true；否则，返回 false。

d) peek 方法(应将其加入栈类中)返回位于栈顶的值，但不删除该节点。

21.13 **(后缀表达式求值)** 编写一个 PostfixEvaluator 类，它计算与下列后缀表达式类似的值：

```
6 2 + 5 * 8 4 / -
```

程序应将一个由数字和运算符组成的后缀表达式读入一个 StringBuffer 中。然后，读取这个表达式，并计算它的结果(假设表达式是有效的)。计算后缀表达式结果的算法如图 21.20 所示。

```
1  在后缀表达式的末尾添加一个右括号')'。
2  如果遇到右括号，表示不需要进一步的处理。
3
4  如果没有遇到右括号，则从左到右读取表达式。
5      如果当前字符是一个数字，则进行如下操作：
6          将它的整数值入栈
7        (数字字符的整数值，等于它在计算机字符集中的值减去 Unicode 字符'0'的值)。
8
9      否则，如果当前字符是一个运算符 operator，则进行如下操作：
10         弹出栈顶的两个元素，并将它们赋予变量 x 和 y。
11         计算 y operator x 的值。
12         将计算结果入栈。
13
14 如果遇到的是表达式中的右括号，则弹出栈顶的值。
15 它就是后缀表达式的结果。
```

图 21.20　用于计算后缀表达式结果的算法

(注：在上面的第 4 ~ 12 行中(以这个练习开始处的样本表达式为例)，若运算符是/，则栈顶的值为 4，栈中的下一个元素为 40。这样，将弹出 4 并赋给 x，弹出 40 并赋给 y，计算 40 / 4，将结果 10 压回栈。这个注解同样适用于其他运算符。) 表达式中允许使用的算术运算符为+(加法)、-(减法)、*(乘法)、/(除法)、^(指数)和%(求余)。

程序应利用练习题 21.12 中的栈类来维持这个栈。可以提供如下的方法：

a) evaluatePostfixExpression 方法计算后缀表达式的值。

b) calculate 方法计算表达式 op1 operator op2 的值。

21.14 **(后缀表达式求值算法的改进)** 修改练习题 21.13 中的后缀表达式求值程序，使它能够处理大于 9 的整数。

21.15 **(超市模拟)** 编写一个程序，模拟超市的收银线。收银线为一个队列对象。顾客(即顾客对象)按随机的整数时间间隔(1 ~ 4 分钟)到达收银线。而且，每一位顾客的结算时间也是随机的整数时间间隔(1 ~ 4 分钟)。显然，需要均衡考虑顾客的到达率和结算率。如果平均到达率大于平均服务率，则队列会无限增长。即使两个比例“均衡”，由于它们的随机性，也可能导致很长的结算队伍出现。利用图 21.21 中的算法，模拟一个每天开放 12 小时(720 分钟)的超市收银过程。然后回答如下问题：

a) 任意时刻，队伍中最多有多少位顾客？

b) 最长的等待时间是多少？

c) 如果将客户随机到达收银线的时间间隔 1 ~ 4 分钟变成 1 ~ 3 分钟，会发生什么？

21.16 **(允许二叉树中出现重复值)** 修改图 21.15 和图 21.16 中的程序，使二叉树能够包含重复值。

21.17 **(处理字符串类型的二叉搜索树)** 根据图 21.15 和图 21.16 编写一个程序，让用户输入一行文本，将该文本按单词拆分。然后，将这些单词插入一个二叉搜索树中，并用前序、中序和后序遍历这个树。

21.18 **(消除重复值)** 本章中讲解过，创建二叉搜索树时，很容易将重复值消除。如果只使用一个一维数组，则应当如何才能消除重复值呢？比较用数组消除重复值与通过二叉搜索树消除重复值的性能差异。

```
1  选择一个 1~4 的随机整数，确定第一位顾客在几分钟内到达收银线。
2
3  当第一位顾客到达时，执行如下操作：
4      确定该顾客的服务时间(1~4 分钟的随机整数)。
5      开始服务该顾客。
6      安排下一位顾客的到达时间(当前时间加上随机的 1~4 分钟)。
7
8  对于所模拟的每一分钟，做如下事情。
9      如果下一位顾客到达，则：
10         显示消息“下一位顾客到达”。
11         将该顾客入队。
12         确定下一位顾客的到达时间。
13
14     如果已经服务完一位顾客，则：
15         显示消息“服务完毕”。
16         将下一位顾客出队，为其服务。
17         确定该顾客的服务完成时间。
18        (当前时间加上 1~4 的随机整数)。
```

图 21.21 用于模拟超市收银线的算法

21.19 **(二叉树的深度)**修改图 21.15 和图 21.16 中的程序，让 Tree 类提供一个 getDepth 方法，以确定树有多少层。在一个树中插入 20 个随机整数，用程序测试这个方法。

21.20 **(逆序递归地输出链表)**修改图 21.3 中的 List<E>类，使其包含一个 printListBackward 方法，以逆序的形式递归地输出链表对象中的各项。编写一个测试程序，创建一个整数链表，并以逆序输出它。

21.21 **(链表的递归搜索)**修改图 21.3 中的 List<E>类，使其包含一个 search 方法，递归地搜索链表中具有特定值的对象。这个方法应返回该值的引用(如果存在的话)；否则，返回 null。编写一个测试程序，创建一个整数链表，并使用该方法。程序应提示用户输入要查找的值。

21.22 **(删除二叉树)**本练习探讨如何删除二叉搜索树中的项。删除算法不如插入算法那样简单直接。删除某一项时，会遇到三种情况——该项位于左叶节点中(没有子节点)、位于具有一个子节点的节点中、位于具有两个子节点的节点中。

如果要删除的项位于叶节点中，则只需删除该节点，并将它的父节点引用设置成 null 即可。

如果要删除的项位于具有一个子节点的节点中，则需将该节点的父节点中的引用，设置成它的子节点的引用，然后删除包含该项的那个节点。这会使子节点替代树中被删除的那个节点的位置。

第三种情形最为复杂。如果要删除的节点有两个子节点，则必须有另一个节点充当该节点的角色。但是，无法让父节点的引用简单地成为要删除的节点的某一个子节点引用。大多数情况下，所得到的二叉搜索树无法满足(没有重复值的)二叉搜索树的特性：位于左子树中的值，小于父节点中的值；位于右子树中的值，大于父节点中的值。

那么，应该用哪一个节点进行置换，才能满足这一特性呢？是树中包含最大值且其值小于所删除节点的值的那一个节点？还是包含最小值且其值大于所删除节点的值的那一个节点？下面考虑后一种情形。二叉搜索树中，小于父节点值的最大值位于其左子树中，而且它一定会位于子树的最右侧节点中。向右遍历左子树，直到当前节点的右子节点的引用为 null，就表示已经找到了这个节点。下面考虑用于置换被删除节点的那个节点(置换节点)，它可以是一个叶节点，也可能是左边有一个子节点的节点。如果置换节点为叶节点，则执行删除操作的步骤为

a)将要删除节点的引用保存到一个临时引用变量中。

b)将该节点的父节点引用设置成这个置换节点的引用。

c)将置换节点的父节点引用设置成 null。

d)将置换节点右子树的引用设置成被删除节点右子树的引用。

e)将置换节点左子树的引用设置成被删除节点左子树的引用。

如果置换节点具有一个左子节点，则删除步骤与没有子节点的置换节点相似。但是，算法还需将子节点移到树中置换节点所在的位置。如果置换节点为具有一个左子节点的节点，则执行删除操作的步骤为

a)将要删除节点的引用保存到一个临时引用变量中。

b)将该节点的父节点引用设置成这个置换节点的引用。

c)将置换节点的父节点引用设置成它的左子节点的引用。

d)将置换节点右子树的引用设置成被删除节点右子树的引用。

e)将置换节点左子树的引用设置成被删除节点左子树的引用。

编写一个 deleteNode 方法，其实参为要删除的值。这个方法应找出树中包含所删除值的那个节点，且需使用上面所讨论的算法来删除该节点。如果树中没有找到这个值，则方法应相应显示一条消息。将图 21.15 和图 21.16 中的程序修改成使用这个方法。删除某一项之后，调用 inorderTraversal、preorderTraversal 及 postorderTraversal 方法，确认删除无误。

21.23 **(二叉树搜索)**修改图 21.15 中的 Tree 类，使其包含一个 contains 方法。该方法用于找出二叉搜索树中某个特定的值。方法的实参为要查找的值(一个搜索键)。如果找到了一个包含该搜索键的节点，则方法应返回该节点的引用；否则，返回 null。

21.24 **(按层级顺序遍历二叉树)**图 21.15 和图 21.16 中的程序，演示了遍历二叉树的三种递归方法——中序、前序及后序遍历。这个练习给出的是二叉树的层级顺序遍历，它从根节点所在的层开始，逐层显示节点的值。位于同一层的节点是从左至右显示的。层级顺序遍历不是一种递归算法。它利用队列对象来控制节点的输出。算法如图 21.22 所示。编写一个 levelOrder 方法，执行二叉树对象的层级顺序遍历操作。将图 21.15 和图 21.16 中的程序修改成使用这个方法。(注：这个程序还需要用到图 21.11 中的几个队列处理方法。)

```
1   将根节点插入队列中。
2
3   当队列中还存在节点时，执行如下操作：
4       获得队列中的下一个节点。
5       显示该节点的值。
6
7       如果节点的左子节点引用不为 null，则：
8           将左子节点插入队列中。
9
10      如果节点的右子节点引用不为 null，则：
11          将右子节点插入队列中。
```

图 21.22　用于层级顺序遍历的算法

21.25 **(输出树)**修改图 21.15 中的 Tree 类，使其包含一个递归的 outputTree 方法，用于输出整个二叉树对象。该方法应逐行输出树，树顶位于屏幕左侧，树底向右延伸。每一行都是垂直输出的。例如，对于图 21.18 中的二叉树，其输出应如图 21.23 所示。

最右侧的叶节点应出现在最右侧列的顶部；根节点应位于最左侧。两个列之间需放置 5 个空格。outputTree 方法的实参 totalSpaces 表示所输出的值前面的空格数(如果是在屏幕左侧输出根节点，则该变量的值应为 0)。该方法应使用一个改进的中序遍历算法来输出树——从树的最右侧节点开始，往后遍历到左侧。算法在图 21.24 中给出。

21.26 **(在链表的任意位置执行插入/删除操作)**正文中的链表类只允许在链表的前面和后面执行插入和删除操作。如果使用组合来得到栈类和队列类(复用链表类，只需添加少量代码)，则可以方便地利用这些功能。链表通常要比正文中给出的那些更加多样化。修改本章中的那一个链表类，

使得能够在链表的任意位置进行插入和删除操作。分别创建与图 21.5(insertAtFront)、图 21.6(insertAtBack)、图 21.7(removeFromFront)和图 21.8(removeFromBack)类似的图，展示如何在链表中间插入和删除节点。

图 21.23 递归地调用 outputTree 方法的输出示例

1 如果当前节点的引用不为 null，则执行下列操作：
2 用当前节点的右子树引用和 totalSpaces + 5，递归地调用 outputTree 方法。
3 利用一条 for 语句，在 1 ~ totalSpaces 中循环，输出空格。
4 输出当前节点的值。
5 将当前节点的引用设置成该节点左子树的引用。
6 将 totalSpaces 的值增加 5。

图 21.24 用于输出二叉树的算法

21.27 **(没有队尾引用的链表和队列)**图 21.3 中的链表程序同时使用了 firstNode 和 lastNode。在 List 类的 insertAtBack 方法和 removeFromBack 方法中，需要用到 lastNode。insertAtBack 方法对应于 Queue 类的 enqueue 方法。重新编写这个 List 类，使其不使用 lastNode。因此，在队尾的任何操作都必须从搜索队头开始。这会影响图 21.11 中 Queue 类的实现吗？

21.28 **(二叉树的搜索和排序性能)**关于二叉树排序的一个问题是数据的插入顺序，这会影响树的形状——对于同一个数据集，选择不同的数据顺序，可能得到完全不同的二叉树。二叉树的排序和搜索算法性能与二叉树的形状极为相关。如果数据是按升序插入的，则得到的二叉树会是什么形状？如果希望获得最好的搜索性能，则树应该是什么形状？

21.29 **(索引链表)**正如文中所讲，链表必须按顺序搜索。对于大型链表，这会导致低效率的搜索性能。提升链表搜索性能的一种常用技术是为链表创建索引。索引为一组引用，这些引用指向链表中的重要位置。例如，搜索一个大型姓名列表的程序，如果能够创建一个包含 26 项的索引，则其搜索性能就可以提升——26 项为字母表中的 26 个字母。如果要搜索一个姓名，其姓氏以“Y”开头，则可以首先搜索索引，以确定那些“Y”项是从哪里开始的。然后，可以“越过”前面的那些项，直接线性搜索后面的项，直到找出这个姓名为止。与从头开始搜索链表相比，上面的搜索方法要快得多。以图 21.3 中的 List 类为基础，设计一个 IndexedList 类。编写程序，演示对索引链表的操作。应确保程序中包含了方法 insertInIndexedList、searchIndexedList 和 deleteFromIndexedList。

拓展内容：建立自己的编译器

练习题 7.36 ~ 7.38 中引入了一种 Simpletron 机器语言(SML)，并且实现了一台 Simpletron 计算机模拟器，它执行 SML 程序。练习题 21.30 ~ 21.34 中将设计一个编译器，它能够将高级编程语言程序转换成 SML。这一部分的内容是与整个编程过程紧密相关的。我们将用这种新的高级语言编写程序，用自已搭建的编译器编译它，然后在练习题 7.37 中设计的模拟器上运行它。应该尽可能地用面向对象的方式实现这个编译器。

21.30 (**Simple 语言**)在设计编译器之前，需要探讨一种简单但功能强大的高级语言，它与流行的 BASIC 语言的早期版本类似。我们称这种语言为 Simple。每一条 Simple 语句都由一个行号和一个 Simple 指令构成。行号必须以升序的顺序出现。所有的指令都以如下某一个 Simple 命令开头：rem, input, let, print, goto, if/goto, end(见图 21.25)。除了 end 命令，其他的命令都可以重复使用。Simple 中只会计算用+、–、*、/运算符构成的整型表达式的值。这些运算符的优先级与 Java 中的相同。可以使用圆括号来改变表达式的计算顺序。

命　令	语句示例	描　述
rem	50 rem this is a remark	位于命令 rem 之后的任何文本都是注释，会被编译器忽略
input	30 input x	显示一个问号，提示用户输入一个整数。从键盘读取这个整数，并将它保存在 x 中
let	80 let u = 4 * (j–56)	将 4 * (j –56) 的值赋予 u。注意，任意复杂的表达式都可能出现在等于号右边
print	10 print w	显示 w 的值
goto	70 goto 45	将程序控制转到第 45 行
if/goto	35 if i == z goto 80	比较 i 和 z 的相等性，如果二者相等，则转到第 80 行；否则，继续执行下一条语句
end	99 end	程序终止

图 21.25　Simple 中的命令

Simple 编译器只能识别小写字母，Simple 文件中的所有字符都必须为小写形式（大写字母会导致语法错误，除非是在 rem 语句中）。变量名称为单字母，Simple 中不允许出现描述性的(多字母)变量名称。因此，需要在 rem 命令中解释变量的用途。Simple 只使用整型变量，它不需要变量声明——只需在程序中给出一个变量名称，就声明了这个变量，并将它初始化为 0。Simple 中不允许进行字符串操作(读取、写入、比较字符串)。如果 program 程序中遇到了字符串(rem 命令中的字符串除外)，则编译器会提示语法错误。第一版的编译器假定所有的 Simple 程序都编写正确。练习题 21.33 中将修改这个编译器，使其能够执行语法检查。

Simple 使用有条件的 if/goto 语句和无条件的 goto 语句，改变程序执行期间的控制流。如果 if/goto 语句中的条件为 true，则控制会转移到指定的行。if/goto 语句中，有效的关系和相等性运算符为 <、>、<=、>=、==、!=。这些运算符的优先级与 Java 中的相同。

下面给出几个体现 Simple 特性的程序。第一个程序(见图 21.26)从键盘读取两个整数，将它们的值分别保存在变量 a 和 b 中，然后计算并输出它们的和(保存在变量 c 中)。

图 21.27 中的程序确定并输出两个整数中的较大者。从键盘输入的两个整数分别保存在变量 s 和 t 中。if/goto 语句测试条件 s >= t。如果结果为 true，则将控制转移到第 90 行，输出 s 的值；否则，输出 t 的值，并将控制转移到第 99 行，程序终止。

```
1   10 rem   determine and print the sum of two integers
2   15 rem
3   20 rem   input the two integers
4   30 input a
5   40 input b
6   45 rem
7   50 rem   add integers and store result in c
8   60 let c = a + b
9   65 rem
10  70 rem   print the result
11  80 print c
12  90 rem   terminate program execution
13  99 end
```

图 21.26　计算两个整数之和的 Simple 程序

```
1   10 rem   determine and print the larger of two integers
2   20 input s
3   30 input t
4   32 rem
5   35 rem   test if s >= t
6   40 if s >= t goto 90
7   45 rem
8   50 rem   t is greater than s, so print t
9   60 print t
10  70 goto 99
11  75 rem
12  80 rem   s is greater than or equal to t, so print s
13  90 print s
14  99 end
```

图 21.27　找出两个整数中较大的那一个的 Simple 程序

Simple 没有提供循环语句(类似 Java 中的 for、while、do...while 语句)。但是，它可以利用 if/goto

语句和 goto 语句，模拟 Java 中的循环语句。图 21.28 中使用了标记控制循环，计算整数的平方值。所有整数都是从键盘输入的，并保存在变量 j 中。如果输入的是标记值–9999，则将控制转移到第 99 行，程序终止。否则，将 j 的平方值赋予 k，然后输出 k 值，控制转移到第 20 行，继续输入下一个整数值。

```
1   10 rem   calculate the squares of several integers
2   20 input j
3   23 rem
4   25 rem   test for sentinel value
5   30 if j == -9999 goto 99
6   33 rem
7   35 rem   calculate square of j and assign result to k
8   40 let k = j * j
9   50 print k
10  53 rem
11  55 rem   loop to get next j
12  60 goto 20
13  99 end
```

图 21.28　计算整数的平方值

以图 21.26 ~ 图 21.28 为蓝本，编写一个 Simple 程序，完成如下任务：

a) 输入 3 个整数，计算它们的平均值并输出结果。

b) 用标记控制循环读取 10 个整数，然后计算并显示它们的和。

c) 用计数器控制循环读取 7 个整数(包含正数和负数)，然后计算并显示它们的平均值。

d) 输入一系列整数，找出并输出它们中的最大值。读取的第一个整数表示要处理多少个数。

e) 输入 10 个整数，输出它们的最小值。

f) 计算并输出 2 ~ 30 的偶整数的和。

g) 计算并输出 1 ~ 9 的奇整数的积。

21.31 **(搭建编译器，要求已经完成了练习题 7.36, 7.37, 21.12, 21.13, 21.30)** 练习题 21.30 中已经讲解过 Simple 语言，现在要探讨如何搭建一个 Simple 编译器。首先需要考虑的是，如何将 Simple 程序转换成 SML，并用 Simpletron 模拟器执行它(见图 21.29)。包含 Simple 程序的文件由编译器读取，然后将它转换成 SML 代码。SML 代码会被输出成一个磁盘文件，其中的每一行就是一条 SML 指令。然后，SML 文件会被加载到 Simpletron 模拟器中，得到的结果会被放入一个磁盘文件，并会在屏幕上显示。注意，练习题 7.37 中开发的 Simpletron 程序，其输入是从键盘读取的。必须将它修改成从文件读取，以便能够处理由编译器得到的程序。

为了将 Simple 程序转换成 SML，Simple 编译器会对它进行两步扫描处理。第一遍扫描得到一个符号表(对象)，将 Simple 程序中的每一个行号(对象)、变量名称(对象)和常量(对象)，以及它们的类型和在最终 SML 代码中的对应位置保存起来(后面会详细探讨符号表)。这一步还会为每一条 Simple 语句产生对应的 SML 指令对象。如果 Simple 程序包含将控制转移到程序后面的语句，则这一步得到的 SML 代码中会有一些“未完成的”指令。第二遍扫描时，会找出并完善这些“未完成的”指令，并将 SML 程序输出成一个文件。

第一遍扫描

编译器将一条 Simple 语句读入内存中。这一行语句必须按标记(即语句“片段”)将其分解，用于处理和编译。(可以利用 java.io 包中 StreamTokenizer 类。) 前面说过，每一行语句都以一个行号开头，后面是指令。编译器将每一条语句分解成标记时，如果标记为行号、变量或者常量，则将它放入符号表中。只有当行号是语句中的第一个标记时，才会将它放入符号表中。symbolTable 对象是由 TableEntry 对象构成的一个数组，表示程序中的符号。程序中能够出现的符号个数并没有限制。因此，对于一个流行的程序而言，symbolTable 可能会很大。假设目前该数组包含 100 个元素，可以在以后增加或减少它的元素个数。

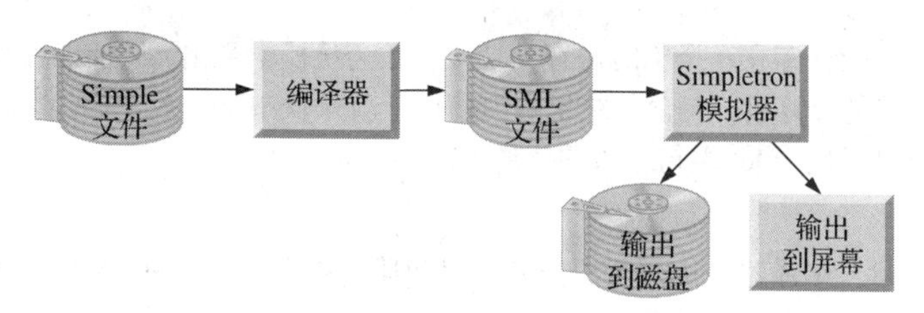

图 21.29　编写、编译并执行 Simple 程序

每一个 TableEntry 对象都包含三个字段。symbol 字段为一个整数，它包含变量(单字符)、行号或者常量的 Unicode 表示。type 字段是如下字符之一，表示符号的类型：'C'为常量，'L'为行号，'V'为变量。location 字段包含符号所在的 Simpletron 内存地址(00 ~ 99)。Simpletron 的内存为包含 100 个整数的数组，保存的是 SML 指令和数据。对于行号，内存地址为 Simpletron 内存数组中的一个元素，Simple 语句从该位置开始 SML 指令；对于变量和常量，内存地址为 Simpletron 内存数组中的一个元素，变量或者常量保存在该位置。分配变量和常量的地址时，是从 Simpletron 内存的末尾开始的。第一个变量或常量保存在位置 99，第二个保存在位置 98，依次继续。

在将 Simple 程序转换成 SML 的过程中，符号表是一个集成的部分。第 7 章中讲解过，SML 指令为一个由两部分(操作码和操作数)构成的 4 位整数。操作码由 Simple 中的命令确定。例如，命令 input 对应于 SML 操作码 10(读取)，print 对应于操作码 11(写入)。操作数是一个包含数据的内存地址，操作码对该数据执行任务(如操作码 10 从键盘读取一个值，并将它保存在由操作数指定的内存地址中)。编译器会搜索 symbolTable，以确定符号的 Simpletron 内存地址，使对应的地址能够用于完成 SML 指令。

编译 Simple 语句时，是根据它的命令进行的。例如，将 rem 语句中的行号插入符号表之后，该语句的其余部分都会被编译器忽略，因为它们是注释。Input、print、goto、end 语句，分别对应于 SML 的 read、write、branch(至指定位置)和 halt 指令。包含 Simple 命令的语句会被直接转换成 SML。(注：如果 goto 语句中指定的行号所在的语句位于 Simple 程序文件的后面，则它就是一个“未决”引用，有时称之为前向引用。)

当编译包含前向引用的 goto 语句时，必须对该 SML 指令进行标记，以便第二次扫描时能够完成该指令的编译。这些标记被保存在一个包含 100 个元素的 int 类型的数组 flags 中，每一个元素的初始值为 –1。如果 Simple 程序中某个行号所指向的内存地址还未知(即还没有在符号表中)，则将该行号保存到 flags 数组中，所选中元素的索引号与那个未完成指令的索引号相同。未完成指令的操作数被临时设置成 00。例如，在完成第二遍扫描之前，无条件 branch 指令(为一个前向引用)会变成 SML 指令+4000。第二遍扫描的过程会在后面讲解。

与其他语句相比，if/goto 语句和 let 语句的编译过程会更复杂——它们会产生多条 SML 指令。对于 if/goto 语句，编译器会产生测试条件的代码和转到另一行的代码。行跳转的结果可能就是一个未决引用。关系运算符和相等性运算符可以分别利用 SML 的零跳转(branch zero)和负跳转(branch negative)指令模拟(或者同时使用二者)。

对于 let 语句，编译器产生的代码用于计算任意复杂的算术表达式的值，表达式由整数变量或常量组成。表达式中的操作数和运算符用空格区分。练习题 21.12 和练习题 21.13 中，给出了将中缀转换成后缀的算法，以及计算后缀表达式结果的算法，编译器可用它们来计算表达式的值。在亲自设计编译器之前，必须完成这些练习。编译器遇到表达式时，它会将表达式从中缀形式转换成后缀形式，然后计算结果。

编译器如何产生机器语言，以计算包含变量的表达式的值呢？计算后缀表达式结果的算法中，包含一个“钩子”(hook)，编译器可以在此位置生成 SML 指令，而不是得到实际的表达式计算结果。为了让编译器能够使用这个“钩子”，必须修改后缀求值算法，以便在符号表中搜索它所遇到的(或者插入的)每一个符号，以确定该符号所对应的内存地址，并将该地址(而不是符号)入栈。当在后缀表达式中遇到运算符时，位于栈顶的两个内存地址会弹出。将这两个地址作为操作数，就会得到该运算的机器语言。

所有子表达式的结果都会保存在一个临时内存地址中，并会从栈中弹出，以便能够计算后缀表达式的结果。完成了后缀表达式的计算后，包含其结果的内存地址就是栈中唯一剩下的地址。弹出该地址，SML 指令会将表达式结果赋予位于 let 语句左边的变量中。

第二遍扫描

进行第二遍扫描时，编译器会执行两项任务：明确那些未决引用；将 SML 代码输出成文件。明确未决引用的过程如下：

a)在 flags 数组中搜索未决引用(即值不为-1 的元素)。

b)在 symbolTable 数组中，找到包含 flags 数组中符号的那一个对象(行号的符号类型为'L')。

c)将 location 字段中的内存地址插入未决引用的指令中(包含未决引用的操作数，为 00)。

d)重复上面的三个步骤，直到处理完 flags 数组。

完成上面的步骤之后，将包含 SML 代码的数组输出成一个磁盘文件，每一条 SML 指令占据一行。这个文件可以由 Simpletron 模拟器读取并执行(需将模拟器修改成从文件读取输入值)。将 Simple 程序编译成 SML 文件并执行它，体验一下成就感。

完整的程序示例

下面的这个示例程序，演示了将 Simple 程序转换成 SML 文件的完整过程。这个 Simple 程序要求输入一个整数，然后计算从 1 到这个整数的和。Simple 编译器进行第一遍扫描所得到的程序和 SML 在图 21.30 中给出。所生成的符号表见图 21.31。

Simple 程序	SML 地址和指令	描 述
5 rem sum 1 to x	无	忽略 rem
10 input x	00 +1099	将 x 读入地址 99
15 rem check y == x	无	忽略 rem
20 if y == x goto 60	01 +2098	将 y(98)放入累加器中
	02 +3199	将累加器中的值减去 x(99)
	03 +4200	零跳转至未决地址
25 rem increment y	无	忽略 rem
30 let y = y + 1	04 +2098	将 y 放入累加器中
	05 +3097	将累加器加 1(97)
	06 +2196	保存到临时地址 96
	07 +2096	从临时地址 96 载入
	08 +2198	将累加器放入 y 中
35 rem add y to total	无	忽略 rem
40 let t = t + y	09 +2095	将 t(95)放入累加器中
	10 +3098	将 y 与累加器相加
	11 +2194	保存到临时地址 94
	12 +2094	从临时地址 94 载入
	13 +2195	将累加器放入 t 中
45 rem loop y	无	忽略 rem
50 goto 20	14 +4001	转到地址 01
55 rem output result	无	忽略 rem
60 print t	15 +1195	将 t 输出到屏幕
99 end	16 +4300	终止执行

图 21.30 编译器进行第一遍扫描之后的 SML 指令

符　号	类　型	地　址	符　号	类　型	地　址
5	L	00	35	L	09
10	L	00	40	L	09
'x'	V	99	't'	V	95
15	L	01	45	L	14
20	L	01	50	L	14
'y'	V	98	55	L	15
25	L	04	60	L	15
30	L	04	99	L	16
1	C	97			

图 21.31　图 21.30 中程序的符号表

大多数 Simple 语句都会被直接转换成 SML 指令。例外的情形是注释、第 20 行中的 if/goto 语句，以及几条 let 语句。注释不会被翻译成机器语言。但是，注释的行号会被放入符号表中，以备该行号被 goto 语句或者 if/goto 语句引用。第 20 行表明，如果条件 y == x 为 true，则将程序控制转移到第 60 行。由于这一行位于程序的后面，所以编译器进行第一遍扫描时，不会将 60 放入符号表中。(只有当行号是语句中的第一个标记时，才会将它放入符号表中。)因此，这个时刻还无法确定地址 03 处的 SML 零跳转指令在 SML 指令数组中的操作数。编译器在 flags 数组中的地址 03 处放置 60，表示需要在第二遍扫描时完成该指令。

必须记录 SML 数组中下一条指令的地址,因为 Simple 语句与 SML 指令之间并不是一对一关系。例如，第 20 行的 if/goto 语句会得到三条 SML 指令。每次处理一条指令，都必须增加指令计数器的值，使其指向 SML 数组中的下一个地址。注意，由于 Simpletron 的内存限制，可能导致具有许多条语句、变量和常量的 Simple 程序出现问题。编译器有可能耗尽内存。为了测试这种情形，程序应包含一个数据计数器，以跟踪 SML 数组中需保持的下一个变量或者常量的地址。如果指令计数器的值大于数据计数器的值，则表明 SML 数组已满。这时，应终止编译过程，且编译器需输出一条错误消息，表明正在编译过程中内存已耗尽。这突出了一点：尽管程序员不必承担管理内存的责任，编译器也必须谨慎地确定指令和数据在内存中的位置，而且必须在编译过程中检查诸如内存耗尽之类的错误。

逐步分析编译过程

下面逐步讲解图 21.30 中 Simple 程序的编译过程。编译器将第一行：

```
5 rem sum 1 to x
```

读入内存中。语句中的第一个标记(行号)由 StringTokenizer 类确定(见第 14 章)。它所返回的标记通过静态方法 Integer.parseInt()转换成一个整数，这样，就可以将行号符号 5 放入符号表中。如果符号表中没有找到这个符号，则将它插入表中。

因为这是程序开始处的第一行，所以表中还没有任何符号。这样，就会将 5 作为'L'类型(行号)插入符号表中，并为它分配 SML 数组的第一个地址(00)。尽管这一行是注释，符号表中依然会为这个行号分配一个位置(以便由 goto 语句或者 if/goto 语句引用)。rem 语句不会产生 SML 指令，因此不会递增指令计数器的值。

接下来要分解的语句是

```
10 input x
```

行号 10 在符号表中被保存为'L'类型，并会将 SML 数组的第一个地址赋予它(地址 00。因为上一条语句为注释，所以当前的指令计数器为 00)。命令 input 表明下一个标记为变量(只有变量才能出现在 input 语句中)。input 与 SML 操作码直接对应，所以编译器需要确定 x 在 SML 数组中的地址。符号表中没有找到符号 x，所以将它作为 x 的 Unicode 字符插入符号表中，类型为'V'，并将它放入 SML 数组地址 99

中(从地址 99 开始，数据是从后往前存储的)。现在，就可以为这条语句生成 SML 代码了。将操作码 10(SML 的“读”操作码)乘以 100，并将结果与 x 的地址(位于符号表中)相加，就完成了这条指令。然后，将指令保存在 SML 数组的地址 00 处。将指令计数器加 1，因为已经生成了一条 SML 指令。

接下来要分解的语句是

```
15 rem   check y == x
```

首先，在符号表中搜索行号 15(不会找到)。然后，将该行号作为类型'L'插入符号表中，并将它赋予数组中的下一个地址：01(rem 语句不产生代码，所以指令计数器不会递增)。

接下来，将语句：

```
20 if y == x goto 60
```

进行分解。行号 20 被插入符号表中，类型为'L'，在 SML 数组中的地址为 01。if 命令表明需要计算一个条件的结果。变量 y 没有在符号表中找到，所以将它插入，类型为'V'，SML 地址为 98。接下来，生成 SML 指令，计算条件的结果。SML 中不存在与 if/goto 直接对等的指令，所以必须利用 x 和 y 执行一项计算，然后根据计算结果进行不同的处理。如果二者相等，则 y 减去 x 的结果为零，因此可以将这个结果用于零跳转指令，以模拟 if/goto 语句。第一步是将 y(从 SML 地址 98)加载到累加器中，这会得到指令 01 +2098。然后，将累加器中的值减去 x，得到指令 02 +3199。这时，累加器中的值可为零、正值或者负值。因为运算符是==，所以我们想要的是一个零跳转。首先，在符号表中搜索跳转地址(60)，没有找到。因此，将 60 放入 flags 数组中的 03 位置，得到指令 03 +4200。(现在还不能添加跳转地址，因为还没有将地址分配给 SML 数组中的第 60 行。)将指令计数器递增成 04。

编译器继续处理语句：

```
25 rem   increment y
```

将行号 25 插入符号表中，类型为'L'，SML 地址为 04。这不会增加指令计数器的值。

分解语句：

```
30 let y = y + 1
```

时，将行号 30 插入符号表中，类型为'L'，SML 地址为 04。命令 let 表明该行为一条赋值语句。首先，将该行中所有的符号插入符号表中(如果还不存在的话)。整数 1 被当作类型'C'插入，SML 地址为 97。然后，将等于号右侧的中缀表达式转换成后缀形式，再处理这个后缀表达式(y 1 +)。符号 y 已经位于符号表中，所以只需将其对应的内存地址入栈；符号 1 也已经位于符号表中，所以只需将其对应的内存地址入栈。遇到+运算符时，会先将该运算符的右操作数出栈，然后将左操作数出栈，得到 SML 指令：

04 +2098 (载入 y)

05 +3097 (加 1)

结果会通过如下指令被保存到内存中的一个临时地址(96)：

06 +2196 (临时保存)

并会将这个临时地址入栈。表达式的计算结果必须保存到 y 中(即等于号右侧的变量)。因此，需将临时地址加载到累加器中，且累加器会通过如下指令保存到 y 中：

07 +2096 (加载临时地址)

08 +2198 (保存到 y)

可能已经注意到，这些指令似乎是多余的。稍后将讨论这个问题。

分解语句：

```
35 rem   add y to total
```

时，会将行号 35 作为类型'L'插入符号表中，分配的地址为 09。

语句：

```
40 let t = t + y
```

与第 30 行的语句类似。变量 t 被当作类型'V'插入符号表中，并被赋予 SML 地址 95。生成指令的逻辑和格式也与第 30 行相同，这些指令为 09 +2095，10 +3098，11 +2194，12 +2094，13 +2195。注意，在将 t + y 的结果赋予 t(地址 95)之前，它被临时赋予了一个地址 94。初看起来，地址 11 和地址 12 中的指令似乎是多余的，稍后将讨论这个问题。

语句：

```
45 rem   loop y
```

为一个注释，所以第 45 行作为类型'L'被添加到符号表中，并赋予 SML 地址 14。

语句：

```
50 goto 20
```

将控制转移到第 20 行。行号 50 作为类型'L'被插入符号表中，赋予 SML 地址 14。SML 中与 goto 等价的指令为无条件 branch(40)，它将控制转移到特定的 SML 地址。编译器会在符号表中搜索第 20 行，发现它对应于 SML 地址 01。将操作码(40)乘以 100，并将它与地址 01 相加，就得到指令 14 +4001。

语句：

```
55 rem   output result
```

为一个注释，所以第 55 行作为类型'L'被添加到符号表中，并赋予 SML 地址 15。

语句：

```
60 print t
```

为一条输出语句。行号 60 作为类型'L'添加到符号表中，并赋予 SML 地址 15。SML 中与 print 等价的操作码为 11(写入)。t 的地址由符号表确定，并将它与操作码乘以 100 的结果相加。

语句：

```
99 end
```

为程序的最后一行。行号 99 作为类型'L'添加到符号表中，并赋予 SML 地址 16。end 命令会产生 SML 指令+4300(SML 中，43 表示“挂起”)，它会作为 SML 数组中的最后一条指令写入。

至此，就完成了第一遍编译过程。下面分析第二遍的编译步骤。在 flags 数组中搜索除–1 以外的其他值。地址 03 包含 60，所以编译器知道指令 03 是不完整的。编译器在符号表中搜索 60，找到它的地址，并将该地址与那条不完整的指令相加。这时，搜索结果会得出第 60 行对应于 SML 地址 15，所以得到的完整指令为 03 +4215，它会替换原来的指令 03 +4200。至此，Simple 程序就编译完成了。

为了搭建编译器，需要完成如下任务。

a) 修改练习题 7.37 中编写的 Simpletron 模拟器，使输入来自由用户指定的文件(见第 15 章)。模拟器需将结果输出到磁盘文件，格式应与屏幕输出的格式相同。将这个模拟器程序转换成一个面向对象的程序。特别地，需将每一个硬件当成对象。利用继承，将指令类型设计成一个类层次。然后，多态地执行程序，只需用一条 executeInstruction 消息让指令执行即可。

b) 修改练习题 21.12 中的中缀-后缀转换算法，使它能够处理包含多位数字的操作数和单字母变量名称的操作数。(提示：可以利用 StringTokenizer 类来找出表达式中的每一个常量和变量，利用 Integer 类的 parseInt 方法，可以将常量字符串转换成整数。)(注：后缀表达式的数据表示必须支持这些变量名称和整型常量。)

c) 修改后缀求值算法，使它能够处理包含多位数字的操作数和变量名称操作数。此外，算法还需实现前面讨论过的“钩子”，以便产生 SML 指令，而不是直接计算表达式的值。(提示：可以利用 StringTokenizer 类来找出表达式中的每一个常量和变量，利用 Integer 类的 parseInt 方法，可以将常量字符串转换成整数。)(注：后缀表达式的数据表示必须支持这些变量名称和整型常量。)

d) 构建编译器。将 b)和 c)结合在一起，计算 let 语句中表达式的结果。程序中应包含一个执行编译器第一遍扫描的方法，以及一个执行第二遍扫描的方法。这两个方法都可以调用其他的方法来完成任务。应确保编译器是尽可能面向对象的。

21.32 **(优化 Simple 编译器)**编译程序、将其转换成 SML 时，会产生一套指令。有些指令的组合经常是不断重复自身的结果；在三元组(triplet)中，通常将其称为产生式(production)。一个产生式一般由 3 条指令组成，例如 load、add 和 store。例如，图 21.32 中的 5 条 SML 指令，就是根据图 21.30 中的程序编译而来的。前 3 条指令为 1 与 y 相加的产生式。注意，指令 06 和 07 将累加器的值临时保存在地址 96，然后再将该值加载到累加器中，以便指令 08 能够将它保存到地址 98。通常而言，产生式的后面有一条 load 指令，用于所保存的同一个地址。将 store 指令和对同一个内存地址进行操作的 load 指令删除，就可以优化代码，使得 Simpletron 能够更快地执行程序。图 21.33 中，给出的是优化后的图 21.30 中程序的 SML 代码。注意，优化后的代码少了 4 条指令——节省 25%的内存空间。

```
1  04  +2098  (load)
2  05  +3097  (add)
3  06  +2196  (store)
4  07  +2096  (load)
5  08  +2198  (store)
```

图 21.32 图 21.30 中程序的编译代码(未优化)

Simple 程序	SML 地址和指令	描 述
5 rem sum 1 to x	无	忽略 rem
10 input x	00 +1099	将 x 读入地址 99
15 rem check y == x	无	忽略 rem
20 if y == x goto 60	01 +2098	将 y(98)放入累加器中
	02 +3199	将累加器中的值减去 x(99)
	03 +4211	如果为 0，则跳转至地址 11
25 rem increment y	无	忽略 rem
30 let y = y + 1	04 +2098	将 y 放入累加器中
	05 +3097	将累加器加 1(97)
	06 +2198	将累加器放入 y(98)中
35 rem add y to total	无	忽略 rem
40 let t = t + y	07 +2096	从地址 96 加载 t
	08 +3098	将 y(98)加到累加器中
	09 +2196	将累加器放入 t(96)中
45 rem loop y	无	忽略 rem
50 goto 20	10 +4001	转到地址 01
55 rem output result	无	忽略 rem
60 print t	11 +1196	将 t(96)输出到屏幕
99 end	12 +4300	终止执行

图 21.33 图 21.30 中程序的编译代码(已优化)

21.33 **(修改 Simple 编译器)**对 Simple 编译器进行如下改动。其中，有一些同时需要修改练习题 7.37 中的 Simpletron 模拟程序。

a) 允许在 let 语句中使用求余运算符(%)。必须修改 Simpletron 机器语言，使其包含一个求余指令。

b) 允许在 let 语句中进行求幂运算，将^作为求幂运算符。必须修改 Simpletron 机器语言，使其包含一个求幂指令。

c) 允许编译器能够区分 Simple 语句中的大小写字母(如'A'与'a'等价)。无须改动 Simpletron 模拟程序。

d) 允许 input 语句从多个变量读取值，例如 input x, y。无须改动 Simpletron 模拟程序。

e) 允许编译器用一条 print 语句输出多个值，例如 print a, b, c。无须改动 Simpletron 模拟程序。

f) 在编译器中增加语法检查功能，使得 Simple 程序中出现语法错误时，编译器能够输出错误消息。无须改动 Simpletron 模拟程序。

g) 允许使用整型数组。无须改动 Simpletron 模拟程序。

h) 利用 Simple 命令 gosub 和 return，可以使用子例程。gosub 命令将程序控制转移至某个子例程；return 命令将控制回传给 gosub 后面的那一条语句。这与 Java 中的方法调用类似。同一个子例程可以被多个 gosub 命令调用。无须改动 Simpletron 模拟程序。

i) 允许如下形式的循环语句：

```
for x = 2 to 10 step 2
    Simple statements
next
```

这条 for 语句从 2 到 10 循环执行，每一次的增量为 2。next 行为 for 循环体的结束标记。无须改动 Simpletron 模拟程序。

j) 允许如下形式的循环语句：

```
for x = 2 to 10
    Simple statements
next
```

for 语句从 2 到 10 循环，默认增量为 1。无须改动 Simpletron 模拟程序。

k) 允许编译器处理字符串输入和输出。这需要修改 Simpletron 模拟程序，以便处理和保存字符串值。[提示：每一个 Simpletron 字(即内存地址)都可以被分为两组，每个组都包含两位整数。每一个两位整数表示一个字符的 Unicode 十进制对应值。增加一条机器语言指令，它显示特定 Simpletron 内存地址开始处的字符串。该内存地址中的 Simpletron 字的前半部分，保存的是字符串中的字符个数(即字符串的长度)，而后半部分包含的是一个用两个十进制位表示的 Unicode 字符。机器语言指令会检查这个长度，并通过将每两个位的数字翻译成等价的字符来显示字符串。]

l) 将编译器修改成不仅能处理整数值，而且能够处理浮点值。必须同时修改 Simpletron 模拟程序，以便处理浮点值。

21.34 (**Simple 解释器**) 解释器为一种程序，它读取用高级语言编写的程序语句，确定语句需要执行的操作，并立即执行这些操作。高级语言程序并不会直接转换成机器语言。解释器的执行速度要比编译器慢得多，因为程序中需要解释的每一条语句，都必须在执行时先被解析。如果语句位于一个循环中，则每次遇到它时，都必须解释一遍。BASIC 编程语言的早期版本就是一种解释器。

为练习题 21.30 中的 Simple 语言编写一个解释器。需要利用练习题 21.12 中的中缀-后缀转换程序，以及练习题 21.13 中的后缀表达式求值程序，以计算 let 语句中表达式的结果。这个程序中，同样需要遵守练习题 21.30 中 Simple 语言的那些限定。用练习题 21.30 中的 Simple 程序测试这个解释器。将这些程序用解释器执行，或者先编译，然后用练习题 7.37 中的 Simpletron 模拟器运行它们，比较二者的结果。

第 22 章　JavaFX 图形与多媒体

目标

本章将讲解

- 利用 JavaFX 的图形和多媒体功能，使程序包含图形、动画、音频、视频等效果。
- 利用外部层叠样式表，在保持功能性的同时定制节点的外观。
- 定制化字体属性，例如字体名称、字号和样式。
- 显示 Line、Rectangle、Circle、Ellipse、Arc、Path、Polyline 及 Polygon 类型的二维形体节点。
- 利用纯色、图像及渐变定制化形体的边线和填充效果。
- 利用变换重定位和重定向节点。
- 利用 Media、MediaPlayer 及 MediaView 显示并控制视频播放。
- 利用 Transition 和 Timeline 属性，使节点具有动画效果。
- 利用 AnimationTimer，创建逐帧动画。
- 在 Canvas 节点上绘图。
- 显示三维(3D)形体。

提纲

22.1　简介

本章继续探讨第 12 章和第 13 章讲解过的 JavaFX，讲解的是 JavaFX 中各种图形和多媒体功能。具体包括如下内容：

- 使用外部层叠样式表(CSS)定制化 JavaFX 节点的外观。
- 自定义用于显示文本的字体和字体属性。
- 显示二维形体，包括线条、矩形、圆、椭圆、弧、折线及自定义的形体。
- 将变换用于节点，例如让节点旋转(沿着某一个点)、缩放、位移(移动)等。
- 显示视频并控制它的操作(如播放、暂停、停止及跳转至特定的时间点)。
- 利用 Transition 和 Timeline，让节点的属性值随时间变化，使 JavaFX 节点具有动画效果。内置的 Transition 动画能够改变特定的 JavaFX 节点属性(如节点的边线色和填充色)，而 Timeline 动画可用于任何可以修改的节点属性。
- 用利 AnimationTimer 创建逐帧动画。
- 在 Canvas 节点上绘制二维图形。
- 显示三维形体，包括立方体、圆柱体和球体。

本章中，将不会为所有示例都提供 Application 子类，因为它所执行的任务与第 12 章和第 13 章中的任务相同。此外，有一些示例没有控制器类，因为这些示例只用于显示一些 JavaFX 控件或图形，展示 CSS 的功能。

项目练习题

本章末尾给出的大量项目练习题，充满挑战但具娱乐性。它们将强化本章所讲解的技术，并可通过 Oracle 的在线 JavaFX 文档，了解 JavaFX 其他的图形和多媒体功能。通过 Block Breaker、SpotOn、Horse Race、Cannon 及其他的练习题，可以体会基本的游戏编程技术。

22.2 利用 CSS 控制字体

第 12 ~ 13 章，我们通过 Scene Builder 建立了 JavaFX GUI。在 Scene Builder 中选定某个 JavaFX 对象，然后在 Inspector 窗口的 Properties 部分设置它的属性值，就可以确定该对象的外观。如果采用这种方法，则改变 GUI 的外观时，必须对每一个对象进行编辑。在大型 GUI 中，如果希望对多个对象进行相同的更改操作，则将是一项费时且容易出错的工作。

本章讲解如何利用一种称为层叠样式表(Cascading Style Sheet，CSS)的技术来定义 JavaFX 对象的格式，这种技术通常用于 Web 页面的元素。CSS 允许将 GUI 的表示(如字体、间距、大小、颜色、位置)与它的结构和内容(布局容器、形体、文本、GUI 组件等)分离开。如果 JavaFX GUI 的表示完全由 CSS 规则确定，则只需利用一个新的样式表，就可以改变 GUI 的外观。

本节将使用 CSS 来指定几种 Label 的字体属性，还会将它用于设置包含这些 Label 的 VBox 布局的间距(spacing)和内边距(padding)属性。用于设置这些字体属性、间距及内边距属性的 CSS 规则，被置于一个单独的文件中，其扩展名为.css。这样，就可以从 FXML 引用这个文件。我们将看到：

- 在 FXML 引用 CSS 文件之前，Scene Builder 所显示的 GUI 不存在样式。
- FXML 引用 CSS 文件之后，Scene Builder 会根据 CSS 规则在 GUI 中呈现相关对象。

如下完整的信息：

- 所有 JavaFX CSS 属性
- 能够应用属性的 JavaFX 节点类型
- 每一个属性所允许的值

请参见：

```
https://docs.oracle.com/javase/8/javafx/api/javafx/scene/doc-files/
   cssref.html
```

22.2.1 形成 GUI 样式的 CSS

图 22.1 中给出了一个程序的 CSS 规则，这些规则用于指定 VBox 及所有 Label 的样式。该文件的位置与示例中其他文件所在的文件夹相同。

.vbox CSS 规则——样式类选择器

第 4 ~ 7 行定义的.vbox CSS 规则，将用于该应用的 VBox 对象(见图 22.2 第 8 ~ 18 行)。所有 CSS 规则都以一个 CSS 选择器(selector)开头，它指定的 JavaFX 对象会根据规则进行样式化。这个.vbox CSS 规则中，.vbox 是一个样式类选择器(style class selector)。规则中的 CSS 属性将应用于 styleClass 属性值为“vbox”的任何 JavaFX 对象。CSS 中，样式类选择器以一个点号(.)开头，后接类名称(不要与 Java 类相混淆)。按照惯例，选择器名称通常全部为小写字母；名称里面的单词之间用一条短线(-)隔开。

```
1  /* Fig. 22.1: FontsCSS.css */
2  /* CSS rules that style the VBox and Labels */
3
4  .vbox {
5     -fx-spacing: 10;
6     -fx-padding: 10;
7  }
8
9  #label1 {
10    -fx-font: bold 14pt Arial;
11 }
12
13 #label2 {
14    -fx-font: 16pt "Times New Roman";
15 }
16
17 #label3 {
18    -fx-font: bold italic 16pt "Courier New";
19 }
20
21 #label4 {
22    -fx-font-size: 14pt;
23    -fx-underline: true;
24 }
25
26 #label5 {
27    -fx-font-size: 14pt;
28 }
29
30 #label5 .text {
31    -fx-strikethrough: true;
32 }
```

图 22.1 样式化 VBox 和 Label 的 CSS 规则

包含 CSS 属性的 CSS 规则体被放置在一对花括号中。这些属性将应用于与 CSS 选择器相对应的对象。所有 JavaFX CSS 属性名称都以-fx-开头[①]，后接对应的 JavaFX 对象属性的名称(全部为小写字母)。因此，图 22.1 第 5 行中的-fx-spacing 定义的是 JavaFX 对象的 spacing 属性值，而第 6 行的-fx-padding 值用于对象的 padding 属性。属性的值是在冒号右边给出的。这里将-fx-spacing 设置成 10，表示 VBox 中两个对象之间的垂直间距为 10 像素；将-fx-padding 设置成 10，表示在 VBox 的内容与 VBox 的四条边(上、下、左、右)之间有 10 像素的内边距。也可以在-fx-padding 中分别指定 4 个不同的值。例如：

```
-fx-padding: 10 5 10 5
```

将顶部内边距设置成 10 像素，右侧为 5 像素，底部为 10 像素，左侧为 5 像素。22.2.2 节会讲解如何将.vbox CSS 规则应用于 VBox 对象。

#label1 CSS 规则——ID 选择器

第 9 ~ 11 行定义了一个#label1 CSS 规则。以#开头的选择器被称为 ID 选择器——它用于所指定的 ID。这里的#label1 选择器对应的是 fx:id 为 label1 的那一个对象——图 22.2 第 12 行中的 Label 对象。#label1 CSS 规则确定了 CSS 属性：

```
-fx-font: bold 14pt Arial;
```

① 根据 *JavaFX CSS Reference* (https://docs.oracle.com/javase/8/javafx/api/javafx/scene/doc-files/cssref.html)，JavaFX CSS 属性名称是专用于样式表的，样式表中也可以包含 HTML CSS。为此，JavaFX CSS 属性名称的前缀为“-fx-”，以便将它与 HTML CSS 的名称相区分。

这个规则用于设置对象的 font 属性。适用该规则的对象，会将它的文本以粗体、14 号、Arial 字体显示。-fx-font 属性可用于设置字体特征，包括样式、粗细、字号及字体名称(font family)。其中，字号和字体名称是必须有的。可以使用不同的字体设置属性：-fx-font-style，-fx-font-weight，-fx-font-size，-fx-font-family。它们可分别用于 JavaFX 对象中由相关名称所指定的属性。有关如何指定 CSS 字体属性的更多信息，请参见：

```
https://docs.oracle.com/javase/8/javafx/api/javafx/scene/doc-files/
  cssref.html#typefont
```

CSS 选择器类型的完整列表，以及如何综合使用它们的信息，请参见：

```
https://www.w3.org/TR/css3-selectors/
```

#label2 CSS 规则

第 13 ~ 15 行定义的#label2 CSS 规则，用于 fx:id 为 label2 的那一个 Label。CSS 属性：

```
-fx-font: 16pt "Times New Roman";
```

只指定了字号(16pt)和字体名称("Times New Roman")——包含多个单词的字体名称必须放入一对双引号中。

#label3 CSS 规则

第 17 ~ 19 行定义的#label3 CSS 规则，用于 fx:id 为 label3 的那一个 Label。CSS 属性：

```
-fx-font: bold italic 16pt "Courier New";
```

指定了所有的字体属性——粗细(bold)、样式(italic)、大小(16pt)及字体名称("Courier New")。

#label4 CSS 规则

第 21 ~ 24 行定义的#label4 CSS 规则，用于 fx:id 为 label4 的那一个 Label。CSS 属性：

```
-fx-font-size: 14pt;
```

将字号设置成 14pt——其他的字体属性都继承自它的父容器。CSS 属性：

```
-fx-underline: true;
```

表示这个 Label 上的文本带有下画线——该属性的默认值为 false。

#label5 CSS 规则

第 26 ~ 28 行定义的#label5 CSS 规则，用于 fx:id 为 label5 的那一个 Label。CSS 属性：

```
-fx-font-size: 14pt;
```

将字号设置为 14pt。

#label5 .text CSS 规则

第 30 ~ 32 行定义的#label5.text CSS 规则用于 fx:id 为 label5 的那一个 Label 的 Text 对象。此处的选择器是 ID 选择器和样式类选择器的组合。每一个 Label 都包含一个具有 CSS 类.text 的 Text 对象。应用这个 CSS 规则时，JavaFX 会首先找到 ID 为 label5 的对象，然后在该对象内查找指定了类文本的那个嵌套对象。

CSS 属性：

```
-fx-strikethrough: true;
```

表明 Label 中的文本在显示时要带一条删除线——该属性的默认值为 false。

22.2.2 定义 GUI 的 FXML——XML 标记[①]

图 22.2 给出了 FontCSS.fxml 的内容——FontCSS 应用的 FXML GUI，它由一个 VBox 布局元素

① 本章的大多数示例中，在 Scene Builder 创建了 GUI 之后，会使用一个文本编辑器来格式化 FXML，删除不必要的属性(它们是由 Scene Builder 插入的，或者是通过 CSS 规则指定的)。为此，当从头开始构建这些示例中的 GUI 时，所得到的 FXML 可能会与书中的不同。也可以在 Scene Builder 中将某一个属性设置成默认值，这样就会从 FXML 中删除它。

(第 8 ~ 18 行)组成，该元素包含 5 个 Label 元素(第 12 ~ 16 行)。首次将这 5 个 Label 拖放到 VBox 中并配置它们的文本时，在 Scene Builder 中所有的 Label 都具有相同的初始外观，见图 22.2(a)。此外，Label 之间也不存在间距。

```
1  <?xml version="1.0" encoding="UTF-8"?>
2  <!-- Fig. 22.2: FontCSS.fxml -->
3  <!-- FontCSS GUI that is styled via external CSS -->
4
5  <?import javafx.scene.control.Label?>
6  <?import javafx.scene.layout.VBox?>
7
8  <VBox styleClass="vbox" stylesheets="@FontCSS.css"
9     xmlns="http://javafx.com/javafx/8.0.60"
10    xmlns:fx="http://javafx.com/fxml/1">
11    <children>
12       <Label fx:id="label1" text="Arial 14pt bold" />
13       <Label fx:id="label2" text="Times New Roman 16pt plain" />
14       <Label fx:id="label3" text="Courier New 16pt bold and italic" />
15       <Label fx:id="label4" text="Default font 14pt with underline" />
16       <Label fx:id="label5" text="Default font 14pt with strikethrough" />
17    </children>
18 </VBox>
```

(a) 引用完整的CSS文件之前，Scene Builder中的GUI

Arial 14pt bold
Times New Roman 16pt plain
Courier New 16pt bold and italic
Default font 14pt with underline
Default font 14pt with strikethrough

(b) 引用FontCSS.css文件包含VBox和Label的样式后，Scene Builder中的GUI

Arial 14pt bold
Times New Roman 16pt plain
Courier New 16pt bold and italic
Default font 14pt with underline
Default font 14pt with strikethrough

(c) 程序运行后的GUI

Draw Stars
Arial 14pt bold
Times New Roman 16pt plain
Courier New 16pt bold and italic
Default font 14pt with underline
Default font 14pt with strikethrough

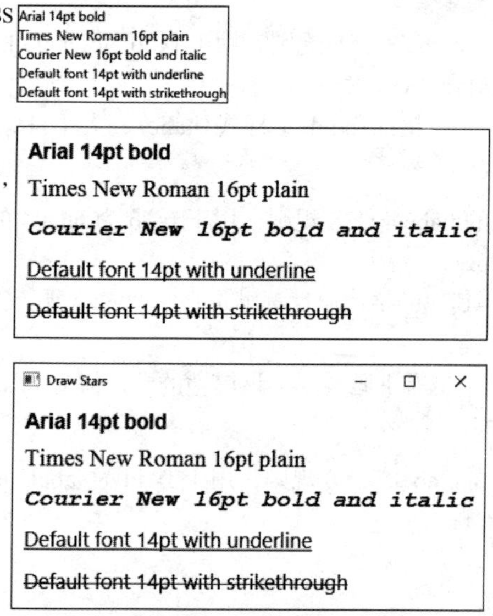

图 22.2　通过外部 CSS 样式化 FontCSS GUI

XML 声明

所有的 FXML 文档都以一个 XML 声明开头(第 1 行)，它必须是文件中的第一行，表示该文档包含 XML 标记。对于 FXML 文档，第 1 行应当如图 22.2 所示。XML 声明的 version 属性指定文档所使用的 XML 语法版本；encoding 属性指定文档字符的格式——XML 文档通常包含 UTF-8 格式的 Unicode 字符(https://en.wikipedia.org/wiki/UTF-8)。

属性

所有的 XML 属性都具有格式：

name="*value*"

name 和 *value* 用一个等于号相连，并且 *value* 需放于一对双引号中。多个 *name* = "*value*"对用空格分开。

注释

XML 注释(第 2 ~ 3 行)以<!--开头，以-->结尾，可以放在 XML 文档中几乎任何地方。XML 注释可以跨行放置。

FXML 的 import 声明

第 5 ~ 6 行为 FXML import 声明，它指定了文档中所使用的 JavaFX 类型的完全限定名称。这种声明需用“<?import”和“?>”界定。

元素

XML 文档包含的元素用于指定文档的结构。大多数元素都有一个起始标签和一个结束标签：

- 起始标签为一对尖括号(<和>)，其中包含元素名称，以及后续的零个或者多个属性。例如，VBox 元素的起始标签(第 8 ~ 10 行)包含 4 个属性。
- 结束标签在尖括号中的元素名称前面加上了一条斜线，例如第 18 行中的</VBox>。

元素的起始标签和结束标签界定了该元素的内容。第 11 ~ 17 行声明的其他元素描述了 VBox 的内容。每一个 XML 文档必须只有一个根元素，它包含所有其他的元素。图 22.2 中的 VBox 就是根元素。

布局元素总是包含一个 children 元素(第 11 ~ 17 行)，该元素所包含的子节点特性由布局确定。对于 VBox，children 元素所包含的子节点会从上到下在屏幕上依次显示。第 12 ~ 16 行中的元素代表了 VBox 的 5 个 Label。这些空元素使用了一种起始标签的简短写法：

<ElementName attributes />

该起始标签以/>(而不是>)结尾。空元素：

```
<Label fx:id="label1" text="Arial 14pt bold" />
```

等价于

```
<Label fx:id="label1" text="Arial 14pt bold">
</Label>
```

在它的起始标签和结束标签之间没有内容。空元素通常具有属性(如 Label 元素的 fx:id 属性和 text 属性)。

XML 命名空间

第 9 ~ 10 行中的 VBox 属性：

```
xmlns="http://javafx.com/javafx/8.0.60"
xmlns:fx="http://javafx.com/fxml/1"
```

指定了 FXML 标记所采用的 XML 命名空间。XML 命名空间确定的是文档中可以使用的元素及属性名称。属性：

```
xmlns="http://javafx.com/javafx/8.0.60"
```

指定的是默认命名空间。FXML 的 import 声明(如第 5 ~ 6 行)可以将一些名称添加到这个命名空间中，供文档使用。属性：

```
xmlns:fx="http://javafx.com/fxml/1"
```

指定的是 JavaFX 的 fx 命名空间。来自这个命名空间的元素和属性(如 fx:id 属性)由 FXMLLoader 类使用。例如，对于指定 fx:id 的 FXML 元素，FXMLLoader 会在控制器类中初始化对应的变量。fx:id 中的“fx:”为命名空间前缀，它指定了定义属性(id)的命名空间(fx)。图 22.2 中的所有不以“fx:”开头的元素和属性都属于默认命名空间。

22.2.3　从 FXML 引用 CSS 文件

对于图 22.2(b)中的那些 Label，必须从 FXML 引用 FontCSS.css 文件。这样，就使 Scene Builder 能够将 CSS 规则应用到 GUI 中。引用 CSS 文件的步骤为

1. 在 Scene Builder 中选择 VBox。
2. 在 Inspector 窗口的 Properties 部分中，单击 Stylesheets 标题下面的加号。
3. 在出现的对话框中，选取 FontCSS.css 文件并单击 Open 按钮。

这样就会将 stylesheets 属性(第 8 行)：

```
stylesheets="@FontCSS.css"
```

添加到 VBox 的起始标签中(第 8 ~ 10 行)。@符号在 FXML 中被称为本地解析操作符，表示 FontCSS.css 文件位于与磁盘上 FXML 文件相对应的位置。此处并没有指定路径信息，所以 CSS 文件和 FXML 文件必须位于同一个文件夹下。

22.2.4 指定 VBox 的样式类

上述步骤会将字体样式根据各自的 ID 选择器应用于 Label,但不适用于 VBox 的间距和内边距属性。前面讲过，对于 VBox 所定义的 CSS 规则，采用的样式类选择器具有名称.vbox。为了将 CSS 规则用于 VBox，需执行如下操作：

1. 在 Scene Builder 中选择 VBox。
2. 在 Properties 部分中的 Style Class 标题下，指定不带点号的 vbox 值，并按回车键。

这会将 styleClass 属性：

```
styleClass="vbox"
```

添加到 VBox 的起始标签中(第 8 行)。现在的 GUI 应当如图 22.2(b)所示。运行这个应用，其输出结果为图 22.2(c)。

22.2.5 在程序中加载 CSS

这个 FontCSS 应用中，FXML 直接引用了 CSS 样式表(第 8 行)。也可以动态地加载 CSS 文件，并将这些文件添加到 Scene Builder 的样式表集合中。例如，允许在应用中由用户挑选所喜欢的外观，如浅色背景、深色文本，或者是深色背景、浅色文本。

为了动态地加载样式表，需将如下语句添加到 Application 子类的 start 方法中：

```
scene.getStylesheets().add(
   getClass().getResource("FontCSS.css").toExternalForm());
```

上述语句的作用为

- 继承的 Object 方法 getClass 获得一个表示应用的 Application 子类的 Class 对象。
- Class 方法 getResource 返回的 URL 表示 FontCSS.css 文件的位置。这个方法会在 Application 子类所加载的同一个位置搜索文件。
- URL 方法 toExternalForm 返回 URL 的字符串表示。其结果会被传递给样式表集合的 add 方法——将样式表添加到场景中。

22.3 显示二维形体

JavaFX 具有两种绘制形体的途径：

- 可以定义(javafx.scene.shape 包的)Shape 和 Shape3D 子类对象，将它们添加到 JavaFX 窗口(stage)，并像其他 JavaFX 节点那样操作它们。
- 可以将一个(javafx.scene.canvas 包的)Canvas 对象添加到 JavaFX 窗口的容器中。然后，利用各种 GraphicsContext 方法，在 Canvas 上绘图。

本节中给出的 BasicShapes 示例展示了如何显示 Line、Rectangle、Circle、Ellipse 及 Arc 类型的二维形体。与其他的节点类型相同，可以将形体从 Scene Builder 的 Library 窗口的 Shapes 部分拖放到设计区，然后通过 Inspector 窗口的 Properties、Layout 及 Code 部分配置它们——当然，也可以在程序中创建任何 JavaFX 节点类型的对象。

22.3.1 使用 FXML 定义二维形体

图 22.3 给出的 BasicShapes 应用的 FXML，它引用了 BasicShapes.css 文件(第 13 行；该文件将在

22.3.2 节讲解)。这个应用的 Pane 布局中，绘制了两条线、一个矩形、一个圆、一个椭圆及一个弧，并在 Scene Builder 中配置了它们的尺寸和位置。

```
1  <?xml version="1.0" encoding="UTF-8"?>
2  <!-- Fig. 22.3: BasicShapes.fxml -->
3  <!-- Defining Shape objects and styling via CSS -->
4
5  <?import javafx.scene.layout.Pane?>
6  <?import javafx.scene.shape.Arc?>
7  <?import javafx.scene.shape.Circle?>
8  <?import javafx.scene.shape.Ellipse?>
9  <?import javafx.scene.shape.Line?>
10 <?import javafx.scene.shape.Rectangle?>
11
12 <Pane id="Pane" prefHeight="110.0" prefWidth="630.0"
13    stylesheets="@BasicShapes.css" xmlns="http://javafx.com/javafx/8.0.60"
14    xmlns:fx="http://javafx.com/fxml/1">
15    <children>
16       <Line fx:id="line1" endX="100.0" endY="100.0"
17          startX="10.0" startY="10.0" />
18       <Line fx:id="line2" endX="10.0" endY="100.0"
19          startX="100.0" startY="10.0" />
20       <Rectangle fx:id="rectangle" height="90.0" layoutX="120.0"
21          layoutY="10.0" width="90.0" />
22       <Circle fx:id="circle" centerX="270.0" centerY="55.0"
23          radius="45.0" />
24       <Ellipse fx:id="ellipse" centerX="430.0" centerY="55.0"
25          radiusX="100.0" radiusY="45.0" />
26       <Arc fx:id="arc" centerX="590.0" centerY="55.0" length="270.0"
27          radiusX="45.0" radiusY="45.0" startAngle="45.0" type="ROUND" />
28    </children>
29 </Pane>
```

(a) 在Scene Builder中应用了CSS的GUI——椭圆中的填充图像没有显示

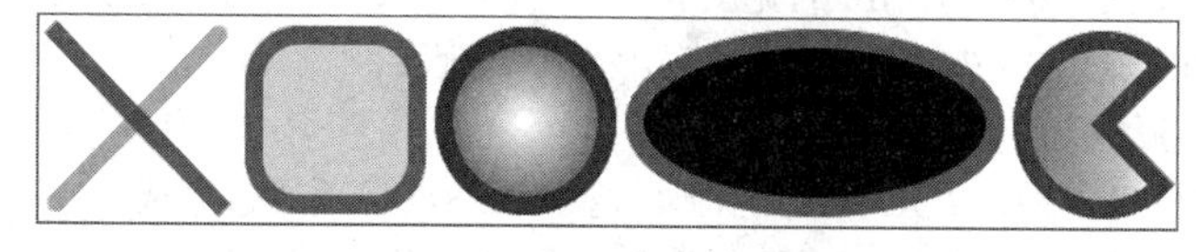

(b) 运行应用时的GUI——椭圆中的填充图像显示完整

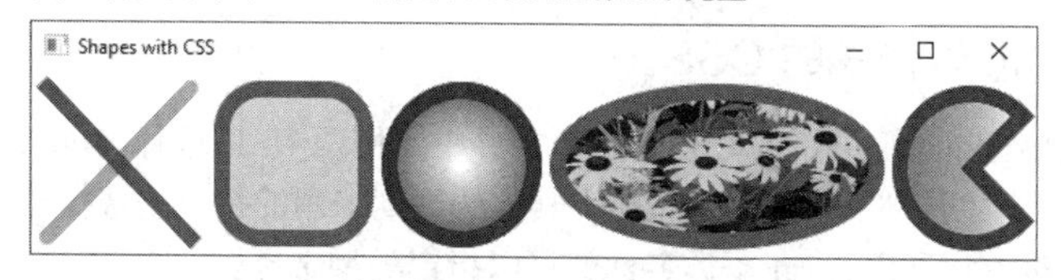

图 22.3　定义几个 Shape 对象并通过 CSS 样式化它们

所有可以在 Scene Builder 中设置的属性，在 FXML 中都有对应的属性。例如，Scene Builder 中 Pane 对象的 Pref Height 属性，与 FXML 中的 prefHeight 属性(第 12 行)相对应。在 Scene Builder 中搭建这个 GUI 时，应使用图 22.3 中所示的 FXML 属性值。注意，将形体拖放到设计区时，Scene Builder 会自动配置某些属性，例如用于 Rectangle、Circle、Ellipse 及 Arc 的 Fill 和 Stroke 颜色值。对于在图 22.3 中没有对应值的那些属性，可以在 Scene Builder 中将其设置成默认属性值，或者也可以在 FXML 中直接编辑它们。

第 6 ~ 10 行导入了 FXML 中用到的那些形体类。还为两个 Line 形体指定了 fx:id 属性值(第 16 行和第 18 行)——它们将用在 CSS 规则中，通过 ID 选择器定义每一条线的样式。这里删除了由 Scene Builder 自动生成的形体的 fill、stroke 及 strokeType 属性。形体的默认 fill 属性值为黑色；默认 stroke 属性值为 1 像素宽的黑线；默认 strokeType 属性值为 centered——边线宽度的一半位于形体边界以内，另一半在外面。也可以将形体的边线完整地置于形体边界以内或者以外。22.3.2 节中，将给出这些形体的边线值和填充值。

Line 对象

第 16 ~ 17 行和第 18 ~ 19 行，分别定义了一个 Line 形体。将 startX、startY、endX 及 endY 属性指定的两个端点相连，就形成了一条线。*x* 坐标和 *y* 坐标的原点位于 Pane 的左上角；*x* 坐标值从左到右递增，*y* 坐标值从上到下递增。如果指定了 Line 的 layoutX 属性和 layoutY 属性，则它的 startX、startY、endX 和 endY 属性值就是从那一个点开始计算的。

Rectangle 对象

第 20 ~ 21 行定义了一个 Rectangle 对象。所显示的矩形是根据它的 layoutX、layoutY、width 和 height 属性值确定的：

- 矩形的左上角位置由它的 layoutX 和 layoutY 属性值确定。这两个属性继承自 Node 类。
- 矩形的大小由它的 width 和 height 属性值确定——此处的两个值相等，所以是一个正方形。

Circle 对象

第 22 ~ 23 行定义的 Circle 对象，其圆心由 centerX 和 centerY 属性值确定。radius 属性值决定了圆的大小。

Ellipse 对象

第 24 ~ 25 行定义了一个 Ellipse 对象。和 Circle 一样，Ellipse 的中心点由 centerX 和 centerY 属性值确定。还需要提供 radiusX 和 radiusY 属性值，以确定 Ellipse 的宽度(中心点左右两侧)和高度(中心点上下两边)。

Arc 对象

第 26 ~ 27 行定义了一个 Arc 对象。和 Ellipse 一样，Arc 的中心点由 centerX 和 centerY 属性值确定，而 radiusX 和 radiusY 属性值给出了 Arc 的宽度和高度。对于 Arc，还需要提供如下属性值：

- length——弧的长度(0 ~ 360 度)。正值表示逆时针旋转。
- startAngle——弧的起始角度。
- type——弧的封闭类型。ROUND 表示弧的起点和终点必须通过直线与中心点相连；OPEN 表示不会连接起点和终点；CHORD 表示会将起点和终点用一条直线相连。

22.3.2 形成二维形体样式的 CSS

图 22.4 给出了 BasicShapes 应用的 CSS。这个文件中，用两个 ID 选择(#line1 和#line2)定义了两个 CSS 规则，以确定应用中两个 Line 对象的样式。其他的规则采用的是类型选择器(type selector)，它们适用于所指定类型的对象。利用 JavaFX 类名称就可以指定类型选择器。

```
1  /* Fig. 22.4: BasicShapes.css */
2  /* CSS that styles various two-dimensional shapes */
3
4  Line, Rectangle, Circle, Ellipse, Arc {
5      -fx-stroke-width: 10;
6  }
7
8  #line1 {
9      -fx-stroke: red;
10 }
11
12 #line2 {
13     -fx-stroke: rgba(0%, 50%, 0%, 0.5);
14     -fx-stroke-line-cap: round;
15 }
16
17 Rectangle {
18    -fx-stroke: red;
19    -fx-arc-width: 50;
20    -fx-arc-height: 50;
```

图 22.4 样式化二维形体的 CSS

```
21       -fx-fill: yellow;
22    }
23
24    Circle {
25       -fx-stroke: blue;
26       -fx-fill: radial-gradient(center 50% 50%, radius 60%, white, red);
27    }
28
29    Ellipse {
30       -fx-stroke: green;
31       -fx-fill: image-pattern("yellowflowers.png");
32    }
33
34    Arc {
35       -fx-stroke: purple;
36       -fx-fill: linear-gradient(to right, cyan, white);
37    }
```

图 22.4(续)　样式化二维形体的 CSS

指定各种对象的共同属性

第 4 ~ 6 行的 CSS 规则定义了一个-fx-stroke-width CSS 属性，适用于应用中所有的形体——它确定线宽及所有其他形体的边线宽度。为了将这个规则应用于多个形体，需采用多个 CSS 类型选择器(一个逗号分隔清单)。因此，第 4 行表示第 4 ~ 6 行的规则适用于 GUI 中 Line、Rectangle、Circle、Ellipse 及 Arc 类型的所有对象。

Line 的样式

第 8 ~ 10 行的 CSS 规则，将-fx-stroke 属性值设置成单色 red。这个规则适用于 fx:id 值为 line1 的那一条线。该规则是第 4 ~ 6 行规则的补充，前一个规则设置了线宽(及其他形体的边线宽)。JavaFX 呈现对象时，它会使用适合于该对象的所有 CSS 规则，以确定它的外观。这个规则适用于 fx:id 值为 line1 的那一条线。指定颜色时，有如下几种途径：

- 直接提供颜色名称(如 “red” “green” “blue”)。
- 用红、绿、蓝及 alpha(透明度)分量值定义。
- 用色度、饱和度、亮度及 alpha 分量值定义。

还可以用其他方法定义颜色。有关如何在 CSS 中指定颜色的更多信息，请参见：

```
https://docs.oracle.com/javase/8/javafx/api/javafx/scene/doc-files/
   cssref.html#typecolor
```

第 12 ~ 15 行的 CSS 规则适用于 fx:id 为 line2 的 Line 形体。这里指定-fx-stroke 属性值时，采用的是 CSS 函数 rgba。该函数根据红、绿、蓝及 alpha(透明度)分量值定义。这里的 rgba 版本接收 0% ~ 100%的百分比值，用于颜色中红、绿、蓝的比例，而 0.0(全透明) ~ 1.0(不透明)的值用于 alpha 分量。第 13 行得到的结果为一条半透明的绿线。图 22.3 的输出结果中，可以看到两条线在交叉点的不同颜色。第 14 行的-fx-stroke-line-cap CSS 属性，表示线的端点为圆形——线越粗，圆形的效果越明显。

Rectangle 的样式

对于 Rectangle、Circle、Ellipse 和 Arc 形体，可以同时指定-fx-stroke 属性(用于形体的边线)和-fx-fill 属性，后者表示形体内部的颜色或者模式。第 17 ~ 22 行的规则利用 CSS 类型选择器来表明所有的 Rectangle 形体应具有红色边线(第 18 行)和黄色填充区(第 21 行)。第 19 ~ 20 行定义了 Rectangle 的-fx-arc-width 和-fx-arc-height 属性，分别指定椭圆的宽度和高度，它们的值均为矩形宽度和高度的一半，使矩形的角变成圆形状。由于这两个属性的值相同(50)，所以矩形的四个角就变成了圆的 1/4，圆的直径为 50。

Circle 的形状

第 24 ~ 27 行的 CSS 规则适用于所有的 Circle 对象。第 25 行将圆的边线设置成蓝色。第 26 行将圆的填充属性设置成 gradient——颜色逐渐从一种变成另一种。可以在任意多个颜色之间转换，并指定在何处更改颜色——称之为颜色停止点(color stop)。可以将这种渐变效果应用于任何指定颜色的属性。这里使用了 CSS 函数 radial-gradient，颜色会从中心点向外渐变。填充色：

```
-fx-fill: radial-gradient(center 50% 50%, radius 60%, white, red);
```

表示渐变从位于 50%和 50%的中心点开始——形体的水平和垂直中心位置。radius 指定离中心点多远的距离，两种颜色均等出现。这个径向渐变的效果，就是以白色从中心点开始，以红色在圆的外边缘结束。后面将探讨线性渐变的效果。

Ellipse 的样式

第 29 ~ 32 行的 CSS 规则适用于所有的 Ellipse 对象。第 30 行指定 Ellipse 应有一条绿色边线。第 31 行指定 Ellipse 的填充物是文件 yellowflowers.png 中的图像。该图像位于本章示例的 images 文件夹下——如果是从头创建这个音乐，则应将它们复制到本地系统上该应用的文件夹下。为了将图像设置成填充物，需利用 CSS 函数 image-pattern。[注：到本书编写时为止，Scene Builder 还无法正确显示用 CSS image-pattern 函数指定的形体填充物。必须运行这个示例才能得到如图 22.3(b)所示的结果。]

Arc 的样式

第 34 ~ 37 行的 CSS 规则适用于所有的 Arc 对象。第 35 行指定 Arc 应有一条紫色边线。第 36 行：

```
-fx-fill: linear-gradient(to right, cyan, white);
```

指定 Arc 需用线性渐变(linear gradient)填充——颜色需沿水平、垂直或者对角方向渐变。可以在任意多个颜色之间转换，并指定在何处更改颜色。为了获得线性渐变效果，需使用 CSS 函数 linear-gradient。这里的 right 表示从形体左边缘开始，将演示逐渐变换到它的右边缘。此处只给出了两种颜色——cyan 位于左边缘，white 位于右边缘——也可以在一个逗号分隔清单中给出多种颜色。有关如何配置径向渐变、线性渐变及图像模式的各种选项，请参见：

```
https://docs.oracle.com/javase/8/javafx/api/javafx/scene/doc-files/
   cssref.html#typepaint
```

22.4 Polyline、Polygon 和 Path

可以利用如下几种 JavaFX 形体来创建定制形体：

- Polyline——根据一组点的集合，绘制一些彼此相连的线段。
- Polygon——根据一组点的集合，绘制一些彼此相连的线段，并将端点和起点相连。
- Path——移动某一个点，然后绘制线段、弧和曲线，从而得到一列彼此相连的 PathElement。

在下面这个 PolyShapes 应用中，选取左列里的某个单选钮，即可挑选出希望显示的形体。在显示形体的 AnchoredPane 中单击鼠标，即可指定该形体的各个点。

这个示例中并没有给出 Application 的 PolyShapes 子类(它位于该示例的 PolyShapes.java 文件中)，因为它只用于加载 FXML 并显示 GUI，在第 12 章和第 13 章已经讲解过。

22.4.1 GUI 与 CSS

这个应用的 GUI(见图 22.5)与 13.3 节中的 Painter 应用类似。为此，这里只给出主要 GUI 元素的 fx:id 属性值，而不提供完整的 FXML——所有的 fx:id 属性值都以对应的 GUI 元素类型结尾。对 GUI 进行如下设置：

- 三个 RadioButton 构成了一个 ToggleGroup，其 fx:id 为 toggleGroup。默认情况下，选中的是 Polyline RadioButton。还需要将这些 RadioButton 的 On Action 事件处理器设置成 shapeRadioButtonSelected。
- 从 Scene Builder 的 Library 窗口的 Shapes 部分，将一个 Polyline、一个 Polygon 和一个 Path 拖放到 Pane 中，并分别将它们的 fx:id 属性设置成 polyline、polygon 和 path。将它们的 visible 属性设置成 false——在 Scene Builder 中选取某个形体，然后在 Properties 窗口中去掉 Visible 复选框

选项。在运行时，只会显示被选取了的那个 RadioButton 所对应的形体。

- 将 Pane 的 On Mouse Clicked 事件处理器设置成 drawingAreaMouseClicked。
- 将 Clear 按钮的 On Action 事件处理器设置成 clearButtonPressed。
- 将控制器类设置成 PolyShapesController。
- 最后，需编辑 FXML，删除 Path 对象的<elements>及 Polyline 和 Polygon 对象的<points>，同时还需在程序中进行同样的改动，以响应用户的鼠标单击事件。

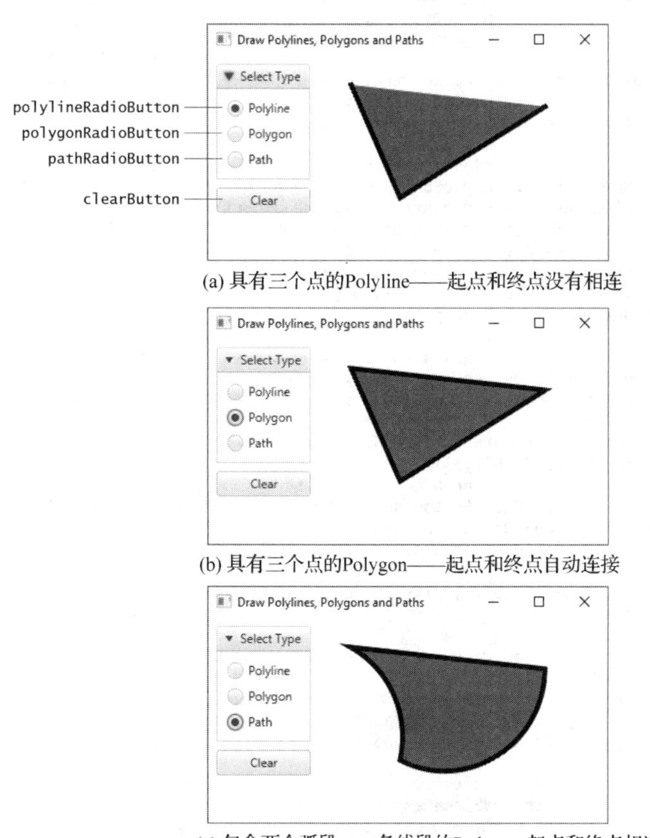

(a) 具有三个点的Polyline——起点和终点没有相连

(b) 具有三个点的Polygon——起点和终点自动连接

(c) 包含两个弧段、一条线段的Path——起点和终点相连

图 22.5　Polyline、Polygon 和 Path

PolyShapes.css 文件中定义的属性-fx-stroke、-fx-stroke-width 和-fx-fill，都适用于这三个形体。从图 22.5 可以看出，这些形体的边线为一条宽黑线(5 像素宽)，填充色为红色。

```
Polyline, Polygon, Path {
    -fx-stroke: black;
    -fx-stroke-width: 5;
    -fx-fill: red;
}
```

22.4.2　PolyShapesController 类

图 22.6 给出了这个应用的 PolyShapesController 类，它响应用户的交互操作。第 17 行的 ShapeType 枚举定义了三个常量，它们用来确定显示哪一种形体。第 20 ~ 26 行声明的变量对应于 FXML 中具有相同 fx:id 属性值的那些 GUI 组件和形体。shapeType 变量(第 29 行)保存的值表示当前在 GUI 的 RadioButton 组中哪一种形体被选中了——默认为 Polyline。后面很快就会看到，sweepFlag 变量用于确定 Path 中弧的扫描角为正值还是负值。

```
1   // Fig. 22.6: PolyShapesController.java
2   // Drawing Polylines, Polygons and Paths.
3   import javafx.event.ActionEvent;
4   import javafx.fxml.FXML;
5   import javafx.scene.control.RadioButton;
6   import javafx.scene.control.ToggleGroup;
7   import javafx.scene.input.MouseEvent;
8   import javafx.scene.shape.ArcTo;
9   import javafx.scene.shape.ClosePath;
10  import javafx.scene.shape.MoveTo;
11  import javafx.scene.shape.Path;
12  import javafx.scene.shape.Polygon;
13  import javafx.scene.shape.Polyline;
14
15  public class PolyShapesController {
16     // enum representing shape types
17     private enum ShapeType {POLYLINE, POLYGON, PATH};
18
19     // instance variables that refer to GUI components
20     @FXML private RadioButton polylineRadioButton;
21     @FXML private RadioButton polygonRadioButton;
22     @FXML private RadioButton pathRadioButton;
23     @FXML private ToggleGroup toggleGroup;
24     @FXML private Polyline polyline;
25     @FXML private Polygon polygon;
26     @FXML private Path path;
27
28     // instance variables for managing state
29     private ShapeType shapeType = ShapeType.POLYLINE;
30     private boolean sweepFlag = true; // used with arcs in a Path
31
32     // set user data for the RadioButtons and display polyline object
33     public void initialize() {
34        // user data on a control can be any Object
35        polylineRadioButton.setUserData(ShapeType.POLYLINE);
36        polygonRadioButton.setUserData(ShapeType.POLYGON);
37        pathRadioButton.setUserData(ShapeType.PATH);
38
39        displayShape(); // sets polyline's visibility to true when app loads
40     }
41
42     // handles drawingArea's onMouseClicked event
43     @FXML
44     private void drawingAreaMouseClicked(MouseEvent e) {
45        polyline.getPoints().addAll(e.getX(), e.getY());
46        polygon.getPoints().addAll(e.getX(), e.getY());
47
48        // if path is empty, move to first click position and close path
49        if (path.getElements().isEmpty()) {
50           path.getElements().add(new MoveTo(e.getX(), e.getY()));
51           path.getElements().add(new ClosePath());
52        }
53        else { // insert a new path segment before the ClosePath element
54           // create an arc segment and insert it in the path
55           ArcTo arcTo = new ArcTo();
56           arcTo.setX(e.getX());
57           arcTo.setY(e.getY());
58           arcTo.setRadiusX(100.0);
59           arcTo.setRadiusY(100.0);
60           arcTo.setSweepFlag(sweepFlag);
61           sweepFlag = !sweepFlag;
62           path.getElements().add(path.getElements().size() - 1, arcTo);
63        }
64     }
65
66     // handles color RadioButton's ActionEvents
67     @FXML
68     private void shapeRadioButtonSelected(ActionEvent e) {
69        // user data for each color RadioButton is a ShapeType constant
70        shapeType =
71           (ShapeType) toggleGroup.getSelectedToggle().getUserData();
72        displayShape(); // display the currently selected shape
73     }
```

图 22.6 绘制 Polyline、Polygon 和 Path

```
74
75      // displays currently selected shape
76      private void displayShape() {
77         polyline.setVisible(shapeType == ShapeType.POLYLINE);
78         polygon.setVisible(shapeType == ShapeType.POLYGON);
79         path.setVisible(shapeType == ShapeType.PATH);
80      }
81
82      // resets each shape
83      @FXML
84      private void clearButtonPressed(ActionEvent event) {
85         polyline.getPoints().clear();
86         polygon.getPoints().clear();
87         path.getElements().clear();
88      }
89   }
```

图 22.6(续)　绘制 Polyline、Polygon 和 Path

initialize 方法

13.3.1 节中讲解过，通过 setUserData 方法，可以将任何对象与 JavaFX 控件相关联。对于这个应用中的 RadioButton 形体，第 35 ~ 37 行保存了每一个形体所表示的 ShapeType 对象。我们将处理 RadioButton 事件，设置 shapeType 实例变量时将用到这些值。第 39 行调用了 displayShape 方法，显示当前被选中的那个形体(默认为 Polyline)。初始时，形体是不可见的，因为还不存在任何构成形体的点。

drawingAreaMouseClicked 方法

用户单击应用的 Pane 时，drawingAreaMouseClicked 方法(第 43 ~ 46 行)会修改全部的三个形体，将鼠标指针所在的点包含到形体中。Polyline 和 Polygon 会将这些点作为 Double 值集合保存，其中前两个值表示第一个点的位置，后两个值为第二个点。第 45 行取得 polyline 对象的点集合，然后调用 addAll 方法，将 MouseEvent 的 *x* 和 *y* 坐标值传递给这个方法，从而将这个新点的位置添加到集合中。它会将新点的信息添加到集合的末尾。第 46 行为 polygon 对象执行相同的任务。

第 49 ~ 63 行处理的是 path 对象。Path 类的对象用一个 PathElement 集合表示。这个示例中用到的 PathElement 子类为

- MoveTo——移动到一个特定的位置，移动时不绘制任何形体。
- ArcTo——在前一个 PathElement 的端点和指定的位置之间画一个弧。稍后将详细讨论它。
- ClosePath——在最后一个 PathElement 的端点与第一个 PathElement 的起点之间画一条直线，从而形成一条闭合路径。

此处没有给出的其他 PathElement 子类，包括 LineTo、HLineTo、VLineTo、CubicCurveTo 及 QuadCurveTo。

用户单击 Pane 时，第 49 行会检查 Path 是否包含元素。如果没有包含，则第 50 行会在路径的 PathElement 集合中添加一个 MoveTo 元素，将它的起点移动到鼠标指针所在的位置。然后，第 51 行新添加一个 ClosePath 元素，完成路径的绘制。对于后续的每一次鼠标单击事件，第 55 ~ 60 行会创建一个 ArcTo 元素，第 62 行调用 PathElement 集合的 add 方法，将该元素插入 ClosePath 元素之前的那个位置。该方法的第一个实参为一个索引值。

第 56 ~ 57 行将 ArcTo 元素的端点设置成 MouseEvent 的坐标值。弧是作为椭圆的一部分绘制的，需要对椭圆指定水平半径和垂直半径(第 58 ~ 59 行)。第 60 行设置 ArcTo 的 sweepFlag 变量值，它决定了弧的扫描方向(true 值表示逆时针，false 值表示顺时针)。默认情况下，会在最后一个 PathElement 的端点与 ArcTo 元素所指定的点之间绘制一条最短的弧。为了沿着椭圆较大的那一侧画弧，需将 ArcTo 的 largeArcFlag 值设置为 true。对于鼠标的每一次单击，第 61 行会将控制器类的 sweepFlag 实例变量值取反，使 ArcTo 元素在正负扫描角之间切换。

shapeRadioButtonSelected 方法

用户单击了某个 RadioButton 时，第 70 ~ 71 行设置控制器的 shapeType 实例变量值。然后，第 72 行

调用 displayShape 方法，显示所选中的形体。可以尝试创建一个具有多个点的 Polyline，然后变成显示 Polygon 和 Path，观察这些点是如何用于其他形体的。

displayShape 方法

第 77 ~ 79 行根据当前的 shapeType 值，确定三种形体的可见性。当前被选中的形体的可见性值被设置为 true，以显示它；其他两种形体的值被设置为 false，表示隐藏。

clearButtonPressed 方法

单击 Clear 按钮时,第 85 ~ 86 行清除 polyline 和 polygon 的点集合,第 87 行清除 path 的 PathElement 集合。然后，单击 Pane，即可再次绘制新形体。

22.5 变换

变换(transform)可以应用于任何 UI 元素,对元素进行重新定位或调整方向。下面这些内置的 JavaFX 变换类是 Transform 的子类：

- Translate——将对象移动到一个新位置。
- Rotate——沿着某一个点，将对象旋转指定的角度。
- Scale——按指定的量缩放对象尺寸。

下一个示例绘制的是一些星形，它利用一个 Polygon 控件，并使用几个 Rotate 变换来创建一个由随机颜色的星形构成的圆。它的 FXML 为一个 300 × 300 的空 Pane 布局，其 fx:id 为 pane。控制器类被设置成 DrawStarsController。图 22.7 中给出了这个应用的控制器和输出结果。

initialize 方法(第 14 ~ 37 行)定义了一些星形、使用了变换，并将这些星形置于应用的 pane 中。第 16 ~ 18 行将构成一个星形的所有点(10 个)定义成一个 Double 数组——保存在 Polygon 中的点集合是作为一个泛型集合实现的，所以必须使用 Double 类型，而不是 double 类型(基本类型不能用于 Java 泛型中)。数组中的每一对值表示 Polygon 中一个点的 x 坐标和 y 坐标。数组中定义了 10 个点。

```
 1  // Fig. 22.7: DrawStarsController.java
 2  // Create a circle of stars using Polygons and Rotate transforms
 3  import java.security.SecureRandom;
 4  import javafx.fxml.FXML;
 5  import javafx.scene.layout.Pane;
 6  import javafx.scene.paint.Color;
 7  import javafx.scene.shape.Polygon;
 8  import javafx.scene.transform.Transform;
 9
10  public class DrawStarsController {
11     @FXML private Pane pane;
12     private static final SecureRandom random = new SecureRandom();
13
14     public void initialize() {
15        // points that define a five-pointed star shape
16        Double[] points = {205.0,150.0, 217.0,186.0, 259.0,186.0,
17           223.0,204.0, 233.0,246.0, 205.0,222.0, 177.0,246.0, 187.0,204.0,
18           151.0,186.0, 193.0,186.0};
19
20        // create 18 stars
21        for (int count = 0; count < 18; ++count) {
22           // create a new Polygon and copy existing points into it
23           Polygon newStar = new Polygon();
24           newStar.getPoints().addAll(points);
25
26           // create random Color and set as newStar's fill
27           newStar.setStroke(Color.GREY);
28           newStar.setFill(Color.rgb(random.nextInt(255),
29              random.nextInt(255), random.nextInt(255),
30              random.nextDouble()));
31
```

图 22.7 利用 Polygon 和 Rotate 变换创建一个星形圆

```
32              // apply a rotation to the shape
33              newStar.getTransforms().add(
34                 Transform.rotate(count * 20, 150, 150));
35              pane.getChildren().add(newStar);
36           }
37        }
38     }
```

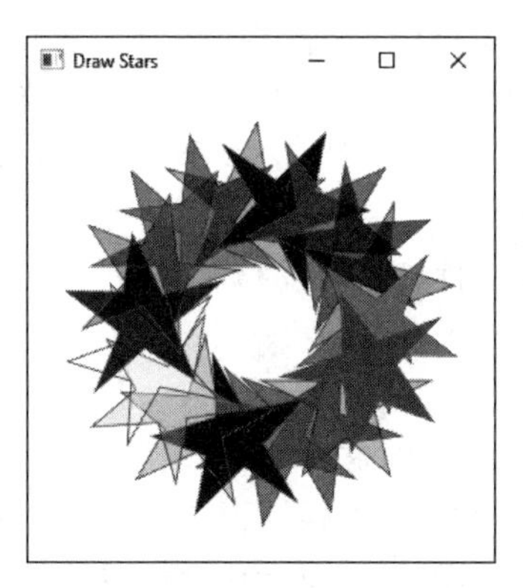

图 22.7(续)　利用 Polygon 和 Rotate 变换创建一个星形圆

每一次进行循环时，第 23 ~ 24 行会利用 points 数组中的点和不同的 Rotate 变换来创建一个 Polygon。得到的结果就是一个由多个 Polygon 构成的圆。为了随机选取每一个星形的颜色，需利用 SecureRandom 对象来创建三个 0 ~ 255 的随机值和一个 0.0 ~ 1.0 的随机值，前者用于红、绿、蓝分量，后者用作 alpha 值。这些值会被传递给 Color 类的静态 rgb 方法，以创建一个 Color 对象。

为了使这个新的 Polygon 旋转，需为 Polygon 的 Transform 集合添加一个 Rotate 变换(第 33 ~ 34 行)。为了创建 Rotate 变换对象，需调用 Transform 类的静态方法 rotate(第 34 行)，它返回一个 Rotate 对象。该方法的第一个实参为旋转的角度。每一次循环时，都赋予一个新的旋转角，用 count 变量乘以 20 作为 rotate 方法的第一个实参值。后面的两个实参是所旋转的 Polygon 中心点的 x 坐标和 y 坐标。星形圆的中心点为(150，150)，因为所有 18 颗星形都绕这个点旋转。将每一个 Polygon 作为 pane 对象的新子元素，就使 Polygon 能够在屏幕上呈现。

22.6　利用 Media、MediaPlayer 和 MediaViewer 播放视频

当今的大多数流行应用都大量采用了多媒体技术。利用 javafx.scene.media 包中的类，JavaFX 提供了音频和视频多媒体功能：

- 对于简单的音频操作，可以使用 AudioClip 类。
- 复杂的音频播放及视频播放功能可以利用 Media、MediaPlayer 和 MediaView 类。

本节将创建一个基本的视频播放器。在项目的控制器类中(见 22.6.2 节)，将讲解 Media、MediaPlayer 及 MediaView 类的用法。示例中使用的视频来自 NASA 的多媒体库①，它可以从如下站点下载：

```
http://www.nasa.gov/centers/kennedy/multimedia/HD-index.html
```

视频文件 sts117.mp4 位于本章示例的 video 文件夹下。如果是从头开始创建这个应用，则需将该文件复制到应用的文件夹下。

多媒体格式

JavaFX 支持 MPEG-4(MP4)和 Flash Video 视频格式。对于这个示例，首先下载了一个 Windows WMV 版本的视频文件，然后利用一个免费的在线视频转换程序，将它转换成了 MP4 格式。②

---

① 有关 NASA 的使用条款，请参见 http://www.nasa.gov/multimedia/guidelines/。

② 网络上有许多免费的视频格式转换工具可以下载。作者使用的工具来自 https://convertio.co/video-converter/。

ControlsFX 库的 ExceptionDialog

ExceptionDialog 是众多额外的 JavaFX 控件之一，它可通过开源的 ControlsFX 项目获取：

```
http://controlsfx.org
```

这个应用中使用了 ExceptionDialog 来显示消息，通知用户在媒体播放过程中发生了错误。

可以从上述 Web 页面下载最新版本的 ControlsFX，然后解压这个 ZIP 文件。将解压后的 ControlsFX JAR 文件(在本书编写时，文件名称为 controlsfx-8.40.12.jar)置于项目文件夹下——和 ZIP 文件类似，JAR 文件也是一种压缩存档文件，但是它包含 Java 类文件及对应的资源。最后一个示例中将给出这个 JAR 文件。

编译并运行包含 ControlsFX 的应用

为了编译这个应用，必须将 JAR 文件包含在它的类路径中。为此，需使用 javac 命令的-classpath 选项：

```
javac -classpath .;controlsfx-8.40.12.jar *.java
```

同样，为了运行应用，需使用 java 命令的-cp 选项：

```
java -cp .;controlsfx-8.40.12.jar VideoPlayer
```

对于上述两个命令，Linux 和 macOS 下应使用冒号而不是分号。命令中的类路径被指定成包含应用的当前文件夹(由点号表示)及包含 ControlsFX 类(包括 ExceptionDialog)的 JAR 文件名称。

22.6.1 VideoPlayer GUI

图 22.8 中给出了完整的 VideoPlayer.fxml 文件，以及运行 VideoPlayer 应用时的两个屏幕输出结果。这个 GUI 的布局为一个 BorderPane，它的组成如下：

- 一个 fx:id 为 mediaView 的 MediaView(位于 Scene Builder 的 Library 窗口的 Controls 部分)。
- 一个 ToolBar(位于 Scene Builder 的 Library 窗口的 Containers 部分)，它包含一个 fx:id 为 playPauseButton 的 Button，以及文本“Play”。按下这个 Button 时，会触发控制器方法 playPauseButtonPressed。

将 MediaView 放在了 BorderPane 的中心区(第 25 ~ 27 行)，使它占据 BorderPane 的全部可用空间；ToolBar 被置于底部区域(第 15 ~ 24 行)。默认情况下，当从 Scene Builder 将 ToolBar 拖放到布局中时，会在 ToolBar 上添加一个 Button。必要时，可以为它添加其他的控件。这里将控制器类设置成了 VideoPlayerController。

```
1  <?xml version="1.0" encoding="UTF-8"?>
2  <!-- Fig. 22.8: VideoPlayer.fxml -->
3  <!-- VideoPlayer GUI with a MediaView and a Button -->
4
5  <?import javafx.scene.control.Button?>
6  <?import javafx.scene.control.ToolBar?>
7  <?import javafx.scene.layout.BorderPane?>
8  <?import javafx.scene.media.MediaView?>
9
10 <BorderPane prefHeight="400.0" prefWidth="600.0"
11    style="-fx-background-color: black;"
12    xmlns="http://javafx.com/javafx/8.0.60"
13    xmlns:fx="http://javafx.com/fxml/1"
14    fx:controller="VideoPlayerController">
15    <bottom>
16       <ToolBar prefHeight="40.0" prefWidth="200.0"
17          BorderPane.alignment="CENTER">
18          <items>
19             <Button fx:id="playPauseButton"
20                onAction="#playPauseButtonPressed" prefHeight="25.0"
21                prefWidth="60.0" text="Play" />
22          </items>
23       </ToolBar>
24    </bottom>
25    <center>
26       <MediaView fx:id="mediaView" BorderPane.alignment="CENTER" />
27    </center>
28 </BorderPane>
```

图 22.8 包含 MediaView 和 Button 控件的 VideoPlayer GUI 视频来自 NASA ——使用指南可参见 http://www.nasa.gov/multimedia/guidelines/

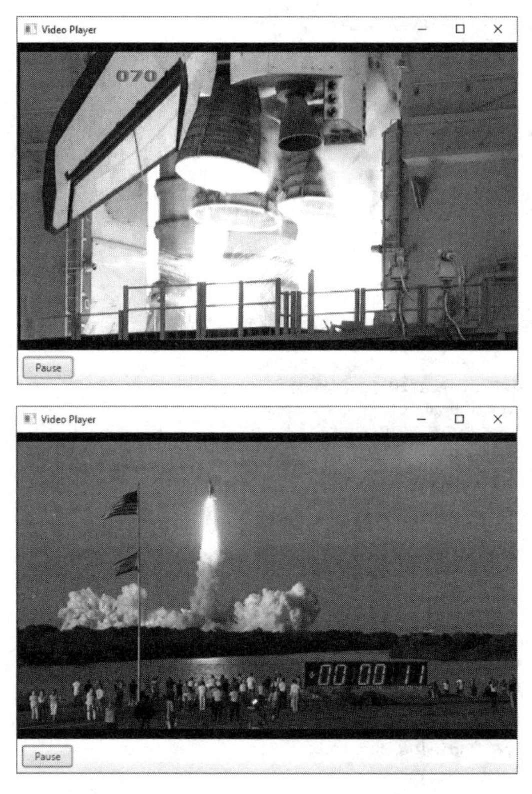

图 22.8(续)　包含 MediaView 和 Button 控件的 VideoPlayer GUI 视频来自 NASA——使用指南可参见 http://www.nasa.gov/multimedia/guidelines/

22.6.2　VideoPlayerController 类

图 22.9 给出了完整的 VideoPlayerController 类，它配置了视频播放的环境，响应来自 MediaPlayer 及用户单击 playPauseButton 按钮时的状态变化。这个控制器使用了 Media、MediaPlayer 和 MediaView 类：

- Media 对象确定要播放的媒体文件的位置，并提供关于它的各种信息，例如长度、大小等。
- MediaPlayer 对象会加载 Media 对象，并控制它的播放。此外，在加载和播放媒体的过程中，MediaPlayer 会在它的各种状态(就绪、播放、暂停，等等)之间转换。后面将看到，可以提供几个 Runnable 接口来响应这些状态转换。
- MediaView 对象显示通过 MediaPlayer 对象所播放的媒体。

```
 1  // Fig. 22.9: VideoPlayerController.java
 2  // Using Media, MediaPlayer and MediaView to play a video.
 3  import java.net.URL;
 4  import javafx.beans.binding.Bindings;
 5  import javafx.beans.property.DoubleProperty;
 6  import javafx.event.ActionEvent;
 7  import javafx.fxml.FXML;
 8  import javafx.scene.control.Button;
 9  import javafx.scene.media.Media;
10  import javafx.scene.media.MediaPlayer;
11  import javafx.scene.media.MediaView;
12  import javafx.util.Duration;
13  import org.controlsfx.dialog.ExceptionDialog;
14
15  public class VideoPlayerController {
16     @FXML private MediaView mediaView;
17     @FXML private Button playPauseButton;
```

图 22.9　利用 Media、MediaPlayer 和 MediaView 播放视频

```
18     private MediaPlayer mediaPlayer;
19     private boolean playing = false;
20
21     public void initialize() {
22        // get URL of the video file
23        URL url = VideoPlayerController.class.getResource("sts117.mp4");
24
25        // create a Media object for the specified URL
26        Media media = new Media(url.toExternalForm());
27
28        // create a MediaPlayer to control Media playback
29        mediaPlayer = new MediaPlayer(media);
30
31        // specify which MediaPlayer to display in the MediaView
32        mediaView.setMediaPlayer(mediaPlayer);
33
34        // set handler to be called when the video completes playing
35        mediaPlayer.setOnEndOfMedia(
36           new Runnable() {
37              public void run() {
38                 playing = false;
39                 playPauseButton.setText("Play");
40                 mediaPlayer.seek(Duration.ZERO);
41                 mediaPlayer.pause();
42              }
43           }
44        );
45
46        // set handler that displays an ExceptionDialog if an error occurs
47        mediaPlayer.setOnError(
48           new Runnable() {
49              public void run() {
50                 ExceptionDialog dialog =
51                    new ExceptionDialog(mediaPlayer.getError());
52                 dialog.showAndWait();
53              }
54           }
55        );
56
57        // set handler that resizes window to video size once ready to play
58        mediaPlayer.setOnReady(
59           new Runnable() {
60              public void run() {
61                 DoubleProperty width = mediaView.fitWidthProperty();
62                 DoubleProperty height = mediaView.fitHeightProperty();
63                 width.bind(Bindings.selectDouble(
64                    mediaView.sceneProperty(), "width"));
65                 height.bind(Bindings.selectDouble(
66                    mediaView.sceneProperty(), "height"));
67              }
68           }
69        );
70     }
71
72     // toggle media playback and the text on the playPauseButton
73     @FXML
74     private void playPauseButtonPressed(ActionEvent e) {
75        playing = !playing;
76
77        if (playing) {
78           playPauseButton.setText("Pause");
79           mediaPlayer.play();
80        }
81        else {
82           playPauseButton.setText("Play");
83           mediaPlayer.pause();
84        }
85     }
86  }
```

图 22.9(续) 利用 Media、MediaPlayer 和 MediaView 播放视频

实例变量

第 16 ~ 19 行声明了控制器的几个实例变量。加载应用时，会将 mediaView 变量(第 16 行)赋予一个

在 FXML 中声明的 MediaView 对象。initialize 方法中配置了 mediaPlayer 变量(第 18 行),以加载由 Media 对象所指定的视频。该变量由 playPauseButtonPressed 方法(第 73 ~ 85 行)使用,用于播放或者暂停视频。

创建表示所播放视频的 Media 对象

initialize 方法配置了要播放的媒体,并为 MediaPlayer 事件注册了事件处理器。第 23 行获得的 URL,表示 sts117.mp4 视频文件的位置。如下记法:

```
VideoPlayerController.class
```

创建了一个 Class 对象，表示 VideoPlayerController 类。它与调用继承的 getClass()方法的作用等价。接下来，第 26 行创建了一个表示视频的 Media 对象。Media 构造方法的实参为一个表示视频位置的字符串，它是通过 URL 方法 toExternalForm 获得的。URL 字符串即可以表示本地计算机上的文件，也可以是 Web 上的某个位置。这个 Media 构造方法可能抛出各种异常，包括无法找到媒体或者不支持媒体格式时抛出的 MediaException 异常。

创建 MediaPlayer 对象，加载视频，控制它的播放

为了加载视频并为播放做好准备,必须先将它与一个 MediaPlayer 对象相关联(第 29 行)。播放多个视频时，要求为每一个 Media 对象设置不同的 MediaPlayer 对象。但是，一个 Media 对象可以与多个 MediaPlayer 对象相关联。如果 Media 对象为空，则 MediaPlayer 构造方法会抛出 NullPointerException 异常；如果在构建 MediaPlayer 对象的过程中出现问题，则会发生 MediaException 异常。

将 MediaPlayer 对象与 MediaView 绑定，播放视频

MediaPlayer 没有提供用于显示视频的视图。为此，必须将 MediaPlayer 与 MediaView 相关联。只要已经存在了 MediaView——例如在 FXML 中创建它——就可以调用它的 setMediaPlayer 方法(第 32 行)来完成这项关联任务。在程序中创建 MediaView 对象时，可以将 MediaPlayer 传递给它的构造方法。在场景图中，MediaView 和其他节点相似，所以也可以对它应用 CSS 样式、变换、动画等(见 22.7 ~ 22.9 节)。

为 MediaPlayer 事件配置事件处理器

MediaPlayer 会在各种状态之间转换。常见的状态包括就绪(ready)、播放(playing)和暂停(paused)。当 MediaPlayer 进入某个状态时，可以执行一项任务。此外，还可以指定媒体播放完毕后要执行的任务，以及在播放过程中出错时的任务。为了对某个状态执行任务，必须指定一个实现了(java.lang 包的)Runnable 接口的对象。这个接口包含一个无参数的 run 方法，它的返回值为 void。

例如，当视频完成了播放时，第 35 ~ 44 行调用 MediaPlayer 的 setOnEndOfMedia 方法，传递的是一个实现了 Runnable 接口的匿名内部类对象。第 38 行将布尔实例变量 playing 设置为 false；第 39 行将显示在 playPauseButton 上的文本改成“Play”，表示用户可以单击这个按钮，再次播放视频。第 40 行调用 MediaPlayer 方法 seek，移动到视频的开始处；第 41 行暂停播放视频。

第 47 ~ 55 行调用 MediaPlayer 的 setOnError 方法，指定当 MediaPlayer 进入错误状态时需执行的任务;该状态表明在播放过程中出现了错误。这时,会显示一个包含 MediaPlayer 错误消息的 ExceptionDialog 对话框。调用 ExceptionDialog 的 showAndWait 方法，表示在继续运行应用之前，必须等待用户关闭这个对话框。

将 MediaViewer 的大小与 Scene 的大小进行绑定

第 58 ~ 69 行调用 MediaPlayer 的 setOnReady 方法,指定当 MediaPlayer 进入就绪状态时要执行的任务。这里利用了属性绑定，将 MediaView 的 width 和 height 属性与场景的 width 和 height 属性相捆绑，使 MediaView 的大小能够随应用窗口的变化而调整。节点的 sceneProperty 会返回一个 ReadOnlyObjectProperty<Scene>，可以利用它来访问显示这个节点的场景。ReadOnlyObjectProperty<Scene>表示的对象可以具有多个属性。为了绑定特定的属性,可以使用(javafx.beans.binding 包)Bindings 类的方法，并选择相应的方法。场景的 width 和 height 属性为 DoubleProperty 对象。利用 Bindings 方法

selectDouble，可以取得 DoubleProperty 对象的引用。该方法的第一个实参是包含该属性的对象；第二个实参是希望绑定的属性名称。

playPauseButtonPressed 方法

playPauseButtonPressed 事件处理器(第 73 ~ 85 行)会触发视频播放动作。如果 playing 的值为 true，则第 78 行将 playPauseButton 的文本设置成“Pause”，第 79 行调用 MediaPlayer 的 play 方法；否则，第 82 行将 playPauseButton 的文本设置为“Play”，第 83 行调用 MediaPlayer 的 pause 方法。

利用 Java SE 8 lambda 实现 Runnable 接口

这个控制器的 initialize 方法中的所有匿名内部类，都可以利用 17.16 节中讲解过的 lambda 而更精简地实现。

22.7 Transition 动画

JavaFX 应用中的动画，使得节点的属性值在一个特定的时间段内，从一个值变成另一个值。节点的大多数属性都可以实现动画效果。本节将关注几种 JavaFX 预定义的 Transition 动画，它们来自 javafx.animations 包。默认情况下，定义 Transition 动画的那些子类会更改特定节点属性的值。例如，FadeTransition 会更改节点 opacity 属性的值(它确定节点是否透明)，而 PathTransition 会使节点随时间变化，从一个位置沿 Path 移动到另一个位置。尽管书中给出了全部动画示例的屏幕输出结果，但最后的做法是运行这些应用，体验它的效果。

22.7.1 TransitionAnimations.fxml

图 22.10 中给出了应用的 GUI 及运行它时的屏幕输出结果。单击 startButton 按钮时(第 17 ~ 19 行)，位于控制器内的 startButtonPressed 事件处理器会为 Rectangle(第 15 ~ 16 行)创建一个 Transition 动画序列，并播放它们。这个 Rectangle 的样式来自 TransitionAnimations.css 文件中的如下 CSS：

```
Rectangle {
   -fx-stroke-width: 10;
   -fx-stroke: red;
   -fx-arc-width: 50;
   -fx-arc-height: 50;
   -fx-fill: yellow;
}
```

它会产生一个圆角矩形，红色边线宽为 10 像素，填充色为黄色。

```
 1  <?xml version="1.0" encoding="UTF-8"?>
 2  <!-- Fig. 22.10: TransitionAnimations.fxml -->
 3  <!-- FXML for a Rectangle and Button -->
 4
 5  <?import javafx.scene.control.Button?>
 6  <?import javafx.scene.layout.Pane?>
 7  <?import javafx.scene.shape.Rectangle?>
 8
 9  <Pane id="Pane" prefHeight="200.0" prefWidth="180.0"
10     stylesheets="@TransitionAnimations.css"
11     xmlns="http://javafx.com/javafx/8.0.60"
12     xmlns:fx="http://javafx.com/fxml/1"
13     fx:controller="TransitionAnimationsController">
14     <children>
15        <Rectangle fx:id="rectangle" height="90.0" layoutX="45.0"
16           layoutY="45.0" width="90.0" />
17        <Button fx:id="startButton" layoutX="38.0" layoutY="161.0"
18           mnemonicParsing="false"
19           onAction="#startButtonPressed" text="Start Animations" />
20     </children>
21  </Pane>
```

图 22.10 用于 Rectangle 和 Button 的 FXML

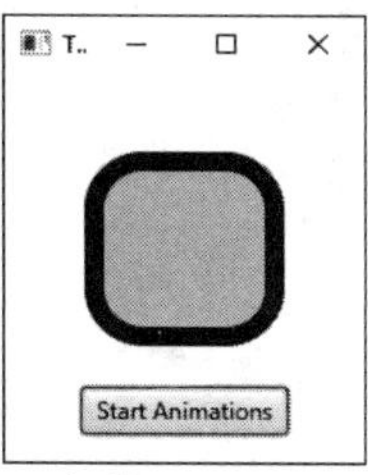

(a) 初始Rectangle

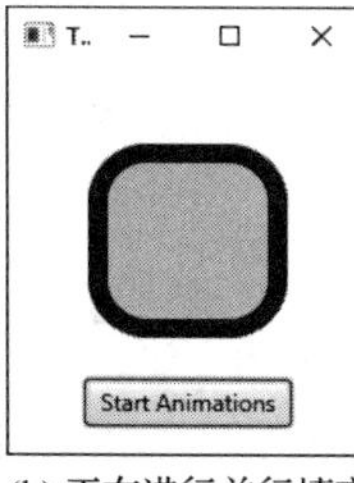

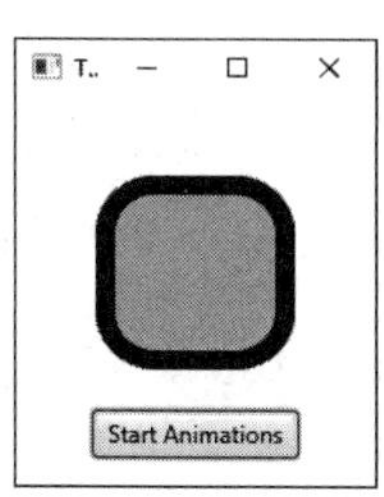

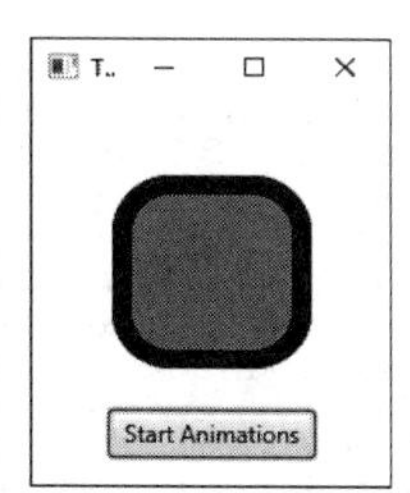

(b) 正在进行并行填充和边线转换的Rectangle

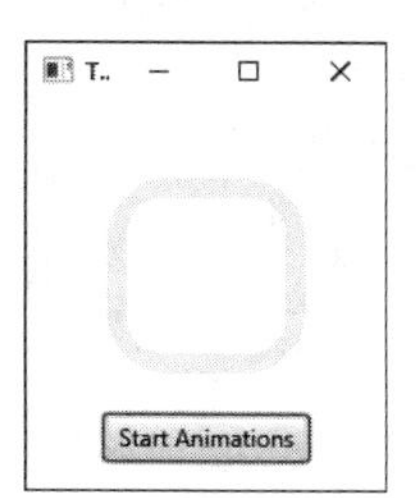

(c) 正在进行褪色转换的Rectangle

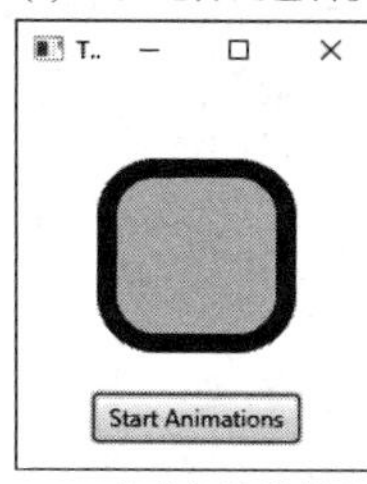

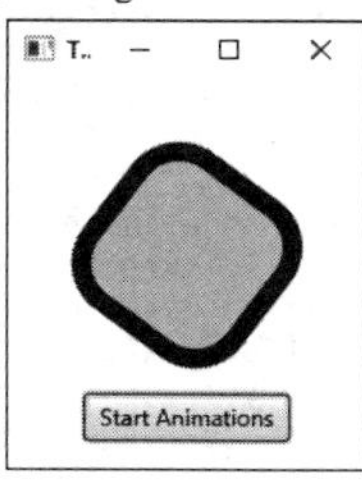

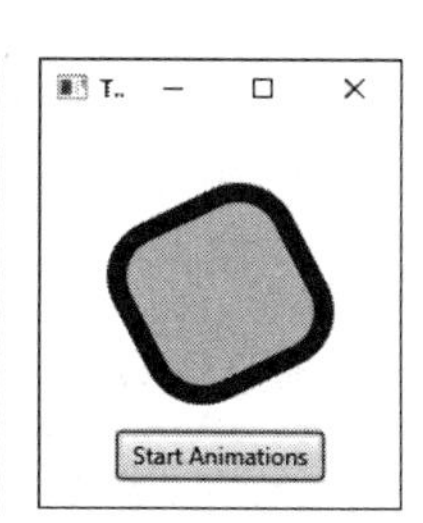

(d) 正在进行旋转转换的Rectangle

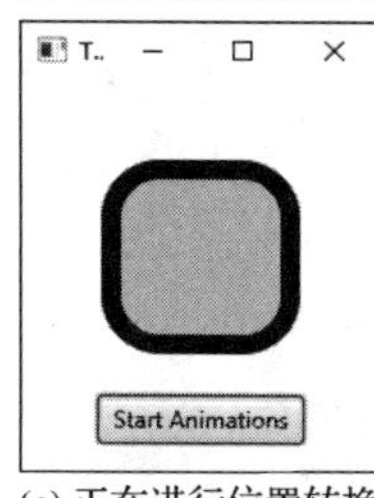

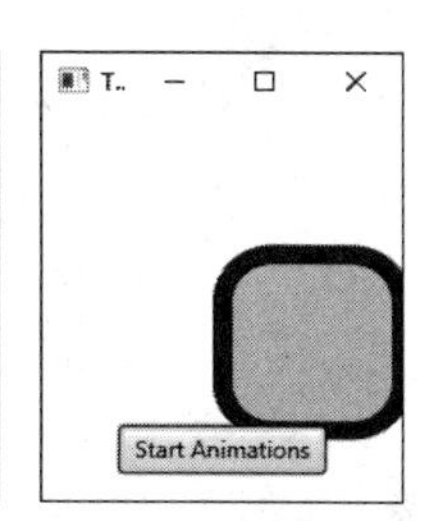

(e) 正在进行位置转换的Rectangle

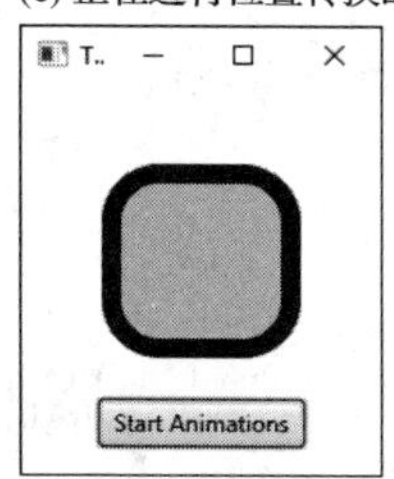

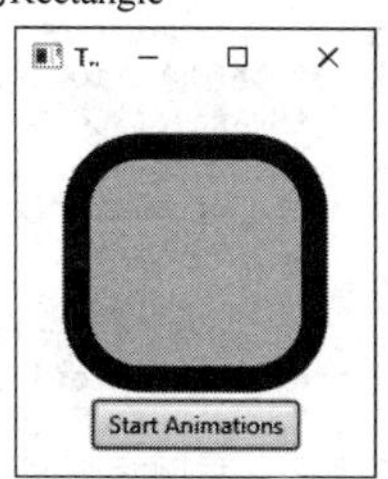

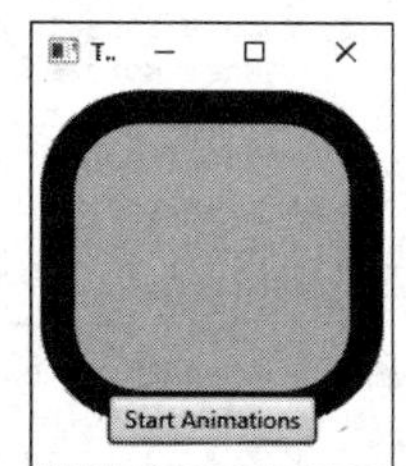

(f) 正在进行尺寸转换的Rectangle

图 22.10(续)　用于 Rectangle 和 Button 的 FXML

22.7.2 TransitionAnimationsController 类

图 22.11 中给出了这个应用的控制器类，它定义了 startButton 的事件处理器(第 25 ~ 87 行)。这个事件处理器中定义的几种动画会依次播放。

```
1  // Fig. 22.11: TransitionAnimationsController.java
2  // Applying Transition animations to a Rectangle.
3  import javafx.animation.FadeTransition;
4  import javafx.animation.FillTransition;
5  import javafx.animation.Interpolator;
6  import javafx.animation.ParallelTransition;
7  import javafx.animation.PathTransition;
8  import javafx.animation.RotateTransition;
9  import javafx.animation.ScaleTransition;
10 import javafx.animation.SequentialTransition;
11 import javafx.animation.StrokeTransition;
12 import javafx.event.ActionEvent;
13 import javafx.fxml.FXML;
14 import javafx.scene.paint.Color;
15 import javafx.scene.shape.LineTo;
16 import javafx.scene.shape.MoveTo;
17 import javafx.scene.shape.Path;
18 import javafx.scene.shape.Rectangle;
19 import javafx.util.Duration;
20
21 public class TransitionAnimationsController {
22    @FXML private Rectangle rectangle;
23
24    // configure and start transition animations
25    @FXML
26    private void startButtonPressed(ActionEvent event) {
27       // transition that changes a shape's fill
28       FillTransition fillTransition =
29          new FillTransition(Duration.seconds(1));
30       fillTransition.setToValue(Color.CYAN);
31       fillTransition.setCycleCount(2);
32
33       // each even cycle plays transition in reverse to restore original
34       fillTransition.setAutoReverse(true);
35
36       // transition that changes a shape's stroke over time
37       StrokeTransition strokeTransition =
38          new StrokeTransition(Duration.seconds(1));
39       strokeTransition.setToValue(Color.BLUE);
40       strokeTransition.setCycleCount(2);
41       strokeTransition.setAutoReverse(true);
42
43       // parallelizes multiple transitions
44       ParallelTransition parallelTransition =
45          new ParallelTransition(fillTransition, strokeTransition);
46
47       // transition that changes a node's opacity over time
48       FadeTransition fadeTransition =
49          new FadeTransition(Duration.seconds(1));
50       fadeTransition.setFromValue(1.0); // opaque
51       fadeTransition.setToValue(0.0); // transparent
52       fadeTransition.setCycleCount(2);
53       fadeTransition.setAutoReverse(true);
54
55       // transition that rotates a node
56       RotateTransition rotateTransition =
57          new RotateTransition(Duration.seconds(1));
58       rotateTransition.setByAngle(360.0);
59       rotateTransition.setCycleCount(2);
60       rotateTransition.setInterpolator(Interpolator.EASE_BOTH);
61       rotateTransition.setAutoReverse(true);
62
63       // transition that moves a node along a Path
64       Path path = new Path(new MoveTo(45, 45), new LineTo(45, 0),
65          new LineTo(90, 0), new LineTo(90, 90), new LineTo(0, 90));
66       PathTransition translateTransition =
67          new PathTransition(Duration.seconds(2), path);
```

图 22.11 将 Transition 动画用于 Rectangle

```
68         translateTransition.setCycleCount(2);
69         translateTransition.setInterpolator(Interpolator.EASE_IN);
70         translateTransition.setAutoReverse(true);
71
72         // transition that scales a shape to make it larger or smaller
73         ScaleTransition scaleTransition =
74            new ScaleTransition(Duration.seconds(1));
75         scaleTransition.setByX(0.75);
76         scaleTransition.setByY(0.75);
77         scaleTransition.setCycleCount(2);
78         scaleTransition.setInterpolator(Interpolator.EASE_OUT);
79         scaleTransition.setAutoReverse(true);
80
81         // transition that applies a sequence of transitions to a node
82         SequentialTransition sequentialTransition =
83            new SequentialTransition (rectangle, parallelTransition,
84               fadeTransition, rotateTransition, translateTransition,
85               scaleTransition);
86         sequentialTransition.play(); // play the transition
87      }
88   }
```

图 22.11(续)　将 Transition 动画用于 Rectangle

FillTransition

第 28 ~ 34 行配置了一个 1 秒时长的 FillTransition，它用于改变形体的填充色。第 30 行指定将转换成的填充色(CYAN)；第 31 行将动画的循环周期设置为 2——在指定时间内执行转换的循环次数。第 34 行指定当第一次转换完成后，动画应以逆序的方式自动播放。对于这个动画，在第一个周期，填充色会从原始颜色变成 CYAN；在第二个周期，会回退到原始的填充色。

StrokeTransition

第 37 ~ 41 行配置了一个 1 秒时长的 StrokeTransition，它用于改变形体的边线色。第 39 行指定将转换成的边线色(BLUE)；第 40 行将动画的循环周期设置为 2；第 41 行指定当第一次转换完成后，动画应以逆序的方式自动播放。对于这个动画，在第一个周期内，边线色会从原始颜色变成 BLUE；在第二个周期内，会回退到原始的边线色。

ParallelTransition

第 44 ~ 45 行配置的 ParallelTransition 在同一时刻执行多个转换(并行执行)。ParallelTransition 构造方法接收一个用逗号分隔的 Transition 清单。这里的 FillTransition 和 StrokeTransition 将在 Rectangle 上并行地执行。

FadeTransition

第 48 ~ 53 行配置的 1 秒 FadeTransition 用于改变节点的透明度。第 50 行指定的是初始透明度——1.0 表示完全不透明；第 51 行指定的是最终透明度——0.0 表示完全透明。同样，这里将周期数设置为 2，且指定了动画需自动回退。

RotateTransition

第 56 ~ 61 行配置的 1 秒 RotateTransition 用于旋转节点。可以将节点旋转指定的度数(第 58 行)，也可以使用其他的 RotateTransition 方法来指定起始角度和结束角度。所有的 Transition 动画都会利用一个 Interpolator 在动画执行期间计算新的属性值。默认的 Interpolator 为 LINEAR，它会将属性值不断地减半。对于 RotateTransition，第 60 行利用 Interpolator EASE_BOTH，它首先会缓慢地旋转节点(称为“慢速进入”)，然后在动画中间加速，最后缓慢地结束动画(称为“慢速退出”)。关于预定义 Interpolator 的列表，请参见：

```
https://docs.oracle.com/javase/8/javafx/api/javafx/animation/
   Interpolator.html
```

PathTransition

第 64 ~ 70 行配置了一个 2 秒 PathTransition，它让形体沿着某个路径移动位置。第 64 ~ 65 行创建了一个 Path 对象，然后在 PathTransition 构造方法的第二个实参中指定它。LineTo 对象会在前一个 PathElement 的端点与所指定的位置之间画一条直线。第 69 行指明这个动画需使用 Interpolator EASE_IN，它首先会缓慢地改变节点位置，然后以全速实现动画。

ScaleTransition

第 73 ~ 79 行配置的 1 秒 ScaleTransition 用于改变节点的大小。第 75 行指定对象将沿 x 轴(水平地)增大 75%，第 76 行指定沿 y 轴(垂直地)增大 75%。第 78 行表示动画需使用 Interpolator EASE_OUT，使对象首先以全速增大，然后在快完成动画时降低速度。

SequentialTransition

第 82 ~ 86 行配置的 SequentialTransition 会执行一个动画序列——完成一个动画后，会继续执行序列中的下一个。SequentialTransition 构造方法接收一个将采用这些动画的节点，后接一个用逗号分隔的 Transition 列表。事实上，所有的转换动画类都具有一个能够指定节点的构造方法。这个示例中创建其他的转换动画时，并没有指定节点，因为它们都是通过 SequentialTransition 应用于 Rectangle 的。所有的 Transition 都有一个 play 方法(第 86 行)，用于发起动画。对 SequentialTransition 调用这个方法，会自动在动画序列上调用它。

22.8 Timeline 动画

本节继续讲解动画。利用 Timeline 动画，使一个 Circle 对象能够随时间沿着应用的 Pane 弹跳。Timeline 动画可以改变任何可修改的节点属性值。可以利用一个或者多个 KeyFrame 对象，让 Timeline 动画依次改变属性值。这个应用中，只指定一个 KeyFrame，它改变 Circle 的位置，然后无限地播放这个 KeyFrame。图 22.12 中给出了应用的 FXML，它定义的 Circle 对象具有 5 像素的黑色边线，填充色为 DODGERBLUE。

```
1  <?xml version="1.0" encoding="UTF-8"?>
2  <!-- Fig. 22.12: TimelineAnimation.fxml -->
3  <!-- FXML for a Circle that will be animated by the controller -->
4
5  <?import javafx.scene.layout.Pane?>
6  <?import javafx.scene.shape.Circle?>
7
8  <Pane id="Pane" fx:id="pane" prefHeight="400.0"
9     prefWidth="600.0" xmlns:fx="http://javafx.com/fxml/1"
10    xmlns="http://javafx.com/javafx/8.0.60"
11    fx:controller="TimelineAnimationController">
12    <children>
13       <Circle fx:id="c" fill="DODGERBLUE" layoutX="142.0" layoutY="143.0"
14          radius="40.0" stroke="BLACK" strokeType="INSIDE"
15          strokeWidth="5.0" />
16    </children>
17 </Pane>
```

图 22.12 用于 Circle 动画的 FXML

这个应用的控制器(见图 22.13)在 initialize 方法中配置了 Timeline 动画的播放。第 22 ~ 45 行定义了动画；第 48 行指定动画应无限循环播放(直到应用终止，或者调用了 stop 方法)；第 49 行播放动画。

```
1  // Fig. 22.13: TimelineAnimationController.java
2  // Bounce a circle around a window using a Timeline animation
3  import java.security.SecureRandom;
4  import javafx.animation.KeyFrame;
5  import javafx.animation.Timeline;
6  import javafx.event.ActionEvent;
7  import javafx.event.EventHandler;
8  import javafx.fxml.FXML;
9  import javafx.geometry.Bounds;
10 import javafx.scene.layout.Pane;
```

图 22.13 利用 Timeline 动画，让一个圆沿窗口弹跳

```
11  import javafx.scene.shape.Circle;
12  import javafx.util.Duration;
13
14  public class TimelineAnimationController {
15     @FXML Circle c;
16     @FXML Pane pane;
17
18     public void initialize() {
19        SecureRandom random = new SecureRandom();
20
21        // define a timeline animation
22        Timeline timelineAnimation = new Timeline(
23           new KeyFrame(Duration.millis(10),
24              new EventHandler<ActionEvent>() {
25                 int dx = 1 + random.nextInt(5);
26                 int dy = 1 + random.nextInt(5);
27
28                 // move the circle by the dx and dy amounts
29                 @Override
30                 public void handle(final ActionEvent e) {
31                    c.setLayoutX(c.getLayoutX() + dx);
32                    c.setLayoutY(c.getLayoutY() + dy);
33                    Bounds bounds = pane.getBoundsInLocal();
34
35                    if (hitRightOrLeftEdge(bounds)) {
36                       dx *= -1;
37                    }
38
39                    if (hitTopOrBottom(bounds)) {
40                       dy *= -1;
41                    }
42                 }
43              }
44           )
45        );
46
47        // indicate that the timeline animation should run indefinitely
48        timelineAnimation.setCycleCount(Timeline.INDEFINITE);
49        timelineAnimation.play();
50     }
51
52     // determines whether the circle hit the left or right of the window
53     private boolean hitRightOrLeftEdge(Bounds bounds) {
54        return (c.getLayoutX() <= (bounds.getMinX() + c.getRadius())) ||
55           (c.getLayoutX() >= (bounds.getMaxX() - c.getRadius()));
56     }
57
58     // determines whether the circle hit the top or bottom of the window
59     private boolean hitTopOrBottom(Bounds bounds) {
60        return (c.getLayoutY() <= (bounds.getMinY() + c.getRadius())) ||
61           (c.getLayoutY() >= (bounds.getMaxY() - c.getRadius()));
62     }
63  }
```

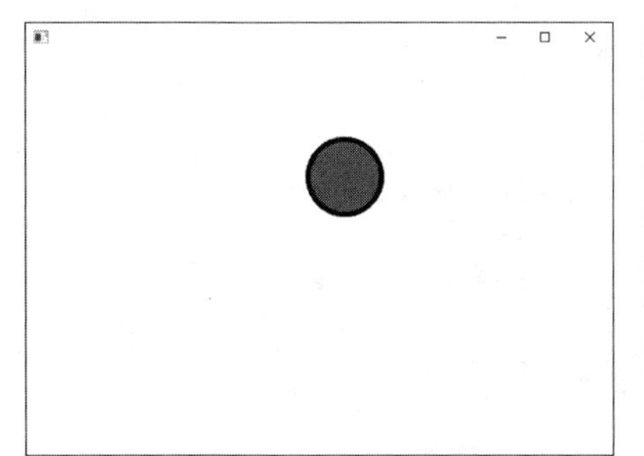

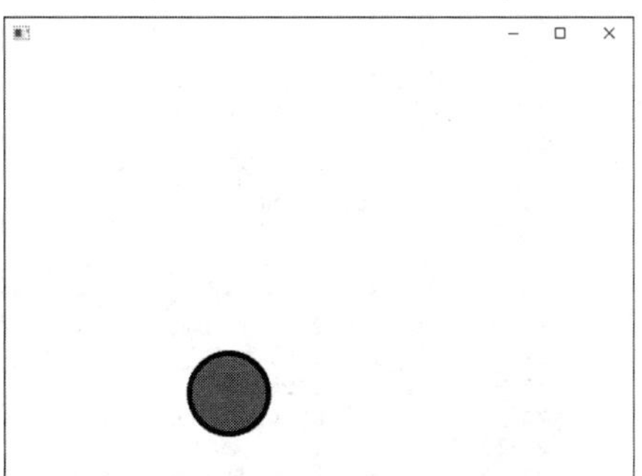

图 22.13(续)　利用 Timeline 动画，让一个圆沿窗口弹跳

创建 Timeline

第 22 ~ 45 行使用的 Timeline 构造方法，接收的实参是一个 KeyFrame 逗号分隔清单——这里只传

递了一个 KeyFrame。每一个 KeyFrame 都会在动画过程中的特定时刻发起一个 ActionEvent。这个应用中，响应该事件的方式是改变节点的属性值。此处的 KeyFrame 构造方法指定在 10 毫秒之后发起一个 ActionEvent。由于已经将 Timeline 的循环次数设置成 Timeline.INDEFINITE，因此 Timeline 会每隔 10 毫秒就执行这个 KeyFrame。第 24 ~ 43 行为 KeyFrame 的 ActionEvent 定义了一个 EventHandler。

KeyFrame 的 EventHandler

在 KeyFrame 的 EventHandler 中定义了实例变量 dx 和 dy(第 25 ~ 26 行)，并用随机值初始化它们，用于在每次播放 KeyFrame 时更改 Circle 对象的 x 坐标和 y 坐标。EventHandler 的 handle 方法(第 29 ~ 42 行)将这些值添加到 Circle 的 x 坐标和 y 坐标中(第 31 ~ 32 行)。接下来，第 35 ~ 41 行执行边界检查，以判断 Circle 是否与 Pane 的任何边界有接触。如果遇到的是左侧或者右侧，则第 36 行将 dx 的值乘以 –1，以改变 Circle 的水平运行方向；如果遇到的是上部或者底部，则第 40 行将 dy 的值乘以–1，以改变 Circle 的垂直运行方向。

22.9 利用 AnimationTimer 实现逐帧动画

实现 JavaFX 动画的第三种途径是利用(javafx.animation 包的)AnimationTimer，它可以定义逐帧动画。可以指定在某一个帧内应该如何移动物体，JavaFX 会集成所有的绘制操作并显示这个动画帧。这种做法既可以用于场景图中的对象，也可以用于在 Canvas 上绘制形体。绘制动画帧之前，JavaFX 会为每一个 AnimationTimer 调用 handle 方法。

对于平滑的动画，JavaFX 会尝试以每秒 60 帧的速度显示动画帧。这种帧率会根据动画的复杂度、处理器速度及处理器的繁忙程度而有所变化。为此，handle 方法接收一个以纳秒(十亿分之一秒)为单位的时间戳，可以利用它来确定自上一个动画帧开始已经用过的时间，并据此调整对象的移动。这样，即使播放设备的帧率不同，也可以按相同的平均速度播放动画。

图 22.14 利用 AnimationTimer 重新实现了图 22.13 中的动画。这两个应用的 FXML 相同(文件名称和控制器类名称不同)。大多数代码也与图 22.13 中的相同——那些重要的变化已经被高亮显示了，并会在后面分析它们。

```
1   // Fig. 22.14: BallAnimationTimerController.java
2   // Bounce a circle around a window using an AnimationTimer subclass.
3   import java.security.SecureRandom;
4   import javafx.animation.AnimationTimer;
5   import javafx.fxml.FXML;
6   import javafx.geometry.Bounds;
7   import javafx.scene.layout.Pane;
8   import javafx.scene.shape.Circle;
9   import javafx.util.Duration;
10
11  public class BallAnimationTimerController {
12     @FXML private Circle c;
13     @FXML private Pane pane;
14
15     public void initialize() {
16        SecureRandom random = new SecureRandom();
17
18        // define a timeline animation
19        AnimationTimer timer = new AnimationTimer() {
20           int dx = 1 + random.nextInt(5);
21           int dy = 1 + random.nextInt(5);
22           int velocity = 60; // used to scale distance changes
23           long previousTime = System.nanoTime(); // time since app launch
24
25           // specify how to move Circle for current animation frame
26           @Override
27           public void handle(long now) {
28              double elapsedTime = (now - previousTime) / 1000000000.0;
29              previousTime = now;
30              double scale = elapsedTime * velocity;
```

图 22.14 利用 AnimationTimer 子类，让一个圆沿窗口弹跳

```
31
32              Bounds bounds = pane.getBoundsInLocal();
33              c.setLayoutX(c.getLayoutX() + dx * scale);
34              c.setLayoutY(c.getLayoutY() + dy * scale);
35
36              if (hitRightOrLeftEdge(bounds)) {
37                 dx *= -1;
38              }
39
40              if (hitTopOrBottom(bounds)) {
41                 dy *= -1;
42              }
43           }
44        };
45
46        timer.start();
47     }
48
49     // determines whether the circle hit left/right of the window
50     private boolean hitRightOrLeftEdge(Bounds bounds) {
51        return (c.getLayoutX() <= (bounds.getMinX() + c.getRadius())) ||
52           (c.getLayoutX() >= (bounds.getMaxX() - c.getRadius()));
53     }
54
55     // determines whether the circle hit top/bottom of the window
56     private boolean hitTopOrBottom(Bounds bounds) {
57        return (c.getLayoutY() <= (bounds.getMinY() + c.getRadius())) ||
58           (c.getLayoutY() >= (bounds.getMaxY() - c.getRadius()));
59     }
60  }
```

图 22.14(续) 利用 AnimationTimer 子类，让一个圆沿窗口弹跳

扩展抽象类 AnimationTimer

AnimationTimer 为一个抽象类，所以必须创建它的子类。这个示例中，第 19 ~ 44 行创建的匿名内部类扩展了 AnimationTimer 类。第 20 ~ 23 行定义了这个匿名内部类的实例变量：

- 和图 22.13 相同，dx 和 dy 会逐渐改变圆的位置，并且它们的值是随机选取的，以便在执行时圆能以不同的速度移动。
- velocity 变量充当乘因子，以确定每一个动画帧内所移动的实际距离——后面将再次讲解它。
- previousTime 变量代表前一个动画帧的时间戳(纳秒)——用于确定两个帧之间所用的时间。这里将 previousTime 初始化为 System.nanoTime()，返回自 JVM 启动这个应用以来已经花费的纳秒数。每次调用 handle 方法时，其实参也为这个纳秒数。

重写 handle 方法

第 26 ~ 43 行重写了 AnimationTimer 方法 handle，它指定在每一个动画帧中需做什么：

- 第 28 行计算自上一个动画帧以来所用的时间 elapsedTime(以秒为单位)。如果 handle 方法在 1 秒内被调用了 60 次，则两帧之间的时间间隔大约为 0.0167 秒(1/60 秒)。
- 第 29 行将这个时间戳保存在 previousTime 中，供下一个动画帧使用。
- 改变 Circle 的 layoutX 和 layoutY 值时(第 33 ~ 34 行)，会将 dx 和 dy 与 scale 相乘(第 30 行)。图 22.13 中，圆的移动速度大约是每 10 毫秒沿着 x 轴和 y 轴移动 1 ~ 5 像素——像素值越多，移动速度越快。如果将 dx 和 dy 只乘以 elapsedTime(根据随机选取的值，大约为 0.0167 ~ 0.083 秒)，则在每一帧中，圆将只会沿着 dx 和 dy 移动一小步。为此，需将 elapsedTime 与 velocity(60)相乘，以放大每一帧中的移动距离。这样得到的结果就是和图 22.13 中所示的那样，大约为 1 ~ 5 像素。

22.10 在 Canvas 上绘图

前面所显示和操作的 JavaFX 二维形体对象，都位于场景图中。本节将利用 javafx.scene.canvas 包讲解类似的绘图功能。这个包中有两个类：

- Canvas 类是一个 Node 子类，可以用它绘制图形。
- GraphicsContext 类在 Canvas 上执行绘图操作。

可以看到，可以对 GraphicsContext 对象执行与前面的 Shape 对象相同的绘图功能。但是，使用 GraphicsContext 时，必须在程序中设置对象的特征并绘制形体。为了演示各种 Canvas 功能，图 22.15 重新实现了 22.3 节中的 BasicShapes 示例。此处使用了各种 JavaFX 类和枚举(位于 javafx.scene.image、javafx.scene.paint 和 javafx.scene.shape 包中)，JavaFX 的 CSS 功能会在幕后利用它们来样式化形体。

性能提示 22.1

对于那些有较高性能要求的图形，例如移动物体的游戏中的图形，通常应使用 Canvas。

```
1  // Fig. 22.15: CanvasShapesController.java
2  // Drawing on a Canvas.
3  import javafx.fxml.FXML;
4  import javafx.scene.canvas.Canvas;
5  import javafx.scene.canvas.GraphicsContext;
6  import javafx.scene.image.Image;
7  import javafx.scene.paint.Color;
8  import javafx.scene.paint.CycleMethod;
9  import javafx.scene.paint.ImagePattern;
10 import javafx.scene.paint.LinearGradient;
11 import javafx.scene.paint.RadialGradient;
12 import javafx.scene.paint.Stop;
13 import javafx.scene.shape.ArcType;
14 import javafx.scene.shape.StrokeLineCap;
15
16 public class CanvasShapesController {
17    // instance variables that refer to GUI components
18    @FXML private Canvas drawingCanvas;
19
20    // draw on the Canvas
21    public void initialize() {
22       GraphicsContext gc = drawingCanvas.getGraphicsContext2D();
23       gc.setLineWidth(10); // set all stroke widths
24
25       // draw red line
26       gc.setStroke(Color.RED);
27       gc.strokeLine(10, 10, 100, 100);
28
29       // draw green line
30       gc.setGlobalAlpha(0.5); // half transparent
31       gc.setLineCap(StrokeLineCap.ROUND);
32       gc.setStroke(Color.GREEN);
33       gc.strokeLine(100, 10, 10, 100);
34
35       gc.setGlobalAlpha(1.0); // reset alpha transparency
36
37       // draw rounded rect with red border and yellow fill
38       gc.setStroke(Color.RED);
39       gc.setFill(Color.YELLOW);
40       gc.fillRoundRect(120, 10, 90, 90, 50, 50);
41       gc.strokeRoundRect(120, 10, 90, 90, 50, 50);
42
43       // draw circle with blue border and red/white radial gradient fill
44       gc.setStroke(Color.BLUE);
45       Stop[] stopsRadial =
46          {new Stop(0, Color.RED), new Stop(1, Color.WHITE)};
47       RadialGradient radialGradient = new RadialGradient(0, 0, 0.5, 0.5,
48          0.6, true, CycleMethod.NO_CYCLE, stopsRadial);
49       gc.setFill(radialGradient);
50       gc.fillOval(230, 10, 90, 90);
51       gc.strokeOval(230, 10, 90, 90);
52
53       // draw ellipse with green border and image fill
54       gc.setStroke(Color.GREEN);
55       gc.setFill(new ImagePattern(new Image("yellowflowers.png")));
56       gc.fillOval(340, 10, 200, 90);
57       gc.strokeOval(340, 10, 200, 90);
```

图 22.15 在 Canvas 上绘图

```
58
59          // draw arc with purple border and cyan/white linear gradient fill
60          gc.setStroke(Color.PURPLE);
61          Stop[] stopsLinear =
62             {new Stop(0, Color.CYAN), new Stop(1, Color.WHITE)};
63          LinearGradient linearGradient = new LinearGradient(0, 0, 1, 0,
64             true, CycleMethod.NO_CYCLE, stopsLinear);
65          gc.setFill(linearGradient);
66          gc.fillArc(560, 10, 90, 90, 45, 270, ArcType.ROUND);
67          gc.strokeArc(560, 10, 90, 90, 45, 270, ArcType.ROUND);
68       }
69    }
```

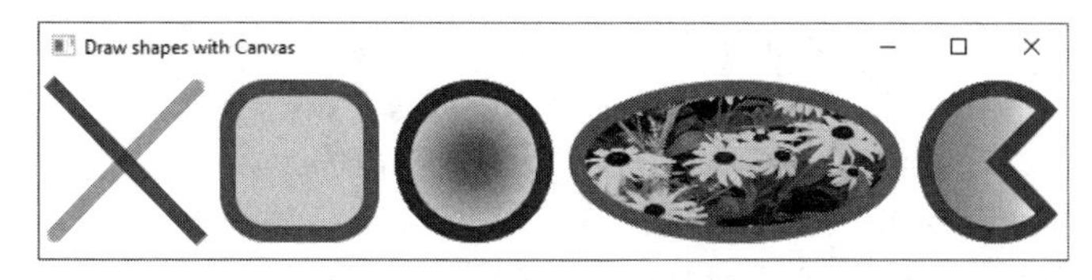

图 22.15(续)　在 Canvas 上绘图

获得 GraphicsContext

为了在 Canvas 上绘图，需首先获得它的 GraphicsContext，即调用 Canvas 方法 getGraphicsContext2D（第 22 行）。

为所有形体设置线宽

设置 GraphicsContext 的绘图特性后，它们会（在合适的情形下）用于所有的形体。例如，第 23 行调用 setLineWidth 方法，指定 GraphicsContext 的线宽（10）。所有后续的 GraphicsContext 方法调用，只要它们是在画线或者绘制形体边界，都会采用这个设置。这与图 22.4 中为所有形体指定-fx-stroke-width CSS 属性类似。

画线

第 26 ~ 33 行绘制了一条红线和一条绿线：

- GraphicsContext 的 setStroke 方法（第 26 行和第 32 行）指定一个用于画线的 Paint 对象（位于 javafx.scene.paint 包中）。Paint 可以是 Color、ImagePattern、LinearGradient 或 RadialGradient 子类中的任何一个（它们都来自 javafx.scene.paint 包）。这个示例中，将演示所有这些子类——Color 用于线及其他形体的填充色，ImagePattern、LinearGradient 和 RadialGradient 用于形体的填充色。
- GraphicsContext 的 strokeLine 方法（第 27 行和第 33 行）利用当前的 Paint 对象画一条线。它的 4 个实参分别为起点和终点的 x、y 坐标值。
- GraphicsContext 的 setLineCap 方法（第 31 行）设置线的端点形状，它与图 22.4 中的-fx-stroke-line-cap CSS 属性类似。这个方法的实参必须是来自（javafx.scene.shape 包的）StrokeLineCap 枚举常量。这里采用的线端点为圆形。
- GraphicsContext 的 setGlobalAlpha 方法（第 30 行）设置后续所绘制的所有形体的 alpha 透明度。对绿线使用的是 0.5，表示有 50%的透明度。绘制完绿线之后，将它的值重置为默认值 1.0（第 35 行），使后面的形体为完全不透明的。

绘制圆角矩形

第 38 ~ 41 行绘制的是一个带红色边线的圆角矩形：

- 第 38 行将边线色设置为 Color.RED。
- GraphicsContext 的 setFill 方法（第 39 行，第 49 行，第 55 行，第 65 行）指定用于填充形体的 Paint 对象。这里将用 Color.YELLOW 填充矩形。
- GraphicsContext 的 fillRoundRect 方法利用当前的 Paint 对象设置作为填充色，绘制一个圆角矩形。该方法的前 4 个实参分别表示矩形的左上角 x 坐标、左上角 y 坐标、宽度和高度；后两个实参表示用于矩形圆角的弧宽和弧高。它们的作用与图 22.4 中的-fx-arc-width 和-fx-arc-height CSS 属性相同。GraphicsContext 还提供了一个 fillRect 方法，它填充的矩形没有圆角。

- GraphicsContext 的 strokeRoundRect 方法，其实参与 fillRoundRect 方法相同，但绘制出的矩形只有边线，没有填充色。GraphicsContext 还提供了一个 strokeRect 方法，它绘制的矩形没有圆角。

用 RadialGradient 填充方式画圆

第 44 ~ 51 行用一个蓝边线、红-白渐变的填充色画了一个圆。第 44 行将边线色设置为 Color.BLUE；第 45 ~ 48 行配置了 RadialGradient——它们的作用与图 22.4 中的 radial-gradient CSS 函数相同。

首先，第 45 ~ 46 行创建一个 Stop 对象数组(位于 javafx.scene.paint 包中)，表示颜色停止点。每一个 Stop 都具有 0.0 ~ 1.0 的偏移量和一个 Color 常量，前者代表从渐变起始点开始的偏移百分比。此处的这些 Stop 表明径向渐变将从起始点的红色，逐步变成终点的白色。

RadialGradient 构造方法(第 47 ~ 48 行)接收的实参为

- 聚焦角，它指定了径向渐变的焦点从渐变中心开始的方向。
- 焦点的百分比距离(0.0 ~ 1.0)。
- 中心点的 x 坐标和 y 坐标，它们分别为相对于所填充形体的宽度和高度的百分比位置(0.0 ~ 1.0)。
- 一个布尔值表示渐变是否应缩放成充满形体。
- 一个(javafx.scene.paint 包的)CycleMethod 枚举常量表示应该如何使用颜色停止点。
- 一个 Stop 对象数组也可以是一个逗号分隔的 Stop 清单，或者为一个 List<Stop>对象。

此处的 RadialGradient 构造方法会实现一个红-白径向渐变的效果，它从形体中心的一个红点开始，以 60%的径向位置渐变成白色。第 49 行将填充方式设置成这个新的 radialGradient。然后，第 50 ~ 51 行调用 GraphicsContext 的 fillOval 方法和 strokeOval 方法，分别绘制一个填充椭圆和一个空心椭圆。这两个方法接收的实参为所绘制的椭圆所在的矩形区域(即边框)的左上角 x、y 坐标，以及矩形的宽度和高度。由于宽度和高度相同，所以画的是一个圆。

用 ImagePattern 填充绘制矩形

第 54 ~ 57 行绘制的椭圆具有绿色边线且包含一个图像：

- 第 54 行将边线色设置为 Color.GREEN。
- 第 55 行将填充物设置为 ImagePattern——用于加载图像的 Paint 子类，图像文件可以位于本地系统，也可以是一个 String 类型的 URL。图 22.4 中的 CSS 函数 image-pattern 就使用了这个 ImagePattern 类。
- 第 56 ~ 57 行分别绘制了一个填充椭圆和一个空心椭圆。

用 LinearGradient 填充画弧

第 60 ~ 67 行用紫色边线画弧，并用一种蓝绿-白线性渐变的形式填充它。

- 第 60 行将边线色设置为 Color.PURPLE。
- 第 61 ~ 64 行配置的 LinearGradient 为图 22.4 中 CSS 函数 linear-gradient 所使用的类。这个构造方法的前 4 个实参为渐变线两个端点的坐标，用于确定渐变的方向和角度：如果两个 x 坐标值相同，则渐变为垂直的；如果两个 y 坐标值相同，则渐变为水平的。所有其他的线性渐变都为对角形式。如果这些值的范围为 0.0 ~ 1.0 且第五个实参为 true，则渐变会缩放成充满形体。下一个实参为一个 CycleMethod 常量。最后一个实参为 Stop 对象数组，也可以是一个逗号分隔的 Stop 清单，或者为一个 List<Stop>对象。

第 66 ~ 67 行调用 GraphicsContext 的 fillArc 方法和 strokeArc 方法，分别绘制一个填充弧和一个空心弧。这两个方法的实参为

- 所绘制的弧所在的矩形区域(即边框)的左上角 x、y 坐标，以及矩形的宽度和高度。
- 以度为单位的起始角和扫描角。
- 一个(javafx.scene.shape 包的)ArcType 枚举常量。

其他的 GraphicsContext 特性

GraphicsContext 还有许多其他的特性，可以通过如下网址了解：

```
https://docs.oracle.com/javase/8/javafx/api/javafx/scene/canvas/
  GraphicsContext.html
```

书中没有讲解的一些功能为

- 绘制并填充文本——与 22.2 节中的字体特性类似。
- 绘制并填充多边形、折线和路径——与 22.4 节中讲解的对应 Shape 子类相近。
- 应用效果和变换——类似于 22.5 节讲解的变换。
- 绘制图像。
- 通过 PixelWriter 在 Canvas 上操作不同的像素。
- 通过 save 和 restore 方法，分别保存和获取图形特性。

22.11　三维形体

本章前面探讨了许多二维(2D)图形的设计和呈现。Java SE 8 中，JavaFX 添加了几种三维(3D)形体及对应的处理方法，这些三维形体为(javafx.scene.shape 包的) Shape3D 子类。本节将利用 Scene Builder 来创建 Box(立方体)、Cylinder(圆柱体)和 Sphere(球体)，并设置它们的属性。然后，在一个应用的控制器中创建一些“材料”，将颜色和图像用于这些 3D 形体上。

8

用于 Box、Cylinder 和 Sphere 的 FXML

图 22.16 中给出的 FXML 是用 Scene Builder 创建的：

- 第 16 ~ 21 行定义了一个 Box 对象。
- 第 22 ~ 27 行定义了一个 Cylinder 对象。
- 第 28 ~ 29 行定义了一个 Sphere 对象。

将这些对象从 Scence Builder 的 Library 窗口的 Shapes 部分拖入设计区，并分别将它们的 fx:id 属性值设置为 box、cylinder 和 sphere。还需要将控制器设置成 ThreeDimensionalShapesController。[①]

```
1  <?xml version="1.0" encoding="UTF-8"?>
2  <!-- ThreeDimensionalShapes.fxml -->
3  <!-- FXML that displays a Box, Cylinder and Sphere -->
4
5  <?import javafx.geometry.Point3D?>
6  <?import javafx.scene.layout.Pane?>
7  <?import javafx.scene.shape.Box?>
8  <?import javafx.scene.shape.Cylinder?>
9  <?import javafx.scene.shape.Sphere?>
10
11 <Pane prefHeight="200.0" prefWidth="510.0"
12    xmlns="http://javafx.com/javafx/8.0.60"
13    xmlns:fx="http://javafx.com/fxml/1"
14    fx:controller="ThreeDimensionalShapesController">
15    <children>
16       <Box fx:id="box" depth="100.0" height="100.0" layoutX="100.0"
17          layoutY="100.0" rotate="30.0" width="100.0">
18          <rotationAxis>
19             <Point3D x="1.0" y="1.0" z="1.0" />
20          </rotationAxis>
21       </Box>
22       <Cylinder fx:id="cylinder" height="100.0" layoutX="265.0"
23          layoutY="100.0" radius="50.0" rotate="-45.0">
24          <rotationAxis>
25             <Point3D x="1.0" y="1.0" z="1.0" />
```

图 22.16　显示 Box、Cylinder 和 Sphere 的 FXML

① 到本书编写时为止，如果将三维形体拖入 Scene Builder 的设计区，则它们的维度会被默认设置为很小的值——Box 的 Width、Height 和 Depth 为 2；Cylinder 的 Height 和 Radius 分别为 2 和 0.77；Sphere 的 Radius 为 0.77。需要在 Hierarchy 面板上选中它们，然后设置它们的属性值。

```
26            </rotationAxis>
27         </Cylinder>
28         <Sphere fx:id="sphere" layoutX="430.0" layoutY="100.0"
29            radius="60.0" />
30      </children>
31   </Pane>
```

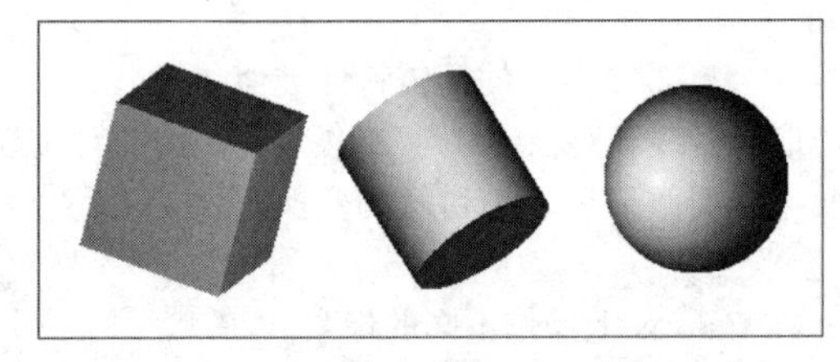

图 22.16(续) 显示 Box、Cylinder 和 Sphere 的 FXML

从图 22.16 的屏幕输出结果可以看出，所有的形体最初都是灰色的。在 Scene Builder 中看到的阴影来自场景的默认投光。javafx.scene 包中的 AmbientLight 类和 PointLight 类可以用于添加自定义的投光效果，但是这个示例中没有采用它们。还可以利用一些照相机对象，从不同角度和距离查看这些物体。这些对象位于 Scene Builder 的 Library 窗口的 3D 部分中。关于投光和照相机的更多信息，请访问：

```
https://docs.oracle.com/javase/8/javafx/graphics-tutorial/javafx-
   3d-graphics.htm
```

练习题 22.11 中需要用到这些功能。

Box 属性

在 Scene Builder 中配置 Box 属性的步骤如下：

- 将 Width、Height 和 Depth 设置成 100，使其成为一个立方体。深度是沿着 *z* 轴(垂直于屏幕)度量的——当沿着 *z* 轴移动物体时，它会变大或者变小。
- 将 Layout X 和 Layout Y 设置成 100，指定立方体的位置。
- 将 Rotate 设置为 30，指定旋转角(度数)。正值表示逆时针旋转。
- 将 Rotation Axis 的 X、Y、Z 值设置为 1，表示 Rotate 中设置的角度将使立方体沿着每一个轴旋转 30 度。

为了体验 Rotate 值和 Rotation Axis 值是如何影响 Box 的旋转的，可以将三个 Rotation Axis 值中的两个设置为 0，并改变 Rotate 的角度。

Cylinder 属性

在 Scene Builder 中配置 Cylinder 属性的步骤如下：

- 将 Height 设置为 100.0，将 Radius 设置为 50。
- 将 Layout X 和 Layout Y 分别设置为 265 和 100。
- 将 Rotate 设置为–45，指定旋转角(度数)。负值表示顺时针旋转。
- 将 Rotation Axis 的 X、Y、Z 值置为 1，表示 Rotate 中设置的角度将用来在所有的三个轴上旋转。

Sphere 属性

在 Scene Builder 中配置 Sphere 属性的步骤如下：

- 将 Radius 设置为 60。
- 将 Layout X 和 Layout Y 分别设置为 430 和 100。

ThreeDimensionalShapesController 类

图 22.17 中给出了这个应用的控制器和输出结果。最后看到的颜色和图像是通过在形体上使用材料而创建的。JavaFX 类 PhongMaterial(位于 javafx.scene.paint 包中)用于定义这些材料。“Phong” 是一个 3D 图形术语——“冯氏着色” (Phong shading)是一种在 3D 表面设置颜色和阴影的技术。关于这种技术的更多信息，请访问：

https://en.wikipedia.org/wiki/Phong_shading

```
1  // Fig. 22.17: ThreeDimensionalShapesController.java
2  // Setting the material displayed on 3D shapes.
3  import javafx.fxml.FXML;
4  import javafx.scene.paint.Color;
5  import javafx.scene.paint.PhongMaterial;
6  import javafx.scene.image.Image;
7  import javafx.scene.shape.Box;
8  import javafx.scene.shape.Cylinder;
9  import javafx.scene.shape.Sphere;
10
11 public class ThreeDimensionalShapesController {
12    // instance variables that refer to 3D shapes
13    @FXML private Box box;
14    @FXML private Cylinder cylinder;
15    @FXML private Sphere sphere;
16
17    // set the material for each 3D shape
18    public void initialize() {
19       // define material for the Box object
20       PhongMaterial boxMaterial = new PhongMaterial();
21       boxMaterial.setDiffuseColor(Color.CYAN);
22       box.setMaterial(boxMaterial);
23
24       // define material for the Cylinder object
25       PhongMaterial cylinderMaterial = new PhongMaterial();
26       cylinderMaterial.setDiffuseMap(new Image("yellowflowers.png"));
27       cylinder.setMaterial(cylinderMaterial);
28
29       // define material for the Sphere object
30       PhongMaterial sphereMaterial = new PhongMaterial();
31       sphereMaterial.setDiffuseColor(Color.RED);
32       sphereMaterial.setSpecularColor(Color.WHITE);
33       sphereMaterial.setSpecularPower(32);
34       sphere.setMaterial(sphereMaterial);
35    }
36 }
```

图 22.17　设置显示在 3D 形体上的材料

用于 Box 的 PhongMaterial

第 20 ~ 22 行配置并设置了 Box 对象的 PhongMaterial。setDiffuseColor 方法设置用于 Box 表面(各个面)的颜色。场景的投光效果决定了能够看见的表面的着色结果。这些着色会根据光在物体上的角度而发生变化。

用于 Cylinder 的 PhongMaterial

第 25 ~ 27 行配置并设置了 Cylinder 对象的 PhongMaterial。setDiffuseMap 方法设置的 Image 对象会被用于圆柱体的表面。同样，场景的投光决定了圆柱体表面的图案效果。注意，在输出结果中，圆柱体左右两侧的图像更暗(光更少)，而底部几乎看不到图像(此处没有光)。

用于 Sphere 的 PhongMaterial

第 30 ~ 34 行配置并设置了 Sphere 对象的 PhongMaterial。这里将漫射颜色设置为红色。setSpecularColor 方法会设置亮点的颜色，它使 3D 形体看起来有光泽。setSpecularPower 方法确定该亮点的强度。可以尝试其他的高光强度，看它们对亮点的强度有何影响。

22.12　小结

本章完成了从第 12 章和第 13 章开始的 JavaFX 讲解，探讨的是 JavaFX 中的各种图形和多媒体功能。

我们利用外部层叠样式表（CSS）来定制化 JavaFX 节点的外观，包括 Label 及各种 Shape 子类对象。显示了二维形体，包括线条、矩形、圆、椭圆、弧、折线及自定义的形体。

本章讲解了如何对节点使用变换、沿着某一个点旋转 18 个 Polygon 对象以创建一个星形圆。随后创建了一个简单的视频播放器，用 Media 类指定视频文件的位置，利用 MediaPlayer 类加载视频并控制它的播放，并用 MediaView 类显示视频。

我们利用 Transition 和 Timeline，让节点的属性值随时间变化，使 JavaFX 节点具有动画效果。本章使用了内置的 Transition 动画来改变特定 JavaFX 节点的属性（如节点的边线色、填充色、透明性、旋转角、缩放）。接着利用了 Timeline 动画和 KeyFrame，让一个圆沿着窗口弹跳；展示了这样的动画能用于任何可以修改的节点属性。还讲解了如何用 AnimationTimer 创建逐帧动画。

接着，本章给出了利用 GraphicsContext 对象在 Canvas 节点上绘图的各种功能。GraphicsContext 支持的许多绘图功能和形体在 Shape 节点上也可以实现。最后讲解的是三维形体 Box、Cylinder 和 Sphere，并演示了如何利用材料来对这些形体应用颜色和图像。有关 JavaFX 的更多新，请参见 FX Experience 博客：

```
http://fxexperience.com/
```

总结

22.2 节　利用 CSS 控制字体

- JavaFX 对象可以用层叠样式表（CSS）格式化。
- CSS 允许将 GUI 的表示（如字体、间距、大小、颜色、位置）与它的结构和内容（布局容器、形体、文本、GUI 组件等）分离开。

22.2.1 节　形成 GUI 样式的 CSS

- 所有 CSS 规则都以一个 CSS 选择器（selector）开头，它指定的 JavaFX 对象会根据规则进行样式化。
- 样式类选择器的规则可以应用于具有相同类名称的 styleClass 属性的任何对象。在 CSS 中，样式类选择器以一个点号开头，后接类名称。
- 包含 CSS 属性的 CSS 规则体被放置在一对花括号中。这些属性将应用于与 CSS 选择器相对应的对象。
- 所有 JavaFX CSS 属性名称都以-fx-开头，后接对应的 JavaFX 对象属性的名称（全部为小写字母）。
- -fx-spacing 属性确定对象之间的垂直间距。
- -fx-padding 属性确定对象与它的容器边的距离。
- 用#开头的选择器被称为 ID 选择器——它适用于具有指定 ID 的对象。
- -fx-font 属性可用于设置字体特征，包括样式、粗细、字号及字体名称（font family）。其中，字号和字体名称是必须有的。
- 字体属性也可以通过-fx-font-style、-fx-font-weight、-fx-font-size 和-fx-font-family 确定。它们可分别用于 JavaFX 对象中由相关名称所指定的属性。

22.2.2 节　定义 GUI 的 FXML——XML 标记

- 所有的 FXML 文档都以一个 XML 声明开头，它必须是文件中的第一行，表示该文档包含 XML 标记。
- XML 属性有一个 name 和一个 value，它们用一个等于号相连，并且 value 需放于一对双引号中。多个 name=value 对用空格分开。
- XML 注释以<!--开头，以-->结尾，并且可以跨越多行。

- FXML 的 import 声明指定在文档中使用的 JavaFX 类型的完全限定名称。这种声明需用<?import 和?>界定。
- XML 文档包含的元素用于指定文档的结构。大多数元素都有一个起始标签和一个结束标签。
- 起始标签为一对尖括号(<和>)，其中包含元素名称，以及后续的零个或者多个属性。
- 结束标签在尖括号中的元素名称前面加上了一条斜线。
- 每一个 XML 文档都必须只有一个根元素，它包含所有其他的元素。
- FXML 布局元素的子元素包含位于该布局中的子节点。
- 空元素可采用一种起始标签的简短写法——其起始标签的末尾为/>，而不是>。
- XML 命名空间确定的是文档中可以使用的元素及属性名称。

22.2.3 节　从 FXML 引用 CSS 文件

- 如果从 FXML 引用 CSS 文件，则 Scene Builder 会将 CSS 规则应用于 GUI。
- @符号在 FXML 中称为本地解析操作符，表示文件位于与磁盘上 FXML 文件相对应的位置。

22.2.4 节　指定 VBox 的样式类

- 为了将 CSS 类应用于 Scene Builder 中的对象，需将该对象的 Style Class 设置成 CSS 类名称(不带点号)。

22.2.5 节　在程序中加载 CSS

- 也可以动态地加载 CSS 文件，并将这些文件添加到 Scene Builder 的样式表集合中。它们可通过 getStyleSheets 方法获取。

22.3 节　显示二维形体

- 可以定义(javafx.scene.shape 包的)Shape 和 Shape3D 子类对象，将它们添加到 JavaFX 窗口的一个容器中。
- 可以将一个(javafx.scene.canvas 包的)Canvas 对象添加到 JavaFX 窗口的容器中，然后利用各种 Canvas 方法绘图。
- 与其他的节点类型相同，可以将形体从 Scene Builder 的 Library 窗口的 Shapes 部分拖放到设计区，然后通过 Inspector 窗口的 Properties、Layout 及 Code 部分配置它们。也可以在程序中创建任何 JavaFX 节点类型的对象。

22.3.1 节　使用 FXML 定义二维形体

- 所有可以在 Scene Builder 中设置的属性，在 FXML 中都有对应的属性。
- 将形体拖放到设计区时，Scene Builder 会自动配置某些属性，例如，用于 Rectangle、Circle、Ellipse 及 Arc 的 Fill 和 Stroke 颜色值。
- 可以在 Scene Builder 中将属性设置成默认值，或者也可以在 FXML 中直接编辑它们。
- 形体的默认 fill 属性值为黑色。
- 默认 stroke 属性值为 1 像素宽的黑线。
- 默认 strokeType 属性值为 centered——边线宽度的一半，位于形体边界以内，另一半在外面。也可以将形体的边界完整地置于形体边界以内或者以外。
- 将 startX、startY、endX 及 endY 属性指定的两个端点相连，就形成了一条线。
- *x* 坐标和 *y* 坐标的原点位于布局的左上角。*x* 坐标值从左到右递增，*y* 坐标值从上到下递增。
- 如果指定了 Line 的 layoutX 属性和 layoutY 属性，则它的 startX、startY、endX 和 endY 属性值就是从那一个点开始计算的。
- 所显示的矩形是根据它的 layoutX、layoutY、width 和 height 属性值确定的。左上角的位置由 layoutX 和 layoutY 属性的坐标值确定。
- Circle 对象的圆心由 centerX 和 centerY 属性值确定。radius 属性值决定了圆的大小。

- Ellipse 的中心点由 centerX 和 centerY 属性值确定。radiusX 和 radiusY 属性值给出了 Ellipse 的宽度和高度。
- Arc 的中心点由 centerX 和 centerY 属性值确定，而 radiusX 和 radiusY 属性值给出了 Arc 的宽度和高度。还必须指定 Arc 的 length、startAngle 和 type 值。

22.3.2 节 形成二维形体样式的 CSS

- 利用 JavaFX 类名称，就可以指定 CSS 类型选择器。
- JavaFX 呈现对象时，它会使用适合于该对象的所有 CSS 规则，以确定它的外观。
- 颜色可以是直接名称(如“red”“green”“blue”)、RGBA 形式，也可以由它的色度、饱和度、亮度及 alpha 分量值确定。
- CSS 函数 rgba 会根据红、绿、蓝及 alpha 分量来定义颜色。
- -fx-stroke-line-cap CSS 属性指定线的末端形状。
- -fx-fill CSS 属性指定出现在形体内部的颜色或模式。
- Rectangle 的-fx-arc-width 和-fx-arc-height 属性，分别指定椭圆的宽度和高度，它们的值均为矩形宽度和高度的一半，使矩形的角变成圆形。
- 用渐变定义的颜色会逐渐从一种变成另一种。
- CSS 函数 radial-gradient 得到的效果，使颜色从中心点向外渐变。
- 为了将图像设置成填充物，需利用 CSS 函数 image-pattern。
- 线性渐变可使颜色沿水平、垂直或者对角方向逐渐变化。

22.4 节 Polyline、Polygon 和 Path

- Polyline——根据一组点的集合，绘制一些彼此相连的线段。
- Polygon——根据一组点的集合，绘制一些彼此相连的线段，并将端点和起点相连。
- Path——移动某一个点，然后绘制线段、弧和曲线，从而得到一列彼此相连的 PathElement。

22.4.2 节 PolyShapesController 类

- Path 类的对象用一个 PathElement 集合表示。
- PathElement 的 MoveTo 子类会移动到一个特定的位置，移动时不绘制任何形体。
- PathElement 的 ArcTo 子类在前一个 PathElement 的端点和指定的位置之间画一个弧。
- PathElement 的 ClosePath 子类在最后一个 PathElement 的端点与第一个 PathElement 的起点之间画一条直线，从而形成一条闭合路径。
- ArcTo 的 sweepFlag 变量值决定了弧的扫描方向(true 值表示逆时针，false 值表示顺时针)。
- 默认情况下,会在最后一个 PathElement 的端点与 ArcTo 元素所指定的点之间绘制一条最短的弧。为了沿着椭圆较大的那一侧画弧，需将 ArcTo 的 largeArcFlag 值设置为 true。

22.5 节 变换

- 变换可以应用于任何 UI 元素，对图形进行重新定位或调整方向。
- Translate 变换将对象移动到一个新位置。
- Rotate 变换沿着某一个点，将对象旋转指定的角度。
- Scale 变换按指定的量缩放对象尺寸。
- 为了创建 Rotate 变换对象，需调用 Transform 类的静态方法 rotate，它返回一个 Rotate 对象。该方法的第一个实参为旋转的角度。后面的两个实参是所旋转的 Shape 中心点的 *x* 坐标和 *y* 坐标。

22.6 节 利用 Media、MediaPlayer 和 MediaViewer 播放视频

- JavaFX 的音视频功能位于 javafx.scene.media 包中。
- 对于简单的音频操作，可以使用 AudioClip 类。复杂的音频播放及视频播放功能可以利用 Media、

MediaPlayer 和 MediaView 类。

- JavaFX 支持 MPEG-4(MP4) 和 Flash Video 视频格式。

22.6.1 节　VideoPlayer GUI

- MediaView 位于 Scene Builder 的 Library 窗口的 Controls 部分中。
- ToolBar 位于 Scene Builder 的 Library 窗口的 Containers 部分中。默认情况下，当从 Scene Builder 将 ToolBar 拖放到布局中时，会在 ToolBar 上添加一个 Button。

22.6.2 节　VideoPlayerController 类

- Media 对象指定要播放的媒体位置，并提供关于该媒体的各种信息，包括时长、尺寸等。
- MediaPlayer 对象加载视频并控制它的播放。此外，MediaPlayer 还可以在加载和播放媒体的过程中转换状态。可以提供几个 Runnable 接口来响应这些状态转换。
- MediaView 对象显示通过 MediaPlayer 对象所播放的媒体。
- 为了加载视频并为播放做好准备，必须先将它与一个 MediaPlayer 对象相关联。
- 播放多个视频时，要求为每一个 Media 对象设置不同的 MediaPlayer 对象。但是，一个 Media 对象可以与多个 MediaPlayer 对象相关联。
- MediaPlayer 没有提供用于显示视频的视图。为此，必须将 MediaPlayer 与 MediaView 相关联。只要已经存在了 MediaView——例如在 FXML 中创建它——就可以调用它的 setMediaPlayer 方法来完成这项关联任务。
- 在程序中创建 MediaView 对象时，可以将 MediaPlayer 传递给它的构造方法。
- 在场景图中，MediaView 和其他节点相似，所以也可以对它应用 CSS 样式、变换、动画等。
- 常见的 MediaPlayer 状态包括：就绪(ready)、播放(playing)和暂停(paused)。
- 为了对某个状态执行任务，必须指定一个实现了(java.lang 包的)Runnable 接口的对象。这个接口包含一个无参数的 run 方法，它的返回值为 void。
- MediaPlayer 的 setOnEndOfMedia 方法接收一个 Runnable 对象，当视频播放完毕时需要执行它。
- MediaPlayer 方法 seek 会移动到媒体指定的时间点。
- MediaPlayer 的 setOnError 方法指定当 MediaPlayer 进入错误状态时需执行的任务(一个 Runnable 对象)，该状态表明在播放过程中出现了错误。
- MediaPlayer 的 setOnReady 方法指定当 MediaPlayer 进入就绪状态时要执行的任务(一个 Runnable 对象)。
- 节点的 sceneProperty 会返回一个 ReadOnlyObjectProperty<Scene>，可以利用它来访问显示这个节点的场景。
- 为了绑定特定的属性，可以使用(javafx.beans.binding 包)Bindings 类的方法，选择相应的方法。
- 利用 Bindings 方法 selectDouble，可以取得 DoubleProperty 对象的引用。

22.7 节　Transition 动画

- Transition 动画使得点的属性值在一个特定的时间段内，从一个值变成另一个值。节点的大多数属性都可以实现动画效果。
- 默认情况下，定义 Transition 动画的那些子类(位于 javafx.animations 包中)会更改特定节点属性的值。

22.7.2 节　TransitionAnimationsController 类

- FillTransition 改变形体的填充色。
- StrokeTransition 改变形体的边线色。
- ParallelTransition 在同一时刻(并行地)执行多个变换。
- FadeTransition 改变节点的透明性。

- RotateTransition 旋转节点。
- 所有 Transition 动画都会利用一个 Interpolator 在动画执行期间计算新的属性值。
- Interpolator EASE_BOTH 首先会缓慢地旋转节点(称为“慢速进入”)，然后在动画中间加速，最后缓慢地结束动画(称之为“慢速退出”)。
- PathTransition 会使形体沿着某一个 Path 移动位置。
- PathElement 的 LineTo 子类在前一个 PathElement 的端点和指定的位置之间画一条直线。
- Interpolator EASE_IN 首先会缓慢地执行动画，然后全速执行。
- ScaleTransition 改变节点的大小。
- Interpolator EASE_OUT 首先会全速执行动画，然后缓慢地结束。
- SequentialTransition 执行一个动画序列——完成一个动画后，会继续执行序列中的下一个动画。
- 所有的 Transition 都有一个 play 方法，用于发起动画。

22.8 节 Timeline 动画

- Timeline 动画可以改变任何可修改的节点属性值。可以利用一个或者多个 KeyFrame 对象，让 Timeline 动画依次改变属性值。
- 每一个 KeyFrame 都会在动画过程中的特定时刻发起一个 ActionEvent。这个应用中，响应该事件的方式是改变节点的属性值。
- 将动画的循环次数设置成 Timeline.INDEFINITE，会使它无限循环地播放(直到应用终止，或者调用了 stop 方法)。

22.9 节 利用 AnimationTimer 实现逐帧动画

- 利用(javafx.animation 包的) AnimationTimer，可以定义逐帧动画。可以指定在某一个帧内应该如何移动物体，JavaFX 会集成所有的绘制操作并显示这个动画帧。
- 绘制动画帧之前，JavaFX 会为每一个 AnimationTimer 调用 handle 方法。
- 对于平滑的动画，JavaFX 会尝试以每秒 60 帧的速度显示动画帧。
- handle 方法接收一个以纳秒(十亿分之一秒)为单位的时间戳，可以利用它来确定自上一个动画帧开始已经用过的时间，并据此调整对象的移动。这样，即使播放设备的帧率不同，也可以按相同的平均速度播放动画。
- AnimationTimer 为一个抽象类，所以必须创建它的子类。

22.10 节 在 Canvas 上绘图

- javafx.scene.canvas 包有两个类：Canvas 为 Node 的一个子类，用于绘制图形，而 GraphicsContext 类在 Canvas 上执行绘图操作。
- 为了在 Canvas 上绘图，需首先获得它的 GraphicsContext，方法是调用 Canvas 方法 getGraphicsContext2D。
- 设置 GraphicsContext 的绘图特性后，会将它们(在合适的情形下)用于所有的形体。例如，调用 setLineWidth 可指定 GraphicsContext 的行宽；所有后续的 GraphicsContext 方法调用，只要它们是在画线或者绘制形体边界，都会采用这个设置。
- GraphicsContext 的 setStroke 方法指定一个用于画线的 Paint 对象(位于 javafx.scene.paint 包中)。Paint 可以是 Color、ImagePattern、LinearGradient 或 RadialGradient 子类中的任何一个。
- GraphicsContext 的 strokeLine 方法利用当前的 Paint 对象画一条线。它的 4 个实参分别为起点和终点的 x、y 坐标值。
- GraphicsContext 的 setLineCap 方法设置线的端点形状。
- GraphicsContext 的 setGlobalAlpha 方法设置后续所绘制的所有形体的 alpha 透明度。
- GraphicsContext 的 setFill 方法指定用于填充形体的 Paint 对象。

- GraphicsContext 的 strokeRoundRect 方法绘制一个圆角的空心矩形。
- GraphicsContext 的 fillRoundRect 方法，其实参与 strokeRoundRect 方法相同，但使用当前的 Paint 对象设置来绘制一个填充的圆角矩形。
- GraphicsContext 的 strokeRect 方法绘制一个不带圆角的空心矩形。
- GraphicsContext 的 fillRect 方法绘制一个不带圆角的填充矩形。
- RadialGradient 指定渐变从焦点向外辐射。
- Stop 对象表示渐变中的颜色停止点。
- GraphicsContext 的 fillOval 和 strokeOval 方法分别绘制一个填充椭圆和一个空心椭圆。
- ImagePattern 是一个 Paint 子类，用于加载图像的 Paint 子类，图像文件可以位于本地系统，也可以是一个 String 类型的 URL。
- LinearGradient 指定渐变沿着一条直线进行颜色变换。
- GraphicsContext 的 fillArc 和 strokeArc 方法分别绘制一个填充弧和一个空心弧。

22.11 节　三维形体

- 三维形体为(javafx.scene.shape 包的)Shape3D 子类，其中包括 Box、Cylinder 和 Sphere。
- 在 Scene Builder 中看到的三维形体阴影来自场景的默认投光。javafx.scene 包中的 AmbientLight 类和 PointLight 类可以用于添加自定义的投光效果。
- 可以利用一些照相机对象，从不同角度和距离查看这些物体。
- 对象的深度是沿着 *z* 轴(垂直于屏幕)度量的——当沿着 *z* 轴移动物体时，它会变大或者变小。
- 三维形体上的颜色和图像是由应用在形体上的材料创建的。
- JavaFX 类 PhongMaterial 用于定义这些材料。
- “Phong”是一个 3D 图形术语——“冯氏着色”是一种在 3D 表面设置颜色和阴影的技术。
- PhongMaterial 的 setDiffuseColor 方法用于设置应用在三维形体表面的颜色。场景的投光效果决定了能够看见的表面的着色结果。
- PhongMaterial 的 setDiffuseMap 方法用于设置应用在三维形体表面的图像。
- PhongMaterial 的 setSpecularColor 方法用于设置亮点的颜色，它使 3D 形体看起来有光泽。PhongMaterial 的 setSpecularPower 方法用于确定该亮点的强度。

自测题

22.1 填空题。

a)用________开头的选择器被称为 ID 选择器——它适用于具有指定 ID 的对象。

b)XML 注释以________开头，以-->结尾，并且可以跨越多行。

c)*x* 坐标和 *y* 坐标的原点位于布局的________；*x* 坐标值从左到右递增，*y* 坐标值从上到下递增。

d)________CSS 属性指定线的末端形状。

e)用________定义的颜色会逐渐从一种变成另一种。

f)________可以应用于任何 UI 元素对图形进行重新定位或调整方向。

g)为了对 MediaPlayer 的某个状态执行任务，必须指定一个实现了(java.lang 包的)________接口的对象。

h)FadeTransition 改变节点的________。

i)所有 Transition 动画都会利用一个________在动画执行期间计算新的属性值。

j)javafx.scene.canvas 包有两个类：Canvas 为 Node 的一个子类，用于绘制图形，而________类在 Canvas 上执行绘图操作。

k)________对象表示渐变中的颜色停止点。

l)三维形体上的颜色和图像是由应用在形体上的________创建的。

m) JavaFX 类________用于定义材料。

22.2 判断下列语句是否正确。如果不正确，请说明理由。

a) 所有 CSS 规则都以一个 CSS 收集器开头，它指定的 JavaFX 对象会根据规则进行样式化。

b) XML 起始标签为一对方括号([和])，其中包含元素名称，以及后续的零个或者多个属性。

c) 可以动态地加载 CSS 文件，并将这些文件添加到 Scene Builder 的样式表集合中。它们可通过 getStyleSheets 方法获取。

d) 所有可以在 Scene Builder 中设置的属性，在 FXML 中都有对应的属性。

e) 利用 JavaFX 类名称就可以指定 CSS 类型选择器。

f) Polyline 根据一组点的集合，绘制一些彼此相连的线段，并将端点和起点相连。

g) PathElement 的 MoveTo 子类会移动到一个特定的位置，移动时不绘制任何形体。

h) JavaFX 支持 MPEG-4(MP4)和 Flash Video 视频格式。

i) 播放多个视频时，要求为每一个 Media 对象设置不同的 MediaPlayer 对象。

j) Transition 动画使得节点的属性值在一个特定的时间段内，从一个值变成另一个值。节点只有一个属性能够实现动画效果。

k) 将动画的循环次数设置成 Timeline.INFINITE，会使它无限循环地播放(直到应用终止，或者调用了 stop 方法)。

l) 对于平滑的动画，JavaFX 会尝试以每秒 30 帧的速度显示动画帧。

m) 如果播放设备的帧率不同，则无法按相同的平均速度播放动画。

n) AnimationTimer 类为一个具体类。

o) 调用 setLineWidth 可指定 GraphicsContext 的行宽；所有后续的 GraphicsContext 方法调用，只要它们是在画线或者绘制形体边界，都会采用这个设置。

p) 三维对象的深度，是沿着平行于屏幕的 *z* 轴度量的。

q) PhongMaterial 方法 setSpecularColor 用于设置亮点的颜色，它使 3D 形体看起来有光泽。PhongMaterial 方法 setSpecularPower 确定该亮点的强度。

自测题答案

22.1 a) #。b) <!--。c) 左上角。d) -fx-stroke-line-cap。e) 渐变。f) 变换。g) Runnable。h) 透明性。i) Interpolator。j) GraphicsContext。k) Stop。l) 材料。m) PhongMaterial。

22.2 a) 错误。所有 CSS 规则都以一个 CSS 选择器(selector)开头，它指定的 JavaFX 对象会根据规则进行样式化。b) 错误。起始标签为一对尖括号(<和>)，其中包含元素名称，以及后续的零个或者多个属性。c) 正确。d) 正确。e) 正确。f) 错误。Polygon 会根据一组点的集合，绘制一些彼此相连的线段，并将端点和起点相连。g) 正确。h) 正确。i) 正确。j) 错误。节点的大多数属性都可以实现动画效果。k) 错误。将动画的循环次数设置成 Timeline.INDEFINITE，会使它无限循环地播放(直到应用终止，或者调用了 stop 方法)。l) 错误。对于平滑的动画，JavaFX 会尝试以每秒 60 帧的速度显示动画帧。m) 错误。handle 方法接收一个以纳秒(十亿分之一秒)为单位的时间戳，可以利用它来确定自上一个动画帧开始已经用过的时间。这样，即使播放设备的帧率不同，也可以按相同的平均速度播放动画。n) 错误。AnimationTimer 为一个抽象类，所以必须创建它的子类。o) 正确。p) 三维对象的深度，是沿着垂直于屏幕的 *z* 轴度量的。q) 正确。

练习题

22.3 (**强化 DrawStars 应用**) 修改 22.5 节中讲解的 DrawStars 应用，使所有的星形都能够无限地执行 Rotate 转换动画——将所有动画的循环次数设置成 Animation.INDEFINITE。

22.4 (**PolyLine 应用**) 创建一个引用，当光标沿着窗口移动时，有一个圆(Circle)和一条折线(Polyline)

随光标一起移动。完成后的应用如图 22.18 所示。Circle 的中心应始终位于当前光标的位置。同时，这个位置也是 Polyline 的第一个点。当响应鼠标移动事件时，应将光标的位置用作 Circle 的新中心点，并在 Polyline 的点集合开始处插入这个点的位置信息。Polyline 的长度不应无限增长——只要它达到了 50 个点，则每次插入一个新的点时，就将最后一个点删除。

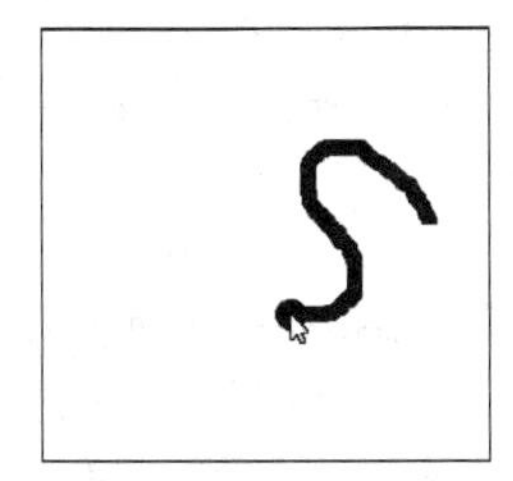 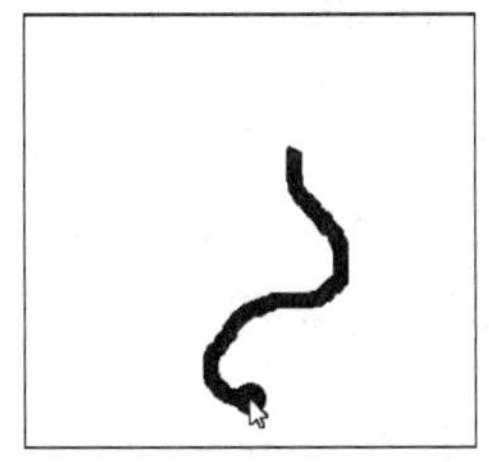 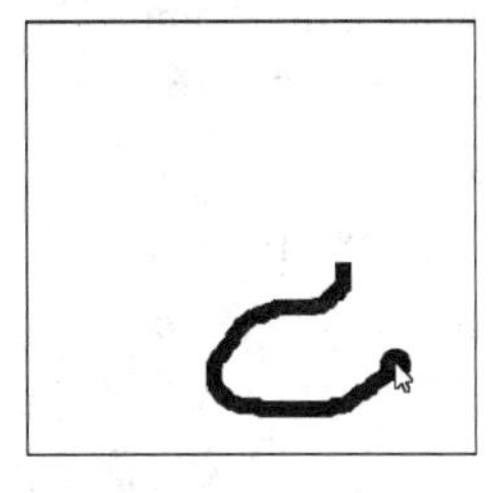

图 22.18　随光标在窗口中移动而得到的 Circle 和 Polyline

22.5　(**UsingGradients 应用**)创建一个 UsingGradients 应用，它显示一个矩形，并让用户用径向渐变或线性渐变颜色填充它。用户可以指定起始和结束渐变色的 RGBA 值，更改渐变效果。使用两个 RadioButton 来选取渐变类型。(提示：这里需要在程序中创建并应用渐变。)

项目练习题

(注：对于下面这些项目练习题，没有为教师提供答案。)

22.6　(**在 Canvas 节点上创建静态图形**)创建一个与 13.3 节中的 Painter 应用类似的应用，允许用户在 Canvas 上通过单击和拖动鼠标来绘制形体。应用的功能需包含：

a) 选择要绘制的形体——线、矩形或者椭圆。

b) 改变线的颜色和线宽。

c) 指定矩形和椭圆的填充色。

提供红、绿、蓝滑块，为线的颜色和填充色提供 RGBA 选项。在这些滑块的下面放置一个颜色表，当移动某个滑块时，颜色表就会显示当前的绘制色。还应提供几个选项，使光标能够变成橡皮擦，并可清除全部的图形。

22.7　(**利用场景图中的各种形体创建静态图形**)创建一个与 13.3 节中的 Painter 应用类似的应用，允许用户在 Pane 上单击和拖动鼠标，绘制形体，并可以在场景图中添加一个合适的 Shape 对象。应用的功能需包含：

a) 选取要绘制的 Shape 子类——Line、Rectangle、Circle 或 Ellipse。

b) 改变边线色和线宽。

c) 指定 Rectangle、Circle 或 Ellipse 的填充色。

提供红、绿、蓝滑动条，为线的颜色和填充色提供 RGBA 选项。在这些滑块的下面放置一个颜色表，当移动某个滑块时，颜色表就会显示当前的绘制色。还应提供几个选项，使用户能够撤销最后一个形体，并可清除全部的图形。还应允许用户选中现有的形体，移动或者删除它。

22.8　(**利用 Canvas 和 AnimationTimer 创建随机二维动态图形**)编写一个应用，不断地在 Canvas 上绘制出所选的形体。需使用随机位置、大小、线宽、填充色及 alpha 透明度。形体应能在 Canvas 内以不同的速度、各种方向随机移动。

22.9　(**利用形体、场景图和 AnimationTimer 创建随机二维动态图形**)编写一个应用，在 Pane 上持续显示各种 Shape 子类对象。需使用随机大小、位置、边线宽、填充色及 alpha 透明度。形体应能在 Canvas 内以不同的速度、各种方向随机移动。需要通过编程来创建并操作这些形体，然后用与 22.10 节中指定 GraphicsContext 的设置类似的做法，配置这些形体的设置。所创建的每一个形体都必须有自己的 AnimationTimer。

22.10　(**利用场景图和 AnimationTimer 创建随机三维动态图形**)使用 22.11 节中讲解的技术创建一个应

用，在 Pane 上持续显示各种立方体、圆柱体和球体，需使用随机大小、位置及漫射颜色。对于每一个三维形体，需创建一个 AnimationTimer 来移动并旋转它。为了进行边界测试，假定 *z* 轴的深度为 400 像素。当沿着 *z* 轴离开用户移动时，形体应缩小；移向用户时，形体应放大。

22.11 (**体验 3D 照明和照相机效果**) JavaFX 支持照明和照相机效果。用于这些功能的内,为(javafx.scene 包的) AmbientLight、PointLight、ParallelCamera 和 PerspectiveCamera。了解一下这些类，然后改进练习题 22.10 中的应用，使其具备这些功能。提供一个 GUI，使用户能够控制光和照相机在屏幕上的位置，并能决定哪些是起作用的。

22.12 (**使用形体和场景图的猜字游戏**) 重新实现经典的猜字游戏 Hangman(“吊死鬼”)。开始游戏时，显示一条虚线，其中的每一个短线代表单词中的一个字母。给用户的提示可以是单词所属的类别(如运动或地标)，也可以是单词的定义。要求用户输入一个字母。如果该字母位于单词中，则将其放入对应的短线位置。否则，需画出“吊死鬼”小人中的一笔。只要完成了单词或者整个“吊死鬼”都画出来了，游戏就算结束。

22.13 (**使用形体和场景图的打砖块游戏**) 利用 22.8 节中讲解的跳球动画技术，用如下材料创建一个打砖块(Block Breaker)游戏：

a) 一个跳球(圆)。

b) 几行、几列砖块(矩形)，随机选取的颜色可以是红、黄、蓝、绿。

c) 位于窗口底部的一根横杆(另一个矩形)。

开始执行游戏时，球位于横杆上面、窗口底部居中的位置。用户单击鼠标，将球向砖块方向移动——球的 dy 值最初为负。如果球击中了一个砖块，则让该砖块从屏幕上消失，且球必须反弹——其 dy 值变为正。这与 22.8 节那个应用中将球从 Pane 顶部反弹类似。如果球碰到了 Pane 的左侧或者右侧，则应如 22.8 节中的应用那样，将球反弹。为了能再次发球，用户必须(通过按鼠标左键或者右键)移动横杆，使球能弹离横杆并改变方向。只有当球击中了 Pane 的左右两侧时，才能改变 dx 值。此处需将 dx 和 dy 值设置为 2。利用 Shape 类的静态方法 intersect，可以测试球与砖块或者横杆的碰撞情形。

游戏开始时，用户可以使用三个球——如果球下落时没有碰到横杆，坠入屏幕底部，则该球就丢失了。如果用户清除了所有的砖块，或者三个球都丢失了，则游戏结束。如果击中的是位于屏幕上部、具有更多分数的砖块，则用户可以获得额外的奖励分数。

22.14 (**Block Breaker 应用增强版**) 将练习题 22.13 中的 Block Breaker 应用按如下要求修改：

a) 如果球击中了横杆，则需根据击中点改变它的 dx 值和方向。例如，假定横杆有三个“区”。如果击中的是左区，则应将 dx 值设置为-5，使其位置发生改变时，会向左移动 5 像素；如果击中的是右区，则应将 dx 值设置为 5，使其位置发生改变时，会向右移动 5 像素；如果击中的是中区，则应让球在相同的 *x* 方向移动 2 像素。

b) 增加多个级别。每升高一级，球的速度需提高 10%，横杆的尺寸缩小 5%。

c) 让游戏变成一种连续模式，当用户清除了一行砖块时，现有的砖块需整体向下移动一行，而最上面会新出现一行砖块。

22.15 (**使用场景图的 Word Search 应用**) 创建一个充满屏幕、由字母组成的网格。至少应有 10 个单词隐藏在这个网格中。单词可以按水平线、垂直线或对角线的方式从网格中找出来，可以是顺序、逆序或者从上到下、从下到上。查找单词的方法可以是用鼠标在屏幕上滑过字母，也可以是单击每一个字母。应用中需包含一个计时器。如果找出了单词中的所有字母，则用时越少的人，获得的分数就越高。

22.16 (**使用 Canvas 使分形应用动画化**) 利用本章中讲解的动画技术，修改 18.9 节中的分形应用，使罗氏羽毛分形动画化。提供几个选项，使用户能够指定分形的级。然后，从 1 级到用户指定的级，动画化这个分形。画线时，可以随机使用颜色。

22.17 **（Kaleidescope 应用）**创建一个模拟万花筒（kaleidoscope）效果的应用。提供一个可清除屏幕、绘制另一个万花筒图像的按钮。

22.18 **（使用 Canvas 的 Game of Snake 应用）**研究在线的 Game of Snake（贪吃蛇）游戏，开发一个类似的应用。

22.19 **（使用场景图和 Timeline 动画的 Digital Clock 应用）**创建一个应用，它在屏幕的一个 Label 上显示数字时钟。该应用需具备闹钟功能。利用 Timeline 动画，使其每秒钟执行一次。

22.20 **（使用 Canvas 和 AnimationTimer 的 Analog Clock 应用）**创建一个应用，在屏幕上显示一个模拟时钟，具有小时、分钟和秒的指针，并能随时间变化而走动。根据两个动画帧之间的时间间隔，使用 AnimationTimer 记录秒针的移动。

22.21 **（用形体、场景图和 PathTransition 动画化 Towers of Hanoi 应用）**18.8 节中讲解过递归的汉诺塔（Towers of Hanoi）应用。编写一个动画版的汉诺塔应用，使其展示盘子在柱子间的移动情况。应允许用户输入盘子的个数。

22.22 **（场景图中形体上文本的阴影）**显示一个包含文本“JavaFX”的 Label，并使其有投影效果。参考 https://docs.oracle.com/javase/8/javafx/api/javafx/scene/doc-files/cssref.html，研究一下 JavaFX CSS 函数 dropshadow 的作用，然后将投影作为 CSS 属性-fx-effect 的值，该属性可用于任何节点。

22.23 **（场景图中形体的线性渐变和径向渐变）**创建几个具有各种线性渐变和径向渐变的形体。有关 JavaFX CSS 渐变功能的说明，可参考 https://docs.oracle.com/javase/8/javafx/api/javafx/scene/doc-files/cssref.html。

22.24 **（场景图中矩形的阴影）**创建一个应用，它显示一个具有阴影的矩形，并且用户能够通过几个 Slider 控制阴影的效果。需查看一下（javafx.scene.effect 包的）DropShadow 类的用法。使用 Node 方法 setEffect，让 DropShadow 类起作用。

22.25 **（Canvas 上的同心圆）**编写一个应用，在 Canvas 上绘制出 8 个同心圆。圆之间的半径值相差 5 像素。可随机选择圆的颜色。

22.26 **（场景图中的 ImageView 操作）**编写一个应用，它将 ImageView 中的一张彩色照片用（javafx.scene.effect 包的）SepiaTone 变成老照片效果。

22.27 **（随机擦除 Canvas 上的一个图像）**假定有一个图像显示在 Canvas 上。擦除它的一种途径是将所有像素都设置成同一种颜色，使其看起来很单调。编写一个显示图像的应用，然后利用随机数生成器，选取要擦除的像素点。当图像几乎完全被擦除时，一次性将所有剩余像素都擦除。可以尝试多种办法。例如，可以随机地使用线、圆或形体来擦除屏幕区域。可以利用（javafx.scene.image 包的）PixelWriter 接口，它能够操作 Canvas 中的像素。利用 GraphicsContext 的 getPixelWriter 方法，获得 PixelWriter 接口对象。

22.28 **（在 Canvas 上滚动显示招牌上的字幕）**创建一个应用，它从右至左滚动显示一块招牌上的点阵字符。应以循环模式显示字幕，以便当最后一个字符显示完毕后，能够重新开始显示它们。

22.29 **（在 Canvas 上滚动显示图像）**创建一个应用，它在一个招牌上滚动显示一系列图像。

22.30 **（Canvas 上的老虎机）**创建一个多媒体应用，模拟老虎机的操作。有三个旋转的轮，在每一个轮上放置代表各种水果的符号和图像。利用随机数生成器模拟轮的转动和停止。当轮旋转时，需播放声音；停止转动时，播放另一种声音；如果三个轮停止在同一个水果处，则应大声播放一种响铃声。

22.31 **（Canvas 上的桌球游戏）**创建一个多媒体应用，模拟玩桌球（the game of pool）的游戏。玩家依次用鼠标定位球杆，并以合适的角度击打主球，使其他球能落袋。需记录每一位玩家的分数。

22.32 **（在场景图中使用 Label 玩 15 迷宫游戏）**创建一个玩 15 迷宫（the game of 15）游戏的应用。这个游戏有一个 4×4 的棋盘，包含 16 格。其中的 15 格放置有编号为 1～15 的方块，另一格为空。单击空格旁边的任何一个方格，可以将它移到这个空格中。生成这个棋盘时，方块的编号应当是随机的。游戏的目标是将这些方块按顺序逐行放置——1~4 位于第一行，5~8 放在第二行，9~12 放在第三行，13~15 置于最后一行。

22.33 **(Canvas 上的视力测试应用)** 检查视力时，要求遮住一只眼睛，并读出视力表(称之为斯内伦视力表)中的字母。视力表有 11 行，且只包含 C, D, E, F, L, N, O, P, T, Z 等字母。第一行只有一个字母，且字号很大。每向下移动一行，字母数增加一个，字号则减小。最后一行有 11 个字母，字号最小。能够看清楚字母的能力，精确地反映了视力的情况。创建一个与斯内伦视力表(http://en.wikipedia.org/wiki/Snellen_chart)类似的视力测试表。使用斯内伦视力表时，要求测试者距离 20 英尺(约 6.1 米)远。所以，当在屏幕上测试视力时，应相应调整字号大小。

22.34 **(在 Scene Graph 上使用形体创建 SpotOn 游戏应用)** SpotOn 游戏测试用户的反应速度，在移动的目标从屏幕上消失之前，用户需要击中它(见图 22.19)。该应用所需要的全部图像和声音都位于本章示例的 exerciseResources 文件夹下，但也可以使用许多 Web 站点上免费的图像和声音，或者自创它们。

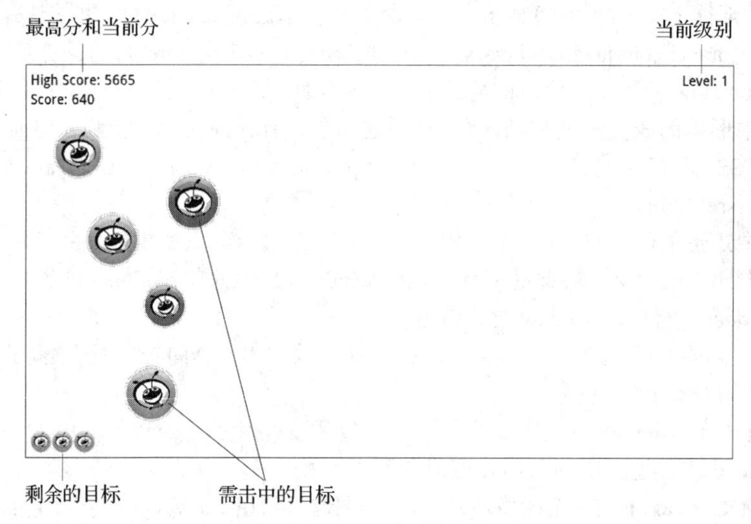

图 22.19 SpotOn 游戏应用

这个游戏中，目标移动时会闪烁，使它们更难被击中。开始时，游戏为 1 级，用户每击中 10 个目标，就会升一级。级别越高，目标移动的速度就越快，这使得游戏的挑战性逐渐提高。每击中一个目标，应用就会发出一个“击中”声(hit.mp3)，且该目标会消失。每击中一个目标，用户就会获得一个分数——当前级别的 10 倍值。精确性是重要的——每失误一次，就会发出一个“失误”声(miss.mp3)，分数也会减去当前级别的 15 倍值。

开始时，用户具有额外的三个目标，它们显示在应用的左下角。如果在被击中之前目标就消失了，会播放一个“流水”声(disappear.mp3)，且左下角会减少一个目标。每达到一个新的级别，左下角就能额外获得一个目标，但最多为 7 个。如果左下角的目标已经没有了，且在移动的目标被击中之前就消失了，则游戏结束，且需显示一个 Alert(警告)对话框(来自 javafx.scene.control 包)。

创建这个 SpotOn 游戏应用。定义一个 Circle 子类 Spot，它封装了目标的数据和功能。对于每一个 Spot 对象，完成如下功能：

a) 用两个目标图像之一(red_spot.png 或 green_spot.png)填充圆——按图 22.3 中的 Ellipse 那样指定它的填充图像。

b) 随机提供一个起始点和一个终止点，并确保该 Spot 对象位于 Pane 的边界之内。

c) 为 Pane 边界之内的鼠标单击提供一个事件处理器，这可以通过继承的 Node 方法 setOnMouseClicked 实现。

d) 为了使目标移动，需使用包含 ScaleTransition 的 ParallelTransition（见 22.7 节），它使目标的大小缩小为原始大小的 25%；还需使用 PathTransition，它使目标从起点向终点移动。注册一个事件处理器，当 ParallelTransition 执行完毕时执行它——这时，左下角的目标应减少一个，因为用户没有击中移动目标。

初始时，TimelineAnimation（见 22.8 节）需创建 5 个目标——每隔半秒钟创建一个。之后，如果用户成功地击中了一个目标，或者目标在完成移动之前没有被击中，则需新创建一个目标。为了检测没有击中目标的情形，需为应用的 Pane 注册一个鼠标事件处理器。

22.35 **（Horse Race 游戏应用）**游乐场里有各种各样的赛马比赛，马需要在游客将球滚进洞里、用水枪击中目标等情况下做出反应。修改练习题 22.34 中的 SpotOn 游戏，让一个包含一匹马的 ImageView 图形移过屏幕。只有当用户成功击中了一个目标时，马才能移动。如果用户单击了鼠标但没有击中目标，则马必须回退。利用 PathAnimation 使马移动，响应击中目标的情形。也可以同时使用 RotateAnimation，让马在移动的过程中来回摇晃。玩游戏的过程中，可以播放背景音乐，例如播放 William Tell Overture（https://archive.org/details/WilliamTellOver-ture_414）。

22.36 **（使用 Canvas 和 AnimationTimer 的 Cannon 游戏应用）**（注：这个游戏要求具备一些二维解析几何和一些基本的三角知识，以确定大炮的角度。）Cannon 游戏应用要求玩家在 10 秒内摧毁 9 个标靶（见图 22.20）。该应用所需要的全部图形和声音都位于本章示例的 exerciseResources 文件夹下，但也可以使用许多 Web 站点上免费的图形和声音，或者自创它们。

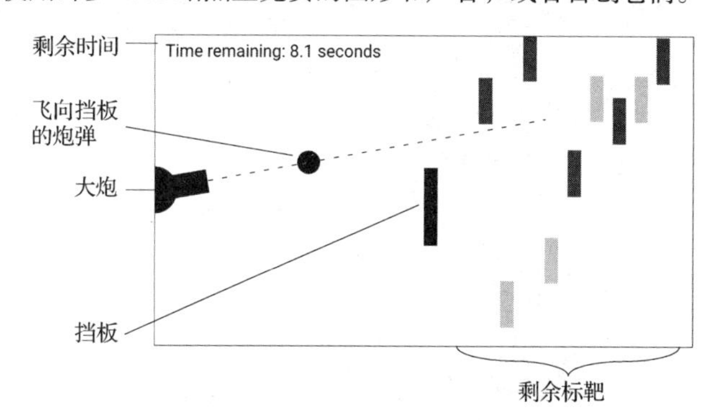

图 22.20　完成后的 Cannon 游戏应用

这个游戏的组成如下：一个大炮，一颗炮弹，9 个标靶和一个防卫标靶的挡板——挡板不会被摧毁。标靶和挡板在垂直方向上以不同的速率移动，当它们到达 Canvas 顶部或底部后，会改变方向。单击鼠标可瞄准目标并开火——大炮会指向所单击的位置并沿直线方向发射炮弹。

如果在时间耗光之前摧毁了所有的标靶，则玩家获胜，否则为输。只要摧毁一个标靶，剩余时间就会增加 3 秒；每击中一次挡板，剩余时间会被罚掉 3 秒。游戏结束时，应用需显示一个 Alert 对话框（位于 javafx.scene.control 包中），指出游戏的胜负、开火的次数及总的花费时间。

发射炮弹时，可播放一个开火的声音（cannon_fire.wav），而炮弹会从炮筒向挡板和标靶移动。当炮弹击中标靶后，会发出玻璃破碎的声音（target_hit.wav），且该标靶会从屏幕上消失。如果炮弹击中挡板，则会发出“击中”的声音（blocker_hit.wav），并且炮弹需反弹回大炮。

利用 Canvas 实现这个游戏的图形。这个应用需要利用 22.9 节中讲解的 AnimationTimer 更新游戏元素，以获得动画效果。需要定义表示各种游戏元素的类——每一个类中都能够定义自己的 AnimationTimer，以指定如何移动特定类型的游戏元素。

出于简单性考虑，进行碰撞检测时，使用的是炮弹的边界框——绘制炮弹的正方形区域，而不是炮弹的圆形区域。如果炮弹的边界框与挡板或标靶的边界相交，就会发生碰撞。下一个练习中，将在场景图中用各种形体重新实现这个游戏。我们将看到，Shape 类提供了更为精确的碰撞检测机制，检测的依据是实际的形体，而不是这个练习中不太精确的矩形边界。

[注：当今的许多游戏都是利用一些游戏开发框架实现的，这些框架提供了更为复杂的“像素级”碰撞检测功能。有些框架还具有物理引擎，可以模拟真实世界的属性，例如质量、重力、摩擦力、速度、加速度，等等。有许多免费或收费的框架，可用来开发最简单的二维游戏或者复杂的三维控制台风格的游戏(例如 PlayStation 和 Xbox 上的那些游戏)。]

22.37 **(使用形体和 TransitionAnimation 的 Cannon 游戏应用)** 使用 Circles 和 Rectangle 表示游戏元素，用 TransitionAnimation 移动它们，重新实现练习题 22.36 中的游戏。Shape 类提供的静态方法 intersect，能够根据实际的形体(即炮弹为 Circle，挡板和标靶为 Rectangle)执行碰撞检测，而不是基于练习题 22.36 中使用的不精确的、简化的边界框方法。

22.38 **(强化的 Cannon 游戏)** 为前面的 Cannon 游戏添加如下元素：

a) 只要炮弹击中了标靶，就显示一个爆炸的动画。同时，播放一个“爆炸”声。

b) 挡板碰到屏幕顶部或底部时播放声音。

c) 标靶碰到屏幕顶部或底部时播放声音。

d) 为炮弹添加一个尾迹。击中标靶时，尾迹消失。

第 23 章　并　发　性

目标

本章将讲解

- 理解并发、并行和多线程。
- 了解线程生命周期。
- 使用 ExecutorService，发起执行 Runnable 的并发线程。
- 使用 synchronized 方法，协调对共享可变数据的访问。
- 理解生产者/消费者关系。
- 使用 JavaFX 的并发 API，以线程安全的方式更新 GUI。
- 比较多核系统中 Arrays 方法 sort 和 parallelSort 的性能。
- 在多核系统中使用并行流，提升性能。
- 使用 CompletableFuture 异步执行耗时的计算，并在以后获取结果。

提纲

23.1　简介

(注：本章中用“进阶”标记的各节，是为那些希望深入了解并发原理的读者准备的。如果只希望对并发有基本的认知，则可以跳过这些节。)如果我们能够在某一时刻只关注一项任务的执行，则一定

会做得很好。遗憾的是，在一个纷繁的世界里，每时每刻都有无数的事情在同时发生。本章讲解的 Java 功能用于创建并管理多项任务。正如示例所演示的那样，这样做可以极大地提升程序的性能和响应性。

如果称“两项任务是并发(concurrently)处理的”，就表示它们是同时进行的。在 2000 年以前，大多数计算机还只具有单一的处理器。运行于这类计算机上的操作系统，会并发地执行多项任务。通过快速地在任务间切换，先完成一项任务的一小部分，然后转到下一项任务，以此来使多项任务都能够得到处理。对个人计算机而言，可以并发地编译程序、将文件发送给打印机及通过网络接收电子邮件信息。从最初开始，Java 就支持并发性。

如果称“两项任务是并行(in parallel)操作的”，就表示它们是同步进行的。就这个含义而言，“并行性”是“并发性”的一个子集。人体能够并行地执行大量任务——呼吸、血液循环、消化食物、思考和走路，它们都能够并行地进行。所有的感官——看、听、触、闻、尝，也都能够并行地使用。人的大脑具备并行功能，是因为它包含数十亿的“处理器”。当今的多核计算机也具有多个处理器，它们能够并行地执行多项任务。

Java 并发性

通过 Java 及它的 API，就可以利用并发性。Java 程序可以包含多个执行线程，每个线程都具有自己的方法调用栈和程序计数器，使得线程在与其他线程并发地执行时，能够共享程序范围内的资源，例如共享内存。这种能力被称为多线程功能(multithreading)。

性能提示 23.1

对于单线程程序而言，会导致弱响应性的一个问题是在某个动作能够开始之前，先必须完成其他漫长的动作。在多线程程序中，线程可以分布于多个核中(如果存在的话)，从而能够真正并行地执行多项任务，使程序更具效率。在单处理器系统中，多线程也能够提升性能。当某个线程不能处理时(如由于它正在等待 I/O 操作的结果)，另一个线程能够使用处理器。

并发程序的使用

本章将探讨并发编程(concurrent programming)的许多应用。例如，当从 Internet 播放流式音视频文件时，用户不会希望全部内容下载完毕后才能够播放它们。这时，就可以利用多线程：一个线程用于下载(本章后面，将这种线程称为“生产者”)，另一个用于播放(将这种线程称为“消费者”)。这些动作可以并发地处理。为了避免播放时的不连贯，可以同步线程(即协调线程的动作)，以便只有当内存中具有足够的内容，使播放线程不必等待时，才会启动这个播放线程。生产者和消费者线程共享内存——后面将讲解如何协调它们，以确保执行无误。Java 虚拟机(JVM)会创建运行程序的线程及执行清理任务的线程，例如垃圾回收。

并发编程是困难的

编写多线程程序是一项复杂的工作。尽管人类的思维能够并发地工作，但人们发现，在所思考的多件事情之间进行跳跃是困难的。为了理解为什么编写和理解多线程程序是困难的，可以尝试下面的事情。同时将三本书都翻到第一页，然后同时阅读它们。先阅读第一本书上的几个单词，然后看第二本，接着读第三本。下一个循环中，依次阅读每本书中下面的几个单词，如此往复。有了这样的体验之后，就能感受到多线程的诸多挑战了：要不断变换图书、快速阅读、记住每本书中看过的位置、将正在看的书移近一些以便能看清、将不需要看的书放在一边。而且在这一片混乱之中，还必须理解每本书的内容！

只要有可能，就应使用并发 API 中预构建的类

编写并发程序是一件困难且容易出错的任务。如果程序中必须利用同步性，则应当遵循如下这些原则：

1. 对于绝大多数程序员而言，应当使用并发 API 中那些用于同步功能的已有的集合类和接口。例如，23.6 节中将探讨的 ArrayBlockingQueue 类(BlockingQueue 接口的实现)。另外两个常用的并发 API 类是 LinkedBlockingQueue 和 ConcurrentHashMap(见图 23.22)。这些并发 API 是由专

家编写的，已经进行过全面测试和调试，能够高效率地运作并且可以避免常见的编程陷阱。21.10 节中概述了 Java 内置的并发集合。

2. 对于那些希望控制同步性的高级程序员而言，可以使用 synchronized 关键字及 Object 方法 wait、notify 和 notifyAll，它们将在 23.7 节讲解。
3. 只有那些专家级的程序员，才需要使用 Lock 接口、Condition 接口（它们将在 23.9 节讲解），以及 LinkedTransferQueue 类——TransferQueue 接口的实现（见图 23.22）。

尽管读者可能不会用到上面第 2 条和第 3 条中提到的那些高级特性，但了解它们也是有好处的。原因如下：

- 它们为理解并发程序如何同步地共享内存提供了牢固的基础。
- 通过使用这些低级特性时涉及的复杂性，希望能够传递这样的信息：尽可能使用更简单的、预构建的并发功能。

23.2 线程状态与生命周期

任意时刻，线程都处于某一种状态下——参见图 23.1 中的 UML 状态图。这个图中的几个术语会在后面的几节中给出定义。这里的讨论，是为了帮助理解在 Java 多线程环境的“幕后”发生了什么。Java 隐藏了其中的大部分细节，从而极大地简化了开发多线程程序的任务。

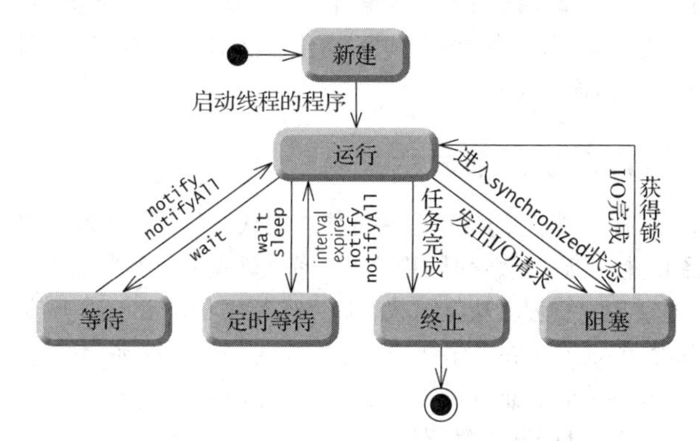

图 23.1 线程生命周期的 UML 状态图

23.2.1 新建状态与运行状态

一个新线程是从它的新建(new)状态开始的。在程序启动线程之前，线程会一直处于新建状态；程序启动线程后，它就进入运行(runnable)状态。处于运行状态的线程可以执行它的任务。

23.2.2 等待状态

有时，当某个线程要等待另一个线程执行任务时，它就从运行状态转入等待(waiting)状态。只有当另一个线程通知正在等待的线程继续执行时，这个线程才会从等待状态恢复到运行状态。

23.2.3 定时等待状态

处于运行状态的线程，可以进入定时等待(timed waiting)状态，等待一段指定的时间。当时间到期，或者线程正在等待的某个事件发生了时，线程就会返回到运行状态。即使有处理器可供使用，也不能使用处于定时等待状态和等待状态的线程。当处于运行状态的线程正在等待另一个线程执行任务时，如果它提供了可选的等待时间段，则这个线程会进入定时等待状态。当另一个线程通知了这个线程，或者当定时的时间段到达时（以先到达的为准），这个线程就会返回到运行状态。使线程进入定时等待状态的另一种方法，是使处于运行状态的线程睡眠(sleep)——睡眠线程会在定时等待状态维持一个指定的时间段(被称为睡眠时间段)。超过这段时间，它会返回到运行状态。当线程没有工作要执行时，它会立即睡眠。例如，字处理器程序可能包含一个将当前文档定期备份(写一个副本)到磁盘的进程，以用于文档恢复。如果线程在两个连续的备份之间没有睡眠，则需要一个循环，使线程能不断地测试是否应该将文档的副本写入磁盘。这个循环会消耗处理器的时间，但不会执行实质性的工作，因此会降低系统性能。这样，对线程指定一个睡眠时间段(等于两个连续的备份之间的时间间隔)，并使它进入定时等待状态，就是一种更为高效的做法。当到达这个睡眠时间段时，线程会返回到运行状态，这时它会将文档的副本写入磁盘。然后，再次进入定时等待状态。

23.2.4 阻塞状态

当线程试图执行某个任务，而任务又不能立即完成时，线程就会从运行状态转换到阻塞(blocked)状态。例如，当线程发起一个 I/O 请求时，操作系统就会阻塞这个线程的执行，直到 I/O 请求完成。这时，被阻塞的线程会转换到运行状态，以便能恢复执行。即使有处理器可供使用，处于阻塞状态的线程也不能使用它。

23.2.5 终止状态

当线程成功地完成任务，或者(由于出错)终止时，处于运行状态的线程就会进入终止(terminated)状态，有时也被称为死亡(dead)状态。在图 23.1 的 UML 状态图中，位于终止状态后面的是 UML 的终止状态(牛眼符号)，表示状态转换的结束。

23.2.6 运行状态的操作系统内部表示

在操作系统层面，Java 的运行状态通常包含两个独立的状态(见图 23.2)。操作系统在 JVM 中隐藏了这两个状态，使得只能看到运行状态。当线程从新建状态首次转换到运行状态时，它处于就绪(ready)状态。当操作系统将线程给予处理器时，线程就从就绪状态进入运行中(running)状态(即开始执行)，这也被称为“调度线程”(dispatching the thread)。在大多数操作系统中，每个线程都会被给予一小段处理器时间来执行任务，这段时间被称为时间片(quantum 或 timeslice)。确定时间片应该为多大，是操作系统课程的一个主题。当时间片到期时，线程会返回到就绪状态，而操作系统会将另一个线程给予处理器。就绪状态与运行中状态之间的转换，完全是由操作系统处理的。JVM“看不到”这些转换，它只会看到处于运行状态的线程，而将就绪状态和运行中状态之间的线程转换工作留给了操作系统。操作系统用来判断应该调度哪一个线程的过程被称为线程调度(thread scheduling)，而这要依赖于线程的优先级。

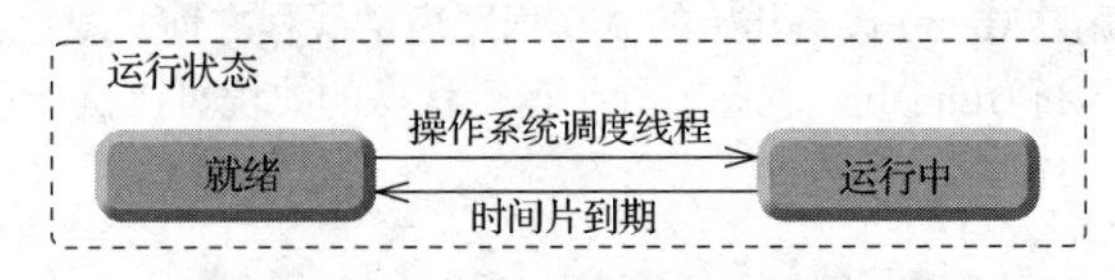

图 23.2 运行状态的操作系统内部表示

23.2.7 线程优先级与线程调度

每一个 Java 线程都具有线程优先级(thread priority)，它能帮助操作系统确定调度线程时的顺序。每个新线程的优先级都是从创建它的那个线程继承下来的。一般来说，具有较高优先级的线程对程序而言更具重要性，因此在处理器时间的分配方面，应当优于具有较低优先级的线程。但是，线程的优先级无法保证执行线程的顺序。

建议不要显式地创建并使用 Thread 对象来实现并发性，而是应使用 Executor 接口(见 23.3 节中的描述)。Thread 类确实包含一些有用的静态方法，它们将在本章的后面讨论。

大多数操作系统都支持时间分片功能，这使得具有相同优先级的多个线程能够共享处理器。如果没有进行时间分片，则在具有相同优先级的线程有机会执行之前，另一组具有相同优先级的线程中的每一个都会运行到完成(除非它离开了运行状态并进入等待状态或定时等待状态，或者被具有更高优先级的线程中断)。如果具有时间分片功能，则当时间片到期时，即使线程还没有执行完成，处理器也会离开它并被给予下一个具有相同优先级的线程(如果存在的话)。

操作系统的线程调度程序(thread scheduler)会决定下一个将运行的是哪一个线程。一种简单的线程调度程序是让具有最高优先级的线程在所有的时间一直运行；如果存在多个具有最高优先级的线程，则保证所有这样的线程以循环的方式在每个时间片内执行。这一过程会持续到所有的线程都运行完毕。

软件工程结论 23.1

Java 提供了一些更高级的并发性工具，它们隐藏了这种复杂性，使得多线程编程更少出错。线程优先级隐藏在幕后与操作系统交互，但使用 Java 多线程功能的多数程序员，都不必关心线程优先级的设置和调整的事情。

可移植性提示 23.1

线程调度是与平台相关的，多线程程序的行为在不同的 Java 实现中可能不同。

23.2.8　无限延迟和死锁

当一个优先级更高的线程进入就绪状态时，操作系统一般会抢占当前处于运行状态的线程，这是一种被称为“优先调度”(preemptive scheduling)的操作。根据操作系统的情况，大量具有较高优先级的线程，可能会延缓(甚至无限延迟)具有较低优先级的线程的执行。有时，这种无限延迟被形象地称为“挨饿”(starvation)。操作系统采用一种被称为“老化”(aging)的技术来防止线程“挨饿”——只要线程处于就绪状态，操作系统就会逐渐地提升它的优先级，从而可以确保该线程最终会运行。

与无限延迟有关的另一个问题被称为死锁(deadlock)。当正在等待的线程(不妨称其为 thread1)由于(直接或间接地)等待另一个线程(称其为 thread2)而无法处理的时候，thread2 也同样正在等待 thread1 先处理完毕才能执行，这时就会出现死锁。这两个线程彼此等待，因此使每个线程继续执行的行为从来不会发生。

23.3　用 Executor 框架创建并执行线程

这一节讲解如何利用 Executor 对象和 Runnable 对象在程序中执行并发任务。

用 Runnable 接口创建并发任务

(java.lang 包的)Runnable 接口用于指定能够与其他任务并发执行的任务。Runnable 接口只声明了一个 run 方法，它包含的代码定义了 Runnable 对象应该执行的任务。

用 Executor 执行 Runnable 对象

为了使 Runnable 对象能够执行任务，必须先运行它。这样，Executor 对象就可以执行 Runnable 对象。这是通过创建并管理一个被称为“线程池”(thread pool)中的一组线程实现的。当一个 Executor 对象开始执行 Runnable 对象时，它会调用 Runnable 对象的 run 方法。

Executor 接口只声明了一个名称为 execute 的方法，它接收一个 Runnable 实参。对于传递给它的 execute 方法的每一个 Runnable 对象，Executor 会为它赋予线程池中某个可用的线程。如果没有可用的线程，则 Executor 对象会创建一个新线程，或者等待某一个线程成为可用的，并会将这个线程赋予传递给 execute 方法的 Runnable 对象。

与自己创建线程相比，采用 Executor 对象具有许多优点。Executor 对象能够复用已有的线程，从而消除了为每个任务创建新线程的开销；通过优化线程的数量，能够提高性能，保证处理器一直处于忙的状态；不必创建太多的线程，这样会使程序耗尽资源。

软件工程结论 23.2

尽管可以显式地创建线程,但推荐的做法是使用 Executor 接口,让它来管理 Runnable 对象的执行。

通过 Executors 类获取 ExecutorService 对象

(java.util.concurrent 包的)ExecutorService 接口是一个扩展了 Executor 的接口,它声明的许多方法用于管理 Executor 的生命周期。通过调用在(java.util.concurrent 包的)Executors 类中声明的某个静态方法,就可以获得 ExecutorService 对象。图 23.4 的示例中,将使用 ExecutorService 接口和 Executors 类的一个方法,完成三项任务。

实现 Runnable 接口

PrintTask 类(见图 23.3)实现了 Runnable 接口(第 5 行),因此多个 PrintTask 对象可以并发地执行。sleepTime 变量(第 7 行)保存的是一个 0 ~ 5 秒的随机整数值,这个值是在 PrintTask 构造方法(第 15 行)中创建的。运行 PrintTask 的每一个线程,都会睡眠由 sleepTime 指定的时间数,然后输出它的任务名称和一条消息,表明它已经完成了睡眠。

```
1  // Fig. 23.3: PrintTask.java
2  // PrintTask class sleeps for a random time from 0 to 5 seconds
3  import java.security.SecureRandom;
4
5  public class PrintTask implements Runnable {
6     private static final SecureRandom generator = new SecureRandom();
7     private final int sleepTime; // random sleep time for thread
8     private final String taskName;
9
10    // constructor
11    public PrintTask(String taskName) {
12       this.taskName = taskName;
13
14       // pick random sleep time between 0 and 5 seconds
15       sleepTime = generator.nextInt(5000); // milliseconds
16    }
17
18    // method run contains the code that a thread will execute
19    @Override
20    public void run() {
21       try { // put thread to sleep for sleepTime amount of time
22          System.out.printf("%s going to sleep for %d milliseconds.%n",
23             taskName, sleepTime);
24          Thread.sleep(sleepTime); // put thread to sleep
25       }
26       catch (InterruptedException exception) {
27          exception.printStackTrace();
28          Thread.currentThread().interrupt(); // re-interrupt the thread
29       }
30
31       // print task name
32       System.out.printf("%s done sleeping%n", taskName);
33    }
34 }
```

图 23.3 PrintTask 类睡眠 0 ~ 5 秒的随机时间长度

当线程调用 PrintTask 的 run 方法时,PrintTask 会执行。第 22 ~ 23 行显示的消息,指出了当前正在执行的任务名称及任务将睡眠 sleepTime 毫秒。第 24 行调用 Thread 类的静态方法 sleep,将线程置于定时等待状态,时间为指定的长度。这时,线程得不到处理器,系统允许执行另一个线程。当线程被唤醒时,它会重新进入运行状态。当 PrintTask 被再次赋予处理器时,第 32 行输出一条消息,表明任务已经完成了睡眠。然后,run 方法终止。第 26 ~ 29 行的 catch 语句块是必要的,因为如果对正在睡眠的线程调用了 interrupt 方法,则 sleep 方法可能抛出 InterruptedException 异常(一个检验异常)。

让线程处理 InterruptedException 异常

一种好的处理方式,是让正在执行的线程处理 InterruptedException 异常。通常而言,只需将 run 方法声明成抛出异常即可，而不必捕获这个异常。但是，第 11 章讲过，重写方法时，它的 throws 子句只可以包含原始方法的 throws 子句中声明的相同异常类型(或者其子集)。Runnable 方法 run 没有任何 throws 子句，因此无法在第 20 行提供这样的内容。为了确保正在执行的线程可以捕获 InterruptedException 异常，第 28 行调用静态方法 currentThread 先获得当前正在执行的 Thread 引用。然后，利用 Thread 的 interrupt 方法，将这个 InterruptedException 异常传递给当前的线程。①

使用 ExecutorService 管理执行 PrintTask 的线程

图 23.4 中，使用了一个 ExecutorService 对象来管理执行 PrintTask 的线程(见图 23.3 中的定义)。图 23.4 第 9 ~ 11 行创建并命名了要执行的三个 PrintTask 对象。第 16 行使用 Executors 方法 newCachedThreadPool，获得一个创建新线程的 ExecutorService(如果无法利用现有线程)。这些线程由 ExecutorService 对象使用，用于执行 Runnable 对象。

```java
1  // Fig. 23.4: TaskExecutor.java
2  // Using an ExecutorService to execute Runnables.
3  import java.util.concurrent.Executors;
4  import java.util.concurrent.ExecutorService;
5
6  public class TaskExecutor {
7     public static void main(String[] args) {
8        // create and name each runnable
9        PrintTask task1 = new PrintTask("task1");
10       PrintTask task2 = new PrintTask("task2");
11       PrintTask task3 = new PrintTask("task3");
12
13       System.out.println("Starting Executor");
14
15       // create ExecutorService to manage threads
16       ExecutorService executorService = Executors.newCachedThreadPool();
17
18       // start the three PrintTasks
19       executorService.execute(task1); // start task1
20       executorService.execute(task2); // start task2
21       executorService.execute(task3); // start task3
22
23       // shut down ExecutorService--it decides when to shut down threads
24       executorService.shutdown();
25
26       System.out.printf("Tasks started, main ends.%n%n");
27    }
28 }
```

```
Starting Executor
Tasks started, main ends

task1 going to sleep for 4806 milliseconds
task2 going to sleep for 2513 milliseconds
task3 going to sleep for 1132 milliseconds
task3 done sleeping
task2 done sleeping
task1 done sleeping
```

```
Starting Executor
task1 going to sleep for 3161 milliseconds.
task3 going to sleep for 532 milliseconds.
task2 going to sleep for 3440 milliseconds.
Tasks started, main ends.

task3 done sleeping
task1 done sleeping
task2 done sleeping
```

图 23.4　使用 ExecutorService 执行 Runnable 对象

① 有关如何处理线程中断的详细信息请参见 *Java Concurrency in Practice* 的第 7 章(Brian Goetz et al.，Addison-Wesley Professional，2006.)。

第 19～21 行中的每一行都调用了 ExecutorService 的 execute 方法,它会在将来某个时刻执行作为实参传递给它的 Runnable 对象(这里是 PrintTask)。指定的任务可以在 ExecutorService 线程池的某个线程中执行，也可以在创建的新线程中执行，还可以在调用 execute 方法的线程中执行。ExecutorService 会管理这些细节。execute 方法会立即从每个调用中返回，程序并不会等待每个 PrintTask 执行完毕。第 24 行调用 ExecutorService 方法 shutdown，它会阻止 ExecutorService 接受新任务，但会继续将已经提交的任务执行完毕。一旦以前提交的任务全部完成，ExecutorService 就会终止。第 26 行输出的消息表明已经开始了这些任务，且 main 线程已经完成了它的执行。

main 线程

main 方法中的代码会在 main 线程中执行，这是由 JVM 创建的一个线程。只要 Executor 开始了每一个 PrintTask 的执行，PrintTask 的 run 方法中的代码(见图 23.3 第 19～33 行)就会执行。同样，有时这是在它们被传递给 ExecutorService 的 execute 方法(见图 23.4 第 19～21 行)之后进行的。当 main 方法终止时，程序本身会继续执行，直至任务完成。

输出样本

这个程序的样本输出，给出了每个线程的名称及线程睡眠的时间长度。具有最短睡眠时间的线程，通常会首先被唤醒，表明它已经完成了睡眠并且终止了。23.8 节中，将探讨防止具有最短睡眠时间的线程第一个被唤醒的多线程问题。第一个输出中，在 PrintTask 的任何其他线程输出它的名称和睡眠时间之前,main 线程会首先终止。这表明 main 线程的运行是在 PrintTask 的任何线程有机会运行之前完成的。第二个输出中，在 PrintTask 的全部线程输出它们的名称和睡眠时间之后，main 线程才终止。这表明 PrintTask 是在 main 线程终止之前开始执行的。还要注意，在第二个输出样本中，尽管 task2 是在 task3 之前被传递给 ExecutorService 的 execute 方法的，但是 task3 会先于 task2 睡眠。这表明了一个事实：即使知道了创建和启动线程的顺序，也无法预计线程将执行的顺序。

等待前面的任务终止

一旦让任务开始执行，我们通常希望它执行完毕——例如，需要使用它的结果。调用 shutdown 方法之后，可以调用 ExecutorService 方法 awaitTermination，等待任务执行完毕。图 23.7 中，演示了这个方法的用法。图 23.4 中没有调用 awaitTermination 方法，以演示程序在 main 线程终止之后，依然可以执行。

23.4 线程同步

当多个线程共享某个对象且该对象由某个或某些线程修改了时，则得到的结果是非确定性的(正如前面的示例中看到的那样)，除非对共享对象的访问被正确地管理了。如果某个线程正处于更新共享对象的过程中，而另一个线程也试图更新它，则无法明确哪一个线程的更新会起作用。同样，如果某个线程正处于更新共享对象的过程中，而另一个线程试图读取它，则无法确定读取的是旧值还是新值。当出现这些情况时，程序的行为就不是可信的——有时程序会产生正确的结果，而有时不会，且没有迹象表明共享对象被错误地操作了。

如果在某一时刻只允许一个线程排他性地访问操作共享对象的代码，就可以解决这个问题。此时，希望访问对象的其他线程都会一直等待。当独占对象的那个线程完成了对象的操作时，正在等待的某个线程会被允许处理这个对象。这个过程被称为线程同步(thread synchronization)，它协调了多个并发线程对共享数据的访问。通过以这种方式同步多个线程，就可以保证访问共享对象的每一个线程，都能同步地将其他所有线程排除在外，这被称为“互斥”(mutual exclusion)。

23.4.1 不可变数据

实际上，线程同步只对共享的可变数据(mutable data)是必要的，即在生命周期中可能发生改变的数据。如果共享的数据在多线程程序中并不会发生改变(immutable data)，则当某个线程正在操作这个数据时，另一个线程不可能看到过时的或者不正确的数据。

当在线程间共享不可变数据时，将对应的数据字段声明成 final，就表示在初始化之后，变量的值就不会改变了。这样，就能够防止对共享数据的意外改动，从而获得线程安全性。将对象引用标记成 final，就表明这个引用不会改变，但不能保证所引用的对象是不可变的——这完全依赖于对象的属性。尽管如此，将不会发生改变的引用标记成 final，依然是一种好的做法。

软件工程结论 23.3

应将不希望发生改变的数据字段总是声明成 final。被声明成 final 的基本变量能安全地在线程间共享。被声明成 final 的对象引用能保证在程序使用它所引用的对象之前，对象会被完整地构造并初始化，从而防止引用指向另一个对象。

23.4.2 监控器

实现同步的一种常见办法是使用 Java 内置的监控器(monitor)。每一个对象都具有一个监控器和一个监控锁(monitor lock)或内置锁(intrinsic lock)。监控器保证了在任何时刻，它的对象的监控锁只可能是由唯一线程持有的。这样，监控器和监控锁就能用来实施互斥。当执行某个操作时，如果它要求正在执行的线程持有锁，则在处理这个操作之前，线程就必须获得这个锁。要执行有同一个锁的操作的其他线程，则会被阻塞到第一个线程释放锁。这时，被阻塞的线程会尝试获得这个锁并处理这个操作。

为了指明某个线程必须持有监控锁才能执行代码块，这些代码必须放入一个 synchronized(同步)语句中。这样的代码被称为是由监控锁“监控”(guarded)的。线程必须拥有锁才能执行监控语句。监控器一次只允许一个线程执行被锁定到同一个对象的同步语句中的语句，因为一次只有一个线程能够持有监控锁。同步语句是用 synchronized 关键字声明的：

```
synchronized (object) {
   statements
}
```

其中，*object* 是其监控锁将被获取的对象。如果它就是同步语句将出现在其中的对象，则 object 通常为 this。如果位于不同线程中的多个同步语句都试图同时执行某个对象，则只有其中的一个能激活这个对象——其他试图进入同一个对象的同步语句的所有线程，都会被置于阻塞状态。

当同步语句完成了执行时，会释放对象的监控锁，某个处于阻塞状态的线程进入同步语句，以获得锁并处理它。Java 还允许使用 synchronized(同步)方法。在执行之前，非静态的同步方法必须在用来调用它的那个对象上获得锁。类似地，静态的同步方法必须在方法所声明的类对象上获得锁。类对象就是 JVM 已经加载到内存中的那个类的执行时表示。

软件工程结论 23.4

利用同步语句达到互斥效果是一种称之为 Java 监控器模式(Java Monitor Pattern)的设计模式(见 *Java Concurrency in Practice*，4.2.1 节)。

23.4.3 未同步的可变数据共享

首先演示的是没有正确同步的共享对象被多个线程使用的危险性。这个示例中(见图 23.5 ~ 图 23.7)，两个 Runnable 对象同时引用一个整型数组。每一个 Runnable 对象都会将三个值写入数组，然后终止。这似乎没有什么危害，但如果没有同步地操作数组，就可能导致错误。

SimpleArray 类

图 23.5 中将一个 SimpleArray 对象在多个线程间共享。SimpleArray 对象使这些线程能将 int 值放入数组中(数组在第 8 行声明)。第 9 行初始化了变量 writeIndex，它将确定下一个将写入的数组元素。构造方法(第 12 行)创建了一个具有所期望大小的整型数组。

```
1  // Fig. 23.5: SimpleArray.java
2  // Class that manages an integer array to be shared by multiple threads.
3  import java.security.SecureRandom;
4  import java.util.Arrays;
5
6  public class SimpleArray { // CAUTION: NOT THREAD SAFE!
7     private static final SecureRandom generator = new SecureRandom();
8     private final int[] array; // the shared integer array
9     private int writeIndex = 0; // shared index of next element to write
10
11    // construct a SimpleArray of a given size
12    public SimpleArray(int size) {array = new int[size];}
13
14    // add a value to the shared array
15    public void add(int value) {
16       int position = writeIndex; // store the write index
17
18       try {
19          // put thread to sleep for 0-499 milliseconds
20          Thread.sleep(generator.nextInt(500));
21       }
22       catch (InterruptedException ex) {
23          Thread.currentThread().interrupt(); // re-interrupt the thread
24       }
25
26       // put value in the appropriate element
27       array[position] = value;
28       System.out.printf("%s wrote %2d to element %d.%n",
29          Thread.currentThread().getName(), value, position);
30
31       ++writeIndex; // increment index of element to be written next
32       System.out.printf("Next write index: %d%n", writeIndex);
33    }
34
35    // used for outputting the contents of the shared integer array
36    @Override
37    public String toString() {
38       return Arrays.toString(array);
39    }
40 }
```

图 23.5 管理由多个线程共享的一个整型数组的类(注意:图 23.5 ~ 23.7 中的示例不是线程安全的)

add 方法(第 15 ~ 33 行)将一个新值放入数组中。第 16 行保存当前的 writeIndex 值。第 20 行使调用 add 方法的线程睡眠,时间为 0 ~ 499 毫秒之间的一个随机值。这样做,能够使采用未同步方法访问共享数据所导致的问题变得更明显。线程完成睡眠后,第 27 行将传递给 add 方法的值插入到数组中,位置由 position 指定。第 28 ~ 29 行显示正在执行的线程名称、所添加的值,以及该值在数组中的位置。第 29 行中的表达式:

```
Thread.currentThread().getName()
```

首先获得当前正在执行的 Thread 的引用,然后使用 getName 方法,获得它的名称。第 31 行递增 writeIndex 的值,以便下一次调用 add 方法时会将值插入到数组中的下一个位置。第 36 ~ 39 行重写了 toString 方法,创建数组内容的字符串表示。

ArrayWriter 类

ArrayWriter 类(见图 23.6)实现了 Runnable 接口,定义的任务用于将值插入到 SimpleArray 对象中。构造方法(第 9 ~ 12 行)带有两个实参:一个整型值 value 和一个 SimpleArray 对象的引用,前者是这个任务将插入到 SimpleArray 对象的第一个值。第 17 行调用 SimpleArray 方法 add。第 16 ~ 18 行将三个以 startValue 开始的连续整数添加之后,任务就完成了。

SharedArrayTest 类

SharedArrayTest 类(见图 23.7)执行两个 ArrayWriter 任务,将这些值添加到一个 SimpleArray 对象中。第 10 行构造了一个 6 元素的 SimpleArray 对象。第 13 ~ 14 行创建了两个新的 ArrayWriter 任务,其中一个将值 1 ~ 3 放入 SimpleArray 对象中,另一个放入的是值 11 ~ 13。第 17 ~ 19 行创建了一个 ExecutorService

对象并执行了这两个 ArrayWriter 任务。第 21 行调用 ExecutorService 的 shutdown 方法，防止其他的任务启动，并能使当前正在执行的任务完成后，应用可以终止。

```
1  // Fig. 23.6: ArrayWriter.java
2  // Adds integers to an array shared with other Runnables
3  import java.lang.Runnable;
4
5  public class ArrayWriter implements Runnable {
6     private final SimpleArray sharedSimpleArray;
7     private final int startValue;
8
9     public ArrayWriter(int value, SimpleArray array) {
10       startValue = value;
11       sharedSimpleArray = array;
12    }
13
14    @Override
15    public void run() {
16       for (int i = startValue; i < startValue + 3; i++) {
17          sharedSimpleArray.add(i); // add an element to the shared array
18       }
19    }
20 }
```

图 23.6 将整数添加到由几个 Runnable 对象共享的数组中
（注意：图 23.5 ~ 图 23.7 中的示例不是线程安全的）

```
1  // Fig. 23.7: SharedArrayTest.java
2  // Executing two Runnables to add elements to a shared SimpleArray.
3  import java.util.concurrent.Executors;
4  import java.util.concurrent.ExecutorService;
5  import java.util.concurrent.TimeUnit;
6
7  public class SharedArrayTest {
8     public static void main(String[] arg) {
9        // construct the shared object
10       SimpleArray sharedSimpleArray = new SimpleArray(6);
11
12       // create two tasks to write to the shared SimpleArray
13       ArrayWriter writer1 = new ArrayWriter(1, sharedSimpleArray);
14       ArrayWriter writer2 = new ArrayWriter(11, sharedSimpleArray);
15
16       // execute the tasks with an ExecutorService
17       ExecutorService executorService = Executors.newCachedThreadPool();
18       executorService.execute(writer1);
19       executorService.execute(writer2);
20
21       executorService.shutdown();
22
23       try {
24          // wait 1 minute for both writers to finish executing
25          boolean tasksEnded =
26             executorService.awaitTermination(1, TimeUnit.MINUTES);
27
28          if (tasksEnded) {
29             System.out.printf("%nContents of SimpleArray:%n");
30             System.out.println(sharedSimpleArray); // print contents
31          }
32          else {
33             System.out.println(
34                "Timed out while waiting for tasks to finish.");
35          }
36       }
37       catch (InterruptedException ex) {
38          ex.printStackTrace();
39       }
40    }
41 }
```

图 23.7 执行两个 Runnable 任务，将元素添加到共享数组中——输出中的斜体字为注释（注意：图 23.5 ~ 图 23.7 中的示例不是线程安全的）

```
pool-1-thread-1 wrote  1 to element 0. — pool-1-thread-1 wrote 1 to element 0
Next write index: 1
pool-1-thread-1 wrote  2 to element 1.
Next write index: 2
pool-1-thread-1 wrote  3 to element 2.
Next write index: 3
pool-1-thread-2 wrote 11 to element 0. — pool-1-thread-2 overwrote element 0's value
Next write index: 4
pool-1-thread-2 wrote 12 to element 4.
Next write index: 5
pool-1-thread-2 wrote 13 to element 5.
Next write index: 6

Contents of SimpleArray:
[11, 2, 3, 0, 12, 13]
```

图 23.7(续) 执行两个 Runnable 任务，将元素添加到共享数组中——输出中的斜体字为注释（注意：图 23.5 ~ 图 23.7 中的示例不是线程安全的）

ExecutorService 方法 awaitTermination

前面说过，ExecutorService 方法 shutdown 会立即返回。因此，只要 main 线程依然在占用处理器，则位于第 21 行的 ExecutorService 方法 shutdown 调用之后的任何代码，都会继续执行。程序中输出的 SimpleArray 对象给出了线程完成任务之后的结果。因此，在 main 线程输出 SimpleArray 对象的内容之前，要求程序等待线程执行完毕。为此，ExecutorService 接口提供了一个 awaitTermination 方法。当 ExecutorService 中的所有任务都执行完毕，或者当指定的时间到达时，这个方法会将控制返回给它的调用者。如果在时间到达之前所有的任务都完成了，则 awaitTermination 方法返回 true，否则返回 false。这个方法的两个实参是一个超时值和一个用 TimeUnit 类中的常量指定的度量单位(这里是 TimeUnit.MINUTES)。

如果在等待其他线程终止之前，正在调用的线程被终止了，则 awaitTermination 方法会抛出 InterruptedException 异常。由于这个异常是在 main 方法中捕获的，因此没有必要重新中断 main 线程，因为程序会立即终止。

这个示例中，如果两个任务都在时间到达之前完成了，则第 30 行会显示 SimpleArray 对象的内容。否则，第 33 ~ 34 行输出消息，指出在时间到达之前任务没有完成执行。

输出样本

图 23.7 的输出中表明的问题(在输出中被高亮显示)，可能是由于同步访问共享可变数据时失败所引起的。值 1 被写入元素中，然后被值 11 覆盖。而且，当 writeIndex 被递增到 3 时，没有值写入到这个元素中，因为输出的数组中这个元素的值是 0。

前面说过，我们已经在共享数据的不同操作间添加了 Thread 方法 sleep 的调用，以强调线程调度的不可预见性，并且增加了产生错误输出的可能性。即使允许这些操作按照常规的方式调用，依然会在输出中看到错误。但是，现今的处理器能够如此快速地处理 SimpleArray 方法 add 的简单操作，以至于即使无数次地测试它，也不会看到由并发执行这个方法的两个线程所引起的错误。

多线程编程的一个挑战是找出其中的错误。由于这些错误极少出现，因此当测试存在错误的程序时，不会产生不正确的结果，导致产生“程序正确”的错觉。因此，更有理由使用预定义的集合来处理同步问题。

23.4.4 同步的可变数据共享：原子操作

可以从图 23.7 的输出错误中得到这样的事实：共享对象 SimpleArray 不是线程安全的——如果有多个线程并发地访问它，则 SimpleArray 就容易出错。问题出在 add 方法中，它保存 writeIndex 的值，将一个新值放入数组的这个位置，然后递增 writeIndex 的值。在单线程的程序中，这样的方法不会出现任何问题。但是，如果一个线程获得了 writeIndex 的值，就无法保证在这个线程有机会将值放入数组之前，另一个线程不会出现并递增 writeIndex 的值。如果发生这种事情，则第一个线程就会根据 writeIndex 的“脏值”(stale value)来写数组，脏值即不再有效的值。另一种可能是在一个线程将元素添加到了数组之后、writeIndex 递增之前，另一个线程获得了 writeIndex 的值。同样，第一个线程就会使用无效的 writeIndex 值。

SimpleArray 不是线程安全的，因为它允许任意数量的线程并发地读取并修改共享数据，这会导致错误。为了使 SimpleArray 的线程变得安全，必须确保不能有两个线程同时访问它的共享可变数据。当一个线程正处于保存 writeIndex 的值、将值添加到数组、递增 writeIndex 的值的过程时，其他的线程不能在这三个操作期间的任何时刻读取或改变 writeIndex 的值，也不能修改数组的内容。换句话说，我们希望这三个操作——保存 writeIndex 的值、写数组、递增 writeIndex 的值——都是原子操作(atomic operation)，不能被分解成更小的子操作。(后面的示例中可以看到，针对共享可变数据的读操作，也必须是原子的。）我们可以模拟这种原子性，保证某个时刻只有一个线程在执行这三种操作。任何需要执行这个操作的其他线程都必须等待，直到第一个线程完整地执行了 add 操作。

原子性可以利用 synchronized 关键字获得。将这三个子操作放入同步语句或者同步方法中，就能保证在某个时刻只有一个线程能够获得锁并执行这些操作。当这个线程完成了同步语句块中的所有操作并释放了锁之后，另一个线程就可以获得锁并着手执行这些操作。这样，就能保证执行操作的线程看到的是共享可变数据的真实值，而且在操作的过程中不会因为另一个线程修改了这些值而发生意料之外的变化。

软件工程结论 23.5

对于可能由多个线程共享访问的可变数据，应将它们放入在同一个锁上同步的同步语句或者同步方法中。当对共享可变数据执行多个操作时，应让整个操作都拥有锁，以保证操作确实是原子操作。

具有同步性的 SimpleArray 类

图 23.8 中的程序展示的是被正确同步的 SimpleArray 类。注意，除了现在的 add 方法是同步方法(见图 23.8 第 18 行)，它与图 23.5 中的 SimpleArray 类是相同的。这样，一次就只能有一个线程能够执行这个方法。这里复用了前一个示例中的 ArrayWriter 类(见图 23.6)和 SharedArrayTest 类(见图 23.7)，因此不再给出它们的具体代码。

```
1  // Fig. 23.8: SimpleArray.java
2  // Class that manages an integer array to be shared by multiple
3  // threads with synchronization.
4  import java.security.SecureRandom;
5  import java.util.Arrays;
6
7  public class SimpleArray {
8     private static final SecureRandom generator = new SecureRandom();
9     private final int[] array; // the shared integer array
10    private int writeIndex = 0; // index of next element to be written
11
12    // construct a SimpleArray of a given size
13    public SimpleArray(int size) {
14       array = new int[size];
15    }
16
17    // add a value to the shared array
18    public synchronized void add(int value) {
19       int position = writeIndex; // store the write index
20
21       try {
22          // in real applications, you shouldn't sleep while holding a lock
23          Thread.sleep(generator.nextInt(500)); // for demo only
24       }
25       catch (InterruptedException ex) {
26          Thread.currentThread().interrupt();
27       }
28
29       // put value in the appropriate element
30       array[position] = value;
```

图 23.8 利用同步，管理由多个线程共享的一个整型数组的类

```
31          System.out.printf("%s wrote %2d to element %d.%n",
32             Thread.currentThread().getName(), value, position);
33
34          ++writeIndex; // increment index of element to be written next
35          System.out.printf("Next write index: %d%n", writeIndex);
36       }
37
38       // used for outputting the contents of the shared integer array
39       @Override
40       public synchronized String toString() {
41          return Arrays.toString(array);
42       }
43    }
```

```
pool-1-thread-1 wrote  1 to element 0.
Next write index: 1
pool-1-thread-2 wrote 11 to element 1.
Next write index: 2
pool-1-thread-2 wrote 12 to element 2.
Next write index: 3
pool-1-thread-2 wrote 13 to element 3.
Next write index: 4
pool-1-thread-1 wrote  2 to element 4.
Next write index: 5
pool-1-thread-1 wrote  3 to element 5.
Next write index: 6

Contents of SimpleArray:
[1, 11, 12, 13, 2, 3]
```

图 23.8(续)　利用同步，管理由多个线程共享的一个整型数组的类

第 18 行将 add 方法声明成同步的，这使得在这个方法中的所有操作就像一个单一的原子操作一样。第 19 行执行了第一个子操作——存储 writeIndex 的值。第 30 行处理了第二个子操作，将一个值写入 position 索引处的元素。第 34 行执行第三个子操作，递增 writeIndex 的值。当这个方法在第 36 行完成执行时，正在执行的线程会隐式地释放 SimpleArray 对象的锁，使得另一个线程能够获得它并开始执行 add 方法。

在同步的 add 方法中，输出到控制台的消息指出了线程执行这个方法的进度，还给出了将值插入到数组所要求执行的实际操作。这样做，就可以使消息以正确的顺序输出，以便与前面未同步示例的输出相比较，查看这个方法是否被正确地同步了。出于演示的目的，在后面的几个示例中，同样会继续从同步语句块中输出消息。不过一般而言，I/O 操作不应当在同步语句块中执行，因为让对象被锁的时间最少是一件重要的事情。[注：这个示例中的第 23 行调用了 Thread 方法 sleep(用于演示)，以强调线程调度的不可预测性。在真实的应用中，当拥有锁时绝对不要调用这个方法。]

性能提示 23.2

当有必要维护同步特性时，应尽可能地缩小同步语句的占用时间。这样，就能够使阻塞线程的等待时间最少。应避免执行 I/O 操作、冗长的计算及那些不需要用锁来同步的操作。

23.5　没有同步的生产者/消费者关系

在生产者/消费者关系(producer/consumer relationship)中，程序的生产者(producer)产生数据，并将它保存在共享对象中，而消费者(consumer)会从共享对象读取数据。这种关系，将定义要执行某些工作的任务与实际执行这项工作的任务区分开来。

生产者/消费者关系示例

常见的一个生产者/消费者关系示例是打印假脱机程序(print spooling)。当应用(即生产者)希望打印信息时，尽管打印机可能不可用，但是用户依然能够“完成”任务，因为在打印机变得可用之前，数据能够临时放置在磁盘上。同样，当打印机(即消费者)可用时，它不必等到当前用户希望打印才会去打印。只要打印机可用，被假脱机的打印工作就能够进行。生产者/消费者关系的另一个示例是将数据复制到

DVD 上的应用，它会将数据放入一个固定大小的缓冲区中，当 DVD 驱动器将它们“烧录”到 DVD 上时，这个缓冲区会被清空。

同步性与状态独立性

在多线程的生产者/消费者关系中，生产者线程(producer thread)产生数据，并会将它放入一个称之为缓冲区(buffer)的共享对象中。消费者线程(consumer thread)从这个缓冲区读取数据。这种关系要求同步，以保证值被正确地生产和消费了。由多个线程共同对可变数据(即缓冲区中的数据)进行的所有操作，都必须用锁来进行监控，以防止数据被破坏。见 23.4 节的讨论。由生产者线程和消费者线程对共享的缓冲区数据进行的操作也是与状态有关的(state dependent)，即只有当缓冲区位于正确的状态时，才应该进行这些操作。如果缓冲区处于未满的状态，则生产者线程会产生数据；如果缓冲区处于非空状态，则消费者线程会消费数据。访问缓冲区的所有操作都必须使用同步机制，以保证只有当缓冲区处于合适的状态时，才能进行数据写入/读取操作。当生产者试图向缓冲区继续写入数据时，如果判断出缓冲区已满，则生产者线程必须等待，直到有空间写入新数据为止。如果消费者线程发现缓冲区已空或者发现数据已经在前面读取过，则它也必须等待，直到有新的数据可供读取。与状态有关的另一个例子：汽车油箱空了时，就无法启动它；油箱满时，不能再加油。

由于没有同步而导致的逻辑错误

思考一下，如果不对由多个线程共享的可变数据采用同步，会发生怎样的逻辑错误。下一个示例(见图 23.9 ~ 图 23.13)实现的生产者/消费者关系，没有采用正确的同步操作。生产者线程将数字 1 ~ 10 写入共享缓冲区中，这是由两个线程共享的一个内存区(图 23.12 第 5 行名称为 buffer 的一个 int 变量)。消费者线程从共享缓冲区中读取这个数据并显示它。程序的输出给出了生产者写入(生产)共享缓冲区的那些值，以及消费者从共享缓冲区读取(消费)的那些值。

生成者线程写入共享缓冲区的每一个值，都必须正好被消费者线程消费一次。但是，这个示例中的线程没有进行同步。因此，在消费者读取前一个数据之前，如果生产者将新数据放入了共享缓冲区中，则数据就会丢失或者被篡改。而且，如果在生产者产生下一个值之前，消费者两次消费了数据，则得到的数据是错误的重复值。为了展示这些可能性，在下面这个示例中，消费者线程会记录它所读取的所有值的总和。生产者线程生产出 1 ~ 10 的值。如果消费者只读取所生产的每个值一次且只有一次，则总和应为 55。但是，如果多次运行这个程序，则会看到总和并不总是 55(如图 23.13 的输出所示)。为了突出这种效果，这个示例中的生产者线程和消费者线程在执行它们的任务期间，都睡眠了一个随机的时间段(最多为 3 秒)。这样，就无法知道生产者线程何时会写入新值，也无法知道消费者线程何时会读取值。

Buffer 接口

这个程序由 1 个 Buffer 接口(见图 23.9)和 4 个类组成，这些类是 Producer(见图 23.10)、Consumer(见图 23.11)、UnsynchronizedBuffer(见图 23.12)和 SharedBufferTest(见图 23.13)。Buffer 接口(见图 23.9)声明了 Buffer(例如 UnsynchronizedBuffer)必须实现的 blockingPut 方法(第 5 行)和 blockingGet 方法(第 8 行)，以分别使 Producer 线程能够将值放入 Buffer 中，使 Consumer 线程能够从 Buffer 获取值。后续的几个示例中，blockingPut 方法和 blockingGet 方法将调用能够抛出 InterruptedException 异常的那些方法——通常表示方法能够被临时阻塞而无法执行任务。此处声明每一个方法时都包含 throws 子句，就是为了能在后面的示例中不必修改这个接口。

```
1  // Fig. 23.9: Buffer.java
2  // Buffer interface specifies methods called by Producer and Consumer.
3  public interface Buffer {
4     // place int value into Buffer
5     public void blockingPut(int value) throws InterruptedException;
6
7     // return int value from Buffer
8     public int blockingGet() throws InterruptedException;
9  }
```

图 23.9 指定由 Producer 和 Consumer 调用的方法的 Buffer 接口(注意：图 23.9 ~ 图 23.13 中的示例不是线程安全的)

Producer 类

Producer 类(见图 23.10)实现了 Runnable 接口,使得它能在一个独立的线程中可当作一项任务执行。构造方法(第 10 ~ 12 行)用 main 中创建的对象(见图 23.13 第 13 行)初始化 Buffer 引用 sharedLocation,将它传入构造方法中。我们将看到，这是一个实现了 Buffer 接口的 UnsynchronizedBuffer 对象，没有对共享对象采用同步访问。

```
1  // Fig. 23.10: Producer.java
2  // Producer with a run method that inserts the values 1 to 10 in buffer.
3  import java.security.SecureRandom;
4
5  public class Producer implements Runnable {
6     private static final SecureRandom generator = new SecureRandom();
7     private final Buffer sharedLocation; // reference to shared object
8
9     // constructor
10    public Producer(Buffer sharedLocation) {
11       this.sharedLocation = sharedLocation;
12    }
13
14    // store values from 1 to 10 in sharedLocation
15    @Override
16    public void run() {
17       int sum = 0;
18
19       for (int count = 1; count <= 10; count++) {
20          try { // sleep 0 to 3 seconds, then place value in Buffer
21             Thread.sleep(generator.nextInt(3000)); // random sleep
22             sharedLocation.blockingPut(count); // set value in buffer
23             sum += count; // increment sum of values
24             System.out.printf("\t%2d%n", sum);
25          }
26          catch (InterruptedException exception) {
27             Thread.currentThread().interrupt();
28          }
29       }
30
31       System.out.printf(
32          "Producer done producing%nTerminating Producer%n");
33    }
34 }
```

图 23.10　用 run 方法将值 1 ~ 10 插入缓冲区中的 Producer

(注意：图 23.9 ~ 图 23.13 中的示例不是线程安全的)

程序中的 Producer 线程执行的是 run 方法(见图 23.10 第 15 ~ 33 行)中指定的那些任务。循环中的每一次迭代都会调用 Thread 方法 sleep(第 21 行), 将 Producer 线程置于定时等待状态, 等候一个随机时间段(0 ~ 3 秒)。当线程被唤醒时, 第 22 行将控制变量 count 的值传递给 Buffer 对象的 blockingPut 方法, 设置共享缓冲区的值。第 23 ~ 24 行得到的是到目前为止所有值的和，并会输出这个值。当循环结束时, 第 31 ~ 32 行会显示一条消息，表明 Producer 已经完成了产生数据的工作并终止了。接下来，run 方法结束，表明 Producer 已经完成了它的任务。从 Runnable 的 run 方法调用的任何方法(如 Buffer 方法 blockingPut)，都是作为该任务执行的线程的一部分运行的。当在 23.6 ~ 23.8 节中将同步特性添加到生产者/消费者关系中时，这个事实就显得很重要了。

Consumer 类

Consumer 类(见图 23.11)也实现了 Runnable 接口，它使 Consumer 对象能与 Producer 对象并发地执行。第 10 ~ 12 行用 main 中创建的实现 Buffer 接口的对象(见图 23.13)初始化 Buffer 引用 sharedLocation, 将它传入构造方法中的 shared 参数。可以看到，它就是用来初始化 Producer 对象的同一个 UnsynchronizedBuffer 对象。因此，这两个线程共享同一个对象。程序中的 Consumer 线程执行的是 run 方法中指定的那些任务。图 23.11 第 19 ~ 29 行迭代了 10 次。每一次迭代都调用 Thread 方法 sleep(第 22 行), 将 Consumer 线程置于定时等待状态(最多 3 秒)。接下来，第 23 行使用 Buffer 的 blockingGet 方法，取得共享缓冲区中的值，然后将它累加到变量 sum 中。第 24 行显示到目前为止所有值的总和。当循环结束时，第 31 ~ 32 行显示一行信息，给出所消费值的总和。然后，run 方法结束，表明 Consumer 已经完成了它的任务。只要两个线程都进入了终止状态，程序就算结束了。

```
1  // Fig. 23.11: Consumer.java
2  // Consumer with a run method that loops, reading 10 values from buffer.
3  import java.security.SecureRandom;
4
5  public class Consumer implements Runnable {
6     private static final SecureRandom generator = new SecureRandom();
7     private final Buffer sharedLocation; // reference to shared object
8
9     // constructor
10    public Consumer(Buffer sharedLocation) {
11       this.sharedLocation = sharedLocation;
12    }
13
14    // read sharedLocation's value 10 times and sum the values
15    @Override
16    public void run() {
17       int sum = 0;
18
19       for (int count = 1; count <= 10; count++) {
20          // sleep 0 to 3 seconds, read value from buffer and add to sum
21          try {
22             Thread.sleep(generator.nextInt(3000));
23             sum += sharedLocation.blockingGet();
24             System.out.printf("\t\t\t%2d%n", sum);
25          }
26          catch (InterruptedException exception) {
27             Thread.currentThread().interrupt();
28          }
29       }
30
31       System.out.printf("%n%s %d%n%s%n",
32          "Consumer read values totaling", sum, "Terminating Consumer");
33    }
34 }
```

图 23.11 用 run 方法从缓冲区中循环读取 10 个值的 Consumer
（注意：图 23.9 ~ 图 23.13 中的示例不是线程安全的）

调用 Thread 方法 sleep，仅用于演示目的

在 Producer 和 Consumer 类的 run 方法中调用 sleep 方法，是为了强调这样一个事实：在多线程程序中，每个线程何时会执行它的任务、当拥有处理器时间时任务会执行多久，都是不可预测的。一般而言，这些线程的调度问题已经超出了 Java 程序员的控制范围。这个程序中，线程的任务相当简单：Producer 将 1 ~ 10 的值写入缓冲区中，Consumer 从缓冲区中读取这 10 个值并将它们累加到变量 sum 中。如果没有调用 sleep 方法且 Producer 首先执行，则对于当今的快速处理器而言，在 Consumer 有机会执行之前，很有可能 Producer 就已经执行完毕了。如果 Consumer 首先执行，则在 10 次中很有可能读取的是垃圾数据，然后在 Producer 能够真正产生第一个值之前就已经终止了。

UnsynchronizedBuffer 类不会同步对缓冲区状态的访问

UnsynchronizedBuffer 类（见图 23.12）实现了 Buffer 接口（第 4 行），但是它不会同步对缓冲区状态的访问——这里故意这么做，是为了演示在没有同步的情况下，多个线程访问共享可变数据时会发生什么问题。第 5 行声明了实例变量 buffer 并将它初始化成–1。这个值用于演示在 Producer 将值放入 buffer 之前 Consumer 就试图消费它的状态。同样，blockingPut 方法（第 8 ~ 12 行）和 blockingGet 方法（第 15 ~ 19 行）不会同步访问 buffer 实例变量。blockingPut 方法只会将它的实参赋予 buffer（第 11 行），而 blockingGet 方法只会返回 buffer 的值（第 18 行）。从图 23.13 可以看出，UnsynchronizedBuffer 对象被 Producer 和 Consumer 共享了。

```
1  // Fig. 23.12: UnsynchronizedBuffer.java
2  // UnsynchronizedBuffer maintains the shared integer that is accessed by
3  // a producer thread and a consumer thread.
4  public class UnsynchronizedBuffer implements Buffer {
5     private int buffer = -1; // shared by producer and consumer threads
6
7     // place value into buffer
8     @Override
9     public void blockingPut(int value) throws InterruptedException {
10       System.out.printf("Producer writes\t%2d", value);
11       buffer = value;
12    }
13
14    // return value from buffer
15    @Override
16    public int blockingGet() throws InterruptedException {
17       System.out.printf("Consumer reads\t%2d", buffer);
18       return buffer;
19    }
20 }
```

图 23.12 UnsynchronizedBuffer 维护着一个共享的整数值，生产者线程和消费者线程能够访问它（注意：图 23.9 ~ 图 23.13 中的示例不是线程安全的）

SharedBufferTest 类

在 SharedBufferTest 类(见图 23.13)中，第 10 行创建了一个 ExecutorService 对象，执行 Producer 和 Consumer 的 Runnable 对象。第 13 行创建了一个 UnsynchronizedBuffer 对象，并将它赋予 Buffer 变量 sharedLocation。这个对象保存的数据将被 Producer 和 Consumer 线程共享。第 22 ~ 23 行创建并执行了 Producer 和 Consumer。Producer 和 Consumer 的构造方法都被传入了同一个 Buffer 对象(sharedLocation)。因此，每一个对象都会引用同一个 Buffer。这些行还隐式地启动了线程并调用了每一个 Runnable 对象的 run 方法。最后，第 25 行调用 shutdown 方法，以便当执行 Producer 和 Consumer 的线程完成了它们的任务时，能够终止程序。第 26 行等待完成所调度的任务。当 main 方法结束时，执行的主线程会进入终止状态。

```
1  // Fig. 23.13: SharedBufferTest.java
2  // Application with two threads manipulating an unsynchronized buffer.
3  import java.util.concurrent.ExecutorService;
4  import java.util.concurrent.Executors;
5  import java.util.concurrent.TimeUnit;
6
7  public class SharedBufferTest {
8     public static void main(String[] args) throws InterruptedException {
9        // create new thread pool
10       ExecutorService executorService = Executors.newCachedThreadPool();
11
12       // create UnsynchronizedBuffer to store ints
13       Buffer sharedLocation = new UnsynchronizedBuffer();
14
15       System.out.println(
16          "Action\t\tValue\tSum of Produced\tSum of Consumed");
17       System.out.printf(
18          "------\t\t-----\t---------------\t---------------%n%n");
19
20       // execute the Producer and Consumer, giving each
21       // access to the sharedLocation
22       executorService.execute(new Producer(sharedLocation));
23       executorService.execute(new Consumer(sharedLocation));
24
25       executorService.shutdown(); // terminate app when tasks complete
26       executorService.awaitTermination(1, TimeUnit.MINUTES);
27    }
28 }
```

图 23.13 用两个线程操作未同步缓冲区的程序——输出中的斜体字为注释(注意：图 23.9 ~ 图 23.13 中的示例不是线程安全的)

```
Action          Value   Sum of Produced Sum of Consumed
------          -----   --------------- ---------------

Producer writes  1        1
Producer writes  2        3                             — 1 lost
Producer writes  3        6                             — 2 lost
Consumer reads   3                        3
Producer writes  4        10
Consumer reads   4                        7
Producer writes  5        15
Producer writes  6        21                            — 5 lost
Producer writes  7        28                            — 6 lost
Consumer reads   7                        14
Consumer reads   7                        21 — 7 read again
Producer writes  8        36
Consumer reads   8                        29
Consumer reads   8                        37 — 8 read again
Producer writes  9        45
Producer writes 10        55                            — 9 lost

Producer done producing
Terminating Producer
Consumer reads   10                       47
Consumer reads   10                       57 — 10 read again
Consumer reads   10                       67 — 10 read again
Consumer reads   10                       77 — 10 read again

Consumer read values totaling 77
Terminating Consumer
```

```
Action          Value   Sum of Produced Sum of Consumed
------          -----   --------------- ---------------

Consumer reads   -1                       -1 — reads -1 bad data
Producer writes  1        1
Consumer reads   1                        0
Consumer reads   1                        1 — 1 read again
Consumer reads   1                        2 — 1 read again
Consumer reads   1                        3 — 1 read again
Consumer reads   1                        4 — 1 read again
Producer writes  2        3
Consumer reads   2                        6
Producer writes  3        6
Consumer reads   3                        9
Producer writes  4        10
Consumer reads   4                        13
Producer writes  5        15
Producer writes  6        21                            — 5 lost
Consumer reads   6                        19

Consumer read values totaling 19
Terminating Consumer
Producer writes  7        28                            — 7 never read
Producer writes  8        36                            — 8 never read
Producer writes  9        45                            — 9 never read
Producer writes 10        55                            — 9 never read

Producer done producing
Terminating Producer
```

图 23.13(续) 用两个线程操作未同步缓冲区的程序——输出中的斜体字为注释(注意：图 23.9 ~ 图 23.13 中的示例不是线程安全的)

前面说过，应当首先执行 Producer，且由它产生的每一个值，都必须正好被 Consumer 消费一次。但是，在图 23.13 的第一个输出中，可以看到在 Consumer 读取第一个值(3)之前，Producer 已经写入了三个值 1、2 和 3。这样，值 1 和 2 就丢失了。随后，值 5、6 和 9 丢失，而值 7 和 8 被读取了两次，值 10 被读取了 4 次。这样，第一次输出得到的就是不正确的总和 77，而不是正确值 55(输出中 Producer 或 Consumer 执行顺序不正确的那些行被高亮显示了)。第二个输出中，在 Producer 写入值之前，Consumer 读取到了值–1。在 Producer 写入值 2 之前，Consumer 读了 5 次值 1。同时，值 5、7、8、9 和 10 都丢失了，后 4 个值是由于在 Producer 产生值之前 Consumer 就终止了而丢失的。得到的结果就是错误的总和值 19。

错误预防提示 23.1

由并发线程访问的共享对象，必须小心地加以控制，否则会得到不正确的结果。

为了解决丢失值和重复值的问题，23.6 节中给出了一个示例，它采用(java.util.concurrent 包的)ArrayBlockingQueue 类对象，对共享对象进行同步访问，就能保证每个值都会被处理到且只被处理一次。

23.6 生产者/消费者关系：ArrayBlockingQueue

同步生产者和消费者线程的最佳办法，是使用来自 java.util.concurrent 包的那些类，它们封装了同步性。ArrayBlockingQueue 类是一个完全实现了 BlockingQueue 接口的、线程安全的缓冲区类。这个接口中声明了 put 方法和 take 方法。put 方法将元素放在 BlockingQueue 的末尾；如果队列已满，则它会等待。take 方法从 BlockingQueue 的首部移走一个元素；如果队列为空，则它会等待。这两个方法为 ArrayBlockingQueue 类实现共享缓冲区提供了最佳选择。由于 put 方法在缓冲区有空间写入数据之前会一直等待，take 方法在缓冲区有新数据读取之前会一直等待，因此生产者必须首先产生一个值。只有当生产者写入了值之后，消费者才能正确地消费数据；只有当消费者读取了前一个值(或第一个值)之后，生产者才能正确地产生(第一个值之后的)下一个值。ArrayBlockingQueue 将共享可变数据保存在一个数组中，数组的大小由 ArrayBlockingQueue 构造方法的一个实参指定。创建之后，ArrayBlockingQueue 的大小就固定了，并且不会扩展成容纳更多的元素。

BlockingBuffer 类

图 23.14～23.15 中的程序演示了 Producer 对象和 Consumer 对象访问 ArrayBlockingQueue 的情况。BlockingBuffer 类(见图 23.14)使用一个保存 Integer 类型数据的 ArrayBlockingQueue 对象(第 6 行)。第 9 行创建了一个 ArrayBlockingQueue 对象并将 1 传递给构造方法，以便这个对象能拥有单一的值，就像图 23.12 中 UnsynchronizedBuffer 所做的那样。23.8 节中，将探讨多元素的缓冲区。由于 BlockingBuffer 类使用了线程安全的 ArrayBlockingQueue 类来管理它的共享状态(这里是对共享缓冲区的访问)，所以即使没有采用同步，BlockingBuffer 本身也是线程安全的。

```java
1  // Fig. 23.14: BlockingBuffer.java
2  // Creating a synchronized buffer using an ArrayBlockingQueue.
3  import java.util.concurrent.ArrayBlockingQueue;
4
5  public class BlockingBuffer implements Buffer {
6     private final ArrayBlockingQueue<Integer> buffer; // shared buffer
7
8     public BlockingBuffer() {
9        buffer = new ArrayBlockingQueue<Integer>(1);
10    }
11
12    // place value into buffer
13    @Override
14    public void blockingPut(int value) throws InterruptedException {
15       buffer.put(value); // place value in buffer
16       System.out.printf("%s%2d\t%s%d%n", "Producer writes ", value,
17          "Buffer cells occupied: ", buffer.size());
18    }
19
20    // return value from buffer
21    @Override
22    public int blockingGet() throws InterruptedException {
23       int readValue = buffer.take(); // remove value from buffer
24       System.out.printf("%s %2d\t%s%d%n", "Consumer reads ",
25          readValue, "Buffer cells occupied: ", buffer.size());
26
27       return readValue;
28    }
29 }
```

图 23.14 用 ArrayBlockingQueue 创建同步缓冲区

BlockingBuffer 实现了 Buffer 接口(见图 23.9)，并使用了 23.5 节示例中的 Producer 类(删除了图 23.10

第24行)和Consumer类(删除了图23.11第24行)。这种方法演示了同步性的封装——访问共享对象的线程，并不知道它们对缓冲区的访问现在是同步的。同步操作完全在BlockingBuffer的blockingPut方法和blockingGet方法中处理，这两个方法分别调用了同步的ArrayBlockingQueue方法put和take。因此，只需简单地调用共享对象的blockingPut方法和blockingGet方法，Producer和Consumer的Runnable对象就被恰当地同步了。

在blockingPut方法(见图23.14)的第15行，调用了ArrayBlockingQueue对象的put方法。如果有必要，在缓冲区中有空间放入值之前，这个方法会一直等待。blockingGet方法调用了ArrayBlockingQueue对象的take方法(第23行)。如果有必要，在缓冲区中有元素要移走之前，这个方法会一直等待。第16~17行和第24~25行使用了ArrayBlockingQueue对象的size方法，显示当前ArrayBlockingQueue中的元素总数。

BlockingBufferTest类

BlockingBufferTest类(见图23.15)包含了启动这个程序的main方法。第11行创建了一个ExecutorService对象，第14行创建了一个BlockingBuffer对象，并将它的引用赋予Buffer变量sharedLocation。第16~17行执行Producer和Consumer的Runnable对象。第19行调用shutdown方法，以便当执行Producer和Consumer的线程完成了它们的任务时，能够终止程序。第20行等待完成所调度的任务。

```
1  // Fig. 23.15: BlockingBufferTest.java
2  // Two threads manipulating a blocking buffer that properly
3  // implements the producer/consumer relationship.
4  import java.util.concurrent.ExecutorService;
5  import java.util.concurrent.Executors;
6  import java.util.concurrent.TimeUnit;
7
8  public class BlockingBufferTest {
9     public static void main(String[] args) throws InterruptedException {
10       // create new thread pool
11       ExecutorService executorService = Executors.newCachedThreadPool();
12
13       // create BlockingBuffer to store ints
14       Buffer sharedLocation = new BlockingBuffer();
15
16       executorService.execute(new Producer(sharedLocation));
17       executorService.execute(new Consumer(sharedLocation));
18
19       executorService.shutdown();
20       executorService.awaitTermination(1, TimeUnit.MINUTES);
21    }
22 }
```

```
Producer writes  1      Buffer cells occupied: 1
Consumer reads   1      Buffer cells occupied: 0
Producer writes  2      Buffer cells occupied: 1
Consumer reads   2      Buffer cells occupied: 0
Producer writes  3      Buffer cells occupied: 1
Consumer reads   3      Buffer cells occupied: 0
Producer writes  4      Buffer cells occupied: 1
Consumer reads   4      Buffer cells occupied: 0
Producer writes  5      Buffer cells occupied: 1
Consumer reads   5      Buffer cells occupied: 0
Producer writes  6      Buffer cells occupied: 1
Consumer reads   6      Buffer cells occupied: 0
Producer writes  7      Buffer cells occupied: 1
Consumer reads   7      Buffer cells occupied: 0
Producer writes  8      Buffer cells occupied: 1
Consumer reads   8      Buffer cells occupied: 0
Producer writes  9      Buffer cells occupied: 1
Consumer reads   9      Buffer cells occupied: 0
Producer writes 10      Buffer cells occupied: 1

Producer done producing
Terminating Producer
Consumer reads  10      Buffer cells occupied: 0

Consumer read values totaling 55
Terminating Consumer
```

图23.15　处理正确地实现了生产者/消费者关系的阻塞缓冲区的两个线程

尽管 ArrayBlockingQueue 的 put 方法和 take 方法被适当地同步了，但 BlockingBuffer 的 blockingPut 方法和 blockingGet 方法(见图 23.14)没有被声明成同步的。因此，在 blockingPut 方法中执行的语句——put 操作(见图 23.14 第 15 行)和输出操作(第 16 ~ 17 行)——不是原子的；blockingGet 方法中的语句——take 操作(第 23 行)和输出操作(第 24 ~ 25 行)——也不是原子的。这样，就无法保证在对应的 put 操作或 take 操作之后，每个输出操作会立即发生，这些输出可能以乱序的方式出现。如果这些操作是原子的，则 ArrayBlockingQueue 对象会正确地同步访问数据。能够证明这一点的事实是，消费者读取的值的和总是正确的。

23.7 (进阶)具有 synchronized、wait、notify 及 notifyAll 的生产者/消费者关系

(注：本节适合那些希望控制同步操作的高级程序员。[①])前一个示例展示了通过使用封装同步性来保护共享数据的 ArrayBlockingQueue 类，多个线程能够以线程安全的方式共享单一元素的缓冲区。出于教学的目的，下面讲解如何利用关键字 synchronized 和 Object 类中的方法，自己实现共享缓冲区。使用 ArrayBlockingQueue，通常会得到更具维护性和更容易执行的代码。

明确了共享的可变数据及同步策略之后(如将数据与它的保护锁相关联)，对缓冲区的同步访问操作，就是将 blockingGet 方法和 blockingPut 方法实现成同步方法。这要求在试图访问缓冲区数据之前，线程需获得 Buffer 对象的监控锁。但是，这无法确保线程只有在缓冲区处于正确的状态时才会操作。需要某种途径来允许线程能够根据某些条件是否为真来等待执行。对于将新数据放入缓冲区的情形，允许进行这种操作的条件，就是缓冲区没有满；对于从缓冲区中取出数据的情形，允许进行这种操作的条件，就是缓冲区没有空。如果前面的条件满足，则操作就会进行；否则，线程必须等待，直到条件为真。当线程正在等待条件变化时，会从竞争处理器的线程中将其移走，放入对象的等待队列，并且会释放它所拥有的锁。

Wait、notify 和 notifyAll 方法

Wait、notify 和 notifyAll 方法是在 Object 类中声明的，当线程不能执行任务时，这些方法就能使线程进入等待状态。线程获得了对象的监控锁之后，如果判断出某个条件没有满足，线程无法执行对象上的任务，则它会调用 Object 方法 wait，这会释放对象的监控锁，线程会在等待状态一直停留，而其他线程可进入对象的同步语句或方法。当执行同步语句(或方法)的那个线程完成或满足了另一个线程需要等待的条件时，会调用 Object 方法 notify，使得正在等待的线程再次转换到运行状态。这时，从等待状态转换到运行状态的线程，会尝试重新获得对象的监控锁。即使线程能够获得监控锁，它也可能无法在此刻执行任务。如果是这样，则它会重新进入等待状态，并隐式地释放监控锁。如果线程调用了 notifyAll 方法，则正在等待监控锁的所有线程，都有机会重新获得监控锁(也就是说，它们都会转换到运行状态)。

需记住的是，在某个时刻只有一个线程能够获得对象的监控锁，试图获得同一个监控锁的其他线程，在监控锁再次可获得(即没有其他线程正在执行对象的同步语句)之前，会一直处于阻塞状态。

常见编程错误 23.1

如果线程没有获得对象的监控锁，就调用了 wait、notify 或 notifyAll 方法，则是一个错误。这会导致 IllegalMonitorStateException 异常。

错误预防提示 23.2

使用 notifyAll 方法来通知正在等待的线程进入运行状态，这是一种好的做法。这样做，可以避免程序中忘记了正在“望眼欲穿”的、处于等待状态的线程的可能性。

---

① 有关 wait、notify 和 notifyAll 方法的详细信息，请参见 *Java Concurrency in Practice* 的第 14 章(Brian Goetz et al., Addison-Wesley Professional，2006.)。

图 23.16 和图 23.17 中的程序，演示了通过同步访问共享缓冲区的 Producer 和 Consumer。这里，Producer 总是会首先产生一个值。只有当 Producer 产生了值之后，Consumer 才会正确地消费这个值；只有当 Consumer 消费了前一个值(或第一个值)之后，Producer 才会正确地产生下一个值。这里复用了 23.5 节示例中的 Buffer 接口及 Producer 类和 Consumer 类，但删除了后两者中的第 24 行。

SynchronizedBuffer 类

同步是在 SynchronizedBuffer 的 blockingPut 方法和 blockingGet 方法中处理的(见图 23.16)。这样，Producer 和 Consumer 的 run 方法只需调用共享对象的同步 blockingPut 方法和 blockingGet 方法。出于演示的目的，这里只从同步方法中输出消息。不过一般而言，I/O 操作不应当在同步语句块中执行，因为让对象被锁的时间最少，是一件重要的事情。

```
1  // Fig. 23.16: SynchronizedBuffer.java
2  // Synchronizing access to shared mutable data using Object
3  // methods wait and notifyAll.
4  public class SynchronizedBuffer implements Buffer {
5     private int buffer = -1; // shared by producer and consumer threads
6     private boolean occupied = false;
7
8     // place value into buffer
9     @Override
10    public synchronized void blockingPut(int value)
11       throws InterruptedException {
12       // while there are no empty locations, place thread in waiting state
13       while (occupied) {
14          // output thread information and buffer information, then wait
15          System.out.println("Producer tries to write."); // for demo only
16          displayState("Buffer full. Producer waits."); // for demo only
17          wait();
18       }
19
20       buffer = value; // set new buffer value
21
22       // indicate producer cannot store another value
23       // until consumer retrieves current buffer value
24       occupied = true;
25
26       displayState("Producer writes " + buffer); // for demo only
27
28       notifyAll(); // tell waiting thread(s) to enter runnable state
29    } // end method blockingPut; releases lock on SynchronizedBuffer
30
31    // return value from buffer
32    @Override
33    public synchronized int blockingGet() throws InterruptedException {
34       // while no data to read, place thread in waiting state
35       while (!occupied) {
36          // output thread information and buffer information, then wait
37          System.out.println("Consumer tries to read."); // for demo only
38          displayState("Buffer empty. Consumer waits."); // for demo only
39          wait();
40       }
41
42       // indicate that producer can store another value
43       // because consumer just retrieved buffer value
44       occupied = false;
45
46       displayState("Consumer reads " + buffer); // for demo only
47
48       notifyAll(); // tell waiting thread(s) to enter runnable state
49
50       return buffer;
51    } // end method blockingGet; releases lock on SynchronizedBuffer
52
53    // display current operation and buffer state; for demo only
54    private synchronized void displayState(String operation) {
55       System.out.printf("%-40s%d\t\t%b%n%n", operation, buffer, occupied);
56    }
57 }
```

图 23.16　用 Object 方法 wait 和 notifyAll 同步访问共享可变数据

SynchronizedBuffer 类的字段和方法

SynchronizedBuffer 类包含字段 buffer(第 5 行)和 occupied(第 6 行)——必须同步访问这两个字段，以确保 SynchronizedBuffer 类是线程安全的。blockingPut 方法(第 9 ~ 29 行)和 blockingGet 方法(第 32 ~ 51 行)被声明成同步的——对于特定的 SynchronizedBuffer 对象，一次只能有一个线程能够调用这两个方法中的一个。occupied 字段用于判断是 Producer 还是 Consumer 执行任务。这个字段同时用于 blockingPut 方法和 blockingGet 方法的条件表达式中。如果 occupied 为 false，则缓冲区为空，因而 Consumer 不能读取 buffer 的值，但 Producer 能够将值放入 buffer 中；如果 occupied 为 true，则 Consumer 能够从 buffer 中读取值，但 Producer 不能将值放入 buffer 中。

blockingPut 方法与 Producer 线程

当 Producer 线程的 run 方法调用同步方法 blockingPut 时，线程会尝试获得 SynchronizedBuffer 对象的监控锁。如果监控锁可以获得，Producer 线程就会隐式地获得它。然后，第 13 ~ 18 行中的循环会首先判断 occupied 是否为 true。如果是，则 buffer 已满，所以需要等待缓冲区清空。因此，第 15 行会输出一条消息，表明 Producer 正试图写一个值。第 16 行调用 displayState 方法(第 54 ~ 56 行)，输出另一 条消息，表明 buffer 已满，Producer 线程会等待它为空。第 17 行调用 wait 方法(由 SynchronizedBuffer 从 Object 类继承)，将调用 blockingPut 方法的 SynchronizedBuffer 对象上的线程(即 Producer 线程)置于等待状态。调用 wait 方法，会使调用线程隐式地释放 SynchronizedBuffer 对象上的监控锁。这样做是重要的，因为线程目前无法执行它的任务，而其他线程(这里为 Consumer)应当被允许访问对象，以使得条件(occupied)发生改变。现在，另一个线程就能够获得 SynchronizedBuffer 对象的监控锁，并可以调用对象的 blockingPut 方法或者 blockingGet 方法。

在这个线程通知 Producer 之前，Producer 线程会一直处于等待状态。获得通知之后，Producer 会返回到运行状态，并会尝试隐式地重新获得 SynchronizedBuffer 对象的锁。如果锁可获得，则 Producer 线程就会重新获得这个锁，且 blockingPut 方法会在 wait 调用之后的下一条语句继续执行。由于 wait 方法是在循环中调用的，因此会再次测试循环继续条件，以判断线程能否处理。如果不能处理，则会再次调用 wait 方法；如果能够处理，则 blockingPut 方法会在循环之后的下一条语句继续执行。

blockingPut 方法中的第 20 行将 value 赋予 buffer。第 24 行将 occupied 设置为 true，表示现在 buffer 包含一个值(也就是说，Consumer 能够读取这个值，但 Producer 不能放入另外一个值)。第 26 行调用 displayState 方法输出一条消息，表明 Producer 正在将一个新值写入 buffer 中。第 28 行调用了 notifyAll 方法(从 Object 类继承)。如果有任何线程正在等待 SynchronizedBuffer 对象的监控锁，则它们会进入运行状态，而且现在可以尝试重新获得锁。notifyAll 方法立即返回。然后，blockingPut 方法会返回到调用方法(即 Producer 的 run 方法)。当 blockingPut 方法返回时，它会隐式地释放 SynchronizedBuffer 对象的监控锁。

blockingGet 方法与 Consumer 线程

blockingGet 方法的实现方式与 blockingPut 方法类似。当 Consumer 线程的 run 方法调用同步方法 blockingGet 时，线程会尝试获得 SynchronizedBuffer 对象的监控锁。如果锁可获得，则 Consumer 线程就会占有它。然后，第 35 ~ 40 行中的 while 循环会判断 occupied 是否为 false。如果是，则 buffer 为空，因此第 37 行输出一条消息，表明 Consumer 正在试图读取一个值。第 38 行调用 displayState 方法输出一 条消息，表明 buffer 为空且 Consumer 线程正在等待。第 39 行调用 wait 方法，将调用 blockingGet 方法的 SynchronizedBuffer 对象上的线程(即 Consumer 线程)置于等待状态。同样，调用 wait 方法会使调用线程隐式地释放 SynchronizedBuffer 对象上的锁。这样，另一个线程就能尝试获得这个锁并调用对象的 blockingPut 方法或 blockingGet 方法。如果 SynchronizedBuffer 对象的锁不可得(如 Producer 还没有从 blockingPu 方法返回)，则 Consumer 线程会被阻塞，直到锁变得可用。

在这个线程通知 Consumer 之前，Consumer 线程会一直处于等待状态。获得通知之后，Consumer 会返回到运行状态，并会尝试隐式地重新获得 SynchronizedBuffer 对象的锁。如果锁可获得，则 Consumer

线程就会重新获得这个锁，且 blockingGet 方法会在 wait 调用之后的下一条语句继续执行。由于 wait 方法是在循环中调用的，因此会再次测试循环继续条件，以判断线程能否处理。如果不能处理，则会再次调用 wait 方法；如果能够处理，则 blockingGet 方法会在循环之后的下一条语句继续执行。第 44 行将 occupied 设置成 false，表明现在 buffer 为空(即 Consumer 不能读取值，但 Producer 能将另一个值放入 buffer 中)。第 46 行调用 displayState 方法，表明 Consumer 正在读取。第 48 行调用了 notifyAll 方法。如果有任何线程正在等待这个 SynchronizedBuffer 对象的锁，则它会进入运行状态，并且现在可尝试重新获得这个锁。notifyAll 方法会立即返回。然后，blockingGet 方法会将 buffer 的值返回给它的调用者。当 blockingGet 方法返回时(第 50 行)，SynchronizedBuffer 对象上的锁会隐式地释放。

错误预防提示 23.3

在测试任务正在等待的条件的循环中，应总是调用 wait 方法。在条件得到满足之前，有可能线程会重新进入运行状态(通过定时等待或调用 notifyAll 的另一个线程)。应再次测试条件，以保证线程不会在得到通知之前错误地执行。

displayState 方法也是同步的

注意，displayState 也是一个同步方法。这一点很重要，因为它也会读取 SynchronizedBuffer 的共享可变数据。尽管一次只能有一个线程占有指定对象的锁，但它可以多次占据同一对象的锁——称之为“可重入锁”(reentrant lock)，它使一个同步方法能够对同一个对象调用另一个同步方法。

测试 SynchronizedBuffer 类

SharedBufferTest2 类(见图 23.17)与 SharedBufferTest 类(见图 23.13)相似。第 10 行创建了一个 ExecutorService 对象，执行 Producer 和 Consumer 任务。第 13 行创建了一个 SynchronizedBuffer 对象，并将它的引用赋予 Buffer 变量 sharedLocation。这个对象保存的是在 Producer 和 Consumer 中共享的数据。第 15 ~ 16 行显示了输出的列标题。第 19 ~ 20 行执行 Producer 和 Consumer。最后，第 22 行调用 shutdown 方法，以便当执行 Producer 和 Consumer 的线程完成了它们的任务时，能够终止程序。第 23 行等待完成所调度的任务。当 main 方法结束时，执行的主线程就终止了。

分析一下图 23.17 的输出。我们注意到，所产生的每一个整数值，都正好被消费了一次——没有值丢失，也没有值被消费多次。同步确保了只有当缓冲区为空时 Producer 才会产生一个值，只有当缓冲区为满时 Consumer 才会消费一个值。Producer 总是会首先执行，如果 Producer 自 Consumer 最后一次消费之后还没有产生值，则 Consumer 会等待；如果 Consumer 还没有消费掉 Producer 最新产生的值，则 Producer 会等待。执行这个程序几次，验证一下产生的每个整数都正好被消费了一次。在输出样本中，注意被高亮显示的那些行表明 Producer 和 Consumer 必须等待才能执行各自的任务。

```
1  // Fig. 23.17: SharedBufferTest2.java
2  // Two threads correctly manipulating a synchronized buffer.
3  import java.util.concurrent.ExecutorService;
4  import java.util.concurrent.Executors;
5  import java.util.concurrent.TimeUnit;
6
7  public class SharedBufferTest2 {
8     public static void main(String[] args) throws InterruptedException {
9        // create a newCachedThreadPool
10       ExecutorService executorService = Executors.newCachedThreadPool();
11
12       // create SynchronizedBuffer to store ints
13       Buffer sharedLocation = new SynchronizedBuffer();
14
15       System.out.printf("%-40s%s\t\t%s%n%-40s%s%n%n", "Operation",
16          "Buffer", "Occupied", "---------", "------\t\t--------");
17
18       // execute the Producer and Consumer tasks
19       executorService.execute(new Producer(sharedLocation));
20       executorService.execute(new Consumer(sharedLocation));
```

图 23.17　正确操作同步缓冲区的两个线程

```
21
22         executorService.shutdown();
23         executorService.awaitTermination(1, TimeUnit.MINUTES);
24     }
25 }
```

```
Operation                          Buffer         Occupied
---------                          ------         --------

Consumer tries to read.
Buffer empty. Consumer waits.      -1             false

Producer writes 1                  1              true

Consumer reads 1                   1              false

Consumer tries to read.
Buffer empty. Consumer waits.      1              false

Producer writes 2                  2              true

Consumer reads 2                   2              false

Producer writes 3                  3              true

Consumer reads 3                   3              false

Producer writes 4                  4              true

Producer tries to write.
Buffer full. Producer waits.       4              true

Consumer reads 4                   4              false

Producer writes 5                  5              true

Consumer reads 5                   5              false

Producer writes 6                  6              true
```

```
Producer tries to write.
Buffer full. Producer waits.       6              true

Consumer reads 6                   6              false

Producer writes 7                  7              true

Producer tries to write.
Buffer full. Producer waits.       7              true

Consumer reads 7                   7              false

Producer writes 8                  8              true

Consumer reads 8                   8              false

Consumer tries to read.
Buffer empty. Consumer waits.      8              false

Producer writes 9                  9              true

Consumer reads 9                   9              false

Consumer tries to read.
Buffer empty. Consumer waits.      9              false

Producer writes 10                 10             true

Consumer reads 10                  10             false

Producer done producing
Terminating Producer

Consumer read values totaling 55
Terminating Consumer
```

图 23.17(续) 正确操作同步缓冲区的两个线程

23.8 (进阶)生产者/消费者关系：有界缓冲区

23.7 节中的程序，利用线程同步保证了两个线程能够正确地操作共享缓冲区中的数据。但是，这个程序的执行并不是最优的。如果这两个线程以不同的速度执行，则其中的一个会使其多数(甚至大多数)时间处于等待状态。例如，23.7 节中的程序是在两个线程间共享一个整型变量。如果 Producer 线程产生值的速度快于 Consumer 的消费速度，则 Producer 线程需等待 Consumer，因为在缓冲区中没有额外的空间容纳第二个值。类似地，如果 Consumer 消费值的速度快于 Producer 产生值的速度，则 Consumer 就需要等待，直到 Producer 将下一个值放入共享缓冲区中。即使线程的速度相同，由于其中一个需要等待另一个，所以它们也偶尔会在一段时间之后变得不同步。

性能提示 23.3

我们无法对并发线程的相对运行速度进行假设，发生在操作系统、网络、用户及其他组件间的交互，会导致线程以不同的速度操作。出现这种情况时，线程就需要等待。当线程需要等待很久时，程序就会表现得效率不高，而交互式程序会反应迟钝，需要更长的等待时间。

有界缓冲区

为了最小化共享资源的线程的等待时间，使它们能在同一个平均速度下操作，可以实现一个有界缓冲区(bounded buffer)，它提供固定数量的缓冲区单元，Producer 可以将值放入其中，而 Consumer 能从中取出这些值。(事实上，23.6 节中的 ArrayBlockingQueue 类就是一个有界缓冲区。）如果 Producer 产生值的速度快于 Consumer 能够消费它们的速度，则 Producer 可以将这些值写入额外的缓冲区单元中(如果还有这样的单元的话)。这种功能，使得即使在 Consumer 还没有准备好取得当前所产生的值的情况下，Producer 依然能够执行它的任务。类似地，如果 Consumer 消费值的速度快于 Producer 产生新值的速度，则 Consumer 能从缓冲区中读取额外的值(如果有的话)。这使得即使 Producer 还没有准备好产生额外的值，Consumer 也能够保持忙碌。使用有界缓冲区的生产者/消费者关系的一个示例，是 23.1 节中探讨过的视频流处理。

如果 Producer 和 Consumer 经常以不同的速度操作，则使用有界缓冲区也不合适。如果 Consumer 的执行速度总是快于 Producer，则只需缓冲区包含一个单元就足够了。如果 Producer 的执行速度总是快一些，则只有具备“无限”数量单元的缓冲区，才能够容纳额外产生的值。不过，如果 Producer 和 Consumer 的平均执行速度相同，则在任何一个线程的执行中，有界缓冲区可帮助平缓偶尔出现的快速执行或缓慢执行的效果。

对以相同速度操作的 Producer 和 Consumer，使用有界缓冲区的要点是提供包含足够单元的缓冲区，以处理会预计产生的“额外值”。如果在一段时间之后，能够判断出 Producer 产生的值，经常会比 Consumer 能够消费的值多三个，则可以提供至少包含三个单元的一个缓冲区，以容纳这些额外的值。如果缓冲区太小，则会使线程的等待时间更长。

[注：图 23.22 中讲过，ArrayBlockingQueue 可以用于多个生产者和消费者。例如，大量生产产品的工厂需要更多的卡车(即消费者)送货，以便能够快速将产品从仓库(即有界缓冲区)运走，使工厂能继续以最大产能生产产品。]

性能提示 23.4

即使使用了有界缓冲区，也存在生产者线程填满缓冲区的可能，这会迫使生产者等待，直到消费者消费了一个值，腾出了缓冲区中的一个元素空间。类似地，如果在任意时刻缓冲区为空，则消费者必须等待，直到生产者产生了另一个值。使用有界缓冲区的要点是优化缓冲区的大小，以便能在最小化线程等待时间的同时不浪费空间。

使用 ArrayBlockingQueue 的有界缓冲区

使用有界缓冲区的最简单方法，是对缓冲区采用 ArrayBlockingQueue，它能够处理所有的同步细节。只需修改 23.6 节中的示例，将所期望的有界缓冲区大小传入 ArrayBlockingQueue 构造方法，即可实现有界缓冲区。这里不准备重复具有不同大小的前一个 ArrayBlockingQueue 示例，而是给出一个如何亲自构建有界缓冲区的例子。使用 ArrayBlockingQueue，会得到更具维护性和更容易执行的代码。练习题 23.13 中，要求利用 23.9 节中讲解的 Java 并发性 API 技术，重新实现本节中的这个示例。

将有界缓冲区实现成环形缓冲区

图 23.18 和图 23.19 中的程序，演示了访问同步的有界缓冲区的 Producer 和 Consumer。这里再次复用了 23.5 节的例子中的 Buffer 接口及 Producer 类和 Consumer 类，但删除了后两者中的第 24 行。这里将(图 23.18 中的)有界缓冲区实现成了环形缓冲区(circular buffer)，它使用了一个三元素的共享数组。环形缓冲区会从第一个单元开始,沿着向最后一个单元前进的方向依次写入和读取数组元素。当 Producer 或 Consumer 到达最后一个元素时，会返回到第一个元素并从这里写入或者读取元素。在这个版本的生产者/消费者关系中，只有当数组非空时，Consumer 才会消费一个值；只有当数组非满时，Producer 才会产生一个值。同样，这个类中 synchronized 方法使用的输出语句，仅仅用于演示目的。

```
1  // Fig. 23.18: CircularBuffer.java
2  // Synchronizing access to a shared three-element bounded buffer.
3  public class CircularBuffer implements Buffer {
4     private final int[] buffer = {-1, -1, -1}; // shared buffer
5
6     private int occupiedCells = 0; // count number of buffers used
7     private int writeIndex = 0; // index of next element to write to
8     private int readIndex = 0; // index of next element to read
9
10    // place value into buffer
11    @Override
12    public synchronized void blockingPut(int value)
13       throws InterruptedException {
14
15       // wait until buffer has space available, then write value;
16       // while no empty locations, place thread in blocked state
17       while (occupiedCells == buffer.length) {
18          System.out.printf("Buffer is full. Producer waits.%n");
19          wait(); // wait until a buffer cell is free
20       }
21
22       buffer[writeIndex] = value; // set new buffer value
23
24       // update circular write index
25       writeIndex = (writeIndex + 1) % buffer.length;
26
27       ++occupiedCells; // one more buffer cell is full
28       displayState("Producer writes " + value);
29       notifyAll(); // notify threads waiting to read from buffer
30    }
31
32    // return value from buffer
33    @Override
34    public synchronized int blockingGet() throws InterruptedException {
35       // wait until buffer has data, then read value;
36       // while no data to read, place thread in waiting state
37       while (occupiedCells == 0) {
38          System.out.printf("Buffer is empty. Consumer waits.%n");
39          wait(); // wait until a buffer cell is filled
40       }
41
42       int readValue = buffer[readIndex]; // read value from buffer
43
44       // update circular read index
45       readIndex = (readIndex + 1) % buffer.length;
46
47       --occupiedCells; // one fewer buffer cells are occupied
48       displayState("Consumer reads " + readValue);
49       notifyAll(); // notify threads waiting to write to buffer
50
51       return readValue;
52    }
53
54    // display current operation and buffer state
55    public synchronized void displayState(String operation) {
56       // output operation and number of occupied buffer cells
57       System.out.printf("%s%s%d)%n%s", operation,
58          " (buffer cells occupied: ", occupiedCells, "buffer cells:  ");
```

图 23.18 同步访问共享的三元素有界缓冲区

```
59
60          for (int value : buffer) {
61             System.out.printf(" %2d  ", value); // output values in buffer
62          }
63
64          System.out.printf("%n                ");
65
66          for (int i = 0; i < buffer.length; i++) {
67             System.out.print("---- ");
68          }
69
70          System.out.printf("%n                ");
71
72          for (int i = 0; i < buffer.length; i++) {
73             if (i == writeIndex && i == readIndex) {
74                System.out.print(" WR"); // both write and read index
75             }
76             else if (i == writeIndex) {
77                System.out.print(" W   "); // just write index
78             }
79             else if (i == readIndex) {
80                System.out.print("  R  "); // just read index
81             }
82             else {
83                System.out.print("     "); // neither index
84             }
85          }
86
87          System.out.printf("%n%n");
88       }
89    }
```

图 23.18(续) 同步访问共享的三元素有界缓冲区

第 4 行将 buffer 数组初始化成一个三元素的 int 数组，表示环形缓冲区。occupiedCells 变量(第 6 行)计算 buffer 中的元素个数，这些元素包含要读取的数据。当 occupiedCells 为 0 时，环形缓冲区中就没有数据了，Consumer 必须等待；当 occupiedCells 为 3(环形缓冲区的大小)时，环形缓冲区为满，Producer 必须等待。writeIndex 变量(第 7 行)表示下一个位置，Producer 能够在此放入值。readIndex 变量(第 8 行)表示的位置是 Consumer 能够读取下一个值的位置。CircularBuffer 的实例变量都是这个类共享的可变数据的一部分。因此，对这些变量的访问必须都是同步的，以确保 CircularBuffer 是线程安全的。

CircularBuffer 方法 blockingPut

CircularBuffer 方法 blockingPut(第 11 ~ 30 行)执行的任务与图 23.16 中的相同，但有少许变化。图 23.18 第 17 ~ 20 行中的循环，用于确定 Producer 是否必须等待(即所有的缓冲区单元是否为满)。如果缓冲区单元已满，则第 18 行输出一条消息，表示 Producer 正在等待执行任务。然后，第 19 行调用 wait 方法，使 Producer 线程释放 CircularBuffer 的锁并等待，直到缓冲区中有空间写入新值。当执行继续到 while 循环后的第 22 行时，Producer 写入的值被放入环形缓冲区的 writeIndex 位置。然后，第 25 行更新 writeIndex，用于 CircularBuffer 方法 blockingPut 的下一次调用。这一行是缓冲区“循环性”的关键之处。当 writeIndex 增加到超过了缓冲区的末尾时，这一行将 writeIndex 设置成 0，第 27 行递增 occupiedCells，因为现在缓冲区中还有一个值，Consumer 能够读取。接下来，第 28 行调用 displayState 方法(第 55 ~ 88 行)，将所产生的值、占用缓冲区单元的数量、缓冲区单元的内容及当前 writeIndex 和 readIndex 的内容进行输出。第 29 行调用 notifyAll 方法，将线程从等待状态转换到运行状态，以便正在等待的 Consumer 线程(如果存在的话)现在能够再次尝试从缓冲区中读取值。

CircularBuffer 方法 blockingGet

CircularBuffer 方法 blockingGet(第 33 ~ 52 行)执行的任务也与图 23.16 中的相同，但有一点点变化。图 23.18 第 37 ~ 40 行中的循环用于确定 Consumer 是否必须等待(即所有的缓冲区单元是否为空)。如果 Consumer 必须等待，则第 38 行会更新，表明 Consumer 正在等待执行任务。然后，第 39 行调用 wait 方法，使当前线程释放 CircularBuffer 的锁，并一直等待到能够读取数据。当执行到达 Producer 的 notifyAll 调用之后的第 42 行时，readValue 会被赋予环形缓冲区中 readIndex 位置的值。接着，第 45 行更新

readIndex，用于 CircularBuffer 方法 blockingGet 的下一次调用。这一行和第 25 行是缓冲区“循环性”的关键之处。第 47 行递减 occupiedCells，因为现在缓冲区中多了一个位置，Producer 线程能将值放入其中。第 48 行调用 displayState 方法，将所消费的值、占用缓冲区单元的数量、缓冲区单元的内容及当前 writeIndex 和 readIndex 的内容进行输出。第 49 行调用 notifyAll 方法，使得正在等待写入 CircularBuffer 对象的任何 Producer 线程，能够再次尝试写入。然后，第 51 行将所消费的值返回给调用者。

CircularBuffer 的 displayState 方法

displayState 方法(第 55 ~ 88 行)输出程序的状态。第 60 ~ 62 行使用%2d 格式指定符，输出缓冲区单元的值；如果值只有一位数字，则在前面放一个空格。第 72 ~ 85 行用字母 W 和 R，分别输出当前的 writeIndex 和 readIndex。同样，displayState 是一个同步方法，因为它会访问 CircularBuffer 类的共享可变数据。

测试 CircularBuffer 类

CircularBufferTest 类(见图 23.19)包含了启动这个程序的 main 方法。第 10 行创建了一个 ExecutorService 对象，第 13 行创建了一个 CircularBuffer 对象并将它的引用赋予 CircularBuffer 变量 sharedLocation。第 16 行调用 CircularBuffer 的 displayState 方法，显示缓冲区的初始状态。第 19 ~ 20 行执行 Producer 和 Consumer 的任务。第 22 行调用 shutdown 方法，以便当执行 Producer 和 Consumer 的线程完成了它们的任务时，能够终止程序。第 23 行等待完成所调度的任务。

```java
1  // Fig. 23.19: CircularBufferTest.java
2  // Producer and Consumer threads correctly manipulating a circular buffer.
3  import java.util.concurrent.ExecutorService;
4  import java.util.concurrent.Executors;
5  import java.util.concurrent.TimeUnit;
6
7  public class CircularBufferTest {
8     public static void main(String[] args) throws InterruptedException {
9        // create new thread pool
10       ExecutorService executorService = Executors.newCachedThreadPool();
11
12       // create CircularBuffer to store ints
13       CircularBuffer sharedLocation = new CircularBuffer();
14
15       // display the initial state of the CircularBuffer
16       sharedLocation.displayState("Initial State");
17
18       // execute the Producer and Consumer tasks
19       executorService.execute(new Producer(sharedLocation));
20       executorService.execute(new Consumer(sharedLocation));
21
22       executorService.shutdown();
23       executorService.awaitTermination(1, TimeUnit.MINUTES);
24    }
25 }
```

```
Initial State (buffer cells occupied: 0)
buffer cells:   -1   -1   -1
               ---- ---- ----
                WR

Producer writes 1 (buffer cells occupied: 1)
buffer cells:    1   -1   -1
               ---- ---- ----
                 R    W

Consumer reads 1 (buffer cells occupied: 0)
buffer cells:    1   -1   -1
               ---- ---- ----
                     WR

Buffer is empty. Consumer waits.
Producer writes 2 (buffer cells occupied: 1)
buffer cells:    1    2   -1
               ---- ---- ----
                      R    W
```

图 23.19 正确操作环形缓冲区的 Producer 和 Consumer

```
Consumer reads 2 (buffer cells occupied: 0)
buffer cells:    1    2   -1
               ---- ---- ----
                          WR

Producer writes 3 (buffer cells occupied: 1)
buffer cells:    1    2    3
               ---- ---- ----
                W          R

Consumer reads 3 (buffer cells occupied: 0)
buffer cells:    1    2    3
               ---- ---- ----
                WR

Producer writes 4 (buffer cells occupied: 1)
buffer cells:    4    2    3
               ---- ---- ----
                 R   W

Producer writes 5 (buffer cells occupied: 2)
buffer cells:    4    5    3
               ---- ---- ----
                 R        W

Consumer reads 4 (buffer cells occupied: 1)
buffer cells:    4    5    3
               ---- ---- ----
                      R   W

Producer writes 6 (buffer cells occupied: 2)
buffer cells:    4    5    6
               ---- ---- ----
                W     R

Producer writes 7 (buffer cells occupied: 3)
buffer cells:    7    5    6
               ---- ---- ----
                     WR

Consumer reads 5 (buffer cells occupied: 2)
buffer cells:    7    5    6
               ---- ---- ----
                     W     R

Producer writes 8 (buffer cells occupied: 3)
buffer cells:    7    8    6
               ---- ---- ----
                          WR

Consumer reads 6 (buffer cells occupied: 2)
buffer cells:    7    8    6
               ---- ---- ----
                 R        W

Consumer reads 7 (buffer cells occupied: 1)
buffer cells:    7    8    6
               ---- ---- ----
                      R   W

Producer writes 9 (buffer cells occupied: 2)
buffer cells:    7    8    9
               ---- ---- ----
                W     R

Consumer reads 8 (buffer cells occupied: 1)
buffer cells:    7    8    9
               ---- ---- ----
                W          R

Consumer reads 9 (buffer cells occupied: 0)
buffer cells:    7    8    9
               ---- ---- ----
                WR

Producer writes 10 (buffer cells occupied: 1)
buffer cells:   10    8    9
               ---- ---- ----
                 R   W
```

图 23.19(续)　正确操作环形缓冲区的 Producer 和 Consumer

```
Producer done producing
Terminating Producer
Consumer reads 10 (buffer cells occupied: 0)
buffer cells:   10    8    9
               ---- ---- ----
                    WR


Consumer read values totaling: 55
Terminating Consumer
```

图 23.19(续) 正确操作环形缓冲区的 Producer 和 Consumer

每当 Producer 写入一个值或者 Consumer 读取一个值时，程序都会输出一条消息，显示所执行的动作(读取或者写入)、buffer 的内容及 writeIndex 和 readIndex 的位置。在图 23.19 的输出中，Producer 首先写值 1。这样，缓冲区就在第一个单元中包含值 1，而在另外两个单元中包含值–1(用于输出的默认值)。写入位置被更新到第二个单元，而读取位置依然保留在第一个单元。接下来，Consumer 读取值 1。这时，缓冲区包含的值没有变化，但读取位置已经被更新到了第二个单元。然后，Consumer 会尝试继续读取，但这时缓冲区为空，Consumer 被迫等待。在程序的这次执行中，线程只有在这一次需要等待。

23.9 (进阶)生产者/消费者关系：Lock 接口和 Condition 接口

尽管 synchronized 关键字提供了大多数基本的线程同步需求，但 Java 中还包含其他几个工具，用于开发并发程序。这一节将探讨 Lock 接口和 Condition 接口，它们为线程同步提供了更精确的控制，但使用起来更为复杂。只有那些高级程序员才需要使用这两个接口。

Lock 接口和 ReentrantLock 类

任何对象都能包含实现了 Lock 接口(位于 java.util.concurrent.locks 包中)的对象引用。调用 Lock 接口的 lock 方法(相当于进入同步语句块)的线程能够获得锁。只要 Lock 对象被某个线程获得，则在它释放这个 Lock 对象(调用 Lock 接口的 unlock 方法类似于退出同步语句块)之前，这个 Lock 对象就不能由另一个线程获得。如果有多个线程都在同时试图对同一个 Lock 对象调用 lock 方法，则只有其中的一个线程能够获得锁，其他的所有线程会被置于等待状态。当线程调用 unlock 方法时，会释放对象的锁，而某个正在等待处理的线程会尝试锁住这个对象。

错误预防提示 23.4

应将 Lock 方法 unlock 的调用放在 finally 语句块中。即使抛出了异常，unlock 方法也必须执行，否则会发生死锁。

(java.util.concurrent.locks 包的)ReentrantLock 类是 Lock 接口的一个基本实现。ReentrantLock 类的构造方法带一个 boolean 类型的实参，它指定锁是否具有公平策略(fairness policy)。如果实参为 true，则 ReentrantLock 的公平策略为当锁可以获得时，等待时间最长的线程将获得锁。这种策略保证了不会出现无限延迟的情况(也称为“挨饿”)。如果公平策略实参被设置成 false，则当锁变得可用时，无法确定哪一个正在等待的线程会获得它。

软件工程结论 23.6

使用带公平策略的 ReentrantLock 类，可以避免出现无限延迟的情况。

性能提示 23.5

多数情况下应使用非公平锁，因为使用公平锁会降低程序性能。

条件对象与 Condition 接口

对于拥有 Lock 对象的线程，如果判断出它在满足某个条件之前不能继续执行任务，则这个线程可以在某个条件对象(condition object)上等待。利用 Lock 对象，就能够显式地声明可能需要线程等待的条件对象。例如，在生产者/消费者关系中，生产者可以在某个对象上等待，而消费者也可以在另一个对象上等待。但是，当采用 synchronized 关键字和对象的内置监控锁时，就无法使用条件对象。

条件对象与特定的 Lock 对象相关联，它是通过调用 Lock 的 newCondition 方法创建的。这个方法返回的对象实现了 Condition 接口(位于 java.util.concurrent.locks 包中)。为了在某个条件对象上等待，线程可以调用 Condition 接口的 await 方法(类似于 Object 类的 wait 方法)。这会立即释放相关联的 Lock，并将线程置于这个 Condition 接口的等待状态中。然后，其他线程可以尝试获得 Lock 对象。

当位于运行状态的线程完成了任务，并判断出等待线程现在可以继续时，运行线程会调用 Condition 方法 signal(类似于 Object 类的 notify 方法)，使得处于 Condition 的等待状态的线程能够返回到运行状态。这时，从等待状态转换到运行状态的线程，会尝试重新获得 Lock。尽管重新获得了 Lock，线程依然可能无法在这时执行任务。这时，线程可以调用 Condition 接口的 await 方法，释放锁并重新进入等待状态。

当调用 signal 方法时，如果有多个线程处于 Condition 的等待状态，则 Condition 的默认实现会通知等待时间最长的那个线程转换到运行状态。如果线程调用 Condition 接口的 signalAll 方法(类似于 Object 类的 notifyAll 方法)，则正在等待这个条件的所有线程都会转换到运行状态并有可能重新获得 Lock。只有一个线程能够获得 Lock——其他线程需等待，直到 Lock 再次可获得。如果 Lock 采用公平策略，则等待时间最长的那个线程会获得 Lock。当线程完成了对共享对象的操作时，必须调用 unlock 方法来释放 Lock。

错误预防提示 23.5

当有多个线程利用锁来操作一个共享对象时，应确保如果一个线程调用了 await 方法，进入条件对象的等待状态，另一个线程应最终调用 Condition 接口的 signal 方法，将正在等待条件对象的那个线程转换回运行状态。如果有多个线程正在等待条件对象，则另一个线程可以调用 Condition 接口的 signalAll 方法，以便所有正在等待的线程有机会执行它们的任务。如果不这样做，则线程可能就会“挨饿”。

常见编程错误 23.2

如果线程还没有获得条件对象的锁就调用了该对象的 await、signal 或 signalAll 方法，则会发生 IllegalMonitorStateException 异常。

Lock 和 Condition 与 synchronized 关键字的比较

某些程序中，使用 Lock 和 Condition 对象，可能比使用 synchronized 关键字更好。使用 Lock，就能够中断正在等待的线程，或者能够为获得锁而指定一个等待时间，而使用 synchronized 关键字就无法实现它们。而且在同一个代码块中，Lock 并不要求被获得和释放，而这是 synchronized 关键字所要求的。Condition 对象使得用户能指定线程需等待的多个条件。因此，可以通过对条件对象调用 signal 方法或者 signalAll 方法，向正在等待的线程表明现在某个指定的条件为 true。如果使用 synchronized 关键字，就没有办法显式地表明线程正在等待的条件，从而也就无法通知线程在它们要处理的一个条件上等待，同时能够不通知这些线程在任何其他条件上等待。使用 Lock 和 Condition 对象还有另外一些好处。但通常而言，除非程序要求高级的同步功能，否则最好是使用 synchronized 关键字。

软件工程结论 23.7

需将 Lock 和 Condition 当成 synchronized 的高级版本。Lock 和 Condition 支持定时等待和可中断的等待，且一个 Lock 可以具有多个 Condition 队列。如果不需要这些特性，就无须使用 Lock 和 Condition。

错误预防提示 23.6

使用 Lock 和 Condition 接口容易出错——无法确保调用 unlock 方法，而位于同步语句中的监控器总是会在语句完成之后释放。当然，如果将 unlock 语句放入 finally 语句块中，则它一定会执行，就如同图 23.20 中那样。

使用 Lock 和 Condition 实现同步

下面利用 Lock 和 Condition 对象实现生产者/消费者关系，以协调对共享的单元素缓冲区的访问(见图 23.20 和图 23.21)。这时，所产生的每一个值都正确地正好被消费了一次。这里再次复用了 23.5 节示例中的 Buffer 接口及 Producer 类和 Consumer 类，但删除了后两者中的第 24 行。

SynchronizedBuffer 类

SynchronizedBuffer 类(见图 23.20)包含 5 个字段。第 10 行用一个新的 ReentrantLock 初始化了 Lock 实例变量 accessLock。这里没有采用公平策略，因为任何时刻都只有一个 Producer 或 Consumer 会等待获得 Lock。第 13 ~ 14 行用 Lock 方法 newCondition 创建了两个 Condition 对象。

- Condition 对象 canWrite 包含一个队列，当缓冲区为满时(即缓冲区中的数据还没有被 Consumer 读取)，这个队列能供正在等待的 Producer 线程使用。如果缓冲区已满，则 Producer 会对这个 Condition 调用 await 方法。当 Consumer 从满的缓冲区中读取数据时，它会对这个 Condition 调用 signal 方法。
- Condition 对象 canRead 包含一个队列，当缓冲区为空时(即缓冲区中没有数据供 Consumer 读取)，这个队列能供正在等待的 Consumer 线程使用。如果缓冲区已空，则 Consumer 会对这个 Condition 调用 await 方法。当 Producer 向空缓冲区写数据时，它会对这个 Condition 调用 signal 方法。

第 16 行的 int 变量 buffer 用于保存这些共享可变数据。第 17 行的布尔变量 occupied 用于跟踪 buffer 当前是否拥有数据(即 Consumer 将读取的数据)。

```
1  // Fig. 23.20: SynchronizedBuffer.java
2  // Synchronizing access to a shared integer using the Lock and Condition
3  // interfaces
4  import java.util.concurrent.locks.Lock;
5  import java.util.concurrent.locks.ReentrantLock;
6  import java.util.concurrent.locks.Condition;
7
8  public class SynchronizedBuffer implements Buffer {
9     // Lock to control synchronization with this buffer
10    private final Lock accessLock = new ReentrantLock();
11
12    // conditions to control reading and writing
13    private final Condition canWrite = accessLock.newCondition();
14    private final Condition canRead = accessLock.newCondition();
15
16    private int buffer = -1; // shared by producer and consumer threads
17    private boolean occupied = false; // whether buffer is occupied
18
19    // place int value into buffer
20    @Override
21    public void blockingPut(int value) throws InterruptedException {
22       accessLock.lock(); // lock this object
23
24       // output thread information and buffer information, then wait
25       try {
26          // while buffer is not empty, place thread in waiting state
27          while (occupied) {
28             System.out.println("Producer tries to write.");
29             displayState("Buffer full. Producer waits.");
30             canWrite.await(); // wait until buffer is empty
31          }
32
33          buffer = value; // set new buffer value
34
35          // indicate producer cannot store another value
36          // until consumer retrieves current buffer value
37          occupied = true;
38
39          displayState("Producer writes " + buffer);
40
41          // signal any threads waiting to read from buffer
42          canRead.signalAll();
```

图 23.20 用 Lock 和 Condition 接口同步访问共享整数

```
43          }
44          finally {
45             accessLock.unlock(); // unlock this object
46          }
47       }
48
49       // return value from buffer
50       @Override
51       public int blockingGet() throws InterruptedException {
52          int readValue = 0; // initialize value read from buffer
53          accessLock.lock(); // lock this object
54
55          // output thread information and buffer information, then wait
56          try {
57             // if there is no data to read, place thread in waiting state
58             while (!occupied) {
59                System.out.println("Consumer tries to read.");
60                displayState("Buffer empty. Consumer waits.");
61                canRead.await(); // wait until buffer is full
62             }
63
64             // indicate that producer can store another value
65             // because consumer just retrieved buffer value
66             occupied = false;
67
68             readValue = buffer; // retrieve value from buffer
69             displayState("Consumer reads " + readValue);
70
71             // signal any threads waiting for buffer to be empty
72             canWrite.signalAll();
73          }
74          finally {
75             accessLock.unlock(); // unlock this object
76          }
77
78          return readValue;
79       }
80
81       // display current operation and buffer state
82       private void displayState(String operation) {
83          try {
84             accessLock.lock(); // lock this object
85             System.out.printf("%-40s%d\t\t%b%n%n", operation, buffer,
86                occupied);
87          }
88          finally {
89             accessLock.unlock(); // unlock this object
90          }
91       }
92    }
```

图 23.20(续) 用 Lock 和 Condition 接口同步访问共享整数

blockingPut 方法对 SynchronizedBuffer 的 accessLock 调用了 lock 方法(第 22 行)。如果锁可获得(即没有其他线程获得了这个锁),则这个线程就拥有了锁,且线程会继续执行。如果锁不可获得(即它已经由另一个线程拥有),则 lock 方法会等待,直到锁被另外的线程释放为止。获得锁之后,会执行第 25 ~ 43 行。第 27 行判断缓冲区是否已满。如果是,则第 28 ~ 29 行显示一条消息,表明线程将等待。第 30 行对 canWrite 条件对象调用 Condition 方法 await,它会临时释放 SynchronizedBuffer 的 Lock,并等待来自 Consumer 的缓冲区可以写入的信号。当 buffer 可用时,这个方法会继续执行,将值写入 buffer(第 33 行),将 occupied 设置成 true(第 37 行),并会显示一条消息,表明生产者写入了一个值(第 39 行)。第 42 行对条件对象 canRead 调用 Condition 方法 signal,通知正在等待的 Consumer(如果存在的话),缓冲区中有新数据能够读取。第 45 行在 finally 语句块中调用 unlock 方法,释放锁并允许 Consumer 继续操作。

blockingGet 方法的第 53 行调用了 lock 方法,以获得 Lock。这个方法会一直等待到 Lock 可用。一旦获得了 Lock,第 58 行会判断缓冲区是否为空。如果是,则第 61 行会对条件对象 canRead 调用 await 方法。前面说过,signal 方法是在 blockingPut 方法的 canRead 变量上调用的(第 42 行)。当 Condition 对象被给予信号时,blockingGet 方法会继续执行。第 66 ~ 69 行将 occupied 设置成 false,将 buffer 的值保存在 readValue 中,并输出 readValue 的值。然后,第 72 行对条件对象 canWrite 调用 signal 方法。如果

Producer 确实是在等待缓冲区被清空,则这个方法会唤醒 Producer。第 75 行在 finally 语句块中调用 unlock 方法，释放锁，而第 78 行将 readValue 返回给调用者。

常见编程错误 23.3

忘记对正在等待的线程调用 signal 方法是一个逻辑错误。这个线程会一直处于等待状态，使得它无法处理。这种等待会导致无限延迟或者死锁。

SharedBufferTest2 类

SharedBufferTest2 类(见图 23.21)与图 23.17 中的这个类相同。分析一下图 23.21 的输出，我们注意到产生的每一个整数值都正好被消费了一次——没有值丢失，也没有值被消费多次。Lock 和 Condition 对象确保了除非轮到 Producer 和 Consumer 执行任务，否则它们就不会操作。Producer 必须首先执行，如果 Producer 自 Consumer 最后一次消费之后还没有产生值,则 Consumer 必须等待;如果 Consumer 还没有消费掉 Producer 最新产生的值，则 Producer 会等待。执行这个程序几次，验证一下产生的每一个整数都正好被消费了一次。在输出样本中，注意被高亮显示的那些行表明 Producer 和 Consumer 必须等待才能执行各自的任务。

```
1  // Fig. 23.21: SharedBufferTest2.java
2  // Two threads manipulating a synchronized buffer.
3  import java.util.concurrent.ExecutorService;
4  import java.util.concurrent.Executors;
5  import java.util.concurrent.TimeUnit;
6
7  public class SharedBufferTest2 {
8     public static void main(String[] args) throws InterruptedException {
9        // create new thread pool
10       ExecutorService executorService = Executors.newCachedThreadPool();
11
12       // create SynchronizedBuffer to store ints
13       Buffer sharedLocation = new SynchronizedBuffer();
14
15       System.out.printf("%-40s%s\t\t%s%n%-40s%s%n%n", "Operation",
16          "Buffer", "Occupied", "---------", "------\t\t--------");
17
18       // execute the Producer and Consumer tasks
19       executorService.execute(new Producer(sharedLocation));
20       executorService.execute(new Consumer(sharedLocation));
21
22       executorService.shutdown();
23       executorService.awaitTermination(1, TimeUnit.MINUTES);
24    }
25 }
```

```
Operation                               Buffer          Occupied
---------                               ------          --------

Producer writes 1                       1               true

Producer tries to write.
Buffer full. Producer waits.            1               true

Consumer reads 1                        1               false

Producer writes 2                       2               true

Producer tries to write.
Buffer full. Producer waits.            2               true

Consumer reads 2                        2               false

Producer writes 3                       3               true

Consumer reads 3                        3               false

Producer writes 4                       4               true

Consumer reads 4                        4               false

Consumer tries to read.
Buffer empty. Consumer waits.           4               false

Producer writes 5                       5               true

Consumer reads 5                        5               false
```

图 23.21 操作同步缓冲区的两个线程

```
Consumer tries to read.
Buffer empty. Consumer waits.              5            false

Producer writes 6                          6            true

Consumer reads 6                           6            false

Producer writes 7                          7            true

Consumer reads 7                           7            false

Producer writes 8                          8            true

Consumer reads 8                           8            false

Producer writes 9                          9            true

Consumer reads 9                           9            false

Producer writes 10                         10           true

Producer done producing
Terminating Producer
Consumer reads 10                          10           false

Consumer read values totaling 55
Terminating Consumer
```

图 23.21(续) 操作同步缓冲区的两个线程

23.10 并发集合

第 16 章中讲解过 Java Collections API 中的各种集合。还提到过可以利用这些集合的同步版本，使得在某个时刻只有一个线程能够访问在多个线程间共享的集合。来自 java.util.concurrent 包的集合是为用于在多个线程间共享集合的程序而特别设计和优化的。

图 23.22 中列出了 java.util.concurrent 包的许多并发集合。ConcurrentHashMap 和 LinkedBlockingQueue 用粗体显示，因为它们是最常用的并发集合。和第 16 章中讲解的那些集合一样，这些并发集合在 Java SE 8 中进行了改进，以支持 lambda。但是，这些并发集合并没有提供支持流的方法，而是自己实现了各种与流类似的操作。例如，ConcurrentHashMap 具有方法 forEach、reduce 和 search，它们是为了在共享线程间处理并发集合而设计和优化的。有关并发集合的更多信息，请参见：

```
http://docs.oracle.com/javase/8/docs/api/java/util/concurrent/
  package-summary.html
```

集 合	描 述
ArrayBlockingQueue	一个固定大小的队列，支持生产者/消费者关系——可能存在多个生产者和消费者
ConcurrentHashMap	一个哈希映射(与第 16 章中的 HashMap 类似)，允许具有任意数量的读取线程和有限数量的写入线程。它和 LinkedBlockingQueue 是最为常用的并发集合
ConcurrentLinkedDeque	双端队列的并发链表实现
ConcurrentLinkedQueue	能够动态增长的队列的并发链表实现
ConcurrentSkipListMap	一种按键排序的并发映射
ConcurrentSkipListSet	一种排序的并发集合
CopyOnWriteArrayList	一种线程安全的 ArrayList。对于修改集合的每一个操作，都会首先创建其内容的一个新副本。当遍历集合的频率要远比改动集合内容的频率高得多时，就可以使用它
CopyOnWriteArraySet	一种利用 CopyOnWriteArrayList 实现的集合
DelayQueue	一种包含 Delayed 对象、大小可变的队列。只有在对象的延迟时间到达之后，对象才会被删除
LinkedBlockingDeque	被实现成一种链表(大小可以不变)的双端阻塞队列
LinkedBlockingQueue	被实现成一种链表(大小可以不变)的阻塞队列。它和 ConcurrentHashMap ，是最为常用的并发集合

图 23.22 (java.util.concurrent 包的)并发集合小结

集　合	描　述
LinkedTransferQueue	TransferQueue 接口的链表实现。每一个生产者都具有等待消费者取走被插入的元素的选项(通过 transfer 方法)，或者只是将元素放入队列中(通过 put 方法)。这个集合还提供了重载的 tryTransfer 方法，它会立即将元素传递给正在等待的消费者，或者在一个指定的超时时间段之内传递。如果传递过程不能完成，则元素不会被放回队列中。这个集合通常用于在多个线程间传递消息的程序中
PriorityBlockingQueue	一种可变长度的、基于优先级的阻塞队列(类似于 PriorityQueue)
SynchronousQueue	(仅限于高级程序员使用) 不具备内部容量的一种阻塞队列实现。一个线程中的插入操作必须等待另一个线程中的删除操作完成后才能进行。反之亦然

图 23.22(续)　(java.util.concurrent 包的)并发集合小结

23.11　JavaFX 中的多线程

JavaFX 应用为多线程编程带来了独特的挑战。所有的 JavaFX 应用都只有一个线程用于处理与应用控件的交互，这个线程被称为 JavaFX 应用线程(JavaFX application thread)。典型的交互包括：呈现控件或者处理用户动作(例如鼠标单击)。要求与应用 GUI 交互的所有任务都会被放入事件队列中，并由 JavaFX 应用线程依次执行。

JavaFX 的场景图不是线程安全的——节点无法被多个线程操作，否则就会存在结果不正确的风险，从而破坏场景图。与本章中给出的其他示例不同，JavaFX 应用的线程安全性无法通过同步线程动作而获得，而是需要确保程序只会从 JavaFX 应用线程来操作场景图。这种技术被称为线程限制(thread confinement)。只允许一个线程访问非线程安全的对象，就消除了由于多个线程同时访问这些对象而导致冲突的可能性。

按照 GUI 组件操作的顺序，在 JavaFX 应用线程上执行简短的任务，这种做法是可以接受的，例如第 12 章 Tip Calculator 应用中的小费和总金额计算。如果应用必须执行冗长的计算才能响应用户交互，则当 JavaFX 应用线程正忙于执行这个计算时，它就无法呈现控件或者响应事件。这会导致 GUI 组件的响应变得迟钝。推荐的做法是在一个独立的线程中执行需长时间运行的任务，将 JavaFX 应用线程解放出来，以继续管理其他的 GUI 交互。当然，必须根据 JavaFX 应用线程中的计算结果来更新 GUI，而不能使用来自执行计算的工人线程的结果。①

Platform 方法 runLater

JavaFX 为不同线程中的 GUI 更新提供了多种机制，其中之一是调用(javafx.application 包的)Platform 类的静态方法 runLater。这个方法接收一个 Runnable 对象，并安排它在将来某个时刻在 JavaFX 应用线程上执行。这种 Runnable 对象只能对 GUI 执行小的更新，以维持它的响应性。

Task 类和 Worker 接口

对于那些需长时间运行或者计算密集型的任务，需将它们单独放入工人线程中，而不应置于 JavaFX 应用线程。为此，javafx.concurrent 包提供了 Worker 接口及 Task 类和 ScheduledService 类：

- Worker 任务需要在一个或者多个独立的线程中执行。
- Task 类为 Worker 接口的实现，它能够在工人线程中执行任务(如长时间运行的计算)，并会根据任务的结果在 JavaFX 应用线程中更新 GUI。Task 类实现了几个接口(包括 Runnable)，因此可以将 Task 对象放入一个单独的线程中执行。Task 类还提供了几个方法，使其属性能够在 JavaFX 应用线程中更新。这样，就使程序能够将 Task 对象的属性与 GUI 控件绑定，进而能够自动更新

① 和 JavaFX 一样，Swing 也使用单独的一个线程来处理有关 GUI 的交互和显示。在 Swing 中，与本节所探讨的 JavaFX 并发性类似的功能位于 javax.swing 包中。SwingUtilities 类的 invokeLater 方法会在所谓的事件调度线程中安排 Runnable 对象的延迟执行。SwingWorker 类在工人线程中执行需长时间运行的任务，并可在事件调度线程中显示 GUI 结果。

GUI。只要 Task 对象执行完毕，它就无法重现启动——再次执行 Task 指定的任务需要一个新的 Task 对象。后面的两个示例中演示了 Task 的用法。

- ScheduledService 类是 Worker 接口的实现，它可以创建并管理 Task。与 Task 不同，ScheduledService 可以被重新设置和再次启动。也可以将其配置成在成功完成之后，或者由于异常而中断时，能够自动重新启动。

23.11.1　在工人线程中执行计算：Fibonacci 数

下一个示例中，用户输入一个数字 *n* 后，程序获得第 *n* 个 Fibonacci 数，这是通过 18.5 节讲解过的递归算法进行计算的。由于对较大的值而言，递归算法的计算是费时的，因此我们使用 Task 对象来在工人线程中执行这个计算。这个 GUI 还提供了另外一套组件，每次单击按钮时，都会显示下一个 Fibonacci 数。这套组件是直接在事件调度线程中执行的短计算。程序最多能够获得第 92 个 Fibonacci 数——后面的值超出了 long 类型变量能够表示的范围。回忆前面可知，可以使用 BigInteger 类来表示任意大的整数值。

创建 Task 对象

FibonacciTask 类(见图 23.23)扩展了 Task<Long>(第 5 行)，它在工人线程中执行递归的 Fibonacci 计算。实例变量 n(第 6 行)表示要计算的 Fibonacci 数。重写的 Task 方法 call(第 14 ~ 20 行)计算第 *n* 个 Fibonacci 数并返回结果。Task 的类型参数 Long(第 5 行)确定了 call 的返回类型(第 15 行)。继承的 Task 方法 updateMessage(在第 16 行和第 18 行调用)会在 JavaFX 应用线程中更新 Task 的 message 属性值。从图 23.25 可以看出，这样做就可以将 JavaFX 控件与 FibonacciTask 的 message 属性绑定，以便在任务执行期间显示消息。

```
1  // Fig. 23.23: FibonacciTask.java
2  // Task subclass for calculating Fibonacci numbers in the background
3  import javafx.concurrent.Task;
4
5  public class FibonacciTask extends Task<Long> {
6     private final int n; // Fibonacci number to calculate
7
8     // constructor
9     public FibonacciTask(int n) {
10       this.n = n;
11    }
12
13    // long-running code to be run in a worker thread
14    @Override
15    protected Long call() {
16       updateMessage("Calculating...");
17       long result = fibonacci(n);
18       updateMessage("Done calculating.");
19       return result;
20    }
21
22    // recursive method fibonacci; calculates nth Fibonacci number
23    public long fibonacci(long number) {
24       if (number == 0 || number == 1) {
25          return number;
26       }
27       else {
28          return fibonacci(number - 1) + fibonacci(number - 2);
29       }
30    }
31 }
```

图 23.23　用于在后台线程中计算 Fibonacci 数的 Task 子类

当工人线程进入运行状态时，FibonacciTask 的 call 方法就会执行。首先，第 16 行调用继承的 updateMessage 方法，更新 FibonacciTask 的 message 属性，表明现在的任务是执行计算。接下来，第 17 行调用递归方法 fibonacci(第 23 ~ 30 行)，其实参为实例变量 n 的值。该方法返回时，第 18 行再次更新 FibonacciTask 的 message 属性，表明计算已经完成。然后，第 19 行将结果返回给 JavaFX 应用线程。

FibonacciNumbers 的 GUI

图 23.24 给出了这个应用的 GUI(在 FibonacciNumbers.fxml 中定义)，各个组件的 fx:id 见图。这里只关注它的一些重要元素，以及 FibonacciNumbersController 类(见图 23.25)中的几个事件处理方法。如果想全面了解它的布局细节，可以在 Scene Builder 中打开 FibonacciNumbers.fxml 文件。这个 GUI 的主要部分是一个包含两个 TitledPane 的 VBox。控制器类定义了两个事件处理器：

- 按下 Go 按钮时，调用的是 goButtonPressed，它会启动工人线程，递归地计算 Fibonacci 数。
- 按下 Next Number 按钮时，调用的是 nextNumberButtonPressed，它会计算序列中的下一个 Fibonacci 数。初始时，影响显示的是第 0 个 Fibonacci 数(0)。

这里没有给出 JavaFX Application 子类(位于 FibonacciNumbers.java 中)，因为它所执行的任务与以前见过的、加载应用的 FXML GUI 并初始化控件的任务相同。

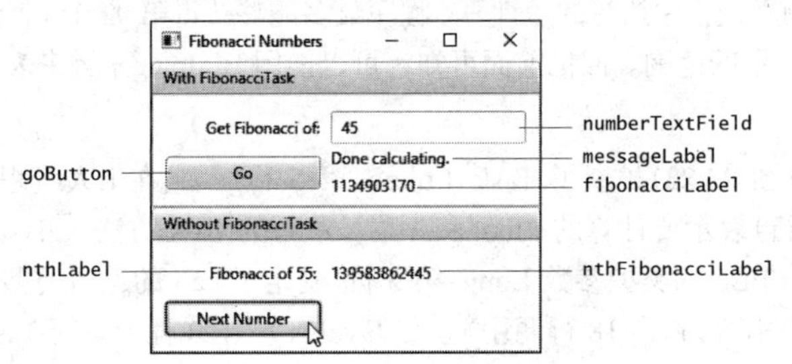

图 23.24 给出了 fx:id 的 FibonacciNumbers GUI

FibonacciNumbersController 类

FibonacciNumbersController 类(见图 23.25)显示一个包含两组控件的窗口：

- With FibonacciTask TitledPane 中提供的控件，使用户能够输入一个要计算的 Fibonacci 数，并在工人线程中启动 FibonacciTask。这个 TitledPane 中的两个 Label 会显示 FibonacciTask 的 message 属性值，以及 FibonacciTask 的最终结果。
- Without FibonacciTask TitledPane 提供了一个 Next Number 按钮，它使用户能够计算序列中的下一个 Fibonacci 数。这个 TitledPane 中的两个 label 显示的要计算的 Fibonacci 数(即“Fibonacci of *n*”)，以及对应的 Fibonacci 值。

实例变量 n1 和 n2(第 20 ~ 21 行)分别包含序列中的前两个 Fibonacci 数，并分别被初始化成 0 和 1。实例变量 number(在第 22 行被初始化成 1)保存的是当用户单击 Next Number 按钮时，要计算并显示的下一个 Fibonacci 值。这样，当首次单击这个按钮时，显示的是 Fibonacci 值 1。

```
1  // Fig. 23.25: FibonacciNumbersController.java
2  // Using a Task to perform a long calculation
3  // outside the JavaFX application thread.
4  import java.util.concurrent.Executors;
5  import java.util.concurrent.ExecutorService;
6  import javafx.event.ActionEvent;
7  import javafx.fxml.FXML;
8  import javafx.scene.control.Button;
9  import javafx.scene.control.Label;
10 import javafx.scene.control.TextField;
11
12 public class FibonacciNumbersController {
13    @FXML private TextField numberTextField;
14    @FXML private Button goButton;
15    @FXML private Label messageLabel;
16    @FXML private Label fibonacciLabel;
17    @FXML private Label nthLabel;
18    @FXML private Label nthFibonacciLabel;
```

图 23.25 利用 Task，在 JavaFX 应用线程之外执行长时间的计算

```
19
20      private long n1 = 0; // initialize with Fibonacci of 0
21      private long n2 = 1; // initialize with Fibonacci of 1
22      private int number = 1; // current Fibonacci number to display
23
24      // starts FibonacciTask to calculate in background
25      @FXML
26      void goButtonPressed(ActionEvent event) {
27         // get Fibonacci number to calculate
28         try {
29            int input = Integer.parseInt(numberTextField.getText());
30
31            // create, configure and launch FibonacciTask
32            FibonacciTask task = new FibonacciTask(input);
33
34            // display task's messages in messageLabel
35            messageLabel.textProperty().bind(task.messageProperty());
36
37            // clear fibonacciLabel when task starts
38            task.setOnRunning((succeededEvent) -> {
39               goButton.setDisable(true);
40               fibonacciLabel.setText("");
41            });
42
43            // set fibonacciLabel when task completes successfully
44            task.setOnSucceeded((succeededEvent) -> {
45               fibonacciLabel.setText(task.getValue().toString());
46               goButton.setDisable(false);
47            });
48
49            // create ExecutorService to manage threads
50            ExecutorService executorService =
51               Executors.newFixedThreadPool(1); // pool of one thread
52            executorService.execute(task); // start the task
53            executorService.shutdown();
54         }
55         catch (NumberFormatException e) {
56            numberTextField.setText("Enter an integer");
57            numberTextField.selectAll();
58            numberTextField.requestFocus();
59         }
60      }
61
62      // calculates next Fibonacci value
63      @FXML
64      void nextNumberButtonPressed(ActionEvent event) {
65         // display the next Fibonacci number
66         nthLabel.setText("Fibonacci of " + number + ": ");
67         nthFibonacciLabel.setText(String.valueOf(n2));
68         long temp = n1 + n2;
69         n1 = n2;
70         n2 = temp;
71         ++number;
72      }
73   }
```

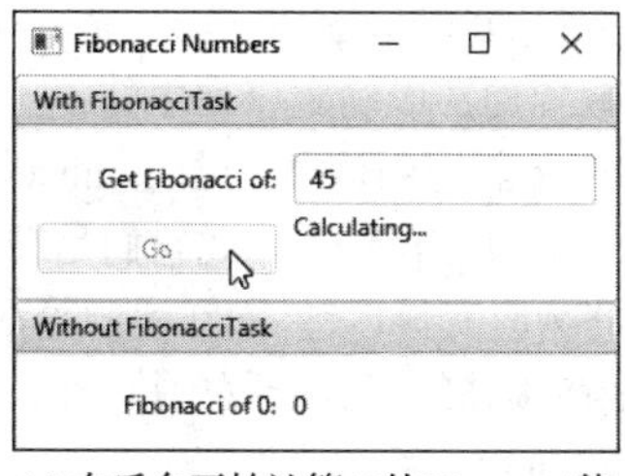

(a) 在后台开始计算45的Fibonacci值

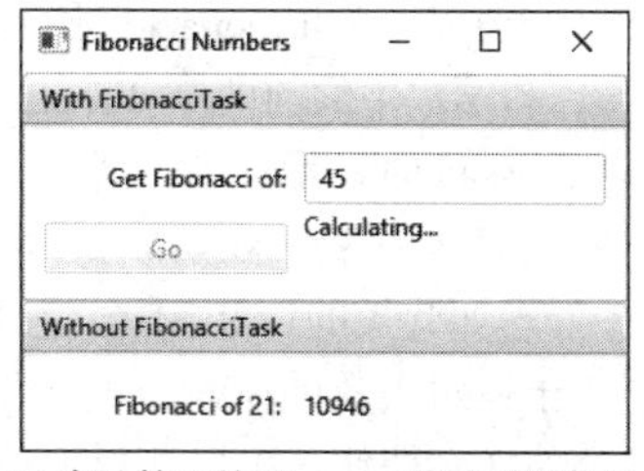

(b) 当计算45的Fibonacci值的过程依然进行时，计算另一个Fibonacci值

图 23.25(续)　利用 Task，在 JavaFX 应用线程之外执行长时间的计算

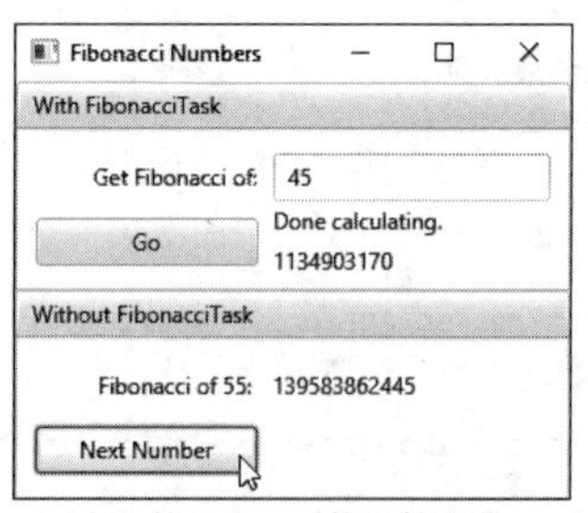

(c) 45的Fibonacci值计算完成

图 23.25(续)　利用 Task，在 JavaFX 应用线程之外执行长时间的计算

goButtonPressed 方法

用户单击 Go 按钮时，会执行 goButtonPressed 方法(第 25 ~ 60 行)。第 29 行取得 numberTextField 中输入的值，并会将它解析成一个整数。如果解析失败，则第 56 ~ 58 行提示用户输入一个整数，选中 numberTextField 中的文本，并将焦点置于 numberTextField。这样，用户就能在这个字段中立即输入新值。

第 32 行新创建一个 FibonacciTask 对象，将用户输入的值传递给构造方法。第 35 行将 messageLabel 的 text 属性值(一个 StringProperty)与 FibonacciTask 的 message 属性(一个 ReadOnlyStringProperty)绑定——当 FibonacciTask 更新 message 属性时，messageLabel 会显示新值。

各个 Worker 之间的转换是通过各种状态进行的。Task 类是 Worker 的实现，它可以为几种状态注册监听器：

- 第 38 ~ 41 行利用 Task 方法 setOnRunning，注册当 Task 进入运行状态时所调用的监听器(实现成一个 lambda)——当 Task 分配到处理器时间且开始执行它的 call 方法时。这时，需禁用 goButton，使得在当前的任务完成之前，用户无法启动其他的 FibonacciTask。然后，清除 fibonacciLabel 的内容(这样，当执行新的 FibonacciTask 时，不会显示旧的结果)。
- 第 44 ~ 47 行利用 Task 方法 setOnSucceeded，注册一个(实现成 lambda 的)监听器，当 Task 进入成功状态(即任务成功执行完毕)时会调用它。这时，会调用 Task 的 getValue 方法(来自 Worker 接口)来获得结果，并将它转换成一个 String，然后显示在 fibonacciLabel 中。接着，启用 goButton，使用户能够再次发起 FibonacciTask。

还可以为 Task 的取消、失败及调度状态分别注册监听器。

最后，第 50 ~ 53 行利用 ExecutorService，启动 FibonacciTask(第 52 行)，它会将其置于一个单独的工人线程中执行。execute 方法不会等待 FibonacciTask 完成执行。它会立即返回，使得在执行计算的同时，GUI 能够继续处理其他事件。

nextNumberButtonPressed 方法

用户单击 Next Number 按钮时，会执行 nextNumberButtonPressed 方法(第 63 ~ 72 行)。第 66 ~ 67 行会将 nthLabel 更新成要显示的 Fibonacci 数，接着更新 nthFibonacciLabel，显示 n2 的值。接下来，第 68 ~ 71 行将保存在 n1 和 n2 中的前两个 Fibonacci 数相加，以确定序列中的下一个数(它会在下一次调用 nextNumberButtonPressed 时显示)，然后将 n1 和 n2 更新成新值并递增 number。

执行这些计算的代码位于 nextNumberButtonPressed 方法中，因此它们是在 JavaFX 应用线程上执行的。在这个线程中处理如此短的计算，不会使 GUI 的响应变得迟钝，而在递归算法中计算大数的 Fibonacci 序列就会如此。由于针对大数的 Fibonacci 计算是在单独的工人线程中执行的，因此在进行递归计算的同时，单击 Next Number 按钮还可以获得下一个 Fibonacci 数。

23.11.2　处理中间结果：Eratosthenes 筛选法

Task 类提供的其他方法和属性，可以使 Task 依然在工人线程里执行时，就能够利用它的中间结果更新 GUI。下一个示例就使用了如下的 Task 方法和属性：

- updateProgress 方法更新 Task 的 progress 属性，表示任务完成的百分比情况。
- updateValue 方法更新 Task 的 value 属性，表示一个中间值。

和 updateMessage 一样，updateProgress 和 updateValue 方法都是在 JavaFX 应用线程中更新相应的属性值。

查找素数的 Task

图 23.26 中给出的 PrimeCalculatorTask 类扩展了 Task<Integer>，它在工人线程中计算前 *n* 个素数。在 FindPrimesController 中将看到(见图 23.28)，Task 的 progress 属性与 ProgressBar 控件绑定，这样，就为应用提供了一个可视化的进度指示器，表示任务的完成程度。这个控制器还为 value 属性值的变化注册了一个监听器——将 ObservableList 中的每一个素数值与 ListView 绑定。

```
1  // Fig. 23.26: PrimeCalculatorTask.java
2  // Calculates the first n primes, publishing them as they are found.
3  import java.util.Arrays;
4  import javafx.concurrent.Task;
5
6  public class PrimeCalculatorTask extends Task<Integer> {
7     private final boolean[] primes; // boolean array for finding primes
8
9     // constructor
10    public PrimeCalculatorTask(int max) {
11       primes = new boolean[max];
12       Arrays.fill(primes, true); // initialize all primes elements to true
13    }
14
15    // long-running code to be run in a worker thread
16    @Override
17    protected Integer call() {
18       int count = 0; // the number of primes found
19
20       // starting at index 2 (the first prime number), cycle through and
21       // set to false elements with indices that are multiples of i
22       for (int i = 2; i < primes.length; i++) {
23          if (isCancelled()) { // if calculation has been canceled
24             updateMessage("Cancelled");
25             return 0;
26          }
27          else {
28             try {
29                Thread.sleep(10); // slow the thread
30             }
31             catch (InterruptedException ex) {
32                updateMessage("Interrupted");
33                return 0;
34             }
35
36             updateProgress(i + 1, primes.length);
37
38             if (primes[i]) { // i is prime
39                ++count;
40                updateMessage(String.format("Found %d primes", count));
41                updateValue(i); // intermediate result
42
43                // eliminate multiples of i
44                for (int j = i + i; j < primes.length; j += i) {
45                   primes[j] = false; // i is not prime
46                }
47             }
48          }
49       }
50
51       return 0;
52    }
53 }
```

图 23.26　计算前 *n* 个素数，找到后就显示它们

构造方法

第 10 ~ 13 行的构造方法接收一个整数，表示要查找的素数上界；创建了一个布尔数组 primes，并将它的元素初始化成 true。

Eratosthenes 筛选法

PrimeCalculatorTask 会用到 primes 数组，并使用 Eratosthenes 筛选法(Sieve of Eratosthenes，见练习题 7.27)来找出比 max 小的全部素数。Eratosthenes 筛选法包含一列整数，它从第一个素数开始，过滤掉这个素数的所有倍数数字。然后，移动到下一个素数，它就是还没有被过滤掉的下一个数。同样，将它的所有倍数数字全部去除。这个过程一直持续到列表的末尾，且所有的非素数都已经被过滤掉了为止。在算法上，将从布尔数组的元素 2 开始，并将下标为 2 的倍数的所有单元格设置成 false，表示它们可以被 2 整除，因此不是素数。然后，移动到下一个数组元素，检查它的值是否为 true。如果是，则将下标为它的倍数的所有单元设置成 false，表示它们的下标能被当前单元的下标值整除。当以这种方式遍历了整个数组之后，所有包含 true 的单元的下标都是素数，因为它们不存在整除因子。

重写的 Task 方法 call

在 call 方法中(第 16 ~ 52 行)，循环(第 22 ~ 49 行)中的控制变量 i 控制着当前的下标，以实现 Eratosthenes 筛选法。第 23 行调用了继承的 Task 方法 isCancelled，判断用户是否单击了 Cancel 按钮。如果是，则第 24 行更新 Task 的 message 属性。然后，第 25 行返回 0，立即中断这个 Task。

如果没有取消计算，则第 29 行使当前正在执行的线程睡眠 10 毫秒。后面很快就会讨论到为什么要这样做。第 36 行调用 Task 的 updateProgress 方法，在 JavaFX 应用线程中更新 progress 属性。完成情况的百分比值是用这个方法的第一个实参值除以第二个实参值得到的。

接下来，第 38 行测试当前的 primes 元素值是否为 true(从而是一个素数)。如果是，则第 39 行递增到目前为止找到的素数个数(count)，第 40 行用包含该 count 的 String 表示的值更新 Task 的 message 属性。然后，第 41 行将索引 i 传递给 updateValue 方法，在 JavaFX 应用线程中更新 Task 的 value 属性——在控制器中会处理这个中间结果并在 GUI 中显示它。遍历完整个数组后，第 51 行返回 0，它会被控制器忽略，因为 0 不是素数。

由于计算过程很快，经常会发布值，所以更新可能会堆积在 JavaFX 应用线程上，导致它会忽略一些值的更新。这就是为什么要在循环的每次迭代中，都让工人线程休眠 10 毫秒的原因。需要让计算速度慢到足以让 JavaFX 应用线程能够跟上更新的速度，并使 GUI 保持响应性。

FindPrimes GUI

图 23.27 给出了这个应用的 GUI(在 FindPrimes.fxml 中定义)，各个组件的 fx:id 见图。这里只关注它的一些重要元素，以及 FindPrimesController 类(见图 23.28)中的几个事件处理方法。如果想全面了解它的布局细节，可以在 Scene Builder 中打开 FindPrimes.fxml 文件。GUI 的主要布局是一个 BorderPane，它在顶部和底部分别有一个 ToolBar。控制器类定义了两个事件处理器：

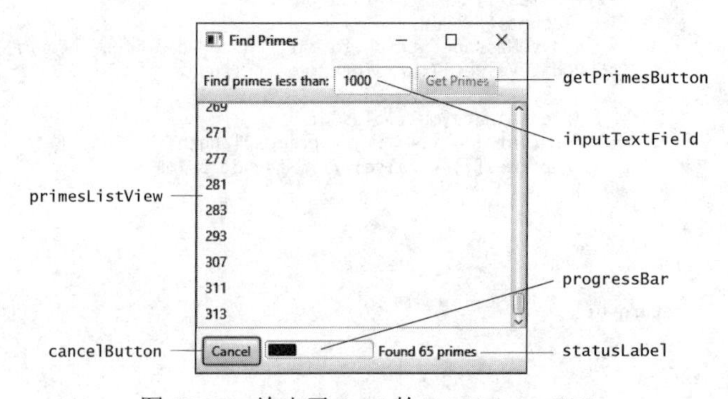

图 23.27 给出了 fx:id 的 FindPrimes GUI

- 按下 Get Primes 按钮时，调用的是 getPrimesButtonPressed——它会启动一个工人线程，找出比用户输入值小的那些素数。
- 按下 Cancel 按钮时，调用的是 cancelButtonPressed——它会终止工人线程。

这里没有给出 JavaFX Application 子类(位于 FindPrimes.java 中)，因为它所执行的任务与以前见过的、加载应用的 FXML GUI 并初始化控件的任务相同。

FindPrimesController 类

FindPrimesController 类(见图 23.28)创建一个 ObservableList<Integer>(第 24 ~ 25 行)，并将它与应用的 primesListView 绑定(第 30 行)。这个控制器还为 Get Primes 和 Cancel 按钮提供了事件处理器。

```
1  // Fig. 23.28: FindPrimesController.java
2  // Displaying prime numbers as they're calculated; updating a ProgressBar
3  import java.util.concurrent.Executors;
4  import java.util.concurrent.ExecutorService;
5  import javafx.collections.FXCollections;
6  import javafx.collections.ObservableList;
7  import javafx.event.ActionEvent;
8  import javafx.fxml.FXML;
9  import javafx.scene.control.Button;
10 import javafx.scene.control.Label;
11 import javafx.scene.control.ListView;
12 import javafx.scene.control.ProgressBar;
13 import javafx.scene.control.TextField;
14
15 public class FindPrimesController {
16    @FXML private TextField inputTextField;
17    @FXML private Button getPrimesButton;
18    @FXML private ListView<Integer> primesListView;
19    @FXML private Button cancelButton;
20    @FXML private ProgressBar progressBar;
21    @FXML private Label statusLabel;
22
23    // stores the list of primes received from PrimeCalculatorTask
24    private ObservableList<Integer> primes =
25       FXCollections.observableArrayList();
26    private PrimeCalculatorTask task; // finds prime numbers
27
28    // binds primesListView's items to the ObservableList primes
29    public void initialize() {
30       primesListView.setItems(primes);
31    }
32
33    // start calculating primes in the background
34    @FXML
35    void getPrimesButtonPressed(ActionEvent event) {
36       primes.clear();
37
38       // get Fibonacci number to calculate
39       try {
40          int input = Integer.parseInt(inputTextField.getText());
41          task = new PrimeCalculatorTask(input); // create task
42
43          // display task's messages in statusLabel
44          statusLabel.textProperty().bind(task.messageProperty());
45
46          // update progressBar based on task's progressProperty
47          progressBar.progressProperty().bind(task.progressProperty());
48
49          // store intermediate results in the ObservableList primes
50          task.valueProperty().addListener(
51             (observable, oldValue, newValue) -> {
52                if (newValue != 0) { // task returns 0 when it terminates
53                   primes.add(newValue);
54                   primesListView.scrollTo(
55                      primesListView.getItems().size());
56                }
57             });
58
```

图 23.28 显示计算出的素数并更新进度条

```
59           // when task begins,
60           // disable getPrimesButton and enable cancelButton
61           task.setOnRunning((succeededEvent) -> {
62              getPrimesButton.setDisable(true);
63              cancelButton.setDisable(false);
64           });
65
66           // when task completes successfully,
67           // enable getPrimesButton and disable cancelButton
68           task.setOnSucceeded((succeededEvent) -> {
69              getPrimesButton.setDisable(false);
70              cancelButton.setDisable(true);
71           });
72
73           // create ExecutorService to manage threads
74           ExecutorService executorService =
75              Executors.newFixedThreadPool(1);
76           executorService.execute(task); // start the task
77           executorService.shutdown();
78        }
79        catch (NumberFormatException e) {
80           inputTextField.setText("Enter an integer");
81           inputTextField.selectAll();
82           inputTextField.requestFocus();
83        }
84     }
85
86     // cancel task when user presses Cancel Button
87     @FXML
88     void cancelButtonPressed(ActionEvent event) {
89        if (task != null) {
90           task.cancel(); // terminate the task
91           getPrimesButton.setDisable(false);
92           cancelButton.setDisable(true);
93        }
94     }
95  }
```

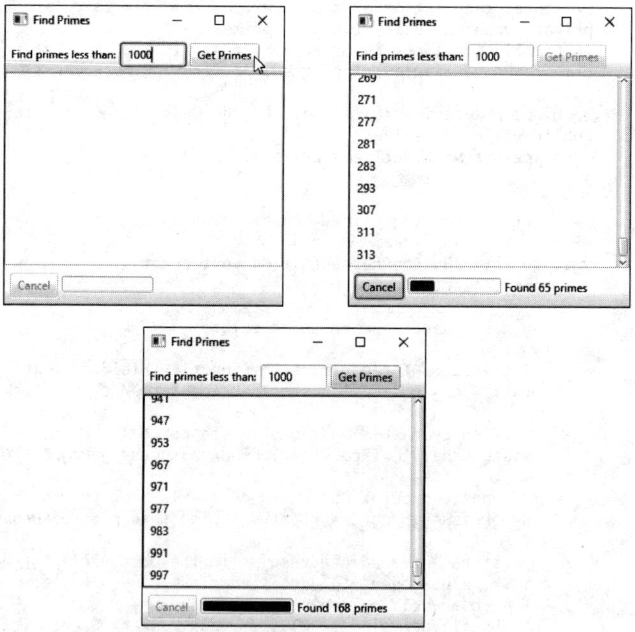

图 23.28(续) 显示计算出的素数并更新进度条

getPrimesButtonPressed 方法

按下 Get Primes 按钮时，getPrimesButtonPressed 方法会创建一个 PrimeCalculatorTask(第 41 行)，然后配置各种属性绑定和事件处理器：

- 第 44 行将 statusLabel 的 text 属性与任务的 message 属性绑定，只要发现了素数，就自动更新 statusLabel。
- 第 47 行将 progressBar 的 progress 属性与任务的 progress 属性绑定，用进度的百分比值自动更新 progressBar。
- 第 50 ~ 57 行(用 lambda)注册 ChangeListener，只要任务的 value 属性值发生变化，就会调用它。如果该属性的 newValue 不为 0(表明任务终止了)，则第 53 行将 newValue 添加到名称为 primes 的 ObservableList<Integer>——它被绑定到 primesListView，从而能够显示这个列表的元素。接下来，第 54 ~ 55 行将 ListView 滚动到最后一个元素，让用户能够看到最新的值。
- 第 61 ~ 71 行为任务的运行状态和成功状态的变化情况注册了监听器。这样，根据任务的状态，就可以启用或者禁用某个按钮。
- 第 74 ~ 77 行在一个单独的线程中启动任务。

cancelButtonPressed 方法

如果用户按下 Cancel 按钮，则 cancelButtonPressed 方法会调用 PrimeCalculatorTask 中继承的 cancel 方法(第 90 行)，终止任务。然后，启用 getPrimesButton 按钮，禁用 cancelButton 按钮。

23.12　利用 Java SE 8 的日期/时间 API 为 sort/parallelSort 计时

7.15 节中，使用了 Arrays 类的静态方法 sort 排序数组，还使用了静态方法 parallelSort 在多核系统上高效率地排序大型数组。图 23.29 中使用了这两个方法来排序包含 100 000 000 个随机 int 值元素的数组，以便能够比较在多核系统(这里使用的是 4 核系统)上 parallelSort 方法与 sort 方法的性能差异。[①]

```
1   // Fig. 23.29: SortComparison.java
2   // Comparing performance of Arrays methods sort and parallelSort.
3   import java.time.Duration;
4   import java.time.Instant;
5   import java.text.NumberFormat;
6   import java.util.Arrays;
7   import java.util.Random;
8
9   public class SortComparison {
10     public static void main(String[] args) {
11        Random random = new Random();
12
13        // create array of random ints, then copy it
14        int[] array1 = random.ints(100_000_000).toArray();
15        int[] array2 = array1.clone();
16
17        // time the sorting of array1 with Arrays method sort
18        System.out.println("Starting sort");
19        Instant sortStart = Instant.now();
20        Arrays.sort(array1);
21        Instant sortEnd = Instant.now();
22
23        // display timing results
24        long sortTime = Duration.between(sortStart, sortEnd).toMillis();
25        System.out.printf("Total time in milliseconds: %d%n%n", sortTime);
26
27        // time the sorting of array2 with Arrays method parallelSort
28        System.out.println("Starting parallelSort");
29        Instant parallelSortStart = Instant.now();
30        Arrays.parallelSort(array2);
31        Instant parallelSortEnd = Instant.now();
32
33        // display timing results
34        long parallelSortTime =
```

图 23.29　比较 Arrays 方法 sort 和 parallelSort 的性能

① 为了在这个示例中创建一个包含 100 000 000 元素的数组，使用了 Random 而不是 SecureRandom，因为前者的执行效率要高得多。

```
35             Duration.between(parallelSortStart, parallelSortEnd).toMillis();
36          System.out.printf("Total time in milliseconds: %d%n%n",
37             parallelSortTime);
38
39          // display time difference as a percentage
40          String percentage = NumberFormat.getPercentInstance().format(
41             (double) (sortTime - parallelSortTime) / parallelSortTime);
42          System.out.printf("sort took %s more time than parallelSort%n",
43             percentage);
44       }
45    }
```

```
Starting sort
Total time in milliseconds: 8883

Starting parallelSort
Total time in milliseconds: 2143

sort took 315% more time than parallelSort
```

图 23.29(续) 比较 Arrays 方法 sort 和 parallelSort 的性能

创建数组

第 14 行利用 Random 方法 ints，创建一个包含 100 000 000 个随机 int 值的 IntStream，然后调用 IntStream 方法 toArray，将这些值放入一个数组中。第 15 行调用 clone 方法，创建一个 array1 副本，以便 sort 方法和 parallelSort 方法都使用同一组值。

用日期/时间 API 类 Instant 和 Duration，为 sort 方法计时

第 19 行和第 21 行用 Instant 类的静态方法 now，分别获得 sort 调用之前和之后的当前时间。为了确定两个 Instant 的时间差，第 24 行利用 Duration 类的静态方法 between，它返回的 Duration 对象包含差值。接下来，调用 Duration 方法 toMillis，获得以毫秒为单位的时间差。

用日期/时间 API 类 Instant 和 Duration，为 parallelSort 方法计时

第 29 ~ 31 行计算调用 parallelSort 方法的用时。然后，第 34 ~ 35 行得出这两个方法的时间差。

显示两个排序用时之间的百分比差额

第 40 ~ 41 行使用(java.text 包的)NumberFormat，将排序时间格式化成百分比的形式。NumberFormat 静态方法 getPercentInstance 返回的 NumberFormat 用于将数字格式化成百分比。NumberFormat 方法 format 执行格式化工作。从输出样本可以看出，排序 100 000 000 个随机 int 值，sort 方法所花费的时间要比 parallelSort 方法多 300%以上。①

其他的并行数组操作

除了 parallelSort 方法，Arrays 类还包含 parallelSetAll 方法和 parallelPrefix 方法，它们的作用如下所示：

- parallelSetAll——用通过生成器函数产生的值填充数组，生成器函数的实参为一个 int 值，返回的值类型为 int、long、double，或者是数组的元素类型。根据 parallelSetAll 方法的重载情况，生成器函数的实现可以是 IntUnaryOperator(int 数组)、IntToLongFunction(long 数组)、IntToDoubleFunction(double 数组)或者 IntFunction<T>(非基本数据类型的数组)。
- parallelPrefix——对当前和前一个数组元素应用 BinaryOperator，并将结果保存在当前元素中。例如：

  ```
  int[] values = {1, 2, 3, 4, 5};
  Arrays.parallelPrefix(values, (x, y) -> x + y);
  ```

  对 parallelPrefix 的调用就使用了 BinaryOperator，它将两个值相加。调用完成之后，数组就包含

① 根据计算机的设置、核的数量、操作系统是否在虚拟机上运行等情况，可以看到明显的性能差异。

1、3、6、10、15。同样，如下对 parallelPrefix 的调用，使用了 BinaryOperator 来将两个值相乘。调用完成后，数组包含的值为 1、2、6、24、120：

```
int[] values = {1, 2, 3, 4, 5};
Arrays.parallelPrefix(values, (x, y) -> x * y);
```

23.13　Java SE 8：串行流与并行流

第 17 章中，讲解过 Java SE 8 的 lambda 和流。流容易并行化，使程序能够在多核系统上获得好的性能。利用 23.12 节中讲解的计时功能，图 23.30 演示了同时用串行流和并行流，对包含 50 000 000 个随机 long 值(在第 15 行创建)的数组进行操作的性能表现。

```
 1  // Fig. 23.30: StreamStatisticsComparison.java
 2  // Comparing performance of sequential and parallel stream operations.
 3  import java.time.Duration;
 4  import java.time.Instant;
 5  import java.util.Arrays;
 6  import java.util.LongSummaryStatistics;
 7  import java.util.stream.LongStream;
 8  import java.util.Random;
 9
10  public class StreamStatisticsComparison {
11     public static void main(String[] args) {
12        Random random = new Random();
13
14        // create array of random long values
15        long[] values = random.longs(50_000_000, 1, 1001).toArray();
16
17        // perform calculations separately
18        Instant separateStart = Instant.now();
19        long count = Arrays.stream(values).count();
20        long sum = Arrays.stream(values).sum();
21        long min = Arrays.stream(values).min().getAsLong();
22        long max = Arrays.stream(values).max().getAsLong();
23        double average = Arrays.stream(values).average().getAsDouble();
24        Instant separateEnd = Instant.now();
25
26        // display results
27        System.out.println("Calculations performed separately");
28        System.out.printf("    count: %,d%n", count);
29        System.out.printf("      sum: %,d%n", sum);
30        System.out.printf("      min: %,d%n", min);
31        System.out.printf("      max: %,d%n", max);
32        System.out.printf("  average: %f%n", average);
33        System.out.printf("Total time in milliseconds: %d%n%n",
34           Duration.between(separateStart, separateEnd).toMillis());
35
36        // time summaryStatistics operation with sequential stream
37        LongStream stream1 = Arrays.stream(values);
38        System.out.println("Calculating statistics on sequential stream");
39        Instant sequentialStart = Instant.now();
40        LongSummaryStatistics results1 = stream1.summaryStatistics();
41        Instant sequentialEnd = Instant.now();
42
43        // display results
44        displayStatistics(results1);
45        System.out.printf("Total time in milliseconds: %d%n%n",
46           Duration.between(sequentialStart, sequentialEnd).toMillis());
47
48        // time sum operation with parallel stream
49        LongStream stream2 = Arrays.stream(values).parallel();
50        System.out.println("Calculating statistics on parallel stream");
51        Instant parallelStart = Instant.now();
52        LongSummaryStatistics results2 = stream2.summaryStatistics();
53        Instant parallelEnd = Instant.now();
54
55        // display results
56        displayStatistics(results1);
57        System.out.printf("Total time in milliseconds: %d%n%n",
```

图 23.30　比较串行流和并行流操作的性能

```
58            Duration.between(parallelStart, parallelEnd).toMillis());
59      }
60
61      // display's LongSummaryStatistics values
62      private static void displayStatistics(LongSummaryStatistics stats) {
63         System.out.println("Statistics");
64         System.out.printf("    count: %,d%n", stats.getCount());
65         System.out.printf("      sum: %,d%n", stats.getSum());
66         System.out.printf("      min: %,d%n", stats.getMin());
67         System.out.printf("      max: %,d%n", stats.getMax());
68         System.out.printf("  average: %f%n", stats.getAverage());
69      }
70   }
```

```
Calculations performed separately
    count: 50,000,000
      sum: 25,025,212,218
      min: 1
      max: 1,000
  average: 500.504244
Total time in milliseconds: 710
```

```
Calculating statistics on sequential stream
Statistics
    count: 50,000,000
      sum: 25,025,212,218
      min: 1
      max: 1,000
  average: 500.504244
Total time in milliseconds: 305

Calculating statistics on parallel stream
Statistics
    count: 50,000,000
      sum: 25,025,212,218
      min: 1
      max: 1,000
  average: 500.504244
Total time in milliseconds: 143
```

图 23.30(续)　比较串行流和并行流操作的性能

用串行流执行不同遍历的流操作

17.7 节中讲解过对 IntStream 执行的各种操作。图 23.30 第 18 ~ 24 行对由 Arrays 方法 stream 返回的 LongStream，分别执行流操作 count、sum、min、max、average，并对这些操作进行计时。然后，第 27 ~ 34 行显示这些结果，以及执行全部 5 个操作所需的总时间。

用串行流执行单一遍历的流操作

第 37 ~ 46 行利用 LongStream 方法 summaryStatistics，一次性对串行流 LongStream 统计出数量、总和、最小值、最大值及平均值，从而可看出所获得的性能提升。与执行 5 个不同的操作相比，这个操作所花费的时间大约为前者的 43%。

用并行流执行单一遍历的流操作

第 49 ~ 50 行利用 LongStream 方法 summaryStatistics 对并行 LongStream 执行流操作，演示了其性能提升的情况。为了获得能够利用多核处理器的并行流，只需对流调用 parallel 方法即可。从输出样本可以看出，对并行流执行的操作，进一步缩短了所需的时间——大约为执行串行 LongStream 所需时间的 47%，或者是执行 5 个独立操作所需时间的 20%。

23.14　(进阶) Callable 接口和 Future 接口

Runnable 接口只提供了多线程编程的最基本功能。事实上，这个接口还具有一些限制。假设 Runnable

正在执行一个长计算，而程序希望取得这个计算的结果。run 方法不能返回值，因此必须利用共享可变数据来将值回传给调用线程。我们知道，这要求线程同步。

(java.util.concurrent 包的)Callable 接口取消了这一限制。该接口声明的唯一方法 call，返回的值表示 Callable 任务的结果——例如长时间计算的结果。

创建了 Callable 接口对象的程序，有可能希望与其他 Runnable 对象和 Callable 对象并发地运行 Callable 对象。ExecutorService 方法 submit 对其 Callable 实参执行任务，返回(java.util.concurrent 包的)Future 类型的一个对象，代表 Callable 的一个未来结果。Future 接口声明的 get 方法会阻塞调用线程，并等待 Callable 完成并返回它的结果，这个接口还提供了另外几个方法，分别用于取消 Callable 的执行，判断 Callable 是否已经被取消，以及确定 Callable 是否已经完成了任务。

用 CompletableFuture 执行异步任务

Java SE 8 中增加了一个(java.util.concurrent 包的)CompletableFuture 类，它实现了 Future 接口，并能够异步地运行那些执行任务的 Runnable 对象及返回值的 Supplier 对象。和 Callable 接口一样，Supplier 接口是只包含一个方法(get 方法)的函数式接口，该方法没有实参，返回一个结果。CompletableFuture 类还为高级程序员提供了许多其他的功能，例如创建 CompletableFuture 而不立即执行；将一个或者多个 CompletableFuture 组合在一起，等待其中的某些或者全部完成；在 CompletableFuture 完成之后执行代码；等等。

8

图 23.31 中的程序依次执行两个长计算。然后，利用 CompletableFuture 再次异步地执行它们，以展示在多核系统上进行异步计算所获得的性能提升。为了演示，这里的长计算是通过递归的 fibonacci 方法执行的(第 69 ~ 76 行，与 18.5 节中的方法类似)。对于较大的 Fibonacci 值，这种递归方法要求大量的计算时间——用循环计算 Fibonacci 值时，速度要快得多。

```
 1  // Fig. 23.31: FibonacciDemo.java
 2  // Fibonacci calculations performed synchronously and asynchronously
 3  import java.time.Duration;
 4  import java.text.NumberFormat;
 5  import java.time.Instant;
 6  import java.util.concurrent.CompletableFuture;
 7  import java.util.concurrent.ExecutionException;
 8
 9  // class that stores two Instants in time
10  class TimeData {
11     public Instant start;
12     public Instant end;
13
14     // return total time in seconds
15     public double timeInSeconds() {
16        return Duration.between(start, end).toMillis() / 1000.0;
17     }
18  }
19
20  public class FibonacciDemo {
21     public static void main(String[] args)
22        throws InterruptedException, ExecutionException {
23
24        // perform synchronous fibonacci(45) and fibonacci(44) calculations
25        System.out.println("Synchronous Long Running Calculations");
26        TimeData synchronousResult1 = startFibonacci(45);
27        TimeData synchronousResult2 = startFibonacci(44);
28        double synchronousTime =
29           calculateTime(synchronousResult1, synchronousResult2);
30        System.out.printf(
31           "  Total calculation time = %.3f seconds%n", synchronousTime);
32
33        // perform asynchronous fibonacci(45) and fibonacci(44) calculations
34        System.out.printf("%nAsynchronous Long Running Calculations%n");
35        CompletableFuture<TimeData> futureResult1 =
36           CompletableFuture.supplyAsync(() -> startFibonacci(45));
```

图 23.31 同步和异步地执行 Fibonacci 计算

```
37        CompletableFuture<TimeData> futureResult2 =
38           CompletableFuture.supplyAsync(() -> startFibonacci(44));
39
40        // wait for results from the asynchronous operations
41        TimeData asynchronousResult1 = futureResult1.get();
42        TimeData asynchronousResult2 = futureResult2.get();
43        double asynchronousTime =
44           calculateTime(asynchronousResult1, asynchronousResult2);
45        System.out.printf(
46           "  Total calculation time = %.3f seconds%n", asynchronousTime);
47
48        // display time difference as a percentage
49        String percentage = NumberFormat.getPercentInstance().format(
50           (synchronousTime - asynchronousTime) / asynchronousTime);
51        System.out.printf("%nSynchronous calculations took %s" +
52           " more time than the asynchronous ones%n", percentage);
53     }
54
55     // executes function fibonacci asynchronously
56     private static TimeData startFibonacci(int n) {
57        // create a TimeData object to store times
58        TimeData timeData = new TimeData();
59
60        System.out.printf("  Calculating fibonacci(%d)%n", n);
61        timeData.start = Instant.now();
62        long fibonacciValue = fibonacci(n);
63        timeData.end = Instant.now();
64        displayResult(n, fibonacciValue, timeData);
65        return timeData;
66     }
67
68     // recursive method fibonacci; calculates nth Fibonacci number
69     private static long fibonacci(long n) {
70        if (n == 0 || n == 1) {
71           return n;
72        }
73        else {
74           return fibonacci(n - 1) + fibonacci(n - 2);
75        }
76     }
77
78     // display fibonacci calculation result and total calculation time
79     private static void displayResult(
80        int n, long value, TimeData timeData) {
81
82        System.out.printf("  fibonacci(%d) = %d%n", n, value);
83        System.out.printf(
84           "  Calculation time for fibonacci(%d) = %.3f seconds%n",
85           n, timeData.timeInSeconds());
86     }
87
88     // display fibonacci calculation result and total calculation time
89     private static double calculateTime(
90        TimeData result1, TimeData result2) {
91
92        TimeData bothThreads = new TimeData();
93
94        // determine earlier start time
95        bothThreads.start = result1.start.compareTo(result2.start) < 0 ?
96           result1.start : result2.start;
97
98        // determine later end time
99        bothThreads.end = result1.end.compareTo(result2.end) > 0 ?
100          result1.end : result2.end;
101
102       return bothThreads.timeInSeconds();
103    }
104 }
```

图 23.31(续) 同步和异步地执行 Fibonacci 计算

```
Synchronous Long Running Calculations
  Calculating fibonacci(45)
  fibonacci(45) = 1134903170
  Calculation time for fibonacci(45) = 4.395 seconds
  Calculating fibonacci(44)
  fibonacci(44) = 701408733
  Calculation time for fibonacci(44) = 2.722 seconds
  Total calculation time = 7.122 seconds

Asynchronous Long Running Calculations
  Calculating fibonacci(45)
  Calculating fibonacci(44)
  fibonacci(44) = 701408733
  Calculation time for fibonacci(44) = 2.707 seconds
  fibonacci(45) = 1134903170
  Calculation time for fibonacci(45) = 4.403 seconds
  Total calculation time = 4.403 seconds

Synchronous calculations took 62% more time than the asynchronous ones
```

图 23.31(续) 同步和异步地执行 Fibonacci 计算

TimeData 类

TimeData 类(第 10 ~ 18 行)保存的两个 Instant 值分别代表任务的开始和结束时间；提供的 timeInSeconds 方法用于计算所花费的总时间。本示例中，使用了 TimeData 对象来记录执行 Fibonacci 计算所需要的时间。

用于执行 Fibonacci 计算并计时的 startFibonacci 方法

startFibonacci 方法(第 56 ~ 66 行)在 main 中被多次调用(第 26 行，第 27 行，第 36 行，第 38 行)，以初始化 Fibonacci 计算，并记录每一个计算所需要的时间。该方法的实参为一个要计算的 Fibonacci 数，并执行如下任务：

- 第 58 建行创建一个 TimeData 对象，保存计算的起始和结束时间。
- 第 60 行显示要计算的 Fibonacci 数。
- 第 61 行保存在调用 fibonacci 方法之前的时间。
- 第 62 行调用 fibonacci 方法，执行计算。
- 第 63 行保存 fibonacci 方法完成之后的当前时间。
- 第 64 行显示结果及执行计算所用的总时间。
- 第 65 行返回 TimeData 对象，用在 main 方法中。

同步执行 Fibonacci 计算

main 方法中，首先进行的是同步 Fibonacci 计算。第 26 行调用 startFibonacci(45)，初始化 fibonacci(45) 计算，并保存包含起始时间和结束时间的 TimeData 对象。该调用完成后，第 27 行调用 startFibonacci(44)，初始化 fibonacci(44) 计算并保存它的 TimeData 对象。接下来，第 28 ~ 29 行将这两个 TimeData 对象传递给 calculateTime 方法(第 89 ~ 103 行)，返回以秒为单位的总计算时间。第 30 ~ 31 行显示这个时间。

异步执行 Fibonacci 计算

main 中的第 35 ~ 38 行在独立线程中异步执行 Fibonacci 计算。CompletableFuture 的静态方法 supplyAsync，执行一个返回值的异步任务。该方法的实参为一个实现了 Supplier 接口的对象——此处使用了具有空参数表的 lambda 来调用 startFibonacci(45)(第 36 行)和 startFibonacci(44)(第 38 行)。编译器会推断出 supplyAsync 返回一个 CompletableFuture<TimeData>，因为 startFibonacci 方法的返回类型为 TimeData。CompletableFuture 类还提供静态方法 runAsync，执行不返回结果的异步任务——该方法的实参为一个 Runnable 对象。

获取异步计算的结果

CompletableFuture 类实现了 Future 接口，所以可以调用 Future 方法 get(第 41 ~ 42 行)，获得异步任

务的结果。这个调用是一种阻塞调用——使 main 线程等待异步任务完成并返回结果。这里的结果为 TimeData 对象。只要两个任务都返回了，第 43 ~ 44 行就将这两个 TimeData 对象传递给 calculateTime 方法(第 89 ~ 103 行)，返回以秒为单位的总计算时间。然后，第 45 ~ 46 行显示这个时间。最后，第 49 ~ 52 行计算并显示采用同步和异步方式在执行时间上的百分比差异。

程序的输出

在作者的 4 核计算机上，同步计算所耗时间为 7.122 秒。尽管每一个异步计算所花费的时间与对应的同步计算所用时间大致相同，但是异步计算的总时间只有 4.403 秒，因为这两个计算是并行执行的。从输出可以看出，同步计算要多花 62%的时间，所以异步计算带来的性能提升是很显著的。

23.15 (进阶)Fork/Join 框架

Java 的并发 API 中包含一个 Fork/Join 框架，它能够帮助程序员并行地执行算法。这个框架超出了本书的讨论范围。专家们说，大多数 Java 程序员都能从这个框架中受益，可以将其用在 Java API 及其他第三方类库的“幕后”。例如，Java SE 8 流的并行功能就是用这个框架实现的。

Fork/Join 框架尤其适合于那些“分而治之”风格的算法，例如 19.8 节中讲过的递归合并排序算法。排序数组时，递归合并排序算法会将其分成两个等长的子数组，将每个子数组排序后，再将它们合并成一个大数组。对每一个子数组排序的算法是相同的。对于类似于合并排序算法的算法，可以利用 Fork/Join 框架来创建几个并发任务，以便它们能够跨越多个处理器分布，真正地并行执行——将多个并行任务分配给不同的处理器的细节是由框架处理的。练习题 23.20 和练习题 23.21 中，将进一步探讨 Fork/Join 框架，并用它来重新实现递归合并排序算法和快速排序算法。练习题 23.22 中，将探讨为什么不值得用 Fork/Join 重新实现二分搜索算法。有关 Fork/Join 的更多细节，请参见如下的 Oracle 教程及其他的在线教程：

```
https://docs.oracle.com/javase/tutorial/essential/concurrency/
  forkjoin.html
```

23.16 小结

本章讲解了 Java 的并发功能，用于增强应用在多核系统上的性能表现。我们了解了并发执行和并行执行的差异，探讨了 Java 的并发性是通过多线程功能实现的，还讲解了 JVM 本身会创建线程来运行程序，也可能创建线程来执行清理任务，例如垃圾回收。

我们探讨了线程的生命周期及线程在生命周期内可能出现的状态。接下来分析了 Runnable 接口，它用来指定能够与其他任务并发执行的任务。这个接口的 run 方法，是由执行任务的线程调用的。然后，探讨了如何使用 Executor 接口通过线程池来管理 Runnable 的执行，它可以复用已有的线程，以消除为每个任务创建新线程的开销，并能通过优化线程的数量来提高性能，确保处理器一直处于忙的状态。

本章分析了当多个线程共享一个对象，而其中的一个或几个要修改这个对象时，除非适当地管理了对共享对象的访问，否则有可能出现不确定的结果。给出了如果通过线程同步来解决这个问题，通过多个并发线程，就可以协调对共享数据的访问。给出了执行同步的几种技术，首先使用内置类 ArrayBlockingQueue(它会负责处理所有的同步细节)，然后使用 Java 的内置监视器和 synchronized 关键字，最后使用的是 Lock 和 Condition 接口。

我们探讨了 JavaFX GUI 不是线程安全的事实,因此与 GUI 的交互及对 GUI 的修改都必须在 JavaFX 应用线程中执行。还讲解了在 JavaFX 应用线程中执行长计算所带来的问题。接着，讲解了如何用 Task 类来在工人线程中执行长计算。我们分析了当计算完成时如何在 GUI 中显示 Task 的结果，当计算依然在进行时如何显示中间结果。

我们再次使用了 Arrays 类的 sort 方法和 parallelSort 方法，以演示在多核处理器上使用并行排序算法的优势。还使用了 Java SE 8 日期/时间 API 的 Instant 类和 Duration 类，计算这些排序算法所用的时间。

Java SE 8 中的流很容易并行化，使得程序能够在多核系统上获得强化性能。为了获得并行流，只需在现有流上调用 parallel 方法即可。

本章探讨了 Callable 接口和 Future 接口，它们分别能够让用户执行返回结果的任务及获得这些结果。接着，利用 Java SE 8 的 CompletableFuture 类，给出了一个同步和异步执行长计算任务的示例。下一章中将介绍如何用 Java 的 JDBC API 开发与数据库相关的应用。

总结

23.1 节　简介

- 并发操作的两个任务是同时进行的。
- 两项任务是并行操作的，就表示它们是同步进行的。就这个含义而言，“并行性”是“并发性”的一个子集。当今的多核计算机都具有多个处理器，它们能够并行地执行多项任务。
- 通过 Java 及它的 API，就可以利用并发性。
- Java 程序可以包含多个执行线程，每个线程都具有自己的方法调用栈和程序计数器，使得一个线程能够与其他线程并发地执行。这种能力被称为多线程功能。
- 在多线程程序中，线程可以分布于多个处理器中(如果存在的话)，从而能够真正并行地执行多项任务，使程序更具效率。
- JVM 可以创建线程来运行程序、执行清理任务(例如垃圾回收)等。
- 在单处理器系统中，多线程也能够提升性能。当某个线程不能处理时(如由于它正在等待 I/O 操作的结果)，另一个线程能够使用处理器。
- 对于绝大多数程序员而言，应当使用并发 API 中那些用于同步功能的已有的集合类和接口。

23.2 节　线程状态与生命周期

- 新线程的生命周期是从新建状态开始的。程序启动线程时会将其置于运行状态。处于运行状态的线程可以执行它的任务。
- 当某个线程要等待另一个线程执行任务时，它就从运行状态转入等待状态。当一个线程通知正在等待的线程继续执行时，后者会从等待状态恢复到运行状态。
- 运行线程可以进入定时等待状态，等待一定的时间；当时间到期，或者线程正在等待的某个事件发生了时，线程就会返回到运行状态。
- 当处于运行状态的线程正在等待另一个线程执行任务时，如果它提供了可选的等待时间段，则这个线程会进入定时等待状态。当另一个线程通知了这个线程，或者当定时的时间段到达时(以先到达的为准)，这个线程就会返回到运行状态。
- 睡眠线程会在定时等待状态维持一个指定的时间段(被称为睡眠时间段)，过了这段时间，它会返回到运行状态。
- 当线程试图执行某个任务，而任务又不能立即完成时，线程就会从运行状态转换到阻塞状态。这时，被阻塞的线程会转换到运行状态，以便能恢复执行。
- 当线程成功地完成任务或者(由于出错而)终止时，运行线程就会进入终止状态。
- 在操作系统层面，运行状态通常包含两个独立的状态。当线程首次从新建状态转换到运行状态时，线程处于就绪状态。当操作系统将线程给予处理器时，线程就从就绪状态进入运行状态。
- 大多数操作系统会为执行任务的线程分配一个时间片。当时间片到期时，线程会返回到准备状态，而另一个线程会被给予处理器。
- 线程调度会根据线程的优先级来分配要执行的线程。
- 操作系统的线程调度程序的工作就是决定下一个要运行哪一个线程。

- 当一个优先级更高的线程进入就绪状态时，操作系统一般会抢占当前处于运行状态的线程，这是一种被称为“优先调度”的操作。
- 根据操作系统的情况，具有较高优先级的线程能够延缓(可能是无限地)具有较低优先级的线程的执行。

23.3 节　用 Executor 框架创建并执行线程

- Runnable 对象表示一项任务，它会并发地与其他任务一起执行。
- Runnable 接口声明了一个 run 方法，它包含的代码定义了需执行的任务。执行 Runnable 对象的线程会调用 run 方法来执行任务。
- 在最后一个线程完成之前，程序不会终止。
- 即使知道了创建和启动线程的顺序，也无法预计线程将调度的顺序。
- 应使用 Executor 接口，让它来管理 Runnable 对象的执行。通常，Executor 对象会创建并管理一组线程，这组线程被称为线程池。Executor 能够复用现有的线程，并能通过优化线程的数量，确保处理器一直处于忙的状态，进而提升性能。
- Executor 方法 execute 接收一个 Runnable 对象，并将它赋予线程池中的一个可用线程。如果没有线程可用，则 Executor 会新创建一个线程，或者等待一个线程变得可用。
- (java.util.concurrent 包的) ExecutorService 接口是一个扩展了 Executor 的接口，它声明的许多方法用于管理 Executor 的生命周期。实现了 ExecutorService 接口的对象可以通过(java.util.concurrent 包的) Executors 类中声明的那些静态方法创建。
- Executors 方法 newCachedThreadPool 返回一个创建新线程的 ExecutorService(如果无法利用现有线程)。
- ExecutorService 方法 execute 会在将来某个时刻执行作为实参传递给它的 Runnable 对象。该方法会立即从每个调用中返回——程序并不会等待每一个任务执行完毕。
- ExecutorService 方法 shutdown 会通知 ExecutorService 停止接受新的任务，但会继续将已经提交的任务执行完毕，并且当这些任务执行完毕后终止。

23.4 节　线程同步

- 线程同步协调了多个并发线程对共享可变数据的访问。
- 通过同步多个线程，就可以保证访问共享对象的每一个线程，都能同步地将其他所有线程排除在外，这被称为“互斥”。
- 实现同步的一种常见办法是使用 Java 内置的监控器。每一个对象都具有一个监控器和一个监控锁。监控器保证了在任何时刻，它的对象的监控锁都是由具有最大可能的唯一线程持有的，因此可以确保线程是互斥的。
- 当执行某个操作时，如果它要求正在执行的线程持有锁，则在处理这个操作之前，线程就必须获得这个锁。试图执行要求同一个锁的操作的其他线程，会被阻塞到第一个线程释放锁。这时，被阻塞的线程会尝试获得锁。
- 为了指明某个线程必须持有监控锁才能执行代码块，必须将这些代码放入一个 synchronized(同步)语句中。称这样的代码是由监控锁“监控”的。
- 同步语句是用 synchronized 关键字声明的：

```
synchronized (object) {
    statements
}
```

  其中，*object* 是其监控锁将被获取的对象。如果它就是同步语句将出现在其中的对象，则 object 通常为 this。
- Java 还允许使用 synchronized(同步)方法。在执行之前，非静态的同步方法必须在用来调用它的那个对象上获得锁。类似地，静态的同步方法必须在方法所声明的类对象上获得锁。类对象就是 JVM 已经加载到内存中的那个类的执行时表示。

- ExecutorService 方法 awaitTermination 会使程序等待某个线程终止。当 ExecutorService 中的所有任务都执行完毕，或者当指定的时间到达时，这个方法会将控制返回给它的调用者。如果在时间到达之前所有的任务都完成了，则 awaitTermination 方法返回 true，否则返回 false。
- 可以模拟原子性，保证某个时刻只有一个线程在执行一组操作。原子性可以通过 synchronized 语句或者 synchronized 方法实现。
- 当在线程间共享不可变数据时，将对应的数据字段声明成 final，就表示在初始化之后，变量的值就不会改变了。

23.5 节 没有同步的生产者/消费者关系

- 在多线程的生产者/消费者关系中，生产者线程产生数据，并会将它放入一个被称为缓冲区的共享对象中。消费者线程从这个缓冲区读取数据。
- 由生产者线程和消费者线程对共享的缓冲区数据进行的操作，只有当缓冲区位于正确的状态下时，才应该进行。如果缓冲区处于未满的状态，则生产者线程会产生数据；如果缓冲区处于非空状态，则消费者线程会消费数据。当生产者试图向缓冲区继续写入数据时，如果判断出缓冲区已满，则生产者线程必须等待，直到有空间写入新数据为止。如果缓冲区已空或者数据已经在前面读取过，则消费者线程必须等待，直到有新的数据可供读取。

23.6 节 生产者/消费者关系：ArrayBlockingQueue

- (java.util.concurrent 包的) ArrayBlockingQueue 类是一个全面实现了 BlockingQueue 接口的缓冲区类。
- 在生产者/消费者关系中，ArrayBlockingQueue 可以实现一个共享缓冲区。put 方法将元素放在 BlockingQueue 的末尾，如果队列已满，则它会等待。take 方法从 BlockingQueue 的首部移走一个元素；如果队列为空，则它会等待。
- ArrayBlockingQueue 将共享可变数据保存在一个数组中，数组的大小由传递给该构造方法的一个实参指定。创建之后，ArrayBlockingQueue 的大小就固定了。

23.7 节 (进阶) 具有 synchronized、wait、notify 及 notifyAll 的生产者/消费者关系

- 利用 synchronized 关键字和 Object 方法 wait、notify、notifyAll，可以实现一个共享缓冲区。
- 线程可以调用 Object 方法 wait，释放对象的监控锁，并在等待状态下一直等待，而其他线程可进入对象的同步语句或方法。
- 当执行同步语句(或方法)的那个线程完成或满足了另一个线程需要等待的条件时，会调用 Object 方法 notify，使得正在等待的线程再次转换到可运行状态。这时，进行完状态转换的线程会尝试再次获得对象的监控锁。
- 如果线程调用了 notifyAll 方法，则正在等待监控锁的所有线程都有机会重新获得监控锁(也就是说，它们都会转换到可运行状态)。

23.8 节 (进阶) 生产者/消费者关系：有界缓冲区

- 无法对并发线程的相对运行速度进行假设。
- 为了最小化共享资源的线程的等待时间，使它们能在同一个平均速度下操作，可以实现一个有界缓冲区。如果生产者产生值的速度快于消费者能够消费它们的速度，则生产者可以将这些值写入额外的缓冲区空间中(如果还有这样的空间的话)。如果消费者消费值的速度快于生产者产生新值的速度，则消费者能从缓冲区中读取额外的值(如果有)。
- 对以相同速度操作的生产者和消费者，使用有界缓冲区的要点是提供包含足够单元的缓冲区，以处理会预计产生的“额外值”。
- 使用有界缓冲区的最简单方法是对缓冲区采用 ArrayBlockingQueue，它能够处理所有的同步细节。

23.9 节 (进阶)生产者/消费者关系：Lock 接口和 Condition 接口

- Lock 接口和 Condition 接口使程序员能对线程同步进行更为精确的控制，不过使用起来更复杂。
- 任何对象都能够包含实现了(java.util.concurrent.locks 包的)Lock 接口的对象引用。调用 Lock 接口 lock 方法的线程能够获得锁。只要 Lock 对象被某个线程获得，则在释放这个对象之前(调用 Lock 的 unlock 方法)，这个对象就不能由另一个线程获得。
- 如果有多个线程都在同时试图对同一个 Lock 对象调用 lock 方法，则只有其中的一个线程能够获得锁，其他的所有线程会被置于等待状态。当线程调用 unlock 方法时，会释放对象的锁，而某个正在等待处理的线程会尝试锁住这个对象。
- ReentrantLock 类是 Lock 接口的一个基本实现。
- ReentrantLock 类的构造方法带一个 boolean 类型的实参，它指定锁是否具有公平策略。如果实参为 true，则 ReentrantLock 的公平策略是当锁可以获得时，则等待时间最长的线程将获得锁，这样做可以防止出现无限延迟的情形。如果公平策略实参被设置成 false，则当锁变得可用时，无法确定哪一个正在等待的线程会获得它。
- 对于拥有 Lock 对象的线程，如果判断出它在满足某个条件之前不能继续执行任务，则这个线程可以在某个条件对象上等待。利用 Lock 对象，就能够显式地声明可能需要线程等待的条件对象。
- 条件对象与特定的 Lock 对象相关联，它是通过调用 Lock 的 newCondition 方法创建的，该方法返回一个条件对象。为了在某个条件对象上等待，线程可以调用 Condition 的 await 方法。这会立即释放相关联的 Lock，并将线程置于这个 Condition 接口的等待状态中。然后，其他线程可以尝试获得 Lock 对象。
- 当可运行线程完成了任务并判断出等待线程现在可以继续时，可运行线程会调用 Condition 方法 signal，使得处于 Condition 的等待状态的线程能够返回到可运行状态。这时，从等待状态转换到运行状态的线程会尝试重新获得 Lock 对象。
- 调用 signal 方法时，如果有多个线程处于 Condition 的等待状态，则 Condition 的默认实现会通知等待时间最长的那个线程转换到可运行状态。
- 如果线程调用 Condition 方法 signalAll，则正在等待这个条件的所有线程都会转换到可运行状态并有可能重新获得 Lock。
- 当线程完成了对共享对象的操作时，必须调用 unlock 方法来释放 Lock。
- 使用 Lock 就能够中断正在等待的线程，或者能够为获得锁而指定一个等待时间，而使用 synchronized 关键字就无法实现它们。而且在同一个代码块中，Lock 对象并不要求被获得和释放，而这是 synchronized 关键字所要求的。
- Condition 对象使得用户能指定线程需等待的多个条件。因此，可以通过对条件对象调用 signal 方法或者 signalAll 方法，向正在等待的线程表明，现在某个指定的条件为 true。如果使用 synchronized 关键字，就没有办法显式地表明线程正在等待的条件。

23.10 节 并发集合

- 来自 java.util.concurrent 包的集合是为用于在多个线程间共享集合的程序而特别设计和优化的。
- 这些并发集合中实现了各种与流类似的操作。例如，ConcurrentHashMap 具有方法 forEach、reduce 和 search，它们是为了在共享线程间处理并发集合而设计和优化的。

23.11 节 JavaFX 中的多线程

- 所有的 JavaFX 应用都只有一个线程用于处理与应用控件的交互，这个线程被称为 JavaFX 应用线程。要求与应用 GUI 交互的所有任务都会被放入事件队列中，并由 JavaFX 应用线程依次执行。
- JavaF 应用的线程安全性无法通过同步线程动作而获得，而是需要确保程序只会从 JavaFX 应用线程来操作场景图。这种技术被称为线程限制。

- 应当在独立的线程中执行需长时间运行的计算。
- (javafx.application 包的) Platform 类的静态方法 runLater 接收一个 Runnable 对象，并安排它在将来某个时刻在 JavaFX 应用线程上执行。这种 Runnable 对象只能对 GUI 执行小的更新，以维持它的响应性。
- javafx.concurrent 包提供了 Worker 接口及 Task 类和 ScheduledService 类，用于实现 JavaFX 应用线程之外的那些需长时间运行的任务。
- Worker 任务需要在一个或者多个独立的线程中执行。
- Task 类为 Worker 接口的实现，它能够在工人线程中执行任务，并会根据任务的结果在 JavaFX 应用线程中更新 GUI。
- Task 类实现了几个接口 (包括 Runnable)，因此可以将 Task 对象放入一个单独的线程中执行。
- Task 类提供了几个方法，使其属性能够在 JavaFX 应用线程中更新。
- Task 对象完成执行后，就无法重新启动它。
- ScheduledService 类是 Worker 接口的实现，它可以创建并管理 Task。与 Task 不同，ScheduledService 可以被重新设置和再次启动。也可以将其配置成在成功完成之后，或者由于异常而中断时，能够自动重新启动。

23.11.1 节　在工人线程中执行计算：Fibonacci 数

- Task 方法 call 执行 Task 的工作并返回结果。Task 的类型参数确定了 call 方法的返回类型。
- 继承的 Task 方法 updateMessage 会在 JavaFX 应用线程中更新 Task 的 message 属性值。
- 可以将 JavaFX 控件与 Task 的属性绑定，显示属性值。
- 各个 Worker 之间的转换是通过各种状态进行的。Task 类是 Worker 的实现，它可以为几种状态注册监听器。
- Task 方法 setOnRunning 注册当 Task 进入运行状态时所调用的监听器——Task 的 call 方法开始在工人线程中执行。
- Task 方法 setOnSucceeded 注册一个监听器，当 Task 进入成功状态 (即任务成功执行完毕) 时会调用它。
- Task 方法 getValue (来自 Worker 接口) 获得 Task 的结果。
- 还可以为 Task 的取消、失败及调度状态分别注册监听器。

23.11.2 节　处理中间结果：Eratosthenes 筛选法

- Task 类提供的其他方法和属性，可以使 Task 依然在工人线程里执行时，就能够利用它的中间结果更新 GUI。
- updateProgress 方法更新 Task 的 progress 属性表示任务完成的百分比情况。
- updateValue 方法更新 Task 的 value 属性表示一个中间值。
- 和 updateMessage 一样，updateProgress 和 updateValue 方法都是在 JavaFX 应用线程中更新相应的属性值。
- Task 方法 isCancelled 在任务被取消时返回 true。
- 继承的 Task 方法 cancel 会终止任务。

23.12 节　利用 Java SE 8 的日期/时间 API 为 sort/parallelSort 计时

- Instant 静态方法 now 可以取得当前时间。
- 为了确定两个 Instant 的时间差，可以利用 Duration 类的静态方法 between，它返回的 Duration 对象包含差值。
- Duration 方法 toMillis 返回的 Duration 值为 long 类型的毫秒数。
- NumberFormat 静态方法 getPercentInstance 返回的 NumberFormat 用于将数字格式化成百分比。

- NumberFormat 方法 format 将数字格式的实参转换成一个 String 值。
- Arrays 静态方法 parallelSetAll 利用通过生成器函数产生的值填充数组，生成器函数的实参为一个 int 值，返回的值类型为 int、long、double，或者是数组的元素类型。根据 parallelSetAll 方法的重载情况，生成器函数的实现可以是 IntUnaryOperator(int 数组)、IntToLongFunction(long 数组)、IntToDoubleFunction(double 数组)或者 IntFunction<T>(非基本数据类型的数组)。
- Arrays 静态方法 parallelPrefix 对当前和前一个数组元素应用 BinaryOperator，并将结果保存在当前元素中。

23.13 节 Java SE 8：串行流与并行流

- 流容易并行化，使程序能够在多核系统上获得好的性能。
- 为了获得并行流，只需对流调用 parallel 方法即可。

23.14 节 (进阶)Callable 接口和 Future 接口

- (java.util.concurrent 包的)Callable 接口中只声明了一个名称为 call 的方法，它使任务能够返回一个值。
- ExecutorService 方法 submit 会执行作为实参传递给它的 Callable 对象。submit 方法返回(java.util.concurrent 包的)Future 类型的一个对象，这个类型代表正在执行的 Callable 的未来结果。
- Future 接口声明的 get 方法返回 Callable 的结果。这个接口还提供了另外几个方法，分别用于取消 Callable 的执行，判断 Callable 是否已经被取消，以及确定 Callable 是否已经完成了任务。
- Java SE 8 中增加了一个(java.util.concurrent 包的)CompletableFuture 类，它实现了 Future 接口，并能够异步地运行那些执行任务的 Runnable 对象及返回值的 Supplier 对象。
- 和 Callable 接口一样，Supplier 接口是只包含一个方法(get 方法)的函数式接口，该方法没有实参，返回一个结果。
- CompletableFuture 静态方法 supplyAsync 执行一个返回值的异步 Supplier 任务。
- CompletableFuture 静态方法 runAsync 执行一个不返回结果的异步 Runnable 任务。
- CompletableFuture 方法 get 是一个阻塞方法——它会使调用线程等待，直到异步任务完成且返回结果为止。

23.15 节 (进阶)Fork/Join 框架

- Java 的并发 API 中包含一个 Fork/Join 框架，它能够帮助程序员并行地执行算法。Fork/Join 框架尤其适合于那些“分而治之”风格的算法，例如合并排序。

自测题

23.1 填空题。

a)当________时，线程进入终止状态。

b)为了暂停指定的毫秒数，然后恢复执行，线程需调用________类的________方法。

c)处于可运行状态的线程，能够进入________状态，等待一段指定的时间。

d)在操作系统层面，可运行状态通常包含两个独立的状态：________和________。

e)执行 Runnable 对象时，使用的是实现了________接口的类。

f)ExecutorService 方法________会阻止 ExecutorService 接受新任务，但会继续将已经提交的任务执行完毕。

g)在________关系中，________产生数据，并将它保存在共享对象中，而________会从共享对象读取数据。

h)在给定时刻，只可能有一个线程能够执行________语句或者语句块。

23.2 (选做)填空题。

a) Condition 类的________方法会将处于对象的等待状态中的一个线程转换为可运行状态。

b) Condition 类的________方法会将处于对象的等待状态中的所有线程转换为可运行状态。

c) 线程可以对 Condition 对象调用________方法以释放相关联的锁,并将该线程置于________状态。

d) ________类实现了使用数组的 BlockingQueue 接口。

e) Instant 的静态方法________可以取得当前时间。

f) Duration 方法________返回的 Duration 值为 long 类型的毫秒数。

g) NumberFormat 静态方法________返回的 NumberFormat 用于将数字格式化成百分比。

h) NumberFormat 方法________将数字格式的实参转换成一个 String 值。

i) Arrays 静态方法________用通过生成器函数产生的值填充数组。

j) Arrays 静态方法________对当前和前一个数组元素应用 BinaryOperator,并将结果保存在当前元素中。

k) 为了获得并行流,只需对流调用________方法即可。

l) CompletableFuture 类能够异步地运行那些执行任务的________对象及返回值的________对象。

23.3 判断下列语句是否正确。如果不正确,请说明理由。

a) 如果线程终止了,则它就是不可运行的。

b) 有些操作系统对线程采用时间分片技术。这样就能使线程能够抢占具有相同优先级的其他线程的执行权。

c) 当线程的时间片到期时,它会返回到运行状态,而操作系统会将另一个线程给予处理器。

d) 在没有时间分片技术的单一处理器系统中,具有相同优先级的一组线程,其中的每一个线程都会在其他线程执行之前运行完毕。

23.4 (选做)判断下列语句是否正确。如果不正确,请说明理由。

a) 为了确定两个 Instant 的时间差,可以利用 Duration 类的静态方法 difference,它返回的 Duration 对象包含差值。

b) 流容易并行化,使程序能够在多核系统上获得好的性能。

c) 和 Callable 接口一样,Supplier 接口是只包含一个方法的函数式接口,该方法没有实参,返回一个结果。

d) CompletableFuture 静态方法 runAsync 执行一个返回值的异步 Supplier 任务。

e) CompletableFuture 静态方法 supplyAsync 执行一个不返回结果的异步 Runnable 任务。

自测题答案

23.1 a) 完成任务(或者由于出错而终止时)。b) Thread,sleep。c) 定时等待。d) 就绪,运行。e) Executor。f) shutdown。g) 生产者/消费者,生产者,消费者。h) synchronized。

23.2 a) signal。 b) signalAll。 c) await,等待。 d) ArrayBlockingQueue。 e) now。 f) toMillis。 g) getPercentInstance。 h) format。 i) parallelSetAll。 j) parallelPrefix。 k) parallel。 l) Runnable,Supplier。

23.3 a) 正确。b) 错误。利用时间分片技术,使得线程能够在它的时间片到期之前一直执行。之后,其他具有相同优先级的线程能够执行。c) 错误。当时间片到达时,线程会返回到准备状态,而操作系统会将另一个线程给予处理器。d) 正确。

23.4 a) 错误。为了确定两个 Instant 的时间差,需利用 Duration 类的静态方法 between。b) 正确。c) 正确。d) 错误。异步执行 Supplier 的方法是 supplyAsync。e) 错误。异步执行 Runnable 的方法是 runAsync。

练习题

23.5 判断下列语句是否正确。如果不正确，请说明理由。

a)在线程睡眠期间，sleep 方法不会消耗处理器时间。

b)JavaFX 组件是线程安全的。

c)(选做)将方法声明成 synchronized，可确保不会发生死锁。

d)(选做)线程一旦获得 ReentrantLock，则在第一个线程释放锁之前，ReentrantLock 对象就不允许其他线程获得该锁。

23.6 **(多线程术语)**定义如下术语。

a)线程

b)多线程化

c)可运行状态

d)定时等待状态

e)优先调度

f)Runnable 接口

g)生产者/消费者关系

h)时间片

23.7 **(高级：多线程术语)**在 Java 的线程机制环境下，探讨如下术语。

a)`synchronized`

b)`wait`

c)`notify`

d)`notifyAll`

e)`Lock`

f)`Condition`

23.8 **(阻塞状态)**给出进入阻塞状态的几种情形。对于每一种情形，描述程序应当如何正常地退出阻塞状态并进入可运行状态。

23.9 **(死锁和无限延迟)**系统中可能导致线程等待的两个问题是死锁和无限延迟。前者表示一个或多个线程需等待某个不会发生的事件发生，从而进入无限等待状态；后者表示一个或多个线程会延迟一段无法预测的时间。从多线程 Java 程序中分别找出发生这两种情形的一个实例。

23.10 **(弹力球)**利用本章中讲解的 JavaFX 线程技术编写一个程序，使一个蓝色球在面板中回弹。球应当从用户单击鼠标的位置开始移动，方向随机。当球碰到面板边缘时，应当反弹回来并沿相反的方向继续移动。

23.11 **(弹力球)**修改练习题 23.10 中的程序，每当用户单击鼠标时，就新增加一个球。最少应有 20 个球，新增加球的颜色需随机选取。

23.12 **(带阴影的弹力球)**修改练习题 23.11 中的程序，为球增加阴影。球移动时，在面板底部画出一个实心黑色椭圆。当球碰到面板边缘时，通过增大或降低它的尺寸，可以实现 3D 效果。

23.13 **(高级：具有 Lock 和 Condition 的环形缓冲区)**利用 23.9 节中讲解的 Lock 和 Condition 概念，重新实现 23.8 节中的那个示例。

23.14 **(有界缓冲区：实际例子)**从高速公路出口到本地公路的匝道，就是一个具有有界缓冲区的生产者/消费者关系的实际例子。描述二者的相似性。特别地，探讨一下公路设计人员应该如何确定匝道的车道数量。

并行流

对于练习题 23.15 ~ 23.17，需要创建大型数据集才能观察到明显的性能差异。

23.15 **(汇总文件中的单词)** 利用并行流，重新实现图 17.22 中的程序。使用 23.12 节中讲解的日期/时间 API 计时技术，比较这个程序的串行和并行版本所需要的运行时间。

23.16 **(汇总文件中的字符)** 利用并行流，重新实现练习题 17.10 中的程序。使用 23.12 节中讲解的日期/时间 API 计时技术，比较这个程序的串行和并行版本所需要的运行时间。

23.17 **(汇总目录中的文件类型)** 利用并行流，重新实现练习题 17.11 中的程序。使用 23.12 节中讲解的日期/时间 API 计时技术，比较这个程序的串行和并行版本所需要的运行时间。

23.18 **(并行化与计算掷骰子 60 000 000 次所花费的时间)** 图 17.24 中所实现的流管道利用 SecureRandom 方法 ints 方法产生的值，掷骰子 60 000 000 次。利用练习题 17.25 中所用的这些计时技术，计算流管道操作所花费的时间。然后，利用并行流执行相同的操作并计时。在性能上有提升吗？

23.19 **(计算平方和)** 17.7.3 节中，利用了 map 和 sum 来计算一些 IntStream 值的平方和。重新实现图 17.9 中的流管道，用如下的 reduce 语句替换 map 和 sum，它接收的 lambda，并不表示其操作具有结合性：

```
.reduce((x, y) -> x + y * y)
```

"错误预防提示 17.2"指出，reduce 的实参必须具有结合性。利用并行流，对这个重新实现的流管道进行操作。它所得到的结果是否为 IntStream 值的平方和？

执行并行排序和搜索的项目

对应下面的几个项目练习题，需研究一下 Fork/Join 框架中的并行递归算法，然后利用 Fork/Join 框架来实现特定的算法。

23.20 **(项目：采用 Fork/Join 的递归合并排序)** 19.8 节中讲解过递归的合并排序算法。利用 Fork/Join 框架，重新实现图 19.6 中的程序。

23.21 **(项目：采用 Fork/Join 的递归快速排序)** 练习题 19.10 中，实现了一个递归快速排序算法。利用 Fork/Join 框架，重新实现这个算法。

23.22 **(项目：采用 Fork/Join 的递归二分搜索)** 练习题 23.20 ~ 23.21 中，利用 Fork/Join 框架重新实现了递归的排序算法。采用相同的技术，重新实现一个递归的二分搜索算法。

第 24 章　利用 JDBC 访问数据库

目标

本章将讲解

- 关系数据库概念。
- 使用结构化查询语言(SQL)取得并操作数据库中的数据。
- 使用 JDBC API 的类和接口操作数据库。
- 使用 JDBC 的自动 JDBC 驱动程序发现。
- 通过 SwingNode 将 Swing GUI 控件嵌入 JavaFX 场景图。
- 使用 Swing 的 JTable 和 TableModel，利用 ResultSet 数据填充 JTable。
- 排序和过滤 JTable 内容。
- 使用 javax.sql 包的 RowSet 接口，简化与数据库的连接和交互。
- 使用 PreparedStatement，创建带参数的预编译 SQL 语句。
- 事务处理如何使数据库程序更健壮。

提纲

24.1　简介

数据库(database)是一种有组织的数据集合。存在许多组织数据的不同策略，以方便对数据的访问和操作。数据库管理系统(database management system，DBMS)提供了存储、组织、获取和修改数据的机制，供许多用户使用。利用数据库管理系统，就使得在访问和存储数据时不必考虑数据的内部表示。

结构化查询语言

当今最流行的数据库系统是关系数据库(见 24.2 节)。称为 SQL(发音为“sequel”)的语言是一种国际标准，几乎所有的关系数据库都使用它，用于执行查询(请求符合指定条件的数据)和操作数据。

流行的关系数据库管理系统

几种流行的关系数据库管理系统(RDBMS)包括 Microsoft SQL Server、Oracle、Sybase、IBM DB2、PostgreSQL、MariaDB，而 MySQL 是流行的开源 DBMS，任何人都可以免费下载并使用它。JDK 8 中有一个名称为 Java DB 的纯 Java RDBMS，Java DB 是 Oracle 公司的 Apache Derby 版本。.

JDBC

Java 程序通过 JDBC(Java Database Connectivity，Java 数据库连接)API 与数据库交互。JDBC 驱动程序能够使 Java 应用与特定 DBMS 中的数据库连接，并能利用 JDBC API 操作这种数据库。

软件工程结论 24.1

JDBC API 是可移植的——相同的代码可以用于各种 RDBMS 的数据库。

大多数流行的数据库管理系统都提供 JDBC 驱动程序。本章将介绍 JDBC 并利用它来操作 Java DB 数据库。这里演示的技术也可以用于操作具有 JDBC 驱动程序的其他数据库。如果没有，则可以利用第三方厂商为许多 DBMS 提供的 JDBC 驱动程序。

Java Persistence API(JPA)

(在线的)第 29 章中讲解了 Java Persistence API(JPA)。本章将讲解如何自动生成代表数据库中的表及它们的关系的 Java 类——称之为对象-关系映射，然后利用这些类的对象来与数据库交互。可以看到对数据库中数据的存储和获取都是自动进行的，本章中讲解的大多数 JDBC 技术都隐藏在 JPA 之后。

针对 JDK 9 的说明

在 JDK 9 中，Oracle 不再将 Java DB 与 JDK 绑定在一起。如果运行本章示例程序时使用的是 JDK 9，则需要先下载并安装 Apache Derby：

9

```
http://db.apache.org/derby/papers/DerbyTut/
   install_software.html#derby
```

24.2　关系数据库

关系数据库(relational database)是数据的一种逻辑表示，它使得访问数据时不必考虑数据的物理结构。关系数据库将数据保存在表(table)中。图 24.1 演示了一个样本表，它可能用于人事系统中。这个表的名称是 Employee，其主要作用是存储员工的属性。表由行(row)组成，每一行描述的是一个实体——图 24.1 中，实体为一位员工。行的构成为一些列(column)，值保存在这些列中。这个表包含 6 行。每一行的 Number 列是表的主键(primary key)，也就是要求具有唯一值，不能在其他行中有重复值的一个列(或列组)。这样，就保证了每一行都能用它的主键来标识。主键列的合适例子有社会保险号、员工 ID 号、库存系统中的零部件号等，在这些列中的值都保证是唯一的。图 24.1 中显示的行是按主键排序的。这里的行是按照主键的升序排序的，也可以使用降序排序，甚至可以根本没有特定的顺序。

每一个列都代表了一个不同的数据属性。在表中，行通常是唯一的(因为有主键)，但某些列的值可以在行间重复。例如，Employee 表中的 Department 列有三个不同的行都包含数字 413。

```
       Number   Name       Department   Salary   Location
       23603    Jones        413        1100     New Jersey
       24568    Kerwin       413        2000     New Jersey
行 {   34589    Larson       642        1800     Los Angeles
       35761    Myers        611        1400     Orlando
       47132    Neumann      413        9000     New Jersey
       78321    Stephens     611        8500     Orlando
       主键                  列
```

图 24.1 Employee 表的样本数据

选择数据子集

通常，不同的数据库用户会对不同的数据和数据间不同的关系感兴趣。大多数用户只需要行和列的子集。查询指定了从表中选择的是哪些子集。我们使用 SQL 来定义查询。例如，可以从 Employee 表中挑选数据来创建一个结果，包含每个部门的地点信息，且能够按部门编号的升序给出这些数据。查询的结果在图 24.2 中给出；SQL 将在 24.4 节讨论。

```
Department      Location
413             New Jersey
611             Orlando
642             Los Angeles
```

图 24.2 从 Employees 表中选择不同的 Department 和 Location 数据的结果

24.3 books 数据库

本章讲解关系数据库时是基于下面这个 books 数据库的，它将用于多个示例中。在探讨 SQL 之前，需分析一下 books 数据库中的表。我们将利用这个数据库来讲解各种数据库概念，包括如何使用 SQL 来获得数据库中的信息、如何操作这些数据等。这个数据库是通过一个脚本创建的。在本章的示例目录下，可以找到这个脚本。24.5 节中将讲解如何使用这个脚本。

Authors 表

这个数据库由三个表组成，即 Authors、AuthorISBN、Titles。Authors 表(见图 24.3)由三个列组成，保存每一位作者的唯一 ID 号、作者的名字及作者的姓氏。图 24.4 中给出的样本数据来自 Authors 表。

列	描 述
AuthorID	数据库中作者的 ID 号。在 books 数据库中，这个整数类型的列被定义成自动递增列——对于插入到表中的每一行，AuthorID 值会自动增加 1，以确保每一行都具有唯一的 AuthorID。这一列为表的主键列。自动递增列也被称为标识列。为这个数据库提供的 SQL 脚本，使用 SQL 关键字 IDENTITY 来将 AuthorID 列标记成标识列。关于 IDENTITY 关键字的用法和用它创建数据库的更多信息，请参见 Java DB 开发人员指南(http://docs.oracle.com/javadb/10.10.1.2/devguide/derbydev.pdf)
FirstName	作者的名字(字符串)
LastName	作者的姓氏(字符串)

图 24.3 books 数据库中的 Authors 表

AuthorID	FirstName	LastName
1	Paul	Deitel
2	Harvey	Deitel
3	Abbey	Deitel
4	Dan	Quirk
5	Michael	Morgano

图 24.4 Authors 表的样本数据

Titles 表

Titles 表(见图 24.5)由 4 个列组成，这些列在数据库中保存关于每一本书的信息，它们的名称分别是 ISBN(书号)、Title(书名)、EditionNumber(版本号)和 Copyright(版权年)。图 24.6 中的样本数据来自 Titles 表。

列	描　述
ISBN	图书的书号(字符串)。表的主键。ISBN 是“国际标准书号”的缩写，这是一种编号机制，出版商用它来为每一本书赋予一个唯一标识号
Title	图书的书名(字符串)
EditionNumber	图书的版本号(整数)
Copyright	图书的版权年(字符串)

图 24.5　books 数据库中的 Titles 表

ISBN	Title	EditionNumber	Copyright
0132151006	Internet & World Wide Web How to Program	5	2012
0133807800	Java How to Program	10	2015
0132575655	Java How to Program, Late Objects Version	10	2015
013299044X	C How to Program	7	2013
0132990601	Simply Visual Basic 2010	4	2013
0133406954	Visual Basic 2012 How to Program	6	2014
0133379337	Visual C# 2012 How to Program	5	2014
0136151574	Visual C++ 2008 How to Program	2	2008
0133378713	C++ How to Program	9	2014
0133570924	Android How to Program	2	2015
0133570924	Android for Programmers: An App-Driven Approach, Volume1	2	2014
0132121360	Android for Programmers: An App-Driven Approach	1	2012

图 24.6　Titles 表的样本数据

AuthorISBN 表

AuthorISBN 表(见图 24.7)由两个列组成，分别是每本书的 ISBN 和这本书的作者 ID 号。这个表将作者与他的书关联起来。AuthorID 列是一个外键(foreign key)——表中匹配另一个表中主键列(Authors 表中的 AuthorID 列)的列。ISBN 列也是一个外键——它匹配 Titles 表中的主键列(ISBN)。一个数据库可以由许多表组成。设计数据库时，其中的一个目标是最小化数据库表中的重复数据量。创建数据库表时指定的外键使多个表中的数据能够“链接”起来。这个表中的 AuthorID 列和 ISBN 列共同构成了一个复合主键(composite primary key)。这个表中的每一行都唯一地将一位作者与一本书的 ISBN 相匹配。图 24.8 给出了 books 数据库中 AuthorISBN 表的样本数据。(注：为了节省空间，书中将这个表的内容分成两部分显示，每个部分都包含 AuthorID 列和 ISBN 列。)

列	描述
AuthorID	作者的 ID 号，Authors 表的外键
ISBN	图书的 ISBN，Titles 表的外键

图 24.7　books 数据库中的 AuthorISBN 表

每一个外键值都必须作为另一个表的主键值出现，这样 DBMS 就能够保证外键值都是有效的——这称之为“引用完整性规则”。例如，DBMS 能够确保对于 AuthorISBN 表中特定的行，AuthorID 值都是有效的，办法是验证在 Authors 表中存在以这个 AuthorID 值为主键的一行。

外键还允许从多个表中选择相关数据，这被称为“联结”(joining)数据。主键与对应外键之间存在一对多关系(one-to-many relationship)(如一位作者可以编写多本书，而一本书也可以有多位作者)。这意味着外键值可以在自己的表中出现多次，但在另一表中(作为主键)只能出现一次。例如，AuthorISBN 表的多行中可以出现 ISBN 0132151006(因为这本书有多位作者)，但在 Titles 表只能出现一次，因为 ISBN 是主键。

AuthorID	ISBN	AuthorID	ISBN
1	0132151006	2	0133379337
2	0132151006	1	0136151574
3	0132151006	2	0136151574
1	0133807800	4	0136151574
2	0133807800	1	0133378713
1	0132575655	2	0133378713
2	0132575655	1	0133764036
1	013299044X	2	0133764036
2	013299044X	3	0133764036
1	0132990601	1	0133570924
2	0132990601	2	0133570924
3	0132990601	3	0133570924
1	0133406954	1	0132121360
2	0133406954	2	0132121360
3	0133406954	3	0132121360
1	0133379337	5	0132121360

图 24.8　AuthorISBN 表的样本数据

实体-关系(ER)图

图 24.9 是 books 数据库的实体-关系(ER)图。这个图显示了数据库中的表及它们之间的关系。每一个框中的第一栏包含表的名称，其他栏中包含表的列。以斜体显示的名称为主键。表的主键唯一地标识了表中的每一行。每一行都必须有一个主键值，并且该值在表中必须是唯一的。这被称为实体完整性规则(Rule of Entity Integrity)。AuthorISBN 表中的主键为两个列的组合——称之为复合主键。

连接两个表的线给出了表之间的关系。考虑 Authors 表和 AuthorISBN 表之间的连线。在线的 Authors 表一端有一个“1”，而在 AuthorISBN 表的一端有一个无穷大符号(∞)。这表示一对多关系：Authors 表中的每一位作者都能够在 AuthorISBN 表中具有任意数量的 ISBN，只要这些图书是他写的(也就是说，一位作者可以编写任意数量的图书)。将 Authors 表中的 AuthorID 列(主键)连接到 AuthorISBN 表中 AuthorID 列(外键)的关系线是将主键与对应的外键相连接的线。

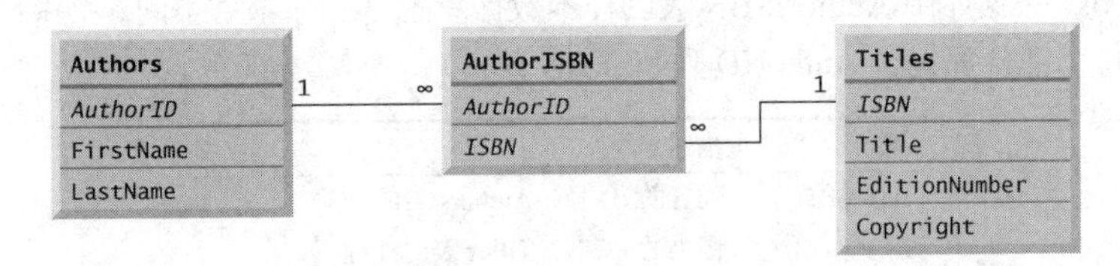

图 24.9　books 数据库中表之间的关系

Titles 表和 AuthorISBN 表之间的连线给出了一个一对多关系：一本书可以有多位作者。注意将 Titles 表中的主键 ISBN 连接到 AuthorISBN 表中对应外键的线。图 24.9 中的这些关系演示了 AuthorISBN 表的唯一用途是在 Authors 表和 Titles 表之间提供多对多关系：一位作者可以编写多本图书，而一本书也可以有多位作者。

24.4　SQL

现在根据 books 数据库的情况讲解 SQL 的概念。此处讨论的 SQL 将用在本章后面的示例中。下面的几个小节讲解的是如何用图 24.10 中给出的 SQL 关键字进行 SQL 查询和 SQL 语句编写。其他的 SQL 关键字超出了本书的讨论范围。

SQL 关键字	描　述
SELECT	从一个或者多个表中取得数据
FROM	查询中涉及的表。在每一个 SELECT 语句中都要求有这个关键字
WHERE	确定获取、删除或者更新行的挑选准则。在 SQL 语句中是可选的
GROUP BY	将行进行分组的准则。在 SELECT 查询中是可选的
ORDER BY	将行进行排序的准则。在 SELECT 查询中是可选的
INNER JOIN	从多个表中合并行
INSERT	将行插入到指定的表中
UPDATE	更新指定表中的行
DELETE	删除指定表中的行

图 24.10　SQL 关键字

24.4.1　基本的 SELECT 查询

下面分析几个 SQL 查询，它们从 books 数据库中提取信息。SQL 查询会从数据库的一个或者多个表中“选择”行和列。这种选择是由带 SELECT 关键字的查询执行的。SELECT 查询的基本形式是

SELECT * FROM *tableName*

其中的星号(*)通配符表示应当检索 *tableName* 表中所有的列。例如，为了取得 Authors 表中的所有数据，可使用：

```
SELECT * FROM Authors
```

大多数程序并不需要表中的全部数据。为了从表中只取得指定的列，需将星号替换成用逗号分隔的列名称列表。例如，为了从 Authors 表中取得所有行的 AuthorID 列和 LastName 列，需使用查询：

```
SELECT AuthorID, LastName FROM Authors
```

这个查询返回的数据见图 24.11。

AuthorID	LastName	AuthorID	LastName
1	Deitel	4	Quirk
2	Deitel	5	Morgano
3	Deitel		

图 24.11　Authors 表的 AuthorID 列和 LastName 列的数据

软件工程结论 24.2

通常而言，所得结果中列的顺序是预先知道的。例如，从 Authors 表中选择 AuthorID 列和 LastName 列，可以保证结果中 AuthorID 列会首先出现，而 LastName 列位于它的后面。根据名称来选择列还可以避免返回不必要的列，并可以防止改变列的实际顺序。通常，程序会在得到的列结果中指定列号(首列的列号为 1)。

常见编程错误 24.1

如果认为使用星号的查询总是会以相同的顺序返回列，则程序可能会错误地处理查询结果。如果表中列的顺序发生了变化，或者以后添加了额外的列，则查询结果中列的顺序也会相应地发生改变。

24.4.2 WHERE 子句

大多数情况下，都需要找出数据库中满足某个选择准则(selection criteria)的那些行。只有满足选择准则(它的正式名称是“谓词”)的那些行才会被选中。利用查询中可选的 WHERE 子句，SQL 即可指定查询的选择准则。包含选择准则的查询的基本形式为

```
SELECT columnName1, columnName2, ... FROM tableName WHERE criteria
```

例如，为了选择 Titles 表中版权日期晚于 2013 年的 Title、EditionNumber 和 Copyright 列，可使用查询：

```
SELECT Title, EditionNumber, Copyright
   FROM Titles
   WHERE Copyright > '2013'
```

SQL 中的字符串使用的是单引号而不是双引号。图 24.12 中显示了上述查询的结果。

Title	EditionNumber	Copyright
Java How to Program	10	2015
Java How to Program, Late Objects Version	10	2015
Visual Basic 2012 How to Program	6	2014
Visual C# 2012 How to Program	5	2014
C++ How to Program	9	2014
Android How to Program	2	2015
Android for Programmers: An App-Driven Approach, Volume 1	2	2014

图 24.12 查询 Titles 表中版权年在 2013 年之后的结果

模式匹配：0 个或多个字符

WHERE 子句中的选择准则可以包含运算符<、>、<=、>=、=、<>(不等于)和 LIKE。运算符 LIKE 用于带百分号(%)和下画线(_)通配符的模式匹配。模式匹配(pattern matching)允许 SQL 搜索匹配给定模式的字符串。

包含百分号的模式会搜索在模式的百分号位置具有 0 个或多个字符的字符串。例如，下列查询会找出姓氏以字母 D 开头的所有作者的行：

```
SELECT AuthorID, FirstName, LastName
   FROM Authors
   WHERE LastName LIKE 'D%'
```

图 24.13 显示了上述查询选中了两行：5 位作者中有 3 位的姓氏以字母 D 开头(后接 0 个或者多个字符)。WHERE 子句 LIKE 模式中的百分号表明 LastName 列中字母 D 的后面可以出现任意数量的字符。模式字符串需放置在一对单引号中。

AuthorID	FirstName	LastName
1	Paul	Deitel
2	Harvey	Deitel
3	Abbey	Deitel

图 24.13 Authors 表中的姓氏以字母 D 开头的作者

可移植性提示 24.1

应查看数据库系统的文档，以明确针对它的 SQL 中的字母是否为大小写敏感的，还要确定针对它的 SQL 关键字的语法，例如 LIKE 运算符的语法。

模式匹配：任意字符

模式字符串中的下画线(_)表示一个单一字符可以占据模式中的这个位置。例如，下列查询会找出姓氏以任何一个字符(由“_”指定)开头，后面依次接字母 o、任何数量的其他字符(由“%”指定)的所有作者的行。

```
SELECT AuthorID, FirstName, LastName
   FROM Authors
   WHERE LastName LIKE '_o%'
```

上述查询得到的一行如图 24.14 所示，因为在 books 数据库中，只有一位作者的姓氏的第二个字母为 o。

AuthorID	FirstName	LastName
5	Michael	Morgano

图 24.14 来自 Authors 表、姓氏的第二个字母为 o 的作者

24.4.3 ORDER BY 子句

利用可选的 ORDER BY 子句，可以让查询结果中的行按照升序或者降序排列。包含 ORDER BY 子句的基本查询形式为

```
SELECT columnName1, columnName2, ... FROM tableName ORDER BY column ASC
SELECT columnName1, columnName2, ... FROM tableName ORDER BY column DESC
```

其中，ASC 指定升序(从最低到最高)，DESC 指定降序(从最高到最低)，而 column 表示要排序的列。例如，为了获得对姓氏按升序排序的作者清单(见图 24.15)，可使用查询：

```
SELECT AuthorID, FirstName, LastName
   FROM Authors
   ORDER BY LastName ASC
```

AuthorID	FirstName	LastName
1	Paul	Deitel
2	Harvey	Deitel
3	Abbey	Deitel
4	Michael	Morgano
5	Dan	Quirk

图 24.15 Authors 表中按 LastName 升序排列的结果

按降序排序

注意，默认的排序顺序是升序，因此 ASC 是可选的。为了获得对姓氏按降序排序的同一个作者清单(见图 24.16)，可以使用查询：

```
SELECT AuthorID, FirstName, LastName
   FROM Authors
   ORDER BY LastName DESC
```

按多个列排序

ORDER BY 子句还可以使用下列形式对多个列排序：

```
ORDER BY column1 sortingOrder, column2 sortingOrder, ...
```

其中，*sortingOrder* 可以是 ASC 或者 DESC。不要求每个列的 *sortingOrder* 都是相同的。查询：

```
SELECT AuthorID, FirstName, LastName
   FROM Authors
   ORDER BY LastName, FirstName
```

会将所有的行先按姓氏的升序排列，然后按名字的升序排列。如果有多个行具有相同的姓氏值，则返回它们时会按名字排序(见图 24.17)。

AuthorID	FirstName	LastName
4	Dan	Quirk
5	Michael	Morgano
1	Paul	Deitel
2	Harvey	Deitel
3	Abbey	Deitel

图 24.16 Authors 表中按 LastName 降序排列的结果

AuthorID	FirstName	LastName
3	Abbey	Deitel
2	Harvey	Deitel
1	Paul	Deitel
5	Michael	Morgano
4	Dan	Quirk

图 24.17 Authors 表中按 LastName 和 FirstName 升序排列的结果

组合使用 WHERE 子句和 ORDER BY 子句

可以在一个查询中组合使用 WHERE 子句和 ORDER BY 子句，例如：

```
SELECT ISBN, Title, EditionNumber, Copyright
   FROM Titles
   WHERE Title LIKE '%How to Program'
   ORDER BY Title ASC
```

这会从 Titles 表中选择书名以“How to Program”结尾的每一本书的 ISBN、Title、EditionNumber 和 Copyright 列，并对它们按 Title 列的升序排列。图 24.18 显示了查询结果。

ISBN	Title	EditionNumber	Copyright
0133764036	Android How to Program	2	2015
013299044X	C How to Program	7	2013
0133378713	C++ How to Program	9	2014
0132151006	Internet & World Wide Web How to Program	5	2012
0133807800	Java How to Program	10	2015
0133406954	Visual Basic 2012 How to Program	6	2014
0133379337	Visual C# 2012 How to Program	5	2014
0136151574	Visual C++ 2008 How to Program	2	2008

图 24.18　从 Titles 表中选择书名以“How to Program”结尾的图书按 Title 列的升序排列

24.4.4　从多个表合并数据：INNER JOIN

通常，数据库设计人员需要将相关数据分解到不同的表中，以保证数据库中没有保存冗余数据。例如在 books 数据库中，我们使用 AuthorISBN 表来保存作者与对应的书名之间的关系数据。如果不将这一信息分解到不同的表中，则需要在 Titles 表的每个项中包含作者信息。对编写了多本图书的作者而言，这会导致在数据库中存储重复的作者信息。通常而言，存在将多个表中的数据合并到一个结果中的需求。这被称为“联结”表，它是由 INNER JOIN 运算符指定的。通过匹配两个表中具有相同列值的行，这个运算符会将来自两个表中的这些行合并。INNER JOIN 的基本形式是

```
SELECT columnName1, columnName2, ...
FROM table1
INNER JOIN table2
   ON table1.columnName = table2.columnName
```

其中，INNER JOIN 的 ON 子句指定要从每个表中进行比较的列，以判断应该合并哪些行，其中一个列为主键列，而另一个列为外键列。例如，下列查询会产生作者及其所编写图书的 ISBN 的一个列表：

```
SELECT FirstName, LastName, ISBN
FROM Authors
INNER JOIN AuthorISBN
   ON Authors.AuthorID = AuthorISBN.AuthorID
ORDER BY LastName, FirstName
```

这个查询将来自 Authors 表的 FirstName 和 LastName 列，与来自 AuthorISBN 表的 ISBN 列合并，并对 LastName 和 FirstName 按升序排列。注意 ON 子句中 tableName.columnName 语法的使用。这个语法被称为限定名(qualified name)，它指定了每个表中应当进行比较来联结这些表的列。如果两个表中的列同名，则要求使用“tableName.”语法。这个语法可用于任何 SQL 语句中，以区分不同表中具有相同名称的列。在某些系统中，可以使用由数据库名称限定的表名称来执行跨数据库的查询。同样，查询也可以包含一个 ORDER BY 子句。图 24.19 描述了上述查询的结果，它按 LastName 和 FirstName 排序。

常见编程错误 24.2

如果没有限定两个或多个表中具有相同名称的列名，则会发生错误。这时，语句必须在列名称的前面加上表名称和一个点号(如 Authors.AuthorID)。

FirstName	LastName	ISBN	FirstName	LastName	ISBN
Abbey	Deitel	0132121360	Harvey	Deitel	013299044X
Abbey	Deitel	0133570924	Harvey	Deitel	0132575655
Abbey	Deitel	0133764036	Paul	Deitel	0133406954
Abbey	Deitel	0133406954	Paul	Deitel	0132990601

图 24.19　按 LastName 和 FirstName 升序排列的作者名称和 ISBN

FirstName	LastName	ISBN	FirstName	LastName	ISBN
Abbey	Deitel	0132990601	Paul	Deitel	0132121360
Abbey	Deitel	0132151006	Paul	Deitel	0133570924
Harvey	Deitel	0132121360	Paul	Deitel	0133764036
Harvey	Deitel	0133570924	Paul	Deitel	0133378713
Harvey	Deitel	0133807800	Paul	Deitel	0136151574
Harvey	Deitel	0132151006	Paul	Deitel	0133379337
Harvey	Deitel	0133764036	Paul	Deitel	013299044X
Harvey	Deitel	0133378713	Paul	Deitel	0132575655
Harvey	Deitel	0136151574	Paul	Deitel	0133807800
Harvey	Deitel	0133379337	Paul	Deitel	0132151006
Harvey	Deitel	0133406954	Michael	Morgano	0132121360
Harvey	Deitel	0132990601	Dan	Quirk	0136151574

图 24.19(续) 按 LastName 和 FirstName 升序排列的作者名称和 ISBN

24.4.5 INSERT 语句

INSERT 语句用于向表中插入行。这条语句的基本形式是

```
INSERT INTO tableName (columnName1, columnName2, ..., columnNameN)
   VALUES (value1, value2, ..., valueN)
```

其中，*tableName* 是要插入行的表。*tableName* 后面的圆括号中，包含的是一个用逗号分隔的列名清单(如果 INSERT 操作按正确的顺序为表的每一列都指定了值，则可以省略这个清单)。列名清单的后面，是 SQL 关键字 VALUES 和位于圆括号中的一个以逗号分隔的值清单。此处指定的值必须与表名称后面指定的列名称的顺序和类型一致(即如果希望 *columnName1* 是 FirstName 列，则 *value1* 应当是位于单引号中的一个字符串，代表名字)。当插入行时，应明确地给出列的名称。如果表中列的顺序发生变化，或者添加了新的列，则只使用 VALUES 可能会导致错误。INSERT 语句：

```
INSERT INTO Authors (FirstName, LastName)
   VALUES ('Sue', 'Red')
```

会在 Authors 表中插入一行。这条语句表明这两个值是提供给 FirstName 列和 LastName 列的。它们的值分别是'Sue'和'Smith'。这里并没有指定 AuthorID 的值，因为在 Authors 表中，AuthorID 是自动递增列。对于添加到这个表中的每一行，DBMS 会分配唯一的 AuthorID 值，它是自动增长序列中的下一个值(1，2，3，等等)。这里，对 Sue Red 分配了 AuthorID 值 6。图 24.20 显示了执行 INSERT 操作后的 Authors 表。(注：并不是所有的 DBMS 都支持列的自动递增特性。关于列的自动递增特性的其他实现方式，请查看 DBMS 的相关文档。)

AuthorID	FirstName	LastName
1	Paul	Deitel
2	Harvey	Deitel
3	Abbey	Deitel
4	Dan	Quirk
5	Michael	Morgano
6	Sue	Red

图 24.20 执行 INSERT 操作后 Authors 表中的数据

常见编程错误 24.3

SQL 是用单引号来界定字符串的。为了指定一个包含单引号的字符串(如 O'Malley)，必须在字符串中出现单引号字符的位置使用两个单引号(如'O''Malley')。第一个单引号充当第二个单引号的转义字符。作为 SQL 语句一部分的字符串，如果不转义其中的单引号字符，会导致语法错误。

常见编程错误 24.4

为自动递增列指定一个值通常是一个错误。

24.4.6 UPDATE 语句

UPDATE 语句修改表中的数据。它的基本形式是

```
UPDATE tableName
   SET columnName1 = value1, columnName2 = value2, …, columnNameN = valueN
   WHERE criteria
```

其中，*tableName* 是要更新的表。*tableName* 后接关键字 SET 和以 *columnName* = *value* 形式出现的列名/值对，它们以逗号分隔。可选的 WHERE 子句提供了要更新哪些行的准则。尽管并不是必须的，但通常应使用 WHERE 子句，除非对表的改变是针对每一行的。UPDATE 语句：

```
UPDATE Authors
   SET LastName = 'Black'
   WHERE LastName = 'Red' AND FirstName = 'Sue'
```

会更新 Authors 表中的一行。因此，上述语句会将值 Black 赋予 LastName 等于 Red 且 FirstName 等于 Sue 的行所在的 LastName 列。(注：如果有多个这样的行，则这条语句会将这些行的姓氏都修改为 Black。)如果在进行 UPDATE 操作之前已经知道了 AuthorID 值(可能是由于在前面已经进行了搜索)，则 WHERE 子句可以简化成

```
WHERE AuthorID = 6
```

图 24.21 显示了执行 UPDATE 操作之后 Authors 表中的数据。

AuthorID	FirstName	LastName
1	Paul	Deitel
2	Harvey	Deitel
3	Abbey	Deitel
4	Dan	Quirk
5	Michael	Morgano
6	Sue	Black

图 24.21 执行 UPDATE 操作之后 Authors 表中的数据

24.4.7 DELETE 语句

DELETE 语句会删除表中的行。它的基本形式是

```
DELETE FROM tableName WHERE criteria
```

其中，*tableName* 是要删除行所在的表。可选的 WHERE 子句指定判断要删除哪些行的准则。如果省略这条子句，则表中的所有行都会被删除。DELETE 语句：

```
DELETE FROM Authors
   WHERE LastName = 'Black' AND FirstName = 'Sue'
```

会删除 Authors 表中 Sue Black 所在的行。如果在进行 DELETE 操作之前已经知道了 AuthorID 值，则 WHERE 子句可以简化成

```
WHERE AuthorID = 6
```

图 24.22 显示了执行 DELETE 操作之后 Authors 表中的数据。

AuthorID	FirstName	LastName
1	Paul	Deitel
2	Harvey	Deitel
3	Abbey	Deitel
4	Dan	Quirk
5	Michael	Morgano

图 24.22 执行 DELETE 操作之后 Authors 表中的数据

24.5 设置 Java DB 数据库①

本章的示例使用的是纯 Java 数据库 Java DB，它在 Windows、macOS 和 Linux 上随 Oracle 的 JDK 一起安装。执行本章的示例程序之前，必须在 Java DB 中设置 books 数据库(用于 24.6 ~ 24.8 节)和 addressbook 数据库(用于 24.9 节)。

本章中使用的是 Java DB 嵌入式版本。这表明每一个示例中所使用的数据库都必须位于该示例的文件夹下。这些示例分别放置于 ch24 示例文件夹的两个子文件夹下，即 books_examples 和 addressbook_example。还可以将 Java DB 用作服务器，接收来自网络的数据库请求，但它超出了本章的讨论范围。

JDK 安装文件夹

Java DB 位于 JDK 安装目录的 db 子目录下。下面列出的这些目录是针对 Oracle JDK 8 update 112 的：

- Windows 下的 32 位 JDK：C:\Program Files (x86)\Java\jdk1.8.0_112。

① 如果使用的是 JDK 9，则需参见 24.1 节中关于如何下载并安装 Apache Derby 的说明。还需要根据 Apache Derby 安装文件夹的情况，相应修正 24.5 节中的内容。

- Windows 下的 64 位 JDK：C:\Program Files\Java\jdk1.8.0_112。
- macOS：/Library/Java/JavaVirtualMachines/jdk1.8.0_112.jdk/Contents/Home。
- Ubuntu Linux：/usr/lib/jvm/java-8-oracle。

对于 Linux，Java DB 的安装位置与所使用的安装程序及 Linux 版本有关。本书中采用的是 Ubuntu Linux。

根据平台的不同，JDK 安装文件夹的名称可能会随 JDK 版本的不同而有所差异。下面的讲解中，需根据 JDK 的版本来修正 JDK 安装文件夹的名称。

Java DB 配置

Java DB 可以利用多个文件来配置并运行。在命令窗口中执行这些文件之前，必须将环境变量 JAVA_HOME 设置成包含上面列出的 JDK 解压安装目录(或者自己指定的其他位置)。(关于如何设置环境变量的信息，请参见本书文前的“学前准备”小节。)

24.5.1　在 Windows 下创建本章的数据库

设置完 JAVA_HOME 环境变量后，执行如下步骤：

1. 用管理员身份运行记事本。在 Windows 7 中，选择 Start(启动) > All Programs(所有程序) > Accessories(附件)，右击记事本，选择 Run as administrator(以管理员身份运行)。在 Windows 10 中，搜索记事本，在搜索结果中右击它，然后选择 Advanced(高级) > Run as administrator。
2. 在记事本中打开批处理文件 setEmbeddedCP.bat，它位于 JDK 安装目录下的 db\bin 目录。
3. 找到行：
   ```
   @rem set DERBY_INSTALL=
   ```
   将它改成
   ```
   @set DERBY_INSTALL=%JAVA_HOME%\db
   ```
   保存并关闭这个文件。
4. 打开命令提示符窗口，进入 JDK 安装目录下的 db\bin 目录。然后，输入 setEmbeddedCP.bat 并按回车键，设置 Java DB 所要求的环境变量。
5. 使用 cd 命令，进入本章的示例文件夹，然后进入子目录 books_examples。这个目录包含 SQL 脚本 books.sql，它会创建 books 数据库。
6. 执行如下命令(包括双引号)，启动 Java DB 命令行工具——双引号是必需的，因为环境变量 %JAVA_HOME%所代表的路径中含有空格。
   ```
   "%JAVA_HOME%\db\bin\ij"
   ```
7. 在 ij>提示符下输入如下命令并按回车键，在当前目录下创建 books 数据库，并创建具有口令 deitel 的用户 deitel，用于访问这个数据库。
   ```
   connect 'jdbc:derby:books;create=true;user=deitel;
      password=deitel';
   ```
8. 为了创建数据库中的表并插入样本数据，在这个示例的目录中提供了一个 books.sql 文件。为了执行这个 SQL 脚本，需输入：
   ```
   run 'books.sql';
   ```
   创建完数据库之后，就可以执行 24.4 节中讲解的那些 SQL 语句，以验证它们能够执行。在 ij>提示符下输入的每一个命令，都必须用一个分号(;)结尾。
9. 进入 ch24 示例文件夹下的 addressbook_example 子文件夹，它包含创建 addressbook 数据库所需的 SQL 脚本 addressbook.sql。重复步骤 6 ~ 9，并将其中的 books 替换成 addressbook。
10. 为了终止 Java DB 命令行工具，需输入：
    ```
    exit;
    ```

现在，就可以执行本章中的那些示例程序了。

24.5.2 在 macOS 下创建本章的数据库

设置完 JAVA_HOME 环境变量后，执行如下步骤：

1. 打开终端，然后输入：
```
DERBY_HOME=/Library/Java/JavaVirtualMachines/jdk1.8.0_112/
    Contents/Home/db
```
并按回车键。接着输入：
```
export DERBY_HOME
```
并按回车键。它指定了 Java DB 在 Mac 系统中的位置。
2. 在终端窗口中，进入 JDK 安装文件夹下的 db/bin 文件夹。然后，输入./setEmbeddedCP 并按回车键，设置 Java DB 所要求的环境变量。
3. 在终端窗口中，利用 cd 命令进入 books_examples 目录。这个目录包含 SQL 脚本 books.sql，它会创建 books 数据库。
4. 执行如下命令，启动与 Java DB 交互的命令行工具：
```
$JAVA_HOME/db/bin/ij
```
5. 执行 24.5.1 节中的步骤 7 ~ 9，创建 books 数据库。现在，就可以执行本章中的那些示例程序了。

24.5.3 在 Linux 下创建本章的数据库

设置完 JAVA_HOME 环境变量后，执行如下步骤：

1. 打开 Shell 窗口。
2. 执行 24.5.2 节中的那些步骤，但在第 1 步中，需将 DERBY_HOME 设置成
```
DERBY_HOME=YourLinuxJDKInstallationFolder/db
```
在本书所用的 Ubuntu Linux 系统中，这个路径为
```
DERBY_HOME=/usr/lib/jvm/java-7-oracle/db
```
现在，就可以执行本章中的那些示例程序了。

24.6 连接并查询数据库

图 24.23 中的这个示例对 books 数据库执行一个简单查询，取得 Authors 表中的所有信息并显示它们。这个程序演示了如何连接到数据库、查询数据库及处理结果。下面的讨论分析了程序中主要的 JDBC 特征。

```
1  // Fig. 24.23: DisplayAuthors.java
2  // Displaying the contents of the Authors table.
3  import java.sql.Connection;
4  import java.sql.Statement;
5  import java.sql.DriverManager;
6  import java.sql.ResultSet;
7  import java.sql.ResultSetMetaData;
8  import java.sql.SQLException;
9
10 public class DisplayAuthors {
11    public static void main(String args[]) {
12       final String DATABASE_URL = "jdbc:derby:books";
13       final String SELECT_QUERY =
14          "SELECT authorID, firstName, lastName FROM authors";
15
16       // use try-with-resources to connect to and query the database
17       try (
18          Connection connection = DriverManager.getConnection(
19             DATABASE_URL, "deitel", "deitel");
20          Statement statement = connection.createStatement();
21          ResultSet resultSet = statement.executeQuery(SELECT_QUERY)) {
```

图 24.23 显示 Authors 表的内容

```
22
23             // get ResultSet's meta data
24             ResultSetMetaData metaData = resultSet.getMetaData();
25             int numberOfColumns = metaData.getColumnCount();
26
27             System.out.printf("Authors Table of Books Database:%n%n");
28
29             // display the names of the columns in the ResultSet
30             for (int i = 1; i <= numberOfColumns; i++) {
31                System.out.printf("%-8s\t", metaData.getColumnName(i));
32             }
33             System.out.println();
34
35             // display query results
36             while (resultSet.next()) {
37                for (int i = 1; i <= numberOfColumns; i++) {
38                   System.out.printf("%-8s\t", resultSet.getObject(i));
39                }
40                System.out.println();
41             }
42          }
43          catch (SQLException sqlException) {
44             sqlException.printStackTrace();
45          }
46       }
47    }
```

```
Authors Table of Books Database:

AUTHORID        FIRSTNAME       LASTNAME
1               Paul            Deitel
2               Harvey          Deitel
3               Abbey           Deitel
4               Dan             Quirk
5               Michael         Morgano
```

图 24.23(续) 显示 Authors 表的内容

第 3 ~ 8 行导入了程序中用到的 JDBC 接口和来自 java.sql 包的类。main 方法连接到 books 数据库、查询它、显示查询结果并关闭了这个连接。第 12 行为数据库 URL 声明了一个字符串常量。它明确了要连接的数据库的名称及 JDBC 驱动程序所使用的协议(稍后将讨论协议)。第 13 ~ 14 行声明的字符串常量表示一个 SQL 查询，它会从数据库的 authors 表中选取 authorID、firstName、lastName 列。

24.6.1 自动驱动程序发现

JDBC 支持自动驱动程序发现(automatic driver discovery)——它会将数据库驱动程序加载到内存中。为了确保程序能够找到驱动程序类，当执行程序时，必须将类的位置包含在程序的类路径中。24.5 节中，当在系统中执行 setEmbeddedCP.bat 或 setEmbeddedCP 文件时，就已经为 Java DB 设置好了路径——这会在平台的命令窗口中配置好 CLASSPATH 环境变量。这样，只需使用如下的命令，就可以运行程序了。

```
java DisplayAuthors
```

24.6.2 连接数据库

这个示例中使用的所有 JDBC 接口都扩展了 AutoCloseable 接口，因此可以使用 try-with-resources 语句实现这些接口的对象(第 17 ~ 45 行)。第 18 ~ 21 行创建了几个 AutoCloseable 对象，当 try 语句块终止(第 42 行)或者在执行这个 try 语句块期间发生了异常时，就会停止这些对象的创建。位于关键字 try 之后、在圆括号对中创建的对象，必须用一个分号(;)将它们隔开。

第 18 ~ 19 行创建的 Connection 对象负责管理 Java 程序与数据库之间的连接。Connection 对象使程序能够创建操作数据库的 SQL 语句。通过调用 DriverManager 类中静态方法 getConnection 的结果，程序会初始化这个连接。这个方法的实参如下：

- 指定数据库 URL 的一个字符串
- 指定用户名的一个字符串
- 指定口令的一个字符串

这个方法会尝试连接到由它的 URL 实参指定的数据库——如果连接失败，则会抛出一个(java.sql 包的)SQLException 异常。用于 books 数据库的用户名和口令是在 24.5 节中创建这个数据库时设置的。如果使用其他的用户名和口令，则需要替换在第 18～19 行传递给 getConnection 方法的用户名(第二个实参)和口令(第三个实参)。

这个 URL 确定数据库的地址。对于本章中的示例，数据库位于本地计算机上，但它也可以位于网络中。URL jdbc:derby:books 确定

- 通信协议(jdbc)
- 通信子协议(derby)
- 数据库名称(books)

子协议 derby 表明程序使用了 Java DB/Apache Derby 特有的子协议来连接数据库——Java DB 是 Apache Derby 的 Oracle 版本。图 24.24 中列出了几种流行的 RDBMS 的 JDBC 驱动程序和数据库 URL 格式。

软件工程结论 24.3

在访问数据库的内容之前，大多数数据库管理系统都要求用户登录。DriverManager 方法 getConnection 有多种重载版本，使程序能够提供用户名和口令来获得对数据库的访问。

RDBMS	数据库 URL 格式
MySQL	jdbc:mysql://hostname:portNumber/databaseName
ORACLE	jdbc:oracle:thin:@hostname:portNumber:databaseName
DB2	jdbc:db2:hostname:portNumber/databaseName
PostgreSQL	jdbc:postgresql://hostname:portNumber/databaseName
Java DB/Apache Derby	jdbc:derby:dataBaseName (embedded; used in this chapter)
	jdbc:derby://hostname:portNumber/databaseName (network)
Microsoft SQL Server	jdbc:sqlserver://hostname:portNumber;databaseName = dataBaseName
Sybase	jdbc:sybase:Tds:hostname:portNumber/databaseName

图 24.24 流行的 JDBC 数据库 URL 格式

24.6.3 为执行查询创建一个 Statement 对象

图 24.23 第 20 行调用 Connection 方法 createStatement，获得实现 Statement 接口(位于 java.sql 包中)的对象。这个程序使用 Statement 对象来向数据库提交 SQL。

24.6.4 执行查询

第 21 行使用 Statement 对象的 executeQuery 方法提交了一个查询，从 Authors 表中选择所有的作者信息。这个方法返回一个实现了 ResultSet 接口的对象，它包含查询结果。

24.6.5 处理查询的 ResultSet

第 24～41 行处理 ResultSet。第 24 行用一个 ResultSetMetaData(位于 java.sql 包中)对象获得 ResultSet 的元数据(metadata)。元数据描述了 ResultSet 的内容。可以在程序中利用元数据来获得关于 ResultSet 的列名和列类型的信息。第 25 行使用 ResultSetMetaData 方法 getColumnCount，取得 ResultSet 中的列数。第 30～32 行显示这些列的名称。

软件工程结论 24.4

当还不知道 ResultSet 的细节信息时，元数据可以使程序能够动态地处理 ResultSet 内容。

第 36 ~ 41 行显示了每个 ResultSet 行中的数据。首先，程序将 ResultSet 游标(它指向要处理的那一行)定位到第一行。如果能够定位到下一行，则 next 方法(第 36 行)返回布尔值 true；否则返回 false，表明已经到达 ResultSet 的末尾。

常见编程错误 24.5

初始时，ResultSet 游标会定位在第一行的前面。如果在将 ResultSet 游标用 next 方法定位到第一行之前就试图访问 ResultSet 的内容，则会发生 SQLException 异常。

如果 ResultSet 中存在多行，则第 37 ~ 39 行会提取出当前行中每一列的内容并显示。每一列都可以作为一种指定的 Java 类型被提取出来——ResultSetMetaData 方法 getColumnType 会返回一个来自 Types 类(位于 java.sql 包中)的整数常量，表示该列的类型。程序能够将这些值用在 switch 语句中，以调用返回的列值为适当的 Java 类型的 ResultSet 方法。例如，如果列的类型为 Types.INTEGER，则 ResultSet 方法 getInt 会以 int 值的形式返回列值。出于简单性考虑，这个例子中将每个值都当成一个 Object。程序用 ResultSet 方法 getObject 取得每个列的值(第 38 行)，然后输出这个 Object 的字符串表示。通常，ResultSet 中的 get 方法接收的实参可以是列的编号(一个 int 值)，也可以是列的名称(一个 String 值)，表示要获得的是哪个列的值。与从 0 开始计数的数组索引不同，ResultSet 的列编号是从 1 开始的。

常见编程错误 24.6

当从 ResultSet 获得值时，如果将列编号指定成 0，则会导致 SQLException 异常——ResultSet 的第一个列索引为 1。

性能提示 24.1

如果查询明确指定了要从数据库中选择的列，则 ResultSet 会以指定的顺序包含这些列。这时，应使用列编号来获得列的值，它比使用列的名称要有效率一些。列编号提供了对指定列的直接访问。使用列名称时，需要对列名称进行搜索才能找到对应的列。

错误预防提示 24.1

使用列名称获得来自 ResultSet 的值所用的代码，会比使用列编号时所用的代码具有更少的错误，因为不必记住列的顺序。而且，即使改变了列的顺序，也不需要修改使用列名称的代码。

到达 try 语句块的末尾时(第 42 行)，会对在 try-with-resources 语句开始处获得的 ResultSet、Statement、Connection 对象调用 close 方法。

常见编程错误 24.7

如果在关闭了 Statement 对象之后试图操作 ResultSet，则会发生 SQLException 异常。当关闭 Statement 时，ResultSet 就被丢弃了。

软件工程结论 24.5

对每个 Statement 对象而言，一次只能打开一个 ResultSet 对象。当 Statement 返回新的 ResultSet 时，它就会关闭前一个 ResultSet。为了同时使用多个 ResultSet，必须用不同的 Statement 对象返回这些 ResultSet。

24.7　查询 books 数据库

接下来给出的这个 DisplayQueryResults 应用，允许用户输入一条 SQL 查询语句并得到结果。它的 GUI 是 JavaFX 控件和 Swing 控件的组合。查询结果显示在(javax.swing 包的)Swing JTable 中，它能够通过(javax.swing.table 包的)TableModel 动态填充来自 ResultSet 的结果。JTable 能够调用 TableModel 提

供的几个方法来获得 ResultSet 数据。尽管 JavaFX 的 TableView 控件提供了数据绑定功能(例如第 13 章中讲解的那些)，但用于显示 ResultSet 数据时，JTable 和 TableModel 的组合功能更强大一些。

24.7.1 ResultSetTableModel 类

ResultSetTableModel 类(见图 24.25)通过 TableModel 执行与数据库的连接，并且维护 ResultSet。这个类扩展了 AbstractTableModel 类(位于 javax.swing.table 包中)、它实现了 TableModel 接口。ResultSetTableModel 类重写了 TableModel 方法 getColumnClass、getColumnCount、getColumnName、getRowCount 和 getValueAt。TableModel 方法 isCellEditable 和 setValueAt 的默认实现(由 AbstractTableModel 提供)没有被重写，因为这个示例不支持在 JTable 单元格中进行编辑的功能。TableModel 方法 addTableModelListener 和 removeTableModelListener 的默认实现(由 AbstractTableModel 提供)没有被重写，因为这两个方法在 AbstractTableModel 中的实现正确地添加和删除了 TableModel 的事件监听器。

```
1  // Fig. 24.25: ResultSetTableModel.java
2  // A TableModel that supplies ResultSet data to a JTable.
3  import java.sql.Connection;
4  import java.sql.Statement;
5  import java.sql.DriverManager;
6  import java.sql.ResultSet;
7  import java.sql.ResultSetMetaData;
8  import java.sql.SQLException;
9  import javax.swing.table.AbstractTableModel;
10
11 // ResultSet rows and columns are counted from 1 and JTable
12 // rows and columns are counted from 0. When processing
13 // ResultSet rows or columns for use in a JTable, it is
14 // necessary to add 1 to the row or column number to manipulate
15 // the appropriate ResultSet column (i.e., JTable column 0 is
16 // ResultSet column 1 and JTable row 0 is ResultSet row 1).
17 public class ResultSetTableModel extends AbstractTableModel {
18    private final Connection connection;
19    private final Statement statement;
20    private ResultSet resultSet;
21    private ResultSetMetaData metaData;
22    private int numberOfRows;
23
24    // keep track of database connection status
25    private boolean connectedToDatabase = false;
26
27    // constructor initializes resultSet and obtains its metadata object;
28    // determines number of rows
29    public ResultSetTableModel(String url, String username,
30       String password, String query) throws SQLException {
31       // connect to database
32       connection = DriverManager.getConnection(url, username, password);
33
34       // create Statement to query database
35       statement = connection.createStatement(
36          ResultSet.TYPE_SCROLL_INSENSITIVE, ResultSet.CONCUR_READ_ONLY);
37
38       // update database connection status
39       connectedToDatabase = true;
40
41       // set query and execute it
42       setQuery(query);
43    }
44
45    // get class that represents column type
46    public Class getColumnClass(int column) throws IllegalStateException {
47       // ensure database connection is available
48       if (!connectedToDatabase) {
49          throw new IllegalStateException("Not Connected to Database");
50       }
51
52       // determine Java class of column
53       try {
```

图 24.25 向 JTable 提供 ResultSet 数据的 TableModel

```
54           String className = metaData.getColumnClassName(column + 1);
55
56           // return Class object that represents className
57           return Class.forName(className);
58        }
59        catch (Exception exception) {
60           exception.printStackTrace();
61        }
62
63        return Object.class; // if problems occur above, assume type Object
64     }
65
66     // get number of columns in ResultSet
67     public int getColumnCount() throws IllegalStateException {
68        // ensure database connection is available
69        if (!connectedToDatabase) {
70           throw new IllegalStateException("Not Connected to Database");
71        }
72
73        // determine number of columns
74        try {
75           return metaData.getColumnCount();
76        }
77        catch (SQLException sqlException) {
78           sqlException.printStackTrace();
79        }
80
81        return 0; // if problems occur above, return 0 for number of columns
82     }
83
84     // get name of a particular column in ResultSet
85     public String getColumnName(int column) throws IllegalStateException {
86        // ensure database connection is available
87        if (!connectedToDatabase) {
88           throw new IllegalStateException("Not Connected to Database");
89        }
90
91        // determine column name
92        try {
93           return metaData.getColumnName(column + 1);
94        }
95        catch (SQLException sqlException) {
96           sqlException.printStackTrace();
97        }
98
99        return ""; // if problems, return empty string for column name
100    }
101
102    // return number of rows in ResultSet
103    public int getRowCount() throws IllegalStateException {
104       // ensure database connection is available
105       if (!connectedToDatabase) {
106          throw new IllegalStateException("Not Connected to Database");
107       }
108
109       return numberOfRows;
110    }
111
112    // obtain value in particular row and column
113    public Object getValueAt(int row, int column)
114       throws IllegalStateException {
115
116       // ensure database connection is available
117       if (!connectedToDatabase) {
118          throw new IllegalStateException("Not Connected to Database");
119       }
120
121       // obtain a value at specified ResultSet row and column
122       try {
123          resultSet.absolute(row + 1);
124          return resultSet.getObject(column + 1);
125       }
126       catch (SQLException sqlException) {
```

图 24.25(续)　向 JTable 提供 ResultSet 数据的 TableModel

```
127            sqlException.printStackTrace();
128         }
129
130         return ""; // if problems, return empty string object
131      }
132
133      // set new database query string
134      public void setQuery(String query)
135         throws SQLException, IllegalStateException {
136
137         // ensure database connection is available
138         if (!connectedToDatabase) {
139            throw new IllegalStateException("Not Connected to Database");
140         }
141
142         // specify query and execute it
143         resultSet = statement.executeQuery(query);
144
145         // obtain metadata for ResultSet
146         metaData = resultSet.getMetaData();
147
148         // determine number of rows in ResultSet
149         resultSet.last(); // move to last row
150         numberOfRows = resultSet.getRow(); // get row number
151
152
153         fireTableStructureChanged(); // notify JTable that model has changed
154      }
155
156      // close Statement and Connection
157      public void disconnectFromDatabase() {
158         if (connectedToDatabase) {
159            // close Statement and Connection
160            try {
161               resultSet.close();
162               statement.close();
163               connection.close();
164            }
165            catch (SQLException sqlException) {
166               sqlException.printStackTrace();
167            }
168            finally { // update database connection status
169               connectedToDatabase = false;
170            }
171         }
172      }
173   }
```

图 24.25(续) 向 JTable 提供 ResultSet 数据的 TableModel

ResultSetTableModel 类的构造方法

ResultSetTableModel 类的构造方法(第 29 ~ 43 行)接收 4 个 String 类型的实参：数据库的 URL、用户名、口令及要执行的默认查询。这个构造方法会将语句体内发生的任何异常返回给创建 ResultSetTableModel 对象的那个程序，以便程序能够决定应该如何处理这些异常(如报告错误并终止程序)。第 32 行建立了与数据库的连接。第 35 ~ 36 行调用 Connection 方法 createStatement 来创建一个 Statement 对象。这个示例使用了带两个实参的 createStatement 方法，这两个实参分别指定结果集类型和结果集并发性。结果集类型(result set type)(见图 24.26)指定 ResultSet 游标能否在两个方向上滚动，或者只能向前移动，还能够指定 ResultSet 是否对底层数据的变化敏感。

可移植性提示 24.2

有些 JDBC 驱动程序不支持可滚动的 ResultSet。这时，驱动程序返回的 ResultSet 通常只允许游标向前移动。更多信息请参见相关数据库驱动程序的文档。

常见编程错误 24.8

在 ResultSet 中将游标向后移动时，如果数据库驱动程序不支持后向滚动，则会导致 SQLFeatureNotSupportedException 异常。

ResultSet 常量	描 述
TYPE_FORWARD_ONLY	指定 ResultSet 游标只能向前移动(从 ResultSet 的第一行开始向下移动)
TYPE_SCROLL_INSENSITIVE	指定 ResultSet 游标能够在两个方向移动，且在处理 ResultSet 期间对 ResultSet 的改变不会反映在 ResultSet 中，除非程序再次查询数据库
TYPE_SCROLL_SENSITIVE	指定 ResultSet 游标能够在两个方向移动，且在处理 ResultSet 期间对底层数据的改变会立即反映在 ResultSet 中

图 24.26 用于指定结果集类型的 ResultSet 常量

对变化敏感的 ResultSet，在调用了 ResultSet 接口中的方法之后，其变化的结果会立即反映在 ResultSet 中。如果 ResultSet 对变化不敏感，则只有再次执行产生 ResultSet 的查询之后才能反映这些变化。结果集并发性(result set concurrency)(见图 24.27)指定 ResultSet 是否能够通过 ResultSet 的那些更新方法进行更新。这个示例中使用的 ResultSet 是可滚动的、对变化敏感的，且是只读的。图 24.25 第 42 行调用 setQuery 方法(第 134 ~ 154 行)，执行默认查询。

ResultSet(静态并发性)常量	描 述
CONCUR_READ_ONLY	指定不能够更新 ResultSet(即对 ResultSet 内容的更改，不会通过 ResultSet 的更新方法反映在数据库中)
CONCUR_UPDATABLE	指定能够更新 ResultSet(即对 ResultSet 内容的更改，会通过 ResultSet 的更新方法反映在数据库中)

图 24.27 用于指定结果集并发性的 ResultSet 常量

可移植性提示 24.3

有些 JDBC 驱动程序不支持可更新的 ResultSet。这时，驱动程序返回的 ResultSet 通常是只读的。更多信息，请参见数据库驱动程序的相关文档。

常见编程错误 24.9

更新 ResultSet 时，如果数据库驱动程序不支持可更新的 ResultSet，则会导致 SQLFeatureNot-SupportedException 异常。

ResultSetTableModel 方法 getColumnClass

getColumnClass 方法(第 46 ~ 64 行)返回的 Class 对象，表示特定列中所有对象的超类。JTable 利用这一信息来为 JTable 中这个列配置默认的单元格渲染器和单元格编辑器。第 54 行使用 ResultSetMetaData 方法 getColumnClassName，获得指定列的完全限定类名。第 57 行加载这个类并返回对应的 Class 对象。如果发生异常，则第 59 ~ 61 行的 catch 语句会输出栈踪迹，第 63 行返回默认类型 Object.class，即表示 Object 类的 Class 实例。(注：第 54 行使用了实参“column + 1”。和数组一样，JTable 的行和列都是从 0 开始编号的。但是，ResultSet 的行和列是从 1 开始编号的。因此，当将 JTable 的行或者列用在 ResultSet 中时，需对行号或者列号加 1，才能正确地操作 ResultSet 的行或者列。)

ResultSetTableModel 方法 getColumnCount

getColumnCount 方法(第 67 ~ 82 行)返回底层 ResultSet 的列数。第 75 行使用 ResultSetMetaData 方法 getColumnCount，取得 ResultSet 中的列数。如果有异常发生，则第 77 ~ 79 行中的 catch 语句会输出栈踪迹，第 81 行将 0 作为默认列数返回。

ResultSetTableModel 方法 getColumnName

getColumnName 方法(第 85 ~ 100 行)返回底层 ResultSet 的列名称。第 93 行使用 ResultSetMetaData 方法 getColumnName，从 ResultSet 获得列名称。如果有异常发生，则第 95 ~ 97 行中的 catch 语句会输出栈踪迹，第 99 行将空字符串作为默认列名称返回。

ResultSetTableModel 方法 getRowCount

getRowCount 方法(第 103 ~ 110 行)返回底层 ResultSet 的行数。当 setQuery 方法(第 134 ~ 154 行)执行查询时，它会将行数保存在变量 numberOfRows 中。

ResultSetTableModel 方法 getValueAt

getValueAt 方法(第 113 ~ 131 行)返回底层 ResultSet 特定行和列中的值(Object)。第 123 行使用 ResultSet 方法 absolute，将 ResultSet 游标定位到指定的行。第 124 行使用 ResultSet 方法 getObject，获得当前行中指定列的值(Object)。如果有异常发生，则第 126 ~ 128 行中的 catch 语句会输出栈踪迹，第 130 行将空字符串作为默认值返回。

ResultSetTableModel 方法 setQuery

setQuery 方法(第 134 ~ 154 行)执行作为实参传递给它的查询,并获得一个新的 ResultSet(第 143 行)。第 146 行获得这个新 ResultSet 的 ResultSetMetaData。第 149 行使用 ResultSet 方法 last，将 ResultSet 游标定位到最后一行。(注:如果表中包含许多行,这个操作可能较慢。)第 150 行使用 ResultSet 方法 getRow，获得 ResultSet 中当前行的行号。第 153 行调用 fireTableStructureChanged 方法(从 AbstractTableModel 类继承)，通知将这个 ResultSetTableModel 对象用作模型的所有 JTable，模型的结果已经改变了。这会导致 JTable 用新的 ResultSet 数据重新填充它的行和列。setQuery 方法会将它的语句体内发生的任何异常返回给调用它的程序。

ResultSetTableModel 方法 disconnectFromDatabase

disconnectFromDatabase 方法(第 157 ~ 172 行)为 ResultSetTableModel 类实现了合适的终止方法。类设计器应当提供一个公共方法，这个类的客户必须显式地调用它，以释放对象所使用的资源。这里的 disconnectFromDatabase 方法关闭了 ResultSet、Statement 和 Connection 对象(第 161 ~ 163 行)。当不再需要 ResultSetTableModel 类的实例时，它的客户应当总是调用这个方法。在释放资源之前，第 158 行检验程序是否依然与数据库相连。如果没有，则方法返回。disconnectFromDatabase 方法将 connectedToDatabase 设置成 false(第 169 行)，以确保客户不会使用已经被终止了的 ResultSetTableModelafter 实例。如果 connectedToDatabase 为 false，则 ResultSetTableModel 类中的每个方法都会抛出 IllegalStateException 异常。

24.7.2 DisplayQueryResults 应用的 GUI

图 24.28 中，给出了该应用的 GUI(在 DisplayQueryResults.fxml 中定义)，并提供了每一个控件的 fx:id。前面的几章中，已经构建过许多 FXML GUI，所以这里只探讨一些主要的元素及在 DisplayQueryResultsController 类中实现的那些事件处理器方法(见图 24.29)。该布局的完整细节，可在 Scene Builder 或者文本编辑器中打开文件 DisplayQueryResults.fxml 来查看。这个 GUI 的主布局是一个 fx:id 为 borderPane 的 BorderPane——控制器类中会动态地添加包含 JTable 的 SwingNode，并将它置于 BorderPane 的中心区(见 24.7.3 节)。BorderPane 的顶部和底部区域是包含其他控件的 GridPane。控制器类定义了两个事件处理方法：

- 用户单击 Submit Query 按钮时会调用 submitQueryButtonPressed 方法。
- 用户单击 Apply Filter 按钮时会调用 applyFilterButtonPressed 方法。

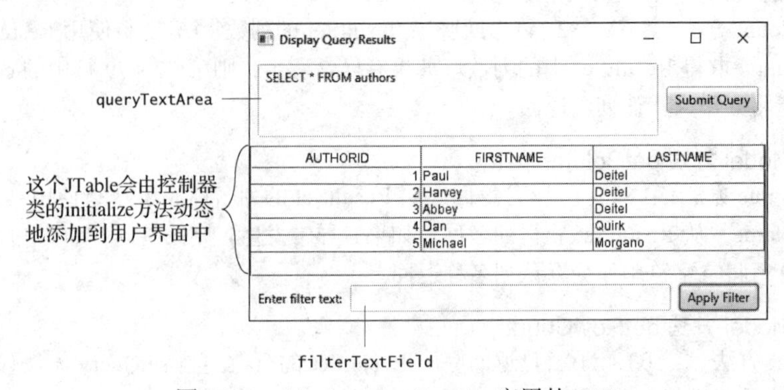

图 24.28 DisplayQueryResults 应用的 GUI

24.7.3　DisplayQueryResultsController 类

DisplayQueryResultsController 类(见图 24.29)实现了 GUI，通过 JTable 对象与 ResultSetTableModel 交互，并且能够响应 GUI 事件。这个没有给出 JavaFX Application 子类(位于 DisplayQueryResults.java 中)，因为它所执行的任务与以前见过的、加载应用的 FXML GUI 并初始化控件的任务相同。

```
1   // Fig. 24.29: DisplayQueryResultsController.java
2   // Controller for the DisplayQueryResults app
3   import java.sql.SQLException;
4   import java.util.regex.PatternSyntaxException;
5
6   import javafx.embed.swing.SwingNode;
7   import javafx.event.ActionEvent;
8   import javafx.fxml.FXML;
9   import javafx.scene.control.Alert;
10  import javafx.scene.control.Alert.AlertType;
11  import javafx.scene.control.TextArea;
12  import javafx.scene.control.TextField;
13  import javafx.scene.layout.BorderPane;
14
15  import javax.swing.JScrollPane;
16  import javax.swing.JTable;
17  import javax.swing.RowFilter;
18  import javax.swing.table.TableModel;
19  import javax.swing.table.TableRowSorter;
20
21  public class DisplayQueryResultsController {
22     @FXML private BorderPane borderPane;
23     @FXML private TextArea queryTextArea;
24     @FXML private TextField filterTextField;
25
26     // database URL, username and password
27     private static final String DATABASE_URL = "jdbc:derby:books";
28     private static final String USERNAME = "deitel";
29     private static final String PASSWORD = "deitel";
30
31     // default query retrieves all data from Authors table
32     private static final String DEFAULT_QUERY = "SELECT * FROM authors";
33
34     // used for configuring JTable to display and sort data
35     private ResultSetTableModel tableModel;
36     private TableRowSorter<TableModel> sorter;
37
38     public void initialize() {
39        queryTextArea.setText(DEFAULT_QUERY);
40
41        // create ResultSetTableModel and display database table
42        try {
43           // create TableModel for results of DEFAULT_QUERY
44           tableModel = new ResultSetTableModel(DATABASE_URL,
45              USERNAME, PASSWORD, DEFAULT_QUERY);
46
47           // create JTable based on the tableModel
48           JTable resultTable = new JTable(tableModel);
49
50           // set up row sorting for JTable
51           sorter = new TableRowSorter<TableModel>(tableModel);
52           resultTable.setRowSorter(sorter);
53
54           // configure SwingNode to display JTable, then add to borderPane
55           SwingNode swingNode = new SwingNode();
56           swingNode.setContent(new JScrollPane(resultTable));
57           borderPane.setCenter(swingNode);
58        }
59        catch (SQLException sqlException) {
60           displayAlert(AlertType.ERROR, "Database Error",
61              sqlException.getMessage());
62           tableModel.disconnectFromDatabase(); // close connection
63           System.exit(1); // terminate application
64        }
65     }
```

图 24.29　DisplayQueryResults 应用的控制器

```
66
67      // query the database and display results in JTable
68      @FXML
69      void submitQueryButtonPressed(ActionEvent event) {
70         // perform a new query
71         try {
72            tableModel.setQuery(queryTextArea.getText());
73         }
74         catch (SQLException sqlException) {
75            displayAlert(AlertType.ERROR, "Database Error",
76               sqlException.getMessage());
77
78            // try to recover from invalid user query
79            // by executing default query
80            try {
81               tableModel.setQuery(DEFAULT_QUERY);
82               queryTextArea.setText(DEFAULT_QUERY);
83            }
84            catch (SQLException sqlException2) {
85               displayAlert(AlertType.ERROR, "Database Error",
86                  sqlException2.getMessage());
87               tableModel.disconnectFromDatabase(); // close connection
88               System.exit(1); // terminate application
89            }
90         }
91      }
92
93      // apply specified filter to results
94      @FXML
95      void applyFilterButtonPressed(ActionEvent event) {
96         String text = filterTextField.getText();
97
98         if (text.length() == 0) {
99            sorter.setRowFilter(null);
100        }
101        else {
102           try {
103              sorter.setRowFilter(RowFilter.regexFilter(text));
104           }
105           catch (PatternSyntaxException pse) {
106              displayAlert(AlertType.ERROR, "Regex Error",
107                 "Bad regex pattern");
108           }
109        }
110     }
111
112     // display an Alert dialog
113     private void displayAlert(
114        AlertType type, String title, String message) {
115        Alert alert = new Alert(type);
116        alert.setTitle(title);
117        alert.setContentText(message);
118        alert.showAndWait();
119     }
120  }
```

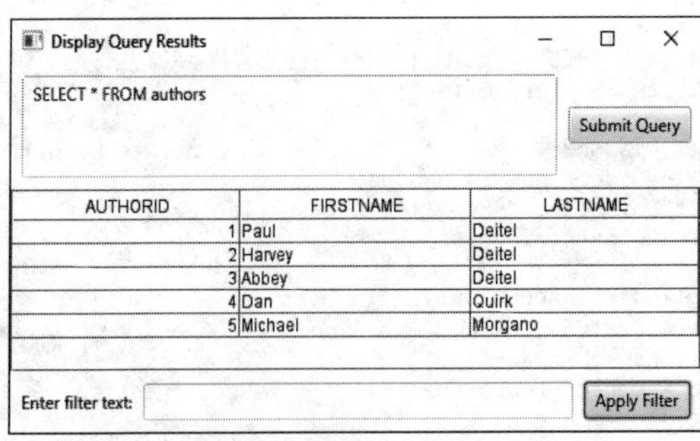

(a) 显示Authors表中全部的作者

图 24.29(续) DisplayQueryResults 应用的控制器

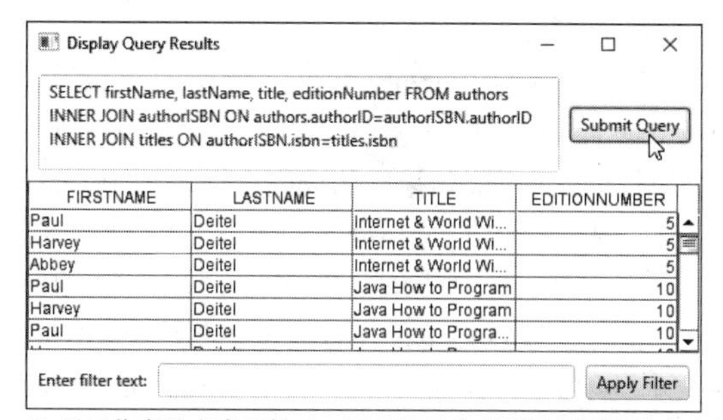

(b) 显示作者的名字和姓氏，同时显示作者所编写图书的书名和版本号

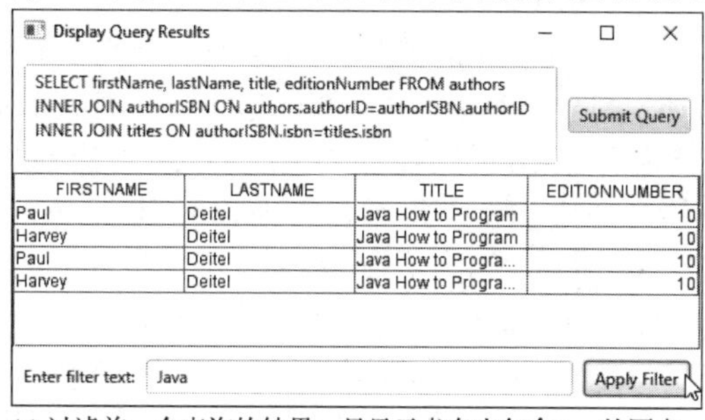

(c) 过滤前一个查询的结果，只显示书名中包含Java的图书

图 24.29(续)　DisplayQueryResults 应用的控制器

静态字段

第 27 ~ 29 行和第 32 行声明了传递给 ResultSetTableModel 构造方法的 URL、用户名、口令和默认查询，设置与数据库的初始连接并执行默认查询。

initialize 方法

当 FXMLLoader 调用控制器的 initialize 方法时，第 44 ~ 45 行会创建一个 ResultSetTableModel 对象，并将它赋予实例变量 tableModel（在第 35 行声明），完成 GUI。第 48 行创建的 JTable 对象，用于显示 ResultSetTableModel 的 ResultSet 结果。这里使用的 JTable 构造方法接收一个 TableModel 对象。该构造方法将 JTable 注册成一个 TableModelEvent 监听器，该事件是由 ResultSetTableModel 产生的。当事件发生时——例如，用户新输入了一个查询且单击了 Submit Query 按钮——JTable 会根据 ResultSetTableModel 当前的 ResultSet 自动更新。如果 ResultSetTableModel 试图执行默认查询时发生异常，则第 59 ~ 64 行会捕获这个异常，显示一个 Alert 对话框（在第 113 ~ 119 行调用 displayAlert 方法），然后关闭与数据库的连接，终止应用。

JTable 中允许根据列中的数据来排序行。第 51 行创建了一个（javax.swing.table 包的）TableRowSorter，并将它赋予实例变量 sorter（在第 36 行声明）。TableRowSorter 使用 ResultSetTableModel 来排序 JTable 中的行。当用户单击特定 JTable 列的标题时，TableRowSorter 会与底层 TableModel 交互，以根据这个列中的数据重新排序行。第 52 行使用 JTable 方法 setRowSorter，为 resultTable 指定 TableRowSorter。

第 55 ~ 57 行创建并配置了一个 SwingNode。这个 Java SE 8 类可以将 Swing GUI 控件嵌入 JavaFX GUI 中。SwingNode 方法 setContent 的实参是一个 JComponent——所有 Swing GUI 控件的超类。这里传递的是一个新的 JScrollPane 对象（JComponent 的子类），它是用 JTable 初始化的。对于无法在一个屏幕上容纳的内容，JScrollPane 为 Swing GUI 组件提供了滚动条。根据 JTable 中的行数和列数，JScrollPane 会根据需要自动提供水平或者垂直滚动条。第 57 行将 SwingNode 置于 BoderPane 的中心区。

软件工程结论 24.6

通过将特定的 Swing 控件用在 JavaFX 应用中，SwingNode 类就可以复用现有的 Swing GUI。

submitQueryButtonPressed 方法

当用户单击 Submit Query 按钮时，submitQueryButtonPressed 方法（第 68 ~ 91 行）会调用 ResultSetTableModel 方法 setQuery（第 72 行），执行这个新查询。如果查询失败（例如，由于用户输入查询的语法错误），则第 81 ~ 82 行会执行默认查询。如果默认查询也失败，则可能是更为严重的错误引起的，因此第 87 行保证了数据库连接会被关闭，第 88 行终止程序。图 24.29 中的屏幕截图显示了两个查询的结果。第一个屏幕截图给出了默认查询的结果，它从 books 数据库的 Authors 表中取得所有的数据。第二个屏幕截图的结果对应的查询是从 Authors 表中选择每位作者的名字和姓氏，并将这些信息与 Titles 表中的书名和版本号进行组合。可以在文本区中输入自己的查询，并单击 Submit Query 按钮来执行这个查询。

applyFilterButtonPressed 方法

JTable 中可以显示来自底层 TableModel 数据的子集——这被称为过滤数据。如果用户在 filterTextField 中输入文本并单击 Apply Filter 按钮，则会执行 applyFilterButtonPressed 方法(第 94 ~ 110 行)。第 96 行获得这些过滤文本。如果用户没有指定这些文本，则第 99 行使用 JTable 方法 setRowFilter，通过将过滤器设置成 null 来删除以前的过滤器。否则，第 103 行使用 setRowFilter 方法，根据用户的输入指定 RowFilter(位于 javax.swing 包中)。RowFilter 类为创建过滤器提供了几个方法。静态方法 regexFilter 接收一个包含正则表达式模式的 String 实参，还包含一个可选的索引集，指定要过滤哪些列。如果没有指定索引，则会搜索全部的列。这个示例中，正则表达式模式就是用户输入的文本。一旦设置了过滤器，显示在 JTable 中的数据就会基于过滤后的 TableModel 进行更新。图 24.29(c)中给出的结果，就是根据图 24.29(b)的查询结果过滤出只包含单词“Java”的那些记录。

displayAlert 方法

发生异常时，应用会调用 displayAlert 方法(第 113 ~ 119 行)，创建并显示一个包含消息的 Alert 对话框(位于 javafx.scene.control 包中)。第 115 行创建这个对话框，将 AlertType 传递给构造方法。AlertType.ERROR 常量显示的错误消息对话框具有一个包含 X 的红色按钮，表明发生了错误。第 116 行设置显示在对话框标题栏中的标题；第 117 行设置出现在对话框里面的消息内容。最后，第 118 行调用 Alert 方法 showAndWait，使它成为一个模态对话框。用户必须先关闭这个对话框，才能与应用继续交互。

24.8 RowSet 接口

前面的几个示例中讲解了如何查询数据库，方法是显式地建立与数据库的连接、为查询数据库准备 Statement，然后执行这个查询。本节中将演示 RowSet 接口的用法，它会自动地配置数据库连接并准备查询语句。RowSet 接口提供了几个 set 方法，使用户能够指定建立连接所需的属性(例如数据库 URL、数据库的用户名和口令)和创建 Statement(例如查询)。RowSet 还提供了返回这些属性的几个 get 方法。

连接的和断开的 RowSet

存在两种类型的 RowSet 对象：连接的和断开的。连接的(connected) RowSet 对象一旦连接到数据库之后，只要对象在使用中，就会一直保持与数据库的连接状态。断开的(disconnected) RowSet 对象会连接到数据库，执行查询，从数据库取得数据，然后关闭这个连接。当与 RowSet 的连接断开时，程序也可以修改其中的数据。在断开的 RowSet 重新建立了与数据库的连接后，数据库中可以更新修改过的数据。

javax.sql.rowset 包中具有 RowSet 的两个子接口：JdbcRowSet 和 CachedRowSet。JdbcRowSet 是一个连接的 RowSet，它充当 ResultSet 对象的包装器，使用户能够滚动并更新 ResultSet 中的行。前面说过，默认情况下，ResultSet 对象是不可滚动的和只读的，用户必须显式地将结果集类型常量设置成 TYPE_SCROLL_INSENSITIVE，将结果集并发性常量设置成 CONCUR_UPDATABLE，才能使 ResultSet 对象成为可滚动的和可更新的。默认情况下，JdbcRowSet 对象是可滚动的和可更新的。CachedRowSet 是一个断开的 RowSet，它会在内存中缓存 ResultSet 的数据，并会断开与数据库的连接。和 JdbcRowSet 一样，CachedRowSet 对象默认是可滚动的和可更新的。CachedRowSet 对象还是可序列化的，因此它能够在 Java 程序间通过网络(例如 Internet)传递。但是，CachedRowSet 有一个限制：能够保存在内存中的数据数量是有限的。javax.sql.rowset 包中给出了 RowSet 的另外三个子接口。

可移植性提示 24.4

对于不支持可滚动 ResultSet 的那些驱动程序，RowSet 能够提供滚动功能。

使用 RowSet

图 24.30 利用 RowSet 重新实现了图 24.23 中的示例。图 24.30 中没有显式地建立与数据库的连接并创建 Statement，而是使用一个 JdbcRowSet 对象来自动地创建 Connection 对象和 Statement 对象。

```
1  // Fig. 24.30: JdbcRowSetTest.java
2  // Displaying the contents of the Authors table using JdbcRowSet.
3  import java.sql.ResultSetMetaData;
4  import java.sql.SQLException;
5  import javax.sql.rowset.JdbcRowSet;
6  import javax.sql.rowset.RowSetProvider;
7
8  public class JdbcRowSetTest {
9     // JDBC driver name and database URL
10    private static final String DATABASE_URL = "jdbc:derby:books";
11    private static final String USERNAME = "deitel";
12    private static final String PASSWORD = "deitel";
13
14    public static void main(String args[]) {
15       // connect to database books and query database
16       try (JdbcRowSet rowSet =
17          RowSetProvider.newFactory().createJdbcRowSet()) {
18
19          // specify JdbcRowSet properties
20          rowSet.setUrl(DATABASE_URL);
21          rowSet.setUsername(USERNAME);
22          rowSet.setPassword(PASSWORD);
23          rowSet.setCommand("SELECT * FROM Authors"); // set query
24          rowSet.execute(); // execute query
25
26          // process query results
27          ResultSetMetaData metaData = rowSet.getMetaData();
28          int numberOfColumns = metaData.getColumnCount();
29          System.out.printf("Authors Table of Books Database:%n%n");
30
31          // display rowset header
32          for (int i = 1; i <= numberOfColumns; i++) {
33             System.out.printf("%-8s\t", metaData.getColumnName(i));
34          }
35          System.out.println();
36
37          // display each row
38          while (rowSet.next()) {
39             for (int i = 1; i <= numberOfColumns; i++) {
40                System.out.printf("%-8s\t", rowSet.getObject(i));
41             }
42             System.out.println();
43          }
44       }
45       catch (SQLException sqlException) {
46          sqlException.printStackTrace();
47          System.exit(1);
48       }
49    }
50 }
```

```
Authors Table of Books Database:

AUTHORID        FIRSTNAME       LASTNAME
1               Paul            Deitel
2               Harvey          Deitel
3               Abbey           Deitel
4               Dan             Quirk
5               Michael         Morgano
```

图 24.30 使用 JdbcRowSet 显示 Authors 表的内容

(javax.sql.rowset 包的)RowSetProvider 类提供的静态方法 newFactory，它返回的对象实现了(javax.sql.rowset 包的)RowSetFactory 接口。这个对象可用来创建各种类型的 RowSet。try-with-resources 语句中的第 16 ~ 17 行使用 RowSetFactory 方法 createJdbcRowSet，获得一个 JdbcRowSet 对象。

第 20 ~ 22 行为 DriverManager 设置了几个 RowSet 属性，用于建立与数据库的连接。第 20 行调用 JdbcRowSet 方法 setUrl，指定数据库的 URL；第 21 行调用 JdbcRowSet 方法 setUsername，指定用户名；第 22 行调用 JdbcRowSet 方法 setPassword，指定口令；第 23 行调用 JdbcRowSet 方法 setCommand，指定将用来填充 RowSet 的 SQL 查询；第 24 行调用 JdbcRowSet 方法 execute，执行 SQL 查询。execute 方法会执行 4 个动作：建立与数据库的连接，准备查询语句，执行查询，保存由查询返回的 ResultSet。Connection、Statement、ResultSet 被封装在 JdbcRowSet 对象中。

其余的代码与图 24.23 中的代码几乎相同，不同之处是图 24.30 第 27 行包含来自 JdbcRowSet 的 ResultSetMetaData对象，第38行使用JdbcRowSet的next方法获得结果的下一行，第40行使用JdbcRowSet 的 getObject 方法获得列值。到达 try 语句块的末尾时，try-with-resources 语句会调用 JdbcRowSet 方法 close，关闭 RowSet 所封装的 ResultSet、Statement、Connection。在 CachedRowSet 中，调用 close 方法也会释放由这个 RowSet 占用的资源。这个应用的输出与图 24.23 的输出相同。

24.9 PreparedStatement

PreparedStatement 使用户能够创建编译过的 SQL 语句，它的执行比 Statement 更有效率。也可以使用 PreparedStatement 来指定参数，使它们比 Statement 更灵活——可以用不同的参数值重复地执行同一个查询。例如，在 books 数据库中，可能希望找出具有指定的姓氏和名字的某位作者的全部图书的书名，也可能希望针对多位作者执行这样的查询。利用 PreparedStatement，可以将这个查询定义成

```
PreparedStatement authorBooks = connection.prepareStatement(
   "SELECT LastName, FirstName, Title " +
   "FROM Authors INNER JOIN AuthorISBN " +
      "ON Authors.AuthorID=AuthorISBN.AuthorID " +
   "INNER JOIN Titles " +
      "ON AuthorISBN.ISBN=Titles.ISBN " +
   "WHERE LastName = ? AND FirstName = ?");
```

上述 SQL 语句中最后一行的两个问号为值的占位符，这两个值将作为查询的一部分传递给数据库。在执行 PreparedStatement 之前，程序必须利用 PreparedStatement 接口的 *set* 方法指定参数值。

对于上述查询，两个参数都是字符串，能够用 PreparedStatement 方法 setString 设置，如下所示：

```
authorBooks.setString(1, "Deitel");
authorBooks.setString(2, "Paul");
```

setString 方法的第一个实参表示要设置的参数编号，第二个实参是参数的值。从第一个问号开始，参数编号从 1 计数。当程序用这里给出的参数值执行上述的 PreparedStatement 时，传递给数据库的 SQL 语句是

```
SELECT LastName, FirstName, Title
FROM Authors INNER JOIN AuthorISBN
   ON Authors.AuthorID=AuthorISBN.AuthorID
INNER JOIN Titles
   ON AuthorISBN.ISBN=Titles.ISBN
WHERE LastName = 'Deitel' AND FirstName = 'Paul'
```

在必要时，setString 方法会自动转义 String 参数。例如，如果姓氏为 O'Brien，则语句：

```
authorBooks.setString(1, "O'Brien");
```

会转义 O'Brien 中的 “'” 字符，将它替换成两个单引号字符。这样，这个单引号就会正确地出现在数据库中。

性能提示 24.2

当用不同的参数值多次执行 SQL 语句时，PreparedStatement 要比 Statement 有效率得多。

错误预防提示 24.2

当在包含查询参数的 PreparedStatement 中将字符串值用作实参时，应确保 SQL 语句中对这些字符串正确地使用了引号。

错误预防提示 24.3

PreparedStatement 可防止 SQL 注入攻击，这种攻击通常发生在包含错误的用户输入的 SQL 语句中。为了避免这种安全问题，可以利用 PreparedStatement，让用户输入只能通过参数进行——让参数替换 PreparedStatement 中的问号。创建了 PreparedStatement 之后，就可以用它的 set 方法将用户的输入指定成实参。

PreparedStatement 接口为每一种所支持的 SQL 类型都提供了 set 方法。在数据库中为参数的 SQL 类型使用正确的 *set* 方法是很重要的。如果程序试图将参数值转换成错误的类型，则会发生 SQLException 异常。

24.9.1　使用 PreparedStatement 的 AddressBook 应用

下面分析一个 AddressBook JavaFX 应用，它使用户能够浏览已有的地址簿信息、添加新的地址簿和用指定的姓氏搜索相关信息。(24.5 节中创建的) addressbook Java DB 数据库包含一个 Addresses 表，其列名称分别为 AddressID、FirstName、LastName、Email、PhoneNumber。Addresses 表的 AddressID 列是自动增长的标识列。

24.9.2　Person 类

AddressBook 应用会将数据加载到 Person 对象中(见图 24.31)。每一个对象都表示 addressbook 数据库中的一项。Person 类包含用于地址 ID、名字、姓氏、E-mail 地址及电话号码的实例变量，还包含用于操作这些变量的 *set* 方法和 *get* 方法，以及一个以下列格式返回 Person 姓名的 toString 方法：

```
last name, first name
```

尽管这个示例中不会用到地址 ID，但在练习题 24.7 ~ 24.8 中会用到它。

```
1  // Fig. 24.31: Person.java
2  // Person class that represents an entry in an address book.
3  public class Person {
4     private int addressID;
5     private String firstName;
6     private String lastName;
7     private String email;
8     private String phoneNumber;
9
10    // constructor
11    public Person() {}
12
13    // constructor
14    public Person(int addressID, String firstName, String lastName,
15       String email, String phoneNumber) {
16       setAddressID(addressID);
17       setFirstName(firstName);
18       setLastName(lastName);
19       setEmail(email);
20       setPhoneNumber(phoneNumber);
21    }
22
23    // sets the addressID
24    public void setAddressID(int addressID) {this.addressID = addressID;}
```

图 24.31　表示地址簿中一项的 Person 类

```
25
26     // returns the addressID
27     public int getAddressID() {return addressID;}
28
29     // sets the firstName
30     public void setFirstName(String firstName) {
31        this.firstName = firstName;
32     }
33
34     // returns the first name
35     public String getFirstName() {return firstName;}
36
37     // sets the lastName
38     public void setLastName(String lastName) {this.lastName = lastName;}
39
40     // returns the last name
41     public String getLastName() {return lastName;}
42
43     // sets the email address
44     public void setEmail(String email) {this.email = email;}
45
46     // returns the email address
47     public String getEmail() {return email;}
48
49     // sets the phone number
50     public void setPhoneNumber(String phoneNumber) {
51        this.phoneNumber = phoneNumber;
52     }
53
54     // returns the phone number
55     public String getPhoneNumber() {return phoneNumber;}
56
57     // returns the string representation of the Person's name
58     @Override
59     public String toString()
60        {return getLastName() + ", " + getFirstName();}
61  }
```

图 24.31(续)　表示地址簿中一项的 Person 类

24.9.3　PersonQueries 类

PersonQueries 类(见图 24.32)管理 AddressBook 应用的数据库连接，并创建用来与数据库交互的 PreparedStatement。第 17 ~ 19 行声明了三个 PreparedStatement 变量。构造方法(第 22 ~ 47 行)在第 24 ~ 25 行连接到数据库。

```
1  // Fig. 24.32: PersonQueries.java
2  // PreparedStatements used by the Address Book application.
3  import java.sql.Connection;
4  import java.sql.DriverManager;
5  import java.sql.PreparedStatement;
6  import java.sql.ResultSet;
7  import java.sql.SQLException;
8  import java.util.List;
9  import java.util.ArrayList;
10
11 public class PersonQueries {
12    private static final String URL = "jdbc:derby:AddressBook";
13    private static final String USERNAME = "deitel";
14    private static final String PASSWORD = "deitel";
15
16    private Connection connection; // manages connection
17    private PreparedStatement selectAllPeople;
18    private PreparedStatement selectPeopleByLastName;
19    private PreparedStatement insertNewPerson;
20
21    // constructor
22    public PersonQueries() {
23       try {
24          connection =
25             DriverManager.getConnection(URL, USERNAME, PASSWORD);
```

图 24.32　由 AddressBook 应用使用的 PreparedStatement

```
26
27          // create query that selects all entries in the AddressBook
28          selectAllPeople = connection.prepareStatement(
29             "SELECT * FROM Addresses ORDER BY LastName, FirstName");
30
31          // create query that selects entries with last names
32          // that begin with the specified characters
33          selectPeopleByLastName = connection.prepareStatement(
34             "SELECT * FROM Addresses WHERE LastName LIKE ? " +
35             "ORDER BY LastName, FirstName");
36
37          // create insert that adds a new entry into the database
38          insertNewPerson = connection.prepareStatement(
39             "INSERT INTO Addresses " +
40             "(FirstName, LastName, Email, PhoneNumber) " +
41             "VALUES (?, ?, ?, ?)");
42       }
43       catch (SQLException sqlException) {
44          sqlException.printStackTrace();
45          System.exit(1);
46       }
47    }
48
49    // select all of the addresses in the database
50    public List<Person> getAllPeople() {
51       // executeQuery returns ResultSet containing matching entries
52       try (ResultSet resultSet = selectAllPeople.executeQuery()) {
53          List<Person> results = new ArrayList<Person>();
54
55          while (resultSet.next()) {
56             results.add(new Person(
57                resultSet.getInt("AddressID"),
58                resultSet.getString("FirstName"),
59                resultSet.getString("LastName"),
60                resultSet.getString("Email"),
61                resultSet.getString("PhoneNumber")));
62          }
63
64          return results;
65       }
66       catch (SQLException sqlException) {
67          sqlException.printStackTrace();
68       }
69
70       return null;
71    }
72
73    // select person by last name
74    public List<Person> getPeopleByLastName(String lastName) {
75       try {
76          selectPeopleByLastName.setString(1, lastName); // set last name
77       }
78       catch (SQLException sqlException) {
79          sqlException.printStackTrace();
80          return null;
81       }
82
83       // executeQuery returns ResultSet containing matching entries
84       try (ResultSet resultSet = selectPeopleByLastName.executeQuery()) {
85          List<Person> results = new ArrayList<Person>();
86
87          while (resultSet.next()) {
88             results.add(new Person(
89                resultSet.getInt("addressID"),
90                resultSet.getString("FirstName"),
91                resultSet.getString("LastName"),
92                resultSet.getString("Email"),
93                resultSet.getString("PhoneNumber")));
94          }
95
96          return results;
97       }
```

图 24.32(续)　由 AddressBook 应用使用的 PreparedStatement

```
98         catch (SQLException sqlException) {
99            sqlException.printStackTrace();
100           return null;
101        }
102     }
103
104     // add an entry
105     public int addPerson(String firstName, String lastName,
106        String email, String phoneNumber) {
107
108        // insert the new entry; returns # of rows updated
109        try {
110           // set parameters
111           insertNewPerson.setString(1, firstName);
112           insertNewPerson.setString(2, lastName);
113           insertNewPerson.setString(3, email);
114           insertNewPerson.setString(4, phoneNumber);
115
116           return insertNewPerson.executeUpdate();
117        }
118        catch (SQLException sqlException) {
119           sqlException.printStackTrace();
120           return 0;
121        }
122     }
123
124     // close the database connection
125     public void close() {
126        try {
127           connection.close();
128        }
129        catch (SQLException sqlException) {
130           sqlException.printStackTrace();
131        }
132     }
133  }
```

图 24.32(续) 由 AddressBook 应用使用的 PreparedStatement

创建 PreparedStatement

第 28 ~ 29 行调用 Connection 方法 prepareStatement，创建名称为 selectAllPeople 的 PreparedStatement，选择 Addresses 表中所有的行，并按姓氏、名字的先后顺序排序它们。第 33 ~ 35 行用一个参数创建了一个名称为 selectPeopleByLastName 的 PreparedStatement。这条语句使用了 SQL LIKE 运算符来按姓氏搜索 Addresses 表。问号指定姓氏参数——可以看到，用于设置这个参数值的文本，其末尾为一个百分号。所以，从数据库中查询到的项就是其姓氏以用户输入的字符开头的那些。第 38 ~ 41 行用 4 个参数创建了一个名称为 insertNewPerson 的 PreparedStatement，这些参数表示一个新项的名字、姓氏、E-mail 地址和电话号码。同样，这里的问号用于表示这些参数。

PersonQueries 方法 getAllPeople

getAllPeople 方法(第 50 ~ 71 行)通过调用 executeQuery 方法执行 PreparedStatement selectAllPeople (第 52 行)，executeQuery 方法返回的 ResultSet 包含匹配查询的那些行(这里就是 Addresses 表中所有的行)。第 55 ~ 62 行将查询结果置于一个 ArrayList<Person>中，在第 64 行返回给调用者。

PersonQueries 方法 getPeopleByLastName

getPeopleByLastName 方法(第 74 ~ 102 行)使用 PreparedStatement 方法 setString，设置 selectPeopleByLastName 的参数(第 76 行)。然后，第 84 行执行查询，第 87 ~ 94 行将查询结果放入一个 ArrayList<Person>中。第 96 行将这个 ArrayList 返回给调用者。

PersonQueries 方法 addPerson 和 Close

addPerson 方法(第 105 ~ 122 行)使用 PreparedStatement 方法 setString(第 111 ~ 114 行)，为 insertNewPerson 设置参数。第 116 行使用 PreparedStatement 方法 executeUpdate，在数据库中插入一条新记录。这个方法返回一个整数，表示在数据库中进行了更新(或插入)的行数。close 方法(第 125 ~ 132 行)关闭数据库连接。

24.9.4　AddressBook 的 GUI

图 24.33 中，给出了该应用的 GUI(在 AddressBook.fxml 中定义)，并提供了每一个控件的 fx:id。这里只关注它的一些重要元素，以及 AddressBookController 类(见图 24.34)中的几个事件处理方法。如果想全面了解它的布局细节，可以在 Scene Builder 中打开 AddressBook.fxml 文件。这个 GUI 的主要部分是一个 BorderPane。控制器类定义了三个事件处理方法：

- 按下 Add Entry 按钮时，会调用 addEntryButtonPressed。
- 按下 Find 按钮时，会调用 findButtonPressed。
- 按下 Browse All 按钮时，会调用 browseAllButtonPressed。

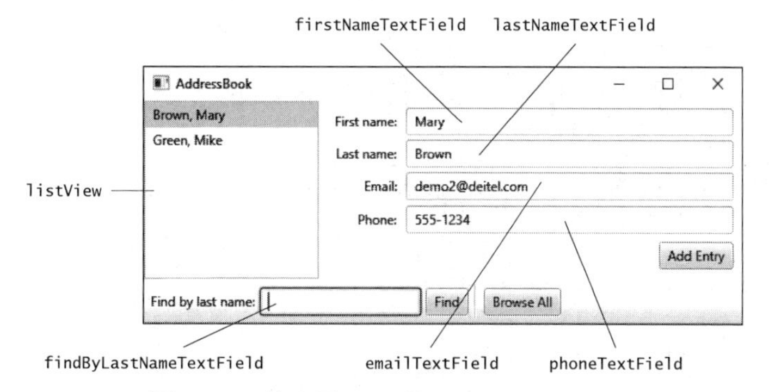

图 24.33　给出了 fx:id 的 AddressBook GUI

24.9.5　AddressBookController 类

AddressBookController 类(见图 24.34)利用一个 PersonQueries 对象与数据库交互。这个没有给出 JavaFX Application 子类(位于 AddressBook.java 中)，因为它所执行的任务与以前见过的、加载应用的 FXML GUI 并初始化控件的任务相同。

```
1  // Fig. 24.34: AddressBookController.java
2  // Controller for the AddressBook app
3  import java.util.List;
4  import javafx.application.Platform;
5  import javafx.collections.FXCollections;
6  import javafx.collections.ObservableList;
7  import javafx.event.ActionEvent;
8  import javafx.fxml.FXML;
9  import javafx.scene.control.Alert;
10 import javafx.scene.control.Alert.AlertType;
11 import javafx.scene.control.ListView;
12 import javafx.scene.control.TextField;
13
14 public class AddressBookController {
15    @FXML private ListView<Person> listView; // displays contact names
16    @FXML private TextField firstNameTextField;
17    @FXML private TextField lastNameTextField;
18    @FXML private TextField emailTextField;
19    @FXML private TextField phoneTextField;
20    @FXML private TextField findByLastNameTextField;
21
22    // interacts with the database
23    private final PersonQueries personQueries = new PersonQueries();
24
25    // stores list of Person objects that results from a database query
26    private final ObservableList<Person> contactList =
27       FXCollections.observableArrayList();
28
29    // populate listView and set up listener for selection events
30    public void initialize() {
```

图 24.34　AddressBook 应用的控制器

```
31         listView.setItems(contactList); // bind to contactsList
32         getAllEntries(); // populates contactList, which updates listView
33 
34         // when ListView selection changes, display selected person's data
35         listView.getSelectionModel().selectedItemProperty().addListener(
36            (observableValue, oldValue, newValue) -> {
37               displayContact(newValue);
38            }
39         );
40      }
41 
42      // get all the entries from the database to populate contactList
43      private void getAllEntries() {
44         contactList.setAll(personQueries.getAllPeople());
45         selectFirstEntry();
46      }
47 
48      // select first item in listView
49      private void selectFirstEntry() {
50         listView.getSelectionModel().selectFirst();
51      }
52 
53      // display contact information
54      private void displayContact(Person person) {
55         if (person != null) {
56            firstNameTextField.setText(person.getFirstName());
57            lastNameTextField.setText(person.getLastName());
58            emailTextField.setText(person.getEmail());
59            phoneTextField.setText(person.getPhoneNumber());
60         }
61         else {
62            firstNameTextField.clear();
63            lastNameTextField.clear();
64            emailTextField.clear();
65            phoneTextField.clear();
66         }
67      }
68 
69      // add a new entry
70      @FXML
71      void addEntryButtonPressed(ActionEvent event) {
72         int result = personQueries.addPerson(
73            firstNameTextField.getText(), lastNameTextField.getText(),
74            emailTextField.getText(), phoneTextField.getText());
75 
76         if (result == 1) {
77            displayAlert(AlertType.INFORMATION, "Entry Added",
78               "New entry successfully added.");
79         }
80         else {
81            displayAlert(AlertType.ERROR, "Entry Not Added",
82               "Unable to add entry.");
83         }
84 
85         getAllEntries();
86      }
87 
88      // find entries with the specified last name
89      @FXML
90      void findButtonPressed(ActionEvent event) {
91         List<Person> people = personQueries.getPeopleByLastName(
92            findByLastNameTextField.getText() + "%");
93 
94         if (people.size() > 0) { // display all entries
95            contactList.setAll(people);
96            selectFirstEntry();
97         }
98         else {
99            displayAlert(AlertType.INFORMATION, "Lastname Not Found",
100              "There are no entries with the specified last name.");
101        }
102     }
103 
```

图 24.34(续) AddressBook 应用的控制器

```
104      // browse all the entries
105      @FXML
106      void browseAllButtonPressed(ActionEvent event) {
107         getAllEntries();
108      }
109
110      // display an Alert dialog
111      private void displayAlert(
112         AlertType type, String title, String message) {
113         Alert alert = new Alert(type);
114         alert.setTitle(title);
115         alert.setContentText(message);
116         alert.showAndWait();
117      }
118   }
```

AddressBook
Brown, Mary
Green, Mike
First name: Mary
Last name: Brown
Email: demo2@deitel.com
Phone: 555-1234
Add Entry
Find by last name: Find Browse All

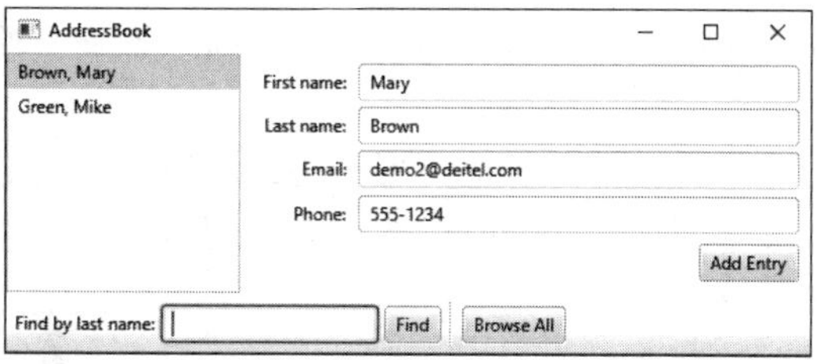

(a) 显示各项的初始AddressBook界面

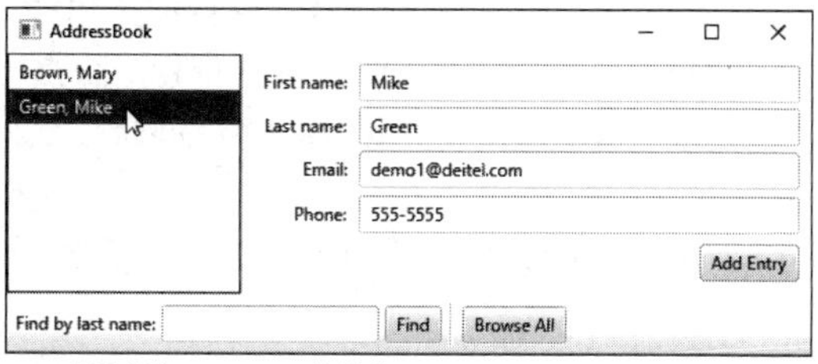

AddressBook
Brown, Mary
Green, Mike
First name: Mike
Last name: Green
Email: demo1@deitel.com
Phone: 555-5555
Add Entry
Find by last name: Find Browse All

(b) 查看有关Mike Green的信息

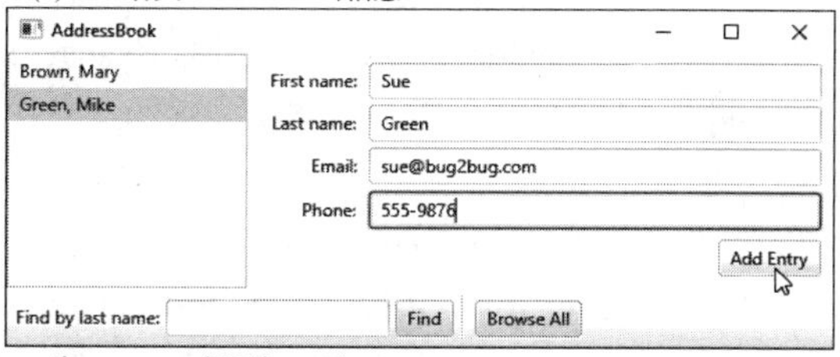

AddressBook
Brown, Mary
Green, Mike
First name: Sue
Last name: Green
Email: sue@bug2bug.com
Phone: 555-9876
Add Entry
Find by last name: Find Browse All

(c) 为Sue Green新添加一项

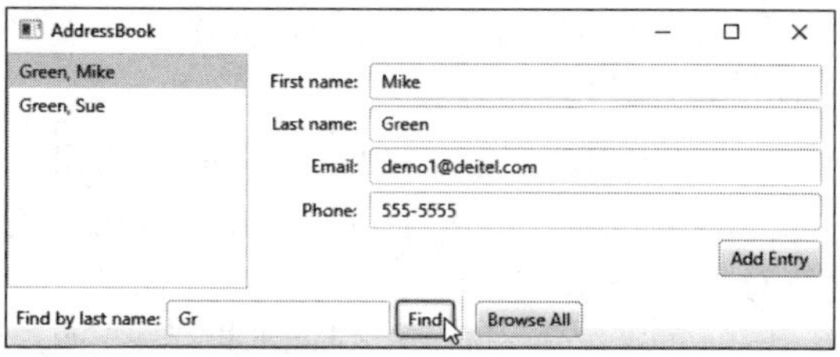

AddressBook
Green, Mike
Green, Sue
First name: Mike
Last name: Green
Email: demo1@deitel.com
Phone: 555-5555
Add Entry
Find by last name: Gr Find Browse All

(d) 搜索姓氏以Gr开头的项

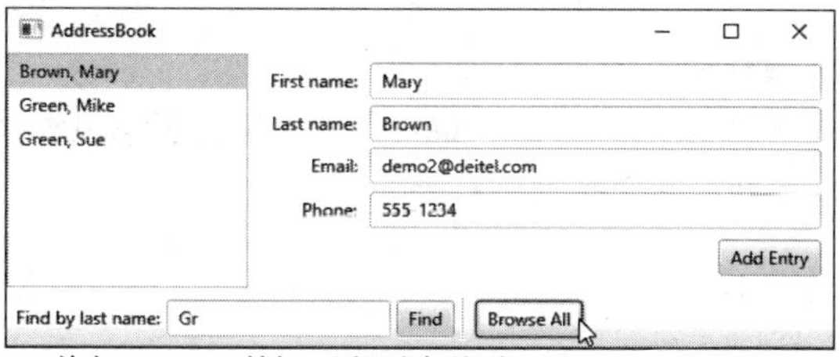

AddressBook
Brown, Mary
Green, Mike
Green, Sue
First name: Mary
Last name: Brown
Email: demo2@deitel.com
Phone: 555-1234
Add Entry
Find by last name: Gr Find Browse All

(e) 单击Browse All按钮，返回全部的项

图 24.34(续)　AddressBook 应用的控制器

实例变量

第 23 行创建了一个 PersonQueries 对象。填充 ListView 时所采用的技术与 13.5 节中的相同。第 26 ~ 27 行创建了一个名称为 contactList 的 ObservableList<Person>，用于保存由 PersonQueries 对象返回的那些 Person 对象。

initialize 方法

FXMLLoader 初始化控制器时，initialize 方法(第 30 ~ 40 行)会执行如下任务：

- 第 31 行将 contactList 与 ListView 绑定，使得只要 ObservableList<Person>发生变化，ListView 就会更新它的项列表。
- 第 32 行调用 getAllEntries 方法(在第 43 ~ 46 行声明)，取得数据库中所有的项，并将它们置于一个 contactList 中。
- 第 35 ~ 39 行注册一个 ChangeListener，当用户在 ListView 中选取了一个新项时，会显示所选中联系人的信息。这里使用了 lambda 表达式来创建事件处理器(图 13.15 中，将类似的 ChangeListener 定义成一个匿名内部类)。

getAllEntries 方法和 selectFirstEntry 方法

首次执行应用时，如果用户单击了 Browse All 按钮且在数据库中添加了一个新项，则 getEntries 方法(第 43 ~ 46 行)会调用 PersonQueries 方法 getAllPeople(第 44 行)，获得所有的项。所获得的 List<Person> 会被传递给 ObservableList 方法 setAll，并会替换 contactList 的内容。这时，ListView 会根据 contactList 的新内容更新它的列表项。

接下来，第 45 行调用 selectFirstEntry 方法(第 49 ~ 51 行)，选择 ListView 中的第一项。第 50 行选中 ListView 的第一项，显示该联系人的数据。

displayContact 方法

选中了 ListView 中的某一项时，在 initialize 方法中注册的 ChangeListener 会调用 displayContact 方法(第 54 ~ 67 行)，显示所选联系人的数据。如果实参为空，则该方法会清除 TextField 的内容。

addEntryButtonPressed 方法

为了将一个新项添加到数据库中，可以在 JTextField 中输入名字、姓氏、E-mail 地址和电话号码(AddressID 会自动递增)，然后单击 Add Entry 按钮。addEntryButtonPressed 方法(第 70 ~ 86 行)会调用 PersonQueries 方法 addPerson(第 72 ~ 74 行)，将这个新项添加到数据库中。第 85 行调用 getAllEntries 方法，获得更新后的数据库内容，并将它们显示在 ListView 中。

findButtonPressed 方法

当用户按下 Find 按钮时，会调用 findButtonPressed 方法(第 89 ~ 102 行)。第 91 ~ 92 行调用 PersonQueries 方法 getPeopleByLastName，搜索数据库。注意，第 92 行在用户输入的文本末尾添加了一个百分号。这样，就使对应的 SQL 查询包含一个一个 LIKE 运算符，能够找出以用户在 findByLastNameTextField 中输入的字符开始的所有姓氏。如果存在多个这样的姓氏，则当更新 contactList 时，它们都会显示在 ListView 中(第 95 行)，且第一项会被选中(第 96 行)。

browseAllButtonPressed 方法

用户按下 Browse All 按钮时，browseAllButtonPressed 方法(第 105 ~ 108 行)会调用 getAllEntries 方法，确定所有的数据库项，并将它们显示在 ListView 中。

24.10 存储过程

许多数据库管理系统都能够在数据库中保存 SQL 语句或 SQL 语句集合，以便访问数据库的程序能够调用它们。这种指定的 SQL 语句集合被称为存储过程(stored procedure)。JDBC 使程序能够利用实现了 CallableStatement 接口的对象调用存储过程。CallableStatement 能够接收由继承自 PreparedStatement 接口的那些方法指定的实参。此外，CallableStatement 还能够指定输出参数(output parameter)，存储过程能够将返回值放入其中。CallableStatement 接口包含几个方法，用于指定存储过程中的哪些参数是输出参数。这个接口还包含几个方法，用于获得从存储过程返回的输出参数的值。

可移植性提示 24.5

尽管不同数据库管理系统中创建存储过程的语法有所不同，但 CallableStatement 为存储过程指定的输入参数和输出参数及调用存储过程的方法提供了统一的接口。

可移植性提示 24.6

根据 CallableStatement 接口的 Java API 文档，为了在不同的数据库系统间提供最大的可移植性，在获得任何输出参数的值之前，程序应当处理由 CallableStatement 返回的更新数量(表明有多少行更新了)或 ResultSet。

24.11　事务处理

在继续处理下一个数据库操作之前，许多数据库程序都要求确保对数据库的插入、更新和删除操作已经正确地执行了。例如，当在银行账户间进行电子转账时，有一些因素可用来判断交易是否成功。首先，需指定转出账户和计划从这个账户划入转入账户的金额。接下来，需指定转入账户。银行会检查转出账户，判断它是否有足够的金额来完成这次交易。如果金额足够，则银行会从这个账户提取指定的金额，并将它存入转入账户中，然后完成交易。如果金额从转出账户提取出来之后交易失败，则会发生什么情况呢？在正常的银行业务处理系统中，银行会将这笔钱重新存入转出账户。如果钱已经从转出账户划走，但银行没有将它存入转入账户，则储户有何感想？

利用事务处理，使得与数据库交互的程序能够将数据库操作(或一组操作)当成一个操作。这样的操作也被称为原子操作(atomic operation)或者事务(transaction)。在事务的结尾，可以决定是提交(commit)事务还是回滚(roll back)它。如果提交事务，则会使数据库操作最终完成，作为事务的一部分执行的所有插入、更新和删除操作都无法撤退，除非执行了一个新的数据库操作。如果回滚事务，则会将数据库保留在数据库操作之前的状态。当事务的某个部分没有正确地完成时，就可以利用回滚的能力。在前面的银行账户间转账的讨论中，如果在转入账户中存入金额的操作没有完成，则可以回滚事务。

Java 通过 Connection 接口的几个方法提供了事务处理能力。setAutoCommit 方法指定在每条 SQL 语句完成之后是否应该提交它(true 实参)，还是应当将多条 SQL 语句组成一个事务(false 实参)。如果实参为 false，则程序必须在事务中最后一条 SQL 语句之后调用 Connection 方法 commit(向数据库提交变化)，或者调用 Connection 方法 rollback(将数据库返回到事务之前的状态)。Connection 接口还提供了 getAutoCommit 方法，它判断 Connection 的自动提交状态。

24.12　小结

本章讲解了数据库的基本概念，分析了如何用 SQL 查询和操作数据库中的数据，如何用 JDBC 使 Java 程序能够与 Java DB 数据库交互。本章给出了 SQL 命令 SELECT、INSERT、UPDATE、DELETE 及子句 WHERE、ORDER BY、INNER JOIN 的用法。

利用预定义的 SQL 脚本，创建并配置了 Java DB 数据库。分析了获得与数据库连接的 Connection、创建与数据库的数据交互的 Statement、执行语句并处理结果的那些步骤。通过 SwingNode，将 Swing JTable 组件集成到 JavaFX GUI 中，并利用 TableModel 将 ResultSet 数据与 JTable 绑定。

接着，使用了一个 RowSet 来简化连接数据库和创建语句的过程。可以使用 PreparedStatement 来创建预编译的 SQL 语句。本章还简要讲解了 CallableStatement 和事务处理。下一章中将讲解 JShell——Java 9

的 REPL(Read-Evaluate-Print Loop，“读取-求值-输出”循环)。利用它，能够快速地探索、发现和体验 Java 语言及它的 API 特性。

总结

24.1 节 简介

- 数据库是有组织的数据集合。数据库管理系统(DBMS)提供了存储、组织、获取和修改数据的机制。
- 当今最流行的数据库管理系统是关系数据库系统。
- SQL 是一种国际化的标准语言，可用来查询和操作关系型数据。
- Java 程序通过 JDBC API 与数据库交互，JDBC API 是一种软件，它用于 DBMS 与程序间的通信。
- JDBC 驱动程序能够使 Java 程序与流行的 DBMS 中的数据库连接，并且能够获取和操作数据库中的数据。

24.2 节 关系数据库

- 关系数据库将数据保存在表中。表由行和列组成，值保存在行和列中。
- 表的主键在每一行中都具有唯一的值。
- 表的每一列代表一种属性。

24.3 节 books 数据库

- 主键可以由多个列组成。
- 标识列是用来表示自动增长列的一种标准做法。利用 SQL IDENTITY 关键字，可以将一个列标记成标识列。
- 外键是一个表中的一列，它匹配另一个表中的主键列。这被称为引用完整性规则。
- 表之间的一对多关系表明一个表中的某一行在另一表中可以有多个相关联的行。
- 每一行都必须有一个主键值且该值在表中必须是唯一的。这被称为实体完整性规则。
- 外键使来自多个表的信息能够合并在一起。主键与对应的外键之间存在一对多关系。

24.4.1 节 基本的 SELECT 查询

- 查询的基本形式是

  ```
  SELECT * FROM tableName
  ```

  其中，星号(*)表示应当选择 *tableName* 表中所有的列，而 *tableName* 指定的是数据库中的哪一个表。
- 为了从表中取得指定的列，需将星号替换成用逗号分隔的列名称列表。

24.4.2 节 WHERE 子句

- 查询中可选的 WHERE 子句指定查询的选择准则。包含选择准则的查询的基本形式为

  ```
  SELECT columnName1, columnName2, … FROM tableName WHERE criteria
  ```

- WHERE 子句可以包含运算符<、>、<=、>=、=、<>和 LIKE。运算符 LIKE 用于带百分号(%)和下画线(_)通配符的模式匹配。
- 包含百分号的模式会搜索在模式的百分号位置具有 0 个或多个字符的字符串。
- 模式字符串中的下画线表示一个单一字符可以占据模式中的这个位置。

24.4.3 节 ORDER BY 子句

- 查询结果可以用 ORDER BY 子句排序。ORDER BY 子句的最简单形式为

  ```
  SELECT columnName1, columnName2, … FROM tableName ORDER BY column ASC
  SELECT columnName1, columnName2, … FROM tableName ORDER BY column DESC
  ```

其中，ASC 指定升序，DESC 指定降序，而 *column* 表示要排序的列。注意，默认的排序顺序是升序，因此 ASC 是可选的。

- ORDER BY 子句还可以使用下列形式对多个列排序：

  ```
  ORDER BY column1 sortingOrder, column2 sortingOrder, ...
  ```

- 可以在一个查询中组合使用 WHERE 子句和 ORDER BY 子句。如果组合它们，则 ORDER BY 必须是查询中的最后一条子句。

24.4.4 节　从多个表合并数据：INNER JOIN

- 通过匹配两个表中相同的列值，INNER JOIN 运算符可以将这两个表中的行合并。INNER JOIN 的基本形式是

  ```
  SELECT columnName1, columnName2, ...
  FROM table1
  INNER JOIN table2
     ON table1.columnName = table2.columnName
  ```

  其中，ON 子句指定要从每个表中进行比较的列，以判断应该合并哪些行。如果 SQL 语句中包含的列的名称在多个表中都是相同的，则必须在列名称的前面加上表名和一个点号，即它的完全限定名。

24.4.5 节　INSERT 语句

- INSERT 语句将一个新行插入表中。这条语句的基本形式是

  ```
  INSERT INTO tableName (columnName1, columnName2, ..., columnNameN)
     VALUES (value1, value2, ..., valueN)
  ```

  其中，*tableName* 是要插入行的表。*tableName* 后面是位于圆括号中以逗号分隔的列名清单。列名清单后面是 SQL 关键字 VALUES 和位于圆括号中的一个以逗号分隔的值清单。

- SQL 使用单引号来分隔字符串。为了在 SQL 语句中指定一个包含单引号的字符串，必须用另一个单引号转换这个单引号(即'')。

24.4.6 节　UPDATE 语句

- UPDATE 语句修改表中的数据。UPDATE 语句的基本形式是

  ```
  UPDATE tableName
     SET columnName1 = value1, columnName2 = value2, ..., columnNameN = valueN
     WHERE criteria
  ```

  其中，*tableName* 是要更新的表。关键字 SET 的后面是以 *columnName* = *value* 形式出现的列名/值对，它们以逗号分隔。可选的 WHERE 子句决定需更新哪些行。

24.4.7 节　DELETE 语句

- DELETE 语句会删除表中的行。最简单的 DELETE 语句形式为

  ```
  DELETE FROM tableName WHERE criteria
  ```

  其中，*tableName* 是要删除行所在的表。可选的 WHERE 子句决定需删除哪些行。如果省略这条子句，则表中的所有行都会被删除。

24.5 节　设置 Java DB 数据库

- Oracle 的纯 Java 数据库 Java DB 在 Windows、macOS 和 Linux 上随 JDK 一起安装。
- Java DB 具有嵌入式版本和网络版本。
- Java DB 位于 JDK 安装目录的 db 子目录下。
- Java DB 可以利用多个文件来配置并运行。在从命令提示窗口执行这些批处理文件之前，必须将环境变量 JAVA_HOME 设置成 JDK 的安装目录。

- 对于 Java DB 嵌入式版本,可以利用 setEmbeddedCP.bat 或 setEmbeddedCP 文件(根据 OS 平台的不同而不同)来配置 CLASSPATH。
- 利用 Java DB 的 ij 工具，可以从命令行与 Java DB 交互。利用它，可以创建数据库、运行 SQL 脚本、执行 SQL 查询。在 ij>提示符下输入的每一个命令，都必须用一个分号(;)结尾。

24.6 节 连接并查询数据库

- java.sql 包中的类和接口用于在 Java 中访问关系数据库。
- Connection 对象用于管理 Java 程序与数据库之间的连接。Connection 对象使程序能够创建操作数据库的 SQL 语句。
- DriverManager 方法 getConnection 会尝试连接由 URL 指定的数据库，该 URL 确定了通信协议、子协议及数据库名称。
- Connection 方法 createStatement 创建的 Statement 对象可用于将 SQL 语句提交给数据库。
- Statement 方法 executeQuery 会执行查询并返回一个 ResultSet 对象。ResultSet 方法使程序能够操作查询结果。
- ResultSetMetaData 对象描述了 ResultSet 的内容。可以在程序中利用元数据来获得关于 ResultSet 的列名和列类型的信息。
- ResultSetMetaData 方法 getColumnCount 取得 ResultSet 的列数。
- ResultSet 方法 next 将 ResultSet 游标定位到下一行，并在该行存在时返回 true，否则返回 false。处理 ResultSet 之前，必须调用这个方法，因为游标最初位于第一行之前。
- 可以将 ResultSet 列值用指定的 Java 类型提取出来。ResultSetMetaData 方法 getColumnType 返回一个 Types 常量(位于 java.sql 包中)，表示该列的类型。
- ResultSet 的 *get* 方法接收的实参可以是列的编号(一个 int 值)，也可以是列的名称(一个 String 值)，表示要获得的是哪个列的值。
- ResultSet 的行和列的编号从 1 开始。
- 对每一个 Statement 对象而言,一次只能打开一个 ResultSet 对象。当 Statement 返回新的 ResultSet 时，它就会关闭前一个 ResultSet。

24.7 节 查询 books 数据库

- TableModel 方法 getColumnClass 返回的 Class 对象表示特定列中所有对象的超类。JTable 利用这一信息来为 JTable 中这个列配置默认的单元格渲染器和单元格编辑器。
- Connection 方法 createStatement 具有一个重载版本，它的参数分别指定结果集类型和并发性。结果集类型指定 ResultSet 游标能否在两个方向上滚动，还是只能向前移动，还能够指定 ResultSet 是否对自己的变化敏感。结果集并发性指定 ResultSet 是否能够更新。
- 有些 JDBC 驱动程序不支持可滚动或可更新的 ResultSet。
- ResultSetMetaData 方法 getColumnClassName 取得列的完全限定名。
- TableModel 方法 getColumnCount 取得 ResultSet 的列数。
- TableModel 方法 getColumnName 取得 ResultSet 的列名称。
- ResultSetMetaData 方法 getColumnName 取得 ResultSet 的列名称。
- TableModel 方法 getRowCount 取得 ResultSet 中的行数。
- TableModel 方法 getValueAt 返回底层 ResultSet 特定行和列中的值(Object)。
- ResultSet 方法 absolute 将 ResultSet 游标定位在指定的行。
- AbstractTableModel 方法 fireTableStructureChanged 通知 JTable 其模型已经改变,需要更新 JTable。
- (javax.swing.table 包的) TableRowSorter 为 JTable 提供行排序功能。
- 利用 SwingNode，可以将 Swing GUI 控件嵌入 JavaFX GUI 中。
- SwingNode 方法 setContent 的实参是一个 JComponent——所有 Swing GUI 控件的超类。

- 对于无法在一个屏幕上容纳的内容，JScrollPane 为 Swing GUI 组件提供了滚动条。
- JTable 中可以显示来自底层 TableModel 数据的子集——这被称为过滤数据。
- JTable 方法 setRowFilter 指定一个(javax.swing 包的)RowFilter 对象，后者为创建过滤器提供了多个方法。静态方法 regexFilter 接收一个包含正则表达式模式的 String 实参，还能够包含一个可选的索引集，指定要过滤哪些列。如果没有指定索引，则会搜索全部的列。

24.8 节 RowSet 接口

- RowSet 接口用于配置数据库连接，并自动执行查询。
- 连接的 RowSet 在对象使用期间会一直保持与数据库的连接。断开的 RowSet 会连接、执行查询，然后关闭连接。
- JdbcRowSet(连接的 RowSet)是 ResultSet 对象的包装器，使用户能够滚动并更新 ResultSet 中的行。和 ResultSet 不一样，JdbcRowSet 默认是可滚动的和可更新的。
- CachedRowSet 是一个断开的 RowSet，它会在内存中缓存 ResultSet 数据。CachedRowSet 是可滚动的和可更新的。CachedRowSet 还是可序列化的。
- (javax.sql.rowset 包的)RowSetProvider 类提供的静态方法 newFactory，它返回的对象实现了(javax.sql.rowset 包的)RowSetFactory 接口，可用于创建各种类型的 RowSet。
- RowSetFactory 方法 createJdbcRowSet 返回一个 JdbcRowSet 对象。
- JdbcRowSet 方法 setUrl 指定数据库的 URL。
- JdbcRowSet 方法 setUsername 指定数据库用户名。
- JdbcRowSet 方法 setPassword 指定口令。
- JdbcRowSet 方法 setCommand 指定用于填充 RowSet 的 SQL 查询。
- JdbcRowSet 方法 execute 执行 SQL 查询。execute 方法会建立与数据库的连接，准备查询语句，执行查询并保存由查询返回的 ResultSet。Connection、Statement、ResultSet 被封装在 JdbcRowSet 对象中。

24.9 节 PreparedStatement

- PreparedStatement 是经过编译的，所以与 Statement 相比，它的执行效率更高。
- PreparedStatement 可以具有参数，从而可以用不同的实参执行相同的查询。
- SQL 语句中，参数是用问号指定的。执行 PreparedStatement 之前，必须用 PreparedStatement 的 *set* 方法来指定实参。
- PreparedStatement 方法 setString 的第一个实参表示要设置的参数编号，第二个实参是参数的值。
- 从第一个问号开始，参数编号从 1 计数。
- 在必要时，setString 方法会自动转义 String 参数。
- PreparedStatement 接口为每一种所支持的 SQL 类型都提供了 *set* 方法。

24.10 节 存储过程

- JDBC 使程序能够利用 CallableStatement 对象调用存储过程。
- 可以指定 CallableStatement 的输入参数。CallableStatement 还能够指定输出参数，存储过程能够将返回值放入其中。

24.11 节 事务处理

- 事务处理使程序能够将与数据库交互的一个(或一组)操作，当成单一的操作——称之为原子操作或事务。
- 在事务的结尾，可以决定是提交事务还是回滚它。
- 如果提交事务，则会使数据库操作最终完成，作为事务的一部分执行的所有插入、更新和删除操作，都无法撤退，除非执行了一个新的数据库操作。

- 如果回滚事务，则会将数据库保留在数据库操作之前的状态。
- Java 通过 Connection 接口的几个方法提供了事务处理能力。
- setAutoCommit 方法指定在每条 SQL 语句完成之后是否应该提交它(true 实参)，还是应当将多条 SQL 语句组成一个事务(false 实参)。
- 如果实参为 false，则程序必须在事务中最后一条 SQL 语句之后调用 Connection 方法 commit(向数据库提交变化)，或者调用 Connection 方法 rollback(将数据库返回到事务之前的状态)。
- getAutoCommit 方法为 Connection 确定自动提交状态。

自测题

24.1 填空题。

a)国际标准数据库语言是________。

b)数据库中的表由________和________组成。

c)Statement 对象将 SQL 查询结果作为________对象返回。

d)________唯一地标识了表中的每一行。

e)利用 SQL 关键字________，后接查询的选择准则，即可指定需选择的行。

f)SQL 关键字________指定查询中行的排序顺序。

g)合并多个数据库表中的行被称为________表。

h)________是有组织的数据集合。

i)________是一组列，其值与另一个表中的主键值匹配。

j)________方法________用于获得与数据库的连接。

k)________接口用于管理 Java 程序与数据库的连接。

l)________对象用于向数据库提交查询。

m)与 ResultSet 对象不同，________和________默认是可滚动的和可更新的。

n)________是一种断开的 RowSet，它会在内存中缓存 ResultSet 的数据。

自测题答案

24.1 a)SQL。b)行，列。c)ResultSet。d)主键。e)WHERE。f)ORDER BY。g)联结。h)数据库。i)外键。j)DriverManager，getConnection。k)Connection。l)Statement。m)JdbcRowSet，CachedRowSet。n)CachedRowSet。

练习题

24.2 (**books 数据库的查询应用**)利用本章中讲解的技术，为 books 数据库设计一个完整的查询应用。需提供如下这些预定义的查询：

a)选择 Authors 表中全部的作者。

b)选择某一位作者，并列出该作者所有的图书。包括每一本图书的书名、版权年及 ISBN。先按作者的姓氏，后按名字排序所有的信息。

c)选择某一个书名，并列出该图书所有的作者。按姓氏、名字排序作者。

d)设计其他合适的查询语句。为每一个预定义的查询，显示一个具有恰当名称的 ComboBox。还需要允许用户提供自己的查询语句。ComboBox 与 ListView 类似，但会在一个下拉列表中显示它的项。

24.3 (**books 数据库的数据操作应用**)为 books 数据库设计一个数据操作应用。用户能够编辑数据库中已有的数据，或者添加新数据(需遵循引用完整性和实体完整性规则)。应允许用户按如下方式编辑数据库：

a) 添加新作者。

b) 编辑某位作者的现有信息。

c) 为某位作者添加新书书名(记住，图书必须在 AuthorISBN 表中有对应的一项)。

d) 在 AuthorISBN 表中新添加一项，将作者与书名连接。

24.4 **(员工数据库)** 10.5 节中，讲解过一个员工工资支付程序的继承层次，用于计算每一位员工的工资。这个练习中，将提供一个员工数据库，它对应于那个员工工资的继承层次 (用于创建 Employees 数据库的 SQL 脚本，位于本章的示例文件夹中)。编写一个应用，实现如下功能：

a) 向 Employee 表添加员工信息。

b) 为每一位新员工在合适的表中添加工资信息。例如，对于薪金固定的员工，需在 SalariedEmployees 表中添加工资信息。

图 24.35 是 employees 数据库的实体-关系图。

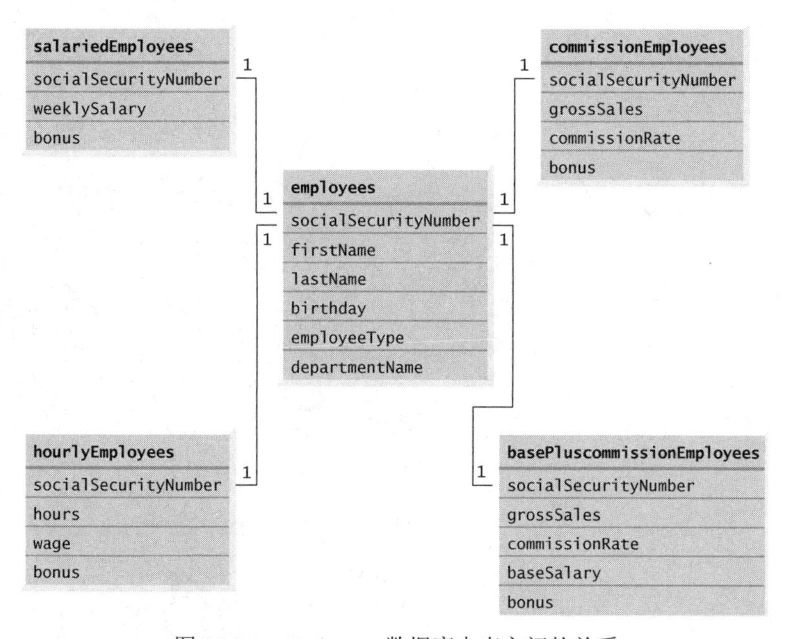

图 24.35　employees 数据库中表之间的关系

24.5 **(员工数据库查询应用)** 修改练习题 24.4 中的应用，增加一个 ComboBox 和一个 TextArea，允许用户执行从 ComboBox 选取的查询，或者是在 TextArea 中输入的查询。一些预定义的查询如下：

a) 选择 SALES 部门下所有的员工。

b) 选择工作时间超过 30 小时的时薪员工。

c) 按佣金比例的降序选择所有佣金员工。

24.6 **(员工数据库数据操作应用)** 修改练习题 24.5 中的应用，执行如下任务：

a) 将所有底薪佣金员工的底薪增加 10%。

b) 如果当前月份是员工的生日月份，则对该员工增加 100 美元的奖金。

c) 对所有销售额超过 10 000 美元的佣金员工，增加 100 美元的奖金。

24.7 **(地址簿应用修改：更新现有的项)** 修改 24.9 节中的程序，在 PersonQueries 类中添加一个 updatePerson 方法。该方法用于更新数据库的某一项。需提供一个 Update 按钮。按下这个按钮时，控制器类中的一个事件处理器需调用 updatePerson 方法，用当前显示在 TextField 中的数据更新联系人信息。

24.8 **(地址簿应用修改：删除现有的项)**修改练习题 24.7 中的程序，在 PersonQueries 类中添加一个 deletePerson 方法。该方法用于删除数据库的某一项。需提供一个 Delete 按钮。按下这个按钮时，控制器类中的一个事件处理器需调用 deletePerson 方法，删除当前所选中的联系人，然后用数据库中的当前项集更新 ListView，并选中第一项。

24.9 **(项目：使用数据库的 ATM 案例分析)**修改(选做的)ATM 案例分析练习(位于本书在线的几章中)，用一个数据库保存账户信息。本章的示例文件夹下提供了一个 SQL 脚本，用于创建 BankDatabase 数据库，它只包含一个表，表由 4 列组成：AccountNumber(int 类型)，PIN(int 类型)，AvailableBalance(double 类型)，TotalBalance(double 类型)。

第 25 章　JShell 简介：Java SE 9 中用于交互式 Java 的 REPL

目标

本章将讲解

- 如何利用 JShell 强化学习和开发软件的过程，探索、发现并体验 Java 语言及它的 API 特性。
- 启动 JShell 会话。
- 执行代码段。
- 显式地声明变量。
- 计算表达式的值。
- 编辑已有的代码段。
- 声明并使用类。
- 将代码段保存为文件。
- 打开 JShell 代码段文件并计算其结果。
- 自动补全代码与 JShell 命令。
- 显示方法参数和它的重载版本。
- 在 JShell 中探索并体验 Java API 文档。
- 声明并使用方法。
- 前向引用还没有声明的方法。
- JShell 如何包装异常。
- 将定制包导入 JShell 会话中。
- 控制 JShell 的反馈级别。

提纲

25.1 简介

这一章讲述的是 Java 自二十多年前诞生以来最重要的教学改进。到目前为止，Java 社区——世界上最大的编程语言社区——已经凝聚了超过 1000 万的开发人员。但是这一发展过程中，并没有做出多少工作来改善初学者的学习过程。随着 JShell——Java 的 REPL（“读取-求值-输出”循环）的引入，在 Java 9 中发生了重大变化。[①]

在入门性编程课程中，教师通常更喜欢使用带有 REPL 工具的语言——现在 Java 有了丰富的 REPL 实现。利用新的 JShell API，第三方就可以将 JShell 和相关的交互式开发工具集成到主要的 IDE 中，如 Eclipse、IntelliJ、NetBeans 等。Java 9 和 JShell 的发展迅速，因此作者已经将所有的 Java 9 内容放到了网上，并会随着 Java 9 的发展而不断更新。

什么是 JShell

JShell 的魔力是什么？很简单，JShell 提供了一个快速且友好的环境，以便能够快速地探索、发现和体验 Java 语言的特性及其大量的库。类似于 JShell 中的 REPL 已经存在了几十年。20 世纪 60 年代，一个最早的 REPL 使 LISP 编程语言能够进行方便的交互式开发。那个时代的学生，例如本书作者之一 Harvey Deitel，发现它使用起来又快捷又有趣。

JShell 用 REPL 替代了编辑、编译、执行这个烦琐的循环。无须实现完整的程序，就可以编写 JShell 命令及 Java 代码段。运行代码段时，JShell 会立即读取、计算它并输出结果，以便查看代码的效果。然后，会为下一个代码段执行相同的过程。从本章的大量示例和练习中，可以看到 JShell 及其即时反馈如何能够使学生保持注意力、提高学习效果并加快软件开发过程。

活代码

本书作者的所有著作，强调的是通过完整的、可运行的程序，用“活代码”方法进行教学。JShell 使这种方式能够在代码段就能实现。随着每一行代码的输入，它们就变得“鲜活”了。当然，在输入代码段时，偶尔也会出错。JShell 会基于这些代码段报告编译错误。利用这个能力，可以测试本书“常见编程错误”提示中给出的那些错误，并可查看这些错误结果。

---

① 需要感谢 Oracle 公司的 Robert Field，他是 JShell/REPL 工作的负责人。在编写本章时，我们与 Field 先生进行了密切交流，他回答了我们的许多问题。我们也向他报告了 JShell 的一些 bug 并提出了改进建议。

代码段的种类

代码段可以是表达式、一条语句、多条语句，也可以是一大段语句，例如方法和类的定义。除了少部分不支持，JShell 支持大部分 Java 特性，但这些特性在设计上有所不同，以符合 JShell 的“探索-发现-体验”功能。JShell 中的方法不必位于类中，而表达式和语句也不必位于方法中；此外，也不需要有 main 方法(其他的差异将在 25.14 节中给出)。采用这种简化设计，可节省大量时间，尤其是避免了完整程序中的“编辑-编译-执行”的冗长循环过程。此外，由于 JShell 能够自动显示表达式和语句的执行结果，所以不必像本书中传统的 Java 代码示例程序那样，需要许多输出语句。

自动补全功能

后面将详细讲解 JShell 的一种“自动补全”(auto-completion)功能——它是提高编码速度的一种重要特性。输入完一部分(类、方法、变量等)的名称，并按 Tab 键，JShell 就会完成这个名称的输入，或者提供以目前键入的名称开头的所有可能名称的列表。接着，还可以方便地显示方法参数，甚至是描述这些方法的文档。

快速原型开发

专业开发人员通常将 JShell 用于快速原型开发，而不是用于全面的软件开发。开发和测试一小段代码之后，可以将其粘贴到较大的项目中。

本章的结构

本章是选修的。对于那些希望使用 JShell 的人来说，这一章被设计成一个单元系列，与前几章的架构相同。每一个单元都以类似的语句开头：“本节需在学习第 2 章之后阅读”。因此，需要先学习第 2 章，然后再阅读本章中对应小节。

与第 2 章有关的 JShell 练习题

学习本章时，需在 JShell 中执行每一个代码段和命令，以确认这些特性的作用无误。25.3 ~ 25.4 节需在学习完第 2 章之后学习。然后，建议完成末尾的自测题。JShell 鼓励“从实践中学习”，因此这些自测题要求编写和测试代码段，以实践第 2 章中讲解的许多 Java 特性。

这些自测题的体量都很小，而且很切题，提供的答案可以帮助快速熟悉 JShell 的功能。完成这些自测题之后，就会对 JShell 有一个很好的了解。

本章不会自吹 JShell 的优点，而是让事实说话。如果在学习本章和完成练习时有任何问题，请写信给 deitel@deitel.com，我们会及时回复。

25.2　安装 JDK 9

Java 9 及其 JShell 采用的是“早期体验”(early access)技术，这些技术依然在发展中。本章对 JShell 的讲解基于 JDK 9 build 152。要使用 JShell，必须首先安装 JDK 9，其早期体验版本可以从：

```
https://jdk9.java.net/download/
```

下载。前言后面的“学前准备”部分给出了 JDK 的版本编码方案，然后讲解了如何管理某个平台上的多个 JDK 安装版本。

25.3　JShell 简介

(注：本节需在学习完第 2 章之后阅读。)

第 2 章中讲到，为了创建 Java 应用，需完成下列工作：

1. 创建一个包含 main 方法的类。
2. 在 main 方法中声明运行程序时会执行的那些语句。

3．编译程序，并改正所有的编译错误。这一步会重复多次，直到没有编译错误为止。

4．运行程序，查看结果。

通过在完成每个表达式或语句时自动编译并执行代码，JShell 消除了如下开销：

- 创建包含希望测试的代码的那个类。
- 编译类。
- 执行类。

这样，就可以专注于交互式地发现和体验 Java 的语言与 API 特性。如果输入的代码无法编译，则 JShell 会立即报告错误。这样，就可以使用 JShell 的编辑特性快速修复并重新执行代码。

25.3.1 启动 JShell 会话

为了启动 JShell 会话，需进行如下操作：

- 在 Microsoft Windows 下，打开“命令提示符”(Command Prompt)窗口，然后输入 jshell 并按回车键。
- 在 macOS(以前为 OS X)下，打开“终端”窗口，然后输入如下命令并按回车键：

```
$JAVA_HOME/bin/jshell
```

- 在 Linux 下，打开“外壳”窗口，然后输入 jshell 并按回车键。

上述命令会执行一个新的 JShell 会话，并显示如下消息和 jshell>提示符：

```
|  Welcome to JShell -- Version 9-ea
|  For an introduction type: /help intro

jshell>
```

第一行中的“Version 9-ea”表明正在使用 JDK 9 的 ea(早期体验)版本。JShell 会在消息前面放一条竖线(|)。至此，就可以输入 Java 代码或者 JShell 命令了。

25.3.2 执行语句

(注：学习本章的过程中，输入的每一个 jshell>提示符后面的代码和 JShell 命令必须与书中的相同，以确保它们的输出结果一致。)

JShell 中有两种输入类型：

- Java 代码(在 JShell 文档中称之为“代码段”)
- JShell 命令

本节和 25.3.3 节中讲解的是代码段，后续几节中会涉及 JShell 命令。

可以在 jshell>提示符下输入任何表达式或语句，然后按回车键执行代码并立即得到结果。图 2.1 中的程序重新在图 25.1 中给出了。为了演示 System.out.println 的工作机制，这个程序需要很多行代码和注释，并且必须编写、编译和执行它们。即使没有注释，仍然需要 5 行代码(第 4 行和第 6 ~ 9 行)。

```
1  // Fig. 25.1: Welcome1.java
2  // Text-printing program.
3
4  public class Welcome1 {
5     // main method begins execution of Java application
6     public static void main(String[] args) {
7        System.out.println("Welcome to Java Programming!");
8     } // end method main
9  } // end class Welcome1
```

```
Welcome to Java Programming!
```

图 25.1 文本输出程序

在 JShell 中，不需要创建 Welcome1 类和它的 main 方法，就可以执行第 7 行中的语句：

```
jshell> System.out.println("Welcome to Java Programming!")
Welcome to Java Programming!

jshell>
```

这里，JShell 将代码段的命令行输出显示在 jshell>提示符和所输入语句的下面。用户输入的语句以粗体显示。

注意，上述语句中没有输入分号。JShell 只会添加语句末尾的分号；如果分号没有位于某一行的末尾[①]，则需要添加它——例如位于一对花括号中的分号。此外，如果一行中有多条语句，则语句之间需要用分号隔开，但最后一条语句的后面不需要分号。

第二个 jshell>提示符之前的那个空行是 println 方法中换行符的结果，且 JShell 总是会将换行符显示在 jshell>提示符的前面。如果使用 print 方法，则不会出现这个换行符：

```
jshell> System.out.print("Welcome to Java Programming!")
Welcome to Java Programming!
jshell>
```

JShell 会跟踪所输入的内容，对于重新执行以前的语句，或者修改语句以更新执行的任务而言，这一特性非常有用。

25.3.3　显式地声明变量

在典型的 Java 源代码文件中声明的几乎所有内容，都可以在 JShell 中声明(25.14 节中将讨论一些不能使用的特性)。例如，可以用如下方法显式地声明一个变量：

```
jshell> int number1
number1 ==> 0

jshell>
```

输入一个变量声明时，JShell 会显示变量的名称(这里是 number1)，后面跟着==>(表示“具有值”)和变量的初始值(0)。如果没有显式地指定初始值，则将变量初始化为其类型的默认值——本例中，int 变量的值为 0。

变量可以在它的声明中初始化——重新声明 number1：

```
jshell> int number1 = 30
number1 ==> 30

jshell>
```

JShell 会显示：

```
number1 ==> 30
```

表示 number1 现在的值为 30。在当前 JShell 会话中声明与另一个变量同名的新变量时，JShell 会用新声明替换第一个声明[②]。因为 number1 在前面声明过，可以简单地为 number1 分配一个值：

```
jshell> number1 = 45
number1 ==> 45

jshell>
```

JShell 中的编译错误

在 JShell 中使用变量之前，必须先声明它。下面的 int 变量 sum 的声明，尝试使用一个 number2 变量，但还没有声明这个变量，所以 JShell 会报告编译错误，指出编译器无法找到一个名称为 number2 的变量：

---

① 不需要分号，是 JShell 出于交互性的便利而重新演绎了标准 Java 的体现。本章将探讨很多这样的特性，并会将它们总结在 25.14 节中。

② 重新声明一个已有的变量，是 JShell 出于交互性的便利而重新演绎标准 Java 的另一个实例。这种行为，与 Java 编译器的处理方式不同——“双重声明”会导致编译错误。

```
jshell> int sum = number1 + number2
|  Error:
|  cannot find symbol
|    symbol:   variable number2
|  int sum = number1 + number2;
|                      ^-----^

jshell>
```

在错误消息中采用了“^-----^”记号来强调语句中的错误。对于前面所声明的变量 number1，不会发生错误。由于这个代码段存在编译错误，所以它是无效的。但是，JShell 依然会将它放入会话历史中，无论它是有效或者无效的代码段，或者是输入的命令。后面将看到，可以回调无效的代码段并再次执行它。JShell 的/history 命令会显示当前会话的历史，即用户的所有输入操作：

```
jshell> /history

System.out.println("Welcome to Java Programming!")
System.out.print("Welcome to Java Programming!")
int number1
int number1 = 45
number1 = 45
int sum = number1 + number2
/history

jshell>
```

修正错误

JShell 中很容易修正代码段的错误并重新执行它。首先声明一个具有值 72 的 number2 变量，就能够修正上述错误：

```
jshell> int number2 = 72
number2 ==> 72

jshell>
```

这样，后续代码段就可以使用 number2 了——后面将再次执行一个将 sum 声明并初始化成 number1 + number2 的代码段。

回调并重新执行前一个代码段

至此，number1 和 number2 都已经被声明了，可以用它们来声明一个 int 变量 sum。利用上下箭头键，可以选择以前输入过的代码段和 JShell 命令。无须重新输入 sum 的声明，可以按上箭头键三次，可以调出以前的输入。JShell 以逆序回调先前的输入——最后输入的一行文本会被最先回调出来。因此，按上箭头键一次，jshell>提示符后会出现如下信息：

```
jshell> int number2 = 72
```

按第二次，会出现/history 命令：

```
jshell> /history
```

第三次出现的是 sum 的声明：

```
jshell> int sum = number1 + number2
```

这样，就可以按回车键，重新执行这个代码段：

```
jshell> int sum = number1 + number2
sum ==> 117

jshell>
```

JShell 会将 number1(45)和 number2(72)的值相加，并将结果保存在这个新的 sum 变量中，然后显示它的值(117)。

25.3.4 列出并执行前面的代码段

利用 JShell 的/list 命令，可以查看以前所有有效的 Java 代码段——JShell 会按照输入的顺序显示它们：

```
jshell> /list

   1 : System.out.println("Welcome to Java Programming!")
   2 : System.out.print("Welcome to Java Programming!")
   4 : int number1 = 30;
   5 : number1 = 45
   6 : int number2 = 72;
   7 : int sum = number1 + number2;

jshell>
```

每一个有效的代码段都用一个连续的代码段 ID 标识。上面缺少 ID 为 3 的代码段，因为原始代码段：

```
int number1
```

已经用 ID 为 4 的代码段替换了。注意，/list 命令的结果可能不是/history 命令的结果。回调某个命令时，如果忽略了分号，则 JShell 会在幕后插入它。上面的结果中，JShell 在那些声明语句(代码段 4、6 和 7)的后面加入了分号。

上面的代码段 1 是一个表达式。如果在其末尾加一个分号，则成为一个表达式语句(expression statement)。

按 ID 执行代码段

输入/id 命令可以执行任何一个代码段，其中 id 是代码段的 ID。例如，

```
jshell> /1
System.out.println("Welcome to Java Programming!")
Welcome to Java Programming!

jshell>
```

JShell 会显示第一个代码段，执行它并显示结果。通过“/!”命令[①]，可以再次执行最后一个代码段(无论它是有效还是无效的)：

```
jshell> /!
System.out.println("Welcome to Java Programming!")
Welcome to Java Programming!

jshell>
```

JShell 会为所有有效的代码段都分配一个 ID。尽管语句：

```
System.out.println("Welcome to Java Programming!")
```

已经在会话中作为代码段 1 存在，但 JShell 依然会用序列中的下一个 ID 新创建一个代码段(最后两个代码段的 ID 为 8 和 9)。执行/list 命令，会看到代码段 1、8 和 9 是相同的：

```
jshell> /list

   1 : System.out.println("Welcome to Java Programming!")
   2 : System.out.print("Welcome to Java Programming!")
   4 : int number1 = 30;
   5 : number1 = 45
   6 : int number2 = 72;
   7 : int sum = number1 + number2;
   8 : System.out.println("Welcome to Java Programming!")
   9 : System.out.println("Welcome to Java Programming!")

jshell>
```

25.3.5　隐式地计算表达式的值并声明变量

输入表达式时，JShell 会计算它的值，并隐式地创建一个变量，将结果值赋予这个变量。隐式变量

---

① 到本书编写时为止，还不能使用/id 命令执行上面那些代码段，但是，/reload 命令可以重新执行这些命令(见 25.12.3 节)。

(implicit variable)被命名为$#，其中的#是新代码段的 ID[①]。例如：

```
jshell> 11 + 5
$10 ==> 16

jshell>
```

会计算表达式 11 + 5 的值，并将结果值(16)赋予隐式声明的变量$10，因为前面已经有了 9 个有效的代码段(尽管有一个代码段由于重新声明了变量 number1 而被删除)。JShell 会推断出$10 的类型为 int，因为表达式 11 + 5 是将两个 int 值相加，其结果为一个 int 值。表达式中也可以包含一个或者多个方法调用。现在的代码段列表为

```
jshell> /list

   1 : System.out.println("Welcome to Java Programming!")
   2 : System.out.print("Welcome to Java Programming!")
   4 : int number1 = 30;
   5 : number1 = 45
   6 : int number2 = 72;
   7 : int sum = number1 + number2;
   8 : System.out.println("Welcome to Java Programming!")
   9 : System.out.println("Welcome to Java Programming!")
  10 : 11 + 5

jshell>
```

注意，隐式声明的变量$10 在列表中显示为 10，没有美元符号。

25.3.6 使用隐式声明变量

和其他的变量声明一样，可以在表达式中使用隐式声明的变量。例如，如下的赋值语句会将 number1(45)和$10(16)相加的结果赋予变量 sum：

```
jshell> sum = number1 + $10
sum ==> 61

jshell>
```

现在的代码段列表为

```
jshell> /list

   1 : System.out.println("Welcome to Java Programming!")
   2 : System.out.print("Welcome to Java Programming!")
   4 : int number1 = 30;
   5 : number1 = 45
   6 : int number2 = 72;
   7 : int sum = number1 + number2;
   8 : System.out.println("Welcome to Java Programming!")
   9 : System.out.println("Welcome to Java Programming!")
  10 : 11 + 5
  11 : sum = number1 + $10

jshell>
```

25.3.7 查看变量的值

任何时候都可以查看变量的值，只需输入它的名称并按回车键即可：

```
jshell> sum
sum ==> 61

jshell>
```

JShell 会将变量名称当作表达式，因此会计算它的值。

① 隐式声明一个变量，是 JShell 出于交互性的便利而重新演绎标准 Java 的另一个实例。在常规的 Java 程序中，必须显式地声明每一个变量。

25.3.8　重置 JShell 会话

输入/reset 命令，可以将所有代码从 JShell 会话中删除：

```
jshell> /reset
|  Resetting state.

jshell> /list

jshell>
```

用一个/list 命令就可以确认所有的代码段都已经被删除了。JShell 显示的确认性信息，例如：

```
|  Resetting state.
```

有助于熟悉 JShell 的使用。25.12.5 节中，将讲解如何改变 JShell 的反馈模式，使其更精简或更丰富。

25.3.9　编写多行语句

接下来将编写一条 if 语句，判断 45 是否小于 72。首先，分别将 45 和 72 保存到隐式声明的变量中：

```
jshell> 45
$1 ==> 45

jshell> 72
$2 ==> 72

jshell>
```

然后，输入 if 语句：

```
jshell> if ($1 < $2) {
   ...>
```

JShell 知道 if 语句是不完整的，因为只输入了一个左花括号，还没有输入语句体或者右花括号。因此，JShell 会显示一个延续型提示符“...>”，用于输入更多的控制语句。下面的操作就完成了这条 if 语句并计算出结果：

```
jshell> if ($1 < $2) {
   ...>    System.out.printf("%d < %d%n", $1, $2);
   ...> }
45 < 72

jshell>
```

这里出现了第二个延续型提示符，因为 if 语句的右花括号还没有输入。注意，if 语句体内 System.out.printf 语句末尾的分号是必须输入的。这里手工地缩进了 if 语句体——和 IDE 通常的做法不同，JShell 不会添加空格或花括号。而且，JShell 只会为包含多行代码的代码段(例如 if 语句)赋予一个 ID。现在的代码段列表为

```
jshell> /list

   1 : 45
   2 : 72
   3 : if ($1 < $2) {
          System.out.printf("%d < %d%n", $1, $2);
       }

jshell>
```

25.3.10　编辑代码段

有时，我们可能希望根据当前 JShell 会话中已有的代码段新创建一个代码段。例如，假设希望创建一条 if 语句，判断$1 是否大于$2。执行这一任务的语句为

```
if ($1 > $2) {
   System.out.printf("%d > %d%n", $1, $2);
}
```

它几乎与 25.3.9 节中的 if 语句相同。因此，最简便的方式是编辑现有的语句，而不是从头输入新的语句。编辑现有的代码段时，JShell 会将它保存为一个新的代码段，其 ID 为序列中的下一个值。

编辑单行代码段

为了编辑单行代码段，可以用上箭头键找到它，做出修改，然后按回车键执行它。25.13 节中给出的一些键盘快捷键，可用于编辑单行代码段。

编辑多行代码段

对于分布在多行中的较大代码段(如包含一条或多条语句的 if 语句)，可以使用 JShell 的/edit 命令，在 JShell 编辑板(Edit Pad)中打开整个代码段(见图 25.2)。命令：

```
/edit
```

会打开编辑板，并显示到目前为止已经输入的所有有效代码段。为了编辑某个代码段，可指定它的 ID：

```
/edit id
```

因此，命令：

```
/edit 3
```

会在编辑板中显示 25.3.9 节中的 if 语句(见图 25.2)——窗口中不会显示代码段 ID。编辑板窗口是模态的——打开它时，无法在 JShell 提示符下输入代码段或者命令。

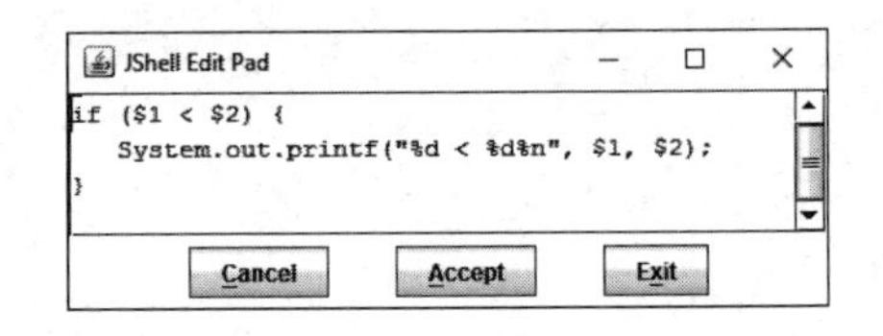

图 25.2 打开了 25.3.9 节中 if 语句的 JShell 编辑板

编辑板只支持基本的编辑功能。可进行如下操作：

- 在某个位置单击，插入光标，输入文本。
- 利用箭头键移动光标。
- 拖动鼠标，选择文本。
- 使用删除(回退)键，删除文本。
- 利用操作系统的键盘快捷键，剪切、复制和粘贴文本。
- 输入文本，甚至可以输入新的代码段。

在 if 语句的第 1 行和第 2 行中，选取小于号(<)，并将它改成大于号(>)，然后单击 Accept 按钮，新创建一条 if 语句。单击 Accept 按钮时，JShell 也会立即计算这条新 if 语句的值并显示结果——由于 $1(45)不大于$2(72)，所以不会执行 System.out.printf 语句[1]，JShell 中不会显示任何消息。

如果希望立即返回到 JShell 提示符，则可以单击 Exit 按钮，执行编辑过的代码段，并关闭编辑板。单击 Cancel 按钮，会关闭编辑板，并且会丢弃自上一次单击 Accept 按钮以来所做的任何改动。

如果修改或者新创建了多个代码段，然后单击了 Accept 或 Exit 按钮，则 JShell 会用当前编辑板中的内容与以前保存的代码段进行比较。然后，会执行所有修改过的代码段或者新的代码段。

在编辑板中添加新代码段

为了验证 JShell 编辑板确实是在单击 Accept 按钮之后立即执行代码段的，在其他代码之后，在 if 语句的后面将$1 的值变成 100：

```
$1 = 100
```

并单击 Accept 按钮(见图 25.3)。只要改变了变量的值，JShell 就会立即显示该变量的名称和新值：

```
jshell> /edit 3
$1 ==> 100
```

单击 Exit 按钮，退出编辑板，返回到 jshell>提示符。

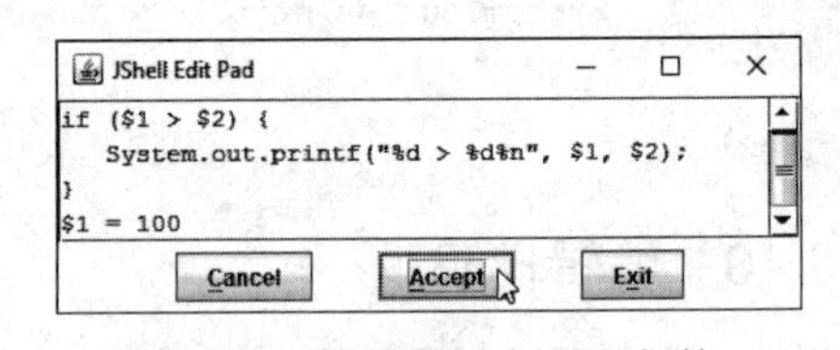

图 25.3 在编辑板中 if 语句的后面输入一条新语句

如下操作列出了当前的代码段。注意，包含多行代码的 if 语句，只有一个 ID：

[1] 如果条件为 false，则可以利用 if...else 语句来显示输出结果。但是，本节的目的是与第 2 章匹配，在那里只讲解了单选择 if 语句。

```
jshell> /list

   1 : 45
   2 : 72
   3 : if ($1 < $2) {
          System.out.printf("%d < %d%n", $1, $2);
       }
   4 : if ($1 > $2) {
          System.out.printf("%d > %d%n", $1, $2);
       }
   5 : $1 = 100

jshell>
```

再次执行新的 if 语句

如下命令，会用更新后的$1 值再次执行新的 if 语句(ID 为 4)：

```
jshell> /4
if ($1 > $2) {
   System.out.printf("%d > %d%n", $1, $2);
}
100 > 72

jshell>
```

现在的$1 > $2 条件为 true，所以会执行 if 语句体。现在的代码段列表为

```
jshell> /list

   1 : 45
   2 : 72
   3 : if ($1 < $2) {
          System.out.printf("%d < %d%n", $1, $2);
       }
   4 : if ($1 > $2) {
          System.out.printf("%d > %d%n", $1, $2);
       }
   5 : $1 = 100
   6 : if ($1 > $2) {
          System.out.printf("%d > %d%n", $1, $2);
       }

jshell>
```

25.3.11　退出 JShell

为了终止当前的 JShell 会话，可以使用/exit 命令，或者输入键盘快捷键 Ctrl + d。这会返回到命令行提示符。

25.4　JShell 中的命令行输入

(注：本节需在学习完第 2 章及本章前面的内容之后阅读。)

第 2 章中，展示过利用 Scanner 对象进行命令行输入的情形：

```
Scanner input = new Scanner(System.in);

System.out.print("Enter first integer: ");
int number1 = input.nextInt();
```

这会创建一个 Scanner 对象，提示用户进行输入，然后利用 Scanner 方法 nextInt 读取一个值。程序会等待用户输入一个整数并按回车键，否则不会处理下一条语句。屏幕上的交互信息为

```
Enter first integer: 45
```

本节将展示如何在 JShell 中进行类似的交互操作。

创建一个 Scanner 对象

启动一个新 JShell 会话，或者利用/reset 命令恢复当前的会话。然后，创建一个 Scanner 对象：

```
jshell> Scanner input = new Scanner(System.in)
input ==> java.util.Scanner[delimiters=\p{javaWhitespace}+] ...
   \E][infinity string=\Q∞\E]

jshell>
```

这里不必导入 Scanner 类，JShell 会自动导入 java.util 包及其他的几个包——25.10 节中给出了完整的包列表。创建对象时，JShell 会显示它的文本表示形式。“input ==>”右侧的一串文本是 Scanner 的文本表示(忽略它即可)。

提示输入并读取值

接下来，提示用户进行输入：

```
jshell> System.out.print("Enter first integer: ")
Enter first integer:
jshell>
```

语句的输出结果会立即显示，后接下一个 jshell>提示符。键入一条输入语句：

```
jshell> int number1 = input.nextInt()
_
```

这时，JShell 会等待用户的输入。输入光标会停留在 jshell>提示符的下面——用一个下画线(_)表示，而不是第 2 章中的“Enter first integer:”提示信息。输入一个整数并按回车键，将这个值赋予 number1。至此，最后一个代码段已经执行完毕，所以会出现下一个 jshell>提示符：

```
jshell> int number1 = input.nextInt()
45
number1 ==> 45

jshell>
```

尽管可以在 JShell 中使用 Scanner 来进行命令行输入，但是在大多数情况下，没有必要这么做。上述交互式操作的作用就是将一个整数值保存到变量 number1 中。可以用如下简单的赋值语句实现它：

```
jshell> int number1 = 45
number1 ==> 45

jshell>
```

为此，在 JShell 中通常使用赋值语句，而不是通过命令行输入。此处之所以讲解 Scanner 类，是因为可能会将 JShell 中编写的代码复制到传统的 Java 程序中。

25.5 声明并使用类

(注：本节需在学习完第 3 章之后阅读。)

25.3 节中讲解过基本的 JShell 功能。本节将创建一个类，并操作该类的对象。使用的类是图 3.1 中给出的 Account 类。

25.5.1 创建 JShell 中的类

启动一个新 JShell 会话(或者用/reset 命令恢复当前会话)，然后声明一个 Account 类(忽略图 3.1 中的注释)：

```
jshell> public class Account {
   ...>    private String name;
   ...>
   ...>    public void setName(String name) {
   ...>       this.name = name;
   ...>    }
```

```
   ...>
   ...>     public String getName() {
   ...>        return name;
   ...>     }
   ...> }
|  created class Account

jshell>
```

JShell 会识别出类声明的右花括号，然后显示：

```
created class Account
```

并给出下一个 jshell>提示符。注意，类体中的分号不能省略。

为了节省时间，可以将现有的源代码文件加载到 JShell 中，而不是像上面那样输入类的代码，如 25.5.6 节所示。虽然可以在类(和其他类型)上指定 public 之类的访问修饰符，但是 JShell 会忽略顶级类型上除抽象类型之外的所有访问修饰符(第 10 章中讨论过)。

查看所声明的类

为了查看已经声明过的类名称，可以输入/types 命令[1]：

```
jshell> /types
|    class Account

jshell>
```

25.5.2 显式地声明引用类型变量

如下语句会创建一个 Account 变量 account：

```
jshell> Account account
account ==> null

jshell>
```

引用类型变量的默认值为 null。

25.5.3 创建对象

可以创建新对象。如下语句会创建一个 Account 变量 account，并用一个新对象初始化它：

```
jshell> account = new Account()
account ==> Account@56ef9176

jshell>
```

奇怪的符号：

```
Account@56ef9176
```

是这个新 Account 对象的默认文本表示。如果类提供了定制的文本表示，则会显示它。7.6 节中，讲解过如何为对象提供定制的文本表示；9.6 节中，探讨过对象的默认文本表示形式。@符号后面的值是对象的哈希码，16.10 节中探讨过哈希码。

声明用 Account 对象初始化的隐式 Account 变量

如果创建对象时只使用表达式 new Account()，则 JShell 会将该对象赋予一个隐式声明的 Account 类型变量：

```
jshell> new Account()
$4 ==> Account@1ed4004b

jshell>
```

---

① 实际上，/types 命令会显示所有声明的类型，包括类、接口和枚举。

注意，这个对象的哈希码(1ed4004b)与前一个 Account 对象的哈希码(56ef9176)不同——通常会这样，但无法保证二者总是不相同。

查看声明的变量

利用/vars 命令，可以查看所声明的所有变量：

```
jshell> /vars
|    Account account = Account@56ef9176
|    Account $4 = Account@1ed4004b

jshell>
```

对于每一个变量，JShell 通常会显示它的类型和名称，后接一个等于号，然后是它的文本表示。

25.5.4 操作对象

有了对象之后，就可以调用它的方法。事实上，在前面的代码段中，已经对 System.out 对象调用过它的 println、print、printf 方法。如下语句会设置 account 对象的名称：

```
jshell> account.setName("Amanda")

jshell>
```

setName 方法的返回类型为 void，所以它不返回值，且 JShell 不会给出任何输出信息。

如下语句可取得 account 对象的名称：

```
jshell> account.getName()
$6 ==> "Amanda"

jshell>
```

getName 方法返回一个 String。调用返回值的方法时，JShell 会将该值保存在一个隐式声明的变量中。这里的$6，其类型被推断成 String。当然，也可以将上述方法调用的返回结果赋予一个显示声明的变量。

如果方法是作为较大语句的一部分调用的，则返回值将用在该语句中。例如，如下语句使用了 println 来显示 account 对象的名称：

```
jshell> System.out.println(account.getName())
Amanda

jshell>
```

25.5.5 为表达式创建有意义的变量名称

对于以前被 JShell 隐式赋予某个变量的值，可以为它指定一个有意义的变量名称。例如，对于下列代码段：

```
jshell> account.getName()
```

在 Windows 下，键入：

Alt+F1　v

在 macOS 下，键入：

Esc+F1　v 或　Alt+F1　v

在 Linux 下，键入：

Alt+Enter　v

其中，加号表示应同时按下左右两边的键(如 Alt 键和 F1 键)，然后释放它们，再按下 v 键。JShell 能够推断出表达式的类型——account.getName()返回一个 String。因此，JShell 会在等于号前面插入 String：

```
jshell> account.getName()
jshell> String _= account.getName()
```

此外，JShell 还会在等于号左边添加一条下画线。所以，只需输入变量名称即可：

```
jshell> String name = account.getName()
name ==> "Amanda"

jshell>
```

按下回车键时，JShell 会计算这个新代码段的值，并将结果保存在指定的变量中。

25.5.6　保存并打开代码段文件

可以将一个会话中所有的有效代码段保存到一个文件中。在需要时，可以将它加载到 JShell 会话中。为了保存有效代码段，可以使用/save 命令：

/save *filename*

默认情况下，文件的位置为启动 JShell 所在的文件夹。为了将文件保存到另外的位置，需指定完整的路径。

保存了代码段之后，可以利用/open 命令重新加载它：

/open *filename*

这会执行文件中所有的代码段。

用/open 命令加载 Java 源代码文件

还可以用/open 命令打开 Java 源代码文件。例如，如果希望打开图 3.1 中的 Account 类文件(25.5.1 节中已经这样做过)，则不必在 JShell 中输入代码，而只需从 Account.java 源文件加载这个类即可。在命令窗口中，进入包含 Account.java 的文件夹，执行 JShell，然后使用如下命令将类声明加载到 JShell 中：

```
/open Account.java
```

为了从另外的文件夹加载文件，可以指定它的完整路径。25.10 节中将讲解如何在 JShell 中使用编译过的类。

25.6　JShell 的自动补全功能

(注：本节需在学习完第 3 章和 25.5 节之后阅读。)

JShell 中可以快速编写代码。当输入了某个类、变量或者方法名称的一部分时，按 Tab 键，JShell 会进行如下某项操作：

- 如果没有其他的名称与已经输入的部分匹配，则 JShell 会自动补全名称的剩下部分。
- 如果有多个名称的开始部分与已经输入的字母相同，则 JShell 会给出这些名称的列表。这样，可以继续输入下一个字母，并再次按 Tab 键，完成输入。
- 如果没有名称相匹配，则 JShell 不会显示任何信息，且操作系统会发出警告声。

自动补全功能通常是一个 IDE 特性，但是在 JShell 中，它与 IDE 无关。

下面给出自最后一次/reset 命令以来已经输入过的代码段(来自 25.5 节)：

```
jshell> /list

   1 : public class Account {
          private String name;
          public void setName(String name) {
             this.name = name;
          }
          public String getName() {
             return name;
          }
       }
   2 : Account account;
   3 : account = new Account()
   4 : new Account()
   5 : account.setName("Amanda")
   6 : account.getName()
   7 : System.out.println(account.getName())
   8 : String name = account.getName();
jshell>
```

25.6.1 自动补全标识符

到目前为止，以小写字母“a”开头的唯一变量名称是 account，它在代码段 2 中声明。自动补全功能是大小写敏感的，所以，“a”与类名称 Account 并不匹配。如果在 jshell>提示符下输入“a”：

```
jshell> a
```

然后按 Tab 键，则 JShell 会自动补全这个名称：

```
jshell> account
```

然后，输入一个点号：

```
jshell> account.
```

并按 Tab 键，JShell 并不知道希望调用的是哪一个方法。所以，它会给出一个列表——所有方法的列表——只要它能够出现在点号的右侧：

```
jshell> account.
equals(        getClass()     getName()      hashCode()     notify()
notifyAll()    setName(       toString()     wait(

jshell> account.
```

接着，会给出一个新的 jshell>提示符，以及已经输入过的内容。这个列表中包含在(代码段 1)Account 类中声明的方法，以及所有 Java 类都具有的几个方法(见第 9 章的讨论)。列表中的这些方法名称：

- 后面有“()”的，表示不需要实参。
- 后面有“(”的，表示至少需要一个实参，或者它是所谓的重载方法——多个方法的名称相同，但是具有不同的参数列表(见 6.12 节的讨论)。

假设需要使用 Account 的 setName 方法，将保存在 account 对象中的名称改为“John”。这里只有一个方法以“s”开头，所以可以输入 s，然后按 Tab 键，自动补全 setName：

```
jshell> account.setName(
```

JShell 会自动插入方法调用中的左括号。这样就可以完成代码段了：

```
jshell> account.setName("John")

jshell>
```

25.6.2 自动补全 JShell 命令

也可以将自动补全功能用于 JShell 命令。如果输入/，然后按 Tab 键，则 JShell 会显示所有的命令：

```
jshell> /
/!          /?          /drop       /edit       /env        /exit
/help       /history    /imports    /list       /methods    /open
/reload     /reset      /save       /set        /types      /vars

jshell> /
```

如果输入/h 后按 Tab 键，则只会显示以/h 开头的那些命令：

```
jshell> /h
/help       /history

jshell> /h
```

如果输入/i 并按 Tab 键，则会自动补全/history 命令。同样，如果输入/l 并按 Tab 键，则会自动补全/list 命令(只有/list 命令以/l 开头)。

25.7 探索类成员并查看文档

(注：本节需先学习第 6 章及本章前面的各节。)

上面一节讲解了基本的自动补全功能。在 JShell 中使用某个类之前，通常需要先了解它的更多信息。

本节将讲解如何：

- 查看方法所要求的参数，以便能够正确调用它。
- 参考方法的文档。
- 阅读与类的字段相关的文档。
- 查看类的文档。
- 了解方法的重载版本。

下面将以 Math 类为例讲解这些特性。启动一个新 JShell 会话，或者用/reset 命令恢复当前会话。

25.7.1　列出 Math 类的静态成员

第 6 章中讲解过，Math 类只包含静态成员——用于进行各种算术运算的静态方法，以及静态常量 PI 和 E。为了查看完整的列表，输入“Math.”，然后按 Tab 键：

```
jshell> Math.
E                 IEEEremainder(    PI                abs(
acos(             addExact(         asin(             atan(
atan2(            cbrt(             ceil(             class
copySign(         cos(              cosh(             decrementExact(
exp(              expm1(            floor(            floorDiv(
floorMod(         fma(              getExponent(      hypot(
incrementExact(   log(              log10(            log1p(
max(              min(              multiplyExact(    multiplyFull(
multiplyHigh(     negateExact(      nextAfter(        nextDown(
nextUp(           pow(              random()          rint(
round(            scalb(            signum(           sin(
sinh(             sqrt(             subtractExact(    tan(
tanh(             toDegrees(        toIntExact(       toRadians(
ulp(

jshell> Math.
```

JShell 的自动补全功能会显示能够出现在点号右边的所有内容。此处输入的是类名称和一个点号，所以 JShell 只会显示该类的静态成员。后面没有括号的名称(E 和 PI)是类的静态变量。其他名称是类的静态方法：

- 后接“()”的方法名称(这里只有 random)不需要任何实参。
- 后接“(”的方法名称要求至少有一个实参，或者它为重载版本。

很容易查看 PI 和 E 常量的值：

```
jshell> Math.PI
$1 ==> 3.141592653589793

jshell> Math.E
$2 ==> 2.718281828459045

jshell>
```

25.7.2　查看方法参数

假设需要测试 Math 的 pow 方法(见 5.4.2 节)，但是不知道它的参数。可以输入：

```
Math.p
```

然后按 Tab 键，则会自动补全这个名称：

```
jshell> Math.pow(
```

由于没有其他的方法以“pow”开头，所以 JShell 也会插入一个左括号，表明它是方法调用的开始处。接下来，输入 Shift + Tab 键，查看它的参数：

```
jshell> Math.pow(
double Math.pow(double a, double b)
<press shift-tab again to see javadoc>

jshell> Math.pow(
```

JShell 会显示方法的返回类型、名称，以及完整的参数列表。然后，显示下一个 jshell>提示符及已经输入过的字符。可以看到，这个方法要求两个 double 参数。

25.7.3 查看方法文档

JShell 中集成了 Java API 文档，所以可以在 JShell 中方便地查看它们，而不必使用 Web 浏览器。假设希望查看 pow 方法的文档。可以再次按 Shift + Tab 键，查看它的 Java 文档(被称为 javadoc)——下面给出的信息用省略号替换了部分文本，以节省空间：

```
jshell> Math.pow(
double Math.pow(double a, double b)
Returns the value of the first argument raised to the power of the
second argument.Special cases:
  * If the second argument is positive or negative zero, then the
    result is 1.0.
.
.
.
<press space for next page, Q to quit>
```

如果是长文档，则 JShell 只会显示一部分，然后给出消息：

```
<press space for next page, Q to quit>
```

可以按空格键，显示文档的下一页。如果按下 Q 键(或 q 键)，或者已经显示完所有的文档，则会显示下一个 jshell>提示符，以及已经输入的文本：

```
jshell> Math.pow(
```

25.7.4 查看公共字段的文档

可以通过 Shift + Tab 键查看某个类的公共字段。例如，如果输入 Math.PI，然后按 Shift + Tab 键，则会显示：

```
jshell> Math.PI
Math.PI:double
<press shift-tab again to see javadoc>
```

它给出了 Math.PI 的类型，并提示可以再次按 Shift + Tab 键查看它的文档。这时，会显示：

```
jshell> Math.PI
Math.PI:double
The double value that is closer than any other to pi, the ratio of
the circumference of a circle to its diameter.

jshell> Math.PI
```

然后，出现下一个 jshell>提示符，以及已经输入的文本。

25.7.5 查看类的文档

也可以输入某个类名称，然后按 Shift + Tab 键，查看该类的完全限定名称。例如，输入 Math，然后按 Shift + Tab 键，会显示：

```
jshell> Math
java.lang.Math
<press shift-tab again to see javadoc>

jshell> Math
```

它表明 Math 类位于 java.lang 包中。再次按 Shift + Tab 键，会显示类文档的开头部分：

```
jshell> Math
java.lang.Math
The class Math contains methods for performing basic numeric opera-
tions such as the elementary exponential, logarithm, square root,
and trigonometric functions. Unlike some of the numeric methods of
```

```
.
.
.
<press space for next page, Q to quit>
```

这表明文档还有更多的内容。可以按空格键继续查看，或者按 Q 键(或 q 键)返回到 jshell>提示符：

```
jshell> Math
```

25.7.6　查看重载的方法

许多类都包含重载的方法。通过 Shift + Tab 键查看重载方法的参数时，JShell 会给出所有的重载方法，以及每一个方法的参数。例如，Math.abs 方法有 4 个重载版本：

```
jshell> Math.abs(
int Math.abs(int a)
long Math.abs(long a)
float Math.abs(float a)
double Math.abs(double a)
<press shift-tab again to see javadoc>

jshell> Math.abs(
```

再次按 Shift + Tab 键，JShell 会显示第一个重载版本的文档：

```
jshell> Math.abs(
int Math.abs(int a)
Returns the absolute value of an int value.If the argument is not
negative, the argument is returned. If the argument is negative,
the negation of the argument is returned.
.
.
.
<press space for next javadoc, Q to quit>
```

按空格键，可以查看下一个重载方法的文档；按 Q 键(或 q 键)，可以返回到 jshell>提示符。

25.7.7　查看特定对象的成员

25.7.1 ~ 25.7.6 节中讲解的那些功能，同样适用于特定对象的成员。首先创建一个 String 对象：

```
jshell> String dayName = "Monday"
dayName ==> "Monday"

jshell>
```

为了查看 dayName 对象能够调用的方法，可输入“dayName.”并按 Tab 键：

```
jshell> dayName.
charAt(                 chars()                  codePointAt(
codePointBefore(        codePointCount(          codePoints()
compareTo(              compareToIgnoreCase(     concat(
contains(               contentEquals(           endsWith(
equals(                 equalsIgnoreCase(        getBytes(
getChars(               getClass()               hashCode()
indexOf(                intern()                 isEmpty()
lastIndexOf(            length()                 matches(
notify()                notifyAll()              offsetByCodePoints(
regionMatches(          replace(                 replaceAll(
replaceFirst(           split(                   startsWith(
subSequence(            substring(               toCharArray()
toLowerCase(            toString()               toUpperCase(
trim()                  wait(

jshell> dayName.
```

查看 toUpperCase 的用法

可以了解一下 toUpperCase 方法的用法。继续输入“toU”并按 Tab 键，会自动补全它的名称：

```
jshell> dayName.toUpperCase(
toUpperCase(

jshell> dayName.toUpperCase(
```

然后，按 Shift + Tab 键，查看它的参数：

```
jshell> dayName.toUpperCase(
String String.toUpperCase(Locale locale)
String String.toUpperCase()
<press shift-tab again to see javadoc>

jshell> dayName.toUpperCase(
```

这个方法具有两个重载版本。通过 Shift + Tab 键可以查看它们，也可以通过指定合适的实参来明确应该使用哪一个。我们使用无实参的版本来创建一个包含 MONDAY 的新字符串。所以，只需输入方法调用的右括号，并按回车键即可：

```
jshell> dayName.toUpperCase()
$2 ==> "MONDAY"

jshell>
```

查看 substring 的用法

假设需要创建一个新字符串“DAY”——隐式变量$2 值的一个子串。为此，String 类提供了一个重载方法 substring。输入“$2.subs”并按 Tab 键，会自动补全这个方法的名称：

```
jshell> $2.substring(
substring(

jshell>
```

接着，按 Shift + Tab 键，可查看它的重载版本：

```
jshell> $2.substring(
String String.substring(int beginIndex)
String String.substring(int beginIndex, int endIndex)
<press shift-tab again to see javadoc>

jshell> $2.substring(
```

再次按 Shift + Tab 键，可查看第一个重载版本的文档：

```
jshell> $2.substring(
String String.substring(int beginIndex)
Returns a string that is a substring of this string.The substring
begins with the character at the specified index and extends to the
end of this string.
.
.
.
<press space for next javadoc, Q to quit>
```

从文档中可以看出，该重载方法能够从特定的字符索引处(即位置)开始，延续到字符串的末尾，从而获得这个子串。字符串中第一个字符的索引为 0。这里希望从“MONDAY”获得子字符串“DAY”，所以我们可以按 Q 键退出文档，返回到代码段：

```
jshell> $2.substring(
```

最后，可以用如下方法调用 substring，按回车键，就可以得到结果：

```
jshell> $2.substring(3)
$3 ==> "DAY"

jshell>
```

25.8　声明方法

（注：本节需先学习第 6 章及本章前面的各节。）

JShell 中可以原型化方法。例如，假设希望编写用于显示 1 ~ 10 的立方值的代码，则可以定义两个方法：

- displayCubes 方法迭代 10 次，每一次都会调用 cube 方法。
- cube 方法接收一个 int 实参，返回它的立方值。

25.8.1　前向引用未声明的方法——声明 displayCubes 方法

首先探讨 displayCubes 方法。启动一个新 JShell 会话，或者利用/reset 命令恢复当前的会话。然后，输入如下方法声明：

```
void displayCubes() {
   for (int i = 1; i <= 10; i++) {
      System.out.println("Cube of " + i + " is " + cube(i));
   }
}
```

完成后，JShell 会显示：

```
|  created method displayCubes(), however, it cannot be invoked
until method cube(int) is declared

jshell>
```

同样，这里手工地添加了缩进空格。注意，输入完方法体的左花括号之后，JShell 会在后续每一行的前面显示一个延续型提示符“...>”，直到输入完右花括号为止。此外，尽管 JShell 宣称“已经创建了 displayCubes 方法”，但它也指出，除非声明了 cube(int) 方法，否则不能调用 displayCubes 方法。这种“错误”不是致命的——JShell 知道 displayCubes 依赖于还没有被声明的(cube)方法——这称为前向引用(forward reference)。一旦定义了 cube 方法，就可以调用 displayCubes 方法。

25.8.2　补充未声明方法的声明

接下来，需要声明 cube 方法，但是我们故意引入了一个逻辑错误，返回的是实参的平方值，而非立方值：

```
jshell> int cube(int x) {
   ...>     return x * x;
   ...> }
|  created method cube(int)

jshell>
```

这时，可以使用/methods 命令查看当前会话中声明过的所有方法列表：

```
jshell> /methods
|    displayCubes ()void
|    cube (int)int

jshell>
```

注意，JShell 将方法的返回类型显示在参数表的右侧。

25.8.3　测试 cube 方法并更正它的声明

既然已经声明了 cube 方法，可以用实参值 2 测试一下：

```
jshell> cube(2)
$3 ==> 4

jshell>
```

它准确地返回了值 4(2×2)。但是,方法的目标是计算实参的立方值,所以结果应当为 8。可以编辑 cube 的定义,以更正该错误。由于 cube 是在多行中声明的,所以最简便的办法是用 JShell 编辑板。可以利用/list 命令,找出 cube 的代码段 ID,然后利用/edit 命令和这个 ID,打开它的代码段。还可以通过指定方法的名称来编辑它:

```
jshell> /edit cube
```

在编辑板窗口中,对 cube 方法体进行如下修正:

```
return x * x * x;
```

然后按 Exit 键。JShell 会显示:

```
jshell> /edit cube
|  modified method cube(int)

jshell>
```

25.8.4 测试更新后的 cube 方法和 displayCubes 方法

既然已经正确地声明了 cube 方法,可以用实参值 2 和 10 测试一下:

```
jshell> cube(2)
$5 ==> 8

jshell> cube(10)
$6 ==> 1000

jshell>
```

方法正确地返回了 2 的立方值(8)和 10 的立方值(1000),并将结果分别保存在隐式变量$5 和$6 中。

下面测试 displayCubes 方法。如果输入“di”并按 Tab 键,则 JShell 会自动补全它的名称,包括后面的一对圆括号,因为该方法不带参数。结果显示如下:

```
jshell> displayCubes()
Cube of 1 is 1
Cube of 2 is 8
Cube of 3 is 27
Cube of 4 is 64
Cube of 5 is 125
Cube of 6 is 216
Cube of 7 is 343
Cube of 8 is 512
Cube of 9 is 729
Cube of 10 is 1000

jshell>
```

25.9 异常处理

(注:本节需先学习第 7 章和本章前面的几节。)

7.5 节中,讲解过 Java 的异常处理机制,展示过如何捕获试图使用越界的数组索引值所导致的异常。JShell 中,并不要求捕获异常——它会自动捕获所有的异常并显示相关消息,然后给出下一个提示符,以便继续 JShell 会话。在常规的 Java 程序中,捕获检验异常尤其重要(见 11.5 节)——需将相关代码放入 try...catch 语句中。通过自动捕获所有的异常,JShell 使得利用抛出检验异常的方法更容易了。

在下面的新 JShell 会话中,声明了一个 int 数组,然后分别给出了一个有效的数组访问表达式和一个无效的表达式:

```
jshell> int[] values = {10, 20, 30}
values ==> int[3] { 10, 20, 30 }
```

```
jshell> values[1]
$2 ==> 20

jshell> values[10]
|  java.lang.ArrayIndexOutOfBoundsException thrown: 10
|        at (#3:1)

jshell>
```

values[10]试图访问界外元素——这会导致 ArrayIndexOutOfBoundsException 异常。尽管没有将代码放入 try...catch 语句中，JShell 也会捕获这个异常，并会显示该异常的字符串表示。它包括异常的类型和错误消息(此处为无效的索引值 10)，后接一个所谓的栈踪迹，指出发生问题的位置。信息：

```
at (#3:1)
```

表示异常发生在 ID 为 3 的代码段的第 1 行。6.6 节中探讨过方法调用栈。栈踪迹给出了发生异常时位于方法调用栈中的方法。典型的栈踪迹中会包含多个“at”行(例如上面这个)——每一行代表一个栈帧。显示完栈踪迹之后，JShell 会给出下一个 jshell>提示。第 11 章中详细讨论过栈踪迹。

25.10　导入类并将包添加到 CLASSPATH

(注：本节需先学习第 21 章和本章前面的几节。)

可以将 Java 9 包中的类型导入 JShell。事实上，由于所有 Java 开发人员几乎都会使用其中的几个包，所以 JShell 自动导入了它们(利用/set start 命令，可以改变这种设置——参见 25.12 节)。

通过/imports 命令，可以查看当前会话中的 import 声明列表。如下列表给出了启动 JShell 新会话时会自动导入的那些包：

```
jshell> /imports
|     import java.io.*
|     import java.math.*
|     import java.net.*
|     import java.nio.file.*
|     import java.util.*
|     import java.util.concurrent.*
|     import java.util.function.*
|     import java.util.prefs.*
|     import java.util.regex.*
|     import java.util.stream.*

jshell>
```

java.lang 包的内容在 JShell 中总是可用的，就如同 Java 源代码文件中那样。

除了 Java API 的包，还可以导入自己或者第三方开发的包。首先，利用/env -class-path 命令，将包添加到 CLASSPATH 中，它指定了要添加的包所在的位置。然后，可以利用 import 声明，在 JShell 中使用这些包。

使用定制的泛型 List 类

第 21 章中，声明过一个定制的泛型 List 结构，并将它置于 com.deitel.datastructures 包中。下面将这个包添加到 JShell 的 CLASSPATH 中，导入 List 类，并在 JShell 中使用它。如果当前 JShell 会话是打开的，则用/exit 命令终止它。然后，进入 ch21 示例文件夹，启动一个新 JShell 会话。

将包位置添加到 CLASSPATH

ch21 文件夹下有一个 com 文件夹，它是 com.deitel.datastructures 包中代表编译过的类的嵌套文件夹集合的第一部分。如下命令会将这个包添加到 CLASSPATH 中：

```
jshell> /env -class-path .
|  Setting new options and restoring state.

jshell>
```

点号代表启动 JShell 时所在的当前文件夹。也可以指定系统中其他文件夹的完整路径，或者包含编译过的类的包的 JAR 文件路径。

从包导入类

下面将 List 类导入 JShell 中。如下命令会先导入 List 类，然后显示当前会话中已经导入的所有类：

```
jshell> import com.deitel.datastructures.List

jshell> /imports
|    import java.io.*
|    import java.math.*
|    import java.net.*
|    import java.nio.file.*
|    import java.util.*
|    import java.util.concurrent.*
|    import java.util.function.*
|    import java.util.prefs.*
|    import java.util.regex.*
|    import java.util.stream.*
|    import com.deitel.datastructures.List

jshell>
```

使用导入的类

最后，可以使用 List 类。如下命令会创建一个 List<String>，并利用自动补全功能显示所有可用的方法。然后，会将两个 String 插入 List 中，并展示 insertAtFront 操作之后的内容：

```
jshell> List<String> list = new List<>()
list ==> com.deitel.datastructures.List@31610302

jshell> list.
equals(          getClass()        hashCode()          insertAtBack(
insertAtFront(   isEmpty()         notify()            notifyAll()
print()          removeFromBack()  removeFromFront()   toString()
wait(

jshell> list.insertAtFront("red")

jshell> list.print()
The list is: red

jshell> list.insertAtFront("blue")

jshell> list.print()
The list is: blue red

jshell>
```

关于导入操作的说明

从本节开始处可以看出，在所有的 JShell 会话中，都导入了整个 java.util 包——它包含 List 接口(见 16.6 节)。对于 List 类，Java 编译器会优先使用显式类型导入声明：

```
import com.deitel.datastructures.List;
```

而不会使用按需导入声明：

```
import java.util.*;
```

如果使用了如下的按需导入声明：

```
import com.deitel.datastructures.*;
```

则需要利用完全限定名称(即 com.deitel.datastructures.List)才能引用 List 类，以便与 java.util.List 相区分。

25.11 使用外部编辑器

25.3.10 节中讲解过用于编辑代码段的 JShell 编辑板。这个工具只提供了简单的编辑功能。多数程序员都希望使用功能更为强大的文本编辑器。利用/set editor 命令，可以指定希望使用的文本编辑器。例如，如果在 Windows 系统下有一个 EditPlus 编辑器，其位置为

```
C:\Program Files\EditPlus\editplus.exe
```

则 JShell 命令：

```
jshell> /set editor C:\Program Files\EditPlus\editplus.exe
|  Editor set to: C:\Program Files\EditPlus\editplus.exe

jshell>
```

会将 EditPlus 设置成当前 JShell 会话的代码段编辑器。/set editor 命令的实参与操作系统相关。例如，在 Ubuntu Linux 下，可以通过如下命令使用内置的 gedit 文本编辑器：

```
/set editor gedit
```

在 macOS 下①，则可以使用内置的 TextEdit 编辑器：

```
/set editor -wait open -a TextEdit
```

用定制的文本编辑器编辑代码段

使用定制的编辑器时，只要保存了代码段，JShell 就会立即重新计算发生过变化的代码段的结果，并会显示它(但是，不会显示代码段本身)。如下命令设置了一个定制的编辑器。然后，执行一些交互式操作——后面将给出/edit 命令下面两行的含义。

```
jshell> /set editor C:\Program Files\EditPlus\editplus.exe
|  Editor set to: C:\Program Files\EditPlus\editplus.exe

jshell> int x = 10
x ==> 10

jshell> int y = 10
y ==> 20

jshell> /edit
y ==> 20
10 + 20 = 30
jshell> /list

   1 : int x = 10;
   3 : int y = 20;
   4 : System.out.print(x + " + " + y + " = " + (x + y))

jshell>
```

首先，声明 int 变量 x 和 y，然后启动外部编辑器，编辑代码段。初始时，编辑器中显示的代码段如图 25.4 所示。

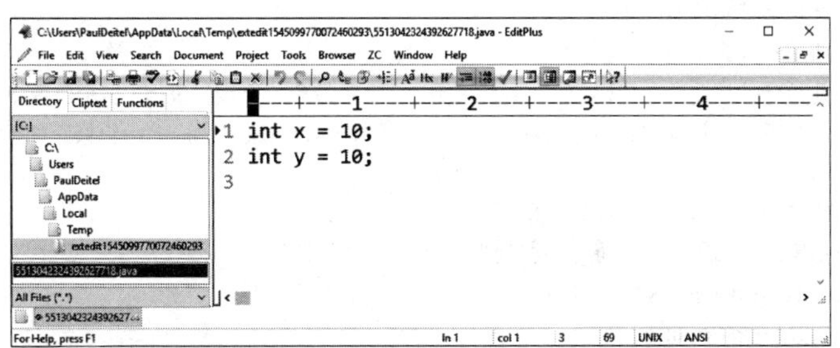

图 25.4　给出了代码段的外部编辑器

接下来，编辑 y 的声明，为它赋予一个新值 20。然后，添加一个代码段，显示它们的值及和值(见图 25.5)。当在编辑器中保存编辑结果时，JShell 会替换 y 的原始值，并显示：

① 在 macOS 下，要求有-wait 选项。这样，JShell 不会打开外部编辑器并立即返回下一个 jshell>提示符。

```
y ==> 20
```

表明 y 的值已经发生变化。然后，JShell 会执行新的 System.out.print 代码段，并给出结果：

```
10 + 20 = 30
```

最后，关闭外部编辑器时，JShell 会显示下一个 jshell>提示符。

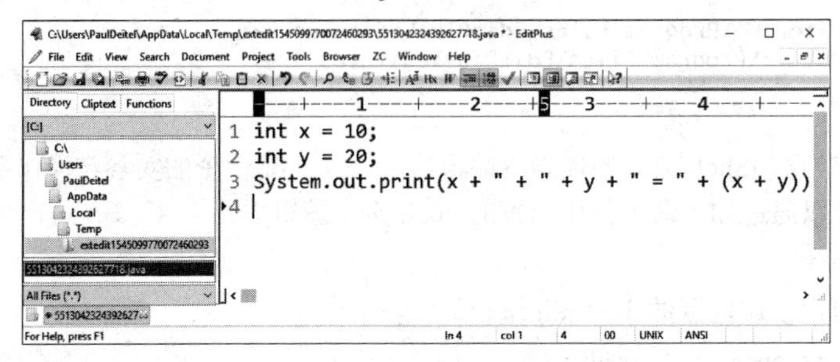

图 25.5 给出了代码段的外部编辑器

维持编辑器的设置

可以维持编辑器的设置，以供后面的 JShell 会话使用：

/set editor -retain *commandToLaunchYourEditor*

将 JShell 编辑板恢复成默认编辑器

如果没有维持定制的编辑器，则后续的 JShell 会话会使用 JShell 编辑板。如果使用的依然是定制编辑器，则可以用如下命令，将 JShell 编辑板恢复成默认编辑器：

```
/set editor -retain -default
```

25.12 JShell 命令汇总

图 25.6 中列出了一些基本的 JShell 命令。其中的大多数都已经在本章中讲解过。其他的命令会在本节讲解。

命　令	描　述
/help 或/?	显示 JShell 的命令列表
/help intro	显示 JShell 的简介
/help shortcuts	显示几个 JShell 快捷键的描述
/list	默认情况下，会给出当前会话中已经输入的有效代码段。为了列出所有的代码段，可以使用/list -all
/!	回调并重新计算最后一个代码段
/id	回调并重新计算指定 id 的代码段
/-n	回调并重新计算前一个代码段——n 的值为 1，表示最后一个代码段；2 表示倒数第二个；等等
/edit	默认情况下，会打开包含当前会话中已经输入的有效代码段的 JShell 编辑板。如何配置外部编辑器，可参见 25.11 节
/save	将当前会话的有效代码段保存到指定文件中
/open	打开指定的代码段文件，将它加载到当前会话中，并计算其结果
/vars	显示当前会话的变量及对应的值
/methods	显示当前会话所声明方法的签名
/types	显示当前会话中声明的类型
/imports	显示当前会话的 import 声明
/exit	终止当前 JShell 会话
/reset	重置当前 JShell 会话，删除所有的代码段

图 25.6 JShell 中的命令

命 令	描 述
/reload	重新加载 JShell 会话，并执行有效的代码段(见 25.12.3 节)
/drop	从当前会话中删除指定的代码段(见 25.12.4 节)
/classpath	将包添加到 JShell 使用的类路径中，以便能够导入包中的类型。第 21 章中讲解过如何创建自己的包
/history	列出在当前会话中已经输入的所有内容，包括全部代码段(有效的、无效的、重写的)和 JShell 命令——/list 命令之后只显示代码段，不会显示 JShell 命令
/set	设置各种 JShell 配置选项，例如与/edit 命令对应的编辑器、JShell 提示中使用的文本、指定何时启动会话的导入语句等(见 25.12.5 ~ 25.12.6 节)

图 25.6(续) JShell 中的命令

25.12.1 JShell 中的帮助

JShell 的帮助文档直接与/help 或者/?命令相集成——/?为/help 的简写形式。如果要查看 JShell 的简介，可输入：

```
/help intro
```

为了 JShell 的命令列表，可输入：

```
/help
```

有关某个命令选项的更多信息，可输入：

```
/help command
```

例如：

```
/help /list
```

会显示有关/list 命令更详细的帮助文档。同样：

```
/help /set start
```

显示的是/set 命令 start 选项的详细帮助文档。为了得到 JShell 中所有的快捷键组合，可输入：

```
/help shortcuts
```

25.12.2 /edit 命令：其他特性

前面已经探讨过如何在 JShell 编辑板中，用/edit 命令加载所有有效的代码段、具有指定 ID 的代码段，或者具有特定名称的方法。对于需要编辑的任何变量、方法或者类型声明，都可以为它指定一个标识符。如果当前 JShell 会话包含 Account 类的声明，则如下命令会将这个类加载到编辑板中：

```
/edit Account
```

25.12.3 /reload 命令

到本书编写时为止，还无法使用/id 命令来执行一定范围内的多个代码段。但是，JShell 的/reload 命令可以重新执行当前会话中所有的有效代码段。考虑 25.3.9 ~ 25.3.10 节中的会话：

```
jshell> /list

   1 : 45
   2 : 72
   3 : if ($1 < $2) {
          System.out.printf("%d < %d%n", $1, $2);
       }
   4 : if ($1 > $2) {
          System.out.printf("%d > %d%n", $1, $2);
       }
   5 : $1 = 100;
   6 : if ($1 > $2) {
          System.out.printf("%d > %d%n", $1, $2);
       }

jshell>
```

如下命令会重新加载这个会话，一次执行一个代码段：

```
jshell> /reload
|  Restarting and restoring state.
-: 45
-: 72
-: if ($1 < $2) {
      System.out.printf("%d < %d%n", $1, $2);
   }
45 < 72
-: if ($1 > $2) {
      System.out.printf("%d > %d%n", $1, $2);
   }
-: $1 = 100
-: if ($1 > $2) {
      System.out.printf("%d > %d%n", $1, $2);
   }
100 > 72

jshell>
```

所有被重载的代码段，其前面都有一个“-:”；而且，如果是 if 语句，则其(可能的)输出会立即显示在该语句的后面。如果希望在重新加载时不显示代码段，则可以在使用/reload 命令时使用-quiet 选项：

```
jshell> /reload -quiet
|  Restarting and restoring state.
45 < 72
100 > 72

jshell>
```

这时，只会显示输出语句的结果。然后，可以利用/list 命令查看这些重新加载的代码段。

25.12.4 /drop 命令

利用 JShell 的/drop 命令，加上代码段 ID 或标识符，就可以将该代码段从当前会话中删除。如下的新 JShell 会话声明了一个变量 x 和一个方法 cube，然后通过代码段 ID 丢弃 x、通过标识符丢弃 cube 方法：

```
jshell> int x = 10
x ==> 10

jshell> int cube(int y) {return y * y * y;}
|  created method cube(int)

jshell> /list

   1 : int x = 10;
   2 : int cube(int y) {return y * y * y;}

jshell> /drop 1
|  dropped variable x

jshell> /drop cube
|  dropped method cube(int)

jshell> /list

jshell>
```

25.12.5 反馈模式

JShell 具有多种反馈模式，它决定了每一次交互之后会显示哪些内容。为了更改反馈模式，可以使用/set feedback 命令：

```
/set feedback mode
```

其中，mode（模式）可以取值 concise、normal（默认值）、silent 或 verbose。本章前面所有的 JShell 交互都是 normal 模式。

verbose 模式

下面是采用 verbose 模式的一个新 JShell 会话，建议初学者采用这种模式：

```
jshell> /set feedback verbose
|  Feedback mode: verbose

jshell> int x = 10
x ==> 10
|  created variable x : int

jshell> int cube(int y) {return y * y * y;}
|  created method cube(int)

jshell> cube(x)
$3 ==> 1000
|  created scratch variable $3 : int

jshell> x = 5
x ==> 5
|  assigned to x : int

jshell> cube(x)
$5 ==> 125
|  created scratch variable $5 : int

jshell>
```

需要注意如下额外的反馈信息：

- 创建了变量 x。
- 首次调用 cube 时创建了变量$3——JShell 称隐式变量为临时变量（scratch variable）。
- 将一个 int 值赋予变量 x。
- 第二次调用 cube 时，创建了临时变量$5。

concise 模式

接下来，用/reset 命令重置会话，然后将反馈模式设置成 concise，重复上面的操作：

```
jshell> /set feedback concise
jshell> int x = 10;
jshell> int cube(int y) {return y * y * y;}
jshell> cube(x)
$3 ==> 1000
jshell> x = 5
jshell> cube(x)
$5 ==> 125
jshell>
```

可以看出，显示的反馈信息只有每次调用 cube 后的结果。如果发生错误，则也会显示相关信息。

silent 模式

接下来，用/reset 命令重置会话，然后将反馈模式设置成 silent，重复上面的操作：

```
jshell> /set feedback silent
-> int x = 10;
-> int cube(int y) {return y * y * y;}
-> cube(x)
-> x = 5
-> cube(x)
-> /set feedback normal
|  Feedback mode: normal

jshell>
```

这时，jshell>提示符会变成->，且只会反馈错误信息。如果是从 Java 源代码文件复制代码到 JShell 中，而不希望看到每一行的反馈信息，则可以采用这种模式。

25.12.6 能够用/set 配置的其他 JShell 特性

前面已经讲解过用/set 命令设置外部编辑器及反馈模式的操作，通过如下这些命令，还可以创建定制的反馈模式：

- /set mode
- /set prompt
- /set truncation
- /set format

/set mode 命令用于设置用户自定义的反馈模式。这样，就可以使用另外三个命令来定制 JShell 的反馈信息。有关这三个命令的详细讲解超出了本书的范围。更多信息，请参见 JShell 的帮助文档。

定制 JShell 的启动过程

25.10 节中，讲解过启动会话时 JShell 会导入的那些共同的包。利用/set start 命令：

```
/set start filename
```

可以为当前会话提供一个包含 Java 代码段及一些 JShell 命令的文件，这些代码段和命令将用于通过/reset 或/reload 命令重启 JShell 时。用如下命令，可以删除所有的启动代码段：

```
/set start -none
```

还可以用如下命令恢复成默认的启动代码段：

```
/set start -default
```

所有这三种情形都只适用于当前会话，除非包含一个-retain 选项。例如，下面的命令表明所有后续会话都需要加载包含启动代码段和命令的那个文件：

```
/set start -retain filename
```

可以将后面的会话恢复成默认设置：

```
/set start -retain -default
```

25.13 代码段编辑的快捷键

除了图 25.6 中的那些命令，JShell 还支持许多用于编辑代码的键盘快捷键，例如，快速跳转到行首或行尾，或在行中单词之间跳转。JShell 的命令行特性由一个名称为 JLine 2 的库实现，该库提供命令行编辑和历史记录功能。图 25.7 中列出了这些快捷键。

快 捷 键	描 述
Ctrl + a	将光标移动到行首
Ctrl + e	将光标移动到行尾
Alt + b	将光标回退一个单词
Alt + f	将光标前进一个单词
Ctrl + r	键入 Ctrl + r 后，搜索包含键入的字符的最后一个命令或代码段
Ctrl + t	对调光标左侧的两个字符
Ctrl + k	删除从光标开始到行尾的所有字符
Ctrl + u	删除从行首到光标之前一个位置的字符
Ctrl + w	删除光标之前的一个单词
Alt + d	删除光标之后的一个单词

图 25.7 用于 jshell>提示符下编辑当前代码段的一些快捷键

25.14　JShell 如何重新解释 Java 以供交互使用

JShell 中：

- 不要求有 main 方法。
- 一条完整语句的末尾不需要有分号。
- 类和方法中的变量无须声明。
- 类体内的额方法无须声明。
- 语句不必一定要位于方法内。
- 重新声明变量、方法或者类型会将前一个声明替换；在 Java 编译器中，这样做通常会导致错误。
- 无须捕获异常，但是可以捕获它以测试异常处理的情形。
- Jshell 会忽略顶级访问修饰符((public, private, protected, static, final)，只允许将 abstract（见第 10 章）作为类修饰符。
- 忽略 synchronized 关键字（见第 23 章）。
- 不允许有 package 声明和 Java 9 中的 module 声明。

25.15　IDE JShell 支持

到本书编写时为止，才刚刚开始 JShell 对流行的 IDE 的支持工作，例如 NetBeans、IntelliJ IDEA、Eclipse。现在，NetBeans 有一个“早期体验”插件，用于 Java 8 和 Java 9 的 JShell 中——尽管 JShell 位于 Java 9 中。一些供应商使用 JShell 的 API，为开发人员提供 JShell 环境，该环境同时显示用户输入的代码和运行该代码的结果。IDE 中支持 JShell 的一些特性包括：

- 源代码语法颜色高亮显示，提高代码可读性。
- 自动源代码缩进，自动插入闭花括号(})、圆括号())、方括号(])，以节省时间。
- 集成调试器。
- 项目集成，例如能够自动使用 JShell 会话里同一个项目中的类。

25.16　小结

本章讲解了 JShell——Java 9 中新的交互式 REPL，用于探索、发现和体验 Java 功能。我们展示了如何启动 JShell 会话并处理各种类型的代码段，包括语句、变量、表达式、方法和类——所有这些都不需要声明包含用于执行代码的 main 方法的类。

我们可以列出当前会话中的有效代码段，使用上箭头键和下箭头键回调并执行以前的代码段和命令。还可以列出当前会话的变量、方法、类型和导入语句。本章展示了如何清除当前 JShell 会话，以删除所有现有的代码段，以及如何将代码段保存到文件中，然后重载它们。

本章演示了 JShell 对代码和命令的自动补全功能，并展示了如何在 JShell 中直接查看类的成员和文档。此外讲解了 Math 类，演示了如何列出它的静态成员、如何查看方法的参数和它的重载方法、阅读方法的文档及公共字段的文档。还体验了几个 String 方法的用法。

我们声明了方法并前向引用了稍后在会话中声明的未声明方法，然后可以返回并执行第一个方法。还展示了可以用新方法替换方法声明——实际上可以替换变量、方法或类型的任何声明。

本章探讨了 JShell 捕获所有异常的情形，并简单地显示一个栈跟踪，后接下一个 jshell>提示符，这样就可以继续这个会话。从包中导入了一个已编译的类，然后在 JShell 会话中使用这个类。

接下来，我们总结并演示了其他各种 JShell 命令的用法。接着讲解了如何配置定制的代码段编辑器、查看 JShell 的帮助文档、重载会话、从会话中删除代码段、配置反馈模式，等等。我们给出了用于 jshell>

提示符下编辑当前代码段的一些快捷键。最后，探讨了 JShell 如何重新解释 Java 以供交互式使用，以及 JShell 所支持的 IDE。

自测题

学习完 25.3 ~ 25.4 节之后，用 JShell 完成练习题 25.1 ~ 25.43。这些练习题都有答案，以帮助快速学习 JShell/REPL。

25.1 使用 System.out.println 显示字符串时，例如显示“Happy Birthday!”，应确保不显示双引号。该条语句需以分号结尾。

25.2 重复练习题 25.1，但删除语句末尾的分号，以确认在 JShell 中，该位置的分号是可有可无的。

25.3 验证 JShell 不会执行位于“//”行尾注释中的语句。

25.4 验证一个位于多行注释(用/*和*/界定)的可执行语句，不会被执行。

25.5 在 JShell 中输入如下代码，会得到什么?

```
/* incomplete multi-line comment
System.out.println(“Welcome to Java Programming!”)
/* complete multi-line
comment */
```

25.6 验证用空格缩进代码，不会影响语句的执行。

25.7 在 JShell 中声明如下 int 类型的变量，判断哪些是有效的、哪些是无效的。

a) `first`

b) `first number`

c) `first1`

d) `1first`

25.8 验证在一个字符串字面值中，方括号不必成对出现。

25.9 在 JShell 中输入下面各个代码段，会发生什么?

a) `System.out.println("seems OK")`

b) `System.out.println("missing something?)`

c) `System.out.println"missing something else?")`

25.10 验证当执行完 System.out.print 后，下一个输出结果会出现在同一行。(提示：可重置当前会话，输入两条 System.out.print 语句，然后利用下面的两个命令将代码段保存到文件中，接着重载并重新执行它们：

```
/save mysnippets
/open mysnippets
```

/open 命令会加载 mysnippets 文件的内容并执行它。)

25.11 验证当执行完 System.out.println 后，下一个输出结果会出现在下一行的左侧。(提示：可重置当前会话，输入两条 System.out.println 语句，然后利用下面的两个命令将代码段保存到文件中，接着重载并重新执行它们：

```
/save mysnippets
/open mysnippets
```

/open 命令会加载 mysnippets 文件的内容并执行它。)

25.12 验证可以重置 JShell 会话，删除所有的代码段，并且不必退出 JShell 即可从头开始启动一个新会话。

25.13 利用 System.out.println 语句，验证转义序列\n 会输出一个新行。可以使用字符串：

```
"Welcome\nto\nJShell!"
```

25.14 验证转义序列\t 会输出一个制表符。注意，输出结果与系统中对制表符的设置有关。可以使用字符串：

```
"before\tafter\nbefore\t\tafter"
```

25.15 如果在字符串中包含有一个反斜线\，则会发生什么？应确保这个反斜线与其后的那个字母，不会构成一个有效的转义序列。

25.16 如果一个字符串中包含 4 个反斜线“\\\\”（“\\”是一个转义序列，表示一个反斜线），则会显示多少个反斜线？

25.17 利用转义序列“\"”，显示一个带双引号的字符串。

25.18 在 JShell 中执行如下代码，结果是什么？

```
System.out.println("Happy Birthday!\rSunny")
```

25.19 考虑如下语句：

```
System.out.printf("%s%n%s%n", "Welcome to ", "Java Programming!")
```

故意加入如下各个错误，得到的结果是什么？

a) 删除实参表两端的圆括号。

b) 去除逗号。

c) 删除一个“%s%n”。

d) 省略一个字符串(即第二或第三个实参)。

e) 将第一个“%s”替换成“%d”。

f)将字符串“Welcome to ”替换成整数 23。

25.20 如果在一个新 JShell 会话中输入/imports 命令，则会发生什么？

25.21 导入 Scanner 类，然后创建一个 Scanner 对象 input，从 System.in 读取值。执行如下语句时，如果用户输入的是字符串“hello”，则会发生什么？

```
int number = input.nextInt()
```

25.22 在一个新 JShell 会话或者用/reset 命令重置的会话中，不导入 Scanner 类，再次完成练习题 25.21，以验证 java.util 包已经被导入到 JShell 中。

25.23 在 Scanner 输入操作之前，如果不使用有意义的提示消息告诉用户应该输入的内容，则会发生什么？用如下语句体验一下：

```
Scanner input = new Scanner(System.in)
int value = input.nextInt()
```

25.24 验证不能在类中放置一条 import 语句。

25.25 将变量 id 和 ID 分别声明成 String 和 int 类型，验证在 JShell 中，标识符是大小写敏感的。此外，需使用/list 命令，显示分别包含这两个变量的两个代码段。

25.26 验证如下的初始化语句：

```
String month = "April"
int age = 65
```

确实用所指定的值初始化了变量。

25.27 执行如下操作后，会得到什么结果？

a) 将 1 与最大的 int 值 2 147 483 647 相加。

b) 将最小的 int 值2 147 483 648 减 1。

25.28 对于大型整数，例如 1234567890，验证它与对应的、添加了下画线的整数 1_234_567_890 等价：

a) `1234567890 == 1_234_567_890`

b) 输出这些值，验证得到的结果相同。

c) 将这两个值分别除以 2，验证得到的结果相同。

25.29 在算术表达式运算符的左右两侧放置空格，不会影响该表达式的值。例如，下面的两个表达式是等价的：

```
17+23

17 + 23
```

利用具有如下条件的 if 语句，验证这一结论：

```
(17+23) == (17 + 23)
```

25.30 如下语句中，位于实参 number1 + number2 两端的圆括号并不是必需的：

```
System.out.printf("Sum is %d%n", (number1 + number2))
```

25.31 声明 int 变量 x 并将它初始化成 14，然后执行赋值语句 x = 27。验证 x 的初始值会被替换。

25.32 输出如下变量的值，验证这个操作是非破坏性的：

```
int y = 29
```

25.33 如果有声明：

```
int b = 7
int m = 9
```

a) 如果进行算术乘法操作时，将两个变量名称放置在一起，成为 bm，则在 Java 中是不允许的。验证这个结论。

b)如果采用 Java 表达式 b * m，则是允许的。验证这个结论。

25.34 利用如下表达式，证明整数除法的结果是一个整数：

a) `8 / 4`
b) `7 / 5`

25.35 如果进行如下的整数除法操作，则会发生什么？

a) `0 / 1`
b) `1 / 0`
c) `0 / 0`

25.36 对于下面的两个表达式：

a) `(3 + 4 + 5) / 5`
b) `3 + 4 + 5 / 5`

验证它们的结果是不同的。因此，如果是希望用 3 + 4 + 5 的结果除以 5，则第一个表达式中的圆括号是必须有的。

25.37 手工计算下列表达式的值：

```
5 / 2 * 2 + 4 % 3 + 9 - 3
```

应注意运算符优先级规则。在 JShell 中确认得到的结果。

25.38 对两个值 7 和 7，分别测试两个相等性运算符和 4 个关系运算符。例如，测试 7 == 7，7 < 7，等等。

25.39 利用值 7 和 9，重做练习题 25.38。

25.40 利用值 11 和 9，重做练习题 25.38。

25.41 验证在紧跟 if 语句右圆括号的后面放一个分号，通常会导致逻辑错误。

```
if (3 == 5); {
   System.out.println("3 is equal to 5");
}
```

25.42 给定如下声明：

```
int x = 1
int y = 2
int z = 3
int a
```

执行完如下语句之后，a，x，y，z 的值分别是多少？

```
a = x = y = z = 10
```

25.43 手工计算如下表达式的值，然后在 JShell 中验证结果。

```
(3 * 9 * (3 + (9 * 3 / (3))))
```

自测题答案

25.1

```
jshell> System.out.println("Happy Birthday!");
Happy Birthday!

jshell>
```

25.2

```
jshell> System.out.println("Happy Birthday!")
Happy Birthday!

jshell>
```

25.3

```
jshell> // comments are not executable

jshell>
```

25.4

```
jshell> /* opening line of multi-line comment
   ...>    System.out.println("Welcome to Java Programming!")
   ...>    closing line of multi-line comment */

jshell>
```

25.5 不会出现编译错误，因为第二个“/*”会被认为是第一个多行注释的一部分。

```
jshell> /* incomplete multi-line comment
   ...> System.out.println("Welcome to Java Programming!")
   ...> /* complete multi-line
   ...> comment */

jshell>
```

25.6

```
jshell> System.out.println("A")
A

jshell>    System.out.println("A") // indented 3 spaces
A

jshell>       System.out.println("A") // indented 6 spaces
A

jshell>
```

25.7 a)有效。b)无效(不允许有空格)。c)有效。d)无效(不能用数字开头)。

```
jshell> int first
first ==> 0

jshell> int first number
|  Error:
|  ';' expected
|  int first number
|           ^

jshell> int first1
first1 ==> 0

jshell> int 1first
|  Error:
|  '.class' expected
|  int 1first
|     ^
|  Error:
|  not a statement
|  int 1first
|      ^--^
|  Error:
|  unexpected type
|    required: value
|    found:    class
|  int 1first
```

```
|  ^--^
|  Error:
|  missing return statement
|  int 1first
|> ^---------^

jshell>
```

25.8

```
jshell> "Unmatched brace { in a string is OK"
$1 ==> "Unmatched brace { in a string is OK"

jshell>
```

25.9

```
jshell> System.out.println("seems OK")
seems OK

jshell> System.out.println("missing something?)
|  Error:
|  unclosed string literal
|  System.out.println("missing something?)
|                     ^

jshell> System.out.println"missing something else?")
|  Error:
|  ';' expected
|  System.out.println"missing something else?")
|                    ^
|  Error:
|  cannot find symbol
|    symbol:   variable println
|  System.out.println"missing something else?")
|  ^----------------^

jshell>
```

25.10

```
jshell> System.out.print("Happy ")
Happy
jshell> System.out.print("Birthday")
Birthday
jshell> /save mysession

jshell> /open mysession
Happy Birthday
jshell>
```

25.11

```
jshell> System.out.println("Happy ")
Happy
jshell> System.out.println("Birthday")
Birthday
jshell> /save mysession

jshell> /open mysession
Happy
Birthday
jshell>
```

25.12

```
jshell> int x = 10
x ==> 10

jshell> int y = 20
y ==> 20
```

```
jshell> x + y
$3 ==> 30

jshell> /reset
|  Resetting state.

jshell> /list

jshell>
```

25.13

```
jshell> System.out.println("Welcome\nto\nJShell!")
Welcome
to
JShell!

jshell>
```

25.14

```
jshell> System.out.println("before\tafter\nbefore\t\tafter")
before  after
before          after

jshell>
```

25.15

```
jshell> System.out.println("Bad escap\e")
|  Error:
|  illegal escape character
|  System.out.println("Bad escap\e")
|                                ^

jshell>
```

25.16　两条。

```
jshell> System.out.println("Displaying backslashes \\\\")
Displaying backslashes \\

jshell>
```

25.17

```
jshell> System.out.println("\"This is a string in quotes\"")
"This is a string in quotes"

jshell>
```

25.18

```
jshell> System.out.println("Happy Birthday!\rSunny")
Sunny Birthday!

jshell>
```

25.19　a)

```
jshell> System.out.printf"%s%n%s%n", "Welcome to ", "Java
Programming!"
|  Error:
|  ';' expected
|  System.out.printf"%s%n%s%n", "Welcome to ", "Java Programming!"
|                   ^
|  Error:
|  cannot find symbol
|    symbol:   variable printf
|  System.out.printf"%s%n%s%n", "Welcome to ", "Java Programming!"
|  ^---------------^

jshell>
```

b)

```
jshell> System.out.printf("%s%n%s%n" "Welcome to " "Java |  Error:
|  ')' expected
|  System.out.printf("%s%n%s%n" "Welcome to " "Java Programming!")
|                               ^

jshell>
```

c)

```
jshell> System.out.printf("%s%n", "Welcome to ", "Java
Programming!")
Welcome to
$6 ==> java.io.PrintStream@6d4b1c02

jshell>
```

d)

```
jshell> System.out.printf("%s%n%s%n", "Welcome to ")
Welcome to
|  java.util.MissingFormatArgumentException thrown: Format
specifier '%s'
|        at Formatter.format (Formatter.java:2524)
|        at PrintStream.format (PrintStream.java:974)
|        at PrintStream.printf (PrintStream.java:870)
|        at (#7:1)

jshell>
```

e)

```
jshell> System.out.printf("%d%n%s%n", "Welcome to ", "Java
Programming!")
|  java.util.IllegalFormatConversionException thrown: d !=
java.lang.String
|        at Formatter$FormatSpecifier.failConversion
(Formatter.java:4275)
|        at Formatter$FormatSpecifier.printInteger
(Formatter.java:2790)
|        at Formatter$FormatSpecifier.print (Formatter.java:2744)
|        at Formatter.format (Formatter.java:2525)
|        at PrintStream.format (PrintStream.java:974)
|        at PrintStream.printf (PrintStream.java:870)
|        at (#8:1)

jshell>
```

f)

```
jshell> System.out.printf("%s%n%s%n", 23, "Java Programming!")
23
Java Programming!
$9 ==> java.io.PrintStream@6d4b1c02

jshell>
```

25.20

```
jshell> /imports
|    import java.io.*
|    import java.math.*
|    import java.net.*
|    import java.nio.file.*
|    import java.util.*
|    import java.util.concurrent.*
|    import java.util.function.*
|    import java.util.prefs.*
|    import java.util.regex.*
|    import java.util.stream.*

jshell>
```

25.21

```
jshell> import java.util.Scanner

jshell> Scanner input = new Scanner(System.in)
input ==> java.util.Scanner[delimiters=\p{javaWhitespace}+] ...
\E][infinity string=\Q∞\E]

jshell> int number = input.nextInt()
hello
|  java.util.InputMismatchException thrown:
|        at Scanner.throwFor (Scanner.java:860)
|        at Scanner.next (Scanner.java:1497)
|        at Scanner.nextInt (Scanner.java:2161)
|        at Scanner.nextInt (Scanner.java:2115)
|        at (#2:1)

jshell>
```

25.22

```
jshell> Scanner input = new Scanner(System.in)
input ==> java.util.Scanner[delimiters=\p{javaWhitespace}+] ...
\E][infinity string=\Q∞\E]

jshell> int number = input.nextInt()
hello
|  java.util.InputMismatchException thrown:
|        at Scanner.throwFor (Scanner.java:860)
|        at Scanner.next (Scanner.java:1497)
|        at Scanner.nextInt (Scanner.java:2161)
|        at Scanner.nextInt (Scanner.java:2115)
|        at (#2:1)

jshell>
```

25.23 当 JShell 等待用户输入一个值并按回车键时，它会挂起。

```
jshell> Scanner input = new Scanner(System.in)
input ==> java.util.Scanner[delimiters=\p{javaWhitespace}+] ...
\E][infinity string=\Q∞\E]

jshell> int value = input.nextInt()
```

25.24

```
jshell> class Demonstration {
   ...>    import java.util.Scanner;
   ...> }
|  Error:
|  illegal start of type
|     import java.util.Scanner;
|     ^
|  Error:
|  <identifier> expected
|     import java.util.Scanner;
|                             ^

jshell> import java.util.Scanner

jshell> class Demonstration {
   ...> }
|  created class Demonstration

jshell>
```

25.25

```
jshell> /reset
|  Resetting state.
```

```
jshell> String id = "Natasha"
id ==> "Natasha"

jshell> int ID = 413
ID ==> 413

jshell> /list
   1 : String id = "Natasha";
   2 : int ID = 413;

jshell>
```

25.26

```
jshell> String month = "April"
month ==> "April"

jshell> System.out.println(month)
April

jshell> int age = 65
age ==> 65

jshell> System.out.println(age)
65

jshell>
```

25.27

```
jshell> 2147483647 + 1
$9 ==> -2147483648

jshell> -2147483648 - 1
$10 ==> 2147483647

jshell>
```

25.28

```
jshell> 1234567890 == 1_234_567_890
$4 ==> true

jshell> System.out.println(1234567890)
1234567890

jshell> System.out.println(1_234_567_890)
1234567890

jshell> 1234567890 / 2
$5 ==> 617283945

jshell> 1_234_567_890 / 2
$6 ==> 617283945

jshell>
```

25.29

```
jshell> (17+23) == (17 + 23)
$7 ==> true

jshell>
```

25.30

```
jshell> int number1 = 10
number1 ==> 10

jshell> int number2 = 20
number2 ==> 20
```

```
jshell> System.out.printf("Sum is %d%n", (number1 + number2))
Sum is 30
$10 ==> java.io.PrintStream@1794d431

jshell> System.out.printf("Sum is %d%n", number1 + number2)
Sum is 30
$11 ==> java.io.PrintStream@1794d431

jshell>
```

25.31

```
jshell> int x = 14
x ==> 14

jshell> x = 27
x ==> 27

jshell>
```

25.32

```
jshell> int y = 29
y ==> 29

jshell> System.out.println(y)
29

jshell> y
y ==> 29
```

25.33

```
jshell> int b = 7
b ==> 7

jshell> int m = 9
m ==> 9

jshell> bm
|  Error:
|  cannot find symbol
|    symbol:   variable bm
|  bm
|  ^^

jshell> b * m
$3 ==> 63

jshell>
```

25.34　a) 2。b) 1。

```
jshell> 8 / 4
$4 ==> 2

jshell> 7 / 5
$5 ==> 1

jshell>
```

25.35

```
jshell> 0 / 1
$6 ==> 0

jshell> 1 / 0
|  java.lang.ArithmeticException thrown: / by zero
|        at (#7:1)

jshell> 0 / 0
|  java.lang.ArithmeticException thrown: / by zero
|        at (#8:1)

jshell>
```

25.36

```
jshell> (3 + 4 + 5) / 5
$9 ==> 2

jshell> 3 + 4 + 5 / 5
$10 ==> 8

jshell>
```

25.37

```
jshell> 5 / 2 * 2 + 4 % 3 + 9 - 3
$11 ==> 11

jshell>
```

25.38

```
jshell> 7 == 7
$12 ==> true

jshell> 7 != 7
$13 ==> false

jshell> 7 < 7
$14 ==> false

jshell> 7 <= 7
$15 ==> true

jshell> 7 > 7
$16 ==> false
jshell> 7 >= 7
$17 ==> true

jshell>
```

25.39

```
jshell> 7 == 9
$18 ==> false

jshell> 7 != 9
$19 ==> true

jshell> 7 < 9
$20 ==> true

jshell> 7 <= 9
$21 ==> true

jshell> 7 > 9
$22 ==> false

jshell> 7 >= 9
$23 ==> false

jshell>
```

25.40

```
jshell> 11 == 9
$24 ==> false

jshell> 11 != 9
$25 ==> true

jshell> 11 < 9
$26 ==> false

jshell> 11 <= 9
$27 ==> false
```

```
jshell> 11 > 9
$28 ==> true

jshell> 11 >= 9
$29 ==> true

jshell>
```

25.41

```
jshell> if (3 == 5); {
   ...>     System.out.println("3 is equal to 5");
   ...> }
3 is equal to 5

jshell>
```

25.42

```
jshell> int x = 1
x ==> 1

jshell> int y = 2
y ==> 2

jshell> int z = 3
z ==> 3

jshell> int a
a ==> 0

jshell> a = x = y = z = 10
a ==> 10

jshell> x
x ==> 10

jshell> y
y ==> 10

jshell> z
z ==> 10

jshell>
```

25.43

```
jshell> (3 * 9 * (3 + (9 * 3 / (3))))
$42 ==> 324

jshell>
```

在 线 章 节

如下各章，以 PDF 格式放置在本书配套网站上(www.pearsonhighered.com/deitel)[①]：

- 第 26 章　Swing GUI 组件(1)
- 第 27 章　图形与 Java 2D
- 第 28 章　网络功能
- 第 29 章　Java 持久性 API(JPA)
- 第 30 章　JavaServer Faces Web 应用(1)
- 第 31 章　JavaServer Faces Web 应用(2)
- 第 32 章　REST Web 服务
- 第 33 章　ATM 案例分析(1)：面向对象设计与 UML
- 第 34 章　ATM 案例分析(2)：实现面向对象设计
- 第 35 章　Swing GUI 组件(2)
- 第 36 章　Java 模块化系统与其他 Java 9 的特性

这些文件，可以用 Adobe Reader(get.adobe.com/reader)查看。

① 也可在华信教育资源网(www.hxedu.com.cn)注册后下载。

附录 A　运算符优先级表

下表中显示的这些运算符，是按照从上到下优先级递减的顺序排列的，每个优先级都用一条水平线分隔。右列显示了运算符的结合律。

运 算 符	类　型	结 合 律
++	一元后置增量	从右到左
--	一元后置减量	
+	一元加	从右到左
-	一元减	
!	一元逻辑非	
~	一元位补	
++	一元前置增量	
--	一元前置减量	
(*type*)	一元类型强制转换	
*	乘法	从左到右
/	除法	
%	求余	
+	加法或字符串连接	从左到右
-	减法	
>>	右移位	从左到右
<<	左移位	
>>>	一元右移位	
<	小于	从左到右
>	大于	
<=	小于或等于	
>=	大于或等于	
instanceof	类型比较	
!=	不等于	从左到右
==	等于	
&	按位与，布尔逻辑与	从左到右
^	按位异或，布尔逻辑异或	从左到右
|	按位或，布尔逻辑或	从左到右
&&	条件与	从左到右
||	条件或	从左到右
?:	条件	从右到左
=	赋值	从右到左
*=	乘后赋值	
/=	除后赋值	
%=	求余后赋值	
+=	加后赋值	

图 A.1　运算符优先级表

<table>
<tr><td>-=</td><td>减后赋值</td><td>从右到左</td></tr>
<tr><td><<=</td><td>按位左移位赋值</td><td></td></tr>
<tr><td>>>=</td><td>按位右移位赋值</td><td></td></tr>
<tr><td>>>>=</td><td>按位无符号右移位赋值</td><td></td></tr>
<tr><td>&=</td><td>按位与赋值</td><td></td></tr>
<tr><td>^=</td><td>按位异或赋值</td><td></td></tr>
<tr><td>|=</td><td>按位或赋值</td><td></td></tr>
</table>

图 A.1(续) 运算符优先级表

附录 B　ASCII 字符集

	0	1	2	3	4	5	6	7	8	9
0	nul	soh	stx	etx	eot	enq	ack	bel	bs	ht
1	nl	vt	ff	cr	so	si	dle	dc1	dc2	dc3
2	dc4	nak	syn	etb	can	em	sub	esc	fs	gs
3	rs	us	sp	!	"	#	$	%	&	‘
4	(	)	*	+	,	–	.	/	0	1
5	2	3	4	5	6	7	8	9	:	;
6	<	=	>	?	@	A	B	C	D	E
7	F	G	H	I	J	K	L	M	N	O
8	P	Q	R	S	T	U	V	W	X	Y
9	Z	[	\	]	^	_	’	a	b	c
10	d	e	f	g	h	i	j	k	l	m
11	n	o	p	q	r	s	t	u	v	w
12	x	y	z	{	|	}	~	del		

图 B.1　ASCII 字符集

这个图中左边的数字是字符编码的十进制等价描述(0 ~ 127)的左边数字；顶部的数字是字符编码的十进制等价描述的右边数字。例如，“F”的字符编码是 70，“&”的字符编码是 38。

本书的大多数用户，都对许多计算机上用来标识英文字符的这个 ASCII 字符集感兴趣。ASCII 字符集是 Java 使用的 Unicode 字符集的子集，Unicode 字符集可以表示世界上大多数语言中的字符。关于 Unicode 字符集的更多信息，请参见附录 H。

附录 C　关键字和保留字

Java 关键字				
abstract	assert	boolean	break	byte
case	catch	char	class	continue
default	do	double	else	enum
extends	final	finally	float	for
if	implements	import	instanceof	int
interface	long	native	new	package
private	protected	public	return	short
static	strictfp	super	switch	synchronized
this	throw	throws	transient	try
void	volatile	while		
目前已经不使用的关键字				
const	goto			

图 C.1　Java 关键字

Java 还包含保留字 true、false 和 null，前面两个为 boolean 类型的字面值，后面一个表示没有引用任何内容的字面值。和关键字一样，这些保留字不能用作标识符。

附录D 基本类型

类　型	大小(位)	值	标　准
布尔类型		true 或 false	
char	16	'\u0000' ~ '\uFFFF' (0 ~ 65 535)，包含二者	(ISO Unicode 字符集)
byte	8	−128 ~ +127 ($-2^7 \sim 2^7-1$)	
short	16	−32 768 ~ +32 767($-2^{15} \sim 2^{15}-1$)	
int	32	−2 147 483 648 ~ +2 147 483 647($-2^{31} \sim 2^{31}-1$)	
long	64	−9 223 372 036 854 775 808 ~ +9 223 372 036 854 775 807($-2^{63} \sim 2^{63}-1$)	
float	32	负值范围: −3.402 823 466 385 288 6E+38 ~ −1.401 298 464 324 817 07E-45 正值范围: 1.401 298 464 324 817 07E−45 ~ 3.402 823 466 385 288 6E+38	(IEEE 754 浮点值)
double	64	负值范围: −1.797 693 134 862 315 7E+308 ~ −4.940 656 458 412 465 44E-324 正值范围: 4.940 656 458 412 465 44E−324 ~ 1.797 693 134 862 315 7E+308	(IEEE 754 浮点值)

图 D.1　Java 的基本类型

注:

- 布尔值的具体表示与平台的 JVM 相关。
- 为了使数字值更可读，可以采用下画线。例如，1_000_000 与 1 000 000 等价。
- 关于 IEEE 754 的更多信息，请参见 http://grouper.ieee.org/groups/754/; 有关 Unicode 的更多信息，请参见 http://unicode.org。

附录 E　使用调试器

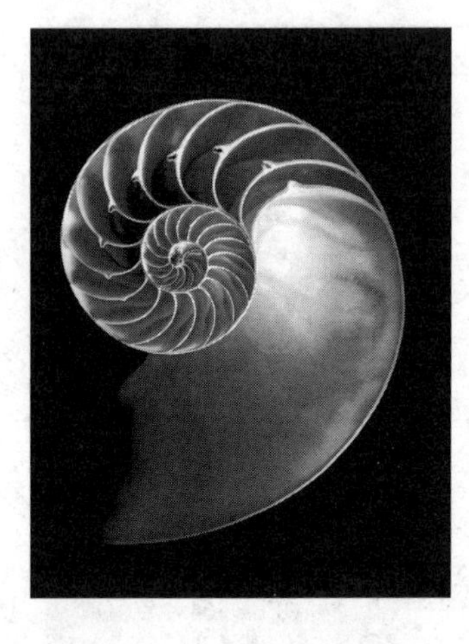

目标

本附录将讲解

- 设置断点以调试程序。
- 使用 run 命令在调试器中运行应用。
- 使用 stop 命令设置断点。
- 使用 cont 命令在断点之后继续执行。
- 使用 print 命令得到表达式的结果。
- 通过 set 命令在程序执行期间更改变量的值。
- 使用 step、step up、next 命令控制程序的执行。
- 使用 watch 命令在程序执行期间查看字段值的变化情况。
- 使用 clear 命令列出或删除断点。

提纲

E.1　简介

第 2 章中介绍过两种类型的错误——语法错误和逻辑错误，还讲解了如何消除代码中的语法错误。逻辑错误不会阻止程序的成功编译，但能够导致正在运行的程序产生错误结果。JDK 中包含了一种被称为调试器(debugger)的软件，允许程序员监控程序的执行，以找出和删除逻辑错误。调试器是最重要的程序开发工具之一。许多 IDE 都提供自己的调试器，它们与 JDK 中的调试器相似，有些 IDE 提供的则是 JDK 调试器的图形用户界面。

这个附录将讲解对于不接受用户输入的命令行程序的 JDK 调试器的主要特性。这里所讨论的调试器特性，同样可用于接受用户输入的程序，但调试它们时的步骤要稍微复杂一些。为了集中讲解调试器特性，这里采用的是对不涉及用户输入的简单命令行程序使用调试器。关于 Java 调试器的更多信息，请参见 http://docs.oracle.com/javase/8/docs/technotes/tools/windows/jdb.html。

E.2　断点及 run、stop、cont、print 命令

我们从断点(breakpoint)开始对调试器的探讨。断点是一种标志器，它可以设置于任何可执行的代码行上。当程序运行到断点时，会暂停执行，这时可检查变量的值，帮助判断是否存在逻辑错误。例如，可以检查存放计算结果的变量值，以判断计算是否正确地执行了。在不可执行的代码行(例如注释行)上设置断点，会导致调试器显示一条错误消息。

为了演示调试器的特性，这里使用图 E.1 中的 AccountTest 程序，它创建并操作 Account 类的一个

对象(见图 3.8)。AccountTest 程序从 main 方法开始执行。第 5 行创建了一个 Account 对象，初始余额为 50.00 美元。回忆前面可知，Account 的构造方法带一个实参，它指定 Account 的初始余额。第 8 ~ 9 行用 Account 方法 getBalance，输出这个初始余额。第 11 行声明并初始化局部变量 depositAmount。然后，第 13 ~ 15 行输出 depositAmount 的值，并用 credit 方法将它与 Account 的余额相加。最后，第 18 ~ 19 行显示新余额。(注：这个附录的示例目录中，包含了与图 3.8 相同的 Account.java 程序。)

```
1  // Fig. E.1: AccountTest.java
2  // Create and manipulate an Account object.
3  public class AccountTest {
4     public static void main(String[] args) {
5        Account account = new Account("Jane Green", 50.00);
6
7        // display initial balance of Account object
8        System.out.printf("initial account balance: $%.2f%n",
9           account.getBalance());
10
11       double depositAmount = 25.0; // deposit amount
12
13       System.out.printf("%nadding %.2f to account balance%n%n",
14          depositAmount);
15       account.deposit(depositAmount); // add to account balance
16
17       // display new balance
18       System.out.printf("new account balance: $%.2f%n",
19          account.getBalance());
20    }
21 }
```

```
initial account balance: $50.00

adding 25.00 to account balance

new account balance: $75.00
```

图 E.1 创建并操作 Account 对象

在下面的步骤中，将用断点和各种调试器命令检查在 AccountTest 中声明的变量 depositAmount 的值(见图 E.1)。

1. 打开命令窗口，更改目录。打开一个命令窗口，进入本书示例文件夹下的 appE 目录。
2. 编译用于调试的程序。Java 调试器只对用-g 编译选项进行过编译的.class 文件起作用，这个选项会产生调试器所使用的信息，以帮助调试程序。输入 javac -g *.java，用-g 命令行选项编译程序。这会编译所有工作目录下的.java 文件，用于调试。
3. 启动调试器。在命令窗口中输入 jdb(见图 E.2)。这个命令会启动 Java 调试器，使用户能够使用它的特性。

```
C:\examples\appE>javac -g AccountTest.java Account.java

C:\examples\appE>jdb
Initializing jdb ...
>
```

图 E.2 启动 Java 调试器

4. 在调试器中运行程序。输入 run AccountTest 命令，在调试器中运行 AccountTest 程序(见图 E.3)。如果在运行调试器中的程序之前没有设置任何断点，则程序就会像使用 java 命令那样运行。
5. 重新启动调试器。为了正确使用调试器，必须在运行程序之前至少设置一个断点。输入 jdb 命令，重新启动调试器。
6. 在 Java 中插入断点。在程序中特定代码行中设置一个断点。这些步骤中使用的行号，来自图 E.1 中的源代码。输入 stop at AccountTest:8，在图 E.1 第 8 行设置一个断点(见图 E.4)。stop 命令会在所指定的行号处插入一个断点。可以随意设置多个断点。输入 stop at AccountTest:15，在图 E.1

第 15 行设置一个断点(见图 E.4)。程序运行时，调试器会在包含断点的行上暂停执行。当调试器暂停了程序的执行时，程序就进入了中断模式(break mode)。即使调试过程开始之后，也能够设置断点。注意调试器命令 stop in 的用法，它的后面跟着一个类名、一个句点和一个方法名(如 stop in Account.credit)，表示调试器应当在指定方法的第一条可执行语句上设置断点。当程序控制进入这个方法时，调试器会中止程序的执行。

```
C:\examples\appE>jdb
Initializing jdb ...
> run AccountTest
run  AccountTest
Set uncaught java.lang.Throwable
Set deferred uncaught java.lang.Throwable
>
VM Started: initial account balance: $50.00

adding 25.00 to account balance

new account balance: $75.00

The application exited
```

图 E.3　通过调试器运行 AccountTest 程序

```
C:\examples\appE>jdb
Initializing jdb ...
> stop at AccountTest:8
Deferring breakpoint AccountTest:8.
It will be set after the class is loaded.
> stop at AccountTest:15
Deferring breakpoint AccountTest:15.
It will be set after the class is loaded.
>
```

图 E.4　在第 8 行和第 15 行设置断点

7. 运行程序，开始调试过程。输入命令 run AccountTest，执行程序并开始调试过程(见图 E.5)。调试器输出的文本，表明断点是在图 E.1 第 8 行和第 15 行设置的。调试器中的断点被称为“延迟断点”，因为它是在程序开始运行之前设置的。当执行到达第 8 行的断点时，程序会暂停执行。这时，调试器会通知用户到达了一个断点，并会显示这一行的源代码(第 8 行)。这一行代码是将要执行的下一条语句。

```
It will be set after the class is loaded.
>run AccountTest
run  AccountTest
Set uncaught java.lang.Throwable
Set deferred uncaught java.lang.Throwable
>
VM Started: Set deferred breakpoint AccountTest:15
Set deferred breakpoint AccountTest:8

Breakpoint hit: "thread=main", AccountTest.main(), line=8 bci=13
8          System.out.printf("initial account balance: $%.2f%n",

main[1]
```

图 E.5　重新启动 AccountTest 程序

8. 用 cont 命令恢复执行。输入 cont 命令，它会使程序继续执行到下一个断点处(第 15 行)。在这里，调试器会通知用户(见图 E.6)。AccountTest 的正常输出信息会混杂在调试器的消息里面。
9. 检查变量的值。输入“print depositAmount”命令，会显示保存在 depositAmount 变量中的当前值(见图 E.7)。print 命令能用来“窥探”计算机中某个变量的值。这有助于找出并修正代码中的逻辑错误。显示的值是 25.0，即在图 E.1 第 15 行赋予变量 depositAmount 的值。

```
main[1] cont
> initial account balance: $50.00

adding 25.00 to account balance

Breakpoint hit: "thread=main", AccountTest.main(), line=15 bci=60
15          account.deposit(depositAmount); // add to account balance

main[1]
```

图 E.6 执行到第二个断点

```
main[1] print depositAmount
 depositAmount = 25.0
main[1]
```

图 E.7 检查变量 depositAmount 的值

10. 继续程序的执行。输入 cont 命令，继续执行程序。因为没有更多的断点存在，因此程序不会再处于中断模式。程序会一直执行，直到最后终止(见图 E.8)。程序结束时，调试器也会停止。

```
main[1] cont
> new account balance: $75.00

The application exited
```

图 E.8 继续程序的执行并退出调试器

E.3 print 命令和 set 命令

上一节讲解了如何用调试器的 print 命令，在程序执行期间检查变量的值。本节将讲解如何用这个命令来检查更为复杂的表达式的值。还将讲解 set 命令，它能用来向变量赋予新值。

对于这一节，需假设已经按照 E.2 节中的步骤 1 和步骤 2 打开了命令窗口，进入包含这个附录示例的目录(如 C:\examples\appE)，并编译 AccountTest 程序(和 Account 类)，用于调试。

1. 开始调试。在命令窗口中输入 jdb 命令，启动 Java 调试器。
2. 插入断点。输入命令“stop at AccountTest:15”，在源代码第 15 行设置一个断点。
3. 运行程序，到达断点。输入 run AccountTest，开始调试过程(见图 E.9)。这会使 AccountTest 类的 main 方法执行到第 15 行的断点(见图 E.1)。它会挂起程序的执行，并使程序切换到中断模式。这时，程序创建了一个 Account 对象，并输出了 Account 对象通过调用 getBalance 方法得到的初始余额。第 11 行声明了局部变量 depositAmount，并将其初始化为 25.0，第 13 ~ 14 行显示它的值。第 15 行中的语句是下一条将执行的语句。
4. 计算算术表达式和布尔表达式的值。回忆 E.2 节可知，一旦程序进入中断模式，用户就可以利用调试器的 print 命令查看程序中变量的值。也可以利用这个命令来计算算术表达式和布尔表达式的结果。在命令窗口中，输入“print depositAmount–2.0”。这个命令返回的值是 23.0(见图 E.10)。不过，这个命令不会真正改变 depositAmount 的值。在命令窗口中，输入“print depositAmount == 23.0”。包含==符号的表达式会被当成布尔表达式。返回的值为 false(见图 E.10)，因为 depositAmount 当前包含的值不是 23.0，它的值依然是 25.0。
5. 修改值。调试器允许在程序执行期间修改变量的值。对于试验不同的值，找出程序中的逻辑错误而言，这样做是有价值的。利用调试器的 set 命令，即可修改变量的值。输入“set depositAmount = 75.0”，调试器将修改 depositAmount 的值，并会显示这个新值(见图 E.11)。

```
C:\examples\appE>jdb
Initializing jdb ...
> stop at AccountTest:19
Deferring breakpoint AccountTest:19.
It will be set after the class is loaded.
> run AccountTest
run  AccountTest
Set uncaught java.lang.Throwable
Set deferred uncaught java.lang.Throwable
>
VM Started: Set deferred breakpoint AccountTest:19
initial account balance: $50.00

adding 25.00 to account balance

Breakpoint hit: "thread=main", AccountTest.main(), line=15 bci=60
15          account.deposit(depositAmount); // add to account balance

main[1]
```

图 E.9　当调试器到达第 15 行的断点时，暂停程序的执行

```
main[1] print depositAmount - 2.0
 depositAmount - 2.0 = 23.0
main[1] print depositAmount == 23.0
 depositAmount == 23.0 = false
main[1]
```

图 E.10　检查算术表达式和布尔表达式的值

```
main[1] set depositAmount = 75.0
 depositAmount = 75.0 = 75.0
main[1]
```

图 E.11　修改变量的值

6. 查看程序的结果。输入 cont 命令，继续执行程序。AccountTest 程序的第 19 行(见图 E.1)会执行，将 depositAmount 传递给 Account 方法 credit。然后，main 方法会显示新的余额。结果为 125.00 美元(见图 E.12)。这表明，上一步中确实将 depositAmount 的值从初始值(25.0)改成了 75.0。

```
main[1] cont
> new account balance: $125.00

The application exited

C:\examples\appE>
```

图 E.12　根据 depositAmount 变量更改后的值的新余额

E.4　使用 step、step up、next 命令控制执行

有时，我们需要逐行执行程序，以找出并改正错误。以这种方式按步执行程序的某一部分，有助于验证方法的代码是否正确地执行了。本节将讲解如何用调试器完成这项任务。本节中的命令可以用来逐行执行方法、一次执行某个方法的所有语句，或者只执行方法中的剩余语句(如果已经执行了它的某些语句)。

同样，以下内容需假设用户已经位于包含本附录示例的目录下，且已经用-g 选项编译了程序，用于调试。

1. 启动调试器。输入 jdb 命令，启动调试器。
2. 设置断点。输入 stop at AccountTest:15，在图 E.1 第 15 行设置断点。
3. 运行程序。输入 run AccountTest 命令，运行程序。在程序显示完它的两个输出消息之后，调试器表明已经到达了断点，并会显示第 15 行的代码。然后，调试器暂停，等待用户键入下一条命令。

4. 使用 step 命令。这个命令会执行程序中的下一条命令。如果执行的下一条语句是方法调用，则控制会转到被调用的方法。利用 step 命令可以进入方法内部，分析它的每一条语句。例如，可以使用 print 命令和 set 命令，查看并修改方法中变量的值。现在，输入 step 命令(见图 E.13)，进入 Account 类的 credit 方法(见图 3.8)。调试器显示这一步已经执行完毕，并会显示下一条可执行的语句，即 Account 类的第 22 行(见图 3.8)。
5. 使用 step up 命令。进入 credit 方法之后，输入 step up 命令。这个命令会执行方法中的剩余语句，并会将控制返回到调用方法的地方。credit 方法只包含一条语句，它将方法的参数 amount 与实例变量 balance 相加。step up 命令会执行这条语句，然后在 AccountTest 第 18 行之前暂停(见图 E.1)。这样，下一个发生的动作，是输出新的账户余额(见图 E.14)。在较长的方法中，需要检查几行关键的代码，然后继续调试调用者的代码。对于不希望逐行执行方法中剩余代码的情况而言，step up 命令是有用的。

```
main[1] step
>
Step completed: "thread=main", Account.deposit(), line=22 bci=0
22          if (depositAmount > 0.0) { // if the depositAmount is valid

main[1]
```

图 E.13 跟踪 credit 方法

```
main[1] step up
>
Step completed: "thread=main", AccountTest.main(), line=18 bci=65
18          System.out.printf("new account balance: $%.2f%n",

main[1]
```

图 E.14 跳出方法

6. 用 cont 命令继续执行。输入 cont 命令(见图 E.15)，显示新的余额值。这时，程序和调试器都会终止运行。

```
main[1] cont
> new account balance: $75.00

The application exited

C:\examples\appE>
```

图 E.15 继续 AccountTest 程序的执行

7. 重新启动调试器。输入 jdb 命令，重新启动调试器。
8. 设置断点。断点会一直存在到设置它们的调试会话结束。一旦调试器退出，所有的断点都会被删除（E.6 节中，将讲解如何在调试会话结束之前手工地清除断点)。这样，一旦在步骤 7 中重新启动了调试器，在步骤 2 中第 15 行设置的断点就不再存在。为了重新设置第 15 行的断点，需再次输入命令“stop at AccountTest:15”。
9. 运行程序。输入 run AccountTest 命令，运行程序。像步骤 3 中那样，AccountTest 会运行到第 15 行的断点处，然后调试器暂停，等待下一条命令。
10. 使用 next 命令。输入 next 命令。这个命令的行为与 step 命令类似，但当下一条要执行的语句中包含方法调用时，它的表现有所不同。这时，被调方法会作为一个整体执行，而程序会前进到方法调用之后的下一条可执行语句(见图 E.16)。回忆步骤 4 可知，step 命令会进入被调方法。这个示例中，next 命令会执行 Account 方法 credit，然后调试器在 AccountTest 第 18 行暂停。

```
main[1] next
>
Step completed: "thread=main", AccountTest.main(), line=18 bci=65
18          System.out.printf("new account balance: $%.2f%n",

main[1]
```

图 E.16 跳过方法调用的调试

11. 使用 exit 命令。exit 命令可结束调试会话(见图 E.17)。这个命令会使 AccountTest 程序立即终止，而不是执行 main 方法中剩下的语句。当调试某些类型的程序时(例如 GUI 程序)，即使调试会话终止了，程序也会继续执行。

```
main[1] exit

C:\examples\appE>
```

图 E.17 退出调试器

E.5 watch 命令

本节将讲解 watch 命令，它会通知调试器监视某个字段。当这个字段的值发生变化时，调试器会通知用户。这一节中，将使用 watch 命令来查看 AccountTest 程序执行期间 Account 对象的 balance 字段值是如何变化的。

和前面两节中一样，这里也假设已经根据 E.2 节中的步骤 1 和步骤 2 打开了命令窗口，进入了示例目录，并且编译了 AccountTest 类和 Account 类用于调试(即使用了-g 编译器选项)。

1. 启动调试器。输入 jdb 命令，启动调试器。
2. 监视类的字段。输入 watch Account.balance，对 Account 的 balance 字段设置一个监视点(见图 E.18)。在执行调试器期间，可以对任何字段设置监视点。只要字段的值发生了变化，调试器就会进入中断模式，并通知用户这个值的变化。监视点只能在字段上设置，不能位于局部变量上。
3. 运行程序。输入 run AccountTest 命令，运行程序。现在，调试器将通知字段 balance 的值发生变化(见图 E.19)。当程序开始执行时，会用初始余额 50.00 美元创建一个 Account 的实例，而 Account 对象的引用会被赋予局部变量 account(见图 E.1 第 9 行)。回忆图 3.8 可知，当这个对象的构造方法运行时，如果参数 initialBalance 大于 0.0，则实例变量 balance 会被赋予参数 initialBalance 的值。调试器会通知用户 balance 的值将被设置成 50.0。

```
C:\examples\appE>jdb
Initializing jdb ...
> watch Account.balance
Deferring watch modification of Account.balance.
It will be set after the class is loaded.
>
```

图 E.18 为 Account 的 balance 字段设置监视点

```
> run AccountTest
run  AccountTest
Set uncaught java.lang.Throwable
Set deferred uncaught java.lang.Throwable
>
VM Started: Set deferred watch modification of Account.balance

Field (Account.balance) is 0.0, will be 50.0: "thread=main",
Account.<init>(), line=16 bci=17
16          this.balance = balance; // assign it to instance variable balance

main[1]
```

图 E.19 当创建了 account 且它的 balance 字段值发生变化时，程序会停止

4. 向账户存钱。输入 cont 命令，继续执行程序。在到达图 E.1 第 15 行之前，程序会正常地执行。在这一行，程序调用了 Account 方法 credit，将 Account 对象的 balance 增加所指定的数量。调试器会通知用户实例变量 balance 将发生变化(见图 E.20)。尽管 AccountTest 类的第 15 行调用了 deposit 方法，但 balance 的值是在 Account 的 deposit 方法第 23 行(见图 3.8)改变的。

```
main[1] cont
> initial account balance: $50.00

adding 25.00 to account balance


Field (Account.balance) is 50.0, will be 75.0: "thread=main",
Account.deposit(), line=23 bci=13
23              balance = balance + depositAmount; // add it to the balance

main[1]
```

图 E.20　调用 Account 方法 credit，改变 balance 的值

5. 继续程序的执行。键入 cont 命令，程序会完成执行，因为程序中没有对 balance 进行其他的改变(见图 E.21)。

```
main[1] cont
> new account balance: $75.00

The application exited

C:\examples\appE>
```

图 E.21　继续 AccountTest 程序的执行

6. 再次启动调试器，对变量重新设置监视点。键入 jdb 命令，重新启动调试器。同样，输入 watch Account.balance，对 Account 实例变量 balance 设置一个监视点。然后，输入 run AccountTest，运行程序。
7. 删除字段上的监视点。如果只希望在程序的一部分中监视字段，则可以输入 unwatch Account.balance，删除调试器中 balance 变量的监视点(见图 E.22)。输入 cont 命令，程序将执行完成，而不会再次进入中断模式。

```
main[1] unwatch Account.balance
Removed: watch modification of Account.balance
main[1] cont
> initial account balance: $50.00

adding 25.00 to account balance

new account balance: $75.00

The application exited

C:\examples\appE>
```

图 E.22　删除变量 balance 的监视点

E.6　clear 命令

上一节中讲解了如何使用 unwatch 命令删除字段的监视点，调试器还提供了 clear 命令，它可以删除程序中的断点。用户经常需要调试包含重复性动作的程序，例如循环。在循环的多次迭代中(可能不是全部迭代)，用户可能希望查看变量的值。如果在循环体中设置了断点，则调试器会在每次执行包含

断点的行之前都会暂停。在确定了循环没有错误之后，需要删除这个断点，使剩下的迭代正常地进行。本节将利用图 5.6 中的复利计算程序来演示如何使用调试器，当在 for 语句体中设置了断点之后，如何在调试会话期间删除它。

1. 打开命令窗口，进入相关目录并编译程序，用于调试。打开命令窗口，然后进入包含这个附录示例的目录。为了方便起见，这个目录中提供了 Interest.java 文件的副本。输入命令“javac -g Interest.java”，编译这个程序，用于调试。
2. 启动调试器，设置断点。输入 jdb 命令，启动调试器。输入“stop at Interest:10”命令和“stop at Interest:18”命令，分别在 Interest 类的第 10 行和第 18 行设置断点。
3. 运行程序。输入命令 run Interest，运行程序。程序执行到第 10 行的断点(见图 E.23)。

```
It will be set after the class is loaded.
> run Interest
run  Interest
Set uncaught java.lang.Throwable
Set deferred uncaught java.lang.Throwable
>
VM Started: Set deferred breakpoint Interest:18
Set deferred breakpoint Interest:10

Breakpoint hit: "thread=main", Interest.main(), line=10 bci=8
10          System.out.printf("%s%20s%n", "Year", "Amount on deposit");

main[1]
```

图 E.23　到达 Interest 程序中第 10 行的断点

4. 继续程序的执行。输入 cont 命令，程序将执行第 10 行，输入列标题“Year”和“Amount on deposit”。第 10 行出现在 Interest 的第 13 ~ 19 行 for 语句之前(见图 5.6)，因此只会执行一次。执行会继续穿过第 10 行，到达第 18 行的断点，即 for 语句的第一次迭代期间(见图 E.24)。

```
main[1] cont
> Year   Amount on deposit

Breakpoint hit: "thread=main", Interest.main(), line=18 bci=54
18             System.out.printf("%4d%,20.2f%n", year, amount);

main[1]
```

图 E.24　到达 Interest 程序中第 18 行的断点

5. 查看变量值。输入 print year，查看变量 year(即 for 语句的控制变量)的当前值。还要输出变量 amount 的值(见图 E.25)。

```
main[1] print year
 year = 1
main[1] print amount
 amount = 1050.0
main[1]
```

图 E.25　输出 Interest 的 for 语句第一次迭代时 year 和 amount 的值

6. 继续程序的执行。键入 cont 命令，继续执行程序。第 18 行会执行，输出 year 和 amount 的当前值。当 for 语句进入第二次迭代之后，调试器会通知用户，第 18 行的断点已经第二次到达。调试器会在设置了断点的行暂停执行——如果断点出现在循环中，则调试器会在每次迭代时都暂停。再次输出 year 和 amount 变量的值，查看自第一次迭代之后它们是如何发生变化的(见图 E.26)。
7. 删除断点。输入 clear 命令，可显示程序中所有的断点(见图 E.27)。假设用户已经对 Interest 程序 for 语句的正确运行感到满意，则可以删除(见图 5.6)第 18 行的断点，使剩下的循环迭代正常进行。输入“clear Interest:18”命令，即可删除第 18 行的断点。再次输入 clear 命令，列出程序中剩下的断点。调试器应当指出只有第 10 行的断点依然存在(见图 E.27)。由于这个断点已经到达过，因此不会再影响程序的执行。

```
main[1] cont
>    1          1,050.00

Breakpoint hit: "thread=main", Interest.main(), line=18 bci=54
18              System.out.printf("%4d%,20.2f%n", year, amount);

main[1] print amount
 amount = 1102.5
main[1] print year
 year = 2
main[1]
```

图 E.26 输出 Interest 的 for 语句第二次迭代时 year 和 amount 的值

```
main[1] clear
Breakpoints set:
        breakpoint Interest:10
        breakpoint Interest:18
main[1] clear Interest:18
Removed: breakpoint Interest:18
main[1] clear
Breakpoints set:
        breakpoint Interest:10
main[1]
```

图 E.27 删除第 18 行的断点

8. 删除断点后继续执行。键入 cont 命令，继续执行程序。从前面可知，上一次的执行会在(见图 5.6)第 18 行 printf 语句之前暂停。如果第 18 行的断点被成功地删除了，则继续执行程序会使 for 语句当前及剩下的迭代产生正确的输出，而不会使程序挂起(见图 E.28)。

```
main[1] cont
>    2          1,102.50
   3          1,157.63
   4          1,215.51
   5          1,276.28
   6          1,340.10
   7          1,407.10
   8          1,477.46
   9          1,551.33
  10          1,628.89

The application exited

C:\examples\appE>
```

图 E.28 删除断点之后程序的执行情况

E.7 小结

本附录讲解了如何在调试器中插入和删除断点。断点可使程序暂停执行，以便能够用调试器的 print 命令查看变量的值。这种功能有助于找出和修正程序中的逻辑错误。利用 print 命令可以查看表达式的值，而用 set 命令可以更改变量的值。我们还探讨了几个调试器命令(包括 step、step up、next 命令)，它们可以用来判断方法是否正确地执行了。还讲解了如何使用 watch 命令，在程序执行期间监视字段值的变化情况。最后，讲解了如何使用 clear 命令来列出程序中所有的断点，以及如何利用它来删除断点，以便在没有断点的情况下继续程序的执行。

在 线 附 录

如下各附录，以 PDF 格式放置在本书的配套网站上（www.pearsonhighered.com/deitel）[①]：

- 附录 F　使用 Java API 文档
- 附录 G　用 javadoc 创建文档
- 附录 H　Unicode
- 附录 I　格式化输出
- 附录 J　数制系统
- 附录 K　位操作
- 附录 L　标签化的 break 和 continue 语句
- 附录 M　UML 2：其他框图类型
- 附录 N　设计模式

这些文件可以通过 Adobe Reader（get.adobe.com/reader）查看。

---

① 也可在华信教育资源网(www.hxedu.com.cn)注册后下载。

索　　引

符号

数字

A

B

C

D

E

F

H

I

K

L

P

T

W

X

Y

Z